山西建筑史

（古代卷）

山西省建筑业协会　主编

中国建筑工业出版社

图书在版编目(CIP)数据

山西建筑史（古代卷）/山西省建筑业协会主编．—北京：中国建筑工业出版社，2016.6

ISBN 978-7-112-19273-1

Ⅰ.①山… Ⅱ.①山… Ⅲ.①建筑史-山西省-古代 Ⅳ.①TU-092

中国版本图书馆CIP数据核字（2016）第059959号

责任编辑：费海玲　张幼平
责任校对：李美娜　姜小莲

本书围绕山西建筑展开纵向史述和横向铺陈，目的在于记录、传承并弘扬山西优秀传统建筑文化，不涉及商业目的和盈利性质。其中大部分图片为编写团队人员拍摄，一部分图片已获相关人员授权，但因涉及广泛，受时间与机缘限制，少数图片未能及时与作者取得联系并沟通，在此致歉并致谢，希望相关图片作者在发现问题后与山西省古建筑保护研究所联系，我处将按照正常方式处理付酬事宜。

山西建筑史（古代卷）

山西省建筑业协会　主编

*

中国建筑工业出版社出版、发行（北京海淀三里河路9号）
各地新华书店、建筑书店经销
北京方舟正佳图文设计有限公司制版
北京顺诚彩色印刷有限公司印刷

*

开本：880×1230毫米　1/16　印张：47¾　字数：987千字
2016年12月第一版　2016年12月第一次印刷
定价：580.00元
ISBN 978-7-112-19273-1
（28474）

版权所有　翻印必究
如有印装质量问题，可寄本社退换
（邮政编码 100037）

《山西建筑史》编委会

主　　编：张学锋　王国正

副 主 编：孟聪龄　董养忠　贾　滨　张新民　刘玉泉

顾　　问：陆元鼎　柴泽俊　胡武德　赵友亭　左国保

参编人员：郑庆春　高　静　张　勇　康　峰　沈　纲　韩卫成
　　　　　胡川晋　王　亮　苏敏静　王　凡　牛东伟

主编单位：山西省建筑业协会

副主编单位：太原理工大学
　　　　　　山西省古建筑保护研究所
　　　　　　山西省建筑设计研究院

前　言

建筑是人类文明的载体，是人类智慧的结晶。

山西的建筑活动起源甚早，其源头可追溯到石器时代。180 万年前，我们的祖先就已在这片古老的土地上生存繁衍，燧人氏钻木取火之后，人猿揖别，开始走出蛮荒的生活。在黄河岸边丰腴的土地上，在苍茫的中条山麓，在汾河岸畔，先民们耕作渔猎，挖筑地穴，披荆斩棘，开辟道路，开始了最初的建筑活动。

经过长达数十万年的漫长时光，在距今一万年时随着新石器时代的到来，人类的居住从穴居、半穴居发展到地面建筑，并初步掌握了夯土筑墙和木结构建筑的技术，与此同时，在富有节理的黄土崖上开辟窑洞。新石器时期，人类活动的遗迹满布三晋大地，在国家、阶级诞生的前夜，古史传说中的尧、舜、禹，都把国都分别建在了山西南部的平阳、蒲坂和安邑，山西出现最早的"中国"。

考古调查及发掘证明，早在史前时期山西就已经出现城池、宫殿建筑。夏商周时期发现的大量城址、墓地，开始了初步的规划。商代时古虞国人（今山西平陆）傅说发明了"版筑"，这种用两版相夹、填泥其中、以杵夯实成墙的技术是中国土工技术的重大成就，秦汉时期修筑长城、栈道已经熟练运用该技术了。北魏王朝在平城建都，北朝诸政权以山西为重点进行经营，城市建设更迭频繁，寺庙修建持续繁荣，这个时期营造了著名的佛教圣地五台山，开凿了大同云冈石窟、太原天龙山石窟，将宗教建筑活动推向了高潮。

隋唐时期，中国的木结构技术在独特的传统建筑基础上，融化和吸收了外来文化的因素，布局和形式已趋于定型，建筑技术和艺术发展进入了一个成熟的时期。山西境内尚完整地保存着四座唐代木结构建筑，其中三座留有明确的题记和石刻。这四座唐代建筑，三座为佛教建筑，一座为道教建筑。佛光寺东大殿为殿堂型构造，其余三座为厅堂型构造，都是以"材分"为基本模数建造的。佛光寺东大殿构造中所体现的斗、栱、枋相结合的结构层，成为中国古代木构建筑的基本形制。五代十国虽然历史短暂，木构建筑遗存较少，但在山西仍保存有后唐、后晋和北汉时期的佛殿建筑。这些建筑继承了唐代建筑豪放、雄浑的风格，并对宋辽金建筑的发展有承上启下的作用，是我国古代建筑史上的瑰宝。

宋、辽、金时期的古建筑山西保存有一百多座，其中大多为宗教建筑，是研究早期佛寺、道观建筑的珍贵资料。宋、辽的建筑均继承了唐代建筑制度。辽为契丹所建，建筑风格尤接近于唐代，保持着唐代朴实、典雅的风格，这个时期在木结构建筑中首先出现斜栱，木结构内部空间及构造形式更为精炼。斗栱技术在这个时期也相当成熟，种类多样，但其承重作用已大大减弱，且栱高与柱高的比例越来越小。原来在结构上起重要作用的昂，有些已被斜栱所代替，补间铺作的朵数增多。北宋木构建筑总趋向是结构精巧，组合复杂，装饰多样，小木作的制作日趋华美繁缛。建筑色彩由于开始应用了琉璃和彩绘而显得复杂华丽，不同于汉唐明朗简朴的风格，彩画中碾玉装饰渐居优势，成为明代旋子彩画的先声，太原晋祠圣母殿是此风格之范例。金代建筑除吸收宋代建筑的有益成分外，最大的创造是采用大额承重梁架，普遍使用移柱和减柱造，并使用了复合纵架，上承间缝梁架，对元代建筑产生过一定的影响。

山西是元朝政治和经济、文化发展的重要地区，被称为元朝的腹地。因此，元代木构建筑保存的数量较多，约有350多座，分布范围遍及全省。除佛寺、道观外，还保存有国内仅有的戏台、衙署、民居等建筑，具有重要的研究价值。山西的元代建筑在单体形制、结构特点和装饰艺术方面上承唐宋，下启明清，较前代有了显著的变化，具有鲜明的时代和地域特色，是研究宋金建筑向明清建筑嬗变和演进的重要实物资料。由于在功能方面的原因，山西的元代木结构建筑在结构方面分为继承宋金建筑手法的传统式结构和大额式结构二种方式。传统式结构继承唐、辽、宋以来木结构建筑中的传统式样，但采取顺其自然的法则，在用料和局部手法上经过元代的革新，表现出元代的特点。大额式梁架结构也是源于金代的结构方式，其特点是在殿堂内部采用大额式梁架，大额之下运用减柱和移柱，在斗栱方面较多地使用翼形栱，普遍使用自然材和弯材，较少加工，使建筑呈现出粗犷的气势。采用这种梁架方式能够较好地节省材料，降低成本，不仅能加快施工效率，而且能使殿堂的内部空间扩大，达到实用的目的，这是元代在建筑结构方面的一次革新。山西的南部地区是中国古代戏曲的发源地之一，现存能确定年代的元代戏台九座，多为乐亭形式，建筑风格粗犷豪放，是元代戏曲史发展的重要例证。位于高平市陈区镇中庄村的"姬氏老宅"，是国内目前发现的最早的元代木结构民宅，是十分珍贵的元代住宅建筑实例。

明清是中国历史上最后的两个封建王朝，可谓历史长河中的落日余晖。明王朝建立之后，确定了官匠制度，大大促进了工艺技术水平的提升，因而建筑风格迥异于前朝，建筑榫卯准确，彩画精美，是其鲜明特色。同时琉璃瓦和琉璃面砖的应用也得到空前发展。洪洞广胜寺飞虹塔即是其中的代表。清代赓续了二百六十余年，史家一般认为是经济落后、文化衰落的时代。但康雍乾三朝的前清文明，还是创造了相当的社会财富和文化遗产。山西保存至今的古代建筑，主要是这两个朝代的。城池、长城、民居及大型寺庙建筑群都出现在这两个朝代，砖、石、木结构和装饰艺术都达到了封建社会的最高峰。古代建筑传统的许多优秀经验，仍体现在这些建筑之中。

上下五千年的中国社会，经历了原始社会的蒙昧，封建社会的专制，文化上有过多次的"大融合""大交流",但是中国文化基本上是一个连续的一元文化。在这样的文化环境影响之下,虽然各个时代都有各自的时代特征,但基本的方法与原则却始终贯通,正如梁思成所说"数千年的沿革,一气呵成",这在山西不多的遗存中可得到验证。

历史进入19世纪,清王朝经历"康乾盛世"转而衰落,欧美资本主义国家却在工业革命的推动下迅猛发展。中西方的文化交流从明末清初已初见端倪,鸦片战争以后,则完全变成了一种强行植入。以1840年鸦片战争为开端,西方列强的铁蹄踏破中国的大门,中国进入半封建半殖民地社会。以此为开端的中国近代建筑历史进程,也由此被动地在西方建筑文化的冲击与推动之下展开了。

作为内陆型省区,受地理区位以及社会、经济发展等诸多因素的制约,山西这个封建社会时期的区域性乃至全国性的政治、经济、文化中心,在近代时期由传统向现代转型的过程中逐步走向了边缘化和衰落。面对外来文化对内陆地区的缓慢渗透与影响,不论在城市建设还是在建筑发展上都呈现出非典型性和滞后性的特点。山西城市的发展几乎停滞不前。大部分城市直到新中国成立前仍然维持着传统城市格局,建设规模不大。一些城市如太原、大同、临汾等则凭借着交通条件的改善和工业的发展,得到了迅速扩展。山西近代建筑在政治、经济和外来文化的影响下产生了新的建筑类型,学校、医院、银行、商业建筑在大城市的街头出现。但从建筑的形制、结构形式、材料运用、施工技术等方面却表现出受传统建筑文化强势影响的痕迹,有别于沿海、沿江、沿边等近代商埠型地区或城市的建筑特征,形成了具有山西特色的近代建筑风格。

1949年10月1日,中华人民共和国成立。中国从此开始了一个完全不同于往昔的伟大进程,中华民族骄傲地屹立于世界民族之林。在过去的大半个世纪,我们伟大的祖国发生了天翻地覆的变化。城镇、乡村的环境面貌产生了根本性的变化,变化幅度之大、变化之深刻是之前一百余年无法比拟的。从文化的角度看这段历史,又是一个域内文化与域外文化,东西方文化在中国发生激烈冲撞与磨合的历史时期。

山西现代建筑的发展,始终与我们国家的命运息息相关。无论是艰难困苦还是迟疑徘徊或是高歌猛进,山西现代建筑都有时代佳构,成为中国现代建筑的重要组成部分。山西现代建筑经历了从国民经济恢复时期到第一个五年计划时期的"现代主义"建筑的风格延续的过程和对"民族形式"追求的阶段,"大跃进"和大调整时期的痛苦与彷徨,"文化大革命"时期的总体倒退。这一时期的主要建筑作品有20世纪50年代的迎泽宾馆东楼、太原工人文化宫、五一百货大楼等,60年代的太原工学院土木馆等。1976年"文革"结束,噩梦醒来是早晨,是一个基本建设火红的年代,是一个建筑创作丰收的年代。"文革"造成的停滞和混乱局面得以恢复,特别是党的十一届三中全会以后,解放思想,拨乱反正,经济复苏,差距需要弥补。太原火车站、迎泽宾馆西楼、山西省广播电视大楼等都是这一时期的作品。80年代犹如一年四季之春,洋溢着春天的气息,呈现着春天的色彩。改革开放的春风徐徐吹来,又一次的文化交流与融合的序幕慢慢打开。政治体制的改革,使国家的发展走上健康的轨道;经济体制的改革,更释放了人们探索和研究的能量。建筑师们开始研究名目繁多的设计流派,各类设计竞赛随之展开,中外合作设计项目悄然启动,市场服务与竞争意识开始增强,知识激增,信息爆炸,山西全省建筑创作热情空前高涨,建筑作品灿若繁星。山西国际大厦、山西大酒店、太原金融大厦等建筑为这一时代留下了印记。

经过十几年的改革开放,东南沿海等地区早已脱贫致富,迈上新台阶,而山西作为中部地区,经济差距却日渐拉大。90年代初期,山西省委、省政府审时度势,痛下决心,以投资拉动经济增长,力争短时间内改变山西落后面貌,加大基本建设力度,加快城市基础设施建设,在这种情况下,一批建筑项目立项上马,而且规模之大均超越从前,城市建设迎来了又一个大好机遇。太原武宿机场新建航站楼、山西省国税局综合办公楼、山西大学文科楼等就是这一时期的产物。2001年7月13日,中国申奥成功,2001年12月11日,中国成功加入世界贸易组织,世纪之初的两件大事,中国为世界所瞩目,并由此驶入了经济发展的快速轨道。山西省经济也以前所未有的速度加速发展,一段时期经济增速在全国名列前茅。在人们没有完全做好心理准备的情况下,世纪之风却来得如此迅猛。第三产业发展迅速,商业建筑明显增多,住宅商品化转身成功,城市高层住宅铺天盖地而起,"快"是时代特征,"忙"是建筑师的工作状态。但此时"洋风盛行",山西特色大有迷失之势,"千城一面"之病山西也未能幸免。直到2003年,山西博物院落成于汾河之畔,当这座如斗似鼎的高台式建筑走进人们视野之时,大家才似乎发现了山西建筑师对地域主义的苦苦追求。2008年,在北京奥运会前夕竣工的太原武宿国际机场二号航站楼,同样为专家所称道。其大跨度钢结构设计为山西省民用建筑之最,其建筑外观设计鸟之状、山之形,并辅以古建神韵,也足可成为具有山西特色的标志性建筑。

进入新世纪的第一个十年,山西省级财政投入100余亿元,集中建造了山西省科技馆、山西省图书馆、山西大剧院、山西体育中心、中国(太原)煤炭交易中心、山西大医院、太原美术馆、太原博物馆、太原铁路南站和太原国际机场新航站楼等"省城十大建筑"工程,特别是以位于汾河西岸长风西大街南侧太原长风文化商务区为代表的建筑群，大胆采用了美国、法国和我国台湾地区的著名设计公司的设计方案，充分体现了山西现代建筑与世界建筑文化的深度融合与交流。

山西建筑的发展历程，就像是一部沉甸甸的史书。无论是洪荒远古的传说，晋国霸业的风云，大唐帝国的气概，西京梦华的烟云，明清建筑的绮丽，还是湮没在史书中的千千万万普通劳动者的聪明才智，都以建筑形式形象地记录下来。

知古可以鉴今。本书对山西建筑的发展历史进行了梳理，对建筑的多种主要类型的发展过程和特点进行了介绍，并采用了大量的实例，描述了不同时期山西建筑纷繁复杂的发展过程，展示了山西建筑发展的整体面貌和清晰脉络。希望本书能为广大关注中国古建筑的学者、读者和工程技术人员所喜爱，也希望本书对山西城市建设的现实和未来发挥有益的作用。

2016 年 5 月

目 录

第一章　山西古代建筑发展成就 　016
- 第一节　旧石器时代的建筑 　016
- 第二节　新石器时代的建筑 　019
- 第三节　夏商周及春秋战国时期的建筑 　031
- 第四节　秦汉时期的建筑 　034
- 第五节　三国两晋南北朝时期的建筑 　036
- 第六节　隋唐五代时期的建筑 　047
- 第七节　宋辽金时期的建筑 　057
- 第八节　元代建筑 　078
- 第九节　明清建筑 　087

第二章　城池衙署 　100
- 第一节　元代以前城池建筑遗存 　100
- 第二节　城池防御建筑 　112
- 第三节　晋阳、太原 　122
- 第四节　平城、大同 　125
- 第五节　代州城、广武城 　128
- 第六节　平遥、祁县 　133
- 第七节　衙署建筑 　137

第三章　传统民居 　160
- 第一节　传统民居的概述 　160
- 第二节　不同历史时期的山西民居概况 　164
- 第三节　山西传统民居建筑实例 　180

第四章　戏台建筑 　200
- 第一节　戏台概述 　200
- 第二节　山西古戏台遗存状况 　203
- 第三节　山西古戏台的特征与格局 　204
- 第四节　金元戏台 　208

第五节	明代戏台	216
第六节	清代戏台	228

第五章　佛教寺庙 238
第一节　佛教寺庙概述 238
第二节　山西佛寺建筑的发展综述 240
第三节　山西佛寺建筑的实例 244

第六章　道教宫观 338
第一节　道教建筑概述 338
第二节　山西道教道场 341
第三节　山西道教建筑的发展综述 344
第四节　山西道教宫观实例 346

第七章　祠庙建筑 374
第一节　祠庙建筑概述 374
第二节　山西祠庙建筑概述 377
第三节　山西祠庙建筑实例 378

第八章　石窟摩崖 444
第一节　石窟概述 444
第二节　山西石窟寺的发展历程 446
第三节　山西石窟寺实例 447

第九章　清真寺 474
第一节　清真寺的历史沿革 474
第二节　山西清真寺的历史沿革与发展 476
第三节　山西清真寺实例 477

第十章　塔幢建筑 480
第一节　古塔造型分类 480

第二节 山西古塔的历史沿革 484
第三节 山西塔幢实例 490

第十一章 长城关隘 **546**
第一节 古代长城概况 546
第二节 山西长城的历史与现状 557
第三节 山西长城关隘遗存 568

第十二章 道路桥梁 **608**
第一节 道路 608
第二节 桥梁 628

第十三章 墓葬建筑 **648**

第十四章 山西古典园林 **684**
第一节 山西古典园林概况 684
第二节 山西各类古典园林实例 691

后记 **760**

山西省简称晋，地处黄土高原东部，是中国内陆省份之一，因地处太行山之西，故称山西。其西、南、东三面与邻省有天然分界：西、西南分别与陕西和河南隔黄河相望，东依太行山与河北、河南毗邻，北至长城沿线与内蒙古接壤。全省面积15.6万多平方公里，人口3571万，有汉、回、满、蒙古等民族。省内地形复杂，山峦起伏，河流纵横，其中山地、高原、丘陵约占全省面积的80%，境内大部分地区海拔1000米以上，通称山西高原。太行山和吕梁山雄峙东西，中条山和恒山横亘南北，五台山和太岳山横跨中部，发源于管涔山的汾河和桑干河贯通全省。山西属温带—暖温带、亚湿润—亚干旱大陆性季风气候，年平均气温3～14℃，年降水量350～700毫米。北、东部边境沿内长城有雁门关、平型关、娘子关、飞狐口等重要关隘，襟山带河，形势险固，素有"表里山河"之称，极具军事战略价值。古代山西又是中原农业文化和北方草原文化共存、交汇和融合的枢纽地带，勤劳勇敢的先民，在这块土地上创造了辉煌的历史文化，留下了丰厚的文化遗存。

《尚书·禹贡》把山西称为九州的"冀州"之地。远古的尧、舜、禹时代，这里就是华夏文明的中心区域。山西南部是夏人重要的聚居地区。商代时华戎杂居，方国林立，唐、虞、芮诸侯国及羌人、鬼方、于、崇、戎等方国部落散居各地。周初，成王封其弟叔虞于"唐"，唐叔虞之子燮父改唐为"晋"。春秋时期，晋国日渐强大，山西大部分地区为晋国所有，所以简称为"晋"。晋国疆域北推至太原盆地，一度称霸中原。战国时期，韩、赵、魏三分其地，因此后世又称山西为"三晋"。秦统一中国后，在山西地区设五郡二十一县。汉朝沿袭秦郡县制，并在山西设置数十个侯国。东汉山西置并州，统领六郡；三国时期，并州在曹魏治下。西晋和十六国时期，北方民族兴起，山西是他们南进中原的前沿地域，也是各种政治势力争夺角逐的重要舞台。刘渊的匈奴汉国政权建都平阳（今临汾），鲜卑慕容部的西燕政权建都长子（今长子县）。北朝时鲜卑拓跋部在平城（今大同市）建立北魏政权，进而统一北方。东魏、北齐以山西为战略基地，以晋阳（今太原市）为政治中心，把疆域南扩至长江。隋在山西设立五个总管府。晋阳是李唐王朝的发祥地，称为"北京"或"北都"。五代时，后唐、后晋、后汉和北汉兴起于山西。北宋时山西大部属河东路。辽代以大同为西京，金代山西全境俱入其版图。元统一全国，建立行省制度，设山西河东道，为"山西"得名之始。明置山西省后改山西布政使司，清代置山西省至今。

山西历史悠久，人文荟萃，是中华民族的发祥地之一，拥有丰厚的历史文化遗产。迄今为止有文字记载的历史达三千年之久，素有"中国古代文化博物馆"之美称，被誉为"华夏文明的摇篮"。传说时代的"精卫填海""女娲补天""禹凿孟门"的故事就发生在山西。中国上古时代的三个帝王尧、舜、禹均在山西南部建都，即"尧都平阳（今临汾市）""舜都蒲坂（今永济市）""禹都安邑（今夏县）"。春秋时期，晋文公重耳是春秋五霸之一。北魏时，大同曾作为北魏的都城，名重一时，且此后做过辽金及元初的陪都，素有"三代京华"之称。省会城市太原，古称晋阳和并州，中国北方的军事重镇，被誉为"龙脉"所在地，向来为兵家必争之地。明清时期，讲究诚信的晋商和山西票号崛起，著称中外。黄河流经山西，孕育了无数英雄豪杰、仁人志士。在中国的各个历史时期，山西曾涌现出众多政治家、军事家、科学家、文学家、历史学家。

厚重的黄河文化孕育了山西古代文明，同时山西也保存下了极为丰富的文化遗产。古人类文化遗址、城池衙署、寺观塔庙、石窟碑碣、雕塑壁画、险隘雄关、万里长城等，从北到南，遍布全省，构成了山西古今兼备、丰富多彩的人文景观。平遥古城、云冈石窟、五台山先后列入世界文化遗产名录，452处全国重点文物保护单位，428处省级文物保护单位和近6000处市县级文物保护单位，5座国家历史名城，107个国家级、省级历史文化名镇名村，以及53875处不可移动文物，彰显着文物大省的文化底蕴和内涵。这些文物都是中国文化遗产的重要组成部分，蕴含着中华民族特有的精神价值、思维方式，体现着中华民族的生命力和创造力。

第一章　山西古代建筑发展成就

在中华民族文化发展史上，山西是最早的发祥地之一，许多旧石器和新石器时代的遗址证明，数十万年乃至一百多万年前，人类一直繁衍、生息在这块古老的土地上，运用自己的聪明才智创造了灿烂的古代文明，使山西成为我国文明发展史上的重要组成部分，丰富的地上和地下文物，证实了各个历史时期的文化成就和文明进程。山西省的古代建筑最为突出，其中保存至今的木结构建筑居全国之首，而且门类齐全，式样繁多，被称为"中国古代建筑的宝库"。山西现存的木结构古建筑从唐至清，形成了一个完整的序列。有不少是稀有的佳作和全国仅存的孤例，是研究各个时期建筑史、文化史、宗教史、美术史等的最有价值和最具代表性的作品。

第一节　旧石器时代的建筑

山西省地处黄土高原，位于中国大陆的中北部黄土高原的第二阶地上，平面轮廓大体上呈一个由东北向西南倾斜的平行四边形，境内地形复杂，高低悬殊，自然形成东部山地、中部盆地、西部高原风格不同的地貌。在这片古老的土地上，从南到北发现了460余处旧石器时代地点或遗址，时代距今240万年到1万年不等，分为早、中、晚三段。

在如此漫长的历史时间里，我们的祖先靠采集渔猎为生，用各种石料打制的石器还有木器作为主要的生产和生活工具。在这些简陋的石器的帮助下，我们的祖先生存并且繁衍了下来，在生产和实践中，逐渐学会了用火和保存控制火，但是当时他们必须团结起来，才能抵抗自然中外力的侵害，所以他们聚集而居，共同劳动，共享劳动成果，共同抵御危险，在与自然界的斗争中不断成长，创造着富有特色的远古文明。为了更好地生存和繁衍，他们开始有意识地选择安全的地方围着火堆集体过夜。慢慢地，他们开始发现洞穴和崖棚是大自然赐给他们的最为完美的栖息之地。在当时人类生产力水平极为低下的情况下，洞穴和崖棚是非常理想的天然建筑，适宜人类用来躲避来自自然界的危害。洞穴通常是由水、风溶蚀和侵蚀形成的，崖棚也是在水和风的作用下形成的。洞穴通常在山体中，只有一个入口，封闭性强，非常利于居住；崖棚上部岩石突出，底部后缩，形成类似房屋的出檐，大多数位于河道两旁的阶地上，虽然不如洞穴深，仅能避风挡雨，但仍然是当时除洞穴外最为理想的居住地。这些被原始人类选择作为栖身之所的自然岩洞和崖棚，有四个共同点：一是近水，这是为了饮水和渔猎；二是为了防止河流上涨时受淹，洞口一般高出附近水面10～100米不等，多数在20～60米处；三是选择洞内干燥的洞穴，住处多在接近洞口的部分，比较干燥，并且空气新鲜；四是洞口背寒风，一般洞口背向冬季主要风向，很少朝向东北或北方。在一部分原始人类居住在自然洞穴和崖棚的同时，还有一部分原始人类生活在森林和沼泽地带，依靠树木作为栖居之地，这些洞穴、岩棚和树木之类，都是自然界本身，而生活的经验已经使他们懂得怎样使居住条件更好，对于栖居的树木去掉一些多余的枝杈，对于洞穴和崖棚则清除有碍的石块以及填补地面的坑洼之处。

在山西省内，这类的岩棚和洞穴遗址目前发现的共有15处，其中陵川县5处，黎城县1处，垣曲县2处，交口县1处，和顺县3处，潞城市1处，盂县1处，昔阳县1处。

一、塔水河遗址

这是一处位于太行山东南陵川县夺火乡塔水河畔的旧石器时代的古人类遗址。处在海河水系一条小支流塔水河上游左岸"Z"字形拐弯处，北距陵川县城45公里，1985年发现。岩棚沿河，长约35米，底部内深约10米。在靠河上游的一端，以砾石和粉砂为主，在靠河下游的一端，以粉砂和黏土为主，上部覆盖着由棚顶崩坍下来的石灰岩块。在从上到下出露的约11米的堆积中，出土有人类化石及大量哺乳类动物化石，丰富的石制品、灰烬层、烧骨、破碎骨片等，它们都翔实地记录着2.6万多年前"塔水河人"的生活信息。塔水河人

图1-1 塔水河洞穴遗址
资料来源：山西省第三次全国文物普查资料

图1-2 塔水河遗址出土石器
资料来源：山西省第三次全国文物普查资料

图1-3 麻节洞遗址
资料来源：山西省第三次全国文物普查资料

使用的工具主要是用黑色燧石制作的，器形也都很小。石器类型中除刮削器的式样比较复杂外，其余类型都比较简单。但塔水河的尖状器和锥钻颇具特色，尤其是尖状器的制作，既细致又规整，是塔水河文化中的代表性器物。从发现的斑鹿、马鹿、羊及犀牛等动物化石分析，当时这一带为森林和草原类型的自然景观，灌木丛生，植被茂密，气候也比较温和湿润。但是从岩羊和披毛犀的存在可以看出，塔水河人生活时期，气候还是比较寒冷的，他们过着以狩猎为主、采集为辅的经济生活，大量破碎骨片、烧骨和灰烬层的发现，说明火在塔水河人生活中起着重要的作用。所发现的文化层全部堆积在相当于河流的第二级阶地的岩棚之内，地层清楚，文化内涵丰富，这些文化遗物都属于原地堆积，说明这个岩棚为当时人们提供了一个长期的生产和生活场所。[1]

二、麻节洞遗址

遗址发现于陵川县附城镇西瑶泉村西北800米处孔台河左侧的麻节洞。麻节洞洞口走向为北西—南东向，洞宽约25米，深20米，高13米，现存堆积厚6米左右。从洞口剖面看，岩性大致可分为三层，即下部砾石层、中部黄土（文化层）、上部砾石层。文化层内含石器、牛、羊等哺乳动物化石及灰烬物质。发现的石制品多数是黑色火成岩，少量的燧石，器形较小，其最大直径多为3~5厘米。人工打击特征明显，但成器者较少，石片形状多不规整，还有灰烬层，内含有烧骨。经初步观察，该文化遗址为旧石器时代晚期一处长期使用的洞穴遗址，其地质时代为晚更新世晚期。[2]

三、南海峪遗址

位于垣曲县城西点头村南海峪沟的一个山坡上，是一个由石灰岩生成的洞穴，洞口高出山涧地面约6米。洞口由北而南扩展，共三个地点，其中大部分的洞壁因受自然的破坏而已坍塌，洞内有厚度不均匀的堆积物。堆积物中有人工打制痕迹的石英石片和由燧石与石英岩制成的石器，一些烧骨和哺乳动物化石，还有犀牛、鹿、箭猪等动物的牙齿和下颌骨。遗址的地质时代为中更新世晚期或稍晚些，相当于旧石器时代初期或稍晚。根据动物的化石可知当时南海峪气候温暖湿润，当时的古人类就与其共生的哺乳动物生活在这里，他们居住在天然的洞穴中，利用自己制造的石器工具和自然进行斗争，取得生活资料，知道了用火和烧烤动物，过着原始群的生活。这个遗址是山西省发现的最早的旧石器人类生活居住的遗址。[3]

图1-4 南海峪遗址外景
资料来源：山西省第三次全国文物普查资料

图1-5 南海峪遗址出土遗物
资料来源：山西省第三次全国文物普查资料

此外，在交口县的牡丹洞遗址、潞城市的黄龙洞遗址、黎城县的猫崖洞遗址、盂县的黑砚水河遗址、昔阳县的河上洞穴遗址、和顺县的马连曲洞穴遗址、范庄洞穴遗址和背窑湾洞穴遗址等处，都曾发现过人类活动的痕迹和遗物。

第二节　新石器时代的建筑

山西古代人类的建筑活动历时久远，从旧石器时代利用自然岩棚、洞穴作栖身之所，到新石器时代出现原始的农业、畜牧业生产活动，并逐渐掌握了磨制石器、制作陶器的技术，开始具有了营造住所的能力。

经过长达数十万年的漫长时光，在距今一万年前随着新石器时代和农耕时代的到来，伴随着建筑技术的不断改进，人类的居住从穴居、半穴居发展到地面建筑，并初步掌握了夯土筑墙和木结构建筑的榫卯技术。山西先民在制作石器工具的方法上，已在旧石器时代的打制基础上增加了磨制工艺，开始制作陶器。在山西这块美丽富饶的土地上，异彩纷呈的新石器时代文化孕育繁衍出灿烂的华夏文明！

人类从旧石器时代走向新石器时代，在各方面都有了长足的发展。其自身的繁衍，已由族外婚代替了群婚；生产有了发展，生活有了改善。这些发展和改进，与当时人类所处的生态地理环境有着密切的关系，尤其是发达的黄土堆积为山西新石器时代的文明产生提供了得天独厚的条件。方圆近60万平方公里的黄土高原，平均厚度50～80米，最厚达200米，其厚度之大，面积之广，堪称世界之最。黄土土壤呈颗粒状，富含矿物成分的植物养料，质地均匀而疏松，易于渗透，排水性能好，此外黄土还有很好的壁立性和垂直性，富有毛细作用，旱时地下水容易上升，宜于植物的生长。

黄河流域除了独特的黄土优越条件外，新石器时代的气候也是非常适宜人类发展的。根据第四纪地质研究，大约在 1 万年前，我国黄河流域的气候逐渐变暖，在距今 8000 年至 5000 年间，年平均气温比现在高 3~5℃。我国著名的科学家竺可桢的研究表明："近五千年间，可以说仰韶和殷墟时代是中国温和气候的时代，当时西安和安阳地区有丰富的亚热带植物和动物。"山西南部与西安、安阳近邻，古气候无疑接近。据近年对汾河下游的襄汾陶寺龙山文化遗址古气候的孢粉分析，当时这里的植被为暖温带落叶阔叶林温暖偏湿的气候。

新石器时代，人类的栖身之处已由洞穴、巢居逐渐转为建造房屋。虽然这种发展过程是极其缓慢的，但是房屋的出现，为我们提供了一种人类从野蛮时代过渡到文明时代演进的例证。有关古人类的巢居、穴处，古书记录颇多，先贤哲人著述也不少。如《韩非子·五蠹》："上古之世，人民少而禽兽多，人民不胜禽兽虫蛇。有圣人作，构木为巢以避群害，号曰有巢氏。"这种构木形式固然已不能重现，但是从古文字中我们尚能寻觅先民们构木为巢的痕迹。巢居可能是当时在地势低洼、气候潮湿、多虫蛇地区采用过的一种居住方式，这种居住方式多出现在长江以南地区，借助于树木的支撑构成架空的居住面，在此居住面上空再覆盖茅草或树叶之类遮风挡雨，这样可以防止地面潮湿，也可免受野兽的侵害，之后演变为干栏式建筑。在长江以北地区，尤其是黄河中游地区，利用广阔而丰厚的黄土，建造了穴居建筑。穴居的发展，经过地穴式到半地穴式的过程，最后发展为地面建筑。地穴式建筑是在黄土断崖上或者陡坡上营造横穴，是对自然的洞穴和崖棚的模仿，进一步发展，就是在缓坡上，首先垂直下挖，然后再横向挖掘。缓坡营穴随即过渡到平地营穴，就形成了袋形竖穴。穴居的发展至半地穴阶段已形成土木混合结构，即在浅竖穴上使用了起支撑作用的木柱，并在树木枝干的骨架上涂泥构成屋顶结构。木结构的构件，出现了柱、长椽、横梁以及大叉手屋架。在建筑内部还有火塘，在建筑顶部有排烟通风口。

新中国成立以来，在山西境内，新石器时代的考古学发现和研究工作取得了显著成绩，其中发现建筑遗迹遗址多处。有相当于仰韶早期的芮城东庄村遗址、娄烦童子崖遗址，仰韶中期的翼城北橄遗址、大同马家小村遗址、离石吉家村遗址，仰韶晚期的芮城西王村遗址、夏县东下冯遗址、垣曲古城东关遗址、太谷白燕遗址、太原义井遗址，相当于庙底沟二期文化的垣曲龙王崖遗址、侯马东呈王遗址、乔山底遗址、襄汾陶寺遗址、石楼岔沟遗址，还有相当于龙山时期的芮城南礼教遗址、垣曲丰村遗址、忻州游邀遗址、长治小神村遗址等。这些遗址的发现，为了解新石器时代建筑发展的进程提供了翔实的资料。

一、芮城东庄村遗址

位于芮城县西南 16 公里，南临黄河，北枕中条山余脉，在黄河北岸的第一台地上。东庄村正在遗址中心，最上一层为农耕土，下面是厚 0.2~0.5 米的黄土层；黄土层以下是东汉层，常常扰乱东周层，个别地方还扰乱了仰韶文化层。东汉层下是东周层，分布遍于整个遗址；东周层下有极少的西周遗存，但未发现成层堆积。最下一层为仰韶文化层，面积较小，估计面积约 5 万平方米。仰韶文化层保存不算很好，除去房址和灰坑的深度以外，厚度一般在 0.15~0.3 米，个别地方厚 0.7 米。仰韶文化层虽薄，但包含却比较丰富，除石、骨、陶质的遗物以外，还发现房子 2 座、灰坑 13 个、窑址 9 座和墓葬 5 座。[4]

F201，位于发掘地点的北部偏西，平面呈圆形，东西径 1.9 米，南北径 1.7 米，为一处居住面与当时地面基本平齐的小型房屋。居住面坚实，厚 10~30 厘米，是在一个底部凹凸不平的浅圆坑内用灰白色的细泥填平而成的。根据居住面周围残存的"白灰"推测，当时在灰白色细泥上是涂有一层薄薄的"白灰"的。居住面基本平坦，只中部柱子洞的周围加高 2~8 厘米，在居住面西南偏东的边缘上，有略呈椭圆形的小烧坑一个，口径 15~20 厘米，深 15 厘米，坑内及附近地面被火烧成红色，推测是保存火种及炊爨的地方。在房址上发现有柱洞 22 个，其中小柱洞 21 个，位于居住面周围的边缘上，大柱洞 1 个，位于居住面的中央偏北。大柱洞的洞壁周围及底部均有一层厚约 5 厘米的黑细泥，内夹杂有少量的陶片碎粒，质地十分坚硬。柱洞上下垂直，深 16 厘米，直径 20~25 厘米。小柱洞的洞壁，靠外一边绝大多数为生黄土，靠内一边为居住面的垫土。这些小柱洞都不是直立的，而是向屋外倾斜，斜度一般在 60°左右。柱洞之间的距离不等，以 12~20 厘米的占大多数，距离最短的 5 厘米，最长的达 41 厘米。柱洞底部皆作圆尖状，洞口平面呈圆形的有 15 个，呈椭圆形的有 6 个。洞口直径也大小不一，最大的 9 厘米，最小的 2 厘米，一般 4~6 厘米。

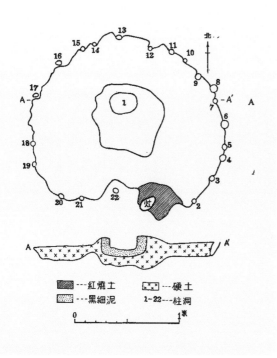

图 1-6 芮城东庄村 F201　资料来源：考古学报，1973（1）.

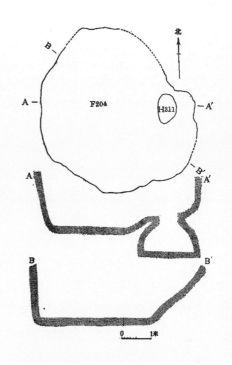

图 1-7 芮城东庄村 F204　资料来源：考古学报，1973（1）.

F204位于第二发掘地点的南端,系口大底小的竖穴,上面已被较晚的遗存削去一部分,残存深度约1.8米。现存的穴口平面很不规则,南北最大径约5.4米,东西最大径约5.5米。居住面呈椭圆形,径3.8~4.8米,相当平坦。其上有比较坚硬的路土面,厚约2厘米,当是由于人们践踏而成的。穴的周壁不甚平整,绝大部分由上而下向内倾斜,壁面也没有涂抹其他东西。穴东南有斜坡的出入口,斜坡上宽约0.8米,下宽约0.4米,上面亦有因人践踏而成的路土。在穴内东北边,有保存很好的袋状窖穴一个(H211)。窖穴口小底大,上部是椭圆形的筒状颈,高约0.5米,径0.8~1米;下部是壁呈弧形外张的大平底圆坑,深0.86米,底径约2米。房子内未发现柱洞、草泥土和灶坑等痕迹。

二、翼城北橄遗址

位于临汾市翼城县北橄乡北橄村,西距县城约10公里,处于太岳山向汾河谷地过渡的山前地带。遗址北接北橄村,东部为一条自然冲沟,南隔海子沟与南橄村相望,西距南卫村约2.5公里,地势东高西低,为平缓的坡地。遗址总面积近40万平方米,东部和南部因长年雨水侵蚀略有破坏,断崖上仍见灰坑、灰层,是一处保存较好的村落遗址。先后进行了两次发掘,总面积共775平方米,发掘有房址、灶址、墓葬、灰坑和灰沟。其中房址有7座,大致分为两类。第一类是小型方形房子,编号F2、F4、F5,分别位于相邻的T503、T502、T602、T603四个探方中,呈曲尺状分布。它们的形制、结构基本相同,面积接近。F4位于T502内,直接起建于第七层之上,并被含有大量房子墙体与顶部红烧土残块的第六层覆盖,除西南角被H12打破外,基本保存完整。其平面形状近正方形,室内边长约2.6米,总面积6.6平方米。地面是经过加工的第七层表层,十分平整,比较坚实。在平整地面之后,四周下挖宽约0.3米、深约0.5米的基槽,在基槽中栽柱填实,然后在立柱上捆绑横木并搭制顶部,最后涂抹草拌泥而形成木骨泥墙。房址发现有柱洞50个,其中1号柱洞为房内中心柱洞,2、3、4、5号柱洞是5层下打破6层,其余45个柱洞均匀地分布于四壁基槽中。柱洞内的填充物以腐朽的木炭、木灰为主,也有的填有烧土块,仅5号柱洞填充白灰。所有柱洞都和地面垂直。门道的位置,据位于北侧的5号柱洞推测,在房子的北面,但未发现其他证据。房内堆积已不存在,叠压在其上的第六层中发现的带有房子墙体的烧土块有可能属于该房子。由此可知房子的墙壁和房顶曾抹有草泥土并经火烤。据柱洞分布及其6层中烧土块推测,该房子平面为正方形,房顶为中心支顶的四面坡式。第二类是中型圆角方形房子,发现1座,编号F6,位于1T1303、1T1403与扩方范围之内,被第六层叠压,范围保存比较完整。其平面形状为圆角方形,边长5.5米,室内面积约30平方米,房子地面之下铺有厚0.1米的钙质结核和散碎红烧土,在此之上抹厚0.05米的草拌泥,质地较硬,平整光滑,地表已严重破坏。房子中间有四个排列不很整齐的柱洞,在房子北、东、西各残留有4、3、2个柱洞,柱洞内填以木柱朽灰。房子东北部有一个略似瓢形的火塘,门道位于东部,长仅存0.6米,略呈斜坡状,外高内低。门道之外东南面发现有路土。[5]

三、大同马家小村遗址

位于大同市南郊区水泊寺乡马家小村，西南距大同约10公里，遗址位于村东北约0.5公里处，东依白登山，西临桑干河支流御河。遗址位于高出河床约15米的台地上，除去现代沟渠和深坑外，遗址地形平坦。周围地形东高西低，地势倾斜呈缓坡状；南北开阔，有若干东西向冲沟。遗址东西长约250米，南北宽约200米，面积约50000平方米。由于遭到严重破坏，遗迹的分布情况已无法搞清楚，发掘地点无更多的选择余地，只能对断面暴露的遗迹进行清理。共清理残损的房基4座，4座房基间有一定距离，地层上不存在任何联系。其分布情况是：F1 在遗址的西部；F4 位于 F1 东北方向约 20 米；F3 在遗址的东部，西距 F1 约 200 米；F2 在遗址的中部偏南，东南距 F3 约 30 米。房基开口线以上仅一层表土，个别地方遗迹暴露于地面。这4座房址基本上无一保存完整，皆为半地穴式，挖筑于生土层中，平面形状可辨者为圆角长方形，几座房基址上部堆积土质坚硬，遗物很少，只出土很碎小的陶片，可复原的大片标本大部分都处在居住面上。

F3 是4座房基中保存较好的一座。坐北朝南，平面呈圆角方形，北、东部居住面及墙壁部分被破坏，南壁较平直，西壁梢外弧保存较好，其面积大约 26 平方米。墙壁保存较好者高出居住面 0.5 米。门道保存基本完整，平面呈长条形为竖井状，前部有台阶，底平整并有踩踏硬面。灶址在房屋中南部，同门道相通，部分遭破坏，平面可能为椭圆形。火塘同门道相通，估计除供人通行外，还有通气排烟的作用。四壁及地面均涂有一层草拌泥，中含砂粒，经火焙烧，呈黑灰色或青灰色。地面平整坚硬，有的地方形成裂缝。南壁东半部有两个柱洞，

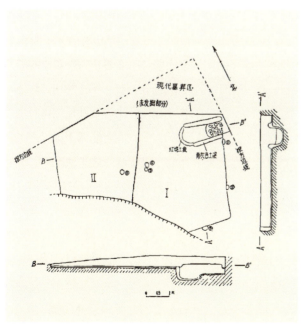

图 1-8 马家小村 F1　资料来源：文物季刊，1992（3）.

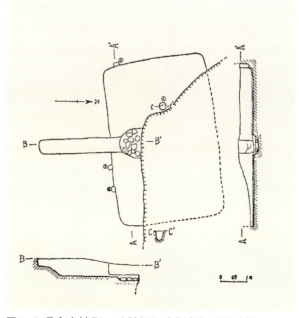

图 1-9 马家小村 F3　资料来源：文物季刊，1992（3）.

西壁靠西南角有一个柱洞，这三个柱洞平面为圆形和椭圆形。居住面的中西部有一规则的柱洞，估计居住面中偏东部应有一相应的柱洞。

F1基址西部被挖砂破坏，仅留东壁大部和西壁、南壁的少部分，居住面揭露范围很大，但平面形状不详。据已有形状推测，F1面积约为43平方米。东壁部分保存较好，高出居住面0.45米。墙壁处理同F3，只是涂抹草拌泥较薄。居住面分两部分，第一部分涂抹草拌泥，厚1~3厘米，经火焙烧，平面坚硬，硬度超过F3，类似今天的水泥地面；第二部分为垫土层硬面，厚约5厘米，平整但未经焙烧。居住面的西部略高于东部，灶址靠近东壁，保存十分完整，结构稍显复杂而多有讲究。平面形状西部为半圆形，东部开口，两边较平直；西部经长期烧烤形成约15厘米宽的红烧土痕；靠近开口部分的底部垫有卵石块，低于居住面15厘米；两边各有一条草拌泥堆形成高出居住面15厘米的烧土梁，经长期火烧后成青灰色，质地很硬，估计是为了防止火向外蔓延而特意制作的，火塘略呈竖井式。

F2仅保存约三分之一，门道、灶址已被破坏掉，居住面约在中部偏东有一柱洞。形状结构同F3。F4仅保留有很小一块居住面，其他情况不详。[6]

四、夏县东下冯遗址

位于夏县东下冯村东北的青龙河南、北岸的台地上，总面积约25万平方米。考古工作者将该发掘区域分为东、中、北、西四区，其中西区为庙底沟二期文化和龙山文化遗存，余下三区又细分为八个地点：东区第一、第四地点；中区第二、第三、第五、第六、第七地点；北区第八地点。遗存文化堆积深厚，被分为六期，Ⅰ至Ⅳ为东下冯时期遗存，Ⅴ和Ⅵ期为商代二里岗期遗存。遗址内发现的房址集中分布于中区的Ⅲ期和Ⅳ期文化堆积中，共有53座，分窑洞式、半地穴式和地面式三种。[7]

Ⅲ期的房址皆为窑洞式，共有41座，营造方式基本相同，即在已选择好的生土断崖上向里掘进一个门道，再由门道继续向里掏挖一个不大的居室而成。门道略呈拱顶的长方形，居室皆为穹隆顶。居室的大小、形状颇不一致。按面积的大小分，有大型、中型和小型三种。中型最多，共有33座，面积在4~7平方米之间；大型5座，面积9~13平方米；小型3座，面积3平方米左右。按平面形状分，有圆形、半圆形、椭圆形和长方形四类。房屋内有壁龛、灶坑、烧土面、烟囱、柱洞等，个别还有可能是放置陶容器的平底小坑。这些房屋的散水较好，门道一般高出当时的地面，两者间有斜坡连通，并且有明显的踩踏痕迹。从现有资料看，房屋的建造多因地制宜，并在有水井、陶窑的地方小范围聚集，形成一个小区域。

Ⅳ期共发现房址12座，其中3座是窑洞式建筑，7座是半地穴式建筑，还有2座是地面建筑。这些房屋虽样式各异，分布范围不同，但是该期的房址通常相距不远，小范围聚合。具体来看，窑洞式房屋均位于东区，建造方法与Ⅲ期相同。

半地穴式房屋在东区和中区的部分区域都有发现，全是竖穴，大都受到不同程度的破坏。房基由地面下掘而成，居住面多为生土，偶经火烧处理（如F3），有壁龛的F3、F4全在第一地点。

图 1-10 东下冯房屋遗址
资料来源：中国文物地图·山西分册．中国地图出版社，2006．

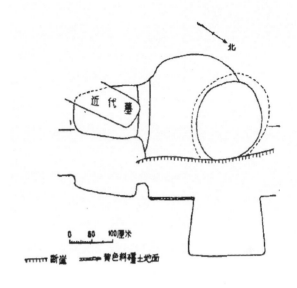

图 1-11 古城东关龙山早期房址　资料来源：文物，1986(6)．

在外沟槽的F566和F567两处房址并非窑洞式房屋，有学者根据房址内的柱洞，推测此类住房上部"当为茅草等植物茎秆盖顶"[8]。

地面房址则全部处于中区，长方形样式，夯筑而成，墙外有散水和硬土路面。F570室内墙壁涂有泥浆，并在房屋东南角清理出红色烧土面。

纵观两期的房址，窑洞式房屋无疑是东下冯遗存中最普遍的一种形式，也是该地目前所见最早的建筑样式，直到IV期时，才从回字形沟槽内外扩到其他地点，与此同时，中区的窑洞式房子绝迹；半地穴式房屋或许是借鉴了窑洞式的一些特点，如居住面不高于门道等，或许是从灰坑中汲取了经验，终归还是形成了不同于两者的建筑风格；F570、F594是仅存的两处地面建筑，相对而言，建造的技术也最高。

五、垣曲古城东关遗址

位于垣曲县古城镇，南隔黄河与河南渑池县相望，东依王屋山与河南济源相邻，西部为中条山，地处沇河与毫清河冲积而成的小盆地内。东关遗址在古城东关沇河西岸的河旁台地上，南北长约1000米，东西宽约300米，总面积约30万平方米。经过多次正式发掘，揭露总面积2500余平方米，发掘新石器时代房址共4座，其中仰韶早期房址1座，龙山文化房屋3座。[9]

F1为仰韶早期的房屋遗址，半地穴式，穴口呈圆形，平底，穴底西侧有一椭圆形小穴室，底部有一生土台，台下北端有一块残存的红烧土面。此外在大穴室底部还分别发现大小不等的四块红烧土面，有的经过涂抹，表面光滑呈红褐色。穴内填土可分三部分：大室填土呈灰褐色，土质较软，出有少量仰韶早期陶片；小室填土呈灰色，在其北端的红烧土面上倒置着一件完整的陶钵；大室和小室的底部均发现一层黄灰色土，其厚度大致与红烧土面相等，柱洞共发现9个，柱洞内填土均呈灰色，土质稍硬，该房址被不同时期的灰坑多次打破，其他现象均已不存。

3座龙山文化早期房址中，1座是地面建筑，因破坏较严重，难以复原。半地穴式建筑2座，其中的一座略呈圆形，建于生土上，地面铺有一层2厘米厚的黄色料礓土，地表平滑，居室内北部有一圆形袋状坑，坑口直径1.6米，坑底直径1.8米，深1.3米，坑底有大量草木灰和被火烧过的石块，门道开于南部，为一处外高内低的长条斜坡，房址东北部被断崖切掉，门道西南部被近代墓破坏，周围未见柱洞等遗迹。

六、太谷白燕遗址

太谷县位于山西省中部太原盆地东缘，其东南为太行山地，西北部为平川。白燕村坐落在太行西麓的山前缓坡地带，西南距太谷县城约15公里，北距峤峪河3.75公里，南临乌马河，西南与阳邑隔河相望。遗址主要分布在白燕村西北的河滨阶地上，现存范围东西长约830米，南北宽约430米，面积在35万平方米以上，经过三次大规模的发掘，发掘总面积近3000平方米。发掘工作分四个地点进行，第一发掘地点清理了大批灰坑和少数房址、陶窑、墓葬等，出土大量陶、石、骨、角、牙、蚌器和少量青铜、金质器物等。[10]

第一地点第一期、第三期和第五期发现的房址极少，且破坏较严重，只有第二期和第四期房址保存较好，第四期和第五期为夏商时期。第二期房屋F2，为一座袋状地穴式双间房屋，平面呈"吕"字形，由南间、北间和过道组成。南间为椭圆形袋状，东西口径3.06米，底径3.72米；南北口径1.9米，底径2.8米；穴壁残高1.48米。过道呈长方形。北间是在过道北端向西掏进的一个弯穹顶窑洞。居住面呈抹角方形，边长2米左右。从居住面到顶部为1.86~2.04米。在过道东北角发现一片烧土面，南北长1.6米，东西宽0.7米。烧土厚0.18米，其上覆盖着0.05~0.1米厚的草灰，可能是一个地面灶。在南间和过道的穴壁上，发现几个半圆形沟槽，内有成形的木炭，应是壁柱洞。居住面平坦、坚硬。经解剖共发现四层居住面。第一层为硬黑土，厚0.03~0.05米；第二层为草泥土，厚0.04~0.15米；第三层为红烧土，厚0.03~0.06米；第四层即最底层为浅黄土，厚0.02~0.05米。接近居住面的填土中有大量木炭、烧土块、草泥土和少量白灰面。填土伴有大量碎陶片，共复原20多件彩陶、10多件素面及绳纹陶器。

第二、三、四地点共发现房址4座，陶窑3座，灰坑96个，灰沟4条，墓葬9座，出土了一批陶、石、骨质的生产工具、生活用具和装饰品等遗物。[11]

第一阶段的房屋有椭圆形和抹角方形两种，较好的是F501，位于T551第九层下，穴壁的南北口径3.3米，底径3.4米，东西口径2.8米，底径2.9米，穴壁的东北角保存较好，高0.3～0.4米。穴壁为上小底大的袋状，穴壁抹有0.015～0.02米厚的草泥土，并经过烧烤，坚硬光滑。居住面是白灰面，其下为0.025米厚的草泥土。灶位于房屋中央偏北处，椭圆形，口略大于底。东西口径0.8米，底径0.68米，南北口径0.6米，底径0.45米，深0.2米。壁和底均抹草泥土，厚0.045米，被烧成砖红色，非常坚硬。门道位于房屋西部中央。门向西偏南。门道宽0.75米，呈坡状，西高东低，有0.25米厚的路土。

第二阶段的遗存数量最多，遗迹有房屋、陶窑、灰坑和灰沟。房屋除形状与前段F501基本相同的以外，还有窑洞式建筑。

图1-12 太谷白燕遗址 F504
资料来源：文物，1989（3）.

F504位于T543第三层下，打破F503，为地穴式窑洞建筑。上口不规则，长径2米，短径1.5米，可能是房顶塌陷后形成的缺口。上部内敛较甚，估计房顶为弯顶。穴壁下部内凹，形成9个大小不等的窑洞，高度0.4～1.6米不等。底部有若干小坑，在东南部的4个坑中各发现一个完整的小口篮纹壶。活动面为两层路土，其下发现一个大型"十"字形坑和一个有完整小口篮纹壶的坑。门道位于西北角，呈长条形，长2.4米，共有7级台阶。房内设有灶坑和用火痕迹。从房内设施和出土遗物看，不像是一座用于居住的建筑。

七、襄汾陶寺遗址

位于汾河以东，塔儿山西麓，襄汾县城东北约7.5公里的陶寺村南。遗址东西约2公里，南北约1.5公里，总面积有300多万平方米。该遗址是20世纪50年代初由山西省文管会发现的，之后中国社会科学院考古研究所开始进行发掘，从1978年到1984年共进行了14个季度的发掘，发现陶寺早、中、晚三期文化遗存[12]，是山西新石器时代较为重要的一处遗址。

陶寺遗址早期的房址，有半地穴式和窑洞式两种，居室平面形状多为圆角方形，边长2～3米，有硬土面和白灰面两种，设有灶坑、灶台与烧面，壁上常掏有小龛。

房址多为窑洞式，少数为白灰面，但多已残破。窑洞房子一般利用自然断面掏窑室，有并排两个，窑室前面有一个低于地面的圆形院子，由院子通向地面专门设置有斜坡道，窑洞门有朝北、朝东和朝西的，有的作台阶状，门口有土楞状门槛，室内地面多数是褐色烧土，也有少数地面敷有石灰浆。白灰面房子呈圆角方形，门道朝西南。早期房屋，以F326为例，为一圆形弧壁，弧壁保存最高处为1.1米，居住面直径2.9～3.2米，居住面平整、坚硬，并经火烧烤。门道朝西南，为三级阶梯式，宽0.42米，水平长度1.3米，居住面与最高一级台阶相差约1米。门道的左侧设有一个呈半圆形的烧灶，系掏入房壁内的，进深0.42米，最宽

图 1-13 陶寺遗址出土彩绘龙盘
资料来源：山西通志·文物志.中华书局，2002.

图 1-14 陶寺天象台遗址
资料来源：中国文物地图集·山西分册.中国地图出版社，2006.

处0.60米，烧灶上部有一条宽0.05～0.10米、略呈弧形的灶算，灶算距灶底约0.3米。在门道和烧灶之间，有一长0.44米、宽0.3米、深0.1米的方形火池。烧灶的右侧有一向壁内掏入的近似圆角方形的小窑洞，进深1.1米，窑口宽1米、高1.14米，小窑洞入口处的地面上留有一道深0.05米的凹槽，可能是用来卡住遮挡小窑的栅栏。

晚期房屋，以编号为IVP401的房址为例。房子东、南、北三面已被破坏，从残存部分看似为一圆角方形房子，整个房子地面系由0.5厘米的白灰面涂抹成，中间有一直径70厘米的红褐烧土面，白灰面西南—东北残长3.5米，东南—西北宽约2.45米，残存面积约8.6平方米。白灰面的西北边沿有一条围着白灰面走向的黄花土槽，槽宽约0.75米，深0.25米，槽的北段尚高出白灰面约7厘米，内槽边还立贴着残高3厘米的白灰皮，贴立的白灰皮和平面（白灰面）的连接处呈"L"状，当是房子的西北壁。F401的西南角，白灰面稍向外伸展出一块，宽约0.80米，或许是门道所在，其外有一长2.2～2.8米、宽1.15～3.10米的活动面。这座房子的开口距地表1.6米，其上覆盖着第4和4A、4B层，这些层内出土绳纹直口杯、篮纹扁壶等残片，故其时代当属本遗址的晚期文化遗存。

八、石楼岔沟遗址

石楼县位于山西省的西部，濒临黄河，属吕梁地区。这里的黄土高原，由于长期的黄土侵蚀，被切割成一条条的沟壑，塬面破碎，成为典型的沟壑峁梁地区。岔沟村现属石楼县城关乡所辖，在县城东约4公里。屈产河自东向西流经县城，折向西北，注入黄河，岔沟村就在屈产河北岸的黄土山坡上。这里河谷狭窄，两侧崖壁陡峭。1980年，在村内发掘了两座龙山文化白灰面房址，1981年，又在村西的山梁上发掘了17座龙山文化的居住址、2个龙山文化的灰坑，另外，还发掘了1座仰韶文化居住遗迹。[13]

仰韶文化的房址只有一座，位于接近塬顶的一条狭窄的山梁上。房址所在海拔 1118 米，是这次调查中位置最高的一座房址，其东西两侧都被深沟破坏，南临断崖，也已毁坏，只保存很少的一部分，东西残长 2.1 米，南北残存 3.6 米，墙保存高 1.55 米，方向以通过火塘中心的南北剖线为准。平面形状不详，从保存的一段长约 2.3 米的弧形北墙推测，房子可能是圆形的，口小底大，壁面不整齐，没有保留任何加工修整痕迹。居住面比较平整，在生土面上涂抹两层细泥，每层厚均为 1.5 厘米。在距墙北约 2 米处的居住面上，有一个圆形的火塘，由于长期烧火使用，火塘的底部及周壁都烧成红烧土硬面。在火塘以东紧靠断崖处，保存有一个柱洞，圆形，内径 32 厘米，外径 50 厘米，深 50 厘米。柱洞底部为尖锥形，用陶片和黄土填实。屋内的堆积为黄土，土质较松，文化遗存较少，只发现几片陶片，其中一片是细泥红陶钵的残片。

龙山文化的房屋遗迹发现较多，有 19 座，其中 F3 保存最完整，F5 保存较为完整。F3 位于岔沟村西另一条土梁的半山腰上。这里的龙山文化居住遗迹分布比较密集。F3 附近还有 F4 等白灰面房址多座。F3 海拔 1070 米，高出屈产河河床约 80 米。平面呈凸字形，居室略呈椭圆形，中央有圆形烧灶，南面有一条凸出的门道，门在门道顶端的中央，门外有一片院落，院落的西侧有一个室外的露天灶坑。居室东西长 4.15 米，南北宽 3.1 米，门道长 1.4 米，宽 2 米，门宽 0.8 米。方向以门道为准，墙壁都是生土壁，上下略有弧度，以后墙保存较好的位置度量，居住面向外扩出 0.1 米。墙壁最高 1.55 米，靠上部均有坍塌，已非原来壁面。墙面上先抹一层厚 0.3 厘米的草泥土，再抹一层白灰墙皮，高 40 厘米，厚 0.3 厘米。居住面也是先涂一层草泥土，厚 0.3 厘米，再抹一层白灰，压磨光滑，厚 0.5 厘米。居室中央偏南有一圆形烧灶，直径 1.23 米。其做法是先按灶的大小向下挖深 10 厘米，四周抹白灰，再填土压实，使之较周围居住面略隆起 1～3 厘米，灶的表面未见抹白灰的痕迹；烧灶范围内因长期烧火呈暗红色，表面有龟裂纹。门道在居室的南面，稍偏东，门道两侧的墙不对称，东壁长 1.4 米，西壁长 0.8 米，呈弧形转角。门道和居室的拐角，门道南端的转角，都有相连接的白灰墙皮。门宽 0.8 米，深 0.4 米。门前有二级台阶，第一级宽 0.35 米，高 0.13 米；第二级宽 0.4 米，高 0.1 米。门和门道之间，横放一块石板作为门限。门外到断崖边，有一片东西宽约 6 米、南北长约 2.7 米的平地，可能是这座房屋的院子。院子的地面和室内居住面大致在同一平面上。西端有一长方形的烧灶，灶东西长 0.7 米，南北宽 0.4 米，深 0.67 米。灶的两侧壁都贴有石板，灶内烧成暗红色。这个院落和烧灶应是 F3 的组成部分。室内外的地面上填满淤土和黄土，仅南部及东南角的居住面上有 10 厘米厚一层灰土堆积，出土一百余片陶片。

F5 是保存比较完整的房址之一。它坐落在海拔 1080 米的山坡上，东、南面临断崖。向西不到 10 米，有 F6、F7，3 座房屋东西排成一列。在表土层 10 厘米以下即露出上口，房址平面也是凸字形，方向以门道东壁为准。居住面呈圆角长方形，现存居室上口收成半圆形，口小底大。上口东西长 4.4 米，南北宽 3.3 米，居住面向四周扩出，东西长 5.25 米，南北宽 4.3 米。现存墙壁西南角最低为 1.3 米，东北部最高为 2.2 米。门道略偏东，门道的

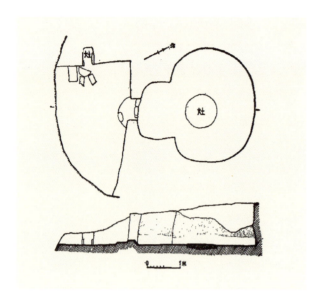

图 1-15 石楼岔沟 F3　　资料来源：考古学报，1985（2）．

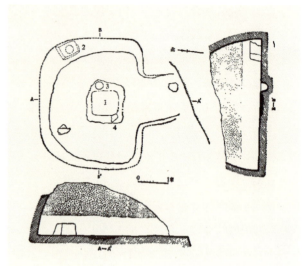

图 1-16 石楼岔沟 F5　　资料来源：考古学报，1985（2）．

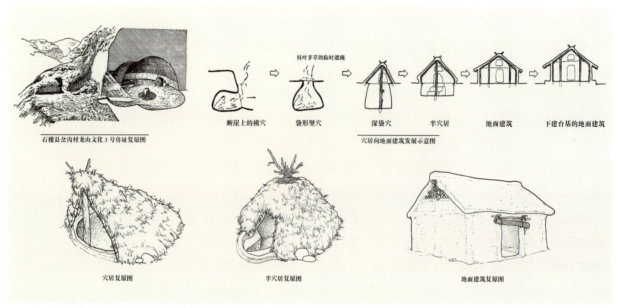

图 1-17 古代穴居、半穴居、向地面建筑发展示意图　　资料来源：山西省博物院

南端被断崖所毁。门道东壁较直，西壁斜向东南，北宽 2 米，南宽 1.7 米，残长 1.7 米。墙壁是生土壁，距居住面高 0.85 米以下抹白灰墙皮。在壁上涂一层草泥土，厚 0.3～0.5 厘米，再抹一层白灰面，厚 0.3 厘米，白灰墙皮大部已剥落。生土壁面未经加工。门道的两壁也有白灰墙皮，大都剥落。居住面用白灰涂抹再压磨而成，有的地方已残破。居住面有两层，大概是下一层居住面损坏后，又在上面另抹一层。白灰面厚 0.5～0.8 厘米。在靠近墙根的居住面上，有一圈宽约 0.6 厘米的红线，是用红颜料画在白灰面上的。这种情况在其他一些房址中也有发现。居室中央有一烧灶，已毁坏，从残留的痕迹看，为方形圆角，

东西宽 1.15 米，南北长 1.25 米，灶面为红烧土，低于居住面 3～5 厘米。灶的西南角放一块石头，经火烧过。在居室的东北角，有一个用黄土砌成的锅台，形状为截顶方锥形。底部东西宽 0.65～0.7 米，南北长 0.7～1.1 米；顶部东西宽 0.45～0.5 米，南北长 0.5～0.7 米，高 0.45 米。锅台中央有圆形灶口，口径 32 厘米，底径 37 厘米。灶门偏在东南角上，底宽 30 厘米，高 25 厘米。灶门外壁上有因烧烤而成的红烧土面。这种灶仅发现此一例。在烧灶东北的居住面上，有一个柱洞，圆形，口径 32 厘米，深 42 厘米。室内填黄土，土质较松，南部有大块的生土，可能是从上壁塌下来的。接近居住面处有零星的灰土堆积，出土陶片一百片，仅复原陶杯一件。

在新石器时代，当时人们的生产工具还很落后，劳动的技能和知识也尚在启蒙阶段，但通过长期艰巨的努力，古人以自己的智慧和劳动，创造了聚落、居住建筑、陶窑、祭坛等多种前所未有的建筑形式，为后代建筑的发展奠定了最早和最基本的基础。

在建筑结构上，窑洞、木构架得到了广泛的应用与发展，基本确立了以后几千年中国传统建筑的土木结构形式，特别是木梁架式样，更成为中国建筑结构中的主流。施用于墙垣、坛台、屋基的夯土技术，对后代建筑影响至大。而土坯砖、木骨泥墙、烧烤地面、白灰面及室外散水等建筑材料与技术的应用，不但改善了当时建筑的使用及人们的生活条件，而且还为后世长期沿袭。

聚落选址时注意近水、向阳、不受旱涝、易于防御，将聚落分为居住区、生产区和墓地，这些经验，是通过长期实践取得的，对日后各种村镇的建设和发展，有着十分重要的意义。

第三节　夏商周及春秋战国时期的建筑

大约在公元前2100年至公元前770年夏商周时期，我国历史已经进入了农业社会，在这一长达1400余年的农业社会时期，人们用自己的智慧和劳动创造了大量物质财富和精神文化，开创了我国古代文明的先河。在大量劳动力的协作劳动条件下，农业生产空前提高，手工业与农业分离并进一步专业化，文字开始出现，科学技术发展，青铜工具使用和铁器出现，各种艺术的创造，这些都是原始社会不能比拟的。建筑上出现了版筑法，促进了城墙的兴建，土木相结合的宫室建筑和高台建筑的出现，陶质建筑材料（瓦、铺地砖、水道管）的制作与使用，管道排水设施还有装饰技术的发展，这些都是这一时期建筑工程技术成就的标志。从目前的考古资料看，夏已开始使用夯土技术营造宫室台榭，采用"茅茨土阶"的构筑方式形成"前堂后室"的空间布局。

夏朝是我国农业社会的开端，历时共四百多年，主要活动区域在黄河中下游一带，当时的统治者不断对周围部落发动战争，掠夺奴隶，驱使他们从事各种生产劳动。与此同时，青铜工具逐渐得到应用。在山西夏县东下冯遗址中就发现有相当于夏朝的铜器，有锥、刀、镞等，表明当时铜器已经开始用于生产。大量奴隶劳动和青铜工具的应用，使得大规模的建筑活动得以实现。为了加强奴隶主阶级的统治，夏朝经常进行修建城郭和宫室等大规模建筑活动。夏县东下冯是一座时代上相当于夏朝的城址，据考古发掘，城规模为140米见方，这座城的地理位置和传说中的夏都相似。夏朝城郭的修建和宫室台榭的营造，是这一时期建筑技术重大进步的表现。

商朝建立于公元前16世纪，立国约六百余年。其统治区域以河南中部为中心，东至大海，西到陕西，北达河北、山西、辽宁，南抵湖北、安徽以及江南一部分地区，当时已经成为世界上具有高度文明的农业制大国。考古发掘证明，至迟在商代，我国已经开始有了文字可考的历史。商王朝的统治者用残酷的手段驱使更多的人民从事农业、狩猎、手工业、修路、建筑等生产活动。专业的分工、生产规模、工艺水平，都达到了前所未有的高度。特别是手工业，完全为官吏和贵族垄断，设立工官，技术纯熟，此外，制陶、刻骨、玉石制作、皮革、纺织、建筑等也有很大进步。遗址发掘资料表明，在商代，我国建筑

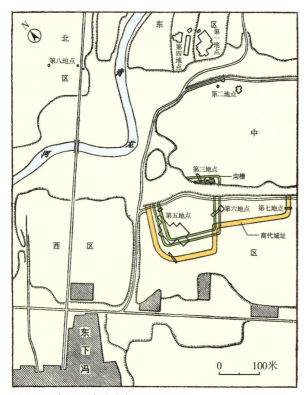

图 1-18 东下冯遗址分布图
资料来源：中国文物地图集·山西分册.中国地图出版社，2006.

就已经出现自己独特的风格，开始把城市作为一个整体来规划与建设，有一定的布局原则，宫殿建筑群体组合中有明确的中轴线，土木建筑技术已经推广，擎檐柱的使用，反映了高大的木结构建筑技术的新水平。管道排水设施、建筑装饰技术也有了很大的发展。

公元前770年，周平王迁都洛阳，开始了我国历史上的春秋时期，这是奴隶社会向封建社会过渡的大变革时期。铜工具的广泛应用，铁器的发展和牛耕的推广以及大量私田的出现，促进了农业和手工业的大发展，手工业工人在社会中逐渐冲破了"工商食官"制度的枷锁，得到了自由，成为个体手工业者，大大提高了生产兴趣。他们不断改进生产工具，提高生产技术，推动手工业不断向前发展。商周时期，建筑技术上已开始以木结构为主流的建筑形式，并用分层夯筑后逐段上升的夯土版筑法建造城墙。西周初期在建筑上开始使用板瓦、筒瓦等建筑陶器，有了屋面的防水材料，这是古人在建筑上用陶的伟大创造。由于屋顶荷载加大，在木构架中开始使用简单斗栱的构造，这促进了建筑结构向构架发展的历程。周朝继承了夏商时已初步形成的建筑制度。史料记载："匠人营国，方九里。旁三门，国中九经九纬，经涂九轨。左祖右社，面朝后市，市朝一夫。"（《周礼·考工记》）这种营造思想贯穿了整个封建社会，成为历代王朝建筑城池的规范。

春秋时期政治经济的重大变化，为建筑技术的大发展创造了有利条件，城邑建筑频繁，施工有周密的计划和严密的组织，版筑采用分块夯筑方法，宫殿建筑、高台建筑发展，金属构件与陶瓦得以应用，装饰手法更为丰富多彩。春秋战国之交的著作《考工记》一书，集中

图 1-19 垣曲县南关商代遗址发掘现场（1986 年）
资料来源：中国文物地图集·山西分册.中国地图出版社，2006.

图 1-20 垣曲县南关商代遗址西城墙内墙基槽
资料来源：中国文物地图集·山西分册.中国地图出版社，2006.

图 1-21 侯马晋国遗址北坞城中的建筑基址（春秋时期）　　资料来源：中国文物地图集·山西分册.中国地图出版社，2006.

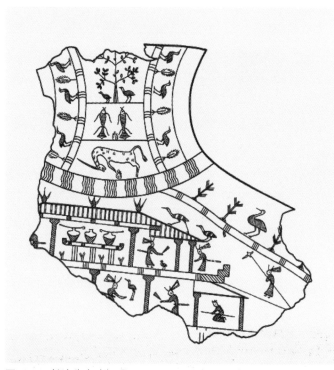

图 1-22 长治分水岭铜匜
资料来源：韩炳华，李勇编著．长治分水岭东周墓地．文物出版社，2010．

反映了这个时期建筑技术的一些成就，同时还出现了一些杰出的建筑匠师。

除了建筑技术的大发展，还出现了建筑的两极分化和等级差别。统治阶层为了满足其统治需求和生活需要，运用了当时最高水平的建筑技术，在其居住的城市里修建华美的宫室和宗庙建筑，而创造并掌握建筑技术的劳动者则居住在极其简陋的地穴和半地穴式的窝棚里。建筑走向等级分化，产生了宫殿与洞穴对比，正是社会上层贵族们与平民之间矛盾的反映。夯土技术开始于原始社会晚期，在农业社会时期获得了巨大的发展，到了春秋时期，应用达到了成熟阶段，集中表现在城垣工程之上。在建筑技术大发展的同时，已经有了对城市选址和规划的意识。城市建筑在什么地方，对于统治者来说是一项重要的事情。根据史书记载和考古发现，当时建筑城址的地方，大多选择在依山傍水的地带，土地肥沃，利于农耕，地势优越，易守难攻。

公元前770年到前221年是中国历史上的春秋战国时期，是奴隶社会逐渐崩溃瓦解和封建社会制度的萌芽时期，也是中国历史上社会经济急剧变化、政治局面错综复杂、军事战争频繁发生、学术文化百家争鸣的变革时期。我国古代土木工匠祖师鲁班就生活在这个时期。由于社会生产力水平的提高，手工业和商业相应发展，春秋战国时期的建筑已经大量使用青瓦覆盖屋顶，开始出现砖、彩画、陶制的栏杆和排水管等，建筑规模比以往更为宏大。如侯马晋故都新田遗址中长75米、宽75米、高7米的夯土台，就是使用夯土抬高建筑群高度的。这个时期，中国建筑的某些重要艺术特征已初步形成，如方整的庭院、纵轴对称的布局、木梁架的结构体系和由台基、屋身、屋架所组成的单体造型，对后世的建筑规划、设计产生了深远的影响。

第四节 秦汉时期的建筑

公元前221年，秦结束了数百年诸侯割据纷争的局面，建立了中国历史上第一个中央集权制度的王朝，统一了度量衡、货币和文字，制定了集权统治所需要的制度。为了巩固政权，防范匈奴内侵，秦设置了郡县，修缮、补筑了旧秦、赵、燕长城，连接成东起辽东、西至临洮、绵延万里的长城，仿照六国宫室的建筑修建秦壮丽恢宏的宫室。这种建筑制度上的统一，为统一的中国传统建筑风格的形成奠定了基础。在传统木构架建筑

图 1-23 汉代乐舞伎陶楼
资料来源：山西省博物院藏

20世纪70年代平陆县出土。陶楼通高1.5米，分3层，庑殿式屋顶。四立柱上承阑额、斗栱，柱间装有窗棂，下为池盆，盆中有鸡、鸭、狗、猪等家禽。从中可以看到，汉代时传统木结构构架形式和斗栱已基本形成。

图 1-24 长生无极（汉）
资料来源：山西省博物院藏

图 1-25 长乐未央（汉）(1)
资料来源：山西省博物院藏

图 1-26 长乐未央（汉）
资料来源：山西省博物院藏

图 1-27 延寿长相思（汉）
资料来源：山西省博物院藏

图 1-28 汉代绿釉陶屋
资料来源：山西省博物院藏

图 1-29 汉代"天安天常"砖（夏县禹王城出土）
资料来源：山西省博物院藏

上，特别是抬梁式结构技术上，秦达到前所未有的高度，在大跨度梁架结构上取得了突破。在建筑材料方面，秦大量使用并发展陶质砖、瓦及陶管。陶砖不仅在室内使用，而且在室外地面也进行了大量铺装，瓦上出现精美的图案，成为瓦当，这是中国建筑设计史上重要的一页。

两汉时期是中国封建社会的上升时期，社会生产力有所进步，随着丝绸之路的开辟，中原地区与西域各民族开始交往和融合，佛教文化从这个时期传入中国。汉代农业、手工业和商业的发展促进了建筑技术的进步，形成了中国建筑史上第一个高潮。抬梁式木构架建筑技术日趋成熟，梁、柱、斗栱结构已在房屋中大量使用，当时多层结构建筑采用的即是抬梁式木构架，斗栱也已成为大型建筑挑檐常用的构件。汉代庭院式的群体建筑布局基本定型，从出土的大量东汉时期的壁画、画像石、画像砖和明器上描绘的宅院、重楼、厅堂、仓厩、圈、望楼等，以及门、窗、柱、槛、斗栱、瓦饰、台基、栏板、窗棂等形象可以看出，汉代设计的庭院式建筑群体布局与基本形式都已接近后世的建筑。汉代建筑的实物虽已不存，但在山西南部出土的大量汉代多层陶楼上还可以看到当时建筑技术的成就。

汉代陶楼中反映的方形楼阁已经使用斗栱承托腰檐，其上置平座，形成一个固定的结构单元，层层垒叠形成楼阁，标志着汉代木结构建筑技术的成熟。从这些建筑的屋顶结构看，中国古建筑中庑殿、歇山、悬山和攒尖四种屋顶形式也已出现，成为沿用二千多年的设计形式。

砖石结构建筑和拱券技术在两汉时期也有了很大的发展。屋面大量使用陶瓦覆盖，板瓦、筒瓦和瓦当的制作已相当进步，制陶和烧造技术超过了以往任何朝代，其中最有特色的就是各种画像砖和饰有精美纹饰的瓦当和模印砖，素有"秦砖汉瓦"之誉。

第五节　三国两晋南北朝时期的建筑

公元2世纪末，东汉统治衰落，中国进入了一个长期分裂的年代，历史上形成了三国魏晋南北朝。三国因西晋王朝的建立而结束，但西晋的统一也仅仅维持了50多年，进入东晋、南北朝时期。北朝由鲜卑的崛起而建立北魏政权，统一了中国的北方，其后又分裂为东魏、西魏，而后北齐取代东魏、北周取代西魏，北周灭北齐后北方又归于统一。山西由于其重要的军事地理位置，成为各政权争夺权力的主战场。这些由北方少数民族建立的政权进入中原后，迅速与汉文化融合，吸收中原汉族的典章文化和生活方式，促进了民族间的文化交流，使得建筑技术和工艺都有明显的变化，是中国古代建筑体系发展的时期。北朝时期的建筑融入了许多源自印度、西域的建筑形制和元素，既是对秦汉传统建筑成果的继承和运用，又因佛教传入出现了一些新型的建筑，即佛寺、佛塔和石窟等，建筑装饰上出现了新的气象。

一、北朝佛寺建筑

北魏定都平城（今大同）后，大力提倡佛教，使东汉时就传入中国的佛教得到发展，佛教寺塔盛行。东魏、北齐时期，孝静帝、丞相高欢、高澄父子及北齐诸帝皆对佛教有着狂热的追求，虽然迁都邺城，但均以并州治所晋阳（今太原）为陪都，使晋阳不但成为北朝政权的宣政之所，而且成为当时的军事重镇和佛教中心。佛教于十六国时就在北方广泛流传，拓跋鲜卑统治者在统一北方的过程中，对佛教及其寺院采取保护政策，给僧人以优待，让他们为北魏政权服务。北魏天兴元年（398年），魏道武帝令都城平城官吏修整宫舍，让信佛的人住宿。接着，便造出一座有五级佛塔、须弥山殿、讲经堂、禅堂、沙门座（即僧舍）的规模宏大的寺院。魏明元帝为了利用沙门"引导民俗"，令京城及四方州郡寺内广建诸佛图像。魏太武帝初年，也很尊崇佛教，以礼征请各地名僧到平城，常与谈论佛学。及至灭了北凉，又把大批僧人迁至平城。452年太武帝被宦官所杀后，继位的是文成帝和献文帝。除京都的建设外，兴建了大量的佛寺建筑，恢复了五级大寺，并在城西开凿了武周川石窟（今云冈石窟）。467年新建了永宁寺、三级佛图等名刹，471年在北苑建鹿野佛图。

北魏在长达百年的城建史上，灭北凉后将北凉高僧、工匠都掳掠到平城，还"徙山东六州民吏及徒何、高丽、杂夷三十六署，百工技巧十万余口以充京师"（《魏书·释老志》）。在平城内外和领地上大兴土木，进行了大规模的建寺活动，"于时起永宁寺构七级佛图，高三百余尺，基架博敞，为天下第一。又于天宫寺造释迦立像，高四十三尺，用赤金十万斤，黄金六百斤。皇兴中又构三级石佛图，榱栋楣楹，上下重结，大小皆石，高十丈，镇固巧密，为京华壮丽"。在武周川开凿云冈石窟，"灵岩南凿石开山，因崖结构，其容巨壮，世法所稀，山堂水殿，烟寺相望，林渊锦镜，缀目新眺"（《山西通志》）。《魏书·释老志》记载："京城内寺新旧且百所，僧尼两千余人，四方诸寺六千四百七十八人，僧尼七万七千二百五十八人。"此后境内的寺院、僧尼数量猛增，至延昌中（512～515年），"天下州郡僧尼寺，积有一万三千七百二十七所"（《册府元龟》）。上行下效，当时平城及北魏各州郡军镇，官私竞相建寺作为"福业"，互争高广，追求华丽。北齐时境内有寺三万所，僧尼近二百万人，北周时有寺一万所，僧尼近百万人，山西是当时北方的佛教文化中心。

据文献记载，平城当时著名的寺院有：永宁寺，皇兴元年（467年）献文帝建造，位于平城城内，规模宏大，装饰华丽，中有一座七层佛塔，高300余尺，基架博敞，当时号称天下第一；城内的天宫寺，文成帝时重建，献文帝于寺内建造释迦牟尼立像一座，高达43尺，共计用赤金10万斤，黄金（即金）600斤；建明寺，在城内，魏孝文帝承明元年（476年），冯太后为献文帝祈求冥福而建；思远寺，在平城北50里方山上，系太和元年（477年）冯太后为纪念当年道武帝在此立营垒与后燕大战而建；报德寺，太和四年（480年）春以鹰师曹衔改建；皇舅寺，冯晋国所建。东魏、北齐时期皆以晋阳为陪都，历代帝王均崇佛，尤以高齐最盛，天统五年（569年），将并州（太原市南）的尚书省衙改为大基圣寺，改晋祠为大崇皇寺；又在晋阳（即并州治所）西山凿大佛像，夜间燃油灯万盏，光照行宫内；开凿了天龙山石窟，又为其胡昭仪起大慈寺，未完工，改为穆皇后"大宝林寺"，穷极工巧，工程浩大，仅运石填泉，劳费就以亿计。在太原兴建了并州定国寺、三级寺、并州寺、崇福寺、天龙寺、开化寺、童子寺等一批寺庙，直到西魏北周前期，境内的佛教一直在发展。北周建德六年（577年），周武帝灭北齐后，决定将原北周、北齐全境数百年来官私所造寺庙全部毁灭，4万多所寺庙赐给王公大臣，经书烧毁，佛道300多万僧、道徒还俗。北朝佛寺建筑由于年代久远和灭法运动，进入隋唐以来大多不见于文献记载，但遗迹尚存，从大量保存的遗址、石窟及墓葬中尚可窥见其建筑技术成就。

1. 大同市北郊发现北魏惠远山佛寺遗址并出土大量文物

惠远寺遗址位于大同市北郊方山南山沿下的高地上，占地面积9800平方米。掘出石雕柱础、砖、瓦等。砖有方砖、条砖，瓦当有莲花纹、兽面纹，还有陶制塔脊装饰部件、石雕佛像残块和各种陶制生活用具等。据考察，这是一座以佛塔为中心的塔院佛寺。[14]

2. 云冈石窟中所反映的北朝建筑

云冈石窟中的建筑形式，主要是仿木结构的塔窟和殿宇建筑。塔窟有第一、二、四、六、十一、三十九窟，其中有2层、3层、5层之别。结构均沿袭了汉以来的形制，有柱、枋、斗栱（一斗三升人字栱）、檐椽、瓦垄，层间有的一间一龛，有的三间三龛，最多的为五间五龛。另一种是前后双室型，如第七、八、九、十、十二窟，其中以九、十、十二三个窟内雕刻最为华丽。这三窟的前室均雕有三间殿式佛龛，殿顶脊中立金翅鸟，两端饰以半月形的鸱尾，有的饰三角焰和大鹏鸟，屋角起翘，形象逼真。檐下斗栱整齐，枋下饰帷幕或璎珞飞天。

云冈石窟第九、十、十一、十二窟皆为双窟，每窟前均开凿出一个三间面阔的前廊，廊柱皆仿木结构，采用八楞柱柱身，柱上有佛像雕刻，柱础须弥式，柱顶部施有大斗承托阑额。

3. 天龙山石窟中反映的北朝建筑

天龙山石窟保存有南北朝、隋唐时期建筑实物资料，如束莲式圆形或八角形柱、束莲式、覆盆式柱础、人字栱和一斗三升栱等。天龙山的北朝石窟开凿于东魏北齐年间，均为方形佛殿形窟，三壁三龛式。北齐窟前均设有仿木结构前廊，设有柱、额和斗栱，柱为抹八角柱，柱头斗栱承阑额，上置横栱，斗栱一斗三升，柱身卷杀有内颤，补间施人字栱。

天龙山石窟十六窟完成于公元560年，是这个时期的最后阶段的作品。它的前廊面阔三间，八角形列柱在雕刻莲瓣的柱础上，柱子比例瘦长，且有显著的收分，柱上的栌斗、阑额和额上的斗栱的比例与卷杀都做得十分准确。廊子的高度和宽度以及廊子和后面的窟门的比例，都恰到好处。

图1-30 云冈石窟第九窟前室西壁 屋形龛 中期
资料来源：作者自摄

云冈石窟第九、十、十一、十二窟在前廊东西壁上刻有佛殿图样，皆为单檐三间殿。石刻的八楞柱、大斗托替木及阑额、补间人字栱及鸱尾等构造做法均为北魏时期建筑的形制。

图1-33 太原天龙山石窟十六窟前廊及斗栱
资料来源：作者自摄

图1-31 云冈石窟第十窟前室西壁上 屋形龛 中期
资料来源：作者自摄

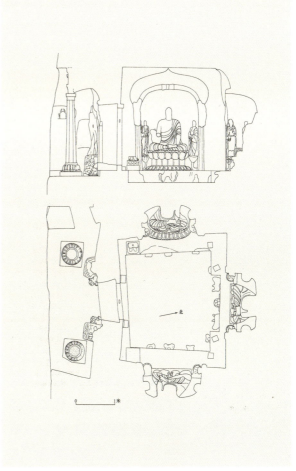

图1-32 云冈石窟第十一窟前室西壁上 屋形龛 中期
资料来源：作者自摄

图1-34 天龙山石窟第十六窟平剖面图
资料来源：李裕群著.天龙山石窟.科学出版社，2003.

二、北朝佛塔建筑

山西佛塔的建造最早以木塔为主。史载北朝平城内所建的最早的塔是五级塔，"始作五级佛图、耆阇崛山及须弥山殿，加以缋饰。别构讲堂、禅堂及沙门座，莫不严具焉。""于时起永宁寺，构七级佛图，高三百余尺，基架博敞为天下第一。"这座"基架博敞"的佛塔就是一座有记载以来的木结构佛塔（北魏1尺合今30.9厘米），约90米高，后来成为建造洛阳永宁寺佛塔的榜样。从史籍的记载中我们不难看到，当时的佛寺已形成院落，塔是寺院的一个组成部分，虽然当时的塔与寺院的布局已难以考究，但从云冈石窟中所见的塔的浮雕和形象仍可了解北魏时佛塔的建筑情况。

塔在云冈石窟第一、二、三、四、五、六、九、十、十一、十二、十三、十四、十五、十六、十七、十八、十九、二十、二十一诸窟中，均有支提塔（方形立体塔柱）和楼阁式浮雕塔，共计140余座，在我国石窟寺中是罕见的。所谓"支提"，就是"塔"的意思。石窟中的支提窟就是在洞窟的中央设有塔，所以也称塔庙窟。支提窟的规模一般比较大，因为它是供信徒回旋巡礼和观像之用。为了使建筑结构更牢固，通常塔顶上接窟顶，像柱子一样起到支撑的作用，因此被形象地称为塔柱或中心柱。

云冈石窟中第一、二、六、五十一窟中均设有独立的多层楼阁式塔。高者近15米，低者仅十几厘米。

云冈石窟第一窟是一个双层方形塔柱，塔柱四周镂空，雕出平座、塔檐、飞椽、斗栱、滴水，完全仿木结构楼阁式样。下层四面雕佛龛，龛内置佛、菩萨像。后室东壁雕有数座浮雕小塔，是北魏早期的楼阁式样。塔的下面是一个方形的亭子，亭子顶上安置了一个比例甚大的窣堵坡式样塔刹。这实际是一座亭阁式塔。

第二窟中央为一方形三层塔柱，每层四面刻出三间楼阁式佛龛。第五窟内壁有一驮于象背的五层高浮雕楼阁式塔，塔体满雕佛像，塔檐挑出，塔刹高耸，有浓郁的犍陀罗遗风。公元2世纪初，印度贵霜王朝开凿石窟，建造寺塔，雕刻佛像，创造了以佛像石雕为主的犍陀罗文化。

第六窟是云冈石窟中最为宏大美丽、雕刻内容最为丰满、技法最为纯熟的洞窟。人字坡佛龛内雕有佛像，四角雕出九层出檐小塔，龛楣及后壁雕莲花和忍冬纹。

第三十九窟塔心柱的雕刻既受古印度文化的影响，又吸收希腊文化、波斯文化的精华，是为东西文化交流的结晶。

从云冈石窟诸多佛塔中可以看出，中国建筑，即使是佛塔这种完全是由印度经西域输入的类型，在物质形体上，却基本上是中华民族的产物，只是在雕饰细节上表现出外来的影响。从云冈石窟中塔的形象可以看出其平面基本为方形，塔身分间雕出券门，施用槽柱，柱上施用一斗三升栱，补间用人字形栱，檐微微起翘。《后汉书·陶谦传》叙述"浮图"（佛塔）是"下为重楼，上叠金盘"。重楼是中国原有的多层楼阁式建筑，金盘只是塔顶的塔刹，就是印度的"窣堵坡"。由此可得出结论，楼阁式佛塔建筑是中华文化接受外来文化影响的结晶，是中西文化交融发展的产物。

图 1-35 云冈石窟第六窟象驮塔 中期
资料来源：作者自摄

图 1-36 云冈石窟第三十九窟塔心柱
资料来源：作者自摄

图 1-37 云冈石窟第十一窟明窗东侧塔 中期
资料来源：作者自摄

五台南禅寺内藏小石塔

五台南禅寺内旧藏有一座北魏时期的小石塔，是座平城时期典型的金刚宝座塔。[15] 塔青石质，平面方形，5层仿木楼阁式，塔刹已不存。现存塔高51厘米，底边长26厘米。塔下缘为方形低台座，高3.5厘米。台座四角原各有一座小佛塔，现残存三座。小佛塔为覆钵式，下有方形束腰须弥座，覆钵式的塔身四面各雕一圆拱尖楣龛，朝外两个面的龛内各雕一结跏趺坐佛，佛头顶有高肉髻，面相不清，身体粗壮，双手施禅定印。朝内两个面因与塔身角柱相连，仅雕出半个龛形，龛内不雕佛像。龛上部有一圈单叶莲瓣，覆钵之上为平座，平座上有的残留突榫，有的凿有圆孔，应是安置塔刹的遗迹，但塔刹已不存。大塔居台座中央，与四座小塔构成了一座金刚宝座式的佛塔。第一层塔身四角设方形角柱，角柱有收分，柱上施一道很薄的阑额，柱头上无斗栱，而直接支撑屋顶。补间施五朵斗栱，均为出一跳的具有象征意味的华栱。栱头上置斗，以承托撩檐枋、椽子和屋檐。屋檐刻出勾头和滴水，屋面雕刻瓦垄。第二层塔身四角也为方柱，柱头阑额之上设柱头斗栱和45°斜出的转角斗栱，补间设四朵斗栱。斗栱之上所承屋檐同第一层。第三层至第五层结构均相同。四角有方柱，柱头有斗栱，上承屋檐。其中第五层屋檐已残。

塔虽然没有发愿文，具体建造年代不明，但云冈石窟第五窟南壁的一座浮雕五重塔，造型身段和塔身佛龛均与此塔相似。据宿白先生考证，云冈第五窟因魏迁都洛阳而辍工，大约为公元493年。据此推测南禅寺保存的这座塔的年代至迟也应该是平城后期之物，当在太和迁都以前。从风格上看应是北魏所造，可能为北魏后期。北魏时诸州各建五级浮屠，五层塔当时已较普遍。这种金刚宝座式塔在北魏较流行，保存的实物极少，是研究这种形制的珍贵资料。

童子寺燃灯塔

童子寺燃灯塔位于太原市西南20多公里的龙山东麓。清道光《太原县志》载："童子寺在县西十里龙山上，北齐天保七年宏礼禅师建，时有二童子见于山，有大石似世尊，遂镌佛像，高一百七十尺，因名童子寺，前建燃灯石塔，高一丈六尺……"寺院金末毁于兵火，唯燃灯塔历经1400多年风雨独存于群山之中。

塔为石质，高4.12米，基石平面呈六角形，上刻圆形基座，座下部周围刻有六力士，上部内收作束腰，腰上刻有雕饰，已风化不清。束腰基座约及全高之半，其上为六角形，平盘上建塔身，内设六角形灯室，灯室纹仍清晰可见，当为北齐的手法。灯室上为六角形塔顶，檐头微微上翘，顶中央收做一个六角形小顶，顶部透空，燃灯烟火从上排出。塔身比例适度，造型秀美，是中国已知最古的燃灯古塔。

朔州曹天度石塔

北魏天安元年（466年）雕造于平城，并被供奉于平城五级寺，距今已有1540多年的历史。后收藏于朔州崇福寺，抗日战争时期被劫往日本，1945年抗战胜利后归还中国，塔身现

图1-38 南禅寺北魏石塔
资料来源：作者自摄 五台南禅寺藏

图1-39 童子寺燃灯塔
资料来源：柴泽俊.古建筑文集.文物出版社，1999.

图1-40 曹天度石塔塔刹
资料来源：朔州博物馆藏 作者自摄

图1-41 曹天度塔塔身
资料来源：台北历史博物馆藏.世界美术大全集·东洋篇.2000.

存于台北历史博物馆，塔刹收藏于朔州。塔身石雕方形仿木结构，共9层，由四部分组成，塔座一块，塔身二块（一~七层一块，八、九层一块），塔刹一块，四块累叠成塔，每块之间刻有榫卯，紧密相连，浑然一体。塔座方形，高24.5厘米，长、宽63厘米，刻有供养人和题记。塔身高128.6厘米，为正方形，底边每边长42厘米，从下到上逐渐削减缩小，按垂直8°收缩。其形制是中国传统的楼阁式建筑形式，角柱上设额枋，上设仿木结构斗栱承托飞檐，飞檐上布满瓦垄。每层又按三四排不等地设计雕刻佛像，共计有大佛像10尊、小佛像1332尊，均为浅浮雕。此外，最下层每侧尚有一中型佛龛，龛内有较大的佛像[16]。塔刹收藏于朔州市博物馆。残高49.5厘米，上有相轮九重。下为覆钵，承以山花蕉叶。四边山花中间，各有一小佛坐像，与云冈石窟第十一窟浮雕塔形相同。然而最为特异者，是在山花下面各辟一龛。龛中各有两尊佛像。上覆瓦状顶，四角各有立柱（三柱残缺），似雕一人像，龛下各以宝装莲花为结。塔刹部分辟龛造像，前所未见[17]。塔身为中国重楼式建筑，塔刹为印度窣堵坡式，二者的完美结合，创造了印度和中国相结合的造塔范例。台湾文物专家黄永田在《关于北魏曹天度九层石塔》一文中说："本件北魏曹天度九层石塔的创建，树立了'中国式'塔的典型，也因其完美，楼楼相因，深刻剔透，乃刺激了北魏当时平城高塔建筑的风气与发展。"文中最后结论说，该塔"是现存最早、最完美"和"雕刻最多佛像的作品"，它"正式树立了'中国塔式'的新典范"（见1995年12月台湾《博物馆学报》第一期），对于研究5世纪的中国建筑具不可估量的价值。

三、北朝墓葬建筑

厍狄迴洛墓

北齐河清元年（562年）建。1973年发现于山西省寿阳县，保存了早期木结构建筑和壁画。墓内有木制屋宇式椁，虽已腐朽，但可见是面宽三间、进深三间的木屋，八角柱，柱上用一斗三升加替木斗栱，补间用人字形叉手，山面用斗栱和平梁、驼峰和角梁，可知是一座歇山式木屋。前檐结构与天龙山北齐石窟前檐相似，斗栱有内颤，深0.5厘米，是国内发现最早的木结构建筑。[18]

宋绍祖墓

2000年4月发掘于大同市水泊寺乡，是北魏太和年间的一座石椁墓。石椁外观为木构三开间单檐悬山顶式殿堂建筑，南接前廊，由百余件青石构件组合而成。前廊面阔三间，进深一间。廊柱四根，高1.03米，平面呈八角形。柱础上圆下方，雕刻有盘龙和覆莲。栌斗上承阑额，额上施一斗三升栱和人字形栱，劄牵出跳，梁头直接架在柱头上。前檐明间设双扇板门，虎头形门枕石，门扇上浮雕有门钉、铺首和莲花图案。门楣长方形，上雕刻有莲花门簪。房屋结构呈三角形状，南北向纵梁共有四根，东西向的横梁共有六根（包括前廊的撩檐枋），形成了横六纵四的网状梁架结构。[19]

图 1-42 北齐厍狄迴洛墓木椁复原图
资料来源：中国古代建筑史·第三卷.中国建筑工业出版社，2001.

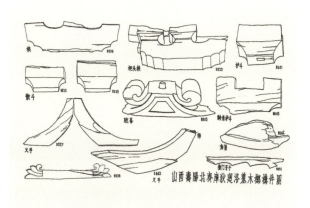

图 1-43 北齐厍狄迴洛墓木构件
资料来源：考古学报，1979（4）.

图 1-44 北齐厍狄迴洛墓出土木构件残片
资料来源：山西省博物院藏 作者自摄

图 1-45 大同北魏宋绍祖墓发掘现场
资料来源：文物，2001（7）.

图 1-46 大同北魏宋绍祖墓石椁
资料来源：山西省博物院藏

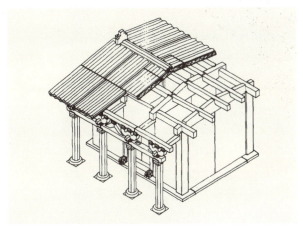

图 1-47 大同北魏宋绍祖墓石椁结构透视图
资料来源：文物，2000（7）.

四、北朝建筑技术成就

1. 木结构建筑

北魏建都平城和佛教的发展,促进了宫殿、佛寺等木结构建筑技术的发展。北魏的建筑实物没有保存下来,其建筑结构及形象只能从云冈石窟、天龙山石窟及出土的墓葬棺椁构架形式中了解。

北朝中后期兴建了大量平面呈方形的多层楼阁式宫室、寺庙建筑。木构架建筑结构开始出现变化,逐渐由以土墙和夯土台为主要承重部分的土木混合结构向全木构架结构发展。其建筑构件设计得更为丰富,斗栱形式多样,栏杆兼用直棂和勾片栏杆,柱础覆盆高、莲瓣狭长,台基作须弥座,门窗多用板门和直棂窗。屋顶呈人字坡或覆斗形,屋脊两端安鸱尾,脊中央及角脊饰以凤凰。梁枋方面出现使用人字叉手和蜀柱的现象,立柱有直柱和八角柱等形式。此外,北朝时期的建筑结构出现了两种新的设计,一种是将正侧边立柱向内、向明间(即单体建筑正中的一间)方向倾斜,称"侧脚"。另一种是将每边的立柱自明间柱到两端角柱逐间升高少许,称"生起"。采取这两种新做法主要是使柱头内聚,柱脚外撇,将秦汉建筑立柱垂直、柱顶水平同高、屋檐屋脊折线上翘的直线形式,转变为立柱向内倾斜、柱顶水平逐间增高及阑额、屋檐呈两端上翘的曲线形式,最终形成下凹式曲面屋顶,有效防止建筑的倾侧扭转,提高建筑的稳定性。在屋角部分,改变秦汉以来屋檐平直的做法,将檐口上翘后顺势抬高卯口,使椽背(椽是承载椽子并连接横向梁架的纵向构件)与角梁背同高,增加了檐口至屋角处的翘起高度,形成了中国建筑设计中特有的翼角起翘形式。生起、侧脚和翼角起翘的新式建筑结构与秦汉式直柱、直檐口的旧做法同期并行,进入隋唐后逐渐发展成主流,完成了由秦汉端庄严肃至隋唐遒劲活泼的建筑形式与风格的过渡。[20]

图1-48 北魏司马金龙墓出土石柱础(太和八年)
资料来源:大同博物馆藏 作者自摄

图1-49 平城出土"富贵万岁"瓦当(北朝)
资料来源:大同博物馆藏 作者自摄

2. 建筑装饰艺术

琉璃是一种建筑屋面防水材料，汉代时就已出现。北魏时由西域进贡，并开始在平城生产，用在建筑上。据《魏书·西域传》记载，大月氏国人在"世祖时，其国人商贩京师，自云能铸石为五色琉璃，于是采矿山中，于京师铸之，既成，光泽乃美于西方来者，乃诏为行殿，容百余人，光色映彻，观者见之，莫不惊骇以为神明所作，自此中国琉璃遂贱，人不复珍之"[21]。《太平御览》记载："朔州太平城，后魏穆帝治也，太极殿琉璃台瓦及鸱尾悉以琉璃为之。"[22] 可见在北魏时宫殿建筑中琉璃的使用已普遍了，虽然未曾有北魏的建筑琉璃构件出土。

北朝时期由于崇佛，建筑装饰中除秦汉传统图案外，大量使用莲花、卷草和火焰纹装饰，狮子、金翅鸟、飞天也广泛使用于建筑中，丰富了建筑的形象，对后世建筑艺术产生了深远的影响。尤其以莲花装饰最为突出，不仅用在佛龛、藻井上，而且装饰于柱上形成束莲柱，用在柱础上形成莲花柱础。

第六节　隋唐五代时期的建筑

隋唐时期是中国封建社会前期发展的高峰，也是中国古代建筑发展成熟的时期，这一时期的建筑，在继承两汉成就的基础上，吸收、融合了外来建筑的影响，形成了一个完整的建筑体系。

公元581年，隋取代北周并统一了中国，山西凭借重要的战略地位，得到了中央政府的重视。隋文帝杨坚提倡佛教，而且对晋阳（今太原）格外青睐。即位之初，为了恢复遭到北周灭佛影响而一蹶不振的佛教，下诏书在京师及并州、相州等大都邑，官写一切经，置于寺内，并在晋阳为其父杨忠立寺一所，建碑颂德。"并州造武德寺，前后各十二院，四周闾舍一千余间，供养三百许僧。"（《辩正论》卷三·十代奉佛篇上）寺院规模之大，实为罕见。开皇元年（581年），文帝就"下诏，五顶各置寺一所，设文殊像，各度僧三人，令事焚修"。五台山是文殊菩萨的道场，北魏时即称灵山。北齐时，高氏深弘像教，五台伽蓝，数过二百，"又割八州之税，以供山众衣药之资"，北周时遭到大规模破坏。山西曾为文帝祖先太原太守惠嘏所在之地，同时也是文帝启蒙导师智仙尼姑的故乡，又是重要的军事战略要地，隋文帝登基后多次巡视晋地。隋开皇元年（581年）派其次子杨广出任并州总管[23]。杨广在任并州总管期间，修缮旧寺，造弘善寺、大兴国寺。唐《晋阳记》记载："大兴国寺，本齐兴国寺，隋世增大之，寺门外有晋王庙碑，第二佛殿有炀帝及萧后塑容，后檐有李百药大业十年碑，又偏西有木浮图，唐谓之木塔院。"[24] 著名的天龙山第八窟也是炀帝出任并州总管时他的属下为其所凿。

618年，李渊父子以并州为起家之地，以禅让方式代隋，建立了大唐王朝，是为唐高祖、太宗。唐朝立国后，大力发展生产，巩固统一，御侮安边，政治清明，全国统一后的巨大

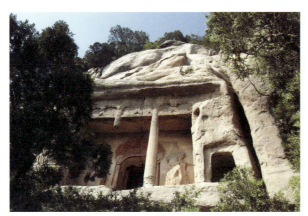
图 1-50 太原天龙山东峰第八窟窟檐（隋代）
资料来源：作者自摄

图 1-51 太原蒙山大佛（北齐）
资料来源：作者自摄

图 1-52 敦煌壁画《五台山图》局部　　资料来源：五台山佛光寺藏画

优越性充分发挥出来，成为经济超越前代、文化有辉煌成就的空前强盛王朝。

李氏父子依托晋阳而起家，这里又是武后的家乡，因此唐王朝对山西具有特别的情感。唐高祖、唐太宗时在太原建造的名寺有武德五年（622年）鄂国公尉迟敬德所建奉圣寺，贞观二年（628年）建闲居寺，贞观八年（634年）建华塔寺。唐显庆五年（660年），高宗李治及皇后武则天巡幸并州及北谷礼开化寺大佛，"礼敬瞻睹，嗟叹稀奇，大舍珍宝财物衣服"，并令并州州官长史窦轨"速庄严备饰圣容……开拓龛前地，务令宽广"。武则天和李治回到京城长安后，经两年时间，由内官做了大袈裟，派专使飞送并州开化寺。袈裟上装饰的金银珠宝大放异彩，大佛赐披袈裟之日，"从旦至暮，放五色光，流照崖岩，洞烛山川……道俗瞻睹，数千万众"，轰动并州，盛况空前。晋阳开化寺成为皇家佛事活动圣地。在唐朝统治者的积极倡导和举国崇佛的氛围中，山西佛教得到了极大的发展。佛教圣地五台山再次勃兴，唐贞观九年十一月（635年），唐太宗"诏曰：五台山者文殊闷宅，万圣幽棲，境系太原实我祖宗植德之所，切宜祇畏，是年台山建十刹，度僧数百"（山西通志·卷一百七十一），奠定了五台山文殊菩萨道场的地位。当时有位从西方来华学习的"梵僧"写诗道："愿身长在中华国，生生得见五台山。"不少高僧不远万里，到五台山来礼谒文殊，五台山上寺刹林立，极盛时寺庙建筑达360余座，佛教达到鼎盛。各地传摹五台山图蔚然成风，其影响远及长安、敦煌乃至朝鲜、日本。敦煌六十一窟壁画《五台山图》中记载了当时的盛况。

907年朱温建立后梁后，中国又陷入分裂局面。此后后唐、后晋、后汉、后周频繁改朝换代，史称五代。此五代与建国太原的北汉，及南方建立的九国，统称"五代十国"。直到960年赵匡胤代后周，建立宋朝，五代正式结束。五代时期共有53年，北方的梁唐晋汉周均在山西，或以山西为起家之地，故而山西地位尤为重要。五代夺取天下者，大都是军阀当权，从后梁到后汉，各代对于佛教多因袭唐代的旧规，宗教建筑方面没有大的发展。

一、唐五代寺庙建筑

唐代经济的高度繁荣推动了建筑艺术的空前发展。唐代文化继承了华夏精华，海纳百川，博大精深，中国的古代木结构建筑的架构和风格在这个时期成熟与定型，形成了一个完整的建筑体系。但经过唐武宗大规模的"灭法"运动，大量殿宇遭到破坏，再加上后代的毁损，除个别殿堂如五台南禅寺大殿、佛光寺大殿等以外，没有成组群的完整寺院存留。山西民风淳朴，信仰虔诚，许多地形闭塞的偏僻山乡，战火难及，因而不少其他地区已绝迹的唐代木结构建筑得以幸存，成为中国唐代木结构建筑的标本。唐代建筑完整地保存在山西的有四座，分别是五台南禅寺大殿、佛光寺东大殿、芮城广仁王庙大殿和平顺天台庵大殿。虽然规模都不大，远不能代表唐代建筑的整体风貌，但其朴实大气、雄浑舒展、凝练规整的结构，却是那个伟大时代精神的体现。

五代十国时期，山西独特的地理位置成就了后唐、后晋、后汉和北汉四个王朝的霸业。五代时期历史短促，各国国力薄弱，虽然也在大兴土木、修建寺庙，但终因战火连绵，木构建筑存世极少。山西保存有后唐、后晋、北汉三个朝代的建筑，分别是建于五代后唐同光三年（925年）的平顺龙门寺西配殿、五代后晋天福五年（940年）的平顺大云院正殿、五代北汉天会七年（962年）的平遥镇国寺万佛殿，其建筑风格苍劲古朴，继承了唐代建筑雄浑大气风格，表现了鲜明的时代建筑特征，对宋辽金建筑的发展起了承上启下的作用。

二、唐五代佛塔建筑

山西北朝时期的寺院中，塔是组群中的主要建筑，寺院的布局以塔为中心布置。隋唐时期塔的位置已由殿或阁代替。山西古代佛塔的建造，是木塔、砖石塔同期出现并存的。木塔

图 1-53 晋城青莲寺《大隋硖石寺远法师遗迹记》碑头佛寺线刻图
资料来源：柴泽俊古建筑文集. 文物出版社，1999.

由于与中国固有的木构技术相结合，发展较石塔成熟。

隋初，文帝为纪念其母亲寿诞以及自己的生日，并受到阿育王造八万四千座佛塔事迹的影响，于仁寿年间（601～604年）三次下诏令在全国重要地区送舍利建造舍利塔，成为当时一个重大事件。这次建造舍利塔在山西共9座[25]，分别是并州无量寿寺、蒲州栖岩寺、晋州（寿阳）法吼寺、慈州（古县）石窟寺、潞州（长治）焚净寺、绛州（新绛）觉成寺、泽州（晋城）景净寺、韩州（临汾）修寂寺和辽州（昔阳）下生寺。这些塔均已毁之不存，仅在栖严寺遗址上尚存《大隋河东郡栖严寺道场舍利塔之碑》记载了当时的盛况。

隋唐五代时期建造的木塔已不复存在，现存的大多是砖石塔。就形式论有单层、多层两类，多层又分密檐式塔和楼阁式塔两种。但如就结构构造而言，目前所存隋唐砖塔，不论单层多层，都是只有一圈塔身外壁的空腔式塔。到五代时，才出现内有回廊和塔心室，用叠涩相对构成各层楼面的楼阁式砖塔。山西保存的唐塔大多为单层墓塔，平面有方形、六角形、八角形和圆形，皆为仿木结构。墓塔由多种平面组合而成，有的在塔底层设有须弥座，如青莲寺慧峰禅师塔在须弥座上设八角形塔身，成为辽金时期密檐式塔的先声。

佛光寺无垢净光塔位于五台山佛光寺后山坡上，为唐天宝四年（745年）建造。坐东面西，

图 1-54 佛光寺无垢净光塔
资料来源：作者自摄

图 1-55 佛光寺无垢净光塔出土佛像
资料来源：作者自摄

砖砌实心，塔残高 3.17 米。塔基座八边形，设束腰须弥座。须弥座壸门残存红、白、黑三色勾绘的彩画。壸门和壸门柱绘有云纹花卉彩画，黑底红边，上墨线绘缠枝牡丹图案。塔残损严重，原形状不明，现顶部呈圆形。塔中曾出土玉石释迦坐像及力士像。释迦坐像高 1.08 米，结跏趺坐于须弥座上，体形敦厚，佛座上有唐天宝十一年（752 年）建造题记。

解脱禅师塔位于佛光寺西北，为密檐式空心塔，据文献记载，建于唐长庆四年（824 年）。坐北面南，塔座由片石砌筑，砖砌须弥座，边长 6.5 米。通体砖砌，空心，上置叠涩挑檐，残高 14.4 米。塔身方形，南向辟拱券门，并有曲带装饰。塔檐 4 层，为密檐式形制。塔刹仅存刹座，刹座由两层方台叠置而成，用砖拼出巨大的莲花瓣两重，塔刹已毁。造型独特，是早期花塔的实物资料。这种类型的塔盛行于宋、辽、金，以后就绝迹了，解脱禅师塔当是开拓了宋、辽、金花塔的先例。

佛光寺志远和尚塔位于佛光寺东大殿后面山腰上，属佛光寺僧人墓塔。唐会昌四年（844 年）建造，砖质结构，单层单檐式，塔基座与塔檐均平面八角形，塔身砌为圆形覆钵式，外观秀美，轮廓线柔和。塔内中空。塔西向辟门，塔刹已毁不存。唐代寺院僧尼墓塔大多为单层塔，体积不大，一般高度 3～4 米，平面多为方形、六角形、八角形及圆形较为少见。志远和尚塔形制在唐代墓塔中较为罕见，为覆钵式塔的重要实物例证。

佛光寺祖师塔位于佛光寺东大殿南侧，创建年代不详，六角二层砖塔，通高 5.60 米。塔平面六边形，叠涩台基六层，上砌束腰基座，方形间柱，砖雕壸门，门内素平无饰。塔身二层，下层中空，西向辟拱券门，门上饰有火焰形券面，塔室六角形，叠涩收束，塔外壁无柱，塔檐设砖雕斗栱，每面九朵，上承仰莲和叠涩构成一层塔檐。檐上以反叠涩收回承托束腰须弥式平座。平座上每面饰有壸门，转角处雕成束莲瓶形矮柱，束腰上下刻有仰覆莲瓣承上层塔身。二层塔身各转角处砌有倚柱，柱身饰有束莲三道，塔身西向辟假券门，门上饰以火焰形券面，门外两壁雕假破子棂窗。塔檐由叠涩一道、仰莲三层构成。塔刹设

图 1-56 解脱禅师塔
资料来源：作者自摄

图 1-57 佛光寺志远和尚塔
资料来源：作者自摄

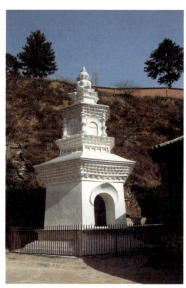
图 1-58 佛光寺祖师塔
资料来源：作者自摄

仰莲基座两层，上覆以覆钵、宝珠。塔身外壁原有土朱绘制的木结构装饰，额枋上有人字形铺作，这种斗栱形制见于北朝石窟雕刻和壁画，实物极其少见。塔外形轮廓近于敦煌北魏壁画中古塔。

泛舟禅师塔位于运城市盐湖区大渠街道办事处寺北村东南 50 米。据塔铭载，唐贞元九年（793 年），由当地人曲环为其好友、出身皇族的泛舟禅师建造。塔坐北朝南，圆形单层，通体砖砌，占地面积 25.95 平方米，通高 10 米。由塔基、塔身、塔刹三部分组成，每部分高度约占三分之一。塔基圆形，由下而上略有收分。塔身下部为束腰须弥座。其上为塔身，周围设方形砖柱 8 根将塔身分作 8 间。正南面辟门，塔室为六边形，顶部作叠涩式藻井。上部塔檐叠涩伸出，外沿两层雕成仿木结构的椽、飞和沟头滴水。塔刹饰束带、覆钵、覆莲、仰莲、宝珠叠装。塔身北面嵌高 1 米、宽 0.73 米碑碣一方，记载建塔的经过。此塔为我国唐代单层圆形砖塔中的孤例，有十分珍贵的学术研究价值。

法兴寺燃灯塔位于长子县法兴寺内，建于唐大历八年（773 年）。石灯是唐代佛教寺院中的重要小品建筑，当时十分盛行，流风所被，曾影响朝鲜与日本，目前国内所存石灯已不多，除此之外尚有太原龙山童子寺石灯（556 年）、黑龙江宁安市渤海国石灯（698～926 年）。法兴寺石灯造型十分华美，雕刻线条流畅，极富装饰艺术性，全部塔身从上至下变化，应用四方、八方、圆形、海棠六边形、六边形几种形状。海棠六边形的须弥座中又有变化，上下枋叠涩形状是出锋海棠瓣式，而束腰是圆边海棠瓣式；圆形须弥座的上下莲瓣亦不同，下层为单瓣宝装覆莲，上层为三层重瓣仰莲，束腰部分为凸雕球形的莲苞。

开化寺大愚禅师塔为方形单层塔，创建于后唐同光三年（925 年），为寺内住持大

图 1-59 泛舟禅师塔
资料来源：作者自摄

图 1-60 法兴寺燃灯塔
资料来源：作者自摄

图 1-61 开化寺大愚禅师塔
资料来源：作者自摄

愚禅师灵塔。塔基平面方形，由须弥座和莲座两层组成，束腰处每面雕有狮头；塔身方形，中为塔室四角立方柱。四角攒尖式塔顶，檐下圆椽、方椽各一层，四翼角上雕卧狮一尊，塔顶置山花蕉叶一层，其上相轮、塔刹已不存。塔背面刻《大唐舍利山禅师塔铭记》一方，高0.94米，宽0.7米，碑文楷书，记述大愚禅师生平、创建开化寺的功德及圆寂后造塔始末。塔之形象极似唐制。五代后唐同光三年仅是唐末第三年，其形制仿唐，应无可疑。

三、隋唐五代木结构建筑技术成就

山西木结构建筑技术起源甚早，从现有资料看，至少在春秋时期就已经形成。但由于保存下来的遗迹和典籍较少，唐代以前的建筑仅能从考古发掘报告、文献典籍和石窟壁画等间接资料上了解。隋唐以后，山西木结构建筑实物保存较多，尤其是宋代以来，有官方颁布的《营造法式》可供参照研究，木结构建筑技术才有了清晰的面貌。

中国的木结构建筑源于原始时期，但真正成熟却是唐代。其技术成就表现在大木构架的定型化和设计模数的成熟阶段。唐代木构建筑完整保存有4座，其中山西五台佛光寺大殿属木构架中的殿堂型构架，由柱网、铺作层、屋架三层上下叠加而成，形成三个整体构造层。柱网和铺作层共同构成屋身部分，铺作层同时还起保持构架稳定和向外挑出屋檐、向内承托室内天花的作用；屋架则构成屋顶。五台南禅寺大殿、平顺天台庵大殿和芮城广仁王庙（俗称五龙庙）大殿属厅堂型构架，用横向的垂直屋架，由若干道檩数相同的垂直屋架并列拼成，只在外檐柱上使用铺作。每两个屋架间用槫、襻间等连接成间，结构简单，建造较容易，故在民间应用非常广泛。

对唐以前建筑形象测量资料和现存唐代建筑的分析研究，虽不能肯定这种规范的模数的使用开始于什么时代，但至少可判断北朝以来木构建筑就是以材为模数进行设计的。唐代木结构的设计基本上是由以材高为模数开始向以材高的1/15为分模数发展，即《营造法式》的"分"唐代已在设计中使用。

《营造法式》关于宋式木构建筑的设计，都是以建筑所用枋或栱的断面为基本模数，称"材"，材的高宽比为3:2，以材高的1/15为分模数，称为"分"，则材之宽为10"分"。上下层材间之距离称"栔"，栔高为6"分"。材加栔共高21"分"，称足材。宋式又把材分为八等，其中第一至六等用于大中型建筑，建筑物的尺寸，大至面阔、进深、柱高，小至斗栱、梁枋等构件的断面，都受所选用的某一等材的尺寸控制，具体以"分"数表示。从《营造法式》中所表现出的以材为模数制度的完善程度看，它应是长期发展的结果，绝非始于宋代，以此为基础向前追溯，可探索它在宋以前的情况和发展进程。[26]

现存的唐代建筑所用材的尺寸，五台县南禅寺大殿为25厘米×16.66厘米，佛光寺大殿为30厘米×20.5厘米，高宽比都接近15:10，上与北齐木椁，下与《营造法式》所反映出的"材"的高宽比基本一致，说明3:2的"材"断面比例在唐代已经确定。这也是从原木中割取承载力最大的木料的最佳断面比例，是符合力学原则的。

由此可见，唐代建筑在用材方面，木结构建筑已解决了大面积、大体量的技术问题，并已定型化。特别是斗栱，构件形式及用料均已规格化，说明当时的用材制度已经确立。用材制度的出现，又反映了施工管理水平的进步。

唐五代建筑柱的比例由于平柱高等于明间面阔，而面阔又多在5米左右，因而比例粗矮。形成于北朝时期的栌斗上已出跳水平栱，补间铺作在初唐时期多用人字形，到盛唐出现了驼峰，并且在驼峰上置二跳水平栱承托檐端，由此可见佛光寺正殿的斗栱结构，至迟产生于盛唐时期。唐代斗栱技术的运用已臻成熟，在殿堂建筑上有用一斗、一斗三升、双杪单栱、人字形补间铺作、双杪双下昂和四杪偷心等不同的构件方式，由于柱头铺作与补间铺作在结构上作用不同，故而主要与次要作用十分明确。殿内梁架采用秦汉以来固有的梁上置人字形叉手承载脊檩的方式，梁架节点中多使用襻间斗栱，多种样式的斗栱组合使用，再加上唐式建筑斗栱与柱比例较大，粗壮敦实，但又不失典雅，更使它的结构之美显现得淋漓尽致。

殿内梁架结构，在柱梁及其他节点上施各种斗栱，数量比宋以后为多，同时柱身较矮，室内空间较低，使斗栱在室内结构和形象上的作用更为突出，梁架结构继承了汉代以来采用梁上置人字形叉手承载脊槫的方式，唐以后这种结构方式不再出现。

唐五代建筑的布局继承了汉晋北朝以来的传统，平面布局逐渐由以塔为中心的布局转变为以大殿或楼阁为中心的殿堂门廊等组合成的庭院，大型的寺庙多由数院乃至十数院组成，如五台显通寺就是由十二院组成的，佛光寺也是由多院组成的。

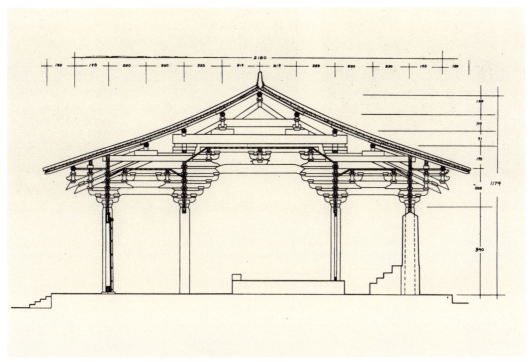
图 1-62 佛光寺东大殿剖面
资料来源：山西省古建筑保护研究所测绘资料

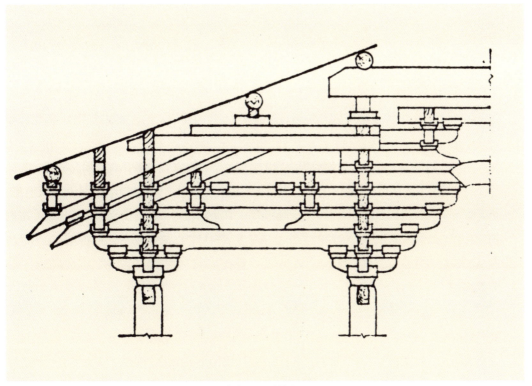
图 1-63 佛光寺东大殿铺作侧面图
资料来源：山西省古建筑保护研究所测绘资料

图1-64 佛光寺东大殿唐代斗栱彩画1　资料来源：作者自摄

图1-65 佛光寺东大殿唐代斗栱彩画2　资料来源：作者自摄

四、建筑装饰艺术

唐代佛寺在雕塑、绘画、雕刻与建筑的结合上有很大的发展，表现出结构与艺术的高度统一。

在建筑构件方面，房屋下部的台基，除临水建筑使用木结构外，一般建筑用砖、石两种材料，在台基外侧设散水。

唐代制砖工艺比较发达，主要为条砖和方砖。条砖在中小型建筑中用以砌台基和土坯墙的基墙。

在屋顶形式方面，重要建筑物多用庑殿顶，其次是歇山顶与攒尖顶。极为重要的建筑则用重檐。

唐代的门窗多用板门和直棂窗，门扇分上中下，上部高装直棂便于采光，且门窗框四周加线脚。台基的地栿、脚柱、间柱阶沿石等都饰以雕刻或彩绘，但也有用花砖的。唐代柱础多用莲花柱础，比较矮平。

唐代建筑屋顶防水，一般使用传统的灰色陶瓦。瓦有灰瓦、黑瓦和琉璃瓦三种。灰瓦用于一般建筑，黑瓦用于宫殿和寺庙，但在宫殿中则多使用一种表面为黑色的瓦和琉璃瓦。黑瓦质地紧密，表面光滑，它在宋代仍在使用，其做法在宋《营造法式》中有记载，是先把瓦坯磨光后掺滑石末，在烧制时另加松油等发浓烟材料，熏烧成光滑的黑色瓦面。这是利用渗碳技术制成的一个瓦的新品种，称为"青掍瓦"，它在坚硬和防渗方面都优于一般的陶瓦。

琉璃瓦的制作，隋代仍承汉魏以来的绿釉陶的风格。据《隋书·何稠传》记载：何稠曾在开皇初担任管理工艺的细作署官员，"博览古图，多识旧物，波斯尝献金绵锦袍，组织殊丽，上命稠为之，稠锦既成，踰所献者，上甚悦。时中国久绝琉璃之作匠人，无敢厝意，稠以绿瓷为之，与真不异。寻加员外散骑侍郎"。说明在隋初，琉璃的制作工艺重新开始，并已应用在建筑上。隋唐的琉璃以绿色居多，蓝色次之，还有用木作瓦、外涂油漆的。隋唐五代的琉璃艺术构件在山西建筑上应用的实物尚未发现，但山西出土过大量的隋唐三彩足以说明当时琉璃业的兴盛。

建筑材料有砖石、瓦、琉璃、石灰、木、竹、金属、矿物颜料和油漆等。砖的应用逐步增加，如砖墓、砖塔，石砌的塔、墓和建筑也很多。

中国传统的木构建筑彩画，源远流长，至少在商周时期就已在建筑中使用，《论语·公冶长》中就有"山节藻棁"的描述，古代文学作品中也常以"雕梁画栋""金碧辉煌"等辞藻形容中国古代建筑的华丽多姿，说明建筑彩画在建筑艺术表现力方面的重要作用。早期的建筑彩画已无实物可寻，仅在石窟及墓葬壁画中有彩画的形象，现存最早的建筑彩画见于五台山南禅寺和佛光寺两座唐代建筑上。唐代建筑彩画比较简单，一般以红色为主，有土朱和朱红两种色调。现存唐代建筑上所见柱、额、梁、枋多是红色。南禅寺大殿在土朱的地子上绘有八个10厘米的白色圆点，可能在上面原来还有图案，是"七朱八白"画法的最早实例。佛光寺东大殿内檐斗栱上，尚能辨认出唐代彩画的一些痕迹：将斗栱刷成土朱色，斗栱底面用白色画出凹形"燕尾"，素色土朱刷于斗栱身上，而栌斗、散斗及栱的边缘用白粉线勾勒，在栱子底面绘出燕尾，这种朱地白燕的画法，图案形式简单明了。阑额和柱头枋上也隐约可见白色圆点，在现存唐代建筑中是十分少见的。

从实物和壁画、雕刻中可看到素板门、直棂窗、破子棂窗、勾栏等木装修的形象。在现存唐代建筑中，只有佛光寺大殿的板门因有题记，可确认为唐代遗物，因其做法较简单，与唐以后实物无大异处。

在唐代的壁画中有直棂窗的形象，但从唐代泛舟禅师塔上可见到砖砌的破子棂窗，可证当时除直棂窗外，也已出现破子棂窗的做法。

第七节　宋辽金时期的建筑

中国历史在唐朝大统一和五代十国战乱之后，进入北宋与辽，南宋与金、元对峙的时期。地处黄土高原东部的山西，以关山险固、易守难攻的战略地位，成为宋、辽、金三个王朝角逐和对峙的主战场之一。宋灭占据山西中北部的北汉后统一北方，契丹人建立的辽朝占据着山西北部的雁北地区与宋对峙，以后女真建立的金朝占据山西全境与南宋相抗，最终都为蒙古所建的元朝所灭，全国归于一统。

山西曾经历了宋、辽、金这三个王朝的统治，其建筑艺术也最为辉煌。辽、金作为少数民族政权，在统治中国北部和中原地区的同时，大量吸收汉族文化，在继承传统的基础上勇于创新，用汉族工匠修筑宫殿、佛寺，给后人留下了一批规模宏大、风格独特的建筑精品，故而也遗留了大面积的壁画。当时的统治者为了稳定人心，巩固自身政权，极力崇佛仰道，大规模兴寺修观，但相比唐代宗教势力已有所衰落。

北宋建立统一政权以后，采取均定赋税、兴修水利、开垦荒地等措施，从而使农业得到迅速的恢复和发展。手工业分工细密，科学技术和生产工具比以前进步，有些作坊的规模也扩大，并且多集中于城镇中，促进了城市的繁荣，再加上国际贸易的活跃，原来唐朝十万户以上的城市只有十多个，到北宋增加到四十多个。在这些社会条件下，市民生活也多样化起来，促进了民间建筑的多方面发展。在政治方面，宋朝的统治者一向对外妥协投降，对内不断加强剥削，过着苟安享乐的腐化生活，这种消极的政治局面，很自然地影响了当时社会的意识形态。在宗教方面，道教受统治阶级的提倡有所发展，封建礼制中也渗入了许多道教因素，佛教则除禅宗兴盛外没有更大的进展。五行阴阳和风水术相当流行，影响到人们的生活习惯和建筑，唯心主义的性理之说成为当时儒学的主流。在建筑方面反映出来的，首先是都城布局打破了汉唐以来的里坊制度，形成了按行业成街的情况，一些邸店、酒楼和娱乐性建筑也大量沿街兴建起来，某些城市的寺观还附有园林或集市，成为当时市民活动场所之一。这些情况显示工商业发展使得市民生活、城市面貌和政治机构都发生了变化，城市的规划结构出现新的措施。其次，宋代的建筑规模一般比唐朝小，无论组群与单体建筑都没有唐朝那种宏伟刚健的风格，但比唐朝建筑更为秀丽、绚烂而富于变化，出现了各种复杂形式的殿阁楼台。在装修和装饰、色彩方面，灿烂的琉璃瓦和精致的雕刻花纹及彩画，增加了建筑的艺术效果。手工业的发展，促进了建筑材料的多样化，提高了建筑技术的细致精巧的水平。这时建筑构件的标准化在唐代的基础上不断进展，各工种的操作方法和工料的估算都有了较严密的规定，并且出现了总结这些经验的《木经》和《营造法式》两部具有历史价值的建筑文献。

公元916年契丹族建立辽国，统治了山西、河北的北部，吸收汉族文化，进入封建社会。辽代的统治者仿汉族的建筑，使用汉族工匠修建都城、宫室和佛寺等，不过由于北方从唐末起进入藩镇割据的状态，建筑技术和艺术很少受到唐末至五代时中原和南方文化的影响，因此辽代早期建筑保持了很多唐代的风格，仅少数宫殿、佛寺和某些民居采取东向，保有契丹族原来的习惯。而由于辽代统治者崇信佛教，所以辽代保存至今的具有价值的建筑中有若干是木结构佛寺殿塔。

金在建国以前是我国东北的一个部族，后来强大起来，灭了辽和北宋，统治了中国北部和中原地区。在建筑方面，由于工匠都是汉人，形成宋辽掺杂的情况，现存遗物有一些基本上与辽代建筑差别不大，而另外一些在装修的细致与纤巧、造型的柔和方面则更多地接近宋代建筑。其中一些木建筑平面更采用大胆的减柱法，出现了前所未有的长跨两三间的复梁承载屋顶梁架。这种结构手法可能源于宋的某些地方性建筑，而在金代比较流行，并影响到元代的建筑。金代建筑的装修也有不少发展，具有和南宋不同的繁密而华丽的作风，其中不少作品流于繁琐堆砌。

综上所述，辽承唐风、金随宋制，多民族、多风格的建筑共存，是这一历史时期建筑风格的特点。宋代木构建筑蓬勃发展，建筑匠师对木结构受力情况的研究已经有了一定的科学水平，技术与艺术的结合也运用得淋漓尽致，利用建筑构件本身作艺术加工，彩绘则成了当时主要的建筑装饰方法之一。由于宗教的发展，寺庙建筑普遍修筑，建筑壁画在当时也正处于兴盛状态。

宋、辽、金时期，山西的建筑艺术最为辉煌。宋代建筑风格柔和秀丽，继承了汉唐以来中国古代建筑优秀传统，建筑艺术逐渐标准化，形成一种成熟的建筑体系。建筑色彩、装修和装饰方面及琉璃瓦件的大量使用，使宋代建筑出现了超越前代的艺术成就。辽、金都是由少数民族建立的政权，大量吸收汉族文化，在继承唐五代以来的传统上勇于创新，留下了许多规模巨大、风格独特的建筑艺术精品。

一、北宋

结束了五代短暂的纷争，以汉族为主体的宋朝登上了中国的历史舞台。这个王朝对内中央集权、重文轻武，对外采取和亲纳币的妥协政策。但唐宋之间过渡时期的政治制度已基本定型，宋朝的经济在唐朝的基础上继续发展，城市经济发达，手工业分工细化，科技生产工具更为进步，商业的繁荣推动了整个社会前进。受精神领域的影响，宗教艺术日渐世俗化、大众化，许多神佛走下神坛，以平易近人的形象走入了人民的生活中，迎合了大众的信仰需求。宋代建筑没有了唐代建筑雄浑的气势，体量较小，精雅细腻，富有变化和灵性，呈现出细致柔丽的风格。北宋后期颁布了由官方编写的建筑专著《营造法式》，对建筑营造技术进行了规范，官式木构建筑在规格化、模数化方面超越前代，达到了一个新的高度。宋代建筑一改唐代简洁、浑厚的风格，在结构上也发生了很大的变化，突出表现为斗栱的承重作用大大减弱，且栱高与柱高之比越来越小。原来在结构上起重要作用的昂，有些已被斜栿代替，补间铺作的朵数增多，建筑组群形体组合则富有变化，体制较小，趋于秀丽俊挺、柔美典雅，小木作装修、木雕和彩画大量应用，影响了元、明、清的发展，具有承前启后的地位。

图1-66 高平崇明寺大殿梁架结构　　资料来源：作者自摄

图 1-67 太原晋祠圣母殿木柱盘龙
资料来源：作者自摄

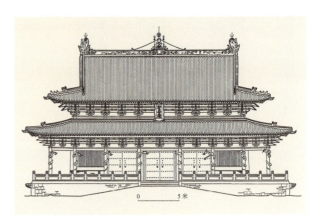

图 1-68 太原晋祠圣母殿正立面图
资料来源：山西省古建筑保护研究所测绘资料

山西保存有近百座宋代木结构建筑，形式风格多样，尤其宋代早期的建筑，保存着唐五代建筑的遗痕，具有极高的艺术价值。

崇明寺中殿创建于宋开宝年间（968～976年），是山西保存最早的宋代木结构建筑。大殿石砌台基，高0.5米，面阔三间，进深六椽，单檐歇山顶，琉璃脊饰。梁架六架椽栿，通檐用二柱，殿内原设有平棊，草栿由两根同等截面、同等长度的短材相对而成，即"断梁"结构，断梁中缝下用顺栿串承托，两端架于后檐柱斗栱后尾上。柱头不施普拍枋，柱头斗栱七铺作双杪双昂，昂尾压于四椽栿下，补间斗栱六铺作，下部不设栌斗和直斗，与唐代佛光寺东大殿形制相似。前檐当心间施双扇板门，两次间置直棂窗。大殿用材壮硕，三间殿宇施用七铺作斗栱，出檐之深远超过了建于五代时期的平遥镇国寺万佛殿。

晋祠重建于北宋天圣年间（1023～1032年），现在的主要建筑圣母殿面阔七间，进深六间，重檐歇山顶，殿顶琉璃为明代更制。大殿副阶周匝，殿身四周围廊，前廊进深二间，廊下宽敞，为唐、宋建筑中所独有。殿前廊柱雕饰木质蟠龙八条，透迤自如，盘曲有力，系北宋元祐二年（1087年）原物。蟠龙柱形制曾见于隋、唐之石雕塔门和神龛之上，但在中国古代建筑已知木构实物中，这是最早的一例。殿的角柱生起颇为显著，上檐尤盛，使整个建筑呈现出柔和的外形，与唐代建筑的雄朴迥异。柱上斗栱出跳，下檐五铺作，上檐六铺作，昂跳调配使用，昂形规制不一，真昂、假昂、平出昂、昂形耍头等皆用之。殿内无柱，六架椽的长栿承受上部梁架的荷载。殿内用材较大，采用彻上露明造。殿内40尊宋代仕女塑像，神态各异，是宋塑中的精品。

二、辽

五代时期崛起于边疆地区的契丹族，在公元916年建立了政权，936年11月，镇守太原的后唐河东节度使石敬瑭为了夺取政权，不惜拜契丹主耶律德光为父，当上了契丹保护伞下的儿皇帝，将燕云十六州（今河北北部、山西北部）割让给了契丹，使辽国的版图扩展到河北和山西的北部。947年契丹改国号为"辽",对汉族和契丹采用了不同的政策,广泛吸收汉文化,招揽汉族文人和技工,进入了封建社会。山西的大同成为辽朝的西京。由于北方从唐末就形成藩镇割据的状态,建筑风格很少受后期中原和南方的影响,因此辽代建筑保持了很多五代及唐的风格,再加上游牧民族豪放的性格,建筑物显得庄严而稳重。辽代有些殿宇东向,这与契丹族信鬼拜日、以东为上的宗教信仰和居住习俗有关。辽朝在建筑方面主要依靠当地的建筑工匠,因此建筑保存了唐的雄健劲挺的风格。山西保存的辽代建筑以大同华严寺薄伽教藏殿、善化寺大雄宝殿和应县佛宫寺释迦塔为代表,都是体量巨大的木构建筑物。

华严寺位于大同市城区西部。它是依据佛教华严宗的经典《华严经》而创建的。辽西京大同府地近北方佛教中心五台山,而五台山原为华严宗教学的中心,受其影响,辽代最发达的佛教宗派就是华严宗,其次是密教、净土以及律学等佛教宗派,曾有许多高僧大德著述华严学说。辽道宗(1055～1095年在位)曾亲撰过《华严经随品赞》十卷,可见其对华严学说的崇敬。华严寺在辽清宁八年(1062年)对寺院进行了大规模扩建,并奉安了辽代帝后的石像、铜像,使华严寺不仅是礼佛和藏经的道场,而且具有了辽代皇室祖庙的性质。

薄伽教藏殿为辽代华严寺的藏经殿,殿内左侧梁下尚保存聪慧创建时的题记:"维重熙柒年岁次戊寅玖月甲午朔携拾五日申午时建"。"薄伽"是梵语薄伽梵(Bhagavat)的简称,是佛的十个称号之一,汉语译为"世尊",寓有"佛有万德,于世独尊"的含义。薄伽也就是指的佛教。"藏"指佛教的经籍。薄伽教藏殿实际上就是典藏佛教经籍的藏经殿。辽代中叶以来,这里一直是华严寺的藏经殿。

大殿面阔五间,进深四间,单檐歇山灰瓦顶,脊两端设有琉璃鸱吻,为金代天眷年间(1138～1141年)重修时安设。前檐三间设格扇门窗。两梢间厚墙封护。大殿屋面平缓,是现存辽代建筑中坡度最低的一座。大殿柱头从明间左右次间开始,依次向两边升起,使殿的四个翼角向上翘起,构成了檐部缓和的曲线,外观浑朴,保持着唐代建筑的优秀传统。

大殿的平面采用内外槽的柱网结构。但大殿主要功能是为了藏经,因此,为解决实用的功能,平面柱网布列中采用了减柱造法,即在殿的中央设置佛台,在礼佛的区域减少两根内柱,扩大了礼佛的空间。大殿内外柱高相等,梁架中采用明栿和草栿两套梁架。"明栿"就是指天花板以下露明的梁架,制作精细,"草栿"是天花板之上的梁架,因不露明,一般加工较为粗糙,其做法显然是继承了唐代佛光寺大殿的传统。柱头斗栱五铺作,补间铺作仅用一朵,檐下布局疏朗,简洁明快。大殿的梁架中还使用唐宋建筑中常见的抹角栱,可以有效地防止翼角的下沉。这些手法与现存唐五代建筑相比,有许多相似之处,可见辽代建筑是直接继承唐代建筑的衣钵,而又有所创新,表现出契丹人民吸收汉族文化的能力。

大殿内左右两壁和后壁,排列有木雕结构的重檐式壁藏(即藏经橱),共三十八间。大殿后壁中央因辟有窗户采光,壁藏凌空以悬桥相连,桥上建天宫楼阁五间。壁藏分上下两层,二层楼阁式木雕结构,最宽的每间1.5米,进深只有0.5米。下层施有须弥座式台基,台上为经橱,内存藏经,其为上腰檐平座,外设木雕栏杆,上置佛龛,龛内原奉佛像和功德主像,现已不存。佛龛的梁栿、斗栱、屋顶、平座、勾栏都是按照当时建筑物的真实尺寸缩小比例

图 1-69 大同华严寺薄伽教殿侧立面
资料来源：作者自摄

图 1-70 大同华严寺薄伽教殿壁藏
资料来源：作者自摄

而制作出来的。壁藏中使用的斗栱共有十七种，柱头使用的是七铺作双杪双下昂斗栱，是目前已知辽代斗栱中最为复杂的一种，而束腰、勾栏华板上镂空雕刻的几何图案多达三十七种，形制玲珑，制作精巧，达到了很高的装饰艺术水平，在中国现存的小木作中也是十分罕见的一例。这种将经橱和佛龛结合在一起，同时在外观上又采用建筑造型的特征，使室内陈设与建筑环境浑然一体，是古代室内设计的经典。

善化寺是位于大同市城区南隅的一座规模宏敞的古寺。创建于唐代，唐玄宗开元二十六年（738年）诏令天下州郡各建一大寺，赐额题为"开元寺"。五代后晋初期，更名为大普恩寺。后晋以后文献记载较少，寺况不详。辽保大二年（1122年），当时辽朝的西京大同两次被金兵攻陷，大普恩寺遭到惨重的破坏。金天会六年至皇统三年（1128～1143年）高僧圆满大师在寺内开坛讲经，先后修复大殿及东西朵殿、文殊阁、前殿、山门等，形成了现在的规模。明正统十年（1445年），英宗"敕颁藏经"于大普恩寺，赐名善化寺，在寺内建立僧纲司，设"都、副纲各一员"，管理全城僧众。

善化寺采用廊院式的布局，其规制尚存前代寺庙建筑布局。寺内的主要建筑山门、三圣殿、大雄宝殿排列在中轴线上，依次升高，山门和三圣殿均为金代建筑，大雄宝殿为辽代遗构，坐落于中轴线后部的高台之上，左右各有朵殿一座，两条长廊沿院墙南北延伸（现仅存廊址），将寺内的主要建筑联为整体。东西两座木结构楼阁对峙于大殿前两侧的中部。东阁称文殊阁（已毁，仅存基址），西阁称普贤阁，均为金代建造。著名古建筑学家梁思成先生在营造学社《大同古建筑调查报告》中曾对善化寺有这样的评价："其大殿、普贤阁、三圣殿、山门四处均为辽金二代遗构，不意一寺之内，获若许多珍贵文物，始未所料。"如此规模完整的古代建筑群，是研究辽、金，乃至唐五代建筑的珍贵实物资料。

图 1-71 大同善化寺大雄宝殿
资料来源：作者自摄

　　大雄宝殿为寺内主殿，坐落于高达 3.3 米的砖砌台基上，周边砖砌勾栏，饰以石雕。殿前建有宽大的月台，月台前为六角形钟鼓亭，中部建有木结构牌坊三间，均为明代建造。外观古朴雄壮，气度昂然。大殿现存主体结构为辽代，金天会六年至皇统三年（1128～1143 年）进行过重修。大雄宝殿平面呈长方形，面阔七间（40.7 米），进深五间（25.2 米），建筑面积达 1037.85 平方米，是辽代最大的殿堂之一。大殿屋顶采用古代建筑中等级最高的庑殿顶形式，饰以琉璃瓦件和脊兽，正门上方悬有"大雄宝殿"巨匾一方，气势宏伟古朴。大殿的柱网排列采用辽金时期盛行的"减柱造"法，为佛像的布置和礼佛提供了宽阔的空间。

　　大殿的柱头上施用五铺作斗栱，结构简练，内外使用的斗栱式样多达八种。前檐当心间的补间铺作采用辽金时期流行的斜栱造，斗栱的结构均匀对称，外观如同怒放的鲜花，极具美感，同时也增强了建筑檐部的抗剪和抗震能力。殿内的梁架构造简练，交接合理，梁架中部的主佛像上方饰有斗八形式的藻井一方，藻井八角形，由上下两层斗栱组成，雕刻精细，表现了辽代匠师精湛的工艺。藻井的四个外角各绘有沥粉贴金的凤凰一只。藻井中央绘有二龙戏珠，贴金工艺制作，金碧辉煌，均为明代重修时作品。其余的梁架均显露在外，称之为"彻上露明造"，暴露的梁架加工十分精细。殿内暴露梁架结构的布置所形成的殿内空间和佛像布置，围绕着突出主佛的崇高地位而匠心独运，具有极高的艺术价值。

　　佛宫寺是一座坐落于应县城内的古老寺院。寺内保存的释迦塔是一座高达 67.31 米的纯木结构的古代佛塔，造型深厚而端庄，塔檐舒展而优美，结构构造巧妙，是中国古代建筑史上的瑰宝。佛宫寺初名宝宫禅寺，传说辽清宁二年（1056 年）由田和尚奉敕创建，金明昌四年（1193 年）重修。寺院坐北朝南，沿中轴线建有牌楼、山门、释迦塔和大雄宝殿。山门东西两侧原建有钟鼓楼，塔院前为配殿，原供有伽蓝护法神和祖师像，是禅宗寺院的标准配置。

图 1-72 应县佛宫寺塔
资料来源：作者自摄

图 1-73 应县佛宫寺木塔分解图
资料来源：陈明达. 应县木塔. 文物出版社，1980.

　　木塔位于寺院的中部。塔后砖台上建有一座布局精巧的寺院，入砖砌门楼后，正面是面阔七间、进深二间、单檐歇山顶的大雄宝殿，大殿两旁为朵殿，院两侧分别建有配殿，均为明清两代重建。整个寺院布局均衡对称。塔建于寺院前部，这种布局方式尚存南北朝时期佛寺建制遗痕，而进入山门，体量巨大的木塔巍然耸立，在布局艺术上处理得相当精妙。

　　释迦塔的塔基分为两层，高 4.4 米，石条垒砌，下层方形，上层八角形，台基的每个角都安设有角石，各雕有卧狮一尊，均为辽代修建木塔时的原物。塔平面呈正八角形，直径达 30.27 米。塔身外观五个明层，各层之间设有暗层，底层重檐，外观六层檐口，实际九层。塔身涂有土朱，呈暗红色，每层檐下均有木匾。

　　木塔的平面布局由内柱和檐柱两周组成，底层重檐，以上单檐，都设有平座，平座和檐部的内部实际上是暗层，所以从塔内看，有 5 层塔身和 4 个暗层，共 9 层。暗层内只有楼梯间，明层内供有佛像，平座悬挑出各层的塔身外，设有栏杆，游人可凭栏远眺，平阔的大同盆地百里景物尽收眼底。辽代统治者建造这座木塔，除礼佛外，还有一个重要功能就是用于军事瞭望。每层塔身内由结构形成内外槽两个空间，内槽一层至五层均设有佛像，底层内安置高达 11 米的释迦牟尼佛坐像，体形雄建，神态安详，为辽代原物。外槽空间环绕于内槽周边，供僧俗参拜。塔刹由基座、仰莲、相轮、圆光、仰月、宝盖、宝珠组成，高 9.91 米，冠表全塔。

塔身立面采用中国传统的楼阁式技术建造，整体构架全部用木材结构，这也是东汉末叶开始建造木塔记载以来，保存至今的唯一一座纯木结构塔。塔身层层立柱，柱头上施有额枋和斗栱，形成额枋结构层和铺作层，反复相间，水平垒叠，至最上一个铺作层安装屋顶结构。每个结构层都采用大小同本层平面相同、高1.5～3米的整体框架，逐层安装。这种结构形式，是中国古代高层木结构技术的延续，具有极高的稳定性。塔内外两槽柱子之间用梁枋连接，形成双层套筒式结构。为防止框架变形，各暗层内又施用了复梁，梁架节点采用的都是中国传统的榫卯结构。木塔自上而下，从内到外，使用了54种不同形式的斗栱，全塔不用一钉一铁。这种框架体系和榫卯结构的完美结合，反映了辽代匠师对木结构的认识水平和在结构组成、力学平衡与抗震方面的伟大成就。专家测算，全塔的重量为7430多吨，底层内外槽每根柱子承载的负荷高达90吨。据明代的记载，释迦塔在建成后的500年中，历经大风暴1次、强烈地震7次，但完好无损，这充分说明其结构坚固稳定，是十分有效的防震构造。

三、金代

北宋中期，地处中国北部的女真族兴盛起来，于公元1115年建立金朝。十年后，金灭辽，十二年后又灭北宋。金以武力灭辽后，继承了辽代社会盛行佛教的风习，攻占了黄河流域以至淮水以北的地区，更受到了宋地佛教的影响。因此，佛教对于金代统治者来说，丝毫不亚于辽、宋对佛教的狂热，而且有了更大的发展。女真贵族统治的金代占领中国北部地区以后，吸收宋、辽文化，逐渐汉化，征用大量汉族工匠建造宫苑、寺庙，因此金代建筑既沿袭了辽代的传统，又受到宋代建筑影响：现存的一些金代建筑有些方面和辽代建筑相似，有些地方则和宋代建筑接近。尤其是山西的金代建筑地域差异十分明显：北部承辽，爽朗健劲；南部沿宋，雅致秀丽。建筑结构上体现了宋、辽建筑的相互作用，尤其是在木结构建筑中采用减柱法，出现了前代未有的长达三间的大额式结构和复梁承载屋顶梁架，对元代建筑产生了深远的影响。

崇福寺弥陀殿建于金皇统三年（1143年），1987年至1991年落架大修，占地面积937.9平方米。台基砖砌，高2.53米，殿前月台宽34.42米，深11.2米。殿身面阔七间，进深八椽，单檐歇山顶，筒板瓦屋面，琉璃瓦剪边，饰有方形方心，琉璃脊刹吻兽均为金代原物。殿内梁架采用复梁减柱移柱法营造，分内外槽两部分。内槽为四椽栿上架平梁，外槽施以上下乳栿二道，将全槽与檐柱连接为一体。檐下施斗栱一周，其中柱头斗栱为七铺作双杪双下昂，单栱偷心造；前檐柱头及后檐明间、梢间铺作大量采用斜栱。前檐明间、次间和次次间安装雕花格扇门，图案多达15种，为我国仅存的金代装修。东西两梢间砌以厚墙。

佛光寺文殊殿建于金天会十五年（1137年），面阔七间，进深八椽，单檐悬山顶。大殿片石和料石砌台基，高0.85米，殿身面阔七间，进深四间八椽，单檐悬山顶，黄绿琉璃脊刹为元代补配。殿内梁架彻上露明造，内金柱大量减去，前后槽施用长跨三间的大内额承托四椽栿及前后乳栿上的荷载，上用驼峰、襻间斗栱支承平梁、蜀柱、叉手，前槽阑额设于当心间和

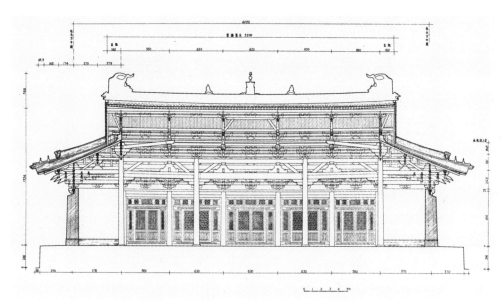

图 1-74 朔州崇福寺弥陀殿横断　　资料来源：山西省古建筑保护研究所测绘资料

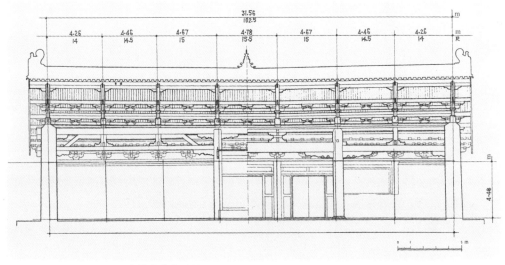

图 1-75 五台佛光寺文殊殿立面　　资料来源：山西省古建筑保护研究所测绘资料

两次间，后槽阑额置于当心间以外两侧，后阑额与由额间施斜材负重，近似现代建筑中的"桁架"结构，为辽金建筑中仅有的一例。前后檐柱头斗栱五铺作单杪单下昂，前檐当心间及两次间补间斗栱施45°斜栱。前檐当心间、两次间和后檐当心间装板门，两梢间安直棂窗。

四、宋辽金木结构技术

山西宋辽金时期的木结构建筑丰富多彩，形式多样，呈现出鲜明的时代特色。宋代建筑较唐五代建筑雄浑的气势而言，体量较小，但富于变化，呈现出细致柔和的风格，出现了各种复杂形式的殿、台、楼、阁。建筑结构上的变化，突出表现为斗栱的承重作用大大减弱，且栱高与柱高的比例越来越小。

宋代木结构建筑的结构、建筑方法和工料估算在唐代模数制的基础上进一步标准化、规范化，出现了中国历史上第一部由政府公布的关于建筑工程技术规范的《营造法式》。

北宋建立政权后基于大规模的建筑活动，于熙宁年间（1068～1077年）开始组织编修建筑技术的规范，元祐六年（1091年）编成《元祐法式》，但因该书"只有料状，别无变造用材制度，其间工料太宽，关防无术"，也就是"材"的用法，而不能对构建比例、用料作出严格的规定，建筑设计、施工仍具有很大的随意性。李诫在元祐七年（1092年）开始在将作监（主管土木建筑工程的机构）供职，前后共达十三年，历任将作监主簿、监丞、少监和将作监，主持营建较大建筑有龙德宫、棣华宅、朱雀门、景龙门、九成殿、开封府廨等，积累了丰富的建筑工程经验。北宋绍圣四年（1097年），受命重新编修《营造法式》，元符三年（1100年）完成，徽宗崇宁二年（1103年）颁行。《营造法式》是中国第一部详细论述建筑工程做法的官方著作，书中规范了各种建筑做法，详细规定了各种建筑施工设计、用料、结构、比例等方面的要求，这对于后世研究唐宋建筑的发展，考察宋及以后的建筑形制、工程装修做法与当时的施工组织管理，具有难以估量的价值。

法式规定的"材分八等"，标明了我国传统的"以材为祖"的木结构的各种比例数据，揭示了我国传统的木工特点，体现了宋代人们对建筑力学的认识水平。宋代木构架为保持柱网的稳定，采用并定型了"侧脚"和"生起"的做法。"侧脚"是使每列柱的柱身均向内微倾，而每列柱中各柱又均依次微向中心倾侧。这样正侧立面上各间均微呈下宽上窄，整个柱网上各柱均微向中心倾侧，并由其间的阑额加以连接固定，在承屋顶之重后，因柱头内聚、柱脚外撑而增加柱网之稳定。与此同时，在外观上为矫正长水平直线易引起中间高起、两边下垂的错觉，又使角柱增高少许，使柱头自明间二柱外各柱依次升高，使柱顶线呈上翘而产生平缓的抛物线，称为"生起"。这些做法至迟在唐代已有，均已见于唐佛光寺东大殿，在宋代则明确规定于《营造法式》中。《营造法式》的大木作制度，充分表现了我国传统木结构体系的特点：构架的侧向稳定性、纵向稳定性，以及结构整体性的增强，都有了较为详细的规定，并采取了必要的措施，说明我国古代木构建筑的构架体系，到宋代已经达到纯熟的程度。其中的小木作制度，也表明了木装修也已进步到新的水平。

辽与北宋对峙时期，山西建筑形成两大系统。辽是以契丹族为主体在中国北方和东北建立的王朝，辖区是中唐以后的军阀割据区。辽建国后招募了大量北方汉族的工艺技术人才，故辽的建筑是在唐、五代时北方建筑传统基础上发展的。北宋立国之初，山西在晚唐以来形成的地方建筑传统未受到重大破坏而被宋继承而形成北宋官式建筑。宋金对峙时，在建筑上也是两个系统，金官式继承北宋官式，并受辽和北宋以来北方地方建筑传统的一定影响，但由于北宋官式比这些地方传统先进，形成金代官式。

辽使用大阑额的厅堂型构架。辽代建筑在厅堂型构架中出现了一种较特殊的做法，其特

图 1-76 应县净土寺大殿　　资料来源：作者自摄

点是在檐柱列或内柱列上使用跨长二间或三间的大阑额，直接承梁，下边省去1根或2根柱子，以扩大室内空间。目前发现的实例均在金代，以建于1137年的五台佛光寺金代文殊殿最为典型，在前后内柱列上使用了长三间和二间的内额。建于1143年的朔县崇福寺弥陀殿也采用大额式的构架。金代建筑中的这种组合内额可视为平行弦桁架的雏形。在使用大阑额以减柱的厅堂型构架建筑中，在跨长超过二间时，有时使用上下两条阑额，在中部分间处加垂直的矮柱以承上方的梁，并在两端加斜撑，状如平行弦桁架。其斜撑的上端相抵处作锯齿状，很像现在的齿形结合做法，起了很好的支撑作用。

五、宋辽金时期建筑装饰艺术

宋辽金时期重要建筑普遍使用琉璃瓦饰，这个时期制琉璃瓦的工艺有了进步，高档建筑多用琉璃瓦和青瓦组成剪边屋顶，给人以柔和灿烂的印象。

辽代在建筑物上使用琉璃构件尚无实物发现，仅在朔州杭芳园（辽代栖灵寺）遗址中发现过绿色琉璃碎片。

宋代时山西琉璃制造已有相当的水平，在当时重要的建筑如宫殿、寺观、祠庙上已开始普遍使用琉璃制品。太原晋祠圣母殿重建于北宋天圣年间，1955年在维修时曾发现过少量的宋代琉璃瓦，浅红色坩土胎，绿釉，胎内有布纹，并有"尹"字押记，当为姓氏，与宋押风

图 1-77 大同上华严寺金代琉璃鸱吻 1
资料来源：作者自摄

图 1-78 大同上华严寺金代琉璃鸱吻 2
资料来源：作者自摄

图 1-79 晋城玉皇庙玉皇殿二十八宿琉璃脊饰　资料来源：作者自摄

格相似，是目前在山西古建筑中发现较早的建筑琉璃构件。此外介休后土庙三清楼中还保存有宋元祐二年（1087年）宋代创建时的琉璃筒瓦。[27]

金代的琉璃构件在山西保存较多。朔州崇福寺弥陀殿上保存有金代的琉璃鸱吻、垂兽、脊刹，大同华严寺大雄宝殿和薄伽教藏殿上均保存有金代的琉璃鸱吻，晋城玉皇庙后殿上的金代琉璃狮子和脊饰二十八宿琉璃脊饰都是金代琉璃制造业用于建筑上的重要实物。

六、宋辽金时期砖石塔建筑

宋辽金时期砖石塔留存较多，形式丰富，构造进步，是中国砖石塔发展的高峰。除墓塔以外，大型砖石塔可分为楼阁式和密檐式。密檐式塔一般不能登临，多为实心，构造与外形比较规整。楼阁式塔形式多样，其兴盛期从唐一直延续到宋，形制由四边渐变为六边、八边或十边形，但以八边形最为普遍。这种肇源于八卦方位图式的塔，不仅轮廓曲线优美圆浑，而且更有利于结构的稳定。在塔的高度上，也有了新的突破，现存的此类塔中，宋代最多；而密檐式塔到辽金才达到兴盛期，隋唐多为正方形，辽金多为八角形，并将塔基的底层装饰得十分华丽。

1. 辽塔

辽统治者崇信佛教，在所辖的五京地区广建寺塔。山西的辽代砖石塔全部保存于辽西京的辖区内，以灵丘觉山寺塔、大同禅房寺砖塔最具代表性。

觉山寺砖塔

坐落于灵丘县觉山寺内，是国内保存最完好的辽代密檐式砖塔。觉山寺创建于辽大安六年（1090年），寺周群山环抱，风景幽绝。寺内布局由三条轴线组成，中轴线上有天王殿和大雄宝殿，东轴线主要建筑为弥陀殿，西轴线上设有塔院和贵珍殿，山门和东西阁设于寺前，布局紧凑，条理清晰，均为清光绪年间重建，为清代佛寺布局的佳例。辽塔位于寺内西轴线的塔院中，砖构密檐式，总高44.23米。塔的基座分为两层，第一层方形，边长19.60米，其上为两层八角形须弥座承莲台。下层须弥座的束腰内每面设有壸门三个，内雕刻有佛、菩萨，门两侧各雕有乐伎或飞天，壸门上方砖雕二龙戏珠，每角雕有力士像一尊。束腰上为平座一层，设有斗栱，每朵斗栱五铺作出双杪，耍头做成批竹式，上承散斗，撩檐枋和椽子，转角处用45°斜栱，斗栱的形制和做法与现存的辽代木结构建筑的形制极为相同。平座斗栱上设有望柱、栏杆，每面三间，栏板上雕刻有十字纹、莲花纹、几何纹、卍字等雕饰，刀法流畅洗练，形制十分精美。上承盛开的莲瓣三层。整个塔基由八角形基座、平座勾栏和莲台三部分组成，形成水平划分塔基座的三条装饰带，构成塔座上繁简的对比，雕刻精细华丽，造型丰满。将大部分的宗教内容都在塔基座上表现出来，成为辽代密檐式砖塔主要特点之一，这也是承自唐五代佛塔设须弥座的手法。在塔基座承托平座的蜀柱柱身上雕有盘龙，栏额上方雕有须龙，说明这种装饰题材在辽代已经流行。这种盘龙柱的做法山西最早的实例见于太原晋祠圣母殿木雕盘龙柱，说明辽代的建筑技法也直接融合了宋代的技法，是北方少数民族政权同中原王朝交流融合的实例。

塔身分为十三层。一层塔身平面八角形，设有八角形塔心室，中设塔心柱，与现存的其他辽塔不同。内壁绘有菩萨、明王、飞天等内容的壁画约62平方米，人物面形、衣饰承袭唐代画风，壁画中色彩的变色程度近似于敦煌唐五代壁画，是十分珍贵的辽代寺观壁画。塔

图 1-80 灵丘觉山寺砖塔　资料来源：作者自摄

图 1-81 灵丘觉山寺砖塔壁画　资料来源：作者自摄

外壁四个正面辟有券门，东西两面为装饰性假门，其余四面用砖雕装饰性的棂条假窗，塔身素简，与华丽的基座相映衬，具有强烈的简繁对比，有优美的效果。外壁八个转角处砖砌圆形倚柱，柱头设有砖雕仿木结构的转角斗栱，承挑一层至十三层密檐，檐下斗栱均为单栱计心造，形制简洁明快。十三层塔檐自下而上依次递减，其递减率愈上愈多，形成塔檐轮廓和缓的卷杀。塔顶设有刹座、七重相轮、圆光、宝盖、仰月、刹杆和宝珠，伞盖上用八条铁链联结，给人以稳定、优美的感觉。塔的整个造型，以上下两部分来衬托塔身中部平整的塔身，使塔身显得刚健有力，外轮廓造型处理和缓优美，两者对比刚柔相济，取得了极高的艺术成就，成为鉴定年代相近的古建筑的标志性建筑。

禅房寺塔

坐落于大同市城区西南20公里丈人峰巅，现残高约20米。据明代《大同府志》等古籍记载，寺创建于唐天宝年间，辽代重新修葺，并修建砖塔，清道光年间寺院废毁，仅存砖塔一座。塔的形制结构、雕刻风格具有辽代建筑的特征，所以时代定为辽代中期。

塔八角七层仿楼阁式，实心砖石结构。残高11.7米。塔的基座用规整的长方形石条垒砌，高4.17米。石条间不使用泥灰粘法，而用木楔找平，手法较为古老。塔基用须弥座形式

图 1-82 大同禅房寺砖塔近景　　资料来源：作者自摄

砌筑，束腰上下部雕刻仰覆莲各一层，束腰中部雕有间柱，柱间的石板上雕刻着莲花、牡丹和童子等，六角各雕一尊力士，形态威猛刚健。仰莲上方每面雕浮雕小坐佛，共 66 尊。束腰的上枋上也浮雕有高约 22 厘米的坐佛和立佛，六面共 24 尊。再上设莲台和平座，平座上用砖砌筑仿木结构的斗栱和椽檐翼角。整个塔基题材繁复，手法粗犷简练，将佛塔中大部分的宗教内容表现于塔基，是典型的辽代佛塔做法。

塔座上仿木结构砖砌塔身，底层四个正面线刻半开启的格扇假门，其余四面刻有四根棂条的假窗，雕工精细。三四层各立面用砖砌出火焰形券门，以上各层素壁无饰。砖身上使用的斗栱，按不同的位置和作用使用了八种，形态多样。塔身出檐自下而上递减收束，使塔的外观稳健大方，挺拔秀美，成为辽代砖石塔的杰出作品。

辽代的统治者崇信佛教，广造寺塔，尤其是砖塔的建造，其形制和风格，都形成了鲜明的时代特色。辽塔的平面一般均为八角形，塔座由基座和须弥座相叠或两个基座相叠。在座的束腰部分用间柱分隔，柱用力士或雕刻有兽面的间柱承托，束腰内刻有佛、菩萨、飞天等浮雕图案。上下枋上雕刻有巨大的仰覆莲花。在基座中施有平座和斗栱，为辽代砖塔普遍的规律，可作为辽代砖塔年代鉴定的重要特征和依据。

2. 宋塔

宋代在全国各地建筑了数量众多的砖塔，形成了我国砖塔发展的第二个高潮。宋代砖塔平面多采用八角形，个别的为六角形，极少数仍然沿用方形。外观式样以楼阁式为主，平面以八角形十三层最多。它的内部结构进一步改革，部分为空筒式结构，同时也出现了楼梯楼层与外壁结合为一体的构造形式，壁内折梯式，是宋代砖塔较为普遍的做法。建塔的重点在整个造型和内部的空间处理上，塔檐上仿木结构，创造出新的成就。

宋代砖塔造型精致秀丽，构造合理，是古代塔式建筑发展的高峰期。山西保存的宋塔较多，有些还表现了唐宋过渡时期的特征。

开化寺连理塔

又称开化寺定光佛、化身佛舍利塔，或释迦多宝连理塔、开化寺双塔等，因两塔并列，故称连理塔，是山西保存较早的宋代双塔。二塔均为方形单层砖塔，通高 8 米，坐西朝东，原为北齐古寺开化寺附属建筑，建于宋淳化元年（990 年）。二塔形制相同，间隔 1 米，下部基座相连。基座长方形，高 3.3 米，叠涩砖砌。塔身平面方形，长宽各 3 米，正面设方形小室，辟半圆形券门，券面为火焰形装饰。门槛、门框、门额均为青石雕作，上隐刻

图 1-83 太原开化寺连理塔　　资料来源：作者自摄

有佛像、卷草、花纹。南塔门楣题"化身佛舍利塔"，北塔题"定光佛舍利塔"。余三面各辟假门一道，门半掩，侧设假直棂窗。檐部叠涩砖砌，层层内收，其上置四重仰莲刹座，上设八角形亭阁。小亭正面辟门，角设倚柱、一斗三升斗栱，斗口内承替木，亭上为两重仰莲、宝珠塔刹，均已残。两座墓塔，其塔基和塔身及券面装饰仍保留了唐代方形墓塔的特征，塔顶、塔刹部分华丽繁缛，具有宋金塔的特点。尤其是八角小亭的角柱柱头砍制梭柱形，阑额、普拍枋相交不出头，都是典型的宋式建筑做法。二塔外形秀丽挺拔，雕刻华丽，是唐代建筑向宋代建筑过渡的一种形式，具有重要的历史与艺术价值。

3. 金塔

金代在中原占有广大的地区，宋熙宁以后，宋金间出现南北对峙的局面，山西南部受战争破坏较少，经济发达，是当时北方的一个文化中心，保存了较多的佛教建筑。金朝政权建立后，继承辽、宋的制度，寺院建筑都竭力模仿，但造型装饰都比较华丽。由于山西的辽宋两朝都继承唐五代，因而唐五代的风格也贯穿其中。金代建筑在山西北部仿辽，在山西中南部仿宋。

圆觉寺塔

位于山西浑源县城内，密檐式砖塔。寺始建于金正隆三年（1158年），明成化年间（1465

图 1-84 浑源圆觉寺砖塔
资料来源：作者自摄

图 1-85 浑源圆觉寺砖塔塔刹
资料来源：作者自摄

图 1-86 五台山佛光寺杲公禅师塔
资料来源：作者自摄

图 1-87 陵川三圣瑞现塔
资料来源：作者自摄

～1487年）曾经修葺，现存塔主要部分仍是金代遗物。塔平面八角形，9层，砖砌，高30米。塔下是一个高约4米的须弥座，四周雕有歌舞伎乐、力士和动植物图案。伎乐人物形象婀娜多姿，力士勇猛，狮兽形象逼真。须弥座上建第一层塔身。塔身正面辟门，内塑释迦佛像。塔刹为铁制，顶端有一铁鸟，可以随风旋转，作为风向指示标，为佛塔中少见。

杲公禅师塔

坐落在五台县佛光寺西北的塔坪上，建于金代泰和五年（1205年），为单层亭阁式花塔。砖砌，通高约9米。塔的下部有一个高大的须弥座，座上置塔身。须弥座和塔身均为六角形。塔身仿木结构设阑额和普拍枋，枋心雕刻缠枝牡丹，承托仿木结构的转角斗栱，其形制为六铺作重杪单栱造，角部出斜栱，各面设补间铺作一朵。塔檐用砖叠涩挑出菱角牙子三层，并以砖刻制的斗栱支撑。塔檐出檐和斗栱都比较大。塔身上部由一个八角形基座和一个八瓣五层莲瓣组成，如同一个巨大的花束。花束的顶部以叠涩砖砌为塔刹，刹顶为砖石宝珠。塔身正面有门额题记，塔身旁边有杲公禅师的塔铭一方。整个墓塔上半部如花束，下半部如亭盖，结构严谨，造型美观。杲公禅师塔属楼阁式塔与亭阁式塔的融合形式，造型富丽堂皇，是辽金时期花塔的建筑风格。

陵川三圣瑞现塔

位于陵川县西河底镇积善村，为方形密檐式砖塔，高约30米。据碑文记载，原为昭庆寺建筑，创建于隋仁寿元年（601年），金大定九年（1169年）重建。塔基平面方形，由二层青石条垒砌而成，高0.50米，每边宽8米。塔内空心，辟有塔室，塔檐叠涩收分，外观呈抛物线形，塔外壁各层之间伸出腰檐，一、二、五层檐下砖雕有普拍枋与一斗三升栱。塔刹圆柱形，三层相轮之上覆以宝盖、宝珠。

唐代砖塔大都采用空筒式结构，用木梁板做楼层，其横向结构较差，若遇火灾，木楼层烧毁，上下就成为一个空筒，如遇地震极易坍塌。宋代建砖塔时，吸取了前代的经验，将空筒式结构改变为外壁、楼层、塔梯三项连为一体的形式，使得每层都有固定的楼层，从而增加了横向拉力，使砖塔坚固稳定。许多宋代砖塔能存留下来，充分证明了这种结构的优越性，对明代建塔技术有着深刻的影响。

七、宋辽金时期的彩画

宋辽金时期的建筑上普遍装饰有彩画。与唐代彩画相比，宋代有了很大的进步。除柱身斗栱外，扩展到了殿内外檐和梁枋构件上，随建筑等级的差别而有五彩遍装、青绿彩画和土朱刷饰三类，并形成宋代特有的建筑彩画制度，具有很高的艺术成就。山西保存有丰富的宋辽金时期的建筑彩画，宋代彩画以高平开化寺大雄宝殿为代表，辽代彩画保存于应县佛宫寺

图 1-88 高平开化寺大雄宝殿（宋代）梁栿彩画　资料来源：作者自摄

图 1-89 开化寺宋代梁栿彩画线图　资料来源：作者自绘

图 1-90 开化寺斗栱彩画（宋代）　资料来源：作者自绘

图 1-91 开化寺大雄宝殿斗栱彩画
资料来源：作者自摄

图 1-92 开化寺大雄宝殿内檐栱眼壁彩画
资料来源：作者自摄

塔和大同华严寺薄伽教藏殿，金代建筑彩画见于应县净土寺藻井彩画，具有显明的地域特色。

宋代建筑彩画主要保存在高平市开化寺大雄宝殿内，外檐彩画已剥蚀不清，内檐彩画保存较好。彩画绘制于宋绍圣三年（1096年），画中所使用的纹饰，与宋《营造法式》中的彩画作纹样极为相似，是珍贵的宋代建筑彩画原作，且梁枋、斗栱、栱眼壁等构件彩画基本完整，可视作宋代寺庙彩画的代表作。大致可以分为三大部分：梁栿彩画、斗栱彩画和栱眼壁彩画。

梁栿彩画四出套环纹、云纹为主，用黑、红、白三种颜色平涂，环心饰以小团花，没有退晕处理，无箍头及找头设置，呈海墁式布局。

斗栱彩画所用图案在不同的部位也有区别，栱身为三角形折线纹和团巢花纹，斗身饰以莲瓣纹，斗栱素枋为团巢花和六方锦纹，大额枋在土朱地上绘画出简单的圆点。

栱眼壁彩画更为精细，白地上绘出卷叶花卉，叶片肥大，茂密遮地，属于铺地卷成样式。叶片用红、绿、蓝三种颜色退晕染成，每一片叶子的正反两个面采用不同颜色，如绿叶蓝背、蓝叶红背、红叶绿背等，各色交叉使用，花叶千姿百态，展示了宋代彩画的艺术风格。

大雄宝殿内金柱上方的迎风板，制作比较讲究，突出表现在用色的技巧上，每块迎风板四周以黄色绘出边缘色框，枋心中间勾绘花卉，白粉色作底色，红花黑叶，层次分明，色泽艳丽。每块迎风板花卉图案又不雷同，富有变化，它同下方的由额、柱头枋彩画有机地组合为一体，展示为一幅绚丽多彩的艺术画卷。

辽代彩画承袭唐五代，风格粗放自由，富于浓郁的北方契丹民族色彩。建筑彩画主要保存在大同华严寺薄伽教藏殿殿内的天花藻井及殿内周边壁藏楼阁等部位，题材以团花或团龙

图1-93 大同华严寺薄伽教藏殿壁藏彩画
资料来源：作者自摄

图1-94 大同华严寺薄伽教藏殿平棊彩画
资料来源：作者自摄

图1-95 应县净土寺藻井彩画　　资料来源：作者自摄

为主。井口天花中间以连续水波纹绘出圆光，圆光内外以红、蓝、黄三色牡丹花，圆光内绘有六至七朵不等，四角画小朵花卉，朱色地子，色彩对比强烈，从图案分析，似为辽代原作。尤其彩画中绘制在天花枋木和支条上的网目纹，是一种在宋《营造法式》上也没有记载的图案形式，可能是山西辽代建筑彩画中流行的地方性图案。

壁藏楼阁为三重檐结构，彩画主要位于各层斗栱、栱眼壁、天花之上，小斗全部贴金，横栱及栱眼壁内绘有卷草、花卉，天花上绘有团花，图案依稀可见。

山西金代建筑彩画在技艺上继承辽代粗犷的风格，但又吸收宋式彩画的制度，形成别具一格的金代建筑彩画。金代的作品保存较少，应县净土寺天花藻井、善化寺大雄宝殿为其代表作，高平开化寺观音殿残存有金代的彩画。

应县净土寺建于金大定二十四年（1184年），殿内天花藻井及天宫楼阁均为金代原作。天花共有藻井九眼，造型分为四方、六方、八方和菱形等不同的形状。彩画以红绿色为主，局部贴金。梁枋呈现出三段格式，端部设有箍头，找头有一整二破团花，枋心绘有套八方锦纹，斗栱及天花上绘有写生花，素绿支条。藻井顶部图案双龙飞舞，当心间藻井内天宫楼阁全部用金，两次间藻井仅斗栱贴金，其余藻井皆不用金，突出了主井的尊崇地位。九个藻井之间的天花板上绘制凤凰图案，使得整个殿宇顶部龙飞凤舞，加上藻井周边天花板的各种花卉纹饰，画面显得异彩纷呈，展示了金代彩画精美雅致的风格。

第八节　元代建筑

蒙古族挟大漠的雄风崛起于中国的北部，公元7世纪开始登上历史的舞台。他们南下入侵中原，灭掉了金朝和宋朝，又向西扩张，侵占了中亚、东欧，成为版图空前巨大的蒙古帝国，促进了东西方文化的交流。在统一的元帝国中，民族众多，而各民族又有着不同的宗教和文化，互相交流给传统建筑的技术和艺术增加了若干新因素。这时宗教建筑相当发达，原来的佛教、道教及祭祀建筑仍保持一定的数量。作为元朝腹地的山西，元代的木结构建筑保存较多，有350多座，分布范围遍及全省各地，保存的建筑类型也十分丰富，有衙署、戏台、佛寺、道观、民居，许多都是国内少有的品类。元代山西的宗教建筑多依唐宋建筑的故址兴建，在总体布局上大多延续着宋金时期的布局形式，许多建筑也沿用了唐宋的规制，但建筑斗栱在结构上的承挑作用减弱，比例缩小，补间铺作增多。在建筑结构方面，为扩大殿堂的使用面积，大多采用移柱或减柱的方法扩大殿堂的空间，大量使用大额式构架、自然材和弯材，建筑外观呈现出粗犷的气势，这是山西元代建筑的主要特点。在建筑方面，各民族文化交流和工艺美术带来新的因素，使中国建筑呈现出若干新趋势。元代各种宗教并存发展，建造了很多大型庙宇，原来只流行于西藏的喇嘛教，这时在内地开始传播，建了不少寺塔，出现汉传佛教与藏传佛教相融合的建筑类型和喇嘛式塔。但汉族传统建筑的正统地位在山西并没有被动摇，而是形成了一种独特的地方建筑风格。

一、寺观

1. 官式建筑

永乐宫是元代道教建筑的典型，是当时道教全真派三大祖庭之一，是国内目前保存最完整的一组元代建筑群，也是山西现存元代官式建筑的杰作。主体建筑排列于宫内长达 500 米的中轴线上，两侧不设廊庑配殿。主殿三清殿位居庙内中央，与纯阳殿和重阳殿间用高大的甬道相连，布局具有宫殿建筑的形制。殿内的梁架结构仍遵守宋代建筑的传统，规整而有序。

龙虎殿是永乐宫的原建宫门，建于元至元三十一年（1294 年）。砖砌台基，石条压沿，高 1.8 米，前设礓磜坡道，后檐设凹字形踏道。面阔五间，进深六椽，单檐庑殿顶，筒板瓦屋面，黄绿琉璃瓦剪边。殿内梁架六架椽屋分心用三柱，柱头斗栱五铺作单杪单下昂，补间一朵用真昂。殿内设中柱一列，中三间设板门，梢间及两山筑以厚壁。门上方悬"无极之门"竖匾一方。

三清殿又名无极殿，坐北朝南，供奉道教三清祖像，是永乐宫最主要的一座殿宇，面阔七间，进深八椽，单檐庑殿顶，柱头斗栱六铺作单杪双下昂重栱造，补间铺作用两朵，两梢间各用一朵，工艺制作极工整，斗栱的形制和尺度比例与宋《营造法式》几无分别。梁架结构采用减柱做法，有效地扩大了空间。台基高大，巍峨壮丽，月台两侧各设垛台一个，上下各设踏道四条，"象眼部分"以条砖砌成菱形图案，叠涩达五层之多，国内比较罕见。屋脊镶黄、绿、蓝三彩琉璃，屋脊、垂脊及四檐角各设琉璃装饰，仅屋脊上的琉璃鸱尾就有 3 米高，反映了当时当地的琉璃制作工艺的卓越成就。三清殿保持着宋代特色，为元代官式大木构典型。

纯阳殿亦名混成殿，因供奉道教祖师吕洞宾，又俗称吕祖殿。面阔五间，进深八椽，单檐歇山顶。柱头斗栱六铺作单杪双下昂重栱造，补间铺作两梢间用斗栱各一朵，其余皆用两朵。柱的位置用减柱法，有效地扩大了空间。

重阳殿亦名七真殿，又称袭明殿，因供奉王重阳和他的七个弟子而得名。面阔五间，进深六椽，单檐歇山顶。斗栱五铺作单杪单下昂，补间铺作用两朵，两梢间各用一朵。采用减柱法以扩大空间，梁架构造为彻上露明造。建筑内四壁绘《王重阳画传》。

永乐宫的四座元代殿堂，仍遵守宋代建筑的结构，规整而有序。

2. 地方建筑

洪洞广胜寺是山西元代建筑地方手法的典型实例。寺分上下两寺，上寺位于山巅，大部分建筑经过明代重修，总体布局尚存宋金遗制；下寺位于山麓，寺内建筑大部分是元代重建的，保存了较多的元代特点。

下寺正殿重建于元至大二年（1309 年）。砖砌台明，

图 1-96 洪洞广胜寺下寺正殿梁架结构
资料来源：作者自摄

条石包边，高 0.3 米。面阔七间，进深八椽，单檐悬山顶。殿内梁架八架椽前后乳栿用四柱，殿内梁架使用移柱和减柱造，柱子的分隔间数少于上部梁架的间数，梁架不直接放在柱上，而是在内柱上置横向的大内额以承各缝梁架。殿内前部为了增加礼佛活动的空间，减去了两侧的两根柱子，使前部的内额的长度达 11.5 米。柱头斗栱五铺作单杪单昂重栱造，斗栱上使用了斜梁，下端置于斗栱上，上端直接架于大内额上，其上置檩，节省了一条大梁。前檐明次间辟隔扇门，梢间设直棂窗。

二、衙署建筑

衙署建筑是山西元代建筑实物中特有的类型，遗存至今的元代衙署共有三座：霍州署、绛州大堂和临晋廨署大堂。

霍州署重建于元大德九年（1305 年），现存主要建筑均依中轴线布列，建筑规模宏大，尚存早期建筑的布局特征。大堂前有砖砌月台，宽 18.6 米，深 16.5 米，高 0.65 米，大堂面阔五间，进深六椽，悬山顶。大堂采用元代"减柱造"方法，使堂内显得开阔宽敞。大堂前接抱厦，抱厦为明代建筑。台基高于月台 0.1 米，面阔三间，进深四椽，卷棚顶。抱厦明间面阔略大，四柱之上以极小的阑额相连，其上托一根极大的普拍枋，普拍枋承托七组斗栱，而没有一组斗栱放在柱头之上，斗栱四铺作单昂，与传统的建造方式完全不同。

绛州大堂创建年代不详，宋、元及明、清均多次维修，现大堂为元代遗构。面阔七间，进深八椽，单檐悬山顶，梁架六椽栿对后乳栿通檐用四柱，堂内采用减柱造手法，内柱纵向施大内额与由额，与横向梁架承重，元代特征明显。前檐施斗栱十七朵，形制为五铺作双下昂，平柱柱础为覆莲式，后金柱柱础为素面覆盆式。

临晋县衙位于临猗县临晋镇西关村中部。大堂创建于元大德年间（1297～1307 年），砖砌台基，面阔五间，进深六椽，单檐悬山顶。堂内梁架四椽栿对前后乳栿通檐用四柱。当心间平柱由八块长木包镶而成，柱径 0.76 米，柱础有覆盆式和八棱柱式两种。柱头斗栱五铺作双下昂，补间各一朵，明间补间斗栱出如意形下昂。

三、戏台

晋南地区是中国古代戏曲的发源地之一，现存金代戏台 1 座，元代戏台 8 座，多为乐亭形式，平面方形，四角立柱，柱头上施大额枋构成井字形框架，额枋上架斗栱、梁枋、角梁等构成方形或八角形屋架承托屋顶荷载。戏台一般三面筑墙，前檐开敞，台内不分前后场，演出时中间挂帷幔区隔前后台，建筑风格粗犷豪放，是元代戏曲发展的重要例证。

二郎庙戏台

石砌须弥座台基，高 1.1 米。束腰部残存有化生童子、莲花、缠枝花图案，并有"大定二十三年（1185年）岁次癸卯秋十有五日石匠赵显赵志刊"题记，是中国目前发现的最早的戏台建筑。戏台平面略呈方形，长7.4米，深5.9米。台身四角立柱，四柱上设大额枋，柱头上施有转角斗栱，每面补间各两朵。昂皆为真昂，后尾挑于平槫下，形成方形框架承托屋架。整体构架简洁严密，尚保存着金代乐亭的形制。

魏村牛王庙戏台

据戏台石柱题记记载，创建于元至元二十年（1283年），至治元年（1321年）维修，明、清两代均有重修。戏台建于高约1米的砖砌台基之上，单檐歇山顶，台身平面呈方形，面阔7.45米，进深7.55米，建筑面积56.24平方米。台身四角立角柱四根，前檐两根为石质，方形抹楞，剔地凸起镌牡丹花纹样与化生童子，柱侧存元代题记，后檐两角柱为木质，圆形直柱造。台身三面敞朗，仅后檐与两山后部砌墙，山墙约为山面总长的三分之一，为分担额枋中部与雀替承建，短促的山墙前各立撑柱一根，前檐和两山前部均露明，观众在正面及两侧皆可观看。戏台的梁架结构由角梁、平槫和藻井组成。大斗分置于四角柱上，斗口设十字雀替承大额枋，额枋之上施斗栱12朵，分补间和转角两种，五铺作重昂重栱计心造，承托檐出与上部框架，檐下斗栱转角处设抹角枋、抹角梁，构成第二层框架，井口枋之上施梁架斗栱，每面3朵，上承抹角枋组成斜置方形梁架，安装于上、下两侧框架间，抹角枋中心处设一垂柱，架起小型阑额、普拍枋抹角，坡度略缓。屋顶筒板瓦覆盖，瓦条垒砌屋脊，灰色鸱吻。

东羊后土庙戏台

据戏台石柱题记记载，创建于元至正五年（1345年）。戏台坐南向北，砖砌台基，平面方形，占地面积170平方米，总高12.6米，单檐十字歇山顶。台身四角立柱，前檐为抹八角石柱，上雕刻有卷草、化生童子，柱头刻有元至正五年题记，后檐为木柱。戏台前檐开敞，三面砌墙，柱间施大额枋，梁架四角施抹角栿呈方井，角梁后尾挑入井内承二层铺作，中心设垂莲柱。戏台后墙绘设色人物壁画约10平方米。戏台既有元代建筑的粗犷豪放，又有明清戏台的精巧，是元代建筑中工程技术和建筑艺术取得和谐统一的范例，对研究古代建筑和中国戏曲的发展具有重要的价值。

武池乔泽庙戏台

据戏台西角泥道栱上墨书题记和原有记事碑文记载，戏台创建于元泰定元年（1324年）。砖砌台基高1.6米。平面近方形，面宽、进深均为9.3米，单檐歇山顶。台身四角立柱，后檐设平柱两根，柱径同于角柱。山墙内仅施辅柱一根，位于山墙后部，尚存宋金舞亭旧规，柱头卷杀和缓，柱身较矮，柱径、柱高之比为7:1。柱础素面覆盆式。是国内现存元代戏台中面积最大的一座。

四、民居

坐落于高平市陈区镇中庄村的姬氏老宅,是国内目前发现最早的元代木结构民宅。姬氏老宅民居坐北朝南,占地面积90平方米。中轴线上现仅存正房,建于高0.3米的石砌台基上,面阔三间,进深六椽,单檐悬山顶。梁架结构六架椽屋四椽栿对前乳栿。当心间设前廊,平面呈凹字形。前檐施石质抹角方柱,柱头斗栱四铺作,补间隐刻一斗三栱。当心间金柱槽安板门,上槛装门簪四枚,板门上装门钉五列。窗棂已改为现代方格窗,窗框上雕刻有花纹。青石门枕外侧刻"大元国至元三十一年岁次甲午……姬氏置石匠"题记。举折平缓,形制古朴,是十分珍贵的元代住宅建筑实例。

五、砖石塔

图1-97 代县阿育王塔(元代)　　资料来源:作者自摄

元代起,从尼泊尔等地传入西藏的覆钵式瓶形喇嘛塔又流行于中原,我们可以把它看作是窣堵坡(stupa)的一种变体。

代县阿育王塔创建于隋仁寿元年(601年),初为木结构,唐会昌五年(845年)"灭法"时被毁,唐大中元年(847年)、宋元丰三年(1080年)、崇宁元年(1102年)重建,元至元十二年(1275年)改建为砖塔,为国内保存最早的喇嘛式砖塔。通高40米,占地面积1876平方米。塔平面呈圆形,砖石砌台基,底径20米,高1.5米。台基上设束腰基座,刻有仰覆莲瓣及缠枝花纹。塔身为圆形覆钵,塔刹分为刹座、相轮、伞盖和宝珠,刹座须弥式,座中心矗立铁质刹杆,砌相轮十三层,上置圆形露盘,状为伞盖,极顶置宝珠,上下叠置。

六、山西元代木结构建筑的特色

山西元代木结构建筑一方面继承并发展唐宋以来的传统,另一方面则继承着金代减柱、移柱的功能并大量使用内额桁架增大殿内空间,形成了传统式和大额式两种结构形式,显示出鲜明的山西地域特色。

传统式结构继承了唐宋以来木结构建筑中的传统式样,柱网布置采用整齐对称的格局,柱列与梁架位置上下相对,但是在用料和局部手法上表现出元代的特点,在晋南和晋东南区域,开始出现大量利用旧材料或稍作加工便直接使用的栿、内额、柱子等粗糙工艺做法,柱网布置开始变得灵活，可根据实际需要作多种多样的布置方式。大额式梁架结构是源于金代的一种建筑结构方式，其特点是柱子排列灵活，减少使用纵向的梁而采用大额式梁架，大额之下运用减柱和移柱，往往柱子与屋架不成对应的关系，形成减柱或移柱的做法。为弥补移柱和减柱所带来的结构上的弱点，采取的主要技术措施是增添大额来承担建筑物上部的重量。大额是用一根粗大的圆木，按面阔方向架设在柱头上，有的在前檐，有的在后檐，也有架设在前槽或后槽的。又在额上安放斗栱，这样额下就可以随意移动柱的位置，达到减柱和移柱的目的。采用这种结架方式能够有效地扩大殿内空间，节省材料，降低成本，加快施工效率，达到实用的目的。大额式结构最早的实例见于五台佛光寺文殊殿和朔县崇福寺弥陀殿两座金代建筑。而元代则直接继承了金朝的技术传统，大内额的使用在木结构建筑中占有突出地位。

唐、宋时期的木构殿阁，采用明栿和草栿两种做法。一般彻上露明造的，梁架均采用明栿做法，构件加工细致；设有天花的，天花以上用草栿，构件制作较粗糙，天花以下则采用明栿做法。这说明早期木构建筑中草栿与明栿的区别是十分严格的。山西元代木构建筑，草栿做法却占有突出地位，有些殿宇虽然是彻上露明造，也习惯于采用草栿的做法。用材不讲究规格，梁架多用原木制作，并就木材的自然形状而因材施用，很少加以修饰，呈现一种粗犷自然的风格。

辽、宋时期的木构殿阁，外檐斗栱多用真昂，借昂尾来承挑平槫，以维持檐部里外的平衡。宋《营造法式》及金代五台佛光寺文殊殿中已出现"斜栿"，元代时斜栿的使用又获得了进一步的发展，在梁架中占有突出地位。在平梁之下使用巨大斜栿为荷重构件，外端置于外檐柱头斗栱上，后尾搭在内额上承托两步至三步椽子，使与梁架结成一个有机整体，不仅简洁利落，而且符合力学原理，在加强四个屋角的刚度方面也起着重要的作用。如广胜上寺前殿斜栿的应用就是一个典型实例。

木结构发展到元代，以柱、梁为主体的结构体系都发生了巨大的变革，变化最显著的是斗栱，用材尺度大为缩小，结构机能减弱。唐、宋以来柱头斗栱的下昂（真昂），到了元代已成为装饰性的构件（假昂），元代木结构殿堂中往往将梁的外端砍成耍头，伸出柱头斗栱的外侧，用以承托挑檐槫或挑檐枋，具有极佳的刚度和稳定性，在结构上取代过去依赖斗栱承托屋檐的传统做法。从元代起，外檐斗栱使用"假昂"已很普遍，标志着柱头斗栱的结构机能较宋、金时期大为退化。只是在补间铺作中，有时还继续使用"真昂"作挑斡构件，后尾斜伸向上，以支撑平槫，在一定程度上仍起着杠杆作用。

元代建筑结构中节点构造趋向简化，早期木结构习惯使用栌斗、驼峰和骑栿令栱等作连接构件，从元代起，往往将梁身直接置于柱上或插入柱内，使梁与柱的结合更加紧密。蜀柱的柱脚改用开榫做法，直接插入梁背，两侧用合㭼连接。所有柱、额、槫、枋的交接点，普遍使用各种奇巧的榫卯来结合。如在檩条的节点使用"螳螂头"榫卯，普拍枋的节点采用"勾头搭掌"做法，额两头入柱部分采用"透榫"穿过柱头，使节点结合得牢固有力，从而加强了结构的整体性。

图 1-98 芮城永乐宫三清殿藻井彩画 1
资料来源：作者自摄

图 1-99 芮城永乐宫三清殿藻井彩画 2
资料来源：作者自摄

图 1-100 芮城永乐宫三清殿天花板彩画
资料来源：作者自摄

图 1-101 芮城永乐宫纯阳殿（元代）梁栿彩画
资料来源：作者自摄

七、油饰彩画

元代统治时间不长，仅有百余年，但山西保存有大量的元代建筑，彩画艺术实例较多。元代的建筑彩画技术普遍提高，并已定型化，在彩画绘制过程中广泛采用衬底、衬色、堆粉贴金技术，出现画塑结合的新方法，随着木结构技术的进步，彩画艺术风格趋向于飘逸秀丽。山西元代彩画以芮城永乐宫三清殿、纯阳殿、重阳殿和洪洞广胜下寺明应王殿彩画为代表。

芮城县永乐宫三清殿彩画以青绿为主，兼以朱红，梁头为带有小旋花的如意头图案。枋心与箍头没有固定比例，纹饰以旋花为主，彩画采用了绿、蓝、白、黄四种颜色，彩画在技法上使用了叠晕的方法，即一种颜色调和成深浅不同的几种色调，使画面的整体效果在层次上有一种渐变感觉。

三清殿保存着丰富的建筑彩画，以如意头、角叶、织锦纹、旋花、云龙纹、荷花、牡丹花等为题材，构图章法比较灵活自如，从色彩的应用手法观察，是五彩遍装彩画。四椽栿彩画在图案格式的安排上，与山西所见的明代彩画已有接近之处，可见这是一种过渡形式，对考证山西地区明代彩画源流有较高的参考价值。

斗栱彩画以涡卷云头加花瓣形成的图案为主，在大斗上多绘有六方锦。图案纹饰采用了织锦纹、回文、卷云纹，用色主要是黑、白、绿三种颜色，在绘制彩画时应用了叠晕的手法，因而突出了构件形体和图案中的主要纹饰，画面既有渐变感，也有统一感，观赏效果极强。

图1-102 洪洞广胜寺明应王殿内檐彩画　　资料来源：作者自摄

重阳殿彩画图案简洁，构图灵活，色彩的应用也比较单调，梁栿彩画布置呈包裹式，图案以卷云花为主，在布局上没有枋心与箍头固定格式，彩画颜色以黑、白两种颜色为主，黑色勾边，白色饰面，花卉纹饰满布梁栿，此为元代彩画布置的一个特点。

纯阳殿梁栿彩画以二段式处理，梁栿上设置箍头与枋心，箍头绘制卷云花和莲花，枋心图案饰以龙纹或龙凤纹，彩画颜色以蓝、绿、黄三种颜色为主，彩画呈裹梁式，即梁栿两侧及底面均绘制彩画，此为元代彩画的一个特点。

斗栱彩画制作比较简洁，以绿、蓝、黑三种颜色进行装饰，黑色勾边，绿色饰面，青绿叠晕，黑色缘道，色面渐变，富有层次感。

洪洞县水神庙明应王殿有着浓郁的山西地方彩画风格，设色简洁，纹饰纯朴，图案富有变化，与殿内壁画、塑像有机组合为一体。殿内檐斗栱彩画设色简洁，但富有变化，彰显元代彩画粗犷风格。殿内四檐周圈斗栱，用色以黑、白两色为主，黑色勾边，白色饰面，而在殿内金柱斗栱彩画上又采用了黑、白、黄三种颜色，白色勾边，黑色饰面，每个斗栱后尾的楷头木底边是白线勾边，黑色饰面，做法极其精略。普拍枋、阑额彩画用色简洁，图案单调，白色为底色，上面描绘卷云纹图案。

山西元代建筑彩画的类型，可以大致分为三种类型：

第一种类型是包袱式。这种类型彩画在永乐宫纯阳殿内檐丁栿上，彩绘为菱形包栿。而三清殿四椽栿彩画是直线形的，在三清殿丁栿中心绘制的是写生花地上的行龙图案。

第二种类型是枋心式。实例有山西芮城永乐宫三清殿额枋彩画，山西高平定林寺西配殿四椽栿彩画。

第三种类型是海墁式，实例仅有一个，即山西芮城永乐宫重阳殿。

观察山西元代彩画，大致有以下五个特点：

第一是青绿色调的石碾玉枋心彩画占据了彩画的重要地位，五彩遍装、海墁式彩画的构图形式在山西地区逐渐退去，彩画图案中用金的部位也少了起来，只是在彩画枋心的一些位置或是栱眼壁的部位施金，彩画轮廓线大多不贴金，均用墨线勾绘。由此看来，元代彩画的等级区别，表现在图案纹饰类型、花纹的繁简程度上。

第二是彩画图案的布置比较灵活，例如梁栿构件彩画的画面安排，藻头、枋心、箍头三个段落的比例，没有固定，通常情况下，枋心部分较大，到了元代后期梁栿两个端头增加了箍头，进而整个梁栿以"包裹式"的画法出现，就是说梁栿的两个侧面与梁栿底面是以统一构图完成。彩画包裹式的画法应用，是顺应元代大木构架使用原木制作的结果。在元代梁架中，许多梁栿构件采用原木，稍加砍削，所以构件本身不分底侧，十分有利于环绕构件三面连续作画。这种画法的出现，突破了宋辽时期梁侧、梁底分别作画，注重侧面构图的传统技法，是彩画绘制的又一种形式。

第三是彩画在花纹应用上，也有了新的变化，有了整团的旋花。旋花实际上是各种花卉符号汇集一起的一种图案化的花纹，是象征性的纹饰。元代旋花代替了唐宋以来写生花纹，成为彩画制作中的一种常用纹饰。细致观察元代的旋花结构，组织随意，观其花瓣，形式多样，有如意头、莲瓣、涡卷瓣、凤翅瓣等。花瓣的外形有椭圆、尖圆、正圆。藻头部分的旋花组合有一整二破、一整二破加一路、勾丝咬等不同形式。

第四是彩画图案中龙凤纹大量出现，为明清时期龙凤纹的普遍运用奠定了广泛的基础，这在永乐宫彩画得到了很好的验证。

第五是元代构件多用原木，所以没有兴起在构件表面制作地仗的技法，仅在构件表层有一层衬底色。元代彩画实例如以近于官式的永乐宫三清殿为例，其额枋彩画的两端已从宋式两瓣如意云头向旋花发展，成为藻头的雏形，中部也已形成枋心，其内满绘琐文，但尚未形成各占1/3的比例关系。从这两例中已可看到以后明官式的某些特点的雏形，可据以大体推知明官式彩画可能是在北方元代彩画基础上发展出来的。

八、屋瓦装饰

元代的琉璃产地，以山西最著。琉璃被广泛应用于宫殿、寺庙的建筑上。披云真人宋德芳建天坛十方大紫微宫，即以"纯琉璃瓦覆之"，是出锡资工价白银五百两雇民间工匠烧制的。《马可波罗游记》描述了元代大都的壮丽宫殿和美丽邸舍，其"顶上之瓦，皆红、黄、绿、蓝及其他诸色，上涂以釉，光辉灿烂，犹如水晶"。从大都出土的琉璃脊兽、瓦当、滴水以及须弥座等构件看，当时的琉璃釉色丰富，制作精美。

山西在元代琉璃制造业发达，琉璃业的窑口遍及全省。佛光寺东大殿、文殊殿等处均存有元代题记的琉璃作品。

元代宫殿屋顶多用琉璃瓦。较普遍做法是屋顶覆以灰色陶瓦，而在檐口及屋脊上使用琉璃瓦。但元代宫殿也有满覆琉璃瓦之例，只是屋顶及檐口和屋脊各用一种颜色。如兴圣宫之芳碧亭"覆以青琉璃瓦，饰以绿琉璃瓦，脊置金宝瓶"。由此可知，元代宫殿屋顶用瓦一般

图1-103 芮城永乐宫三清殿鸱吻（元代）　　资料来源：作者自摄

为在陶瓦屋面主体上用琉璃瓦饰檐口和屋脊，即通常所说的"琉璃瓦剪边"做法。个别的满覆琉璃瓦，但屋面主体与檐口和屋脊所用瓦颜色不同，也属"剪边"做法。

元代琉璃遗物见于永乐宫，其琉璃构件为红色的陶胎，正殿三清殿屋脊两端两座翠蓝色琉璃正吻高达3米，正脊、垂脊脊身用黄、绿、蓝三色琉璃瓦件砌成，中间嵌入龙、凤、花卉等各色装饰，造型精美，釉色鲜丽，表现出琉璃工艺已达到很高的水平。

屋顶皆覆以琉璃瓦，并在檐部与脊部重点装饰琉璃瓦的色彩，随殿堂的位置等级的不同而有所区别。

元琉璃瓦的使用，自唐以来日渐普及，但唐、宋、辽、金乃至后世的明、清建筑，屋顶琉璃瓦多用黄色或绿色。特殊的建筑有用蓝色的，少数建筑也用了黑色琉璃瓦。

第九节　明清建筑

明清是中国历史上最后两个封建王朝，可谓封建社会历史长河上的落日余晖。

明代是封建社会变革转折的一个重要时期，清代则是一个超越前人、为后世引以为傲的历史时期，以康雍乾三朝为主体的前清文明，创造了空前绝后的社会财富和文化遗产，保存至今的古代建筑，主要是这两个朝代的。明清两代的建筑较之于唐宋时期的建筑缺少创造力，趋向程式化和装饰化，山西保存的大型古代建筑群都出现在这两个时期，建筑类型丰富，形式构造别具特色，中国历代建筑传统的优秀经验，仍体现在这些建筑之中。建筑的地方特色和多种民族风格在这个时期得到充分的发展。

建筑技术方面，明清达到了中国传统建筑最后一个高峰，呈现出形体简练、细节繁琐的形象。官式建筑已完全定型化、标准化，清朝政府颁布了《工部工程做法则例》，民间则有《营造正式》、《园冶》等。由于制砖技术的提高，此一时期用砖建的房屋猛然增多，城墙墙体基本都以砖包砌，大式建筑也出现了砖建的"无梁殿"。

一、大木结构建筑技术

明代建筑技术成熟，木结构构架进一步简化，形成明式的官式建筑模式。建筑设计由唐宋以来形成的以材分为模数改为以斗口为模数的设计方法。柱网结构较元代更为稳固，殿内梁架节点简单牢固，并将唐宋以来的襻间改为檩、垫、枋，驼峰被柁墩代替，这是简化构件的具体表现。整体的梁架体系代替了斗栱承挑檐的作用，斗栱失去了在结构中原有的承挑功能，攒数增加，成为标志建筑等级和纯装饰性的构件。官式建筑由于斗栱比例缩小，出檐深度减少，柱比例细长，生起、侧脚、卷杀不再采用，梁枋断面比例由 3∶2 统一为 5∶4，屋顶柔和的线条消失，因而呈现出拘束但稳重严谨的风格。虽然也与官式建筑一样趋于标准化、定型化，但山西民间建筑地方特色却十分明显，丰富多彩。成组保存下来的明清大型建筑群有平遥城池、代县边靖楼、五台山佛教建筑群、解州关帝庙等。楼阁建筑和砖石塔技术有了长足的进步。

太原崇善寺是山西明代官式建筑的代表作。据寺内现存《重修崇善禅寺记》记载，寺创建于明洪武十四年（1381 年），为晋恭王朱㭎为纪念其母高皇后而建，带有一定的祖庙性质。清同治三年（1864 年），寺院内大部分建筑被火焚毁，仅留下现存的大悲殿、山门、钟楼以及东西厢房。寺内存有一幅明成化十八年（1482 年）崇善禅寺平面图，详尽准确地绘制了当时寺院的面貌。初建时占地面积多达 245 亩，分南北二区，由二十余座院落组成，中轴线上从南到北排列着六座大殿：金刚殿、天王殿、大雄宝殿、毗卢殿、大悲殿，最后一座是金灵殿，即祖殿。

崇善寺采用了中国古代大型建筑的平面布局形式，具体体现在廊院制度、工字殿形制、众多小院与主体廊院的关系等多方面。寺中工字形主殿、东西垛殿以及围廊等是宋朝以来大型建筑群常采用的方法，全寺以正殿所在的院落为中心，组成规模宏大的建筑群体。正殿之后是毗卢殿，正殿与毗卢殿用穿堂连接，形成工字形平面。廊院东侧的罗汉殿和西侧的轮藏殿也用穿堂与其后殿连接，形成工字形平面。同一院内采用三座工字形大殿形成纵横相交的组合，将主殿衬托得更加庄严，这种布局在明代不多见。与唐代的《关中创立戒坛图经》中的律宗寺院、宋代的后土庙、金代的中岳庙比较，其在廊院制度、东西部小院与主体廊院的关系上有一定的继承关系。

大悲殿是寺内现存的主体建筑。面阔七间，进深四间，重檐歇山顶，琉璃瓦屋面。大殿的结构是以宋代官式建筑为蓝本。大悲殿柱的升起不明显，但侧脚做法显著。梁架结构最下为七架梁、五架梁和三架梁，各梁皆采用方木承托，梁檩间的结合不设斗栱，梁架之间通过襻间进行拉结，即在梁端增设纵向拉结枋，枋底垫于各横梁下皮和承托方木顶端，增强了纵向梁架之间的稳定性。在纵向拉枋之上又增设顶柱以辅助檩承托重荷。在梁头与檩头的交接处不设斗栱组件承托,而是在梁端开设檩槽搭檩,这种梁架处理手法有别于宋制。明代在建筑领域虽然提倡恢复宋制,但在梁檩处理上,淘汰了梁架铺作,甚至襻间也在淘汰之中,这可以说是明代建筑的一个技术进步。大悲殿檐下均设斗栱,上檐斗栱单翘重昂七踩,下檐重昂五踩,两层密集的斗栱使大殿檐口颇具装饰性。

大殿内天花板以上用草栿,天花板以下用明栿,金柱柱头两侧插狭长形雀替承托额枋榫头,以提高抗剪能力。

大悲殿举折平缓,总高约17米,重檐歇山顶,琉璃瓦覆盖,屋脊正吻,背上用剑把斜向插入,是典型的明代官式形制,体现了明前期建筑从简的理念。设板门4扇,各扇门下部装板,上部设方棱扇心,次间和梢间设方格窗,窗下设槛墙,青砖砌筑。大悲殿装修考究,体现在平棊、内柱、梁枋、板门、隔扇方面,两层天花板全部沥粉彩绘,显得富丽堂皇、高贵典雅,整体体现了明代官式建筑的严整庄重。

浑源悬空寺是现存规模最大的危崖建筑组群,现存建筑为明代重建,是古代匠

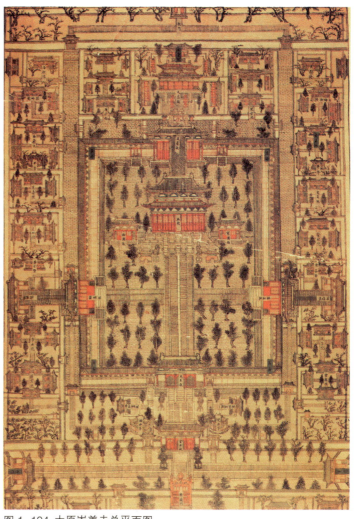

图 1-104 太原崇善寺总平面图
资料来源:山西古建筑通览.山西人民出版社,2001.

师巧妙运用力学原理解决复杂结构问题的一个优秀范例,体现了设计者在结构方面的大胆创造,结构奇,施工巧,栈道上所刻"公输天巧"是对其最好的评价。

悬空寺由寺院、南楼和北楼三部分组成,呈"一院两楼"的建筑布局,全部建在距地面几十米的山崖上,最高的一处建筑距地面50多米。寺背西面东,自南而北,并顺山崖地势比肩起殿,在崖壁上附贴着三十多座阁楼殿堂,连以栈道。

寺院正中为一二层佛阁,下层中为佛堂,两侧为禅房。上层为三佛殿、太乙殿和关帝殿。二层佛阁脊部的左右两侧设配殿二间,分别为伽蓝殿、送子观音殿、地藏殿及千手观音殿,所有建筑结构小巧精致,均为歇山式屋顶。寺院内还建有钟楼和鼓楼。大殿院墙北边紧依峭壁,有南北高下对峙的两座悬空楼阁,其建筑形制大体相同,二层三檐,三面三廊,歇山式屋顶。两楼之间架一30米长的栈道,栈道南侧又依崖建重檐危楼两层。由于没有地面基础,建筑完全靠从崖上挑出的木梁承托全部的殿阁和飞廊的重量,为了安全起见,在一些殿阁下的绝壁上凿出坑窝,安设支撑立柱以支托挑出崖壁的木梁;有些殿阁和飞廊下面

图 1-105 北岳恒山悬空寺　资料来源：作者自摄

图 1-106 北岳恒山悬空寺支撑结构
资料来源：作者自摄

没有支撑，全部凌空，便在绝壁上开凿孔洞，把木梁插入其内，并用木楔加固，在挑出的木梁上铺设楼板，架上立柱和梁架，建成殿阁和飞廊。悬空寺所有的建筑体量较小，小巧奇诡的建筑与巨大险峻的崖壁形成鲜明强烈的对比。明代著名地理学家徐霞客在其游记中写道："西崖之半，层楼高悬，曲榭斜倚，望之如蜃吐重台者，悬空寺也。……仰之神飞，鼓勇独登。人则楼阁高下，槛路屈曲，崖既蠹削，为天下巨观，而寺之点缀，兼能尽胜，依岩结构而不为岩石累者仅此。"悬空寺内设有儒、释、道三教的各种殿堂，是三教合一的独特朝圣地。

飞云楼在万荣县解店镇东岳庙内，相传始建于唐，现存为明正德元年（1506 年）重建。楼面阔五间，进深五间，外观三层，内部实为五层，总高约 23 米。底层木柱林立，支撑楼体，构成棋盘式。楼体中央，四根分立的粗壮通天柱直通顶层。这四根支柱，是飞云楼的主体支柱。通天柱周围，有 32 根木柱支擎，彼此牵制，结为整体。平面正方，中层平面变为折角十字，外绕一圈廊道，屋顶轮廓多变；第三层平面又恢复为方形，但

图 1-107 万荣后土庙飞云楼内部结构
资料来源：作者自摄

屋顶形象与中层相似，最上再覆以一座十字脊屋顶。

飞云楼体量不大，但有四层屋檐，12 个三角形屋顶侧面，32 个屋角，给人以十分高大的感觉。各层屋顶也构成了飞云楼非常丰富的立面构图。屋角宛若万云簇拥，飞逸轻盈。楼顶以红、黄、绿五彩琉璃瓦铺盖，木面不髹漆，通体显现木材本色，醇黄若琥珀，楼身上悬有风铃，风荡铃响，清脆悦耳。

图 1-108 万荣东岳庙飞云楼
资料来源：作者自摄

飞云楼楼体精巧奇特，像这样造型繁丽的建筑在宋元绘画中出现很多，但实物保存极少，所以它具有重要的价值。

二、塔石结构技术

明代由于修建长城和筑城，砖拱券结构技术发展，除建筑坚固的城池和城墙、城楼外，出现了大量用砖砌造的无梁殿，表明明代砖技术运用已趋纯熟。

无梁殿是明清时期佛寺建筑中出现的一种拱券式的砖结构殿堂，亦称无量殿，反映了明代以来砖产量的增加，使早已应用在陵墓中的砖券技术运用到了地面建筑中。

五台山显通寺内的无量殿建造于明万历年间（1573～1620 年），为用砖砌成的仿木结构重檐歇山顶建筑，高 20.3 米。这座殿分上下两层，明七间暗三间，面阔 28.2 米，进深 16 米，砖券而成，三个连续拱并列，左右山墙成为拱脚，各间之间依靠开拱门联系，形制奇特，雕刻精湛，宏伟壮观，是我国古代砖石建筑艺术的杰作。无量殿正面每层有七个阁洞，阁洞上嵌有砖雕匾额，是我国无梁建筑中的杰作。

万固寺在山西蒲州东南中条山脚下。建于明万历十四年至十八年（1586～1589 年），

图 1-109 五台山显通寺无量殿　　资料来源：作者自摄

图 1-110 永济万固寺无梁殿（明代）　　资料来源：作者自摄

轴线为东西向。寺内现存山门、药师殿、塔及后殿均为砖构，是一处几乎全都由砖结构组成的寺院，为明代僧妙峰所建。

后殿外观分为三部分：正中为三开间的两层歇山顶楼阁，正面各间设一拱门，墙上有仿木结构的壁挂、垂莲柱等装饰，二层设平座，栏杆已毁，正中双层殿和两侧殿间设人字砖形照壁，两侧是与中轴对称的两座单层三开间无梁殿，明间用券门，梢间用券窗。

殿内空间也较早期无梁殿有了变化：正中底层前部有一较窄的横向筒拱形成的空间，后接三个连续纵向筒拱构成的三间房，各间均在大筒拱下砖砌仿木结构斗八藻井；两侧殿内部结构为两个大小相同的连续纵向拱。

永祚寺位于太原市郝庄村南，其中无梁殿建于明万历二十五年（1597年），为僧妙峰所建。殿为寺内的大雄宝殿，位于永祚寺二进院。面阔五间，明间与两次间各一券拱门，两梢间开格子棂窗。正面有青砖砌筑的六根圆形檐柱，柱下雕仰覆莲式柱础。檐柱间砌雕有雀替，柱额上施普拍枋及五踩双翘斗栱，檐柱上部雕垂花柱，栱间花卉图案精致。殿内塑有释迦牟尼佛、阿弥陀佛和东方药师佛三尊铜、铁质铸像。其中阿弥陀佛立式铜像为明代作品，全高3.85米，全身贴金，线条流畅。大雄宝殿二层为观音阁，砖雕藻井，造型巧妙华丽，是无梁建筑中的代表作。

明、清佛塔多种多样，形式众多。在造型上，塔的斗栱和塔檐很纤细，环绕塔身如同环带，轮廓线也与以前不同。塔的体型高耸，形象突出，在建筑群的总体轮廓上起了很大作用，丰富了城市的立体构图，装点了风景名胜。佛塔的意义实际上早已超出了宗教的规定，成了人们生活中的一个重要审美对象。不但道教、伊斯兰教等建造了一些带有自己风格意蕴的塔，民间也造了一些风水塔（文风塔）、灯塔。在造型、风格、意匠、技艺等方面，它们都受到了佛塔的影响。

飞虹塔始建于明正德十年（1515年），明嘉靖六年（1527年）完工，历时12年，是一处典型的明代楼阁式砖塔。塔平面八角形，外观13层，高47.31米，内有一道楼梯盘旋而上至十层。底层砖檐以下有明天启二年（1622年）加建的木构围廊，廊南面正中出抱厦，上交十字脊屋顶，外观犹如一座小型楼阁，制作精致。塔身第二层四个正面开拱券门，

图1-111 洪洞广胜寺飞虹塔（明代）　资料来源：作者自摄

图1-112 洪洞广胜寺飞虹塔三四层琉璃构件
资料来源：作者自摄

图 1-113 五台圆照寺室利沙塔　资料来源：作者自摄

各门正中四天王雄峙，披甲戴胄，怒目凝视。二层檐下设精致斗栱，二层以上的出檐，用斗栱和莲瓣隔层相间。第三层设平座一周，并安装琉璃质地的勾栏和望柱，平座之上有佛、菩萨、天王、弟子和金刚等，三至十三层各面都砌券龛和门洞，内放置佛像、菩萨和童子。塔内中空，塔身全部用青砖砌成，外表通体贴以黄、绿、蓝三种彩琉璃，上附各种琉璃艺术构件，如屋宇、神龛、斗栱、莲瓣、角柱、勾栏、花罩、盘龙、人物、鸟兽以及各种花卉图案；塔身逐层收分，无卷杀，各层转角处砌隅柱，柱间连阑额、普拍枋和垂莲柱。塔立面上下檐收分过急，最上层檐的直径仅为下层檐的三分之一，檐端连线为一斜线，显得呆板峻急，不过琉璃的质地、色彩和塑造技艺显示了山西传统琉璃工艺的最高水平。

金刚宝座塔是一种群体塔，俗称"五塔"。塔的基本造型源于南亚次大陆的印度，以佛陀迦耶大塔为典型代表，曾出现在敦煌莫高窟北朝壁画中，但传入中国后有了很大的变化，装饰结合了大量喇嘛教的题材和风格，成为中国式的塔。藏传佛教中大量采用这种五塔形式，作为宇宙模式的一种表征，含有深刻的宗教意义。山西保存的金刚宝座式塔以五台圆照寺室利沙塔为代表。

圆照寺位于五台山台怀镇北显通寺左侧，古称普宁寺，明永乐初年有印度僧室利沙来中国，被封为"圆觉妙应辅国光范大善国师"，赐金印、旌幡，曾上五台山驻锡于显通寺，宣德年间（1426～1435年）坐化。火化之后，其舍利分为两份，一送至北京西郊建寺，为真觉寺（即北京市海淀区五塔寺），一留于五台山，在普宁寺下建寺，即圆照寺。

圆照寺室利沙舍利塔位于大雄宝殿和都纲殿中间，通高15米。塔基宽10.1米，长14.85米，高1.07米。石砌两层，一层高1.20米，每边长12.20米，二层高1.30米，边长6.60米，平面呈回字形。塔基上建覆钵状喇嘛塔，其上承须弥座、十三重相轮、华盖形成塔刹。与北京真觉寺金刚宝座塔不同的是在塔基四角建小塔各一座，皆为喇嘛式小塔。塔前建有塔殿一间，内供带箭文殊像。

三、明清建筑彩画

明清建筑随着土木建筑营造技术和规模的空前进步，建筑装饰也有了长足的进步。由宋式的碾玉装至元代的枋心式旋子彩画，到明代时彩画已有了严格的制度，青绿旋子彩画成为彩画的主流，苏式彩画融入，形成别具特色的彩画艺术。

明代木构结构中的斗栱变小而成为装饰性构件，而梁枋加粗，成为装饰重点。由于建筑

图1-114 高平市清梦观梁架　资料来源：作者自摄

图1-115 高平市清梦观中殿（元代）梁架底部彩画　资料来源：作者自摄

内外装修丰富多样，因此不需要再装饰柱子，柱子的颜色简化为素红或黑色，而青绿色调的梁枋及斗栱，正可以强调屋面结构与素红的内外檐围护结构的对比。按《明史》规定的宫室房屋规制，只有亲王府邸的王宫可"饰朱红、大青绿，其他居室止饰丹碧"。百官第宅，由一品官至五品官的厅屋"梁、栋、斗栱、檐桷青碧绘饰"，六品以下，则只能以土黄刷饰等。明清山西地方画风比较自由，有些还继承了宋元彩画的遗风，采用写生花卉，梁身梁底图案分别绘制，旋花较大，除极少数等级较高的寺庙外，一般不用金。

高平市清梦观前殿彩画用色多样，根据图案分布采取了间色的方法，但没有退晕，构图依然是箍头、找头和枋心三段式处理，枋心所占比例要大一些，这种制作方法是山西地方彩画的一种风格。

前殿内梁架上彩画用色多样，有红、绿、黄、黑、白五种颜色，五种颜色相互交替使用，色泽深浅有别，图案纹饰线条清晰，五椽栿彩画较为突出，枋心为二龙嬉戏，黑色为底色，青绿花卉衬托行龙。藻头旋花，卷草纹点缀边缘，梁栿底面为锦纹图案，黄色斜向十字线分布于锦纹当中，显示出山西明代彩画独有的民间绘制手法。

图 1-116 浑源永安寺传法正宗殿梁栿彩画　资料来源：作者自摄

图 1-117 介休市后土庙三清殿藻井彩画　资料来源：作者自摄

图 1-118 汾阳太符观昊天殿梁架彩画　资料来源：作者自摄

图 1-119 五台山圆照寺天王殿外檐额枋彩画　资料来源：作者自摄

介休市后土庙三清殿彩画，显示出清代山西地方彩画的风格，题材多样，画风自由，藻井是八卦图案，而天花又采用花卉纹饰，斗栱则设色简洁，额枋应用了几何纹、云纹等多种纹饰，不拘一格的绘画形式，提高了彩画艺术的观赏价值。

后土庙三清殿藻井彩画色界分明，用色丰富，分别采用了白、红、绿、蓝、黄、黑六种颜色，整幅图案白色为底色，中心是八卦太极图，周围绘制着暗八仙，卷云花点缀其间。藻井四周是天花板彩画，绿色为底色，五朵莲花分布其中，形态各异，富有变化，十分素雅。

内檐斗栱用绿色饰面，黑线勾边，做法简洁。内檐金柱普拍枋上绘三角折线纹，阑额为卷云花卉，穿插枋上勾绘祥云瑞草。三清殿彩画题材多样，画风自由，显示出山西民间彩画独有的魅力。

汾阳市太符观昊天殿彩画具有山西民间彩画特征，纹饰布置灵活，用色比较简洁，无论是梁架彩画，还是斗栱彩画，都注重图案及色彩的统一协调，有机地构成一幅工艺完美的艺术画卷。

太符观昊天殿梁枕彩画，主要采用了莲花、卷云花、蔓草等纹饰，纹饰布置灵活，虽然有箍头与枋心的设置，但各个构件没有统一格式，用色以黑、白、蓝三种颜色为主，白色是勾绘花卉的主线，黑色饰面，这种制作手法简洁大方，代表了山西吕梁地区彩画风格。

在布局上，可以看到斗栱与柱头枋上流云忽上忽下，散状分布，错落有致，形成一种云雾缭绕的景观，展示了山西地方彩画的艺术魅力。

五台山圆照寺天王殿彩画既有山西地方特色，也保持了清代彩画固有特点。彩画绘于檩枋、阑额、普拍枋上，用色多达六种，每个开间的檩、枋、阑额、普拍枋上分箍头与枋心绘制彩画，是清代彩画构图比较简单的一种，然而色彩丰富，这使得该殿彩画色彩艳丽，装饰效果明显，总体具有清代后期彩画的风格。

明间檩枋枋心图案为卷云花卉，底色为蓝色，两侧凤凰展翅，箍头宝珠两路，上额枋为行龙图案，中间额枋箍头加三路，以万不断纹饰勾边，枋心两侧是卷云纹，枋心为山水花卉图案。其下垫枋蓝色为底色，以金线、红线勾绘万不断边缘，阑额以蓝色为底色，用金线勾绘云草图案。两次间彩画用色及图案布局与明间类似，手法相近。柱头彩画用暖色调处理，黄、棕、绿、红四种颜色相间使用，勾绘出卷云花卉，呈现出一幅灿烂夺目的精彩画面。

四、琉璃艺术

明代社会安定，城市繁荣，寺庙建筑发展，这些都促使山西的琉璃艺术空前兴盛。其制作规模之大，分布之广，技术之精，匠师之多，均超过了以往任何时代。明代琉璃，大量用于宫廷、官府与宗教建筑的修饰——皇族的宫室、陵寝，达官的园囿、宗祠，宗教的庙宇、宝塔、供器，以及华贵的各种器具饰件等。因此，虽几经沧桑，不断遭受人为和自然界的侵袭，许多古代建筑坍塌毁坏，但山西境内保存下来的明代琉璃仍十分丰富。

明初琉璃作品受宋、元影响较深，局限较大。明洪武十四年（1381年）所造太原崇善寺大悲殿的琉璃饰件，是其典型代表。均用陶土作胎，黄绿色釉，釉汁较浓，釉色纯正浑厚，是当时官式制品。其形制为剑把吻，合嘴兽，吻尾向外卷曲，应该是明清两代卷尾剑把吻的开端。受皇室之制约束，该吻与其他后世寺庙中的琉璃吻相比，形状显得拘束呆滞。

明代山西的琉璃龙壁，除砖砌影壁镶嵌琉璃盘龙方心者外，有九龙、五龙、三龙、独龙等几种，壁面全用琉璃制品镶砌而成。其中九龙壁三座，五龙壁三座，三龙壁三座，二

图1-120 大同九龙壁（明代）　　资料来源：作者自摄

图1-121 大同九龙壁局部（明代）　　资料来源：作者自摄

龙壁四座，独龙壁一座，分布在大同、代县、介休、太原、清徐、榆次、长治、运城、闻喜、汾阳、临汾、襄汾、翼城等地。诸多龙壁中，大同九龙壁是明初山西琉璃制品中的优秀代表。它是朱元璋第十三子朱桂于洪武二十五年（1392年）封藩大同时建造。九龙壁长45.5米，高8米，壁面364平方米，由426块五彩琉璃镶嵌而成。下部为束腰须弥式基座，高2.09米。束腰壶门内雕有虎、狮。明代琉璃制品在色釉方面有所发展，除黄、绿、蓝、白、紫、赭、褐等色外，又增加了黑色、酱色、棕色，其中孔雀蓝（又称翠蓝）和孔雀绿（又称翠绿）较前更加艳雅纯正。

注释

1. 陈哲英. 陵川塔水河的旧石器. 文物季刊，1989（2）.
2. 同上
3. 国家文物局. 中国文物地图集·山西分册. 中国地图出版社，2006.
4. 中国科学院考古研究者山西工作队. 山西芮城东庄村和西王村遗址的发掘. 考古学报，1973（1）.
5. 山西省考古研究所. 山西翼城北橄遗址发掘报告. 文物季刊，1993（4）.
6. 山西省考古研究所. 山西大同马家小村新石器时代遗址. 文物季刊，1992（3）.
7. 中国社会科学院考古研究所等. 夏县东下冯. 文物出版社，1988.
8. 中国社会科学院考古研究所等. 夏县东下冯. 文物出版社，1988.
9. 中国历史博物馆考古部等. 1982~1984年山西垣曲古城东关遗址发掘简报. 文物，1986（6）.
10. 晋中考古队. 山西太谷白燕遗址第一地点发掘简报. 文物，1989（3）.
11. 晋中考古队. 山西太谷白燕遗址第二、三、四地点发掘简报. 文物，1989（3）.
12. 中国社会科学院考古研究所山西工作队. 山西襄汾县陶寺遗址发掘简报. 考古，1980（1）.
13. 中国社会科学院考古研究所山西工作队. 山西石楼岔沟原始文化遗存. 考古学报，1985（2）.
14. 中国史学会. 中国历史学年鉴. 人民出版社，1983. 355.
15. 李裕群. 五台山南禅寺旧藏北魏金刚宝座石塔. 文物，2008（4）：82~89.
16. 史树青. 北魏曹天度造千佛石塔. 文物，1980（1）.

17. 韩有富. 北魏曹天度造千佛石塔塔刹. 文物, 1980（7）.
18. 王克林. 北齐库狄迴洛墓. 考古学报, 1979（4）: 383.
19. 大同市北魏宋绍祖墓发掘简报. 文物, 2001（7）.
20. 章曲, 李强主编. 中外建筑史. 北京理工大学出版社, 2009.16.
21. 文渊阁四库全书·史部·正史类·魏书·卷一百二.
22. 文渊阁四库全书·子部·类书类·太平御览·卷一百九十三.
23. 隋书（卷一、二·高祖纪，卷三·炀帝纪）.
24. 永乐大典·卷5203（明洪武《太原县志》引唐《晋阳记》）.
25. 续高僧传（卷十、卷二十一、卷二十六）.
26. 傅熹年著. 中国科学技术史 建筑卷. 科学出版社, 2008.311.
27. 中国考古集成·华北卷 北京市、天津市、河北省、山西省 综述.

参考文献
[1] 文渊阁四库全书电子版. 上海人民出版社, 1999.
[2] 钦定清凉山志（续修四库第772册）. 上海古籍出版社.
[3] 中华大藏经.
[4]（宋）营造法式.
[5] 山西通志·文物志. 中华书局.
[6]（清）山西通志.
[7] 陈明达. 应县木塔. 文物出版社.
[8] 中国文物地图集·山西分册. 文物出版社, 2006.
[9] 山西古建筑通览. 山西人民出版社, 2001.
[10] 中国古代建筑史. 中国建筑工业出版社, 2001.
[11] 中国科学技术史·建筑卷. 科学出版社, 2008.

第二章　城池衙署

中国城市建设中的礼制思想来源于《周礼·考工记》。《考工记》中关于城市的建设标准和模式规定："匠人营国，方九里，旁三门。国中九经九纬，经涂九轨；左祖右社，前朝后市，市朝一夫；……内有九室，九嫔居之，外有九室，九卿朝焉，九分其国以为九合，九卿治之。"在这个规划模式中，提倡城市营造要"方"。此外，按礼制的要求，建筑的高度亦规定："王宫门阿之制五雉，宫隅之制七雉，城隅之制九雉"。对于都城的建设意图，《周礼》的开篇就有"惟王建国，辨方正位，体国经野，设官分职，为民立极"的宗旨，这一宗旨是皇权宗法制度与都城建设思想精神的集中表现。比《考工记》稍晚的《管子》，对城市规划的指导思想还有另一种主张，其代表人物就是战国时齐国的管仲。《管子》"卷一·乘马第五"提出："凡立国都，非于大山之下，必于广川之上，高毋近旱而水用足，下毋近水而沟防省。因天材，就地利，故城郭不必中规矩，道路不必中准绳。"强调城市规划应因势利导，因地制宜。他认为如果天时地利相合，规整布局未尝不可；如果不合天时地利，就没有必要一定要中规矩、中准绳。《管子》反对的是《考工记》中那种把周礼僵硬化、模式化、教条化的态度和趋向，主张根据历史的和地理的条件，现实而实际地去搞城市建设，依循礼又不拘于礼。两种主张互相影响与制约，形成中国几千年一脉相承、具有生命力的传统，一直延续到明清的城市建设并产生了巨大的影响。

第一节　元代以前城池建筑遗存

山西处于中原地区，城市建设理念与中国发展正统思想同步，其规划思想始终在礼制与实用之间变通。城池建筑在山西古建筑中占有重要的地位，山西城市在城池建置的规模形制上，与都城的规制有等级上的差别，但其营造大都依循了"礼"的方整和大小，在实际营造中又遵循因地制宜的原则，形成丰富多彩的城市景观。山西古代营建城池的活动源远流长，最早可追溯到尧、舜、禹时代，尧都平阳、舜都蒲坂、禹都安邑都在山西境内，至今尚有踪迹可寻。商周时期的古晋阳城、禹王城、汾阴古城、古魏城、晋国都城都是具有相当规模的大型城池。现存较为完好的城池和衙署建筑有明代的大同城（古平城）、平遥城、广武城、砥泊城等，衙署建筑保存较完好的则有元代霍州署、绛州署和临晋县衙等。

一、夏商时期

山西远古属冀州，传说尧、舜、禹都曾在此建都。新石器时代晚期的陶寺遗址有城址遗存，面积 280 万平方米，是同时期规模最大的城址，应属于文明起源阶段的重要现象。

东下冯遗址第五、第六期为商代遗存，发现有二里岗时期城址一座。城址除了城内西南角工作做得较多外，其余部分仅做了粗略的钻探和试掘，大致上查明了城址的东、南城墙及西城墙的南段。南城墙总长 440 米，西城墙南段长 140 米，东城墙南段长 52 米。东西城墙间的距离为 370 米。东、南城墙保存较好，现在可见高 1.2～1.8 米，外侧近直，内侧外斜，剖面呈梯形，底宽 8 米，顶残宽 7 米，是用红色土掺紫褐色土、料姜石碎块夯筑而成。墙体中间有分筑的竖缝，高 1.3 米。夯层整齐平直，一般厚 8～10 厘米，最薄 6 厘米，最厚 14 厘米。半球状夯窝密集分布，清晰可见，窝径 7 厘米，深 3 厘米。城墙底部两侧，都有为保护城墙基础而特意夯筑的斜坡，其剖面略呈钝角三角形，外侧底残长 2.5～3 米，高 1.5 米，内侧底残长 3.5 米，高 1.8 米，是用黄土掺料姜石碎块夯筑而成。内侧斜坡的表面还铺有一层料姜石，夯层厚 10～15 厘米，夯窝形状不清。城墙外侧有壕沟，与保护城墙的斜坡基本相连，城壕口宽 5.5 米，底宽 4 米，深 7 米。在城内西南角有一组排列有序的圆形建筑，目前可确定的有 20 座。钻探资料显示，这些建筑有 40～50 座。这些圆形建筑的直径 8.5～9.5 米，高出当时地表 30～50 米，每座建筑的中心间距为 13～17 米，基址的中心均有一个直径 1.2 米左右的圆形圜底埋柱坑，坑的中心有较大的柱洞，直径 0.2～0.3 米，深约 0.8 米。基址面上有"十"字形或者略呈"十"字形的埋柱沟槽，宽 50～60 厘米，深 20 厘米左右。"十"字形沟槽的交叉点即为大柱子所在。以大柱子为中心，将柱槽分为四段，基址分为四部分。柱槽内的柱洞 1～4 个不等。基址周边有比较密集的小柱洞，一般有 30～40 个，洞径 9～15 厘米，间距多为 85 厘米左右，窄者 50 厘米，宽者 110 厘米，门向不明。该处基址的建造程序是：平整地面，铺垫一层黄色花土作为地基，上面夯筑台基，台基再分 3～5 层，每层厚 40 厘米左右，然后挖洞或槽埋柱，填平夯实[1]。

垣曲古城南关遗址内含有仰韶文化晚期、龙山文化晚期、商代二里岗时期、汉代、宋代等各时期的遗存。1984 年在遗址东南发现一座二里岗时期的夯土城址。城南近黄河滩，余三面紧靠村庄与农田。城垣平面呈平行四边形，城内面积约 12 万平方米。城垣北墙保存在地上，长约 330 米，宽 5～12 米，残存高度 3～5 米，夯层及夯窝极为清晰。其余三面墙均保存在地下，南墙长约 350 米，中段及东段外侧均被黄河冲毁；东墙被现代居民区破坏，仅遗留下北段 45 米；西墙长约 395 米，在西墙北段距西北角 140 米处发现一处缺口，在距西墙 6～9 米的外侧缺口向南发现与墙平行的第二道城墙，宽 3～6 米，长 280 米，南墙外侧也发现二道城墙的西段约 175 米。西部二道墙外有宽 6～10 米、深约 7 米的城壕。墙体下面为生土基槽，口宽 11～12 米，底略平，宽约 2 米，墙体比基槽稍宽，向上倾斜，夯层较平且匀称，棕红色土，土质较硬，孔隙很小，夯层一般厚 8～10 厘米，夯窝小而密，圆形尖底，重叠排列。城垣内的布局是城东南角为居住区，文化层较厚，且有灰坑、窖穴等遗迹，中部偏东有一组夯土建筑基址，分为六块，有方形、长方形、曲尺形，可能为宫殿区。

二、两周时期

虞晋古城

周初叔虞封唐，晋国肇建。史籍记载晋国的都城有翼、绛、新田。经考古发掘证实，侯马晋国遗址即是新田所在，是为晋国后期都城，沿用达210年之久，面积约40平方公里，由城址、宗庙、祭祀坑、手工业作坊、墓地和居址组成。发现8座城址，大小、形制各异。最大的凤城古城平面近方形，北墙残长3100米，西墙残长2600米；最小的呈王古城平面呈刀把形，东西最长396米，南北最宽273米。宫城（牛村、平望古城）和台神、白店古城位于遗址西部，白店古城较早，被牛村、台神古城叠压，平望、牛村和台神三座城址呈品字形紧靠在一起；马庄、呈王、北坞、凤城古城分散在遗址中部和东部，互不连属。祭祀及盟誓遗址位于遗址东部，出有盟书等；手工业作坊集中分布于牛村城址东南部，有铸铜、制骨、制陶、制石圭4类，均有大量遗物出土；墓地分布于遗址南部及城址附近。

平陆县虞国故城，应是周代虞国的都城。经调查，平面呈长方形，南北长2500米，东西宽2000米。南、北夯土城墙保存较好。城中部有东西向的隔墙，将古城分为南北二城，南城有大型夯土建筑遗迹，文化层堆积较厚，采集有西周晚期至东周早期的陶鬲、罐等残片。

牛村古城，调查勘探结果知其平面略呈梯形，南北长1340～1740米，东西宽1100～1400米，南城墙有两座城门，城墙用方块夯筑成，宽4～8米，现存高0.5～1米，沿南城墙根发现有车道，墙外2米处有宽约6米、深约3～4米的护城河遗迹。东墙被战国时期遗址破坏，城墙基槽宽约8米，中间部分上保存厚度为1.35米，城壕在城墙外8米处，口宽10米，最深处为7.5米，形制很不规整。在城墙北侧发现与南城墙平行的道路一条，宽3～3.5米，厚2～3厘米，与城墙处于同一地层下，被认为与城墙年代一致。在两条探沟内发现三条由基槽北壁向槽内伸出间距7米、长4～6米、宽0.4～0.6米、高0.5米左右的不规则长条形土台遗迹，将基槽大致等分数段，最后在槽内逐层垫土夯筑基槽。上述土台之间夯土层较薄而质量较好，高出土台以上部分的夯土层质量较差。夯土由纯净的红褐花土构成，层厚3～13厘米，一般为6～7厘米，夯窝不甚明显，近槽底略为清楚，直径2～5厘米。基础一次夯成，未发现再次使用修补痕迹，而槽基被生土台分割为等距离节段的特殊现象可能与计划分工和牢固基础有关。该古城内正中部有至少三级的夯土台基一座，平面为正方形，边长52米，高于现在地表6.5米，顶部有1米多厚的建筑物坍塌堆积，保存着以泥条筑成的板瓦筒瓦残片，这是当时城内的一处大型宫殿基址。从城址遗存分析研究，牛村古城兴建于公元前6世纪下半叶，即晋都新田初期稍晚，废弃在公元前5世纪下半叶，即晋都新田中期之末。

平望古城及平望宫殿台基位于牛村古城以北，平面呈长方形，东墙长1343米，南墙长860米，西墙长1286米，北墙长1086米；城内有大型夯土台基，边长75米，分三级，高出地面 7.5 米。

台神古城及台神宫殿台基，位于牛村古城以西。城址平面呈横长方形。西墙长 1250 米，南墙长 1660 米，东墙残长 350 米，北墙残长 1100 米；城外西北部有三座高于地表的大型夯土台基，中间大，两侧小。中间一座为长方形，长 80 米，宽 60 米，分三级，高出地面 8 米。

北坞古城，由两座并列的古城构成，方向 15°，湮埋地下 1 米许。西城近方形，边长 380 米，城墙宽 4～6 米；东城为长方形，南北长约 580 米，东西宽约 530 米，城墙宽 8～10 米，两城相距约 10 米，其间为一条大路。此外东城西北角、西城东南角均向内凹缺，据判断，西城包括新田遗址分期的早、中、晚三期而东城仅中、晚期。在东、西城分别探出夯土遗迹多处，其中东城西南角有三座东西并列的仓库类建筑，南端有相连的厅式廊，已发掘出 18 个柱础，主体部分方向与城墙一致，南北两端都有门，南端两侧各一。东城西部为一般居址。

呈王古城由南北两城组成，其间以一条夯土墙相隔，该城发现于 1965 年，发现时保存尚好，现在北城东墙、西墙北段及南城东墙、南墙、西墙北段均遭到严重破坏，北城东墙长 167 米，北墙约 400 米，西墙约 168 米，南墙 369 米，其中南墙东段保存有长 80 米的一段基槽，宽约 4 米，深约 0.3 米。整个北城唯西北角向内凹缺，近似长方形，总面积 67200 平方米，但北墙东、西两段城墙走势不一，且中部已破坏。南城极小，处于北城东南角之南，破坏严重，大约平面为长方形，东西长约 214 米，南北宽约 105 米，总面积为 22470 平方米。研究表明，呈王古城修建、使用年代相当于公元前 500～前 400 年，这是新田古城主体群的附属性城堡。

晋阳古城

晋阳古城[2]位于山西省太原市晋源区晋源镇古城营村和南城角村一带，始建于春秋末年，毁于宋初，存在 1500 多年，是中国北方重要的政治、经济、文化中心和军事重镇。晋阳古城遗址总面积约 200 平方公里，大致可分为城区遗址、寺观遗址和墓葬区遗址三部分。城区遗址，根据文献和考古调查基本框定在东西约 6 公里、南北约 4 公里的范围，城墙总长度约 20 公里，面积 20 余平方公里。古城内外还分布着大量的寺庙，是古城遗址的重要组成部分。墓葬区主要在西山东麓，分布在北到阎家沟、南至王郭村，南北 30 公里、东西 3 公里的范围内，其分布密集，时代基本上和晋阳城的兴衰相始终，即从春秋晚期至宋初[3]。

禹王城遗址（大城）

禹王城在山西夏县西北约 7 公里。城东北距胡张镇约 6 公里，西北与涑水遥遥相望，西南不远有著名的河东盐池。中条山在其南，鸣条岗枕其北，青龙、无盐、白沙、姚暹诸水经其南。城址北部是鸣条岗，东南和西南部都是平地，故整个城址地势略呈倾斜，北面较高，南面较低。城址共分大城、中城、小城和禹王庙四个部分，小城在大城的中央，禹王庙在小城的东南角，中城在大城内的西南部[4,5]。其中大城为东周时期，城垣西接司马村，南临秦寺

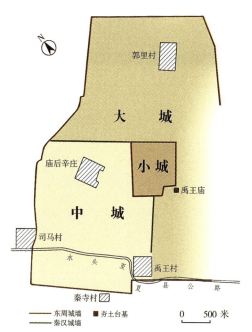

图 2-1 禹王城城址平面图
资料来源：中国文物地图集·山西分册.中国地图出版社，2006.

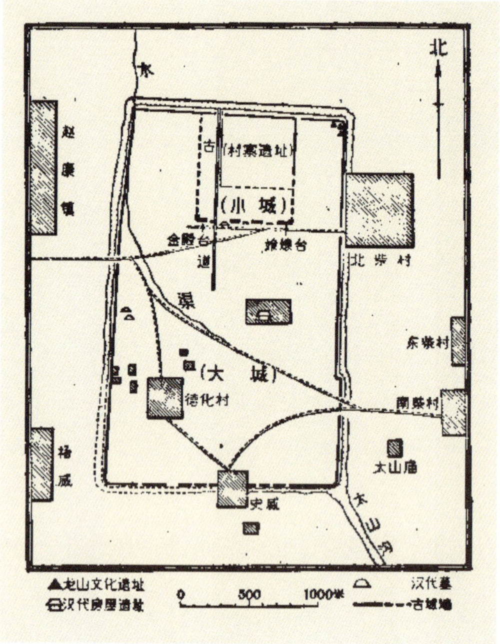

图 2-2 赵康古城平面示意图
资料来源：考古，1963（9）.

村。城垣形状略呈梯形，方向50°，总面积13平方公里余。墙基厚度：东墙17米、西墙18.6米、南墙11.5米、北墙22米。夯土层厚9～11厘米不等，夯窝为圆形，直径通常在9厘米左右。城角均呈弧形，都比城墙的其他地方要厚得多，如西北角的厚度就达32米。北墙和西墙保存较好，残存高度一般均在2米左右，而北墙更有高达5米者；南墙和东墙保存较差，有些地方已不能从现在的地面上看出痕迹。东墙南段情况不明，北段现长约1530米，与北墙呈钝角相交；西墙全长4980米，城垣随地形起伏而曲折，是四墙中弯曲最多的一处；南墙现长约3565米，在自西往东1840米处，转折向北280米，再转折向东约1445米，以东情况不明；北墙全长2100米，城垣呈一条直线，是四墙中最整齐的一条。

除上述城址之外，还有赵康古城[6]。该城位于襄汾县城西南，跨赵康、北柴、史威、杨威诸村，面积5平方公里。相传为春秋时之"故绛县"和汉之"临汾城"，当地人称它为"古晋城"。该城址南距新绛县10余公里，北去临汾市近50公里，东去汾河5公里余，西距九原山4公里，古城分大小两城。大城平面近长方形，南部较宽，周长约8480米，城外周有明显的护城河遗迹，至城的右下角处向南汇成巨川，今称泰山沟。墙址大体保存完好，以南墙西段破坏较严重，北墙保存最好。南、北墙较直，西墙北部稍内斜，东墙偏南部向外折出，东、西二墙皆无城门痕迹，墙土红褐色，夯打坚实，夯土层厚5～6厘米。圆形夯窝，夯土中夹有东周瓦片，城内北高南低，形成层层台地。小城位于大城北部的正中间，倚其北城墙建成，城垣保存状况较差，周长2700米，大多地面已无城墙。城墙夯土为浅褐色土，夯窝圆小，夯土内包含有东周时期的陶片、瓦片。

还有大马古城，位于闻喜县城东北大马村、官张村和栗村附近。古城遗址保存尚好，平面近正方形，周长3900米，其建筑方法是先挖基槽，后穿杆版筑，夯打结实，夯土呈红褐色，土质纯净无杂质。古城四面城墙各开一门，四周有护城河。

此外发现的春秋战国时期的城址共50余座。可以确认名称的，有汾阳市兹氏、盂县仇犹、万荣县汾阴、方山县皋狼、运城市安邑等故城；尚未确认的，有静乐县赵王城、阳泉市平坦垴等城址。不少城址仅存部分城垣，平面形状不清楚。清楚者大都平面呈方形或长方形，小者边长数百米，大者面积1～6平方公里。城垣均为夯筑，遗物以陶器、瓦、瓦当最为常见，部分城址内发现有铜器、铁器、石器等。

三、秦汉时期

秦灭六国，"分天下以为三十六郡"，在山西设五郡二十一县。汉初封魏王豹于山西中南部，魏灭后山西主要为韩王信所领，之后刘恒被封代王，山西大部属代国领地，直至武帝北伐匈奴，山西全境为汉王朝直接统领。汉武帝元封五年（前114年）全国设13州刺史部，并州刺史部监9郡，其中6郡在山西，即雁门郡、太原郡、上党郡、代郡大部、西河郡小部分、山西西南部属司隶的河东郡。东汉废除王莽政区建制，全国郡县多有省并，山西境内有76县，分属8郡国。省内目前已经发现的两汉时期各类古城址共计71座，约占全国已发现的汉代古城址的九分之一多，已经认定的郡县故城有广灵县平舒、大同市平城、灵丘县灵丘、繁峙县卤城、五台县虑虒、新绛县长修、右玉县中陵等。城址平面大都为方形或长方形，边长50～2500米不等，城垣夯筑，遗物多为砖、瓦、瓦当等建筑材料，陶器亦多见。这些古城址，基本上是沿山西南北几条大的河流分布的，一般位于河流的二级阶地或三级阶地上，也有少数位于陡峭的山坡上。这些古城址依据外形轮廓，可分为六种：长方形、方形、"日"字形、梯形、圆形和不规则形。在已发掘的全部71座不同等级的城址中，11座平面形制不明，其余60座城址中，以长方形城址最多，共44座，方形次之，为11座，"日"字形2座，梯形1座，圆形1座，不规则形1座。不同外形的选择主要与地貌环境有关。

王离城遗址，位于沁水县郑庄镇王必村北。分布面积约20万平方米，文化层厚约3米。地表暴露夯土墙1段，残长约20米，基宽约1.5米，残高5～6米。采集有泥质灰陶绳纹罐、盆、壶及绳纹瓦、卷云纹瓦当等残片，另采集有铜箭头等。清光绪《山西通志》载："王离城，（沁水）县东北五十六里。志云：秦将王离所筑，险阻临崖，四面悬绝。"[7]当指此。

南村城址位于方山县峪口镇南村村中。南北长约3500米，东西宽约2500米，分布面积约900万平方米。据《魏书》、《通典》、清光绪《汾州府志》记载，始筑于战国，称皋狼城，秦、汉时置皋狼县，东汉时，南单于庭设于此，始称左国城，十六国时刘渊起兵反晋曾定都于此。

城址东高西低，平面因地形呈不规则形。由时代不同的两部分构成：一为战国皋狼城址，平面呈梯形，东西长 504～600 米，南北宽约 127 米，基宽约 13.7 米，顶宽约 6 米，残高 1.5～7.2 米。墙体夯筑，夯土层厚 0.09～0.10 米，城门不详。二为汉代皋狼县城和西晋左国城址，又分为内、外、东三城。内城沿用战国皋狼城，外城平面呈喇叭形，东西长 594～720 米，南北宽 206～570 米，夯层厚 0.04～0.12 米。墙体上部有修补痕迹，夯层厚约 0.16 米。南墙外有马面 1 座，东墙偏南有一豁口，当为城门。东城实际是于外城之外加筑的几道防御墙体，其中北城墙之北有城墙 1 道，马面 2 座。东城墙之东有与之平行的城墙 2 道，最外一道墙偏北处另有弧形遮挡墙 3 道。城内采集有战国的陶鬲、瓮、罐、筒瓦和板瓦等残片，以及铜镞等，汉晋时期的陶壶、罐、盆及外饰绳纹、内饰布纹的筒瓦、板瓦等残片。[8]

禹王城遗址（中城）。中城为汉代遗存，位于大城城内的西南部，形状略呈方形，总面积约 6 平方公里。城的西南两墙，分别是大城西墙和南墙的一部分。北墙全长 1522 米，位置正处在小城北墙向西的延长线上，残高 1～5 米，基宽 5.8 米，夯层厚 8～10 厘米。东墙情况不清楚，只发现和小城南墙自西向东 435 米处相接的一段。这段城墙长 960 米，南端略向西折，现存高度一般约 0.4 米，最高约 1 米，基厚 8 米，夯层厚约 0.08 米。小城为东周至汉时期，在大城的中央，总面积约 76.4 万平方米，整个形状是一个缺去东南角的长方形。墙基厚度：东墙 16.5 米、西墙 11 米、南墙 11.3 米、北墙 12 米。夯层厚 6～10 厘米，夯窝同大城的情况没什么区别，城垣保存尚好，现存高度一般在 3 米左右，最低 1 米，最高 4.5 米。东墙全长 495 米，西墙全长 930 米，北墙全长 855 米，都呈一条整齐的直线。南墙全长 990 米，在西东向西 270 米处，成直角转折往南 140 米，再以直角转折往西 580 米。城中有高台，又称禹王台、青台，为一座长方形夯土台，南北长约 70 米，东西宽约 65 米，残高约 9 米。上半部夯土较晚，厚 5～6 米，采集有战国至元代的砖瓦等，下半部夯土较早，夯层厚 0.04～0.09 米，采集有东周陶片。夯土台上曾建有禹王庙。据清《夏县志》载，始建于北魏正始二年（505 年），后历代均有修葺，1946 年毁。基址上现存唐咸通九年（868 年）残碑 1 通，清重修碑 2 通，地面散布有明清时期的琉璃瓦、灰板瓦、筒瓦、瓦当和砖等建筑构件。[9]

除此之外，还有韩侯城址[10]，位于洪洞县万安镇韩侯村西 1 公里，城址平面呈长方形，南北长 88 米，东西宽 85 米，分布面积约 7480 平方米。现存东城墙和南城墙，城门开于东城墙北部，城门宽 3 米。城墙基宽 1～3 米，残高 1～6 米。地面采集有泥质灰陶罐、绳纹筒瓦等残片。曜头城址，即临县白文镇曜头村东的曜头城址，始建于战国，沿用至汉，位于黄河一级支流湫水河东岸台地上，依山势而建，外形不规则梯形，显然是迁就地形的结果。

四、三国两晋北朝时期

拓跋鲜卑建立北魏政权，定都平城，即今山西大同。魏都平城是在汉代平城县的基础上扩建的，遗址内也发现有汉代的文化层和墓葬。此外发现的三国两晋南北朝城址近25座，可以确认的有岚县秀容、山阴县神武、临猗县北解、临猗县北猗氏等郡县故城和合河关城，以及石勒故城、薛通故城等坞壁类城址。平面均为方形或长方形，城垣夯筑，面积大小不等，最大者如秀容故城，面积在1平方公里以上，小者如襄垣县西营寨址仅180余平方米。

平城遗址[11]。公元386年（登国元年），拓跋珪建立北魏。天兴元年（398年），北魏将都城从盛乐迁往平城，至孝文帝拓跋宏太和十八年（484年）迁都洛阳，其间经历了六帝七世。北魏以平城为都达97年，在都城的宫殿、城郭、府署、庙社等建筑方面均取得了巨大成就，尤其是首开中国都城里坊之制，对后世都城格局制度产生了深远的影响。据历年来的考古调查推测，平城遗址大致位于今大同市老城区、操场城至火车站一带以及御河东岸南北一线。平城分为南北两部分，北部为宫城，位于操场城至站东一带。站东一带曾于20世纪40年代发现成行的大型石柱础，操场城在近年也多次发现北魏夯土建筑基址、建筑材料和汉代遗存，证实了文献所记载的魏都平城宫城是在汉代平城县的基础上扩建的。南部为郭城，据《魏书·太宗纪》记载："绕宫城南，悉筑为坊"，泰常七年（422年）"筑平城外郭，周回三十二里"。经近年来的考古钻探与调查，发现北魏平城大致叠压在明清府城之下，只是北魏城略大而已。据《水经注》记载，平城有诸多宫殿、衙署、里坊等建筑。在今御河东西两岸，采集有砂岩覆盆柱础、磨光黑瓦、瓦当、暗纹陶片等北魏遗物。城北安家小村至白马城一线的夯土墙，东西长约4000米，基宽3～5米，残高3～5米，夯土层厚约0.10米，为北苑南墙遗迹。1995～1996年在大同市东南发现北魏明堂遗址。2007年发掘了操场城粮仓遗址。

大同操场城街北魏一号建筑遗址，是北魏平城郭城内发现的第一处建筑遗址。遗址中主要遗存为一大型夯土台基，平面呈长方形，坐北朝南，地面以上部分东西长44.4米，南北宽31.5米，地表以上残高0.1～0.85米。夯土台基的踏道有4条，1条位于背面正中，

图2-3 平城遗址
资料来源：中国文物地图集·山西分册.中国地图出版社，2006.

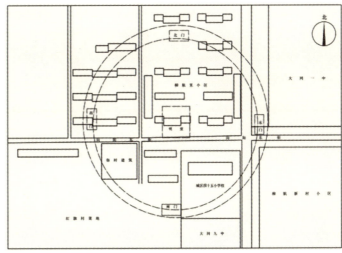

图2-4 平城遗址——明堂遗址平面示意图
资料来源：山西省第三次全国文物普查资料

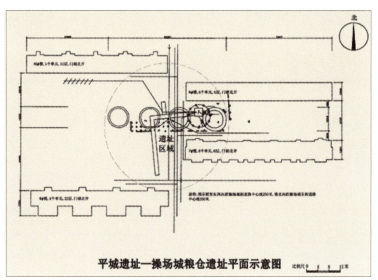

图 2-5 平城遗址——操场城粮仓遗址平面示意图
资料来源：山西省第三次全国文物普查资料

2 条位于南面，东面可能有 1 条，台基周边北、东、南三面发现有黄泥墙皮、台基包砖、台基周围地面等遗迹。遗址中出土了大量北魏时期的磨光黑色筒瓦和板瓦、瓦当、瓦钉、石柱础、石雕残片、磨光青砖、花纹砖、绘红彩的白灰泥皮、黑灰色的陶制鸱尾残件等，表明这应是一座大型殿堂遗址，发掘者推论其可能是一处北魏宫殿建筑遗址，建筑的开间在 9 间左右。

明堂辟雍建筑遗址。史载北朝平城明堂建筑落成于太和十五年（491 年）。经钻探，整个明堂遗址的外部为一巨大的环形水渠，亦即辟雍。外缘直径 289～294 米，内缘直径 255～259 米，水渠宽 18～23 米，水渠两侧用砂岩石块垒砌。环形水渠围合的陆地空间中部有一正方形夯土基址（明堂建筑基址），其边长 42 米，夯土厚 2 米多，方向 4°，在夯土台基的东、西、南、北四面各有一处凸字形夯土台式门基，长 29 米，宽 16.2 米，各门基与中央明堂建筑相对应。

操场城粮仓遗址（操场城 2 号遗址），位于大同市操场城街东侧大同四中北面。遗址东西长 213 米，南北宽 53 米，分布面积约 1.1 万平方米，遗址地层从下至上可分为汉代、北魏、辽金、明清。汉代层位有一些小型砖砌建筑和灰坑，出土一些建筑构件，有阳文隶书"平城"瓦当；北魏的层位较厚，为夯土所筑建筑基址，地上和地下相结合的四个圆形粮仓建筑自西向东砖砌排列，个别粮仓底部残存已经炭化的谷子和小米，出土了一些以筒瓦、板瓦和瓦当为主的建筑构件，以及罐、壶等生活用具。

永安城址，位于五台县东冶镇永安村东 500 米处。平面呈长方形，南北长约 530 米，东西宽约 240 米，分布面积约 12.7 万平方米。现存东、西、南三面残垣，最长一段长约 54 米，基宽 1～5 米，残高约 4 米。墙体夯筑，夯土层厚约 0.08 米。据清光绪九年（1883 年）《五台新志》载，此地为魏晋古仓城所在，属魏晋时期遗存。

东关城址，位于原平市崞阳镇东关村东约 50 米滹沱河西岸台地。南北长约 800 米，东西宽约 300 米，分布面积约 24 万平方米。平面呈不规则多边形。据崞县县志记载，建于西晋永嘉四年（310 年）。现存城墙约 600 余米，夯筑而成，基宽约 8 米，残高约 5 米，夯土层厚 0.1 米，夯窝直径 0.1 米。城门不存。

五、隋唐五代时期

隋唐五代城址仅发现 16 座，有宁武县汾阳宫、永济市蒲州、新绛县绛州故城、盂县（在今县域）、繁峙县（在今县域）、临县临泉县、榆社县偃武县、和顺县平城县故城、应县司马镇、平定县承天军、偏关县偏头砦故城，类型颇多。

汾阳宫

位于宁武县余庄乡马营村北 2 公里处的高地上，其建造年代为隋大业四年（608 年）四月。《隋书》卷三载：大业四年，"夏四月丙午以离石之汾源、临泉，雁门之秀容为楼烦郡，起汾阳宫"。遗址的北面下有马营海，南面是琵琶海。汾阳宫是为隋代隋炀帝避暑而建的行宫。遗址现存平面呈方形，东西、南北各长 400 米，分布面积约 1.6 万平方米，分内城、外城。遗址中部的建筑基址，南北长 86 米，东西宽 70 米，现残存墙基高 1～2 米，基宽 2～3 米。地面上散落大量的砖瓦建筑材料[12]。

蒲州故城

位于永济市蒲州镇西厢村西 1 公里。现遗存的蒲州城址，始建于北魏初，被史书称为魏置河东，郡治蒲坂。北魏神嘉元年（428 年），蒲州城始称河东郡治。西魏大统四年（538 年），周文兵渡黄河攻高氏，高氏降，遂设秦州，后置蒲州，此蒲州为州始。北魏登国元年（386 年），当时城墙高筑，达三丈八尺余，而城外还设有护城河。西魏大统九年（543

图 2-6 宁武汾阳宫遗址　资料来源：作者自摄

图 2-7 永济蒲州故城遗址北城门　资料来源：作者自摄

年）王朝统治者为将蒲州城作为"关中之巨防"，以通过"河东保障关隘"，抵御北方外敌入侵，便耗费了巨资，大力修筑蒲州古城，城墙全部用厚砖砌垒，城郭长达九华里之余，这时候的蒲州城已有相当规模。城内的砖石建筑、木架结构、建筑装饰、设计以及布局方面，都较前有了明显的进步。也因施工技术较前有了巨大的发展，整个蒲州城已出现了异常雄伟壮观的景象。至隋、唐、北宋年间，因蒲州城地形险要，据秦、豫、晋三省要冲，故又经过多次筑修，成为全国经济文化和军事的重镇，设立河中府。北宋年间的蒲州城是南北窄、东西长的长方形城垣；长宽比约为一比二，周围约20华里。此时的蒲州城建筑已比较讲究。明洪武四年（1371年）重筑，并建四门；嘉靖三十四年（1555年）地震时城毁，后修复；隆庆元年（1567年）城墙包砖；清乾隆、嘉庆、同治年间皆曾维修。为历朝府、州、县治所长达1600余年，1947年废弃[13]。

现存城垣为明代在唐河中府的基础上所建，分大小二城，平面略呈长方形，东西长约2400米，南北宽约1700米，分布面积408万平方米。大城为唐夯土城墙，现存东土门及东南角、东北角局部残垣，残长5～200米，残高0.4～12.5米，顶宽0.3～8米，墙基宽5～16米，夯土层厚0.10～0.15米。小城为夯土包砖墙，南北长约1700米，东西宽约1200米，分布面积204万平方米，现存城墙、城门、瓮城、垛台、角楼及鼓楼遗址。城墙东、北部保存较好，西、南部残毁严重，残高1～12米，顶宽0.3～9米，墙基宽5～15米。城门进深21.5～25.5米，通宽6.9米，高约9米。北门匾有明洪武六年（1373年）落款。鼓楼平面呈方形，四面砖券门洞，西门匾为"应更思过"，南门匾为"熏风解愠"，北门原匾为"北斗在望"，东门原匾"枕戈待旦"，今已佚。城内外采集有新石器、商、战国、汉代陶片，宋、金、明代瓷片，宋熙宁通宝。另存明铁铳1尊及清乾隆二十二年（1757年）《安邑县知县修建故城标记碑》1通。

六、宋辽金时期

宋辽金时期的城址发现41座，有方山县（在今县域），太原市平晋县、平陆县（在今县域），山阴县广武县、平定县（在今县域）故城等。河曲县的北宋火山军故城与偏关县的拢骆驼、龙骆驼二寨及南堡子、双寨等寨址，均位于北宋边境，火山军尤为军事要塞，建筑坚固，现存石筑墙基，残高0.5～0.7米。灵丘县的河南城址和东河南城址，相距甚近，大小相若，方志记载为宋辽对峙的屯兵之处，当有所据。五寨县的五州城址，方志记载筑于辽重熙九年（1040年），是山西境内仅见的辽城。昔阳县西寨山寨址传为抗金山寨，当与太行山抗金义军有关，很有历史价值。襄汾县的京安镇故城，元代曾为市场，设提举司，面积约1.5万平方米，可反映当时的商品交易水平。

武州城址

位于五寨县小河头镇大武州村西约150米。据民国《五寨县志》载，武州城筑于辽重熙九年（1040年）。武州城由大小两城组成，大城平面呈方形，边长约750米。小城位于大城内西北角，平面呈长方形，周长约1460米，面积约为70.5万平方米。城墙基宽约3米，城墙残高4.6米，墙体夯筑而成。地表散布砖瓦碎片、瓷片、灰陶残片等。[14]

宣宁县故城

位于大同市新荣区堡子湾乡拒墙堡村堡子北墙以南区域，平面长方形，东西约1000米，南北约2400米，面积约240万余平方米。辽始建宣德县，金大定八年（1168年）更名宣宁县。城址西部存南堂寺遗址，城中央当街原有木牌坊一座，上有木匾"宣宁县"题字（现已不存）。遗址地表陶片、瓷片、砖、瓦残片等遗存丰富，文化层堆积厚约2米。地面采集遗存有灰陶残盏托、黑釉鸡腿瓶底、白釉碗残底、素面剔花罐残片、残坩埚、黑釉砂圈叠烧残碗、白釉支钉烧残碗。

宁化城址（宋）

位于宁武县化北屯乡宁化村南。宁化古城初建于隋，唐代以后，由于其特殊的地理位置，由开始的官城向军事城堡演变，宋代为河东路八军之一，设宁化县，金升为宁化州，元改为宁化巡检司，明建宁化守御千户所，经过历代的维修扩建，形成规模宏大的城池布防建筑。现存城址为宋代太平兴国四年（979年）所建，城的平面呈不规则梯形，面积约1.4万平方米。现存有夯筑城墙遗迹。

七、元代

河津老城遗址

位于河津市城区街道办城关村南。南北长约800米，东西宽约510米，分布面积约40.8万平方米。老城原城墙高约10米，平均厚度5～6米，敌台、敌楼和城堞以及城门、城楼连接在一起，各种设施齐全。始建于元皇庆元年（1312年），以后各朝各代不断翻新增建。在明朝末年，为防止李自成起义军侵袭，把原来的土夯城墙改为砖砌城墙。都城初建时，只开东、西、南三道城门，无北门。东门名曰"迎旭门"，西门名曰"拥翠门"，南门名曰"临川门"。到明天顺二年（1458年），增开了小东门，名曰"附阳门"。老城共有6座城楼，其中4座有城门（即东门、西门、南门及小东门），两座无城门，一为北城城楼，一为文庙后边的北城墙上。城楼上下两层，高约12米，建筑形式为中国式四角上挑楼阁。老城四周有护城河，宽8～10米，深3～4米，护城河距城墙30～40米。1947年夏初，全县上千民工分段拆除城墙，仅用三五天，便将老城北半部城墙拆完。为防止汾河水患，仅将南部城墙上的城楼拆掉，留下城墙挡水，后由于群众刨城墙砖自用，天长日久，城墙土自然倒塌仅留断壁残垣。至20世纪70年代，河津老城古城墙荡然无存。20世纪50年代末至60年代初，由于地下水位升高，城内无法居住，大部分居民由这里迁到城外。在这种情况下，1964年3月，

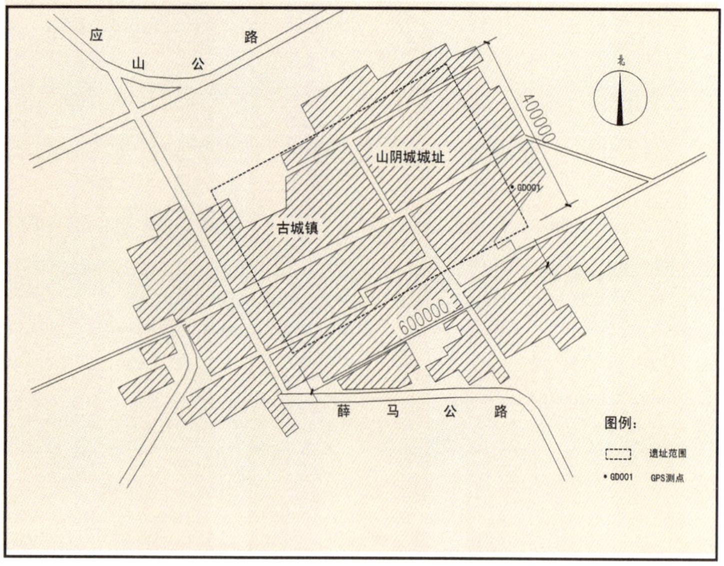

图 2-8 山阴故城城址平面示意图　　资料来源：山西省第三次全国文物普查资料

河津县政府报国务院，从老城迁至现在新城，从 1965 年开始县委、县政府及其所属机构陆续迁入新城。从元代皇庆年间建城开始，到县城迁走为止，在这六百多年的漫长岁月里，老城一直是河津政治、经济和文化中心。[15]

山阴故城

位于山阴县古城镇古城村。据 1999 年新版《山阴县志》记载：始建于元代，明永乐三年（1405 年）重筑，明正统二年（1437 年）、正德六年（1511 年）、嘉靖十六年（1537 年）多次予以重修并增高。明隆庆四年（1570 年）增高 4 丈并对城墙进行包砖。城置三门，分别为东永泰、南宿峰、西靖远，之上各建城门楼。各城门外为瓮城，瓮城外为月城。北城无门，上建真武庙。明洪武八年（1375 年）在城东南隅建县署衙门，清代在北大街建司公署。清末民初，县城逐渐衰败，日军入侵后降为行政村。1982 年镇政府由旧址迁往城外西街，今为古城村。城址为长方形，东西长 600 米，南北宽 400 米，分布面积 24 万平方米。现城址东墙和北墙部分坍塌，南墙、西墙仅存遗迹。墙基厚 10 米，残高约 8 米，城墙夯筑，夯土层厚约 0.18 米。[16]

临泉县故城

俗称古城梁，位于临县白文镇故县村西北约 100 米的寨焉顶上。依山势而建，原平面形状不详。据清光绪《山西通志》载："唐武德三年（620 年）改太和县为临泉县，金大定二年（1184 年）重筑临泉县城，元至元五年（1339 年）迁至今址。几百年间断续为临泉县治所在。"现仅存北墙一段，墙体夯筑，残长约 52 米，基宽约 4 米，顶宽约 1.8 米，残高 2～5 米，夯层厚 0.07～0.13 米。[17]

第二节　城池防御建筑

《博物志》云："禹作城，强者攻，弱者守，战者敌，城郭自禹始也。"说明城郭沟池早在公元前 21 世纪的夏朝就已诞生，禹这位创立了夏朝的人，又是城郭的创始人。对于城的功能，《说文》上讲，"城以盛民也"，城是盛民的大"空间容器"。随着经济的发展，生产水平的不断提高，特别是手工业和商业的繁荣，城变成了城市。因此可以说，城市是当时社会经济、军事技术、地域和民族文化艺术的结晶。

一、城墙防御

1. 城墙

认识古代城市防御还得从古城的围护结构——城墙说起。"城"的范围以其围绕一圈的城墙作为标志，城越大则城墙越长。山西不仅大型城市有城墙环绕，甚至小型村落都有堡墙围合。无论州府城市还是边塞堡寨，城墙的作用都不可小觑。用石块为基础，运用堆土版筑的方法夯实坚硬，明代以后，经济发展迅速，又将主要的城墙用砖进行外包，加强了军事防御性。山西大多数城墙属于土坯夯筑并用砖外包的形式。从城墙的剖切面看，城墙呈梯形，上窄下宽，一般来说，城墙的底部宽度为3～6米，顶部宽度为3～4米，这样形成的斜边角度既符合坚固性要求，又不利于敌军攀坡而上。不同的历史时期城堡的城墙高度是有一个明确的高度限制的，而随着军事科技的进步和攻城技术的完善，城堡的城墙高低产生了相应的变化。明嘉靖时期的《三关志》上除了代州所城和代州城几座城堡外，其余的城堡墙高几乎皆约为二丈五尺。嘉靖时期的《乡约》一书中又明确提到"今制以垣高二丈，加陴儿五尺，共二丈五尺"，可见在明嘉靖年间对于城墙的高低是有一个官方定制的参数的，大约就为二丈五尺。而在明万历年间官方将城堡建筑的墙高调整到了三丈五尺，加陴儿五尺后正合为四丈。方志中记载明代大同城墙高四丈二，这是包含了六尺高的垛堞在内的尺寸，城墙主体实高三丈六（约11米），加上垛堞，给人以高不可攀、望而生畏之感，显示出城墙雄伟恢宏之气势。

《考工记》载，城墙高与宽相等，顶宽为基宽的三分之二。宋《营造法式》规定："城墙每高四十尺，则厚加高廿尺；其上斜收减高之半，若高增一尺，则其下厚亦加一尺，其上斜收亦减高之半；或高减者亦如之。"城的夯土筑法要求"每布土厚五寸，筑实后三寸"，隔层"每布碎砖石札等厚三寸，筑实后一寸五分"。还要求"每城身长七尺五寸，

图2-9 1920年的代州古城城墙　资料来源：历史照片

栽永定柱",还有夜叉木、维木、膊椽、草葽等。无木骨架的土筑城已为考古发掘证明,如侯马晋国遗址。防御型的城墙高度至少应在10米以上。至明代由于北方边患,为提高防卫能力,加之制砖生产能力的提高,筑城包砖成为规制,从而使明代成为中国建筑史上砖城建设的鼎盛时期。以大同城墙为例,自明初增筑时才包砌以砖,始为砖城。城墙垣体仍为夯筑土,土源主要来自距城墙30多米外的环城城壕。大同城墙垣体夯筑土每层实厚10～12厘米,外侧墙基用规整的条石砌筑,土衬石以上为砖体。城墙无下碱,大同城墙亦如是。大同城墙城砖尚留有明代实物,规格为21厘米×10.5厘米×42厘米,重30多斤,相当于清式的二城砖。大同城墙除城门和瓮城段为内外包砖外,其他均为外面包砌砖体。城墙顶宽约10米,合三丈二尺,地平宽度要能容两辆辎重车通行。外檐"垛口"处的墙体厚度一般为一城砖半。城墙土衬石处的墙体厚度依"升"的大小,即依城墙的"收分"大小算出。大同城墙"收分"为墙高的25%,坡比为1∶4,城门和瓮城的内檐墙"收分"为13°10′,坡比约1∶7.7。

雉堞位于城墙上檐,用砖垒砌,提防敌人袭击并且隐藏投射,是由连续间断的凹凸垛口组成的矮墙,凸面作为防守墙,其上开有望孔以望来犯之敌,凹面作为投射口,其下开射孔用以射击敌人。内侧矮墙无垛口,称为女墙,防止士兵从城墙上跌落下来。按旧制,雉堞一般高约2米。山西的许多城墙经过长时间风化已经残缺不堪,城墙上的雉堞大都已经找不到遗迹,但在旧广武城、平遥古城内城墙上的雉堞仍保持原貌。梁思成先生在《营造法式注释》中,对城上垛堞注有"城上垣谓之睥睨,言于孔中睥睨非常也;亦曰陴,言陴助城之高也;亦曰女墙,言其卑小,比之于城若女子之于丈夫也"。这也是后来建筑物顶上的低矮墙叫女儿墙的缘由。城墙外檐女墙砌至人体胸部高时,始留垛口,口宽为垛堞长的1/3,为射击口,垛堞长以能并排遮掩两人为宜。1993年修建的雁塔段城墙,其女墙高1.4米,垛口宽、高均为0.6米,堞墙通高2米,垛堞长1.9米,下留有0.2米×0.3米的瞭望孔。城墙内檐亦包砌以砖,收分为20度,内檐女墙高0.8米。女墙、垛堞既是掩体,也是护栏。传说大同主城城周垛堞共有五百八十三个半,代表当时大同所辖的村庄数量。总之,城墙的堞墙、垛口除防卫作用外,对城墙的整体造型也有着收束、美化的装饰作用。马道是城台内侧供人马上下的漫坡道,一般呈对称分布。坡道表面利用砖的边棱面形成涩脚,俗称"礓",方便马匹、车辆上下。一般城门两侧较大的墩台边设有马道,如大同古城的马道可从城门洞东侧的L形砖砌礓磜拾阶而上。

2. 城门

城门是进出古城的通道,是整个城池中独立的防御体系之一。古时城门又被称作"水口",其数量和朝向与城堡的地理位置、规模、防御情况有一定的关联。山西城门一般主要位于城堡中纵横东西南北的主干道上,亦是四壁封闭的堡寨建筑防御体系当中最为脆弱的一环。从实际经验来看,城门的多少与城堡的建制有着一定的联系。民间有种说法,四门者为"城",三门者为"堡",二门者为"寨"。但城堡的建制中并没有硬性要求所配备门的数量，如宁武关城级别属于镇城级，其城垣周长七里零二十六步，有城门四座，但同属镇城级的老营堡周长四里零二十六步却只有东、西、南三座城门。又如同属堡城级别的马站堡和水泉营堡，马站堡周长约为四里，有南北两座城门，水泉营堡周长二里零一百二十步却有正东、东北和西北三座城门。大同古城南城门洞口尺寸为：里（北）口宽5.818米，合12.5门尺，外（南）口宽5.356米，合11.5门尺。城门洞拱顶高分别为6.45米、8.58米，分别为13.8和18.5门尺，合乎福德门和官禄门之尺度。瓮城东门较小，宽4.3米多，实际应是4.435米，9.5门尺，瓮城南门宽则为4.896米，合10.5门尺，而瓮城南门外的南小城北门宽为3.75米，合8.1门尺，属于财门，其门洞顶高为4.435米，又归至官禄门。可见古城城门、瓮城门乃至小城城门，都有规制。

在四面环护的城墙设防中，尤以城门最为重要，明《乡约》曾明确指出"夫民堡破半咎于陴，半咎于门"，可见城门在城堡防御上是最重要的一环。唐代以后，城门外增筑月城（瓮城），以为城门的屏障，且在月城外增筑翼城（小城）或罗城，已成为模式。瓮城的重要性在明代《乡约》一书"堡志"中阐述得很明确："尝计人力掷草几至十步，千人齐掷草，且成邱发火以焚，无不坏门，则虽有人乎垣无及矣。故必有瓮城高厚与堡通，内外俱为陴儿，旁开一门，……则虽洞其外门，亦无房敢入者。"山西城堡的规制不论大小一般都设有瓮城。瓮城古时又称"曲池"或称"月城"，它是一种修建在城门外的半圆形或方形的护门小城，其主要的功能就是给城堡的防御增设层级，给敌军的进攻增加障碍。多数的瓮城在形状上类似于圆形和半圆形，由于站到城墙上居高临下俯瞰时其形似水瓮，故称瓮城。一般的瓮城是单独却又不孤立地设在城堡的外侧，但也有少数城堡将其设置在城内。在城堡遇袭时，内、外两道城门不同时开启。守军出击时，瓮城外门不开启，待军阵在瓮城内集结齐整后，先关闭内门后开外门，这样可防止守军在未准备好前被敌军冲击。退兵时，军队先退入瓮城，关闭外门后，军队再进入城内。瓮城城墙里外面均包以砖，且两面砌筑垛堞，表明瓮城既可临战屯兵出击，又可诱敌入瓮。当敌人攻入瓮城时，将内门和瓮城门同时关闭，守军可从瓮城顶对敌形成居高临下之势，所谓"瓮中捉鳖"正是此意。瓮城内、外城门不在一条直线上，一般呈90°夹角，优势是如果城门被攻破，弯曲的路线可延缓敌军的进攻速度。瓮城的出现加固了城门这一在军事防御中最脆弱的环节。

以大同城为例，大同城四门都设有瓮城，西门瓮城外又设罗城环护（南关仅东、西关门筑有较小的瓮城）。又以代县城为例，代县古城四城门外各设瓮城一座，高与城齐，为12米，瓮城上建城楼，以瞭望敌情。瓮城轮廓为方形，城门均旁开，以增加曲折，提高防御性。东门瓮城南向开门，南门瓮城西向开门，西门瓮城北向开门，北门瓮城东向开门。古城四座瓮城还设有寺庙和乐楼戏台。每年按所祀神族的神圣日，由社方敬神唱戏，谓之神社戏。东门瓮城建嫘祖庙，坐南向北，原供奉皇帝，后供奉嫘祖；北门瓮城建巧圣祠，坐西向东，设乐楼戏台，供奉鲁班；西门瓮城建二圣祠，坐北朝南，有乐楼戏台，供奉关帝、二郎神；南门瓮城建马神庙，供奉马王爷。

形制再高一些的城市还建有罗城。罗城一般位于瓮城外，是城门防御体系中的又一道屏障。代县古城四城门外各建罗城一座，与瓮城相配。罗城高及城之半，为6米。下设暗门，防御敌攻；上建敌楼，守望敌情。

3. 城楼

城池建筑标志在于城楼。在高峻的城门上建造重楼高阁，体现了"非壮丽无以重威"的立意，展现了城的磅礴气势。故而古城城门上建造城楼成为传统，城门、城楼成为城的关口、门面，城楼形象至关重要。

1933年梁思成先生考察了大同古城，在他撰著的《中国建筑史》一书中，对大同城楼是这样评价的："山西大同东南西三门城楼与城同为洪武五年（1372年）大将军徐达所建，为现存明代木构之最古者，诸楼平面均为凸字形，后部广五间，其前突出部分广三间，全部周以回廊。楼之外观，分上中下三层，檐三层。下层两檐之上缘，即紧沿其上层窗之下口；每层均较下一层收入少许，屋顶前后两卷相连，均为九脊顶"。在梁思成先生的《大同古建筑调查报告》中，对大同城楼之造型这样记述："按清北京城诸门楼，平面胥为长方体，惟子城正面之箭楼，作凸字形，与此仿佛相似。然箭楼外部无廊，且突出部分（即庑座），在楼后侧，略类殿阁之后抱厦，以较大同诸楼位置适反"。说明大同城楼造型的特色：平面为前凸字形，且底层四周全部设有回廊环护；立面是三层三檐，纵深是一楼形成前后两歇山顶的完整勾连。相较于平面全为长方体的北京诸城楼，其结构复杂却不乖张，形体雄健而含秀丽。大同南城门楼城楼前突，面阔三间，正身五间，带檐廊呈前五后七；通进深三间，带檐廊呈前后五间；层高三层。当心间面阔595厘米。城墙在瓮城段就已增厚，至城楼范围（宽42米）城墙顶部厚达23.5米，在这样的地段内设计城楼，只能盖三间进深的窄条形建筑。可设计者却匠心独运，变条形为凸字形。平面一变，立面形体造型随之而富有变化，四翼角成了六翼角，还有两凹角，刚柔相济，阴阳和顺，三层三檐，底周设廊，又虚实相间，空灵俊秀。城楼建在三丈六高的城墙上，城墙本身就极具气势，加上五丈三高的城楼，整个建筑就高度而言，已达28.5米多，"积形成势"，"形势相登，则为昌炽之佳城"。故而城楼建筑巍峨壮丽，震慑人心。南门瓮城内东西宽73.7米，城楼通面阔却占据其42.7%，驻足南瓮城门北口观望城楼，水平视角恰好为54°，观赏仰角又接近45°，这两种视觉角度，正是现代建筑科学研究证明的最佳设计视角。当然，设计还要考虑逾出千尺限外时的观赏效果。瓮城围合的城楼，即使环绕在距城楼500多米外的范围，多角度观赏，也会是景观的构图中心。其水平视角都在16°～20°之间，远远大于6°的极限视角。在远观的角度上看，城和城楼仍不失其规模恢宏和不凡的气势。这种空间大体量组合技艺，亦是古代匠师运用风水形势说"驻远势以环形"、"形者势之积，势者形之崇"、"形全势就"的艺术处理。城楼因借环城的山势地形作底景，依靠大体量的城墙作衬垫，并通过角楼、望楼、窝铺等建筑的空间组合、烘托，使整座古城在远景上积而成势，展而成势，"形势相登"，呈诸视野，从而获得气势磅礴、巍然雄峙的空间艺术效果。城楼前檐台明距城墙边仅 1.1 米多，后檐台明距城墙边宽达 4.9 米，显然这是考虑到在城下仰视城楼正身视线遮挡问题，且为临战观阵、凯旋阅兵、受俘献礼等营造环境氛围而选择的最佳布局。城楼前突，形成两耳，使城楼在造型上显出前后层次，阴阳和序，更突出了城楼"居中为尊"、"耸镇中央俯雄城"的威慑作用。再是城楼底层设净宽 1.25 米檐廊一匝，扩大了底盘，二层三层檐柱层层收分，整个楼体造型形如覆钟，庄严雄伟，端拱正南。二层平座不外挑而做成单披檐，栾栌交错，三层三檐，最上是两歇山顶前后勾连，七、八个翼角上翘，极有动势，"如宇斯飞"，美轮美奂。

4. 马面与角楼城台

马面是在城墙上每隔一段距离突出墙外的矩形墩台，台面与城墙顶同高，上建楼橹，供士卒停息。这种设置是为了在敌军逼近城根时，城上守卒可以从两个侧面夹击敌人。山西的城墙遗存甚少，对于马面的数量和尺寸也大都没有文字记载，只能通过对年长者的口述回忆来作推敲。一般靠近城门两侧的马面尺寸比其余的马面更大一些，这大概也是出于军事防御上的考虑。如大同城墙亦设有马面，俗称城墙垛子，从城墙本身结构而言，增加垛子加大了墙身的刚度，而从军事设防角度来看，它却又增加了监视策应、侧射和夹击登城敌人的诸多防御能力。结构措施与战时功能在这里得到了完美结合。有了城墙垛子，也增加了城墙的造型美和节奏感，使城墙造型不显凝重呆板，更加雄伟壮丽。大同城墙垛子突出城墙面多为 13～15 米，宽一般为 17～25 米不等，垛子间距 96～115 米。城墙正身每面设有 12 个垛子，以城门为中心，左右各六个，城四面共设 48 个城垛。在城墙四个转角处，还设有城角垛子。城角垛子较城墙正身垛子略大，顶面突出 17～19 米，面宽 19～21 米。距城角垛子 6～7 米外，又各建 12.5 米×15 米的"控军台"。控军台四面包砌砖体，与城墙同高，上架木桥连通。控军台上可置大炮，阻击御敌更具威力。这种离而不断的设防结构，尚属鲜见，为大同城墙独有，是大同城墙设险防卫的一种特殊造型。

角台是敌台的一种，它主要出现在城堡的四个拐角处。据《乡约》记载，明代军堡四角的城台主要有三种建制："循两院置出"式、单附一面式和"磐直向外，磐折向内"式，三种都为直角方形伸出，《中国军事史·兵垒》中提到"明代棱堡筑垒的雏形"就为此冲角。这种形式的优点是城角为斜角，不仅避免了正面面对敌人的火炮攻击，最大程度地减少了火炮对城台的破坏作用，还协助马面加强了堡城侧面的防御力量，而且能将企图在城角强行登城的敌人分割，使其不能呼应。角台上建有敌楼，也就是木构阁楼，其顶上覆盖屋顶，布椽，梁柱、椽檩间距较密，并开有箭孔。在方形的城池中，角楼则是位于城池角部城台之上的楼阁。角部城台一般有两种做法，一种城台边线平行于角部两城墙，另一种与两侧城墙呈 45°夹角。城台上的楼阁可以住巡防兵丁，以便组织防守的侧射火力，二层空心角楼的作用是解决城守死角，加大防守面。

二、市政设施

山西城市的市政设施一般与水火相关，主要是解决城市排涝及建筑防火的相关问题。对于排涝，城市中一般结合护城河城墙下设有排水涵洞，或者城内修建集水池来解决水患，而对于防火一般采取规整的街坊与平直的主路来进行防火分区与消防扑救。

比如大同沿城墙的石人街一带，城墙下设有砖砌排水涵洞（洞口内外装有铁栅栏）直通护城河，护城河的过量大水，汇聚至城外东北、东南角的溢水渠流入御河，可见古城御水排潦设施和系统比较完美。

与水有关的城市基础设施，除水井和排潦渠道外，还有一项为护城河。有城必有池，自古城池并称，这里说的池是指护城河，或叫城壕。其作用有三。第一是防御。人类早在原始社会就开始利用宽深的壕沟阻碍进攻，以防止外族和野兽的侵袭，它的历史比夯筑土城的历史还要久远，但随着历史的前进，夯筑城垣和挖掘城壕常同时进行，挖深壕所得的土，就用来筑城，既经济又快捷，并且凹凸落差形成了双重防御体系。第二是消防。它就像一座巨大的蓄水池，城墙一旦失火，人们则就地取水，扑灭大火，控制火势蔓延，所谓"城门失火，殃及池鱼"也正是这个道理。第三是生活用水。除了在城内打井取水以外，护城河成为引水入城的主要渠道，方便城内生产生活。如新平堡因城开渠，仅在东边和北边有护城河，东面河宽6丈6（约22米），北面河宽7～8米，水源来自北面西洋河，不是完整意义上一圈的护城河，但足以牵制蒙古骑兵，降低进攻速度，形成保护城墙的一道屏障。再如大同筑城时挖壕而筑城墙，之后引水入壕即成护城河，城壕均宽12米，深14米多，护城河呈"千水成垣""金城环抱"之势，也成为设险防卫的第一道防线。代县古城城壕环城而绕，深7米，宽37米，北引西关清水河河水，南注玉带河水，旧时四季清水长流，内植荷花，称护城河。河上东、南、西、北四城门外均设吊桥，桥为板筑，以铁链悬吊起落，供通行之用。明嘉靖年间，护城河被淤，遂废吊桥，后东西两门重修三孔石拱桥，东门外为沙河桥，西门外为香圪坨桥，光绪初年被水冲毁。

三、城市格局

城池的选址是因环境就势，城墙、城门系统以军事最大化为目的，这都属于消极防御，而城内的规划则体现了一种积极的防御姿态。其中，道路系统沟通全城各处往来，控制兵力补给途径和城防迷惑，院落防御则体现了居民的防御能动性，将"住""防"合一，而精神防御也可使人借助神力，鼓舞斗志。山西古代城镇规划布局中，一般是将城镇主干道的十字相交处，定在城址的主穴位上，这个穴位，就成为城镇总平面的基本控制点——"天心十道"处。天心十道穴位的确定，是古人选址建城的点睛之笔。

山西古城内的道路系统一般由主街、次街和生活巷道共同组成。主街构成城堡内的主要交通骨架，次街和生活巷道在此基础上分布排列。一般具有一定规模的城池，主街由十字主街甚至若干十字街组合而成，较小规模的堡城仅有一条主街贯穿南北或东西。

院落的防御性首先表现为人们对所在领域的控制性和排他性，所以墙体成为院落范围界定的标志。院落的墙体包括屋墙和院墙，屋墙具有承重和围合的作用，院墙具有分割内外的作用。高大的墙体将院落与外界分隔开，使院落内部的活动私密而安全。

大同古城的东南西北四大街是十字中分，分成四角四隅。四隅中的小街又十字分划，分成不同规模的四大片，四四共十六片大街坊。这样，主次干道略呈三经三纬的棋盘状格局。所谓"略呈"，因为从街详图中可见，四隅中的街坊划分，并非一致，而有所差异。其中以东南隅中之街坊最为规整，即在隅内划分成十六片小街坊。隅内街道呈均匀的三经三纬状。其经线是县楼南北街一线、李怀角南北一线和东门大巷一线，其纬线分别是鼓楼东街一线、县隍庙街一线和马王庙府学门街一线。三经三纬分划的小片街坊，东西宽200～230米，南北深为200～210米，面积约4.4公顷。四小片街坊构成17.6公顷的大街坊，可称为典型的棋盘式街道格局。像狮子街、云路街的"田"字形街坊，蔡家巷、正府巷的"目"字形街坊，李王庙街、东羊市巷的"曰"字形街坊，表明"大同城实际上保存了唐代市里制城市的街道网，与隋唐扬州城的里坊面积相当"[18]。

太谷古城规模宏大，古城的一大特点是街巷整齐，宅院讲究。"太谷城是真有名，鼓楼盖在街心。"鼓楼作为太谷古城标致性建筑，雄踞古城中心，不仅蕴含有传统审美观念，而且客观上对古城建筑规划起着定位的作用。太谷旧城共有四街八井七十二巷，而以鼓楼为中心，辐射东、南、西三条大街。楼北为旧县衙，北大街与西大街中段相交。在此基础上，多数街巷横平竖直，把全城住宅划分为若干方块，使得整座古城建筑规范齐整，进退有节。

四、堡寨

堡寨通常由堡与寨组成，是古代军事工程体系中的组成部分，一般比城池规格要小得多。堡指土筑的小城，有堡、壁、垒、营的区别。寨则指古代用于防卫的木栅，实为当时的军事营地。堡寨从宋代开始成为沿边设置的军事行政单位。军事堡寨的建设利用有利地形，因地制宜，据险筑城；用于屯田的军堡则更多考虑耕作的便利而设置。随着堡寨历史使命的完成，军堡、屯田堡逐渐演化成民堡，甚至普通的居民聚落。明末时，由于流寇倡乱，农民起义蜂起，村镇乡绅富户多组织乡兵用以自卫，据山而建立堡寨以御贼乱，在村镇中建立构筑堡寨，成为一种堡寨形式的地方庄园。

山西地区历代经济繁荣，早在先秦时期就已开始商品交换，而且一直都保持着商业的传统。明代初期，山西商人已积累了相当丰厚的财富，有"平阳、泽潞，豪商大贾甲天下，非数十万不称富"（沈思孝《晋录》）之誉。明万历年间成书的《五杂俎》也有"富室之称雄者，江南则推新安（今安徽），江北则推山右（山西）"（[明]谢肇淛《五杂俎》）。明代在山西北部修筑长城，并在山西境内设立了九边重镇中的大同、太原、偏关三个军事重镇和一些边关卫所，防守的驻军都需大量的军需供应。作为支援北部边关军需供应的山西南部产粮地区，商人们利用输粮纳食的机遇趁机崛起，成为最为富裕的山西商人。据明代倪元璐在《倪文贞奏疏》卷十一记述：在辽东"千里为晋人，商屯其间，各为城堡，耕者数千万人皆为兵商，马数千万匹堪战，不惟富而且强"。开中盐法破坏后，晋人经商的范围更为广泛，从国内发展到了国外，粮、盐、茶、丝、皮及店铺杂货无所不营，从长途贩运到金融汇兑无所不涉，展开了大规模的经营活动。据记载晋中商人"自有明迄今于清之中叶，商贾之迹几遍行省，东北到燕、奉、蒙、俄，西达秦陇，南抵吴、越、川、楚，俨然操全省金融之牛耳"（民国版《太谷县志》），雍正在谕旨中还有"晋省民人，经营于四方者居多"（《世宗宪皇帝硃批谕旨》之二十九）的评说。经过数百年的苦心经营，大量的财富也渐渐地集中于晋商之手，出现了许多富可敌国的富商大贾。然而在社会动荡、贼寇横行的年代，这些长年奔波于四方的商人，无不惦记着宗亲家眷和财富的安全，他们往往将大量的资金投入建造坚固安全的豪宅，有的还出资修建村堡，如广泛分布全省各地的山西大院就是当时社会生活的明证。皇城相府、王家大院、湘峪古堡、郭峪古城、乔家大院、砥洎城等就是一批带有军事防御性质的堡寨。

砥洎城

位于阳城县润城镇。阳城地理位置重要，自古以来北方的少数民族入侵中原多从阳城经过而渡黄河，因此，阳城既是中原汉族抵抗少数民族入侵的屏障，也是北方少数民族入侵的前哨阵地。因此在阳城一带有许多村落都修建了如城堡、城墙、城门楼等防卫性的构筑物，润城镇内的砥洎城正是沁河流域防御性堡寨的典型。

砥洎城坐落在沁河岸边，三面临水，城墙保存完好，面积 37000 平方米，周长 700 多米，建于明代。南有正门，北有水门。城墙由砖、石和当地的炼铁坩埚建成，墙四周设有马面、炮台、哨所、藏兵洞等，城内建筑有金代以前的文公祠，明代的文昌阁、关帝庙、三官庙、黑龙庙、大士龛、祖师阁等。城内道路迷离曲折，民居院院相连，巷道隔开的街坊上有过街楼相通，下有地道串联。水井、碾、磨等生活设施俱全，整个建筑浑然一体。现存明崇祯十一年"山城一览"图碑刻，是当时建城的规划图。

砥洎城南门与城墙建于明代，上有城门楼，门内有更房。砥洎城的规划一改传统"藏风避水"的消极风水观念，以积极的态度"迎风劈水"，其城似龟，金龟探水；其镇若凤，凤凰展翅；又如舟船，击水中流。整个城池东北高西南低，坐北朝南。城内院落皆按八卦方位为序，封闭的堡垒，双重的城门，水门的瓮城，皆为藏风纳气之考虑。寨上以炼铁坩埚筑城，坚固异常，实属筑城史上罕见。其被誉为"水围城"、"蜂窝城"和"坩埚城"，既体现了古代阳城冶炼业的发达，也是民间因地制宜、变废为宝的绝妙创造。南门为其城初建时唯一的出口，城门楼三层，高 15 米。下层城门洞过道设内外两道城门，其间西侧有门房，大大加强了防御；中层是弹药库，内存大炮、抬枪、鸟枪、火药铁沙、火箭炮、飞碟等传统武器装备。顶层城楼四面开窗，内悬一铁钟，供日常计时、遇匪患报警之用。清顺治年间在城北低洼处石坡上，拓出二亩多地，城内居民集资修建了瓮城及北门，即"水门"，使南北脉气贯通，也方便了居民洗濯，门额"山泽通气"。水门楼为五层建筑，最上层为"祖师阁"。南北两门，两种营建，两处景效。水门内城壁上次第密布的小窑洞，为典型的"蜂窝城"，是古时养马和驻扎护城兵丁的地方。这里和城门楼、各处炮楼、环城路浑然一体，护城兵丁的各项活动可对居民无扰。

城寨上是完整的村级民居城堡，城中面积有限，建筑比较密集，而且北方建筑层高较高，墙高巷深，使得街道更显狭窄幽邃。传统的狭窄巷道空间是建筑间的生活所在，是居住环境的扩展和延伸，增加了邻里交往的可能性，容易形成面对面的亲切交往，为当地居民交往提供了必要和有益的场所。城内道路皆为"丁"字巷，大小"丁"字巷又与内环路、环城路巧妙相连，东西内环路和城内"丁"字路各设一道端巷（俗称袋状路）有进无出，与城墙顶部环城路一同构成双重立体"视控"体系，便于防御和监视敌人。每个院落皆为串串院。院落与院落之间均有过道相连，坊与坊隔开的院落又有过街楼相连。有的院落上房角楼高起作"望楼"，兼有看家护院功能。院落地下建筑颇多，且有通风系统，形成一套立体的防御体系。

砥泊城内人稠地窄，院宅密集，和其他传统聚落一样，庙宇及宗祠建筑不仅未因此而逊色，反而数量更多，规格更高。在弹丸之地，分布着关帝庙、黑龙庙、三官庙、三圣殿、土地庙、文公祠、丰都殿、雷神殿、黄禄殿、文昌阁、祖师阁、白衣洞等庙宇，民俗意义上的各路诸神应有尽有，在精神上庇护着城寨的安康。文昌阁和关帝庙两组规模相对较大的建筑前后相邻，占据着城寨的中心位置，整个城寨弥漫着神圣不可侵犯的威严。

张壁古堡

位于介休市龙凤乡张壁村。创建年代不详，相传是隋末时刘武周的偏将尉迟恭据守介休时修筑。明筑城堡，暗挖地道。但随着刘武周兵败，尉迟恭降唐，当时修建的明堡暗道并未派上用场。尽管这种传说还缺乏可靠的史料证明，但工程浩大的地下网络，绝非民力能为，显然有重要的军事目的。

张壁村之名始于元末明初。当时对这种土围子建筑有壁、寨、堡之分，有驻军的称为"壁"。元末明初时，张、贾、王、靳四姓家族先后迁至这里，在修复破损的古堡过程中，张氏一族出资出力最大，故从此被称之为"张壁"。

古堡建于一黄土丘陵上，顺塬势修建，平面呈不规则形。占地面积约12万平方米。堡内地势南高北低，南、东、北三面环垣堡墙1300米，堡墙夯筑，厚约3米，高约10米，西堡墙与沟壁基本融为一体，高约数十丈。古堡南北向辟门，北门砖石砌筑，内有瓮城，南门石砌，两门间为石头街（即堡内主街），宽约5米，长约300米，沿主街两侧有若干巷道蜿蜒。自北向南建有二郎庙、三大士寺、真武庙、空王佛殿、可罕王庙、吕祖阁等庙宇，南门旁有关帝庙。堡内地下2～20米深处满布地道，地道口隐蔽分布于堡的各个角落，堡西窑湾沟崖壁即有地道地堡的暗窗与出口。地道分上、中、下三层，纵横交错，四通八达，总长约1.3万米，现已清理出1300余米。在上、中层之间，有防敌设卡的隘口、闸口或陷阱，下层有储粮仓、屯兵洞及马厩。地道与地面设有通风口，地道的出口有的通向地面的庙宇，有的通向民宅，或延至村外。据军事专家鉴定，此地道属"守备筑垒"式军事设施（《建筑学报》1997年8期）。

中国传统村镇聚落的选址大都讲究负阴抱阳，背山面水，以便达到藏风纳气的作用。而张壁的布局却几乎与这种吉地相反，面山、傍坡、环沟、南高北低。形成这种情况的原因可能是原先作为一个军事壁垒，在选址上除要关注一般村落选址所必需的地形、气候问题外，还要更多地考虑防卫和居住的安全。当初是作为一个军事壁垒而建设，但随着沧桑变迁，军事作用的使命在完成后就演化成一座居民聚落。

堡内保存有多座元明清佛道建筑。元延祐元年（1314年）重建可罕庙。明成化十八年（1482年）创建二郎庙，后又重建崇楼同北门瓮城成为防御第二道屏障。万历甲午年（1610年）在北堡门西侧，重建兴隆寺（现仅存遗址）。嘉靖三十八年（1559年）重建堡南门，后又建西方圣境殿。万历四十一年（1614年）于北门瓮城新庆门上建"空王佛行祠"，内塑空王佛三世佛金身及其弟子像并彩绘壁画。檐下存颇为罕见的琉璃碑2通。明代于村南门外建关帝庙一座，清康熙、乾隆时，重建大殿、献殿，扩建僧舍、钟鼓楼、山门乐台。康熙三十年（1594年）至嘉庆十三年（1808年）于北门顶建三大士殿和真武殿，与东面空王殿横联，成为张壁抵御南高北低风水泄露的又一道屏障。清光绪三年（1877年）重建北门吕祖阁。另据有关专家考证，堡内贾氏砖灰锢窑、清宁堂、清玉堂、承启堂、嘉会堂等宅院，系明清建筑。

古堡街巷民居古朴典雅，街道呈鱼骨形排列，主街上巷门楼和祠堂宅院墙背高举，古店铺、作坊、门房（更房）间布、临街口农家院门敞开，涝、池、槐、柳等景观分列，保存着古朴的风貌。主街东部四巷多以在外商贾富户的族姓命名（如贾家巷、张家巷、王家巷等），而西部三巷以农家院落为多。

第三节 晋阳、太原

一、晋阳

晋定公十年（前497年），晋国公卿赵简子命家臣董安于利用西依龙山、东临汾河的险要地形，修筑坚固的城池。因其居水之阳，故名"晋阳"。战国初期，赵国以晋阳为都。秦统一后，于晋阳置县，西汉时在晋阳设并州刺史部，东汉时晋阳为并州刺史部治所。自此，并州、晋阳、太原三名沿用。公元581年隋朝建立，为防御外患，隋文帝杨坚封次子杨广为晋王，驻守晋阳。公元604年，杨广即位后，认为晋阳是他的"龙兴"之地，先后增建了"新城"和"仓城"，并重修了"晋阳宫"。晋阳城在经过春秋董安于、尹铎肇创阶段，东晋刘琨扩建阶段，东魏高欢父子增建丞相府、晋阳宫，隋建宫城（新城）、仓城之后，形成晋阳城、新城、仓城"双城"形制，也称"城中城"。617年，太原留守李渊及其子李世民从晋阳起兵，夺取了隋朝政权，统一了全国，之后对晋阳的建设倍加重视。武则天天授元年（690年），唐定晋阳为北都，742年改太原为北京，与都城长安以及南京（成都府）、西京（凤翔府）、东府（河南府），合称五京，是晋阳历史上的鼎盛时期。晋阳也成为隋唐时期长安、洛阳之外的第三大城市。

唐朝晋阳城发展至城市建设的顶峰时期，城池大幅东扩，城周二十四里，由西城、东城和中城三部分组成，形成跨汾河的"二城连堞"格局。五代后唐、后晋、后汉均以晋阳为依托，称雄天下，加之唐朝也发祥于晋阳，

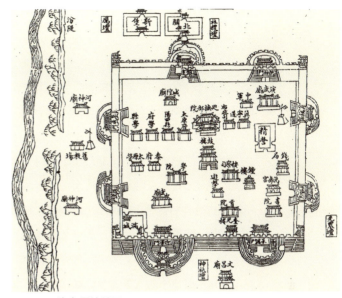

图 2-10 清太原城关图

所以被称为"龙城"。唐晋阳城城周仅低于长安洛阳，体现其陪都规格特点。根据文献记载，晋阳城在建设之初，除了颇费心机地选址外，还十分重视城池防御体系和战备能力营建，在保障府库充足的前提下，基础设施的修建也完全加入军事防御体系中去，例如宫城的墙是版筑而成，间以狄蒿苫楚等材料，宫城房屋的柱础是用铜质材料做成。

唐代晋阳城遗址现在地表残存及考古调查确认的遗迹有：西城墙中段，位于古城营村西，现存532米，城墙底宽20米，残高4.6米，城墙夯土层明显，夯窝清晰；西城墙护城河，位于晋源镇西，2001年考古发掘发现护城河宽约39米，深约4.5米，斜坡河岸有明显的夯筑痕迹；西南城角，位于南城角村，残存西城墙约60米，南城墙537米，城墙宽30米，残高1.5米，有民房建于其上，与西城墙为同时遗存，考古发现南墙在地表下还向东延伸约有500米；西北城角，在罗城村东南原老爷阁旧址，2002年考古发掘，清理出西北内城角，城角夯土残高2.75米，西墙内边暴露长度2.7米，北墙北边暴露长度9.8米，内角明显，建造年代不早于唐代。此外，在西北城角约100米处西墙断面的试掘表明，此段城墙年代当不早于两晋，由此城角向东发现城墙夯土遗迹约400米。同时在城区范围内的考古试掘中，还发现了多段城墙夯土遗迹，为了解城内布局提供了线索。

晋阳城凭借其特殊的战略地位和政治优势，多次成为北方政权交替过程的保障之所、必争之地，从春秋赵国、北朝别都到盛唐北都，一直都是中国北方重要的政治、军事中心，是中原王朝安危所系的战略屏障，是农耕文明与游牧文明交融的大舞台，为中华多民族融合作出了重要贡献，在一定程度上影响了中国历史的进程。

公元960年，赵匡胤建立宋朝。北宋与在晋阳的北汉政权并立，直到979年，宋太宗赵光义（赵炅）经过五个月的围攻，终于攻下了晋阳城，灭了北汉。赵光义痛恨太原城的难攻，因此，把经营了1000多年的古晋阳城火烧水淹夷为废墟，废晋阳城，将并州治所迁往榆次，新建了一座方0.5公里、城墙高4米多的土城，名平晋城。

二、太原

赵光义毁晋阳城后，将城内的大批僧侣、商人、手工业者和居民迁往唐明镇。太平兴国七年（982年）潘美奏请在唐明镇重建太原城。据《永乐大典》载，北宋太原城由外城、内城两部分组成。外城称罗城，周10里20步，筑四门，东为朝曦门，西为金肃门，南为开远门，北为怀德门。内城称子城，周5里157步，亦筑有四门，四向分别称子城东门、子城西门、子城南门、子城北门。子城内主要是衙署，没有居民，采用宋代典型的"内朝外市"的城建布局，反映出较为典型的军事城池的特征。城内在今水西关一带有税使司、酒使司，海边街有刑曹厅、知法厅、都军司、户曹厅、绫锦院、宣诏厅等，西羊市一带则集中了太原府衙、太原府狱、军械库等。子城外的罗城是居民、商贾聚居的地方，依方位形成东北、西北、东南、西南四个区域，设有南、北、西、东四个城门，四条正街呈"互"字形分割街道。西南隅有法相坊、葆真坊、宣化坊，东南有乐民坊、皇华坊等共25坊。

太原城自北宋建城后，历经金元多次战火。公元1368年，明太祖朱元璋封其子朱棡为晋王。为防御外族入侵，从山海关到嘉峪关设置了九个边防重镇，并将太原列为九边重镇的首要城市。明代太原城在宋代太原城的基础上向南、北、东三面扩展，在城东北方向筑有晋王宫城。明太原城高标准的城防规模与形制反映其在明军事防御体系中的地位和作用。其规模和规格仅次于北京和南京，是明代府城的典范，其城周比明西安城墙（11.9公里）多0.1公里。有学者研究太原城墙高厚比认为，"明太原城高厚比高于南京、北京、西安等同时期其他城市，主要与其军事防御职能息息相关"。

资料显示，明太原城墙周长24里，共有8道城门、8座城楼和4座角楼。太原城墙高约12米，上宽6～10米，底宽约15米。城墙一周，设有八门，八座城门分别叫镇远门（大北门）、拱极门（小北门）、宜春门（大东门）、迎晖门（小东门）、迎泽门（大南门）、承恩门（新南门，首义门）、振武门（水西门），这些名字当是在嘉靖年间才最终确定的。八门之外皆建瓮城，四隅建有角楼，四周皆环有护城河。太原市目前仅存小北门古城墙遗址，始建于明洪武年间，距今已有600余年历史，古称拱极门，是古并州（太原旧称）八城门之一。随后如同中国的诸多古城一样，清王朝基本沿用了明代城墙，没有发生大的变动。

因为太原府是山西的首府，山西的最高行政机构布政司、按察司及清朝的巡抚、冀宁道、太原府衙门、阳曲县衙门都集中在晋王府的西侧，基本上居于城市中心区南北和东西的主轴线上。巡抚衙门居中，布政司偏东，再东是冀宁道，按察司偏南，太原府偏西，阳曲县衙门在府衙以西，以上几个主要衙门组成了太原中心地区的官署区。巡抚督察院衙门（即今省政府所在地），最早是唐明镇的晋文公重耳庙。宋太平兴国四年（979年），赵光义灭北汉、毁晋阳后，大将潘美就把帅府设在晋文公庙内，3年后将庙址改作州府衙门，从此这里一直是山西省最高军政机关所在地。从宋的帅府、明的巡抚督察院、清的巡抚部院、民国的督军府到现在的省政府，历经了1000余年风雨沧桑，伴随着一次次的改朝换代而几经改建、扩建，最后保留下来的省政府为阎锡山的督军府旧址，是全国唯一保留下来的督军府旧址。这里的建筑布局遵照我国传统中轴线对称手法，中轴线的南端以鼓楼开头。鼓楼是当时太原最高大的建筑，也是官署区的重要组成部分，它是封建社会政权和礼制的象征。中轴线的北端以督军府内的梅山收尾，这样就形成了一条南北长约600米的建筑中轴线布局。

城内围绕晋王府的西、北、南分别布置有晋王宗室的府第几十处，据《山西省历史地图集》"明太原城图"标有临泉王府、亲化王府、安溪王府、广昌王府、方山王府、靖安王府、宁河王府、荣泽王府、宁化王府、清源王府、义宁王府、旌德王府、河东王府及大小濮王、大二府、小二府等，形成了一个贵族居住区。整个宫廷区占据了府城内最好、最高亢的地区，大约占全城区面积的近一半，几乎与汉长安城宫廷区所占比例相仿。

第四节　平城、大同

一、平城

位于大同盆地北缘的大同古城，乃古今用武之地。其地曾为三代京华，辽金两代的陪都，历史建置已近2300余年，是国务院公布的首批历史文化名城。春秋时期，大同地区为林胡部落占据[19]。战国时期，初为代国，公元前3世纪并入赵地[20]，大同属雁门郡。史学界认为大同建置由此而始。秦始皇统一中国，全国设三十六郡，大同属雁门、代二郡之地。为防匈奴侵扰，秦始皇派大将蒙恬率30万大军北击匈奴后，又征集民众修筑万里长城，秦长城至今犹存，蜿蜒的长城又成为大同市与内蒙古自治区的区界标志。其时，蒙恬还在大同西面的十里河谷"筑城武周塞内以备胡"。西汉时期，大同始称平城县，平城一名，东汉、晋、北魏相沿。公元386年，鲜卑族拓跋珪建立北魏王朝，两年后，自盛乐（今内蒙古和林格尔县北）迁都平城，改号皇帝，改元天兴。从此，平城作为北魏的都城至孝文帝太和十八年（494年）迁都洛阳止，历经道武、明元、太武、文成、献文、孝文六帝七世，凡九十六年，一直是北方政治、经济、文化的中心。可以说，北魏平城是大同古代历史上最灿烂的时期。北魏平城由宫城、内城和郭城组成，还有广数十里的鹿苑。截平城西为宫城，正是汉故平城，且又扩大成周回二十里的官城，宫苑在北，市里位南，也不是照搬邺城（今河南安阳城北）模式，而是鲜卑人汉化因旧平城制宜所创建的新平城，历经近一个世纪的建设，先后建成宫阙宫室、苑囿宫池、蓬台观阁、太庙太学、明堂辟雍、庙坛佛寺（包括为太祖以下五帝铸像的五级大寺，高300余尺的七级浮图）、皇家陵园等七十多处。平城已是"里宅栉比，人神猥凑"，"百堵齐矗，九衢相望，歌台舞榭，月殿云堂"（《魏书》）的大都会，又是"京邑帝里，佛法丰盛，神图妙塔，桀峙相望，法轮东转，兹为上矣"（《水经注》）的佛教中心。可以说，此际的北魏平城当是少数民族文化与汉文化熔铸而成的一座丰碑。北魏迁都洛阳后，平城由司州、代尹治，复名为平城县兼恒州治。北齐天宝七年（556年）大同始称恒安镇。唐太宗贞观中改名定襄县，兼为云州治。唐玄宗开元十八年（730年），称为云中县和云州，终五代时未改。另唐懿宗咸通十年（869年）置大同军节度，所以其时大同也称大同军城。后来大同先后被契丹、女真、蒙古统治长达433年。辽重熙十三年（1044年）改云州为西京，设西京道大同府，为辽之陪都、五京之一。至辽保大二年（1122年），金宗翰攻占大同府，仍以大同为西京。

元太祖七年（1212年），蒙古攻占西京，直至元世祖忽必烈至元二十五年（1288年），改西京道大同府为大同路，大同不再称"京"。据清道光《大同县志·沿革》考证："今大同县，汉平城地也，晋高祖初割山前代北地为赂，大同来属，因建西京，故楼棚橹具，广袤二十里。门：东曰迎春，南曰朝阳，西曰定西，北曰拱极。元魏宫垣占城之北面，双阙尚在。清宁八年（1062年），建华严寺，奉安诸帝石像铜像，又有天王寺。留守司衙南曰西省。北门之东曰大同府，北门之西曰大同驿，初为大同军节度。重熙十三年，升为西京府曰大同。大同县本大同盆地。""金克西京，大定五年（1165年）名其门：南曰奉天，东曰宣仁，西曰阜成。"同时在西京营建宫室，有保安殿、御容殿、西京官苑等。元代初，成吉思汗曾三次攻打大同，大同城池毁坏严重，但到至元十四年（1277年），意大利旅行家马可波罗在他的《马可波罗游记》中，提到大同城已是"较太原更为壮丽"的一座城。这是马可波罗奉元世祖忽必烈之命出使南洋，由大都赴西南，路经太原时，"即闻人言，有一城较太原府更为壮丽，城名阿黑八里"（"阿黑"蒙古语意为"白"，"八里"专指大城、都城之意，西方属金，色白，故称西京为阿黑八里）。可见经过65年的建设，元代的大同城市不仅壮丽，而且"这里的商业相当发达，各种各样的物品都能制造，尤其是武器和其他军需品更为出名"。辽金时的西京，在元代又再度辉煌。明初增筑的大同府城，是在辽金元旧土城的基础上，修成东西均宽1.798公里、南北均长1.868公里，略呈方形的砖城。"增筑"二字，其一说明明代修筑的大同府城主城（俗称大城），基本上沿用了元代以前的土城基址，没有迁移，表明古人对大同城的择地选址是认可的。其二说明大同古城在明代以前都是土城，自明代初始修成砖城。

明堂遗址位于城区东南约2.5公里（柳航里住宅区）。考古钻探发现，明堂遗址的外部为一个巨大的环行水渠，其外缘直径289～294米，内缘直径255～259米，水渠宽18～23米。水渠内侧东西南北分列4座夯土台，其西侧夯土台基平面呈凸字形，南北长约23米，东西宽约6.2米。环形水渠以内陆地的中央有1座正方形夯土台，边长约42米，高约2米。1995～1996年两次发掘，发掘面积约1297平方米。揭露建筑基址2座，环形水沟1段。出土遗物有板瓦、筒瓦、瓦当等建筑材料和建筑用石料。在夯土台上的建筑遗迹有大小不同的坑穴和2处白灰面遗迹。出土遗物有北魏时期的瓦当、筒瓦、板瓦、兽首门墩等。有的瓦上印有"李"、"借"、"毛里大"等戳记。明堂是天子颁朔、布政、朝诸侯的重要场所。据《水经注》记载，平城"明堂上圆下方。四周十二户九堂，而不为重隅也。……加灵台于其上，下则引水为辟雍。水侧结石为塘，事准古制"[21]。

操场城北魏大型建筑基址位于城区操场城街东侧。2003年在距明清大同府城北墙

550 米处，发现 1 座夯土基址，同年进行了发掘。夯土台基平面呈长方形，坐北朝南，东西长 44.4 米，南北宽 31.5 米，为高出原地面的建筑台基。在台基的北部、东部均发现用青砖包砌夯土台基的遗迹，并发现斜坡踏道 3 条，窑址、乱葬坑、窖穴等。出土遗物有板瓦、瓦当、砖、灰陶罐和钵等。瓦当和瓦上面有文字，瓦文字体包括楷、隶、草 3 种，可辨文字有"头"、"容"、"查"、"黄"等；瓦当文字内容有"万岁富贵"、"永□寿长"、"大代万岁"和"皇魏万岁"等，纹饰有莲花纹、兽面等。

二、大同城

明朝政权建立后，实行"高筑墙，广积粮"的方针，将各州府县城墙都进行了包砖。洪武五年（1372 年），镇守大同的大将徐达"因旧土城南之半增筑"，在北魏都城的原址上修建了大同城。周十三里，四门，相当于方三里、旁一门之制。南北城墙长分别为 1793.5 米和 1804 米，东西城墙分别为 1866 米和 1870 米，是一座不方亦方、面积 3.36 平方公里的大型府城。大同所辖的重镇阳和（今阳高）县城，门三（无北门），周九里十三步；浑源县城周围四里二百廿步，只有城东西二城门；应县城门三（北门为楼城），周五里八十五步。这些县城的城高亦不等，多为两丈五尺至三丈五尺，而大同城墙高则为四丈二尺。说明这些县城的规模和形制与大同府城相比又有显著差别。至于城门的开设数量、城墙边长、周长，除因地制宜的具体情况外，有的则是有意附会上合天地阴阳的术数和八卦方位者。大同城同样有一条标准的中轴线。古城的中轴线虽正，可中轴线上的各城门，却相互错位而不相直。以主城纵横轴线，即南北东西四大街的交会中心（四牌楼）为坐标原点计，南城门洞口中心偏东 0.34 米，北城门偏西 0.95 米；北小城南门无存，以道路中心计，南门口偏西 0.2 米；南小城北门偏西 0.4 米，而南门则偏东近 2 米。古城城门的开设，也讲究"口不对正"。明大同古城内，体现古城纵横中轴线的是南北东西四大街。它们是古城的干道与枢纽，且由于道路宽阔笔直，贯通四城门，更显示出古城的宏大规模与气魄。而四大街十字中分形成的交汇口，即是古城的城中心。因其在十字交会的街口各建了一座牌楼，故名"四牌楼"，是古城城中心的代称和标志。大同古城以东西向的干道为横轴，且与南北中轴十字中分，其交会点，即为"天心十道"。如在此处建楼，一般名曰"中天楼"。大同古城的天心十道不建楼，却用四座牌楼围合，愈彰显出古城城市设计的个性和特色。四大街各以所对应的城门名称而命名：东为和阳街，南为永泰街，西为清远街，北为武定街。这些街名，分别题写于建在各街口的牌楼匾额上，四座牌楼四面围合在城中心，形成大同古城独特的天心十道景点。四大街一般宽十五六米，最窄的东西街部分地段也有 14 米，最宽的大南街有的地段宽达 25 米。故以四牌楼为中心四面辐射，形成商市云集的闹市商业街。西北隅属城内至高地带，东北隅次之，明代的大同府衙、都察院、户部分司、布政分司、察院、帅府、分巡冀北道等官府机构，均设置在西北隅。代王府、十王府和山西行都司、大同后卫、大同前卫、镇守太监宅、城内粮库（大有仓）等则分布在东北隅。北半城有这些官署王府占据，街坊分划和道路格局，自然会与南半城有别，形成以署衙为中心，道路多转折绕行而不直通的丁字式格局。像总镇署（帅府）门前的火神庙街，东西街口皆不直通，因帅府而使帅府街成半条经线，且造成街道分布不匀。火神庙街口南至四牌楼350米；大北街路东的东华门（代王府的东西华门）街口，南距四牌楼310米，都属于古城内尺度最大的街距。代王府的后宰门，开设在仁和美街，王府占地南北长达610多米，致使东北隅的两条纬线（钱局巷和西十府街、东西柴市角和东西华门）转折错位，无法与西北隅的二纬线东西贯通。简言之，北半城的街坊分划，因帅府和代王府而呈"畸形的棋盘式"格局。这是历史的烙印、"皇权"的标记，恰恰也昭示出"因旧土城南之半增筑"的痕迹，成为大同古城的历史特征之一。当然，从规划设计角度分析，小街或背巷的丁字路不直通，既有利于署衙、寺庙或商肆的建筑布局，又可使街道有不同的对景、障景，易于识别辨位。从防御和治安上讲，丁字街更宜于设防和管理。这种十字、丁字相间的道路格局，亦成为有别于其他城镇的特色之一。综上，大同古城的道路骨架已非四大街八小巷，而是"四大街十八巷"。小巷路宽7~10米，在马车时代，它们既是古城的交通干道，又是居民的生活干道，与166条2~6米宽的坊间绵绵小巷组合，形成主次分明、街道连通的道路系统网络，维系着225片大小不同的街坊空间。整个道路系统，如人身之骨架、经脉，树之干枝，功能明确，方便人们活动与居住、生活，延续着大同古城的生命与活力。

第五节 代州城、广武城

一、代州城

代县历史悠久。据文物部门考古发现，早在新石器时代，这里就有人类繁衍生息。据乾隆《代州志》载，代县西周时属并州，春秋时期为晋国土地，三国分晋后属赵国。秦统一六国后，天下设立36郡，代县属太原郡。秦王政二十六年（前221年）在此设广武县，城址在今日雁门关下代县古城西的古城村。西汉时代县为并州太原郡广武县。汉高祖十一年（前196年），汉高祖封其次子刘恒为代王，太原郡改为代国，广武县属代国管辖。隋开皇五年（585年），废郡，并改肆州为代州，大业初年，改代州为雁门郡。唐乾元元年（758年）又改雁门郡为代州。隋唐时期，代州军事地位十分重要，曾设有总管府和都督府，辖有忻、代、蔚（今属河北省）三州。唐中期为著名的方镇，雁门节度使或代北节度使长期驻守代州。北宋初与辽对峙，名将杨业任代州刺史达七年之久。金元两朝代州仍为州县驻地，辖有代县、崞县、繁峙、五台四县。

明洪武二年（1369年），降州为县，第一次有代县之名，八年后复升为州。代州古城城垣位居十二联城防御体系中心，背倚雁门雄关，勾注、累头、雁门、夏屋、覆宿诸山若群龙绵延于后；南面滹沱之水，凤凰、紫荆诸山隔河而朝；城之左雁门诸山水汇流于东关河而归滹沱，城之右雁门古道南联中原直通雁门雄关，可谓"八阙俱完，五形较备"。《边靖楼记》

图 2-11 代州古城城址变迁　　资料来源：城乡建设规划院．代州历史文化名城规划

载，代州古城"宿占东井，地接云中，三关障乎西北，一水限于东南，亦形胜之要识，三晋之门户焉"。

因古代州地处边关要塞的战略位置，代州古城从筑城之始就注定要经历纷繁连绵的战火洗礼。正是在历代屡毁屡建的过程中，逐步造就了古城足称"金城"的城池防御体系。古城现存城郭为明洪武六年（1373年）大修时所建，古城城墙原高三丈五尺（12米），周长八里一百八十五步（4310米），呈楔形，底宽顶窄，内为夯土，外为砖砌，上垒雉堞。城外设护城河及城坛四座；东、北、西隔间分城一座，分别为东关、北关、西关，形成拱卫之势。古城原设城门四座，上为城楼，下为门洞，城楼为五楹二层三檐，高六丈余，进深3间，砖木结构。四门额各嵌长方石匾一块。东为熙和门，刻"屏蕃畿甸"；西为康阜门，刻"车辅晋阳"；南为迎薰门，刻"滹沱带绕"；北为镇朔门，刻"广武云屯"。四门外建瓮城，瓮城外建罗城，高及城之半，各设暗门。罗城外筑护城河，深两丈；设吊桥，以通出入。瓮城城门也为进深三间、面阔五间的三层木构城楼。而在四城角的转角城墙上还筑有面阔七间、进深三间、三檐两层的木构拐角楼，歇山顶，呈90°角。瓮城及四城角与城门一样各建敌楼一座，以守望敌兵，全城共计十二楼。至此，代州古城"一城三关"的主要格局已经形成，古城缺角卧牛城也已成形。修筑城池的同时，城内的布局则以南北与东西大街十字交叉于古城中心，并在中心位置建筑古城最高设施边靖楼。署衙、庙观、民居分布于由十字大街分割而成的四大街区上。

代州古城城郭东西稍长，南北略短，呈长方形，东北角为秃角，形如"丑"字。因丑属牛，故俗称"卧牛城"。古时筑城除选址讲求风水外，城郭布局还注重取法天地，察天以知地。

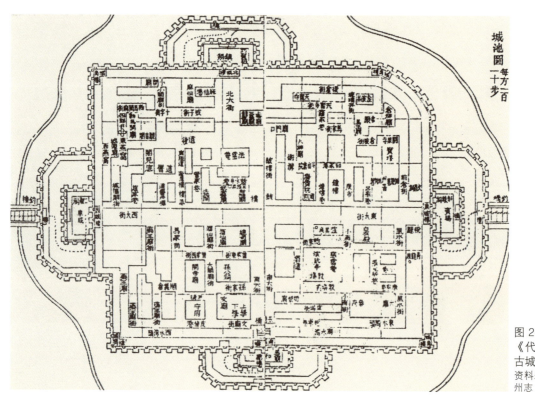

图 2-12 清光绪版《代州志》记载代州古城图
资料来源：清光绪版代州志

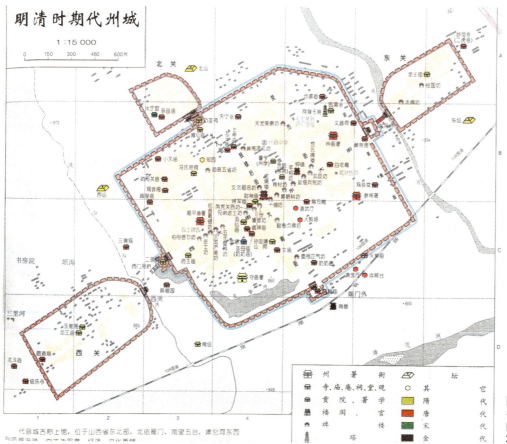

图 2-13 明清代州城
资料来源：中国历史地图集.中国地图出版社，2000.

早在秦汉时期形成的筑城思想就有模拟天上二十八宿形状以定城郭的内容。按照这一理论，斗、牛、女、虚、危、室、壁北方七宿主管包括消灭战争在内的一切人间事务。斗、牛、女、虚四宿排列形如"丑"字，牛星居东北正中。代州古城以"丑"为形，以"牛"而称，正与北斗七星相合，蕴含的正是抵御战争、戡乱安定之意。从空中鸟瞰代州古城，城垣基本格局为"一城三关一园"，东关、北关、西关三关环卫主城，南门园隔河相望。

城内以边靖楼为中心，设东西南北四条大街。衙署、庙观、民居则分布于由十字大街分割成的四大街区上。以古楼后街、大南街为轴，东西对称，雁平道署、守备署分在西北、西南区，分别与州衙署、参将署东西相对，南北门略偏。支路大多为"丁"字形，以考虑作战为主。在规划街巷的同时，历代筑城者还十分注重城池整体景观的营造，在城池中心或重要位置建造楼塔，以制造立体景观；沿街树表牌坊，以威壮街景；在城墙上建文笔塔以制造风水，使整个古城更显壮丽威严。昔日的代州古城，边靖楼、钟楼、阿育王塔在城中遥相呼应，城墙上12座敌楼整饬威严，城南魁星阁、青云坊、三座文笔塔巍然耸立，城内有布政司、雁平道署、州署、训导署、学政署等11处官廨衙署，天宁寺、圆果寺等48座庵观寺庙点缀全城，"十俊坊"、"兄弟进士"等31座精美牌楼沿街而列，有南园、映碧园等私家园林6座，有"恒升昌"、"大德昌"、"天隆昌"等300多家商号、56家票号分列大街两侧，真可谓城池威严，街景壮观。

三关为代州古城之分城，是整个城池体系的重要组成部分。古代在主城之外设立分城，主要是出于政治与军事的考虑，也有商业发展之需要。

东关关城，周长三里，城壕深两丈。城郭呈东西稍长的圆角长方形。明成化二年（1466年）指挥同知张怀筑墙为城，初为土墙，明万历年间改为砖包。关城开东西两门，门外均建罗城。东门建玉皇阁，西门过吊桥与古城东门相通。城内设东西大街一条，为主要商业街，主要建筑有普济院、玉皇阁、奶奶庙、崔府、二虎寺等。

西关关城，原为古上馆城旧址，其设置应与阴馆城（在今朔州市南）同时，不晚于西汉。初为驿馆之城，北魏移置今代州古城，明景泰元年（1450年）参政王英重筑城垣，周长三里一百九十六步，壕深丈许，原为土墙，后以砖包。城郭呈东西长的不规则长方形。关城开东、西、南、北四门，门上建阁楼。西门外建有瓮城，内设官厅。北门阁楼上曾悬"上馆城"古匾一块，今不存。城内设东西、南北主大街各一条，呈十字交叉。现关城北城墙局部残留。

北关关城，明嘉靖三十年（1551年）筑城垣，周长二里许。城郭呈方形，东北抹角。城墙原为土墙，后改砖包。关城设南、北两门，门上建阁楼。南门与古城北门瓮城相通，南、西、北城壕深一丈五尺，东邻沙河。城内设南北大街一条，今北门及北城墙、东城墙局部残留。

总结起来，明代代州古城格局的基本特点是：缺角的卧牛城；古城内十字街布局和"丁"字形街巷布局；以边靖楼为全城中心和全城最高点；雁平道署、守备署分布在西北、西南区，分别与州衙署、参将署东西对称。

如果说代州古城在明代注重的是城市军防建设，那么在清代则突出的是城市的文化品位和商贸集散功能建设。清雍正二年（1724年），升为直隶州，直属山西布政司。清朝的建立，并没有给代州古城带来毁灭性的破坏，明代大部分的公共建筑得以延续发展和利用，此外还兴建了不少庙宇、官署、商铺，城市建设达到鼎盛时期。格局规整的代县古城在继承、延续明代格局的基础之上，有了进一步的发展。相比较明代的古城，清代古城主要特征表现在：修缮城池，完善城内"丁"字形支路系统，建庙宇、民宅和私家花园，立塔、碑、牌坊等；主干路两侧店铺林立。

二、广武城

旧广武城作为以高墙厚筑为设防的防御聚落之一，是为了抵御外侵内乱而营建的，是特定时代和地缘条件下的产物。

旧广武城位于勾注山下，城南及东西两侧皆有护城河环绕，古城枕山环水，雄踞关口，进可攻，退可守，凭借地势之险，有力地增加了旧广武城的防御能力，体现了作为防御功能的构筑物的选址特色。后因村庄建设活动的需要，村民将护城河改道，即如今村庄西侧的二道河。

据《辽史》记载和现存建筑夯筑城垣考察，旧广武城墙应始建于辽代，明洪武七年（1374年）包城砖，明万历二十二年（1594年）重新修葺，现存城墙外观为明代特征，城墙内部夯土墙大部分为辽代遗物。城墙总高7.35米，下宽5米，顶宽3.4米，外表全部砖砌，石条做基。城砖长40厘米，宽20厘米，高9厘米。古城平面呈长方形，南侧城墙长332米，北侧城墙长337米，东、西城墙长均为503米，占地面积约17万平方米。东、西、南城墙上各建马面4座，北城墙建马面5座。古城辟东、南、西城门，其中西城门宽3.3米，东城门宽3.25米，南城门宽2.9米，原有城楼、瓮城及护城河，现均不存。

整个城墙共施马面17座（包括城门马面），马面紧贴墙体，雄伟稳健，其尺度大小不等。城墙东、南、西三面设城门，西城门洞呈拱形，全部由砖砌成，地面散落着碎石，可以想象到过去的城门基座是由石头铺就的。原城门上有门楼，在新中国成立前和"文革"当中破坏。

因古城北面是属于少数游牧民族部落的聚集区，为了城内百姓的安全，城墙不设北门以防止外敌侵入，而这也使古城形成了独特的明代古城风格。

瓮城是古代城市主要防御设施之一。明代以前的瓮城都修筑于主城外，明代时才改建城内。旧广武城每面城门均有瓮城，现仅于东、南门还保留着瓮城的夯土残墙。

广武地区烽火台的使用最早见于《汉书》："胡骑入代勾注边，烽火通于甘泉、长安。"此时为汉文帝末年，约公元前164年。而后东汉建武十二年（36年），"后王霸率六千刑徒与杜茂飞治飞狐道，筑亭障、修烽障、修烽燧，自代至平城绵延三百余里"。所以广武地区的烽火台至少两汉时期已经颇具规模了。

广武旧城内的烽火台是长城外烽火台之一，位于旧广武古城内中部。平面形制为方形，

图 2-14 旧广武城全景　　资料来源：作者自摄

图 2-15 旧广武城墙　　资料来源：作者自摄

图 2-16 旧广武城东门　　资料来源：作者自摄

约 10 米见方，高 6～7 米。建造年代应为明代，与长城周边烽火台属同一时期。内部为夯土构成，外部原有包砖，顶部可上人，并有房间以储藏物资，现已全部缺失。

第六节　平遥、祁县

山西晋中地区商业历史悠久，明清以来商业资本高度集中，故历史上有"金太谷、银祁县、铜平遥"之说，受此影响，晋中古城的城市格局也充满了浓郁的商业气息。晋中一带古城具有中国传统城市典型的建造思路和布局形态，但平遥与太谷城是礼制建制较明显的城市，祁县古城则是明清商业城市的典范。

一、平遥古城

远在西周时代，周王朝的镐京（在今陕西西安市长安区）经常受到猃狁人的威胁，周宣王曾派尹吉甫将猃狁人击退于晋中以北，相传平遥城为尹吉甫所筑。据清康熙年间的《平遥县志》记载："旧城狭小，东西二面俱低，周宣王时尹吉甫北伐猃狁驻兵于此，筑西北二面。"这一时期筑城出于军事防御目的，也是古城最早的建造记载，距今有二千多年的历史。明洪武年间，明王朝刚刚建立，为了政治稳定和政权巩固，在全国范围内大兴筑城池之风，达到了空前的地步。平遥古城墙重筑于明洪武三年（1370年），后经历代修葺保存至今。从清嘉庆、道光时期开始，平遥商业兴起，其中最重要的是1824年票号的建立，经商者成千上万，遍布全国各地的票号，在我国金融史上有着十分重要的地位，是一种专门性的商业金融信贷组织，是我国银行的前身。它首先由山西平遥、祁县、太谷一带的商人创办和经营，主要经营地区间的汇兑业务、存放款等。当时票号范围曾扩大到俄罗斯的伯力、莫斯科以及日本、马来西亚、新加坡等地，清代后期基本上控制了全国金融市场，成为全国最富有的商人。目前保存完整的平遥古城，向世界展示着中国明朝的县城建置、官衙方位、街道规划、民居建筑、商街店肆的真实状况。

平遥古城素有龟城之称，意为长生不老、青春永驻、坚如磐石、金汤永固。据传古城六座城门（即瓮城）各有象征和喻意：南门（迎薰门）为龟头，面向中都河，可谓"龟前戏水，山水朝阳，城之修建，依此为胜"，城外原有水井两眼，喻为龟之双目；北城门（拱极门）为龟尾，是全城最低处，城内所有积水都经此流出；东西四座瓮城两两相对，上西门（永定门）、下西门（凤仪门）和上东门（太和门）的外城门向南而开，形似龟之三腿正常向前屈伸，唯有下东门（亲翰门）的外城门径直向东而开，据说是古人建造城池时怕"龟"爬走，将其左后腿（即下东门）拉直，并用绳索绑好拴在距城8公里处的麓台塔上。明初扩建的城墙，是平遥古城的主要建筑物和平遥古城的象征，城墙高12米，墙厚5米，周长12华里，城墙上3000垛口72敌楼，体现孔子三千弟子七十二贤人的传统文化内涵。

平遥古城以南大街为轴线，采用左城隍（城隍庙）、右衙署（县衙）、左文右武（文庙、武庙）、东观（清虚观，道教）、西寺（集福寺，已不存，佛教）、市楼居中的对称式布局。南大街、东西大街、城隍庙街、衙门街构成"井"字形商业街，其规模超出一般传统城镇，反映了当时商业贸易的繁荣。城内道路平面格局、空间尺度、街巷名称均保留了明清时期的特点，其格局成"井"字和"丁"字形街、巷、马道的形式，当地人称"四大街、八小街、七十二条蚰蜒巷"。

古城整体空间布局井然有序，整体效果强烈，南大街为轴线，构成整体空间的视觉

图 2-17 平遥市楼　资料来源：作者自摄

图 2-18 平遥城楼　资料来源：作者自摄

中心，大片的青灰色民宅和庭院绿树，衬托出了古城市楼等体量较大的公共建筑与色彩绚丽的庙宇建筑群。城市空间为水平式布局，天际线平展而稍有起伏。城中的建筑东城隍、西县衙、南观音、北关公、左文庙、右武庙、东道观、西佛寺，集中体现了明清县级政权的礼法制度。

二、祁县城

祁县历史悠久，可以一直追溯到新石器时代，早在 6000 年以前就有人类定居。在远古时代，太原盆地南面是一片长满杂草的积水地带。《周礼》"夏官职方氏"篇中载："并州之泽薮，为昭馀祁，为九薮之一。"《尔雅》"释地"篇中亦曰："燕有昭馀祁"，谓"昭馀祁泽薮"。直至明朝时期，祁城村一带仍是一片洼地，祁县因此而得名，而"昭馀"也成为祁县的别称。

北魏孝文帝时期，黄河流域已统一，祁县成为从太原南下西进的交通要衢。北魏太和年间（477～499 年），因交通的原因，并州别驾分瓒始迁县治至今址，筑为土城，历经北魏、东魏、北齐和隋唐五代、宋元明清，距今有 1500 余年的历史。明景泰元年（1450 年）重修，嘉靖四十四年（1565 年）增筑，加高、厚各五尺，创筑东、南、北月城 3 座，增修敌台 30 座。万历五年（1577 年）土城周围砌砖加固。周长如旧制，高、厚又有所增。万历八年（1580 年）大加修缮，四门上各建重楼一座，城四角增设角楼，高七尺，宽一丈。祁县城墙周长四里余三十步，高三丈三尺，底厚三丈四尺，顶宽二丈二尺。西北隅城墙为圆形。环城壕池深一丈，宽三丈，内设护墙，高六尺，堤外遍植柳树。城四角各建角楼，四门有城楼，东、南、北各有月城一座。城四门悬匾，北曰"拱辰"，朝西开门；南曰"凭麓"，朝东开门；东曰"瞻凤"，有门楼三层，建筑高大精致，富丽堂皇；西曰"挹汾"，与西关城相通。

图 2-19 祁县街景　　资料来源：作者自摄

图 2-20 祁县渠家大院　　资料来源：作者自摄

祁县古城格局是以棋盘式道路为骨架，寺庙、街道、店铺、民宅浑然一体，井然有序，形成一个宏伟、完整的建筑群。

有专家将古城概括为"一城四街二十八巷四十大院"和"名宅千处"。古城格局虽受汉族传统"礼制"规划思想的影响，严格讲求方正端庄，经纬分明，中轴对称，但其与"礼制"为本的城市秩序有质的区别。处在祁县古城中心位置的不是"择中而立"的衙署，而是祁县商会、文庙、武庙，衙署、城隍庙却偏居古城西北，政权退而次之，唯商会马首是从。也就是不似平遥古城的左文右武、左观右寺，左城隍、右衙署的严格对称的布局，也不似平遥左以文庙及魁星楼为首的文系建筑（左即东半城）、右为以武庙为首的武系建筑的礼制程式，而是文庙、武庙为邻，衙署和城隍庙相安。整个古城以商会、文庙、武庙为中心，其他庙宇、寺观随各个商业、居住、文化等庞大建筑群的形成，以及居住者的信奉、风俗，成为各个居民集中点的向心，成为城市的节点和公共中心。守制而不落俗套，灵活而不失规则。到明代中期，祁商便已结成财力雄厚、人数众多的祁县商帮，进入清代以后发展更快。祁县民族商业资本家投资最多、规模最大、对国计民生最有影响的商业当数票号。祁县第一家票号（合盛元）于道光十七年（1837年）宣告成立（平遥县日升昌诞生于道光初），至光绪十五年（1889年）祁县城内先后出现票号12家，其中合盛元、三晋源、大德兴、大德恒、大德通等资本最为雄厚，极负盛名。祁县票号（商业）经历了百余年的历史，给祁县经济带来巨大变化，由于经济的繁荣，古城建设出现了高峰，商业街市、老字号、老店铺布满东、西、南、北大街，文庙、武庙、城隍庙、财神庙、火神庙等相继建成，成为各个民居群落的向心；古城中豪华的民居、店铺不断出现，在规模和装饰上都超过一般城镇，如渠家大院、何家大院、贾家大院、长裕川茶庄、大德恒票号、三晋源票号、永泰盛钱庄布店等。工艺精致的建筑、布局有序的街道胡同，形成祁县古城的特色并保留至今。

第七节　衙署建筑

一、衙署释义

关于衙署的记载，最早可见战国《周礼注疏》："以八法治官府"。关于官府的含义，郑玄注："百官所居曰府，弊断也。"可见衙署最初称为官府。

衙署在汉代称为寺、署，如东汉鸿胪寺在改作佛教寺庙（白马寺）之前为一座衙署。唐以后称官署、衙署、公署、公廨、衙门等。

《辞海》对"衙"字的解释第一条为："旧时官署之称。《旧唐书·舆服志》：'诸州县长官在公衙亦准此。'"《辞源》对"衙"字的解释第一条为："官署也，详见衙门条。"衙门条的解释："衙门，本牙门之讹，古营门所立之旗，两边刻绘如牙状，谓之牙旗，因谓营门曰牙门。听令者必至牙门之下。初第称之于军旅，后渐移于朝署。一说刻木为牙，立于门侧，以象兽牙，故称衙门。"牙门开始为古代军旅营门的别称，起初把猛兽的爪牙列饰于军事长官办事的帐门前，后来又用木头刻成大型象征性的兽牙列饰于营门两侧，于是就出现了"牙门"。唐以前是不把官府称为牙门的，唐代由于时俗尚武，官府以带一点武夫气为荣，所以官府也开始称为"牙门"。在唐代的史籍中"牙"和"衙"互用，"牙门"渐为"衙门"所代替。到了北宋时期，人们几乎只知道"衙门"，而不知"牙门"，而且文武官府一例通用。

《辞海》对"署"字的解释第一条为："办理公务的机关。如公署，官署。"《辞源》对于"署"的解释第二条为："《国语》：'署，位之表也。'故官衙曰署，为表其治事之地也。"

到了明清时期，官府或叫衙门、衙署、公廨、公署，于是就有了县衙、县署、县治等称谓。进入民国时期，"衙门"一词废止。

衙署的分类方式有多种。从职能上划分，有文职衙署和武职衙署；从行政隶属而言，有中央衙署与地方衙署。此外，还有各成系统的专属衙署，如漕运、河务、盐政、学务、税关等衙署；以及少数民族世袭土官衙署，如土府、土州、土县、土司等特殊的衙署；管理少数民族事务的，如将军、都统、副都统等衙署。

二、衙署的历史沿革

中国古代封建社会时期，每个朝代都要划分与其行使政权相适应的行政区。行政区是指地方行政制度，即国家地方政权机关所辖的区域，是国家为了便于行使职权，便于行政管理而划分的多级行政单位，并设置有相应的行政机构及其驻地。

历史学家吕思勉对中国古代地方行政区域考证曾总结如下："中国行政区域最小为县，自创建以来，未尝有变。秦汉时代，县以上曰郡，郡以上曰州。东晋以降，州郡大小相等，则合为一级，或以郡号，或以州名。至于府，惟建都之地称之。至唐初，只有京兆、河南二府，后来由于兴元为德宗行幸之地，升为府。宋时，大郡多升为府，'几有无郡不府之势'，其上更有监司之官，即汉刺史之任也。元以宣慰司领郡县，实与唐宋监司相当。然腹地有以路领府，府领州，州领县者；府与州又有不隶路，直隶行省者。盖由各府州名虽同而大小间距不同故也。元初省冗员，兼领县事。明初遂并附郭县于州，于是隶府之州与县无别，而不隶府之州地位仍与县同，遂有散州与直隶州之别。"此段基本阐述了中国古代府、州、县行政演变概况。

秦汉实行郡县二级制。一般地区郡下设县，少数民族地区设"道"，级别同于县。县下设乡。

西汉末年为监察设州，无固定治所。后因州刺史居郡守之上，始有固定治所，成为郡太守之上长官。东汉时，州正式由监察区成为行政区，居郡之上。魏晋南北朝实行州郡县。

唐宋实行道、路制。唐时，道为最高行政区，全国15道。政区等级为道—州（府）—县。宋时，改道为路，政区等级为路—州（府、军、监）—县。军、监不领县。

元明清实行行省制。省见于金朝，元朝正式定省。元朝政区等级为省—路（府）—州—

县。明朝改路为府，政区等级为省—府（直隶州）—县（散州）。清朝大体同明制，政区等级为省—府（直隶厅、州）—县（散厅、州）。另清时于布政司、按察司下设分守道、分巡道，故又有省—道—府—县之说。

按照这样的行政区划，中国古代衙署可分为中央衙署及地方衙署两大类。中央衙署设在都城之内，宫殿的附近。地方衙署受到都城的规划及古代风水思想的影响，一般都建在治所所在城市的中部。宋以前，在比较大的州府多建有子城，衙署多建在子城以内；元灭宋后，下令毁天下城墙，明代重建时，一般不再建子城。洪武二年（1369年）定制，地方衙署集中建在一处，同署办公，以便互相监督。明代的官署多在城市中心偏北，前临街衢。清代衙署沿袭明制，包括行政机关、军事机构、仓库等，为地方行政、军事、经济中心。

西汉已有关于衙署的规定和等级区别的记载，汉以前的衙署考证资料不多，具体情况不详，多从文献记载和有限的图像资料窥其大体。唐宋以后大体可考，现存多为明清衙署。

衙署布局采用和宫殿、寺庙、宅第等相似的庭院式布局，建筑规模视其等级而异。衙署中的主要建筑为正厅（堂），设在主庭院正中。除遇重要情况，正厅门一般不开启使用。正厅前设仪门，左右有数量不等的廊庑。主官办理公务多在正厅的附属建筑中。属官的办事之所视衙署规模大小而定，大者在署内另建院落，小者可在正厅两厢。署设有架阁库（用于保存文牍、档案）和仓库。地方府、县衙署中常附有军器府、监狱。京内衙署多不设官邸。京外衙署附设官邸，多建于衙署后部或两侧，供官员和眷属居住，明代以后，土地祠多建于地方衙署。

1. 汉代

汉代官署多建在大城内的小城中，作庭院式布局。汉代衙署的布局形制大致可在内蒙古和林格尔汉墓壁画护乌桓校尉幕府图中看见。位于大城一角的小城内的衙署，包括仓库、军营，反映出屯军城市衙署的特点。幕府东、南开二门，南门作坞壁阙形，应为幕府大门。进入大门，绕一影壁，可见大堂，汉代称"听事"，位于图中庭院内正中，为整幅壁画的中心，并且是以正面形象所绘，足见听事是整个幕府庭院中最重要的建筑。堂前左右有长庑和厢房，当是僚属办公之处及宾客所居。堂后小屋内坐有妇人，应为居室。堂左右有阁门通后院，院内三面长庑。幕府西侧别院为庖厨，东院为营房。壁画中所示幕府是以听事为中心，以大门和长庑围合成的一个庭院单元。

通过图像研究和文献资料大致可得出汉代官署建筑较为完整的面貌。县寺以墙围合，外廓基本方正，面积应不小。大门面南，对着大路。寺门外建阙或鼓，或二桓表，突出衙署建筑与其他建筑性质的不同，是衙署的标志性建筑，同时也显示了官署的权威和气势。大门两侧与围墙相连，左右各有一间房舍，名为"塾"。穿过寺门，绕过影壁，即入庭中，可见正堂。正堂是庭中最重要、最显赫的建筑物，是长官理事办案之处，即今人所称的"大堂"（唐宋以前称"听事"、"厅事"），或直称为"庭"。东汉以后，"厅事"之称广泛使用。听事墙壁上裱有激励县吏励精图治的典故和画像，提醒主官与民为善，以政为德，此外还

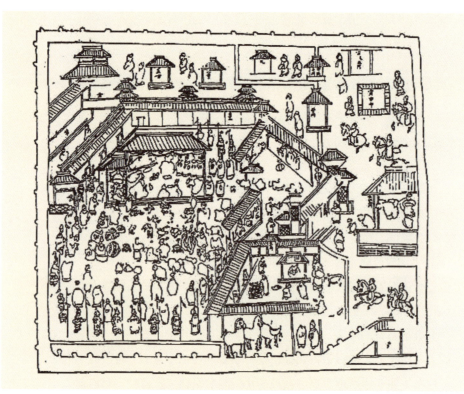

图 2-21 内蒙古和林格尔东汉墓壁画宁城图中的幕府大门
资料来源：明清时期衙署建筑制度研究．

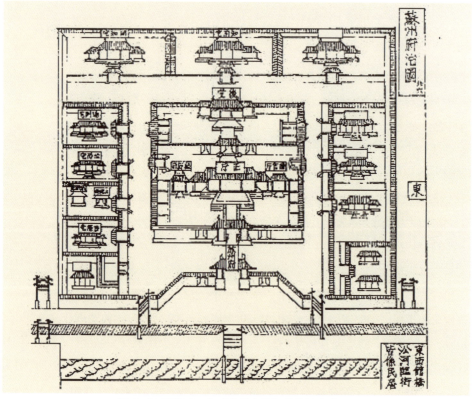

图 2-22 明洪武二年《苏州府治》载苏州府治图
资料来源：明清时期衙署建筑制度研究

作公示重要诏令之用。其后有一后殿，作为官吏商议之地。寺中长吏之舍有一围墙与庭相隔，墙上开门，称为"閤"。从文献来看，郡县主管应有单独院落，门曰"闺閤"，一般吏民不得随意进出，只有亲近吏才可出入。院内有"庭"、"堂"、"内"之分。太守还有"齐（斋）舍"，院内有园。县小吏需住县寺内，数人同居一室，不可携家眷。汉代监狱设置很发达，《前书音义》曰："乡亭之狱曰犴"。可知监狱不只设于县寺中，甚而乡亭也有。有专家考证，县庭之狱应在庭之北，与汉人"北方主刑杀"观念一致。

2. 唐宋

唐代称汉时的小城为子城、牙城或衙城。地方衙署多集中于子城内。节度使驻节的州府城衙城正门称"鼓角楼"（是城市的中心和最高点，为城市报时制度和警戒而设）。府县子城正门和无子城的衙署前正门称"谯楼"或"谯门"。唐代衙署的布局形制依旧沿袭"前堂后室"的规矩，平面布局上各单元划分明确。以正厅所在的主庭院为中心，两侧建筑以巷相隔并列两路或三路，每路的前后各串联若干小院。

宋代衙署布局形制基本承袭前代。根据南宋邵定平江府中子城及衙署图和南宋临安府府衙图，可以看出，到宋代，衙署的布局已形成较稳定的格局。衙署内形成了明确的由廊庑和围墙分隔的单元分区。主体建筑建于中轴上，其"前堂后室"、"重门复道"的布局形式及中轴线上的布置一直沿袭至清。

3. 明清

元时平定中原，下令毁天下城墙，并及于子城，但也有部分谯楼幸存下来，或明清时重建。山西省霍州州署和绛州府衙大堂为元代所建，是现存最早的地方行政衙署实例，均以重建的谯楼作为衙署大门。

明初制定了严格明确的官式建筑形制范式。明初卢熊撰洪武《苏州府治》载："明洪武二年（1369年），奉省部符文，降式各府、州、县，改造公廨……府官居地及各吏舍皆置中。"并附有依式新建的"苏州府治图"。明确指出长官及其僚属均需集中居住在官衙内并共同办公，其用意是使他们同门出入，互相监督，动静诸人共见，可杜绝登门请托贪污腐败之弊。

清代继承明代范式，尤其是中路，但在继承同时又有所改造，改造多为东西路，建筑形制与布局规律趋同，衙署建筑发展到明清时期基本达到固定模式。《大清会典》工部有记载："各省文武官皆设衙署，其制：治事之所为大堂、二堂，外为大门、仪门，大门之外为辕门；宴息之所为内室、为群室，吏攒办事之所为科房，大者规制具备，官小者以次而减，佐贰官复视正印为减；布政使司、盐运使司、粮道、盐道，署侧皆设库；按察使司及府、厅、州、县署，署侧皆设库狱；教官署皆依于明伦堂；各府及直隶州皆设考棚；武官之大者，于衙署之外，别设教场演武厅。"可见清代衙署布局基本上可分为三个主要空间群组：治事之所、宴息之所、办事之所。治事之所：中轴上的建筑，执行政事的主要空间，包括照壁、辕门、仪门、大门、大堂、二堂。宴息之所：大堂院后方或侧方，主官生活起居空间，包括三堂及后花园。办事之所：中轴东西两路，为吏员的办公厅舍。

明清两代衙署建筑最大的不同是明代衙署内除主官宅外，还设有属官宅及吏舍，而清代衙署内只有主官宅。由于清代地方官员设置简化，机构裁并，署内只有主官一人决定公务，主官权力扩大。对应这种官员制度的变化，衙署的建筑也要有相应的变动，即将僚属办公之所和住宅废弃，用来建造供主官使用的花厅和供其幕客居住的宅院，衙署中的后宅的地位愈加显著。因此，清代衙署内宅面积明显扩大，主官地位显著提高。

明清两代衙署还有一个不同之处，即在明代地方志所载衙署图中，并未看到"后花园"部分，而清代衙署多有后花园。《大清会典》工部对衙署有明确的"宴息之所"的记载，清代地方志中所载的衙署图也可以看到明显有后花园标识，并且现存经过清代改造的明清衙署中，也多保留有此部分。

通过各朝代衙署建筑形制布局的比较，可以看出衙署建筑布局和形制越来越整肃并定型化。

三、山西衙署实例

霍州府衙

霍州府衙是我国目前尚存唯一一座较完整的古代州级衙署。作为我国官衙文化的典范之作，霍州署与北京故宫博物院、保定直隶总督署、河南内乡县衙四级衙署并提，共同构成了由中央到地方的中国古代官衙体系。1996年11月，国务院公布为全国重点文物保护单位。

霍州位于山西中南部，与临汾、晋中盆地交界，扼山西南北交通之要冲。四周群山环绕，汾河从西北切割韩信岭入境，流经市境西部。霍山脚下的霍州市就是西周的霍国，霍州市白龙镇陈村就是古霍国故都遗址。霍州，古属冀州地，因东依霍山而得名。周武王封其弟叔处于此，称为霍国。西汉设彘县（因境内有彘水），东汉更名为永安县，隋改永安为霍邑县，后置霍山郡，唐改霍山郡为吕州，金增置霍州。清改霍州为直隶州（清代直隶州直属布政司管辖，地位与府相当，主官品级为正五品），辖灵石、汾西、赵城三县。民国取消州建制，始称霍县。

霍州衙署本为隋末中郎将宋老生的军中幕府，镇守霍邑的尉迟恭在此基础上建造了自己的帅府行辕。唐朝的建筑大多华美、大气，帅府就应该更加威严壮观了。可惜的是，作为历史的见证，州署最早的形迹多已灭失。

现存霍州署位于市东大街北侧，是集元、明、清多代建筑的结合体，建于元大德八年（1304年），大德九年夏落成。元至正十八年（1358年），州署焚毁，惟大堂幸存。明洪武四年（1371年），知州张王己、鲍克恭相继增修。嘉靖二十一年（1542年），知州汤克宽于仪门前修建大门一座，上盖谯楼，改"承流宣化"坊为"古霍名郡"坊。至光绪十七年（1891年）再次重修，两年后竣工。这是封建社会维修州署的最后一次，至今历时百余年。

霍州府衙原占地面积38500平方米，分中轴线、东西副线三大建筑群。州署现存面积

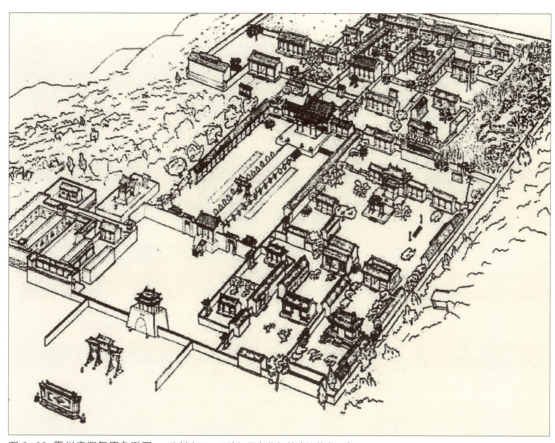

图 2-23 霍州府衙复原鸟瞰图　　资料来源：明清衙署文化与其建筑艺术研究．

18700 平方米，以中部轴线为主的州署建筑基本保存完好。现存建筑由南至北分别有谯楼、丹墀、仪门（明）、甬道、戒石亭（明）、月台、大堂（元）、二堂、内宅、科房（明）等，中间高大，两边较小。

谯楼　署门作带城墙的城楼式，称为"谯楼"。清康熙《内乡县志》称衙门为"谯楼"，兼有报时功能。周祈《名义考》："门上为高楼以望曰谯……下为门，上为楼，或曰谯门，或曰谯楼也。"

谯楼砖砌底部，东西宽 15 米，南北进深 11 米，中间开有宽 5 米的门洞。门洞上楣书"拱辰"二字，源出《论语》："以政为德，譬如北辰，居其所而众星拱之"。谯楼顶部楼阁二层，飞檐翘角。

丹墀　因古宫殿阶上地面以丹漆之而得名。霍州署元代为国王行邸，故有此规格档次。丹墀位于谯楼与仪门之间，南北长 60 米，东西宽 35 米，是知州举行礼仪和群众"闹社火"集会的署内场所。

仪门（明）　为官署第二重正门，明嘉靖年间建。"霍州署"牌匾悬于仪门上端。前设大台阶，左右设石狮一对。高台悬山建筑，面阔三间，四梁八柱，五檩四椽。仪门东便

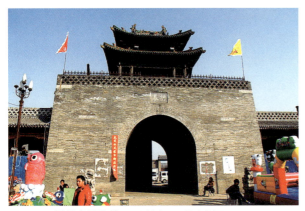

图 2-24 霍州府衙谯楼　资料来源：作者自摄

图 2-25 霍州府衙仪门屋架　资料来源：作者自摄

图 2-26 霍州府衙仪门　资料来源：作者自摄

图 2-27 霍州府衙大堂屋架　资料来源：作者自摄

图 2-28 霍州府衙戒石亭　资料来源：作者自摄

门为"人门"，即人们通常出入之门。西侧便门为"鬼门"，古代为死刑犯出入之门。

甬道　连接大堂与仪门间的甬道，高出地面约 1 米。

戒石亭（明）　戒石亭位于仪门北 10 米甬道中，木牌坊，南楣书"天下为公"，北楣书"清慎勤"。

大堂　大堂是元代建筑实例，也是霍州署最知名的建筑。该建筑最早由著名古建筑学

图 2-29 霍州府衙大堂　　资料来源：作者自摄

专家梁思成先生于 1934 年考察记录："大堂面阔、进深各五间，六椽减柱造，大额梁，内外均四椽柱，大额明间跨度极大，前有悬山顶抱厦三间。"大堂抱厦奇特的地方，主要体现在结构之上。当心间宽而梢间窄，四柱之上，用极小的阑额相连，上面却承托着一整根极大的普拍枋，在这根大普拍枋上，承托斗栱七朵，朵与朵之间距离相等，可是却没有一朵是放在任何柱头之上。梁思成先生曾把这种结构形制誉为"滑稽绝伦的建筑独例"。大堂前设有月台。

二堂　在大堂后，现存为民国年间建筑，面阔、进深各五间，前后设回廊，为知州日常办理州务大事的办公地方。

二堂后为内宅，知州居住的地方，明代建筑，清代屡有修复。

大堂前东西两侧为六房，回廊式，硬山顶建筑，两边各 17 间，明嘉靖三年（1524 年）建。

绛州衙署

新绛县旧称绛州，位于山西省西南部，运城地区北端，临汾盆地南缘，汾河下游。自古自然条件优越，为华夏文明的发祥地之一。西周时期，武王封文王第十七子为郇侯，辖今新绛地，为侯国。春秋时期，郇国为晋所灭，此地属晋。战国时期，韩、赵、魏三家分晋后，地属魏，称汾城，隶属河东郡。秦仍属河东郡。汉高祖时为侯国。东汉改为长修镇。唐武德元年(618年)设立绛州总管府。历代设州置郡，元初为中州，置绛州行元帅府，辖河、解二州各县。后罢元帅府，仍为绛州，隶平阳路。明为绛州，属山西布政司，隶平阳府。清雍正二年(1724年)改为直隶绛州。

绛州衙署始建于唐，此后历代皆在原址沿袭使用，历经宋、元和明清时期，保存到今日的建筑有绛州大堂、二堂、绛守居园池。据民国《新绛县志》卷八载："县署即旧州署，在城内西北崖上，高敞宏壮，甲于列郡，创建不知所始。大门三楹，寅宾馆在大门内东隅，清康熙七年知州刘显第修，乾隆二十八年知州张成德重修。仪门三楹，门西有潜心堂碑，东有碧落碑。仪门外东隅有土地祠、富公祠。大堂为帅正堂，明洪武九年知州顾登重缮，清乾隆十八年秋因雨久半圮，知州张成德修，光绪四年知州陈世纶以工代赈重修。静观楼一名望禾楼，在署后园，明正德十六年知州李文洁建。清乾隆十八年知州张成德因圮重修。署旧有公楼，楼后有花萼堂，堂后有园池，池上有亭曰泂涟，轩曰香，承西南门曰虎豹，东南亭曰新，前舍曰槐，负渠曰望月，又东南有苍塘、风堤、鳌豕、白滨诸名胜，唐刺史樊宗师有记，后久废。光绪二十五年知州李寿芝即园池遗址，缭以周垣，重加建筑亭榭渠塘，一如旧制……"

大堂的建造年代已无据可考，在元代进行了大规模重修，整座建筑呈现出显著的元代厅堂建筑特点。绛州大堂面阔七间，进深八椽，悬山顶，堂前原有卷棚式抱厦三间，屋宇已毁于新中国成立初期，基础尚好，部分莲花瓣柱础石尚存唐代遗风。堂内北壁东侧镶有宋代"文臣七条"碑石。《大元圣政国朝典章》"工部·公廨"记述"总府廨宇"："正厅一座，五间，七檩，六椽；司房东西各五间，五檩，六椽；门楼一座，三檩，两椽。州廨宇：正厅一座，五檩，四椽（并两耳房各一间）。"州之大堂不应超过面阔五间，五檩四椽，而绛州大堂面阔七间，进深八椽，实属罕见。

二堂之北有绛守居园池，即其衙署的宅园。据《山西通志》(雍正十二年刊本、嘉庆

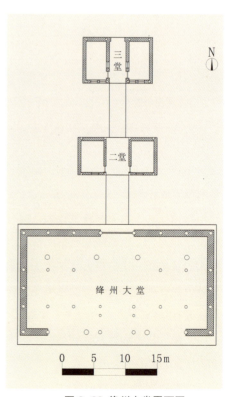

图2-30 绛州大堂平面图
资料来源：作者自绘

图 2-31 绛州大堂　资料来源：作者自摄

图 2-32 绛州大堂斗栱　资料来源：作者自摄

图 2-33 绛州大堂梁架　资料来源：作者自摄

图 2-34 绛州大堂覆盆柱础　资料来源：作者自摄

十六年校刊本)卷六十"古迹"记载,隋初,新绛一带屡遇旱灾,井水咸卤,而当时的经济生活中,农业耕作居于支配地位,内军将军临汾县令梁轨遂于开皇十六年(596年)"导鼓堆泉,开渠灌田,又引余波贯牙城蓄为池沼,中建洄莲亭,旁植竹木花柳"。绛守居园池即形成。尽管此园历代有所增修建设,但仍保持了其基本的地形特征,使得绛守居园池在中国园林史上占据了重要的地位。

临晋衙署

临晋县衙位于临猗县城西北20公里的临晋镇。

秦厉共公十六年(前461年),破"大荔王城",统一戎、芮,置临晋县,秦始皇二十七年(前220年)属内史。汉高祖元年(前206年)为塞国地,二年(前205年)改属河上郡,九年(前198年)罢河上郡复为内史。汉武帝建元六年(前135年),分为左内史。新莽时,改临晋为监晋。东汉建武元年(25年),复置临晋县。晋武帝改临晋县为大荔县。汉献帝建安五年(200年),移临晋县治和左冯翊郡治于今陕西大荔县城。秦复改大荔为临晋。北魏孝文帝太和十年(486年),改临晋为华阴。隋开皇十六年(596年)置桑泉县,属河东郡。

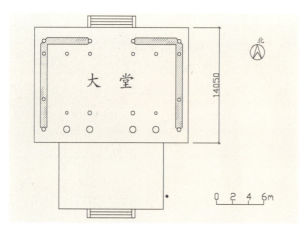

图2-35 临晋衙署大堂平面图
资料来源:山西省古建筑保护研究所 作者自绘

图2-36 临晋衙署大堂梁脊板民国最后一次重修题记
资料来源:作者自摄

图2-37 临晋衙署大堂柱础　资料来源:作者自摄

图2-38 临晋衙署大堂梁架　资料来源:作者自摄

图 2-39 临晋衙署大堂正立面　资料来源：作者自摄

故址在今临晋镇东北十三里亭东村。唐武德元年（618年）兼置蒲州，天宝十三年（754年）移治今临猗县临晋镇，以临近晋州，故改名临晋县，属河中府。五代、宋、金、元皆因之。明属蒲州，清雍正六年（1728年）属蒲州府。民国属河东道。

临晋镇为元代临晋县衙署所在地。衙署创建于元大德间（1279～1307年）。明清两代及民国年间均有修葺，大堂的梁脊板上留有民国23年（1934年）10月最后一次重修题记。衙署坐北朝南，占地面积16000平方米。以中轴线布局分三层台阶式，依次为大堂、二堂、三堂，周围配以廊房。

现存主体建筑大堂为元代原构，是山西省目前保留下来的三座元代大堂建筑之一。大堂面阔五间，进深六椽，当心间很宽，明显大于次、梢间，梢间又略窄于次间。大堂用柱14根，当心间与次间"减柱造"，使堂内空间宽阔明亮。

临晋县衙大堂建筑用料独特，营造法式奇巧，完好地保留了元代的建筑艺术风格。2001年6月25日，临晋县衙作为元至近代古建筑，被国务院公布为第五批全国重点文物保护单位。

二堂面阔五间，进深三间，单檐硬山顶。三堂面阔三间，进深三间，堂前带廊。两堂结构简洁，无斗栱装饰，为清末民初时期建筑。

银亿库位于大堂与二堂中院之东侧，面宽三间，进深二椽，单檐硬山顶。书房位于三堂西侧，与三堂相接，面宽一间，二屋皆为民国时期建筑。

平遥衙署

平遥县位于山西省中部，太原盆地西南，太岳山之北，太行山、吕梁山两襟中央。自公元前221年，秦朝政府实行"郡县制"以来，平遥城一直是县治所在地，延续至今。据明成化《山西通志》"建置沿革"载："平遥县，古陶地，帝尧初封于陶，即此。"古属冀州之域。虞舜以冀州南北太远，分置改属并州。大禹治水后分天下为九州，又属冀州。西周为并州属地。周成王封其弟叔虞于唐，传子燮父，改国号为晋，属晋国。战国时期，韩、赵、魏三家分晋，归赵国。秦始皇统一中国后，废封国，实行郡县制，置县平陶，属太原郡。两汉时期，平陶县仍属太原郡。三国时归魏，并州辖统，属西河郡。西晋属太原国。北魏始光元年（424年），改平陶县为平遥县，属太原郡。平遥县后属东魏、北齐、北周。隋开皇三年（583年）废郡设州，属介州。开皇十六年（596年），析置清世县。大业二年废入平遥县。大业三年（607年）废州设郡，属西河郡（介州改）。义宁元年（617年），于介休设介休郡，平遥县改属介休郡。唐武德元年（618年），属介州（介休改）。贞观元年（627年），属汾州。天宝元年（742年），属西河郡（汾州郡改）。乾元元年（758年），属汾州（西河郡改）。后唐同光元年（923年）后为后唐统治。后晋天福元年（936年）后为后晋管辖。后汉天福十二年（958年）后属后汉，后周广顺元年（951年）后为北汉所据。宋太平兴国四年（979年）归北宋，属汾州。南宋建炎元年（1127年），归金统治，仍属汾州。元朝时未变。明万历二十三年（1595年）汾州升为府，平遥属汾州府，属山西省布政使司。清顺治三年（1646年），仍属汾州府。

平遥县衙位于平遥县城内西南政府街（明代称衙道街，清代叫衙门街）路北，平遥古城中心。东西宽131米，南北长203米，占地2.66万平方米。始建年代待考，早期的形制全貌已荡然无存，现存建筑为明清规制。明成化十年《山西通志》称："平遥县治在城内西南宣化坊，元至正六年建，国朝洪武三年主簿孙在明重建。"据清光绪八年《平遥县志》记载，县治于明万历十九年、二十五年、四十七年、四十八年间，均有过大规模的增建改筑；清顺治十二年及光绪五年补修添建。

平遥县衙整个建筑群主从有序，前堂后寝，左文右武。建筑群纵向分为东、中、西三条轴线。

中轴线上为六进院落，自南向北依次为大门、仪门、牌坊（牌坊已毁，它的两侧为六房）、大堂、宅门、二堂、内宅、大仙楼。

东侧线上由南至北有彰瘅亭、土地祠、寅宾馆、郑侯庙、常平仓（又叫钱粮厅）、花园。

西侧线上由南至北有申明亭、牢狱、公廨房（遗址）、十王庙、洪善驿、督捕厅、马王庙等。

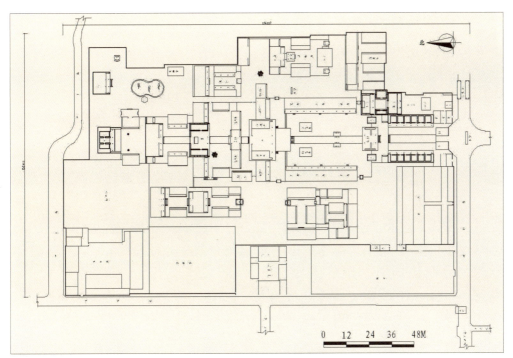

图 2-40 平遥衙署平面图　资料来源：山西省古建筑保护研究所测绘资料

衙门外，左翼有观风楼，右翼有乐楼（尚未复原），前有照壁。

影壁　正对衙门之南建有一座砖砌影壁。

观风楼　在衙门东侧，民间俗称"风水楼"，上下两层，首层为砖砌，中间为砖券门洞。第二层是木构建筑，重檐歇山顶。

大门（1996 年修复）　坐北朝南，面阔三间，进深二间，单檐悬山顶。中间是走道，大门廊下架设登闻鼓，百姓可击鼓上闻，申诉冤屈。

彰瘅亭和申明亭　分别位于衙门的东西两侧。彰瘅亭初建于明万历四十八年（1620 年），现已恢复，是彰善瘅恶、端正社会道德风化之所。申明亭原建于明万历四十八年（1620 年）。洪武五年（1372 年），明太祖朱元璋诏令全国各州、县修申明亭，凡民间婚姻、田产、地基、斗殴等纠纷，须先在申明亭由各里长调解，调解无效者方可具状击鼓。实际上申明亭就是一个民事调解处。申明亭的设立也是明朝初年对诉讼程序的一项改革，解决了千百年来县太爷被民事纠纷所困，无法脱身去整治、发展一县之政治、经济、文化等大业的陋习。

赋役房　进入县衙大门，沿中间甬道两侧是赋役房，共有砖券窑洞 14 间。赋役房建于明万历四十八年 (1620 年)，是征收赋税钱粮的场所。

仪门　大门往北是仪门，是进入县衙的第二道屏障。平遥县衙仪门面阔三间，进深二间，悬山顶，创建于明万历四十七年（1619 年），1999 年修复。仪门两侧各建一角门，东角门叫"人门"，西角门叫"鬼门"。

大堂　位于仪门之前的甬道的尽端，是平遥县衙的主体建筑。面阔五间，进深六椽，悬山顶，前有月台。东西梢间分别是钱粮库和武备库。

图 2-41 平遥衙署大门　　资料来源：作者自摄

图 2-42 平遥衙署仪门　　资料来源：作者自摄

图 2-43 平遥衙署大堂　　资料来源：作者自摄

图 2-44 平遥衙署二堂　　资料来源：作者自摄

与大堂在同一轴线上，位于大堂东西两侧，还有赞政厅和銮驾库。

六房 吏、户、礼、兵、刑、工六房位于大堂前面的甬道两侧，对称设置，各为廊房11间。吏、户、礼房居东，兵、刑、工房在西。

二堂 大堂背后之二堂，自成四合院落，且同后面内宅相通，所以二堂院门也称宅门。进入宅门就是二堂院，正中是二堂和东西耳房。二堂是县署中的第二大主要建筑，面阔五间，与大堂陈设基本相同。凡是由婚姻、土地、债务等引起的民事纠纷，知县都要在这里审理，直至调解。

二堂的东西两侧分别是县丞房和主簿房，是县衙的二把手和三把手办公的地方，协助知县工作。此外，二堂院的东西厢房还设有"钱谷师爷房"和"刑名师爷房"，作为知县幕僚的办公场所。

内宅 出了二堂便是内宅院。内宅，名曰"忠爱堂"，面阔五间，内外装修略显豪华，较其他建筑有生活气息。内宅是知县居住、接待上级官员、与僚属商议政事、处理一般

图2-45 平遥衙署牢狱　　资料来源：作者自摄

公务，以及审理机密案件或不宜公开案件的地方。明清时期，五品州官可以携带家眷上任，而县官则不能，所以平遥县衙的县官内宅没有家眷居住。

大仙楼 内宅之后还有一进院落，其主体建筑是大仙楼（原名观云楼），是县衙中现存的唯一一座元代建筑。大仙楼为砖木结构，上下两层，底层是砖券窑洞。二层是木结构建筑，面阔三间，殿内神龛内供奉的是守印大仙。

土地祠 为明代建筑，坐落于县衙东南端，由戏台、献殿和正殿组合成两进院落。戏台以南为钟楼、鼓楼，鼓楼已被破坏。除了保佑一方平安的常规作用外，还有特殊的功能，即临时囚禁涉嫌犯科的有功名的人。

寅宾馆 位于土地祠的东北侧，是招待上级官员住宿的地方。

衙神庙 又称酂侯庙，供奉的是汉初三杰：正中为萧何，左为张良，右为韩信。

东花园 从酂侯庙出来经过衙署粮厅，便是东花园。花园为县令提供了赏月观花、品茗对弈、去烦息静的处所。

牢狱 牢狱位于县衙西南方位，其占地面积在清朝时达到1700平方米，有轻狱、重狱、女狱之分。轻狱是仿窑洞建筑，内有火炕。重狱是重刑牢房，没有窗户，没有火炕，墙厚是普通牢房的两倍。

三班 快班房，位于牢狱之北，现为遗址。

洪善驿 设于县署西侧，是招待来往的下级官员住宿的地方。

图 2-46 平遥衙署鄭侯祠　　资料来源：作者自摄

图 2-47 平遥衙署土地祠　　资料来源：作者自摄

图 2-48 平遥衙署粮厅　　资料来源：作者自摄

图 2-49 平遥衙署大仙楼　　资料来源：作者自摄

图 2-50 平遥衙署内宅　　资料来源：作者自摄

图 2-51 平遥衙署花园鸟瞰　　资料来源：作者自摄

榆次衙署

榆次区位于山西中部的晋中盆地，东与寿阳县交界，西同清徐县毗邻，南与太谷县接壤，西北与太原相连。

榆次之名最早始于战国时期，战国赵置榆次县，属太原郡。秦、西汉因之。新莽改榆县为太原亭。东汉复旧。三国魏、晋属太原国。北魏太平真君二年（441年）榆次并入晋阳，北魏太平真君九年（448年）废入晋阳县。是时中都县治自今平遥县境徙今榆次东南8公里南合流村。景明元年（500年）复置榆次县。北齐文宣帝时废榆次县入中都县，治徙榆次故城，属太原郡。隋开皇十年（590年）复改称榆次县。隋开皇十一年（591年）复榆次县名，隶太原郡，或仍称并州（此时州和郡同级，不再是领属关系）。唐武德元年至开元十年（618～722年）仍沿隋制。开元十一年（723年）晋阳置太原府，辖榆次，时榆次又称南赵。天宝元年（742年）太原称北京，榆次为畿县。至德元年（756年）太原称为北都，榆次的归属依旧。五代后周时，榆次属北汉国京畿。唐属并州太原府。北宋太平兴国四年（979年）并州治自今太原市古城营徙榆次。七年（982年）并州治徙唐明镇（今太原）后县改属太原府。金国统治北方时代仍承袭宋制，行路、府（州）、县三级地方行政。太原为府，领邻近十一个县，榆次为其中之一。榆次县在元代时属太原路、冀宁路，明、清时俱属太原府。

榆次县衙始建于宋朝。宋太平兴国四年（979年），宋太宗赵光义出兵围攻北汉的统治中心太原，其十州四十一县从此并入了北宋。宋太宗把太原地区改称并州，州址设在榆次县，榆次作为并州治所，三年后治所移到唐明镇。

据《榆次县志》（清同治二年凤鸣书院刻本）卷之二公署："县治为宋并州守署之遗，在城中央少西南。大门三楹，榜曰榆次县，又榜其相曰晋藩首辅，前明晋王封国太原，以县拟三辅，故云，至今仍焉。门内东南为思凤楼，相传为潞公所筑，上列钟鼓以司晨昏。明祭酒阎朴有记，旧在仪门内，国初移此，下为寅宾馆，今改役舍。迤北为税课亭，为土地祠，后移祠于西，改建关帝庙。土地祠后为狱祠，左右为役舍，迤东转北为仪门，榜曰古并州治内建。圣谕牌坊旁列六曹，正北为大堂，榜曰牧爱。东西为库，再东为鄫侯祠。堂后左为永益库，右为听事舍，中为宅门，门内有古槐二株。东为门房，西为花亭。院内厅三楹，知县会客于此，二堂旧榜为思补，今日悬鉴涵冰。又内为三堂榜曰思凤，今为优学。内为四堂，知县寝室在焉。最后厅九楹，甚宏敞，今止存三楹。优学堂西偏，旧有槐月轩、冰雪堂、半憩亭，后俱倾，今为幕友舍。东列屋数间，为厄厨。墙东隙地数亩，有高阜可以眺远……北为马厩，中有马王庙三楹。庙旁有井，知县邹双建仓于其南。又东为旧仓，乾隆四年知县刘涛以公署多敝，自内宅至大门毕修之。其后，宅门内屡有补葺，惟大堂兴。圣谕牌坊仪门、大门数处，知县张映南于道光二十四年重新，今尚壮丽可观……故察院公署在县治东，明崇祯十五年夏炎于火，国朝康熙二十七年知县刘星以其址建雨贤祠……"

榆次县衙位于榆次区北大街东侧，占地面积21000平方米，分为东、中、西三路。中路为牌楼、大门、仪门、戒石坊、大堂、二堂、三堂、内宅门、四堂、五堂。东路为土地祠、思凤

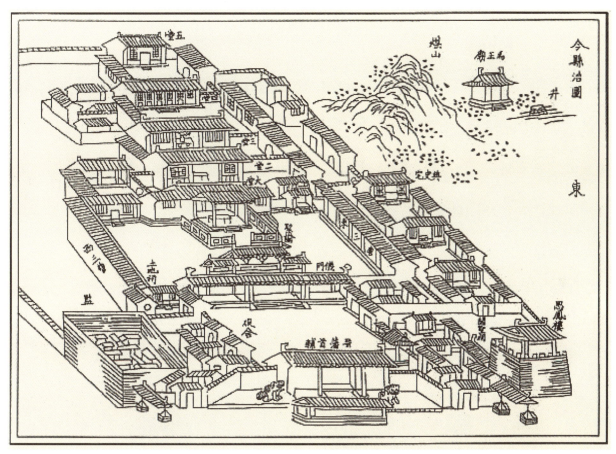

图2-52 榆次县衙鸟瞰图　资料来源：明清时期山西地方衙署建筑的与布局规律初探.

楼、衙神庙、寅宾馆、采亭、酂侯祠、巡捕厅、县丞院；西路为膳房院、牢狱、牢神庙、三班房、钱税院、主簿院、西花园、马王庙。

牌坊　立于衙门前，四柱三门，两侧带耳门，顶部雕刻为华表式柱头。牌坊阳面正中题字为"民具而瞻"，两侧题字分别为"正风"、"敦仁"、"崇礼"、"尚俭"。阴面正中题字为"恪慎天鉴"，两侧题字分别为"举直"、"厚俗"、"庄敬"、"牧爱"。

大门　在牌坊之北。大门面阔三楹，进深二间，悬山顶。门两侧是八字砖墙，门前左右各蹲一尊石狮。衙门楹联也是劝官尽责："居官当思尽其天职，为政尤贵合乎民心。"衙门檐下有登闻鼓。门内还有一副清代名吏赵慎珍所撰的楹联："为政不在多言，须息息从省身克己而出；当官务存大体，思事事皆民生国计所关。"

仪门　俗称"二门"。仪门为三门六扇，东西两侧各有一座耳门，分别为"人门"和"鬼门"。仪门阳面上书"晋藩首辅"，阴面匾额为"古并州治"，言明榆次县衙之倚重。

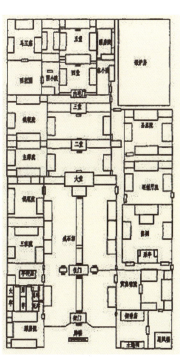

图2-53 榆次县衙总图
资料来源：明清时期山西地方衙署建筑的形制与布局规律初探.

图 2-54 榆次县衙牌坊　　资料来源：作者自摄

图 2-55 榆次县衙大门　　资料来源：作者自摄

图 2-56 榆次县衙仪门　　资料来源：作者自摄

图 2-57 榆次县衙大堂　　资料来源：作者自摄

戒石坊　县衙仪门到大堂之间的甬道中间立有戒石坊，全名为"圣谕戒石坊"。戒石坊阳面匾额为"廉生威"，阴面匾额为"公生明"。

大堂　整个衙门的核心建筑，堂前有宽敞的庭院和月台，两厢是吏、户、礼、兵、刑、工六房，建筑风格肃穆庄严。面阔五间，大堂前有面阔三间的抱厦，抱厦题匾为"牧爱堂"。

二堂是知县议事及审理民事纠纷的地方，匾额题字"悬鉴涵冰"。

三堂是知县日常办公的地方，匾额题为"恭敬惠义"。

四堂、五堂都是供知县生活起居的用房。四堂匾额题为"思补堂"。五堂匾额题为"冰雪堂"。

六房，甬道的东西两侧各有廊房九间，这就是县衙必设的吏、户、礼、兵、刑、工六房。东三房是吏、户、礼，西三房是兵、刑、工。三班，县衙三班指皂班、快班、壮班，负责衙署中站堂、行刑、缉捕等事。

从平面布局来说，由于历史原因，榆次县衙在宋朝太平年间曾作为并州治所，州府县衙合署，从而使其具有州级规模，因此一般县级衙署的中路建筑是四进三堂制，而榆次县衙的中路建筑则是六进五堂制，这一特有的布局方式蕴涵着中国古代政治制度的变迁和发展。

注释

1. 山西省考古研究所.山西考古四十年.山西人民出版社，1994.
2. 太原市文物考古研究所.晋阳古城.文物出版社，2003.
3. 张之恒.中国考古学通论.南京大学出版社，2009.
4. 中国科学院考古研究所山西工作队.山西夏县禹王城调查.考古，1963（9）.
5. 乔云飞.山西夏县禹王城历史研究.文物世界，2013（1）.
6. 山西省文物管理委员会侯马工作站.山西襄汾赵康附近古城址调查.考古，1963（10）.
7. 国家文物局.中国文物地图集·山西分册.中国地图出版社，2006.
8. 国家文物局.中国文物地图集·山西分册.中国地图出版社，2006.
9. 王银田.山西汉代城址研究.暨南史学，2009（6）.
10. 国家文物局.中国文物地图集·山西分册.中国地图出版社，2006.
11. 张之恒.中国考古学通论.南京大学出版社，2009.
12. 国家文物局.中国文物地图集·山西分册.中国地图出版社，2006.
13. 李邹洋.一座历史名城的生命史：蒲州故城沿革研究.2013.
14. 国家文物局.中国文物地图集·山西分册.中国地图出版社，2006.
15. 同上.
16. 同上.
17. 同上.
18. 傅熹年.唐云州城—明大同城.
19. 《战国策·释地》载："今山西岢岚州以北，故娄烦胡地；大同、朔州以北，故林胡地。"
20. 史记·匈奴传："赵武灵王亦变俗胡服，习骑射，北破林胡、娄烦。筑长城，自代并阴山下，至高阙为塞而置云中、雁门、代郡。"
21. 见：考古，2000（1）；中国史研究，2000（1）；《山西省考古学会论文集》（三）.山西古籍出版社，2000.
22. 牛淑杰.明清时期衙署建筑制度研究.
23. 耿海珍.明清衙署文化与其建筑艺术研究.
24. 耿海珍.明清衙署文化与其建筑艺术研究.
25. 张海英.明清时期山西地方衙署建筑的形制与布局规律初探.
26. 王金平，张海英.由山西霍州衙署管窥衙署建筑的文化内涵.华中建筑，2006，24(11).
27. 刘磊，汤羽扬.文物建筑群保护与城市更新发展关系浅析——以山西霍州署文物建筑群保护为例.北京建筑工程学院建筑与城市规划学院.第六届全国建筑与规划研究生年会论文集，2008年12月19日.

第三章　传统民居

第一节　传统民居的概述

自诞生以来，衣食住行就伴随着人类的活动而发展着，而居所的安定无疑是其他三者的保障。

山西是人类最早的发祥地之一，伴随着人类文明的发展和积淀，山西保存了大量不同类型的传统和乡土建筑。这些散发泥土芬芳的民居建筑分布于全省各地，形态各异，反映了特定时代、特定地区人们生活状况和居住习俗，有着浓郁的地域特色和乡土气息。

一、传统民居的分布情况

山西现存古村落、古民居类文物资源丰富，且相对集中（分片区）。全省由北至南跨度较大，共分为晋北、晋中、晋西、晋南和晋东南等几个地区。从目前统计的古村落、古民居类文物保护单位在全省的分布来看，各区域数量基本相当，且相对集中于各区域的中心地带。

根据国务院核定公布的第一至第七批全国重点文物保护单位（共计452处）名录和山西省人民政府公布的第一至第四批省级文物保护单位（共计309处）名录，在已公布的山西省国家重点文物保护单位和山西省重点文物保护单位中的古村落和古民居共有44处，分布状况分别是：朔州1处，忻州5处，太原2处，晋中10处，吕梁4处，临汾6处，运城1处，阳泉1处，长治5处，晋城9处。

二、传统民居的影响因素

山西地处黄土高原，受自然环境因素和社会环境因素的影响，山西各个区域的民居形态及表达方式各具特色。当然，这两个因素在不同的历史时期所起的主导作用是不尽相同的，其与人类社会文明的发展程度紧密关联。具体看来，人类社会文明程度越高，自然环境因素所起的作用就越小，而社会环境因素所起的作用就越大，反之亦然。因此，环境的影响是各

第三章 传统民居　161

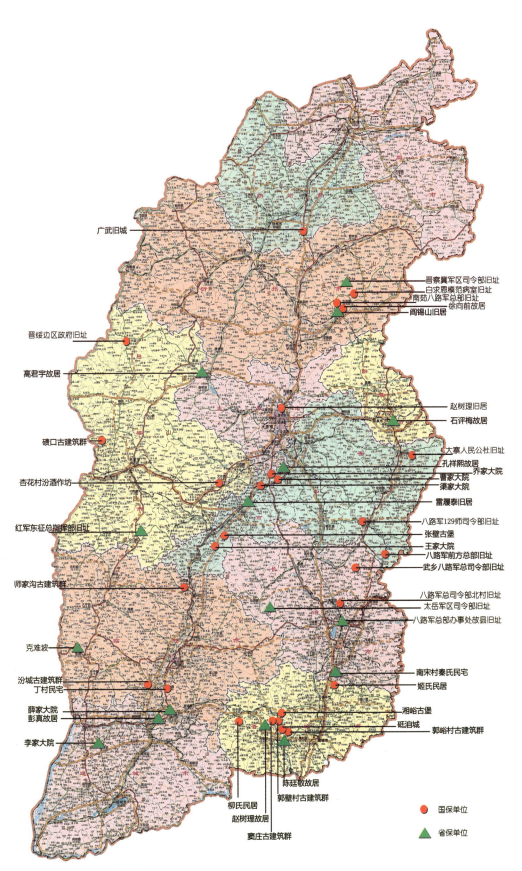

图 3-1　山西省古村落古民居分布图　　资料来源：作者自绘

地民居形态特征的本质原因所在。

在山西现存的民居建筑中又以明清时期的民居保存最为完整。每个地区都具有代表性的民居建筑，如晋中的乔家大院、晋南的丁村民居等。它们的平面布局、空间组合等都各具特色，与山西的自然条件和当时的政治、经济、文化联系紧密。

1. 自然因素

（1）晋北地区

晋北位于山西省北端，相比山西南部各区日照时间较长。因其地处高纬度、高海拔地区，气候寒冷干燥，历史上自然环境较为恶劣。全境皆属黄土高原东北边缘地带，山地、丘陵、盆地、平川等地形地貌类型丰富，地表被黄土覆盖，历史上植被丰厚，近年来水土流失较重，自然环境不容乐观。黄河、汾河、滹沱河、桑干河等河流流经或贯穿全境，北有恒山，西有吕梁山，东有太行山、五台山，南有系舟山。忻定盆地位于五台、系舟山二山之间，因其气候适宜、地势平坦、土地肥沃等原因，为晋北主要的农耕区。晋北地区属温带大陆性季风气候，春季风大干燥，夏季雨量集中，秋季温差大，冬季寒冷少雪。

（2）晋中地区

晋中位于山西中部地带，海拔较高，四季分明。全境处于黄土高原东部边缘地带，山地、丘陵、平川呈梯状分布，晋中北傍系舟山，南接太岳山，西亘吕梁山，东依太行山，汾河之水流经全境。总体地势呈东高西低，具体看来表现为东部山地、中部盆地、西南部山地及西部谷地四种地貌特征。晋中属温带大陆性季风气候，春季干燥多风沙，夏季炎热多雨水，秋季天高云飘淡，冬季寒冷雪适量。但受境内高低不同的复杂地形影响，各县市气候差异性较明显。

（3）晋西地区

晋西位于山西西部中段的吕梁山脉区域，呈东西条带状走向。其占据黄土高原中东部沟壑地形的大部地区，"境域北临塞外，南衔平阳，东邻晋中，西濒黄河，控山带河，向为秦晋通衢，山川形势险固之地"。晋西地表多被粘结性较好的"离石黄土"覆盖，黄土柱状节理发达，适于洞穴的挖凿。晋西地势高差悬殊，地形复杂多样，由于水土流失严重，呈现出沟壑纵横、重峦叠嶂、支离破碎的地貌形态。晋西气候属于温带大陆性气候，春季干旱少雨，夏季高温酷热，冬季寒冷干燥。

（4）晋南地区

晋南位于山西省西南端，相比北面各区日照时间较短。晋南又因地处黄河中游东岸，俗称"河东"。晋南境内东有太行山，西有吕梁山，南有中条山，三山围绕形成了临汾与运城两大盆地。地形地貌以丘陵、山地、盆地为主。汾河由北向南贯穿其间，除此之外，还有沂水河、沁河、浍河等大小百余条河流。晋南属半湿润半干旱季风气候区，亦属于温带大陆性气候带，四季分明，春季干燥多风，夏季酷热多大雨，伏天旱雨交错，秋季阴雨连绵，冬季雪少干燥。晋南资源丰富，气候适宜，土地肥沃，历代为富庶之地。

（5）晋东南地区

晋东南位于山西省东南端，日照时间偏短。山地居多，东倚太行山，西靠太岳山，且被此二山所环绕，以东南部山岭最为险峻。境内有沁水、漳水、丹水等河流经过。晋东南气候温和，属暖温带冷温半湿润气候区，大陆性气候明显，四季较分明，相比山西其他地区而言，晋东南雨量充沛，气候湿润，温暖适度，雨热同季，为山西各区中气候最为温和的地区。

2. 社会人文因素

（1）晋北地区

晋北人文历史久远，因处特殊的历史区位，加之境内重峦叠嶂、沟壑万千的自然环境，为关塞的形成提供了有利条件，自古战事频繁，乃兵家必争之地。南北区域各类物资交流及交换亦十分活跃。晋北北端的大同地区为北方军事重镇，在5世纪前后还曾是我国北方政治、经济、文化的中心，历来是各民族商贸文化交流的核心区域。朔州在战国之前为北方少数民族所居，战国时归属赵国，秦汉时皆设有郡县。忻州为商贾往来、兵家必争之地，有"晋北锁钥"之称，文化积淀深厚，传统技艺流长，其在战国前属晋，战国时归赵，唐宋以来设有州治。

（2）晋中地区

晋中农商皆发达。其为黄河流域农业重要的发祥地之一，曾是"刀耕火种"的农业发展为"耦梗"农业的"先行区"。自春秋战国以来，农业在晋中区域各地一直占有主导地位。晋中晋阳的商业在南北朝时已相当兴盛，唐中期更是达到了空前繁荣之境地。宋代之后，晋中商人以盐运业为契机，至后世逐渐确立了晋商"汇通天下，海内最富"的地位，其中又以晋中的榆次、祁县、太谷、平遥及汾阳等地为甚。

（3）晋西地区

历史上，晋西的农耕经济相比晋中、河东地区落后。明代前，晋西依旧保持农牧并重的经济方式，明代采取了"垦荒"与"屯田"措施后，晋西经济才开始改观。晋西是个多民族群生、交往场所，从境内出土的商代文物可以看出，其艺术表现特色中除了殷商特点外，还融入了北方草原文化和题材风格。三国至西晋时期，这里曾是南匈奴散居地。宋、辽、金时期，晋西隔黄河与西夏王朝相望，西夏王朝在吸收华夏族先进文化的同时，反对"礼、乐、诗、书"，认为"斤斤言礼言义"，绝没有益处。由此可见，中华民族虽多推崇礼制，但晋西由于处于特殊的自然与历史环境之中，个别地区家族与等级观念并非十分突出，此类人文思想意识，势必影响到晋西各类事物形态创作。

（4）晋南地区

晋南优越的地理区位及丰富的自然资源使之成为乡民最早的聚居地，是中华民族主要的发祥地之一，是山西省早期的政治、经济、文化中心，文化底蕴极其深厚。历史上，晋南很多市县都曾做过都城，如"尧都平阳"便指今日之临汾；春秋五霸晋文公北方称雄时，也将晋国都城建在今侯马、曲沃一带。晋南人文深受中原文化影响，尚礼崇义、耕读传家等深受百姓推崇。此外，晋南人提倡"以商致富"，晋南商人起源较早，历朝各代均可见晋南商人之事迹。

（5）晋东南地区

晋东南古称"上党"，《荀子》中称为"上地"，意为高处的、上面的地方，即"居太行山之巅，地形最高与天为党也"，因其地势险要，自古以来为兵家必争之地，素有"得上党可望得中原"之说。晋东南亦受中原文化影响深远，注重礼教，追求"亦耕亦读"，即推崇务农与读书相结合的生活方式。据《潞安府志》载：潞安府"古号上党，以俗勤俭，人多逐末"。这说明从商也在晋东南民生中占据相当重要位置。

第二节　不同历史时期的山西民居概况

一、文明起源时期的居住建筑及其考古发现

1. 旧石器时代居住建筑的发展线索

中国古代文化的中心在黄河流域。山西地处黄土覆盖的黄河中游地区，土性肥沃，质地疏松，优越的自然资源为原始经济的发展提供了条件；此外，黄土的特性是其有柱状节理或垂直节理，在生产力水平极度低下的原始社会，它最易先为民用。因此先民们挖穴藏身，掘土构屋，促进了原始聚落的形成和发展，使这里成为中华文明最早的发源地之一。

山西旧石器时代的文化遗址据目前所知已达200余处。其中，山西南部芮城县内西侯度遗址，距今170万年，是华北地区迄今所知最古老的居民文化遗址，也是世界已知的最早文化遗址之一。20世纪80年代中期在山西和顺、陵川发现有距今约4万年的旧石器时代晚期的洞穴遗址，即利用天然洞穴而形成的岩棚。洞穴居址冬暖夏凉，既可防风雨的侵袭，又可躲避野兽的袭击，非常适宜生活在寒冷地区的古人类居住。这些洞穴遗址成为后来人工穴居的先声。洞穴居址虽然优越性很大，但是由于山西地质构造所限，分布不均，当时更多的原始人类则采用露天居址。据考古发现

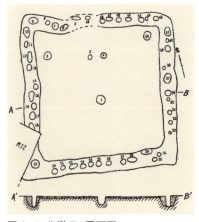

图 3-2　北橄 F4 平面图
资料来源：山西传统民居.

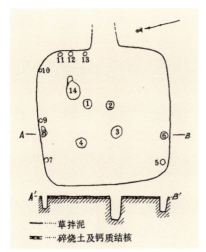
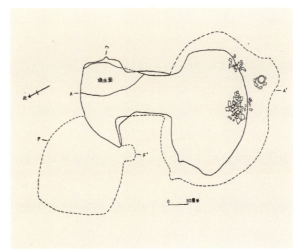

图 3-3 北橄 F6 平面图
资料来源：山西传统民居．

图 3-4 太谷白燕 F2 平面图
资料来源：山西传统民居．

距今 28000 年前的山西朔县峙峪遗址就是一处露天居址。峙峪人在平坦的砂砾滩上用较大的石块围成直径约 4～5 米的圆形矮墙，以树枝架起，用草或兽皮搭成简单的居室。

据考古发现和对人类当时生产力等方面因素的分析，可以说在旧石器时代晚期，人类已有模拟洞穴居址、在黄土塬上人工挖穴的实践。在旧石器时代晚期，山西境内至少已有了土穴和石砌两种居住建筑形式。

2. 新石器时代居住建筑的发展线索

大约距今 8000～10000 年以前，开始由旧石器时代过渡到新石器时代，人类逐渐从食物采集转向食物生产阶段。随着定居生活和生产力水平的提高，人工穴居已成为当时山西境内人类的主要居住类型。初期的穴居形制简陋，其剖面形式为喇叭口竖穴，平面是不规则的圆或椭圆形。仰韶文化时期，居所已进入半穴居，顶部利用树木枝干和其他植物茎叶之类构成围护结构。山西翼城县北橄乡北橄村南发现有仰韶时代的村落遗址。该村落居住建筑遗址可分为三种类型，即小型房屋、中型房屋和圆形房屋。

小型房屋为地面起建。采用与西安半坡仰韶文化相同的建筑方式，先平整地面，再挖出基槽，然后在槽中立柱起墙，最后搭顶并涂抹四壁，盖成四角攒尖四面坡式小屋。房内没有灶坑与其他设施，只用来居住。

中型房屋也是地面起建。房中因面积较大而加有四个立柱，四壁也有类似小型房屋的立柱，也可复原为木架结构的四角攒尖四面坡式房屋。室内火塘面积很小，仅起取暖作用。门道略带斜坡。

圆形房屋以 F2 为代表，其建筑方式与小型房屋一样，所不同的是该房子有内外两圈柱子，可复原为圆形锥状顶式房屋。室内有方形灶坑。其门道与第一期小型方屋类似。

龙山文化时期是山西土窑洞的创立和定型时期。对于这一时期的土窑洞的形制，傅淑敏在《论龙山文化土窑洞的分期》一文中有详细论述:"对龙山文化时期土窑洞,基于不同阶段、不同地域的人们虽然同是生活在土地肥厚的黄土高原,但是,他们所处的地质结构,地貌、气候等自然条件尚有一定的差异,获取生活资料的方法不尽相同,他们的生产力水平和生活方式也不同。从而反映在住房方面,他们在不同历史阶段创造出的土窑洞各有独特的建筑风格和变化。"土窑洞在龙山文化的每一个阶段都有特定的建筑技术以资相互区别,可分为四期。第一期土窑洞以山西襄汾陶寺Ⅲ区17座土窑洞建筑群为代表。山西襄汾陶寺Ⅲ区17座土窑洞建筑群位于陶寺村南与南沟(即由山洪侵蚀而成的东西向冲沟)之间,Ⅲ区的西南部,山坡呈弧形转弯,这17座土窑洞门多数朝向西南,少数有朝向东北的。可见这些窑洞是分两组绕黄土山坡布局的。关于土窑洞的建筑技术,根据发表的资料得知,窑室形状均为圆形弧壁,有台阶式或斜坡式门道,个别门道尚保存生土顶,有的门道外尚残存活动面。由此,可以推定土窑洞的挖掘方法应有如下几个步骤:

(1)选定挖窑地点后,先清理平整土坡前地面。

(2)选定土坡崖面为门道入口,再向纵深掏掘取土,门道内造成台阶式或斜坡式。如有的门道设3级台阶,宽0.42米,水平长度1.3米,居住面与最高级台阶相差1米。窑外地面高于台阶或斜坡,门道内的台阶从近门处向里的两级台阶高约16厘米,第二级台阶高约24厘米。从第三级台阶下到居住面的门道呈斜坡式,其倾斜的垂直高度约24厘米。如此算来,门道高度不足1米,在宽仅容身的情况下,其挖掘方式只能是由一个人蹲着或跪着挖土,然后由自己或他人将土运走,就近填地。门洞顶部还保存生土,由此可知,门道窄长,顶部呈拱形。

(3)门道挖好后,向周围扩展,继续挖掘窑室。为此,必须先将与门道相接的土清理出一部分来,造成掘凿拱形顶部的活动面,再以门道为中心,向两侧对称掘凿拱形顶部。

(4)当顶部凿成后,再挖土窑墙壁。先倾斜取上、中部的生土,再挖下部及墙根部分。这样的挖法,既省力又挖得快,极易将壁面挖成弧形,直至将整个居室挖好。居室直径2.9~3.2米,弧形壁面保存最高达2.8米。由此可知,土窑洞居室的高度起码应在2.8米左右。17座土窑洞居室面积大小基本相同。

生土窑洞挖成后。室内施工处理技术有以下几点:

(1)土窑洞居住面均用火烧烤,坚硬而平整。有的在居住面烧灶的右侧,向壁内挖一小窑。内壁内掏挖的小窑近似圆角方形,进深1.1米,口宽1米,高1.14米,小窝入口处的地面上留有一道深0.05米的凹槽,可能用来卡住遮挡小窑的栅栏。小窑也许是喂养家畜的圈栏,也有沿窑洞底部向壁内掏小龛的。

(2)一部分居室内有一至两个柱洞。有的柱洞在居室中部,柱洞大而深,周壁填塞碎陶片,然后砸实。而在靠近房壁处,多设有两个柱洞。由此可知,一部分土窑洞的顶部土质疏松,采取支撑木柱的辅助办法,承重顶部压力。若房壁处顶部土质松散,就采用双柱分别承重,支撑窑顶。这是人工加固顶部的技术措施。

(3)土窑洞居室内既设有火池,也有烧灶。火池与烧灶设置的大体情况可分为两种:其一土窑洞内土质结构紧密,无需立柱支撑顶部,多数火池设在土窑洞中部,有的设在一侧;

若有柱洞在居室中部，火池就靠近房壁处；也有火池设在中部，柱洞靠近房壁处，免得火烧烤木柱。个别柱洞在中部，火池距离柱洞非常近，火池小且浅，这种情况下，烧火取暖就得格外小心，以免发生火灾。火池以长方形或圆角方形居多。如陶寺Ⅲ区一长方形火池在门道和烧灶之间，长 0.44 米，宽 0.3 米，深 0.1 米。其二，烧灶往往设在门的一侧。设置烧灶位置的共同特点是贴近土窑墙壁。如一烧灶在门道的左侧，呈半圆形，为向土窑壁内掏挖而成。最宽处 0.6 米，进深 0.42 米。烧灶上部有一条宽 0.05～0.1 米的灶算，略呈弧形，距灶底约 0.3 米。总之，陶寺Ⅲ区当时居民对整个土窑洞居室的布局进行了通盘设计，如若门道左侧壁边设置火池、烧灶、小窑或壁龛，其位置不超过门道的中线。因此，如烧火取暖、作炊、喂养家畜均集中于左侧一边，另一半即土窑右侧则供人睡眠休息之用，反之亦然。

综上所述，第一期土窑洞是龙山文化时期民居建筑形式的初创阶段。这一时期居住建筑的特点是室小，尚未摆脱口小底大袋状圆形土坑模式的局限，因此，只能顺沿黄土坡崖面为门道入口。窄小低矮的隧道更多地利用天然地势，躬身钻入，为此只能寻求较好的居住环境。土窑洞既保留仰韶文化房屋门侧作炊灶的传统风格，继续使用硬土或经火烧烤的居住面，又因为冬季的气候逐渐变冷、夏季多雨潮湿而使烧灶由门侧而向居室里侧移位，乃至在居室中央设灶取暖。土窑洞比仰韶文化时期利用树木枝干和其他植物茎叶之类构成顶部围护结构更简易牢固，以摆脱暴风骤雨的山洪灾害。居民充分利用黄土地的蓄热和隔热性能，冬暖夏凉，以抵抗严寒和酷暑。又因为这个阶段水湿尚未严重危害先民，故居室周壁并未作人工加固处理和抹泥装修。但是，人们能够及时支撑木柱来加固窑顶。

第二期土窑洞有在黄土高原地带建筑土窑洞和继续顺延山坡崖面掏挖土窑洞两种形式。

（1）黄土高原地带建筑土窑洞的杰出成就有两个方面的实例可定作分期的标志：其一，是山西夏县东下冯遗址中区里外两圈深沟旁侧的土窑洞建筑群。它的特点是组织众多的劳动力，先集体施工挖深沟，以造成掏挖窑洞的地下岸面，再挖窑洞。其二，以陶寺Ⅲ区为例，其三组建筑群构成一组天井式院落布局的土窑洞。

（2）顺沿山岸面掏挖土窑洞的典型遗构有双间和单间两种。其中，单居室就平面而论，又可分为椭圆形、圆形、圆角方形、圆角长方形四类。为了说明这些土窑洞是代表龙山文化完成了过渡时期以后迅猛发展阶段的建筑，现对各土窑洞基址的建造技术加以分析。

1）双间居室土窑洞：以山西太谷白燕第一地点 F2 为例，居室平面呈"吕"字形，由南间、北间和过道组成。其中，南间为椭圆形，东西底径 3.72 米，南北底径 2.8 米，面积 10 平方米。穴壁残高 1.48 米，穹窿顶已坍塌。过道呈长方形，北端向外收成弧形，南北长 2 米，东西宽 1 米。根据简报图计算，从门到西壁向北 1 米处弧形向西拐出 0.5 米，与北间居室南壁相接。据图示，门有可能开在这里，门朝向南。北间沿过道北端向西掏挖，平面亦成椭圆形，直径 2 米左右，面积约 4 平方米，周壁保存完好，高度为 1.86～2.04 米，紧靠门道拐角的南壁，高出居住面 0.34 米处挖一壁龛，南北长 0.25 米，宽 0.41 米，高 0.25 米。生土窑洞挖好以后，室内施工处理技术较简单，有以下三点。a.居住面的施工处理技术为由下往上的四道工序：最底层为浅黄土，厚 0.02～0.05 米；第三层为红烧土，厚 0.03～0.06 米；第二层为草泥土，

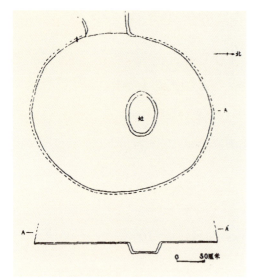

图 3-5 太谷白燕遗址 F501 平、剖面图
资料来源：山西传统民居．

厚 0.04～0.15 米；第一层为硬黑土，厚 0.03～0.05 米，土质平坦、坚硬。由此至第一层居住面时仍未使用白灰建筑材料。b. 根据在南间和过道的穴壁上发现的几个半圆形沟槽，其内有成形的木炭，可知其应是壁柱洞，当时主人曾用木柱支撑加固南间与过道的顶部。c. 烧灶设在过道的东北角，为南北长 1.6 米、东西宽 0.7 米、厚 0.18 米的烧土面，据平、剖面图可知，西部边缘呈弧形。居室内均不设取暖灶。

2）单间居室土窑洞：以太谷白燕第二地点 F501 为代表。居室呈椭圆形，南北直径 3.4 米，东西直径 2.9 米，面积 9.86 平方米。现存穴壁高 0.3～0.4 米。门道设在居室西部中央，呈坡状，西高东低，宽 0.75 米。平面布局具有一期特征。生土窑洞挖成以后，室内施工处理技术中仅居住面使用了白灰建筑材料。a. 居住面的施工处理技术是先抹 2.5 厘米厚的草泥土，再抹白灰面。b. 生土墙壁的装修技术，沿袭先前的烧烤方法，但出现了草泥加固，先抹 1.5～2 厘米厚的草泥土，再经火烧烤，坚硬光滑。c. 烧灶的筑灶技术：居室中央偏北处设椭圆形灶坑，口略大于底，东西口径 0.8 米，底径 0.68 米，南北口径 0.6 米，底径 0.45 米，深 0.2 米。坑壁和底均抹厚 4.5 厘米的草泥土，被烧成砖红色，非常坚硬，也应是长期取暖与作炊合一的结果。

综上所述，第二期是龙山文化土窑洞发展的时期。作为分期的标志，无论是土方工程的挖掘技术，还是建筑装修的处理技术方面，都不断出现具有阶段性的局部变革和新的发展。其突出成就表现为建筑形式、平面布局与结构多种多样，初步具备了中国古代特有民居形式的格局。居室又有所扩大，门道也有加宽、加高，居住面和墙壁的装修技术不断提高和逐步完善，实施了各种防潮技术，诸如铺垫、烧烤、抹草泥及白灰等恰可标志不同阶段建筑技术的发展历程。尤其是新发明出来的白灰最先用于居住面。再局部装修墙裙，接下来逐渐发展到对墙壁和门道周壁进行全部装修，具有划时代的意义。这也证明了白灰作为重要的建筑材料有着悠久的历史。同时，烧灶继续加大，并在居室正中略偏处定位，这也具有继往开来的特点。总之，第二期土窑洞的典型遗构进一步反映由于当时气候比第一期夏季更为多雨、冬季更加寒冷、居室越来越潮湿的趋势促进了建筑装修技术的不断提高和创新。始于本期的天井式院落，源远流长，晋南等地沿续至今。

第三期土窑洞的典型遗构有山西曲沃县方城的双间土窑洞和石楼县岔沟的土窑沟建筑群。第三期以龙山文化土窑洞达到鼎盛的时期作为分期的标志。此一时期无论是土方工程的挖掘技术，还是建筑装修处理的技术方面都已规格化并十分讲究。居室明显加大而又宽又高，居住面全都涂抹白灰，生土墙壁上用草泥白灰墙皮装修，并在靠近居住面的墙根涂一周红彩，或在近墙根处的居住面上画一周线圈。烧灶更为加大，筑造技术形式更为多样，刻划圆形圈界标志居中，圈界涂黑彩或红黑二彩，内外相间，十分醒目。此一时期空前注重装饰技术，居住面、墙裙、烧灶的不同角度画彩，反映了先民思想意识形态领域里所发生的一系列深刻变化。居住面和墙壁的频繁翻修，门道的扩建与改建技术，采用木柱加固顶部的支撑技术等，都是先民抵抗暴雨、洪水的见证。这一期是第二期土窑洞建筑技术的直接继续与发展，以至达到鼎盛。可是，就在这时，自然界气候急剧变化，面临世界范围内的洪水泛滥，如何建造更为坚固实用的土窑洞，这个问题正在严峻地考验着人们。

第四期土窑洞的建筑技术除了沿袭第三期的特征以外，又有创新。第四期是土窑洞定型的时期。其早期阶段大致应与《史记·夏本纪》"用鲧治水，九年雨水不息，功用不成，于是舜举鲧子禹，而使续鲧之业，禹乃劳身焦思，居外十三年。过家门不敢入"的时代相当。而晚期阶段应是大禹征服了洪水，迎来了夏王朝建立的时代。土窑洞的进一步发展，约是夏纪年初期，这一时期的特征便是利用土壤的力学性能，周壁承受顶部荷载，拱顶跨度更为适当，取消木柱支撑。这种格局定型并沿用至今。除土窑洞建筑外，龙山文化时期还有大量地穴和地表建筑，石灰抹面住宅也已大量采用。

二、夏、商、周时期的民居建筑

1. 夏代山西民居建筑的分布与类型

按照中国历史的序列，夏代是我国历史上第一个奴隶制国家。但由于夏代距今年代久远，史料殊多埋没佚阙，现在人们所能见到的夏代史实，仅有先秦典籍和诸子议论或游说中著述的只鳞片爪。但由于考古工作者在探索夏文化中做了大量工作，调查和发掘出属于夏纪年时期的文化遗址遍及山西中南部，其丰富的文化内涵为人们探索夏代人们的居住状况提供了方便。

考古学家把山西夏纪年时期的文化遗址主要划分为晋南和晋中两个类型。

（1）晋南类型

这一类型自1959年以来，共发现30余处，其中夏县东下冯村发现的一处面积较大。东下冯遗址位于夏县东下冯村北的青龙河西岸台地上，总面积约有25万平方米。此遗址遗存丰富，种类很多，与民居建筑有关的主要有：

建筑遗存。发现一座分里外两圈的"壕沟"，两沟平面呈梯状"回"字形，形态规整。里沟长约130米，宽5～6米，外沟长约150米，宽2.8～4米，深度均在3米左右。在沟内填土中曾发现夯土堆积，夯土有的成层倾斜，有的零散，可能为防卫工程的遗迹。

居住遗址。共发现30多处。形制有地面建筑、半地穴和窑洞式三种。其中数量最多的属于后者。这类窑洞住宅简单，多选择在断崖沟壁，对崖或壁略加修整向里挖掘而成。其平面形制有圆、椭圆和圆角方形3种，室内面积均不大，一般约4平方米，门洞低短，洞顶呈穹隆状，壁有小龛和大膛。

在翼城县里寨镇感军村西南发现的二里头文化阶段的感军遗存中，发现的建筑遗存有长方形和圆形房址。

（2）晋中类型

此类型属夏纪年时期二里头阶段文化的晋中类型，主要分布在汾河流域中、上游晋中一带，由此往西到吕梁山沿线，或向北以至内蒙古地区。

晋中二里头文化类型的早期遗存，可以太原东太堡、许坦，汾阳北垣底为典型。挖掘的建筑遗存中所见，多为圆形或袋状灰坑和窖穴。

晋中二里头文化类型的中晚期遗址，发现的地点较多，当以太谷白燕、郭堡和太原光社等处较有代表性。其建筑遗存多为圆形半地穴式或洞穴式房子，形制和结构大体与晋南相似。

2. 殷商时期山西民居建筑的遗存及形制

商代是我国奴隶制社会发展阶段，人们已经大量使用青铜器，生产力较以前大为提高。手工业专业化分工已很明显。手工业的发展、生产工具的进步以及大量奴隶劳动的集中使建筑技术水平有明显的提高。自商代开始，我国有了文字记述的工具——甲骨文卜辞，这给考古研究工作提供了很有力的依据。根据数以万计的刻有占卜记事的甲骨文碎片推测，文字数目已达四千以上。从一些有关建筑的文字如"宅"、"宫"、"高"等，可以推测当时房屋下部有些在地面上建台基，有些使用干栏式构造。

殷商时期的文化阶段可分为二里岗期商文化和殷墟文化。现在就其建筑遗存和形制依时代先后分别论述如下：

（1）二里岗期商文化

建筑遗存有城址和房屋类建筑。从垣曲商城遗址的残存城墙试掘分析看，其系夯土筑城，并在营造上具有很高的建筑水平，还发现几块大型夯土建筑遗迹。在东下冯商文化遗址中发现十余座成组的建筑群。形制都为圆形建筑基址，直径一般为8.5～10米。中心有一大柱洞，周围有二三十个柱洞不等。台基平面上还有四条呈"十"字形埋柱的基槽，将圆形平均分隔成四个扇形部分，建筑的形制结构比较特别。除这些大型建筑外，在其他二里岗期文化中，也发现不少地穴或半地穴式的房子。

（2）殷墟文化阶段

这一阶段的建筑遗迹一般为住宅、灰坑和窖穴，均大抵与二里岗期相同。在一般村落遗迹中亦多见地穴房子以及圆形或不规则的灰坑。

3. 西周时期民居建筑的遗存

分封是周人为巩固其政权而创立的一种新的制度。西周通过分封制将土地分封给诸侯、卿大夫和士。分封制的具体内容，概括地说就是"天子建国、诸侯立家"。根据宗法分封制度，奴隶主内部规定了严格的等级。在城市建设上，只有天子与诸侯才可造城，规模按等级来定：诸侯的城大的不得超过王都的三分之一，中等的不得超过五分之一，小的不得超过九分之一。

城墙高度、道路宽度以及各种重要建筑物都必须按等级制造，否则就是"僭越"。

西周文化在山西主要分布在晋南地区，具有代表性的实例有翼城天马、曲沃曲村、洪洞坊堆和永凝、临猗师家村等地。这些遗址多为灰坑和窑穴，生产工具有铜器、石器、骨器，还有车马坑，说明这一带在当时应有西周贵族居住，在当时属于经济文化比较发达的地区。

三、春秋、战国时期的民居建筑

1. 春秋、战国时期民居建筑的技术

春秋以后，由于铁器和耕牛的使用，社会生产力水平有了很大提高，贵族们的私田大量出现，奴隶社会的井田制日益瓦解，封建生产关系开始出现，整个社会正在发生向封建社会过渡的大变革。随着农业的进步和封建生产关系的发生、成长，手工业和商业也相应发展，山西的城市规模随之得到了较大的发展，相应地城市中的居民数量也有了较大的增长。由于铁制工具的运用，木结构建筑技术又有了很大提高。《管子·海王篇》记载："今铁官之数曰：一女必有一针，一刀，若其事立；行服连轺辇者，必有一斤、一锯、一锥、一凿，若其事立。不尔而成事者，天下无有。"可见当时已具备木工所应具备的生产工具。

这一时期的建筑材料也有了较大的发展。制陶业扩展到了建筑业，用于烧制板瓦、筒瓦、瓦当、瓦钉与栏杆等。如在侯马发掘的东周烧陶窑址，分布在约1平方公里的范围内，形成了密集的烧陶窑群，这里有板瓦或筒瓦等建筑材料出土。瓦的出现和运用解决了屋顶防水问题，是中国古代建筑的一个重要进步。

2. 士大夫阶层民居建筑的色彩类型

春秋战国时期是中国漆器手工业发展的繁荣时期。春秋时期，漆器工艺已开始用于家具及建筑等诸多方面。如《论语》描述的"山节藻棁"（斗上画山，梁上短柱画藻文），《左传》记载鲁庄公丹楹（柱）刻桷（方椽），就是这种例证。从山西长治市分水岭出土的漆器可以看出已有蓝、米、黑红等漆色。虽在山西还没有出土在建筑上使用彩漆的实物，也没有具体记载，但从《礼记》所载"楹：天子丹，诸侯黝，大夫苍，士黈"可看出至少在山西士大夫阶层的居住建筑中已使用色彩进行建筑装饰了。

四、秦汉时期的民居建筑

1. 秦汉时期山西的社会及民居建筑概况

到了秦代，中国历史上第一个中央集权的、疆域辽阔的封建大帝国建立起来了，它彻底改变了过去长期以来的诸侯割据争雄、列国分立的局面。自秦统一到东汉末的四百多年间，是中国封建社会生产力发展的一个高峰期。秦初山西的经济发展是有起色的，特别是河东、太原、上党郡的经济发展就全国来说都处于领先地位。秦王朝的统治时间虽然不长，但并没

有因为其覆灭而改变历史发展的方向。山西处于黄河中游，是当时社会经济比较繁荣的地区，除了铁器的普遍使用外，砖瓦烧造业也较发达。到了东汉时，土地兼并更趋严重，社会贫富两极分化空前。人们的居住状况也出现了两极分化。《后汉书》卷四九《仲长统传》上记载："豪人之室连栋数百，膏田满野，奴婢千群，徒附万计，船车贾贩，周于四方；废居积贮，满于都城。"而"贫亡立锥之地"的农民则是"常衣牛马之衣，而食犬豕之食"。其居住状况便可想而知了。秦汉时期，官僚地主与富商大贾还大量使用童仆与奴婢从事劳动，为自己修建庄园。在豪强地主的庄园之内，有重堂高阁的庐舍，有鱼池、牧场、果园……其所起庐舍，皆有重堂高阁，陂渠灌注。另外，《仲长统传》对典型的地主庄园也有描述："使居有良田广宅，背山临流，沟池环匝，竹木周布，场圃筑前，果园树后"。可以看出当时的官僚地主、富商大贾的居住状况。

山西的汉代建筑资料，较为完整和形象化的遗物是运城博物馆汉代绿釉陶楼。楼高3层，平面呈方形，总高106厘米，四面开门，有平座勾栏，转角处有斗栱，楼顶瓦垄清晰，脊中有刹，在山西汉代建筑资料中，此楼可为代表性作品。

2. 秦汉时期居住建筑的建筑材料

秦汉时期山西经济处于上升阶段，社会生产力的发展促使建筑显著进步，形成我国古代建筑史上又一个繁荣时期。此时的木构建筑渐趋成熟，砖石建筑又有了发展。砖瓦烧造业是当时山西比较发达的官府手工业部门之一。山西省博物馆藏有秦汉时期的方砖和瓦当。另外，省内还发现不少汉代空心砖墓，主要分布于晋南一带。空心砖形制丰富多样，有矩形、方柱形、三角形等。有的两面还印有树木、人物及一些花纹图案。如闻喜西官庄汉空心砖墓全部由空心砖砌成，共120块。因用途不同，砖有长方、三角、截角、门限、方形等式样。砖两面饰有鸟树、五铢钱、几何图案等不同花纹。孝义张家庄汉墓出土的瓦当，上有绳纹，印有"长乐"二字，显然是官府烧制的。这些秦砖汉瓦制作得非常精巧，是当时建筑业已臻成熟的象征。另外，绵延在山西境内的汉长城有数百里之多，还有众多的关隘建筑，使用了大量的砖石建筑材料，说明当时已有大量制作建筑材料的手工工场。

五、魏晋南北朝时期的民居建筑

1. 社会动荡与民居概况

魏晋南北朝时期是中国历史上最混乱的时期，也是中国历史上一次民族大融合的时期。东汉末年，政治极端腐败，豪强地主兼并土地，农民纷纷破产流亡，最后导致了黄巾大起义与军阀混战。占据冀、青、并、幽四州的袁绍与曹操对并州进行了长期的争夺，山西的经济遭到了前所未有的摧残。正如《仲长统传》所说："以及今日，名都空而不居，百以绝而无民者，不可胜数，此则又甚于亡新之时也。"直到北魏统一北方，才取得较为稳定的政治局面，社会经济有了恢复。西晋王朝重视对山西的统治，史载当时"天下无事，赋税平均，人咸安其业而乐其事"。但这个所谓的太平盛世为期不过二十五六年，便又开始了一次更大的经济波动，历经东晋、十六国、南北朝，直到隋文帝统一中国为止。这期间"百姓流亡，中原萧条，千里无烟，饥寒流殒，相继沟壑"，更不用说有固定居所了。而世家大族阶层在社会的政治、经济生活中一直居于主导地位。这些世家豪族拥有大量土地，土地所有权和政治特权的结合更加紧密。世家大族广泛实行自给自足的经营，坞壁、别墅、庄园得到普遍发展。《关东风俗传》"通典·食货典"中载有北魏初年山西豪强地主和荫户的居住状况："并州王氏……一宗近将万室。烟火连接，比屋而居"，而"百室合户，千丁共籍"的现象比比皆是。另据《洛阳伽蓝记》卷四"法云寺"载："帝族王侯，外戚公主，擅山海之富，居山林之饶，争修园宅，互相夸竞，崇门丰室，洞户连房，飞馆生风，重楼起雾，高台芳树，家家而筑，花林曲池，园园而有。……而河间王琛最为豪首，常与高阳争衡，造文柏堂，形如徽音殿。置玉井金罐，以五色丝续为绳。……以银为槽，金为锁环。……造迎风馆于后，园户之上，列钱青琐，玉凤衔铃，金龙吐佩。"以上可以看出在魏、晋、南北朝时期居住状况的两极分化。

2. 民族融合对民居建筑的影响

魏晋和南北朝是中国历史上一次民族大融合的时期。由于山西与中国北方各少数民族聚居区接壤，当时受到了北方游牧民族连绵不断的冲击，大量游牧民族迁入山西地区，带来了不同的文化和生活习惯，对山西民居建筑产生了一定的影响。

山西大同是我国历史上北魏时期拓跋氏都城平城所在地，北魏的文化遗存在这里十分丰富。如在大同石家寨北魏早期司马金龙墓中就有木板漆画和石雕柱础等遗物。石柱础为鼓形覆盆状，顶部雕成莲花状，周围浮雕螭龙和山形，下方座浮雕忍冬纹，又在四角各雕一个立体伎乐童子。所雕童子作击鼓、弹琵琶、舞蹈等姿势，制作精细，形象逼真，显然这种风格是民族融合的表现。这一时期的建筑实物还没有实例，仅在寿阳北齐厍狄迴洛墓中发现一座木构椁室或屋宇模型，模型小三间见方，柱、额、斗栱皆备。所惜残损过甚，只保留一部分斗栱、替木、驼峰、柱子等构件。此木构模型为研究和认识北齐时期的木构建筑提供了依据。

另外，在山西大同云冈石窟和太原天龙山石窟，雕刻有许多仿木构的建筑构件和建筑图案。如云冈石窟第一、二、四、六、九、十、十二、五十一和天龙山石窟第一、八、十六等洞窟中，保存有窟檐、窟廊、门楼、殿堂式佛龛以及勾栏、柱子、天花板等图案。这些图案显然带有外来文化的影响，同时也反映了当时山西居住建筑的一些面貌。另外随着西北少数民族大量移入中原地区，带来了不同的生活习惯，在原来汉族席地而坐使用低矮家具的传统中，又增加了垂直而坐的高坐具方凳、圆凳、椅子等新元素。在现存的壁画、雕刻中可以看到这些家具的形象。这些新家具对当时人们的起居习惯与室内的空间处理产生了一定影响，成为唐以后逐步废止床榻和席地而坐的前奏。

六、隋唐时期的社会及民居建筑概况

隋唐时期是中国历史发展的一个重要阶段。在山西，隋朝的发展是建立在北朝发展的基础上的。北魏统一黄河流域后，劳动人民得以在比较安定的环境中从事生产，从而经济得以顺利发展，导致"府藏盈积"，洛阳、平城、晋阳、邺等大城市也恢复了往日的繁荣。隋文帝夺取政权后，继续进行改革，给隋朝的发展创造了有利的条件与安定的社会环境。其后建立的唐帝国是中国封建社会的辉煌时期。在建筑上，这一时期是中国古代建筑发展的成熟时期，它在继承和吸收前代传统的基础上，吸收融合外来因素，形成完整的民族建筑艺术体系。

关于隋唐时期住宅的形式还不见实物。但从1969年在山西长治出土的一批唐代陶制院落模型可以了解当时的住宅状况，另外从敦煌壁画中可看出唐代贵族住宅的一些情况。如有些大门采用了乌头门的形式。宅内有的在两座主要房屋之间用直棂窗的回廊连接为四合院。至于乡村住宅则不用回廊，而以房尾围绕，构成平而狭长的四合院。以上住宅院落都有明显的中轴线和左右对称的平面布局。

七、宋、辽、金、元时期的民居建筑

1. 宋辽时期山西的社会及民居建筑概况

从唐代中叶安史之乱起，至五代十国的大分裂为止，连绵200年的兵连祸接，把社会经济破坏得几乎荡然无存。直到公元960年，赵匡胤建立宋王朝时，这种大混乱、大破坏的局面才告一段落。然而，当时的山西仍是宋与辽对峙的前沿阵地。代州雁门关以北的云州（大同）、应州（应县）、寰州（朔州）、武州（五寨）、蔚州（灵丘）都在辽国的控制之下。虽然其封建的生产关系没有遭到彻底破坏，但封建经济的发展受到一定的阻碍。不仅如此，西夏崛起之后，也时时威胁着山西的西北部，这里的社会经济也受到了遏止。因此，宋代山西的发展主要

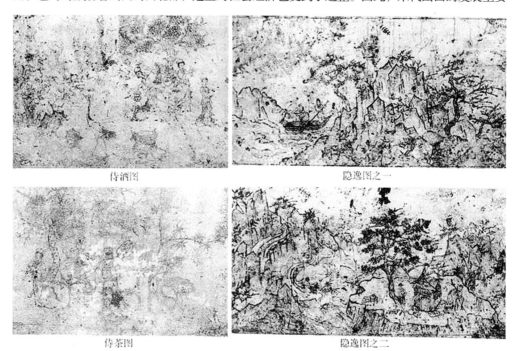

图3-6 大同元代壁画中的居住形象　　资料来源：山西传统民居.

集中于晋中太原盆地以南地区，特别是晋南汾涑水流域与晋东南上党盆地。宋代文化较唐提高了许多。在建筑方面，如《营造法式》的颁行，大量使用琉璃瓦，工艺精丽，造型华美复杂等，均较前有所进展。在居住方面，里坊制被逐步废除，代之以街巷制。宋代还设将作监，执掌建筑事宜。建筑施工，将作监所属的东西八作司，除募雇长期工匠外，遇有急事时，即由各路、府州、军的当行者差充；如不需要时，仍遣归原处。宋代鳞差，即当行的工匠，亦与募匠同受相当的"雇值"。而"雇值"的多寡则按其手艺高低、资历深浅而划分等第，依次升转。

宋代建筑极度重礼制。除提倡多代同堂外，对于家庙建筑也较注重。对于一般宅制，《宋史·舆服志》载："私居执政，亲王曰府，余官曰宅，庶民曰家，诸道府公门得施戟，若私门则爵位穷显经赐恩者许用之……六品以上宅舍许作乌头门，父祖舍宅有者，子孙许仍之。凡民庶家，不得施重栱藻井，及五色文采为饰，仍不得四铺飞檐。庶人舍屋许五架，门一间两厦而已。"仁宗景祐二年（1036年）颁诏："天下士庶之家，凡屋宇非邸店楼阁临街市，毋得为四铺作斗八，非品官毋得起门屋，非宫室寺观毋得彩绘栋宇及间朱黑漆梁柱窗牖雕镂柱础。"

宋代建筑也非常重礼教。官僚地主的起居生活可由司马温公《居家杂仪》略见一斑："凡为人子者，出必告，反必面，有宾客不敢坐于正厅，升降不敢由东阶，上下不敢当厅。……凡为宫室必辨内外，深宫固门，内外不共井，不共浴室，不共厕，男治外事，女治内事，男子无故不处私室，妇人无故不窥中门……男仆非有缮修大故不入中门……女仆无故不出中门……钤下苍头，但主通内外之物，毋得辄升堂室入庖厨……男仆洒扫厅事及庭，钤下苍头洒扫中庭，女仆洒扫堂室。"

隋唐、五代、宋辽各代的山西民居建筑以普通窑洞为主流，官富、商贾的木构房屋次之。这不但可以从一些壁画、石窟雕刻中看出，而且在平顺县王曲村的天台庵（唐）、平顺石灰村火云院（五代晋天福五年）、高平县宰李村西游仙山麓仙寺前殿（宋）、朔县城东大街崇福寺弥陀殿（金）等四座寺殿建筑中找到实物佐证。唐末战乱，五代十国短暂，民居建筑能保存下来的非常稀少，但上述保留下来的寺庙建筑是认识和研究唐末五代时期民居建筑文化的实物。

2. 金元时期山西的社会及民居建筑概况

在金朝女真统治者进入中原北方地区之后，大肆"杀戮生灵，劫掠财物，驱掳妇人，焚毁舍屋产业"，北方遭到空前浩劫。元灭金战争中，河东人民大批惨遭屠杀，太原、平阳、泽州几乎被掳掠一空。由于这一时期战争频繁，建筑业没有明显的发展。元朝中叶以后，手工业和商业得以恢复和发展，中原若干城市和农村逐渐繁荣起来，如山西芮城永乐宫元代壁画中反映的若干居住建筑形象。

当然画中住宅是一般官僚地主阶级的，而普通百姓还是住在草屋茅舍之中，这点从山西大同元代墓壁画隐逸图中的居住建筑形象上可以看出。

现已发现的元代民居实物在山西省高平市陈区镇中庄村。该民居为三间正房，面南背北，大门居中，但较两侧檐墙退后1.5米，檐柱的侧脚很明显，此做法不同于明清民居。

八、明清时期的民居

明清时期山西社会经济较繁荣,所以民居建筑得到了长足发展,也进入了全面成熟时期,并形成了其特有的华美风格。而其建筑风格的形成与发展,都与本地区的自然环境、文化习惯、社会习俗、生活方式、经济条件等有着密不可分的联系。

1. 明清时期山西社会对民居建筑的影响

明王朝建国之后,明洪武元年(1368年)设山西行中书省于太原,九年改为山西布政使司,统五府三州。清时称山西为省,并将长城以外之蒙古、呼和浩特、土默特等编入山西省内,境内设置九个府十六个州和一百零八个县。

明朝初期,由于兵乱蝗疫相辅而至,百姓非亡即逃。各地官吏纷纷向明政府告具各地荒凉情形,中原地区处处是"人力不至,久致荒芜","积骸成丘,居民鲜少","多是无人之地","累年租税不入"。劳动力严重不足,土地大片荒芜,财政收入剧减,直接威胁明王朝的统治。当中原地区荒疫兵乱之时,山西却是另外一种景象,中原地区的兵乱及各种灾疫很少波及,晋南大部分地区也没有发生大的水旱虫灾,风调雨顺,连年丰收,经济繁荣,人丁兴盛。元人钟迪在《河中府(蒲门)修城记》中说:"当今天下劫火燎空,洪河(黄河)南北噍类无遗,而河东一方居民丛杂,州有所事,府有所育。"说明晋南一带比较安定。正是因为这一背景,为维护明朝的封建统治,朱元璋采纳了郑州知州苏琦、户部郎中刘九皋、国子监宁纳等人的奏议,作出了移民屯田的战略决策。一场大规模的历经数朝、历时近50年的移民高潮开始了。移民政策的实施,再加上邻省难民的流入,使山西南部人口稠密。根据统计,洪武十四年(1381年),河南人口是1891000多人,河北人口是1893000多人,而山西人口却达4030450人,比河北、河南人口的总和还多。山西人口稠密,首推晋南,而洪洞又是平阳一带人口稠密之县。洪洞地处交通要道,北达幽燕,东接齐鲁,南通秦蜀,面临河陇,因此,文化的交流与商业交流较为频繁,促进了当时建筑的发展,晋南的丁村民居就是在明代万历年间形成的。

明清两代的分封制度与其他朝代的分封制度一样,都是为了维护统治者统治地位。皇族的分封制度是伴随着父死子继的世袭制

住宅

园林

旅舍

酒店

图 3-7 芮城永乐宫壁画中的元代建筑形象 资料来源:永乐宫壁画 文物出版社

度的产生而逐步形成的。明朝是继元朝之后建立的中央集权高度集中的封建王朝，建国初年的许多政治设施多带有元朝的一些痕迹，对宗室的分封制度也不例外。明朝立国之初，虽然将元顺帝驱逐出元大都，但元顺帝北逃至蒙古后，元政府并未解体，史籍称为北元，其军事力量也并未受到重大损失，而且维系着相当完备的政治、经济机构和相当数量的军队。当时的北元"引弓之士不下百万众也，归附之部落不下数千里也，资装铠仗尚赖而可用也，驼马牛羊尚全而有也"，并进行经济南侵，掳掠人畜，对明朝北部地区构成极大威胁。明朝洪武至永乐年间曾与北元发生几次激烈的战争，直到永乐中叶以后，这种威胁才逐渐减弱。所以朱明王朝一方面为了加强北部的防御和边塞要地的安全，另一方面鉴于历代王朝后期地方割据和变乱的事实，防止异姓将帅篡权而发生兵变，提出"天下之火，必建藩屏，上卫国家，下安生民，今诸子即长，宜各有爵封，分镇诸国。朕非私其亲，乃遵古先哲王之别，为久安长治之计"，所以集军政大权于朱氏子弟，以确保朱氏天下万世一系。洪武二年（1369年），朱元璋命中书省制订制度分封宗室，建诸王国邑及官属之制，确定了明朝对宗室的分封承袭制度。

明朝的分封制度遵循历史封建王朝旧制，"国家建储，冠以长嫡，天下之本在焉"。"居长者必正储位，其储子当以封王爵。"明朝制爵分八等，曰王、郡王、镇国将军、辅国将军、奉国将军、镇国中尉、辅国中尉、奉国中尉。据《明史》记载："明制，皇子封亲王，授金册、金宝，岁禄万石，府置官属。护卫甲士少者三千人，多者至万九千人，隶籍兵部。冕服、车旗、邸弟，天子下一等，公侯大臣伏而拜谒，无敢钧礼。"皇子封王，俸禄终身，世代承袭。其他封爵也都有详细规定，不得逾越。依据上述原则，在洪武三年（1370年），除立长子朱标为皇太子外，将其二至十子均封亲王，并于洪武十一年陆续就藩各值省。如秦王就藩西安，晋王就藩太原，燕王就藩北平，周王就藩开封等。朱元璋其他十五子也陆续封王并在洪武至永乐六年间相继就藩各名都大邑。

明朝王府建筑的规制在洪武年间就已经逐步确定并颁布实施。王府的规格和形制是以就藩于太原的晋王府为依准。关于王城的范围，《太祖实录》称："洪武十一年七月乙酉，二部奏诸王国宫城，纵广未有定制，请以晋府为准。周围三里三百九步五寸，东西一百五十丈二寸五分，南北一百九十七丈二寸五分。"其形制在《明史》、《太祖实录》上都有记载："亲王府制：洪武四年定城高二丈九尺，正殿基高六尺九寸，正门、前后殿、四门城楼饰以青绿点金，廊房饰以青黛。四城正门以丹漆金涂铜钉。宫殿窠栱攒顶，中画蟠螭，饰以金边，画八吉祥花。前后殿座用红漆金蟠螭，帐用红销金蟠螭，座后壁则画蟠螭彩云，后改为龙。立山川、社稷、宗庙于王城内。"洪武七年又定亲王所居殿："前曰承运，中曰圜殿，后曰存心。四城门南曰端礼，北曰广智，东曰体仁，西曰遵义。"至"十二年诸王府告成，其制中曰承运殿十一间，后为圜殿，次曰存心殿，各九间。承运殿两庑为左右二殿。自存心、承运周回两庑至承运门为屋百三十八间。殿后为前、中、后三宫，各九间。……凡宫殿室屋八百间有奇"。至弘治年间又对王府建筑制度精加修订，但总的建造原则不变，主要是减小其规模。其具体条件非常详细，在《明会典》等书中有具体记述。

清朝是我国最后一个封建王朝，对宗室的分封制度也与历代各朝有些差别。建立对全国的统治后，针对历代封建王朝分封制度的利弊，特别是接受明朝初年实行封建置藩引起内乱的教训，坚持实行"建国之制不可行，可封之制不可废"的政策，即"诸王不锡土，而其封号但予嘉名，不加郡国，视明尤善。然内襄政本，外领师干，与明所谓不临民、不治事者乃绝相反"的办法，制定了一整套分封制度。

2. 耕读文化及其对居民的影响

明清两代，国家的统一为社会经济的发展创造了一个比较安定的环境，促进了农民生产的积极性，促使农业、手工业以及社会商品经济有了较大发展。明朝建立后，仍沿袭元代的"黑社制"，在山西洪洞大槐树下移民垦荒的国策推动下，实行军屯、民屯、商屯的移民垦荒制度。从洪武到永乐年间记载，籍民军，造民丁，立都卫，置卫屯田，谓之军屯。军屯归卫所长官管理，每个士兵授田五十库。在边防地区三分守城、七分屯种，在内地二分守城、八分屯种。这对巩固边防、扩大生产、安居乐业、增加财政收入都起到了积极作用。同时，"制度良好"的反作用与封建统治的牢固，导致工业文明滞后，从而使全国绝大多数生产力集中于第一产业。这样，自古以来的农业文明就得到了延续与发展。

中国古代独特的文化与统治秩序形成了科举制度这一官员选拔机制。这也是社会调控秩序的一种方式。通过这一制度可使有知识的人的地位得到提高，从而通过社会承认的手段达到个人人生的奋斗目标。因此，通过努力学习从而官运发达，从而光宗耀祖，是读书人正统的发展道路。一般读书人科举制度是通过竞争机制进行的。其过程一般是先考秀才，再考举人，然后是进士。进士也有等级，一般有进士甲若干，进士乙若干。一般考上进士就有了相当高的地位，就有资格封官了。而最后的考试是国家一级的选拔，名额也极为有限，也就是人们所说的"三元及第"。"三元"就是状元、探花、榜眼，这也是科举考试的顶峰。达到这一高度就可被封为高官了。另一方面，科举考试也有特例。由于统治阶级鼓励人们遵从礼教及贡献国家，因此就有了"保送"制度，即可由于被推荐者的"孝廉方正"而赐予其功名或由于对国家作出很大贡献而封给官职。但自唐朝之后，为了公平起见以及更好地为统治集团服务，科举制度产生了，力求出人头地的文人有了更为明确的奋斗目标，因而一般中国古代从文的人从很小就受到良好的礼教熏陶，立志于通过社会规定的方式来发展自己，并终身为此奋斗。即使在经济条件不允许的情况下，也要通过"勤工俭学"的方式来完成学业。而在中国古代传统的农业社会中"勤工俭学"的主要手段就是耕作劳动，以此作为生存的手段。这样就形成了传统的耕读文化，而这种通过个人努力而达到成功的方式也因符合统治者的利益而为社会所提倡。

3. 商人住宅形成的背景

"晋俗以商贾为重，非弃本而逐末，土狭人满，田不足耕也。"因土地不够耕种，剩余劳力涉足商业，在山西是一种传统风气；自宋代起山西各地就有商人活动的足迹，然而，山西商人经济最活跃的时期则是在明清时期。明清两代，国家的统一为社会经济的发展创造了一个比较安定的环境，促进了农民生产的积极性，促使农业、手工业以及社会商品经济有了较大发展。

明中叶所实行的"一条鞭法"，清雍正时所采取的"地丁合一"制度，因其基本上废除了数千年的丁税，使封建国家对农民的人身控制相对削弱，对刺激农民的生产积极性、促进农业和手工业的发展，起到了一定的积极作用。在这种情况下山西的盐铁业有了长足的发展，明代"晋之铁矿，随在而足"。全国范围内发展和开采的铁矿产地达232州县，其中在山西省即有19处。明洪武六年，在全国设冶铁所13处，山西即有5所，年贡铁不下200万斤。明朝冶铁行业，政府多采用由官府管理、商民进行采矿冶铁的形式，即招商承办方式，其后各朝也大都沿用这种经营方式。在清代，山西铁曾供应中国大部分地区销用。乾隆、嘉庆年间，仅潞安荫城的铁货交易额，年平均即达一千余万两白银。道光年间，晋城一地即有铁炉一千余座，铸造炉四百余座，产品行销全国和越南、南洋群岛等地。此外，河东池盐产量颇巨，销路广远。"圣世生齿日繁，食盐日众，私盐不行，官盐畅销也，行河东之引者曰三省，曰山西曰河南曰陕西"，"三省邻行州县共一百三十七处，实行商引者一百二十二处，额引四十二万六千九百四十七引，商工实行三十六万五千八百五十八引。"

明清两代，山西的商业十分活跃，沈思孝的《晋录》中曾说："平阳泽潞豪商大富甲天下，非数十万不称富……估人产者但数其大小伙计若干，则数十万产可屈指。"据明万历年间谢肇淛所著《五杂俎》记载："富室之称雄者，江南则推新安（即徽州），江北则推山右（即山西）。新安大贾，鱼盐为业，藏镪有至百者，其二三十万则中贾耳。"

4. 商人住宅的发展

山西虽说是"土瘠水深，风醇俗厚"，不利于农业经济的发展，但煤、铁、食盐等资源却十分丰富。明万历年间朝廷颁布的开中盐法（一种食盐专卖的法令）在山西首先实行。制盐等手工业技术的发展，使山西地方商品经济空前繁荣，这就给山西商人提供了一个历史性的良机。他们率先进入了北方边镇市场，做起了粮盐生意，并随之逐步扩大自己的经营实力与商业范围。山西商人把河东开采的盐，潞安府织就的丝绸，还有煤铁等产品输往外地。再把长江下游的布匹贩运回来，从中大获其利。叶梦珠的《阅世篇》中曾写到，明末山西的大商人到上海一带收买棉布，这些"富商巨贾，持重赀而来市者，白银动以数万计，多或数十万两，少由以万计。当时江南的新安大贾（徽州府）就算富了"。"山右（山西）或盐或丝，或转贩，或窑粟，其富甚于新安。"山西大同因系边庭重镇，又是与蒙古进行市场买卖的主要场所，所以，"其繁华富庶不下江南，而妇女之美丽，杂物之精好，皆边陲所无者"。

山西商帮的崛起也推动了地方商业市场的繁荣与发展，茶叶、棉、麻、丝业兴旺。继而又有实力雄厚者从事金融汇兑业务，办起了票号，并很快形成一股强大的商业势力雄踞海内。随着商业的发展，为满足商人在各地之间进行汇兑大量银两的需要，产生了专门性的商业金融信贷组织——钱庄和票号。票号是山西商人首先经营的，它始于19世纪20年代，是那些盈利较高的颜料业、茶庄业、烟草业、绸布业、盐业和冶铁业等商铺经营的。票号开始时，

图 3-8 平遥雷履泰故居主院　　资料来源：作者自摄

图 3-9 平遥日升昌　　资料来源：作者自摄

主要业务是经营地区间的商业汇兑。19 世纪 50 年代后，发展到给封建官府汇兑公款、办理存放款、代官府收税捐、解钾粮等。

在平遥、太谷、祁县流传着一句话："山西表里河山，农田不足以赡敷"。因此一家之中如有兄弟数人，则必有出外从事贸易的，并将盐、铁、煤向外推销，所以晋商足迹遍及全国乃至扩大到俄罗斯的伯力、莫斯科以及日本、马来西亚、新加坡等国家。到了清初康熙、雍正、乾隆时期，国家日益富强，山西票号集中在平遥、太谷、祁县。乾隆、嘉庆年间有平遥雷履泰及达浦李姓经营票号。李姓出资 30 万两，雷出资 2 万两，开设"日升昌"票号。总号设在平遥，系由颜料庄改营为票号。第二家兴起的是平遥蔚泰厚，继"日升昌"后成立票号（也叫票庄，系由布庄改为票号。蔚泰厚经理毛凤，他的票号发展较快，太谷有 22 家，祁县有 19 家，平遥有 13 家）。

清代后期，山西商人的票号，基本上控制了全国金融，成为同盐商、行商（广东十三行）齐名的全国最富有的商人。资源、商人、机遇的结合，一代晋商便崛起了。而晋商的行为又深深影响到其故乡的建设。《歙县志》记载："商人致富后，即回家修祠堂、建园第、重楼宏丽。"也正是他们使得商人住宅在明代之后得到了振兴。

第三节　山西传统民居建筑实例

山西传统民居现存最早的建筑实例是高平元代的姬氏民居，其他传统民居建筑实例以明、清和民国为主。山西传统民居既存在共同性特征，也存在地域性差异。从历时性来看，众多的考古资料证明，山西传统民居从其产生、发展及其演变，形成了较为完备的发展序列，反映着与华夏文明一脉相承的发展历程。从发展的共时性来看，由于山西各地自然与人文环境殊异，使得不同地区的民居形态呈现独特的地域风貌。自然地理环境和文化地理环境这两个因素深深地影响了山西传统民居形态的形成和发展，它们是山西民居存在的土壤，而民居形态则是这些因素的外在表现。太原理工大学王金平教授等在《山西民居》一书中对大量现存山西民居的分布及特点进行了阐述。山西传统民居亦符合这种分布特点。山西传统民居体现了附加在自然景观之上的人类活动形态，反映着山西文化区域的地理特征，阐释着环境与文化的关系以及人类的各种行为系统。

"地域"的概念通常是指古代沿袭而成的历史区域，虽然历史的发展改变了古代区域的精确性，但这种模糊的地域观念已经转化为对文化界分的标志，所以在相同地域条件下的民居形态往往具有共同的特征，而处于不同地域条件下的民居形态其特征则迥异。人文环境是可变的，而自然环境则是相对稳定的。一定的社会结构在一定的历史时期是相对稳定和协调的，稳定性是地域的显著特征。在一定的地域内，人们使用相同的方言，从事同样的生产劳动，有着共同的信仰和价值观念，传承了一致的建造技术，从而使得处于特定区域内的民居形态具有很大的同质性，以致得以固守和传承，留存至今。山西民居产生于特定历史时期和特定空间区域，所以对山西民居的地域界分，不应以今日的行政区划为界限，而应以历史地理、农耕区划及语言系统为依据进行界定。

从历史地理变迁的角度来看，古代之地理区划是以水土条件和农耕经济特点为依据的。山西古代的地理分域，至少在战国时期已经形成，韩、赵、魏三家分晋时，已有明确的界线。秦汉实行郡县制，境内产生了河东部、太原郡、上党郡、雁门郡、西河郡等，分别位于晋南、晋中、晋东南、晋北及晋西等地区。这些地区具有独特的自然、人文特征，地域特色鲜明。尽管明清两代实行省、州（府）、县三级制，但基本延续了秦汉时期的地理区划范围。特别是明代所设的平阳、太原、潞安、大同、汾州五府，使山西古代地区的疆域界线更为清晰。从山西农业区划来看，山西农耕文明源远流长，大约在距今一万年左右，便已出现了原始农业。夏商周时代，晋南和晋东南靠近黄河和汾河流域地区以农耕经济为主要生产方式，晋北和晋西北则以游牧经济为主。到南北朝时期，中国北方旱作农业的耕作技术，在山西基本定型。隋唐时期，山西农业区范围遍及南北大部分地区，晋西地区也基本转牧为农。地域的明显差异，使山西客观上形成了七个不同类型和特点的农业区，即晋南区、晋中区、晋东南区、晋东区、晋西区、晋北区和晋西北区。从山西方言分布范围来看，则表现出与古代地理区划惊人的一致。据《山西方言调查研究报告》统计分析，山西方言的类型非常丰富。全省方言共分六片，分别是以太原为中心的中区方言，以离石为中心的西区方言，以长治为中心的东南区方言，以大同为中心的北区方言，以临汾为中心的南区方言，东北区方言则只有广灵一个县。尽管随着岁月的流逝，山西古代地区概念逐渐泯灭了它的地理学意义，疆域模糊，景物易貌，但仍然是山西民居地域分区的重要依据。

山西民居地域特色的形成，主要受社会因素和自然因素两个方面的影响。中国历史上曾长期是一个以宗法制度为主的封建社会，家庭经济以自给足的农业生产为基础，以血缘纽带来维系，而维持社会稳定的精神支柱则是儒家的伦理道德学说。这种学说提倡长幼尊

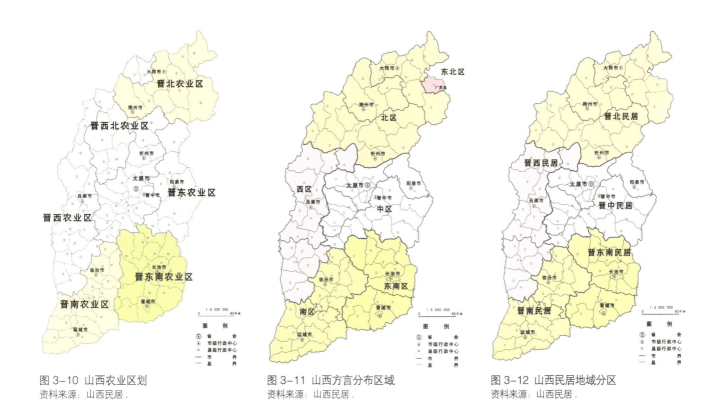

图 3-10 山西农业区划
资料来源：山西民居．

图 3-11 山西方言分布区域
资料来源：山西民居．

图 3-12 山西民居地域分区
资料来源：山西民居．

卑、内外有别的观念，并崇尚几代同堂的大家庭共同生活，以此作为家族兴旺的标志，深深打上了古代宗法思想的烙印。明清社会经济的发展，也为山西大院建筑的出现奠定了雄厚的经济基础。多变气候、复杂的地理环境是山西民居形式丰富多彩的主要原因，充满了地域文化多元性的色彩，使山西民居建筑独树一帜。

这里以山西历史地理、农业区划及方言分区为线索，依据山西民居的内部结构与外部表现特征，将其划分为五大区域，即晋中民居、晋南民居、晋西民居、晋北民居和晋东南民居。

一、山西民居地域分区与今日行政区划的对应关系

1. 晋中民居分布在明代太原府的大部分地区和汾州府一部分地区，包括今日的太原市、晋中市、阳泉市和吕梁市少部分县市，所属县市有太原、阳曲、清徐、古交、娄烦、榆次、太谷、祁县、寿阳、榆社、灵石、昔阳、和顺、左权、汾阳、平遥、介休、孝义、文水、交城、阳泉、平定、盂县等。

2. 晋东南民居分布在明、清两代的潞安府、泽州府，即今日的长治市和晋城市，所属县市有长治、潞城、黎城、平顺、壶关、屯留、长子、沁源、沁县、武乡、襄垣、晋城、泽州、阳城、陵川、沁水、高平等。

3. 晋南民居集中在明、清两代的平阳府和蒲州府，也即今日的临汾市和运城市，所属县

市有运城、芮城、永济、平陆、临猗、万荣、河津、夏县、闻喜、垣曲、稷山、新绛、绛县、临汾、侯马、乡宁、吉县、安泽、曲沃、襄汾、翼城、浮山、古县、洪洞、霍州等。

4. 晋西民居主要分布在晋陕大峡谷东岸，即古代汾州府的大部分地区，包括今日的吕梁市大部和临汾市、忻州市的一部分地区，所属县市有离石、中阳、柳林、临县、方山、岚县、兴县、石楼、交口、隰县、大宁、永和、蒲县、汾西、静乐等。

5. 晋北民居分布在明清两代大同府、朔平府、宁武府和太原府北部一部分地区，也即今日的大同市、忻州市和朔州市，所属县市有大同、左云、阳高、天镇、浑源、灵丘、广灵、朔州、怀仁、平鲁、右玉、应县、山阴、忻州、繁峙、定襄、原平、五台、代县、神池、宁武、五寨、岢岚、保德、偏关、河曲等。

这五个区域基本反映了山西民居形态的多样性，符合山西古代文化的发展规律。山西考古成果表明，山西境内的文化类型呈多样性分布。若从东西来看，太行山西麓的晋东南地区与河北文化类型相似，而黄河沿岸的晋西地区则含有陕西文化因素。若从南北来看，则汾水中下游的晋南地区又有河南文化因素，而晋北地区的文化类型则与北方草原地区在题材、结构、风格上明显统一。由于受到自然及人文条件的影响，山西民居也随其所处的地域不同，呈现不同的建筑形态，与山西古代文化的发展轨迹一致。

明清民居是山西民居的主体，分布于全省各地。襄汾丁村民居，是山西具有代表性的明清宅院，村内院落分北、中、南三个区域，共有院落33座，房舍498间，大多为坐北朝南的四合院布局，基本上保存了明清时期原有的格局。明代院落具有宽阔的天井，高大的正厅，清代院落则活泼多变，木雕、砖雕、石雕雕刻都很精细，多数建筑还留有建造年款和匠师姓名，是研究北方村庄民宅布局和建筑形式的重要实例。明清两代，商业繁盛，晋中地区的祁县、太谷和平遥成为当时著名的商业和金融中心，形成一种称之为"大院"的民居建筑，这些大院往往由数个院落以至十几个院落组成大型的民居建筑群。其主要特点是在院落的外围砌以高大而厚重的砖墙，外观多呈城堡式，立面造型较为封闭。著名的民宅有祁县乔家大院、渠家大院、太谷曹家大院、灵石王家大院等，这些建筑中使用的砖、木、石雕刻粗犷豪放，题材丰富，反映出当地明清时期商业繁盛景象。晋东南地区民居多为楼院，位于山区的大型民宅，大多呈城堡式布置，由窑洞上建木结构的房屋组合而成，院落深邃富丽而气势恢宏。明清时期山西传统民居的建筑形式主要有砖木结构和窑洞与砖木结构相结合两类，这种住宅以木构架房屋为单体，在南北向的中轴线上建正房或正厅，正房左右对峙建筑东西厢房，形成次要的东西轴线，这种由一正两厢组成的院落，就形成通常所见的"四合院"，较大的宅院则沿纵轴线设两进、三进以至多个"一正两厢"的四合院形成多进院，大型的民宅建筑群则由几个院落并列，形成别具特色的大院建筑。

高平元代的姬氏民居，根据文字记载，创建于元代早期。这一建筑基本上保持了元代风格，是一座元代民用古建筑实例。

姬氏民居现存建筑仅有一处正房，建筑在一个砂岩基座上。平面呈长方形，面阔三间，进深六椽，悬山式屋顶。檐柱为砂质岩制成，门开当心间，但后退一廊，与内柱成一线。东

图 3-13 高平姬氏民居　　资料来源：作者自摄

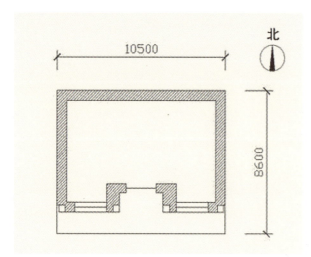

图 3-14 高平姬氏民居平面　　资料来源：作者自测

图 3-15 高平姬氏民居题记　　资料来源：作者自摄

西次间各开大窗一个，上顶阑额，下接砖砌槛墙，和檐柱做齐。瓦顶举折平缓，只有陶质正脊一道。

与一般民居不同的是门洞顶和窗顶，其共同特点是在檐柱与内柱间装有一层类似平闇的隔板，似为挡尘而设，上亦可放置杂物。

房门采用板式，后用五道楅，门面与楅相应各有门钉一路，每路用钉各六枚。地栿为砂质岩板雕成，正面浮雕牡丹图案。两边各有石门砧一个，门攥直接雕凿在门砧石上。门槛、门颊、门额皆为木质，门颊、门额之外另装框架，与颊、额成"T"形。其直角处饰45°斜面木雕花边，花边以二叠弧形五齿花瓣条边为底，上饰镂雕牡丹图案。门额上装有簪头四枚。上攥直接钉在门额上。窗棂为方格形，边框与门框相似，不同的是底边上饰花改为实心竹节状木条。

屋顶举折平缓，脊槫举高与前后撩檐槫间距离之比为1:3。屋顶覆以板瓦，瓦长30厘米，厚1.8厘米，檐头用华头板瓦与重唇板瓦。花头板瓦的饰花为童子戏莲等，外缘为七瓣锯齿形。重唇板瓦唇上有六道条纹，一道波形弧线，两道花纹弧线，三道普通弧线，唇的外缘成波浪形。正脊由15块陶质脊块砌成，除正中三块上有浮雕牡丹外，其余皆为素面。两头鸱尾已毁，现砌砖补缺。

柱子与柱础。整个建筑除前檐四柱露明外，其余全在墙内。露明四柱及柱础皆为砂质石岩，柱础为素覆盆式。柱子平面呈正方形抹四角，每个斜面都做成外凸弧形，并饰以弧形棱边。柱身收分明显，并可看到明显侧脚。

整个建筑仅前檐装有斗栱。斗栱出一跳，足材，计心造。华栱、令栱皆为翼形，华栱栱头平面呈正三角形，令栱栱头平面呈菱形。泥道栱上托柱头枋两层，泥道慢栱隐刻在第一层柱头枋上，耍头做成麻叶形，华栱尾部砍作蚂蚱头，直接压在乳栿之下。无补间铺作，第一、二层柱头枋间以散斗承托，柱间正中散斗下有异形隐刻图案（或为泥道慢栱），明间似一蝙蝠，次间各为两个相交的菱形图案。

门砧与题记。门砧由青石（石灰石）凿成，露明的内侧面饰有线刻花卉图案，内容为缠枝牡丹外加如意花边。在左边门砧与地栿衔接处留一猫道，在道洞位置的门砧石上竖刻着两行小字，共有三十二字：

大元国至元三十一年岁次甲午仲□□□

姬宅置□石匠天党郡冯□□

冯□□（□□为缺字，因地栿遮挡，不能得见）

二、晋中传统民居——乔家大院

乔家大院始建于公元1755年（清代乾隆年间），又名在中堂，位于山西省祁县，是清代商人乔致庸的宅第。清乾隆二十年（1755年），乔家基业创始人乔贵发在十字路口东北角偏东处起建宅院，即现在东北院的偏院。嘉庆初年（1796年），乔贵发三儿子乔全美在老院西面起建统楼院，即现在东北院的正院。同治初年（1862年），乔全美之子乔致庸

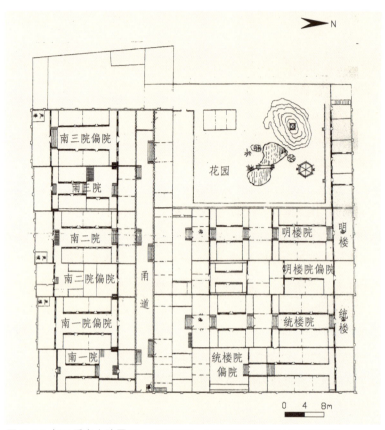

图 3-16 祁县乔家大院平面　　资料来源：山西省第三次全国文物普查资料

在小巷西新建一楼院，即现在西北院的正院。清同治十年（1871年），乔致庸在两楼院隔街的南面买地，新建了两座四合院，即现在的东南院和西南院正院。清光绪二十四年（1898年），乔致庸买断两条街巷的占用权，堵住街巷四口，街东头盖大门，西头建祠堂，东北院、西北院正院南扩建外跨院，原南北向巷道建为西北院偏院和西南院偏院，封闭院落格局自此形成。1921年，乔致庸孙辈在西南院西再起一院，称为"新院"。1929年，乔家拟在西北院的西侧修建内宅花园，后受战争侵扰，计划被迫中断。但乔家大院整体格局得以保留。

乔家大院有院落19处，其中大院6个，含小院20个，共有房间313间，全部为砖木结构。乔家大院的建筑平面布局呈"三进五连环""二进四合院""二进双通四合院"等几种样式。平面基本秩序是：每套院落进深二进或三进，每进有过厅、厢房和倒座，正房在最后一进，每套独立的院子并联在一起，通过门道，形成主院与跨院的横向组合。整个院落遵循着这种布局结构，在成年累进的扩大续建中逐步形成一群平面严谨、组织有序、结构清晰的建筑群。

乔家大院大门坐西朝东，门口有一座砖雕百寿图，上刻一百个遒劲有力、形状各异的"寿"字，百寿图两旁有左宗棠书写的对联。大门上面是一座建筑讲究的更楼。进大门往西是一条石铺的甬道，将6个大院分隔两旁。北面的三个大院，从东往西数，一院、二院都是三进院，布局是祁县一带典型的"里五外三穿心楼院"，即里院南北正房，东西厢房都是五间，

图 3-17 祁县乔家大院宅内景　　资料来源：作者自摄

图 3-18 祁县乔家大院入口　　资料来源：作者自摄

图 3-19 祁县乔家大院寿字照　　资料来源：作者自摄

外院东西厢房却是三间，里外院之间有穿心过厅相连。外院南房，里外正房都是二层楼房，遥相呼应。每个正院均配有偏院，正院为族人居住，偏院设花园、客房和佣人住所。南面的三个大院都是二进四合院，每处院落均配有偏院，每个院的屋顶建有打更楼。在建筑上偏院较为低矮，房顶结构也略有不同；正院都是瓦房出檐，偏院则是平房。各院房顶有走道相通，便于夜间巡更护院。甬道西头是祠堂，内设雕刻精细的祖先牌位；整个大院的房顶周围是女儿墙式的垛，显得很有气派。乔家大院布局严谨，建筑考究，规整中富有变化。整个院落平面布局呈双"喜"字，讲究对称，不仅具有整体美，而且在局部建筑上又各具特色、富有变化。无论是石雕，木刻、彩绘，还是建筑的斗栱、飞檐，形式各异，就连房顶上几十个小烟囱也各具特色，无一雷同。

三、晋东南传统民居——沁水柳氏民居

柳氏民居，位于沁水县西文兴村，系我国唐代著名政治家、文学家柳宗元后裔于明清时期所建。为一进十三院文人府邸，是一处集南北建筑风格于一体的明清文化建筑群。主要院落保存完整，平面布局为四大八小，建筑均为两层，共由 6 个院落组成。

当地的四合院形式被称为"四大八小"的形式。与一般的四合院不同之处是在上房与倒座的两侧各建两小间耳房，称为厦房。这样，正房、二间厢房、倒座共有四间大房称为"四大"，八间耳房称为"八小"。院落东南角的一间厦房作为大门。内院接近正方形，东西向的宽度略小于南北向的长度。就内院的尺度而言，明显大于晋中地区的四合院。

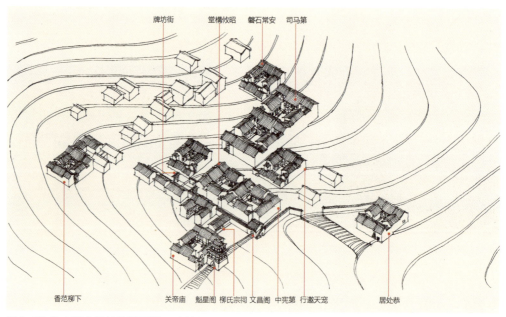

图 3-20 沁水西文兴村总平面图　　资料来源：薛林平等著．西文兴古村．中国建筑工业出版社，2016．

图 3-21 沁水柳氏民居　　资料来源：作者自摄

图 3-22 沁水柳氏民居中宪第内景　　资料来源：作者自摄

图 3-23 沁水柳氏民居中宪第院门
资料来源：薛林平等著.西文兴古村.中国建筑工业出版社，2016.

图 3-24 沁水柳氏民居司马第内景
资料来源：薛林平等著.西文兴古村.中国建筑工业出版社，2016.

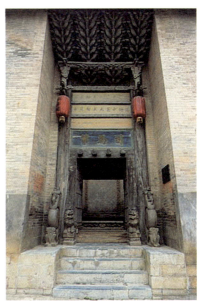

图 3-25 沁水柳氏民居司马第院门
资料来源：作者自摄

西文兴村中规模较大的是清代住宅"中宪第"与"司马第"。中宪第位于西文兴村的中心部分，北临东西横街，与司马第隔街相望，南靠牌坊街，为前后两座四合院相串联的大型住宅，但它的正房处于坐西朝东的位置，所以住宅呈东西长46米、南北宽23米的横向长方形，在东西向的中轴线上自西往东排列着正房、厅堂与倒座，以它们为主体，加上左右的厢房组成前后两个四合院。在这里正房与倒座的开间、进深都相同。中间的厅堂正处于两座院落的中心，面宽也与正房、倒座相同，只是进深略大。前后两院的左右四座厢房也是同样大小。而且在这些房屋的左右两侧都带有耳房，所以组成了两个大小相等的十分规整的"四大八小"型四合院。在朝北临街的一面前后院都开设有对外的大门，它们各处于北面厢房的西侧耳房的位置。所有这些房屋，包括耳房在内都为上下二层，前后院都各有室外楼梯可登至楼上，楼上各室均有门可穿行，只是到两座大门的楼上不能穿过。房屋采用抬梁式木构架，左右两边砖墙，硬山式屋顶，屋面略呈曲线，但屋之正脊不起翘，各条脊上有雕花砖瓦作装饰，在脊端安设吻兽。

司马第位于西文兴村的中心部分南面，与中宪第隔街相望，东邻"行邀天宠"住宅。从住宅所在位置及其装修风格来看，应与中宪第同一时期建造。司马第是一座由前后两座四合院串联而成的大型住宅，它的形状与中宪第很相像，但面积较后者大，南北长51.3米，东西宽23.3米。正房坐北朝南，形成南北纵向的长方形平面。在南北向的中轴线上，自南而北排列着倒座、厅堂与正房三座房屋，它们都设前檐廊，其中厅堂与后院正房同等大小，都是面宽9米，进深（连檐廊）8米，倒座房进深略小；前后两院的厢房均不带前廊，它们的大小也都一样，面阔8米，进深6米；这些房屋都带有左右的耳房，所以也是组成了十分规整的"四大八小"型四合院，而厅堂正好处于两进院落的中心。住宅的大门设在西南角，倒座西侧耳房的位置上，进门后迎面有一座影壁立在西厢房的山墙上。在住宅的一层平面上，只有中央的厅堂开有前后门，可以由这里贯通前后院，所以在第二进院子的西厢房南侧的耳房位置上，另开了一座直接对外面朝西的大门，成了司马第的侧门。住宅院落四周的房屋，包括耳房在内都是上下二层，前后院各有几座露天的楼梯可登上二层。二层平面与一层不同的是各个房间都开有前后左右的门可以来往通行，而且两个院落也可前后相通。四周房屋均为抬梁式木构架，两边为较厚的砖墙，屋顶采用悬山形式，在山墙的博风板下有悬鱼和惹草的装饰。屋面几乎没有曲面，但各屋正脊的两端却有起翘，使整条正脊形成富有弹性的曲线。

四、晋南传统民居——丁村民宅

丁村民宅位于临汾市襄汾县城南5公里新城镇的丁村，村墙长400米，村落总面积约1.4公顷。向南为丁村人文化遗址区，向北与毛村比邻，向东与敬村遥遥相望，西面紧靠汾河。在现存的40余座院落中，建于明万历年间的有6座，清雍正年间的有3座，乾隆年间的有11座，嘉庆年间的有2座，道光年间的有2座，咸丰年间的有3座，宣统年间的有1座，还有建于民

图 3-26 襄汾丁村聚落总体布局示意图　资料来源：晋商民居

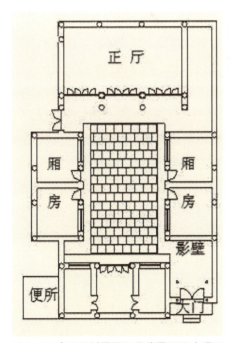

图 3-27 襄汾丁村民居三号院平面图（明万历二十一年）　资料来源：晋商民居

国的 2 座，另有些未发现纪年，但根据建筑风格推算属清代所建的有 10 座。这些民居规模不一，类型丰富，虽然组成民居院落的元素基本相同，但是其布局和功能上却有着明显的时代烙印。按照时代大致可分为早、中、晚三期。其中早期以明万历年间所建民居宅院为主，中期以清雍正、乾隆年间所建民居宅院为主，而晚期民居宅院则以道光、咸丰年至清末所创为主。

丁村明清民居的风格显示出不同的时代特征，但其院落格局仍以四合院为主，因此，可以从四合院的构成要素中看到丁村民居的特征。丁村民居由于跨越长达五百年的历史，其单体合院的空间组合上又略有不同，选取建于不同年代的三号院和十一号院为代表，逐一分析其空间构成特点。

图 3-28 襄汾丁村民居三号院正房
资料来源：晋商民居

图 3-29 襄汾丁村民居三号院院门
资料来源：作者自摄

三号院

建于明万历二十一年（1593年），是丁村民居的早期代表。三号院是一座单进的四合院，布局上体现着基本的轴线关系，其主要房间由正厅、厢房、倒座和门楼四部分组成。正厅为南房，不居人，仅作礼仪大事之用，坐北朝南；东西厢房为丁村的典型形制"三间两室"，是家中主要居住之处；倒座为北房，也可居人；门楼位于院的东南角，便所位于院落的西南角。

三号院的大门开于东南方，是院落的门面，这里是院落空间安排的前奏。由于建于明代，当时的建筑风格比较朴素，装饰比较朴实，仅有一级踏步用以区分门屋空间与外界空间，分界不是十分明显。进入门内，是一块较小的天井，光线较为幽暗，这里是作为院落空间的过渡，使来访者有了一个心理上的准备。在小天井的尽处，大门对面，是一处装饰影壁，用以缓解人们的感受。这里充分作好了进入院落的准备，对空间进行了一个简单的收束。通过窄小幽暗的过渡空间向西转，进入明朗开阔的庭院空间。庭院是中国四合院建筑的核心，《书经》中"辟四门、明四目、达四听"便是古代建筑院落布局方位的寓意体现。通过天井空间的对比与衬托，庭院空间愈显明朗，使人有豁然开朗之感。庭院较为宽阔，院内台阶与踏石皆比较低矮，两厢房间距与檐高之比大约为1∶1.5，在这种比例下，加之庭院向外封闭、向内开放，围合的四向房间又均向院落开门，使得庭院成为家庭成员的主要室外活动场所。庭院建筑主次分明，高低有序，空间起伏变化。正厅庄重高大，为装饰的重点，檐下有精美的黑白彩绘和木雕，显得庄重典雅。正厅的尺度在此院中为最大，与左右对称的厢房和倒座形成了鲜明的对比，更加强了正厅的重要性。厢房与倒座装饰素朴，门窗的装饰为明式直棱窗，符合其作为配角的地位。这种安排，有张有弛，重点突出，使人能感到重点所在，也符合封建的宗法制度。

十一号院

始建于清乾隆十年（1745年），是丁村民居的中晚期代表。十一号院是一座二进的四合院，布局上也体现着基本的轴线关系，其主要房间与早期四合院大致相同，也包括后楼、厢房、倒座和大门等组成部分，但由于是两进院落，与早期的四合院相比，又多了一些过渡和连接空间，包括连接前后院落的中厅和旁院以及牌坊等。中厅和后楼为南房，坐北朝南，不居人，作礼仪大事之用，是院落中最重要的建筑；东西厢房的形制仍为"三间两室"，是家中主要居住之处；倒座为北房，也可居人；大门位于倒座的正中，牌坊位于院落东南角，便所位于院落的西南角。

十一号院是丁溪莲的府第，丁溪莲捐做"州同"，因此其宅院的空间处理上也就会体现其作为官宅所应有的尊严。进入院落之前是一系列的铺垫。首先是宅院与村落的第一道分界处，呈门屋形式的大门。大门由于做成门屋形式，显得颇为高大。大门不作过多的装饰，粗犷中体现威武，这里是整个空间序列的开始。进入大门，是长长的甬道，甬道两边是两座院落建筑的山墙，空间极度狭长，使人产生了丰富的联想，显示了宅院的森严，又作为一种向导性的过渡空间，很好地处理了内与外的连接。走过狭长的甬道，在其尽头，是院落的第二大门——牌坊，这座牌坊是丁溪莲在捐得州同官之后，乾隆皇帝亲封他的祖父母的一处圣旨牌坊，牌坊做工精美，起花墙的图案好似一个个的银锭，象征着宅主的愿望，这里是作为整个空间的一个高潮点。

穿过牌坊，是一个四方形的院落空间，院落的大门开在正南方向，与中厅和后楼处于同一条轴线上。门屋的处理气宇轩昂，两根石础木檐柱托起高大的屋顶，屋顶出跳较大，在大门上投下很深的暗影，使门的体积感加强。门屋两旁的八字墙壁，既加强了门屋空间的引导，又加深了门的纵深感，再衬以东西两边倒座厚实后墙，门显得越加华美和威严。门前一对威风凛凛的守门石狮子，檐柱下精美的柱顶石，檐部精致的雀替，都表现着宅主显富夸耀的心态。

正门之后，是一道仪门，仪门平日不开启，因此在两门之间形成一个收缩空间。从两边绕过仪门，来到第一进院落，通过与先前的收缩空间的对比，空间显得豁然开朗。与早期丁村的四合院相比，中厅仍然是空间处理的重点，不论是其体量，还是门窗雕刻的细部处理，都体现着中厅的重要地位。与早期不同的是，晚期的院落的空间感比较紧凑，东西两厢房的间距与檐高之比小于1，庭院显得比较狭窄。这主要是由于中厅过渡空间的存在，人们的活动也发生了转移，从室外活动逐步转向了室内为主。另一个与早期庭院不同之处在于，无论是中厅还是东西厢房，其装饰的手法更为细腻，变化更为丰富，这一方面是由于时代的原因，另一方面通过变化着的装饰手法，淡化了庭院空间狭窄的不适之感。

从中厅西转，是一处跨院空间。这处跨院空间不大，却很好地起到了连接前后两院的作用。后院空间也是一个规整的四合院空间，空间感仍比较狭长。值得一提的是后院的正房。后院正房是一个三层高的建筑，因此，又称其为后楼。后楼实际上只是使用一层，其余为夹层，供储藏等用，这是晋南民居的特点。后楼在空间上有很好的作用，不仅体量高大，作了一个良

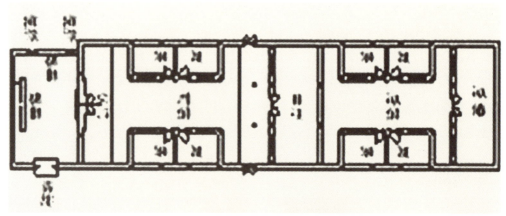

图 3-30 襄汾丁村民居十一号院平面（清乾隆十年）　资料来源：晋商民居

图 3-31 襄汾丁村民居院落门楼
资料来源：晋商民居

图 3-32 襄汾丁村民居甬道
资料来源：作者自摄

图 3-33 襄汾丁村民居入口圣旨牌坊
资料来源：作者自摄

图 3-34 襄汾丁村民居院落入口　资料来源：作者自摄

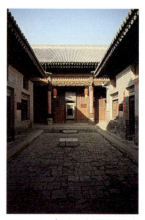

图 3-35 襄汾丁村民居前院内景　资料来源：作者自摄

好的收景，而且与前院中厅、倒座以及东西厢房一起构成了丰富的天际线，使建筑空间起伏变化，同时大门、中厅、后楼建筑屋脊，一级（脊）比一级（脊）高，有连升三级（脊）之意，满足了主人的精神要求。可见在晚期，随着人们的认识和建造技术的提高，空间更加丰富和成熟。

五、晋西传统民居——碛口古镇

碛口古镇位于吕梁市临县城南 50 公里处的碛口镇。东依吕梁山，西临黄河水，以黄河水运成为闻名全国的黄金码头、商业重镇。其范围包括碛口古镇及周边的多处商号店铺、黑龙庙、西湾村、李家山村等自然村落。

古镇依卧虎山呈 V 字形散开，V 字的左面临黄河，右面临湫水河。依照功能划分为三大区，即以码头、大型货栈为主的西市街（当地人称后街），以票号、当铺等服务性行业为主的高档商业区中市街（中街），以骡马、骆驼店为主的东市街（前街）。现分布在各街巷中的货栈、客栈、店铺、骡马店、驿站、手工业作坊、票号、当铺、民居、寺庙、码头等明清时期建筑，几乎包括了封建制度下民间典型的漕运商贸集镇的全部类型。其建筑风格粗犷豪放，以黄土高原特有的"明柱厦檐高圪台"为主线，和自然的山形水势浑然一体，楼上楼的建筑成为一个趋势，窑院一层又一层，在陡峭的山坡上最多处层叠着六层。

繁盛的河运和商业活动繁荣了碛口，逐渐形成商业重镇。发迹了的商家在寸土寸金的碛口镇盖房买地，做批发贩运的商家在建筑中看中的是房屋高大，院落宽敞；搞零售的商家则是从便利经营出发，沿街店肆排列紧凑，而铺面又大小不一。由于商家来自四面八方，因此建筑风格各异，有北方特有的三开间一门两窗式，有南方常见的活动板门式；经营比较贵重物品的商家，在铺面前会建前檐廊，并在前檐两侧放一对石狮，给人以威严震慑；而经营典当行的"当铺"却是四周高墙，全方位封闭，出入只留一扇小门，大门内侧的走道上，设有活动的陷阱踏板，院内四周屋檐前还凌空拉起铁丝网，网上系有铃铛，真可谓"天罗地网"。

碛口的繁荣带动了湫水河沿岸村落的发育，西湾村就是凭借紧靠碛口的有利条件，成为 20 世纪 40 年代以前碛口水旱码头商贸辐射圈内的重要村落之一。西湾村位于碛口镇东北 1 公里，始建于明代末年，是陈氏家族经商置地建成的血缘村落，迄今已有三百余年。据西湾村《陈氏宗谱》载，始祖陈先模于明朝末年从方山县岱坡山迁于西湾。初时，仅有茅屋草舍，后生意越做越大，家业辈辈兴盛。到第四代"三"字辈已发迹成巨富，其中陈三锡可谓佼佼者。他发达后在碛口大兴土木建豪宅，成为碛口繁荣昌盛的创始人，同时在西湾也耗巨资建造豪华的宅院。历经十一代苦心经营三百多年，村落逐渐发育成熟。目前西湾村除保留下来大量的窑居住宅外，还有宗祠、练武厅，防御性的堡门、堡墙及较完好的家族墓地等。其中一部分窑居住宅建筑质量较高，且结构类型丰富，有土窑、接口窑、石箍窑、砖箍窑及木结构砖瓦房等。

西湾村民居院落依山顺势，整体布局严格遵循明清时的宗法礼制秩序，讲究尊祖敬宗，

图 3-36 临县碛口古镇全景　资料来源：作者自摄

长幼有序，尊卑有别，内外有异，就连进大门，都有正门偏道之分，体现了一种循规蹈矩的封建文化理念。每一院建筑大都有正房、厢房、厅台、厕所、马棚、柴房、碾磨房等。正房多为前插廊式青砖拱券顶，纯白灰灌浆勾缝，至今十分坚固；厢房、客厅、绣楼等多为硬山、卷棚顶。在建筑艺术上，充分运用砖、木、石雕工艺，使得建筑多了几分灵秀。

位于碛口古镇南 3 公里的李家山村，也是碛口商贸辐射圈内的重要村落。李家山原名陈家湾，因李氏迁入并逐步兴盛改为今名。据《李氏宗谱》载：始祖李端于明成化年间（1465～1487）由临县下西坡村迁来。李氏家族抓住了清朝至民国年间碛口水旱码头的商机，专门养骆驼，跑旱路运输，发财后便回家盖房，逐渐形成了以骆驼憩息为特点且建筑质量上乘的民居村落。民居依山就势，从山底一直漫到山顶，一气呵成且灵活多变，形成"立体村落"，现存高质量住宅有"东财主院"、"后地院"、"新窑院"等。建筑形式以窑洞为主，均以水磨砖对缝砌筑，照壁、门楼、厦檐、窑洞门窗上的砖、木雕刻十分精致，其造型、风格都十分考究。古镇建筑自然、风格纯朴，细节变化丰富性，具有较高的审美价值。

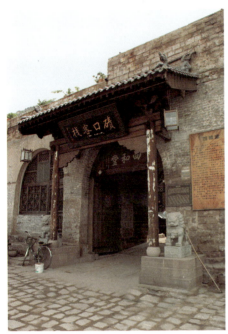

图 3-37 临县碛口古镇门楼
资料来源：作者自摄

图 3-38 临县碛口古镇西湾村民居
资料来源：作者自摄

无论是箍窑还是接口窑，无论是明柱厦檐还是没根厦檐，碛口的建筑似乎都是从土里生长出来；形状一致、看似相同的窑脸却都有着各不相同的细节变化；周边村落的财主院内砖雕和木雕都极为丰富。

碛口古镇因黄河水运和商业活动而繁荣昌盛，但因地形条件的限制，大部分为窑洞式建筑，主要建筑形式有靠崖窑、接口窑、箍窑（平地窑）、明柱厦檐高圪台、没根厦檐、一炷香、木结构砖瓦房等。前三种是基本的窑洞类型，后面的类型是前面的发展。这七种单体建筑形式基本囊括了碛口所有建筑类型，它们是碛口民居的主要构成单元。

1. 碛口窑洞的基本类型

（1）靠崖窑是最普遍的一种窑洞形式。这种窑洞是直接在黄土崖壁上向内挖掘而成，因而只有一个立面，即窑洞的窑脸，而没有侧墙。同时由于受制于山体形式，所以朝向、院落平面布置不够灵活。碛口的靠崖窑立面简单，没有多余装饰，尺寸也不大。

（2）接口窑是在靠崖窑基础上发展而来的，形式介于靠崖窑和箍窑之间。接口窑一般在两种情况下建造：一是在修建靠崖窑时，如若遇到土质过于疏松，不宜深入挖掘，则在黄土崖壁外接一段砖石窑身以达到指定深度；二是在修建靠崖窑时，遇到黄土崖壁有胶泥料、基岩等硬物，无法继续挖掘时，使用砖石在洞口前接筑一段箍窑。由于碛口为临黄河地区，黄土层较薄，岩石露出较多，不易挖靠山窑，因而以接口窑为主。碛口大部分窑院的正房都是接口窑。接口窑有一个很大的优点就是由于前面伸出一部分，所以避免了从崖壁上流下的雨水直接流到"窑脸"上。

（3）与完全隐于山体之内的靠崖窑相反的窑洞是完全独立于地面之上的箍窑。碛口镇窑院的厢房大多为箍窑。箍窑由于是完全建于地面之上，所以有四个立面，正立面开门窗，侧墙靠门处一般设有龛位或影壁，背立面为远落外墙，高大，临街，将院落与外部空间隔绝开来。

2. 窑洞的拓展形式

（1）"明柱厦檐高圪台"是碛口人对普遍见于碛口镇和周边村落中较富裕人家建筑的俗称，是当地一种比较有代表性的窑洞建筑。顾名思义，明柱就是露明的独立柱子，是相对于隐于墙内起主要承托屋顶荷载作用的"暗柱"而言的。厦檐，碛口人又称"厦子"，就是屋檐、房檐，厦檐是较为正式的说法。明柱承托着厦檐，便形成了一条横贯于窑洞门脸前的宽廊，遮风挡雨，彰显身份。圪台，就是指高于地面的房屋的台基。主要起承托屋身重量、稳固基础之用，同时也避免了雨季雨水对墙身的侵蚀。高圪台，一般为1米出头，也有2米甚至3米的台基，其间筑以台阶，连通院内地坪。简而言之，明柱厦檐高圪台就是形象高大、带有敞亮的外柱廊的窑洞民居建筑。除去独立盖起的砖瓦房，基本上碛口房屋都是平顶的，因而不会有起屋顶承重结构作用的坡屋顶出现。当然，明柱厦檐也不一定都是"高圪台"。有的也只做成类似散水的台明，如李家山的新窑院。同时，明柱厦檐也用于二层正房的木结构砖瓦房。

而碛口的明柱厦檐，其实就是在窑洞外立面搭建的一个外廊。这里的檐，只悬于立面之上，出挑大约2米多，最宽达3米。厦檐上部与女儿墙相连，女儿墙兼作上院的围栏，下端由明柱直接支撑。明柱之上厦檐之下并无斗栱，厦檐重量直接传于下方两根木枋之上，木枋由明柱支撑。木枋之间雕以额眉，明柱与木枋间以雀替相连，明柱左右相邻的两个雀替形式迥异，一曲一直，各与邻柱一侧雀替形成完整图案。

各明柱上部与厦檐交接处由窑上墙壁中伸出的短梁固定，将其侧向荷载传向墙壁，使明柱更加稳固。短梁木制，出头雕刻为"狮头"，较为精美。柱尾直接落于圪台之上的石质柱础内。

（2）没根厦檐是另一种带屋檐的碛口民居建筑形式。根就是明柱，没根厦檐就是只有披檐、不带明柱的窑洞，即为无柱、出檐小、前廊狭窄的民居。

这种形式的建筑，做法比较简单。由于没有柱，厦檐的重量主要靠窑脸洞口上方石墙中伸出的长条石来承担。石条长2米到3米，截面为长方形，宽20厘米，高40厘米。大部分预埋于石墙内，探出墙面约0.8米至1米。靠近外侧端头处上方开倒梯形的石槽，内有一上一下、上大下小两根木枋并置，用来承接厦檐檩条荷载，之后将这些荷载传至石条之上。石条探头处多雕刻狮头或龙头，作为装饰。

（3）"一炷香"窑洞是碛口最狭窄、低矮的黄土窑洞。这种窑洞挖在黄土崖壁上。黄土崖壁经过人工打磨修饰成较平整的立面，为防止黄土坍塌，一般黄土立面向内倾斜一定角度，与竖直方向略呈1/20的角度。"一炷香"窑洞深5～6米，宽度2～3米不等，室内窑掌处砌一土炕，靠炕处设一土灶，室内内壁略施粉刷，地面素土夯实，陈设极为简陋。

图 3-39 临县碛口民居靠崖窑　　资料来源：晋商民居

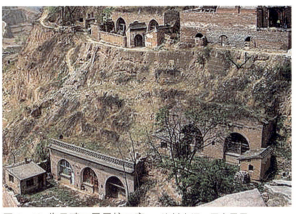
图 3-40 临县碛口民居接口窑　　资料来源：晋商民居

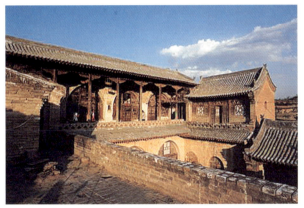
图 3-41 临县碛口民居没根厦檐窑洞

图 3-42 临县碛口民居明柱厦檐窑洞　　资料来源：作者自摄

窑脸只用麦秸泥打磨出简单纹理。靠近入口木门处顶部用一块长约 1 米的薄石板做过梁，同时也用以阻挡雨水浸入室内。窑口宽度不足 1 米，只能设一扇单开的木门。过梁上开有正方形的采光木窗，也用来通风。由于没有一般窑洞宽大的窗扇，室内显得阴暗。门窗、门扇底部用门裙板，上部用方格窗，采光窗以方格窗为主，木窗格内以麻纸裱糊。从外立面来看，"一炷香"式窑洞建筑有非常纯粹的统一的黄土质感。

（4）砖瓦房以木柱为主要承重构件，立柱之间用砖墙或木板来围护。因结构和材料所限，面阔一般为三间。屋顶多为单坡硬山顶，坡向院内。屋顶铺以青瓦，收头处做瓦当、滴水、兽头饰面。木结构砖瓦房一般为库房、草料房、牲口棚、柴禾房，也可临时休息或居住。所有砖瓦房都为花格门窗，造型优美，采光通风充分，但是由于材料的缘故，热稳定性则不如窑洞。开间约 2 米，进深浅，前檐很短，不足 1 米。二层正房的木结构砖瓦房往往作为家族厅堂之用，平面布局一般为正中开间做议事厅，面阔较大，入口处上方有向上弯起的门梁，又称"骑门梁"，有的漆有华丽图案。室内屋顶有的露明处理，可见檩架；也有的作井字格形状的天花，其间裱以白色麻纸，绘以图案。二层两侧厢房并不对外开门，而从明间室内开门分别进入，一般在厢房靠山墙侧设置炕灶，供临时居住休息之用。山墙处开窗洞，俗称"望月窗"。

第四章 戏台建筑

第一节 戏台概述

　　戏台，也叫戏楼，是我国独特的剧场形态，也是我国传统剧场构成的核心。本书所称的戏台，系指清朝末期以前修建的以戏曲表演为主要功能的有顶盖建筑。

　　古代戏曲表演的场所形式多样，名称也不统一，甚至在同一时间、同一史籍、同一庙宇内的碑刻中称谓也不相同。关于戏台的名称有舞亭、舞厅、舞楼、乐厅、乐楼、戏台、礼乐楼、乐舞楼、歌舞楼、山门戏台、山门舞楼等多种称谓。戏台名称中的"乐"、"舞""戏"表示戏曲特征和人们对戏曲的理念，而"台"、"楼"、"亭"则表现戏台的建筑特征和人们对戏台形式的认识。不同的称谓有其时代性特征。在明代以前，基本上以舞为主，宋元时期一般多取"舞"字；明代则以乐为主，明代称"乐楼"者为多；清代则基本上称为戏楼或戏台。

　　《中国大百科全书·建筑园林城市规划卷》将古代演戏场所泛称为戏场，该定义强调了观演空间和观演关系。中国传统戏场多采用庭院的形式，狭义的戏台是演出时的舞台，整个表演场所还应包括观演空间。清朝开始，戏台的世俗性增强，戏台逐渐走向社会的各个阶层，成为民众社会生活的重要组成部分。尽管在文献中有不同的名称，但在民间"戏台"是最通俗、最明白的称谓。

一、戏曲与戏台

　　《辞海》将"戏剧"定义为"由演员扮演角色，在舞台上当众表演故事情节的一种艺术。在中国，戏剧是戏曲、话剧、歌剧等的总称，也专指话剧"。

　　"戏曲"是中国传统的戏剧形式。中国戏曲历史悠久，在世界戏剧史上独树一帜，与希腊的悲剧和喜剧、印度的梵剧并称为世界上三种古老的戏剧文化。中国戏曲的内容主要包括宋金杂剧、宋元南戏、元明杂剧、明清传奇以及各种地方戏等，内容极其丰富。

　　中国戏曲起源较早，在原始社会的歌舞中已经萌芽了，但它发育形成的过程却非常之漫长。中国戏曲成熟于公元12世纪前后的宋金时期，是在源远流长的乐舞、百戏和讲唱文艺的基础上形成的。中国戏曲的演出场所历史上有各种称谓："戏场"、"乐楼"、"歌台"、"舞亭"、"乐棚"、"勾栏"、"戏楼"，等等。这些不同的称谓，反映着戏曲艺术演进的轨迹，也反映着戏曲演出场所的复杂情形。传统戏曲是以表演为中心的，一方面，戏曲的表演艺术多元，另一方面，演出场所多样——表演艺术包含"歌"、"舞"、"乐"、"戏"，演出场所有"场"、"园"、"楼"、"台"，于是造就了"场"的单纯和表演艺术的多元、写意，以及建筑艺术装饰多彩的状况。

中国戏曲在形成之初叫做散乐、百戏、杂戏、杂剧。"散"、"百"、"杂"，在一定程度上体现着表演艺术多元的特征。20世纪初，学者王国维提出"戏曲"的概念和界定。1919年，他在《戏曲考原》一文中说："戏曲者，谓以歌舞演故事也。"其中"故事"的界定，使戏曲区别于非情节的乐舞百戏，强调了戏剧的情节性和矛盾冲突，甚至文学内涵、思想内涵。中国戏曲是以唱、念、做、打表演为中心的戏剧艺术形式，综合性、虚拟性和程式性是中国戏曲的主要艺术特征。

随着表演艺术的演进，表演空间的形式渐渐产生了变化。

乐棚：传统流动性的演出场所往往用布幔或板壁将整个演出场所围起，称乐棚。

露台：为便于观众观赏，神庙中相对固定的演出场所往往将表演区搭设为高出地面露天之台，称露台。

舞亭、乐楼：露台上建设亭阁式的顶盖，既避风雨，又增美观并可拢音，称舞亭、乐楼。

勾栏：室内厅堂中的演出亦往往搭设小戏台，将表演区用勾花栏杆围起，既作为装饰，又区隔观众。宋元以后，商业性的演剧场所统称勾栏（相当于室内剧场）。

戏曲作为表演艺术，自然需要演出场所。戏曲的兴盛也促进了戏台建筑的发展。特别在清代，戏台建筑极为普遍，成为非常重要的建筑类型。

作为传统戏曲的载体，戏台联系着我国古代多种多样的宗教习俗和戏曲民俗，负载着传统戏曲的艺术形态和观演关系，乃至民族情感和民族精神。我国遍布城乡数以万计的古戏台年代久远，历经沧桑，曾见证过我国戏曲的形成，见证并促进我国戏曲的发展与繁盛，是非常宝贵的"固态的戏剧文化"，同时也体现着我国古代建筑艺术的绚丽与辉煌。

二、山西的戏曲文化

山西是中国戏曲艺术的发祥地之一。山西的戏曲剧种颇为繁多，全国300多个剧种，山西就有近50个，约占1/6。山西的地方戏曲历史悠久，源远流长，博大精深，是戏台建筑兴盛的基础。

在春秋战国时代的三晋大地上，曾经有过悠久的乐舞文化传统和丰厚的乐舞文化积淀。汉代歌舞百戏十分繁盛。山西南部发掘的汉代戏俑说明当时山西的百戏等伎艺呈现繁荣局面。随着歌舞艺术的发展，唐代的山西上党、河东、并、代等地区，相继出现了滑稽戏、歌舞戏、傀儡戏等。

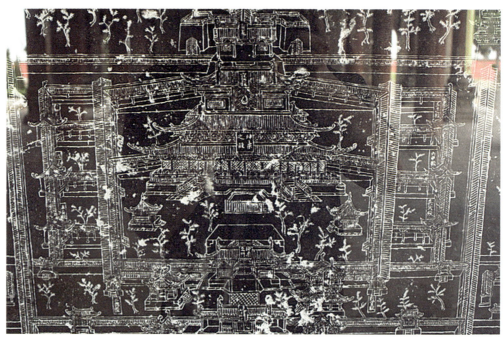

图 4-1 山西万荣县后土庙线刻《后土皇地祇庙像图》　　资料来源：《中国古戏台研究与保护》

北宋年间，山西各地到处活跃着诸如滑稽戏、歌舞戏、影戏、百戏、技艺戏等多种土戏。说唱艺术是戏曲形成的重要渊源，北宋时期说唱艺术的代表形式就是诸宫调，后经泽州（今晋城）说唱艺人孔三传把单宫调改为诸宫调，对宋元南戏和北杂剧的唱腔艺术产生过重大影响。

到了金代，山西的杂剧更为繁盛，山西南部河津、稷山、侯马等地发掘的大量金代杂剧砖雕即可为证。

元代，戏曲艺术日趋鼎盛，山西成了全国戏曲艺术的中心之一。根据《元史类编》载，伟大的元代剧作家关汉卿就是山西（解州）人。

到了明代，山西蒲州、陕西同州、河南陕州一带的民间艺人对北杂剧唱腔进行改革，在山西境内出现了"蒲州梆子"戏。后来，由蒲州梆子分别与晋中、晋北、晋东南等地的土戏及风俗人情相结合，逐步形成了中路梆子、北路梆子、上党梆子。

三、戏曲演出场所的几种模式

中国传统戏曲演出场所灵活多样，只要有一块空旷之地即可。周华斌认为："因地制宜，随处作场，可以说是中国戏曲表演方面的一个特点，也是研究中国戏曲演出场所的前提。"对于固定的演出场所而言，有相对稳定的形式。根据其建筑形式和围合程度，其基本构成形式主要有三种，即庭院型、广场型和厅堂型。其中，庭院型是中国传统戏曲演出场所的主要形式。

广场型　中部建台，四周为开阔之地的形式，公众性的庙会多采用这种演出场所。其中最典型的是露台。此外，临时搭设的"山棚"（又称"草台"）也属广场型。

演戏的露台有两种：临时的和永久的。临时性露台适应民俗节令之类活动的娱乐需要，搭设于街头、广场，有的还在台上增设乐棚。永久性的露台在秦汉隋唐时已经存在，用于礼仪乐舞，亦可用于散乐百戏。宋元以来，尤多见于庙宇之中或庙宇周围。山西万荣县后土庙有《后土皇地祇庙像图》碑，原刻于金"天会乙巳"（天会三年，1125年），明代依原图重刻。此图的神殿前有一铁栅围起的方台，应是为神灵贡献物品的"献台"，另有一个更大的、带台阶的方台，应是可以贡献乐舞的"露台"。

清康熙三十三年（1694年）《康熙南巡图》和清乾隆《万寿景点图》多处描绘位于河边开敞处的戏台形象即属于广场型。

厅堂型 主要指宋元时期的瓦舍勾栏，清代的商业性戏园、室内宫廷戏场、室内会馆戏场。清代商业性戏园一般也采用厅堂式。清代宫廷有专门供皇帝看戏的室内戏场，规模很小。会馆戏场多为庭院式，但到清代中后期，则也不少采用厅堂式，如北京的湖广会馆、天津的广东会馆。

庭院型 中国古建筑多采用庭院式布局，如寺庙、宗祠、会馆等。依附于这些建筑的戏台亦采用庭院式布局。庭院型是中国传统戏曲演出场所最为重要的形式。

第二节 山西古戏台遗存状况

山西地处华北，是中华民族古老文明的重要发源地之一，境内留下了早期人类活动的遗址，因此有"五千年文明看山西"之说。如此的历史传统造就了山西丰富灿烂的文化，因此有人说"地下文物看陕西，地上文物看山西"，说明山西地上文物在全国占据着重要位置。有资料统计显示，山西省存有占全国70%以上的辽金以前古建筑。其实，明清时期的地面文物也不在少数。在这些众多的文物中，戏台成为重要的组成部分。

山西省是全国古戏台存量最多的省份。山西在"文革"后，经文化部门普查，"仍存清代以前的庙台2887座，仅及原数十之二三"。基于此项统计，山西明清的戏台"据估计总数近万座"。山西河津县20世纪50年代普查时尚存传统戏台400座，旧县城内有24座，清涧一村就多达12座。

山西戏台形制多种多样，包括镜框式、伸出式、过路台，式样有独体戏台、二连台、三连台、品字台等，各个戏台的造型别具特色，带有很强的地域性。同时，戏台的构件也深深地嵌入了地域文化的色彩，充分反映出人们的信仰、心理以及社会关系等特征。戏台的形制、式样与构件还深深地刻印着时代的烙印，记录着那个时代的面貌，透过这些内容，可以看到当时丰富的、活生生的社会。作为民众文化生活的重要组成部分，戏曲能够反映民众的心理与社会特色，戏台的研究对戏曲研究具有重要的补充作用。戏台构件以及修建碑中有大量反映民众心理与社会关系的内容，对戏台的研究，补充了原有戏曲文献资料的不足，在戏台、神庙碑刻中提到的有关演戏的情况为了解当时的戏曲与社会关系提供了依据。

从现有资料可知，戏台的修建发端于宋，历经金元，至明清大量普及，形制也逐渐成熟、完备。保存至今的山西戏台，大多数属于清代建筑。就全国而言，明代以前（包括明代）的戏台已不多见，而在山西，不仅有大量实物，而且有碑刻作为旁证。全国现存有史志记载和碑刻可考的创建于宋金元以前的戏台共20座，主要分布在山西、陕西、甘肃、河南等省。这些戏台，除山西现存的金元戏台原貌保持较好外，其他的绝大部分面貌已多有改变。创建于金元以前的戏台，有确切纪年且保存较好的在山西省共有13座，其中2座为遗址。全国现存明代戏台，有据可考者约90余座，其中将近一半在山西省。

第三节 山西古戏台的特征与格局

一、山西古戏台的特征

考察现存的古戏台，大都具有两个基本特征：一是依附性特征，二是同一区域环境下相对其他建筑形象较华丽的特征。

依附性特征是指戏台多依附于宗教建筑或礼制建筑的现象。纵观戏台产生和发展的整个历史过程，除了宋金元时期的瓦舍勾栏、清朝的城市茶园剧场（包括后来模仿茶园剧场的会馆剧场）和皇宫戏楼以及始终伴随中国戏曲发展的临时搭台之外，戏台基本上是存在于祠庙的院落之中。明清两代，尤其是在清代广大的农村地区，戏台分布极为广泛，有很多地方曾达到"村村有戏台"的程度，而这些农村戏台几乎毫无例外都依附于神庙或祠堂。六朝和隋唐时期佛寺内的"戏场"演戏，是佛寺演奏梵乐功能的延伸，也是僧侣们为了宣传佛法、吸引更多信徒而采取的"本土化"措施。而宋代以后神庙内的戏台演戏，则是祭祀目的的外延，也是乡民们用来"酬神"的手段。

建筑形象较华丽，是从整体上与其他建筑相比较而言的。农村一些戏台建筑虽然比较简朴，但若与当地其他建筑相比也属较好的建筑。我国著名的乡土建筑专家、清华大学建筑学院陈志华教授曾考察过宁海古戏台，他在为徐培良、应可军著《宁海古戏台》所作的序言中这样写道："庙宇和宗祠本来就是乡土环境中最壮观、最华丽的建筑，它们是一方匠师们最有代表性的杰作。杰作总要把最好的一切放在人们最看得见的位子上，所以，对着观众的戏台正面是第一个下功夫的地方"。

二、山西古戏台的格局

中国传统建筑大多采用合院式布局。由于戏台具有依附性的特征，大多依附于寺庙、家祠等建筑，而这些建筑多遵循主体建筑坐北向南、院落左右对称和中轴线布局的形态。如寺庙建筑一般坐北向南，并将正殿等主要建筑布置于南北向的中轴线，左右则对称分布次要建筑，而戏台则在中轴线上坐南向北。由于戏台在院落中的位置特点（位于正殿之南，且二者位于同一中轴线），戏台也称为"南楼"。

由于地形等诸多因素的影响，建筑群体的朝向和整体格局会有变化。但戏台的台口面向正殿则是几乎是不变的，戏台一般均和正殿相对而建。究其原因，是由中国戏曲演出中祭祀奉神的特点决定的。寺庙中的戏台建造之初，就是为了祭神娱神，那么为了让主要的神灵方便观看戏曲演出，戏台位于正殿之前乃理所当然了。

但也有例外。古代文人多将戏曲看作低俗之物，认为用戏曲演出祭祀会亵渎神灵，而且戏曲演出时人声喧哗，破坏了寺庙的安静，所以有些人也极力反对。山西运城解州关帝庙清乾隆二十五年（1760年）碑刻《重修关帝庙记》曰："以前乐楼逼近正殿，士女喧然，颇觉亵渎，遂移建雉门内，而雉门复增高之。"

根据戏台在院落组织中的位置，大致可分为三种，即戏台位于庭院中独立设置、戏台与山门组合和戏台位于山门之外。

1. 戏台位于庭院中独立设置

戏台相对独立，位于庭院中间，不与其他建筑相连属。山西现存元代戏台四周的建筑多已毁坏，其整体布局不详，但从残存的痕迹看，大多采用的是这一布局。明清时期这种布局方式并不多见。

林徽因、梁思成20世纪30年代在《晋汾古建筑预查纪略》中所绘制的山西汾阳县柏树村天龙庙戏场中，戏台就位于庙宇庭院中间。文中描述："（山）门内无照壁，却为戏楼背面……山西中部南部我们所见的庙宇多附属戏楼，在平面布置上没有向外伸出的舞台。楼下部为实心基坛，上部三面墙壁，一面敞开，向着正殿，即为戏台。台正中有山柱一列，预备挂上帷幕可分成前后台。楼左阙门，有石级十余可上下。在天龙庙里，这座戏楼正堵截山门入口处成一大照壁。转过戏楼，院落甚深，楼之北，左右为钟鼓楼，中间有小小的牌楼，庭院在此也高起两三级划入正院。院北为正殿，左右厢房为砖砌屋各三间，前有廊檐，旁有砖级，可登屋顶。"

2. 戏台与山门组合

山门上建戏台，是明清常见的一种形式。戏台与山门均位于正殿之南，这就使戏台和山门的组合成为可能。同时，戏台需要高的台基，而将台基贯通，即为山门。从庭院中看是戏台，从外面看是山门。

3. 戏台位于庭院外

将戏台建于山门之外，也是非常重要的一种形式。清代寺庙补建戏台者甚多。而当寺庙内无空地时，就将戏台置于山门之外。寺庙属清静之处，将喧哗的戏场建于寺庙之外有其合理之处。

三、山西古戏台的建筑特点

戏台作为中国古代建筑的一种重要类型，具有古建筑的共同特征。同时与其他建筑类型相比，也有其自身的特点。

1. 平面形式多样，其形态的演变与戏曲的发展有内在的联系

传统戏台按其平面形式和观演关系，大致可分为两大类，即伸出式和台框式。山西戏台以台框式为主。1986年6月山西文物局对和顺县文物进行普查时，发现当时还留存清代戏台34座，其中，发现戏台前场三面敞开的有10座，戏台前场仅正面敞开的24座。梁思成等在20世纪30年代调研时也总结道："山西中部南部我们所见的庙宇多附属戏楼，在平面布置上没有向外伸出的舞台。楼下部为实心基坛，上部三面墙壁，一面敞开，向着正殿，即为戏台。"

戏台的平面根据其平面特征又可分为有单一型与组合型。

单一型戏台　单一型戏台无论开间及进深为几间，其屋顶表现为一个独立的形式。单一型戏台的开间通常有单间、三间、五间之分。

山西现存的元代戏台多为单间，其原因就是宋元杂剧演出时演员并不多。这些戏台四边基本相等，近似方形。四角柱间距一般为7米左右，面积约50平方米，平面形式和尺寸相对统一。明清时期，这种形式的戏台较少采用，偶见于宅院戏台中。

三开间单一型戏台是单一型戏台中最为普遍的一种形式。当元代流行的单开间戏台由于面积狭小无法满足表演需要时，就扩大之，产生了三开间的戏台。三开间戏台最早大约出现于元末明初。明清时期，三开间戏台非常多见。其平面为近似正方形或略显长方形，面积一般为50～80平方米。一般前台面积大于后台面积。

五开间单一型戏台和三开间戏台相比，相对少一些，因为过分宽大的通面阔不太适应戏曲演出，但一些寺庙为了追求建筑的宏伟而将戏台建为五开间。

组合型戏台　组合型戏台又有前后组合和左右并列组合两种类型。

随着演出规模的扩大，单一型戏台难以满足使用的要求，于是分别建前台和后台，并组合在一起。这样，就产生了前后组合式戏台。前台和后台不仅在空间上用屏风分隔，而且分别用不同的建筑单体。前后台连接处多共用承重柱。如太原上兰镇窦大夫祠戏台、太原晋祠钧天乐台就采用了这一形式。

前台多为伸出式，三面敞开。前台和后台采用不同单体建筑，且前后布置，自然就"解放"了前台，使前台可采用更为自由和灵活的形式，三面敞开，伸向观众。这种组合使屋顶造型更加丰富。前台部分多用歇山顶，后台部分多用悬山或硬山顶。这样的屋顶形式组合是有其合理性的。前台多三面可观，采用造型多方位的九脊歇山式。后台隐于其后，用单脊顶。根据前后和后台的面阔情况，大致可分为两大类，即前台和后台面阔基本相等或前台面阔小于后台。

前后台面阔基本相同，这种戏台形式在平面形式上往往和单一式没有太大区别，在结构

上的差异还是明显的，其屋顶为两部分的组合。

中国传统戏曲演出注重观众和演员的相互交流。为此，前台采用近似方形的平面形式，三面敞开，伸出于庭院中，使其最大限度地接近观众。明清戏曲演出，演员增加，需要大的后台，后台则采用大的面阔。这样就出现了前台面阔小于后台面阔的形式。

左右并列式就是在戏台的左右两侧分别建耳房，用作后台。这种戏台形式产生的直接原因就是随着戏曲艺术的发展而要求有更大的后台。单一式戏台虽适用于乡村小规模的演出，可一旦有更为隆重和盛大的戏曲演出，则显得狭小，所以就在戏台两侧分别建耳房，用作戏房。

2. 在多开间的形式中，明间面阔通常大于次间

虽然中国古代建筑有明间大于次间的做法，但是，明间和次间的尺寸悬殊之大，是戏台建筑独有的。对于戏台建筑来说，明间大于次间，可以有效增加表演区的面积。元代对木构架进行了大胆的革新，为获得较大的使用空间而采用减柱法和移柱法。但是，移柱和减柱会产生大跨度的梁柱，以及不规则的结构，建筑结构的安全性降低，所以，明清普通建筑中已很难见到移、减柱做法。

明清戏台则由于特殊的功能要求，仍在广泛采用移、减柱造，扩大表演区的面积。新绛县阳王村稷益庙明代戏台采用"明三暗五"的前檐减柱造，明间面阔达10米，保证了台面的宽度。河津市樊村关帝庙明代戏台，前檐施大额材，使平柱向两侧偏移，扩大了明间表演区的面积。

3. 台基通常较高，台基形式多样

在庭院型戏台中，戏台的台基高度一般高于正殿、配殿等单体的台基。较高的台基可以防止演出时观众之间视线的阻挡，可以形成高耸和挺拔的建筑形象。

在山门与戏台组合的形式中，明清多采用下为山门、上为戏台的建筑形式。戏台下的山门，作为人行走的通道，至少在2.0米以上，这样台基的高度就不能太低。

戏台台基形式多样。大致分为两大类，即实台基和空台基。空台基中，又有拱券式、覆板式、柱撑式、腔体式等形式。

4. 戏台与其他建筑的组合形式多样

明清时期戏台和其他建筑建为一体者比较多见，其中的原因主要有两个。其一，传统戏曲对表演空间并不苛求，使戏台和其他建筑的合建成为可能。其二，由于戏曲活动频繁，许多场所需建戏场，使戏台和其他建筑的合建在一定程度上成为需要。

介休市后土庙戏台正对后土殿，背靠三清殿，和三清殿合为一体。后土庙在城内西南角，前后两进院落。前院建阁三间，供奉三清。后院正殿面阔五间，供奉主神后土。庙中的戏台正对正殿而和三清阁联为一体。

介休市祆神楼位于三结义庙前，是戏台、乐楼、过街楼三者巧妙组合为一体的楼阁式建

筑。袄神楼南端为过街楼，台基十字形，东西向为街道，南北向为三结义庙的山门；中间为乐楼；北端为戏台，台基下为山门。整个建筑两层，十字歇山式三层重檐屋顶。东西南底层和二层均有围廊，二层围廊可供游人登上环视。袄神楼宏伟壮观，颇有气势。戏台明间4.6米，次间3.1米，圆木通柱8根。两侧建音壁。

5. 一些戏台的特殊形式

山西传统古戏台中，戏台面对正殿而建，一庙一台，几成定制。但是，也有些戏台形式特殊，如：为了渲染戏曲演出的热闹气氛，将几座戏台组合在一起，所谓的连台、对台、品字台；为了节省人力物力，一座戏台服务于几座寺庙，所谓的鸳鸯台、三面开台；将戏台和山门、街亭等融合为一体，就产生了所谓的穿心戏台、过厅戏台，如此等等，不一而足。总之，设计者因地制宜，富有创造性。

对台 两座戏台"对立"而存在。五台县金刚库村奶奶庙的两戏台即为对台形式。两戏台均为三开间，规模相近。建筑形式则不同，一为台框式，一为伸出式，一为单檐歇山顶，一为卷棚歇山顶。

二连台 就是两座戏台一字排开，连在一起。

三连台 就是三座戏台一字排开，连在一起。

品字台 就是在一座寺庙中三座戏台呈"品"字形布局。

鸳鸯台 就是戏台前后两个方向均可演戏。当一面做表演区时，另一面则做后台，互为表演区和后台。

三面开台 戏台在三个方向面对三座寺庙，利用戏台自身墙体的调节，可向三个方向演出戏曲。现仅知介休市板峪村戏台一例。板峪村戏台南为龙王庙，北为关帝庙，东为嚓师庙。仅在戏台西侧砌砖墙，其余三面安装隔扇，向何方演戏，就开启何方的隔扇。

穿心戏台 就是在台基的中央设有通道，将台面一分为二。这种戏台在功能和形式均有其明显的特点。从使用情况而言，更多的时间是作为南来北往车马行人的通道，仅在演戏之时，搭板于其上变为戏台。

过厅戏台 就是山门兼用作演出场所的戏台。在建筑构造上的特点是在其演出方向明间的踏步缩在台基的内侧，而且在两侧边缘处凿有低于台基平面的凹槽。演戏之时，如果在凹槽上覆板，则台基平面成为一个没有缺口的整体，此时山门即为戏台。

第四节 金元戏台

中国早期（宋金元时期）的剧场形制主要有两种：设在大城市的商业性剧场——瓦舍勾栏，建于广大城乡的宗教性剧场——神庙剧场。随着岁月的磨蚀与人为的破坏，瓦舍勾栏早已荡然无存，就连一张最简单的线描图也没有留下来。所幸的是在晋南、晋东南地区，还保留下来十几座金元戏台，均建在神庙里。这里的"神庙"是一个比较宽泛的概念。它既指供奉源于中国古代自然、祖先、鬼神信仰与崇拜的"古代宗教"之神灵的庙宇、祠堂，也指佛教寺院、道教宫观以及行会会馆等。

山西戏台形象最早见于侯马市金大安二年（1210年）董明墓砖雕仿木结构戏台。戏台台基高1.01米，宽0.77米，单开间，位于董明墓中北壁。戏台下面设矮柱和云板。台基两侧为小八角柱子，柱上设大额材和斗栱承托屋顶。正面施斗栱三朵。屋顶山花向外，

图4-2 董明墓砖雕仿木结构戏台
资料来源：中国古戏台研究与保护

为十字歇山式，前面的排山部分博风、悬鱼非常精致。台上雕有戏俑5个，一字形排列，矗立在台面前沿，面形和服饰均经过设计和化妆。中国北宋的戏台已经荡然无存，中国现存最早的戏台是山西高平市寺庄镇王报村二郎庙内金大定二十三年（1183年）修建的戏台。屋顶酷似董明墓中的舞亭模型（单檐歇山顶，山花向前），斗栱和梁架的做法也与《营造法式》所记载的接近，是金代舞厅建筑的真实体现。

金元戏台多为一间，即使三开间者，中间的柱子（平柱）也比角柱细小得多，类似辅柱，仅呈三间之势，整体上还是一大间。金元戏台多为单檐歇山顶，个别为十字歇山顶，芮城县永乐宫龙虎殿是宫门兼作戏台，用庑殿顶，为一特例。金元戏台已经有了前后台的分隔，有的在两山面后二分之一处设辅柱，辅柱与角柱之间纵向砌墙，两辅柱之间横向挂帐幔，以分前后台，形成三面观形制。多数戏台两山面全部砌墙，呈一面观之势。

根据调查，中国现存金元戏台有13座，其中2座仅存遗址，其余保存完整，有确切纪年者8座，它们全部在山西省。

高平市王报村二郎庙戏台

高平市王报村二郎庙戏台，建于金大定二十三年（1183年），位于王报村北的一个高岗上。戏台单开间单进深，四角立柱，单檐歇山顶，举折平缓。平面为正方形，面阔5米，进深5米。台基呈长方形，宽7.50米，台基高1.1米。2004年维修，2006年列为全国重点文物保护单位。庙内还存正殿三间、献殿三间，均为清代建筑，东西廊房大部分已坍塌。

临汾市魏村牛王庙乐厅

临汾市魏村牛王庙乐厅，元至元二十年（1283年）建，居于村的西北面山冈。乐厅面阔一间7.45米，进深7.42米。台基高1.15米，单檐歇山顶，保存完好。1978年维修。1965年列为省级重点文物保护单位，1996年列为全国重点文物保护单位。庙内还存献亭一间，正殿三间。

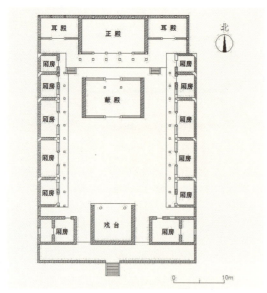

图 4-3 高平市王报村二郎庙戏台平面图
资料来源：山西省古建筑保护研究所提供

图 4-4 高平市王报村二郎庙戏台　资料来源：作者自摄

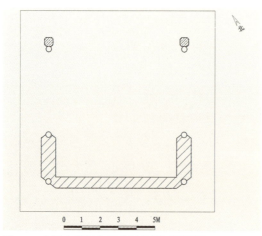

图 4-5 临汾市魏村牛王庙元代乐厅平面图
资料来源：作者自绘

图 4-6 临汾市魏村牛王庙元代乐厅正面
资料来源：作者自摄

图 4-7 临汾市魏村牛王庙元代乐厅侧面
资料来源：作者自摄

图 4-8 临汾市魏村牛王庙元代乐厅斗栱
资料来源：作者自摄

图 4-9 芮城县永乐宫龙虎殿（宫门兼戏台）　　资料来源：山西省第三次全国文物普查资料

戏台的四根角柱分别置大斗，斗口内施十字形雀替，上架四根大额枋，形成井字形框架，额枋上每面各施斗栱四攒，四面共十二攒，分补间和转角两种，为双下昂五铺作。斗栱上承出檐和梁架，转角处施抹角枋，上承井口枋，形成第二层井字形的框架。井口枋又辅梁架，上施第二层斗栱，每面四攒，共十二攒，每面中间的两攒斜栱之上，承抹角梁，形成一个扭转90°的方框，抹角枋中心处设垂柱，上架小枋，四角抹去，形成八角形的框架，每面施斗栱各一，共八攒，汇合于中心，形成八角形藻井。

芮城县永乐宫龙虎殿（宫门兼戏台）

芮城县永乐宫元至元三十一年（1294年）龙虎殿，宫门兼戏台，通面阔五间20.68米，通进深二间9.6米。台基高1.55米。单檐庑殿顶。保存完好。1961年列为首批全国重点文物保护单位。庙规模较大，还存元代建筑三清殿、纯阳殿、重阳殿等。

永济市董村三郎庙戏台

永济市董村三郎庙元至治二年（1322年）戏台，通面阔三间8.4米，其中明间5.1米，通进深二间6.8米，其中前台3.85米。台基高1.3米。单檐歇山顶。保存较好。1979年重修。2004年列为省级重点文物保护单位。庙已不存。

柴泽俊认为："台基、柱础、柱子、大额枋等还是元物，梁架和瓦顶部分清代补修时有所改观，并于前檐加设了平柱，台中增设置了隔壁。但是，总体形状、平面设置、屋顶举折等方面，仍不失元代风格。"

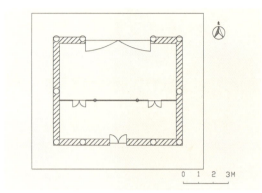

图 4-10 永济市董村三郎庙戏台平面图
资料来源：山西省第三次全国文物普查资料

图 4-11 永济市董村三郎庙戏台正面
资料来源：山西省第三次全国文物普查资料

图 4-12 永济市董村三郎庙戏台藻井
资料来源：山西省第三次全国文物普查资料

图 4-13 永济市董村三郎庙戏台斗栱
资料来源：山西省第三次全国文物普查资料

翼城县武池村乔泽庙舞楼

翼城县武池村乔泽庙元泰定元年（1324年）舞楼，面阔一间9.38米，进深一间9.25米。台基高1.8米。单檐歇山顶。保存较好。1985年重修。1986年列为省级重点文物保护单位，2006年列为全国重点文物保护单位。庙已不存。这座稍稍晚于临汾市魏村牛王庙戏台的建筑，在建筑技术和艺术上有明显的特点，是山西现存的元代戏台中规模最大者。

洪洞县景村牛王庙戏台遗址

洪洞县景村牛王庙元至正二年（1342年）戏台遗址，仅存两根石柱，柱距7.4米。庙亦不存。

沁水县海龙池天齐庙戏台遗址

沁水县海龙池天齐庙元至正四年（1344年）戏台遗址，仅存台基及7根石柱，通面阔三间7米，进深5.5米。台基高2.5米。庙内残存正殿墙壁、东西厢窑洞。

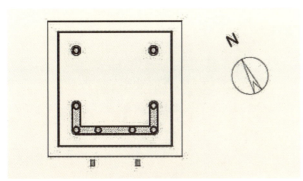

图 4-14 翼城县武池村乔泽庙舞楼平面图
资料来源：山西省第三次全国文物普查资料

图 4-15 翼城县武池村乔泽庙舞楼正面
资料来源：山西省第三次全国文物普查资料

图 4-16 临汾市东羊村东岳庙戏台正面
资料来源：山西省第三次全国文物普查资料

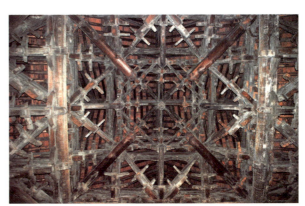

图 4-17 临汾市东羊村东岳庙戏台梁架
资料来源：山西省第三次全国文物普查资料

临汾市东羊村东岳庙戏台

临汾市东羊村东岳庙元至正五年（1345年）戏台，面阔一间8.04米，进深7.9米。台基高1.63米。单檐十字歇山顶。保存较好。1986年重修。2006年列为全国重点文物保护单位。庙内还存钟楼、鼓楼、后殿等。

石楼县张家河村殿山寺圣母庙戏台

石楼县张家河村殿山寺圣母庙元代戏台，面阔一间4.65米，进深4.3米。台基高1.5米。单檐歇山顶。保存较好。1990年代重修。1989年列为县级文物保护单位。庙内还存正殿、配殿及东西禅窑各三间，皆为窑洞。

临汾市王曲村东岳庙元代戏台

临汾市王曲村东岳庙元代戏台，面阔一间7.37米，进深6.83米。台基高1.15米。单檐歇山顶。保存较好。2005年重修。2006年列为全国重点文物保护单位。庙内还存正殿三间。东岳庙戏台无题记，柴则俊认为"按其规格式样与制作手法应是元初遗构"。

图 4-18 石楼县张家河村殿山寺圣母庙全景
资料来源：山西省第三次全国文物普查资料

图 4-19 石楼县张家河村殿山寺圣母庙正面
资料来源：山西省第三次全国文物普查资料

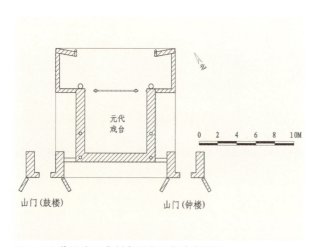

图 4-20 临汾市王曲村东岳庙元代戏台平面
资料来源：山西省第三次全国文物普查资料

图 4-21 临汾市王曲村东岳庙元代戏台正面
资料来源：作者自摄

图 4-22 临汾市王曲村东岳庙元代戏台斗栱
资料来源：作者自摄

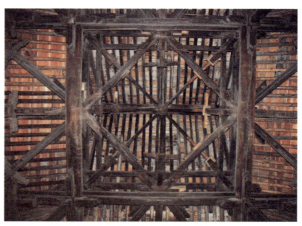

图 4-23 临汾市王曲村东岳庙元代戏台梁架
资料来源：山西省第三次全国文物普查资料

图 4-24 翼城县曹公村四圣宫舞楼
资料来源：山西省第三次全国文物普查资料

图 4-25 泽州县冶底村岱庙舞楼
资料来源：作者自摄

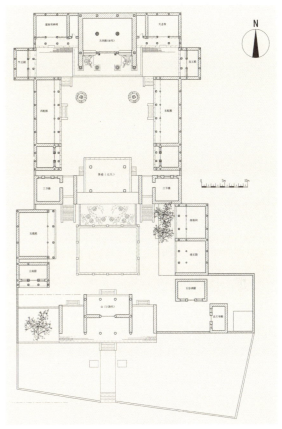

图 4-26 泽州县冶底村岱庙总平面图
资料来源：山西省第三次全国文物普查资料

翼城县曹公村四圣宫舞楼

翼城县曹公村四圣宫元至正年间（1341～1368年）舞楼，面阔一间 7.7 米，进深一间 7.3 米。台基高 1.6 米。单檐歇山顶。保存较好。戏台 1999 年重修，2006 年整座庙宇连同东侧的关帝庙全面维修，并被列为全国重点文物保护单位。庙为两进院，还存正殿、侧殿、厢房等，庙东为关帝庙，清代中期建筑。

泽州县冶底村岱庙舞楼

泽州县冶底村岱庙元代舞楼，面阔一间 5 米，进深 5 米。台基高 1 米。单檐十字歇山顶。保存较好。2003 年重修。2001 年列为全国重点文物保护单位。庙内还存金代正殿，明清朵殿、配殿等。

高平市下台村炎帝庙戏台

高平市下台村炎帝庙元代戏台，面阔一间 5.5 米，进深 5.15 米。台基正面高 0.5 米，背面高 1.3 米。单檐歇山顶。保存较好。庙为三进院，戏台在后院。2006 年列为全国重点文物保护单位。

第五节　明代戏台

　　较之金元戏台，明代戏台在建筑上有多方面变革。明代戏台平面布局多突破方形格局，变为长方形，开间也由单间变为三间甚至更多。梁架由原来的扒梁结构转变为一般的厅堂、殿堂式五架梁。

　　"过路台"的出现是明代神庙剧场建筑的创举。过路台指戏台建在通道上，这个通道一般为寺庙山门。所以，过路台也叫"山门戏台"、"山门舞楼"。对此种戏台形式，古人没有为之专门命名，一般以"山门之上为舞楼"之类的话描述它，山西民间称之为过路台。山西芮城永乐宫元至元三十一年（1294年）之山门——龙虎殿，单檐庑殿顶，面阔五间，进深二间六椽。后檐明间踏道缩在台内，两侧边缘有凹槽，与一般门道不同，是专为演出时搭木板而设。这种山门兼戏台的安排对明代过路台的创建有一定启发作用。已发现的明代戏台中过路台有30余座，占总数1/3强。

　　木结构为主的过路台下层亦用木柱支撑，如前述清徐县徐沟镇城隍庙山门戏台，砖石与木结构混合型建筑下层多为砖石所砌的高大台基，中间开券洞为通道。另外，山门兼作戏台的构想也被继承发挥，创造出活动型过路台。山门平时只供通行之用，演出时在柱子间插楞木搭木板作舞台（有的纯用活动短柱支撑台面）。由于台板一般高出地面2米左右，演出时下面也可通行，所以与固定的过路台非常相似，而不同于山西芮城永乐宫元代山门兼戏台。

　　将山门与戏台合建，既节省了占地，又扩大了观演范围，同时在不增加建筑材料的前提下可以使戏台变得高大美观，确实是一举多得的创举。如现存的几座明代城隍庙山门乐楼，一般高度在13米左右，而晋中市榆次城隍庙山门戏台——悬鉴楼高达18米。屋顶则出重檐甚至四重檐，旁接耳楼，显得雄伟壮丽，气势不凡。

　　城隍庙中建立雄伟壮丽的戏台，是明代神庙剧场建筑的突出成就。城隍神在中国传统宗教信仰中极为重要，城指城墙，隍指城墙外环绕的深沟。沟中无水曰隍，有水名池。元代始有都城隍庙。明太祖朱元璋登基之初，对城隍神大加封赏，降旨命各府、州、县城隍庙制"高广如官府厅堂"。于是各地均建城隍庙，且分外壮观。不久，城隍庙内纷纷建起了戏台，亦比他处戏台高大瑰丽，成为明代剧场史上一道亮丽的风景线。从目前的发现看，前代城隍庙中尚未有建戏台者。

　　一庙两戏台的出现是明代神庙剧场建筑的又一大创新。现存金元戏台之神庙，皆一庙一台。一庙两戏台的出现，在中国古代剧场发展史上具有重要意义。首先，表明戏曲地位的提高。其次，透露出神庙剧场戏曲演出竞赛的信息。第三，表明演戏娱神作用的淡化、娱人功能的加强。

　　出于增加观众席的需求以及受封建礼教男女有别、防止在公共场所男女混杂之礼法的影响，大约在明代末期，祠庙剧场出现了一种新的建筑"二层看楼"（供妇女儿童使用），它位于庙院两侧（一般为东西相向而列），下层起原来厢房的作用，上层则作专门观剧场所（当然仍无固定坐席），上下层前檐多出廊，上层前檐又设栏杆。从目前发现的戏曲碑刻看，明代剧场看楼还未被刻石记录。从现存明代戏台及其庙宇分析，看楼的出现大约在明代末期。

全国明代戏台的遗存，大约有90余座，近一半集中在山西省（摘自《中国古戏台调查研究》）。

河津市樊村镇关帝庙戏台

河津市樊村镇关帝庙洪武二十四年（1391年）戏台，通面阔三间11.6米，其中明间3.85米，通进深四椽二间8米。单檐歇山顶，一面观。保存较好，庙内其他建筑皆不存。1985年列为省级重点文物保护单位。

沁水县玉帝庙舞楼

沁水县玉帝庙宣德七年（1432年）舞楼，通面阔三间7.1米，进深二间6.8米。台基高1.1米。单檐歇山顶，三面观。保存完好。庙内还存正殿、献厅、二层看楼等。

稷山县南阳村法王庙舞庭

稷山县南阳村法王庙成化十一年（1475年）舞庭，通面阔三间7.45米，其中明间4.03米，通进深三间7.7米，加前廊共9.95米。重檐十字歇山顶，一面观。保存完好。庙内还存正殿、侧殿等。

宁武县二马营村广庆寺舞楼

宁武县二马营村广庆寺成化十四年（1478年）舞楼，通面阔三间9.35米，其中明间

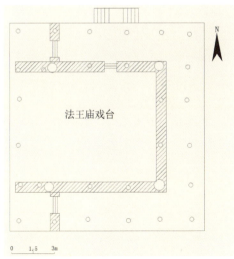

图 4-27 稷山南阳村法王庙舞庭平面图
资料来源：山西省第三次全国文物普查资料

图 4-28 稷山南阳村法王庙舞庭正面
资料来源：作者自摄

图4-29 清徐县徐沟镇城隍庙乐楼　　资料来源：山西省第三次全国文物普查资料

图4-30 翼城县樊村关王庙戏台正面
资料来源：山西省第三次全国文物普查资料

图4-31 翼城县樊店村关王庙戏台内部
资料来源：山西省第三次全国文物普查资料

5.2米；进深四间6.23米。单檐歇山顶，一面观。台两侧各有悬山顶耳房三间，西侧为戏房，东侧为山门。保存较好。庙内还存正殿、侧殿、钟楼、厢房等。1984年列为省级重点文物保护单位。

清徐县徐沟镇城隍庙乐楼

清徐县徐沟镇城隍庙乐楼成化年间（1465～1487年）创建，清康熙三十七年（1698年）重建。通面阔三间9.85米，其中明间3.95米；通进深三间11.55米。过路台，下层高1.45米（地面已铺水泥，实际高度要比现存高），山门兼戏台。重檐歇山顶，一面观。两进院。台左右有钟鼓楼，正北有献殿、正殿，两侧有配殿、厢房。后院有后殿、配殿。保存较好。1983年与西侧之文庙一起被列为太原市重点文物保护单位。

翼城县樊店村关王庙戏台

翼城县樊店村关王庙弘治十八年（1505年）戏台，通面阔三间9.4米，其中明间4.1米，后台稍窄，8.82米；通进深三间8.8米，其中前台4.35米。前台卷棚歇山式，后台硬山式。保存较好。庙内还存正殿、山门等。

晋中市榆次区城隍庙乐楼

晋中市榆次区城隍庙正德六年（1511年）乐楼，通面阔五间，进深三间4.5米。二层平座式歇山顶建筑。背靠悬鉴楼主楼，主楼面阔七间，进深五间，二层四重檐歇山顶建筑。乐楼前又有清代增设之过路戏台。清代戏台面阔5.35米，进深5.9米，单檐歇山顶。东西影壁为二柱式歇山顶建筑。保存较好，2001年重修。庙三进院，中轴线上有山门、悬鉴楼、乐楼、戏台、献殿、正殿、后殿等，两侧有厢房、朵殿等。1986年列为省级重点文物保护单位，1996年列为全国重点文物保护单位。

阳城县下交村汤王庙乐楼

阳城县下交村汤王庙正德十年（1515年）乐楼，通面阔三间8.4米，其中明间3.47米；

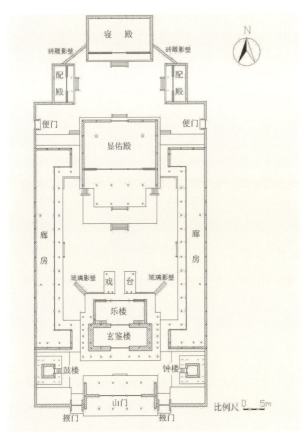

图4-32 晋中市榆次区城隍庙总平面图
资料来源：山西省第三次全国文物普查资料

图4-33 晋中市榆次区城隍庙乐楼
资料来源：山西省第三次全国文物普查资料

图4-34 新绛县阳王镇稷益庙舞庭
资料来源：山西省第三次全国文物普查资料

进深 5.5 米。单檐歇山顶，一面观。台两侧各有耳房三间，是为戏房。保存较好。庙内还存明代正殿、侧殿、金代献殿以及清代角楼、廊庑、山门等。2006 年列为全国重点文物保护单位。

介休市后土庙戏台

介休市后土庙正德十四年（1519 年）戏台，通面阔三间 12.7 米，其中明间 6.65 米；通进深 9 米。抱厦单开间，为表演区，宽 4.92 米，深 2.15 米。过路台，下层高 2.5 米。重檐歇山顶，背靠三清殿。庙三进院。中轴线依次有山门、护法殿、献殿、三清殿、戏台、后土殿，两侧还有配殿、跨院等。保存完好。2001 年列为全国重点文物保护单位。

新绛县阳王镇稷益庙舞庭

新绛县阳王镇稷益庙正德年间（1506～1521 年）舞庭，通面阔明三暗五 17.7 米，其中明间 10 米，进深四椽 7.28 米，其中前台 4.58 米。单檐歇山顶，一面观。保存较好。庙内还存明代正殿。1986 年列为省级重点文物保护单位，2001 年列为全国重点文物保护单位。

运城市三路里镇三官庙乐楼

运城市三路里镇三官庙明正德（1506～1521 年）、嘉靖（1522～1566 年）年间乐楼，前部歇山顶，通面阔三间 7.39 米，其中明间 4.27 米；进深一椽 1.72 米。后部（主体部分）硬山顶，通面阔三间 10 米，其中明间 4.23 米；进深三间 7.54 米。保存较好。1960 年列为运城市文物保护单位，2004 年列为省级重点文物保护单位。庙内其他建筑不存。

忻州市游邀村华佗庙戏台

忻州市游邀村华佗庙嘉靖七年（1528 年）戏台，通面阔三间 8.5 米，其中明间 4.5 米；进深六椽 5.9 米，其中前台 4 米。悬山顶，三面观。保存较好。庙内还存正殿，周围有佛殿、关帝殿等。

阳曲县洛阳村草堂寺乐楼

阳曲县洛阳村草堂寺嘉靖十二年（1533 年）乐楼，通面阔三间 8.9 米，其中明间 5 米；通进深 6.6 米，其中前台 3.9 米。前歇山后硬山式，三面观。保存较好。庙内还存正殿、过厅等。

黎城县城隍庙戏楼

黎城县城隍庙嘉靖十八年（1539 年）戏楼，通面阔三间 12.35 米，其中明间 4.05 米；通进深二间 12.35 米。中间以墙分隔，明间为门，南面敞开为戏台；北面次间为屋，可作戏房，明间为过道，可作后台。楼三层，歇山顶。底层南向面临广场辟为戏台，一面观。楼两侧建山门。保存较好。庙内还存正殿、东配殿、角门等。1991 年列为县级重点文物保护单位。

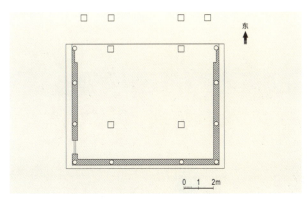

图 4-35 运城市三路里镇三官庙乐楼平面图
资料来源：山西省第三次全国文物普查资料

图 4-36 运城市三路里镇三官庙乐楼
资料来源：山西省第三次全国文物普查资料

图 4-37 阳曲县洛阳村草堂寺乐楼
资料来源：山西省第三次全国文物普查资料

图 4-38 黎城县城隍庙戏楼
资料来源：山西省第三次全国文物普查资料

翼城县西贺水村舞楼

翼城县西贺水村嘉靖二十四年（1545年）舞楼，通面阔三间11.3米，其中明间5.85米；进深四椽8米。悬山顶，一面观。保存一般。庙名不详，庙内还存山门。

闻喜县吴吕村稷王庙戏台

闻喜县吴吕村稷王庙嘉靖二十五年（1546年）戏台，通面阔三间10.6米，进深四椽6.68米。悬山顶，一面观。保存一般。清乾隆二十九年（1764年）将戏台南移改建。庙内还存正殿。

长治市城隍庙戏台

长治市城隍庙嘉靖三十四年（1555年）戏台，通面阔三间12.53米，其中明间5.4米；进深6.27米。过路台，下层高2.58米。单檐歇山顶，前部又出二翼角，三面观。台建于二道山门之上，台左右又有耳房各三间。保存完好。庙三进院，沿中轴线从南到北依次为山门、二道山门及戏台、献殿、正殿、侧殿、寝宫、侧殿，院两侧有配殿、厢房等。2001年列为全国重点文物保护单位。

图 4-39 长治市城隍庙戏台
资料来源：山西省第三次全国文物普查资料

图 4-40 太原市晋祠水镜台
资料来源：山西省第三次全国文物普查资料

河津市九龙头真武庙舞亭

河津市九龙头真武庙隆庆四年（1750年）舞亭，通面阔三间11.7米，其中明间4.82米；进深6.74米，其中前台3.8米。硬山顶。过路台，下层高1.72米。庙依山而建，有正殿、过厅、献殿、香亭以及玉皇阁、吕祖阁、药王庙、子孙祠、朝天宫等。保存较好。戏台后人重建痕迹明显。

太原市晋祠水镜台

太原市晋祠万历元年（1573年）水镜台，前部（清建）通面阔三间9.9米，其中明间5.4米；进深四椽4.8米。后部（明建）通面阔三间9.6米，其中明间3.19米；进深二间5.6米。前部卷棚歇山顶，三面观；后部重檐歇山顶。保存完好。庙内还存宋代圣母殿、金代献殿、鱼沼飞梁、金人台、对越坊、钟鼓楼、水母楼以及唐叔虞祠、昊天神祠（南有清代戏台）、关帝庙、吕祖阁、老君洞、文昌宫、财神庙、三圣祠、公输子祠、灵官庙、台骀庙、苗裔堂等。1961年首批公布为全国重点文物保护单位。

忻州市东张村关帝庙戏台

忻州市东张村关帝庙万历九年（1581年）戏台，前台通面阔三间5.9米，其中明间3.9米，进深4.2米；后台通面阔三间7.9米，进深3.3米。前台卷棚悬山顶，三面观，后台悬山顶。保存较好。庙内还存正殿、献殿、配殿等。

夏县裴介村关帝庙献殿戏台

夏县裴介村关帝庙万历三十年（1602年）献殿戏台及崇祯十六年（1643年）戏台，前者通面阔三间9.8米，其中明间3.3米；进深三栋5.53米；悬山顶，一面观；本为献殿，近人改为戏台。后者为过路台，下层高1.65米（后人培土垫院所致）；通面阔三间9.29米，其中明间4米，进深四椽6.76米；清代重修时又加一前廊，深1.8米；硬山顶，一面观；台两侧各有一间小耳房；保存一般。庙内其余建筑不存。

图 4-41 忻州市东张村关帝庙戏台
资料来源：山西省第三次全国文物普查资料

图 4-42 夏县裴介村关帝庙献殿戏台
资料来源：山西省第三次全国文物普查资料

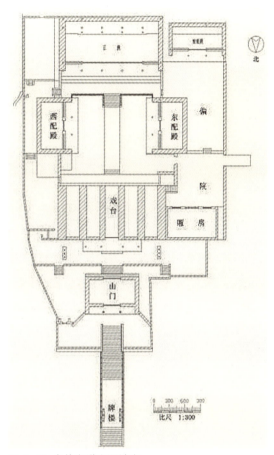

图 4-43 介休市洪山源神庙
资料来源：山西省第三次全国文物普查资料

介休市洪山源神庙鸣玉楼

介休市洪山源神庙万历十八年（1590年）鸣玉楼，通面阔三间10.15米，其中明间4.15米；进深8.65米，其中前台4.8米。前部悬山，后部卷棚式。过路台，一面观。下层为窑洞五眼，高3.6米，其中明间为山门。保存完好。庙依山而建，坐东面西，分上下两院。上院有正殿、月台、配殿，戏台在下院，左右有钟鼓楼。现辟为介休市水利博物馆。

绛县卫庄镇范村将军庙舞庭

绛县卫庄镇范村将军庙万历三十三年（1605年）舞庭，通面阔三间9.64米，其中明间3.74米，进深四椽7.3米。台基高1.66米。卷棚顶。戏台在庙外，庙内还存献殿、山门等。戏台后人重修痕迹明显。

河津市贺家庄关帝庙戏台

河津市贺家庄关帝庙万历三十六年（1608年）戏台，通面阔三间8.85米，其中明间4.35米；

进深 6.3 米，其中前台 3.7 米。台两侧建有耳房，庙内现存建筑还有西廊房等。戏台后人重修痕迹明显。

绛县董封村东岳庙戏台

绛县董封村东岳庙万历四十年（1612 年）戏台，通面阔三间 9.27 米，其中明间 5.45 米；通进深四椽二间 7 米。台基高 1.2 米。单檐歇山顶，一面观。原台后部两侧有耳房，前部伸出露台，台宽 6.6 米，深 4.3 米，可能是后代所加，2001 年重修时耳房、露台被拆除。保存较好，2001 年重修，2006 年列为全国重点文物保护单位。庙内其他建筑不存。

灵石县马河村晋祠庙乐亭

灵石县马河村晋祠庙万历四十七年（1619 年）乐亭，通面阔三间 9.3 米，其中明间 4.13 米；进深四椽 7.4 米，其中前台 4.65 米。硬山顶带前角歇山式。过路台，砖砌台基，下层高 1.25 米（院增高，通行功能已丧失），一面观。庙内还存正殿、献厅等。保存较好。1996 年被列为山西省重点文物保护单位。

河津市小停村后土庙戏台

河津市小停村后土庙万历四十八年（1620 年）戏台，通面阔三间 8.25 米，其中明间 4.3 米；进深四椽 6.35 米。分心前后三柱。硬山顶，一面观。保存较好。庙内其他建筑不存。戏台后人重修痕迹明显。

代县刘家疙洞村古松寺乐楼

代县刘家疙洞村古松寺天启二年（1622 年）乐楼，通面阔五间 14 米，其中明间 4 米；进深四椽二间 6 米，其中前台 3.34 米。悬山顶，一面观。庙分上下两院，下院只建乐楼。上院存牌楼、钟鼓楼、东西配殿、正殿等。保存较好。1991 年列为县级重点文物保护单位。

沁水县郭壁村府君庙舞楼

沁水县郭壁村府君庙天启三年（1623 年）移建之舞楼，面阔进深均一间，6.4 米见方。台基高 1.05 米。单檐歇山顶，山花向前，一面观（近年重修后拆掉两侧山墙，变为三面观）。形制古朴，保留部分元代建筑特征。保存完好。庙内还存正殿、献殿等。庙前又有关帝庙，为清代建筑，前有过路戏台。2006 年列为全国重点文物保护单位。

高平市王河村五龙庙庆云楼

高平市王河村五龙庙天启五年（1625 年）庆云楼，通面阔三间 7.65 米，其中明间 2.6 米；进深四椽 4.83 米。悬山顶，一面观。台两侧有耳楼各三间。过路台，下层砖砌门洞，整体高达 3.24 米。保存较好。庙内还存正殿、配殿、看楼等。戏台后人重修痕迹明显。

图4-44 绛县董封村东岳庙戏台
资料来源：山西省第三次全国文物普查资料

图4-45 沁水县郭壁村府君庙舞楼
资料来源：山西省第三次全国文物普查资料

高平市团池乡故关村炎帝行宫演奇楼

高平市团池乡故关村炎帝行宫崇祯十六年（1643年）演奇楼，通面阔三间7.8米，其中明间2.95米，前台进深4.05米。悬山顶，一面观。台基高1.49米。保存较好。庙内还存正殿等。

新绛县城隍庙乐楼

新绛县城隍庙明代乐楼，两层建筑，下层通面阔五间16米，其中明间4米；进深7.6米。下层歇山顶，前檐插廊，北面出抱厦。上层面阔三间10.2米，其中明间4米，并出歇山顶抱厦，前设勾栏，为楼阁式重台。台依坡而建，东边台基高4.55米，西边台基高1.72米，从而使台面处于水平状。乐楼面对一大坡，名"七星坡"，坡上筑93级台阶，成为自然看台。保存较好。庙内还存鼓楼。

夏县大台村关王庙戏台

夏县大台村关王庙明代戏台，通面阔三间7.5米，其中明间3.65米；进深4.3米，其中前台2.25米。歇山顶，一面观。过路台，搭板戏台，下层高0.9米（地基添高所致）。保存一般。庙内还存明代正殿。

泽州县东四义村清震观歌台

泽州县东四义村清震观明代歌台，面阔进深一间6.08米见方。基高0.9米。单檐歇山顶，三面观。亭阁式，斗八藻井。仿金元风格，但用材较小，非金元之物。保存完好。庙内还存山门、老君殿。

图 4-46 泽州县东四义村清震观歌台
资料来源：山西省第三次全国文物普查资料

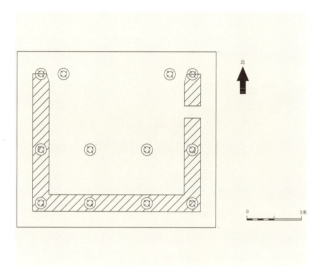
图 4-47 河津市古垛村后土庙戏台平面图
资料来源：山西省第三次全国文物普查资料

图 4-48 河津市古垛村后土庙戏台正面
资料来源：山西省第三次全国文物普查资料

图 4-49 河津市古垛村后土庙戏台梁架
资料来源：山西省第三次全国文物普查资料

河津市古垛村后土庙戏台

河津市古垛村后土庙明代戏台，通面阔三间 8.33 米，其中明间 5.3 米；进深四椽 6.4 米。台基高 1.3 米。悬山顶，一面观。保存一般。庙内还存正殿等。2006 年列为全国重点文物保护单位。

襄垣县城隍庙乐楼

襄垣县城隍庙明代乐楼，前台一间单檐十字歇山顶，应为三面观（现存墙壁为所占学校补砌）。面阔 5.23 米，进深 5.15 米。后台悬山式，通面阔三间 7.35 米，进深二间四栋 5.5 米。保存较好。庙内还存山门、钟鼓楼、寝殿等。

右玉县杀虎口马营河五圣庙乐楼

右玉县杀虎口马营河五圣庙明代乐楼，通面阔三间 9.5 米，其中明间 3.5 米；进深五间

图 4-50 襄垣县城隍庙乐楼正面
资料来源：山西省第三次全国文物普查资料

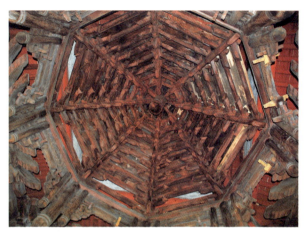

图 4-51 襄垣县城隍庙乐楼梁架
资料来源：山西省第三次全国文物普查资料

8.55 米，其中前台 5 米。前卷棚歇山，后普通歇山式，三面观。保存完好。庙内还存正殿、西厢房、鼓楼、过厅等。

霍州市开元街赵家庄观音庙乐楼

霍州市开元街赵家庄观音庙明代乐楼，坐北面南。南面为看楼，重檐歇山顶，通面阔五间 12.49 米，其中明间 3.75 米；通进深二间 4.5 米。下层悬空，高 2.4 米。北面为戏台，单檐歇山顶，通面阔三间 9.89 米，其中明间 3.75 米；通进深二间 3.2 米。台基高出看楼板平面 0.95 米。

图 4-52 垣曲县皋落乡埝堆村戏台
资料来源：山西省第三次全国文物普查资料

山西垣曲县皋落乡埝堆村戏台

山西垣曲县皋落乡埝堆村明代戏台，悬山顶，通面阔三间 8.3 米，其中明间 3.75 米。进深四椽 5.9 米。斗栱三踩单昂，柱头、补间各一朵。五架梁出头，置斗栱上。平柱粗大，角柱较细。两山面平梁对单步梁前后四柱。庙内现存建筑还有正殿。

山西泽州县周村镇周村东岳庙戏台

山西泽州县周村镇周村东岳庙戏台，过路台，悬山顶。下层房屋五间，上层戏台通面阔三间 7.3 米，通进深三间 7.25 米。戏台两侧为钟鼓楼。据庙内明隆庆四年《泽州周村镇重修庙祀记》碑载，庙重修于宋元丰五年（1082 年），明代即有乐舞亭。现存戏台为清代遗构。庙内还存正殿、朵殿、山门等。

第六节 清代戏台

明亡清兴，中国社会发展虽然经历了巨大的动荡，但从文献记载来看，我国戏曲艺术的发展并没有因为改朝换代而中断。大约从顺治五年（1648年）起，北方各地就开始修复或新建戏台了。此后一发而不可止，从康乾盛世到宣统逊位，修建戏台之热潮一直持续不断。这一局面的出现，与清代中、前期近200年时间社会相对稳定、经济发展、人口激增密切相关，许多戏台在位置上向后移动，以扩大观众席面积，其中一个因素也是基于人口增加的原因。戏台的增加及其功能的完善，也极大地促进了戏曲的繁荣。

山西现存的2000余座戏台建筑中，95%以上是清代的遗构。入清以后，山西寺庙中建戏台的比例显著上升。不少碑刻中提到"旧无舞楼"、"创建舞楼"，就说明戏场建设的红火。梁思成、林徽因在20世纪30年代赴山西考查时，也提到"山西中南部我们所见庙宇多附属戏楼"。

清代戏台建筑之平面布置形式多样，从观演角度分，有三面观、一面观两大种类，以单层伸出式、单层镜框式、过路台伸出式、过路台镜框式四种基本类型为主要框架，又生发出许多变化。

伸出式戏台中，又有前台全伸出与半伸出两种，前者占多数，主要分布在南方地区，其中以江浙一带最为典型。半伸出式多在北方地区。当然，这两种戏台中也不是整齐划一的，全伸出式有时向内稍有缩进，半伸出式与稍有伸出者也颇为相似。

戏台多面阔三间、进深二间，有的两侧加耳房为格局。山西省现存清代戏台面阔一般7～10米，其中以8米左右为多；进深一般5～8米，其中以7米左右为多（柱中至柱中）。建筑面积45～100平方米，小山村戏台略小，城市某些戏台稍大一些。台基高1.5米左右，过路台一般在2米以上。

从建筑特征上看，宏丽精巧是清代（尤其是后期）戏台最突出的特点。元明戏台粗犷质朴、严谨规整的传统基本被抛弃，明代戏台宏大华丽的一面得到发展。过路台本身就高于单层戏台，给人一种高高耸立的感觉。更为重要的是，清代所有类型的戏台在屋顶的形制上有了重大变化。古代木结构建筑屋顶曲线的处理方法叫举架（宋元时叫举折），梁架的高低（举高）与整座建筑的通进深有一定比例。唐代一般为1/5左右，相当舒缓，宋、辽、金、元时举高一般为通进深的1/4或1/3，也比较平缓，现存元代戏台举折即在1/3～1/3.5之间。明代建筑举高开始增大，到清代，则提高到1/2，这样，屋顶坡度变陡，使整座建筑变得陡峻崇高。

作为保一方平安的城隍神，早在明代就被朱元璋册封推崇，洪武三年（1370年）令全国县以上政府所在地立庙（"高广视官署厅堂"）祀之，并由守令主祀，于是城隍庙几乎成为各地最宏丽气派的庙宇。后来城隍庙里纷纷建起戏台，于是城隍庙戏台也成了各城镇（尤其是州县所在地）最漂亮的戏台了。入清以后，此制未改，城隍庙戏台建筑亦紧跟时代步伐，争奇斗艳，显示出官府威风。

图 4-53 临县碛口镇黑龙庙戏台
资料来源：山西省第三次全国文物普查资料

图 4-54 阳城县郭峪村汤帝庙戏楼
资料来源：山西省第三次全国文物普查资料

临县碛口镇黑龙庙戏台

临县南端湫水河入口处的碛口镇是著名历史文化名镇。黑龙庙位于碛口镇卧虎山上。庙创建于明代，雍正年间增建乐楼，道光年间重修正殿和东西耳殿。黑龙庙坐东北向西南，依山傍水，总面积4800平方米，是碛口的标志性建筑。站在庙门前，居高临下，可以远眺黄河气势，近观湫水曲折，聆听二碛涛声，俯瞰古镇全貌。戏台建在砖砌山门门洞之上，单檐歇山顶，通面阔三间8.62米，其中明间4.09米；通进深二间6.55米，其中前台4.17米。三面观，侧台口宽2.72米。两侧看楼各三间，通面阔7.08米，进深2.33米。院深17.6米，宽13.7米，正殿侧殿台基高1.62米，整个庙院前低后高，至正殿与侧殿更高之台基，形成非常便利的观剧场所。

阳城县郭峪村汤帝庙戏楼

阳城县位于太行山脉南端，北留镇郭峪村位于县治以东一条南北走向的山谷之中，谷中有一条樊溪河。村落始建于唐代，现存城墙、庙宇、民居等大量明清建筑，是当地著名的历史文化名镇。汤帝庙位于西门内侧，是整个村落的最高点，处于庄岭支脉的"真穴"上，"地势峻而风脉甚劲"。庙始建于元代，明正德年间（1506～1521年）扩建，清顺治九年（1652年）拆旧重修，创建山门戏楼，成上下两院之四合院格局。庙依地势分上下两院，上院较下院高出约2.8米，上院台基设正中及左右台阶十余级。戏台一间，单檐歇山顶，面阔5.53米，进深5.7米，其中前台3.85米。前台两侧各设乐池一间，宽2.02米，深1.64米；后台两侧耳房各一间。下院宽20.25米，深10.05米，两侧看楼各五小间，通面阔10.97米，进深4.5米，下层高3.64米，上层高2.48米，护栏高0.9米。上层台基高2.7米，正殿前月台宽19.3米，深8.1米。正殿九间，通面阔23.25米，进深5.5米，西侧殿三间，东侧殿一间，上院两侧配殿各三间。两层院及看楼构成错落有致的优质观剧场所。

图 4-55 太原市晋祠关帝庙钧天乐戏台　资料来源：山西省第三次全国文物普查资料

太原市晋祠关帝庙钧天乐戏台

关帝庙戏台位于晋祠关帝庙山门外轴线上。戏台为前后串联式，前台卷棚歇山式，后台单檐歇山顶，相互勾连。台基高 1.75 米。前台通面阔三间 8.30 米，其中明间面阔 4.50 米，次间面阔 1.90 米，进深二间 4.6 米，五椽六架梁，三面敞开。后台通面阔五间 10.30 米，进深 4.18 米。前台三面有石栏杆，栏板上雕刻有图案。前台前檐用大额枋，上施斗栱七朵，五踩双昂内转十一踩华栱，内檐斗栱直承四架梁，省去六架梁，使戏台内部空间增大。

襄汾县汾城城隍庙戏台

襄汾县汾城城隍庙清光绪十六年（1890年）戏台，前台重檐歇山顶，通面阔三间约 7 米，其中明间 3.85 米，后台悬山顶，通面阔约 12 米，平面呈品字形，前后台结合部正面（北向）两角又出挑檐，整座建筑繁复瑰丽。

介休市三结义庙祆神楼（玄神楼）

介休市三结义庙祆神楼（亦名"玄神楼"）集山门、戏楼、过街楼于一身，楼平面"凸"字形，较窄的部分面阔、进深各三间，突出于庙外成为过街楼；较宽的部分面阔五间，进深四间，四周围廊，下层是庙的山门，上层是戏楼。楼总深 20 米，占地面积为 271 平方米，高 25 米。楼的整体为两层，腰间设平座勾栏，下部覆盖重檐，所以外观四层而实为二层。

图 4-56 介休市三结义庙祆神楼（玄神楼）
资料来源：作者自摄

图 4-57 应县金城乡寇寨村鸳鸯台
资料来源：山西省第三次全国文物普查资料

楼顶为十字歇山顶，瓦件脊饰，全部是琉璃烧造。这样的建筑在艺术上达到了极高的成就，与万荣的飞云楼、秋风楼并称为山西三大名楼，在古代建筑中是不可多得的杰作。

襄汾县伯玉村关帝庙戏台

襄汾县城关镇伯玉村中央有一石砌水塘，当地叫泊池，用来存积雨水，供人畜使用，北方干旱地区乡村多有此类设施。伯玉村水塘南北3.58米，东西26.4米，深3.3米，呈椭圆状。池北部设一石券涵洞，上建戏台一座。戏台前挖出龟头状深坑（现已被填平），通向涵洞，可向池塘进水，戏台后山墙设二月亮窗，是为龟眼。整座戏台仿佛一大乌龟，池塘水满时唱戏有回声，设计非常巧妙、奇特。伯玉村为舜臣伯益故里，村外有伯益墓。原名伯益村，清康熙间知县吴特以先圣讳改为伯皇村，后在道光时又改为伯虞村。戏台属关帝庙，通面阔五间11米，其中明间3.5米，次间与梢间同阔，通进深二间5米，其中前台2.55米。前部台基高1.45米，涵洞南面高3米，宽2米。

太原市上兰镇窦大夫祠戏台

窦大夫祠创建于宋元丰八年（1085年），坐北向南，中轴线上依次有戏台、南殿、献殿、后殿等。戏台重修于清光绪二十六年（1900年）。祠内有清光绪二十六年（1900年）碑刻《重建乐楼碑记》。戏台为前后串联式，前台卷棚歇山顶，后台单檐硬山顶，前后勾连，琉璃瓦饰顶。前台面阔三间，两侧有八字影壁，台沿有石栏杆，施望柱。后台面阔五间。前檐木柱顶头有精致的雕刻修饰。

应县金城乡寇寨村鸳鸯台

应县金城乡寇寨村鸳鸯台，北对真武庙，南面菩萨庙，现仅存戏台，庙不存。戏台单檐歇山顶，通面阔三间 8.2 米，其中明间 3.7 米；通进深三间 8.4 米，前后台平分，七架梁直通前后，分心用三柱，隔断已不存。山面用四柱，平柱侧移，中间砌墙，次间原无墙，今土坯墙为近人所加。圆木柱，鼓镜础，梁头伸出横截。台基高 0.5 米，现已三面围墙，只做单开口戏台使用。

介休市板峪村龙天庙三开口戏台

介休市板峪村龙天庙位于村北，左靠山、右临河，坐北面南，二进院。院北龙天庙，正殿硬山三间，二层，上层供玉皇，下层所供不详。两侧侧殿二层各一间，供三皇与尧、舜、禹。院东西厢房各五间。南为戏台，过路台，单檐卷棚歇山顶。面阔进深各三间，7.55 米见方，其中明间 3.95 米，柱高 3.4 米。圆木柱上立由额、阑额，柱头科出斗口跳龙头。东面、北面由额下施垂花罩，明间又施外层垂花罩，出跳雕龙头、龙尾，南面仅明间施垂花罩。四根金柱承采步金与金檩，老角梁、子角梁后端插入金柱上部。顶部设天花，上有榫眼，以安装活动隔扇区别不同之前后台。南北向又各设小八字影壁，高 2.05 米，宽 0.93。台东南北三面安隔扇门及护栏（高 0.3 米），需要朝向哪边演戏，就摘掉哪边之门。南边砌砖墙。下层砖砌台基，高 2.78 米，中间南北向辟门洞。院南亦有正殿窑洞五孔，供关帝，原上有二层建筑，今不存，东有侧殿二层窑洞三孔。院东西还有窑洞式厢房各三孔。戏台至北正殿 21 米，南正殿 19.4 米，南院宽 10.4 米，北院宽 6.45 米。戏台东向遥对山顶之嘱师庙。庙坐东面西，有正殿硬山顶三间、献厅卷棚顶三间、山门硬山顶三间，所供神灵不详。过去，板峪村每年三月十五日龙天庙大赛，唱戏三天；五月十三日关帝庙庙会，唱戏三天；六、七月向嘱师庙求雨，也要演戏，共用这一座戏台。

定襄县大南庄村二连台

定襄县大南庄村二连台，两座戏台并排而建，并通脊连檐。二连台卷棚悬山顶，通面阔六间 13.34 米，其中两明间分别阔 3.7 米，进深五椽二间 7.1 米，其中前台深 4.54 米。台基高 0.5 米，檐柱高 2.5 米。圆木柱，鼓镜础，平柱侧移，明间用大额材，斗口跳出麻叶云。四架梁对三架梁前后三柱，金柱直抵平梁，前金檩分位下立较细辅柱共三根，檩用三抱檩式，彻上明造，隔断已残破。三面观。左右山墙后部上端有月亮门。前沿设石质栏板为护栏，每段宽 1.13 米，高 0.31 米，石质望柱共 11 根，平均高 0.35 米。

运城市盐湖区池神庙三连台

运城市盐湖区池神庙位于著名的河东盐池旁，为祭祀盐池之神而设，唐大历十二年（777 年）敕建，宋、元、明、清代有修建及敕封。庙现存三大殿，均重檐歇山顶，琉璃瓦顶，面阔五间，进深五间，周围廊。正殿供池神，通面阔 18.6 米，通进深 17.4 米。东朵殿奉日神，西朵殿奉风神，规制相同，皆通面阔 11 米，通进深 15.5 米。殿前月台通阔 60.7 米，进深 8.75 米，台基高 1.77 米，左中右各设台阶十级，台前设白石栏杆。大殿月台南 23

米处为三连戏台，悬山顶，通脊连檐，额题"奏衍楼"。中台三间，通面阔 12 米，其中明间 5 米，进深二间 9.5 米；两边台各二间，通面阔皆 8.8 米，进深 9.5 米。下层砖砌台基高 3 米，中间为门洞。

壶关县树掌镇神交村真泽宫二仙宫三连台

壶关县树掌镇神交村真泽宫二仙宫三连台建于山门之上。神交村位于县城西南，距城 50 公里，村四周峰峦林立，景色迷人，真泽宫就建在村东一土冈上。2006 年列为全国重点文物保护单位。两山峡谷中有一条公路通往庙宇，路北第一阶梯有石砌台阶 55 级，达中间平台，再登 79 级台阶抵牌楼前。牌楼北 21.3 米处为山门，二层，下层石柱，上层木柱，开三门。中门悬山顶三间，南面安隔扇窗，斗栱五踩双昂，耍头蚂蚱头。偏门小三间，悬山顶，上层亦装隔扇窗。这三间山门，就是三连戏台后部（南面）。门两侧高大砖砌台基上又各建望河楼一座，单檐歇山顶三间。入山门便至前院，山门北面即为乐楼，悬山顶，三座，中台大于边台。中台通面阔三间 10.3 米，其中明间 3.4 米，通进深二间 7.5 米，其中前台 4.2 米。边台通面阔三间各 7 米，其中明间 2.7 米；进深 4.85 米。下层高 3.3 米，中台前檐柱高 3.25 米，边台前檐柱高 2.08 米。中台两山面砌砖墙，后台有小门洞通边台，墙外侧设台阶以登上边台。中台前沿斗栱五踩双昂内转华栱两跳偷心，柱头、平身各一攒。进深六椽，七架梁上承平梁与单步梁，中施襻间。山门戏台中因山门门额一般要高出过道，其上部正为戏台后台，所以后台台面经常突出一些，此处中台、后台台面高出前台台面 0.9 米。

万荣县宝井乡庙前村后土祠（汾阴后土祠）戏台

万荣县宝井乡庙前村后土祠（汾阴后土祠）始建于汉武帝元鼎四年（前 113 年），是宋以前朝廷祭祀后土地祇的本庙，金、元以后，再无帝王亲祀汾阴之举，明代以来基本为地方官与民间祭祀之场所。庙前村西靠黄河，北距汾河口约 5 公里，东距荣河旧县约 7.5 公里。

图 4-58 运城市盐湖区池神庙三连台
资料来源：作者自摄

图 4-59 万荣县宝井乡庙前村后土祠（汾阴后土祠）戏台
资料来源：山西省第三次全国文物普查资料

后土祠原在汾河与黄河交汇处之小土山上，因河水冲刷，庙址几经迁移，亦非原址，现存格局为清同治九年（1870年）移建。

宽阔的庙院内建有三座戏台，成品字形排列，故又名"品字台"。最南为山门戏台，山门单檐歇山顶，南面又设平座，通面阔三间9.9米，其中明间阔4.55米；通进深三间10米，主体部分四椽二间，分心用三柱，中间设板门，次间砌墙。北檐再出廊，为戏台主要表演区，属临时搭板式过路戏台，平柱前1.4米处又立二石柱，高1.75米，上开榫眼，平柱及金柱上与东西山墙、山门分心墙上1.75米高处兼开榫眼以便在演出时插楞木、安放台板。戏台进深二间4.7米。斗栱三踩单昂，柱头、平身各一攒，明间平身科出斜昂。山墙外加八字影壁。

山门戏台北44米处，为两座戏台并列，称对台。硬山顶，通面阔各三间8.05米，其中明间4.55米；通进深四椽二间6.9米，台基高1.5米。二台相距2.4米。通脊连檐，下部作通道。前檐平柱石质，上刻楹联，其余木柱。阑额较粗大，梁头伸出，再设挂落一重，垂花柱上立额枋，上承设斗栱承檐檩。斗栱三踩单昂，柱头科各一攒，明间平身科一攒，出斜昂，次间不设平身科。由额、雀替、坐斗皆透雕盘龙、鸟兽、花卉。两山面出八字影壁。

平顺县东河村九天圣母庙戏台

九天圣母庙居于村西面的山冈上。庙内宋建中靖国元年（1101年）《潞州潞城县三池东圣母仙乡之碑》载："命良工再修北殿，创起舞楼。"这是迄今所见"舞亭"、"舞楼"等字样的三通宋代碑刻之一，所以非常珍贵。

九天圣母庙从宋代就有戏台，直到现在仍存戏台。而且，从宋元到明清，戏台的修建和维修不断。戏台和山门融为一体；戏台下设山门，山门戏台耸立。山门前有53级汉白玉台阶，从台阶下观望山门，巍然耸立，实际上也是戏台的背面。进入山门，就可见山门之上的戏台。戏台底层（即山门）施方形抹角柱4根，柱础石呈须弥凳形，收杀明显，束腰处线刻花草。戏台面阔三间，前檐为四根圆木柱，鼓镜础。通面阔8.50米，其中明间面阔3.90米，进深4.40米。戏台柱头施计心造五踩斗栱，单杪单下昂，上雕龙头，昂身刻为龙身，华栱则作龙尾。

阳城县郭峪村汤帝庙戏台

郭峪村环境幽雅，有樊溪河从这里流过。这里名人辈出，有深厚的文化底蕴。清康熙年间（1662～1722年）的文渊阁大学士陈廷敬就出生在这里。汤帝庙居于郭峪村西南的山坡上，坐北朝南。

戏台为单檐歇山顶，下为山门，坐西面东，面对正殿。斗栱层层出挑，翼角高翘，色彩绚丽。主体部分面阔5.5米，进深5.6米，平面呈方形。前檐圆木柱上承大额枋。斗栱五踩双假昂，转角各一朵，补间三朵。四角设抹角梁，上承老角梁，梁上安大斗，承金檩与采步金，上施斗八藻井。正脊有清代咸丰年间重修题记。

戏台前面两侧二分之一处分别设 2.4 米 × 2.4 米副台。戏台进深二分之一处左右各设耳房，作为后台及化妆室、道具间，不演戏时存放社事用品。戏台东西两侧有钟鼓楼，屋顶为歇山式。戏台和钟鼓楼高低错落，虚实对比，轮廓起伏，构成十分丰富的造型。

附表　山西现存清代戏台（摘自《中国古戏台研究与保护》）

	戏台名称	属地	始建年代
1	运城解州关帝庙锥门乐楼	运城市解州镇	清光绪丁未年（1907年），现存乐楼为民国9年依原样重建
2	翼城中贺水岱王庙戏楼	翼城县武地乡中贺水村	清康熙三十四年（1695年）
3	介休张壁二郎庙戏台	介休市龙凤乡张壁村	清乾隆十年（1745年）
4	长子八里洼三峻庙戏台	长子县八里洼	清康熙四十年（1701年）
5	代县刘家圪洞观音寺乐楼	代县新高乡刘家圪洞村	清乾隆三十八年重修（1773年）
6	新绛桥沟头玉皇庙戏台	新绛县泽掌乡桥沟头村	清乾隆四十七年（1782年）
7	翼城西阎汤王庙舞楼	翼城县西阎村	清乾隆四十七年（1782年）
8	沁水杏峪村玉帝庙戏台	沁水县杏峪乡	清嘉庆二年（1797年）
9	阳城屯城东岳庙舞楼	阳城县闰城镇屯城村	清嘉庆十四年（1819年）
10	绛县范村将军庙舞楼	绛县卫庄镇范村	清道光四年（1824年）重建
11	襄汾尉村后土庙戏台	襄汾县汾城镇尉村	清道光十七年（1837年）
12	壶关集店东岳庙戏台	壶关县西庄乡集店村	清道光二十年（1840年）
13	忻州东张财神庙戏台	忻州市东张村	清道光二十四年（1844年）
14	芮城刘堡村戏台	芮城县刘堡村	清咸丰三年（1853年）
15	定襄大南庄连二台	定襄县受禄乡大南庄村	清同治十~十三年（1871~1874年）
16	代县董家庄五龙庙乐楼	代县新高乡董家庄	清光绪十三年（1887年）重修
17	繁峙东庄鸳鸯戏台	繁峙县东庄村	清同治十~十三年（1871~1874年）
18	代县董家庄五龙庙乐楼	代县新高乡董家庄	清光绪十三年（1887年）
19	太谷无边寺戏台	繁峙县东庄村	清代
20	大同皇城戏台	大同市皇城街北口	清代
21	介休关帝庙三连戏台	介休市听会巷正街	清代
22	代县口子村茹公祠、关公祠戏台	代县新高乡口子村	清代
23	沁水西石堂高禖庙戏台	沁水县杏峪乡西石堂村	清代

续表

	戏台名称	属地	始建年代
24	沁水西文堂关帝庙戏台	沁水县土沃乡西文兴村	清代
25	阳城上伏村戏台	阳城县润城镇上伏村	清初
26	大同云冈石窟戏台	大同市云冈石窟	清顺治八年（1651年）
27	大同观音堂戏台	大同市城西武周河北岸	清顺治八年（1651年）
28	运城解州关帝庙御书楼戏台	运城市解州镇	清康熙后期
29	代县傅村龙王庙戏台	代县傅村	清雍正九年（1731年）
30	阳城中庄汤王庙戏台	阳城县润城镇中庄村	清乾隆二十四年（1759年）
31	太原晋祠关帝庙戏台	太原	清乾隆年间
32	太谷胡家庄戏台	太谷县胡家庄	清嘉庆七年（1802年）
33	太谷阳邑净信寺戏楼	太谷县阳邑镇	清道光六年（1826年）
34	孟县藏山祠演乐台	孟县城南17公里藏山	清道光二十七年（1847年）重修
35	太谷孔家大院戏台	太谷县孔祥熙大院	清咸丰年间（1851～1861年）
36	代县鹿蹄涧杨忠武祠戏台	代县枣林镇鹿蹄涧村	清代
37	泽州西峪卫公庙舞楼	泽州县南村镇西峪村	清康熙五十二年（1713年）
38	陵川西溪真泽宫戏楼	陵川县城关镇岭常西溪村	清康熙十六年（1677年）
39	蒲县东岳庙乐楼	蒲县	清康熙七年（1668年）前
40	泽州保伏村三官庙舞楼	泽州县高都镇保伏村	清雍正八年（1730年）
41	武乡西二里五龙庙戏台	武乡县监漳镇西二里村	清乾隆十九年（1754年）
42	泽州陟椒三教堂乐楼	泽州县李寨乡陟椒村	清乾隆十九年（1754年）创建，道光四年（1824年）重修
43	壶关神郊真泽宫戏台	壶关县树掌镇神郊村	约清中叶
44	介休板峪戏台	介休市板峪乡	清嘉庆四年（1199年）
45	潞城翟店大禹庙舞楼	潞城市崇道乡翟店村	清嘉庆七年（1802年）重修
46	泽州辛壁汤王庙舞楼	泽州县东沟乡辛壁村	清嘉庆十一年（1816年）
47	阳城崦山白龙庙舞楼	阳城县町店乡北崦山	清道光二十一年（1841年）
48	阳城泽城汤王庙戏台	阳城县固隆乡泽城村	清道光二十二年（1842年）
49	泽州黄鹿坡戏台	泽州县鲁村乡黄鹿坡村	清光绪十一年（1885年）重修
50	泽州保伏关帝庙舞楼	泽州县高都镇保伏村	清光绪三十年（1904年）重修
51	万荣庙前后土祠品字戏台	万荣县宝井乡庙前村	清同治九年（1870年）
52	运城池神庙戏台	运城市	清代

续表

	戏台名称	属地	始建年代
53	沁水郭壁关帝庙戏台	沁水县嘉丰镇郭壁村	清代
54	夏县西阳村关帝庙戏台	夏县西阳村	清代
55	沁水五龙头五龙庙戏台	沁水县五龙头村	清代
56	阳城上庄三教堂戏台	阳城县润明城镇上庄村	清代
57	垣曲刘张戏台	垣曲县刘张村	清代
58	垣曲柏底戏台	垣曲县柏底村	清代
59	泽州贺坡牛王庙戏台	泽州县大东沟镇贺坡村	清代
60	阳城桑林汤帝庙戏台	阳城县桑林乡	清代
61	阳城析城山汤帝行宫戏台	阳城县横河乡析城山巅	清代
62	潞城南舍玉皇庙戏台	潞城市崇道乡南舍村	清代
63	临县克虎镇戏台	临县克虎镇	清代
64	代县赵村赵武灵王庙戏台	山西代县新高乡赵村	清代
65	阳城郭峪村汤帝庙戏台	阳城县郭峪镇	清顺治九年（1652年）
66	临县碛口黑龙庙戏台	临县碛口镇卧虎山	清雍正年间（1723～1735年）
67	襄汾汾城城隍庙	襄汾县汾城镇	清光绪十六年（1890年）

注释

1. 中国古戏剧台研究与保护话题组编.中国古戏台研究与保护.中国戏剧出版社，2009.
2. 车文明著.中国古戏台调查研究.中华书局.
3. 段建宏.戏台与社会——明清山西戏台研究.中国社会科学出版社，2011.
4. 罗德胤著.中国古戏台建筑.东南大学出版社，2009.
5. 薛林平著.山西传统戏场建筑.中国建筑工业出版社，2005.

第五章 佛教寺庙

第一节 佛教寺庙概述

寺在古代中国是官署的名称，汉代时，掌管朝祭祀仪的官署称为鸿胪寺，掌管宗庙礼仪的官署称太常寺。佛教初传时期，西方来的僧侣一般都安置住在鸿胪寺。传说东汉永平十年（公元67年）西方僧侣用白马驮着经卷来到洛阳传播佛教，就住在鸿胪寺内，第二年将官署改为佛寺，以白马命名，称白马寺，这是中国佛教史籍记载中最早的佛寺。以后"寺"也就由官署之称逐渐转变为佛教道场的专称了。

中国建筑在悠久的历史文化影响下，经过长期发展，已经形成自己独特的建筑体系，西方僧侣们带来的佛教文化在传播过程中不断与中国的固有文化混合起来，终于形成完全中国化的佛教艺术和建筑风格。

中国佛寺的建造随着佛教在中国的传播经历了漫长的演变过程，发轫于汉代，风靡于北朝，兴于隋唐，盛于辽宋金元，没落于明清，成为保存至今的中国古代建筑中的瑰宝。

一、汉代佛寺形制初现——官邸为寺

根据史料，目前公认中国最早的佛寺即东汉时期出现的洛阳白马寺。宋代高承《事物纪原》曰："初止鸿胪寺，遂取寺名，并置白马寺，即僧寺之始也。"据《魏书》"释老志"记载："上累金盘，下为重楼，又堂阁周回。"一切佛事皆围绕佛塔进行。此一时期佛寺形制初现，建筑形制为中国官衙形制，而布局形制则以印度大乘佛教样式兴建，佛寺以佛塔为中心，四周围以墙。

二、魏晋南北朝时期——舍宅为寺

魏时期的佛寺应为塔与殿相结合的布局形式。在这个时期，佛教在中国迅速广泛传播。

根据同时期洛阳永宁寺的考古报告及日本飞鸟时期的飞鸟寺，可以大概绘制出当时佛寺的平面布局形式。当时寺院主要有浮屠祠、石窟及平民府邸三种形式。这一时期是佛教进入汉地后从建筑形态、寺院配置及布局方式等方面形成汉化风格的重要时期。例如佛塔居中、佛殿在中轴居塔后，就有着浓烈中国官衙府邸布局形式的特色。考古发掘发现了这一时期前塔后殿的形制。《水经注》卷十六："水西有永宁寺，熙平中始创也。作九层浮屠，浮屠下方基十四丈，自金露盘下至地四十九丈，取法代都，七级而又高广之。"据考证，后汉至三国时期，佛教的传教场所仍然以官办为主，直至魏晋以后才成为走入民间流行的宗教形式。西晋初年，洛阳一带造立寺塔者不少，达官显贵多有舍宅为寺者。《洛阳伽蓝记》记载有许多王公"舍宅为寺"的实例。

北魏时期的洛阳永宁寺，建筑布局依次为寺门、佛塔、经堂。这样的布局形式为当时佛寺布局的典型。

三、隋唐时期——院落群组

隋唐时期是中国佛教发展的兴盛时期，由于统治阶层对佛教的崇敬与信仰，导致在隋唐时期出现了大型的佛寺布局。根据唐《关中创立戒坛图经》中的描述，佛寺尺度宏大，异常壮观。此一时期殿堂一跃成为佛寺中主要的建筑形式，建筑布局已由单一的塔院形制转变为廊院殿堂群组布局的形式。而且这一时期，佛塔已经不再是佛寺的中心。这是由于对建筑功能需求的不同所决定的，也跟中国汉地特色文化有着密切的关系。汉传佛寺的整体布局逐渐由单院转为多进院落直至组合成大型佛寺聚落。佛寺院落多由道路分割为多个院落，功能清晰完善。到晚唐时期，又出现了有无佛塔的佛寺建筑搭配形制。

四、宋元时期——伽蓝七堂

发展至宋代，由于历史时局的动荡与统治阶层的更迭，佛教成为了人们的重要信仰，并逐渐世俗化。北宋时期禅宗得到广泛的传播与发展，此时汉传佛教的丛林法规逐渐成熟。宋代佛寺的布局已经非常成熟，尤其是各主殿与偏殿之间的分布包括具有其他功能的建筑分布形态。根据现有资料猜测伽蓝七堂可能只是当时佛寺布局的简写缩影，并不能一概而论为当时的所有汉传佛寺整体布局的形制。在南宋时期较为著名的"五山十刹"有灵隐、净慈两个禅寺的平面布置，证明了此时的布局相对严整。

由这些平面可以看出，当时规模较大的佛寺并不是完全按照七堂的规制进行布局的。这个时期的江南禅寺发展比较自由，除了中轴线外，其他建筑都围绕着中轴大殿进行布局，偶有藏经或方丈院置于中轴或左右两侧位置，至宋末禅堂成为了佛寺的中心。这种随功能转移的建筑布局方式从根本上决定了之后的汉传佛寺整体布局形式。汉传佛寺的基本形制在此时已经形成左右东西的对称布置方式，在之后的时间里更加严谨。

五、明清至当代

至明代，佛寺建筑的院落形式更为突出明显，而各殿的功能也逐一明确。中轴两侧开始设有对峙的殿堂，整体格局更加规整。此一时期法堂仍占据主要地位，一般置于轴线末端，藏经则置于法堂一侧。发展至清代则藏经于法堂之后，中轴建筑数量增多，而四周的各偏殿也相对增加，出现了像戒坛、伽蓝殿、祖师殿等配殿，僧人的生活区、对外的接待区也多在两侧偏院，故佛寺内部的功能也逐渐成熟完善。这一时期的伽蓝模式最为成熟。此一时期许多被毁佛寺也被重修，中国汉地佛寺遗留的古建筑多为此一时期重建。由于最终汉传佛寺中轴以及各殿围合方式的确立，出现了佛寺多条轴线并存或多个院落组群的平面布置方式。空间节奏上也相对紧凑。清代由于藏传佛教的兴盛，汉传佛寺发展缓慢，但是各宗之间已经融会贯通，由各宗思想产生的新的建筑形式应用也更为灵活，不单局限于某一宗派之内。如由律宗思想引发而产生的"放生池"，后在其他汉传佛寺内也屡次出现。

佛寺的殿堂建筑构造与宫室住宅相似，寺院宗教气氛透过室内的布置与装修体现出来。不同的功能要求往往决定殿堂内部的不同装饰与布置，一座寺庙最主要的建筑一般为大雄宝殿，大都安排在轴线的第三、四进，大殿的面宽大于进深，平面矩形。中国佛教崇尚多佛供养，中国单体建筑横宽的平面正好适宜佛像的置奉。主尊佛一般位于佛殿正面靠后的台座上，或三世佛并列，或七世佛并列，或一佛居中，弟子、菩萨分别左右。佛像前置香案、拜垫，供香客礼拜焚香。佛像前内槽柱间张挂幡帷伞帐，有的大殿更在两侧山墙前安置罗汉像。

佛寺中供奉佛像的殿堂，除了上述与大雄殿堂为代表的主殿外，还有天王殿、弥勒殿、药师殿、观音殿、祖师殿等，各个寺庙根据所依宗派的异同，分别选择设置。较为次要的殿堂一般不是很高大，室内空间的变化亦不复杂，有的供奉四大天王、韦驮等守护神，有的供奉祖胸露乳、笑口常开的弥勒佛（即布袋和尚），有的供奉有求必应的观音大士，有的供奉创宗立庙的开山师祖。这些殿堂，或安置在中轴线主殿前后，或并列于主殿两侧及庭院的两厢，成为寺庙的重要组成部分。

第二节　山西佛寺建筑的发展综述

洛阳白马寺自创建以来，历经1900多年，虽几经毁损重建，但作为中国佛教寺院"祖庭"，其在全国佛寺中的影响和盛誉始终丝毫没有衰退。洛阳紧邻山西，对山西地区佛寺的兴建和形制的变迁也有着较为深远的影响。

据史籍和僧传记载，东汉和帝时，山西就建有十几座大型佛寺，留存至今的洪洞广胜寺就是当时建造的佛寺之一。西晋时期，山西的并州、祁县、晋城、永济、沁水以及洪洞等都曾建有佛寺。

魏晋南北朝时期（220～589年）佛教在中国内地真正传播开来。佛教的兴盛促进了寺院建筑的发展。山西大量雕造石窟，兴建寺观，其规模和数量在我国中原地区堪称首位。北魏兴安初年（452年）文成帝下诏"诸州郡县，于众居之所，各听建佛图一区"，开辟了中国按政区普建佛寺的先声。到太和初（477年），仅国都平城（今大同市）就建有佛寺百所。这一时期，山西境内可考的佛寺有五台山大孚灵鹫寺（今显通寺）、五台山佛光寺、五台山北山寺（今碧山寺）、五台山菩萨顶、明月池、寿宁寺等，山西恒山悬空寺据说也是始建于北魏晚期的佛教寺院。山西交城玄中寺始建于北魏，据考为北魏高僧昙鸾所创；山西晋城青莲寺始建于北齐，相传为北方高僧慧远初建。另外，山西大同著名的云冈石窟寺最早开凿于北魏太和元年（460年），是文成帝命高僧昙曜始凿的。石窟寺的凿建活动持续了将近百年，建造大小石窟共计千余（现存主要洞窟53个），佛教造像五万余尊。

隋唐时期，山西的佛教较之前代更为兴盛。隋代虽然统治时间不长，但由于隋文帝极为崇信佛教，在全国大兴佛寺，隋炀帝不仅崇信佛教，且崇尚奢华，大兴土木，山西的佛寺有增无减，据历代僧传和方志记载，隋代在山西建有佛寺一百多所，并形成了云中（大同）、五台山、太原、汾阳、新绛、长治、晋城等寺院群落。唐代在继承隋朝建寺的基础上，进一步发展，达到封建社会的鼎盛时期。山西是隋唐两朝的河东地区，是北方重要的军政之地，佛寺的建造尤为兴盛，名刹大寺遍及全省。据历代僧传和方志统计，唐代在山西建有佛寺290多所，而且规模比前代更为宏大，由原来的一寺一院扩大到一寺数院，乃至一寺十数院，如五台山竹林寺就由十二院组成。一些寺院还设有"院"，如法华院、律院、经院、阁院、塔院等。在建造形式上，以房屋围合组成庭院的布局方式出现，多个院落进行不同的组合，形成不同的平面形式，奠定了中国佛寺的基本格局。由于唐武宗的灭佛活动和后代的损毁，除个别的殿堂外，至今没有成组的唐代完整寺院留存。

唐代寺庙仅有4座单体建筑得以保留，分别是五台山的南禅寺正殿和佛光寺东大殿，芮城广仁王庙正殿和平顺天台庵正殿，它们同时也是全国仅有的较完整的唐代木结构建筑。它们都是中小型殿堂，除殿堂本身外，当时寺院的总体布局都被毁，难窥原来的总体风貌。虽然不能反映唐代佛寺的总体风貌，但是它们显示出来的建筑造型水平和技术成就却令人赞叹，成为木结构建筑发展史上极为珍贵的历史遗迹。从唐代道宣撰《关中创立戒坛图经》、敦煌第六十一窟壁画五台山图及晋城青莲寺唐代线刻佛寺图及有关文献看，山西的佛寺建筑在中国宫室型建筑的基础上已定型化并有所发展。

五代十国历史短暂，仅有50多年，当时的统治者虽然也崇信佛教，广建寺宇，但由于国力所限，佛寺建造远不及前代，无论从规模、数量上都与前代不可比较，能够保留至今的更显稀少，而山西恰恰保存了这一时期的三座建筑，分别是平顺龙门寺西配殿、平顺大云院正殿、平遥镇国寺万佛殿，是研究五代时期佛寺建筑的重要实物例证。

入宋以后，山西的北部为契丹族所建的辽朝占据，中南部为北宋统治。后辽、北宋又为女真人所建的金朝所灭，山西全境遂被金统治。宋、辽、金时期，山西先后被三个政权统治，佛寺建筑异彩纷呈。宋朝积极支持佛寺建造，当时河东佛寺得到皇帝敕额的比比皆是，这对佛寺的建造起了极大的鼓励和推动作用，民间修建佛寺的积极性也空前高涨。宋河东路辖14州，除岚州、宪州等军事防御设置区外，其余地区均有佛寺的分布，据有关资料统计共有佛寺359处。

据《山西通志》"文物志"资料统计，山西现存宋辽金时期的木构建筑143座，其中宋代建筑55座，具有代表性的20余处，这些寺庙大多为民间建造，但建筑技法纯熟，形制结构独特，不少建筑地方特色显著，具有较高的技术价值和观赏价值。前期的佛寺受唐五代的影响，在外形上仍沿袭着前代凝重质朴的风格，结构上则不断改革与创新、完善，开创了科学合理、经济实用的结构形式。具有代表性的宋代寺庙建筑保存在高平崇明寺、游仙寺、开化寺，平顺龙门寺，晋城青莲寺，长子崇庆寺和法兴寺，陵川南、北吉祥寺，潞城原起寺等佛寺。

宋代佛寺受禅宗伽蓝制度的影响，平面布局简洁规整，一般在南北中轴线上配置主要殿宇，附属建筑置于轴线两侧。中轴线上一般由山门、天王殿、大雄宝殿和法堂组成，藏经阁置于轴线的后端。主体建筑宏伟高大，附属建筑起烘托主体建筑体量和气势的作用，整体布局疏而不密，主从有致。宋代的殿堂以方形平面居多，多为面阔三间，进深四椽，置于寺内前部的中央，改变了汉唐以来以塔为佛寺中心的布局，突出了佛殿在寺中的地位。

宋代，无论在文化还是科技方面都达到了中国封建社会发展的最高阶段。历史学家陈寅恪先生有这样一席话："华夏文化，历数千载之演进，造极于赵宋之世。"建筑同样取得了巨大的成就，成为中国木构建筑的成熟时期。宋代建筑业属于官营手工业，为了工程管理的需要，建筑的标准化提上日程，宋崇宁二年（1103年）颁布了中国历史上第一套建筑技术标准和基本工料定额标准——《营造法式》，对长期流行于中国建筑行业的经久行用之法进行了一次总结，同时也是对当时高标准、高质量建筑技术的展示。其中最关键的是制订了一套科学而完整的木构建筑的材分模数制，它不但控制了建筑结构的断面，保证了结构构件具有良好的受力性能，而且还控制了建筑的尺度，使建筑构件标准化。建筑尺度的确立，保证了建筑的艺术效果。随着《营造法式》的颁布，各地发展不均衡的建筑技术得到了改善。

宋朝建筑的规模一般比唐朝的小，无论是组群建筑还是单体建筑都没有唐朝那种宏伟刚健的风格，但建筑风格却比唐朝建筑更为秀丽，呈现出细致柔丽的风格，同时富于变化，出现了各种形式复杂的殿阁楼台。

在建筑结构上突出表现为斗栱的承重作用大大减弱，装饰性能逐渐增强，而且宋代建筑改变了唐代建筑柱头斗栱大、补间斗栱小或不设补间斗栱的做法，采用补间斗栱与柱头斗栱一致的做法，补间铺作的朵数也呈增多之势。栱高与柱高之比越来越小。原来在结构上起重要作用的昂，有些已被斜栿代替，并开始使用假昂。在装修和装饰、色彩等方面，灿烂的琉璃瓦和精致的雕刻花纹及彩画都增加了建筑的艺术效果。

辽是由契丹人建立的少数民族政权，公元916年统治了山西和河北的北部地区。山西的大同成为辽朝的西京。辽朝统治者也十分崇敬佛教，在原唐、五代佛教本来就十分兴盛的地区大力兴建寺塔。他们模仿汉族的建筑，使用汉族的工匠建造佛寺。由于山西自唐末以来就形成许多割据的藩镇，五代时又在藩镇基础上形成割据政权，在佛寺建筑和艺术上很少受到中原和南方的影响，因此辽朝的佛寺较多保持了唐代的雄浑古朴风格，在佛寺的平面布局和殿堂的结构技术上较多地吸收了唐代的手法，空间处理及结构形式更为精炼，斗栱技术相当成熟，仅少数宫殿、佛寺和一些民居保持了契丹族原来的习惯。保存至今的大同善化寺大雄宝殿、华严寺薄伽教藏殿、应县木塔、觉山寺塔都是辽代佛寺建筑中的代表性杰作。

金代是由女真族建立的政权，为了巩固统治，吸收辽、宋文化，极力提倡佛教，广建寺塔，举国上下，"奉佛尤谨"（《三朝北盟会编》政宣上帙）。在建筑的平面布局和殿堂的建筑技术上，在山西北部原辽统辖的地区，佛寺建筑沿袭着辽代雄浑古朴的风格，寺院殿堂规模宏大。而在山西的中南部地区的佛寺则显著地受到宋的影响，建筑规模较小，但结构精巧、装饰华丽。金代佛寺在山西形成两种不同的风格，呈现出明显的地域特色，构成山西金代佛寺建筑的特色。在建筑方面，使用汉族工匠，形成了较宋、辽复杂的建筑风格。山西现存辽金建筑88座，其分布还是以晋东南地区为多，忻州、太原、晋中、临汾、运城均有分布。不过从建筑的体量、建筑技术和艺术上来说，以大同和朔州地区的金代建筑为精。大同华严寺上寺、善化寺，朔州崇福寺，繁峙岩山寺，应县净土寺和五台佛光寺都保存了金代建筑的精华。在现存金代建筑中，一些建筑与辽代建筑差别不大，如大同上华严寺和善化寺；一些建筑在装修上接近宋代的细致和纤巧，在造型上也趋于宋代的柔和，如朔州崇福寺弥陀殿。

金代建筑给人的感觉是追求华丽，女真族在短暂的十余年就取得了辽阔的领土，为了显耀，便在建筑外观上追求华丽，尤其体现在斗栱设置和木装修方面。斗栱构件中使用了大量的斜栱；在木装修方面表现为装修品类的增加，木雕技术被广泛地应用到装修构件当中，构件表面的修饰增多，给人以精巧的印象。

元代是少数民族建立的政权，同历史上其他少数民族统治者入主中原后一样，以先进的汉民族文化为主体的中原文化并没有从根本上受到冲击。元代采用中原地区传统的封建制度，并大力吸收汉族的先进文化，对宗教采取兼容并蓄、广为利用的政策，各种宗教都比较兴盛，山西最流行的仍是佛教和道教。据《山西通志》"文物志"统计，山西现存元代建筑329座，其中大同地区5座，太原地区6座，阳泉地区5座，长治地区109座，晋城地区49座，忻州地区12座，吕梁地区11座，晋中地区32座，临汾地区48座，运城地区52座。从数量上看，以晋东南地区为多，占据了总数的几乎一半。其中具有代表性的佛寺建筑保存在洪洞广胜寺、柳林香岩寺、五台广济寺、高平定林寺、浑源永安寺等处。

从现存元代建筑的实例来看，官式建筑的布局、造型和结构都比较规整，民间建筑则有较大的灵活性。元代虽然继承了唐宋以来的建筑传统，但部分地方建筑却继承了金代的建筑风格，在结构上作了一些新的尝试。元代建筑大胆应用"大额式"和"斜栿"的做法，这是因减柱造而产生的一种构架方法，是元代匠师在结构设计上的大胆尝试。柱网布置多样化，最突出的是柱子排列往往与屋架不成对应关系，显示了柱网布置的灵活性和创造性。草栿做法盛行，用材不讲究规格，使梁架结构出现了简率、随意的新意，是对传统木构架做法的一种革新，既反映了元代木材紧缺的窘况，同时也表明宋《营造法式》对建筑的限制作用在逐渐减弱。

明清两代共历544年，是中国封建社会的晚期，也是国家长期统一、各民族文化交流的重要时期。明清两代建筑沿着中国古代建筑的传统道路继续向前发展，取得了很大成就，成为中国古代建筑历史上的最后一个高峰。

据《山西通志》"文物志"载，山西明清时期的木构建筑有8200座，占现存木构建筑的90%，是山西文物建筑的重要组成部分，它们有自己的形式特点、技术特征，许多建筑继承了前代的建筑风格。山西不同地区的明清建筑存在明显的地区差异，晋南、晋东南、晋中、吕梁、雁北的明清建筑，无论在建筑布局、建筑技术还是建筑装饰等方面都有差别，形成了不同的地方建筑特征，丰富了山西建筑的特色和内涵。由于山西地理位置所限，在建筑上也形成了平原和山区之差别。尽管如此，各地建筑活动始终处于相互交往、融合、学习和吸收的过程中，建筑技术在与其相适应的土壤中存在发展，逐渐形成自己的地区特色。这些多种多样的带有地区差异的明清建筑虽然不完全符合官式建筑的形制，但是却继承和表现了中国古代建筑的共同特性，同时又显现了独特的地域建筑特征。

山西的佛寺经过一千余年的历史沉淀，大批的佛寺分布于三晋大地上，尤其以唐、五代、宋、辽金、元时期的佛寺建筑成就最为突出，将西方的佛教文化与中国固有的传统文化融合，创造出灿烂的佛寺文化，成为了人类共同的文化遗产。

第三节　山西佛寺建筑的实例

一、唐代及五代佛教建筑

唐代南禅寺大殿

位于五台县城西南22公里李家庄，是我国现存最早的唐代木结构建筑。

寺院创建年代不详，重建于唐德宗建中三年（782年）。寺内大殿西缝平梁下保存有"因旧名大唐建中三年岁次壬戌月居戊申丙寅朔庚午癸未时重修法显等谨志"的题记，是寺重建年代的佐证。宋、元、明、清各代均有修葺。现存建筑除大殿为唐代原构，余皆后人所建。

寺坐北朝南，南北长60米，东西宽51.3米，总面积3078平方米。主要建筑有山门、龙王殿、菩萨殿和大佛殿。大佛殿面宽进深各三间，平面近方形，单檐歇山顶。殿前设月台，前檐明间装板门，两次间置破子棂窗。屋顶举折平缓，柱之侧角生起显著。柱间用阑额相互联系，转角处阑额不出头，无普拍枋。殿内无柱，亦无天花板，彻上露明造。通长的两根四椽栿通达前后檐外，栿上设缴背承重，再上为驼峰、大斗、捧节令栱承平梁与平榑，平梁两端施托脚，其上用大叉手承负脊榑。檐柱之上用斗栱承托屋檐，无补间铺作。柱头斗栱五铺作，双杪单栱偷心造。前后檐二跳华栱乃四椽栿伸出檐外制成，梁架与斗栱构成一体，合理而坚固。柱头枋上置驼峰、皿板、小斗承压槽枋。各栱卷杀五瓣，每瓣微向内颤。整座建筑比例匀称，造型雄浑古朴，为典型唐代建筑风格。

图 5-1 五台南禅寺大殿　　资料来源：作者自摄

图 5-2 五台南禅寺大殿翼角斗栱
资料来源：作者自摄

图 5-3 五台南禅寺大殿彩塑
资料来源：作者自摄

殿内有一长8.4米、宽6.3米的大佛坛，坛上满布唐代彩塑。主像释迦结跏趺坐于束腰须弥座上，弟子、菩萨、天王、仰望童子及撩蛮、佛霖等共计17尊塑像，分列两侧，面容丰润，神态自若，服饰简洁，衣纹流畅。虽经后代装修，依然保存了唐塑风貌，为我国唐塑中的佳作。寺内还保存角石两块、石狮三躯、小石塔一座，雕工精练，均为唐代原作。

佛光寺东大殿

佛光寺位于五台县豆村镇佛光山腰，寺因地势而建造，建在一个向西的山坡上，因此寺中轴线采取东西向设计。佛光寺创建年代不可考，据史料记载，至迟在隋末唐初已是五台名刹。会昌灭法中被毁，唐大中十一年（857年）由僧人愿诚重建，并得到上都女弟子宁公遇的资助和地方官吏"河东节度使"和"代州都督供军使"的支持，因此推测东大殿是按当时官方建寺规制建造的。虽然佛光寺的建造时间晚南禅寺大殿75年，但其规模远大于南禅寺，且后世在修葺中改动较少，是已知现存唐代木构殿堂的范例。东大殿是一座中型殿堂，面阔七间，进深四间，单檐庑殿顶，前檐明间五间装板门，两梢间及山面后部一间设直棂窗。殿身构架由下而上由柱网、铺作层和梁架三部分组成，这种水平分层、上下叠加的构架形式是唐代殿堂建筑的主要特征。殿内柱网设置是宋《营造法式》中被称为"金箱斗底槽"的形式。金柱将殿内空间分为内槽和外槽两部分，金柱所围空间为"内槽"，内槽四周金柱与檐柱之间的空间称为"外槽"。为了适应内、外槽平面布局，结构上以列

图5-4 敦煌六十一窟五台山图（局部）

第五章 佛教寺庙　247

图 5-5 五台佛光寺大殿　资料来源：作者自摄

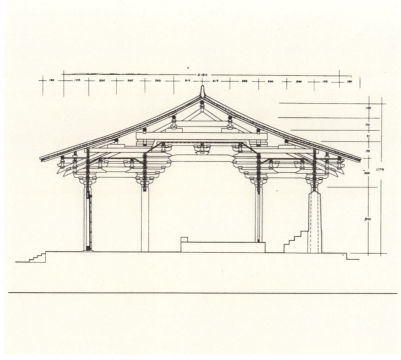

图 5-6 五台佛光寺东大殿剖面　资料来源：张勇抄绘

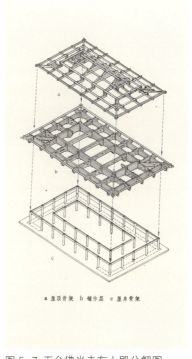

图 5-7 五台佛光寺东大殿分解图

图 5-8 五台佛光寺大殿全堂彩塑　　资料来源：作者自摄

柱和柱上的阑额构成内外两圈柱架，柱上采用斗栱、乳栿、明栿和柱头枋将两圈柱架紧密连接以支撑内、外槽的天花，形成了大小不同的内外两个空间，而在天花以上还有另外一套承重结构。五间内槽各置一组佛像，而以中间三间为主。为了突出佛像与各间柱上的四跳斗栱全采用偷心造，形成明确的五个小空间以陈列佛像，内槽的建筑空间与佛像有机地结合为一个整体。内槽繁密的天花与简洁的月梁、斗栱，精致的背光与朴素的结构构件形成恰当的对比，对比手法运用非常成功。

大殿构架的各部分之间存在明显的比例关系，如面阔为进深的2倍，明间间广等于平柱高，平柱高则是中平槫距地高度的1/2。可见唐代在建筑的构架设计中，已形成了一套既定的程式与手法以控制建筑物的总体比例。在外观构图上，正脊、屋顶鸱吻和殿身各间也构成和谐的比例关系，斗栱与柱高之比为1:2；加大了屋檐的平出，加之和缓的起翘和造型遒劲的鸱尾，使东大殿呈现出稳健雄丽的唐代建筑风格。内外两槽柱子卷杀明显，相互间施阑额联系，阑额不出头，无普拍枋设置。东大殿用材大，所用材为宋《营造法式》中九至十一间殿宇的用材。出檐深远，屋檐的挑出主要依靠斗栱来承担，斗栱的设置为结构所必需，所以斗栱壮硕，布局疏朗，体现出一种力量的结构美。东大殿外檐柱头斗栱七铺作，双杪双下昂偷心造。总之东大殿在形式的完美中蕴涵着恢弘和壮阔，体现着唐代建筑的开阔和辉煌。东大殿佛坛上有30多尊晚唐造像，塑法简练；内槽栱眼壁外侧和明间佛座背面保存有60余平方米的唐代壁画，内容为佛、菩萨、流云等题材，笔力流畅。寺内祖师塔建于北魏，是寺内现存年代最早的建筑物。

天台庵

位于平顺县城北25公里实会乡王曲村中。寺创建年代不详，仅存正殿及唐碑1通。大殿依其形制、结构和手法为唐代遗构。天台庵创建及历代重修年代均不详。相关志书中对此庵亦无记载，故其建造及重修历史已无从考证。天台庵大殿是寺内惟一现存的殿宇，建在高 0.7 米的砖石砌台基上，殿身面阔三间，进深四椽，平面呈方形，单檐歇山筒板瓦顶。殿正侧两面明间开间较大，两次间仅及明间之半，是国内现存早期建筑平面中极为罕见的实例。

正殿平面正方形，面阔三间，通面阔 7.05 米，进深三间四椽，总进深 7.03 米，单檐歇山顶。当心间较大，次间仅及当心间之半。基座片石砌，无月台。柱础覆盆式，柱头卷杀和缓。柱间施阑额和普拍枋，阑额不出头，栌斗直接安放在柱头上。柱上斗栱简练，自栌斗口外出华栱一跳，跳头上横施替木承撩檐槫，无令栱与耍头之设。宋《营造法式》谓之"斗口跳"，是国内较罕见的实例。华栱后尾为四椽栿伸至外制成，斗栱梁架构为一体，建筑刚度极佳。柱头枋两层，上置压槽枋一道。补间斗栱仅设于四面当心间，斗口内承柱头枋，枋上隐刻横栱，无华栱，出麻叶形耍头一材。转角处出角华栱一跳，压在大角梁之下。栱身较长，斗颇较深，栱枋用材规格不一，与中唐时期的南禅寺大殿略同。

殿内无金柱，彻上露明造。当心间左右用通檐栿，栿上设柱、大斗、捧节令栱承平梁和平槫，两端施托脚，用以稳固梁架，结构简练。殿顶圆椽铺钉，椽头另加飞椽，椽头和飞头均有明显卷杀，圆和适度。屋顶举折平缓。屋面筒板瓦覆盖，花边瓦滴水，勾头上饰以花瓣，仍是宋金规制。脊兽黄绿色琉璃制成，鸱吻为元代作品。

天台庵是中国佛教宗派天台宗寺庙遗存之一。虽然寺貌与规模已非唐代原貌，但其建筑结构本身极具历史、艺术和科学研究价值，大殿的大木作完整保留了唐代建筑特征，为进一步研究国内早期建筑法式提供了重要实物例证。

龙门寺

位于平顺县石城镇源头村东 1000 米的山间台地上，原名法华寺。坐北朝南，向西偏 30°，随地形依山而建。东西 95.7 米，南北 92.5 米，占地面积 5070 平方米。据碑文载，

图 5-9 平顺天台庵正殿　资料来源：作者自摄

图 5-10 平顺龙门寺大雄宝殿　资料来源：作者自摄

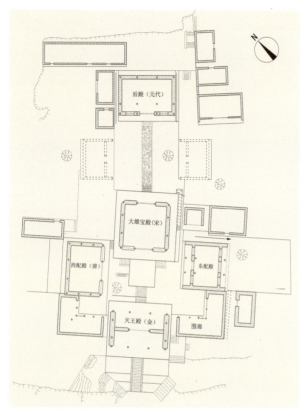

图 5-11 平顺龙门寺总平面图
资料来源：山西省古建筑保护研究所测绘资料

创建于北齐武定二年（550年），五代后唐、北宋时期均有扩建，北宋太平兴国年间赐额更名为龙门寺，建隆元年（960年）寺院规模达到极盛，有"殿堂寮舍数盈百间"。金、元、明、清历代皆有重修。现存建筑山门（天王殿）为金代遗构，大雄宝殿为宋代遗构，西配殿为五代遗构，东配殿为明代遗构，燃灯佛殿为元代遗构，其余建筑均为清代遗构，是平顺县保存较好的一座集六朝建筑于一寺的建筑群。采用东、中、西三条中轴线布局，中轴线建筑有山门（天王殿）、大雄宝殿、燃灯佛殿（后殿）、千佛殿（已毁），两侧为东西廊房、东西配殿、东侧钟楼等；东轴线建筑有圣僧堂五间、水陆殿七间及禅堂、僧舍、马厩等附属建筑；西轴线建筑有僧舍及库房等附属建筑。西配殿据寺内后汉乾祐三年（950年）石经幢载，建于五代后唐同光三年（925年），大雄宝殿前檐石柱上有北宋"绍圣五年（1098年）"石刻题记。另存宋、金石塔4座。寺内保存有五代后汉乾祐三年（948年）陀罗尼经幢1座、明碑9通、清碑13通、工笔重彩壁画34.10平方米。

天王殿（金代）正殿建在高1.5米的石质台基上。面阔三间，进深四椽，单檐歇山顶。殿内梁架四架椽屋分心用三柱，檐柱柱头卷杀明显，前檐柱头斗栱五铺作双下昂，后檐斗栱单杪单昂，补间仅当心间1朵，当心间设板门，两次间安直棂窗。

大雄宝殿（宋代）据殿前檐石柱铭文，建于宋绍圣五年（1098年），明万历五至十二年（1577~1592年），清顺治九年至十年（1652~1653年）、同治三年（1864年）均有修缮。大雄宝殿建于高1.2米的砖砌台基上，面阔三间，进深六椽，平面呈方形，殿内梁架六架椽屋四椽栿对后乳栿通檐用三柱，单檐歇山顶。屋顶脊兽为黄绿琉璃制作，形状、手法均为明代风格。柱头斗栱五铺作单杪单昂，补间隐刻斗栱。前后檐当心间施四扇六抹隔扇门，两次间设窗。殿内后墙及两山墙存工笔重彩佛教故事壁画34.10平方米。

西配殿（五代后唐）又名观音堂，据碑文记载创建于后唐同光三年（925年）。石砌台基，高0.20米，面阔三间，进深四椽，单檐悬山顶，殿内梁架四椽栿通前后檐，上设驼峰、大斗承平梁，前檐柱柱头卷杀和缓，设阑额左右横贯，无普拍枋，转角处阑额不出头，柱头斗栱斗口跳，无补间铺作。前檐当心间设板门，次间为窗，门窗略小。脊部平梁上增设驼峰及侏儒柱为五代时新构，开平梁上置驼峰、侏儒柱先河。该殿梁架具备了早期建筑的特点，如每缝梁架上仅设四椽栿和平梁的横向构架，在使用叉手的同时又使用托脚。柱子有明显的侧脚

图 5-12 平顺龙门寺全景　　资料来源：作者自摄

和生起，屋面举高约为前后撩檐枋心距离的 1/4，为《营造法式》中所规定的"厅堂举高"，配殿使用非常合适。斗栱斗口跳的变体，横向梁架的形制与斗口跳的做法和南禅寺大殿接近，仅设阑额，无普拍枋设置，柱头铺作简洁古朴。

燃灯佛殿（元代）位于中轴线后端。面阔三间，进深四椽，单檐悬山顶。殿内梁架三椽栿对前乳栿通檐用三柱，斗栱仅设于前檐柱头，五铺作双下昂斗栱，梁架构件多为自然材稍作剥皮后使用，制作手法杂陈，保存了较多元代手法。

陀罗尼经幢（五代后汉）八角形砂石质经幢，通高 2.96 米。由幢座、身、顶三部分组成。座由基座、束腰、仰莲台组成，高 0.33 米。幢身平面八边形，高 1.91 米，楷书刻有"佛顶尊圣陀罗尼经序"及寺庙的历史沿革。幢顶由幡盖、仰莲、宝珠组成。乾祐三年（948 年）款。

敕赐龙门寺惠日院重修碑（明代）青石质，螭首，龟趺。通高 2.73 米，其中首高 0.48 米，碑身高 1.8 米，宽 0.83 米，厚 0.17 米，明成化十五年（1479 年）立石。额首均题"敕赐龙门山惠日院重修碑记"。碑文楷体，记述龙门寺原名惠日院，宋太祖赐额。考证寺院创建于北齐文宣帝武定年间（543～550 年）。

平顺大云院

位于平顺县城西北 23 公里石会村北龙耳山中，背山面水，环境优美。寺创建于五代天福三年（938 年）。原名仙岩院，亦称大云寺，后周显德元年（954 年）建寺外宝塔，至北宋建隆元年（960 年）已有殿堂一百余间。太平兴国八年（983 年）奉敕改名大云禅院。后逐渐荒废，虽经历代修葺，但规模已远逊当年。现存建筑除大佛殿与七宝塔为五代遗构外，余皆为清代所建。

图 5-13 平顺大云院全景　资料来源：作者自摄

图 5-14 平遥镇国寺万佛殿　资料来源：作者自摄

寺址坐北朝南，全寺规模不大，平面布局略长。主要建筑有山门、天王殿、后殿及两庑。大佛殿是大云院的正殿，始建于五代后晋天福五年（940年），是中国仅存的三座五代木构建筑之一。大殿台基正面高1.3米，青石垒砌，其余三面随地势渐高而降低。殿之前檐辟门与坎窗，后檐亦有门道通行。殿身面宽三间，通面宽11.7米，进深六椽，总进深10.1米，平面近方形。柱头卷杀圆和，柱础为覆盆宝装覆莲式，檐柱以上阑额普拍枋叠交成丁字形，转角处阑前槽无金柱，后槽明间设金柱两根。梁架为四椽栿对后乳栿用三柱，梁栿前端刻成月梁式，栿上两个大驼峰承托平梁及平槫，平梁上置叉手颇大，瓜柱甚窄。大殿所用驼峰种类达8种，尺度不一，形制有别，曲线简洁流畅，兼具承托和装饰双重功能，为他处罕见。殿内保存五代壁画20余平方米，壁画施以蓝、绿、赭三色，墨线勾勒，笔法挺劲，与敦煌莫高窟晚唐壁画同出一格。斗栱、栱眼壁和阑额上保存了五代彩画11平方米，风格古朴，为寺观壁画与早期彩绘之珍品。

殿内保存有五代石雕香炉，下刻铭记"仙岩禅院广顺二年岁次壬子八月十五日"。大佛殿前有北宋乾德四年（966年）、北宋咸平二年（999年）石经幢以及石雕罗汉一尊，均为艺术珍品。寺外南侧耸立七宝塔一座，建于五代周显德元年（954年）。塔为石制，双层重檐八角形，高约6米。由双层须弥塔座、双层塔身和三重塔刹组成，塔身造型优美，雕饰丰富生动，尚具唐风。

镇国寺

位于平遥县城东北郝洞村，原名京城寺，始建于五代北汉天会七年（962年），清雍正九年（1731年）、乾隆二十九年（1764年）和嘉庆年间（1796～1816年）多次补建修葺，基本奠定了今日规模。寺内建筑多为明清风格，惟万佛殿及殿内彩塑保存了五代原貌。

寺址坐北朝南，由前后两进院落组成，占地面积4500平方米。万佛殿居中，前院有天王殿、钟鼓楼、碑廊等，后院建三佛楼，两侧为观音殿、地藏殿。天王殿即山门，面宽三间，进深四椽，前后檐明间设板门可穿行。三佛楼是中轴线上最后一座建筑，梁下题记记载重建于清雍正九年（1731 年）。高二层，基座前部辟窑洞三孔。佛殿面宽三间，进深四椽，单檐悬山顶。殿内山墙满绘佛传壁画 52 幅，描绘精美，同时奉“三身佛”彩塑。地藏殿在三佛楼的西侧，清式建筑，结构简单，其中 13 尊塑像和壁画生动表现了地狱冥魂阴森可怖的场景。

万佛殿平面近方形，广深各三间，通面宽 11.58 米，通进深 10.78 米。殿前无月台，台基较矮。前后檐当心间辟门，前檐次间设窗，余皆筑以厚壁。檐柱绕周 12 根均砌入墙内，柱头卷杀和缓，生起微小，柱间阑额相连不出头，不设普拍枋。柱头斗栱双杪双下昂，重栱偷心造，昂为批竹式，耍头下昂形。补间斗栱五铺作，双杪偷心造。大斗之下立直斗与阑额相结，形制酷似佛光寺东大殿铺作次序。斗栱总高约合柱高 7/10，殿宇规模不大却使用如此硕大的斗栱，在中国古代建筑中实为罕见。殿内梁架彻上露明造，结构为六架椽屋通檐用二柱，无金柱。设六椽栿两层，上置斗栱承四椽栿，四椽栿上置驼峰，大斗承平梁，平梁上有驼峰、侏儒柱、叉手和襻间栱承脊槫，梁端有托脚支撑，侏儒柱细小、叉手甚大的做法是唐末五代平梁上始用矮柱的先例。殿中央佛坛宽大，高 0.55 米，方形束腰叠涩式，佛、弟子、菩萨、金刚等泥塑像 11 尊，面形丰润，姿态自然，为五代时期原作，是除敦煌彩塑外国内寺观中仅存的五代彩塑。殿内四壁及栱眼壁绘万佛图，810 尊小型佛像为清代重绘。

二、宋、辽、金佛教建筑

崇教寺

位于长治市郊区马厂镇故驿村西北。据寺内宋太平兴国九年（984 年）碑碣记载，崇教寺原名瀜山朝漳禅院，是年赐额崇教禅院。据寺内碑文记载宋太平兴国三年（978 年）重建、九年（984 年）赐额，明嘉靖二十七年（1584 年）金妆佛像，清康熙三十八年（1699 年）、五十八年（1719 年），乾隆三年（1738 年）、嘉庆十一年（1806 年）修葺。坐北朝南，南北长 54 米，东西宽 31 米，占地面积 1674 平方米。一进院落布局，中轴线上现存山门、正殿，正殿两侧存耳殿。正殿为宋代遗构，南殿为明代遗构，其余皆为清代建筑。寺内存宋代赐额碑 1 通、清乾隆三年（1738 年）“吉义村崇教寺重修殿宇碑记”碑 1 通。

图 5-15 长治郊区马厂崇教寺维修后的大殿
资料来源：山西省第三次全国文物普查资料

正殿建于宋太平兴国三年，殿身面阔三间，进深六椽，单檐硬山顶。殿内梁架四椽栿对前乳栿通檐用三柱，柱头斗栱五铺作双下昂，前檐金柱石质方形，明间设板门，两次间设直棂窗。殿内脊槫枋下有清嘉

图 5-16 泽州县西郜崇寿寺中殿
资料来源：山西省第三次全国文物普查资料

图 5-17 泽州县西郜崇寿寺正殿
资料来源：山西省第三次全国文物普查资料

庆十一年（1806年）维修的墨书题记。

南殿为明代遗构，面阔三间，进深四椽，单檐悬山顶。殿内梁架结构五架梁通檐用两柱，瓜柱、三架梁、叉手、丁华抹颏栱等尚袭元代形制。

赐额牒文碣，为青石质，长方形，高0.54米，宽0.70米。首题篆书"中书门下牒潞州"，碣文楷书，碑文23行，200余字。碑文记述崇教寺原名庄寺楼，宋太平兴国三年（978年）特赐名额，宜赐荐福之寺为额的牒文。

崇寿寺

位于泽州县城东北18公里巴公镇西郜村东。据寺内碑文载，寺始建于北魏，唐开元七年（719年）重修，北宋大中祥符元年（1008年）改称今名，宋宣和元年（1119年）重建，金元明清屡有修葺。现存建筑保存完整，寺院东西长83米，南北宽32米，占地面积268平方米。

寺坐北朝南，由两进院落组成。中轴线上依次排列着山门、天王殿、释迦殿、雷音殿。天王殿两侧为钟鼓楼，释迦殿两侧分别为地藏殿、罗汉殿，雷音殿两侧为观音殿和关帝殿。现存建筑释迦殿仍保持有宋金建筑风格，余皆为明清遗构。

释迦殿面阔三间，进深三间，平面近似方形，单檐歇山顶。前檐石柱上有宋宣和乙亥（1119年）题记，门额上有正隆庚戌年（1130年）题记。檐下仅施柱头铺作为五铺作，单杪单下昂，梁架彻上露明造，四椽栿对后乳栿通檐用三柱，明间前后檐设四扇六抹隔扇，次间设窗。殿前唐代八角形石幢2座，均通高4米，幢身刻陀罗尼经。

雷音殿为二进院的主殿，面阔五间，进深七椽，单檐悬山顶。殿内梁架规整，用材较大，为后七架梁对前单步梁，通檐用三柱。明间设四扇六抹隔扇。

寺内现存宋金以来碑刻12通、造像碑3通，是研究寺史沿革的重要资料。

图 5-18 原平惠济寺文殊殿正立面
资料来源：山西省第三次全国文物普查资料

图 5-19 原平惠济寺文殊殿内彩塑
资料来源：山西省第三次全国文物普查资料

惠济寺

位于原平市东北的中阳乡练家岗村内。寺庙创建于唐，重建于宋，明清修葺。现存主体建筑文殊殿为明代建筑，其余为清代建筑。坐北朝南，中轴线上现存文殊殿、南殿，两侧为东西配殿和钟楼，占地面积约 3600 平方米。

正殿文殊殿是惠济寺的主要建筑，为宋代遗构，面阔五间，进深三间，六椽单檐歇山顶，青灰瓦屋面。檐下斗栱五踩双昂，补间斗栱在明间和次间各用一朵，明间出斜栱。殿内用减柱、移柱造，有金元时期的特点。前檐当心间、次间辟隔扇门，两梢间砌墙。殿内正中设长 8.95 米、宽 4.7 米、高 0.7 米的佛台，佛台上塑有文殊菩萨 1 尊、侍女 2 尊、护法 2 尊、执绺童 1 尊，其他塑像 3 尊，均为宋代彩塑；两侧佛台上木阁内现存有 157 尊宋代木雕。

南殿观音殿面阔三间，进深一间，单檐悬山顶，青灰瓦布屋面，坐南朝北，前檐当心间辟隔扇门。

资圣寺

位于高平市马村镇大周村中。寺院四面隔街与民宅相邻，寺址高出街面 1.4 米，为两进院落，坐北面南，现在中轴线上保存有三座古建筑：毗卢殿、雷音殿、天王殿。

毗卢殿为资圣寺内历史最久的建筑，为宋代遗构，面阔、进深各三间，檐下斗栱五铺作单杪单昂、昂形耍头，外檐重栱计心造、里转重杪出两跳。单檐歇山顶，筒板布瓦屋面，琉璃脊兽。大木构件建造规整，用材规范，屋顶举折平缓，出檐深远，较为完整地保留了宋代建筑风貌，为研究早期建筑提供了实例，具有极高的科学价值。

图 5-20 高平资圣寺毗卢殿背面

图 5-21 寿阳普光寺正殿

雷音殿为明代遗构，面宽五间，进深七架，斗栱五踩重昂重栱造，单檐悬山顶，筒板布瓦屋面，琉璃脊兽。

天王殿为清代遗构，面宽三间，进深一间，五踩重昂重栱计心造，单檐悬山顶，筒板布瓦屋面，琉璃脊兽。

资圣寺融宋、明、清三个时期的建筑遗构于一寺，是研究明、清建筑布局和宋代木结构建筑的重要史料，遗存的建筑造型美观，结构大方、独特，特别是毗卢殿，建筑结构、梁架彩绘具有较高的艺术价值。寺内的其他造像碑、碑刻等都明显具有地方时代特点。

普光寺

位于寿阳县西洛镇白道村。创建年代不详，现存正殿为宋代风格，东西配殿为明代建筑，其他建筑为清代建筑。坐北朝南，沿中轴线布置主要建筑，轴线两侧对称排列次要建筑；寺院自南向北依次为山门、戏台、钟鼓楼、东西厢房、东西配殿、正殿、东西院厢房、东西耳房，占地总面积1111.43平方米。正殿砖砌台基，方砖铺墁青石压檐；面宽三间，进深四椽，单檐硬山顶。梁架结构为四架椽屋前后搭牵用四柱，斗栱四铺作单杪，明间设置板门，次间置窗，后人维修时改动。平面近方形，符合宋代建筑规制，殿内有东西贯通的低矮佛坛，也为宋代建筑手法。从大殿的平面布局、斗栱、梁架、柱枋用材和制作特征来看，仍保留了宋代木结构建筑的手法。正殿内有壁画120多平方米，绘有传统佛教人物形象，神态逼真，手法细腻，线条流畅，极具艺术价值。

游仙寺

位于高平市河西镇宰李村东游仙山麓，寺因山得名，也称慈教寺。寺创建于宋淳化年间（990～994年），后元、明、清屡有修葺。现存建筑毗卢殿为宋代原构，三佛殿为金代遗构，其余均为明清所建。现存寺宇三进院落，中轴线上有观音阁、毗卢殿、三佛殿、七佛殿及东

图 5-22 高平游仙寺全景　　资料来源：作者自摄

图 5-23 高平游仙寺毗卢殿正立面　　资料来源：作者自摄

西配殿、厢房等。

　　三佛殿面宽五间，进深六椽，梁架结构为前后搭牵对四椽栿用四柱，前一间为廊，单檐悬山顶，脊兽琉璃质。柱头斗栱五铺作单杪单昂。补间铺作每间一朵，五铺作单杪单下昂，后檐无斗栱，梁栿结构保留了金代风格。前后明间置六抹隔扇门四扇，次、梢间置四抹隔扇窗四扇。殿内金柱间扇面墙前后现存壁画约17平方米。三佛殿的艺术价值不仅表现在佛殿本身，而且在佛殿内外有多处精美石雕。各个窗台内外侧都有小型的石刻雕像，内容为花草及飞禽等形象。前廊柱的两个金代柱础（两个已丢失），雕工精美，内容丰富，有山水图案、建筑形象、武士舞剑等，形象逼真、生动大方，具有极高的艺术感染力，对研究金代石刻艺术有很高的价值。

毗卢殿面宽三间，进深六椽，平面呈方形，梁架为四椽栿对乳栿用三柱，单檐歇山布瓦顶，殿内金柱前施砖砌须弥座佛台。柱头铺作五铺作单杪单下昂，昂为批竹式，补间铺作每间一朵，五铺作双杪。前后檐明间置六抹隔扇门四扇，两次间置四抹隔扇窗四扇，其上均施横披。殿内金柱间扇面墙前后现存壁画约27平方米。殿内外四周现存栱眼壁画约13平方米。殿顶举折平缓，出檐深远。毗卢殿梁架结构为宋代规制，古朴纯正，荷载传递合理，斗栱制作手法古老，与平顺五代大云院弥陀殿五代斗栱形制相似，耍头用长昂型，是现有古建中长昂耍头之始。

七佛殿内部采用了窑洞式佛龛，七孔窑洞依次相连，不仅是为了供奉七尊佛像，同时这种窑洞式的结构更有利于建筑本身的稳固，窑洞式佛龛与建筑的融合更给人以一种美的享受。须弥座上有七个形态各异、憨态可掬的罗汉石雕，形象生动传神，是研究明代晋东南石刻艺术的典型实例。

安禅寺

位于太谷县城西太谷师范附小院内。寺始建年代不详，宋代予以重修，后经元、明、清历代修葺。

寺坐北朝南。从寺之旧貌来看，中轴线原有山门、正殿、后殿，二殿的东西为配殿、厢房，但现状仅存正殿、后殿，余皆早已毁坏。正殿建筑手法仍保留着宋代建造风格，后殿为明代遗构。正殿面阔三间，通面阔9.76米，进深三间，通进深9.75米，平面呈方形，单檐歇山顶，建筑面积95.16平方米。殿之台明已被土埋没，殿前无月台。明间较宽，为4.35米，次间较窄，为2.20米，是明间的二分之一。明间设门，次间设窗，均为后人改制。其余几面均砖砌墙壁。前后檐及两山檐下斗栱在明间施补间斗栱一朵，形制与柱头铺作相同，为四铺作单杪，耍头为蚂蚱形。普拍枋下阑额不出头。柱子卷杀、侧角生起较为明显，翼角起翘甚高。建筑从外观上给人以雄浑俏丽之感。殿顶皆筒瓦覆盖，正中饰黄绿相间琉璃方心，正脊有砖雕寒梅、莲花、牡丹等图案，脊饰吻兽残损不全。

后殿面阔三间，进深六椽，单檐悬山顶，前后檐斗栱除柱头斗栱外，每间施补间斗栱一朵，均四铺作单下昂，整个建筑结构及梁枋、柱、栱皆为明代建筑手法。

图5-24 太谷安禅寺藏经殿
资料来源：山西省第三次全国文物普查资料

图 5-25 忻州金洞寺转角殿全景
资料来源：作者自摄

图 5-26 忻州金洞寺神龛
资料来源：作者自摄

金洞寺

位于忻州市温村乡西呼延村村西 1.5 公里的山坡上。创建于北宋元祐八年（1093 年），元延祐五年（1318 年）重修，明清时局部重建。原有上、中、下三院，民国年间上、中两院毁于兵燹洪水，现仅存下院。

寺坐北朝南。南北长 791 米，东西宽 45 米，占地面积 3.56 万平方米。寺宇依山而建，利用自然地形布局，建筑错落有致。寺分两进院落，中轴线上依次排列有山门、奶奶庙、文殊殿，西侧保存有转角殿、僧舍，东侧对称的建筑有普贤殿、三教殿、钟楼。现存建筑中，转角殿为北宋遗物，文殊殿为明代所建，余皆为清代建筑。北宋元祐八年建造的转角殿面宽三间 9.53 米，进深三间 9.50 米，平面呈方形。单檐歇山顶，青灰筒板瓦屋面。檐下斗栱五铺作重栱出单杪单下昂，殿内转角斗栱五铺作重栱出双杪并为偷心造。明间置板门，次间设直棂窗。梁架结构规整，用材结构形制均具有宋代建筑特征。

文殊殿，建于明嘉靖七年（1528 年），面宽、进深各三，悬山式屋顶，青灰筒板瓦屋面。檐下斗栱柱头科为五踩双下昂，平身科斗栱为五踩双下昂，明间出 45°斜昂。前檐明间辟格扇门，次间开直棂窗。梁架结构为六架椽屋，前后乳栿用四柱，简洁稳固。柱础石为鼓石，素面无饰。殿内东西两壁还保存有道教题材的壁画 4.9 平方米，为单线平涂，水墨技法与大殿属同时期遗物。

寺内其余建筑皆为清代修葺，结构规范，装饰华丽。还存有经幢 1 座。

无边寺

位于太谷县明星镇南寺街10号。据《太谷县志》记载，始建于西晋泰始八年（272年），宋治平年间（1064～1067年）重修，更寺名为普慈寺，元祐五年（1090年）续修。后元、明、清各朝屡有修葺，清光绪三十二年（1906年）改建，复名无边寺。坐北朝南，三进院落布局，中轴线依次建有倒座戏台、献殿、白塔、过殿、正殿，两侧建有便门、碑廊、厢房、垂花门、藏经楼、配殿及耳殿，占地面积4485平方米。现存建筑唯白塔为宋代遗构，余皆为明清建筑。

正殿建于0.5米高的砖砌台基上，面宽三间，进深五椽，单檐硬山顶，六檩前廊式构架，柱头斗栱五踩重昂，平身科五踩重翘。前檐隔扇门窗为新置。

过殿面宽、进深各三间，硬山顶。基座条砖铺墁砂石压檐，梁架结构为六椽栿通檐用二柱；柱头斗栱四铺作单杪，屋顶施灰板瓦。

白塔建于二进院，八角七层楼阁砖塔。因塔体色白如雪，故俗称白塔。始建于西晋泰始八年（272年），现存为宋治平年间重修后遗构，是唐塔过渡到宋塔的重要实物例证。

寺院以主要建筑白塔及其他的殿、亭、楼、台等，组成一个完整的建筑群体，高低错落，主次分明，有着深厚的文化内涵和较高的历史、科学、艺术价值。

荆庄大云院

位于浑源县城西南10公里的荆庄乡荆庄村，原名大云禅寺。据清乾隆二十八年（1763年）《浑源县志》载："大云寺旧志大云禅寺二，一在城西南四十里龙山为上院，一在城西荆庄为下院，胥元魏时建。"由此可知大云寺的创建年代应在北魏后期。经勘察，当时所建寺院今已不存，现存主要建筑大雄宝殿为金代遗物，元、明、清历代均有修葺。

寺坐北朝南，原是一个小型建筑群，共由三进院落组成。中轴线上依次为山门、天王殿、大雄宝殿、戏台，东西两侧为钟鼓二楼，左右为东西厢房，占地面积1.08万平方米。现仅存大雄宝殿，面阔三间，进深四椽，单檐歇山顶，筒板瓦屋面。殿前设小型月台。檐下斗栱古朴，明间设补间铺作两朵，次间补间铺作一朵，与柱头铺作形制相同，皆四铺作单杪计心造。殿内梁架使用了辽、金时期的典型做法减柱造，减去金柱两根，扩大了殿内空间。梁架结构为彻上露明造，四架椽屋通檐用二柱，平梁上用蜀柱、大叉手、楷、栌斗、脊枋承托脊槫。整个结构都保持了早期做法。殿内东、西、南三壁存有壁画，大部分用白粉覆盖。从暴露在外的壁画来看，内容绘有佛、菩萨等像，为明代绘制。

福祥寺

位于榆社县河峪乡岩良村东约200米。据碑记载，始建于五代后晋开运三年（946年），金代重修，清同治八年（1869年）修葺。坐北朝南，一进院落布局，中轴线建有过殿、大雄宝殿，两侧原为阎王殿、伽蓝殿、关帝殿，占地面积1119平方米。现建筑大雄宝殿为金代遗构，过殿为清代建筑。

图 5-27 太谷无边寺白塔　　资料来源：作者自摄

图 5-28 浑源荆庄大云院　　资料来源：作者自摄

图 5-29 浑源荆庄大云院壁画　　资料来源：作者自摄

图 5-30 榆社福祥寺大雄宝殿梁架　　资料来源：作者自摄

图 5-31 榆社福祥寺大雄宝殿全景　　资料来源：作者自摄

　　大雄宝殿为金代重修时原构，石砌台基素面覆盆柱础，面阔五间，进深八椽，单檐悬山顶。梁架为四椽栿对前后乳栿用四柱，当心间前槽二金柱减去，用大额枋承重，后槽两次间用大额枋，金柱亦减去。柱头斗栱五铺作单杪单下昂，补间斗栱与柱头同，装修原制不存。

　　南殿为明代所建，面阔三间，进深四椽，单檐悬山顶。柱头斗栱五铺作双下昂。殿开间较大，保存了明代早期建筑风格。

白台寺

位于新绛县泉掌镇光马村西南 300 米处，传说因释迦佛座莲台为白色而得名，又名普化寺。创建年代不详，唐开元十四年（726 年）、金大定与明昌年间、元至正十五年（1355 年）、明正德六年（1511 年）均有重修，清代进行扩建。现存建筑为金、元、清遗构。坐北朝南，二进院落布局，轴线上由南至北依次建有三滴法藏阁、释迦殿和后大殿，两侧建有东山门及西厢房。三滴法藏阁与后大殿为元代遗构，南北长 87.8 米，东西宽 72.7 米，占地面积 6383 平方米。释迦殿为金代遗存，东山门及西厢房为清代建筑。

三滴法藏阁依土崖建造，创建于金代，元代重修。砖砌台基，高 6.5 米，中辟长方形门洞，作土地庙使用。楼身两层，面阔三间，进深六椽，三重檐悬山顶，正脊施镂空砖雕脊饰。梁架为三椽栿对前乳栿前后用三柱，一层上设神坛，供奉有药王塑像。二层檐施斗栱一周，五铺作单杪单下昂。三层檐下施飞椽，斗栱为四铺作单下昂。东耳殿原供奉地藏及阎君像，现已毁。

释迦殿，金明昌年间（1190～1194 年）重建。砖砌台基，依地势而建，前台高 0.75 米，后高 0.3 米，面阔三间，进深六椽，单檐硬山顶，梁架为四椽栿对后乳栿通檐用三柱。正脊、垂脊、戗脊及脊刹均为砖雕。檐下柱头斗栱四铺作单下昂，当心间施补间铺作一朵。覆盆式柱础。前檐当心间辟板门，次间设直棂窗。殿内佛坛上原奉佛像 12 尊，释迦佛居中，两侧为阿难、迦叶菩萨，两山墙下存罗汉 6 尊，扇面墙后为韦驮像。现阿难、迦叶佛像、韦驮像已毁，多已改塑，原有时代特征无存。前后墙上各嵌石碣 2 方。

后大殿重建于元至元十一年（1274 年），砖砌台基，高 0.33 米，面阔五间，进深六椽，单檐悬山顶，砖雕正脊。梁架为三椽栿对后搭牵通檐用三柱。檐下斗栱五铺作双杪，无补间，前檐当心间设隔扇门，次间方格窗为后人所加，覆盆式柱础。殿内设有佛坛，释迦牟尼佛端坐于正中莲台之上，两旁菩萨协侍，造像风格沿袭唐风。大殿前设有宽大月台，四角各置宋代八棱经幢 4 座。

崇圣寺

位于榆社县上赤峪村北三里的禅隐山。据碑载，始建于唐，宋嘉祐年间（1056～1063 年）改称崇圣寺，后毁于兵火，金大定十五年至二十六年（1175～1186 年）重建。元至正九年（1349 年），清康熙、乾隆年间及嘉庆十四年（1809 年）屡有修葺。坐北朝南，由上、下两座院落组成，中轴线建有山门、菩萨殿和大雄宝殿，两侧为配殿、僧舍、厢房及东碑廊。现存建筑唯大雄宝殿为元代遗构，余皆为明清建筑。

大雄宝殿建于金代，元至正九年（1349 年）重修。石砌台基，基高 1 米，面阔三间，进深八椽，单檐歇山顶。梁架为四椽栿对前后乳栿用四柱，柱头及补间斗栱均五铺作单杪单下昂，前檐各间均施四扇六抹隔扇门。

慈相寺

位于平遥县城东北 10 公里的沿村堡乡冀郭村东北隅，南枕丘区，北临瀴涧河，寺内古

图 5-32 新绛白台寺释迦殿全景
资料来源：山西省第三次全国文物普查资料

图 5-33 新绛白台寺山门与三滴法藏阁外景
资料来源：山西省第三次全国文物普查资料

图 5-34 榆社崇圣寺全景
资料来源：山西省第三次全国文物普查资料

图 5-35 榆社崇圣寺释迦殿全景
资料来源：山西省第三次全国文物普查资料

柏苍翠，周围环境尤佳。据寺内金明昌五年（1194年）《汾州平遥县慈相寺修造记》载，慈相寺古名圣俱寺，宋皇祐三年（1051年）改为慈相寺，宋仁宗庆历年间（1041～1048年），和尚道靖始建麓台塔，宋末遭兵燹，唯正殿幸存。金太宗天会年间（1123～1137年）和尚宝址、仲英又在旧址上起塔并修殿宇、楼亭十多座。金代至清历代重修，乾隆五十一年（1786年）重修乐楼、山门，嘉庆十五年（1810年）重建钟、鼓二楼。

寺院坐北朝南，前后三进院落，分别由山门、乐楼（只存高台基）、关帝庙、钟楼、鼓楼、正殿、东西窑及麓台塔组成。总占地面积6000平方米。

寺院的最前端是山门，建在高约0.80米的台基上，面阔三间，进深一间，硬山顶。由山门进入寺内，往北为宽阔的广场，东西长84.2米，南北长4.9米，正对面是前殿关公殿，面宽三间，进深一间，前设插廊，悬山顶。庙前有月台，长10.41米，宽6.9米。钟鼓楼紧靠关帝殿对称而列，小巧玲珑，平面近方形。高台基下设券道，屋顶为十字歇山顶。

大雄宝殿面阔五间，进深三间，前檐带廊，悬山顶，平面呈方形，通面阔21.28米，通进深15.80米，总面积498平方米。殿前建月台，宽同台明为23～96米，无压沿石，用虎头砖，

图 5-36 平遥慈相寺大雄宝殿　　资料来源：作者自摄

图 5-37 大同善化寺全景　　资料来源：作者自摄

前有踏道二步，殿内地面采用方砖十字对缝斜墁，其他为条砖铺地。柱头卷杀明显，阑额、普拍枋呈丁字形，斗栱五铺作出单杪单下昂，重栱计心造出真昂，补间铺作均匀每间一朵。梁架为彻上露明造，梁枋用明栿做法。正殿明次间安装隔扇门四扇，梢间安窗，隔扇门已非原制，后檐明间施板门，现仅存门框。瓦顶已非原貌，是清乾隆四十六年（1781年）维修后面貌。脊筒素面无饰，屋顶全部施灰筒板瓦。

正殿东西两侧存舍窑五眼，加前檐。后院两侧僧舍及法堂已毁，仅剩金代楼阁式砖塔一座，9层，通高48.2米，平面八角形，底座为砖砌窑洞16孔，二至七层檐下仿楼阁式，有砖雕斗栱，八九层素面，塔顶覆盆莲花形，塔刹已毁。

寺内除存金、明、清重要碑刻外，还存有古柏5株。

善化寺

位于大同市城区南隅，是我国现存辽金时期布局最完整、规模最大的寺院建筑。据寺内金大定十六年（1176年）《大金西京大普恩寺重修大殿记》碑载：寺始建于唐开元年间，称开元寺，五代后晋初易名大普恩寺。辽末保大二年（1122年），大部毁于兵火，金天会六年重建（1128年）。明正统十年（1445年）始更今名。

善化寺俗称南寺，主要建筑山门、三圣殿、大雄宝殿沿中轴线坐北朝南渐次展开，层层叠高。东有文殊阁（已毁），西为普贤阁。院内建筑高低错落，主次分明。

山门，又称天王殿，面阔五间，进深二间，单檐庑殿顶，是我国现存金代时期最大的山门。左右次间有明塑四大天王像，横眉怒目，姿态威严。

三圣殿位于寺内中部，建于高约1.5米的砖砌台基之上。殿面阔五间，进深四间，单檐庑殿顶。檐下斗栱六铺作，单杪双下昂，重栱计心造，斜栱宏大华丽，形如花朵怒放，为金代斗栱的典型做法。殿内采用减柱法，空间显得十分开阔。佛坛上的华严三圣为金代原塑。殿内两侧有金碑2通，其中金大定十六年（1176年）《大金西京大普恩寺重修大殿记》是南宋使金通问副使朱弁所撰，文字优美，书法苍劲古朴。

大雄宝殿是寺内主殿，位居寺之最后，建于金天会至皇统年间（1135～1149年），大殿面阔七间，进深五间，单檐庑殿顶。建在高3米有余的台基之上，前有宽及五间的大月台，月台东西长31米，南北宽21米，台前左右为明万历时增建的钟、鼓二楼。大殿明间与左右梢间设门，四壁无窗。檐下斗栱五铺作出双杪。殿内梁架为彻上露明造，正中有平棊藻井二间，雕刻精湛，其形制、手法属典型辽代形制。内供佛像，共33尊，皆金代遗物。殿内四周绘有壁画，为清代所绘。

普贤阁位于大雄宝殿与三圣殿之间两侧，是一座楼阁建筑，平面方形，面阔、进深均为三间，重檐九脊顶，金贞元二年（1154年）重建。阁内底层置木质楼梯，可升达平座，阁内有楼梯可以攀登，二层外围以栏杆，可凭栏远眺，饱览云中山川风物。

南吉祥寺

位于陵川县城西17公里的礼义镇平川村，原名吉祥院。据《吉祥院碑文并序》碑记载，唐贞观年间奉敕修建。该寺原在平川的宋家川，宋淳化三年（993年）十月三日敕赐院额，宋天圣八年（1030年）迁至今址。元至元六年（1269年）、至治三年（1323年）都进行过修缮，明、清两代均有增建和补葺。

寺址坐北朝南，南北长67.15米，东西宽31米，占地面积7081.65平方米。布局完整，

图 5-38 陵川南吉祥寺全景　资料来源：作者自摄

图 5-39 陵川北吉祥寺前殿　资料来源：作者自摄

呈前后二进院落，中轴线上依次排列有山门、过殿、圆明殿，东西两侧分布钟楼、鼓楼、东西配殿、禅房、夹楼。现存建筑过殿为宋代遗构，其余为金、元、明、清时所建。

过殿面宽三间，进深六椽，单檐歇山顶。屋顶正中为琉璃方心，吻兽、脊刹、脊饰全为琉璃烧制，颜色纯正，造型颇佳。檐下斗栱一周，柱头补间各一朵，均为五铺作，单杪单下昂并出45°斜栱。梁架结构为六椽栿通达前后檐，通檐用二柱。柱头卷杀圆和平缓，侧脚生起明显。明间前后设隔扇门，次间置窗，屋顶高大厚重，出檐深远，斗栱用材硕大，布局疏朗，简洁规整。

圆明殿创建于金代，重修于元代。面宽五间，进深六椽，单檐悬山顶。檐下柱头斗栱五铺作，单杪单下昂，主体结构为元代遗构。

山门虽经明代改建，仍保留有元代风格其余钟鼓二楼，皆为明清时期所建。寺内还保存有宋、元碑各1通。

北吉祥寺

位于陵川县城西15公里礼义镇西街村。创建于唐大历五年（770年），宋太平兴国、元至元和明洪武、天顺、成化年间及清代均屡有修建。现存建筑前殿、中殿为宋代遗构，余皆明、清重建。

寺址坐北朝南，主要建筑有前殿、中殿、后殿、东西配殿、左右廊庑等。

前殿面宽三间，进深六椽，单檐歇山顶。殿顶举折平缓，出檐深远，柱头斗栱五铺作，单杪单下昂，补间施隐刻栱。梁架为四椽栿对后乳栿通檐用三柱，结构简练，断面规整。整体形制依然保留了北宋建筑风格。殿顶三彩琉璃吻兽，工艺精湛，釉色绚丽，并留有清咸丰九年（1859年）烧造题记。

中殿面宽三间，进深六椽，单檐悬山顶。前檐柱头斗栱五铺作双下昂，后檐四铺作出单杪，补间斗栱隐刻装饰。梁架结构为四椽栿对后乳栿通檐用三柱。殿顶黄绿琉璃剪边，方心点缀。

图 5-40 高平开化寺全景　资料来源：作者自摄

后殿为明代所建，面宽五间，进深五椽，单檐悬山顶。斗栱分布于柱头和补间，为五踩双下昂。殿前檐插廊，梁架为五架梁对前单步梁通檐用三柱。两厢建筑构造简单，均面宽三间，进深四椽，硬山式布灰瓦顶。寺内碑碣数通，记录了寺史沿革和修建情况。

开化寺

位于高平市东北 20 公里陈区镇王村舍利山，据寺内后唐同光三年（925 年）《大唐舍利山禅师塔铭记》，寺创建于唐末天祐年间（904～907 年），初名清凉寺，宋改为开化禅院，后易名开化寺。宋、金、元、明清历代屡有修葺。现存主殿大悲阁、大雄宝殿、观音阁为宋代遗构，余皆明、清建筑。

寺院坐北朝南，中轴线上有大悲阁、大雄宝殿、演法堂，纵向进深两院，前院设东西廊庑各 10 间，后院设东西配殿、文昌帝君阁、圣贤殿，演法堂两侧东为观音阁，西为维摩净室。

大悲阁为二层楼阁，面阔进深各三间，平面方形，重檐歇山顶。屋顶琉璃筒板瓦覆盖，脊饰吻兽齐备。其底层沿柱缝以 1.5 米厚的砖墙围合并于明间前后砌弧券式门洞，作为山门过道，上铺楼板，室内左侧安木梯以便上下。楼身斗栱五铺作，单杪单下昂，殿内六椽栿、平梁、搭牵、两山扒梁皆为月梁形式。

大雄宝殿，建于宋熙宁六年（1073年），立于一石砌台基之上，三间见方，六架椽屋，单檐歇山顶。前后檐明间开门，前檐次间为破子棂窗。檐柱上刻有"宋熙宁六年"（1073年）施柱题记，为建殿的确切年代。檐下柱头斗栱五铺作，单杪单下昂，补间斗栱后尾在华栱上施楂头，压在昂尾之下，这种做法开了后世华楔之先例。殿内除明间佛龛上设有平棊外，余皆为彻上露明造，梁架结构全部宋制，为四椽栿对后乳栿用三柱。殿内梁架斗栱上的彩画亦为宋时原物，为古钱纹、海石榴、龙牙惠草等图案，与宋《营造法式》中的彩画纹样极为相似。这是中国古代建筑中保存最完整的宋代彩绘图案。

殿内四壁满绘壁画，共96平方米。据画面榜题记载，与梁枋彩绘同为宋绍圣三年（1096年）的作品，画师郭发。内容多为佛本生和佛经故事以及当时世俗生活的写照。整个画面构图严谨，笔力遒劲流畅，为研究宋代绘画艺术提供了宝贵资料。

观音阁现存建筑至迟金代已有，面阔三间，单檐悬山顶。前檐明间施板门，次间置直棂窗。为扩大前廊空间，前檐明柱向两侧移开，上置大额枋，柱头斗栱四铺作，猪咀假昂。

青莲寺

位于泽州县东南17公里硖石山麓，南临丹河，背依高山，雄峻秀奇，别有天地。寺分古青莲寺和青莲寺两部分。

古青莲寺创建于北齐天保年间（550～559年），初名硖石寺，至唐太和二年（828年），创建上院即今青莲寺。咸通八年（867年）敕赐"青莲"为额，北宋太平兴国三年（987年），上院赐名"福岩禅院"，下院仍称古青莲寺，至此两寺分立。福岩禅院明代复称青莲寺，之后青莲寺、古青莲寺之名沿袭至今。

古青莲寺坐北朝南。现存建筑有正殿和南殿，原有的东西配殿仅存基址。东侧有明万历二十四年（1596年）建造的砖结构藏式八角形舍利塔一座，寺院西侧存唐代慧峰法师墓塔，是1986年从寺外迁移而来。正殿，亦称大佛殿，面宽三间，进深六椽，单檐悬山顶。明间设板门，次间为直棂窗。柱间施阑额，柱头置普拍枋。斗栱五铺作双下昂计心造，里跳双杪五铺作。梁架为彻上露明造，四椽栿后对乳栿用三柱。殿内方形佛坛上塑有释迦、阿难、迦叶、文殊、供养人6尊彩塑，系唐代遗存。

南殿面宽进深各三间，平面长方形，单檐悬山顶。明间前后辟门，殿内佛坛为宋代所筑，佛坛及两山墙下尚存残缺的宋代及晚期彩塑12尊。佛坛扇面墙后塑倒坐观音及童子，是清晚期作品。殿内保存有唐、宋、金碑各1通。唐碑上有唐宝历元年（825年）所刻"硖石寺大隋远法师遗迹记"佛殿图，比西安大雁塔阴刻佛殿图稍晚，在建筑史上具有较高价值。

青莲寺即上院，自唐后，历代皆有增建。寺前为平台，上建东西阁，阁后依次为天王殿、藏经阁、释迦殿、大雄宝殿。两厢分别建有左右对称的罗汉楼、地藏楼、经堂、僧舍，高低错落，左右对称。

释迦殿面阔三间，进深六椽，平面呈方形，单檐歇山顶。梁架为彻上露明造，四椽

图 5-41 泽州青莲寺下寺全景　　资料来源：作者自摄

栿对乳栿通檐用三柱，斗栱单杪单下昂五铺作，昂与耍头均作批竹式。补间无斗栱，只作隐刻。斗栱用材肥硕，制作规整，合宋《营造法式》六等材。殿顶举折平缓，出檐深远，屋面以灰筒板瓦覆盖，琉璃剪边。大殿前后檐均在明间设板门，两次间置破子棂窗，前檐明间的地栿、立颊、上槛均为石作，表面线刻花卉纹饰，刻工精细，四周立柱为方形抹棱石柱。从石柱、门楣石刻题记可知，该殿创建于北宋元祐四年（1089 年）。殿内佛坛上现存宋塑 4 尊。

两厢的罗汉楼、地藏楼从石柱题记看，创建于北宋建中靖国元年（1101 年），现存除石柱、斗栱、梁栿等保留宋代建筑风格外，整体结构为清代重修样式。罗汉楼上现存宋代广法天尊和十六罗汉彩塑，地藏楼上存有地藏菩萨和十殿阎君，也为宋塑。罗汉楼楼下后墙中部，镶嵌北宋政和八年（1118 年）《罗汉碑记》石碑 1 通，刊载十六罗汉及五百罗汉名号，其中五百罗汉名号在现存记载中时代最早，是研究佛教史的重要资料。

院东一堵山崖壁立，上平如台，长宽约丈余，相传是高僧慧远禅师注《涅槃经》的掷笔台。明朝吏部尚书王国光有诗云："高僧云卧到莲宫，台上传经写色空。落笔山头乘鹤去，老松犹响雨苍风。"台南端建有款月亭，古人誉之"珏山吐月"。亭内壁上嵌刻历代文人墨客赏月题诗。

寺内现存唐、宋、明、清诸代碑刻十通，真、草、隶、篆各种字体齐备，是研究寺庙历史及书法艺术的珍贵资料。

崇庆寺

位于长子县色头镇琚村东南紫云山腰。坐北朝南,一进院落布局,东西长 39.5 米,南北宽 41.8 米,占地面积 1651.1 平方米。据寺内碑文记载,该寺创建于宋大中祥符九年(1016 年),明嘉靖二十七年(1548 年)重建天王殿、地藏殿,清嘉庆三年(1798 年)重建卧佛殿、关帝殿、孤长者殿、禅院,现存建筑正殿为宋代遗构,天王殿、地藏殿为明代遗构,其余为清代建筑。中轴线上现有山门(天王殿)、千佛殿,两侧为十帝阎君殿、卧佛殿、三大士殿、关帝殿、东院(禅房院)。寺内存碑 2 通、宋代彩塑 21 尊、明代彩塑 13 尊。

千佛殿为寺内主殿,创建于宋大中祥符九年(1016 年)。石砌台基,高 0.72 米,面阔三间,进深六椽,平面呈方形,单檐歇山顶,黄绿琉璃瓦剪边。殿内梁架彻上露明造,六架椽屋四椽栿对前乳栿通檐用三柱,柱头斗栱五铺作单杪单下昂,无补间。檐柱当心间设板门,次间安装破子棂窗。殿内设束腰须弥式佛坛,上供一佛二菩萨及背面侧坐观音像,均经后人修补,面相、衣饰、手法呈明塑特征,布列形式、造型尚存宋代风格。

三大士殿俗称西配殿,宋代建筑,明代重修,面宽三间,进深四椽,单檐悬山顶。殿外观装修为明清建筑,内部梁架结构均为宋代原物。殿内施有低矮的佛坛,上留有 2 方铭记,记载有施主名及"元丰二年(1079 年)二月砌造"题记,坛上存文殊、普贤、观音三大士像,两侧有十八罗汉彩塑,为国内现存宋代罗汉中惟一有确切纪年的作品。殿内明间方形佛坛上分布宋代彩塑 21 尊。坛高 0.46 米,雕于宋元丰二年(1079 年)。坛中央塑观音、文殊、普贤三大士像,分别驾麒麟、狮、象三兽,通高 2.4 ~ 2.6 米,三大士头戴花冠,面型俊秀,技法上较多运用凸起线条,以衣袖的倾斜衬托身姿动态平衡,表现更加真实、生动。殿侧塑十八罗汉坐像,每面 9 尊,通高 1.6 ~ 1.7 米,情态生动,劲健有力。宋塑敷色以赤、绿、靛蓝为主,古雅深沉。罗汉各具神态,又有共同的特征,形象塑造突破了概念化,把宗教艺术与时代精神密切联系,丰富并深化了表现主题。

十帝阎君殿又名十王殿、地藏殿。据殿内脊板题记建于"大明嘉靖二十七年(1548 年)",殿身面宽三间,进深四椽,单檐悬山顶,殿顶琉璃脊饰。梁架为四椽栿通达前后檐用二柱,四椽栿上置平梁、合楷承平梁,柱头斗栱三踩单昂。殿顶琉璃及门窗装修均为明代原物。殿内设有神坛,上塑地藏菩萨及侍者像,左右十殿阎王,两墙塑六曹判官,上部悬塑佛、菩萨、弟子、天王、明王等,均为明代作品。

不二寺

原位于阳曲县北留乡小直峪村南,1987 年迁建于阳曲县城西南隅。不二源于佛教术语,寺名因此而得。寺原为佛教中的禅宗派别,故又称"不二禅院"。始建于五代北汉乾祐九年(956 年)。宋初毁坏,于咸平六年(1003 年)重建,金明昌六年(1195 年)重修,后元、明、清三代多次修葺,建筑仍保留了宋、金时代的建筑风格。

原寺院坐北朝南,中轴线上曾建山门、天王殿、正殿,两侧有东西厢房、钟、鼓二楼等

图5-42 长子崇庆寺千佛殿

图5-43 阳曲不二寺三圣殿全景　资料来源：作者自摄

建筑。千余年来，由于战火摧残和风雨侵蚀，大部分建筑已坍塌。现仅存正殿一座。正殿立于一方形青石台基之上，面阔三间，进深三间，单檐悬山顶，明间设板门，次间置直棂窗，檐下柱头斗栱单杪单下昂五铺作。补间斗栱一朵，形制与柱头铺作相同。殿内梁架为彻上露明造。殿内佛台塑"华严三圣"等像10尊。释迦牟尼像居中，左手扶膝，右手施说法印，神态端庄慈祥。其两侧为迦叶、阿难二弟子，左右为普贤、文殊二菩萨，均头饰花冠，身披罗巾，胸佩璎珞，半结跏趺坐于莲花之上，座下分别为白象、青狮坐骑。二菩萨两侧为手持兵器的护法金刚和娴淑恬静的侍女塑像。这些彩塑的雕饰手法基本沿袭了唐代艺术风格，个别塑像明代曾予重妆，为元、明时期的佳作。殿内两山墙绘有壁画，分上中下三层，每层间有祥云缭绕。东壁内容为"东方三圣"，主尊为药师如来，左右为日光、月光菩萨，下层为"十二药叉神将"及狮舞图；西壁内容为"西方三圣"，主尊为阿弥陀佛，大势至菩萨、观世音菩萨胁侍两侧，下层为十六罗汉及礼佛场面。壁画虽为明代作品，但绘制精细，笔力流畅，色彩和谐完美。

寺南存有元至元三十年（1293年）五层六角密檐砖砌墓塔一座，明洪武年间（1368～1398年）三层石砌塔一座，金、元、清三代石碑5通。

法兴寺

长子县城东南15公里峰峦叠嶂的慈林山后麓深藏有一座建于北朝的古寺——法兴寺。寺初名慈林寺，也称慈林禅院，始建于北魏神瑞元年（414年），唐咸亨四年（673年）扩建，并建屋宇式石舍利塔一座，上元元年（674年）改额广德寺，大历八年（773年）镌造燃灯石塔一座。宋治平元年（1064年）改额法恩寺，元丰四年间（1081年）重建后改称法兴寺，相沿至今。

法兴寺的平面布局定型于唐代。寺址依山而建，坐北朝南，二进院落，中轴线上建山门、舍利塔、圆觉殿和后殿，两侧建关公殿、碑房等附属建筑。进入一进院落后，映入眼帘的是一座似塔非塔、似殿非殿的石结构建筑，称为石殿。这座建筑本名舍利塔，据碑文记载是在唐咸亨四年（673年）唐高祖的第十三子郑惠王李元懿任潞州刺史来寺游览时，见这里风光壮丽，寺宇辉煌，便大施钱财并主持建造了这座石殿，还将自己珍藏的舍利子和藏经收藏于塔中。塔方形二层，平面呈回字形，高10.7米，底边每面长8.8米，通体用砂石板和石条砌成，塔檐三层叠涩出檐，并反叠涩六层收回，二层平面仅有一层平面宽度的1/3，四坡施檐，斗栱支撑。塔刹束腰须弥座上承仰莲座，上承二层相轮和宝珠。塔身南向辟门，方形塔室，内槽可绕行一周，塔室中心设藻井一方，四壁绘画，人物形象端庄，服饰色泽深沉。这种奇特造型的古塔在我国现存古塔中是极其罕见的一例。

舍利塔后是一座雕造精美的燃灯塔。塔身基座上有"唐大历八年（773年）清信士董希睿……于此寺敬造长明灯一所"的题记。长明灯是古代佛教寺院中的小品建筑，汉唐时十分盛行，曾影响到日本、朝鲜等邻国。国内现存唐代以前的燃灯塔仅3座，法兴寺的这座是其中雕造最为华丽的一座。塔通高2.58米，平面八角形。塔座圆形，每面雕有瑞兽。上承二层基座，底层基座八角束腰须弥式，束腰内每面刻有壸门，壸门内每面都刻有伎乐天，手执乐器，歌舞蹁跹。上层基座圆形，雕仰覆莲瓣，莲瓣为宝装式，是唐代重要建筑中常见的雕刻形式。塔身仿木结构，八角形塔身，四正面雕门，四斜面雕破子棂窗，塔内灯光可由四门射出，光照寺内。塔壁每角雕束莲倚柱，上承阑额、斗栱承托屋檐。塔檐亦仿自木结构，八面八角，每面都雕有屋脊和瓦垄，檐角微微起翘。塔顶承山花蕉叶和宝珠。塔完全仿自当时的建筑，造型华美，线条流畅。塔身自上而下的变化应用了四方、八方、圆形、海棠六边形等不同的平面形式，变化十分丰富。其高超的石雕充分反映了唐代石雕技术的水平。

十二圆觉殿是寺内的主殿。创建于五代开运二年（945年），现存为北宋元丰四年（1081年）重建，大殿及殿内彩塑均为宋代原物。大殿砖砌台基，高0.9米，殿基外沿条石垒砌，须弥座束腰内雕刻有简练的花纹。殿身面阔三间，进深三间，平面近于方形，单檐歇山顶，屋顶灰筒板瓦覆盖，檐口用琉璃瓦剪边，脊饰也用琉璃制作。前檐柱用石质抹角方柱，柱面上阴刻有缠枝花纹，明间设板门，门框与地栿均为青石雕造。造型精美华贵，反映了宋代建筑艺术的高超水平。

大殿内设有凹形的须弥式佛坛，束腰内雕刻有各种花纹和动物图案佛坛，两角设有小八角青石柱，刻工精细，刀法流畅。坛上奉主尊释迦牟尼、二弟子、二菩萨，坛前两尊护法金刚。扇面墙后塑倒坐观音和龙女、善财二童子。殿内两侧山墙下各塑6尊菩萨，合称十二圆觉，是宋代彩塑的精华。全堂彩塑布局精妙，错落有致，更显场面辉煌。殿内彩塑原有23尊，现仅存18尊，除主佛、菩萨、金刚被后人重妆失去原貌外，十二尊圆觉皆为宋代原作。据寺内宋政和元年（1111年）《慈林山法兴寺新修圣像记》等宋碑记载，殿内的佛坛、佛座是北宋大观元年（1107年）都维那范俊等出资，潞州砖匠郭贰、郭用等镌造，坛上一佛二弟子二菩萨和两尊金刚是在政和元年（1111年）制作，圆觉菩萨则是

图 5-44 长子法兴寺圆觉殿舍利塔　资料来源：作者自摄

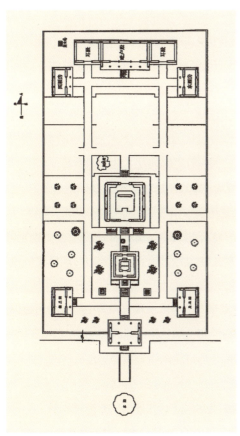

图 5-45 长子法兴寺总平面图
资料来源：山西省古建筑保护研究所测绘资料

政和二年塑造完成，彩塑造型优雅，富有生活气息，而且最为珍贵的是其为宋代原作，堪称稀有。

法兴寺宋塑造型优美，工艺精湛，既有唐代造像的富态，又带有后世写实的特征，是十分难得的宋塑精品，与大同华严寺辽塑、太原晋祠宋塑同为我国宋辽时期的彩塑艺术的代表作。

原起寺

位于潞城市下黄乡辛安村，是宋金时期浊漳河流域佛寺文化的典型遗存。据寺内现存经幢铭文记载，寺创建于唐天宝六年（747年），宋元祐二年（1087年）建大圣宝塔。现存主体建筑大雄宝殿、大圣宝塔为宋代遗物。大雄宝殿面宽三间，进深四椽，平面近方形，单檐歇山顶。前檐当心间设板门，两次间为直棂窗。殿内梁架为彻上露明造，结构为三椽栿对后搭牵通檐用三柱。檐下斗

图 5-46 潞城原起寺全景
资料来源：作者自摄

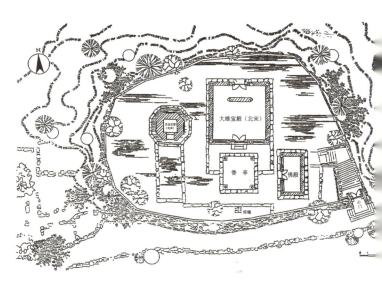

图 5-47 潞城原起寺总平面图
资料来源：山西省古建筑研究所测绘资料

栱仅设柱头斗栱，柱上沿袭唐代建筑风格，不设普拍枋，仅设阑额，且阑额不出头。

大圣宝塔又称青龙宝塔，八角七级密檐式砖塔，通高17米，创建于宋元祐二年（1087年），塔基已陷入地下与地面平，每边长1.45米；塔身底层较高，中辟方形塔室，南面辟半圆形拱门，两侧隐刻直棂窗，背面隐刻板门。塔身仿木构砖雕，每面砌出额枋、斗栱、椽飞，覆以腰檐，二层以上，层高骤然降低，层宽由下而上递减，构成柔和的外轮廓线。塔顶各角安置铁制力士1尊；塔刹由基座、绶花、覆钵、宝盖组成，宝盖下施铁索与铁人相连。

华严寺

位于大同市区西南隅，是我国现存规模较大，保存较完整的辽、金寺院建筑。

华严寺历经沧桑，几度兴衰。据《辽史·地理志》载："清宁八年（1062年）建华严寺，奉安诸帝石像、铜像。"辽末兵火波及，寺院局部建筑被毁，金天眷三年（1140年）重修。辽、金两代平城定为别都，该寺受皇室重视，数百年间为云中巨刹。明初寺被没为官产，明宣德、景泰年间重修，成化、万历年间（1465～1613年）分为上下两寺，各开山门，自成格局。清代几经修缮，始成今日之规模。

寺内建筑依东西轴线布局，总面积1.67万平方米。上寺以大雄宝殿为中心，分为两院，有山门、过殿、观音阁、地藏阁及两厢廊庑，布局严整，高低错落，井然有序。下寺以薄伽教藏殿为中心，有辽代塑像、石经幢楼阁式藏经殿和天宫楼阁等，布局灵活。除两座主殿为辽金建筑外，余皆清代重建。

大雄宝殿于金天眷三年（1140年）重建，基本上保留了辽代风格。大殿建在高4米青砖台基上，月台敞朗，宽33米，深19米，与石级、勾栏构成"凸"字平面，台上有一座清式牌坊，两侧是明代增建的六角钟鼓亭。殿身面宽九间，进深五间，单檐庑殿顶，面积1443.5平方米，为迄今国内辽金佛寺中的最大殿堂。殿前檐当心间与梢间装板门，外施壸门牙子，形制古朴别致。殿顶举折平缓，出檐3.6米，筒板布瓦覆盖，黄绿色琉璃剪边。殿正脊上的琉璃鸱吻规模甚大，高达4.5米，由八块琉璃构件组成。北吻系金代原物，约八百余年，光泽依旧。南吻系明代制，亦是我国古建筑最大的琉璃吻兽。斗栱硕大，形制古朴，外檐斗栱五铺作，双杪重栱计心造。补间分施45°、60°斜栱。梁架原为彻上露明造，明宣德至景泰年间（1426～1454年）增补平棊，清代施以彩画。

为扩大前部空间面积，便于礼佛，殿内采用减柱法，减少内槽金柱12根。殿内佛坛上塑五方佛及二十诸天，均系明代佳作，四周满绘壁画，为清代作品。画面高达6.4米，面积887.25平方米，一座殿内有如此鸿篇巨制，为全国所少见。殿内一座仿明代大同城乾楼制作的木构模型，高2.5米，是研究大同城明代古楼建筑的重要实物资料。

薄伽教藏殿是下华严寺的藏经殿，据梁上题记建于辽重熙七年（1038年）。台基高阔，月台敞朗。殿身面宽五间，进深八椽，单檐歇山顶。殿顶举折平缓，出檐深远，檐柱升起显著，犹存唐代遗风。殿内环绕排列双重楼阁式木构壁藏38间，下层为束腰须弥座，上置经橱，内存明清藏经1700余函，计18000多册。经橱之上为腰檐，其上置佛龛，外设勾栏，上覆屋顶，使用斗栱18种之多。中设腰檐平座，上部有木质瓦顶、脊兽和鸱吻。勾栏、栏板均剔透雕刻，花纹图案精巧之至。后檐明间与门楣之上制成拱桥与天宫楼阁、两侧壁藏浑然一体，此壁藏规制严谨，雕造精绝，玲珑剔透，堪称海内孤品，是国内唯一保存完好的辽代壁藏。壁内佛坛上，满布辽代塑像31尊，造型优美，为我国辽代彩塑艺术的珍品。

华严寺的薄伽教藏殿和大雄宝殿均建于较大的台基上，其前方设有高大的月台，这是辽金建筑的一大特点，体现出建造者利用高大台基来衬托主体建筑的设计构思。寺内集中了辽金建筑、小木作天宫楼阁、彩塑、壁画等各类文物，均为同类作品中的上乘，在中国建筑史、宗教史和艺术史研究中均占有重要地位。

正觉寺

位于长治县城北10公里的司马乡看寺村。始建于唐太和年间（827～835年），宋、元、

图5-48 大同华严寺大殿　资料来源：作者自摄

图5-49 长治县正觉寺后殿　资料来源：作者自摄

明均有修葺。现存建筑后殿为宋代建筑，过殿为明代建筑，东西配殿为元代建筑。寺庙坐北朝南，南北长64米，东西宽32米，占地面积2448平方米。二进四合院，中轴线上有正殿，两侧为配殿和东西垛殿。正殿面阔五间，进深六椽，单檐悬山顶。殿内梁架四椽栿对后乳栿通檐用三柱。檐下斗栱五铺作双下昂，麻叶形耍头。东西配殿均面阔三间，进深四椽，单檐悬山顶。殿内梁架结构为前三椽栿对后搭牵用三柱，脊部无叉手。柱头上设大额枋一道，前檐斗栱五铺作双下昂，重栱计心造，里转重栱偷心造，无补间铺作，后檐四铺作单昂。

后殿为正觉寺的主要建筑，面阔五间，进深六架椽，单檐歇山顶，筒板瓦屋面。平面呈长方形，明间辟门，次梢间各开一小高窗。前檐斗栱五铺作，单杪单下昂，重栱计心造，里转重栱偷心造，昂后尾支于四椽栿下，无补间铺作。殿内梁架彻上露明造，四椽栿对后乳栿通檐用三柱，柱均为方形石柱抹楞。平梁上施合㭼、脊瓜柱，并设大斗、丁华抹亥栱、叉手，各槫下均施以短替木，槫间施拖脚。梁架简洁明朗，结构合理。

崇福寺

位于朔州市朔城区东大街北侧，古名林衙院，俗称大寺庙。

崇福寺创建于唐高宗麟德二年（655年），由鄂国公尉迟敬德奉敕监造。辽代官府占据，称林衙署，后改为僧舍，名曰林衙院或林衙寺。金熙宗崇佛，于皇统三年（1143年）敕命开国侯翟昭度主持增建弥陀殿、观音殿，改寺为净土宗佛刹。金天德二年（1150年）海陵王完颜亮赐额"崇福禅寺"，经辽、元、明、清各代重修，始成现有规模。现存建筑中除弥陀殿、观音殿为金代遗构外，余皆为清代建筑。

寺址坐北向南，占地面积2.4万平方米，规模宏伟，气势壮观。寺宇前后五进院落，中轴线上依次排列有山门、金刚殿（天王殿）、千佛阁、三宝殿、弥陀殿和观音殿。东西两侧从前至后有钟鼓二楼、文殊堂（西配殿）和地藏殿（东配殿）。

观音殿位居寺之最后，面宽五间，进深三间，殿前有月台。单檐歇山顶。檐下斗栱六铺作单杪双下昂计心造，耍头砍成批竹昂式，古朴简洁。明间设门，次间为窗。殿内梁架为四椽栿对乳栿前后用四柱，前槽金柱全部减去，增加了空间。为了减轻其荷载，四椽栿跨度增大至10米，平梁上和平梁前端施较大的人字叉手，将前槽上部荷载传递到前后檐柱上，这一结构上的大胆创新，反映了当时建筑独具匠心的科学水平。

寺内主体建筑弥陀殿，又称三圣殿，面宽七间，进深四间八椽，单檐歇山顶。坐落于高2.5米的台基上，殿前月台宽敞，广及五间。殿顶黄绿蓝三彩琉璃剪边，两只鸱吻高大雄健，立于正脊两端，造型古雅。檐下四周斗栱庞大雄壮，为七铺作双杪双下昂，斗栱后尾挑承在殿内乳栿和丁栿下。前檐柱头与后檐补间铺作上除施华栱外，左右各出45°，斜栱充分显现出金代建筑使用斜栱的特点。

殿内柱网设置，为了扩大殿内空间，减去当心间两柱，便于礼佛。殿内梁架彻上露明造，分内槽与外槽两部分。除四周乳栿和丁栿外，居中的四椽栿前端置于较大的内额上，额枋为较大的复梁式结构，分作上下两层，其间用斜材支托，类似叉手，构造之法近似人字驼架的作用。

图 5-50 朔州崇福寺弥陀殿
资料来源：作者自摄

图 5-51 朔州崇福寺金代壁画
资料来源：作者自摄

弥陀殿的装修尤为引人注目，前檐五间隔扇门，后檐明、梢间设板门。隔扇及横披上的棂花图案，玲珑剔透，镂刻精美，有三角纹、古钱纹、挑白球纹等花饰式样达十五种之多，极富装饰效果。大殿前檐下悬有"弥陀殿"竖匾一通，是金大定二十四年（1184年）原物。

殿内还设有宽大佛坛，供奉主像三尊，正中弥陀佛，两侧观世音和大势至二菩萨。塑像比例适度，花冠精致，衣饰贴体，面形丰满，神态端庄，均有唐、宋造像丰满俊逸之风韵，是金代塑像中的上品。殿内四壁满绘壁画，内容以说法图为主，大都属金代原作。弥陀殿规模庞大，气势雄伟，其建筑形制、雕刻艺术、雕塑绘画艺术以及琉璃烧造工艺等均有较高的历史、科学、艺术价值，为金代建筑中的上乘之作。

岩山寺

位于繁峙县城东南40公里天岩山北麓天岩村，原名灵岩院。据寺内碑刻记载，创建于金正隆三年（1158年），元延祐二年（1315年）重建，明清屡有修葺。现存建筑文殊殿为金代建筑，余皆为明清遗构。

寺院坐北朝南，南北长80米，东西宽100米，占地面积8000平方米。中轴线上现仅存文殊殿、伽蓝殿、地藏殿、马王殿及东侧的钟楼一座。钟楼下设门洞，为寺之旁门。布局完整，风格古朴。

寺内主体建筑文殊殿，面宽五间，进深三间，单檐歇山顶，筒板瓦覆盖。檐下斗栱一周，

图 5-52 繁峙岩山寺南殿
资料来源：作者自摄

图 5-53 繁峙岩山寺壁画——楼阁建筑
资料来源：作者自摄

用以承托和传递外檐与梁架上的荷载。前后檐两梢间未设补间斗栱，柱头斗栱四铺作出单昂，后尾交于大额枋或四椽栿上。补间斗栱亦为四铺作，后尾不设杠杆，砍制成蚂蚱耍头。柱头无卷杀，柱子生起、侧角显著，石质柱础，素平无饰。大殿明间设板门，次间置直棂窗。殿宇采用减柱造，内柱仅四根，空间宽敞。梁架结构为大额枋上架四椽栿，两端与襻间斗栱相交承下平槫。殿内四椽栿下侧留有"大元国延祐二年庚辰月甲子日重建……"题记，是大殿建筑年代的重要佐证。

殿内宽大的砖砌佛坛上塑有佛、菩萨、弟子、金刚等塑像共8尊，均为金代原作。四周墙壁上保存有壁画97.71平方米，是金大定七年（1167年）宫廷画师王逵所作。西壁为佛传故事，以宫廷建筑为中心，描绘释迦牟尼一生的事迹；东壁为经变和本生故事，《大方便佛报恩经》孝养品中的须阇提太子割肉孝养父母的经过，清晰可辨；北壁西隅画一艘大船，扬帆行驶，五百商人航海遇难，风堕罗刹国，得到罗刹女营救的故事；东隅画一塔院当心矗有八角七级高塔一座，形体秀美，结构精巧，下有城墙堞楼；南壁绘殿台楼阁和供养人像。故事情节多变，瑰丽动人，天上人间，宫廷市井，海市蜃楼，云气腾没，山林园囿，婴儿戏耍，官贵庶民，无所不有，画面构图严谨，笔力刚劲，建筑瑰丽精巧，人物神态逼真，设色浑厚，技法纯熟，是我国金代壁画中优秀作品。其内容丰富，是研究宋金时期宗教、建筑、美术的宝贵资料。

龙岩寺

位于陵川县礼义镇梁泉村，创建年代不详。据寺内碑文记载，寺原名龙泉寺，为当地百姓祈雨求福之所。唐总章二年（669年）称龙严寺，金天会七年（1129年）僧惠耀主持修建大殿，天会九年（1131年）增修法堂。大定二年（1162年）改额"龙岩寺"。明万历八年（1580年）又大兴土木，葺补修缮。寺址坐北朝南，分为上下两院，南北长58米，宽31.6米，总占地面积1833平方米。上下两院逐级而上，各院建在平台之上，中轴线上依次排列有山门（仅存基址）、大殿、后殿，东西两侧为朵楼、耳殿、禅房。现存建筑过殿为金代遗构，其余皆为明代建筑。

大殿为金天会七年（1129年）所建，建在高90厘米石砌台基之上，面宽三间，进深六椽，平面呈方形，梁架四椽栿对后乳栿通檐用三柱，单檐歇山顶。柱头斗栱五铺作单杪单昂，两山无补间铺作，前后檐补间铺作每间一朵，五铺作单杪单下昂。后檐明间柱础及金柱柱础为覆盆宝装莲瓣式，雕刻甚为精致。前后檐原明间设门，次间置窗，现前檐明间施小板门，后檐封砌，为后人所改制。大殿结构形制古朴，斗栱、梁栿呈现唐宋早期建筑之风格。

后殿面宽五间，进深六椽，梁架为前单步梁对六架梁通檐用三柱，前一间为廊，单檐悬山顶，屋面前施琉璃方心。柱头斗栱五踩单翘单昂，无补间斗栱。前檐下保存有金碑两通，一为金大定二十五年（1185年），一为金天会三年（1163年），记载了龙岩寺的历史沿革。碑文以草、篆、隶、楷、行等多种字体镌刻，书写流畅，刻工精湛，具有较高的书法艺术价值。

净土寺

俗称北寺，位于应县金城镇东北角内。据《应州志》记载，创建于金天会二年（1124年）。坐北朝南，一进院落布局，东西31.3米，南北46.6米，占地面积1459平方米。寺内原有山门、天王殿、大雄宝殿、后殿、藏经楼、舍利塔、钟鼓楼、东西配殿等，现仅存大雄宝殿、西配殿（地藏殿），其中大雄宝殿为金代遗构，西配殿为清代遗构。

大雄宝殿建于金大定二十四年（1184年），石砌台基，高0.21米。面宽三间，进深六椽，单檐歇山顶，殿顶琉璃脊饰，黄琉璃瓦屋面，绿琉璃瓦方心。殿内梁架结构采用减柱造法，四

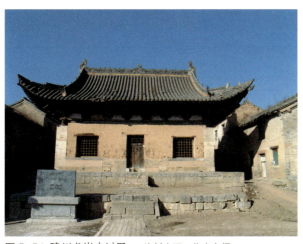

图5-54 陵川龙岩寺过殿　　资料来源：作者自摄

图5-55 陵川龙岩寺后殿　　资料来源：作者自摄

图 5-56 应县净土寺大雄宝殿全景　资料来源：作者自摄

椽栿对后乳栿通檐用三柱。大殿檐下周施斗栱，柱头斗栱四铺作单下昂，补间各两朵。前檐当心间隔扇门，两次间置槛窗。殿内两山及后墙存清代佛教壁画95平方米。

大雄宝殿天花藻井木雕天宫楼阁，是大雄宝殿建筑的精华所在，与大殿同时建造，是金代精致的小木作工艺品。殿顶以梁栿划分，制成藻井九眼，分大、中、小三种类型，形制或成八角形，或六角形，或长方形，或菱形。其中以明间斗八藻井最大，形制最为华丽。藻井中央凸碾金色盘龙两条，外围饰以牡丹等花卉图案，八角形藻井每面置七铺作双杪双下昂斗栱三攒。藻井四面雕歇山式天宫楼阁，先起平座，上设栏板、望柱及平台，平座和檐柱均设斗栱，平座斗栱六铺作三杪，檐下斗栱多为六铺作或七铺作，有出华栱四跳者，也有双杪双下昂者，屋顶瓦垄、脊兽齐备，表层覆以沥粉贴金和油饰彩画，与黑、红、黄绿四色彩饰的藻井相互辉映，更显精巧富丽，属国内艺术精品。

太阴寺

位于绛县城东南7公里的卫庄镇张上村，始建于北魏时期（396～534年），北周天和三年（568年）、唐永徽三年（650年）、金大定十年（1170年）重建南大殿制雕佛龛，后历代均有修葺。原规模宏敞，现仅存南大殿和木雕释迦牟尼像及佛龛，为金代遗构，山门及北殿均为新建和迁建。寺院坐南朝北，二进院落，与一般传统寺院的坐向有别。东西长81米，南北长108米，占地面积8748平方米。中轴线上由北向南依次有山门、北殿、南殿。

图 5-57 绛县太阴寺大雄宝殿正面
资料来源：作者自摄

图 5-58 绛县太阴寺大雄宝殿木雕卧佛
资料来源：作者自摄

南大殿面阔五间，进深三间，单檐悬山顶。檐下悬挂"大雄宝殿"木匾，为金大安二年（1086年）镌刻。柱头斗栱六铺作单杪双下昂，重栱计心造，蚂蚱形耍头，每间施补间铺作一朵。殿内中部施木制佛龛，内有木雕释迦牟尼像一尊，像长4米，高1.5米，雕造于金大定十年（1170年），用一整根红杨木精雕而成。其像造型端庄，夸张得当，雕刻精细。佛像为侧身卧姿，右手托于头下，双眼微闭，身着袈裟。朱砂涂底，面部鎏金，至今仍金光闪烁，超凡脱俗，为金代木雕原作，是国内现存的最早、最大的木雕卧佛。龛内有明洪武五年间（1372年）绘制的一组佛弟子吊唁壁画，绘画的章法、结构、线条、着色精美。寺内存有元碑3通，明清碑碣5方。

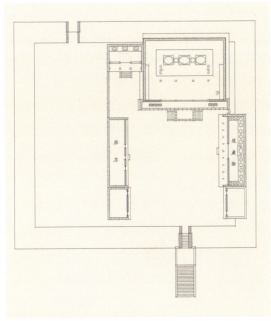
图 5-59 定襄洪福寺平面图

洪福寺

位于定襄县宏道镇北社村。创建年代不详，据寺内康熙四十七年碑载："宋宣和、金天会年间，此院已称古院，则其创建之由邈乎远已。"由此，洪福寺至迟建于北宋，元、明、清历代均有修葺，现存建筑大雄宝殿为宋代原构，东西配殿为清代所建。

寺院坐北向南，建在高达7米的土台上，占地面积3300平方米，寺域由周长400米的堡墙环护。大雄宝殿面宽五间，进深三间，单檐悬山顶。基座东西宽23米，南北长18米，总建筑面积414平方米。柱础石为方形，

图 5-60 定襄洪福寺正殿　　资料来源：作者自摄

上无雕饰，檐下斗栱除柱头转角斗栱外，补间斗栱每间一朵，皆出斜栱，柱头斗六铺作单杪双下昂，外拽计心，里拽偷心。当心间、两次间为六抹头隔扇，梢间为直棂窗。殿内梁架彻上露明造，三椽栿前后对乳栿，三椽栿后端置于内柱柱头大斗之内，前端插入内柱，与下平槫后尾搭牵相交。三椽栿上置平梁，平梁上置蜀柱、合㭼、叉手、脊槫，用材较大，砍削规整，保留了宋代建筑规制。殿顶皆为筒板瓦覆盖，琉璃脊兽保存完整。殿内佛坛上塑有9尊塑像，为明代作品。

大雄宝殿左侧有东配殿，面宽五间，悬山顶。殿内塑地藏王菩萨、十殿阎君，均保存完整，与建筑同为清代作品。

沁县大云寺

位于沁县郭村乡郭村，始创年代不详。据碑文记载，金崇庆元年（1212年），有本村张舜即村众等相率而告于有司纳其钞，乃就平阳府降敕牒，其额曰"大云禅院"。证明至迟金代即有，明清两代亦有过重建和增葺。现仅存山门、正殿，正殿为金代遗构，山门为清代所建。

院址坐北朝南，南北长38米，东西宽24.4米，占地面积927.2平方米，一进院落。正殿面宽三间，进深六椽，平面近似方形，单檐悬山顶。坐落于高1.13米的石砌台基上，檐下柱头斗栱四铺作单杪，补间施隐刻栱。梁架结构为四椽栿对前后搭牵，通檐用四柱。柱础为青石质，宝装莲花柱础，花瓣饱满，雕刻精美。正殿虽规模不大，但梁枋、斗栱布局疏朗，用材硕大，梁架结构简练，手法古朴，主体结构保留了金代形制。院内保存有金碑2通。

图 5-61 沁县大云寺正面　资料来源：作者自摄

图 5-62 沁县大云寺殿内梁架　资料来源：作者自摄

图 5-63 武乡洪济院大殿　资料来源：作者自摄

图 5-64 武乡洪济院殿内梁架　资料来源：作者自摄

洪济院

位于武乡县故城镇东良村西。创建年代不详，明、清两代多次予以修葺。坐北朝南，二进院落布局，中轴线上现存戏台、南殿、正殿，东西两侧建廊房各七间，总占地面积5350.49平方米。现存建筑中正殿为金代遗构，南殿为元代建筑，戏台为清代建筑。正殿和南殿内存有佛教题材壁画92幅，约128平方米，色调淡雅，为民国3年（1914年）所绘。正殿西侧有方形千佛塔一座，各面浮雕趺坐千佛列带。寺院西墙另辟二进院落，一进院为众神庙，二进院为关帝庙。洪济院是金、元时期当地著名佛教名刹之一。

正殿，石砌台基，殿身面阔五间，进深六椽，单檐悬山筒板瓦顶。殿内梁架彻上露明造，四椽栿对前后搭牵用四柱。殿内设前后槽金柱，金柱上设大斗承四椽栿，栿上设驼峰、大斗、捧节令栱承平梁，平梁上设合楷、蜀柱、叉手、大斗、丁华抹亥栱承脊槫。檐下斗栱仅前檐设柱头斗栱，无补间铺作，形制为五铺作单杪单下昂，蚂蚱形耍头，栱头设有栱瓣。柱上设阑额、普拍枋，均出头，柱头卷杀和缓。前檐明、次间设板门、直棂窗，板门古制依然。正殿梁架、斗栱制作规范，用材规整，保存了诸多金代建筑特征。

南殿倒座，石砌台基，面阔三间，进深四椽，单檐悬山筒板瓦顶。殿内梁架四椽栿对前乳栿通檐用三柱。前檐明间设金柱，上设大斗、捧节令栱承乳栿后尾与四椽栿前端结点。两山设内额搭于四椽栿上，与栿上蜀柱相交承平梁。平梁上设蜀柱、合楷、叉手、大斗、丁华抹亥栱承脊榑。前后檐设柱头、补间斗栱各一朵，明间柱头斗栱形制为四铺作单下昂，昂形耍头。补间斗栱与转角斗栱同，形制为四铺作单杪，明间补间斗栱45°出斜栱。前檐明间设板门。殿内梁架、斗栱保留了金元时期建筑特征。

大悲院

位于曲沃县曲村镇曲村。据碑文记载创建于唐贞观年间。据民国17年（1928年）《曲沃县志》记载，宋治平四年（1067年）重修。碑文记载清乾隆二十三年（1758年）修葺。现存过殿为金代建筑，天王殿及东西厢房为清代重建，占地面积2272平方米。

过殿坐北朝南，砖石基础，面阔三间，进深六椽，单檐歇山式屋顶。殿内梁架彻上露明造，六架椽屋六椽栿分心用三柱构造。柱头施五铺作双下昂斗栱，琴面昂，补间各用一朵，形制同柱头，上昂为真昂，昂尾挑于中平榑下。阑额、普拍枋断面呈丁字形，用材纤细规整，具有典型的宋金风格。

天王殿位于过殿西北。坐北朝南，面宽五间，单檐硬山顶，殿顶筒板瓦屋面。柱头科、平身科大斗均雕刻有牡丹花草图案，明间阑额上雕有天王神像，次、梢间阑额上雕有缠枝花卉，普拍枋上绘有旋子彩画。过殿东侧墙上存金大定二十年（1180年）《大悲院卢舍那佛记》碑、明万历十六年（1588年）《大悲院记》碑等4通，碑文均已不清。

图5-65 曲沃大悲院过殿　资料来源：作者自摄

图 5-66 五台延庆寺大殿
资料来源：作者自摄

图 5-67 五台延庆寺大殿斗栱
资料来源：作者自摄

延庆寺

坐落于五台县西北部阳白乡善文村，始建年代不详。据寺内经幢记载："……延庆寺创自唐代，由唐而下，叠次补修……"现存正殿为金代建筑。寺庙坐北朝南，前后两进院落，现仅存后院。院内中轴线上现存二门正殿，两侧有东西配殿，二门外西侧有一个宋代经幢。占地 1040 平方米。

正殿面阔三间，进深六椽，单檐歇山灰瓦顶。当心间辟板门，两次间直棂窗，柱间阑额、普拍枋联结。柱头斗栱五铺作单杪单下昂，耍头呈下昂形。补间铺作每间一朵，前檐两山明间补间铺作 45°斜栱。殿内彻上明造，六椽栿通达内外用两柱，柱头斗栱里拽出三跳华栱承六椽栿。正殿全用木柱，檐柱、角柱和山柱共计十二根，加设金柱两根。柱子有生起和侧角，柱头卷杀明显。斗栱共七种，用材硕大。前檐明间设板门，次间直棂窗。正殿的耍头、斗栱、驼峰在建筑形制上与五台县佛光寺的文殊殿相似；通长两椽的大托脚及椽下昂形状的耍头和朔州崇福寺弥陀殿手法接近，为典型的金代建筑。

寺外有一石幢，汉白玉石质，高约 7 米，分为 4 层，幢身八边形，高 187 厘米，边长 10.5 厘米，造型别致。上刻尊胜陀罗尼经，因自然风化，部分字迹不清，末行刊"景祐二年岁次乙亥拾月辛亥朔十五日时建"字样。

崇安寺

位于陵川县崇文镇城西社区古陵路 1 号。创建年代不详，唐初名"丈八佛寺"，宋太平兴国元年（976 年）赐名"崇安寺"，明、清均有修葺，现存西插花楼为元代风格，其他建筑为明清风格。坐北朝南，二进院落中轴线有山门、过殿正殿、佛龛，山门两侧为钟、鼓二楼，南北长 93.5 米，东西宽 61 米，占地面积 5722 平方米。正殿后有一佛龛，龛内雕刻有一佛二弟子二菩萨像。

图 5-68 陵川崇安寺外景　　资料来源：作者自摄

山门是一座二层三檐的楼阁式建筑，又称"古陵楼"，是崇安寺内最壮观的建筑。山门位于庙院最南端，坐北朝南，面阔五间，进深六椽，平面长方形，二层重檐歇山顶，青灰筒板瓦屋面，琉璃脊饰、吻兽剪边、方心。七架梁通搭前后通檐用四柱，第一、二层均周设围廊。楼身正面中间匾额书"古陵楼"，两侧各两块，分别为"行""山""钟""秀"。背面则为"留月栖云"四字。

佛龛亦称石佛殿，又名祖师殿，位于庙院最北端，坐北朝南，面阔三间，进深一椽，单檐硬山顶，青灰筒板瓦屋面，琉璃脊饰、吻兽、剪边。后墙上砌筑佛龛一座，砂石质地，龛内雕刻一佛二弟子二菩萨浮雕，顶部刻"开甘露门"四字，下为砖砌束腰基座。

龙兴寺

位于新绛县龙兴镇四府街社区。寺始建于唐，原名碧落观。唐高宗咸亨元年（670年）改称龙兴寺。宋时，太祖赵匡胤寓居于此，改寺为宫，后僧人占据，恢复龙兴寺之名。坐北向南，中轴对称布局，原轴线上由南向北依次建有山门、碧落碑亭、韦驮楼、大雄宝殿及龙兴寺塔，东西配有关

图 5-69 新绛龙兴寺　　资料来源：作者自摄

公、娘娘殿、垂花门及西厢房，占地面积4809.64平方米。现仅存大雄宝殿和龙兴寺塔，为元、清遗构。大雄宝殿内存元代彩塑7尊，另寺内保存唐代《碧落碑》及明清碑刻9通。

大雄宝殿建于元代，坐北向南，面阔五间，进深四椽，单檐硬山顶，灰筒瓦覆盖、琉璃瓦剪边，殿内梁架为四椽栿通檐用二柱。明间辟装六抹隔扇门，次、梢间对称设窗。檐下斗栱12朵，形制均为五铺作单杪单下昂。殿内设神坛，塑有释迦、毗卢和卢舍那三世佛，前侧有文殊、普贤、观音、地藏四大弟子站像。主佛高4.5米，面庞丰满，姿态端正，衣纹流畅，艺术价值极高。

龙兴寺塔，俗称"绛塔"、"唐塔"、"龙兴塔"。创建年代不详，原为8级，因年久塌圮，清乾隆四十二年（1777年）集资重修，增高为13级。塔呈八角形，全部用水磨青砖砌成，高43.7米。一层檐下施仿木结构斗栱，其上各层均叠涩出檐，每层均刻匾额，分别为"一柱擎天、两茎仙掌、三汲龙门、四大跻空、五云献瑞、六鳌首戴、七星召应、八风协律、九陌看花、十园蓉镜、十方一览、十二碧城、十州三岛"。塔内有木梯，可拾级而上。底层大门两侧嵌清乾隆四十年（1777年）重修时，知州武进题写的"雷雨平临咫尺看龙门之变，慈云遥接飞腾争雁塔之高"砖雕楹联。

大佛寺

原名清凉院，又名佛阁寺，位于稷山县稷峰镇寺后窑村东南隅。据寺内现存碑文记载创建于金皇统二年（1142年），元大德十一年（1307年）、至正十四年（1354年），清康熙二十年（1681年）、咸丰九年（1859年），民国5年（1916年），2004年均有修葺。寺院坐北朝南，平面布局呈不规则形，南北长180米，东西宽106米，占地面积1.5万平方米。中轴线由南向北，建有山门、天王殿、大殿及两侧钟楼、鼓楼、碑廊、文殊殿、普贤殿、十八罗汉洞和十殿阎君洞。大殿内正中有金代土雕大佛一尊，比例适度，工艺考究，栩栩如生。十殿阎君洞系在土崖上开凿而成，洞内塑有地藏菩萨和十殿阎塑像13尊，形象逼真，为元代泥塑艺术精品。

图5-70 稷山大佛寺大殿　　资料来源：作者自摄

图5-71 稷山大佛寺大殿土雕大佛　　资料来源：作者自摄

大佛寺大殿内保存有释迦牟尼佛单体巨像一尊。据寺内碑文记载，塑于金皇统二年（1142年），元至正十四年（1354年）重绘。像高16.68米，宽6.80米。大佛端坐施说法印，双腿着地。面相端庄而肃穆，两耳垂肩，螺髻高耸，额中有白毫印，袒胸露肌，身披袈裟。如此巨大的土雕大佛在全国甚为罕见。

十殿阎君洞位于大殿西侧。生土窑洞建筑，洞深9.41米，宽3.10米，高2.50米。正中端坐地藏王菩萨，像高1.70米，宽1.10米，神态安详，栩栩如生；两侧塑目莲父子像，目莲父像高1.27米，宽0.39米，目莲子像高1.25米，宽0.48米；十殿阎君塑像分列两旁，神态各异，形象生动，均为元代塑像。

武乡大云寺

位于武乡县城西25公里故城镇故城村中，创建年代不详。据寺内北宋治平元年（1064年）重修碑记载，寺曾为东汉涅氏县治所，初名岩静寺，北齐河清四年（565年）重修。北宋治平元年改称今名。金大定年间重建三佛殿。元、明、清时期均有修葺。现存主体建筑大雄宝殿为金代原构，余皆为明清所建。

寺院坐北朝南，两进院落。南北长120.5米，东西宽65.47米，总占地面积7900平方米。主要建筑有观音殿、大雄宝殿，两侧为东西配殿。东为十八罗汉殿，西为十殿阎罗殿。观音殿亦为南殿，面宽五间，进深三间，单檐悬山顶，为清代遗构。

大雄宝殿为寺内正殿，面阔五间，进深三间，单檐悬山顶。殿顶筒板布瓦覆盖，柱头卷杀明显。斗栱五铺作重栱计心造，单杪单下昂，昂呈琴面式，无补间铺作。殿内采用减柱造，梁架结构为四椽栿对后乳栿用三柱。结构简洁，用材硕大，为典型金代建筑风格。

嘉祥寺

位于高平市三甲镇赤祥村西，创建年代不详。据庙内碑文记载，五代后周广顺三年（953年）已建有寺庙，宋、元、明、清均有重修，现存建筑中前殿为宋代遗构，中殿为元代遗构，余皆为明清建筑。坐北朝南，二进院落，原中轴线上建有前殿、中殿、后殿，两侧建配殿、厢房、东西禅房，山门设于寺之东南隅，占地面积1620平方米。

前殿为宋代建筑，面阔三间，进深六椽，单檐歇山顶，琉璃脊饰。梁架结构为四椽栿对前乳栿通檐用三柱。柱头斗栱为五铺作单昂。前檐当心间设板门，两次间置棂条窗。柱础素面方形。

大雄宝殿为元代遗构，面阔五间，进深六椽，通檐用两柱，单檐悬山顶，筒板瓦屋面，琉璃脊兽。

经幢位于嘉祥寺院内，青石质，方形须弥座，通高约4米。幢身八棱柱形，高1.2米，每面宽0.2米。幢面分别楷书刻有《佛说佛顶尊圣陀罗尼经》、《佛说阿弥陀经》经文，五代后周广顺三年（953年）款。经幢共两座，幢上刻有大量鸟兽、飞天及乐人等。

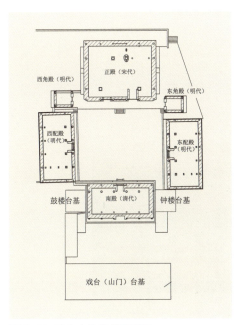

图 5-72 武乡大云寺总平面图
资料来源：山西省古建筑保护研究所测绘资料

图 5-73 高平嘉祥寺天王殿
资料来源：作者自摄

三、元代佛教建筑

广胜寺

位于洪洞县城东北 17 公里霍山南麓。寺区依山傍水，古柏成荫，霍泉水从山下磐石中涌出，山清水秀，风景幽雅，是一组著名的元、明时期建筑群。

寺创建于东汉桓帝建和元年（147年），原名育王塔院，唐代改称广胜寺。唐大历四年（769年），中书令汾阳王郭子仪撰置牒文，奏请重建。宋、金时期，广胜寺被兵火焚毁，随之重建。元成宗大德七年（1303年），平阳（今临汾）一带发生大地震，寺庙建筑全部震毁。大德九年（1305年）秋又重建。此后，明嘉靖三十四年（1555年）和清康熙三年（1695年），平阳一带发生地震，除上寺飞虹塔及大雄宝殿明代重建外，其余建筑均为元代建筑。

广胜寺分上、下寺和水神庙三处建筑。上寺在霍山巅，翠柏环抱，古塔耸峙，琉璃构件金碧辉煌。下寺在山麓，随地势起伏而建，高低错落，层叠有致。水神庙与下寺毗邻，墙垣相连，内奉明应王，其中元代戏剧壁画在国内外享有盛名。

上寺由山门、飞虹塔、弥陀殿、大雄宝殿、毗卢殿、观音殿、地藏殿及厢房、廊庑等组成。寺前为三间悬山造山门，门下有金刚二尊，左右对峙，威武雄壮。门内矗立着高大的琉璃砖塔，名飞虹塔。塔始建于东汉，屡经修建。现存为明代重建。塔平面呈八角形，十三级，高 47.31 米。塔全身用黄、绿、蓝三彩琉璃装饰，富丽堂皇，五彩缤纷。檐下有斗栱、倚柱、佛像、菩萨、金刚、花卉、鸟兽等各种构件和图案。塔底层周设回廊。塔内中空，有阶梯可攀至十层，设计巧妙，为我国琉璃塔中的杰作。

图 5-74 洪洞广胜寺全景　　资料来源：作者自摄

塔后为弥陀殿，面宽五间，进深四间，单檐歇山顶。殿内主像弥陀佛、观音和大势至西方三圣。塑像工艺甚佳，是元代塑像中的佳品。东壁及扇面墙上满绘三世佛及诸菩萨壁画。

大雄宝殿面宽五间，进深六架椽，单檐悬山顶，殿内供释迦、文殊、普贤像。佛像均为木雕，比例适度，肌肉丰润，神态自若。殿两侧铁铸十八罗汉和龛背观音、韦驮等像，均为清代补造。

毗卢殿宽五间，庑殿式，殿内两山施大爬梁，结构奇特，是元代建筑艺术富有成就的实例。殿内神台上塑三佛四菩萨。周设木雕佛龛，龛内置铁佛三十五尊，殿后壁绘释迦和十二圆觉菩萨像，技艺尤佳。

下寺由山门、前殿、后殿、朵殿等建筑组成，均为元代建筑。山门高耸，三间见方，单檐歇山顶。前殿五开间，悬山式，殿内仅用两根柱子，梁架施人字形柁架大爬梁，设计精巧。最后是大雄宝殿，面阔七间，进深八椽，单檐悬山顶，建于元至大二年（1309年）。殿内主像三世佛，两旁为文殊、普贤二菩萨，衣褶披垂自然，均属元代珍品。殿内四壁原满绘壁画，1928年被盗卖出国，现藏美国堪萨斯城纳尔逊艺术馆。现残存于山墙上部的壁画内容为善财童子五十三参，画工精美，色泽富丽。

水神庙分前、后两进院落，由山门、仪门、明应王殿及其两侧厢房窑洞组成。明应王殿面宽进深各五间，四周围廊，重檐歇山顶。殿内塑水神明应王及其侍者像十一尊，其相貌、衣饰和手法都为元代风格。殿内四壁满布壁画，计197平方米。内容为祈雨降雨图及历史故事。南壁一幅"大行散乐忠都秀在此作场"壁画，记载了元代戏剧演出情况，是研究我国戏剧史的极其珍贵的资料。

广胜寺上下寺主体建筑在建筑科学和结构力学方面都有其独到之处。寺内保存的元明时代壁画、木雕、泥塑及琉璃作品等文物，特别是现存于北京图书馆的金代皇统版《赵城藏》数千卷，对研究中国印刷史和宗教史具有十分重要的价值。

香严寺

位于柳林县城东北隅的小山岗上，又称香严院，俗称阁则寺。据载，始建于唐贞观年间（627～649年），唐德宗贞元年间（785～804年）赐名香严寺。金、元、明、清及民国年间均有修葺。现存大雄宝殿为金代建筑，天王殿、毗卢殿、十王殿、伽蓝殿、东西配殿等七座建筑为元代所建，余皆明代所建。

寺院坐北朝南，东、西、南三面临崖，由东西向并列的两座院落组成，占地面积6160平方米。东院中轴线上建有山门、过殿、大雄宝殿；两侧为钟、鼓楼、毗卢殿、十王殿、崇宁殿、伽蓝殿、随喜殿。西院中轴线上依次为藏经殿、后佛殿、玄天殿，两侧为膳房、僧房等。

大雄宝殿为寺内主殿，立于高4米的双重台基之上，面阔五间，进深六椽，单檐歇山顶。檐下斗栱五铺作双下昂，殿内后檐减去金柱两根，四椽栿前端分置于内额与丁栿梁上，梁架结构规整，四椽栿对后乳栿通檐用三柱，为典型宋金规制。

毗卢殿坐落在高大的砖砌台基上，面宽五间，进深三间，单檐歇山顶。明次间辟隔扇门，梢间置直棂窗。殿内柱网布局采用减柱造，扩大了室内空间。檐下斗栱五铺作，单抄单下昂。梁架草栿做法，为元代特征。

藏经殿为西院主殿，面宽三间，进深三间，单檐悬山顶。玄天殿为二层砖木构建筑，下层为三孔窑洞，上层为木构阁楼，面宽三间，进深二间，悬山筒板瓦顶，前檐为廊，周设栏板、

图5-75 柳林香严寺鸟瞰　资料来源：作者自摄

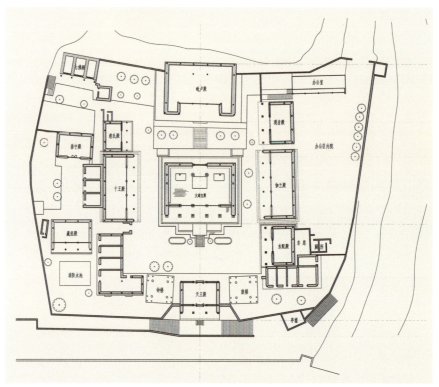

图 5-76 柳林香严寺总平面图　　资料来源：山西省古建筑保护研究所测绘资料

望柱，殿内存佛像 5 尊。与建筑同期，均为明代作品。

香严寺内集金、元、明三代建筑为一体，建筑特征有着明显的对比性。尤为珍贵的是寺内建筑的琉璃饰件，特别是四座大殿的黑釉琉璃，无论是色泽还是烧造工艺，均堪称一绝。

定林寺

位于高平市城东南 5 公里米山镇北七佛山南麓。原名永德寺，因寺侧有定林泉，故名定林寺。创建年代不详，据寺内现存金大定二年（1162 年）碑及寺内雷音殿脊刹边沿处"泰和四年十一月造"题记，可知该寺至迟在后唐长兴年间（930～933 年）就已存在，以后历代屡有修葺。现存建筑除雷音殿为元代遗构外，其余大多为明清时代的小式建筑。

寺院坐北朝南，依山而建。南北长 90 米，东西宽 87 米，占地面积 8000 平方米，平面近方形。中轴线从南至北有观音阁、雷音殿、止涓和门津二洞、七佛殿，两侧建有廊、庑、亭、阁和偏院。

观音阁面宽、进深各三间，为两层重檐歇山顶，屋顶为筒板瓦覆盖，脊兽均为琉璃制品。前后出抱厦，平面近方形。阁的底层前为板门，后为隔扇，两山沿墙砌有佛台，斗栱四铺作单下昂。上层柱间砌有围栏，斗栱五铺作双下昂计心造，角柱斗栱里转双杪五铺作承托藻井。

雷音殿面宽三间，进深六椽，单檐歇山顶，平面略呈方形，屋顶为筒板瓦覆盖，琉璃脊兽。大殿后檐门枕石上有"延祐四年四月初十日记"题记，前、后檐明间辟板门，前檐次间及两山置直棂窗，檐下施五铺作斗栱，殿内彻上露明造，梁架为六椽栿通达内外用二柱。殿

图 5-77 高平定林寺全景　资料来源：作者自摄

图 5-78 高平定林寺雷音殿　资料来源：作者自摄

图 5-79 浑源永安寺总平面图
资料来源：山西省古建筑保护研究所测绘资料

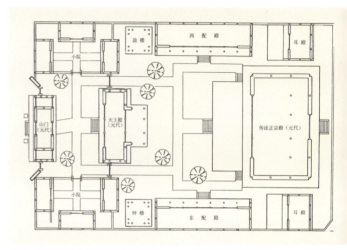
图 5-80 浑源永安寺传法正宗殿
资料来源：作者自摄

前设长方形月台，月台前立有八边形宋代经幢 2 座，一为太平兴国二年（977 年）造，一为雍熙二年（985 年）造，均保存完好。幢通高 4.4 米，下部为仰覆莲须弥座，束腰部分雕伏狮，幢顶施宝盖、莲座、仰莲和宝珠，幢身八面俱刻经文。其大木构件建造规整，用材规范，较为完整地保留了元代建筑的风貌。前院东西配殿前檐存栱眼壁约 6 平方米，东配殿两山存壁画 20 余平方米，设色精美，笔法流畅，题材为地狱冥府，为山西较为少见的题材。

浑源永安寺

位于浑源县城东北鼓楼北巷，俗称"大寺"。寺始建于金代，后毁于火焚。元朝初年，云中招讨使都元帅、永军节度使高定回归故里邀归云禅师主持捐资重建，因高定官职是永安军节度使，致仕归里后又号永安居士，故而寺名定为"永安寺"。元延祐二年（1315 年），高定的孙子高璞捐款在寺内建造了"传法正宗殿"，后历代均有修葺。现存建筑传法正宗殿

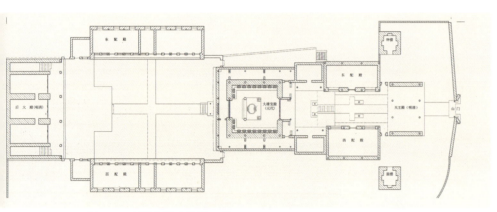

图 5-81 新绛福胜寺总平面图
资料来源：山西省古建筑研究所

图 5-82 新绛福胜寺小雷音木牌楼及弥陀殿正面
资料来源：山西省第三次全国文物普查资料

为元代原构，余皆为明清所建。

寺院坐北向南，南北长80米，东西宽50米，总面积约4000平方米，中轴线由南向北依次是山门、护法天王殿、传法正宗殿，两侧为东西垛殿、东西配殿。

传法正宗殿为寺内主殿，位居寺院中部，坐落在高大的台基之上，前设月台。殿身面宽五间，进深三间，单檐庑殿顶，上覆黄绿蓝琉璃瓦。大殿檐下斗栱五铺作单下昂，重栱计心造。殿内柱网布局减柱造，梁架结构为四椽栿对后乳栿用三柱。殿顶中央置藻井，四周为天宫楼阁。大殿内四壁满绘巨幅重彩工笔水陆画，共170平方米。画面色泽绚丽，共绘各种人像882个，儒释道汇合一壁，集我国宗教各派中神祇之大成，堪称明代绘画中的精品。

福胜寺

位于新绛县城西17公里北泽掌镇光村北侧，寺建于唐贞观年间（627～649年），金天眷年间（1138～1140年）废，两年后修复。金大定三年（1163年）赐名"福胜寺"，元至正十四年（1345年）增补修建，明清两代皆有修葺。现存建筑弥陀殿、后大殿下部窟洞为元代遗构，余皆为明清所建。

寺址坐北朝南，南北长112.8米，东西宽49.2米，占地面积5549.8平方米。为前后两进院落布局。前院中轴线上排列有山门、天王殿、弥陀大殿，东西两侧分布有钟鼓二楼、十殿阎君、三星娘娘殿、东西厢房等建筑；后院由藏经阁、左右厢房、神殿等组成，规模宏大，排列有序。

后大殿为二层结构，坐落在高0.36米的砖构台基上。面阔五间，进深二间，悬山式屋顶，上层为藏经阁，檐下无斗栱，内奉孔子像；下层为三孔窟洞，称为三佛洞，内有塑像9尊，与下部窑洞同期均为元代遗作。

寺内主体建筑弥陀殿，坐落在高1.85米的台基上，面宽、进深各五间，平面方形，重檐歇山顶。灰瓦布顶，正脊、垂脊上有砖雕花饰。大殿四周设回廊，前檐明间开隔扇门，两

图 5-83 泽州普觉寺全景
资料来源：山西省第三次全国文物普查资料

图 5-84 稷山青龙寺全景
资料来源：作者自摄

次间辟直棂窗，后檐明间设板门。上檐柱头斗栱五铺作，双杪双下昂，明间补间仅施一攒铺作，其余皆无。梁架结构为四椽栿对后乳栿，通檐用三柱。柱础为覆盆式，素面无饰。殿内有塑像 27 尊，正中为释迦牟尼，两侧胁侍菩萨和大势至菩萨像，为元代塑作精品。

寺内保存有金代碑碣 1 块，明清碑数通。

普觉寺

位于泽州县巴公镇西四义村西南，坐北朝南，两进院落，东西长 64.61 米，南北宽 36.36 米，占地面积 2204.87 平方米。据寺内现存的清道光十四年（1834 年）碑文记载及唐碑、金牒实物佐证，该寺创建于唐天宝元年（742 年），后经历朝维修，终成今日之貌。金大定三年（1163 年），该寺高僧惠才义捐二十万钱亲赴朝廷请赐寺额，承蒙圣恩，赐寺额为"普觉"。该寺建筑风格独特，全寺原前后四院，现前院已毁，现存主要建筑及殿宇有四大天王殿（南殿）、三佛殿（中殿）、关圣殿（正殿）、藏经楼等，各神殿前后照应，相互贯通。

三佛殿位于砖砌台基之上，前有方形月台，面宽五间，进深六椽，单檐悬山顶，柱头斗栱四铺作，单下昂，蚂蚱形耍头，补间铺作共五朵。

关圣殿面阔三间，进深六椽，单檐悬山顶，前檐施八棱抹角砂石柱，柱头斗栱五铺作，单杪单下昂，补间铺作共三朵。当心间板门门额上有贴花及方形门簪，具有元代建筑风格。

青龙寺

位于稷山县城西 4 公里的马村西侧。寺始建于唐龙朔二年（626 年），元至元二十六年（1289 年）重建腰殿，至正十一年（1351 年）重修大雄宝殿，明清两代屡有修葺。现存建筑腰殿大雄宝殿及垛殿为元代原构，余皆明构。寺坐北朝南，东西长 97 米，南北长 70 米，占地面积 6790 平方米，呈二进院落。前院有山门、十王殿、腰殿，腰殿两侧有祖师殿和无名殿，后院有大雄宝殿，两侧为伽蓝殿、护法殿及东西厢房。

大雄宝殿位于后院正中，面阔三间，进深四椽，单檐悬山顶。明间设板门，次间设直棂窗，殿内梁架彻上露明造。前檐斗栱柱头、补间各一朵，为四铺作，后檐只明间设补间一朵，形制同前檐。腰殿面阔三间，进深六椽，单檐悬山顶。檐下斗栱四铺作，后檐斗栱五铺作双下昂。

青龙寺内尤为重要的是保存有精美的壁画185.13平方米，壁画主要分布在大雄宝殿和腰殿内。

大雄宝殿内东、西两壁有明代补绘的壁画65平方米，据题记绘于明洪武十八年（1385年）。内容为"释迦说法图"和"弥勒变图"，均为工笔重彩画。画面色彩艳丽庄重，佛及菩萨面型丰满圆润，衣饰轻薄贴体，为明代绘画艺术中的佳品。

腰殿内东、西、北三面满绘壁画，为青龙寺壁画中的精华。除北壁为明代绘制外，余皆元代所作。共有124.89平方米，内容为僧徒礼三界诸佛普度幽冥作水陆道场。四壁分画着佛教、道教、儒教及各色人物共500多个形象，上下三层交错，大小依次排列，千姿百态，栩栩如生。人物线条流畅，比例适度，结构严谨，笔力刚健。色彩典雅浓厚，给人以气势雄浑的整体感，表现出了古代绘画艺术的高超技术和水平，堪称元代绘画艺术中的佳作。

广济寺

位于五台县城内西街，俗称西寺。寺始建于元至正年间（1341～1370年），明清两代曾局部予以修葺。寺址坐北朝南，内东西配殿各三间，观音殿三间及钟鼓二楼，最后为大雄宝殿，殿前东西禅房各三间。殿宇多为清代所建，大雄宝殿址几经重修，梁架结构仍为元代风格。

大雄宝殿面宽五间，进深三间，台基较高，块石垒砌，殿前筑月台，前檐当心间和两次间皆装隔扇，后檐当心间辟板门一道，两山及后檐筑以厚壁。殿周用柱16根，檐柱柱头作覆盆卷杀，柱身侧角生起显著，因而檐额两端略微高起，形制素朴稳健。殿内减去前檐金柱，仅后槽设两根粗大的金柱，为礼佛活动创造了敞阔的空间。柱间连贯普拍枋较阑额宽出许多，檐下斗栱简洁疏朗，柱头斗栱四铺作出假昂一道，各间设补间铺作一朵，四铺作出单栱，单栱计心造。次间于华栱两侧各出45°斜栱，宋金手法犹存。由于柱网布列采用减柱法，殿内梁架结构随之发生相应的变化，梁架全部露明，制作较为规整，金柱上置额枋承托梁架，缝间前槽施四椽栿，前部于柱头铺作上搭交，伸至檐外砍作耍头承撩檐槫后尾搭在额枋上。前檐上平槫下皮施通贯二间的大内额，两头搭在椽栿上承托乳栿。后槽两缝各用乳栿一根，内向与童柱交构，乳栿上用搭牵一根与栌斗襻间相互联系，承下平槫。四椽栿上立蜀柱，柱头钱栌斗、令栱承负平梁。平梁当心于驼峰上立侏儒柱，由额两端附以斜材叉手支撑，构成"人"字桁架承脊槫、脊枋与屋盖荷载。殿顶为单檐悬山式，举折平缓，前后檐头用撩檐承托椽飞，筒板布瓦覆盖。大雄宝殿椽瓦和门窗虽经后代修改，但梁架、斗栱、驼峰与柱网配置依然保存着元代手法。殿内扇面墙前后佛坛上有佛、菩萨、弟子等大小塑像10尊，两山墙下砖台上各塑罗汉9尊，基本保存完好，具有元塑风格。

图 5-85 五台广济寺经幢

图 5-86 五台广济寺大雄宝殿

观音殿前存八角形石经幢 1 座，为唐代镌造，通高近 4 米，下为须弥座，每面雕狮子。幢身各面雕佛像，上覆以宝盖，四周浮雕几何形装饰图案，环以璎珞。宝盖以上施砚钵和宝珠，并刻出莲瓣，铭文已漫漶不清，但书法遒劲，酷似唐体，石幢雕刻造型古朴，刀法洗练。

普净寺

位于襄汾县赵康镇史威村西南。据寺内碑文载，正殿创建于元大德七年（1303 年），明正统十年（1445 年）、成化九年（1473 年）、正德三年（1508 年）均有重修。坐北朝南，四进院落布局，中轴线现存山门、天王殿、罗汉殿、关公殿、正殿，两侧有药王殿、拜殿、钟楼，占地面积 5774 平方米。

山门面宽三间，进深二椽，单檐悬山顶，明间为山门，两次间有哼哈二将彩塑两尊。罗汉殿，面宽三间，进深六椽，七檩无廊。关公殿，面宽三间，进深四椽，五檩无廊。

正殿大雄宝殿，亦称大佛殿，始建于元大德七年，明代屡有修葺。面宽五间，进深六椽，原为悬山式，后改为硬山顶。梁架为四椽栿对后乳栿用三柱，斗栱四铺作单下昂，里转双杪。补间斗栱，明间为两朵，两次间及两梢间一朵。除明间柱头斗栱外，其余斗栱后尾均用真昂。明间设六抹隔扇门，次间开格窗。殿内后槽施二金柱制成佛龛，柱上用蝉肚形大雀替承托四椽栿，栿上架内额直达两山，次间大爬梁由檐头直承平梁以下，结架纯系元构。龛内塑释迦、文殊、普贤，其中文殊、普贤菩萨像，为元代作品。

图 5-87 襄汾普净寺大雄宝殿
资料来源：作者自摄

图 5-88 介休回銮寺大雄宝殿
资料来源：山西省第三次全国文物普查资料

回銮寺

原名灵谿寺，位于介休市绵山镇兴地村西。据碑载，原寺位于砧谷之间，唐僖宗中和年间（881～885 年）遭兵燹，惠公禅师在今址徙地重建后，赴长安请额，赐号回銮。金天会大定年间（1161～1189 年）及元至大元年（1308 年）重建，清康熙二十五年至四十一年（1686～1702 年）维修。占地面积 6562 平方米。坐北朝南，二进院落布局，中轴线由南向北依次为天王殿、大雄宝殿和藏经阁，两侧为东西配殿、垛殿及厢房。现存建筑大雄宝殿、天王殿为元代遗构，余皆为明清建筑。

大雄宝殿位于寺中部。据大殿题记记载，元至大元年（1308 年）重建。殿建于一宽大台基上，面阔五间，进深六椽，单檐歇山顶，黄绿琉璃瓦剪边。梁架结构彻上露明造，四椽栿对前后搭牵通檐用四柱。当心间襻间枋下有"大元国至大元年岁次戊申二十七日壬午丁未时重建"墨书题记。殿内采用减柱造，前檐斗栱六铺作单杪双下昂，后檐斗栱四铺作单下昂，单栱计心造。明间施板门，上悬"大雄宝殿"木匾一方，次间置直棂窗，梢间用砖砌筑墙体。

洪教院

位于沁县牛寺乡南涅水村中。初名"弘教寺"，取弘扬佛法、教化众生之意。始建年代不详，金大定九年（1169 年）受赐院额，重建于元至元八年（1271 年）。据碑文记载，元至元八年（1271 年）、清康熙四十至五十六年（1701～1717 年）均有重修。坐北朝南，长 60.01 米，宽 27.1 米，占地面积 1483 平方米。二进院落布局，中轴线依次分布有山门、过殿、正殿，两侧为东、西配殿。现存正殿为金代遗构，余皆为明清时期建筑。

山门为明代建筑，石砌台基，高 0.45 米，面宽三间，进深四椽，单檐悬山顶，五檩无廊式构架，斗栱三踩单昂，原门窗已不存。过殿台基高 0.5 米，面宽三间，进深五椽，单檐悬山顶，有"大清乾隆三十三年（1768 年）重建"字样。

图 5-89 沁县洪教院大雄宝殿
资料来源：山西省第三次全国文物普查资料

图 5-90 高平金峰寺大雄宝殿
资料来源：作者自摄

正殿砖砌台基，高 1.05 米，面阔三间，进深六椽，单檐悬山顶。梁架六架椽屋四椽栿对前后搭牵通檐用四柱，柱头斗栱五铺作单杪单下昂，昂形耍头，无补间。前檐当心间置板门，两次间直棂窗。檐下当心间悬金大定九年（1169 年）六月匾额一方，上楷书"敕赐洪教之院"。

金峰寺

位于高平市城西 1 公里山麓。据碑文记载，创建于金大定三年（1163 年），敕赐"灵岩"，又名灵岩院，金末毁于兵火。元元统二年（1334 年）重建，明清两代多有重修和增建。现存主体结构为元明清建筑。

寺院坐西朝东，中轴线上建有山门、雷音殿、七佛殿、大悲殿。前院左右建有廊庑，中院左右建地藏殿、罗汉殿，后殿左右建耳殿和高禖殿。占地面积约 9000 平方米。雷音殿为元代建筑，殿身建于高 1.63 米的石砌台基上。面宽五间，进深八椽，单檐悬山式屋顶。殿内梁架采用八架椽屋四椽栿对前后乳栿用柱形制结架。柱头斗栱施用五铺作斗栱，补间出 45°斜栱。前檐明间金柱上安板门。梢间置直棂窗。七佛殿，石砌台基高 1.4 米，面宽五间，进深五檐，重檐歇山式屋顶。殿内梁架四椽栿对前乳栿通檐用三柱，殿周围廊。柱头施六铺作斗栱，补间一朵，形制同柱头。前檐明间施隔扇门，次间置直棂窗。以上两殿结构虽经明清多次维修，但主体结构尚具有元代风格。寺内其他建筑均为明清遗构。观音阁、地藏殿已改作近代建筑。

寺内还保存有元至元六年（1269 年）《金峰灵岩院记》碑 1 通、明碑 3 通、清碑 4 通，是研究金峰寺建筑沿革的重要资料。

三圣寺

位于繁峙县砂河镇西沿口村北 100 米处。元代始建，明清均有修葺。现存大雄宝殿为元

图 5-91 繁峙三圣寺全景　资料来源：作者自摄

图 5-92 太谷光化寺过殿　资料来源：作者自摄

代建筑，过殿为明代建筑，其余为清代建筑。坐北朝南，二进院布局，中轴线上建有山门、过殿（地藏殿）、大雄宝殿。前院东西为钟鼓楼、奶奶庙及马王殿，后院东为伽蓝殿（关帝庙），西为真君殿（二郎殿），东院建有禅院。寺院南北长 52.9 米，东西宽 33.4 米，占地面积 1767 平方米。

大雄宝殿为元代建筑，面宽三间，进深三间，平面略呈正方形，单檐歇山筒瓦顶，绿琉璃瓦剪边，雕花琉璃脊兽。梁架为彻上明造，用材砍削规整，四椽栿通达前后檐外。柱头斗栱五铺作，单杪单下昂，琴面昂，明、次间皆为六抹隔扇门。殿前有宽敞的月台。殿内东西两壁满绘"经变说法"壁画，殿内有砖砌佛坛，正中塑释迦牟尼，两旁为文殊、普贤菩萨，分坐于木雕莲座上，火焰形背光亦为木雕。殿内还存木雕像 14 尊。

光化寺

位于太谷县城西南 7 公里的北洸乡白城村。始创于唐贞观十三年（639 年），原名隆兴寺。宋真宗赵恒寓此，偶见龙像，于咸丰二年（999 年）敕命重修，改额"光化圣寺"。元泰定三年（1326 年）重建，过殿梁架有题记："大元泰定三年岁次丙寅己亥月辛未日月辛卯日甲午口重建……"明清及民国多次修葺。现仅存过殿、后殿及西配殿。

过殿，元代建筑，面阔五间，进深三间，单檐歇山顶。殿内柱网采用减柱造，梁架结构为四椽栿前后乳栿用四柱、前出廊；前后檐脊槫、内额都是取自然材；柱头斗栱五铺作单杪单下昂，翼角单杪双下昂；前后明间辟板门一道，前檐两次间设直棂窗。梁架、斗栱手法元代风格显明。

四、明清佛教建筑

明秀寺

俗称琉璃寺，位于太原市晋祠镇王郭村西 500 米。据明清重修碑记载，创建于汉代，明

图 5-93 太原明秀寺正殿　　资料来源：作者自摄

图 5-94 太原多福寺藏经楼　　资料来源：作者自摄

嘉靖二十一年（1542年）毁于兵火后重建，清代重修，现存建筑均为明代遗构。坐西朝东，二进院落布局，东西71.2米，南北40.5米，占地面积2883.6平方米。中轴线现存过殿、正殿两侧仅存北配殿为原构。寺内存碑4通，古树4株。现存正殿内塑金妆三世佛，为明代泥塑作品，距今约有500年历史，雕塑手法细腻、色彩鲜艳，壁画精美，是研究明代绘画、雕塑艺术的重要实物资料，具有重要的历史、艺术价值。

过殿，砖砌台基，长15.1米，宽10.9米，高0.60米，面宽五间，进深六椽，单檐悬山顶，七檩前廊式构架，柱头科三踩单昂，平身科每间一攒，明间设四扇六抹隔扇门，次间直棂窗。殿内塑弥勒佛像1尊，倒座观音1尊。

正殿，砖砌台基，长20.2米，宽12.3米，高0.5米，面宽五间，进深六椽，单檐歇山顶，殿顶绿琉璃瓦剪边，中饰方心。殿内七檩无廊式构架，柱头科五踩单翘单昂，平身科每间一攒，明次间各置四扇六抹隔扇门，两梢间筑以厚墙。殿前明间悬清乾隆四十八年（1783年）题"便是西天"木质匾额。殿内正中设佛坛，上塑金妆三世佛，结跏趺坐于须弥座上，木雕背光，两侧为弟子伽叶、阿难、胁侍菩萨及力士塑像，现存9尊。殿内后壁两山墙共存壁画约40平方米，南山墙彩绘千佛图，前墙两侧各绘千手观音画像。整体建筑和彩塑、壁画均为明代手法，形式庄重，布局严谨。

多福寺

位于太原市尖草坪区马头水乡庄头村东约1.5公里崛围山上。据清道光二十三年（1843年）《阳曲县志》及碑载，唐贞元二年（786年）寺已有，称崛围教寺，宋末毁于兵燹。明洪武年间（1368～1398年）重建，弘治年间易名多福寺，天启、万历和清代屡有修葺，现存为明清建筑。坐北朝南，依地势而建，三进院落布局，东西51.9米，南北108.4米，占地面积5625.96平方米。中轴线依次建有山门、大殿、藏经楼和千佛殿（复建），东西两侧为钟楼、鼓楼、黑龙殿、文殊阁、厢房，寺东南约1公里处有砖砌六角七层舍利塔一座。现存建筑大殿、文殊阁、藏经楼为明代遗构，除千佛殿为新建外，其余皆为清代建筑。寺内存明代塑像13尊，壁画 90.93 平方米，明天顺二年（1458 年）铁钟 1 口，明清重修碑及记事碑共 12 通。

大殿，明代建筑，砖砌台基，长 26.6 米，宽 14.7 米，高 0.7 米，台基前设宽 14.4 米、深 4.35 米的月台，面宽五间，进深八椽，四周围廊，单檐悬山顶，九檩前后廊式构架，绿琉璃瓦剪边、方心，柱头科五踩双昂，平身科每间二攒，明间六扇六抹、次间四扇六抹码三箭隔扇，梢间码三箭槛窗，后檐墙明间设四扇六抹隔扇门。殿内正中设佛坛，上塑金妆三身佛，结跏趺坐于莲花座上，木雕背光，两侧为胁侍菩萨及力士塑像，释迦牟尼佛像背面塑有倒座观音。殿内后壁、两山墙绘佛传故事壁画 84 幅、90.93 平方米，均饰沥粉贴金。整体建筑和彩塑、壁画均为明代手法，形式庄重，布局严谨。

南政隆福寺

位于平遥县南政乡南政村北，坐北向南，三进院落布局，中轴线上依次建有影壁、山门殿、护法殿、大佛殿（仅存台基）及大雄宝殿，东西两侧建有钟鼓楼、禅房、配殿及耳殿等。

大雄宝殿建在高 0.75 米的台基上，面宽五间，进深六椽，单檐歇山顶，彩色琉璃瓦铺顶，套心镶嵌"隆福寺"字样，并饰琉璃脊饰、宝刹和吻兽。前檐施五踩双昂斗栱，昂头雕龙首或卷云，明、次间补间各施开花斗栱一朵，梢间补间两朵。前檐柱间施大小额枋，枋间垂柱花牙，透雕挂落。明、次间隔扇门，梢间为槛墙、直棂窗。殿内梁架上有清嘉庆五年（1800 年）施银补修正殿题记。

大雄宝殿两侧有东、西耳殿各一间，双坡硬山顶；前有东、西配殿，是为罗汉、地藏殿，面阔五间，悬山顶，两殿前檐墙及廊心墙绘人物壁画。大佛殿仅存台基。殿前有东、西配殿各五间，双坡硬山顶，是为弥勒、无畏殿。护法殿一间，悬山顶，前后明装修。殿前有东、西禅房各三间。

山门殿面阔五间，进深四椽，悬山顶，明间为门道，次、梢间纵向有隔墙，墙前塑像，墙后画四大天王像。山门殿两侧建钟、鼓二楼，楼下有福神、财神殿各二间。山门殿正对砖雕影壁一座，壁心嵌琉璃图案，南为"麒麟"，北为"二龙戏珠"。山门殿前东西院墙上辟小门，可通寺外。

圆智寺

坐落在太谷县范村镇范村村中，坐北朝南，现存寺院东西宽 33.5 米，南北长 73.8 米，占地面积 2472.3 平方米。始建年代无考。据寺内大觉殿题记及石碑可知，圆智寺金天会九年（1132 年）重修，现存建筑为明、清所建，后屡有重修。

圆智寺由前后两进院落古建筑群和两侧后建僧舍组成，古建筑群轴线上由南向北依次为山门（天王殿）、过殿（千佛殿）、正殿（大觉殿），两侧东西对称分布东西掖门、钟鼓楼、一进院东西配殿、东西琉璃影壁、二进院东西掖门、东西厢房（后人新建）及二进院东西配殿。

图5-95 平遥南政隆福寺山门
资料来源：山西省第三次全国文物普查资料

图5-96 太谷范村圆智寺正殿正面
资料来源：山西省第三次全国文物普查资料

图5-97 平遥干坑南神庙正殿
资料来源：山西省第三次全国文物普查资料

图5-98 平遥干坑南神庙彩塑
资料来源：山西省第三次全国文物普查资料

正殿斗栱柱头科与次间、梢间平身科斗栱相同，外转出两跳五踩双下昂重栱计心造，里转出两跳五踩双翘重栱计心造，次间里转出挑斡。明间平身科出45°斜华栱。梁架为六架梁前插双步梁、后插单步梁。各金檩均采用檩、枋、隔架枋，结构简洁实用，脊檩下施座斗、单材栱、丁华抹颏栱，屋面采用筒板瓦灰陶瓦面琉璃剪边。

过殿俗称无梁殿，梁架采用抹角叠梁的方法形成主屋架。面阔三间，进深六椽，单檐歇山顶木结构，为明代建筑。采用筒板瓦灰陶屋面琉璃剪边，上承三架梁承托屋面。柱头科外转为二跳五踩双下昂重栱计心造，里转为二跳五踩双翘计心造，横栱为翼形栱。平身科外转为二跳五踩双下昂重栱计心造，里转为三跳七踩双翘计心造，横栱为翼形栱。

干坑南神庙

位于平遥县古陶镇干坑村北。创建年代不详。据庙碑记载，明正德年间（1506~1521年）已有之，明嘉靖，清康熙、乾隆、嘉庆、道光、光绪年间屡有修葺。占地面积1907平方米。

图5-99 灵石资寿寺外景
资料来源：作者自摄

图5-100 灵石资寿寺罗汉
资料来源：作者自摄

坐北朝南，三进院落布局，中轴线上依次建有山门、天王殿（原为戏台）、正殿及后殿，两侧建有东、西配殿、厢房及耳殿。

山门面阔三间，进深四椽，五檩中柱硬山顶，明间辟为门道。进入山门，东、西建单坡硬山顶斋堂、客堂各三间。

正殿称佛母殿，明代建筑遗构，面阔三间，进深四椽，单檐悬山顶，五檩前廊式构架，檐下斗栱四铺作单昂，前檐明间装板门，次间为槛墙、直棂窗。殿内有摩耶夫人、胁侍菩萨、供养人等同期彩塑14尊，其中8尊供养人像形象生动，现存完好，艺术价值非同一般。

殿前东、西两翼围墙上镶嵌着以佛传故事为题材的琉璃壁雕。东侧有琉璃圣母冢（琉璃棺罩已坍塌）、石经幢各1座。再往南，有东、西配殿各三间，前廊式，单檐悬山顶，原供观音菩萨和三霄娘娘。

后殿称石佛殿，二层结构，底层为砖券窑洞三孔带前廊，内供石佛3尊；二层建关公阁三间，双坡硬山顶，阁内尚存石碣1方，壁画3幅，须弥座式神台犹在，神像不存。

后殿东、西各有耳殿三间，原供二郎、河神。殿前有东西配殿各三间、厢房各二间，均为单坡硬山顶。庙内现存明重修碑2通，清重修、记事碑6通，功德碣2方，古柏1株。

资寿寺

位于灵石县静升镇苏溪村。据明成化三年（1467年）《重修资寿寺记》碑载，创建于唐咸通十一年（870年），重构于宋，金末被火焚毁，元泰定三年（1326年）重修，明初寺院再度荒废，成化三年（1467年）重建，至天启二年（1622年）时初具规模，清代

图 5-101 永济万固寺全景　资料来源：作者自摄

屡有修葺。坐北朝南，殿堂因地势布列，前后两进院落布局，中轴线布列影壁、山门、仪门、天王殿和大雄宝殿，两厢建钟楼、鼓楼、弥陀殿、药师殿、地藏殿、二郎殿、弥勒殿及三大士殿，寺西北隅有演法堂、方丈院等遗址，占地面积约 3500 平方米。

大雄宝殿位于后院正中，面宽三间，进深六椽，单檐悬山顶，前檐插廊，七檩前廊式构架，斗栱五踩双下昂，明间设四扇六抹隔扇门，檐下悬明代"万德巍巍"匾额 1 方。殿内北侧供法、报、应三身佛坐像。东西两壁满绘壁画，计 70 平方米。壁面高 4 米余，主像高达 3.85 米。东壁绘东方三圣，中为药师如来，结跏趺坐于束腰须弥座上，高大健硕，头饰肉髻，着朱红袈裟披帛。西壁为释迦牟尼说法像，手执法轮，作说法印，两侧文殊、普贤菩萨胁侍。画面南端绘天王护法像，下部为太宗奉佛图。构图主题突出，设色以石青、石绿、朱红为主，白色次之，赭、墨点缀，原貌未失。

药师殿又名七佛殿，位于大雄宝殿西侧，创建于明弘治十二年（1499 年）。面宽三间，进深四椽，单檐悬山顶，前檐插廊，殿内奉药师佛，两侧日光、月光菩萨胁侍。两山墙绘壁画 57 平方米，内容为十善菩萨与天龙八部神众像，上下两层布列有序。两壁尽端残留水墨松鹤、麋鹿图，为清康熙三十六年（1697 年）补绘。

万固寺

位于永济市蒲州镇鹿峪村胜利庄自然村南 300 米处。坐东朝西，依山而建，东西长 200 米，南北宽 100 米，占地面积 2 万平方米。据碑记载，该寺创建于北魏正光三年（522 年），唐大中八年（854 年）重建，宋代为河东名刹，明洪武、天顺年间多次重修，明嘉

图 5-102 平遥庞庄普恩寺献殿

靖三十四年（1555年）毁于地震，万历年间（1573～1620年）重修，时称"中条第一禅林"，现存为明代建筑风格。原中轴线自西向东建有钟楼、鼓楼、大雄宝殿、药师洞、水陆殿、多宝佛塔无量殿、藏经阁等，南侧原有万固别院、东西僧院、罗汉殿。现仅存药师洞、多宝佛塔无量殿，其余皆成遗址。原山门建于中轴线偏东，现已改建为天王殿。寺内保存有宋、金、元、明、清历代碑刻 21 通，毗卢阁水陆石刻 4 方。

庞庄普恩寺

位于平遥县朱坑乡庞庄村北。据清光绪《平遥县志》及庙碑记载，创建于唐贞观七年（633年），明正德年间（1506～1521年）至万历十七年（1589年），清康熙年间（1662～1722年）、乾隆十六年（1751年）屡有修葺。占地面积 3200 平方米。该庙坐北朝南，三进院落布局，中轴线上现存有天王殿、献殿和后殿，两厢建有娘娘殿、龙王殿及配殿、厢房。天王殿、娘娘殿、龙王殿南原均建有戏台，现仅存龙王殿南 40 米处戏台 1 座。

天王殿为明代遗构，面宽三间，进深四椽，前后廊式悬山顶，前后檐下斗栱四铺作单昂，柱头、补间各一朵，明间补间施如意斗栱。灰瓦屋顶，花脊筒，瓦件脊饰规制较大，勾头兽面形，花边滴水。梁架举折平缓，柱头卷杀，栱眼壁彩画保存完好。天王殿两侧之娘娘殿、龙王殿亦为明代建筑，是研究早期建筑的珍贵实物标本。

金阁寺

位于五台县台怀镇西南约 15 公里金阁岭。据《资治通鉴·唐纪》记载，唐大历年间（766～779年），代宗李豫遣印度来华的不空三藏法师赴五台山修功德，创建寺院，"铸铜为瓦，涂金为饰，费钱巨亿"，饰佛阁为金阁，因名金阁寺。五代以后几经重建，基址未改，但建筑风格已非原貌，明嘉靖四年（1525年）重修，清代及民国年均有重修或增建，现存建筑为明清建筑。坐北向南，二进院落布局，中轴线建有牌坊、天王殿、观音殿（大悲殿）、万佛堂（毗卢殿）和大雄宝殿，后院东西建配殿，两侧有东西偏院，东西长 143 米，南北宽 236 米，占地面积 3.375 万平方米。总体布局尚存唐代高阁在前、殿居寺后的固有规制。寺内保存有明清塑像 833 尊，唐代础石 2 块，明清、民国碑 105 通。

观音殿亦称大悲殿，明嘉靖四年（1525年）重建。条石砌台基，宽 37.1 米，深 23.4 米高 1.23 米。面宽七间进深六椽。二层重檐歇山顶。一层四周围廊，两层之间设有平座，上设勾栏。柱头斗栱五踩，平身科每间三攒，前檐明、次间均施有隔扇门。殿内正中供明嘉靖三十年间（1551年）铜铸千手观音像，高 13.8 米，后人于铜像外表涂泥一层。像周围二十四诸天环侍。殿内西南角塑唐代宗和道义和尚像，共有佛像 39 尊。殿内还保存有唐代石柱础 2 块，高约 1 米，二层，其上刻有宝装莲花瓣。

普救寺

位于永济市蒲州镇。原名西永清院，创建于隋唐之际，宋、元、明、清历代均有修葺，是元代杂剧《西厢记》故事的发源地。明嘉靖三十四年（1555年）毁于地震，四十一年（1562年）蒲州知州张佳胤重修寺塔，民国9年（1920年）寺院大部分建筑毁于火灾，仅存砖塔一座及三大士洞三孔，1986年在遗址上仿古重建。占地面积1.17万平方米。坐北朝南，依山而建，分三条轴线布列，西轴线上为仿唐建筑大钟楼、塔院回廊、大雄宝殿。中轴线为仿宋建筑天王殿、弥陀殿、藏经阁、罗汉堂、十王堂。东轴线上为仿明代建筑枯木堂、僧舍、方丈院、禅堂、香积厨等。寺内保存有金、明、清维修碑及塔碣共19通（方）。

寺塔方形十三层楼阁式砖塔，通高36.76米。原名舍利塔，后因《西厢记》中张生与崔莺莺的故事改今名，明嘉靖三十四年（1555）重建。砖砌方形塔基，南北长18.75米，东西宽16.75米，高1米。一层塔身每边宽8.3米，塔室方形中空，八角形叠涩顶，有洞通上层，二层至九层塔壁有盘旋而上的阶式甬道，九层以上实心。塔外壁二层以上各层辟真假相间拱门，叠涩出檐，攒尖式顶。一层塔室内壁嵌修塔碣14方。

天宁寺

位于交城县城西北3公里卦山太极峰下。寺创建于唐贞观元年（627年），贞元二年（786年）太原节度使李说夫妇资助扩建，成为华严宗名刹，宋金时期转为禅宗寺院。明洪武十九年（1386年）将寺旁的观音、永福二寺并入，规模增大。宣德、正统年间寺遭火焚，后由心印禅师修复大殿。

天宁寺依山建造，与石佛堂、朱公祠、圣母庙、卦山书院等同为卦山古建筑群的组成部分。寺由三进院落组成，数十座殿堂楼阁高低错落，主从有致。现存主要建筑有山门、千佛阁、大雄宝殿和毗卢阁等，均为明清遗构。寺前山道盘旋，清顺治年间增建66级台阶和石牌坊。山门为道光廿七年（1847年）重建，面宽七间，进深四椽，悬山顶。前檐当心悬宋代书画家米芾书"第一山"横匾，后檐墙立二金刚塑像。千佛阁为明正德初年重建，清末重予彩画。面宽五间，进深四椽，三面圈廊，重檐歇山顶。阁下券"龙云虎风"石洞，便于通行。

中院布局疏朗。正面月台高1.5米。上建大雄宝殿，面宽五间，进深六椽，悬山顶，琉璃吻件及剪边点缀。梁架为七架梁通檐用四柱，额枋规整，无斗栱，清式彩绘素雅。明次间施隔扇门，棂花图案设计精巧，寓"天下太平"字样。尽间辟窗，廊柱石质，方形抹棱，柱础雕白象、青狮、朝天犼，造型生动别致，刻工高超。殿内奉鎏金三身佛，明永乐五年（1407年）重塑。

大殿虽为清嘉庆九年（1804年）重建，仍保持了明代特征。东西耳殿为关帝殿和观音殿，均宽三间，悬山顶。东配殿为伽蓝殿，五开间卷棚顶。墙身通体块石砌筑，内作无梁殿式，与西配殿同为明代重建。

后院毗卢阁是全寺建筑的制高点，康熙四十七年（1708年）重建，三层重檐歇山顶。

图 5-103 五台金阁寺大悲殿
资料来源：作者自摄

图 5-104 五台金阁寺大悲殿内千手观音像
资料来源：作者自摄

图 5-105 永济普救寺全景

图 5-106 交城卦山天宁寺大雄宝殿毘卢阁
资料来源：作者自摄

图 5-107 交城卦山天宁寺千佛阁
资料来源：作者自摄

上层面宽三间，斗栱五踩单翘单昂，彻上露明造。二层四面出廊，阑额普拍枋上直承出檐。阁内上下层置木楼板，设楼梯可登临。阁顶盘龙吻高2米。阁两翼为"左汾、右吕"二月门，西月门外为地藏殿和三教堂，均为清建，地藏殿三开间歇山顶，三教堂二层楼阁式歇山顶。寺后为石佛堂，正殿重建于明成化十二年（1476年），面宽三间，进深四椽，悬山顶。殿内奉宝灯佛，石刻圆雕，高5米。

悬空寺

位于浑源县城南5公里北岳恒山下金龙口西崖峭壁上。背依翠屏峰岭，面对天峰岭，上载危岩，下临深谷，楼阁悬空，是我国罕见的一座高空绝壁建筑。

据《恒山志》记载，悬空寺始建于北魏晚期（约公元6世纪），后经历代重修，现存建筑皆明清遗构。全寺建筑高挂在恒山之麓的峭壁上，崖壁呈90°垂直，崖顶呈倒悬之势。寺坐西朝东，寺门南向，全寺建筑自山崖的南面向北一字排开，渐次增高。寺院呈长方形，长不足10米，宽约3米，有大小殿阁四十余间。共分三组。一进山门，迎面是一座双层楼阁，院内双座危楼对峙，既是碑亭又是门楼。山门两侧是两座方形耳阁，为钟鼓楼。这组建筑以三官殿为主体，是奉祀道教之所，几座殿内供奉道教塑像。中间一组建筑以三圣殿为主体，殿内供奉佛教造像。最后一组建筑是以三教殿为主体。三教殿为全寺最高的建筑，为三层檐歇山顶九脊；殿内奉祀孔子、老子和释迦牟尼像，可谓集中国封建社会的宗教信仰、思想文化之大成。

悬空寺的建筑构思精巧，结构奇特壮观。建筑下以几根碗口粗的木柱支承，每层以壁间中插木柱为基，梁柱上下一体，楼阁间设有栈道相连。寺内建筑布局参差有致，错综而不显杂乱，四十余间殿宇分布得井然有序，交叉而不失严谨，各殿阁间均有楼梯或栈道相连，楼梯或明或暗，曲折迂回，虚实相交。游人至此，登楼俯视，如临深渊；谷底仰视，悬崖若虹；隔峡遥望，如壁间雏凤欲飞。

悬空寺内，还有铜铸、铁铸、泥塑、石雕等大小儒、道、佛像78尊和各种碑刻题咏，这些皆为珍贵的文物。

碧山寺

又称广济茅蓬，位于五台县台怀镇光明寺村垚子自然村东北250米，为五台山最大的十方丛林。创建于北魏太和年间（477～499年），明成化二十二年（1486年）重建，始称普济寺，明弘治、正德、嘉靖及清康熙等历朝屡有重修。清乾隆时称碧山寺，民国初年改称广济茅蓬，现存为明清建筑。坐北朝南，东西长197.3米，南北宽171.26米，占地面积3.38万平方米。中轴线建有牌楼、天王殿、雷音殿、戒坛殿和弥勒殿（藏经楼），两侧建钟楼、鼓楼、伽蓝殿、祖师殿、禅房及客堂、东西闭关院等。寺内存明清及民国塑像285尊，明清及民国、不详碑15通，宋代铜钟1口，明代铁钟1口，清代悬塑18平方米，清代藏经7728册。

戒坛殿，重建于明成化年间（1465～1487年），清康熙三十一年（1692年）重修。石

图 5-108 浑源悬空寺全景　资料来源：作者自摄

图 5-109 浑源悬空寺建筑　资料来源：作者自摄

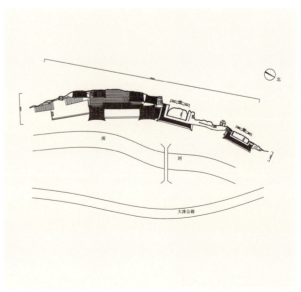

图 5-110 浑源悬空寺平面图　资料来源：作者自摄

图 5-111 五台碧山寺戒坛殿玉佛　　资料来源：作者自摄

图 5-112 五台碧山寺戒坛殿　　资料来源：作者自摄

砌台基，宽 24.05 米，深 16.95 米，高 0.9 米，殿身面宽五间，进深八椽，单檐歇山顶，前檐施隔扇门窗。殿内正中青石砌戒坛，长 5.1 米，宽 5 米，高 1.20 米，始筑于北魏，现存为明代所建。坛上供民国 18 年（1929 年）居士徐玉如从缅甸请来玉佛 1 尊，高 1.50 米，结跏趺坐于莲台之上，殿内两山墙基坛供十八罗汉像，四壁供小佛像，殿内共有明代佛像 217 尊。殿内存有明代铁钟 1 口。

雷音殿，又称毗卢殿，清康熙十八年（1679 年）重建。石砌台基，宽 25.2 米，深 21.75 米，高 0.83 米。殿身面宽五间，进深八椽，单檐庑殿顶，前檐施隔扇门窗。殿内佛坛上塑毗卢佛，两侧为帝释天、大梵天王及十二圆觉等塑像 44 尊。殿后檐出抱厦一间，内悬乾隆御书"香林宝月"木匾 1 方，清代悬塑 18 平方米。

碧山寺牌楼，面宽 15.3 米，进深 5.8 米，三门四柱，当心间高大凸起，前后安设斜撑柱，立架稳定。檐下斗栱密致，雕工精细。中间楼檐下，正面嵌有"清凉震萃"牌匾，其上又嵌有"清凉圣境"牌匾，牌匾挂于民国 18 年（1929 年）。匾上还刻有"住持果定募缘重修"。背面嵌有"蕴结灵峰"牌匾。其上又有"敕赐名山"牌匾，亦刻着"住持果定募缘重修"、"民国己巳年"等字。

大同观音堂

位于大同市南郊区马军营乡小站村西北约 1.3 公里处。始建于辽重熙六年（1037 年），金代毁于战火，明正统十四年（1449 年）重建，万历三十五年（1607 年）续建，清初再毁，顺治八年（1651 年）再建，其后屡有修葺，现存建筑为清代遗构。东西约 39.6 米，南北约 58.3 米，占地面积约 2300 平方米。坐北朝南。三进院落布局，中轴线建有戏台、腰门、观音殿、三真殿，两侧建钟楼、鼓楼、碑亭和山门等。山门位于寺庙东南角，对面有琉璃三龙壁。观音殿内有辽代石像和清代壁画、塑像，寺院内现存明清重修和布施碑 13 通。

观音殿为寺内主体建筑，位于第二进院落的中轴线。面宽三间，进深四椽，悬山顶，脊部以琉璃装饰，前檐设卷棚顶抱厦，五檩无廊式构架，明间顶部设天花，彩绘盘龙、团花，次间梁架彻上露明造。柱头斗栱为挑尖梁头，平身科作荷叶墩。柱间饰缠枝花纹雀替，方形料石柱顶石。明间辟隔扇门，次间为槛墙、直棂窗。殿内存清代塑像21尊和壁画约70平方米。

三真殿位于中轴线建筑的最北端。清乾隆四十三年（1778年）重建。东西长18米，南北宽7.5米，占地面积135平方米，分上下两层。下层为砖砌窑房一座，面宽三间，券拱形门窗，檐部雕出仿木构三踩斗栱和垂莲柱，现辟为禅堂。两侧有踏道通往上层。中间为面宽三间正殿，前檐设廊，鼓镜式柱顶石，硬山顶。两侧各有朵殿一座，面宽一间。正中三间内有送子观音、文殊、普贤像，四壁绘"普救老人"等内容壁画多幅。两侧的山神殿、河神殿内分别绘有降服妖魔图和河神治水图。

崇善寺

位于太原市起凤街，是山西现存明代木构建筑中最完整、最标准的建筑实例，明洪武年间（1368～1398年）在原寺旧址的基础上扩建。崇善寺是敕建的寺庙，历经八年建成，是明代山西实际统治者晋恭王朱棡为纪念其母高皇后而建，因而带有祖庙的性质。明初曾在这里设僧纲司，一直是山西佛教事业的管理中心，无论在政治上还是经济上都有一般佛寺无法比拟的特殊地方。随着历史的变迁，崇善寺早已失去当年的特殊地位和"会城第一丛林"的风貌，但是寺内仍存有大量完整的明代文物。宏大沉稳的木构建筑，造型奇特、比例匀称的密宗造像，构图丰富、色彩绚丽的壁画摹本以及其他雕塑作品仍然以其独特的风姿闪烁着灿烂夺目的光辉。

崇善寺内存有一幅明成化十八年（1482年）"崇善禅寺平面图"，详尽准确地绘制了当时寺院的面貌。清同治三年（1864年）一场大火焚毁了寺内的大部分建筑，仅留下现存的大悲殿、山门、钟楼以及东西厢房。崇善寺采用了中国古代大型建筑的平面布局形式，具体体现在该寺的廊院制度、工字殿形制、众多小院与主体廊院的关系等多方面。寺中工字殿形制的主殿、东西朵殿以及围廊等是宋代以来大型建筑群常采用的布局方法。全寺适度地把握了建筑体量，全面体现了封建社会的尊卑、主次、贵贱等级观念，供奉神的殿宇设在中轴线的主体位置，供奉被神化了的列祖列宗的金灵殿设在全寺的最后，在各个禅院、僧舍的设置上也有严格的等级之分。大悲殿是全寺的核心和最大的建筑，面阔七间，进深四间，出檐深远，举折平缓，重檐歇山顶，是山西明初官式建筑代表作。

公主寺

位于繁峙县城南10公里杏园乡公主村。创建年代不详。据寺内碑文记载，公主寺原址在山寺村，明代迁于今址（原文殊寺址）。因北魏文成帝第四女诚信公主出家于此，故名。明弘治十六年（1503年）重修，清代、民国年间均有重修增建。坐北朝南，南北长82.9米，东西宽50米，占地面积4145平方米。三进院布局，中轴线上依次建有山门、毗卢殿、韦驮殿、大雄宝殿和大佛殿，中轴线东侧为马王殿、二郎殿，西侧为财神殿、祖师殿。寺院东南隅有

图 5-113 大同观音堂全景　　资料来源：作者自摄

图 5-114 太原崇善寺山门　　资料来源：作者自摄

图 5-115 繁峙公主寺全景　　资料来源：作者自摄

关帝庙、戏台，西南隅有奶奶庙、戏台。

大雄宝殿据脊檩题记载，明弘治十六年（1503年）重建，清康熙五十二年（1713年）修葺。砖石台基，高 0.35 米，面宽三间，进深六椽，单檐悬山顶。七檩无廊式构架，前檐明间施六抹隔扇门，六边形棂格心。殿内明、次间设佛台，供清代塑三世佛及侍者像 5 尊，四壁有明代水陆画 99 平方米，内容为仙佛鬼神及亡灵朝拜佛教世尊的场面。东、西、北三壁当心以卢舍那、弥陀佛、弥勒佛为中心，两侧及四周分布有菩萨、仙佛神祇、仙

图 5-116 五台殊像寺文殊殿
资料来源：作者自摄

图 5-117 五台殊像寺文殊殿骑狮像
资料来源：作者自摄

神帝君及十大明王像；南壁两侧分别绘亡灵及地狱冤魂像，巧妙地将儒、释、道三教融为一体。

毗卢殿，明弘治十六年（1503年）重修。砖石台基，高0.5米，面宽三间，进深六椽，单檐歇山顶。七檩后廊式构架。柱头斗栱五踩双昂，平身科明间二攒，次间一攒，前后檐施六抹隔扇门，六边形棂花，素面覆盆柱础。殿内明间设佛坛，下面供释迦佛，背面奉观音，左右列十八罗汉，共有明代塑像23尊，两山墙为明代悬塑。

殊像寺

原名殊祥寺，因大殿内供奉有文殊菩萨骑狻猊真容像，故称殊像寺，位于五台县台怀镇新坊村东约300米。据碑文记载，寺创建于唐代，元延祐年间（1314～1320年）重建，后被火焚毁，明成化二十三年（1487年）再建，弘治二年（1489年）铁林果禅师主持重建大殿。其后隆庆、万历及清康熙年间（1662～1722年）均有重修。

现存建筑除大殿为明弘治二年（1489年）建筑外，其余均为清代建筑。坐北朝南，东西长136.01米，南北宽162.48米，占地面积为2.2万平方米。二进院落布局，中轴线建有天王殿、大文殊殿和后殿（藏经楼），两侧为钟鼓楼、伽蓝殿、祖师殿、客堂及僧舍等。近年来又新建西偏院和东偏院，西偏院为佛缘楼，东偏院为五观堂及流通处。现存明清塑像483尊，明清碑7通，明代悬塑60平方米。

大文殊殿，又称文殊阁，为台怀区最大的殿堂。据殿内脊檩题记载，重建于明弘治二年（1489年），万历年间（1573～1620年）、清康熙三十九年（1700年）重修，大木构架及殿内塑像均为明弘治二年原物。大殿石砌台基，宽26.4米，深19.8米，高1.15米，前设长21米、宽9.70米的月台。殿身面宽五间，进深八椽，重檐歇山顶，琉璃瓦剪边，九檩梁架，柱头斗栱五彩双昂，平身科五攒，前檐明、次间设四扇隔扇门。殿内佛坛正中供奉文殊菩萨像，通高9.87米，是五台山众多文殊像中最高的一尊。菩萨头戴花冠，面颊丰满，端坐于狻猊上，左脚垂踏莲台。狻猊高3.95米，四蹄蹬地，二目圆睁，张口卷舌，势欲腾空，腰身和腿上饰有蓝底白点，颈部饰深绿色卷毛，胸前佩鲜红的缨穗。两侧为胁侍菩萨，环墙上部悬"五百罗汉过江"泥塑四层。一层为罗汉以各种不同姿态泛于大江之上，其上三层为罗汉以不同姿态置身于溪流、山涧、殿堂、棚舍之中。悬塑长47.2米，高6.80米，共塑罗汉455尊。扇面墙后壁塑南海观音和善财童子悬塑，西南隅塑铁林果禅师塑像，佛龛背面塑药师佛、释迦佛、阿弥陀佛。

永祚寺

俗称双塔寺，位于太原市迎泽区郝庄镇郝庄村南500米处。据塔顶铭文和碑文记载，始建于明万历三十六年（1608年），清顺治十五年（1658年）、民国16年（1927年）维修。坐南朝北，依山而建，南北长216.98米，东西宽141.96米，占地面积3.08万平方米。由寺院和塔院两部分组成。寺院二进院落布局，中轴线上有山门（新建）、二门、大雄宝殿和观音阁、禅房、客房。寺院的东南隅为塔院，现存明代砖塔二座。

大雄宝殿，位于永祚寺二进院，是寺庙中规模最大的建筑，明代砖砌仿木结构建筑，也称无梁殿。面宽五间，明间与两次间各一券拱门，两梢间开格子棂窗。正面有青砖砌筑的六根圆形檐柱，柱下雕仰覆莲式柱础。檐柱间砌雕有雀替，柱额上施普拍枋及五踩双翘斗栱，檐柱上部雕垂花柱，栱间花卉图案精致。殿内塑有释迦牟尼佛、阿弥陀佛和东方药师佛三尊铜、铁质铸像。其中阿弥陀佛立式铜像为明代作品，全高3.85米，全身贴金，线条流畅。大雄宝殿二层为观音阁，砖雕藻井，造型巧妙华丽，是无梁建筑中的代表作。正中龛内端坐的观音大士彩塑，高2米，比例匀称，是明代彩塑中的杰作。

图5-118 太原永祚寺双塔　资料来源：作者自摄

图5-119 永祚寺大雄宝殿正立面　资料来源：作者自摄

宣文塔，俗称双塔，相距 46.6 米。原一塔称宣文塔，一塔称文峰塔，现统称宣文塔。二塔均为八角十三层楼阁式砖塔，通高 54 米。宣文塔建于明万历三十六年（1608 年），因得到明神宗之母慈圣太后资助，太后尊号"宣文"故名。文峰塔建于明代，后亦称宣文塔。二塔形制相同。塔基条石砌筑，平面八边形。塔身中空，内设折上式阶梯，可达顶层。底层一面辟门，设塔心室，每层均叠涩出檐，檐下为仿木砖雕斗栱，五踩双翘，每面设拱券窗。八角攒尖顶，上承覆盆莲座、宝瓶塔刹。

玄中寺

位于交城县西北 10 公里的石壁山中。寺址群峰争峙，山石拱列如壁，故又名石壁寺，是中国佛教净土宗的名刹。寺始建于北魏延兴二年（472 年），当时有皇帝敬崇的昙鸾大师住寺中研究净土宗，著有《往生论注》等书，自此玄中寺便成为净土宗的重要佛刹，昙鸾被誉为"神鸾"。后由弟子道绰继承，唐贞观年间重修寺院，改名石壁永宁禅寺。贞观十五年（641 年）僧善导在此皈依净土宗门。后日本僧人亲鸾接受昙鸾一脉相传的净土宗教义建立净土真宗。日本佛教徒视玄中寺为"祖庭"。宋、元、明、清时期，寺庙屡建屡毁，至新中国成立初期，只明万历修的天王殿保存完好，其余殿阁或残存或坍塌，1955 年政府出资重新恢复了玄中寺原貌。

寺院坐北朝南，占地面积 6000 平方米，建筑规模小巧别致，依山势高低排列。置于寺前端的天王殿，明万历年三十三年（1605 年）重建，面阔三间，进深四椽，单檐悬山顶。殿内塑天王像四躯，分峙于殿内两侧，威严雄健。前院左右为唐碑亭，大雄宝殿位居中央，面阔五间，进深六椽，前檐廊深一间，殿内当心置释迦立像，庄重慈祥。沿大雄殿北上为接引殿、菩萨殿，再上为七佛殿，七佛殿两侧各建碑廊三间，寺内宋以后的石刻多集存于此。再绕道而上为千佛阁，阁面阔三间，单檐硬山顶，阁内数百尊佛像会聚一堂，面型姿态各不相同，为明清遗物。寺内东侧为禅堂，方丈、僧侣多居于此。西侧旁院为祖师堂。正面祖师殿三间，内悬中日净土宗创始人昙鸾、道绰、善导、法然、亲鸾等人画像。寺东侧峰顶上，有秋容塔耸立，高两层，平面六边形，形体庄重而古雅。

玄中寺内还存有颇具价值的造像碑、石刻数十通，其中北魏延兴四年（474 年）造像碑、北齐河清三年（1564 年）造像碑及隋开皇六年（586 年）造像碑具有重要历史价值。另有唐碑 3 通，宋人诗词、元、明、清碑数十通，为研究中国佛教史、雕塑史，特别是研究玄中寺和净土宗的历史提供了重要资料。

海会寺

又名龙泉寺、龙泉禅院，位于阳城县北留镇大桥村西南约 500 米。坐北朝南，占地面积 2.48 万平方米。据寺内碑文记载，唐乾宁元年（894 年），唐昭宗赐额为"龙泉禅院"，五代后周显德年间（954～960 年）扩建，宋太平兴国七年（982 年）宋太宗赐"海会寺"额，金大定二十七年（1187 年）重修并更名"海会寺"，明清两代均有重修，现存为宋、明、清

图 5-120 交城玄中寺全景　　资料来源：作者自摄

图 5-121 阳城海会寺全景　　资料来源：作者自摄

建筑。中轴线上由南向北依次分布山门、天王殿、药王殿、毗卢阁、大雄宝殿，两侧建有钟鼓楼、十王殿、卧佛殿、观音殿、文武圣君殿等，东南为塔院，建有宋塔、明塔各一座，塔后为海会别院。

大雄宝殿为明代建筑，建于1米高的石砌台基上，面宽五间，进深七椽，单檐悬山顶。八檩前廊式构架，柱头斗栱五踩双昂，平身科每间一攒，廊柱施须弥座式青石柱础。前檐装修六抹隔扇门。

舍利塔为六角十级砖结构密檐式塔，砂石台基，通高约20米。创建于唐，宋代重修。塔基平面六边形，底径7.36米，每面宽2.8米，塔身内中空，塔壁每面辟有拱门，外壁设有佛龛，佛像已毁，塔檐叠涩出檐，第五层檐下置一斗三升斗栱，塔顶叠涩收束成攒尖顶，宝珠式塔刹。

琉璃塔为八角十三级楼阁式砖塔，砂石台基，通高37米。明嘉靖四十年（1561年）功德主李思孝捐建。塔基平面八边形，直径10.26米，每边长3.9米，底层三层围建八角形墙体，前设抱厦。塔身中空，有梯道可攀援而上，共有塔室13个，砖叠涩藻井。四层以上塔身砖砌，每面辟砖拱门，仿木构塔檐，第十层置平坐勾栏，各角立擎檐柱，柱间设雀替、花罩与椽枋相连，形成围廊，均为五彩琉璃砌筑。八角攒尖式塔顶，宝珠塔刹。塔下建有砖构城墙，塔中部设有楼阁，结构奇巧。

慈云寺

原名法华寺，位于天镇县城内西街。据寺内碑刻和县志记载，寺院创建于唐代，辽代寺宇曾进行扩建，明宣德五年（1430年）、嘉靖十八年（1539年）和清乾隆二十六年（1761年）曾屡次修葺。寺院坐北向南，南北长140米，东西宽50米，占地面积7000平方米。中轴线上依次排列着山门、天王殿、释迦殿、毗卢殿。山门两侧各有掖门；天王殿东西有八角双层圆形攒尖顶的钟鼓楼，释迦殿前东西两侧分别建有观音殿和地藏殿，毗卢殿前东西两侧分别建有文殊殿和普贤殿，两旁各建有耳殿三间等。是雁北现存明清建筑中总体布局最完整的一座，被誉为"关北巨刹"。

山门，又称金刚殿，面宽三间，进深四椽，梁架为五架梁通达前后用两柱，单檐悬山琉璃脊饰布瓦顶，斗栱为五踩单翘单昂。前檐柱间施有木栅栏，板门安装在中柱上，后檐明间施六抹隔扇门。

钟鼓二楼分别位于天王殿前东西两侧，八角双层圆形攒尖顶，造型结构当属元代，明宣德七年（1432年）重修。平面为八角圆形。建筑分上下两层，周设八根廊柱，下层砌墙成圆形内室，墙中又置八根老柱直通上层，变为檐柱，支撑楼顶梁架。上层开敞，周有平坐围栏，瓦顶上置圆形宝顶，上下层斗栱均为五踩。钟楼上悬铁钟一口，重四百余公斤，铸于明宣德七年（1432年）。

释迦殿，又名大雄宝殿，面宽三间，进深六椽，梁架为六架梁对单步梁通檐用三柱，歇山顶，檐下斗栱九踩单翘三昂。殿内西侧及北墙上保存有明代壁画，正面为十二缘觉，两侧为佛天众、诸菩萨众、阿修罗众、五方诸帝以及古代帝王等。

图 5-122 天镇慈云寺大雄宝殿　资料来源：作者自摄

图 5-123 五台圆照寺大雄宝殿　资料来源：作者自摄

毗卢殿面宽五间，进深六椽，梁架为六架梁对单步梁通檐用三柱，前檐施廊，出檐深远，单檐悬山琉璃剪边顶。前檐柱头斗栱十一踩，单翘四昂，平身科出斜栱斜昂。

圆照寺

古称普宁寺，位于五台县台怀镇杨林村内。创建于元代，明永乐年间（1403～1424年）印度僧人室利沙来华朝台时重建，明宣德年间（1426～1435年）室利沙坐化后，分舍利为二，一送北京，建真觉寺，一送五台山普宁寺，并更名为圆照寺。明永乐十二年（1414年）西藏黄教祖师宗喀巴的大弟子蒋全曲尔计来五台山弘扬黄教佛法时即居于寺内。现存为明、清建筑。坐北朝南，东西长146.22米，南北宽178.88米，占地面积2.62万平方米。三进院落布局，中轴线建有山门、天王殿、大雄宝殿、舍利塔都纲殿（祖师殿）、藏经楼，近年来寺东又新建吉祥茅蓬院。左右建配楼客堂、僧舍及教学楼。寺门由五门组成，山门三间，掖门二道，五门并列称为五朝门，在五台山诸寺中颇为少见。寺内存有明清及民国塑像共101尊，明清及民国碑11通，明代铁钟2口，民国悬塑124平方米。

大雄宝殿，明嘉靖二十七年（1548年）重修。石砌台基，宽25.7米，深18.1米，高0.63米。面宽五间，进深八椽，重檐歇山顶。檐下不设斗栱，用额枋与梁头挑承檐出。二层檐下镶有琉璃烧造的十八罗汉及三大士像，时代为明代。殿内佛坛上供有三世佛，两侧为弟子像、帝释天、大梵天王、二十四诸天和十八罗汉等塑像71尊，殿内存悬塑60平方米。

室利沙舍利塔，金刚宝座式砖塔，位于大雄宝殿和都刚殿中间。通高15米。塔基宽10.1米，深14.85米，高1.07米，石砌二层，一层高1.20米，每边长12.20米，二层高1.30米，边长6.60米，平面呈回字形。塔基上建覆钵状喇嘛塔，其上承须弥座、十三重相轮、华盖形成塔刹。四角建小塔各一座。塔前建有塔殿一间，内供带箭文殊像。

祖师殿，台基宽18.4米，深11米，高0.78米。面宽五间，进深六椽，单檐硬山顶，前出廊。廊内置铁钟一口，高1.4米，径1.18米，铸于明宣德五年（1430年）。殿内存佛像26尊，民国悬塑64平方米。

隰县千佛庵

位于隰县城西里许的凤凰山间，又名小西天。这里琼草奇葩，清流涓涓，建筑借山布景，据险而筑，高低有别，错落有致。庵始建于明崇祯七年（1634年），由东明禅师主持兴建，清代各朝多次增建修补。现存建筑均为明清所建。

千佛庵坐西朝东，有山门二重，布局分为上下两院。上院主要建筑有大雄宝殿，左右为文殊、普贤二配阁，两侧是北极殿、马王祠；下院主要建筑有无量殿、韦驮殿、摩云阁、八卦亭及韦驮殿之上的钟、鼓二楼。无量殿为下院主殿，面宽五间，前檐插廊，殿内供无量寿佛。沿无量殿北侧的石阶可达上院。大雄宝殿是庵内的精华所在，面阔五间，进深六椽，前檐插廊，单檐悬山顶，殿顶筒板瓦覆盖，琉璃剪边，中设琉璃方心。殿内梁架彻上露明造，六椽七檩前后单步梁用四柱，梁枋彩画沥粉贴金，为龙凤和玺画法，这种画法是明清建筑彩画中高等级画法，在民间建筑的实物中并不多见，弥足珍贵。

殿内悬塑满堂，共有大小泥塑千余尊，为明崇祯十七年（1644年）所塑。人物大小不等，坐立有别，发型、冠戴、衣饰、装束等各因其身份地位不同而有所变化，生动传神，故事内容几乎包罗了佛教经典的全部。柱顶梁头，各种珍禽异兽凌空飞舞，花卉草木灿烂多姿，一派生机盎然的景象，堪称明代悬塑艺术的精品。大殿内金碧辉煌，光彩夺目，宛如一座瑰丽的悬塑艺术宫殿。

双林寺

位于平遥县城西南6公里桥头村。双林寺原名中都寺，因平遥县古时曾为"中都"城而得名。寺创建年代待考，据寺内现存北宋大中祥符四年（1011年）《姑姑之碑》记载，中都寺重修于北齐武平二年（571年），后毁于兵燹，宋时修葺一新，并取佛经上"佛陀双林入燹"之说，更名为"双林寺"。以后明景泰、天顺、弘治、正德及万历年间，清道光、宣统年间曾进行过多次修葺。现存建筑、塑像多为明代建造。寺院坐北朝南，建在3米多高的土台基上，四周围以夯土高墙，形成寺堡，建筑面积3711平方米。寺内布局完整，有两条轴线，经堂、禅院在东，寺宇殿堂居西，由三进院落组成。中轴线上依次排列着天王殿、释迦殿、大雄宝殿和佛母殿。前院两侧为罗汉殿、地藏殿、武圣殿和土地殿，释迦殿两侧有钟、鼓二楼对峙，中院宽阔，千佛殿和菩萨殿左右对称。寺院布局严谨、庄重和谐。

天王殿重修于明弘治十二年（1499年），单檐歇山顶，面阔五间，进深六椽，前后插廊，前檐斗栱五踩如意假昂，明间置板门。释迦殿建于明嘉靖年间，面宽五间，进深六椽，单檐悬山顶，外设廊庑，无斗栱。大雄宝殿重建于明景泰年间（1450～1456年），位居二进院正中，东西配殿为千佛殿、菩萨殿。大雄宝殿面宽五间，进深四间，单檐九脊顶。斗栱五踩，前檐设廊，隔扇棂花及殿内藻井雕工精细。殿顶琉璃剪边，造型、釉色均属明代佳作。殿内佛坛供三身佛。千佛殿、菩萨殿结构相同，均面宽七间，单檐悬山顶。佛母殿，亦称娘娘殿，是第三进院落中主殿，建于明正德年间，面宽五间，进深三间，单檐歇山顶。

第五章　佛教寺庙　321

图 5-124　隰县千佛庵全景　　资料来源：作者自摄

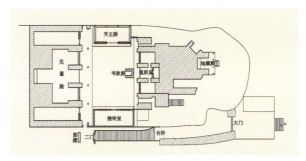

图 5-125　隰县千佛庵平面图
资料来源：山西省古建筑保护研究所测绘资料

图 5-126　平遥双林寺天王殿　　资料来源：作者自摄

图 5-127　平遥双林寺释迦殿　　资料来源：作者自摄

寺内大小 10 座殿宇内，满布塑像。大者丈余，小者尺许，共计 2052 尊，完好者 1500 余尊。明代所塑之像居多，少数为清代塑像，塑工技艺高超，是不可多得的艺术珍品。

天王殿内塑四天王像，高约 3 米，侧塑八大菩萨。天王及金刚像威武雄壮，筋骨外露，隆起的肌肉富有弹力。罗汉殿内，等人大小的十八罗汉，坐立不等，各具特色，或肥硕或消瘦，左顾右盼，传神达意，极富变化，技艺手法颇具宋代风格。地藏殿内的十殿阎君、六曹判官以及十八层地狱冥罚，塑造得狰狞恐怖。释迦殿内当心塑释迦佛及二胁侍菩萨，周置悬塑，布满四壁，内容为佛本故事，共 80 余幅，全部以连环画的形式，使人物山石与建筑浑然一体，塑工纯熟，富有立体感。扇面墙背面塑南海观音像，侧身单腿盘坐于一片莲花瓣上，左右有善财、龙女，后有十六尊者，十大明王开道，十二圆觉布列两旁，比较完整地表现了观音渡南海至普陀山设道场的场面。

大雄宝殿内佛坛上塑三身菩萨，均经后人重妆，已失原作之风韵。大雄宝殿左右的千佛殿、菩萨殿内，数以千计的彩塑布满四壁，上下排列达五六层之多，构思独特而巧妙，表现了清静的佛教意境的神秘。彩塑人物除明间神龛内观音及金刚、夜叉较为突出外，余皆为仅有几十厘米高的造像，它们衣饰富丽，形态各异，犹如群仙聚会。主像观音为千手千眼观音，共 26 臂，袒胸露腹，头饰花冠，服饰华丽，体态自如，肌肉丰润，表情含蓄。旁侧壁塑众菩萨 400 余尊，满壁生风。尤其是护法武士韦驮像，身高 1.6 米，右手握拳，挺胸侧立，重心在左腿上。姿势雄健，文武兼备，可谓不朽之作。

双林寺的彩塑大都属明代以前或明代重塑的作品，均为我国彩塑的精华，被专家誉为"东方彩塑艺术的宝库"，在我国美术史上占有重要的一页。

云峰寺

位于晋中市介休市东南 25 公里绵山抱腹岩。据碑载：云峰寺又称灵官仙窟、大云寺。始建于唐贞观年间（627～649 年），宋、元、明、清历代均有修葺。占地 3932 平方米，是一处天然巨大敞口浅洞穴，内又分三处小支穴，石佛殿位于中支穴。

云峰寺建筑紧凑，布局合理，与天然岩洞浑然一体，充满了艺术美与自然美。坐北朝南，建筑分上、下两层布局，并以石梯栈道相连。下层分东、中、西三个院落。东院由南向北依次为山门、正殿（两座：东为弥勒佛殿，西为药师佛殿），两侧为东西耳殿及东西厢房（东厢房窑洞，上层观音殿）。中院由南向北依次为牌楼、正殿（空王佛殿）和地藏阁，两侧为钟、鼓楼及东西厢房。西院由南向北依次为山门、正殿（两座：东为弥陀佛殿，西为介公祠），两侧为东西厢房。上层以石佛殿为主，东有龙池、天自所出殿、五龙殿及栈道上眼光菩萨殿、诵经堂、闭关洞、修行洞。西有十大明王殿、罗汉殿、释迦殿、马鸣菩萨殿、送子娘娘殿。下层各殿均为 1998 年以后复原所建仿古建筑。石佛殿背依气势宏伟的悬空石崖，面宽三间，进深一间，单檐歇山顶，檐下施三踩单翘石雕斗栱，殿内存精美的彩塑与包骨真身泥像。寺内存明、清重修碑 5 通，记事石碣 3 方，唐、元、清塑像 72 尊。

图 5-128 介休云峰寺　　资料来源：作者自摄

北依涧永福寺

位于平遥县朱坑乡北依涧村北。创建年代不详。据寺内梁架题记及碑文记载，明成化五年（1469年）重建，明弘治、万历及清康熙、乾隆年间几经修葺。占地面积6525平方米。坐北向南，二进院落布局。中轴线上依次建有天王殿、过殿、正殿（不存），两侧建有钟鼓楼、东西配殿（二进院之东西配殿不存）。寺院东、西建有禅院，寺南约50米处建戏台1座，与寺隔道相望。

过殿建在高台基上，面阔五间，进深六椽，单檐歇山顶，七檩前廊式构架，外檐斗栱五铺作双下昂，柱头卷杀且有侧脚，角柱生起，柱础素面覆盆式。屋顶布灰瓦，琉璃套心，勾头花卉纹饰，滴水作花边状。殿内山墙残存明代佛教壁画5平方米。前檐栱眼壁内绘如意图案。脊槫题记有"大明成化五年岁次己丑（1469年）重建"字样。该殿用材较大、规整，结构合理，趋于官式，是明代平遥地区寺庙建筑的典型代表之一。

寺内存清乾隆二十四年（1759年）重修寺碑1通，正殿地下西段埋藏有早年废除的石雕佛像数尊。有古柏4株，楸树2株。

云林寺

原名华严寺，位于阳高县龙泉镇，清末改称云林寺，俗称西寺。创建年代不详，现存构筑大雄宝殿为明、清遗构，清宣统元年（1909年）进行过小规模修葺，1983年修筑山门，1990年重建东西配殿及南配殿。坐北朝南，一进院落布局，院落南北长约64.9米，东西宽

图 5-129 平遥北依涧永福寺过殿　资料来源：作者自摄

约 48.95 米，占地面积约 3228 平方米。地势由前至后逐渐增高，原由两进院落组成，中轴线上原依次分布金刚殿（山门）、天王殿和大雄宝殿，两侧为钟楼、鼓楼、厢房。现仅存大雄宝殿、东西耳殿，天王殿及东西配殿。现存寺门位于院南部西角，朝西开。寺内存有明代壁画、塑像、木雕等珍贵文物。大雄宝殿面宽五间，进深八椽，单檐庑殿顶，东西耳殿各三间，卷棚顶。东、西配殿均面宽三间，进深五椽，六檩前廊，悬山顶，施七踩斗栱，饰木雕雀替；天王殿面宽三间，进深五椽，六檩前后廊，悬山顶，前后廊饰木雕雀替，施七踩斗栱；西南部新建办公楼三间。另有友宰南庙造像二尊。其建筑规模宏大，气势磅礴，为研究当地寺观的重要资料。

大雄宝殿面宽五间，进深八椽，单檐庑殿顶，绿色琉璃瓦剪边。明、次间隔扇门，棂花图案精致古朴，梢间为直棂窗。梁架砌上露明造，三架梁上用叉手、脊瓜柱、角背承托脊檩，并巧妙地以挑尖梁头后尾分别代替了抱头梁和穿插枋。殿前月台低矮，柱头斜抹，方形素面料石柱础，外檐斗栱七踩三翘。殿内柱网为藏柱、移柱造，运用移柱和减柱手法，扩大了殿内礼佛空间。

大雄宝殿壁画分布于殿内东西两壁、后壁及扇面墙背面，面积 200 平方米。北壁绘佛、菩萨、明王像，布列规整，端庄严谨，色彩以青绿为主，深沉古朴；东西两壁绘道教仙人和儒教三纲五常的典范，各像多手执圭、笏、剑、戟等物，侧身北向，作朝贺状，与殿内塑像相呼应，形成诸仙礼佛盛大场面。色彩以青绿、赫黄、朱红为主，局部沥粉贴金，人物服饰、冠戴为明代风格。壁画人物以组出现，共计 123 组，并有榜题。扇面墙绘山水、云气烘托的三大士、童子像，画面疏朗，气势宏阔，与东、西、北壁风格迥异。

安国寺

位于离石市城西 10 公里的乌崖山麓，寺创建于唐贞观十一年（637 年），原名安吉寺，曾为唐代宗之女昌化公主食邑地。宋嘉祐三年（1058 年）改今名。金、元、明历代皆修葺。清初，被康熙皇帝誉为"廉吏第一"的于成龙曾就读于寺中，后世遂进行了大型修建，始成今日之规模。现存建筑多为明清遗构。

寺院依山而建，坐北朝南，平面呈曲尺形，东西长约 84 米，南北长约 56 米，总占地面积约 4700 平方米。共计四进院落，主院分上下两层，偏院分内外两进。主要建筑有大雄宝殿、铜塔楼、钟鼓楼、十王殿、东厢房、关帝阁、观音楼、洞宾楼、于成龙读书楼、于中丞公祠、于清端公祠、莱公别墅、石牌坊、砖塔等。

大雄宝殿又称佛殿，是寺内的主要建筑，面阔五间，进深三间，单檐悬山顶。斗栱五铺作单杪单昂，明间补间施 45° 斜栱。前檐插廊，梁架结构为六架椽屋前后搭牵用四柱。殿内

图 5-130 阳高云林寺大殿内东侧罗汉像（局部）

图 5-131 阳高云林寺大雄宝殿　资料来源：作者自摄

图 5-132 离石安国寺全景
资料来源：作者自摄

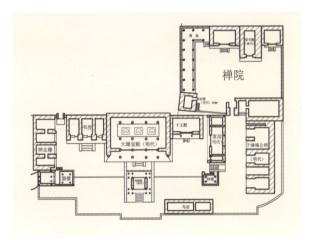

图 5-133 离石安国寺总平面图
资料来源：山西省古建筑保护研究所测绘资料

供奉三世佛，佛像高达 4.8 米，殿内绘壁画 60 平方米，均为清代所作。

偏院又称"清静"之处，清代两江总督于成龙读书楼建于此。楼为面宽三间，进深二间，单檐硬山顶，寺后百米石崖下有莱公别墅，建于雍正三年（1725 年），为于成龙之孙于准所建。形势险要，构筑精巧，上面有悬崖、绝壁、飞瀑。绝壁半山腰有人工凿成的石室，共 40 余间，多数为窑洞式建筑。

寺院围墙，高低起伏，用石头砌筑，墙体高处达 21 米，远观俨然是一处造型独特、别具风格的古寨堡。

海潮庵

位于河曲县城东南 40 公里旧县村外山坡上。又称海潮禅寺，寺创建于明万历年间（1573～1620 年），明末毁于兵燹，现存建筑为清顺治年间（1644～1661 年）重建，康熙、乾隆十四年（1749 年）曾作过修葺。

图 5-134 河曲海潮庵观音殿　资料来源：作者自摄

图 5-135 河曲海潮庵全景　资料来源：作者自摄

寺址坐北朝南，依山势分三层而建。主体建筑由前后两进院落组成，附属建筑有九师塔院、西花园、牛俱院，面积 7200 平方米。寺内中轴线上建山门、观音殿和藏经殿，两侧有钟鼓楼、斋堂、禅室等建筑，多为砖券窑洞。部分木构亦为清代小式建筑，单檐硬山顶，布灰筒板瓦覆盖。殿宇三开间，内奉阿閦、弥勒、药师等佛。

观音殿砖建，面宽三间，进深二间，前出木构抱厦一间，卷棚硬山顶，覆筒板屋面。檐柱、金柱为圆柱造，平板枋宽厚，阑额呈鼓形。柱头科、平身科斗栱一朵，三踩单昂刻成卷云形。殿之东西两侧辟门。殿内佛龛中奉观音菩萨，存壁画 25 平方米。木质供桌为乾隆年间制造，用材较大，镂刻精美，装饰华丽。地藏殿面宽三间，进深二间，卷棚歇山顶，正脊镂刻花卉。柱础覆鼓式，雕莲花、石榴等吉祥图案。斗栱五踩出双翘计心造，卷云形耍头。梁架结构与观音殿基本相同。殿内奉释迦及其二弟子。殿之两侧建东西藏堂各三间。寺内现存清代碑 14 通，彩塑 20 余尊。

显通寺

位于五台县台怀镇杨林村内。据《清凉山志》记载，初名大孚灵鹫寺，创建于东汉永平十一年（68 年），北魏孝文帝时扩建，唐太宗时重修，武则天时期更名为大华严寺，规模达到极盛。明太祖时重修并赐额大显通寺，明中叶时，寺院分为塔院、显通、文殊三寺，明万历年间（1573～1620 年）改称永明寺，清康熙二十六年（1687 年）重修后复称显通寺。现存为明清建筑。坐北朝南，中轴线建殿宇七座，自南而北依次为观音殿、文殊殿、大雄宝殿、无量殿、千钵文殊殿、铜殿和藏经殿（后高殿），两侧建钟楼、鼓楼、祖师殿、伽蓝殿、罗汉殿、厨房，院落东西长 175 米，南北宽 260 米，占地面积 4.55 万平方米。寺东西又分为两院，西院为方丈院、五观堂和仓楼及宗教佛协院，东院为僧舍和消防水池。上述两院除仓楼为明代建筑外，余皆为现代建筑。现存建筑无量殿、铜殿、铜塔、钟楼等为明代建筑，余皆为清代建筑。

大钟楼位于山门正东，创建于明天启四年（1624 年），过街楼形式。台基宽 13.35 米，深

图 5-136 五台显通寺千钵文殊殿　　资料来源：作者自摄

图 5-137 五台显通寺钟楼
资料来源：作者自摄

图 5-138 五台显通寺铜殿
资料来源：作者自摄

13.5米，高2.1米。面宽和进深均为三间。二层重檐十字歇山顶上层四周回廊，下层砖砌过街券洞，门额上有"震悟大千"石匾1方。二层悬明代铜钟"幽冥钟"1口，钟高2.70米，经1.80米，厚0.10米，重9999.5斤，为五台山最大的钟。

无量殿又名七处九会殿，传说因唐代高僧、清凉国师澄观曾在此殿著《华严经疏钞》

而得名。建造于明万历年间（1573～1620年），明崇祯九年（1636年）重建。砖券仿木结构，高二层20.3米。殿身面宽七间，进深三间，台基宽34.45米，深21.65米，高0.72米。单檐歇山顶，雕花脊饰。殿内中三间砌券洞，上置砖雕叠涩藻井，梢间、尽间砌横拱券，七间相连。殿内明间供铜铸毗卢佛，高4.7米，西次间为木雕药师佛，高2米。东次间内安放八角十三级密檐式木塔1座，高7.75米，镂刻精细，为元代作品。殿内壁每间砌有间柱，柱础束腰、覆盆相叠，柱头上施额枋、平板枋，下悬垂莲柱。柱头斗栱五踩单翘单昂，平身科三攒。二层檐上置平座一层，上施勾栏，望板上雕刻有各式花卉和吉祥图案。殿前后檐明、次、尽间辟拱券门，门楣花罩雕刻华丽。前檐各间门额上饰有"他化自在""夜摩天宫""普光明殿""法菩提场""忉利天宫"、"兜率天宫"、"逝多园林"石匾。

大雄宝殿又称大佛殿，清道光二十五年（1845年）重建。石砌台基，宽34.62米，深21.1米，高0.8米，殿平面呈凸字形，面宽九间，进深五间八椽，重檐歇山顶，琉璃脊兽，前设重檐卷棚抱厦，四周环廊。前檐施通间雀替，上镂雕有龙凤图案，刀工精细。前后檐明、次间均设隔扇门窗，殿内佛台上供三世佛，两侧为十八罗汉，背面供三大士像。殿内悬有清康熙皇帝御书"真如权应"木匾1方。殿后悬挂清乾隆二十三年御笔"象教精严"木匾1方，殿内存明代塑像28尊，明代铁钟2口。

显通寺铜殿，青铜铸建筑，由妙峰化缘监造于荆州，铸造于明万历三十三年（1605年），三十四年安置于五台山显通寺。台基宽9.7米，深7.7米，高3.1米。殿建于汉白玉基座上，面宽三间，外观二层单檐歇山顶。檐柱圆形，覆鼓形柱础，柱头施有额枋联结，四面铸有隔扇门32扇，裙板上铸有祥云、花卉等图案。殿顶铸有瓦垄、脊兽、勾头、滴水等构件，正脊铸有行龙，脊端为仙鹤，脊中为双重宝珠式脊刹。殿内供奉文殊菩萨铜像，四壁铸小铜佛，号称万尊，谓之"万佛朝文殊"。

铜塔原有五座，象征五台山五个台顶，人们至此，相当于朝拜五台。现仅存两座，形制相同，均为八角十三级楼阁式塔，通高约7米，铸造于明万历三十八年（1610年）。塔基条石砌筑，平面方形，每边长1.9米，高1.40米，塔座二层束腰须弥式，上由覆钵和十三层楼阁式塔组成，上承露盘二重，宝珠式塔刹安于脊顶。覆钵内铸有铜龛，内供坐佛1座。另外三座为新建。

菩萨顶

位于五台县台怀镇东庄村西南约500米。创建于北魏孝文帝时期，唐代重建，原为显通寺真容院，明永乐年间（1403～1424年）改建后，称大文殊院，俗称菩萨顶。清康熙年间（1662～1722年）寺内改住喇嘛，清康熙、乾隆朝台时多宿于寺中。现存建筑为清代建筑。坐北朝南，东西长83.58米，南北宽199.2米，占地面积16649平方米。寺分前后两部分。前部居高，三院并列，中院中轴线有影壁、108级台阶、"灵峰胜境"木牌坊、天王殿、大雄宝殿、文殊殿、文殊堂、藏经楼，轴线西侧为行宫院，东院为碑院；后部为后院，中轴

图 5-139 五台菩萨顶大雄宝殿　资料来源：作者自摄

图 5-140 五台菩萨顶台阶及牌坊　资料来源：作者自摄

线建有文殊堂和后殿，两侧为僧舍等。

文殊殿俗称滴水殿，因大殿檐头长年滴水而得名。殿基青白石须弥座，宽19.5米，深14米，高1米。殿身面宽三间，进深六椽，单檐庑殿顶，殿顶覆以黄色琉璃瓦，前檐施隔扇门窗，殿前置重檐抱厦。殿内供释迦佛，两侧供普贤、观音、十八罗汉等塑像25尊。

大雄宝殿又称大佛殿。殿基青白石须弥座，宽16米，深16.5米，高0.8米，殿身面宽三间，进深六椽，四周围廊，单檐歇山顶，前檐明间装隔扇门，殿前置重檐抱厦。殿内供释迦佛、宗喀巴等塑像10尊。

牌楼为木牌楼，面宽15米，进深6米，柱高5米，四柱三门，七个楼檐，中间高大凸起，四柱石条周匝，前后安设斜撑柱，立架稳固。檐下斗栱密致，檐上覆以黄绿两色琉璃瓦。牌楼中门的大匾上，前后镶嵌着清康熙皇帝御制牌匾，上书"灵峰胜境"。牌匾长2.88米，高1.25米，字径0.6米，木质凸起，蓝底金字，光彩夺目。牌匾正中上方有御印"康熙之宝"，落款为"康熙甲戌仲夏书"，书于康熙三十三年（1694年）五月。两侧门置方形大匾，雕有团龙，各走马板雕双龙、双凤，两侧兜肚透雕各种花卉、八种吉祥物等图案。

罗睺寺

位于五台县台怀镇杨林村。创建于唐代，初名落佛寺，宋代维修，明弘治五年（1492年）重建，万历年间（1573～1620年）重修，清康熙时改为黄庙，常住蒙藏喇嘛。现存为明清建筑。坐北朝南，东西长101米，南北宽189米，占地面积1.9万平方米。三进院落布局，中轴线建有天王殿、文殊殿、大佛殿（大雄宝殿）、后殿（现佛殿），两侧建钟鼓楼、伽蓝殿、祖师殿、金刚殿及僧舍等。大佛殿（大雄宝殿）为寺内主殿，石砌台基，宽15.9米，深16.3米，高1.06米。面宽三间，进深八椽，单檐庑殿顶，其前设重檐抱厦，殿内佛坛上塑有三世佛，前为宗喀巴大师像及八大供养菩萨，均按喇嘛教《造像量度经》规制建造。

图 5-141 五台罗睺寺文殊殿　　资料来源：作者自摄

图 5-142 五台罗睺寺文殊塔正面　　资料来源：作者自摄

图 5-143 五台罗睺寺藏经殿　　资料来源：作者自摄

文殊殿条石砌台基，宽17.65，深13.45米，高1.23米。殿身面宽三间，进深八椽，四周围廊，单檐歇山顶。殿前檐装隔扇门窗，殿内佛坛上供文殊及十八罗汉等清代塑像25尊，造像皆为藏式。

后殿又称藏经殿，因殿内塑有开花现佛，俗称现佛殿。石砌台基，宽19.6米，深11.8米，高1.05米。殿身面宽五间，进深八椽，二层重檐硬山顶。前檐上、下层均出廊，殿正中砌方形砖台，每边长3.60米，中置圆盘，周雕波涛及十八罗汉过江像，上安木制莲花，内置方形佛龛。四方佛分坐其中，坛下置有绞盘，通过转轴可控制莲花花瓣的开合，称为"开花现佛"。该殿一层塑佛像54尊，二层塑佛像151尊。

塔院寺

位于五台县台怀镇杨林村内。原为显通寺塔院，明永乐五年（1407年）太监杨升奉敕重修佛舍利塔，独立为寺，明嘉靖以后及清代均有重修和增建。中轴线建有影壁、牌坊、过厅、天王殿、大慈延寿宝殿、佛舍利塔（大白塔）和藏经楼（大藏经阁），两侧建有钟、鼓楼、祖师殿及僧舍，寺东建方丈院（毛主席路居馆）、文殊发塔、青龙楼等建筑。现存建筑均为明清建筑。坐北朝南，东西长219.32米，南北宽185.35米，占地面积4万平方米。天王殿位于中轴线前端，石砌台基，宽14米，深9米，高2.05米。面宽三间，进深四椽，单檐歇山顶，殿内正中供奉观音坐像1尊，两侧塑四大天王，殿前檐悬"敕建护国大塔院寺"木匾1方。

大慈延寿宝殿，又称大佛殿、大雄宝殿。明神宗为其母慈圣宣文李太后延年益寿，于万历七年至九年（1579～1581年）建。殿基青石砌，宽27.5米，深13.6米，高1.4米，四周设青石栏杆。殿身面宽五间，进深六椽，单檐歇山顶。殿内正中设佛台，上供释迦、文殊、普贤，两侧分塑天王、十八罗汉，共存明代塑像35尊，现代塑像5尊。殿内存康熙、乾隆、嘉庆御书"景标清汉""揽妙曼云""尊胜法幢"木匾3方，殿前檐下悬"大慈延寿宝殿"木匾1方。

大藏经阁，砖石台基，宽25米，深13米，高0.85米，殿身面宽五间，进深六椽，二层单檐硬山顶，前檐施隔扇门窗。殿内供转轮经藏，为一木制经架，平面六角形，33层，高约10米。阁前一层檐下悬清康熙二十六年（1687年）御书"金粟来仪"木匾1方，二层正中上方悬清乾隆"两塔今唯一尚存，既成必坏有名言，如寻舍利及丝发，未识文殊与世尊"诗匾一方。

白塔，位于塔院寺大慈延寿宝殿和藏经楼中间，喇嘛式砖塔，因塔身通体洁白，故名大白塔，现为五台山标志性建筑物。原名阿育王塔，传说为古印度阿育王创建八万四千座舍利塔在中国的十九座之一。唐、宋及元大德五年（1301年）几经修葺。明永乐五年（1407年）明成祖敕令太监杨升重修，明嘉靖十五年（1536年）、万历九年（1581年）再次维修。寺院东侧有文殊发塔，喇嘛式塔，据传塔内收藏有文殊菩萨显灵时遗留的金发，故名。塔始建于元大德五年（1301年），明万历二十四年（1596年）寺僧圆广道人重建。塔基上面石砌平面八边形塔座，每边长 1.85 米，周边雕覆莲花瓣，上为十二层束腰须弥座，塔身覆钵式，置束腰须弥座，塔刹由十三层相轮、华盖和铜制宝珠组成。

南山寺

位于五台县台怀镇杨柏峪村南坡自然村南约 300 米。据碑文记载，创建于元代元贞元年（1295 年），称"大万圣佑国寺"，明嘉靖二十五年（1546 年）重建，称极乐寺。民国年间东北人姜福忱等对寺院进行重修、改建，现存多为明清建筑。坐东向西，寺院依山而建，由佑国寺善德堂和极乐寺三部分组成。上三层为佑国寺，中一层为善德堂，下三层为极乐寺。寺门西向，共有院落 18 座，殿堂 300 余间。每座建筑的台阶门板、墙裙等部均镶有汉白玉石，上雕各种人物、动物、花卉等图案，共 1480 幅。

大雄宝殿，砖石砌台基，殿身面宽三间，进深六椽，单檐硬山顶，七檩小式结构，前檐施隔扇门窗。殿内存石雕佛像 4 尊，彩塑木雕佛像 2 尊、罗汉像 21 尊，佛教题材壁画 198 平方米。殿内门上方悬挂"真如自在"匾一方。

佛舍利塔，为喇嘛式砖塔，位于大雄宝殿门前。塔基方形二层，底层每边长 4.3 米，高 2 米，通高 10.5 米，二层四向各辟并列尖拱龛，内塑金刚力士，上承八角须弥座。座身覆钵状，中辟尖拱龛，内设佛像一尊。塔刹由七重相轮、华盖、宝珠组成。

龙泉寺

位于五台山台怀镇南 5 公里处的小车沟村的九龙岗山腰。寺旁有泉曰龙泉。相传，昔有九龙作恶，文殊菩萨将其压在山下，清澈的水底可见九条小龙的影子，寺因此而得名。寺始建于宋代，明嘉靖年间（1522～1566 年）重修，清末民国初年重建，现存建筑多属民国初年建筑。

寺院坐北朝南，一进并排四组院落。现存有牌楼、影壁、台阶和三座院落，主要建筑中院有天王殿、观音殿、大佛殿。西侧两院分别为门殿、宗堂殿和祖师堂及普济墓塔。另一院有文殊殿，东侧为厢房配殿，虽为民国年间建造，但寺内外石雕建筑雕凿精致，是举世罕见的石雕精品。

石牌楼坐落于殿宇最前端，是一座纯汉白玉雕刻建筑。牌楼四柱三门，分为上下两层。柱为方柱，分别插入四个方墩，每根方柱，由前后两根戗柱斜顶，显得稳固紧凑。牌楼斗栱重叠，挑角四出，形如木构。牌楼雕制极为精美，每个构件上均有雕刻装饰，图案有飞凤游龙、鸣雀行兽、人物花卉，各具特色。盘于柱上金龙，称为纹龙柱，檐下门楣上全为镂空雕刻，精粹华丽。

石牌楼下接一百零八级台阶，阶下为青砖影壁，影壁八字形，周边沿以雕刻图案为装饰，正中嵌整块汉白玉镂制的雕饰，为五台山主要寺庙写意图。

寺内的普济和尚墓塔亦较具价值，坐落于两院的宗堂殿和祖师堂之间，纯汉白玉制成，塔下方为石砌方台基座，四面雕仰覆莲瓣，内雕坐佛 110 尊。四个侧角各雕大力士一尊，

第五章 佛教寺庙　333

图 5-144 五台塔院寺天王殿　资料来源：作者自摄

图 5-145 五台塔院寺大慈延寿宝殿　资料来源：作者自摄

图 5-146 五台塔院寺大藏经阁　资料来源：作者自摄

图 5-147 五台南山寺全景　资料来源：作者自摄

图 5-148 五台南山寺佑国寺大雄宝殿　资料来源：作者自摄

图 5-149 五台龙泉寺石牌楼与山门

图 5-150 五台龙泉寺普济和尚墓

四周设石栏杆。塔身为圆肚形，刻有经文，东西南北分别刻有龛，内刻4尊弥勒佛。

寺内建筑多为民国初年遗物，均为木构建筑，上以汉白玉雕刻装饰。殿内多供奉塑像，生动逼真，为建殿同期遗物。龙泉寺现有殿宇18间，钟鼓2楼，禅房配殿143间，石牌楼、影壁及墓塔各1座，规模宏大，依山而筑，寺院前三座山门并排，各自独立布局，入内又有券洞通道相连，浑然一体，其布局与地形互为致用，巧妙安排为横向铺开，构思大胆，十分难得。

尊胜寺

位于五台县城东北部茹村乡龙王堂村东的虎阳岭土丘上，距县城20公里。据寺中碑文记载，始创时，寺曰"翠山院"。唐仪凤元年（676年），印度佛陀波利前来朝台，文殊菩萨显圣，佛陀波利复于唐弘道元年（683年）携尊胜陀罗尼经到长安，第二年译经定毕又返台，扩建原寺，称为"善住阁院"。北宋天圣四年（1026年）予以重建，曰"真容禅院"。明万历年间改名尊胜寺。现存建筑多为民国初期遗物。

寺宇坐北朝南，依山而建，占地面积达3.23万平方米。中轴线上依次布列有观音殿、天王殿、三大士殿、大佛殿、藏经殿、毗卢殿、五方文殊殿、万藏塔。殿宇层层升高，直达塔院。其余殿堂楼阁、厢房配殿分布于东西两侧，对称排列，形成一个庞大的建筑群。各层院落石阶相连，曲径联通，给人以深邃莫测之感。

寺内主体建筑天王殿、三大士殿、大佛殿、藏经殿、毗卢殿及五方文殊殿，结构形制大致相同，均系木结构殿宇，面宽均为五间，进深13～15米，硬山式屋顶，前檐置有厦间，门窗全部彩绘，华丽异常，并饰以木雕，以龙为主，形态各异。藏经殿是一座重檐歇山楼阁

图 5-151 五台尊胜寺全景
资料来源：山西省第三次全国文物普查资料

图 5-152 五台尊胜寺五方文殊殿

式建筑，上下两层，设十六明柱，形成环形走廊，结构特殊。上述殿宇中，塑像多已毁之不存。唯东侧十二角楼内尚存泥塑莲花坐佛，共计 24 尊。

寺内还遗存有砖券建筑，上下两层，券洞三间，面宽 15 米，进深 13 米，大洞之内有小洞相通，檐口部分均为砖雕构件。砖构建筑还有影壁、牌楼和万藏砖塔。影壁由五幅组成，中间三壁正中，嵌圆形砖雕游龙出水和飞龙腾云，构图精美。牌楼为三门四柱，檐头飞檐，脊上吻兽，斗栱柱间，均为砖雕仿木形制，刀法细腻，堪称砖雕中之精品。万藏塔坐落于寺最高处，即寺内最后面，塔高 9 层，高约 33 米，密檐式，塔身砌成平面十二边形，外观秀丽柔和，正面开有券门，为民国初年遗物。

寺内还保存有北宋天圣年间经幢 1 座及宋槐 2 株，民国初年的石雕观音像，虽时代较晚，但造型优美，技法娴熟，仍不失为珍品。

净信寺

位于太谷县阳邑乡阳邑村西南。据寺内现存碑刻及脊刹题记载，寺创建于唐开元元年（714 年），金大定（1161～1189 年）重修，明正德年间（1506～1521 年）扩建，明嘉靖十七年（1548 年）修葺，明万历三十三年（1606 年）、四十四年（1617 年）增建，清道光四年（1824 年）再次增建和扩建，始成现在规模。坐北朝南，二进院落布局，南北 94.5 米，东西 38.2 米，占地面积 3610 平方米。现中轴线由南至北存有照壁、倒座戏台、掖门、毗卢殿、二进门正殿，东西两侧存看廊、白衣殿、灰泉殿、钟楼、鼓楼、天王殿、月门、碑廊、二进院配殿、西侧照壁、耳房等，均为明清建筑。现寺内存碑刻 33 通，明清彩塑 76 尊，明清壁画 180 平方米，以及寺内建筑、琉璃等都具有较高的科学、历史、艺术价值。

大雄宝殿位于寺院中轴线北端，面宽五间，进深六椽，单檐悬山顶，七檩前廊式构架，长 18 米，宽 12.06 米，占地面积 252.84 平方米。前檐满设装修，中间为隔扇门，梢间为直棂窗，

图 5-153 太谷净信寺毗卢殿
资料来源：山西省第三次全国文物普查资料

图 5-154 长治观音堂观音殿
资料来源：作者自摄

图 5-155 长治观音堂观音殿悬塑　资料来源：作者自摄

梁架简洁，梁间不设瓜柱以驼峰隔承，三架梁之上立脊瓜柱且施角背稳固，前檐下斗栱五踩双下昂计心造，里转双翘五踩计心，角科斗栱内外45°出跳，造型考究，形制别致。观音殿、地藏殿两殿对应，结构相同，面宽五间，进深四椽，单檐悬山顶，五檩前出廊式构架，长15.6米，宽8.76米，占地面积136.67平方米。创建于明正德年间，前檐满设装修。檐下斗栱五踩重昂计心造，梁架简洁，梁间不设瓜柱以驼峰隔承，三架梁之上立脊瓜柱且施角背稳固，屋顶施蓝色琉璃瓦件覆盖，为明嘉靖二十七年（1548年）原物，东殿五间，中间三间供奉观音菩萨，为观音殿；南梢间供奉门神，为门神殿；北梢间供奉普贤菩萨，为普贤殿；西殿五间，中三间供奉地藏菩萨，为地藏殿；南梢间供奉土地神，为土地殿；北梢间供奉文殊菩萨，为文殊殿。

毗卢殿位于寺院中轴线中部，面宽三间，进深四椽，单檐悬山顶，五檩前出廊式构架，正面于檐柱间设隔扇门装修（新置）。檐下斗栱五踩双下昂计心造，里转双翘五踩计心，梁架简洁，梁间不设瓜柱以驼峰隔承。三架梁之上立脊瓜柱且施雕刻角背稳固，斗栱与五架梁头部交咬，保存较好。

戏台位于中轴线南端，两个部分构成，平面呈"凸"字形，占地面积149.1平方米。前为演台，面宽三间，单檐卷棚歇山顶，东西建有八字木构墙；双面斗栱九踩四下昂，后为出台后室，面宽五间，进深四椽，单檐悬山顶。演台前檐斗栱、耍头、栱眼刻工形态逼真，做工精致，后台梁架五架梁通檐两柱造，后檐下施五踩双下昂，里转五踩双翘斗栱，前檐斗栱与演台共用，与演台前斗栱构造一致，但内外均翘造成后台所施饰件与演台协调，亦雕刻华丽。屋顶施孔雀蓝色琉璃瓦件覆盖。

长治观音堂

位于长治市郊区梁家庄。据碑文记载，为明万历九年（1582年）梁姓业主立据将地卖出，以作"创建救苦救难观世音菩萨宝殿"而创建的一座小型佛寺。其后清代屡有修葺，现存建筑惟正殿为创建时原构，余皆清代所建，寺内以精美绝伦的彩塑和悬塑艺术闻名于世。

寺院坐东向西，现存二进院落，占地面积7400平方米。中轴线上自西向东有天王殿（山门）、献亭、正殿，两侧为钟、鼓楼及东西配殿。观音殿为寺内正殿，面宽三间，进深四椽，单檐悬山顶，建筑面积62.02平方米。前檐出卷棚抱厦，廊下与柱头斗栱均为三踩单下昂。梁架为四架梁对后单步梁通檐用三柱。殿顶有黄绿色琉璃屋脊，上饰龙与西番莲图案，典雅大方，为明代原物。大殿门楣上挂有明万历十一年（1583年）兵部侍郎部钦立的"观音堂"鎏金匾额。殿内主像奉三大士，南北两壁由低而高分层塑有十八罗汉、二十四诸天、十二圆觉，每组形成一个主题。壁上、梁间布满佛、菩萨、帝释天、天王和佛传故事悬塑，小小的殿堂约有大小佛像500余尊。全殿彩塑造型精致而细腻，浓厚而协调，将中国百姓所喜爱的各路神仙荟萃一堂，堪称一座三教合一的彩塑艺术精品陈列馆。

参考文献

[1] 申宇，朱向东. 山西佛寺建筑空间形态分析
[2] 王炜炜. 由山西佛寺建筑探讨佛寺形制在中国的建立及演变. 安徽建筑
[3] 刘敦桢. 中国古代建筑史. 中国建筑工业出版社
[4] 段玉明. 中国寺庙文化. 上海人民出版社

第六章　道教宫观

"宫"原指家中的房屋，秦始皇称帝以后，"宫"专指帝王之居所；"观"，原指大门两边供眺望的有相当高度的楼台式建筑，古人称之为"阙"，由于体型高大也可视为与神仙相会、迎候天神之处。《终南山说经台历代真仙碑记》引《楼观本起传》云："楼观者，昔周康王大夫关尹喜之故宅也。以结草为楼，观星望气，因以名楼观，此宫观所自始也。"由此，"观"具备了宗教意义，即修道者或求仙者观星望气、沟通人神的玄妙处所。

"宫观"一词联合使用，并确指迎奉神仙之所，始于《史记·封禅书》载汉武帝元光三年（前132年），当时出现的"宫观"之名，其功能就已经开始以奉祀神仙为主，因其或为皇帝亲自祭祀神灵的祠宇，或由皇帝敕建，而被冠以"宫"名，以显示其不同于一般庙宇的地位。而"观"则特指神仙之临幸处，并且定为有一定高度的楼阁台榭，这应该是道教宫观的雏形。

道教宫观一般由神殿、善堂、宿舍、园林四部分组成。总体布局基本上采取中国传统的院落式，以木构架为主要结构，以"间"为单位构成单座建筑，再以单座建筑组成庭，进而以庭院为单位组成各种形式的建筑群，大多在中轴线上布置供奉神像的主要殿堂，并作为斋醮的主要场所，于主轴线两侧的轴线上布置次要殿堂，灵活自由。不少道观，通常在主轴线后部或侧面横建小型园林，特别是在山区，常依地形、地势与山泉、流水、岩石、洞壑，点饰楼台亭榭，创造出以自然景观为主的俊美园林。

第一节　道教建筑概述

道教宫观发展经历了几个重要阶段。

一、"靖""治"之制

第一阶段，道教宫观的初步形成，大约在东汉魏晋时期。其时道教初创，作为一个正式宗教的诸多因素均在此时得以构建，作为道教文化载体的建筑紧随其后，出现了茅室、治、靖等早期道教的宗教活动场所。

道教建筑在形成初期，巫师方士并无固定活动地点，皆以山区野地作为道士修真地。"靖""治"之制始于东汉张陵、张衡父子所创立的五斗米道（天师道）。史书记载，五斗米师所立称为"治"，为民所敬。而普通信徒所立的敬修之所，则为"靖"，意为静修之所。"治"与"靖"作为早期道教活动场所，一是等级不同，"民家曰靖，师家曰治"。"治"建筑的规模并不大，形制也不是十分明确，治所只有堂、台（坛）、房、舍等少数建筑，而民间"靖"室建筑构造更为简单，只要求与居室隔绝，并保持清洁，但也有一定的规矩。《玄都律文》说："小治广八尺，长一丈八尺，中治广一丈二尺，长一丈四尺，大治广一丈六尺，长一丈尺。面户向东，炉案中央。"可见，"靖"是针对个体修道者而言，是单纯的修道祀神场所，是个人与神仙沟通的处所；而"治"则是针对修道群体而言，是聚集教众、集中修行、集体与神仙交流的处所，有其宗教的和社会组织的规范意义。此时"治"在结构与功能上已经基本具备了后世道教宫观在宗教信仰、宗教组织、宗教祭祀、宗教礼仪等方面的管理规范中心的作用，并且发展出共同的宗教群体。

不断趋于完善的道教理论体系提出以自我修炼成仙为主导思想，即修道者可以自行修炼，不必局限于去幻想缥缈的神仙之地，这就需要在人间建立重要的媒介从而实现人神沟通，同时魏晋时期的道教实行单纯的师徒传授制，并提倡道士出家住宫观，这给道教宫观进一步的发展奠定了理论基础并形成了客观需求，这个时期的道教宫观具备了道团、道规、道经、道仪等宗教的一般特征。

所以，"靖""治"之制，反映了早期道教等级观念在建筑上的影响，并对以后的道教宫观制度的定型化作了初步探索[1]。

二、"宫""观"之制

第二阶段，道教宫观正式形成。南北朝道教宫观得到了很大的发展。据记载，南北朝初年即出现了一大批道观。不仅政府纷纷大兴道观，而且地方官吏和私人集资所建道观，也是不胜枚举。"馆舍盈于山薮，伽蓝遍于州郡……缁衣之众，参半于平俗；黄服之徒，数过于正户。""馆舍"即观，道教的宫观，"伽蓝"是佛教的寺庙，"黄服"指道士，"缁衣"指僧人。看来当时的佛道发展规模都非常惊人，其中道教的宫观处处可见，遍及山野，随着数量的增多和建造规模的扩大，宫观的功能也发生了很大的变化，宫观不仅成为道士集中修炼祭祀的地方，也成为道士住宫观过集体生活的场所，同时还具有道教宣扬教义、研究教理、联系教众、发展教徒等功能。

另外，道教宫观在营修方面，其样式、格局、规模和功能等都比以前的道教活动场所有更进一步的发展。《洞玄灵宝三洞奉道科戒营始》卷一"置观品"记载了营造道观的有关规定："夫三清上境及十洲五岳诸名山或洞天，并太空中，皆有圣人治处。或结气为楼阁堂殿，或聚云成台榭宫房，或处星辰日月之门，或居烟云霞霄之内，或自然化出，或神力造成，或累劫营修，或一时建立。或其蓬莱、方丈、圆峤、瀛洲、平圃、阆风、昆仑、玄圃，或玉楼十二、金阙三千，万号千古，不可得数。皆天尊太上化迹，圣真仙品都治，备列诸经，不复详载。必使人天归望，贤愚异域，所以法彼上天，置兹灵观。"[2]

可见，道教宫观的建立完全是按照道教所宣扬的"神仙世界"来建设的。因此，地上营造的宫观："既为福地，即是仙居，布设方所，各有轨制。凡有六种：一者山门，二者城郭，三者宫掖，四者村落，五者孤迥，六者依人。皆须帝王营护，宰臣创修，度道士女冠住持供养"。[3]

宫观的构造和功能也比以往的道教活动场所完善："天尊殿，天尊讲经堂，说法院，经楼，钟阁，师房，步廊，轩廊，门楼，门屋，玄坛，斋堂，斋厨，写经坊，校经堂，演经堂，熏经堂，浴室，烧香院，升遐院，受道院，精思院，净人坊，骡马坊，车牛坊，宿客坊，十方客坊，碾硙坊，寻真台，炼气台，祈真台……合药台等。"[4]

这比"治"、"靖"等的建造复杂得多，从这时起，宫观建筑空间服务宗教的特点与道教神仙体系得到了整理，规定了道教宫观供奉和祭祀的神灵，基本上统一了道教宫观的神学形象，并且还对宫观进行了功能上的划分，将修炼场所与日常生活场所分别作了安排。这反映出道教及其宫观渐趋成熟。同时众多斋醮仪式、戒规科仪的制定和完善，使道教宫观的宗教活动得到了规范化发展，客观上也对宫观建筑的不断完善发展产生了推力。

而随着道观的建立和发展，尤其是道士住宫观过集体生活，有关道观管理的相应制度，如道士生活纪律的规定等也随之建立，为宫观的规范化和可持续发展奠定了基础，这一时期的戒律建设成为宫观制度建设的重要内容。这些成为以后道教发展的坚实基础。学者胡孚深在其《道学通论》中，将经改革而成熟的南北朝道教称为"成熟的教会式宫观道教"，即以宫观发展的成熟作为道教发展成熟的主要标志。

三、十方丛林道院和子孙庙观

第三阶段，是全真道的十方丛林时期。金元全真道的出现，建立道士出家制度以及十方丛林制度，为道教宫观的发展注入了新的活力，带来宫观的崭新气象，并在很大程度上为后世包括正一道在内的宫观所效仿。这个时期的宫观发展达到了顶峰，后世宫观制度均在此基础上建立。

全真道的宫观称为"十方常住"，也称为"十方丛林"。丛林之意，是将宫观比作茂密的山林，一方面蕴涵了道教追求清净的旨意，另一方面也有喻十方常住、道众荟萃的意思。道教十方丛林是全体道教徒共同所有的活动场所。

道教十方丛林道院是规模大的道场，其主要特点是向天下道徒开放，设坛传戒。不论哪种宗派的道教徒，均可前来"挂单"，在此留宿、生活、学习和受戒，道教称之为"律门"。

子孙庙观是由宗派相同的师徒或父子世袭相承的道教活动场所，我国大多数道观均属此类。南方的天师道正一派或称伙居道者，均不设十方丛林，他们在所住道观或自家设坛，都是世代传承的子孙庙。北方全真道派的道士与世俗脱离，出家住观修行，他们所住持的道观，除丛林外，均为同一宗派师徒传承的子孙庙。

凡是十方常住，在常住的附近都设有小庙或房舍，这些小庙或房舍是为那些要求挂单但经典生疏的道士临时暂住准备的。一些道士到十方常住要求挂单时因背诵经典不熟顺，暂时不能挂单，则可以到小庙或房舍暂住，复习经典，待能够熟练背诵时再去要求挂单，通过考问。临时暂住，在道教的术语中叫作"借单"，这些小庙或房舍同时也为外地道友来本地办事提供食宿方便。

第二节　山西道教道场

道教历来崇尚自然，崇拜名山大川；神仙崇拜是道教信仰的核心，道教修炼的最高目标是成仙，因此，道家往往隐居于山岳之间，山西多山的自然环境使其成为道人修炼、传道之首选。在道教兴盛的各个历史时期，山西各地建有诸多道教宫观院庙。道教场所在山西北部、西部、中部、西南部、东南部均有典型的分布。

山西北部以北岳恒山、五台山为中心有庞大的道教古建筑群。恒山与泰山、华山、衡山、嵩山并称五岳，齐名天下。历代帝王十分重视对恒山的祭祀，唐宗宋祖等都曾到过恒山巡视、祭奠，或差使臣到恒山朝圣。

北岳恒山的主峰位于浑源县境内，海拔2016.8米，其高度为五岳之冠，叠嶂拔崎，气势宏伟，被人们喻为"人天北柱"、"绝塞名山"。恒山自古就为道教圣地，道教称恒山为"第五洞天"。据道教史籍记载，远在春秋时，太上老君就在恒山千佛岭结庐炼丹，燃灯道人在此演兵斗法；汉武帝五岳封禅时，便开始在恒山建立庙观；北魏平城时代，恒山主峰属京畿之域，备受北魏帝王青睐。太武帝曾下令在恒山飞石窟内建北岳庙。寇谦之在恒山宣扬新天师道，翠屏峰上又修建了悬空寺，恒山道教兴盛起来。隋唐时期，八仙中的张果老、吕洞宾在恒山修行，管革于此结庐悟道，使北岳道场名扬九州。到明清时期形成一个规模宏大的古建筑群，仅主峰就有"三寺四祠七亭阁，七宫八洞十五庙"的规模，可惜现仅存20余处。庙在中峰南麓，诸山环绕，庙的布局别具一格。在空间组织方面颇费匠心，由于距离远，需沿峡谷登山才能领略恒山道观建筑群之美，所以沿途设牌坊，至瓷窑口建恒山门。山门与庙距离约有十里，且道路蜿蜒曲折，沿途又设形式不同的亭、堂、庵、楼等加以引导，各建筑呈不规则的分散布局。主要殿宇有朝殿、寝宫、会仙府、九天宫、纯阳宫、关帝庙、文昌庙、灵官庙、龙王庙、山神庙、疮神庙、马神殿、十王殿、得一庵、阎道祠、紫微阁、魁星楼、羽化堂、接官亭、龙泉观等，纳十方之神灵，汇三教之众神，供儒、佛、道三家始祖于一殿，堪称中国宗教史上的佳话。

五台山是驰名中外的中国佛教四大名山之首，但是，很少有人知道五台山早期为道家所据。五台山别名紫府山，是道教神仙的居处，是道教对五台山的尊称。道教崇尚紫色，如紫衣、紫室、紫洞、紫皇、紫宫、紫清等称谓。在五台山最早活动的宗教是道教，留有丰富的道教文化遗存，演绎出许多道教神话传说。佛教传入五台山后，佛、道两教为了各自的发展，展开了激烈的竞争，最后佛教获得了胜利，统治了五台山。针对道教赋予五台山的美称"紫府"，佛教采取了保留与改造的办法，使之披上了佛教的色彩。因此"紫府"也就成了佛、道共认的五台山之别名。

山西西部吕梁山脉中段的北武当山也是道教名山。道教认为北武当山是真武大帝北方行宫，是全真道活动的主要地区之一，早在隋唐时北武当山已建有庙观，是华北、西北地区很有影响的道教圣地。部分庙观在明代得以重修，现存真武庙、龙王庙，山顶有玄天殿、太和宫等古建筑耸立。据清乾隆年间《重修神山复古记碑》记载：北武当山创建于唐时，山上建木殿一间，东茶房一处，殿内塑玄天上帝、十大元帅。铺路石磴千余，柱狮栏杆俱全。而据清同治四年《帝德常昭碑》载，在唐代以前北武当山已是道教的北方朝拜圣地，山顶建造有玄天大殿，每年三月三日圣诞，绅庶老幼，昼夜徒步拜谒，朝山进香者，数百里不绝，可见香火之盛。唐宋之后，随着岁月流逝、风雨侵蚀，或火灾或人为破坏，殿宇、塑像常有坍塌损坏，但历朝历代也屡有修复和扩建。据现有碑记，明永乐十一年（1413年）成祖朱棣侄庆成王济炫、永和王济烺兄弟俩权住汾州府时，因崇拜真武大帝，付巨资将登山之崎岖小路改造成石砌台阶，并将早已坍毁的玄天大殿修复一新。后又补修三次。据明万历二十七年所立《龙王山重建玄天上帝宫记》碑文"龙王山上有玄帝庙一楹……乡民攀应秋等，洗心誓众竭诚修理焉，山巅重建正殿三楹，中塑玄帝圣像"，清代又进行了大规模的修建和增补。近年来学者考证，"北武当山是中国道教发源地"，是北武当山研究的一个新成果。

山西中部的道教场所有介休绵山和太原龙山。介休的绵山从春秋时起就有道家及道教的频繁活动，许多道家人物慕名而来，仅龙脊岭就留下了陈祖、彭祖、吕祖等十余座修行洞；水涛沟成为历代高道辟关的首选之地，先后有张良、雷隐翁、王贾等著名道教人物在水帘洞内辟关、辟谷修行养性。两汉时期，道家人物在绵山一带的活动十分活跃。张良"西入关道，出绵上"，为绵山脚下的百姓治绝狐患。介休三贤之一的郭泰称羡道家，希望"岩栖归神，咀嚼元气，以修伯阳、彭祖之术"，葛洪在《抱朴子》"外篇·正郭篇"中把他视为道家人物。李世民在雀鼠谷大战后为答谢道教神恩，敕建天桥洞神宫；唐高宗李治于永徽二年敕建一斗泉洞真宫；唐玄宗南出雀鼠谷后敕建大罗宫。绵山李姑岩庙亦为唐代所建。宋代绵山最大的道教活动是宋神宗敕封介子推为洁惠侯，文彦博奉旨在绵山举行了敕封大典，现有封侯亭遗存。文彦博庆历八年贝州平叛后，为感谢九天玄女助战之恩，于故里建玄神楼。文彦博本人也崇尚道教，自号"南极真子"。后文彦博屡上绵山，研究道教养生。金代国史院编修介休人马天来，曾数次游历绵山，塑造道教神像。元代介休道人梁志通往返于陕西玉泉观和绵山之间，对绵山道教发展的影响很大。明清时期，传说明太祖朱元璋之父朱五四曾到绵山朱家凹修行道教，朱元璋子朱㭎、朱权及第六代晋王等，都相继朝拜绵山，修建寺观。与道教有关的民间祈雨文化在绵山也长盛不衰，唐贞观、金大定、明洪武年间均有百姓祈雨的记载，甚至清光绪年间山西巡抚曾国荃也在绵山主持过大型的祈雨活动。道教的传播，使绵山产生了独特的道教文化习俗，如大罗宫求运挂云牌、抱腹岩祈雨还愿挂铃、天桥求子挂灯等，久盛不衰，沿袭至今。

太原龙山是著名的道教场所。元初道士宋德芳在大都、河东、终南山之间活动。据《终南山祖庭仙真内传》载：宋德芳于元太宗六年"游太原西山，得昊天观故址"，在太原龙山主持重建了昊天观，并开凿了石窟。据《嘉靖太原县志》记载，在龙山绝顶"昊天观东石崖列凿石室八龛，有道者姓宋号披云子所凿"。龙山现有石窟8个，多为元代作品。内有石雕造像65余尊，主要刻画了道教祖师、神仙的各种形象，具有浓厚的元代风格，是道教雕刻艺术的经典作品，其造像内容、雕刻技法在我国石窟寺艺术中占有重要地位。此外，晋中一带平遥清虚观、汾阳太符观、柳林玉虚宫、介休后土庙等都是著名的道教建筑遗存。

山西西南部的道教场所有芮城永乐宫和河东的道观。位于山西最南部芮城县的著名五老峰道观永乐宫，是龙门派创始者丘处机及其弟子修造的，相传是为尊奉八仙中的吕洞宾而建造。吕洞宾是八仙中影响最大、民间神话传说故事最多的仙人。唐代时就将他的故居改建为吕公祠，金代末年改祠为观。元代重建扩建后，改称大纯阳万寿宫，因地处永乐镇，故又称为永乐宫，是全真教三大祖庭之一。宫内有三清殿、重阳殿等四座规模宏大的元代殿宇，整个修建工程和壁画的绘制，前后费时约110余年。永乐宫最珍贵的是三清殿的元代《朝元图》壁画和纯阳殿的《纯阳帝君神游显化图》，堪称中国绘画史上罕见的精品巨制。明万历和清乾隆、嘉庆年间先后进行过大规模的修建扩建，形成道教"天宫琼宇"建筑特色的木结构建筑体系。除了永乐宫外，河东地区的道教场所还有绛县东华山道观群，包括东岳庙、崇祯观、昊天洞、景云宫、三清殿、文昌阁、老君庙、老君桥等建筑。

山西东南部的道教场所，有晋城的玉皇庙和珏山。创建于北宋年间的著名道教庙宇玉皇庙古建筑群，是古代泽州规模最大、影响最广的道教庙宇。三进院落，殿阁楼亭110多间，规模宏伟，布局合理。最珍贵的是元代艺术大师刘銮塑造的二十八宿元代彩塑，是我国雕塑艺术中的奇葩，属全国已发现的古代塑像中的孤品。晋城珏山也是古代道教圣地，包括魁星楼、黑虎殿、献台等建筑，其中，真武观供奉真武帝君。道教认为，武当山是真武帝君修炼之地，而珏山则是其镇守之所。早在东汉时期，珏山就被辟为道场。北宋时期，道教恢弘，真宗皇帝为了稳固江山，认神为主，将玄武改为真武。自宋至今千余年来，珏山真武观香火旺盛，道士云集，是晋东南地区及豫西北地区信徒朝拜的圣地。另外，长治玉皇观也是晋东南地区重要的道教活动场所。

综上所述，道教场所在山西北部、西部、中部、西南部、东南部均有典型的分布，具有普遍性的特点。

第三节　山西道教建筑的发展综述

据有关记载，远在2000多年前的西汉初年，雁北恒山一带就出现了炼仙丹的方士，即《汉书》"艺文志"所称的神仙，这时的道教还不能算是真正意义上的道教，缺乏完整的教义及礼仪场所。到了东汉，道教在山西已逐步成形，少数地方修建了道教礼仪场所。据《清凉山志》记载，梵仙山"昔日五百仙人，饵菊成道"，反映山西当时道教发展盛况。东汉永平年间，五台山境内即有道士，道教称五台山为紫府山，曾建有紫府庙。[5]

至南北朝时期，道教的形式、内容已制度化。在北魏太武帝始光元年（424年），寇谦之向太武帝进献了《录图真经》，并对太武帝宣讲新天师道的教义，深得太武帝的赞赏，就起天师道场于代都东南，"宣扬其法，宣布天下"（《魏书·释老传》）。太平真君三年（440年），太武帝又从寇谦之请，亲备法驾诣道坛受符箓。从此以后，北魏皇帝践位之初必受符箓，这成为皇帝登基的必行礼仪。自此，道教成为北魏国教，这时的山西自然成为中国道教的中心。据《魏书·释老传》记载：北魏孝文帝太和十五年（491年），诏起道坛于"都南桑干之阴、岳山之阳，永置其所。给户五十，以供斋祀之用，仍名为崇虚寺"，这个崇虚寺在光绪《山西通志》中记载为："在城南三里"，意味着山西道教建筑进入发展期。

到了隋朝，隋炀帝为维护其暴力统治，对道教采取压制手段，下令将纬侯、图谶与谶纬有关能妖言惑众的书（即对其统治有不利影响的书）一概焚毁。山西道教同全国一样首次受到打击。

到了唐代，山西的道教发展迎来机遇，山西省浮山县龙角山庆唐观（也叫天圣宫）成为唐王朝之祖祠、道教圣地。相传武德三年（620年），老君在羊角山显圣五次，托吉善行传言符命归唐。"吾而唐帝之祖也，告吾子孙长有天下。"高祖为了政治的需要，认老君为祖宗，建老子祠祀之，并改羊角山为龙角山，浮山县曰神山县，封吉善行为朝散大夫。道教因此发展为皇族道教、皇家道教而达到鼎盛。太宗扩建为兴唐观。玄宗为庆唐之中兴，改兹为庆唐观，派内臣高力士将其扩建为"天下式"老唐庙。御制御书的《唐龙角山庆唐观纪圣之铭》誉其为"发祥之地"、"受命之场"、"龙角仙都"。铭文有云："高祖凤翔，云举晋阳。太宗龙战，凤趋秦甸。龙角仙都，王师戒途。"这最能显示庆唐观在唐代得到的重视。唐帝从这里向全国推行尊老为祖、崇道抑佛、以道治国和推崇老学的政策，创造了历史的辉煌。《道德经》从这里传遍天下，不论士庶，"家藏一本"，贡举"加老子策"，敦促老学大兴。庆唐观的历史作用和地位，见之于国史，昭彰于御碑。

自此，全国上下崇道成风，各地宫观林立，香火鼎盛。洪洞孙真人庙便是在当时背景下建的，占地300余亩，规模盛大。同时，恒山庄泉观、灵丘白音观、应县冲虚观、翼城庆雷观等一大批宫观也相继建成。据记载，全省各地共建宫观庙宇几百处。唐玄宗时，把《道德经》列为诸经之首，下令每户人家必备一本《道德经》，并于开元九年（721年），将当时住天台山的茅山派第十二代宗师司马承祯迎于宫中，亲受法箓，成为道士皇帝。中国道教发展到顶峰，山西道教也发展到了最繁荣的时期。

唐代的道教受到统治阶级的推崇，是仅次于佛教的第二大宗教，历朝帝后及大贵族也多建道观，道观的形制和规模史籍中未予以详载，现仅存芮城广仁王庙，但原来布局已经改变，难以反映当时道观建筑的特点。

五代时，纷争不断，山西道教不断受到打击。在晋北，契丹世宗天禄四年（950年）七月，辽军准备进攻中原，派人到恒山求卦，因卦不吉利便放火烧了恒山庙。在晋南后周世宗也下令佛教僧侣废寺还俗，波及道教，多数道士被迫还俗，许多宫观被封。

北宋统一中国后，由于宋太祖的即位曾得到道教人物的相助，因此在建立政权以后，对道教采取扶持的态度，下令停止后周世宗废止寺观的命令，并给杰出道士赐紫衣，增加道士人数，在其倡导下，以往废止的道观得以恢复。天师道归为正一派，在北方，王重阳创全真教。宋徽宗更是自称为道君皇帝，崇信道教，大建宫观，山西各地相继修建了大同太宁观、洪洞玉虚观、清灵观等大批宫观，山西道教得以兴盛。

宋时，宋仁宗天圣年间（1023～1032年），在唐叔虞祠侧新建圣母殿、鱼沼飞梁。其中圣母殿较为完整地表现了宋代木构、雕塑、雕刻等工艺，成为山西道教祠庙建筑，乃至全国木构架建筑中不可多得的瑰宝。宋代的河东路道教曾一度盛行，留存至今的晋城玉皇庙是宋代道观中的优秀范例，也是华北地区保存最完整的道教宫观。这些遗构对于研究宋元时山西省乃至全国道教宫观建筑意义重大，弥足珍贵。

元朝时，全真教大受元太祖的尊崇，全真教道士丘处机被封为国师，盛极一时。山西的全真派也活动频繁，在山西地区建了大量的道观建筑，各地宫观林立、香火甚旺。12世纪中叶以后，成吉思汗为利用全真教，在西征途中遣使臣到山东莱州丘处机处。为了给全真教寻找政治上的靠山，丘处机不顾年高，率"十八弟子"启程应召，饱经风霜，跋涉赶到西征途中的成吉思汗行营，随即被"赐予神仙，爵大宗师，掌管天下道教"（陶宗仪《南村辍耕录》），使全真教在道教中居于正统地位。元太祖十九年（1224年）丘处机折还大都，大力发展全真教，在北方大兴土木，创观造宫，"凡祖师仙迹，一为发扬"。吕公祠被全真教徒发掘，将其整修成"东祖庭"。芮城永乐宫更是大规模扩建，成为全真教三大祖庭之一。太原的龙山石窟，便是由当时任元朝教门提点官职的丘处机弟子、道士宋德芳主持修建的，是中国唯一的道教石窟。

明朝初始，太祖朱元璋因有过当和尚的经历，对宗教内部比较了解，便推行了极严格的宗教统一控制政策。在即帝位后，他仿照管理佛教事务的善世院设置了玄教院，作为统一管理道教事务的机构。后又设道录司统管道教。道录司分全真、正一两派，各自分设左右正一2名，左右演法2名，左右至灵2名，左右元义2名。山西当时也设立了道纪司，州设道正司，县设道会司，隶属道录司，管理地方道士和女冠。其主要任务是编制道士户籍、道观的由来，任命住持，发放度牒，管理道士日常生活等。并规定三年发一次度牒，禁止男性40岁以下、女性50岁以下者出家，并限定府40人、州30人、县28人的出家数额。洪武二十八年（1395年），所有出家者集中于都城参加考试，未掌握经典者令其还俗。这样，山西有许多为逃避徭役而出家的道士不得不还俗，自元朝开始一度泛滥的传道活动得以遏制。但到明世宗时，由于他的崇道，道教就又不受限制地发展起来。至明末清初时，道观已遍布全省城乡各地，仅洪洞一县就有 150 余座，柳林县共建过 373 座，可见明朝末期全省道教之盛。

清王朝建立后，由于统治者尊佛抑道，山西道教自明朝开始的发展之势逐渐衰落，并逐步与佛儒二教相融合，如悬空寺由当初的道观变为儒、释、道三教合一的寺庙，寺内既供奉释迦牟尼和佛、菩萨，又供奉道教的老子、吕祖等神仙，还供奉孔子、孟子等儒学代表人物。在道教自身派别中，门户观念也逐渐淡化，正一派道士成为全真教道士、全真教道士到正一道处修行也极常见。清朝道教人物中，山西籍道士王常日在全国影响甚大，他曾任北京白云观第七代住持，在白云观设戒坛培养道士，修改和制定清规戒律，致力于教团改革，现仍实行的三堂大戒，便因此而来，得到过清世祖三次赐紫衣的荣誉。到清末时，由于帝国主义侵华战争及伴之而来的西洋各种宗教势力日趋强盛，本已屡弱不堪的山西道教便更趋衰落。

第四节　山西道教宫观实例

一、庙堂

芮城广仁王庙

位于芮城县城北 4 公里中龙泉村北侧，是一座祀奉水神的庙宇。因庙前有五龙泉，庙内奉水神，封号"广仁王"，人尊名"五龙王"，故又称"五龙庙"。庙创建年代不详，现存建筑正殿为唐太和五年（833 年）遗构，是国内现存四座唐代木构建筑之一。

庙坐北向南，规模较小，由戏台厢房和正殿组成。正殿殿身面阔五间，进深三间，单檐歇山顶。平面呈方形，台基高 1.2 米，前设月台，正面明间辟板门，两次间为破子棂窗，两梢间偏小。殿周檐柱 16 根，全部砌入墙内。柱上仅施阑额，无普拍枋，转角处阑额不出头。檐下仅施柱头斗栱，为五铺作出双杪偷心造，斗幱较深，无补间铺作。殿内无柱，梁架为彻上露明造，四椽栿通达前后檐外，伸出部分制成二跳华栱。栿上设驼峰、大斗承平梁，平梁上设侏儒柱和叉手，两端施托脚，梁栿为月梁造，各栱节点均有搘节令栱和替木承托，结构简洁朴实，联结有力。殿顶举折平缓，总举高约为前后撩檐槫间的 1/5，翼角翘起舒缓，唐风犹存。斗栱、梁架等主体构件均保持了唐代原构。乐楼为清代所建。

图 6-1　芮城广仁王庙正殿　　资料来源：作者自摄

正殿前檐两梢间墙壁上嵌记事石碣 4 块，其中唐碣2块，一为元和三年（802年）河东裴少微"广仁王龙泉庙记"，一为太和六年（832年）"龙泉记"，是研究广仁王庙历史沿革及中国古代水利发展史的重要史料。

榆次城隍庙

位于晋中市榆次区西南街道办事处城隍庙社区东大街75号路北。据民国版《榆次县志》及庙中现存碑刻记载，城隍庙始建于元至正二十二年（1362年），在蒙古人达鲁花赤帖

图6-2 榆次城隍庙显祐殿　　资料来源：作者自摄

图6-3 榆次城隍庙玄鉴楼背面
资料来源：作者自摄

图6-4 榆次城隍庙玄鉴楼局部
资料来源：作者自摄

木尔主持下完成，原址在大北门内善政坊。初建时仅大殿三间，东、西廊房各三间，山门一间。明洪武元年（1368年）迁现址。明成化、弘治、正德增修，到明嘉靖二年（1523年）形成现在的格局和规模，清代重修。现存建筑显佑殿为元代遗构，其余为明清时期建筑风格。城隍庙坐北朝南，为三进院落布局，中轴线由南往北依次为山门、玄鉴楼（兼作乐楼、戏台）、显佑殿、后寝殿，两侧为钟鼓楼、东西廊房、东西配殿等，占地面积4000平方米。

玄鉴楼建于明弘治十年（1497年），与明正德十五年（1520年）所建乐楼及明嘉靖二年（1523年）所建的戏台、琉璃影壁形成一个宏大的建筑整体。主体面宽五间，进深二间，周有围廊环绕，两老檐柱由墙体封护，四重檐二层楼阁建筑，通高17米。四重檐分置四层斗栱：一层斗栱，三踩单昂；二层斗栱，五踩重翘，三层斗栱，三踩单翘；四层斗栱，七踩出三翘。屋顶施筒板瓦，其中一二层施灰瓦，琉璃瓦剪边，琉璃脊兽；三四层施绿色瓦，琉璃花脊吻兽。乐楼在主楼后，与主楼梁柱相连接，面宽五间，进深一间，分两层，一层平座，二层单坡歇山顶。戏台面宽进深各一间，梁架为六架无廊，与乐楼梁柱相连，单檐卷棚歇山顶。琉璃影壁与乐楼一层角柱相连，沿角柱45°伸出呈八字形二柱牌楼式，柱间施琉璃壁面，壁心为麒麟祥云图案，有题记为嘉靖二年烧造。

都城隍庙

位于长治县西火镇南大掌村西北。坐北向南，东西长22.1米，南北宽44.25米，占地面积977.9平方米。创建年代不详，据庙内碑碣记载，清顺治二年（1645年）、清光绪十年（1885年）、民国3年（1914年）屡有重修。现存皆为清代建筑。一进上下两院布局，中轴线上从南向北依次有山门（戏台）、献亭、正殿，两侧分别对称有钟、鼓楼，东、西看楼，东、西配殿，东、西耳殿。正殿建于高0.65米的石砌台基之上，面宽三间，进深五椽，单檐硬

图6-5 长治县都城隍庙全景　　资料来源：作者自摄

图 6-6 襄汾汾城城隍庙庙门　资料来源：作者自摄

山顶，琉璃剪边，六檩前廊式构架，柱头科装饰性斗栱，明、次均设隔扇门。庙内存清代、民国重修碑 3 通。

汾城城隍庙

位于襄汾县汾城镇城内村西北部，故太平县城的西北角。据清光绪八年（1882 年）版《太平县志》记载，创建于明洪武二年（1369 年）；又据现存重修碑文记载，明天启七年（1627 年）建。清乾隆九年（1744 年）、乾隆三十四年（1769 年）、光绪十六年（1890 年）及 2004 年屡有修葺。庙坐北面南，占地面积 2222.95 平方米。中轴线上由南向北依次为影壁、旗杆、山门、戏台、观看区、献亭、正殿、寝宫（不存）；轴线西侧为西配房、西厢房、西耳房、鼓楼；轴线东侧为东配房（不存）、东厢房（不存）、钟楼。现存建筑的正殿、献亭为明代建筑，戏台主体建筑为明代，前檐抱厦为清代增建，剩余其他如影壁、山门、旗杆、钟鼓楼等为清代建筑。山门现存明清碑各 1 通，院内存残碑 4 通，古柏 5 株。2006 年公布为全国重点文物保护单位，归属汾城古建筑群。

戏台坐南面北，面宽三间，进深四椽，主体建筑为明代，悬山顶式；前檐为清代重檐歇山顶式抱厦，面宽三间，进深二椽，东北角和西北角为歇山顶式短廊。平面呈"凸"字形，通宽 13.03 米，深 10.04 米，高 10.345 米。观众区的地面，保留着古代人们看戏时男女观众分区的格式。总宽 18.81 米，深 17.44 米，面积 328 平方米。中设 2.45 米的甬道，两侧于山门偏门位置处设1.75米的两条甬道。甬道之间设二列三横的插杆石，将观众分为八个区域。

正殿创建年代不详，现为明代建筑。坐北面南，面宽五间、进深六椽的悬山顶建筑，前檐设面宽七间、进深二椽的悬山顶前廊。通面宽26.6米，通进深24.6米，其平面呈长方形。梁架结构为六架梁对乳栿，前设廊；斗栱为五踩双下昂，门窗不存。屋面为黄绿色琉璃剪边形式，中设琉璃方心，正垂脊琉璃脊饰。

重修太平县城隍敕勒显佑伯庙碑，位于山门东次间内。长方形，青石质，螭首，龟趺，通高3.9米（其中碑首高1.14米，碑身高2.26米，碑座高0.50米），宽0.98米，厚0.25米，碑阴为布施者名单，碑首题："重修太平县城隍敕勒显佑伯庙记"，碑文为楷书，分为17行，每行66字，字数共1064。碑文内容记述了重修意义，明天启七年（1627年）正月立石，张云翼撰文，王体豫书丹。

黎城城隍庙

位于黎城县黎侯镇城内村河下东街95号。据《黎城县志》载，创建于北宋天圣年间（1023～1031年），元至正年间（1341～1368年）焚于兵火，明洪武二年（1369年）重建。嘉靖十六年（1537年）及清康熙四十年（1701年）、宣统三年（1911年）均有重修。现山门为明代遗构，正殿为清代遗构。坐北朝南，一进院落布局，东西36.23米，南北52.65米，占地面积1892平方米。中轴线上由南至北依次存山门、正殿，山门两侧建有掖门。庙内存有明清重修碑4通。山门为明代建筑，建于高2.5米的砖砌高台之上，面宽三间，三檐歇山顶（顶层内设天花，梁架结构不明），灰筒板瓦屋面，琉璃吻兽。斗栱五踩双下昂；墙体青砖砌筑，一层中辟板门，二、三层均设有隔扇窗。

正殿为清代建筑，建于高1.8米的石砌台基之上，面宽五间，进深十椽，单檐悬山顶，灰筒板瓦屋面，琉璃脊饰。梁架结构为十一檩前廊式构架，前檐柱头科五踩双下昂；平身科五踩双翘，出斜栱两层；后檐柱头科三踩单下昂，平身科三踩单翘；耍头均为蚂蚱型。墙体青砖砌筑，前檐明、次间设有六抹隔扇门，梢间设隔扇窗。殿内残存有壁画3平方米，其内容不详。

介休城隍庙

位于介休市北关东大街275号。创建年代不详，据庙碑记载，明弘治八年（1495年）、隆庆六年（1572年），清雍正二年（1724年）、嘉庆十九年（1814年）重修。坐北朝南，一进院落布局，占地面积3415平方米。中轴线由南向北依次为戏台、城隍殿，两侧为钟楼、鼓楼、配殿及朵殿。现存正殿为明代遗构，余皆为清代建筑。

正殿面宽七间，进深六椽，重檐歇山顶，七檩前后廊式构架，前檐柱头科、平身科和角科斗栱共19攒，额枋、栱头皆有镂空雕饰。正殿顶部黄绿琉璃脊饰、剪边，脊刹饰双层楼阁，左右狮驮宝瓶。

图 6-7 黎城城隍庙山门　资料来源：作者自摄

图 6-8 黎城城隍庙正殿　资料来源：作者自摄

图 6-9 介休城隍庙正殿
资料来源：山西省第三次全国文物普查资料

图 6-10 长治潞安府城隍庙玄鉴楼　资料来源：作者自摄

戏台建于高 1.35 米的砖砌台基上，面宽五间，进深四椽，单檐卷棚硬山顶，黄绿蓝琉璃脊刹、吻兽和琉璃瓦方心点缀。前台明、次间出歇山顶抱厦一间，斗栱三踩单昂，檐下正中悬"明白处"木匾一方；后台明间出卷棚歇山顶抱厦一间，额枋下施木雕花卉雀替。台基四周围石质栏板，望柱上雕石狮、八角钟等吉祥物。

城隍庙整体布局完整，庙宇建筑高大宏伟，造型独特。

潞安府城隍庙

位于长治市北大街庙道巷，坐北朝南，规模宏大，为三进院落布局，总占地面积约 18687 平方米，共有殿宇 175 间，建筑面积约 4556 平方米。整个庙宇沿中轴线排列，计有牌坊、山门、重楼、戏楼、献亭、正殿、寝宫、廊庑等建筑。其中寝宫为明洪武十二年（1379年）重修，重楼为明弘治元年（1488 年）增建。庙前的过殿式楼阁建于明中叶，摆脱了一般的传统程式做法，是一处形式较为别致的建筑。

据庙内碑碣记载，该庙始建于元至元二十二年（1285年），明弘治元年（1488年）、清道光十四年（1834年）均有修葺。中轴线上由南向北依次为山门、玄鉴楼、戏台、献殿、正殿、寝宫，东、西两侧对称有夹殿、妆楼、中院廊房、配殿、耳殿、厢房、后院廊房、耳殿。现存建筑中正殿为元代遗构，山门、寝宫为明代遗构，其余皆为清代建筑。庙内现存碑8通，碣1方，古树1棵。

城隍庙正殿，据殿内脊槫题记记载，元至元二十二年（1285年）重建。现存为元代遗构。建于高0.56米的砖石台基之上，面阔五间，进深六椽，单檐悬山顶，琉璃屋面，四椽栿对后乳栿通檐用三柱，前檐柱头六铺作单杪双下昂，前檐檐柱及金柱均为方形石柱，素面石柱础，明、次间施四扇五抹头隔扇门，梢间置直棂窗。后檐柱头四铺作单下昂，明间设四扇五抹头隔扇门。

寝宫，为明代遗构，建于高0.65米的砖石砌台基之上，面宽五间，进深六椽，单檐悬山顶，琉璃屋面，七檩前廊式构架，檐下柱头科五踩重昂，明、次间均设四扇六抹隔扇门，梢间置四扇四抹头隔扇窗。

山门，为明代遗构，建于高0.50米的砖石砌台基之上，面宽三间，进深六椽，二层单檐歇山顶。一层前后辟廊，金柱间施板门，次、梢间砖砌，柱础青石质二层，下为束腰，束腰部分雕有龙、鹿等图案，上层浮雕仰莲。廊柱柱头科五踩重昂，二层梁架五檩无廊式，柱头斗栱五踩重昂。

重修潞安府城隍庙碑，青石质，圆首，方座。通高3.20米，宽0.70米，厚0.28米。额题篆书"重修潞安府城隍庙碑"，首题"重修潞安府城隍庙碑记"，碑文楷书，共11行，满行63字，内容记载了潞安府城隍庙创建于元代，清道光年间（1821～1850年）维修的经过。马绍授撰文，常天成刻石。清道光十四年（1834年）立石。

长治潞安府城隍庙不仅是山西，也是全国现存已知府城隍庙中规模较大、保存较完整的一处古建筑群。其总体格局按照府庙规制建造，不仅体现了元、明时期人们对城隍的信仰和崇拜，也反映了城隍信仰对上层社会的影响。

平遥城隍庙

位于平遥县古陶镇东城社区城隍庙街51号。据清光绪版《平遥县志》记载，始建于明初，后有部分建筑被大火焚毁，明嘉靖三十三年（1554年）重修。清咸丰九年（1859年）再次遭受火灾，除寝殿外悉为灰烬。同治三至八年（1864～1869年）重修。占地面积5133平方米。坐北朝南，三进院落布局，中轴线上建有牌楼、山门、戏楼、献殿、正殿和寝殿，两侧为钟鼓楼、配殿、碑亭等。献殿五间，卷棚硬山顶，前檐明间出歇山顶抱厦，斗栱五踩双下昂。正殿面宽五间，单檐悬山顶，斗栱五踩双下昂。寝殿两层，底层为砖券窑洞5孔，前檐插廊；二层面宽五间，双坡硬山顶带前廊。庙内存清碑5通。

图 6-11 平遥城隍庙山门

图 6-12 芮城城隍庙正殿山面

芮城城隍庙

位于芮城县古魏镇南关村永乐南街小西巷040号，俗称"南庙"。坐北朝南，东西58.18米，南北101.6米，占地总面积5911.09平方米。据民国版《芮城县志》记载，该庙创建于宋大中祥符年间（1008～1016年），历代皆有重修。原有建筑布局为四进院落，沿中轴线由南至北依次有山门、戏台、享亭、献殿、大殿、寝殿，山门和戏台毁于民国初年，现存主要建筑有享亭，两侧各有廊房九间，献殿、大殿、寝殿，寝殿两侧各有厢房三间，现存建筑总面积3996.6平方米。城隍庙主要建筑保存较为完整，集宋、元、清三代古建筑风貌于一体。

享亭俗称"看台"，位于城隍庙建筑群最南端，是祭祀用的建筑，面宽五间，进深三间，单檐歇山顶，梁架为四架椽屋通檐用二柱，柱子粗矮，柱头施粗圆形大额枋，额枋横跨三椽，额枋上施四铺作单杪斗栱，斗栱硕大古朴，建筑形制粗犷而浑厚，具有浓厚的早期建筑特色。

献殿建于清代，民国24年（1935年）重修，为五架椽屋六檩卷棚顶悬山式构造，面阔五间，进深两椽，平面长方形，建筑通高7.06米，通面宽15.7米，通进深8.71米，建筑面积136.75平方米。前檐设插廊，中部辟门通大殿，外露四明柱，台明前出1.17米，总宽0.78米，前檐设压岩石，砌三步踏道，殿内为方砖墁地。

大殿为城隍庙主要建筑，创建于宋代，面阔五间，进深三椽，平面呈长方形，单檐歇山顶，梁架为六架椽屋乳栿对四椽栿用三柱，柱头五铺作双下昂斗栱，补间斗栱各一朵，为五铺作单杪单下昂，竹批式昂嘴，蚂蚱形耍头，屋架举折平缓，斗栱硕大，栱瓣清晰，其歇山部分的二龙戏珠琉璃山花为明嘉靖三十年（1551年）立。大殿形制古朴典雅，雄伟壮观。大殿经历代重修，除少量构件更换外，大木构件及斗栱仍为宋代遗物。

寝殿位于庙内第三进院落，面宽五间，进深一椽，单檐悬山顶，梁架为三檩无廊式结构，二架椽屋通檐用二柱。平板枋上置简单的斗口出单浮云耍头，补间科斗栱。该院落为封闭式建筑格局，前部设清代垂花门及围墙，东西两侧各建有三间面阔厢房。

晋城玉皇庙

位于晋城市东南 13 公里府城村北冈上，是古泽州规模最大、影响最广的道教庙宇。

庙创建年代不详。据庙内现存明代碑刻记载："隋时居民聚之北皋，建庙宇三楹，内绘三清神像。"北宋熙宁九年（1076年）在原址上重建，题名"玉皇行宫"。金泰和七年（1207年），庙宇多数坍塌，当地民众曾集资修复，金贞祐年间（1214～1216年）毁于兵火。元至元元年（1335年）又重建，明清两代曾屡次修葺，始成今日规模。现存主要建筑玉皇殿建于宋，汤帝殿建于金，后院左右朵殿和东西配庑为元建，余皆明清所建。

庙坐北朝南，建筑布局为三进院落，共有殿宇楼阁、亭榭厢房一百余间，占地面积 4000 平方米。中轴线上由南向北依次排列有头道山门、二道山门、成汤殿、献亭、玉皇殿、东西配殿；两庑二十八宿殿、十二辰殿、十三曜星殿、关帝殿、蚕神殿及厢房、钟鼓二楼。建筑鳞次栉比，错落有致。

前院是玉皇庙内第一进院落，中有山门两重。第二重山门为元代所建，侧有文昌殿、咽喉祠、六瘟殿、地藏殿、钟鼓楼等。中院主殿成汤殿，面阔三间，进深三间，单檐悬山顶。建筑特征为宋金时期。后院正殿为昊天玉帝殿，建于宋熙宁九年（1076年），面阔进深各三间，平面方形，单檐悬山顶。无论建筑，彩塑还是神台上的浮雕砖饰，都保留了宋金时期风格，也是玉皇庙的精华所在。

各殿内保存有宋、元、明三代塑像 300 余尊，虽经后人重装，但原作气魄尚存，为我国道教庙宇中仅有之佳作。

中院正殿元塑成汤大帝，东配殿塑有东岳大帝，东庑两殿塑有掌管监狱的禁王，两侧是三国名医华佗和唐代名医孙真人。西庑是奶奶庙，主像是周文王夫妇及其贵妃、乳母。后院昊天玉帝殿内有塑像 50 余尊，塑玉皇大帝及其文臣武将、妃嫔侍女；东庑内塑三元、四圣、九曜星像；西庑两殿内塑十二岁星辰六太尉等，塑像比例适度，技巧纯熟。

整个泥塑艺术"二十八宿"为全庙之冠。元塑二十八宿星君像排列在后院八间西庑内，像高约 1.8 米。男女老少皆备，身份、性格思想、感情及风度各异，塑造生动逼真，随塑的狗、兔、虎、鼠等动物形象惟妙惟肖。

庙外碑廊内宋、金、元、明、清各代碑刻是研究道教史及道教艺术的珍贵文物。

北义城玉皇庙

位于泽州县北义城镇北义城村西北。坐北朝南，二进院落。南北长 60.89 米，东西宽 23.59 米，占地面积 1436.40 平方米。创建年代不详，正殿檐柱有宋大观四年（1110年）重修题记，正殿为宋代遗构，其余建筑均为明清风格。中轴线上依次建有舞楼、献殿、正殿，两侧依次建有妆楼、东西厢房、耳殿。正殿石砌台基，面阔三间，进深六椽，单檐歇山顶，柱头卷杀明显并有题记，方形抹角青石檐柱，方形柱础与地面平。

图 6-13 晋城玉皇庙成汤殿

图 6-14 泽州北义城玉皇庙正殿　资料来源：作者自摄

图 6-15 陵川石掌玉皇庙正殿

图 6-16 垣曲埝堆玉皇庙正殿　资料来源：作者自摄

石掌玉皇庙

位于陵川县潞城镇石掌村中。坐北朝南，三进院落。东西宽22米，南北长65米，占地面积1438平方米。创建年代不详，明、清、民国曾进行维修，现存建筑正殿为金代风格，其余清代风格。中轴线上为舞楼（山门）、正殿，两侧为妆楼、看楼、夹楼、厢房、配殿、耳殿。庙内存碑2通。

正殿位于中轴线后端，坐北朝南。面阔三间，进深六椽，梁架为四椽栿对前乳栿，通檐用四柱，单檐歇山顶，灰色筒板瓦铺作屋顶，檐下斗栱四铺作，单下昂，整个建筑用材硕大，具有典型的早期风格。

埝堆玉皇庙

位于垣曲县皋落乡埝堆村西北角。创建年代不详，现存主体建筑为元代遗构。坐北向南，南北长26.8米，东西宽17.95米，总占地面积481平方米。原有山门、正殿、戏台和东西配殿，现仅存戏台与正殿。明清、民国时期重修更换过部分构件。戏台面阔三间，进深四椽，单檐灰瓦悬山顶，柱头施四铺作单下昂斗栱。正殿面阔三间，进深二椽，单檐悬山顶，柱头施五铺作双下昂斗栱，补间斗栱皆一朵，仅当心间为梅花形大斗，令栱皆为异形栱。

洪洞玉皇庙

位于洪洞县辛村乡辛北村南部。据新修《洪洞县志》记载，创建于蒙古太宗己丑年（1229年）正殿脊檩题记："时大清光绪丁亥（1887年）重修"。2002～2004年对东西厢房进行了维修，2007年在庙前院南侧重建戏台。现存正殿和东、西朵殿为元代遗构，其余皆为清代建筑。占地面积3559.4平方米。坐北面南，原为二进四合院布局，中轴线上现存二门、仪门、正殿（灵霄宝殿），两侧存有东西朵殿、东西厢房。正殿前月台上存石质八卦罗盘1个。

正殿建于元代，砖砌台明，高2.5米，殿前砖石砌月台，殿身面阔三间，进深六椽，悬山顶，琉璃脊饰，梁架四椽栿为稍作砍锛的原材，结构为四椽栿对前乳栿通檐用三柱，檐下柱头斗栱五铺作双昂，前檐装修已改为现代形式。

东朵殿，又称二郎殿，民国26年（1937年）局部维修，现存主体结构为元代建筑。殿身面阔三间，进深四椽，单檐悬山筒板瓦顶，琉璃脊饰，殿内梁架草栿做法，四架椽屋四椽栿通达前后檐用二柱，前檐柱头斗栱五铺作双昂，昂为琴面式，柱头施有卷杀，梁架结构保存了元代建筑风格。

西朵殿，又称关帝殿，面阔三间，进深四椽，单檐悬山筒板瓦顶，琉璃脊饰，殿内梁架草栿做法，四架椽屋四椽栿通达前后檐用二柱，前檐柱头斗栱五铺作双下昂，补间铺作施用真昂，柱头施有卷杀，梁架结构保存了元代建筑风格。殿内后檐墙及两山墙存道教题材壁画约11.8平方米。

南庄玉皇庙

位于高平市河西镇南庄村南。坐北朝南，占地面积1804平方米。据庙内碑文记载，创建于东汉建武二年（26年）、金大安二年（1210年）、明嘉靖三十五年（1556年）、清乾隆四十年（1775年）、民国17年（1928年）重修，现存建筑正殿为金代遗构，其余建筑为清代风格。中轴线上建有山门、拜殿、正殿，两侧为配殿、耳殿。正殿面阔三间，进深六椽，单檐悬山顶，琉璃剪边，柱头斗栱五铺作双昂。庙内现存金代重修碑1通，明代补修碑1通，清代及民国重修碑各1通，清光绪十二年（1887年）公食水碑1通。

杨村玉皇观

位于陵川县杨村镇杨村村中，坐北朝南，一进院落。南北长46.3米，东西宽22.4米，占地面积1037平方米。创建年代不详，据碑文记载，相传创建于宋，明、清历代重修，现

图 6-17 洪洞玉皇庙　　资料来源：作者自摄

图 6-18 高平南庄玉皇庙山门　　资料来源：作者自摄

图 6-19 陵川杨村玉皇观正殿
资料来源：山西省第三次全国文物普查资料

存建筑为清代风格。

中轴线上现有舞楼、正殿，两侧分布有厢房、廊房、耳殿。正殿为石砌台基，面宽七间，进深七椽，八檩前出廊，单檐悬山顶，琉璃筒板瓦铺制，脊饰全部为琉璃。柱头科为五踩双翘，平身科45°出斜栱。

舞楼面宽五间，进深六椽，单檐歇山顶，灰色筒瓦铺制。两侧尽间屋顶与明间、次间屋顶错落，前后形成八个翼角，翼角升起显著，颇具特色。东西厢房各六间，廊房各七间，东西耳殿各二间。现存碑刻五通。

玉皇观布局规整，规模较大。正殿是陵川县最大的单体建筑，屋顶全部为琉璃装饰，舞楼造型独特，具有很高的科学价值和艺术价值。

二、宫观

永乐宫

位于山西芮城县城北3公里龙泉村东侧，原名大纯阳万寿宫。原址在永济市永乐镇，因三门峡水利工程，1959年将全部建筑和壁画迁至新址复原保存。宫殿规模宏伟，布局疏朗，殿阁巍峨，气势壮观。

据道藏中有关典籍和宫内碑文记载，道教"八仙"之一的吕洞宾诞生于此。吕氏死后，乡人将其故居改为"吕公祠"。金末扩充为道观。元太宗后三年（1244年）毁于火，其时新道教全真派首领丘处机等人，受朝廷宠信，祖师吕洞宾备受尊崇，次年敕令升观为宫，封真人号曰"天尊"，并派河东南北路道教提点潘德冲主持营建永乐宫。从开工到至正十八年（1358年）纯阳殿壁画竣工，施工期前后长达110年，几与元朝共始终。明清时曾有小修和补绘。

永乐宫坐北朝南，沿中轴线上依次排列着山门、龙虎殿、三清殿、纯阳殿和重阳殿五座主体建筑。占地86000多平方米。除山门为清代重建外，余皆为元代遗物。

龙虎殿又称无极门，原为永乐宫大门。殿基高峻，殿身面宽五间，进深二间六椽，内部梁架简洁，为典型的元代山门形制。殿内壁画的神荼、郁垒、神将、神吏、城隍、土地等二十六个守卫仙界的天神，手持剑戟等器，威风凛然，铠甲庄重，虽略有残损，但元作气魄尚存。

图6-20 芮城永乐宫三清殿　　资料来源：作者自摄

三清殿，又名无极殿，是永乐宫内规模最大的一个殿宇。殿建在高大平坦的台基上，雄伟壮丽，面宽七间，进深四间，单檐庑殿顶。殿顶脊兽全为黄绿蓝三色琉璃制成，高大的两个孔雀蓝盘龙鸱吻，是元代琉璃吻中唯一的形制，色泽和形态尤为引人注目。殿内壁画满布，画面高4.26米，全长94.68米，计有403.3平方米，为元泰定二年（1325年）河南洛阳马君祥等人所绘。其内容为《朝元图》，即诸神朝拜道教始祖元始天尊图像，构图严谨，场面开阔，人物刻画细致，表情栩栩如生。该殿画法为"重彩勾填"，设色多以石青、石绿为主，纯朴浑厚。衣冠和宝盖部分，大量运用沥粉贴金，使画面更加主次分明，绚烂精致，堪称珍贵的古代绘画杰作。

纯阳殿亦称吕祖殿。殿面宽五间，进深三间，单檐歇山顶。殿内仅用四根金柱，大梁跨越四间，空间异常宽阔。殿内四壁和扇面墙壁上绘满描绘吕洞宾生平事迹的"纯阳帝君仙游显化之图"计52幅。每幅画自成中心，相互间用山水、云雾、树石自然景色隔连。画面上的亭台楼阁、酒肆茶馆、园林私塾，层次分明，错落有致。贵官、学士、商贾、平民、农夫、乞儿等各类人物神态动人，表情迥异，是研究元代我国人民生活情况的珍贵资料。殿的神龛背面，还绘有吕纯阳向钟离权问道的壁画，画面开阔，景色秀丽，用笔简练，技法精湛，具有元代绘画的独特风格。此殿壁画为元至正十八（1358年）朱好古门人张遵礼等人所绘。

重阳殿，面宽五间，进深三间，单檐歇山顶。殿内以连环画的笔法描绘了道教全真教创始人王重阳的传教活动，计49幅，刻画细腻，与纯阳殿同属一畴，具有很强的艺术感染力。

太原纯阳宫

位于太原市迎泽区起凤街，是供奉唐代道士吕洞宾的道观。元、明两代，吕洞宾被封建王朝封为"纯阳帝君"，在道教中拥有很高的地位，是道教诸仙中最活跃的一位。传说吕洞宾曾发誓要渡尽天下众生，可与佛门中的观世音媲美，因此专祠吕洞宾的纯阳宫、吕祖庙遍布全国各地。明万历年间（1573～1619年），本已衰落的道教又复兴起来，晋藩王朱新扬、朱邦祚于明万历二十五年（1597年）重新规划纯阳宫，进行了大规模的扩建和改建，使宫内出现了许多洞、楼、亭、阁等具有园林特点的建筑，建造了"是宫不像宫，非园胜似园"的园林式道观。清乾隆年间进行兴建和再扩建，使整个建筑更加富丽精巧。全宫共有四进院落，沿南北中轴线布置，主要建筑位于中轴线上，周围是配房和砖券窑洞，布局严谨，高低错落，曲折回转。门前建有四柱三楼的木牌坊，中轴线上建有吕祖殿（纯阳殿）、双层亭和巍阁。吕祖殿面阔三间，平面成方形，单檐歇山顶，绿琉璃瓦覆盖，殿前设月台，三面设台阶，建造十分秀丽。三进院中心建有一座双层阁，底层呈方形，上层平面形式有所改变，为八角攒尖顶，楼阁四边及四角为砖券窑洞，窑顶四角建有四座九角攒尖亭，是按照八卦乾、坤、震、巽、坎、离、艮、兑的方位而建，所以被称之为八卦楼，形式别致，构筑奇巧，为国内少见。四进院内除正面楼底层为砖石结构的窑洞外，其余都是木结构建筑。正楼背后有高三层的巍阁，名为小天台，为清乾隆年间（1736～1795年）

图6-21 太原纯阳宫吕祖殿　资料来源：作者自摄

图6-22 介休庙底街纯阳宫献亭
资料来源：山西省第三次全国文物普查资料

所建，可扶梯而上，登阁远眺。纯阳宫的建筑没有受清规戒律和营造制度的束缚，建筑创作较为自由，建造出一种虚幻的道观境地，具有浓郁的园林风采。

庙底街纯阳宫

位于介休市北关。建于明崇祯十二年（1639年），现存主体结构为明代建筑。坐北朝南，占地面积1242平方米。二进院落布局，中轴线由南向北依次为戏台、牌坊、献亭、正殿，两侧为东西厢房及配殿。献亭建于窑洞顶部，正殿前设置月台，平面呈"凸"字形，面宽三间，进深三椽，单檐卷棚歇山顶，明间出歇山顶抱厦，琉璃剪边，方心点缀，斗栱五踩双昂，山柱柱头科斗栱施45°斜栱，斗栱下施平板枋、额枋及雀替。献亭抱厦前的檐柱落于一层地面柱础上，兼作下层窑洞外廊柱，与东西配殿二层檐柱落下形成的配殿底层廊柱一起，由垫板、横枋等木构连为一体，使整座院落空间完整，建筑连接紧密，层次丰富。正殿面宽三间，进深四椽，单檐悬山顶，五檩前廊式构架，斗栱三踩单昂。前檐明间施四扇六抹隔扇门，次间施三扇六抹隔扇门。

仙翁庙

亦名纯阳宫，因奉吕洞宾尊称"仙翁"故名，位于高平市西北10公里的伯方村。庙始建年代不详，据碑刻记载，元皇庆二年（1313年）、明景泰六年（1455年）、嘉靖十七年（1538年）重修。庙宇坐北向南，一进院落，现存山门、钟鼓楼、乐亭、仙翁殿、东西配殿和廊庑等，为明代遗构，整体布局严谨，保存完整。

仙翁殿面宽五间，进深六椽，单檐悬山顶。前檐柱方形抹楞，柱头施通长大额枋一道，

图 6-23 高平仙翁庙山门　　资料来源：作者自摄

图 6-24 高平仙翁庙乐楼及过廊　　资料来源：作者自摄

枋头镂空雕刻。柱头斗栱五踩，单翘单下昂。柱头枋上置家枋四层，一层隐出慢栱，第一跳翘头上施重栱，第二跳翘头上做令栱、替木承撩檐枋。各间平身科斗栱采用"隐作"办法，即在第一层素枋上隐刻翼形栱与梭形栱，第二层隐刻厢栱。殿内无柱，七架梁通达前后檐外，梁枋简洁规整。斗栱彩画为清代重绘，色泽富丽。殿顶琉璃脊兽完备，龙凤、力士、花卉比例和谐，烧制工精，色调纯朴，是明代琉璃佳品，正脊鸱吻背面有"嘉靖十七年"刻铭，为殿宇重修并烧制琉璃确切纪年。殿内尚存明代道教壁画171.2平方米。

钟鼓楼砖木混合结构，三面插廊，二层勾栏石质，四面隔扇镂刻精美。重檐歇山顶，琉

图 6-25 恒山九天宫　　资料来源：作者自摄

图 6-26 高平万寿宫　　资料来源：作者自摄

璃剪边，其余建筑构造简单，布瓦硬山顶。庙内现存明景泰六年（1455年）及清代重修碑3通，是记载寺史沿革的重要资料。

恒山九天宫

位于浑源县大磁窑镇。恒山建筑群始建于北魏太武帝太延元年（435年），现存主要建筑为明清所建。整个建筑群占地范围东西1400米，南北900米，主要殿宇有恒宗殿、寝宫、会仙府、九天宫、纯阳宫、关帝庙等二十余处。

九天宫为北岳恒山建筑群组成部分，又称碧霞宫、娘娘庙。位于恒山恒宗殿西面，东邻纯阳宫，是恒山诸庙中仅次于北岳主庙恒宗殿的重要祠庙。创建年代不详，据《恒山志》记载，在明代以前即有此庙。坐北朝南，东西长29米，南北宽20米，占地面积580平方米。现存山门、正殿、东西配殿、钟鼓楼。山门为砖雕仿木结构，拱形门洞，两面坡悬山顶。正殿面阔五间，进深六椽，七檩前廊式构架，单檐歇山顶。

万寿宫

又名圣姑庙，位于晋城市高平市原村乡上董峰村北。据庙内碑文记载，创建于元至元二十一年（1284年），元、明、清历代均有修缮。万寿宫坐北朝南，二进院落，占地面积约1285平方米。万寿宫中轴线上从南至北建有山门、三教殿、倒座戏台、玉宇石亭、圣姑殿，两侧现存东西配殿、东西耳殿等。

三教殿面阔三间，进深六椽，梁架结构为前四椽栿对后乳栿通檐用三柱，筒板瓦琉璃，歇山顶。平面呈方形，殿内柱网减柱造，只在后檐用内柱两根。前檐柱头铺作为五铺作单杪单昂重栱计心造，耍头亦作昂式。前檐当心间设板门，两次间置直棂窗。殿内东西壁存元代工笔重彩绘道教壁画约5平方米。

圣姑殿面阔三间，进深四椽，单檐悬山顶，柱头斗栱五铺作双昂，用讹角栌斗，梁架结构为三椽栿通搭用二柱，金柱间用大额枋及绰幕枋承托，主体结构为元代。

庙内现存元代壁画，历代重修碑14通，其中元碑4通、明碑3通、清碑7通，该庙对研究宋元时期的古建筑有较高价值。

堆云洞

位于夏县城西7公里的稷王山上牛村。村中土岗耸立，两侧黄土崖壁立，沟壑深邃，涧水环绕。土岗高近百米，岗上松林苍翠，堆云洞即在土岗之巅。由于地势突起，雨后云雾萦回集聚，故名堆云洞。

堆云洞，始建年代不详，现存建筑为明代修建，清代屡有增修。中轴线有北极台、举峰、三皇阁、三圣殿、真武殿、三王祠（牛王、马王、药王）、白衣大士祠等主要建筑，东西两侧配以廊庑、厢房、道院，形成一组殿阁庭院相连的建筑群。

庙内有石刻"堆云洞图"，描绘了堆云洞兴旺时期的盛况，建筑布局严谨，构思巧妙，亭台楼阁，错落有致，气势壮观。清人曾留诗八首，题为"双涧合流"、"石穴隐云"、"路盘层瞪"、"庭俯乔林"、"东楼朝雨"、"西殿晚霞"、"笔峰留月"、"高台弧耸"，成为堆云洞壮丽景色的真实写照。

图6-27 夏县堆云洞全景 资料来源：作者自摄

图6-28 浮山老君洞混元石梁殿正面　资料来源：作者自摄

图6-29 浮山老君洞混元石梁殿局部结构
资料来源：作者自摄

老君洞

位于浮山市城西5公里梁村，又名混元石梁殿。据碑文记载，始建于唐武德二年（619年），明嘉靖四十三年（1564年）重修，万历三年（1575年）完工，是一座砖石混砌仿木构建筑，建筑造型别致，工艺精巧。

殿坐北朝南，建于一个19平方米的长方形台基之上。殿高4米，面宽三间，单檐歇山顶。明间较次间略窄。檐下仿木构平身科一朵，次间平身科三朵。殿之梁、檩、栋、椽檐、脊等均系石制而成。殿内正中券有一洞通向内殿，四壁满绘壁画，面积77.86平方米，共分115组，612尊神像。因年久失修，现仅存87组，神像500余尊。壁画内容为道家故事题材，构图层次分明，人物形象传神。最引人注目的是镶嵌在洞口两侧的81幅石刻线画图，为明嘉靖四十年（1561年）绘制，内容为道教始祖老君显化事迹。石刻线条流畅，刀法细腻，构图严谨，场面开阔，各种人物或对话，或倾听，或顾盼，或沉思，惟妙惟肖，人物各具特色，是不可多得的石刻艺术珍品。

玉虚宫

位于柳林县柳林镇青龙村南宝宁山半山腰，坐南向北，依山而建。分上下两院，东西长59.7米、南北宽104米，占地面积6208平方米。

据碑文记载，明万历二十八年（1600年）河津信士张思璘断指募化重建。清顺治十一年（1654年）临邑居士董和爵主持修葺。现存下院主体建筑为明代风格，上院为清代建筑。下院分东、西两院，东院中轴线上有石砌台阶、山门、玄天殿，西院内设有偏门、药王殿、三圣殿；上院存有山门、僧房、圣母殿。圣母殿砖券枕头窑三孔，前设插廊，面宽三间，进深一椽，单坡硬山顶。庙内保存明代碑1通、清代碑1通、石碣2方、塑像1尊。

玄天殿为宫内主殿。据殿内脊檩题记，明万历二十八年重建。坐东南向西北，砖石砌台基，前设月台，四周围石雕栏杆。殿身面宽五间，进深四椽，单檐悬山顶，琉璃脊饰、剪边，为明万历二十九年烧造。五檩前廊式构架。前檐柱头科五踩双下昂，平身科每间一攒，明间施45°斜栱。明次间隔扇门窗，梢间置直棂窗。明间檐下悬明正德五年（1510年）"玄天殿"木匾一方。殿两侧设八字形影壁，上施琉璃团龙图案。殿内有木雕神龛，内供明代真武塑像1尊。

玉虚观

位于晋城市高平市原村乡良户村村中，为金、元、明、清相继营造而成的道教古建筑群。

古建筑群坐北朝南，占地面积约1600平方米，现存正殿及其西耳殿、中殿、西配殿、南房、魁楼。正殿及其西耳殿、中殿为金、元建筑，余皆明清建筑。玉虚观正殿台基有金大定十八年（1178年）的石匠题记，面阔五间，单檐悬山顶，无补间铺作，当心间和次间用壸门。中殿面阔三间，进深六椽，梁架结构为六椽栿通达前后檐，柱头斗栱五铺作，补间斗栱施用斜栱，用蒜瓣形石柱，单檐悬山顶。所含梁架结构、琉璃、石雕、线刻画、壁画等均具有较高价值。

整体建筑群修建跨越金、元、明、清，历史跨度大，可一览四个不同历史时期的建筑风格，是较完整的古建筑标本。

汾阳太符观

位于汾阳市杏花村镇上庙村西北。始建年代不详，据现存碑碣载，金承安五年（1200年）创建醮坛；明代观内后土圣母殿被火焚烧，万历十一年（1583年）重建；明万历三十六年（1608年）增建紫薇阁；清顺治十四年（1657年）重修五岳殿。1978年对观内建筑进行了整体维修。观坐北面南，原构布局不详，现存为一进院，南北长101米，东西宽50米，占地面积5099平方米。中轴线上由南至北现存山门、昊天玉皇上帝殿，西侧存舍窑5孔和五岳殿，东侧存后土圣母殿。现存建筑中，正殿为金代遗构，其余均为明代遗构。太符观现存各殿宇中彩塑、壁画和悬塑保存较为完整，数量众多，制作精美，具有较高的历史、艺术价值。

昊天玉皇上帝殿，位于观内北端，坐北面南，坐于台基之上。大殿单檐歇山顶，琉璃脊饰，面阔三间（12米），进深六架椽（11米），四椽栿前对乳栿用三柱，单檐歇山顶。大殿前檐设五铺作双杪计心造斗栱，前檐及两山次间设补间铺作，当心间设板门，次间设直棂窗，殿前设月台。殿内神台之上设竹木神龛，龛内塑像7尊，为明代塑造。殿内山墙及后壁存清代绘"朝元图"壁画共93平方米。大殿前墙外侧镶金承安五年（1200年）《太符观创建醮坛记》碣石，大殿结构稳定完整，附属文物保存良好。

五岳殿面宽三间，进深六椽，单檐悬山顶。其前檐柱头有明显卷杀。殿宇神坛之上设五岳四渎神像，南北两山悬塑"五岳巡幸"、"四渎出行"。

后土圣母殿，位于中轴线之东侧，坐东向西，面宽五间，进深三间，单檐悬山顶。梁架为五架梁前后单步梁，四柱前廊式结构。前檐斗栱五踩双下昂，檐柱柱头刹面明显。明次间施六抹隔扇门，梢间施直棂窗。殿内神坛供奉九位女仙，为后土圣母及众生育女神。正壁神龛之后绘"燕乐图"壁画，描绘圣母宫中生活场景。两山墙壁满布悬塑，为圣母"出行"和"回宫"场景。

山门位于中轴线南端，四柱三楼式牌坊，两侧附八字墙。枋柱间砌筑束腰砖墙，墙外侧镶嵌琉璃"二龙戏珠"图案。枋柱间装板门。山门上部结构以枋柱直抵脊檩，板门上槛至脊檩间穿插栱枋，置七踩斗栱，上承檐檩、椽飞和瓦顶，瓦顶施琉璃脊饰和瓦件，两山钉博风悬鱼。两侧小枋结构同明间牌坊，斗栱五踩双翘。

会仙观

位于武乡县监漳镇监漳村西，创建年代不详，金、元、明、清历代均有增建修葺。总占地面积2412平方米，建筑面积1229平方米。坐北朝南，三进院落布局，中轴线上依次建有戏台、关公殿、玉皇殿（中殿）、三清殿，东西两侧对称建有钟鼓楼、耳房及各院东西配殿。现存三清殿为金代遗构，玉皇殿为元代建筑，余皆为明清遗物。观内存有宋代经幢1座，石碑5通。会仙观是当地规模较大的道教建筑群，布局完整，主体建筑形制古朴，具有较高的历史、艺术和科学研究价值。

三清殿为金代遗构，砖石砌台基，高1米，殿身面阔五间，进深六椽，前为歇山，后为悬山筒板瓦顶。当心间、次间较宽，两梢间仅及当心间和次间的1/3。殿内梁架四椽栿对前乳栿通檐用三柱，殿内前槽设金柱一列，上、下平槫缝有替木、令栱、大斗支撑。檐下两山及前檐仅设柱头斗栱，无补间铺作，后檐无斗栱。前檐柱头斗栱形制为五铺作单杪单下昂计心造，昂形耍头，其上设衬枋头，呈蚂蚱形。令栱上设替木承檐槫。当心间柱头斗栱45°出斜栱。前檐柱头卷杀和缓，柱上设檐额，而不设阑额、普拍枋，檐额下各柱间相对设头状绰幕枋，似为元明重修时更换。两山檐柱上设有阑额、普拍枋。角柱栌斗为圆形。前檐装修已被后人改制，于前檐当心间金柱间设四抹隔扇门，次、梢间设窗。双层浮雕仰莲式柱础。

玉皇殿元代遗构，砖石砌台基，殿身面阔三间，进深四椽，单檐歇山筒板瓦顶。殿内梁架为四椽栿通达前后檐用二柱。檐下四周仅设柱头斗栱，不设补间铺作，均五铺作双下昂，蚂蚱形耍头，前后檐柱头斗栱于华栱两侧出45°斜栱。柱上设阑额、普拍枋，阑额不出头。前檐装修被后人改制，当心间设板门，两次间设方窗。

辛壁太平观

位于泽州县大东沟镇辛壁村西北，坐北朝南，两进院落，南北长63.1米，东西宽30.4米，占地面积1918平方米。据院内碑文记载，创建于元大德九年（1305年），明、清历代有重修，

图 6-30 柳林玉虚宫全景　　资料来源：山西省第三次全国文物普查资料

图 6-31 高平良户村玉虚观后殿　　资料来源：作者自摄

图 6-32 汾阳太符观昊天玉皇上帝殿　　资料来源：作者自摄

图 6-33 武乡会仙观全景　　资料来源：作者自摄

图 6-34 泽州辛壁太平观中殿　　资料来源：作者自摄

现存建筑中殿为元代风格，正殿为明代风格，其余建筑清代风格。南北中轴线上由南至北依次建有山门、中殿、后殿，轴线两侧依次建有厢房、耳殿等。

中殿位于观之正中，石砌台基，面阔三间，进深六椽，平面近似正方形，殿前有月台，前檐施通长大额枋，枋上七铺作斗栱，殿内梁架六椽栿通达前后檐，梁枋简洁规整。殿顶琉璃脊饰制作精湛，色调纯朴。

后殿位于轴线最北端，石砌台基，面阔五间，进深六椽，檐下斗栱五铺作，殿内设有金柱。创建于明代，清代略有改修。

山门又名三清阁，二层悬山顶式，下为山门，上为舞楼，面阔三间，明代有重修。

天贞观

又名凤山道院，位于吕梁市离石区滨河街道前瓦村。坐北朝南。东西长85米，南北宽42米，占地面积约3570平方米。创建于宋代，元代曾遭火焚，明、清均有重修、维修、扩建。现存建筑为明清风格。依山而建，形成上下两院，上院自西向东现存三清殿、僧舍、真人殿、读书楼、上院门、膳房，下院自西而东现存观音殿、陈抟殿、玉皇楼、雷公殿、三官殿，观外台阶两侧现存有关帝庙、土地庙、五道庙等。现存碑3通、石碣19方、经幢1尊。

陈抟殿位于天贞观院内，因供宋代著名道士陈抟而得名。创建年代不详，据殿内梁架题记，明景泰年间、清代均有重修，现存主体结构为明代建筑。石砌台基，面宽三间，进深四椽，五檩前出廊构架，单檐悬山顶，屋顶施有琉璃脊饰，柱头科两攒，前檐明间设板门，两次间设直棂窗。殿内神台上存陈抟及侍者像3尊。山墙上存道教壁画约32平方米，为明永乐十一年（1413年）《修建武当山宫观感应之图》，壁画上部为"十次神主显现图"，下部为"武当山全景鸟瞰图"，图中亭台楼阁采用沥粉贴金绘制。

三清殿位于天贞观上院西侧。坐北向南。现存建筑为明代遗构。三清殿面宽三间，进深四椽，单檐悬山顶，五檩前廊式构架，前檐施斗栱七攒，柱头科、平身科均为五踩双下昂。前檐装六抹隔扇门，直棂窗。

真人殿位于天贞观上院东侧。坐北向南。据现存碑载，创建于明成化十九年（1483年），清代多次重修，现存建筑为清代遗构。真人殿筑于高0.8米的石砌台明上，为砖券窑洞1孔，前设硬山顶插廊，面宽三间。内存石碣4方。

平遥清虚观

据碑刻记载，创建于唐显庆二年（657年），名太平观。北宋治平元年（1064年）改称清虚观。元初名太平兴国观，后名太平崇圣宫，清代复称清虚观。坐北朝南，占地面积7948平方米。三进院落布局，中轴线上由南向北依次为牌坊、山门、龙虎殿、纯阳宫及三清殿、真武殿与玉皇阁（阁不存），两侧建厢房、耳殿和廊庑。观内保存宋、金、元、明、清碑碣25通。

牌坊位于中轴线上，木结构二柱式，前后置戗柱、歇山顶、斗栱七踩；匾额上书"清虚

图 6-35 离石天贞观外景　　资料来源：作者自摄

图 6-36 离石天贞观玉皇楼
资料来源：山西省第三次全国文物普查资料

图 6-37 平遥清虚观纯阳宫及三清殿　　资料来源：作者自摄

图 6-38 浮山清微观全景
资料来源：山西省第三次全国文物普查资料

仙迹"、"古陶胜境"。山门面宽五间，三檩中柱式，悬山顶，清代遗物。

龙虎殿，元代建筑，面宽五间，四架椽分心用三柱，歇山顶，柱头带卷杀，檐下柱头斗栱四铺作，梁架四角置抹角梁于第二层井口枋上，以"悬梁吊柱法"，承托平梁与老角架后尾。殿顶琉璃方心剪边。殿下齐心柱间砌纵向隔墙，左右两次间塑青龙、白虎神像，威武森严，通高5米，塑造年代不晚于明。龙虎殿明间为甬道，北上月台即至纯阳宫，面宽三间，六檩卷棚式带抱厦，斗栱五踩如意式，殿内设神龛，龛内塑"纯阳真人"吕祖坐像及二侍者，同属清光绪年间作品。

三清殿为观内主体建筑，建在1米高的砖砌台基上，明代建筑。面宽五间，进深八椽，单檐歇山顶，殿顶琉璃方心、剪边。明万历二十八年（1600年）重修，殿内供奉"三清真人"神像（今复原重塑）、"二十八星宿"神像（今不存）。

清微观

位于浮山市城北2.5公里的诸葛村。原名清静庵，创建年代不详。据庙内现存宋元祐七年（1092年）《重修清微观记》碑载，庙重建于宋元祐七年。元、明清各代屡有修葺，现存建筑为明清遗构，惟老君殿属宋代重建时风格。

观坐北朝南，单进四合院布局，中轴线上依次建有山门（上为舞台，下为山门）、老君殿；东西两侧为配殿、廊房。老君殿为庙内主殿，立于一长方形台基之上，面阔五间，进深八椽，重檐歇山顶，檐馆下斗栱柱头、补间各一朵，均五铺作。殿内中央施通天柱六根，直承上层梁架。梁架为彻上露明造，结构为四椽栿对前后乳栿通檐用四柱，梁枋断面比例与宋《营造法式》基本相符。殿顶满布筒板瓦。整个建筑翼角翚飞，庄重古朴。舞台面宽三间，进深四椽，单檐悬山顶。东西配殿面宽三间，进深四椽，单檐悬山顶，均保存完好，庙内老君殿前存有宋、元、明、清各代碑刻9通，以宋元祐七年《重修清微观记》碑最古。

清梦观

位于高平市城东北12.5公里的铁炉村东。据清《高平县志》记载："金姬志真，号洞明子，皇统中游五岳，归语所亲曰'人生一梦耳'，舍宅作观名清梦。"清梦观即由此而得名。该观创建于南宋景定六年（1211年），现存主要建筑为元明建筑。

观坐北面南，二进院落。整个建筑布局严谨对称。现存建筑有山门、三官殿、阎王殿、三清殿、玉皇楼，两侧有厢房、钟鼓楼、耳殿等。三清殿为观内主体建筑，最为古老，为元代建筑，宏大宽敞，大殿面阔三间，进深六椽，单檐歇山式屋顶，琉璃剪边，屋顶琉璃脊饰，至今仍然光彩照人。殿内四壁满绘壁画，内容为道教故事，以连环画的形式绘制而成。

观内现存有元中统二年（1261年）所立创修碑1通，明清重修碑2通。

长治玉皇观

位于长治县南宋乡南宋村。坐北朝南，东西长24米，南北宽70米，占地面积1745平方米。创建年代不详，现存五凤楼、正殿为元代遗构，八卦亭为明代风格，其余皆为清代建筑。一进院落布局，中轴线上由南向北依次为戏台、五凤楼、八卦亭、正殿；东、西两侧分别对称有钟鼓楼、配殿。

大殿正脊大吻、正门门扇题记，明历四十一年（1613年）、清乾隆三十八年（1773年）屡有重修。

五凤楼二层四檐五滴水歇山式楼阁建筑。楼基石砌，高1米，楼身面阔三间，进深四椽，平面呈方形，单檐歇山顶。楼体由四根通天柱构成主体构架，其间以额、枋联结成框架式构架。一层前檐辟廊，上施腰檐；二层柱身间施大额枋，置平座，上承檐柱，形成围廊，顶层柱头施斗栱，承角梁、抹角梁斗栱。分四种类型，底层腰檐施把头绞项作，柱头施五铺作重昂斗栱，二层、顶层柱头均五铺作重昂斗栱。底层前檐明间施板门，后檐开敞，两山砖砌。

八卦亭为明清建筑，宽、深各一间，歇山顶，殿内设八卦藻井，四角柱为方形石柱抹楞，上雕有龙、花卉等，做工精美。

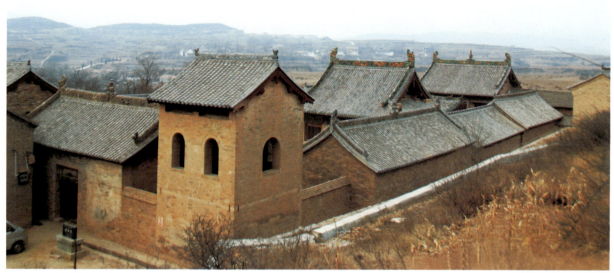

图 6-39 高平清梦观全景　资料来源：作者自摄

图 6-40 长治玉皇观五凤楼　资料来源：作者自摄

图 6-41 绛县长春观混元宝殿　资料来源：作者自摄

长春观

位于绛县陈村镇东荆下村。创建年代不详，元延祐七年（1320年）重建，坐北朝南，南北长71米，东西宽25米，占地面积约1775平方米。中轴线上自南向北原有戏台、献殿、玉皇殿、混元宝殿，两侧有配殿、廊房。现仅存献殿、混元宝殿、配殿、东廊房。献殿为清代建筑，面宽三间，进深一间，单檐硬山卷棚顶，两面山墙为水磨砖墙。据梁架脊板记载，西配殿为清代建筑，东配殿为明代建筑，东廊房为清代建筑。

混元宝殿，据梁架脊板记载，始建于元延祐元年至延祐七年（1314～1320年）。面阔三间，进深四椽，单檐悬山顶，前檐施四根粗木柱。木柱上承粗圆形通面额枋，通额上施七朵五铺作双下昂斗栱。斗、栱、昂墩实、硕大、粗犷，具有较典型的元代建筑特色。

图 6-42 临汾延庆观三清殿　　资料来源：山西省第三次全国文物普查资料

延庆观

位于临汾市古县城岳阳镇张家沟村屏风山上，俗称"鱼儿观"。据《重修安泽县志》及现存碑文记载，创建于北宋宣和二年（1120年），明天启七年（1627年），清康熙元年（1662年）、乾隆三十七年（1772年），民国6年（1917年）均有修葺。坐北朝南，南北长98米，东西宽37米，占地面积3626平方米。依山而建，中轴线布局，中轴线自南而北有山门、龙吟殿、憩宾厅、三清殿，东侧有龙泉洞、翠云亭、娘娘殿等。龙吟殿面宽三间，进深四椽，五檩无廊式结构，单檐硬山顶。三清殿面阔六间，进深六椽，四周围廊，重檐歇山顶，殿内正中塑三清像，东西两壁绘八十七神仙朝元图壁画。

赵杲观

位于代县南面20公里处的天台山中。相传春秋末，赵襄子灭代，代君自杀，其姬妾由丞相赵杲引护外逃，隐居天台山洞，后人纪念其功德，建祠祀奉，称赵杲观。据观内碑文记载，创建于北魏，明成化年间（1465～1487年）、万历年间（1573～1620年）曾予重修，清康熙年间（1662～1722年）增修。观分南北两洞，占地面积2220平方米。现存北洞正殿为明代建筑，余皆为清代建筑。南洞名"自在庵"，内为天然石洞，外壁设木构窟檐，洞内塑有观音像、十八罗汉，以及观音老母救八难石刻画像8块。北洞依山势而建，共有三进院落，院落朝向各不相同。一院为东西走向，有山门，北侧有佛殿、碑房；二院东南

—西北走向，有二门，北侧有僧舍，西面有佛殿；三院南北走向，中轴线上为韦驮殿、正殿，两侧为东西配殿、耳殿和朝阳洞。正殿石砌台基，宽9米、深7米、高1米。面宽三间，进深四椽，单檐硬山顶，五檩前廊式构架，前檐明、次间施有四扇六抹隔扇门。观外东南，半山腰中筑有三层楼阁，下悬20米铁索可攀。三层后倚山洞，前筑木构建筑。上层塑太上老君、元始天尊、通天教主，中层塑关帝像。北面依山洞建殿三间，塑九仙女，箭阁外塑赵杲像。观内还保存有明、清、民国期间碑碣23通，清代旗杆1对。

注释

1. 刘强. 道教在山西. 发现山西.
2. 贾发义. 山西道教历史发展特点析论.
3. 李晓强. 道教建筑形态初探——以山西省道教建筑为例.
4. 刘敦桢. 中国古代建筑史. 中国建筑工业出版社, 2011.
5. 段玉明. 中国寺庙文化. 上海人民出版社, 2011.

图 6-43 代县赵杲观朝阳洞
资料来源：山西省第三次全国文物普查资料

第七章　祠庙建筑

"祠"按照《古汉语常用字字典》解释有两层含义：①春祭。《诗经·小雅·天保》："禴祠蒸尝。"禴，夏祭。祠，春祭。蒸，冬祭。尝，秋祭。后引申为祭祀之意。《汉书·元帝纪》："祠后土。"另外还可用来指祭神的地方。《史记·陈涉世家》："又间令吴广之次所旁丛祠中。"②祠堂。封建制度下同姓族人供奉祖宗或生前有功德的人的房屋（后起意义）。

"庙"按照《古汉语常用字字典》解释有三层含义：①宗庙，供奉祭祀祖先的处所。②封建时代供奉祭祀有才德的人的处所，引申为供奉祭祀神佛的处所。③朝廷，帝王处理政事的地方。

根据调查可知，早期的"祠"与"庙"的指向并无严格区别，可以相互替换。直至后期，"祠"逐步成为鬼魂崇拜寺庙的专称，而"庙"则转而成为神灵崇拜寺庙的特指。当然，这也并不绝对，随着人的灵化与神的人化混淆不辨，二者通常你我难分，因此索性以祠庙一词通指。

第一节　祠庙建筑概述

祠庙建筑的种类繁多，一般可按照祭祀神祇的不同，分为三类。

一、自然神庙

中国古代的原始宗教信仰，最初经历了自然崇拜阶段，并伴随产生了对于天神（日、月、云、雨、雪、雷等）、地祇（山、川、四方、土地等）的祭祀礼仪活动，这使得大批作为祭祀场所的自然神庙得以出现。

由于生产力低下，科学体系尚未建立，远古人类认识自然、改造自然的能力不足，使得例如风、雨、雷、电、日、月、星、辰等许多自然现象无法得到合理的解释，同时对于频频发生的自然灾害也无能为力，这些来自自然界的灾难与破坏严重威胁到了他们的生产生活甚至生命安全。对于自然界所拥有的无比巨大力量，人类一方面非常惧怕，害怕其产生严重破坏但又无计可施；另一方面，人们又希望能够利用这些未知的力量，使其顺应自己的意愿，成为保护自我、庇佑一方的神力。这种矛盾心理，导致祈祷与祭祀活动日益繁盛，人们祭天、地、日、月、水、火、山、川，拜四渎、五岳、先农、先蚕，祈风、雨、雷、电、社稷、星辰，及一切拥有未知力量的自然万物，以求风调雨顺、生活安康。随着发展，这些自然力量又渐渐被人们神化，成了掌管不同职务、拥有不同力量的自然神祇，自然界的神化进程导致各种礼祀活动进一步定型化，大部分国家都在城镇之中或其他特定场所进行祭祀，这些场所逐步发展便形成了种类繁多、大小各异的自然神庙。

但同时值得注意的是，民间乡寨中有很多祠庙，也属于自然神庙的范畴。这些祠庙是社会底层百姓民间信仰的体现，他们往往将愿望诉求于当地山川河流，希望这些地方神灵能够消灾赐福，保佑一方平安。这种信仰，没有完整的哲学理论体系，没有成熟的规约、戒律，甚至没有特定的崇拜对象，但却从来没有失去所固有的自发、自然、自在的本色。基于这些特性，民间的这类祠庙建筑没有严格按照宗法制度等级制度进行建造，其建筑技术往往以民居修建的普遍手法为根基，使用民间流传下来的工具和材料，建筑规模大大小小，参差不齐，有些甚至不符合模数关系。但是作为乡间农寨祭神的场所，祠庙往往被认为应该是当地等级最高的一种建筑形式，所以人们不甘心将祠庙建成普通民宅的样子，而是想尽办法，通过各种营造手段，利用其聪明才智，尽量使之具有较高等级的建筑形制，虽质朴却有形，这类建筑极大地丰富了我国祠庙建筑的种类。

二、先贤名士祠

中国拥有上下五千年的文明史，在这漫漫历史长河中，多少先贤名士层出不穷，多少英雄豪杰划过长空。为了纪念他们的功德，各地都建立了众多名人祠庙。对于先贤名士的崇拜，实质上是一种英雄崇拜，出现在自然崇拜与祖先崇拜之后，是后者的延伸。这种崇拜的对象，往往都是拥有过人智慧、勇气与功德，能够被统治者所推崇，也能够得到百姓信赖，之后渐渐被神化的大家。这类祠庙所祭祀的人，或屡立战功，或消灾解难，或忧国安邦，或赐福于民。古时，人们用建立神祠来祭祀自然之神，用兴建宗庙祠堂来表达对祖先神灵的敬畏与崇拜，同样也用修建名人祠庙的方式来颂扬先贤们的伟大功德，并祈求他们保佑一方平安。先贤名士祠庙的建造也有官方与民间的不同，规模等级也随祭祀对象的身份地位而异。官府所推崇的是代表统治阶级利益的名人祠庙，往往是对国家社稷作出贡献及建功立业的人。他们影响广泛，在全国范围享有盛誉，其祠庙规模宏大，形制复杂，等级很高，具有一般祠庙无法比拟的至高无上的荣誉；而民间祠庙祭祀的多为那些对某一领域或某一地区的社会文化生活产生了深远影响的人物。这类祠庙仅在当地盛行，建筑形式朴实无华，建造技术自由、随意，祠名也往往少为人知，常命名为某某公祠或某某庙。

随着原始宗教中神的人化与人的神化进程不断发展，二者逐渐模糊，难以明辨，因而还出现了一些传说中的神庙，如财神庙、土地庙、城隍庙等，这类祠庙一般也是民间自发修建的，建筑规格较低，但形式丰富多样，是极其珍贵的传统建筑瑰宝。

先贤祠庙建筑艺术与天然的山川坛庙不同，与祭祖的太庙家祠也不同。自然神祇坛庙宣扬上天的威武，通过突出而鲜明的建筑体态、象征寓意的设计构思、雄伟的环境创设，联通人们对虚幻世外仙境的崇信，带有浪漫色彩；宗庙家祠是寄托对祖先创业的哀思，为感恩而设，建筑上带有浓厚的生活气息，又具有庄严肃穆的气氛。而先贤祠庙旨在发扬历史名人的可贵精神，表彰其作出的贡献，以激励后人，故其建筑具有更多的文化气质与教化性。

先贤祠庙中除文、武庙为国定祭典外，大部分是由民间或地方设立的，并且受到普通民众的信仰爱戴，这些寺庙多设在先贤名士的家乡与主要建功立业之地，或是由先贤的故居发展而成。

一般先贤祠庙建筑造型较简洁，不拘一格，带有民居风格，而且多在乡随俗，采用地方建筑构造技术建造，外形特点十分鲜明，绝无雷同之感。

先贤祠庙的文化教育作用，除了建立书卷气氛的建筑环境外，为了表彰名士之伟业，还充分利用中国传统建筑中的题额、联对的手法，以大量的匾额、对联、碑碣、书屏等文字题材装饰建筑，借此记叙、颂扬先贤名人事迹。

三、宗庙家祠

宗庙、家祠均是祖先崇拜的产物，是以祖先神灵为供奉对象的祭祀性礼制建筑，也是中国原始宗教祠庙中数量较多的一种类型，二者的区别只是崇拜对象所处的阶级地位和社会角色有所差异。宗庙是专指皇室、王公贵族祭祀祖先的建筑，这既是君主权的象征，又是宗主权的物化。而家祠则可推于庶人百姓、村寨乡间，代表着每个家族发展的兴衰历程。

中国历来非常重视以血缘关系为纽带而形成的家族观念，这种家族体系是一个部落、一个民族，甚至一个国家构成的基础。一切财富的积累、权力的变迁、地位的巩固都与家族的兴衰、血统的繁衍有着密不可分的直接关联，因而，人们非常重视为本家族先祖兴建祠堂建筑进行祭拜。随着原始宗教中"人死为鬼""灵魂不灭"观点的不断深入人心，已故祖先也在一定程度上被神化，担负起保佑本祖家族兴旺、驱难避邪的任务。同时，通过建立宗庙家祠对祖先神灵进行祭祀，还可以增强氏族内部的凝聚力，维护家族、氏族和宗族的稳定。所以，宗庙家祠成为了中国历史上一种非常重要的建筑类型。

然而作为阶级社会中体现宗族等级观念的礼制性建筑，宗庙家祠的修建有非常严格的等级规定，从家族的阶级地位到建筑的规模、形制都有明确限定，不得僭越。北宋之前，虽允许民间修建祖庙，但具备资格的人大都是贵族阶级，人数极少。到了元代，以宗族为单位建立的宗祠已经出现。明世宗采纳大学士夏言的建议，正式允许民间皆得联宗立祠，从此宗祠遍立。明代中期以后，祠宇建筑到处可见。山西的官僚豪绅、富商巨贾所在之族，依靠其政治地位和经济力量，所建宗祠气派宏伟，富丽堂皇，以大门、享堂（厅事）、寝堂为中轴线，又有许多附属建筑，"炫耀乡亲，以示贵异"，一般的同族乡亲，也是不惜耗费财力，尽自己所能来营建宗祠。

第二节 山西祠庙建筑概述

山西地处黄河中游，是中华民族最早的发祥地之一，迄今已有五千余年的文明史。在山西这块古老的土地上，我们的祖先繁衍生息，留下了极为丰富的历史遗产，其中历史、艺术和科学高度和谐统一的祠庙建筑更令人瞩目。山西的祠庙建筑不仅形式多样，而且数量众多。据《山西通志》载，明清之际，山西各地山有山祠，水有水祠，县县有名人先贤祠，村村有宗祠、支祠，祭祀对象从自然崇拜时的山神、水神、天神、地神，到祖先崇拜时期的英烈先贤，直到普通的家族尊长，可谓种类齐全，这些祠庙建筑集中体现了三晋大地的民俗风情、生存方式以及建筑技术与艺术水平。

有的县将流经本地的河流建庙祭祀，如湫水河，源出兴县湫水寺，自北而南流贯县境中部，至碛口进入黄河，流经的孝义市建湫神庙，临县建湫神祠；永济市为了对流经本地的回河进行祭祀而建回河庙。有的县在本地所拥有的山建庙以祭祀山神，如山阴县建恒山庙。有的县市则建立供奉众神的庙宇，以简化祭祀神庙的建造或祭祀行为，如灵石建灵显神庙、众神庙、诸神庙。在一些市、县的乡村中，在同一镇或同一村建造祠堂、文庙、关帝庙、文昌阁、魁星阁、真武阁等多座祠庙建筑，请来各路诸神以保佑本乡镇、村庄上上下下各个阶层的利益，这种信仰的务实性和多元性，在封建社会非常具有代表性，如运城市建厉坛、张桓侯庙、火神庙、日神庙、雨神庙、女娲庙、武庙、二忠祠、忠爱祠、表忠祠，榆次市建乡社坛、乡厉坛、三义庙，朔州市建文庙、圣庙、井神庙、海神庙、关王庙、启神祠，永济市建郡厉坛、里社坛、乡厉坛、武安王庙、伯王庙、风后庙，芮城县建段干木庙、河神庙、蔡侯庙、卜子祠、卜子夏祠、关神庙，应县建文庙、三灵庙、马神祠等，不胜枚举。

同时山西各地还建有很多先贤名人祠。其中祭祀圣贤的祠庙包括孔庙（大同文庙、代县文庙、闻喜文庙等）、关庙（解州关帝庙等）、岳庙等，另外还有恩泽百姓的名宦贤侯祠，忠孝节悌的贞节祠、孝子祠等，例如稷山县的斛律光祠、介休市的崇报祠、清徐县的赵简子祠、宁武县的周总兵庙、原平市的李卫公祠，等等，数量众多，更不必说各地体现着宗族血缘关系的宗祠、村庙与家祠了。

受传统思想观念影响，山西地方祠庙（主要指供奉中国本地神祇之祠庙，包括家祠）数量之多，遍及城乡僻壤，里面所供奉的内容，也十分繁杂。

第三节　山西祠庙建筑实例

一、后土祠

万荣后土祠

位于万荣县城西南40公里的宝鼎乡庙前村，俗称后土祠。西、北两面临黄河、汾河，依山傍水，地势开阔。

据碑刻记载，这里历史上曾属于著名的"汾阴睢地"。汉文帝后元七年（前163年）建汾阴庙，武帝元狩二年（前126年）建后土祠，此后，东汉、唐、宋各代屡事兴建，至北宋大中祥符四年（1012年）修葺规模达到极盛，后因黄河水患，后土庙被淹没。清同治九年（1874年）易地重建于今址。

后土庙坐北向南，总平面呈南北长的矩形，占地面积约17600平方米。沿中轴线有山门、戏台、献殿、享亭、圣母殿、秋风楼，献殿两侧为东西五虎殿，圣母殿东侧为碑亭。山门是以三开间歇山顶为主，两侧建歇山顶便门的三门组合，后加插廊成戏台，并列戏台与山门后倒座戏台上呈"品"字形，故称"品"字戏台。并列戏台实为面宽三间，进深四椽，单檐硬山顶的两座建筑的连接。献殿面宽五间，进深四椽，单檐硬山顶，脊部垫板上"大清同治十三岁次□□立柱"的题记。圣母殿面宽五间，进深六椽，单檐悬山顶，举折平缓，构造简洁。

秋风楼位居最后，建于高台之上，楼身三层，高33米余，面宽、进深各五间，楼顶为十字歇山顶。四周围廊，正南当心辟板门一道，一、二层四面各出抱厦一间，二、三层檐下密布形制各异的斗栱，承托平座。楼内檐置12根金柱，直通楼顶，柱间设额枋、平板枋联结成井筒式构架，与各层抱厦、围廊的梁枋彼此相连，形成稳固的整体结构，制作手法颇具明代风格。秋风楼恢宏典雅，挺拔秀美，为中国楼阁建筑中的佳作。

介休后土庙

位于介休市庙底街，是由后土庙、三清观等组成的一处全真派道教古建筑群，历史上有"道家地"之称，是一组明清木结构建筑的佳作，同时也以其独特的琉璃建筑艺术和千尊明代道教彩塑称誉国内外。

据明正德十四年（1519年）重建碑载：南朝宋孝武帝大明元年（457年）、梁武帝大同二年（536年）皆重修之。后土庙之创建当早于北魏，历经各代重修，现存规模为明正德年间扩建。三清观系元至大二年（1309年）增建，明清重修，余皆为明清建筑。

庙坐北朝南，呈纵向双轴、南北合围布局，总占地9196平方米。主要建筑有三清殿、后土庙、吕祖庙、关帝庙、土神殿等。主体建筑献楼为后土庙戏楼与三清楼联体建筑，其结构精巧，堪称明清楼阁式建筑中罕见之精品，而庙西区之三庙三连台建筑形制，为国内所罕见。三清观内保存有明代"万圣朝元"千尊彩塑，阵容浩繁，蔚为大观，是一部匠心独运、群雕

图 7-1 万荣后土祠献殿　资料来源：作者自摄

图 7-2 介休后土庙后土殿　资料来源：作者自摄

壁塑完美结合的道教神祇体系立体画巨制。后土庙所有建筑均饰以精致华美之琉璃，烧造技术和造型艺术俱臻完美。

后土庙内存碑刻、铁钟、铁缸、石香炉、抱鼓石等附属文物，尤其是金刻"庙貌碑"、元刻"秋风辞"碑，在书法与文学艺术方面具有独特的价值。

石楼后土圣母庙

坐落于石楼县义牒镇殿山村北 100 米，坐北向南，占地面积 1500 平方米，创建年代不详，据正殿前石雕灯台记载，元代至正七年（1348 年）重修，之后历代均有维修，一进院落，中轴线布局轴线上由南向北依次为山门、乐楼、正殿，东西两侧配殿各三孔，社窑各三孔。

正殿为无梁殿砖石结构建筑，前有木结构插廊，面阔三间，进深二间，殿内现存明代泥塑五尊，正中后土圣母为真身骨骼，殿内悬雕山水树木之间、楼台亭阁内外以及层层云涛之中悬塑着姿态各异的百子图，面积虽小，气势宏大，据有关专家考证工艺、手法同隰县小西天大雄宝殿出自一家。屋顶形制为单檐硬山顶。

乐楼为石砌台明，高 1.5 米，台明上由 8 根高 10 米、直径 0.85 米的柏木圆柱支顶，四面即为空间，斗栱形制为假昂偷心造，梁架结构为八卦封顶，单檐歇山顶。据有关专家多次实地考证，台基旧砖接近宋砖尺码，上部木构为元代遗构。山门为砖石结构，前有木构插廊，面阔一间，进深一间，单檐硬山顶。

高禖庙

位于河津市阳村乡连伯村西。坐北朝南，南北 34 米，东西 33 米，占地面积 1131 平方米。现存香亭、献殿、正殿及东西配殿、东西厢房。创建年代不详，现存为清代建筑。香亭四根角柱承托平板枋，平板枋上柱头科四攒，平身科四攒，单檐攒尖顶，四角各有一垂花柱。献殿面宽五间，进深四椽，单檐悬山顶。五花山墙。梁架为五架梁上立脊瓜柱承托脊檩，两侧施叉手。前后檐每间平身科皆一攒。献殿东西山墙内均存有壁画，东为大禹治水，西

图 7-3 石楼后土圣母庙全景　资料来源：作者自摄

为后稷稼穑。正殿面宽三间，进深五椽，单檐硬山顶。六檩出廊结构。前檐每间皆施六抹头隔扇门六扇。檐下有斗栱七攒，柱头科四攒，正殿暖阁中塑高禖，东塑大禹神像，西塑后稷神像。东西配殿皆面宽三间，进深二椽，单檐硬山顶。东为天神殿，塑昊天大帝；西为结义殿，中塑刘备，两侧塑关羽、张飞。东厢房面宽七间，西厢房面宽六间，皆进深二椽，单檐硬山顶。东厢房为阎王殿，西厢房为三霄殿和五岳殿。

二、圣母庙

九天圣母庙

位于平顺县城西北 15 公里北社乡河东村，坐落在一个 10 多米高的土丘上。据庙中元中统二年（1261 年）石碑记载：创于隋、唐、宋、元、明、清皆有重修维修、增建。现存建筑山门、大殿为宋代遗构，献殿为元代形制，余皆为明清建筑。

庙坐北向南，占地 1840 平方米，建筑面积 1458 平方米。现存建筑中轴线有山门（倒座戏台），门上为戏楼、献殿、圣母殿，东西有配殿、角殿、梳妆楼、十帅殿、广生殿、十阎君殿等建筑。

山门为宋元符三年（1100 年）创建，清代重修，扩建为倒座戏台。主体建筑圣母殿为宋代建筑，面宽三间，进深六椽，坐落在高 1.1 米的石砌台基之上，单檐歇山顶。檐下斗栱五铺作，单杪单下昂。梁架四椽栿对前乳栿用三柱，前檐设廊，在建筑形制、结构、梁架上都保留了宋代建筑特征。

庙内保存有宋、元、明、清各代碑碣 32 通。

懿济圣母庙

位于和顺县平松乡合山村北 100 米。据碑记载，始建于宋代，元元统二年（1334 年）重建，元至元五年（1339 年），明嘉靖十六年（1537 年），清顺治三年（1646 年）均有修葺。占地面积约 9920 平方米。坐北朝南，由圣母庙和显泽侯神祠组成。现存建筑中唯圣母殿为元代建筑，其余为明清建筑。圣母庙分上下两院，中轴线建有牌坊、山门、戏台、献殿和圣母殿，东西两侧为钟鼓楼、配殿及耳殿。显泽侯神祠俗称大王庙，二进院落布局，中轴线建有山门、二门和大王殿，两侧为配殿及厢房。

圣母殿建于元代，石砌台基，台基高 0.54 米。面阔三间，进深六椽，单檐歇山顶。梁架结构为四椽栿对后乳栿用三柱，补间不设斗栱，柱头斗栱为四铺作单下昂，前檐当心间设六扇六抹隔扇门，两次间施五扇六抹隔扇门。

大王殿建于明代，石砌台基高 0.34 米，面宽三间，进深四椽，单檐悬山顶，黄绿琉璃雕花正脊。外檐斗栱五踩双下昂，额枋、栱眼壁均施彩画，前檐明间施板门，次间设直棂窗。

烈女祠

又称柴花圣母祠，位于盂县孙家庄镇大吉村北约 2 公里处的水神山半山腰。坐北朝南，东西 40 米，南北 49 米，占地面积约 2001 平方米。始建年代无考，据祠内钟楼墙上所嵌的元至正九年（1349 年）石碣记载，当时此祠已存在，明、清历代均有修葺。两进院落布局，中轴线上依次建有砖牌坊、山门、木牌坊、仪门和正殿，上院东西各有配殿三间，仪门左右有钟鼓楼；下院又分上、中、下三台，每台东西各有禅房及碑房，主祠西约 20 米处有梳洗楼，除梳洗楼两侧的建筑为 20 世纪 80 年代所建外，其余均为清代建筑。庙内存有碑 45

图 7-4 平顺九天圣母庙全景　　资料来源：作者自摄

图 7-5 和顺懿济圣母庙牌楼　　资料来源：作者自摄

图 7-6 盂县烈女祠全景　资料来源：作者自摄

图 7-7 文水则天庙圣母殿　资料来源：作者自摄

通。正殿内墙面壁画和塑像具有较高的艺术价值。

烈女祠正殿台基石砌，宽 7.8 米，深 5.6 米，高 0.5 米。面宽三间，进深五椽，单檐硬山顶，灰瓦屋面，六檩前出廊构架，通檐用三柱，柱头斗栱施一斗二升交麻叶。明次间辟六抹隔扇门 4 扇，东西两壁有壁画 30.16 平方米，内容为《出宫图》和《回宫图》。殿内明间中央设神坛，上存塑像 5 尊，东西两侧有塑像 10 尊。

烈女祠抱泉楼又名梳洗楼，正面看为二层，实为一层。上层面宽三间，进深五椽，六檩构架，单檐悬山顶，灰瓦屋面。通檐用三柱。檐下斗栱一斗二升交麻叶。明间辟六抹隔扇门 4 扇，两次间设四抹隔扇窗 4 扇。殿内东西山墙绘有人物壁画 50.34 平方米，中央神坛上有塑像 5 尊，楼下有泉 1 眼。

文水则天庙

位于文水县城北 5 公里南徐村北侧，西接太汾公路，东临文峪河，是一处以祭祀水母为名、实奉女皇武则天的历史人物纪念性祠宇。庙始建于唐，金皇统五年（1145 年）重建，明正统十三年（1448 年），清康熙、乾隆、光绪年间屡有修葺，基本奠定了现有规模。现存建筑圣母庙为金代原构，余皆明清所建。

庙址坐北朝南，占地面积 1800 平方米。建筑布局为山门下部为砖券拱门，上部为乐楼，圣母殿位居正中，左右东西厢房、钟鼓楼对称。寺庙规模较小，布局严谨。

圣母殿面宽三间，进深六椽，单檐歇山顶。出檐深远平缓，灰筒板瓦覆盖。大殿明间设板门，次间置直棂窗，柱头卷杀明显，檐柱均砌入壁内。柱头斗栱五铺作双下昂，里转双杪，耍头直承乳栿。殿内采用减柱造，仅设后檐二金柱，巧妙地用在神龛后侧，使殿内空间宽敞。梁架结构简明，四椽栿对前后乳栿用三柱，乳栿后尾垫驼墩置于四椽栿上，四椽栿上置鸳鸯交首栱与金槫、平梁交构，平梁置侏儒柱、驼峰、叉手、丁华抹颏栱共承脊榫。殿内神龛装饰、彩绘富丽，内奉则天圣母像，头戴平天冠冕，身着帝后装束。大殿板门上部有"金皇统五年"重建题记，殿顶有部分唐瓦以及神龛基座下的唐代绳纹砖均为大殿的历史佐证。大殿内梁架、斗栱、门窗、门墩等均属金代原制，制作规整，手法洗练。庙内碑廊现存明、清碑刻10余通。

晋祠

位于太原市西南25公里处悬翁山的晋水源头。始建于北魏前，相传为纪念周武王胞弟叔虞而建，因其封地晋国，故名。郦道元《水经注》记载："际山枕水，有唐叔虞祠。"即今晋祠。《魏书·地形志》也有记载，可知创建于北魏之前。晋祠历代均有修建和扩建。南北朝天保年间（550～559年）扩建晋祠"大起楼观，穿筑池塘"。唐贞观二十年（646年）太宗李世民游晋祠撰《晋祠之铭并序》碑文，又一次扩建。北宋天圣年间（1023～1032年）追封唐叔虞为汾东王，并为其母邑姜修建了规模宏大的圣母殿。

祠址坐西向东，沿中轴线有山门、水镜台、会仙桥、金人台、对越坊、献殿、鱼沼飞梁和圣母殿，献殿两侧为钟鼓楼。其北为唐叔虞祠、昊天神祠和文昌宫，其南面是水母楼、难老泉亭和舍利生生塔。布局紧凑，既像庙观院落，又像皇室的宫苑。祠内的周柏、隋槐，老枝纵横，至今生机勃勃，郁郁葱葱，与长流不息的难老泉和精美的宋塑侍女被誉为"晋祠三绝"。

水镜台，始建于明代，是当时演戏的舞台。前部为单檐卷棚顶，后为重檐歇山顶。前面为宽敞的舞台，其余三面均有明朗的走廊，建筑式样别致。金人台，古称莲花台，因台上四

图7-8 太原晋祠圣母殿　　资料来源：作者自摄

隅各铸铁人一尊，亦称铁太尉。四隅金人每尊高 2 米有余，以西南隅为最佳，其胸前有"北宋绍圣四年（1097 年）铸"铭文。经历八百年的风霜雨雪，迄今明亮不锈。据《太原县志》载，祠为晋水源头，故镇以金神，为防水患。

献殿是祭祀圣母的享堂，供献礼品的场所，重建于金大定八年（1168 年）。面阔三间，进深四椽，单檐歇山顶，梁架为彻上露明造。斗栱简洁，五铺作双下昂。前后当心间辟门，四周槛墙之上安直棂栅栏围护。形似凉亭，显得格外利落空敞。

鱼沼为一正方形水池，是晋水的第二泉源。沼上架桥曰"飞梁"，建于北宋。其结构为池中立 34 根小八角形石柱，柱顶架斗栱和梁木承托着十字形桥面，东西平坦连接圣母殿与献殿，南北两翼下斜至沿岸，四周有勾栏围护凭依，整个造型犹如展翅欲飞的大鸟，故称飞梁。此种形制奇特、造型优美的桥式，在我国桥梁史上占有重要性的位置。

圣母殿是晋祠主体建筑，位居最后，雄伟壮观，是国内规模较大的一座宋代建筑。创建于北宋天圣元年（1023 年），崇宁元年（1023 年）重建。殿高 19 米，重檐歇山顶，面阔七间，进深六间，黄绿琉璃瓦剪边，雕花脊兽，殿内宽五间。四周围廊，殿前廊柱上有木雕盘龙八条，是全国建筑实物中木雕盘龙柱子最早的实例。斗栱配置疏朗，上下檐有别。下檐斗栱五铺作，单杪出两跳，柱头出双下昂，补间为单杪单下昂；上檐斗栱六铺作，单杪出三跳，柱头双杪单下昂，补间单杪双下昂，并施异形栱。梁架结构为彻上露明造。殿内采用减柱法，共减去 12 根内柱，以廊柱和檐柱承托殿的屋架，扩大了室内空间。殿内有宋代彩塑 43 尊，主像圣母端坐木制神龛内；其余 42 尊侍从分列龛外两侧。圣母凤冠蟒袍，神态端庄。侍从手中各有所奉，或侍饮食起居，或梳洗洒扫，为宫廷生活的写照。塑像口有情，眼有神，姿态自然，塑工高超，是我国宋塑中的精品。圣母殿在建筑构造与式样上继隋唐，下启元明，是研究中国古代建筑艺术的宝贵实例。

祠内有传说中的周柏、唐槐，迄今苍翠，与难老泉、宋塑侍女像被誉为"晋祠三绝"。唐太宗李世民行书《晋祠之铭并序》碑、宋代铸造铁人、铁狮等，均是晋祠丰富文物中的珍品，对于研究中国古代建筑、雕塑、书法艺术具有重要价值。

三、水神庙

广灵水神堂

位于广灵县城南壶山上，山环水绕，原名丰水神祠，始建于明代嘉靖年间。清代乾隆年间增建文昌阁，改名水神堂。这里山清水明，俗称"塞上小江南"。涌泉成池，环抱山堂，琼楼玉宇，景色旖旎，是一个修身养性的风雅之地。水神堂山门的门额悬有清朝乾隆年间广灵知县朱休度题刻"小山壶"三字竖匾，寓意是此景可与山东蓬莱仙岛"大方壶"媲美；水神堂山石之上，名人题刻甚多，惟以万历乙未年间（1595 年）广灵典史莫维康之《劝读书偶作》最为引人注目。

图 7-9 广灵水神堂全景　　资料来源：作者自摄

　　九江圣母祠和观音庵是水神堂的建筑主体，配有东西观赏厅和龙虎廊。水神堂山门内，前有观音屏，右有月亮门。寺院整体布局严谨，结构精巧，供奉老子、鲁班、孔子之塑像，即道、工、儒三家，祭祀香火之旺盛则以鲁班为最。墙上壁画，均为清代生活风貌，内容颇为丰富；正中为九江圣母殿，亦称丰水神祠；东北隅为文昌阁，供奉梓潼塑像；东南隅建有七层砖塔一座，平面呈八角形，仿照木制结构雕有斗栱、门窗、脊饰、塔刹，比例适度，雕技高超，塔身四丈有余，建于清朝乾隆六十年六月（1795 年），光绪二十五年（1899 年）重修；东北角有一阁，登梯而上便是一个六角楼亭。从正南门入，殿宇轩昂，画栋雕梁。塔上铃声清远，松间鸟鸣上下。左右厢房造型别致，两侧拱门更觉深幽。若从后门而入，则屋宇随山势而形异，幽径绕殿堂而回环，使人宛登仙境，似入蓬莱。正南山门檐下悬有"水神堂"蓝底金字题匾，东厅悬有"有本者如是"横匾。两侧建有钟鼓二楼，钟楼为本寺住持僧于明代嘉靖五年（1526年）诵经募化修建。山门两翼为画廊，东翼彩绘九龙，西翼彩绘五虎，龙腾虎跃之姿甚为壮观。水神堂是"丰水神祠"与"大士庵"之合称。

　　水神堂之钟楼玲珑剔透，前有掖门穿通，四周筑有回廊围护。殿堂建筑与壶山神水交相辉映，犹如江南水乡之仙岛琼楼一般。每年春季岸柳摆绿，桃花盛开；夏季山青水绿，池塘倒影如画；秋季碧海摇烟，游船往来如梭；冬季雾气朦胧，流水潺潺有声。

广胜寺水神庙

　　位于洪洞县城东北 17 公里的霍泉源头。水神庙始创于唐代，是祭祀传说中霍泉水神的

图 7-10 洪洞广胜寺水神庙明应王殿　资料来源：作者自摄

图 7-11 运城池神庙内景　资料来源：作者自摄

风俗神庙。元大德七年（1303年）平阳地区大地震殃及水神庙，原有建筑"靡有孑遗"，大德九年遂募集人力、财力重建，至元仁宗延祐六年（1319年）局面焕然，现存明应王殿即为当时原物。此后历经明嘉靖和清康熙年间两次大地震，元建遗构依然得以保存。

明应王殿在水神庙后院北隅，为庙之主体建筑。殿平面呈方形，面宽进深各五间，周设围廊深一间，殿身实际宽深仅及三间。该殿改变了一般殿前多有献亭或享堂的传统，代之以宽阔的月台。前檐明间辟板门，石门槛上刻莲花，刀法浑厚，元代雕刻风俗鲜明。四壁无窗，殿内光线昏暗，但完整的墙面利于大幅面壁画的绘制，殿内柱网配置类似宋《营造法式》中"金箱斗底槽"的形式，运用元代盛行的移柱减柱法，前槽无金柱设置，这就为开间较小的殿宇创造了相对宽舒的活动空间。殿周檐柱上以斗栱承托梁枋和屋檐，上檐斗栱五铺作双下昂，明间施补间铺作两朵，其他各间为一朵。山面明间柱头铺作后尾出45°斜栱，与后槽金柱柱头斗栱出跳相呼应。殿内无平棊，彻上露明造，梁架断面较元代山西地方手法为规整，用材经济。殿顶为重檐歇山式，两山出檐深远，举折略陡，上覆筒板布瓦，黄绿色琉璃剪边，琉璃仙人、垂兽、鸱吻装饰，风格素朴。

殿内正中设一神龛，龛内塑水神明应王坐像及四侍者，龛前两侧分别为二官员侍立，殿前廊下另有二位官员塑像，侧身微前倾，衣纹、面形摆脱了宗教化偶像的束缚，融入一定的生活气息。殿之四壁为元泰定元年（1324年）所绘壁画二百余平方米，主要表现明应王官内生活图景，南壁戏剧壁画是研究我国戏剧艺术史的宝贵实物资料。

明应王殿周廊下尚存金、元、明、清各代碑刻数通，记载了水神庙历史与霍泉分流等情况，具有重要的史料价值。此外，水神庙前东南隅有霍泉源流的水池，俗称海场。庙西南有霍渠、分水亭、好汉庙等关于分水纪念的现代重建建筑。

运城池神庙

古称卧云冈，在运城市南2公里盐池北岸。运城池盐资源丰富，盐业历史悠久。盐与国计民生息息相关，遂产生了祭祀盐池神的风俗神庙——池神庙。唐大历十三年（779年）盐业兴盛，代宗封盐神为"灵庆公"，并因神赐瑞盐在此营建"灵庆公祠"。北宋崇宁四年（1105年），宋徽宗封东池神为资宝公、西池神为惠康公，大观二年（1108年）晋爵为王，元至正十二年(1275年) 世祖赐庙号"宏济"，大德二年（1299年）成宗加神号"广济"、"永泽"，明洪武初年(1368年) 正号盐池之神，嘉靖十四年（1535年）重建池神庙，万历十七年(1589年）改庙号"灵佑"，十九年局部重修。清顺治、雍正年间均有修葺。池神庙坐北向南，位于土垣上，地势较高。自盐池登临，攀石阶六十余级，周设勾栏凭依。按建筑原有布局，阶前有山门、海光楼、木牌坊、日月井、歌薰楼等，可惜已毁。主要建筑正殿、三座戏台和东西两厢尚存。除正殿为明嘉靖十四年(1535年) 遗构外，余皆清代修筑。

正殿三座并列，殿前月台相连，形制、规模和结构几乎完全相同，如此布置在风俗神庙中尚属罕见。殿面宽、进深各五间，平面呈方形，四周围廊。三殿各有明柱20根，唯中殿较两侧殿为大，重檐歇山顶。柱头砍作斜面，檐下以斗栱承托屋架。下檐柱头斗栱四铺作单下昂，补间铺作每间两朵，唯副阶廊下为一朵，上檐斗栱五铺作，双下昂计心造，柱头与转角铺作制成鸳鸯交首栱，明间补间铺作两朵，余则一朵。殿内梁架制作规整，设有藻井。彩绘生动，翼角翘起如飞。殿顶筒板布瓦覆盖，黄、绿、蓝三彩琉璃剪边，或制成脊刹、吻兽作装饰，色彩亮泽，工艺高超。殿前石阶勾栏雕刻精细，正殿尚未发现后人修补或更换构件的痕迹，是三座十分别致的明代建筑。三殿东奉条山风洞之神，西奉忠义武安王之神，中奉东西盐池之神，朝祭者多至此参拜。

正殿前的东西配殿均面宽五间，悬山式屋顶，前檐设廊。庙内倒座戏台三座并列，面宽七间，进深三间，中部减柱以利观戏。悬山顶小式建筑，台阶高耸，中为横道。这样能同时演出三台戏的戏台在中国古代舞台遗构中较为罕见。戏台两侧厢房各面宽六间，硬山顶。

池神庙内尚存元、明、清各代碑刻数十通，正殿阶前两侧嵌立的元、明碑刻高达6米，详细记载了历代对池神的褒封及庙史建制沿革，对研究池神庙与运城盐池历史颇具价值。

源神庙

位于介休市洪山镇洪山村东南狐歧山麓。因源泉而建，故名。创建年代不详，据庙内碑文记载，北宋至道三年（997年）、元至大二年（1309年）两次重建，明洪武十八年（1385年）、万历十六年（1588年），清道光八年（1828年）、光绪三十三年（1907年）屡有重修。1989年进行维修。占地面积1623平方米。坐东南朝西北，二进院落布局，中轴线由西北向东南依次为牌楼、山门、戏台和正殿，两侧为钟鼓楼、配殿及厢房。二进院西南建有跨院，院内东南为娘娘殿。正殿、戏台、山门、东西配殿均为明清建筑，牌楼为清代建筑。牌楼二柱单楼式，对称分布，斗栱五踩双下昂，单檐歇山琉璃瓦顶。戏台与钟楼、鼓楼连构，下部为砖券窑洞三孔，台身面宽三间，进深四椽，单檐悬山琉璃瓦顶。五檩前廊式构架，斗栱三踩单下昂，台中以木制隔断分为前、后台。正殿建在高1.35米的石砌台基上，面宽五间，进深六椽，单檐悬山顶，七檩前出廊，斗栱三踩单昂，额枋、斗栱遍施彩画，前檐均施六抹隔扇门。庙内存北宋至道二年（997年）《源神碑记》，

图 7-12 介休源神庙　资料来源：山西省第三次全国文物普查资料

图 7-13 泽州西顿济渎庙正殿
资料来源：山西省第三次全国文物普查资料

清道光八年（1828年）《重修源神庙乐楼记》、光绪三十一年（1905年）《重修源神庙记》等维修碑 22 通，经幢 1 座，碣 5 方。

西顿济渎庙

位于泽州县高都镇西顿村村东，坐北朝南，一进院落，占地面积 1294 平方米。据檐柱题记及碑文记载，创建于宋宣和四年（1122年），金大定二十八年（1188年）、清乾隆四十三年（1778年）均有修葺。中轴线上为舞楼、正殿，两侧为妆楼、厢房、耳殿。现存建筑正殿为宋、金遗构。

正殿面阔三间，进深六椽，单檐悬山顶，灰筒板仰覆瓦铺制屋顶。梁架结构为四椽栿压前乳栿通檐用三柱，栿上施蜀柱、大斗承托平梁，四椽栿和乳栿之上、平梁下端两侧各施搭牵，搭牵两端分别插于承托平榑的斗栱与承托平梁的蜀柱之中。平梁上施蜀柱、捧节令栱、丁华抹颏栱、叉手承托脊榑。蜀柱两端用合楷稳固，叉手捧戗于脊榑下皮两侧。前檐柱为八棱抹角青石柱，柱身有收分，下设覆莲柱础，柱间施阑额，柱头施普拍枋承托铺作。前檐柱头铺作单下昂四铺作，昂形耍头，当心间补间铺作单下昂四铺作，45°出斜栱、由昂，大斗为讹角斗，次间无补间。

四、稷王崇拜

万荣稷王庙

位于万荣县城西北 7.5 公里的稷王山麓太赵村北隅。相传上古时后稷始教民稼穑于此，因名稷神山，俗称稷王山，为纪念后稷而建庙。始建年代不详，现仅存中轴线上的正殿、戏台，其余皆毁。虽经历代重修，仍然保留了宋金时期的建筑特征。

正殿是稷王庙的主殿，坐北朝南，立于一长方形台基之上，台基长 23.6 米，宽 5.85 米，

图 7-14 万荣稷王庙正殿
资料来源：山西省第三次全国文物普查资料

图 7-15 稷山稷王庙献殿及钟鼓楼
资料来源：山西第三次全国文物普查资料

高 0.40 米。大殿面阔五间，进深六椽，建筑面积 252 平方米。单檐庑殿顶，殿顶筒板瓦覆盖。脊刹、吻兽完好无损。殿四周围廊，檐下斗栱每间施补间斗栱一攒，前后廊檐下及两山面斗栱形制相同，均为五铺作双下昂，里外拽均偷心造耍头蚂蚱形，转角斗栱只在四角处斜出 45°栱两跳。殿内中柱一列，直通平梁以下，大梁分前后两段，穿插相构，无通长梁栿之制，当地称之为"无量殿"。殿内后壁上镶有元至元时创修舞台碑碣一通，言简意赅，字迹清晰，为研究稷王庙的历史沿革提供了宝贵资料。

稷山稷王庙

又称后稷祠，位于稷山县稷峰镇西北街村东南隅。据清康熙四十七年版《平阳府志》和现存碑文载，创建于元至正五年（1345 年），清道光二十三年（1843 年）、光绪十七年（1891 年）均有增建和修葺。庙坐北朝南，二进院落布局，南北长 104 米，东西宽 87 米，占地面积 1 万余平方米。中轴线上建有山门、献殿、后稷楼、泮池、过亭、姜嫄殿及两侧钟、鼓楼和东西朵殿。现存过亭、姜嫄殿及东西朵殿主体结构为元代建筑，其余建筑皆为清代。稷山稷王庙建筑布局完整，木雕、石雕、琉璃内容丰富、雕技精湛，具有极高的历史、艺术价值。

献殿重建于清道光二十三年（1843 年），面宽三间，进深四椽，单檐悬山顶，琉璃瓦覆顶。殿内梁架结构为五檩无廊式架构，前后檐下露明，直通后稷楼，前檐额枋高浮雕稷王朝拜图、春播、夏管、秋收、冬藏等农事活动图案，内容丰富，形象逼真，雕工精湛。东山墙内嵌平雕《稷邑八景图》高 2.8 米，宽 4 米；西山墙内嵌巨幅石雕《七古一章》，高 2.8 米，宽 4 米，碑文行书，清道光二十三年（1843 年）刊，记载了稷山知县李景椿为重建稷王庙所赋的七古一章，以纪其事。

后稷楼重建于清道光二十三年（1843 年），为庙内主要建筑，通高 21.3 米。砖石台基高 1.22 米，面宽五间，进深六椽，楼阁式重檐歇山顶，琉璃脊兽。楼内梁架结构为八檩大式架构，柱头施三踩单翘斗栱，明间前后檐装隔扇门，四周回廊，施 20 根石雕檐柱，明间

图7-16 新绛阳王稷益庙正殿　资料来源：山西省第三次全国文物普查资料　　图7-17 新绛阳王稷益庙牌楼　资料来源：作者自摄

前两侧平雕石柱楹联为"思文配乎天树八百年王业之本；率育命自帝开亿万世粒食之源"，后稷殿后两侧平雕石柱楹联为"稼穑劳后躬播种功德垂百代；民人饱圣德崇隆祠宇耸千秋"。

姜嫄殿据康熙四十七年版《平阳府志》载，建于元至正五年（1345年）。殿面阔三间，进深四椽，单檐悬山顶，琉璃脊兽。殿内梁架结构为四椽栿通达前后檐柱，柱头施四铺作单杪斗栱。姜嫄殿两侧各跨垛殿三间，进深三椽，单檐悬山顶。殿内梁架结构为二椽栿对前搭牵通檐用三柱，补间斗栱用驼峰代替。

太杜后稷庙

位于运城市稷山县稷峰镇太杜村中心，创建年代不详。庙坐北朝南，原为二进院落布局，南北长51米，东西宽41米，占地面积2119平方米，有大殿、过亭、春秋楼、戏台、东西朵殿及"代天行化"牌楼。现仅存大殿、东朵殿及"代天行化"牌楼，院门外存石狮一尊。

大殿为元代遗构。坐北面南，面阔五间18米，进深四椽9米，单檐悬山顶，布瓦屋面。前檐柱头施五铺作双下昂计心造，蚂蚱形耍头，后檐柱头施四铺作单下昂计心造，前檐明、次间，后檐补间铺作出45°斜昂，其他无斜昂之制；前后檐柱柱头均有卷杀，生起、侧脚明显；前檐明间及两次间用两根大额枋，于明间正中以螳螂榫搭接，此种构筑手法属于少见。屋面举折平缓、出檐深远，梁栿简洁粗壮，梁架架构为四椽栿通檐用两柱，具有典型的时代特征。

牌楼坐东朝西，位于寺院西围墙，为后稷庙侧门。据明楼走马板题记记载为清咸丰三年（1853年）所创建。四柱三楼式，次楼平面为八字形，前后均立柱；屋面为单檐庑殿顶，布瓦覆顶，绿琉璃剪边。柱、大额枋为石质，其余构造为木构，明楼檐下施如意斗栱七层，次楼为五层；走马板正面有"代天行化"四字，背面为"与天同尊"，存石刻楹联四幅。柱身、额枋、抱鼓等处完好地保存了大量木雕、石雕，工艺精湛、构图严谨、内容丰富。

阳王稷益庙

位于新绛县阳王镇阳王村中。坐北向南，南北长91米，东西宽32米，占地面积2918平方米。创建年代不详，据碑刻记载，元至元年间（1335～1340年）重修，明弘治年间（1488～1505年）、正德年间（1506～1521年）均有扩建和重修。现存主体建筑为明清遗构。一进院落布局轴线上原由南向北依次建有戏台、献殿、正殿，东西两侧建有翌室及廊房，现仅存戏台、献殿基址及正殿。

阳王稷益庙正殿，坐北向南，整体建于东西长24米、南北宽16米、高0.32米的砖砌台基上，占地面积376平方米。明弘治十五年（1502年）重建。面宽五间，进深六椽，单檐悬山顶，黄、绿、蓝三彩琉璃瓦剪边，殿内梁架为七架梁前后用三柱，局部尚存元代规制，前后槽均用木额枋。前檐下斗栱十二攒，后檐十三攒，形制皆为五踩双下昂，前檐明间平身科两攒，出45°斜栱。明间辟六抹隔扇门，次间设四抹隔扇窗。柱头有砍斜，石质柱础分鼓式和八棱柱两种。大木作上有彩绘。内柱间饰通间花替，鎏金木雕"二龙戏珠"及"凤凰戏牡丹"图案。殿内东、西、南三壁上留131.11平方米壁画，为"朝圣图"，画面内容依据中国古代神话和历史传说，描绘了三皇、大禹、后稷、伯益等征服自然、造福人民，受百官朝拜、万民敬仰及各方神祇朝贺的情景。人物山水画以工笔重彩绘制，着色以青、绿、红、白为主调，南壁梢间上方有明正德二年（1507年）画师题记。

稷益庙戏台坐南向北，整体建于东西长19.7米、南北宽9.7米、高0.85米的砖包土夯基座上，占地面积191平方米。面宽五间，进深四椽，单檐悬山顶，梁架为五架梁通檐用三柱。周施斗栱三十攒，形制为三踩单下昂，出变形龙、蚂蚱形及卷云形耍头，前檐明间及东西檐下正中两攒出45°斜昂，檐下有飞椽。台口出弧形台面，明间采用移柱造手法，有效地扩大了舞台的使用空间。柱础为宝相莲花座和覆盆式两种。

五、东岳庙

东岳大帝是归属于国家正统神系的神祇，又称泰山神。泰山神作为泰山的化身，是上天与人间沟通的神圣使者。东岳泰山的祭祀源远流长，史传有"古者封泰山禅梁父者七十二家"的说法。东岳信仰在山西地域性扩展，应该在宋代，五帝皆有本庙，唯独东岳行祠遍天下，其原因是东岳神主操生死、御灾捍患的功能，迎合了广大民众的心理需求，故"虽非境内之神，人以其掌生死之籍，故崇奉尤切"。

周村东岳庙

位于泽州县周村镇周村村北。创建年代不详，宋元丰五年（1083年）重修，明万历十三

图 7-18 泽州周村东岳庙财神殿　资料来源：作者自摄

图 7-19 泽州史村东岳庙中殿
资料来源：山西省第三次全国文物普查资料

年（1585年）、清康熙二十一年（1682年）及民国年间屡有修葺。庙坐北朝南，由二进院落组成，占地2200余平方米。中轴线上自南而北依次建有山门、正殿，东西两侧为钟鼓楼、关帝殿、财神殿、西厢房等建筑。正殿、财神殿、关帝殿一字排开，雄伟壮观，气势不凡。正殿、关帝殿、财神殿分别为宋、金建筑，其余为明清建筑。关帝殿内存壁画约20平方米。

正殿建在高185厘米石砌台基上，面宽三间，进深六椽，梁架为前乳栿对四椽栿前后用三柱，前一间为敞廊，单檐歇山琉璃剪边顶，屋顶举折平缓，出檐深远。柱头铺作四铺作单昂，无补间铺作。前檐明次间装修不存。

关帝殿、财神殿均面宽三间，进深四椽，单檐悬山顶。前出抱厦面宽三间，进深二椽，单檐歇山顶，脊、兽均为琉璃质。关帝殿柱头铺作四铺作单杪，无补间铺作。财神殿柱头铺作四铺作单杪，补间铺作每间一朵。

殿顶琉璃脊兽造型生动逼真，色彩鲜艳，且烧制工艺精制。

史村东岳庙

位于晋城市泽州县下村镇史村村西，坐北朝南，二进院落，占地面积1163平方米。创建年代不详，无碑记可查，据正殿梁下题记记载，清乾隆年间（1736～1795年）及嘉庆丙辰年（1796年）均有复修，1985～1986年村内集资又对该庙进行了全面维修。中轴线上由南至北依次为山门、中殿、正殿。轴线两侧为钟（鼓）楼、厢房、偏殿、碑廊。现存建筑正殿为元代遗构，中殿有少量明代构件，其他建筑为清代风格。

史村东岳庙正殿面阔七间，进深六椽，单檐悬山顶，琉璃筒瓦。梁架为六椽栿通达前后檐，六椽栿设于铺作之上，上施蜀柱承托四椽栿，四椽栿上施蜀柱、大斗承托平梁，平梁上施蜀柱、捧节令栱、丁华抹颏栱、叉手承托脊榑。蜀柱两端用合㭼稳固，叉手捧戗于脊榑两侧。额枋用材硕大，通额枋直接架于柱头之上，额枋与斗栱之间设有平板枋一道，疑为明、清维修时增加。前檐柱头铺作双下昂五铺作，蚂蚱耍头，里转双杪五铺作，偷心造。补间斗栱三踩单昂，

图 7-20 陵川玉泉东岳庙山门　资料来源：作者自摄

图 7-21 阳城屯城东岳庙天齐殿　资料来源：作者自摄

出龙形耍头。补间铺作用材与柱头铺作极不协调，疑为明清维修时增加。殿内后檐金柱四根，外侧两根用材较小，疑为明清维修时增加，为典型的元代减柱并移柱造。前檐柱七根，抹角八棱砂石质，收分明显，明间檐柱与最外侧檐柱较细，次间外侧檐柱较粗，不为同一风格，明间檐柱与最外侧檐柱为明清维修时新加，原貌应为两根檐柱，为元代减柱法，下设方形砂石柱础与地面齐平。正殿前有方形月台，砖砌，月台前端陡板石，风化较为严重，雕刻漫漶不清，依稀可辨认动物、花草、"万"字图案等。

中殿清代风格，有部分明代构件，面宽三间，进深原为六椽，前后有廊，现后廊于 1980 年拆除。单檐悬山顶，灰筒瓦布面，琉璃剪边，斗栱五踩双翘，龙形耍头，明次间通施四扇六抹隔扇门，门枕石上有精美线刻石雕，廊柱木质圆柱，下设方形青石柱础。

玉泉东岳庙

位于陵川县附城镇玉泉村东 100 米处。坐北朝南，一进院落。南北长 69.5 米，东西宽 35 米，占地面积 2432 平方米。创建年代不详，据庙内现存碑碣记载，明万历七年（1579 年），清顺治十七年（1660 年）、乾隆三十五年（1770 年）、道光十二年（1832 年）多次修缮，现存建筑为金、明、清风格。中轴线上现有舞楼（山门）、拜殿、正殿，两侧分布有妆楼、廊房、耳楼，山门外西有西房 3 间，东有 1 东院，内有东楼房三间，南房三间。

正殿面阔三间，进深六椽，单檐歇山顶。梁架结构为四椽栿压前乳栿，檐下斗栱为四铺作单下昂。布局独特，结构合理，整体保存完好，具有较高的历史科学价值。

阳城屯城东岳庙

位于阳城县润城镇屯城村东约 200 米处。坐北朝南，一进院落，南北长 47.5 米，东西宽 36.2 米，占地面积 1720 平方米。创建年代不详，金承安四年（1199 年）、泰和八年（1208 年）、大安二年（1210 年）及明清均有修建，现存天齐殿、东耳殿为金代遗构，余皆为明清风格。中轴线上建有山门、前殿、天齐殿，两侧有耳殿、厢房，西侧有钟楼一座。天齐殿建于须弥座砂石台基上，高1.8米，面阔三间，进深六椽，单檐悬山顶，四椽栿对前乳栿前后通檐用三柱，彻上露明造，柱头斗栱六铺作三下昂，当心间施板门，次间为破子棂窗。前檐施方形抹角石柱，东侧柱上有金"承安四年四月十二日"题记，覆莲柱础。东耳殿檐柱上端有"大安二年"题记。庙内存明代铁钟1口，清代功德碑3通。

润城东岳庙

位于阳城县润城镇润城村，古称天齐庙。据庙内碑载，始建于宋代，重修于明万历二十一年（1593年）。庙坐北朝南，原是一个三进院的大型庙宇，现中轴线仅存建筑为献厅、天齐殿、寝殿及东西耳殿，占地面积4000余平方米。现存建筑献厅、天齐殿、寝殿为明代遗物，东西耳殿为清代建筑。

天齐殿面宽五间，进深六椽，单檐悬山琉璃剪边，顶梁架为前双步梁对五架梁通檐用三柱，前一间为廊，柱头斗栱五踩重昂，平身科斗栱每间一攒五踩重昂45°出斜栱。殿内保存有砖雕须弥座，前檐明次间施六抹隔扇门四扇，后檐明间装修不存。

寝殿面宽五间，进深六椽，二层楼阁单檐歇山琉璃剪边顶，梁架为前双步梁对五架梁通檐用三柱，前一间为廊，柱头斗栱三踩单翘，平身科斗栱每间一攒三踩单翘45°出斜栱。前檐明次间装修均已不存。殿顶琉璃脊饰、吻兽齐备，皆为明代所作。

献亭为明代建筑，面宽一间，进深四椽，平面呈方形，檐柱皆为石质，柱上施额枋，斗栱五踩重昂45°出斜栱，斗栱与大角梁后尾承托下平槫，单檐十字歇山琉璃顶。现存的献殿为由四根石柱撑起的八角琉璃顶，榫头卯眼结合精美巧妙，俗称"无梁亭"，巧夺天工的木结构技艺使后人望尘莫及。四周的石雕栏杆做工精细，狮、象、猴等石兽栩栩如生。献殿前甬道保存二龙戏珠石雕一块。

万荣东岳庙

位于万荣县城内东南隅，亦称岱岳庙、泰山庙，创始年代不详，唐贞观年间（627～649年）置汾阳郡时即有此庙，元至元廿八年至大德元年（1291～1297年）重建，明景泰、天顺、万历年间和清代屡有扩建修葺。现存建筑飞云楼为明建清修，其余多为元建明修。

庙址坐北向南，占地面积10600平方米。现存主要建筑有飞云楼、午门、献殿、享亭、东岳大帝殿、阎王殿等，按我国早期寺庙布局规制，楼塔设置在中轴线前面。

飞云楼高23.19米。平面呈方形，三层四滴水，十字歇山式楼顶。二三层皆有勾栏，每面各出抱厦，平面呈十字形。飞云楼构架奇巧，在内槽四角立四根通天金柱，从底层直达顶层。四柱间分层设额枋、间枋、地板枋、穿插枋等多层枋材联贯，形成庞大的正方形筒式框架，作为整个楼阁的主干。檐下斗栱密致，计三百余组，依不同位置结构造型各异，有五踩、六踩、七踩，耍头有蚂蚱头、单幅云、龙头等，昂有象鼻昂、琴面昂等，宛如云朵簇拥，与翘起如飞的翼角，大大增强了建筑的艺术性。楼内有木梯可登至顶凭

图 7-22 阳城润城东岳庙献亭　　资料来源：作者自摄

图 7-23 万荣东岳庙齐天殿、献亭　　资料来源：作者自摄

栏远眺。飞云楼在建造技术、结构力学与造型艺术方面独具特色，在我国木构建筑中占有独特地位。

午门面宽七间，进深六椽，单檐歇山顶，梁架简朴，檐下斗栱五踩，为元代遗构。献殿面宽七间，进深六椽，硬山式屋顶，斗栱四铺作，前后檐及中柱上皆用大额枋，保持元代特色。享亭平面方形，单檐十字歇山顶，琉璃脊兽齐备，四周勾栏，雕流云和盘龙。东岳大帝殿为东岳庙正殿，宽深各五间，平面近方形，重檐歇山顶，斗栱三踩，上檐单昂，下檐出翘。前檐石柱收杀较大，殿内梁架多为圆材制成，为元代遗构。

东岳庙总体布局宽舒有序，其中飞云楼富丽多变、巍巍壮丽之势冠于全庙，体现了中国古代建筑技艺的高超水平，堪称我国清代木构楼阁建筑的精品。

柏山东岳庙

位于蒲县城东2.5公里柏山山巅。山上四周松柏苍翠，建筑自山腰至山巅随地势布列而建，高低错落，主从有致，是一处规模宏敞、气势雄伟的宫殿式建筑群。

庙创建年代不详。据《蒲州县志》载，自唐贞观以来，庙屡加修建，宋、金时期庙貌已有相当规模，元大德七年（1303年）毁于地震，延祐三年至五年（1318～1323年）重修，明、清两代多次修葺扩建，始成今日之规模。现存建筑除献亭柱础为金代所刻，行宫大殿为元代遗构外，其余皆为明、清遗物。

东岳庙坐北朝南，南北长约300米，东西宽40米，总面积达2万平方米。由东岳行宫、地狱、华清池、太蔚庙五部分组成。主要建筑依次为山门、天堂楼、凌霄殿、天王殿、乐楼、献亭、行宫大殿、后土祠、清虚宫、地藏祠、地狱府。共有亭台楼阁三百余间。

献亭位居行宫大殿之前，方形，单檐九脊顶。四角立盘龙石柱，前两根为元代所雕。四角的柱础石雕，为金泰和六年（1206年）五月蒲县郭下村石匠李霖制作。础盘四角雕宝相花，覆盆上各雕行龙三条，雕工精细，造型秀美，是中国宋、金遗物中罕见的精品。

图 7-24 蒲县柏山东岳庙全景　资料来源：作者自摄

行宫大殿位居庙内中央，面阔、进深各五间，四周围廊，重檐歇山顶。殿四周廊柱皆为砂岩雕造而成，方形抹楞。廊下柱础多为元代形制，仅前檐明间北侧平柱下柱础石系宋金遗物。廊柱以上施柱头斗栱，无补间铺作，柱头斗栱四铺作，单杪单栱计心造，上层檐下斗栱分柱头与补间两种，形制相同，为六铺作双杪单下昂，重栱计心造，殿内梁架为彻上露明造，四椽栿对乳栿用三柱。殿内设佛龛，龛内塑东岳泰山天齐仁圣大帝黄飞虎坐像，比例适度，衣饰繁重，为明代作品。

庙内后土祠、娘娘殿、清虚宫、地狱府等殿内均有塑像。尤为珍贵的是地狱府内的 140 余尊明代塑像，大小与真人相同，神情各异，姿态万千，塑工精湛，具有较强的写实风格及一定的历史艺术价值。

高都东岳庙

位于晋城市东北 18 公里高都镇东北隅。据碑文记载，庙创建年代不详，金大定十八年（1178 年）重建，元、明、清各代屡有修葺。庙坐北朝南，中轴线上依次排列着山门、献殿、天齐殿及藏经阁，两侧配以东西廊庑、东西朵殿。东西长 62 米，南北宽 30 米，占地面

图 7-25 泽州高都东岳庙岱殿
资料来源：山西省第三次全国文物普查资料

图 7-26 石楼东岳庙正殿　　资料来源：作者自摄

积 1853 平方米，现存建筑除天齐殿为金代遗构外，余皆为清代所筑。

庙宇由两进院落组成，天齐殿建造年代较早，为寺庙的主殿，面阔三间，通面阔 9.37 米，进深六椽，通进深 8.86 米，单檐歇山顶，建筑面积 156.9 平方米。殿立于一砖砌台基之上，檐下斗栱简洁，柱头斗栱四铺作单下昂，补间斗栱前檐每间设一朵，后檐仅明间施一朵，形制与柱头斗栱相同。殿内梁架彻上露明造，四椽栿对前乳栿通檐用三柱。前檐明间设板门，次间为直棂窗。明间地栿、门槛、立颊、门楣均为石作，上线雕有牡丹、荷花及化生童子等纹样，刀法洗练，形制古朴，比例适度，堪称金代佳作。廊柱上及门楣有金大定二十五年（1185 年）布施者姓名题记。

殿内正中为一砖砌神台，基座为束腰须弥座，砖雕有各种花卉图案，神台束腰处嵌一石碑，上有"金大定二十九年"（1189 年）及匠师姓名。台上布列着塑像 24 尊，主尊像 5 尊，正中为东岳大帝黄飞虎，塑像保存完好，虽经明代重妆，但衣饰、相貌仍不失金代彩塑风格。殿之东西两山墙有彩绘壁画约 12 平方米。

庙内还存有明碑 3 通、清碑 13 通。

石楼东岳庙

位于石楼县城东北 20 公里的兴东垣村中。庙址两进院落，中轴线自南而北依次为影壁、山门、戏台和大殿。前院东西廊房各三间，后院东西窑洞各五间，大殿两侧东西配殿各三间，大殿为金代建筑，其他为明清所建。现存大小房屋 28 间，占地面积 2800 平方米。

大殿面阔三间，进深六椽，单檐歇山式，瓦顶由黄绿蓝三色琉璃覆盖，为明清遗物。殿内四壁均有清代壁画。前有月台。前廊进深约占总进深的三分之一，形制特殊。柱头卷杀明显，收分显著，具有早期建筑特征。柱础覆盆式剔地突起，雕牡丹图案，覆盆圆，具有金代特征。四周檐柱之上均设柱头斗栱，无补间，柱头枋叠架三层，为一斗三升式，与唐代形制相同。

整个大殿除瓦顶、壁画为后人维修改动外，其余均有不同程度损坏。

介休东岳庙

位于介休城南 7.5 公里的小靳村。据传说，古时小靳村有一郭姓村民，在发达之前曾在山东泰安东岳庙祈祷，祈盼自己的生意顺风顺水。后来果然发达，他回到家乡后，便拿出大量钱财在村边修建东岳庙，以谢东岳大帝的"关照"。

庙始建年代不详，据现存碑记，蒙古至元七年（1270年）与大德七年（1303年）地震后重修。坐北朝南，三进院落，环境静僻，古柏翠茂，格局规整，颇有气势。中轴线为山门、戏台、钟鼓楼、献殿、大殿、圣母宫，中院的东西为配殿。

山门面阔三间，进深二间，硬山顶，前置两尊石狮，雕工苍劲。两侧为八字形影壁，明间施板门，次间塑哼哈二将。灰筒板瓦屋面，琉璃剪边，鸱吻高举，生动艳丽。

戏台倒座，面阔三间，进深四椽，卷棚顶，前出檐，中间施隔扇门正对踏跺，由此可直入后台。钟鼓楼位于两侧。斗栱为斗口跳，四椽栿伸出制成耍头，明间施两排装饰性额枋，用仰莲式垂柱，雕刻精细。

献殿建于凸字形砖砌台基之上，面阔三间，进深二间，卷棚歇山顶，斗栱五踩双昂。前出一间歇山顶抱厦，灰筒板瓦布顶，琉璃剪边，吻兽齐备，斗栱七踩三昂。

永康东岳庙

位于榆次区张庆乡永康村中部路北侧，坐北朝南，一进院布局，分布面积 1106 平方米。据明万历版《榆次县志》记载，东岳庙始建于元中统五年（1262 年），由村民胡建等建，现存建筑为明代建筑。据庙内重修碑记载，于光绪年曾重修。中轴线由南向北依次建有山门、戏台、正殿，两侧建有侧门、钟鼓二楼、砖雕影壁各 1 座、东西配殿、耳殿、耳房。正殿

图 7-27 介休东岳庙献亭
资料来源：山西省第三次全国文物普查资料

图 7-28 榆次永康东岳庙山门
资料来源：作者自摄

第七章 祠庙建筑　399

图 7-29 泽州岱庙天齐殿　资料来源：作者自摄

建于 0.5 米高台基上，面宽 3 间，进深 4 椽。单檐歇山顶，黄绿琉璃瓦剪边，孔雀蓝琉璃瓦方心点缀，斗栱五踩双下昂，瓜子栱镂空雕如意卷云头，蚂蚱形耍头，平身科大斗雕作花瓣组合圆形。山门与戏台相连，建在高 2.1 米的砖砌台基上，面阔五间，进深四椽，山门为重檐悬山顶，戏台为卷棚歇山顶，黄绿琉璃瓦剪边，斗栱五踩双昂。

泽州岱庙

位于晋城市泽州县南村镇冶底村村西，据碑文记载，庙创建于北宋元丰三年（1080 年），金、明、清历代曾多次补葺。现存建筑天齐殿为宋代原构，余皆为明、清遗构。

庙坐北朝南，由两进院落组成，占地面积 3720 平方米。庙最前端的山门内有东西廊庑，中有一方形水沼，沼北建舞楼一座，楼北后院正中为天齐殿，两侧东西配殿、东西朵殿各三间。

天齐殿是寺内主殿，面阔三间，进深三间，单檐歇山顶。平面呈正方形，建筑面积 190.2 平方米。前檐为一敞廊，施方形抹角石柱四根，柱础为覆莲式。大殿明间设板门，次间设破子棂窗。门周围的立颊、门额、地栿、门槛等都为青石雕花，图案为牡丹、宝相、荷花、化生童子等。门额上有"大定岁次丁未巳月……"题记。檐下斗栱五铺作双下昂，用真昂后尾偷心造，每间施补间铺作一朵。殿内梁架彻上露明造，四椽栿前对乳栿通檐用

图 7-30 河曲岱庙正面全景　　资料来源：山西省第三次全国文物普查资料

三柱。神台为石雕束腰式须弥座式，台上设置面阔三间木雕神龛，龛内塑齐天大帝及侍者像，均为清代重妆。

舞楼平面为正方形，单开间，单檐十字歇山顶。屋顶举折平缓，柱头施大额枋，斗栱五铺作，梁架彻上露明造，总体平面沿袭古制，这一建制实物已不多见。

河曲岱庙

位于河曲县城东 6 公里岱岳殿村西。据庙内金大定十七年（1177 年）功德幢记载，创建于金天会十二年（1134 年），皇统、大定、泰和年间和明洪武、正统、成化、正德、万历及清康熙、同治、光绪年间修葺、增建不断，现存建筑多为明、清遗物。

庙址坐北向南，建筑规模不大，自成格局，占地面积 3250 平方米。中轴线上分布山门、乐亭、天齐殿、后土殿，西侧便门内建龙王殿、灵官殿、地藏殿、圣母殿，东侧便门内建禅房、关帝殿、岳武殿、玉皇阁、包公祠等。道教与诸风俗神汇聚一宇，是一座具有中国民间诸神崇拜性质的庙宇。

山门面宽三间，进深四椽，单檐硬山顶。脊部饰绿色琉璃，脊刹背面有至大元年（1308 年）题记。乐亭卷棚歇山顶，山墙辟窗，结构简单。天齐殿面宽三间，进深四椽，前出抱厦，侧出八字墙。额枋出头垂直砍割，平梁、五架梁叠构，上置叉手、蜀柱承脊槫。抱厦卷棚歇山顶，殿身硬山顶，琉璃剪边，脊刹背面有"正德元年重建"题记。后土殿面宽三间，进深四椽，布灰筒板瓦硬山顶。柱头卷杀，斗栱三踩，次间辟直棂窗。殿内三壁绘 77 幅连环壁画，现存 23 平方米，主要表现因果报应。地藏殿规模与后土殿相当。檐柱砍割粗糙，柱径与柱高之比为1：8.3，柱头和补间斗栱各一攒，五铺作双下昂计心造，明间补间出45°斜栱。五架梁置于前后檐柱上，其上以梯形驼峰承平梁，梁头刻作卷云形，平梁上置八角蜀柱，合楷、叉手、丁华抹颏栱共承脊槫，用材比例及梁架结构均具元代特征。殿内现存十帝阁君塑像，继承金、元技法，为明塑佳品。其余殿宇建筑结构简单。圣母殿内绘圣母起居壁画，龙王殿存龙王召集日值、月值、年值等文武大臣议事壁画，包公祠山墙绘包公公堂会审壁画15平方米。日、月宫分别为三眼砖券窑洞，绘释迦修行壁画；岳武殿以连环画形式绘岳飞生平故事36幅，19平方米，为清同治三年（1864年）新建殿宇时所绘。关帝殿绘关羽生平壁画46幅，22平方米，为乾隆三十七年（1772年）重修殿宇时所绘。此外，庙内尚存彩塑10余尊、碑碣11通。

六、五岳庙

五岳，传说群神所居。五岳之名始于汉武帝，汉宣帝确定五岳为东岳泰山、西岳华山、北岳恒山（河北）、南岳天柱山（安徽）、中岳嵩山。其后改南岳为湖南衡山。唐玄宗封五岳为王，宋真宗封五岳为帝，明太祖尊五岳为神。从明代开始，北岳恒山移祀浑源。道教崇奉五岳，每岳皆有岳神：东岳"天齐王"，南岳"司天王"，西岳"金天王"，北岳"安天王"，中岳"中天王"。

虞城五岳庙

位于汾阳市阳城乡虞城村北约130米处，始建年代不详。据《汾阳金石类编》所录"金五岳庙醮众题名石碣"记载，金章宗泰和三年（1203年）就已存在。据庙内正殿和西耳殿梁架题记载，重建于清康熙九年（1670年）。正殿主体为金代遗构，其余为清代遗存。庙坐北朝南，原为二进院布局，现已被改造为一个院落，南北长57米，东西宽37米，占地面积2146平方米。中轴线上现存戏台和正殿，轴线两侧存东西耳殿、西配殿并西厢房，戏台东侧存庙门和门房各一间。东配殿并东厢房已被改建。正殿即五岳殿，面阔三间，进深五椽，单檐硬山顶。梁架为四椽栿前劄牵用三柱，梁架节点上设襻间斗栱。前檐柱头斗栱为五铺作单杪单昂计心造，补间铺作每间一朵；后檐斗栱为四铺作出单杪。前檐当间设板门，次间设直棂窗。东西耳殿面宽均为三间，单檐硬山顶。西配殿面宽一间，单檐硬山顶。戏台面宽三间，单檐硬山顶。

汾阳五岳庙

位于汾阳市三泉镇北榆苑村南，创建年代不详。据庙内存碑载，元大德三年（1299年）重修，次年（1300年）增建水仙殿，七年（1303年）遭地震，十年（1306年）再修；明嘉靖六年（1527年）、清顺治十五年（1658年）、雍正八年（1730年）均有重修；雍正九年（1731年）、乾隆六年（1741年）增建；清嘉庆十九年至道光元年（1814～1821年）再次进行了修葺

图 7-31 汾阳虞城五岳庙正殿
资料来源：山西省第三次全国文物普查资料

图 7-32 汾阳五岳庙五岳殿
资料来源：山西省第三次全国文物普查资料

和增建。现存五岳殿、水仙殿为元代遗构，圣母殿及佛龛院为明代建筑，其余建筑属清代遗存。

庙坐北朝南，由庙院和佛龛院组成。南北长 84 米，东西宽 57 米，占地面积为 4796 平方米。庙院属二进院布局，中轴线上由南至北依次存倒座舍窑 7 孔、乐楼和五岳殿，五岳殿西侧存圣母殿，东侧存水仙殿和龙王殿。庙院内存石碑 1 通。佛龛院毗连于庙院西北角，三合院布局，中轴线上存院门和正窑 5 孔，两侧存东西配窑各 3 孔。该庙五岳殿和水仙殿内壁画均为元代遗存，水仙殿内还保留有元代砖砌神坛，均具有较高的历史和艺术价值。

五岳殿即正殿，创建年代不详，据碑文和殿内梁架题记载，重建于元大德十年（1306 年），现存为元代遗构。砖砌台基高 0.5 米，面阔三间，进深六椽，单檐悬山顶。梁架为四椽栿对前乳栿通檐用三柱，梁架节点上施襻间斗栱。前廊明间作移柱造，采用大额枋，柱头设四铺作单昂重栱计心造，当心间补间铺作 3 朵，居中 1 朵出 45°斜昂。当心间设板门，两次间为直棂窗。殿内两山墙及前墙上保存有元代壁画，面积约 30 平方米。前墙门之两侧各绘武士像 1 尊，两山墙上绘有"五岳巡游图"。

水仙殿位于五岳殿东侧。据殿内梁架题记和碑文载，创建于元大德四年（1300 年），清嘉庆年间修葺，现存为元代遗构。面阔三间，进深四椽，单檐悬山顶。梁架为四椽栿通达前后檐用三柱，梁架节点上施襻间斗栱。前廊柱头设四铺作，补间铺作每间 1 朵，当心间补间铺作上出 45°斜昂。前檐明间设板门，次间为直棂窗。殿内后墙残损较甚，两山墙上残存壁画，面积约 20 平方米，大部分已漫漶不清。殿内保存有元大德六年（1302 年）所造砖砌神坛，宽同殿阔，残高约 0.8 米，正立面束腰部位浮雕有人物、花卉、龙、凤等纹饰，并题刻有年款及匠人姓名。

介休五岳庙

位于介休市东南街道办事处南大街社区草市巷 33 号。据庙碑记载创建于明景泰七年（1456 年），清乾隆年间（1736～1795 年）重建，2001 年维修。现存为清代建筑。占

图 7-33 介休五岳庙全景
资料来源：山西省第三次全国文物普查资料

图 7-34 平遥岳封五岳庙正殿
资料来源：山西省第三次全国文物普查资料

地面积3271平方米。坐北朝南，二进院落布局（东侧另建小偏院），中轴线由南向北依次为影壁、山门（兼作戏楼）、献亭、正殿及后寝殿，两侧为八字影壁、钟鼓楼、东西配殿及东西耳房；东侧偏院存北殿及南殿。山门前影壁及八字影壁均为仿木结构建筑，琉璃脊顶，壁心分别砖雕"二龙戏珠"、"麒麟闹八宝"以及石雕"福"、"寿"。山门兼作戏台，两侧与钟、鼓楼连构，下部为拱券门，鼓镜式柱础。上部戏台倒座，面宽三间，进深四椽，单檐卷棚歇山顶，明间出卷棚歇山顶抱厦台口，挂落木雕"二龙戏珠"、牡丹花等吉祥图案，斗栱密致，均为七踩三下昂。檐下正中悬"海蜃楼"木制匾额一方。献亭建于正殿前，面宽三间，进深三椽，单檐卷棚歇山顶，黄绿琉璃剪边，明间出抱厦，单檐歇山琉璃瓦顶，斗栱七踩三下昂。正殿面宽五间，进深六椽，单檐硬山顶，黄绿琉璃瓦方心点缀，七檩前廊式构架，斗栱五踩双下昂，前檐装修为后人改制，殿内金柱上悬二龙戏珠悬塑。庙内山门前存石狮2个，正殿前檐下存清光绪十六年（1890年）《重整修饰五岳庙碑记》碑1通，前檐廊心墙内壁嵌《五岳真形图》及真形图来历说明碣2方，东配殿后墙嵌清顺治四年（1647年）《重整修饰五岳庙碑记》碣1方。

岳封五岳庙

位于平遥县宁固镇岳封村北端，创建年代不详。据正殿梁枋题记载，明洪武十七年（1384年）、嘉靖三十六年（1557年），清康熙五十二年（1713年）、乾隆五十六年（1791年）屡有修葺。占地面积950平方米。坐北向南，两进院落布局，中轴线上原建有山门、中殿、正殿，两侧为钟鼓楼、配殿、耳殿，现仅存正殿、东耳殿和二进院之西配殿。

正殿为明代建筑，建在高0.8米的砖砌台基上，面阔三间，进深六椽，通面阔11米，通进深11米，四周檐柱12根，单檐歇山顶。殿身三面围以厚墙，前檐装修隔扇门。柱径与柱高之比为1:10，角柱生起，小有侧脚。柱头间皆以阑额连接，普拍枋之宽略大于阑额之厚。檐下四周斗栱四铺作单杪，斗底弧欹甚浅，耍头蝉肚形，补间铺作一朵。斗栱总高

94厘米，不足柱高（390厘米）的四分之一。殿内无金柱，彻上露明造，四角的抹角梁之梁头与柱头铺作相交，毫无掩饰。纵向的前后跨海枋斜跨于抹角梁之上，跨海枋上施骑栿栱，承四椽栿，跨海枋的两端承老角梁后尾，采步金叠压其上。四椽栿施驼峰以承平梁，平梁上置蜀柱，上承脊槫，并以叉手稳定。殿内原供五岳神像久已不存，只留倒凹字形的砖砌神台。两山墙水墨壁画笔迹模糊，梁栿上雅伍墨旋子彩绘依然清晰，并有明、清题记多款。

正殿前明间出卷棚歇山顶抱厦，与正殿共坐于凸字形台基上，设二柱，斗栱七踩，单杪双下昂，补间一朵。在普拍枋之上，顺进深方向枕明栿一双，再上是四根抹角梁组成的一层斜向方框。抹角梁每两端鸳鸯相交，结成一攒斗栱，前挑檐檩，后承内槽枋。六架梁叠压在抹角梁之上，上施瓜柱以承四架梁，进而驼墩、月梁，搭成卷棚歇山顶，同大殿歇山顶相连。抱厦地面中央墁拜石雕"五福捧寿"。

东耳殿（真武殿）面阔三间，双坡硬山顶。西配殿（娘娘殿）面阔三间，进深四椽，单坡硬山顶带前廊。均为清代遗构。

七、崔府君庙

据《长治县志》载，府君姓崔，名珏，字元靖，乐平（今昔阳）人，唐贞观七年（633年）入仕，授长子县令。据传他"昼理阳事"、"夜断阴府"，有功德于民，因而建庙祀之。后随着崔珏封号的不断提升，崔府君庙的兴建遍布当地。

郭南崔府君庙

位于沁水县嘉峰镇郭南村中，坐北朝南，二进院落，占地面积1723平方米。创建年代不详，现存崔府君殿为金代风格，关帝殿为明代风格，其余建筑清代风格。中轴线由南至北建山门、戏台、关帝殿、舞楼、崔府君殿，两侧有钟鼓楼、阎王殿、子孙祠、厢房、文成殿、白龙殿等。前院东南隅有土地庙，已塌毁。关帝殿石砌台基，面阔三间，进深四椽，前出廊，单檐悬山顶，通檐施石柱4根，上置大额枋，斗栱三踩单昂，门窗改制。崔府君殿石砌台基，面阔三间，进深四椽，前出廊，通檐用柱4根，两侧施石柱，中间施木柱，有侧角，收分明显，柱础低矮，柱头斗栱五铺作，补间铺作用真昂，单檐悬山顶。1998年由沁水县博物馆组织维修了舞楼，2000年维修了崔府君殿。郭壁古建筑群2006年被国务院公布为第六批全国重点文物保护单位。

礼义镇崔府君庙

又名显应王庙，位于陵川县礼义镇北街村。据庙内民国年间《重修府君庙碑》及《长治县志》载，府君姓崔，名珏，字元靖，唐贞观进士，为长子县令，有功德于百姓，故建庙祀之。庙宇创建于唐，金大定二十四年（1148年）重修，明洪武二年（1369年）及清末民初均有修葺。现存建筑山门为金代遗构，余皆明清建筑。庙坐北朝南，南北长81米，东西宽41米，占地

图 7-35 沁水郭南崔府君庙全景　　资料来源：山西省第三次全国文物普查资料

面积 3321 平方米。为两进院落，中轴线上依次有山门、戏台、拜亭、玉皇殿，东西两侧为掖门、配殿、朵殿。

玉皇殿为清代所建，面宽五间，进深六椽，单檐悬山布瓦顶，脊饰为琉璃制，柱头斗栱五踩双昂出斜栱，无补间斗栱，梁架为七架梁通达前后用两柱，明次间施六抹隔扇门四扇，殿前为悬山卷棚式拜亭一座。

据碑文记载，山门于金大定二十四年（1148 年）重修，山门外观形式及内部梁架结构为金代遗构，展示了金代建筑的风貌。山门平面为长方形，面宽三间，进深六椽，梁架为六椽栿通达前后用两柱，二层重檐歇山顶建筑，下层四面砌筑砖墙，纵向中线上亦砌砖墙一道，前后墙明间设门道，中墙上施板门，门框石质，其上线刻花纹图案。二层下安平座，斗栱五铺作双杪。上层亦砌有砖墙，并在檐下插廊，檐柱外立廊柱，用以承托下层檐的挑檐檩。上层柱头斗栱五铺作单杪单下昂，昂与耍头为批竹式，斗栱里转不施横栱，仍保留唐宋早期形制。无补间斗栱，在柱头枋隐刻一斗三升。山门两侧各设掖门一道，两侧石阶对称而上。

南垂府君庙

又名崔府君庙，位于长治郊区老顶山镇南垂村中。坐北朝南，东西长 24.12 米，南北宽 17.4 米，占地面积 420 平方米。始建年代不详，据庙内碑文记载，元至治二年（1265 年）时已建庙，清乾隆十九年（1754 年）、同治三年（1864 年）均有维修，现存建筑除正殿为元代遗构外其余均为清代建筑。中轴线上存月台、正殿，东、西两侧遗有耳殿。正殿面阔三间，进深五椽，柱头铺作为五铺作双下昂，单檐悬山顶；正殿东、西山墙内壁遗存壁画约 18 平方

图 7-36 陵川礼义镇崔府君庙山门
资料来源：山西省第三次全国文物普查资料

图 7-37 长治郊区南垂府君庙正殿
资料来源：山西省第三次全国文物普查资料

米。月台上立清代重修碑 2 通。

正殿建于金代。石砌台基，高 1.77 米。殿身面阔三间，进深六椽，单檐悬山顶，殿内梁架四椽栿对前乳栿，阑额、普拍枋断面呈"丁"字形，阑额不出头。柱头斗栱五铺作双下昂，前檐檐柱为方形抹八角石柱，原装修已不存。殿内现存人物故事壁画约 18 平方米。

八、二仙庙

二仙即为"乐氏二女"，是晋东南地区特有的地方性神灵。由于二仙为"孝"的化身，晋东南一带的民众于晚唐时期开始供奉二仙。宋代由于当政者加大力度扶持道教文化，二仙信仰发扬光大，特别是宋徽宗敕封二姐妹为"冲惠"、"冲淑"二真人，庙号为"真泽"。这一时期随着二仙信仰的发展，很多庙宇在晋东南一带建立起来，在山西仍然有不少二仙庙古建筑保存下来。

晋城二仙庙

位于晋城市泽州县东 25 公里金村乡南村。创建于宋绍圣四年（1097 年），元、明、清各代均有修葺。现存建筑除正殿外，其余均属明清所建。

庙坐北朝南，东西长 44 米，南北宽 28 米，占地面积 1232 平方米。中轴线上依次排列着山门（基址）、过厅、献殿、正殿，两侧为东西厢房、朵殿。

正殿为庙内主殿，面宽进深各三间，建筑面积 126.9 平方米，单檐歇山顶。檐下斗栱五铺作，单杪单下昂，无补间铺作。殿内梁架彻上露明造，为后三椽栿对前搭牵通檐用三柱。前檐柱间每间设四扇六抹隔扇门。殿内木制"天宫壁藏"，雕刻精致，金碧辉煌。后槽仙台上塑二仙姑泥像，两侧立胁侍四尊，眉清目秀，身材修长，为宋塑中的佳作。殿的东西两侧存有宋碑 2 通。

图 7-38 晋城二仙庙献厅　资料来源：作者自摄

图 7-39 晋城二仙庙道帐　资料来源：作者自摄

西溪二仙庙

位于陵川县城关镇西溪村，又称真泽宫。据碑文记载，寺创建于唐乾元年间（758～759年），宋崇宁年间加封"真泽宫"，金皇统二年扩建，后历代皆有修葺。现存建筑后殿、东西梳妆楼为金代遗构，余皆明清所建。

寺庙坐北朝南，二进院落，整个院落呈长方形，南北长68.93米，东西宽42.3米，占地面积2915.74平方米。中轴线上依次建有山门、拜亭、中殿、后殿，山门和中殿之间的东西两侧设廊，中殿至后殿之间的东西两侧建梳妆楼及配殿，后殿两侧各置耳房三间。

山门建于清康熙年间，面宽三间，进深二间，前廊式悬山顶，上建戏楼三间。中殿重建于明洪武十八年（1385年），清乾隆年间重修。面宽三间，进深六椽，单檐歇山顶。殿前设拜亭，面宽三间，进深二间，单檐卷棚顶。

后殿建于0.89米高的高台之上，面阔三间，进深六椽，单檐歇山顶，筒板瓦屋面，饰有琉璃脊兽、吻等瓦件。檐下斗栱共九种，周设五铺作双下昂斗栱，梁架结构为四椽栿对前乳栿用三柱，前廊式辟廊。

东西梳妆楼是二仙庙中最具代表性的建筑物，建于后殿与中殿的东西两侧，均为两层三檐歇山顶楼阁式建筑。东梳妆楼面阔三间，进深三间，副阶周匝，平面呈方形。上下两层间皆有回廊，上层廊下置有平座，于檐柱间设勾栏，并融缠柱造与叉柱造为一体，结构独特，具有早期建筑的特征。檐下斗栱为四铺作和五铺作，形制同后殿。西楼为民国年间重修，与东楼略有差异。

真泽二仙宫

又称真泽宫，俗称二仙庙、奶奶庙。位于壶关县树掌镇神北村东。创建于唐昭宗乾宁二年（895年），宋、元、明、清历代均有重修和增建。据庙内碑文记载，宋开宝八年（975年）、崇宁四年（1105年）赐额。坐北朝南，东西宽37米，南北长134米，占地面积4958平方米。依山而建，原为五进院，现存三院。中轴线自南而北依次为牌楼、山门（戏楼）、当央殿、

图 7-40 陵川西溪二仙庙正殿
资料来源：作者自摄

图 7-41 壶关真泽二仙宫山门
资料来源：山西省第三次全国文物普查资料

寝宫、后殿；两侧为望河楼、钟楼、鼓楼、梳妆楼、插花楼各1座；各院东西均建有配殿。庙前建有156级临河石梯（香道），拾阶而上是一组精雅的牌坊建筑，建筑呈"品"字形，四柱顶立，斗栱层叠，结构简洁明快，具有清代富丽堂皇风格。

当央殿为真泽宫的主体建筑，建于元代。石砌台基，殿前设有束腰须弥式月台，宽24米，深18米。殿身面阔五间，进深八椽，单檐歇山筒板瓦顶，琉璃脊饰。殿内梁架八架椽屋六椽栿对前后搭牵通檐用四柱，梁架粗犷，用材宏大，为典型元代木结构建筑。柱头斗栱五铺作双杪，补间出斜栱。前檐施抹八角石柱，柱间施通间雀替，雕有游龙、花卉等图案。额枋中部高浮雕有戏剧人物，明次间设五抹头隔扇门，两梢间置直棂窗。殿内东、西、北壁绘有采药、施粥等内容壁画76平方米。

寝宫为二进宫主殿，面宽五间，进深六椽，单檐悬山顶，为明代遗物。殿内塑二仙真人卧像，四壁绘神态各异的百子图，形象逼真，栩栩如生。寝宫两侧分别有插花楼，并有楼式廊房各九间分布东西。殿内木质构件均为明代遗物。

依寝宫两侧的甬道通向最后一院——后殿，亦称圣公母大殿。建于清乾隆三十年（1775年），建筑手法与当央殿粗犷风格截然不同，殿内雕梁画栋，精雕细刻，梁架结构整洁合理，斗栱华丽，门窗装修及屋脊吻兽皆呈典型清代风格。

西李门二仙庙

位于高平市河西镇西李门村岭坡自然村北。坐北朝南，占地面积2816平方米。据庙内碑文记载，创建于唐，金正隆二年（1157年）、大定二年（1162年）及明清均有修缮，现存中殿为金代遗构，其余建筑为明清风格。二进院落，中轴线上建有山门、中殿、后殿，两侧为廊庑、配殿，山门外建有戏台。山门面宽三间，进深四椽，单檐悬山顶。后殿面宽三间，进深四椽，单檐悬山顶。庙内现存清光绪六年（1881年）饥荒警示碑1通，光绪十一年（1886

图 7-42 高平西李门二仙庙　资料来源：作者自摄

图 7-43 高平西李门二仙庙正殿　资料来源：作者自摄

年）庙宇四至碑 1 通。

中殿创建于金正隆二年（1157 年），青石台基，高 1.15 米，前设石雕须弥座式月台，面阔三间，进深六椽，单檐歇山顶。梁架为六架椽屋四椽栿对前乳栿通檐用三柱，前一间设廊，檐下柱头斗栱五铺作双昂重栱造。前檐用方形抹楞石柱，莲瓣覆盆柱础，青石雕门框，门砧石上雕卧狮。当心间辟双扇板门，两次间置直棂窗。殿内无柱，梁架结构为四椽栿对前乳栿通檐用三柱。殿前月台宽敞，在其束腰处刻有力士、兽头，并有两幅珍贵的线刻画，一为"金人巾舞图"，一为"宋金对戏图"，这两幅线刻是我国已经发现的年代最早的戏剧实物资料之一，文物价值十分珍贵。

纪荒警世碑位于中殿前廊下，清代石碑，青石质，圆首，方座。通高 2.27 米，其中碑身高 2 米，宽 0.57 米，厚 0.2 米，座高 0.27 米，宽 0.59 米，长 0.92 米。清光绪六年（1880 年）立石。额题楷书"纪荒警世碑"。碑文楷书，记述清光绪三年山西大旱，遭灾八十余县。高平县户口逃亡，十村九空，人伦泯灭，"父食子，兄食弟，夫食妇，妇食夫，婴儿幼女抛弃道旁"的悲惨景况，警告后世务农积粟，荒不为灾，各保室家，永终天年。史纪横撰文，牛炳箕书丹，牛新年刻石。

小会岭二仙庙

位于陵川县城西南 17 公里附城镇小会村，庙创建年代不详，现存建筑正殿为宋代遗构，余皆明、清所建。

庙坐北朝南，一进院落，南北长 49 米，东西宽 26 米，占地面积 1254.96 平方米。中轴线上依次为山门、献厅、正殿，东西两侧分布有垛楼、廊屋、配殿、耳殿。

献厅为清代建筑，台基高 0.41 米，面宽三间，进深一间，单檐卷棚顶。前檐柱头斗栱把头交项作，后檐为荷叶墩。梁架结构为六架梁通达前后檐，通檐用二柱，未设门窗，前后敞廊。

正殿面宽三间7.75米，进深六椽7.45米，平面呈方形，单檐歇山顶。屋顶举折平缓，出檐深远。檐下柱头斗栱五铺作，单杪单下昂，补间斗栱五铺作，双杪双下昂。梁架结构简洁严谨，用材粗大，主体梁架为五椽栿对后搭牵通檐用三柱。门窗形制为明间设四扇六抹头隔扇门，次间设门两扇，亦为六抹头隔扇门，显为后人改制，但原有榫卯仍可寻见。整个殿宇的建筑形制、结构手法明显带有宋代建筑风格。

南神头二仙庙

位于陵川县潞城镇石圪峦村南神头山凹，坐北朝南，一进院落。南北长46.7米，东西宽21.3米，占地面积995平方米。创建年代不详。据庙内存碑记载，清康熙十七年（1678年）、道光二年（1822年）曾重修二仙庙，道光三十年（1850年）创修三圣祠，现存建筑正殿为金代遗构。中轴线上现有舞楼、正殿，两侧有廊房、耳殿。原有山门，新中国成立之初已毁，现仅存遗址。庙内存碑3通。

二仙庙正殿位于中轴线后端，坐北朝南。石砌台基，面阔三间，进深六椽，平面形制为长方形，屋顶形制为单檐歇山顶，灰色筒板瓦铺作屋顶，正脊为瓦条脊，次间墙体用宋砖砌成。前檐通用四柱，柱头卷杀较缓，并有补间斗栱，斗栱用材硕大，昂为琴面式，为典型的金代作品。正殿内两侧山墙绘有二十多平方米的壁画，局部有脱落，其内容为二仙冲惠、冲淑传说故事，虽系清代所绘，但却是山西晋东南一代唯一一处有研究价值的二仙传说故事。

中坪二仙宫

位于高平市北诗镇南村中坪自然村西北约1公里翠屏山麓。坐北朝南，占地面积1318平方米。创建于唐天祐年间（904～907年），金、元、明、清历代均有重修和增建。一进院落，中轴线上建有山门（戏楼）、正殿，两侧为翼楼、廊庑、配殿、角殿。现存正殿金建元修，其余皆明清建筑。内现存历代重修碑碣17通（方）。

图7-44 陵川小会岭二仙庙献亭　资料来源：作者自摄

图7-45 陵川南神头二仙庙正殿　资料来源：作者自摄

图 7-46 高平中坪二仙宫全景　资料来源：作者自摄

二仙宫正殿为金大定十二年（1172年）重修，元至元五年（1339年）补修。石砌台基，高0.81米，面阔三间，进深六椽，单檐歇山顶，琉璃脊饰。梁架结构六架椽屋四椽栿对前乳栿通檐用三柱，前一间为廊。柱头斗栱五铺作双昂，补间五铺作。前檐柱均为抹角方形石柱，素平方形柱础。前檐当心间为隔扇门，两次间为直棂窗。殿内有砖雕须弥座式神台，束腰处有金大定十二年（1172年）题记。

九、三嵕庙

三嵕信仰是晋东南地区独特的信仰之一，其信仰围绕上古神话传说中的后羿展开。该信仰发源于隋唐之前，明清时期达到顶峰，在晋东南地区存留了大量的三嵕庙。

三嵕山神是晋东南的地域神灵之一，自宋代起该神开始向外传播，而且在金代时被成功附会为后羿。由自然神而变为人神，这是宋金时期晋东南神灵主要变化之一，体现出华北民间信仰发展的某种阶段特征。

高平三嵕庙

位于高平市米山镇三王村南500米处。又名护国灵贶王庙，创建年代不详。据清同治十二年（1873年）重修庙碑记载（现已遗失），宋宣和年间（1119～1125年）曾予重修，后历代补葺。现存庙宇内建筑保存完整，占地面积1491平方米。

庙坐北朝南，一进院落，中轴线上建有山门（倒座乐楼）、献亭、正殿，两侧有东西配殿、左右翼楼，庙东侧有偏院一所。正殿面阔三间，进深三间，通面宽、进深均为12.3米，平面方形，单檐歇山顶，建筑面积151.3平方米，建于高约1米的石砌台基之上。前檐廊深一间，明间设板门，下槛青石造，次间装直棂窗，柱础为覆盆莲瓣，门砧外侧上雕小兽一躯。柱头斗栱四铺作单杪，补间斗栱用琴面式真昂。殿内梁架彻上露明，为前乳栿对四椽栿，通檐用三柱。前廊两步架，殿顶筒板布瓦覆盖，琉璃脊饰，吻兽齐备无损，建筑手法为宋金建造风格。殿的两侧有东西配殿各三间，厢房七间，东西耳殿各三间。

殿前月台上，有卷棚悬山顶献亭三间，前檐施石狮柱础，斗栱四铺作，阑额、雀替木雕精巧，为晚清作品。

三王三嵕庙

位于高平市米山镇三王村南岭上。坐北朝南，占地面积1224平方米。创建年代不详，宋宣和年间（1119～1125年）重修，现仅存三嵕殿及东西配楼、东西廊庑和偏院祖师殿、九间房；山门及两侧的垛殿、角楼与献殿共六座建筑已成为遗址。

三嵕殿位于三嵕庙主院的中轴线北侧，是三嵕庙的主殿。三嵕殿三间见方，进深六椽，明间施梁架两缝；两山前后檐分别用丁栿爬梁承载两次间梁架荷重。明间梁架为前乳栿梁对后四椽栿通檐用三柱。梁栿置于檐下铺作之上，首尾分别在金柱铺作上呈上下叠压结构。柱头铺作为四铺作单杪蚂蚱形耍头材，宽13厘米，单材高19厘米，足材高27.5厘米。前檐补间铺作为四铺作单昂，用讹角栌斗。

东、西配楼面宽三间，进深一间（五架），四面檐墙承重，墙体之间横置承重，其上架设楞木承楼板，将楼身分作上下两层，单檐硬山顶。东、西廊庑各七间，对称建于主院两侧，砖、木、石三材混构，进深五架，前檐出廊单檐悬山顶。祖师殿即东偏院的正殿，是一座面宽三间、进深二间（六架）前檐出廊的清代硬山顶建筑。

图 7-47 高平三嵕庙正殿
资料来源：作者自摄

图 7-48 高平三王三嵕庙正殿
资料来源：山西省第三次全国文物普查资料

图 7-49 壶关三嵕庙香亭正殿　　资料来源：山西省第三次全国文物普查资料

壶关三嵕庙

位于壶关县西南约 9 公里的黄山乡南阳护村北。据庙内明嘉靖三年（1524 年）《重修敕灵贶王庙记》碑载，创建于金大定十七年（1177 年），明代重建，赐额为"三嵕"，明正德五年（1510 年）、嘉靖三年（1524 年）重修，清顺治五年（1648 年）建广生祠三楹，清康熙四十四年（1705 年）建东西廊房十四间、香亭三楹，清康熙、嘉庆、道光均有维修。

正殿为庙中现存时代最早的建筑，整体构架保留了宋金时期建筑特征。殿身面阔三间，进深六椽，单檐悬山筒板瓦顶。前檐设廊，殿内梁架结构四椽栿对前乳栿用三柱，四椽栿上设三椽栿、平梁各一道，三椽栿上设驼峰、蜀柱承平梁，平梁上设蜀柱、叉手、丁华抹亥栱承脊槫。梁架结构简洁，力学结构设计合理。殿内采用减柱造，减去后槽金柱两根。前檐廊柱、檐柱均为方形抹棱石柱，柱上有施柱者名姓，无施柱年款。廊柱上仅设柱头斗栱，不设补间。柱头斗栱为五铺作单杪单下昂，蚂蚱形耍头，栌斗斗䫜较深。柱上设阑额、普拍枋。前檐当心间及两次间均设四扇四抹隔扇门。

香亭面阔三间，进深一间，单檐硬山卷棚顶。四檩卷棚式构架，前后檐敞朗，两山设檐墙，前后檐明间为方形抹棱石柱，须弥式石柱础，束腰部分雕动物图案，柱上浮雕花卉图案。前后檐各间设柱头、补间斗栱各一攒，前檐斗栱形制为三踩单下昂，卷云耍头；后檐斗栱形制为一斗二升交卷云头。

三嵕庙内正殿为金大定十七年（1177 年）重建时原构，虽经历代多次修缮，但其主体构架基本保存了金代建筑手法。殿内诸多构造特征与宋《营造法式》规制相符，对于进一步研究宋《营造法式》在金代建筑中的应用有较高的参考价值。

壁村三嵕庙

位于长子县村西的壁村中学内。坐北朝南,现存一进院落,尚存有大殿、西厢房、山门,以及院落中部倒座戏台遗址。

大殿面阔三间,进深六椽,悬山屋顶,筒瓦屋面。不用补间铺作。前檐当心间两柱头铺作五铺作双杪,计心重栱。栱身作琴面昂状。栌斗口内出45°斜栱。后檐柱头铺作四铺作单杪,栱身作琴面昂状。梁架为六架椽屋,四椽栿对乳栿用三柱。用双材襻间,叉手与丁华抹颏栱咬合抵于脊榑侧。

前后檐柱头铺作不同,均不用补间铺作。前檐当心间两柱头铺作用斜栱。前檐当心间柱头五铺作双杪,计心重栱。栱身作琴面昂状,下刻双瓣华头子。栌斗口内出45°斜栱两重。令栱鸳鸯交手。正向用足材蚂蚱头,斜向为单材。里转四铺作单杪偷心,上以楷头承乳栿。

前檐次间柱头五铺作双杪,计心重栱。第一跳栱身状况不详,第二跳栱身作琴面昂状,下刻双瓣华头子。不用斜栱,足材蚂蚱头。里转四铺作单杪偷心,上以楷头承乳栿。后檐柱头四铺作单杪,栱身作琴面昂状,下刻双瓣华头子。足材蚂蚱头。里转四铺作单杪偷心,上以楷头承四椽栿。

六架椽屋,四椽栿对乳栿用三柱,乳栿衬于四椽栿下。四椽栿上设蜀柱,上部以大斗、令栱替木承托平梁与上平槫。平梁中部立蜀柱,蜀柱上承丁华抹颏栱、令栱及双材襻间。襻间上下相闪。叉手与丁华抹颏栱咬合抵于脊榑侧。

大殿为金代木构建筑遗存,其梁架、斗栱等大木作构件基本为原构,具有较高的历史真实性。大殿木构形制具有晋东南地区金代建筑的典型特征,为研究我国古代建筑的发展流变提供了宝贵的实物史料。

王郭三嵕庙

位于长子县宋村乡王郭村北,坐北朝南,现存一进院落,沿中轴线依次布置倒座戏台、献殿、大殿。大殿设左右朵殿,殿前东西两侧为连排厢房。

寺庙创建年代和历史沿革不详。寺内仅大殿为早期建筑,其余皆为清以后建筑。大殿面阔三间,进深三间,歇山筒瓦屋顶。梁架形式为六架椽屋,乳栿对四椽栿用三柱。檐下斗栱布局疏朗,补间铺作隐刻。前檐柱头铺作为四铺作插昂,余皆包于灰皮内。大殿斗栱、梁架等大木作部分基本为原构,是晋东南地区典型的金代中前期建筑,具有重要的历史价值。

前檐柱头四铺作插昂(现昂头被锯。木构上外包灰皮不能分辨昂的真假,暂定为插昂),令栱、替木不抹斜。里转出楷头承乳栿。扶壁栱为泥道单栱承柱头枋。

六架椽屋为乳栿对四椽栿用三柱,乳栿衬于四椽栿之下。乳栿上施缴背。四椽栿上立蜀柱置斗承平梁。山面两根丁栿一平置一斜置。丁栿上立驼峰承替木托系头栿。上平槫下用单材襻间,隔间相闪,下平槫下用捧节实拍令栱承槫。角梁平置,老角梁后尾位于下平槫之下。

大殿为金代中前期木构建筑遗存，具有重要的历史价值。其梁架、斗栱等大木作构件基本为原构，具有较高的历史真实性。具有晋东南地区金代中前期建筑的典型特征。

崇瓦张村三嵕庙

位于长子县慈林镇崇瓦张村村北，坐北朝南，现存两进院落，沿中轴线依次分布山门、献殿、大殿，大殿左右设耳房，东西两侧为连排厢房。献殿现仅存遗址。

大殿为寺内仅存的早期建筑，面阔、进深各三间，悬山屋顶，筒瓦屋面。檐柱及前檐金柱为方形抹角石柱。前檐柱身雕花。前檐斗栱布局疏朗，补间铺作隐刻，后檐铺作包砌于砖墙内。前檐柱头五铺作双杪，计心重栱。华栱栱身均刻双瓣假华头子，做琴面昂状。令栱、替木残缺，仅存令栱残件可见其不抹斜。足材蚂蚱头。扶壁栱为泥道单栱承柱头枋，枋上隐刻泥道慢栱。里转华栱，偷心，承楂头托乳栿。前檐补间铺作柱头枋上隐刻菱形栱，上置散斗。

六架椽屋为乳栿对四椽栿用三柱，乳栿衬于四椽栿下。阑额、普拍枋至角柱处砌于墙内不可见。叉手与丁华抹颏栱咬合，上抵脊槫。脊槫下用双材襻间，隔间相闪上、下平槫均用捧节令栱。

大殿为金代木构建筑遗存，其梁架、斗栱等大木作构件基本为原构，具有较高的历史真实性。寺庙的格局和现存碑记也为研究这一地区的三嵕信仰和古代社会生活提供了珍贵的史料。

十、其他祠庙

灵泽王庙

位于襄垣县夏店镇太平村东北，坐北朝南，东西长 25.88 米，南北宽 34.67 米，占地面积 897.3 平方米。据前檐金柱题记，为金大安二年（1210 年）创修，清咸丰十一年（1861 年）创建神楼七间。现存正殿为金代遗构，其余为清代遗构。中轴线现存戏台、正殿，两侧为东、西妆楼，东、西耳殿，东、西厢房。正殿建于石砌台基上，面阔三间，进深四椽，三椽栿对前劄牵通檐用三柱，单檐悬山顶，柱头斗栱五铺作双下昂。前檐石柱四根为四角抹棱起线，均有金代确切纪年，廊部以隔扇装修，保存完好。庙内存碑两通。

下交汤帝庙

位于阳城县河北镇下交村北。坐北朝南，二进院落，南北长 60.37 米，东西宽 33.85 米，占地面积 2044 平方米。据碑记及石柱题记记载，创建于金大安二年（1210 年），明清两代均有修缮，现正殿、拜亭仍存金代风格，其余皆为明清风格。中轴线上由南而北建有山门、马王祠、舞台、拜亭、正殿，两侧有华门、妆楼、文昌阁、乐楼、厢房、配殿、耳殿。山门居庙院正南，外建悬山顶抱厦，门额书："桑林遗泽"。马王祠面宽三间，单檐悬山顶，黄绿釉琉璃瓦铺顶。庙内现存历代碑刻 15 通，碣 14 方。

汤帝庙正殿，又称广渊祠，面宽、进深均为三间，单檐歇山顶，屋顶举折平缓，出檐深远，檐下斗栱五铺作双下昂，柱头、补间各施一朵。殿前设廊，方形抹角石檐柱，侧角、收分明显，柱周线刻化生童子、儒士、神话故事及花鸟图案，精美生动。殿内部分梁架结构虽为重修，但其仿金痕迹明显。前檐廊两端有明代石雕狮各一。

汤帝庙拜亭面宽、进深均为三间，单檐歇山顶，屋顶举折平缓，出檐深远，方形抹角石柱，侧角、收分明显，柱身有线刻雕饰，柱头斗栱五铺作双下昂，梁架结构为四椽栿后对乳栿，为金代遗物。清康熙四十八年（1700年）重修时，将原有二间易为三间。东北角柱有"本社张珪自愿施柱壹条，大安二年岁次辛未匠人杨琛"铭文。亭内现存历代碑刻10数通。

河底成汤庙

位于泽州县大东沟镇河底村中，坐北朝南，一进院落布局，占地面积1320平方米。其始建年代不详，据庙内碑文记载，宋徽宗大观元年（1107年）重修，明弘治九年（1496年）至弘治十一年（1498年）再度重修，清乾隆二十五年（1658年）重修五瘟殿。中轴线上由南至北依次为山门、舞台、正殿，两侧为耳房、配殿、偏殿。整个庙宇建于巨大砂石条砌筑的高台之上，两侧对称设台阶可登临，在此高台上南端又支出小平台一座，同样两侧设台阶，是典型的早期建筑台基风格。现存建筑正殿为宋代遗构，其余均为清代建筑。

正殿汤帝殿建于高大石砌台基之上，面阔三间，进深六椽，单檐悬山顶，举折平缓，出檐深远。前檐施八棱抹角青石柱，下设方形覆莲柱础，柱头微有卷杀，角柱生起。柱头斗栱五铺作单杪单下昂，耍头作昂形，无补间铺作，斗栱权衡较大，布置较为疏朗。其正殿具有典型的宋代建筑的特征与风貌。

盂县藏山祠

位于盂县苌池镇藏山村东约200米。坐北朝南，占地面积1955平方米。创建年代不详，据祠内现存碑记载，金大定十二年（1172年）重修。明、清两代曾予修葺。依山势而建，中轴线依次建有石雕影壁、牌楼、仪门、戏台、正殿、寝宫，两侧建有钟鼓楼、东西配殿、耳殿。山门开在影壁西侧。祠内存金、元、明碑各1通，清碑82通，民国碑1通、明嘉靖铁焚炉3个，明万历二十八年（1600年）铸铁钟1口，壁画69平方米。

藏山祠正殿石砌台基，高0.72米，面宽五间，进深四椽，单檐歇山顶，琉璃瓦剪边灰瓦屋面，五檩后廊式构架。斗栱一斗二升交龙形耍头，平身科每间1攒。梁架上饰木雕团龙、行龙等图案，前檐明间辟六抹隔扇门4扇，两次间和梢间辟六抹隔扇门2扇。殿内两山墙及后檐墙彩绘赵氏孤儿生平故事壁画69平方米。神台上新塑鎏金彩像5尊。前檐明间悬清道光二十九年（1849年）礼部侍郎何桂清所题"功懋晋阳"牌匾1方。

牛王庙

位于临汾市魏村，是一座规模不大的风俗神庙。庙址坐北向南，现存建筑依轴线有

图 7-50 襄垣灵泽王庙正殿
资料来源：山西省第三次全国文物普查资料

图 7-51 阳城下交汤帝庙山门
资料来源：作者自摄

图 7-52 泽州河底成汤庙
资料来源：山西省第三次全国文物普查资料

图 7-53 盂县藏山祠全景
资料来源：山西省第三次全国文物普查资料

山门、三王殿与坐南向北的倒座戏台，三王殿前有献亭一座，两侧分别建配殿三楹，占地面积约 3600 平方米。据庙内碑文题记记载，牛王庙创建于元至元二十年（1283 年），牛王庙建成后不久，适逢元大德七年（1303 年）平阳一带大地震，震级强烈，余震持久，庙所受损坏严重。至治元年（1321 年）重修，残毁之处予以补配重建。明清两代庙貌也进行过不同程度的整饬。

三王殿，正名广禅侯殿，殿内供奉牛王、马王和药王。殿身面宽三间，单檐歇山式屋顶。前檐设廊，廊柱、斗栱、额枋等部分还保留着元代旧构。殿内梁架和屋顶脊兽已非原貌，均为清人改制。殿内牛王、马王、药王及其侍女塑像 7 躯，除两躯残损较甚外，主像保存完好，基本格调仍体现着明塑特点。殿前献亭平面呈方形，单檐十字歇山顶，形体秀丽，结架精巧。檐下斗栱五铺作重昂，亭内斗栱两层，形成庞大的藻井，全部结构均为明代手法。三王殿与献亭屋顶仅施圆椽一层，无飞椽伸出，筒板布瓦覆盖。由于中国戏曲在元代有重大发展，正对着大殿建造戏台成为元朝以来祠祀建筑的特有形式，牛王庙戏台便是这种形式之代表。它形制古老，结构简朴，为中国已知现存元代木构舞台中最早的实例。

图 7-54 临汾牛王庙元代戏台
资料来源：作者自摄

图 7-55 河津玄帝庙中殿
资料来源：山西省第三次全国文物普查资料

玄帝庙

位于河津市樊村镇樊村东北角，南北 87 米，东西 24.5 米，面积 2131.5 平方米。地势南低北高，总体布局从南向北依次排列有山门、香亭、中殿、正殿等，两旁不设廊房。

山门面宽三间，进深四椽，单檐悬山顶。前檐四根檐柱承托大圆木额枋。额枋上有斗栱七攒，为三踩单下昂，蚂蚱形耍头形制。后檐为三踩单翘蚂蚱形耍头斗栱。柱头有砍斜。五花山墙。施素版琉璃筒瓦，牡丹雕花琉璃脊筒。脊刹为三重檐歇山顶，山门形制，龙形鸱吻。梁架为五架梁无廊式，三架梁上立脊瓜柱承托脊檩。柱脚施角背，两侧戗叉手。梁脊板记载："维万历贰拾叁年叁月初叁日……"瓦顶施素板筒瓦，牡丹塑花琉璃脊筒，龙形鸱吻，脊刹正中饰三层歇山式楼阁。

香亭面宽三间，进深三间四椽，三重檐歇山顶。二层四周有回廊。下层与二层皆有柱头科，而无平身科。形制为三踩单翘。三层仅明间有平身科一攒，为三踩单下昂形制。梁架为四角施抹角梁承托角梁与三架梁。梁脊板记载："大明万历三十二年岁次甲辰闰九月初七日甲申朔越乡老……居士……门徒……孙……立柱上梁创建大吉。"三层瓦顶皆施琉璃板筒瓦。

中殿面宽五间，进深四间四椽，重檐歇山顶。四周围廊，柱头施平板枋。明间施平身科一攒，三踩单昂出 45° 斜昂。柱头科为三踩单下昂形制。次间平身科以宝瓶木雕装饰。梢间无平身科斗栱。侧面施柱头科而无平身科，为三踩单翘形制。后檐柱头科亦为三踩单翘，仅明间施平身科一攒，三踩单翘，龙形耍头。上檐仅施柱头科而无平身科，为三踩单昂形制。梁架结构为五架梁前后立矮柱承托三架梁，三架梁上立脊瓜柱承托脊檩。瓦顶施琉璃板筒瓦。正脊、垂脊为牡丹塑花脊筒。龙形鸱吻。

正殿面宽五间，进深五椽，单檐悬山顶。前檐柱头科斗栱与平身科皆三踩单下昂，蚂蚱形耍头，唯明间出 45° 龙形下昂与龙形耍头与其他有别。每间平身科一攒。后檐斗栱形制与前檐基本相同，唯明间平身科不出斜昂无龙饰。五花山墙。瓦顶施琉璃板筒瓦。牡丹塑花琉璃正脊与垂脊。龙形鸱吻。脊刹中心饰重檐歇山式楼阁一枚。

三官庙

位于新绛县城内韩家巷西口。据民国18年《新绛县志》载,庙前原有一石葫芦,故俗称"葫芦庙",现仅存献殿与正殿两座主体建筑。

献殿面宽三间,进深三间,十字歇山顶。殿内柱头有覆盆式卷杀,柱头置四铺作单下昂斗栱。山墙外檐与内檐斗栱形制和前檐相同,后尾斗栱承托井口枋,枋上置两枚四铺作单杪斗栱承托平梁。前檐当心间辟六扇门,两梢间甚小,砖砌八字墙。檐下板枋雕刻有牡丹、荷花等图案。悬垂莲柱两枚,有花卉、瑞鸟图案。梁脊板上有民国23年(1934年)重修题记。

正殿面宽三间,进深三椽,单檐悬山顶。前檐不设柱,通面额枋上置四铺作单下昂斗栱5朵,后檐斗栱与前檐斗栱形制相同。前檐辟六抹隔扇板门八扇,两侧为五花山墙。殿内布列三清与众神将等彩塑14尊。据三清塑像骨木上墨书题记"维大元国至正元年绛州在城……"可知,这组群像为元代彩塑。

娲皇庙

位于霍州市大张镇贾村。创建年代不详,从现存建筑结构及彩画判断,其建筑为清代。寺庙坐北向南,中轴线上现存有娲皇圣母殿和倒座戏台,圣母殿两侧有耳殿,戏台两侧为钟鼓楼。

娲皇庙圣母殿面宽三间,进深四椽,单檐悬山顶,设琉璃方心清同治年间(1862~1874年)、民国22年(1933年)维修。梁架为五架梁对前单步梁用四柱,前廊式。装修均为五抹隔扇门。廊下斗栱三踩单昂,采用透雕工艺雕出花卉、如意、龙饰等。殿内明间设木雕神龛,供奉娲皇圣母像。殿内三壁存有壁画,东壁为《万世母仪》百官上朝图,西壁为《开天立极》上朝图,描绘了神态、身份各异的人物108个,以及仙鹤、凤凰、雉鸡、喜鹊等动物形象10余只。人物形象丰富,神态不一。

图7-56 新绛三官庙外景
资料来源:山西省第三次全国文物普查资料

图7-57 霍州娲皇庙大殿
资料来源:山西省第三次全国文物普查资料

图 7-58 稷山南阳法王庙全景　　资料来源：山西省第三次全国文物普查资料

东西耳殿位于圣母殿两侧，清同治四年（1865年）重修。东耳殿称二郎殿，西耳殿称关公殿，形制相同。均为面阔三间，进深四椽，单檐悬山顶，筒板瓦屋面，琉璃脊饰。梁架为三步梁对前单步梁用三柱，前檐及外侧出廊。廊下斗栱三踩单昂作象鼻。明间辟格扇门，两次间辟格窗。

戏台位于娲皇庙的最南端，民国22年（1933年）重修。面阔三间，进深四椽，单檐悬山顶，筒板瓦屋面，黄蓝琉璃脊饰。大额枋、雀替上均有工艺精湛的木雕，图案以几何、花卉为主。

南阳法王庙

又称玄天上帝法王之庙，位于稷山县稷峰镇南阳村。创建年代不详，据庙内梁架题记及碑文记载，明、清均有修葺或增建。庙内现存明成化七年（1471年）、弘治十五年（1502年）、万历三十六年（1608年）重修记事碑3通。坐西朝东，二进院落布局，东西长68.3米，南北宽46米，占地面积3141.8平方米。中轴线上存山门、乐楼、正殿，两侧分别为七星殿、九曜殿、十帅殿、后土圣母殿、瘟神药王殿、牛王马王殿、南厢房及掖门，四周院墙。

山门创建于明弘治十五年（1502年），清同治九年（1870年）重修。面宽三间，进深两椽，单檐硬山顶，灰瓦屋面，绿琉璃剪边。明间辟板门，两次间墙体围护。明间板门上悬"玄天上帝法王之庙"匾额一方，南次间后墙内壁绘有白虎图，面积约5平方米，北次间原绘有青龙，现已毁。

乐楼据现存明成化七年（1471年）《法王庙创建舞庭记》记载，明成化七年（1471年）前已有乐楼，据现存形制判断为元代遗构。坐东朝西，面阔进深均为三间，四周围廊，前出抱厦三间，重檐十字歇山顶，灰瓦屋面，黄绿琉璃剪边。廊柱头施一斗二升交麻叶斗栱，檐柱头铺作形制为五铺作双下昂计心造，明间柱头铺作里跳4承托抹角梁，老角梁后尾搭于抹角梁中，上承托隔架科、井口枋及续角梁，构造方法与晋南地区元代舞台相似。

正殿又称法王殿，面阔三间，进深四椽，前出月台，梁架结构四椽栿通檐用三柱。单檐悬山顶，布瓦屋面，黄绿琉璃剪边。前后檐柱头施四铺作单下昂斗栱。殿内金柱间存明弘治十五年（1502年）木雕神龛一座，小木作保存基本完好。前檐当心间辟板门，次间直棂窗。正殿梁架结构、举折比例、用材、构造、侧脚、生起尺度以及屋面构造方法与当地有确切记载的元代木构建筑相近，具有元代风格。

九曜殿面阔三间，进深两椽，单檐悬山顶，布瓦屋面，黄绿琉璃剪边。前檐柱头施四铺作单下昂计心造，后檐为把头绞项造；前檐当心间辟板门；次间为直棂窗。梁架上有明天顺元年（1457年）重修题记。

七星殿面阔三间，进深四椽，单檐悬山顶，布瓦屋面。前檐柱间设木装修，明间为板门，次间为直棂窗。

皇庙

位于迎泽区文庙街道办事处万寿宫街，又称万寿宫。始建于明洪武六年（1373年），是明太祖朱元璋三子朱㭎被封为晋王后修建的祭祀先祖和庆典的场所。目前明代地方藩王所建皇庙仅存此一例。清代承袭了明代礼制，皇庙依然作为供奉列圣功臣之所，并更名为"万寿宫"，曾是明清两代皇族及官员举行大典的地方。民国期间，为纪念建立民国而捐躯的先烈们，皇庙成为昭义祠，后又改为关岳庙。之后又陆续为山佑大学、并州学院使用。现存建筑为明代遗构。坐北朝南，三进院落布局，南北长187.3米，东西宽66.4米，占地面积12437平方米。中轴线建有照壁、宫门、后殿。后殿现存建筑主体结构。宫门面宽三间，为三门拱券牌楼式，砖砌黄琉璃歇山顶。檐下为仿木结构琉璃砖砌三踩斗栱。照壁面宽五间，砖砌黄琉璃装饰，檐下为仿木结构砖砌三踩单昂斗栱，垂花柱；壁心四角雕有龙形图案。

前院照壁面阔五间，宽22米，高约6米，黄琉璃筒瓦庑殿顶，下承黄琉璃须弥座。凡斗栱、额、枋均采用黄琉璃砖经雕刻砍磨而成仿木结构形式。壁面四角用黄琉璃龙形装饰，明间有圆形高浮雕黄琉璃蟠龙数条，左右翻滚，上下飞腾。两侧各有飞龙两条，作戏珠状，体态矫健，形象十分生动。宫门三间，宽12米，高约8米，黄琉璃筒瓦歇山顶建筑，仿木结构部分的额、枋、斗栱也用黄琉璃砖雕琢而成，与照壁呼应。宫门呈券拱形，券口加贴黄琉璃片，上镌额书"万寿宫"三个字。进门后，分别是前院、中院和后院，主建筑分别为前殿（5间）、中殿（3间）和后殿（7间），皆建在高1.2~1.5米的丹墀之上。宫顶一律上覆黄琉璃筒瓦，凡垂脊、瓦口、滴水都饰以龙形图案，布局规制、严谨，气势十分雄伟。各建筑之间，地面宽广，便于进行大型的祭典活动。

图7-59 太原皇庙全景　资料来源：山西省第三次全国文物普查资料

十一、关庙

解州关帝庙

位于运城市盐湖区解州镇西关。因解州东南10公里常平村是三国蜀将关羽的家乡,故解州关帝庙为武庙之祖。也是我国清代布局最完整的宫殿式建筑群之一。

庙创建于隋开皇九年(589年),宋、明时曾扩建和重修,清康熙四十一年(1702年)毁于火,经十余年始修复,现存建筑均为清代所建。全庙占地近一百亩,平面布局分南北两大部分。南以结义园为中心,由牌坊、君子亭、三义阁、假山等组成。三义阁内有清乾隆年间镌刻的三义图,刀法细腻,线条明晰。四周桃林繁茂,大有"三结义"的桃园风趣。北部为正庙,仿宫殿式布局,分前殿和后宫两部分。前殿中轴线上依次排列着端门、雉门、午门、御书楼、崇宁殿,东西两侧配以崇圣祠、追风伯祠、胡公祠、木坊、碑亭、钟楼官库等附属建筑。后宫以"气肃千秋"牌坊为屏,春秋楼为中心,左右有刀楼和印楼对称而立。整体建筑布局严谨,轴线分明。南北两大部,自成格局,但又统一和谐。前后有廊庑百余间围护,既像庙堂,又像庭院,为全国"关庙"中绝无仅有。院内殿阁嵯峨,气势雄伟,古柏参天,藤萝满树,景色十分优美。

崇宁殿,是祀奉关羽的主殿。北宋崇宁三年(1104年),徽宗赵佶封关羽为"崇宁真君",故名。现存为清康熙五十七年(1718年)遗物。殿面宽五间,进深四间,重檐歇山顶。殿前月台宽敞,勾栏曲折。檐下额枋雕刻富丽,斗栱五踩。殿周回廊,有26根蟠龙石柱。殿内正中雕刻精巧的神龛内,塑帝王装关羽坐像,端庄肃穆。神龛前有插廊,勾栏、隔扇雕工细腻,是一座很精巧的清式小木作。

春秋楼,又名麟经阁,位于后宫北侧,被称为关帝庙扛鼎之作。创建于明万历年间,清同治九年(1870年)重建。楼高33米,面宽七间,进深六间,两层三檐歇山顶。檐柱上下

图 7-60 盐湖区解州关帝庙崇宁殿　　资料来源:作者自摄

图 7-61 阳泉林里关王庙关王殿　　资料来源:作者自摄

两层皆施以回廊，四周勾栏相连。檐下木雕龙凤、流云、花卉、人物各种图案，雕工精湛，剔透有致。楼内底层木雕神龛三间，内置关羽金身坐像。楼上阁形龛内塑关羽观《春秋》侧身像，右手扶案，左手拈须，神态逼真。传说中的关羽面部七痣，仍清晰可辨。孔子作《春秋》至获麟而绝笔，关羽一生爱读春秋，故楼以此得名。春秋楼在建筑结构上尤为突出的是"悬柱挑梁"。二层四周的檐柱，上承檐头负荷，下端雕莲瓣悬空，内有腰梁挑承，腰梁伸出檐外制成平座。它的负荷全部由下层大梁（即楼板下的腰梁）伸出檐外挑承。这种构造，在建筑科学和结构力学上均为大胆创新。

关帝庙的建筑，结构严谨。庙内主体建筑全部覆盖黄、绿、蓝三色琉璃，富丽堂皇。庙内外牌坊七座，形制有别，其中以"威镇华夏"坊、"结义园"坊、"气肃千秋"坊等最为壮观。庙内还保留有满镌纹样的万斤铜钟，制作精巧的铁铸焚香炉及绘有关羽一生故事的壁画，均为艺术精品。

阳泉关王庙

位于阳泉市郊东北5公里白泉乡林里村玉泉山间。创建年代不详，宋宣和四年（1122年）重修，元、明、清历代修葺、扩建。庙宇坐西南朝东北，随山势而筑。宽约45米，长约90米，占地面积4050平方米。中轴线上从前至后分为外院、下院、上院三部分，由低而高层叠而进。其主要建筑外院有乐楼、牌楼，下院有马殿（山门）、钟鼓二楼，东西有配殿三间；自下院甬道可达上院，上院中轴线上有山门、献殿、正殿（关帝殿）。庙内建筑惟上院正殿保存完整，配殿仅存北侧。

现存建筑以正殿时代最早，重建于宋宣和四年（1122年）。大殿面阔三间，进深三间，六架椽屋，单檐歇山顶。前檐设廊，当心间辟门，两次间设破子棂窗。廊下斗栱五铺作双杪重栱计心造；檐下斗栱五铺作出双杪。殿内梁架四椽栿对前乳栿用三柱，梁栿上驼峰、蜀柱、叉手等皆为宋代风格。殿内脊槫上有墨书题记为"维南䜣竦祖大宋国河东路太原府平定县升中郡白泉村于宣和四年壬寅岁三月庚申朔丙子日重修建记"，是建殿的确切纪年。殿内中央有束腰仰覆莲须弥式佛台，塑像已不存。

庙内现存经幢两块，元天历元年（1328年）残碑一通、明碑碣两块、清碑四通，为研究庙的沿革及原状提供了宝贵资料。

定襄关王庙

位于定襄县晋昌镇北关村中。据碑文记载，创建于唐代，原名悯忠祠，金泰和八年（1208年）塑关羽像，改名为关王庙。元至正六年（1346年），明嘉靖三十四年（1555年），清康熙二十八年（1689年）重修。坐西向东，东西长18.9米，南北宽30米，占地面积567平方米。现仅存关王殿，主要梁架为宋代遗构。庙内存金泰和八年（1208年）塑关羽像石碣1方及元代重修碑1通。

关王殿创建于宋徽宗宣和五年（1123年）。坐西向东，砖石台基，台基宽14.5米，深12.3米，

图 7-62 定襄关王庙关王殿　　资料来源：作者自摄

图 7-63 泽州府城关帝庙过殿　　资料来源：作者自摄

高 0.7 米。面宽三间，进深四椽，单檐歇山顶，梁架结构三椽栿对前搭牵通檐用三柱，前檐柱头斗栱四铺作单昂，昂为批竹式，后檐斗栱均五铺作双杪，当心间置板门，两次间为直棂窗。

府城关帝庙

位于晋城市泽州县金村镇府城村。据庙内碑文记载，创建于宋庆元年间（1195～1200年），清乾隆二十一年（1757 年）重建，乾隆四十七年（1783 年）重修。现存主体结构为清代建筑。庙院坐北朝南，东西宽 26.9 米，南北长 15.14 米，占地面积 4200 平方米。平面布局分四进院落，中轴线上自南而北依次建有舞楼、过厅、山门、关帝殿、三义殿，东西两侧建东西碑厅、东西配殿、三义殿等，布局宏敞，颇具气势。关帝殿位于三进院落的中轴线上，建于高约 0.75 米的砖砌台基上，面宽三间，进深八椽，单檐悬山式屋顶。殿内梁架采用七架梁对前后单步梁，通檐用四柱，前檐一椽为廊，石质盘龙廊柱下为圆雕石狮，上设础盘，雕刻十分精美。前檐施五踩双下昂斗栱，后檐施三踩单昂斗栱，均为如意式昂。柱间施有镂空雕吉祥花卉图案。

三义殿为庙内主殿，位于中轴线最后端。砖砌台基，高 0.47 米，面宽三间，进深七椽，单檐悬山式屋顶。殿内梁架采用七架梁对前单步梁通檐用三柱方式结架。前檐柱头施五踩单昂斗栱，平身科施斜栱，前檐装修已为近人改制。殿内墙壁绘有三国演义及关羽生平事迹连环画 43.75 平方米。大殿中最为精美的为前檐盘龙石柱。柱础分上下两层，下层为楼阁式吸刻，上层置盘龙鼓石。柱身雕刻分为四层，底层刻有农夫生活；二层为初唐典故，有"四马归唐"、"汾阳王府弟"；三层刻有农夫耕田、樵夫伐薪等；四层为神仙逍遥游。所绘人物神情毕现，极为精美，堪称清代石雕艺术之杰作。庙内存有清乾隆年间碑碣共 24 通。

大同关帝庙

俗称大庙，位于大同市城区鼓楼东街。坐北朝南，占地面积 3572 平方米。创建年代不详。

图 7-64 大同关帝庙大殿　　资料来源：作者自摄

图 7-65 洪洞关帝庙关帝楼
资料来源：山西省第三次全国文物普查资料

现存大殿为元代遗构，据《大同府志》记载，明代屡有修建，清康熙年间（1662～1722年）、乾隆年间（1736～1795年）增修。2008年复建山门、过殿、春秋楼、结义阁、东西配殿、东西厢房。大殿建于0.8米高台基之上，面阔三间，进深八椽，单檐歇山琉璃瓦顶，清代增建歇山卷棚顶抱厦三间，檐柱侧角明显，柱头略有卷杀，檐下斗栱密致，六铺作单杪双下昂，蚂蚱头，前檐各间装隔扇门，殿内清代增设平棊藻井，栩栩如生的蟠龙柱，尤其是三座重檐神龛，奇巧精湛，斗栱勾连交错，为神龛中之精品。

关帝庙大殿的结构布局、装饰手法等有鲜明的地方特色，为研究元代建筑及关帝文化提供了良好的文物范例。

洪洞关帝庙

位于洪洞县城中心关帝街。坐北朝南，占地2072平方米。据《洪洞县志》（清光绪八年修订）记载，关帝庙在恒德坊街北，元大德十年（1306年），里人苏汉臣重建。明嘉靖十年（1351年）创建关帝楼；清顺治二年（1645年）增建戏楼；清康熙四十九年（1710年）扩建；经过明、清屡次修葺，始成现在的建筑规模。现存正殿保留元代遗构，献殿为明代遗构，其余为清代建筑。庙宇中轴线由南向北依次排列关帝楼、戏台、献殿、正殿、寝宫（已毁），两侧分别是东西廊房、钟鼓楼。

正殿为歇山式九脊琉璃屋顶，坐北朝南，面阔五间，进深三间。据《洪洞县志》记载："元大德十年（1306年），里人苏汉臣重建正殿三间"，明嘉靖十年（1531年）"邑绅张天禄增修正殿五间"。现状均为明嘉靖十年扩建。正殿面阔五间，进深三间，与献殿前后隔1米，中间飞檐接覆，坐北朝南，大殿四隅双柱上端回收，五架梁与七架梁后金柱与檐柱之间形成"品"字形斗栱，十字相交承托天花。柱头施木阑额和普拍枋、硕大的五铺作斗栱，鸱吻高大雄壮。现状虽为明代木结构，但粗犷古朴的抬梁式建筑仍沿袭元代建筑风格。大梁题记："清乾隆五年岁次庚申孟夏重修。"

关帝楼又名春秋楼，初建时同时供奉真武大帝、二郎神、关帝，因而又名"三真阁"。据《洪洞县志》记载："明嘉靖十年（1531年），邑人郭钺等筹资创建。"现存建筑为清康熙四十九年（1710年）重修。

该楼高约23米，分上、中、下三层，实则为明三暗四的木结构建筑阁楼，平面呈方形，十字重檐歇山顶，琉璃瓦剪边，面阔三间，进深三间，楼基座为十字券拱洞式砖砌过街通道，四面贯通，内设木梯，四周勾栏。楼上的飞檐由斗栱托起，列十二柱，各层均有花板，引人注目，三层内的佛龛供关帝夜读《春秋》木雕像。

樊店关帝庙

位于翼城县南唐乡樊店村中。坐北朝南，东西35.86米，南北45.8米，占地面积1642平方米，为明代建筑。据戏台脊檩下题记板题记，明弘治十八年（1505年）创建，清道光十一年（1831年）重修。中轴线上依次为戏台、献殿（已不存）、正殿，戏台两侧均有掖房和茶房等。

正殿为明代建筑，面阔三间，进深四椽，单檐悬山顶。正殿屋顶举架较平缓，柱头卷杀明显，柱下用覆盆莲瓣式柱础。前檐柱头额枋为通木圆形大额枋，额枋、檐柱、斗栱木构件用材较大，早期建筑特点明显。

戏台坐南向北，通面阔11.4米，通进深11.2米，戏台由前后完全不同的两种屋顶形制组合而成，使得戏台的外观形制玲珑精巧，秀气精致。后一部分为硬山式房顶，灰筒板瓦铺盖，面阔三间，进深一间；前一部分面阔三间，进深一间；卷棚歇山顶，单檐出四角，捏花筒子脊兽，灰筒板瓦铺盖，其内用六檩式梁架，四角皆用上下两层抹角梁，角梁尾部垂四柱，柱头作垂莲瓣，尾部两侧作花牙子，下层抹角梁两端交于平板枋上，抹角梁上用雕刻驼峰顶在45°栱尾下，栱尾端挑于垂柱中，以支撑垂柱的主要剪力，上层抹角梁两端交于内拽枋上，中间交于45°栱上皮，使上抹角梁的用力直接传递于下抹角梁上。在进深只有一间的前部卷棚上，四角的设计独具匠心，结构合理紧凑，用材规整，台内至今完整地保有着区分前后场的屏风及上下场"鬼门"。樊店关帝庙内的大殿和戏台建筑无疑是明代建筑的代表杰作。

北长寿关岳庙

位于平遥县洪善镇北长寿村西北。创建年代无考。据庙碑记载，清乾隆年间（1736～1795年）重修，同治年间（1862～1874年）被汾水淹没，民国11至13年（1922～1924年）又重修。现存建筑为清、民国遗构。占地面积1149平方米。坐北向南，两进院落布局，中轴线上依次为山门、牌楼（不存）及正殿，两侧建有钟鼓二楼、厢房、配殿及耳殿。山门外正前方约70米处有戏台一座。

山门倒坐五间，进深两椽，单坡硬山顶前廊式，明间辟为门洞，门头匾楷书"关岳庙"三字。前檐下荷叶、随檩承檐檩后檐砖雕椽飞、墀头雕工精致。后墙带廊子五间，明间歇山式屋顶，

图 7-66 翼城樊店关帝庙正殿
资料来源：山西省第三次全国文物普查资料

图 7-67 平遥北长寿关岳庙正殿
资料来源：山西省第三次全国文物普查资料

檐下五踩双昂如意斗栱三朵，昂头、耍头精雕龙、象图案。次、梢间悬山式屋顶，檐下用大斗翼形栱、荷叶、雀替做工考究，彩绘鲜艳夺目，保存完好。

山门左右筑有钟、鼓二楼，平面方形，二层四柱五檩双坡悬山顶，砖砌花栏墙围护，荷叶、雀替等艺术构件雕工精美，保存完好。现钟、鼓不存。一进院东、西各有厢房三间，单坡硬山顶，花脊筒，砖雕墀头，明装修。二进院正位建正殿三间，进深五椽，双坡硬山顶前廊式，前檐下斗栱五踩双下昂，柱头、平身各一朵，砖雕墀头，屋面花脊筒。殿内山墙绘有关羽生平故事壁画 70 余平方米，梁架彩画色彩艳丽，画工艺术水平精湛，均保存完好。神台仍为旧制，明间木雕神龛雕工考究，所刻人物、花卉栩栩如生，色彩如初。

正殿两侧建有耳殿各一间，东火神、西福禄财神，双坡硬山顶前廊式，花脊筒，砖雕墀头，明装修。殿内局部残存壁画。东、西明堂建碑亭各一间，单坡悬山顶，木雕构件及彩画保存完好。

正殿前建有东、西配殿各五间，进深两椽，单坡硬山顶，花脊筒，砖雕墀头，明间辟门，次、梢间设窗，清水门窗间墙，装修均为旧制。

距山门南 70 米处，建有戏台一座，面宽三间，进深五椽，卷棚硬山顶，前檐廊柱采用移柱法，明间宽约是次间的两倍。前檐施三踩单昂（加栱垫）斗栱，柱头四朵，平身三朵，其中明间为如意斗栱，栱头及耍头精雕细琢，工艺上乘。四架梁、六架梁前梁头由大额枋承托，隔架施驼峰，雀替高浮雕卷草图案，梁架及前后檐并隔断装修彩画保存完好，色彩艳丽。两山壁画山水、人物、诗文图案，画工水平较高，保存完好。后墙次间开六角形高窗两个，明间建随墙影壁一座，仿木构砖雕及四墀头砖雕工艺上乘。

十二、文庙

孔子是我国最早、也是最有影响的思想家和教育家，几千年来成为我国封建社会所谓的圣人、圣贤。其言行主要保存在《论语》中，这部书后来成为儒家的重要经典。汉代，儒家文化在中国思想文化中的主流地位得到确立,之后逐渐发展成为中华民族传统文化的主干。

孔子死后的第二年,即公元前478年,鲁哀公在陬邑将孔子"故堂所居"用来陈列孔子生前所用的"衣冠琴车书","立庙旧宅,置卒守,岁时奉祀"。当时的"庙屋三间"就是中国最早的孔子庙。

公元前195年,汉高祖刘邦以太牢之礼祭孔子墓,开创了历代皇帝祭孔的先例,之后帝王亲祭孔子的仪式便一直延续到清代。汉代以后的历代皇帝都提倡尊孔读经,对孔子也不断追谥加封,由公加封到王,孔庙的规模也随之逐渐扩大。此后历朝历代为君者莫不为之,以后便形成了史籍中所记载的"自唐以来,州县莫不有学,凡学莫不有先圣之庙"的现象。

太原文庙

位于太原市迎泽区文庙街道办事处文庙社区文庙巷西40号。始建于北宋太平兴国七年(982年),金、明两代重修并扩建。原址位于太原城西水西关,清光绪初年因汾河泛滥造成损毁,光绪八年(1882年)迁至现址。这里原为明崇善寺,清顺治年间遭火焚后,文庙迁于原崇善寺基址上,部分残存建筑成为文庙古建筑群的一部分。文庙占地3.1万余平方米,建筑面积8000余平方米,坐北向南,以文庙棂星门、大成门、大成殿、崇圣祠为核心,沿中轴线形成四进院落式布局。棂星门院正南的照壁和东、西六角亭(井亭)为崇善寺遗构。各院均有东、西厢房。木牌坊原位于文庙最南端,现迁至西偏院院外。木牌坊四柱三楼式,琉璃屋面,金枋上书"文庙"二字。

棂星门峙立北部中央,一对井亭和"义路"、"礼门"两座门楼分列左右。照壁嵌入南墙,石质束腰基座,砖砌壁身,硬山顶。檐下为五踩斗栱,垂莲柱分为五间四柱,中间镶绿琉璃团龙。西侧"礼门"辟为馆门。井亭为小平顶六角形,俗称"六角亭",创建于明洪武十四年(1381年),系崇善寺遗构。棂星门为六柱三间牌坊式门楼,每间夹以砖砌琉璃团龙照壁。明、次楼均为悬山顶,檐下斗栱明间为十一踩,两次间斗栱为九踩,明间楼匾上书"棂

图 7-68 太原文庙　　资料来源:作者自摄

图 7-69 代县文庙大成殿　　资料来源:作者自摄

星门"三字，柱前后设夹杆石及戗柱支撑。

大成门名取孟子称"孔子之谓集大成"语意，面宽五间，进深六椽，单檐歇山顶，琉璃瓦覆盖，檐下斗栱三踩，耍头制成龙头。

大成殿石砌台基，殿前青石丹墀出三陛，宽大甬道与大成门相连，殿身面宽七间，进深六椽，单檐歇山顶。七檩前廊式构架，蓝琉璃瓦剪边，正中有三个琉璃方心，脊和吻兽为黄琉璃瓦烧制。檐下斗栱五踩重昂，平身科每间二攒。斗栱、栱眼壁、檐檩、额枋均施彩画。殿内采用移柱、减柱造，顶设天花。

崇圣祠为一座四合小院，是供祭孔子祖先的场所。祠门为木构三门坊式结构，祠内正殿面宽五间，进深五椽，单檐琉璃硬山顶。六檩前廊式构架。平面呈倒凹形，明、次间前设廊，梢间无廊。明、次间为四扇六抹隔扇门，梢间为拱形窗。

代县文庙

位于代县城内西南隅，现存建筑为明清遗构。坐北向南，占地面积1.58万平方米，三进院落布局，中轴线上依次建有万仞坊、棂星门、泮池、戟门、大成殿和敬一亭，轴线东侧有名宦祠、崇圣祠和东廊庑，西侧有乡贤祠、节孝祠和西廊庑。庙内保存有古树2棵，清代重修及布施碑9通，民国重修碑3通。

大成殿坐北向南。砖砌台基，基宽32.42米，深18.56米，高1.5米。面宽七间，进深八椽，单檐歇山顶，孔雀蓝琉璃瓦覆盖。九檩前后廊式构架，前檐明间施六扇六抹隔扇门，次、梢间施四扇六抹隔扇门，柱头斗栱九踩单翘三下昂，明间三攒，次间二攒，梢间一攒。殿内装有天花，明间置藻井四层，一、二层方形，三层八角形，四层圆形。前设月台。

戟门坐北向南。砖砌台基，基宽19.2米，深16米，高1.08米。面宽五间，进深六椽，单檐歇山顶。七檩分心式构架，柱头斗栱三踩单翘，平身科每间一攒，明、次间均设板门。

棂星门坐北向南。六柱五楼式木牌楼。砖砌台基，基宽14.2米，其中明楼宽6.3米，边楼5.53米，夹楼宽2.55米，深4.3米，高0.31米。单檐歇山顶，孔雀蓝琉璃瓦覆盖。明楼斗栱十一踩，并出45°斜栱，边楼、夹楼均设五踩双翘斗栱，明楼设斗栱7攒，边楼5攒，夹楼2攒。柱前后设戗柱，通天柱顶加置云冠。门中心置板门。

万仞坊坐北向南。四柱三楼木牌坊。砖砌台基，基宽11.45米，其中明楼宽6.3米，边楼宽5.15米，深4.2米，高0.27米。单檐歇山顶，孔雀蓝琉璃瓦覆盖。檐下施十一踩斗栱12攒，柱前后设戗柱，通天柱顶加置云冠。门中心置板门。

平遥文庙

位于平遥县城内东南隅，云路街北侧，主体建筑大成殿是全国现存文庙中罕见的宋金时期建筑。

文庙始建年代不详，据殿内梁架题记载：大成殿重建于金大定三年（1103年）。现存

图 7-70 平遥文庙大成殿　资料来源：作者自摄

图 7-71 浑源文庙大成殿　资料来源：作者自摄

建筑大成殿为金代原构，余皆明清所建。

庙坐北向南。总面积 35811 平方米，庙区占地 8649.6 平方米，建筑面积 3472.3 平方米。现存四进院落，中轴线上排列有棂星门、大成门、大成殿、明伦堂、敬一亭、藏经阁等建筑。

大成殿为文庙主殿，面阔五间，进深五间，平面近方形，单檐歇山顶。建在高 1 米的砖砌台基上，前有宽广的月台，周围施以石栏板。前檐明次间用隔扇门，梢间置窗。檐下斗栱七铺作，双杪双下昂重栱偷心造。昂为批竹昂，耍头蚂蚱形。梁架分草栿和明栿两种，草栿隐在天花之下，天花板下露明处用明栿。梁架结构为十架椽，前后槽用搭牵乳栿连接，内柱之间，以复梁拼成的草栿承重，草栿以上，用四椽栿、平梁、叉手、侏儒柱、驼峰等层层支叠，梁枋断面高宽之比大多为三比二，基本采用了宋金时期做法。中央置藻井，用小型斗栱叠架而成，形制规整，工艺精巧。

浑源文庙

位于浑源县永安镇永安社区永安西街路北。坐北面南，呈长方形，南北长 140 米，东西宽 80 米，占地面积 15586 平方米，建筑面积 6837 平方米，主要建筑沿中轴线组成一个主次分明、左右对称的建筑群。中轴线南北依次是大成坊、棂星门、泮池泮桥、戟门、大成殿、明伦堂、敬一亭、尊经阁、崇圣祠以及东西廊庑、东西斋房等。

文庙的主要建筑大成殿长约 13 米，宽约 6 米，大殿建在约 1.5 米高的平台之上，殿外四角房檐下边立有 25 厘米粗的四根木柱，这四根木柱起跷起殿角重量的作用，又增加了殿堂的美感，四个殿角交挑，似凌空欲飞。大成殿面宽五间（27.6 米），进深三间（14.6 米），单檐庑殿顶。六椽栿后搭乳栿，采用三立柱，檐下设四铺作斗栱。明间、次间各施两座补间斗栱，各栱均为三瓣卷杀，明显为金元时期法式。大成殿采用减柱营造法，为扩大殿内空间，前四根大柱同墙体巧妙地结合在一起，既起承重作用，又装饰了大殿的门面。前檐明间、次间各为四扇六抹隔扇。梢间两山、后檐与次间均用清水丝缝砖垒，后檐砖墙刻有"忠、孝、节、义"

图 7-72 清徐清源文庙棂星门　资料来源：作者自摄

图 7-73 左权文庙大成殿　资料来源：作者自摄

四个大字，殿前设月台，托起大殿。月台下有二龙戏珠御路，龙的雕刻手法线条流畅，形象逼真。大成殿是全国各地文庙中仅存的金代建筑，为国之瑰宝。

清源文庙

位于清徐县东湖街道办事处迎宪村赵家街15号。据清光绪《清源乡志》载，始建于金泰和三年（1203年），元延祐年间（1314～1320年）重修，明洪武年间（1368～1398年）、万历年间（1573～1620年）多次修葺，清顺治十七年（1660年）扩建、增建，现存建筑除大成殿为金代遗构外，余皆为明清建筑。院坐北朝南，三进院落布局，东西36.79米，南北111.36米，占地面积4097平方米。中轴线上有状元桥、泮池、戟门、大成殿，轴线两侧为厢房、配殿。

戟门台基长11.7米，宽8.25米，高0.18米，面宽三间，进深四椽，单檐歇山顶，五檩无廊式构架，三踩单昂斗栱，梁上彩绘龙纹，檩上题记大多辨识不清。

文庙大成殿前设月台，殿身建于长16.25米、宽16.25米、高约0.45米的方形石砌台基之上，面阔三间，进深三间，单檐歇山顶，孔雀蓝琉璃瓦方心、剪边。殿内梁架为彻上露明造，其断面之比约为三比二，为金元时期的建筑特点，檐下斗栱柱头铺作单杪，补间各二朵，前檐装修已毁，大成殿角柱升起明显，栱头卷杀多为三瓣，梁架之上所用驼峰、翼栱式样与晋祠圣母殿相似，檐部保留宋制撩檐枋。大成殿建筑造型古朴庄重，四角飞翘，斗栱粗壮朴实，疏密得当，构件制作古朴大方，为金代建筑遗构。

左权文庙

位于左权县辽阳镇南街村辽阳街81号。创建年代不详。据碑载元大德元年（1279年）重修，明、清时期均有修葺，2004年揭顶维修大成殿，2005～2008年复原一进院、二进院，现存大成殿为元代遗构。文庙占地面积3700平方米，坐北朝南，二进院落。中轴线由南向北依

图 7-74 平遥金庄文庙大成殿　　资料来源：作者自摄

图 7-75 大同文庙大成殿　　资料来源：作者自摄

次为棂星门、泮池、大成门、大成殿，两侧为东西厢房、掖门。大成殿面阔七间，进深八椽，重檐歇山顶。梁架为四椽栿接后乳栿对前后搭牵通檐用五柱，四周围廊。上层檐下斗栱四铺作单杪，下层檐下栱眼壁画，斗栱把头绞项作。装修原制不存。庙内另存元代残碑、造像碑各1通。

金庄文庙

位于平遥县岳壁乡金庄村中。据碑记载创建于元延祐元年（1314年），明万历年间（1573～1620年）重修，清代屡有修缮。占地面积1794平方米，坐北向南，三进院落，中轴线由南向北依次为棂星门、明伦堂、二门、泮池、三门及大成殿，东西两侧为厢房。大成殿建于高0.68米的砖砌台基上，面宽三间，进深四椽，单檐硬山顶，五檩前廊式构架，清小式建筑。檐下以卷云荷叶墩装饰，前檐明间装四扇六抹隔扇门，次间为槛墙、隔扇窗。殿内脊檩下皮有元延祐二年（1315年）修造，明万历四十四年（1616年）重修，清康熙三十八年（1699年）、嘉庆七年（1802年）维修等墨书题记。殿内现存塑像为孔子四配十哲共15尊。正殿两侧有耳殿，中院泮池东侧存1株古槐，前院碑厅下存清代石碑共计11通，现存庙宇于2003年进行了全面修缮。

大同文庙

位于大同城区府学门街3号。坐北朝南，南北长182.13米，东西宽119.78米，占地面积21815平方米。创建年代不详，现存建筑为明代遗构。明初由云中驿改建，宣德二年（1427年）增建肃敬厅，正统九年（1444年）建崇文阁，规模渐趋完备。后毁于兵火，嘉靖十六年（1537年）"开云路，建云表，殿庑堂斋、亭阁祠舍、门楣之属无废不举"。现状为一进院落布局，中轴线现存棂星门、仪门、泮池、戟门、大成殿、尊经阁，两侧建廊庑、碑楼、配殿和角楼。大成殿建在高1.1米的台基上，东西长28.15米，南北宽26.41米，周设石雕栏板、望柱、蹲狮，殿身面宽五间，进深八椽，单檐歇山顶，黄、绿、蓝色琉璃瓦覆盖，并饰琉璃方心；外檐斗栱七踩三翘，前檐明、次间装隔扇门，梢间为格扇窗，覆盆柱础。戟门面宽五间，进深四椽，悬山顶，斗栱五踩，五檩无廊式构架，鼓镜式柱础。2008年分别修复尊经阁、角楼、东西庑、碑楼、仪门、棂星门等。

南召文庙

位于陵川县平城镇南召村中，坐北朝南，一进院落。南北长38.5米，东西宽23.3米，占地面积897平方米。创建年代不详，明洪武二十二年（1389年）、万历十六年（1590年）、清康熙年间、光绪十四年至十八年（1888～1892年）屡有重修，现存正殿为元代遗构，其余建筑为明、清风格。庙内现存碑刻3通。

中轴线上现有山门（舞楼）、正殿，两侧分布有影壁、妆楼、看楼、耳殿。正殿面阔五间，进深六椽，单檐悬山顶。檐下斗栱四铺作，单昂。山门面宽三间，进深四椽，单檐硬山顶，前出抱厦。妆楼面宽三间，东西看楼各五间，耳殿各二间。

正殿为典型的元代建筑，舞楼木雕精美，具有较高的历史、艺术、科学价值。

静升文庙

位于晋中市灵石县城东静升镇静升村腹部。坐北朝南，总占地面积3500平方米。据明万历二十九年（1601年）《灵石县志》及庙内碑文记载，静升文庙始建于元至顺三年（1332

图7-76 陵川南召文庙外景　资料来源：山西省第三次全国文物普查资料

图 7-77 灵石静升文庙大成殿　　资料来源：作者自摄

图 7-78 太原晋源文庙棂星门　　资料来源：作者自摄

图 7-79 太原晋源文庙大成殿
资料来源：山西省第三次全国文物普查资料

图 7-80 绛县文庙大成殿
资料来源：作者自摄

年），历经四载，于至元二年（1336年）竣工，是一座具有地方特色，堪同府州县文庙媲美的乡村先师孔子庙。历经明清及民国年间多次修缮，至今保存元代风貌。该庙为四进院落布局。中轴线上由前向后依次排列着万仞宫墙、棂星门、泮池、大成门、杏坛、大成殿、寝殿、尊经阁等，左右排列有廊庑。东南角建六角四层魁星楼一座。东院有赈济堂、义仓等建筑，西院为明伦堂、义学，单独成院，内设学官。文庙前的"鲤鱼跃龙门"石雕影壁壁心22.8平方米（高3米、宽7.6米、厚1米），壁心用50块青石镂刻拼砌而成，双面同一规格，同一图案，经专家考证为元代建筑，有宋代遗风，弥足珍贵。

晋源文庙

位于太原市晋源区晋源街道办事处东街村东大街。据明嘉靖三十年（1551年）版《太原府志》载，始建于明洪武六年（1373年），太原县文庙始建于明洪武六年（1373年），其后历任知县均进行过增补修葺。清康熙年间，增建训导宅、教谕宅等建筑。

占地面积1.2万平方米。坐北朝南，南北长104米，东西宽98米，建筑占地面积2667平方米。二进院落布局，中轴线依次建有棂星门、泮池、献殿、大成殿，两侧为各院东西厢房。大成殿建筑面积510平方米，建于砖石砌台基上，周设石雕栏杆，面宽五间，进深六椽，单檐歇山顶，七檩式构架，明次间为菱形隔扇门，梢间为菱形隔扇窗，黄绿琉璃瓦剪边，殿内顶设天花，檐下斗栱七踩单翘双昂。献殿面宽三间，进深六椽，单檐歇山顶，七檩式构架，斗栱三踩单昂，明间为菱形隔扇门，梢间为菱形隔扇窗。庙内存清碑2通。

绛县文庙

位于绛县县城。据清乾隆版《绛县志》和有关碑文记载，绛县文庙始建于后唐长兴三年（932年）。元、明、清历代分别进行了重修和扩建。原庙自南向北连续五进，分别建有大成门、乡贤祠、名宦祠、过厅、戏台、献殿、大成殿、明伦堂、麟经楼、敬一亭、崇圣祠、射圃亭、文昌阁等。几经劫难，现仅存大成殿和明伦堂。庙宇现南北长95米，东西宽44米，占地面积4180平方米。

大成殿面阔三间，进深三间四椽，单檐歇山式屋顶，属厅堂型构架。檐下施有斗栱，柱头斗栱与补间斗栱形制相同，皆五铺作双下昂计心造，蚂蚱形耍头形制。梁架结构为四架椽屋四椽栿通檐用二柱。外形古朴，飞檐翼角，斗栱重叠，梁架简洁明快。殿顶琉璃脊饰，鸱吻高昂，殿身前檐明间装六扇六抹头隔扇门，梢间各装四扇棂条花格窗，上置横披三方，后檐明间设隔扇门，前后可以穿行。大成殿虽经多次修缮，但仍保留着元代建筑大木构架的风格和特点。

明伦堂面阔五间，进深六椽，前檐内廊，单檐悬山式屋顶，廊柱上用斗栱承托屋檐，殿内后柱负载梁架，梁架结构简洁牢靠，依结构和斗栱用材判断，为清代遗构。

十三、名人先贤祠

轩辕庙

位于阳曲县东黄水镇西殿村东，为纪念中华始祖轩辕黄帝而建，创建年代不详。据碑文载，明嘉靖十六年（1537年）重建。庙坐北朝南，二进院落布局，中轴线上建有戏台（兼作山门）、献殿、正殿，两侧为耳殿、配殿及东厢房。正殿为明代建筑，面宽三间，进深六椽，单檐悬山筒瓦顶，七檩前后廊式构架，斗栱五踩重昂，内转角为鎏金斗栱，前檐明间设四扇六抹隔扇门，次间为直棂窗，覆盆式柱础。殿内山墙绘12药王坐像，高1.5米；过殿内有彩画10余平方米。

正殿为明代遗构，砖砌台基，宽13.02米，深12.02米，高1米，面宽三间，进深六椽，单檐悬山顶，七檩前廊式构架，斗栱五踩重昂，平身科出45°斜栱，里跳为鎏金斗栱，前檐明间设四扇六抹隔扇门，两次间置直棂窗，覆盆式柱础。殿内两山墙工笔重彩轩辕及众臣像12尊，共计34平方米。正殿内存有明弘治十一年（1498年）残碑1通；前檐廊下立有4通碑。

三皇庙

位于孝义市城西贾家庄村三皇庙街中部。庙坐西向东，两进院落，东西长84米，南北长59米，占地面积4956平方米。创建年代不详，元代有之，清乾隆、道光和民国年间屡有修葺。头院空阔，东北角设砖券门洞；二进院东北角设掖门，东、西轴线之上由东向西依次遗有戏台、三皇殿；戏台至三皇殿之间，南面遗有廊房台明遗迹，北向遗有廊房后墙和台明平面遗址；三皇殿北遗马王殿，南遗财福殿，均一间硬山顶。两院之间自然地坪落差较大，掖门前设踏步十八级，整体建筑结构严谨、布局合理。庙内现存建筑除三皇殿仍保存元代原构外，余皆清代修建。且现存有完整的石碑五通。三皇殿为元代建筑，面阔三间，进深四架椽，

图 7-81 阳曲轩辕庙正殿
资料来源：山西省第三次全国文物普查资料

图 7-82 孝义三皇庙三皇殿
资料来源：山西省第三次全国文物普查资料

梁架为三椽栿前压搭牵用三柱，单檐硬山顶，前廊式结构。殿前明间檐柱间辟板门，次间设直棂窗。门扇背面遗有明显的锛迹，为锛斫而成，元代原物。殿前廊柱及后檐柱之上设贯通三间的大额枋，廊柱向南、北移置。前廊设四铺作单下昂计心造斗栱，廊角铺作于正身出跳昂向两山方向设 45° 出跳昂（后代修葺时包于墙内），里转设 45° 出跳拱。

狐突庙

位于清徐县城西南西马峪村北，为纪念春秋时晋国大夫狐突而建。庙始建于金明昌元年（1190 年），元至元二十六年（1298 年）重修，明嘉靖十四年（1535 年）增补扩建。庙址坐北向南，由两进院落组成。现仅存献殿、正殿与碑廊等建筑，占地面积 1875 平方米。

献殿面宽七间，进深六椽，单檐硬山顶，灰筒瓦屋面，琉璃剪边，斗栱三踩单昂，明间平身科斗栱出 45° 斜昂。殿之明间辟板门，余间皆装直棂窗。殿内山墙绘壁画 60 余平方米，内容为利应侯布雨、回宫图。

后院内正殿面宽三间，进深四椽，明嘉靖年间扩建为前后二室，前为朝堂，后为寝宫。前殿为卷棚悬山顶，后殿单檐歇山顶，以勾连搭形式相连接。殿内现存元代彩塑 8 尊，狐突夫妇像高 2 米端坐中央，两侧为侍女像 6 尊，高 1 米，造型优美，判若真人。前檐明间悬"三晋名臣"横匾一方。左右配殿内各塑黑白龙王夫妇坐像。献殿及两侧碑廊共存历代石碑 18 通，详细记载了狐突事迹及狐突庙建制沿革。

太原窦大夫祠

位于太原市西北 25 公里处的上兰镇，北依烈石山，西南依傍汾河，是为纪念春秋时期晋国大夫窦犨而建的祭祀建筑，也是历代地方守臣及民间的祈雨场所。

窦大夫祠始建年代不详，历史上有烈石神祠、英济侯祠和窦大夫祠三种称谓。宋元丰八

图 7-83 清徐狐突庙正殿　资料来源：作者自摄

图 7-84 太原窦大夫祠献殿　资料来源：作者自摄

年（1078年）八月二十四日汾水涨溢，遂易今庙，重修于元世祖至元四年（1267年），明清续修，现存建筑为元代风格。

祠坐北朝南，一进院落，呈带状依山而建，占地面积4428平方米，中轴线上依次布列乐楼、南殿、献殿、后殿，后殿两侧建有耳房、配殿，南殿两侧建钟、鼓二楼。祠外西北部为寒泉遗址，东部为保宁寺、观音阁和赵公馆等建筑。祠堂祭祀建筑集中在献殿、后殿。献殿面阔一间，进深一间，呈正方形，建筑面积78.40平方米，单檐歇山顶，与后殿有机相连，殿内八卦天花藻井尤为精致；后殿面阔三间、进深四架椽，单檐歇山顶，建筑面积303平方米，殿内供奉窦鸣犊塑像。檐下斗栱五铺作，柱头略有卷杀，明间辟板门，次、梢间置破子棂窗，为典型元代建筑风貌。窦大夫祠精湛的古建筑与自然山水植被浑然一体，创造出了"天人谐和"的生态环境。

四圣宫

位于翼城县西闫镇曹公村北500米。四圣宫由三座并列的一进院落组成，由西向东分别为僧舍院、四圣宫院、关帝庙院。坐北向南，占地面积2338平方米。据庙内"重修尧舜禹汤之庙记"碑记载，创建于元至正年间（1341～1368年）；据"关帝庙碑记"载，关帝庙院创建于明嘉靖三十八年（1559年），清乾隆十七年（1752年）曾重修四圣宫，民国7年（1918年）重修。现存舞楼、大殿为元代建筑，其他为清代建筑。四圣宫院中轴线有舞楼、正殿，轴线两侧有旁门、廊房、厢房、耳房。舞楼坐南向北，石砌台基高1.5米，平面近方形，面阔、进深各为一间，单檐歇山顶。檐下五铺作斗栱20朵，台基上后檐砌墙，两山墙壁仅后部一段，约为墙宽的三分之一，前面大部分和前檐一样对外敞露，可供观众三面看戏。大殿面阔五间，进深四椽，单檐悬山顶，梁架为四椽栿通达前后檐用二柱，前后檐下五铺作斗栱共12朵。2006年国务院公布为全国文物保护单位。

图 7-85 翼城四圣宫全景　资料来源：山西省第三次全国文物普查资料

律吕神祠

位于浑源县永安镇神溪村东，建于由天然基石加黄土夯筑的高台上，台高约 6 米。坐北朝南，东西长 29.65 米，南北宽 28.05 米，占地面积 832 平方米。据《浑源州志》记载，创建于北魏，历代均有重修，现存为明代建筑。二进院布局，主院坐北朝南，建有大殿、五龙壁，东西两侧建钟鼓楼。山门坐东朝西，砖砌仿木结构，拱券门洞，门匾刻"律吕神祠"。大殿面宽三间，进深四椽，单檐歇山顶，三踩单下昂斗栱，明间设隔扇门，殿内绘凤凰山娘娘生活图壁画约 45 平方米。殿前存明天启三年（1623 年）石经幢 1 通。

夏禹神祠

位于平顺县阳高乡侯壁村村中。坐北朝南，东西长 18.5 米，南北宽 31 米，占地面积 570 平方米。创建年代不详，现存正殿为元代遗构，其余建筑皆为清代遗构。一进院落布局，中轴线由南向北依次分布为山门（上为倒坐戏台）、正殿，两侧分布东、西厢房。

正殿建于高 1.3 米的石质台基之上，面阔三间，进深六椽，四椽栿对前乳栿通檐用三柱，单檐悬山顶，柱头斗栱四铺作，华栱作昂形。明间设对开板门，次间设直棂窗。山门分为二层，一层为山门过道，设对开板门；二层为倒坐戏台，面宽三间，进深六椽，七檩构架，单檐硬山顶，柱头科一斗二升交麻叶，平身科每间一攒。东、西厢房面宽五间，进深四椽，五檩梁架，单檐悬山顶，无斗栱，门窗不存。正殿前廊两侧嵌石碣 3 方，正殿内和前檐保存石供桌

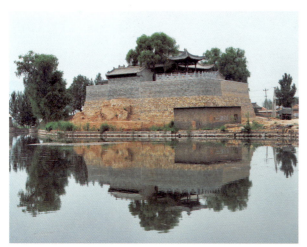
图 7-86 浑源律吕神祠全景　资料来源：作者自摄

图 7-87 平顺夏禹神祠外景　资料来源：作者自摄

3张，尺寸形制基本相同。供桌高1.3米，长2.5米。正殿内石供桌由二部分组成，桌腿部分由整块青石锻凿，前侧中部用石线分割成大小不等的长方形，内采用高浮雕手法雕花卉和吉祥神兽等图案；上面放置台面，仅将石块取平打磨直接安放，无装饰图案。

常平关帝祖祠

位于运城市盐湖区解州镇常平村西。常平关帝庙俗称关帝家庙，创建年代不详，现存多为清代建筑，系当地村民和关氏后裔为纪念关羽而建。庙宇坐北朝南，面积1.4万平方米，整体布局沿袭我国古代前朝后寝之制。在中轴线上依次排列有石坊、山门、仪门、献殿、崇宁殿、娘娘殿、圣祖殿，东西两侧配以钟楼、鼓楼、木牌坊、廊房、官厅、官库、碑亭、太子殿，还有附属建筑祖宅塔和于宝庙。庙内保存的29尊塑像极为珍贵，尤其关羽、关夫人及侍臣、侍女等彩塑，不论人物造型、设色搭配，还是塑像技术，堪称明代塑像之珍品，具有珍贵的历史、艺术价值。

崇宁殿，创建于金大定十七年（1177年），原为三间，明代两度修葺改为五间，现存建筑为清同治九年（1870年）重修。殿面宽五间，总宽15.35米，进深六间，总进深13.18米，四周设穿廊，重檐歇山顶，檐下斗栱用三踩单昂，殿内平面宽敞，无内槽柱分布，上有天花遮挡着颇为简洁的梁架结构，殿身上檐梁架，依明间两柱前后施五架梁，两端皆搭在檐头斗栱上，其上施瓜柱，承三架梁，四角施抹角梁，上置驼峰荷载着老角梁后尾和垂柱，梁架上瓜柱，垂柱和柱头上的小型额枋、平板枋、大斗、小斜栱等，其规格、手法近似金元规制，两山及后檐斗栱耍头后尾的单步梁，似为明代构件，殿内神龛装饰简练，龛内塑关羽帝装彩像，目光严峻，意态矜持，凝神端坐其中，集帝王之庄重与武将之威武于一身，自成风格，神龛下左右塑有二侍臣彩像，神态谦恭，颇有神韵。

娘娘殿，本名九灵懿德武肃英皇后殿，金大定十七年（1177年）创建，现存建筑

图7-88 盐湖区常平关帝祖祠　资料来源：作者自摄

图7-89 代县杨忠武祠　资料来源：作者自摄

为清嘉庆二十三年（1794年）重修。面宽进深各五间，总面宽12.50米，重檐歇山顶，四周设穿廊，殿内平面无内槽柱布置，梁架结构简洁合理，和崇宁殿结构近似，四角施大抹角梁各一，抹角梁腰间垫墩，大角梁后尾架于抹角梁垫墩上，尾端挑垂莲柱各一枚，垂柱之上施额枋、平板枋和斗栱承前后金檩和两山承橡枋，前后檐和两山斗栱耍头后尾伸长搭在大抹角梁一侧，尾端挑承着小垂莲柱各一枚，上下檐下的斗栱均为三踩，有出单翘头，也有单下昂，不尽一致。殿内神台上设暖阁，内塑关羽夫人、侍女彩塑共三尊。关夫人塑像风格近似于唐代雕塑艺术，脸庞端正，秀目澄澈，柳眉斜描，敦厚贤淑，头戴凤冠，身着霞帔，线条沉稳庄重，色彩艳而不浮，颇含唐塑遗风，仪态非凡。神龛台下有左右侍臣，彩塑二尊，皆有宋代雕塑清癯飘逸的特点，塑技俱佳，为明代彩塑艺术珍品。

圣祖殿，建于清乾隆二十八年（1763年），为奉祀关羽祖辈而建，面宽三间，进深三椽，前檐设廊子一步架，正身两架椽，悬山式屋顶，殿内塑像，中为始祖关龙逄，像高2米，面色如铁，剑眉高扬，面部纹路清晰，艺术性很高，左右两侧为曾祖光绍公、祖父裕昌公、父亲成忠公和三代夫人像，线条洗练，概括力强。

代县杨忠武祠

位于代县鹿蹄涧村。亦称杨令公祠，俗称杨家祠堂，创建于元至元十六年（1279年），是杨业后代为祭拜杨业夫妇暨杨氏后代英烈而建立的祠堂。

祠堂坐北朝南，南北长71米，东西宽16米，占地面积1134平方米。祠堂分为两进院落，中轴线依次布列有戏台、祠门、过厅、正殿；东西两侧对称分布有牌楼、石狮、旗杆，现存建筑、塑像多为明清遗物。

后院中正殿为明代建筑，坐落于1米高的砖石台基上。面宽三间，进深三间，前檐设回廊，单檐悬山顶。殿内设神坛，正面奉杨业夫妇，两侧为其子孙后裔共14尊塑像。

祠院内还保存有鹿蹄石一块，高2米，形状奇特，雕刻精美。相传杨业十四代孙杨友镇守代州外出狩猎，射中一只梅花鹿，鹿逃至今鹿蹄涧钻入地下，经挖掘得此奇石，上刻带箭梅花鹿踏蹄印。后移至祠内保存，该村也因此得名，石上落款"大元泰正元年立"。祠堂内还保存有元、明、清各代碑碣6通，记述了杨家业绩和建祠经过，并列有宗祖图谱和杨氏家族宗系等。

司马温公祠

位于运城市夏县。创建于宋，历代重修，清乾隆二十七年（1762年）夏县县令李遵堂扩建，三十九年（1774年）竣工，现存建筑主体结构为清代风格。坐北面南，中轴线上自南往北有杏花碑亭、东西厢房、祠堂。祠堂为砖砌台基，高1.54米，东西长17.9米，南北宽11.84米。面宽五间，进深六椽，单檐悬山顶，六椽前出廊式，属厅堂结构，廊柱头各置斗栱一攒，棂格窗，隔扇门。杏花碑亭内现保存有杏花碑、重修杏花碑亭碑、司马沂墓碑。

忠精粹德之碑，青石质，螭首、龟趺座，又名司马光神道碑，通高9米。碑身高5.6米，宽1.78米，厚0.47米；螭首高1.8米；龟趺座高1.6米，宽1.45米，长3.67米。额篆"忠清粹德之碑"，首题"宋故正义大夫尚书左仆射兼门下侍郎上柱国河内郡开国公食邑四千一百户食封一千五百户赠太师追封温国公谥文正司马公神道碑"。碑文楷书，共2266字，

图7-90 夏县司马温公祠祠门　　资料来源：作者自摄

碑文记载了司马光生平政绩及渊博的知识。宋哲宗赵煦撰额，苏轼撰文，朱实昌书丹。碑额、碑座为宋代原作，碑身为明嘉靖三年（1524年）河东御史朱实昌复制。碑楼原为三层木结构，清末改为砖塔式结构，重檐歇山顶，雕梁画栋，装饰秀丽，威武雄壮。

裴晋公祠

位于闻喜县礼元镇裴柏村东的丘陵上，又名裴氏祠堂，是唐代河东裴氏家族的祠堂。创建于唐贞观三年（629年），原址在村东南，后毁于战火，明嘉靖二年（1523年）重建，20世纪70年代、90年代进行过维修。现仅存碑馆和裴氏墓。馆坐北朝南，长方形院落，占地面积2116平方米。祠堂面阔五间，进深四椽，悬山顶。前檐四根檐柱皆为石方柱，明间两根石柱和左右次间两根石柱皆刻对联一副，刻于清咸丰元年（1850年）。祠堂内正面分别竖立有裴鸿碑、裴镜民碑、裴光庭碑敕、闻喜裴氏家谱序、重修唐裴晋公祠堂记、重修先晋国文忠公祠堂碑、重修唐裴晋国文忠公祠堂及学田记等7通碑刻，左右山墙分别竖立平淮西碑、重刻闻喜裴氏家谱序2碑8石。此外，在碑馆院落内还存有近年来搜集的清康熙四十九年（1710年）所立的裴氏三兄弟（裴冲度、裴衍度、裴绛度）世德永垂碑1通。

参考文献

[1] 段玉明.中国寺庙文化.上海人民出版社，2011.
[2] 薛磊，朱向东.山西祠庙建筑构造形态分析.
[3] 程文娟，王金平.山西祠庙建筑研究.

第八章 石窟摩崖

石窟寺的开凿起源于古代印度，与古埃及中王国时代的（约公元前204～前1786年）贵族们在尼罗河沿岸山崖开凿的岩窟墓有关。

随着佛教势力的扩展，佛教文化广泛传播，石窟寺及其建筑雕塑艺术通过闻名于世的丝绸之路这条国际大通道，从西向东逐渐传播到中国内地。在佛教逐渐走上了中国化的过程中，石窟寺艺术便在中国这块广袤的沃土上生根发芽、开花结果，在与中国传统文化艺术的不断融合中，石窟寺艺术成为中国古代文化艺术中的奇葩。

第一节 石窟概述

从建筑功能上分有几类石窟。一种是供僧人居住修行的场所，曰坐禅窟。坐禅是印度僧人的传统，传入中国后被中国僧人广泛接受，故坐禅窟在石窟中占一定的比重，但它还不是石窟文化的代表，一般空间较小。一种是供僧人礼拜的佛殿，属供佛窟，代表石窟文化的是供佛窟，这与寺庙供佛是同一目标下的两种文化形式。有的在窟壁上开凿塑像，有的在窟内设坛置像，还有的在石窟中央造塔，塔身内收藏佛舍利，塔壁雕刻佛像，在佛像和塔身前均留有参拜的空地。还有一种是在石窟中雕制大型佛像，或者说为了遮蔽巨大的佛像而建造石窟。

纵观中国石窟寺艺术的发展进程，新疆地区是最早兴盛起来的。新疆即古代的西域，在佛教东渐过程中，曾起到了重要的桥梁作用。西域诸国大都信奉佛教，如于阗、龟兹诸国都是当时佛教最盛的国家。以库车为中心的古龟兹国是西域诸国中的一个大国，其地东邻焉耆，西接疏勒，是天山以南丝绸之路北道的枢纽。于阗则控扼着丝绸之路南道的要冲。今库车与和阗一带分布着众多的佛教艺术遗迹，其原因就在于此。大约到公元三四世纪，龟兹已成为葱岭以东的一个佛教中心，僧人众多，塔寺林立。石窟寺的开凿大约是从这一时期开始的，因而以库车、拜城为中心的古龟兹地区是新疆地区石窟寺最为集中的一个区域，不仅开凿年代早、延续时间长，而且具有浓郁的地方特色。现存的拜城克孜尔石窟、库车库木吐喇石窟、森木塞姆千佛洞和克孜尔尕哈石窟等，都是这一地区典型的石窟寺。

佛教传入内地初始，作为佛教徒顶礼膜拜的偶像——佛像还没有出现。大约到了东汉晚期，在墓葬中，开始出现与佛教艺术造型有关的遗物。由于早期佛教还没有作为一种独立的宗教而存在，人们往往将它作为外来神仙的一种而进行民间信祀，表现在墓葬及随葬器物中，也仅仅是作为神祇的一种或者作为装饰出现，而不是后来佛教信徒所供奉的礼拜的佛教偶像。所以，在佛教传入的初始阶段，还不可能出现佛教信徒专门为了礼拜、供养、禅修而开凿的石窟寺。

东晋南北朝时期，佛教得到了统治者的大力提倡和扶持，走上了独立发展的道路，僧俗信徒日益增多，寺院及寺院经济获得了很大的发展。西域古龟兹地区开凿石窟寺的风气逐渐向东施展其影响，约在4世纪后期至5世纪初，以凉州（今甘肃省武威市）为中心的河西地区亦开始了石窟寺的开凿。如敦煌莫高窟就有前秦建元二年（366年）沙门乐尊创凿洞窟的记载。虽然这些早期遗迹现已难觅踪迹，但反映了河西地区石窟寺的开凿有了新的开端。据文献和石窟题记记载，现存十六国时期的凉州石窟，河西走廊以东有西秦时期开凿的永靖炳灵寺石窟，此外还有一些同时期或稍晚的石窟寺，如张掖金塔寺、酒泉文殊山石窟等，共同构成了河西地区石窟寺的独特风貌，被称之为"凉州模式"。

5世纪前期，北魏灭北凉，统一了中原北方地区，凉州佛教遂输入魏都平城。平城地区聚集了北魏全国的人力、物力和百工巧匠，为平城石窟寺的开凿创造了条件。北魏文成帝和平（460～466年）初复法时，就在平城西武州山开凿了著名的云冈石窟。大型洞窟的开凿一直持续到北魏迁都洛阳，成为中原北方地区石窟寺的开凿中心。云冈石窟对中原北方地区石窟寺的开凿，无论是洞窟形制，还是造像样式与造像题材都具有很大的影响，从西面的敦煌一直到东部的义县万佛堂都可以追寻到云冈造像样式的踪迹，因而学术界称之为"云冈模式"。5世纪末北魏孝文帝迁都洛阳，在洛阳城南开凿了龙门石窟，由此带动了洛阳地区石窟寺的开凿，随之形成了以洛阳为中心的石窟寺群。

6世纪前期，北魏统治集团土崩瓦解，取而代之的是东、西魏两个互相对峙的封建王朝。北朝的统治中心分别转移到了邺城和长安。随着中原局势的动荡，洛阳大规模的石窟开凿工程被迫中断，洛阳大量的人力、物力转而流入邺城，使得石窟寺的开凿又选择了新的区域。在东部地区，从此形成了以邺城为中心的太行山东麓一线的响堂山石窟群和陪都太原为中心的天龙山石窟群。西部地区与前者相反，各石窟寺并没有受到政治局势动荡的影响，因而石窟寺的开凿主要是在原有石窟寺地点继续进行，如天水麦积山、敦煌莫高窟、固原须弥山等。

6世纪后期至8世纪，是隋唐统一王朝的鼎盛时期，石窟寺的开凿地点亦较以前有所增加，新开凿了彬县大佛寺、麟游慈善寺等石窟寺。洛阳龙门石窟、太原天龙山石窟、固原须弥山石窟、敦煌莫高窟都有大规模的石窟寺开凿活动。

8世纪中期以后，唐王朝经历了安史之乱，中原动荡，经济和文化遭受了极大的破坏。

此后藩镇割据，战争频繁，中央政府再也无力控制全国政治大局。在这样的历史背景下，中原北方地区开窟造像的热潮受到沉重打击，以人力财力为依托的石窟寺开凿活动也从此一蹶不振。石窟寺的开凿中心由此转移到了政治、经济相对稳定，文化比较发达的四川地区。五代时期，北方各个政权都对佛教采取严格的政策限制，佛教只能勉强维持。五代后期周世宗显德二年（955年）采取更为强力的灭法措施，北方佛教愈加衰落。南方各割据政权历时都比较长久，经济有所发展，社会相对稳定，加上帝王崇信佛教，佛教有了一定的发展，石窟寺的开凿仍较普遍，如四川、浙江等地区都有数量较多的石窟寺。到宋、辽、西夏、金、元时期，各朝统治者都对佛教采取了扶持政策，较五代时期有了明显的发展，石窟开凿活动也有一定的恢复。四川各地、陕西延安、浙江杭州、云南大理、西藏阿里等地区都有规模较大的石窟摩崖造像的雕凿，有的地区甚至到明清时期也有小规模的石窟寺开凿活动。

以上所述仅是中国石窟寺艺术发展的梗概。由于中国幅员辽阔，各个地区石窟寺的时代和特点多有差异。概括起来，大致可以分新疆地区、中原北方地区、南方地区以及西藏地区4个区域。这4个区域石窟寺的开凿都是根据当地自然环境和地质条件状况，就地取材，因地制宜地进行的。各区时代有早有晚，各有自己发展、变化的规律，但又相互影响、相互吸收，形成了浓郁的地方色彩。

第二节　山西石窟寺的发展历程

山西属于侏罗纪岩地质，窟内宜雕琢，所以山西石窟寺和摩崖造像，历经各朝各代的建造，数量众多，成为我国石窟寺艺术遗产的重要组成部分。

地处黄河流域中华文化发祥地的山西省，以石雕形式保存下来的艺术作品数不胜数。经初步统计，仅存于山西省境内的各类古代石窟、石雕遗址就多达160余处。其中，尤以佛教石窟寺最为丰富。中国十大石窟，山西有其二，那就是大同云冈石窟和太原天龙山石窟。已经发现的小型石窟，如大同吴官屯石窟、鲁班窑石窟、鹿野苑石窟，太原姑姑洞石窟、瓦窑村石窟，武乡良侯店石窟，高平羊头山石窟、石会堂石窟、高庙山石窟、榆社响堂寺石窟、圆子山石窟，祁县子洪镇石窟，左权石佛寺石窟、高欢云洞，昔阳石马寺石窟，寿阳阳摩寺石窟，平定开河寺石窟，吉县挂甲山石刻，乡宁营里村千佛洞，隰县七里坪石窟，黎城马家祠堂石刻，清徐香严寺石窟，交城竖石佛，平顺金灯寺石窟，定襄万佛堂等，亦各有特色。此外，以佛教内容为题材的石雕形式还有沁县南涅水石刻造像、灵丘曲回寺佛教石像冢以及流散于民间的佛教四面造像等。

公元3世纪石窟艺术传入中国，于公元5世纪和7世纪前后（南北朝和盛唐时期），在中国北方先后出现了两次营窟造像的高峰。现存于山西省境内的大多数佛教石窟寺，就是在这两个时间段中完成的。云冈石窟是中国石窟艺术史上第一次造像高峰时期的经典作品，也是世界石窟艺术第二个繁荣期的杰出例证；天龙山石窟的开凿时间，始于东魏，北齐、隋、唐陆续开凿，对研究北朝和隋唐石窟造像的类型和风格具有重要意义；最为特殊的是太原龙山石窟，这是一座在全国也颇为罕见的以道教为题材的石窟，在中国石窟开凿史上的意义不言而喻。

其他小型石窟，亦从不同角度折射出了从北朝至隋、唐、五代，直至宋、元、明等时期佛教在山西的分布和发展状况。山西的中小石窟，还有摩崖造像，多分布于太原以南地区。经过多年调查，发现有一定规律：这些石窟多分布在晋阳至洛阳、晋阳至邺城，或晋阳至西安的交通要道两侧区域，从一定程度上反映出佛教在山西地区的传播路线。

佛教艺术由洛阳地区向北传播到太原这一路线日渐明朗化了，也就是说晋东南羊头山等石窟是这一传播路线的重要中转站，经过这个中转站的吸收和创造再向北影响到太原。

石窟寺而外，历经千百年风雨而流传至今的石雕造像、个体造像，在三晋大地也几乎随处可见。尽管它们通体斑驳，但作为人神情感交融的物化遗存，仍默默地展示了不同历史时期不同的地域文化，生动传神，充满历史的沧桑感。

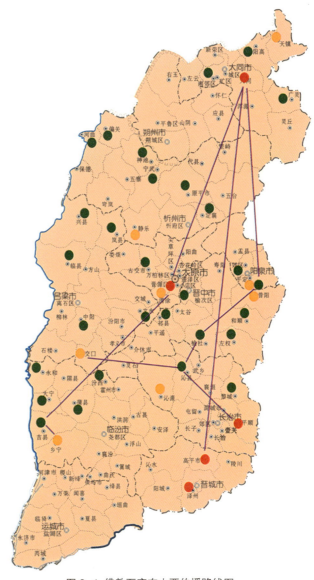

图 8-1 佛教石窟在山西传播路线图
资料来源：作者自绘

第三节　山西石窟寺实例

一、大同地区石窟寺

云冈石窟

位于大同市城西 16 公里武州山南麓，石窟依山开凿，东西绵延一公里。现存主要洞窟 53 个，大小造像 51000 余尊，占地面积约 40 万平方米。规模宏大，雕饰奇伟，是中国最大的石窟群之一，也是世界闻名的艺术宝库。

图 8-2 云冈石窟第二十窟　　资料来源：作者自摄

图 8-3 云冈石窟窟内藻井　　资料来源：作者自摄

云冈石窟主要洞窟始凿于北魏文成帝和平年间（460～465年）到孝文帝太和十八年（494年）之间，其余小窟龛一直延续到孝明帝正光年间（520～525年），历时65年。北魏地理学家郦道元在《水经注》中记载："武周川水又东南流，其水又东转，经灵岩南，凿山开石，因岩结构，真容巨大，世法所稀，山堂水殿，烟寺相望，林渊锦镜，缀目新眺。"描述了其壮观景象。按其时代早晚，石窟可分为早、中、晚三期。三期的造像特征、窟龛形制、题材布置、雕造技巧各具特色。

云冈石窟早期的代表为昙曜五窟，即位于云冈石窟中部的第十六至二十窟，开凿时间在和平初年至和平六年（460～465年）。早期石窟的特征为椭圆形的大像窟，草庐式窟顶，窟形和造像继承了印度、中亚的雕造特征和鲜卑拓跋草原牧场上穹窿顶的毡包形式，造像以道武、明元、太武、景穆、文成五帝为楷模塑刻五尊大佛，巧妙地将北魏佛教中"拜天子即礼"的实用宗教与石窟雕刻结合于一体。造像肩宽体壮、身材粗短、面相丰圆、深高鼻，身着通肩式或袒右式袈裟，每窟内造像内容为三世佛。五窟中较有代表性的为第十八、二十窟。第十八窟内主像为一立佛，身着袒右肩袈裟，高15.5米，袈裟上纹刻着一列列随镌起伏而规整的跌坐小佛，人称"千佛袈裟"。第二十窟内主佛为一坐像，高13.7米，结跏跌坐禅定印，肩宽壮，深目高鼻，着袒右袈裟。背光的火焰、飞天等浮雕十分华丽，把主佛衬托得更加雄浑。此窟为云冈石窟雕刻艺术的代表作，也是云冈石刻的象征。

中期开凿时间为和平六年至太和十八年（465～494年），共有12窟，即第一窟、第二窟，第五至第十三窟及未完的第三窟。此时为冯太后和孝文帝于平城执政期间，云冈石窟的雕造进入鼎盛阶段。此期在武州山凿出高达30米、长近600米的摩崖巨壁，连续开凿了12个大型石窟，无论规模还是内容雕刻均超过早期石窟。它吸收了龟兹（新疆库车一带）、凉州（甘肃敦煌）石窟的艺术精华，结合中原地区的艺术特征进行了新的融合创造，窟形上出现了佛殿窟和塔庙窟，造像内容丰富多彩，汉化色彩渐趋浓厚。如雕斗栱的仿木构殿堂龛、楼阁式塔、帷帐龛等中原传统的建筑形式均有体现。佛、菩萨面相丰瘦适宜，表情温和恬静，褒衣博带式佛装亦在北魏太和十年（486年）以后的造像中出现，从而开启了云冈乃至北方石窟造像中国化的帷幕。

第五、第六窟，第一、第二窟是中期云冈石窟的典型代表。第五窟窟前为五间四层绕廊楼阁，因岩结构，飞阁危檐，窟檐清顺治八年（1651年）重建。窟内主佛释迦牟尼，高17米，是云冈石窟中最大的佛。壁后为诵经道，供信徒礼佛绕行。四壁满雕佛龛造像，拱门两侧，两佛对坐在菩提树下，顶部浮雕飞天，线条优美。第六窟平面近方形，中央雕两层方形塔柱，高15米，下层四面雕有佛像，上层四角各雕九层出檐小塔，驮于象背上。其余各壁满雕佛、菩萨、罗汉、飞天等像。绕塔柱四面和窟的东、南、西三壁刻有三十三幅佛传故事，内容丰富，规模宏大，雕饰瑰丽，是云冈石窟中期雕饰艺术之精华。

太和十八年（494年）北魏迁都洛阳，虽然政治中心南移，但北都平城仍属佛教重地。由留居平城的中、下层官吏和信仰佛教的民间团体开凿的中小型窟龛，如蜂窝般从东到西遍布崖面，分别为第四、第十四、第十五、第二十至四十五窟及第四至六窟间的小窟。这些石窟是云冈晚期石窟的代表，开凿时间为太和十八年至正光五年（494～524年）。此期流行三壁三重龛行列式洞窟，窟内方整，窟外门楣处雕饰繁缛，佛像面形清瘦，长颈、削肩，均着褒衣博带式服装。此期云冈造像艺术更臻成熟，尤其是许多窟顶的飞天伎乐，构图典雅，线条流畅，雍容中透着秀雅，夸张中微含敛意，宁静中充满意境艺术美。这种清新、典雅的艺术风格与早期昙曜五窟中深厚、淳朴的西域式情调，与中期石窟中复杂多变、气度恢宏的太和情调各异其趣，表现了中国石窟艺术民族化进程中的显著转折。

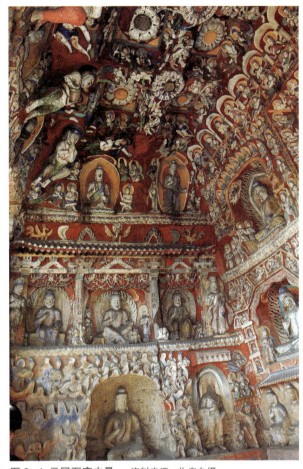

图8-4 云冈石窟内景　　资料来源：作者自摄

云冈石窟雕刻在我国三大石窟中以造像气魄雄伟、内容丰富多彩见称，其雕刻艺术继承并发展了秦汉时代的艺术成就，吸收并融合了外来的艺术精华，具有独特的艺术风格，对后来隋唐艺术的发展产生了深远的影响，是北魏时期雕刻艺术的代表作，在我国艺术史上占有重要地位。

鹿野苑石窟

位于大同市南郊区马军营乡。在大规模开凿武州山石窟寺（云冈石窟）的同时，其周边地区亦有小型佛教石窟寺的营造，这些小型石窟寺与云冈石窟有着千丝万缕的联系，既可以将它们作为相对独立的石窟，也可以将它们看作是云冈石窟的一部分，是云冈石窟的延伸和继续。大同地区的小型石窟主要有吴官屯石窟、鲁班窑石窟和鹿野苑石窟等。近年来，不少研究人员对这些小型石窟作过不同程度的勘查研究。[1] 鹿野苑石窟就开凿于雷公山脉大石崖北沟山崖上，距北魏平城城垣遗址仅4公里，是与平城距离最近的一处佛教石窟寺。石窟坐北向南，开凿在高于河滩10余米的U形山体中。

鹿野苑石窟东西长约30米，现存洞窟11个，位于中心位置的第六窟为造像窟，其余洞窟（造像窟两侧）没有造像，即所谓的"禅窟"。造像窟平面为马蹄形穹隆顶形制，洞窟中现存造像3尊。主尊为坐佛像，高2.6米，结跏趺坐，说法手印（右手臂坍塌），面相方圆，两肩齐挺，着袒右肩服装，凸起的衣纹质感厚重。两侧各雕胁侍菩萨，头戴宝冠，长发披肩，宝缯折叠下垂，身披璎珞，长裙贴体。一手举胸，一手下垂似提净瓶，彩带外扬。窟门外两侧各雕力士1尊（风化严重）。

鹿野苑第六窟与云冈石窟造像风格完全一致。造像窟（第六窟）两侧没有造像的10个禅窟，平面略呈方形，穹隆顶，大小不等，面阔最小者1.45米，最大者1.72米；进深最小者1.82米，最大者2.10米；窟高最小者1.57米，最大者2.05米。鹿野苑石窟是典型的佛教禅居之所，没有造像的洞窟当是僧人坐禅之处。

关于鹿野苑石窟的开凿情况，在史书记载中能够找到线索。《魏书·显祖纪》曰："（皇兴）四年（470年）十有二月甲辰，幸鹿野苑石窟寺。"说明在此之前鹿野苑石窟已经建成。那一时期，云冈石窟的开凿工作正在轰轰烈烈、日夜不停地进行着。《鹿苑赋》称此石窟为"暨我皇（献文帝）之继统"，说明鹿野苑石窟开凿于献文帝（拓跋弘）时期。

鹿野苑石窟与献文帝之间的关系颇不寻常。《魏书·显祖纪》记述献文帝"雅薄时务，常有遗世之心，欲禅位于叔父京兆王子推"，"优游履道，颐神养性"。《魏书·释老志》也记述说："显祖即位，敦信尤深，览诸经论，好老庄。每引诸沙门及能谈玄之士与论理要。"非常清楚，献文帝遵从自己的"遗世之心"而开凿鹿野苑石窟，为的是"优游履道，颐神养性"，"凿仙窟以居禅"。

《魏书·释老志》："高祖（孝文帝拓跋宏）践位，显祖移御北苑崇光宫，览习玄籍，建鹿野佛图于苑中之西山，去崇光右十里，岩房禅堂，禅僧居其中焉。"献文帝于西山鹿苑建造了鹿野苑石窟，不仅自己来此"览习玄籍"，并且为禅僧提供了"坐禅"之所。

佛祖释迦牟尼初次说法的地点在波罗奈国鹿野苑中，鹿野苑石窟名称的由来与"佛陀鹿野苑初次说法"有关。细细说来，鹿野苑石窟的建造颇有一种机缘巧合的意味。北魏建都平城之初期，鹿苑只是一个狩猎或饲养杂兽的场所，与佛教并无关系。《魏书·太祖纪》载：天兴二年（399年）"以所获高车众起鹿苑，南因台阴，北距长城，东包白登，属之西山，广轮数十里"。《魏书·高车传》亦有记载："太祖自牛川南引，大校猎，以高车为围，骑徒遮列，周七百余里，聚杂兽于其中。因驱至平城，即以高车众起鹿苑。"当初的鹿苑只是拓跋鲜卑人的狩猎之所，没有任何佛教意义。到5世纪中叶，随着佛教思想的深入人心，上自皇帝，下至百姓，纷纷笃信佛教，鹿苑与波罗奈国佛陀初次说法之地产生了直接的联系。

人们不仅在鹿苑虔诚地开凿了表现佛陀鹿野苑初次说法的"鹿野佛图",而且还开凿了供人坐禅的禅窟,命名为"鹿野苑石窟寺"。

焦山石窟

位于大同城西约 30 公里的高山镇对面,东距云冈石窟约 15 公里。如果将其作为云冈石窟址西端的部分,那么正好与唐代以来描述的云冈石窟相吻合。《广弘明集》卷二《释老志》道宜注文称:"今时见者传云,谷深三十里,东为僧寺,名曰灵岩,西头尼寺,各凿石为龛,容千人。"《续高僧传》卷一《昙曜传》记载:"去恒安西北三十里武周山谷北石崖,就而镌之,建立佛寺,名曰灵岩,龛之大者举高二十余丈,可受三千许人……栉比相连三十余里,东头僧寺,恒供千人。"可以肯定,焦山石窟就位于"栉比相连三十余里"的云冈石窟之最西端。

焦山石窟现存佛教洞窟 11 个,这些洞窟高低错落地分布于焦山之上,与其他宗教建筑交杂。多数洞窟及其窟内造像处于风化坍塌状态,其中位于山体东侧的第六窟规模较大,洞窟平面为马蹄形,宽 4.6 米,进深 4.3 米,高 4.1 米,窟内残存通顶石雕坐佛像一尊。其他洞窟亦有残存佛像,如二佛并坐像、坐佛像等,但破坏严重。

焦山石窟佛教雕刻应是北魏时期的作品。如第六窟平面呈马蹄形的模式及主像占据窟内主要位置的情形,与云冈早期洞窟相似,二佛并坐则是云冈石窟最流行的造像形式。

吴官屯石窟

位于云冈石窟以西约 4 公里处武州山北岸的崖壁上,东西绵延约 200 余米。现存洞窟 32 个,多为小型窟龛,最高大者高、宽、深仅为 2 米左右,亦是北魏遗存。显然,它也应该是云冈石窟的组成部分。

吴官屯石窟的小型洞窟多为方形平顶形制,窟内三壁各开凿造像,并置一坐佛像及其胁侍菩萨。顶部洞窟雕"飞天舞团莲"图案。一些较大型的窟龛,亦为三壁三龛式,各壁面皆雕刻一佛二菩萨,龛式为圆拱龛、盝形龛、宝帐方形龛并存,龛楣多雕刻供养人像、七佛像等。亦雕有坐佛像,释迦、多宝二佛并坐像,交脚弥勒像,思惟菩萨像,供养菩萨像,维摩、文殊对坐像,供养人像等。这些石刻造像虽然风化剥蚀严重,但仍然可见身躯修长、面目清癯的特点;坐佛像衣褶纹下摆披覆佛座,立姿菩萨亦体现了帔帛于腹际交叉穿臂的艺术风格。

吴官屯石窟造像与云冈石窟晚期洞窟(以云冈石窟第二十窟以西的小型洞窟为主)的造像风格完全一致或相仿,应是北魏迁都洛阳后,社会各阶层中信仰佛教的世俗人士投资凿造的。

北魏由平城迁都洛阳,皇室在云冈的大规模营造工程中辍,而大批留居平城和冬住洛阳、夏回平城的皇室亲贵、中下层官吏及佛教信众,充分利用平城原有的佛教雕刻技术力量,继续着云冈石窟及其周边地区石窟的营造。这些工程虽然在规模上大不如前,但在艺术上却呈现出较强的发展势头。窟龛类型日趋复杂,式样变化愈发明显。人物造型越来越消瘦,佛像一律褒衣博带，菩萨帔帛交叉，衣服下部的纹络更加重叠繁缛，较晚阶段流行穿臂的做法，人称"秀骨清像"。这种不断汉化的造像风格对龙门石窟和以后开凿的佛教石窟寺产生了不同程度的影响。装饰方面，平棊方格纹饰多样，龛面雕饰富于变化。龛面上方两隅多雕佛传故事；窟口上方崖面流行雕饰忍冬龛面，较晚阶段圆拱龛龛楣流行雕饰折叠格，格中雕坐佛；窟口外崖面出现宝帐雕饰等。

诚然，这些可称作云冈石窟"余响"的中小型石窟，少了王者气象，但它却标志着佛教艺术在世俗化、中国化的进程中，实现了重大的飞跃，也标志着石窟造像技术日渐成熟。

二、忻州地区石窟

静居寺石窟

位于静乐县丰润镇丰润村南 500 米宁白公路东侧半山崖间。现存 9 窟，分布面积 430 平方米。据三～六窟间的摩崖碑记载，凿于唐仪凤二年（677 年）。石窟均坐东朝西。一～六窟平面呈长方形，平顶，四壁平直，高 1.5～1.8 米，宽 2～2.5 米，深 1.5～2.5 米。火焰龛门，长方形，高 1.1～1.5 米，宽 1～1.4 米。门两侧设方形石柱或八棱束莲柱，门楣内雕飞天或花卉，窟内均设低坛，三壁均设石造像。七～九窟呈长方形，拱券顶。三～六窟外壁存摩崖碑 3 通，均螭首，碑文漫漶不清。窟顶上部存有窟檐椽孔。窟西侧存明万历二十二年（1594 年）与清嘉庆十五年（1810 年）重修碑各 1 通。

三号窟平面呈长方形，平顶，四壁平直，高 1.66 米，宽 1.66 米，深 1.42 米。火焰龛门，高 1.06 米，宽 0.85 米，深 0.33 米，门外侧两边各设八棱束莲柱，门楣内设缠枝牡丹。窟内三壁皆设低坛，三壁均设一佛二弟子二菩萨。正壁主佛结跏趺坐，南北两壁主佛尊倚坐式。主佛皆外着双领下垂袈裟，内着僧祇衣；弟子着袈裟立于莲台上；菩萨身披帛带，下着羊肠裙，跣足立莲台。西壁门两侧各雕力士像 1 尊，手持方铜。

陀罗山石窟

位于忻州市忻府区合索乡黄龙王沟村西约 3 公里处，分布范围东西 50 米，南北 60 米，面积 3000 平方米。现存石窟 25 窟，最大的高 0.5 米，宽 0.5 米，深 0.4 米；最小的高 0.3 米，宽 0.3 米，深 0.1 米。石窟造像风化严重，为唐代风格。崖壁有明代石刻题迹 2 处。石窟前存石经幢 1 座，清代碑刻 11 通。

三、太原地区石窟

天龙山石窟

位于太原市西南 40 公里处的天龙山麓。始凿于北朝时期的东魏，其后北齐、隋、唐历代开凿，现存石窟 25 座，分列于东西两峰山崖间。其中唐代石窟最多，达 15 窟。

图 8-5 静乐静居寺石窟全景　资料来源：山西省第三次全国文物普查资料

图 8-6 静乐静居寺石窟内景
资料来源：山西省第三次全国文物普查资料

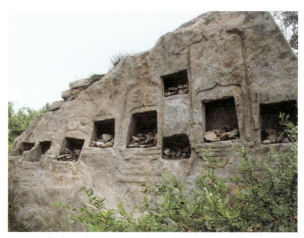

图 8-7 忻府区陀罗山石窟全景
资料来源：山西省第三次全国文物普查资料

洞窟自东而西排列，其中东峰分上下两层，上层 4 窟，下层 8 窟，西峰 13 窟。其中十一窟面东十九、二十窟面西，余洞窟皆坐北朝南。石窟平面大多为面宽、进深相等的方形，三壁三龛式石窟占到全部石窟的一半以上。石窟分四期开凿。

第一期开凿于北魏末至东魏时期（528～546 年）。为东峰第二窟、第三窟，窟形为双窟，方形，覆斗顶，三壁三龛。窟门圆拱形，门侧雕有八角形门柱，柱头上雕有凤鸟。龛为圆拱龛，壁面及窟顶刻浅浮雕。造像多为坐姿，面相清瘦，身材修长，衣纹自然，端庄安详，具有清秀飘逸的风格，注重神态的刻画，表现手法以线条刻画为主，强调衣纹的

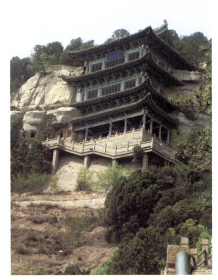
图 8-8 太原天龙山石窟第九窟漫山阁
资料来源：作者自摄

图 8-9 太原天龙山石窟第十窟窟檐
资料来源：作者自摄

动感和韵律感。

第二期开凿于北齐时期（550～577年），共3窟，即东峰第一窟，西峰第十、十六窟。窟形为前后室，前室作三间仿木式前廊，雕有二根八角柱，柱下有覆莲柱础，柱头上置大额枋，枋上是一斗三升栱和人字形叉手，窟门两侧各有一力士造像，面相浑圆，身体硕壮。佛像发髻低平，面相浑圆，着褒衣博带式或袒右式袈裟，腿部出现双阴线衣纹。北齐造像一改北魏、东魏时期"秀骨清像"的飘逸风格，注重和追求人物健壮肌体结构的写实手法。

第三期开凿于隋开皇四年（584年），东峰第八窟最具代表性，是窟中央有方形塔柱的支提窟。在窟壁和塔柱四周凿龛造像。隋代造像处于转型期，上承南北朝端庄慈祥风格，下开唐代丰满秀盈之先声，特点是面相方圆略长，颈部较长，躯体秀润，衣饰略短，纹褶简洁。

第四期皆为唐代（673～704年）开凿，共15窟。西峰第九窟规模最大，分为上下两层，窟前建明代漫山阁，阁为三层，重檐歇山顶。现存上层为弥勒大佛，下层以十一面观音像居中，左右为文殊、普贤二菩萨。佛造像面相浑圆丰满，衣着贴体，雕刻线条圆润。菩萨头束高髻，颈饰花形项圈，身材匀称。力士上身裸，下着袍，造像头部与身体比例和谐。

天龙山石窟有许多早期建筑实物资料，如束莲式圆形或八角形柱、束莲式覆盆式柱础、人字栱和一斗三升等，这些南北朝、隋、唐建筑遗迹，提供了中国早期建筑的资料。其高超的雕造技法是石窟这种外来艺术逐渐中国化的典型实例，尤其是用圆雕技法雕出的造像，既具有印度佛像高雅、柔和的特点，又具有中国传统雕刻所固有的清新韵律和线条，这种

图 8-10 太原西山大佛　　资料来源：作者自摄

神态高雅、姿态优美、体态丰盈的特征，对佛教造像产生了深远的影响，是中国石窟艺术宝库中的珍品。

西山大佛

位于太原西南15公里的蒙山之阳。现存大佛坐高37米（从佛阁建筑基面之颈部算起）。颈较粗短，宽、厚各5米，高2米，其上阴刻三道。颈至腹高22米，双肩宽18米，双肘相距22.7米。由此可见，太原西山大佛是一座巨大的山体式坐佛像。经实地勘察，与现存大佛像颈部平齐之处，有大片平坦宽阔之地，之后就是蒙山之顶了。可见，大佛像的头部整体凸出于山顶（《天龙山石窟》考古调查报告推测，佛头极有可能是利用自然凸起的岩石雕凿的），按比例推定，佛像头部的高度大约是10米左右，与37米的身体高度相加，整体高度达到了47米。这样一尊头部高于山顶的巨型坐佛像，自是高大雄伟、气势磅礴了。

唐代道世著《法苑珠林》卷二十二，提到唐高宗和武则天专程到晋阳看西山大佛像，给予厚重布施一事。据《北齐书·幼主高恒传》记载：承光元年（577年）"凿晋阳西山大佛像"，为庆祝大佛像落成，一夜"燃油万盆，光照宫内"，这是当时值得大书特书的佛教盛事。

童子寺大佛

除西山开化寺大佛像外，距太原市西南约20公里的龙山北峰，亦有一座大佛，称童子寺大佛。《太原县志》载："童子寺，在县西一十里，天保七年（556年）北齐弘礼禅师栖道之所，有二童子于山望大石俨若尊容，即镌为像，遂得其名，今废，碑存焉。"据此可知，童子寺大佛开凿于北齐天保七年（556年），与西山大佛的开凿时间相距不远。

《天龙山石窟》考古调查报告指出：根据圆仁《入唐求法巡礼行记》卷三的记载，童子寺大佛乃阿弥陀佛之塑像，胁侍菩萨分别为观世音和大势至。所以这个宛如人形的山体，应是大势至菩萨。而位居佛像左侧的观世音菩萨早已不见了踪影。

据记载，唐并州城西有山寺，寺名童子，有大像，坐高一百七十余尺，在唐高宗显庆末年，"高宗巡幸并州，共皇后亲到此寺"，"及幸北谷开化寺大佛，高二百尺"。可见北齐天龙山的这两座大佛在初唐时还保存完好。

姑姑洞石窟

位于天龙山南坡的山腰间，现存主要洞窟3个，置于凸起的大岩石上，坐北向南，呈上、中、下纵向分布。此外，在主要洞窟东侧有摩崖大佛像一尊，西侧存3个坍塌毁坏的残窟。和其他石窟一样，姑姑洞石窟亦受到"天灾人祸"的侵扰、破坏。由于山体砂岩结构疏松和地质结构移位，石窟风化、坍塌严重。窟内造像或头部或整体被盗凿，盗凿大约发生在20世纪20年代，与天龙山石窟被盗凿的时间相同。

下窟形制为平面呈方形的中心塔柱式洞窟。窟门两侧立柱柱头饰莲花，门梁尾雕饰凤鸟，立于柱头上张望。

窟内东、西、北壁均开龛造像。北壁开三龛，中间龛造像不存，两侧龛中佛像头顶为方形，肉髻扁平，面相方圆，着衣纹简单的袒右肩服装。东壁开二龛，前龛两侧为八角形龛柱，柱头饰覆莲及火焰宝珠，龛内一尊五身造像。佛像肉髻扁平，面相方圆，双肩圆浑，着袒右式偏衫。后龛佛像头已不存，惟身躯保存较完整，着双领下垂式大衣。二龛造像不同程度地受到人为破坏，残缺不全。西壁二龛与东壁布局对称，龛形相同，风格一致，亦遭受不同程度的风化、毁坏。

中心塔柱四面开凿装饰性很强的帐形龛：龛楣上置横枋，下雕锯齿纹垂饰及折叠式帷幕，束带挽起厚重的帐幔，帐幔上饰以梅花，帐幔两边下垂于龛柱上。这是姑姑洞石窟最具装饰性的龛形。塔柱四壁龛中置佛像，风格与窟内其他佛像无异。南壁龛内佛像已荡然无存，东壁龛佛像、北壁龛佛像、西壁龛坐佛像也在风雨中日复一日、年复一年地渐渐模糊了身影。

中窟平面为方形的三壁三龛式洞窟，周壁设低坛基。窟内北壁圆拱龛内置一佛二菩萨二弟子像。佛像身体粗壮，着袒右式大衣，衣纹简单。龛外两侧下方各凿浅浮雕圆拱龛，内置护法神形象。东壁圆拱龛内置一佛二弟子二菩萨像佛像。佛像身体粗壮，着双领下垂式大衣，衣纹简单，头已不存。弟子像着双领下垂式袈裟，足蹬僧履。菩萨像衣饰华丽，头已不存。头部两侧宝缯下垂，颈饰项圈。上身袒露，披巾搭肩及至绕臂肘下垂及地。斜披璎珞，下身着大裙，显得身形粗壮。龛外左侧下方凿浅浮雕圆拱龛，内置护法神形象。西壁拱龛内置一佛二弟子二菩萨像。龛外有护法神形象，亦不同程度地存在风化、坍塌和人为盗凿的情况。

上窟为平面呈方形的三壁三龛式洞窟。东、西、北壁开龛造像。北壁圆拱龛内置一佛二弟子二菩萨像。东壁圆拱龛内置一佛二弟子二菩萨像。两窟均风化严重，只见人物轮廓，形象不清。西壁圆拱龛龛楣饰火焰宝珠，残存坐佛像、弟子像、菩萨像。

主要洞窟东侧的摩崖大佛像肩部以下被坍塌的泥土掩埋。佛像头高 1.8 米，宽 1 米，厚 1.3 米，风化严重，但轮廓清楚。与其他佛像一样，肉髻扁平，面相方圆，左耳部分保存完好。颈粗短，颈高 0.4 米。右肩裸露在外，从头部中线到肩外侧距离 1.9 米。根据已知数据按正常比例估算，佛像双肩的宽度应在 3.8 米左右，大佛像的高度应在 10 米以上。

主要洞窟西侧的 3 个残存洞窟，偶尔可见个别佛像残存的一丝轮廓，亦可看到部分造像窟及其装饰雕刻。

瓦窑村石窟

位于晋祠西北约 5 公里悬瓮山瓦窑村西北山坡崖面上，与姑姑洞石窟相距 1.5 公里。现存三个洞窟坐北向南，东西并列。由于地处荒凉，人迹罕至，加之洞窟被丛生的灌木遮掩，难以被人发现。

东窟为平面方形覆斗顶三壁三龛式洞窟。龛内顶部四披转角处雕半圆形斜梁，为仿木框架结构。北壁圆拱龛内雕坐佛像，头已不存，身躯风化严重。龛外两侧雕胁侍菩萨。东壁设帐形龛，帐顶横枋上饰以山花、蕉叶和宝珠，下垂锯齿纹垂饰，束带挽帐幔两侧下垂。龛内置交脚菩萨。头戴素面花冠，两侧宝缯斜垂，面相丰圆，眉眼细长，颈饰项圈，两侧肩部披巾至胸腹交叉穿臂。龛外两侧雕胁侍菩萨。西壁设圆拱龛，龛内有坐佛像一尊，可惜头已不存，着褒衣博带服装，龛外两侧雕胁侍菩萨。

中窟为平面方形覆斗顶三壁三龛式洞窟。北壁设圆拱龛，龛内置坐佛像，头部不存，身躯风化严重。东壁设帐形龛，龛内造像不存。西壁设圆拱龛，龛内置坐佛像，风化严重。

西窟为平面方形覆斗顶三壁三龛式洞窟。窟外东侧崖面上雕方形小盒，内置释迦、多宝二佛并坐像及胁侍菩萨像。北壁设圆拱龛，龛内设一佛二弟子二菩萨像。东壁设帐形龛，龛内置交脚菩萨及二胁侍菩萨。西壁设圆拱龛，龛内置一佛二菩萨像。佛像头部消失无踪，背后舟形背光尚存。双肩宽厚，身躯健硕，着褒衣博带服装。胁侍菩萨具心形头光，双肩披巾下垂，上身袒露，下身着裙。西壁前端还存有一力士像，着菩萨装，双肩宽大，具有强健的体魄，显得威武雄壮。

龙山石窟

位于太原西南 20 公里的龙山东巅，古昊天观所在地。周围群山环绕，松柏苍翠，灌木丛生，环境幽静。当地岩质属灰白色砂岩，易雕凿，也易风化。石窟规模不大，共有洞窟 9 个，现存雕像 65 尊。洞窟主体建在一突兀的崖面上，自西向东转而向北排列：一、二、三窟分上、中、下三层，与四、五窟均坐北朝南；六、七窟坐西面东；八窟建在团团相抱的有雕像的一～七窟外围，位于四、五窟前方的呈三角形的岩石上；九窟则在一、二、三窟西边低矮的崖石中；

此二窟亦坐北朝南。[2]

第一窟，坐北朝南，圆形，平顶。三壁共有雕像21尊。窟门圆拱形，高1.58米，宽1.1米，深0.33米。主室面宽3.25米，进深3.03米，高2.33米，自西壁经南壁向东壁的上端有题记49行。北壁壁面正中开莲瓣形龛，龛内一天尊。东壁呈环形，10名真人着裙、褐、帔立于云端，拱手笼袖，手中所执笏板已失。西壁呈环形，藻井满饰云龙纹，高0.07米。因窟顶较薄，大部分已漫漶不清。地面正对门口0.37米处，有一长方形洞口通往下方第二窟。洞口南北宽0.55米，东西长0.65米，深0.35米。

第二窟，坐北朝南，弧角方形，平顶。三壁雕像共15尊。窟门圆拱形，高1.84米，宽1.35米，深0.35米，主室面宽3.56米，进深3.5米，顶高22.66米。三壁设坛基，坛上雕像。南壁门两侧有题记2则。北壁设长台座，座高1.22米，宽2.7米，深0.74米。三清像袖手盘腿坐于台座上，着裙、褐、帔，二像头失。三像都作长髯老者相，衣裙舒缓垂落于座前，坐像高1.06米。东壁3名戴高冠真人着裙、褐、帔，坐于有踏脚的凳椅上。

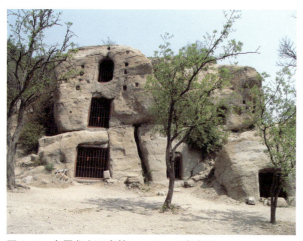

图8-11 太原龙山石窟第一、二、三窟全景
资料来源：作者自摄

图8-12 太原龙山石窟第一窟雕像　资料来源：作者自摄

图8-13 太原龙山石窟全景　资料来源：作者自摄

图8-14 太原龙山石窟第七窟　资料来源：作者自摄

西壁仅一真人有头，余全失。三真人袖手，一童子拱手。藻井满饰云龙纹，共 5 龙，四角相对一龙，中间一龙张口。地面东侧自洞口 1.68 米开洞口通向下洞，东西宽 0.66 米，南北长 0.9 米，深 0.8 米。

第三窟，窟坐北朝南，弧角矩形，平顶。共有雕像 3 尊。顶无雕饰。窟门外方内圆拱形。高 1.85 米，宽 1.8 米，深 0.35 米，内有安装门的痕迹。主室面宽 2.68 米，进深 3.41 米，高 2.15 米。北壁（正壁）一着褐、帔、裤、鞋的免冠老者侧卧于台座上，足西头东，枕长形圆筒枕，左手扶腮，右手隐于平抚腿部的长袖中。身上裂缝。台座高 0.79 米，宽 2.85 米（与两壁通连），深 0.68 米。卧像长 1.89 米，高 0.36 米。台座已漫漶不清。靠东壁上方有一圆形洞口，直径 0.7 米，与第二窟通连。东壁紧靠台座一着道袍侍者足踏方座，拱手笼袖，恭敬站立，头失，全高 1.36 米。台座已漫漶不清。靠南门口处，开一高 1.03 米、宽 0.52、深 0.07 米的空龛。西壁侍者形式与东壁基本相同，侍者发残，全高 1.58 米。靠南门口处，开一高 1.32 米，宽 0.54 米，深 0.06 米圆拱空龛。地面离正壁台座正中 0.14 米处，有一宽 0.23 米、长 0.7 米的深槽，为竖碑之处，碑已失。

第四窟，坐北朝南，弧角平顶。三壁三龛，共有雕像 11 尊，窟门圆拱形，高 1.43 米，宽 0.95 米，深 0.24 米。主室面宽 2.16 米，进深 2.21 米，顶高 1.8 米。三壁设坛基，坛上雕像。北壁坛进深 1 米，高 0.18 米。北壁开尖拱龛。东壁一铺 3 尊，已漫漶不清。尺度与正壁相仿，一天尊二真人为一坐二立像。西壁一铺 5 尊。

第五窟，坐南朝北，弧角方形、平顶。仅正龛雕像，共 3 尊。窟门圆拱形，高 1.3 米，宽 1.03 米，深 0.63 米。主室面宽 1.85 米，进深 1.83 米，顶高 1.65 米。正壁设坛，坛高 0.22 米，进深 1 米。坛上雕像。主室面宽 1.85 米，进深 1.83 米，顶高 1.65 米。正壁设坛，坛高 0.22 米，进深 1 米。坛上雕像。北壁开尖拱龛，内设天尊。

第六窟，居第五窟东侧崖面，坐西朝东。弧角方形、平顶。正壁雕像，共 4 尊。窟门拱形，高 1.76 米，宽 0.98 米，深 0.37 米；面宽 2.6 米，进深 2.89 米，顶高 2.53 米。主室正壁设坛基，坛宽 2.85 米，高 0.16 米，进深 0.81 米，坛上雕像。东壁南侧有题记 10 行。西壁一天尊着裙、褐、帔，袖手安坐于束腰方座上。北壁一真人着裙、褐、帔，拂袖平端帕巾，立于四足方座上。南壁与北壁相对一真人，风格基本相同，头亦失。靠西与正龛相连的坛上的壁面，开一高 1.4 米、宽 0.9 米的圆拱门。藻井凤凰祥云浮雕，高 0.06 米，双凤展翅，盘旋于浮云之中，极为精美。

第七窟，坐西面东，分前后窟。窟门已崩塌，现修砌新门高 2.09 米，宽 0.88 米，深 0.35 米。前室横长方形，面宽 3.96 米，进深 1.74 米，顶高 2.4 米。室门圆拱形，高 2.04 米，宽 1.38 米，深 0.37 米。后室，弧角方形、平顶，顶高 3.25 米，宽 3.74 米，进深 3.82 米。

第八窟，位于五、六窟前岩石上，坐北朝南。弧角方形、平顶。三壁环台座，相互通连，无雕像。窟门圆拱形，高 1.39 米，宽 0.92 米，深 0.48 米。主室面宽 2.17 米，进深 2.1 米，顶高 1.7 米。

第九窟，位于一、二、三窟西崖石中，坐北朝南。弧角方形、平顶。三壁环台座，相互通连，无雕像。窟门圆拱形，高 1.35 米，宽 1.05 米，深 0.35 米。主室面宽 2.3 米，进深 2.15 米，顶高 1.7 米。

龙山石窟的创凿年代，最早见于 1262 年镌刻的《玄都至道披云真人宋天师祖堂碑铭并引》："……（宋披云）甲午（1234 年）游太原西山，得古昊天观故址，有二石洞，皆道家像，壁间有'宋全'二字，修葺三年，殿阁峥嵘，金朱丹放，如鳌头突出一洞天地"。此后，在 1230 年镌刻的《玄通弘教披云真人道行之碑》又重述了这一事实："甲午，（宋披云）率门徒游太原之西山，得古昊天观故址，榛莽无人迹，中有二石洞，圣像俨存。壁间有'宋童'二字，真人葺之三年，恍然一洞天也"。从以上两碑得知，龙山石窟大规模营建是在宋元之交蒙古窝阔台期间。

都沟石窟

又名严香寺，位于清徐县马峪乡都沟村北 1.5 公里屠谷山南麓。据《清源县志》载，宋元祐三年（1088 年）十月十五日凿出石洞。北宋绍圣年间（1094～1098 年）在洞外建慈云禅寺，由石窟、寺院两部分组成。清末更名严香寺，此后屡有增修。现寺院建筑已毁。寺院布局分为上下院，占地面积 1.83 万平方米。上院现存石窟、建筑遗址。石窟 3 窟，坐东朝西，南北方向一字排开，暂称为南窟、中窟、北窟。门楣上方残存摩崖造像一组。石窟南侧存石塔构件，似有塔基。石窟后方北部山腰上存排水渠残段。下院建筑遗址已毁，仅存北部东、西二窟，坐北朝南。下院东部有古井 1 口。上院建筑遗址上存 3 通碑，一通为明嘉靖二十一年（1542 年）重修慈云禅寺碑，另外 2 通碑文漫漶不清。

南窟（宋代）凿于上院山崖上。窟平面圆形，直径 3 米，高 1.85 米。方形窟门，高 0.8 米，尖拱门楣及正中花饰风化。窟内残存 2 尊塑像，均头部缺失。

中窟（宋代）凿于上院山崖上。窟平面圆形，直径 3.3 米，高 1.8 米。圆拱龛形窟门，上有尖拱楣，高 0.9 米，宽 0.9 米，厚 0.2 米。窟门上方雕"妇人半掩门"。窟门右上方有"□祐三年十□十五日开洞元祐四年七□□六日毕功"题记。门楣上方残存摩崖造像一组。窟顶正中雕有莲花图案藻井。窟内存雕像 1 尊，头部缺失。

北窟（宋代）凿于上院山崖上。窟平面圆形，直径 2.6 米，高 1.2 米。三重窟门，一重为圆拱连弧尖楣龛形，高 0.6 米，宽 1.17 米。龛上一长方形青石，浮雕一佛二菩萨供养人。二重门为方形，宽 0.88 米，高 0.3 米，厚 0.1 米，上有龛梁，仿木结构，有三个方形门簪。三重门为圆拱形，宽 1.05 米，高 0.2 米。窟内无像，窟顶正中有素面藻井。

东窟（唐代）凿于下院山崖上，俗称"千佛洞"，由前廊和后室两部分组成。前廊有 4 根石柱支撑崖面，西侧 2 根为方形抹棱石柱，东侧 2 根为方形石柱。前廊后壁东侧崖面残存力士雕像。后室平面呈马蹄形，平顶，三壁三龛式，窟内有方形抹棱石柱支撑。窟内正中存摩崖石刻造像一尊，为释迦牟尼坐像，通高 2.1 米。释迦为螺髻发，圆脸，身披袈裟，袒胸宽衣。两侧各有侍佛一尊（右侍佛早废），左有文殊菩萨手持宝剑，坐骑麒麟，右为普贤菩萨坐骑白象。侍女像各立两旁，高 1.5 米。窟壁四周布满小佛龛 1200 余尊，

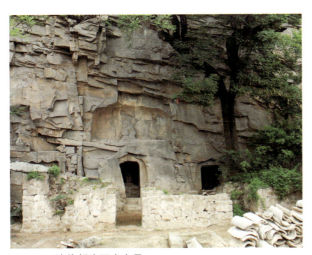

图 8-15 清徐都沟石窟全景
资料来源：山西省第三次全国文物普查资料

图 8-16 阳曲峰东石窟窟门
资料来源：山西省第三次全国文物普查资料

均以莲花缠枝相连。

西窟（唐代）凿于下院山崖上，俗称"弥勒洞"。平面略呈梯形，平顶，面宽 3.5 米，进深 2.15 米，高 2.3 米。三壁前设坛，坛基深 0.7 米，高 0.4 米。方形窟门，高 1.75 米，宽 1.35 米，上有圆拱形龛楣，正壁残存背光火焰纹。东壁存未雕凿完成的坐佛像。窟内存弥勒佛 1 尊。

峰东石窟（唐）

位于阳曲县大盂镇上原村峰东自然村佛爷沟山崖上。依山而凿在峭壁上，面向西南，唐代开凿。立面略呈长方形，高 1.9 米，宽 1.83 米，深 1.65 米，面积 77 平方米，仅存一窟，穹窿顶，窟门拱形，外两侧雕有力士像，身着盔甲，执剑而立。龛楣上雕有二飞天。窟内雕一佛二弟子二观音像。像高均为 1.2~1.3 米。两侧力士像上方有碣各 1 方。

四、晋东南地区石窟

晋东南地区的小型石窟寺，与大同地区、太原地区的石窟寺有着重要的关联。这种关联建立的基础，就是从北朝开始的地域间政治、文化的相互影响。"北朝时期，并州太原处于十分重要的地理位置，北魏建都平城（今山西省大同市）时期，并州是南下中原的重要交通要道之一。北魏孝文帝太和十七年（493 年）由平城率军南征，就是经太原和今晋东南地区的建州而抵达洛阳的。迁都洛阳后，北魏官员亦常冬居洛阳，夏还平城，而频繁来往于两京地区，太原和建州则是沟通两京（平城和洛阳）的交通枢纽……东魏迁都邺城，以并州治所晋阳为陪都，实际上晋阳成了皇室权宜之所，因而皇室大臣频繁往来于并邺之间……北朝时期，平城、洛阳和邺城是前后相承的政治、经济中心，又是佛教发达、开窟造像的中心地区，因而周边地区石窟寺的开凿都是在其影响下产生的。"[3]在这种背景下，不仅晋阳地区的石窟寺开凿受到影响，晋东南地区的石窟寺开凿亦不例外。

羊头山石窟

位于高平市城北 23 公里团池乡北部。羊头山为太行山余脉首阳山之主峰，海拔 1297 米，因山势高峻，状若羊头而得名。山居于高平、长治和长子三县市交界处。峰顶北为长治县界，西北属长子县，南归高平市。石窟即开凿在山南坡。羊头山的地质环境比较特殊，山上没有大面积裸露的陡直岩面，而有许多类似小山包的砂石岩体，石窟正是利用这些突起的岩体进行开凿。因岩体体积较小，故每个岩体仅开凿 1～2 个洞窟和摩崖龛像。这样洞窟的分布比较分散，从山顶至半山腰可以分成 10 个区域，共计洞窟 9 个，摩崖龛像 3 处。此外还有北魏至唐代石塔 6 座，北魏造像碑 1 通。羊头山石窟可以分为四期：第一期均为摩崖龛像。龛均作圆拱敞口式，一般不雕饰龛柱和龛楣。第二期有 8 个窟，洞窟形制为平面横长方形或方形，四角攒尖顶。造像题材比较单调，除一窟为坐佛外，其余均为三壁三佛，佛均结跏趺坐式。第三期，仅见于崖面补凿的部分小龛，龛作圆拱尖楣式，有束莲柱及忍冬纹龛梁尾。龛内一佛二菩萨像，佛像肉髻地平，面相浑圆，身着双领下垂式袈裟，左右菩萨头戴冠，上身袒，下身着裙。第四期有平面方形的小窟，也有圆拱敞口式的大龛，其余均为圆拱小龛。其中第一期的年代大致为北魏孝文帝太和晚期至宣武帝景明初，即公元 499 年前后；第二期，是羊头山石窟开凿的高潮期，形制和特点均有明显北魏晚期的特点，故为北魏晚期开凿；第三期，造像具有明显北齐、隋的特点；第四期有明确的唐代纪年——唐高宗乾封元年（666 年）纪年铭记，但从造像样式看，其中的一些可以晚到唐玄宗时期。[4]

碧落寺石窟

碧落寺位于晋城市西北约 7.5 公里处的泽州县巴公镇南连氏村东。背倚碧落山南麓，面对万松岭，是古泽州境内的名寺。据石窟西窟外石阶旁题记，寺始建于北魏太和六年（482 年），完成于唐大和六年（832 年），之后五代、宋、金、元、明、清历代都有重修。《山西通志》载，此寺古名圣佛院，宋治平中赐号治平院，元代更额碧落[5]。

该寺平面呈长方形，东西长达 200 多米，南北不逾百米，寺东残砖垣上刻石田垄记一方，记录了碧落寺北宋时四至的范围："东至毛家峪，南至南山顶，西至河水心，北至洞子沟□其四至内山坡不等祖□（税）一十二亩为额□后以此□为定照会者。□时大宋开宝八年乙亥□正月日院主感业立石"。该寺分东、西、中三院，西、中院原建筑已毁，现依旧址重建。东院南面原有禅房，已毁。北面依整块山石开凿石窟 3 个，分别为西窟、中窟和东窟。中、西窟大致位于同一立面上，东窟立面随山壁退后约 0.72 米。窟前有明清石柱础一列。西窟平面略呈方形，进深 1.8 米，宽 1.48 米，高 2.04 米。窟门作拱券状，门两侧各立一力士，已残，门下原有二蹲狮，现仅存一身。中窟最大，距西窟约 5 米，平面呈梯形，进深 1.86 米，宽 2.6～2.86 米；窟门呈拱状，宽 2.28 米。东窟，距中窟斜上方约 4 米，平面为一不规则的梯

图 8-17 高平羊头山石窟第三号窟　资料来源：作者自摄

图 8-18 泽州碧落寺石窟西窟内景　资料来源：作者自摄

形，进深1.54米，宽1.8～1.96米，高2.33米。窟门作拱状，进深1.54米，宽1.8～1.96米，高2.33米。窟门作拱状，宽1.48米。

碧落寺西窟开凿于北齐武平七年（576年）前后，中窟和东窟依据题字和造型特点，可推断为唐高宗武则天时期的造像，其中东窟年代较中窟略晚。中窟的开凿或与韩王元嘉诸子为其母妃房氏祈福造像一事有关。西窟内北齐造像在题材与风格上呈现出与邺城、晋阳石窟造像相同的特点，但同时又带有较浓厚的民间特色。中窟、东窟则造像精美，可以作为观察唐代长安样式形成过程的重要参照。

平顺金灯寺石窟

平顺县南部太行山玉峡关林虑山之巅，峰峦叠嶂，壁立万仞，金灯寺石窟就开凿于这里的百丈悬崖之腰间。来到此处，但见石壁陡峭，云雾弥漫，大有头顶蓝天、脚踏危岩、高不可测、深不可探之感，昔有"抛石崖下，磕头作揖八至十数以下，方闻石块回声"之传言。当地民谣曰："寺在山端，佛居寺间，身临其境，如登西天。"

现存造像均为明代雕凿。据现存洞窟铭记和石刻碑记，金灯寺石窟造像先后至少有6次，分别为明代弘治十七年（1505年），正德十六年（1521年），嘉靖元年（1522年）、二十三年（1544年）、二十七年（1548年）、四十四年（1565年），可见16世纪早中期（明代后期）是金灯寺石窟造像最繁荣的时期。

金灯寺石窟现存洞窟14个，佛教造像近千尊，为山西省明代佛教石窟寺的代表作品。

第一窟外壁为仿木结构三间殿堂式格局，中间开窟门。进入窟内，在四壁千佛画面（风化严重）的映衬下，正面置三菩萨像（应是观音菩萨、文殊终萨和普贤菩萨，文殊菩萨像已毁），左右塑造八身菩萨及其二护法金刚力士像。窟顶藻井斗八式，平面较大。

第二窟洞窟很小，窟内雕一佛二弟子二护法像。

第三窟外壁亦为仿木结构殿堂式格局。窟内三面雕像，佛像、弟子像、菩萨像依次排列。

图 8-19 平顺金灯寺石窟水陆殿　　资料来源：山西省第三次全国文物普查资料

第四窟外壁亦为仿木结构殿堂式格局。窟内造像较多，略显拥挤，正面为一佛二菩萨像，左右为十八罗汉像（亦为弟子像）。

第五、第六、第七窟3个洞窟竖向排列（第六、七窟位于第五窟上方）于石窟群中央。外壁雕刻设计对称，内容丰富，形式多样。地面置台阶五步，拾级而上，三间仿木结构殿堂映入眼帘，雕刻工整、精美而庄严。宫殿顶上崖壁，呈"品"字形开窟造像，上方中央较小的位置开方形窟，窟内3尊佛像三世佛并排而坐；下方为浅浮雕方形大窟，雕满千佛造像；位于方形大窟最下层的为四窟，中央尖拱窟，窟内坐佛像及其胁侍，左侧一方形千佛窟，右侧二方形千佛窟。崖面最下层即是并列的第六、七窟，两窟规模相当，方形窟门上均现出檐屋顶，巧丽而壮观。

进入第五窟，有泉水涌出，因而筑堤是道、修洞作桥。泉水潺潺流淌，水中映出三世坐佛和观音、文殊、普贤二大士，还有帝释天、大梵天、鬼子母、四天王等佛教造像，以及北极紫微大帝、南极天皇大帝、东华帝君、金母元君、后土圣母、瓦岳大帝、二官大帝、四海龙王、文昌帝君和往古帝君王公、后妃宫女、文武大臣、僧尼等形象。

第八窟外壁亦为三间式殿堂格局。窟内塑有佛像、菩萨像。

第九窟位于较高位置，洞前有九级石阶至窟门，外壁作仿木结构三间式殿堂。窟内正面三尊坐佛像并列，两侧为胁侍菩萨。

第十窟外壁作仿木结构式殿堂。窟内置坐佛像及其胁侍。

第十一窟外壁作仿木结构式殿堂。窟内正面雕一佛二弟子二护法像。壁面浅浮雕佛传故事图，但风化严重。

第十二窟外壁作仿木结构三间式殿堂。正面置坐佛像，佛像背后置韦驮像，顶部藻井绘二龙戏珠等图案。

五、晋中地区

庙岭山石窟

位于榆社县城西南 5 公里庙岭山寺沟。坐东朝西，依崖而凿，方形覆斗顶。宽 2.4 米，深 2.55 米。窟内雕较大造像 6 尊，四周千佛环绕计 1090 尊。主佛像（东壁）通高 1.33 米，像高 0.9 米。身披褒衣博带袈裟，内着僧祇支，结跏趺坐于束腰长方形平台上。

摩崖造像在原大雄宝殿的后墙崖壁上，像高 1.8 米，身披轻薄透体袈裟，线条简洁流畅。双手残，结跏趺坐于高 1.2 米的莲台上。

寺东北山顶有砖砌禅师塔 1 座，平面方形，通高 4.3 米，为唐代所建。

昔阳石马寺石窟及摩崖造像

位于昔阳县洪水乡石马村北，东北距县城 12 公里，东依石马山，西临石马河。北魏永熙三年（534 年）始凿群像于三沙岩巨石周围，巨石排列呈"品"字形。北侧巨石最大，四

图 8-20 榆社庙岭山石窟一号窟内雕像
资料来源：山西省第三次全国文物普查资料

图 8-21 昔阳石马寺石窟内景 资料来源：作者自摄

面皆镌佛像。南侧巨石背靠石马山，西、北二崖镌造佛像。西侧巨石位置偏低，仅东崖镌造佛像。北宋熙宁年间因像造寺，环巨石券围廊，兴建殿宇，并在大佛殿前凿石马一对，故山、水、寺、村皆名石马。

石马寺石窟是一处石窟和摩崖造像结合的佛教石窟寺遗存，特别是有北魏永熙三年（534年）碑铭可证，说明是山西晋中地区开凿时代较早、历史和艺术价值较重要的一处石窟寺遗迹。从总体保存情况看，北魏之后仍历东魏、北齐、隋唐，迟至宋元。

平定开河寺石窟

位于平定县岩会乡。地为阳泉市区与平定县交界处，西南距县城8公里；西距阳泉市亦约8公里左右。石窟规模很小，仅有三个小型洞窟，东西布列于宽约6米的崖面上。

此外，窟区之西10余米处有一处稍大的摩崖造像。窟前原有佛寺名曰开河寺。开河寺石窟开凿于东魏至隋初，约在清朝后期遭到严重破坏，几乎所有头像均被凿毁。虽然如此，但开河寺所有三个洞窟和摩崖造像都有明确的开凿纪年题记，因此是山西中部地区一处比较重要的石窟寺，对于研究这一时期石窟造像及其编年具有重要的参考价值。

在洞窟形制方面，开河寺石窟均为方形，四角攒尖顶，三壁三龛式，这种形制是北魏以来流行的主要窟形之一，但四角攒尖顶样式在太原附近地区仅在西山大佛附窟中发现一例，山西其他地区则有较多发现，如高平羊头山石窟北魏洞窟、榆社庙岭山石窟东魏洞窟，其窟顶均作攒尖顶。因此，这种窟顶样式可以视为山西地区北朝时期石窟的基本形制之一。开河寺石窟另具特色的是洞窟上方凿成横匾式的长方框，框内镌刻开窟发愿文，这是目前所见唯一的实例。

云龙山石窟

位于和顺县义兴镇北关村西约2公里处云龙山崖壁上。据窟龛形制与造像纹饰等判断，雕凿于北朝时期。立面面积约15平方米，现存2窟、2龛。东窟为主窟，平面近似长方形，高1.8米，宽0.8米，覆斗顶。窟内三壁设三龛，各雕一佛二弟子二胁侍菩萨。佛身穿袈裟，执法印，坐于佛台之上，背后雕舟形背光。二弟子双手合十，立于两侧。二胁侍菩萨头戴高冠，立于弟子两侧，背后雕舟形头光；西窟高1.68米，宽2.5米，素面顶，窟内三壁设三龛，三龛内造像均为一佛二弟子。佛身披袈裟，双手交于胸前，坐于佛台之上，二弟子立于两侧。正壁龛外另雕坐佛37尊，风化严重。窟外两龛位于东窟右侧，均为圆拱形，1龛雕坐佛1尊，1龛佛像不存。

高欢云洞

位于左权县桐峪镇桐滩村申家岐自然村西北约1公里处，长23.2米、高15.3米的岩壁上。据清雍正《辽州志》载，高欢云洞因东魏高欢在此避暑而得名。现存一窟，坐北朝南，平面略呈横长方形，窟顶不平整，窟外壁设仿木构前廊，面宽13.8米，进深2.3米，高

图 8-22 平定开河寺石窟外景　　资料来源：作者自摄

图 8-23 平定开河寺石窟窟内造像　　资料来源：作者自摄

图 8-24 和顺云龙山石窟东窟
资料来源：山西省第三次全国文物普查资料

图 8-25 左权高欢云洞外景
资料来源：山西省第三次全国文物普查资料

约 9 米。前廊前部雕四根八角立柱，使外观构成面宽三间仿木构建筑样式，明间宽 6.3 米，次间宽 2.9 米，明间两立柱基本雕成，下有覆盆柱础，其上设八角立柱，柱头雕仰莲，其上承火焰宝珠，两柱间雕成拱门样式，门楣尖拱形，楣面雕火焰纹。次间两八角柱未雕完，柱体与前廊后壁相连，两柱间施阑额一道。前廊后壁凿窟门，高 6.5 米，宽 4.5 米。前廊上方雕成五个相连的长方框，其中间及两边框内雕圆拱龛，应系未完工洞窟的一个明窗。主室面宽 5.2 米，进深 3.14 米，高约 6.5 米，窟内壁面及窟顶凹凸不平，未见任何雕凿龛像痕迹。

六、晋南地区石窟

隰县七里脚千佛洞

位于隰县县城北 7 公里七里脚村之城川河东岸。千佛洞石窟共有两个洞窟，南北并列，

图 8-26 隰县七里脚千佛洞南窟造像
资料来源：作者自摄

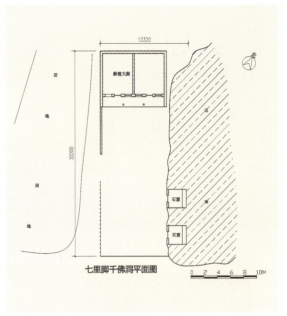

图 8-27 七里脚千佛洞平面图
资料来源：山西省第三次全国文物普查资料

窟口均西向，窟内造像 70 余躯。洞窟前尚存清代所砌三孔石窑洞，其中二孔与窟口相接，窑洞均已坍塌。第一窟洞窟平面椭圆形，穹隆顶，顶饰大莲花。面宽 2.72 米，进深 2.35 米，高 2.68 米。左、右、后三壁向里凿进，使其略呈三壁三龛样式。壁前有低坛，左右坛宽 0.35 米，后壁坛宽 0.5 米，高 0.32 米。这种窟形是北魏常见的洞窟形式之一：窟外雕仿木建筑结构的窟檐，立柱上施阑额，上有一斗三升斗栱及人字形叉手，屋顶举折平缓，这是北魏典型的建筑特点。第二窟平面略呈横长方形，平顶，面宽 2.9 米，进深 2.43 米，高 2.76 米。正壁前设高坛基，坛高 0.6 米，深 0.63 米。根据窟外侧的题记和窟内造像特点将其定位于唐高宗乾封二年至玄宗天宝年间。[6]

乡宁千佛洞

俗名佛洞庙，位于吕梁山南端乡宁县城东 5 公里营里村悬岩上。山上树木茂密，花香扑鼻。在丛林山花之中，突出巨石一方，长宽高各 20 米，体积近 800 立方米，佛洞即开凿于巨石之腰。洞高 3.1 米，宽深各 4.5 米，四壁满雕神龛及佛像，刀法简练，姿态庄重，局部绘有壁画，内容为佛传故事。窟顶雕出藻井图案。按其造像风格，应是隋唐作品。洞前寺宇两进院落为明清建筑，有山门、厢房、配殿、献殿等，巨石位居最后，千佛洞则成为寺后佛堂。寺宇规模不大，且布局严谨，殿堂结构简洁，形制典雅，与四周山石树木相互辉映，颇富雅趣。寺内石碑，记载着信徒礼佛盛况及寺宇重修经过。

千佛洞就在能仁寺最上面的三进，是将一块约 20 米见方的巨石凿空形成的石窟，在四壁及穹顶雕满神龛及佛像，虽风化严重，但依旧气势夺人。

图 8-28 新绛张家庄石窟窟内雕像　　资料来源：山西省第三次全国文物普查资料

张家庄石窟

位于运城市新绛县泽掌镇张家庄村西北 2 公里的姑射山东坡。据窟龛石刻记载为北宋嘉祐七年（1062 年）创建。

石窟坐西向东，四个窟龛集中分布在长 8.15 米、高 2.4 米的山前崖壁上。分四个窟龛由南向北依次排列。一号龛为三佛并坐像，中部为释迦牟尼佛，体型较大，损毁较严重，左侧似握圆形器物，右侧形状模糊，手式不清。二号龛为释迦牟尼佛跏趺坐像，释迦牟尼光头袒胸，右手上举，左手抚膝，作洗法印，双腿下垂而坐于佛台之上。三号龛为一佛二菩萨二弟子二供养人雕像，释迦牟尼结跏趺坐，双手抚膝，二菩萨左右站立，双手下垂提物。二弟子双手合十站于主佛两侧。二供养人站立于外侧，双手合十作虔诚供奉状。四号龛为观音造像，右腿屈膝，左腿盘曲坐于仰莲佛座之上，仰莲座之下为工字形须弥基座，造型别具一格。

该石窟为研究佛教文化在晋南的传播及石窟寺的演变提供了珍贵的实物资料。

七、吕梁地区石窟

交口千佛洞

位于交口县石口乡山神峪村北约 500 米。坐西向东，东西 61.2 米，南北 127 米，占地面积 7772 平方米。据清同治六年（1867 年）重修碑记载，创建于元初，清咸丰十年（1860 年）重修正殿插廊，现存千佛洞石窟为元代，其余建筑为清代遗构，南、中、北并列三院布局，中院为阶梯形三进院，自东向西有天王殿、罗祖殿、弥陀殿、千佛洞、九间楼，两侧有南北配殿、钟鼓楼。天王殿砖券3孔窑洞，明间为过洞，上建观音、关帝殿，面宽三间，进深四椽，单檐硬山顶，五檩无廊式构架，内设隔墙，面东奉关帝，面西奉观音。南北梢间上建钟鼓楼，为四柱明楼十字歇山顶建筑。罗祖殿砖券5孔窑洞，南北配殿砖券2孔窑洞。弥陀殿为砖雕仿木构单檐硬山顶建筑，内设隔墙，面东奉弥勒佛，面西奉韦驮。千佛洞石窟内保存石刻造像1003尊，外建插廊，面宽三间，进深一椽，单坡硬山顶。千佛洞

图 8-29 交口千佛洞窟内造像
资料来源：作者自摄

图 8-30 交口千佛洞平面图
资料来源：山西省第三次全国文物普查资料

图 8-31 交口千佛洞远景　　资料来源：山西省第三次全国文物普查资料

上建九间楼，面宽九间，进深三椽，单坡硬山顶。北院正殿砖券3孔窑洞，前设插廊，面宽五间，进深一椽，单坡硬山顶。千佛洞北院后墙外建有"凤楼宝塔"。

千佛洞石窟位于三进院，洞窟开凿在红色砂岩上，深4.5米，宽2.8米，高2.2米，洞窟正中雕刻一佛二菩萨二胁侍圆雕造像5尊，高约2.5米，主尊及菩萨结跏趺坐，端坐于莲台之上，莲台下设须弥座。主尊头挽螺髻，表情凝重，右手施"持剑印"说法，菩萨及胁侍侍立。洞窟四周雕方形龛，高0.18米，龛内雕高浮雕造像945尊。门口两侧雕高浮雕护法金刚2尊，高1.3米，头戴皮胄，身穿铠甲，双手持锏，为元代武士特征。门楣及门后两侧分别雕刻有飞天、力士、供养人53尊。

八、摩崖造像

挂甲山摩崖造像

位于临汾市吉县县城西南，保存基本完好，主要分布在挂甲山东侧的台地上，紧邻洲川河，窟龛的范围不大，保存较好，造像分布密集，雕凿手法有高浮雕、浅浮雕和线雕。造像的体量较小，雕刻精美。现存造像的时代从北齐至宋金时期均有，反映出吉县在这一历史时期佛教繁盛的基本情况。自东向西可分为五组：第一组共有3个龛和1个题记，一号、二号、三号龛，题记位于三号龛，大部分已分辨不出；第二组共有3个龛和4组题记，也分一到三号龛，一号龛内有两组题记，其余龛内各一组题记；第三组，仅1个龛和3组题记；第四组有2个龛和4组题记；第五组有2个龛和2组题记。这些造像年代不一，第一组的3个龛开凿年代为隋朝早期；第二组的一号龛的开凿年代为北魏晚期至北周时期，二号龛的开凿年代为隋或唐初，三号龛开凿年代应在北齐、北周；第三组龛没有龛拱，从题材、冠饰等方面判断时代为元代至正年间；第四组的一号龛开凿年代为金代早期，二号龛为帐形龛，是隋代风格；第五组的一号龛为北周或隋，二号龛初步判断为北魏晚期或东魏。

图8-32 吉县挂甲山摩崖造像　　资料来源：作者自摄

南涅水石刻

位于沁水县县城西南的二郎山之巅。中国十大名窟之一的云冈石窟是皇家石刻的代表，而在山西长治沁水县的南涅水石刻造像则以其民俗性而为人所知，有"皇家石刻看云冈，民间石刻在沁州"的说法。

东汉永平十年（67年），随着佛教的传入，南涅水建起佛教寺院，最初名为"弘教寺"，取弘扬佛法、教化众生的意思。到了南北朝时期，随着佛教的兴盛，寺院规模扩大，僧侣骤增，信佛居士遍布各个地方。这一时期兴起凿造石刻与石窟寺的高潮，著名的沁水县南涅水石刻就是在北魏永平元年（508年）由佛教僧侣和信士捐资镌刻的，一直延续到北宋天圣九年（1031年）。后来寺院建筑毁于兵火，石刻与石像则埋于地下得以保存。

据碑文记载，这批石刻造像上自北魏永平元年，下至北宋天圣九年，积累了北魏、东魏、北齐、隋、唐、宋六个朝代的民间石雕艺术珍品，题材大多以佛教活动为主。造像多为选择塔形，即以四面开龛造像的方形石块叠垒成塔形，为国内稀有。

石刻分为碑文石刻、造像石塔、个体造像三大类型。碑刻主要是作题记用的，有文像并刻和纯文石刻两种，都是北魏永平三年至北宋天圣九年积累的民间石刻艺术品。单体造像和层叠佛塔等大都由白砂石雕凿而成，雕刻技术堪称精湛，而风格流派也具有多样性，具有十分浓郁的地方色彩，内容集中表现佛教经律、佛传故事以及崇奉佛法等的佛事活动，经幢雕塑塔柱，这种样式是佛教传入早期阶段的产物。

南涅水石刻造像群虽然是在云冈石窟的先导和影响下出现的，但它不同于云冈石窟造像，而是因地制宜、就地取材凿石而成。它不同于云冈石窟造像的宏伟壮观，却以更生活化的形象出现在人们面前。

邓峪村石塔造像

位于榆社县城南9公里的邓峪村。造像雕刻于唐开元八年（720年），单层楼阁式，高3米，平面方形，周长3.65米，基座为八角形，周围刻有莲花等图案，塔身中部四周饰以石栏、石柱，柱身刻有二龙戏珠，四面中部刻有大小佛像10余尊，顶部边檐刻有花纹图案，塔身下侧佛座以上刻有"大唐开元八年岁次庚申三月寅朔十五日戊辰云骑尉耿立"。

南村造像

位于榆社县城西部15公里方竹镇南村以西100米处。寺庙建于唐代，毁于抗日战争时期，仅存砂页岩石佛两尊。站像缺手，高4.6米，圆面大耳。坐像高1.3米，无头，雕刻精细，纹理逼真，栩栩如生，唐风犹存。

竖石佛村摩崖造像

位于交城县北部山区岭底乡。始凿年代不详，据清道光七年（1827年）碑刻记载约成于金元之际。石刻凿刻于一巨石之上，巨石呈金字塔形，坐西朝东，高7.3米，底部宽

8.8米，厚2.7米。岩石东壁共有石窟65个，造像100余尊。时代最早石窟分三层布置，布局整齐、规范。这一时期的石窟，形制较大，最大者宽1.4米，高1.5米，进深1.2米。洞口呈方形，火焰门，具北魏、隋唐风格。洞窟内圆雕释迦牟尼佛及菩萨、金刚、力士等像百余尊。洞壁施墨彩云纹装饰，简洁抽象，似为后人增绘。岩面正中上端洞窟形制较大，雕饰内容丰富，具有代表性，迎面正中释迦牟尼佛结跏趺坐，高大肉髻，着双肩大衣，内有僧祇支，衣纹呈"U"形雕饰，简略疏朗。阿难、迦叶合十侍立左右。左侧佛像结跏趺坐，右侧佛像垂足坐姿。洞口两侧有武士像站立。

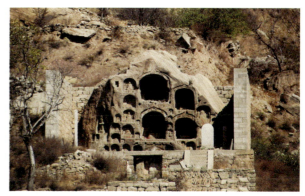

图8-33 交城竖石佛村摩崖造像　　资料来源：作者自摄

南向岩面凿刻有佛塔一座，高1.9米，石塔平座呈方形，塔身一层，方形塔门，酷似唐代以前之四门塔，塔檐叠涩挑出。尤具特色的是基座和塔刹较高，塔刹莲座以上又设造像两层。

石刻前正殿基座之上，现存明正德十六年（1521年），清康熙五十四年（1715年）及道光七年（1827年）碑3通。

东峪村造像

位于沁水县城东90公里东峪村。原为丈八寺内造像，现木构建筑全部被毁，只留石佛造像一尊。造像高达4米，站立于莲盆之上，右手下垂（已断），身穿僧祇支大边作折带垂纹，莲座下刻有"北齐天统三年"字样，造型大方庄重，神态肃穆。

注释

1. 20世纪90年代，李治国、刘建军、丁明夷等同志撰写的《北魏平城鹿野苑石窟调查记》和《焦山·吴官屯石窟调查记》，载于《中国石窟·云冈石窟》卷二（1991）年。
2. 张明远.龙山石窟考察报告.文物，1996（11）.
3. 见李裕群，李钢编著.天龙山石窟.科学出版社，2003.190.
4. 张庆捷.山西高平羊头山石窟调查报告.考古学报，2000（1）.
5. 中央美术学院石窟艺术考察队等.山西晋城碧落寺石窟调查记.文物，2005（7）.
6. 郑庆春，王进.山西隰县七里脚千佛洞石窟调查.文物，1998（9）.

第九章　清真寺

穆罕默德公元610年在麦加城创立伊斯兰教以来，就随之产生了伊斯兰教建筑，其中最重要的是伊斯兰寺庙。在伊斯兰教传入我国的初期，伊斯兰教寺院并没有专有名称，明中叶以来，"清真教"、"清真寺"才成为伊斯兰教和伊斯兰教寺院专用名称。"清"，即指真主的超然无染，不拘方位，无所始终；"真"，为真主的永存常在，独一至尊，靡所比拟。但在新疆仍称"礼拜寺"，并沿用至今。

清真寺建筑是一个建筑群，一般都有寺门、礼拜大殿、邦克楼、沐浴室等。礼拜大殿是清真寺的主体建筑。在整个建筑群中体积最大，其内部有圣龛及宣教台；邦克楼用于召唤穆斯林前来礼拜，通常是清真寺内的最高建筑；沐浴室是供穆斯林礼拜前作大小净的地方。

第一节　清真寺的历史沿革

历史上清真寺的修建是和穆斯林的迁徙、屯垦、发展密切联系着的，也就是说它的兴建是和穆斯林居住情况相适应的。

从伊斯兰教建筑发展的历史特点看，大致可分为两个阶段。

第一阶段，从唐永徽二年（651年）到元末（1367年）共约七百余年，伊斯兰教先后经过海上的"香料之路"和陆上"丝绸之路"，传入东南沿海的一些商业城市和新疆、西北等地区。该时期的伊斯兰教建筑多用砖石砌筑，其平面布局、外观造型和细部处理，基本上是阿拉伯式样，受中国传统木结构建筑影响较少。到元朝末年，伊斯兰教在我国有了较大的发展，因而伊斯兰教建筑也相应地出现了大发展的趋势。

第二阶段，从明朝初年至鸦片战争前，即从公元1368至1840年，近五百年间，伊斯兰教在我国得到很大发展，约有十个少数民族逐步信仰了伊斯兰教，清真寺建筑大量创建，出现了讲经堂、拱北等伊斯兰教建筑类型，逐步形成了中国内地特有的回族等民族的清真寺、拱北和新疆维吾尔族等的礼拜寺和麻扎两种不同风格的伊斯兰教建筑体系[1]。

作为伊斯兰文化独特的建筑表现形式，清真寺因传播途径的不同和我国南北地域文化的影响而演变出两种不同风格：一类是中国传统风格清真寺，传承了中国古建筑群四合院布局形式、木结构建筑构造和古典园林布局特征，主要分布于中国大部分穆斯林聚居区；另一类是阿拉伯风格清真寺，在平面布置、外观造型和细部处理上更多地保留了阿拉伯建筑的形式和风格，主要分布在新疆、宁夏等西北少数民族聚居区。

1. 中国传统建筑风格的清真寺

中国清真寺，目前见到的绝大多数为元代以后，特别是明清以来创建或重建。在建筑的整体布局、建筑类型、建筑装饰、庭院处理等各方面，都已具有鲜明的中国特点。

而清代则是中国伊斯兰教建筑发展的高峰时期，中国清真寺的特有建筑形制正是在此时完全形成的。这些中国传统建筑风格的清真寺，具有以下特点：

第一，中国寺院的完整布局。中国清真寺绝大多数采用中国传统的四合院并且往往是一串四合院制度。其特点是沿一条中轴线有秩序、有节奏地布置若干进四合院，形成一组完整的空间序列；每进院落都有自己独具的功能要求和艺术特色，而又循序渐进，层层引深，共同表达着一个完整的建筑艺术风格[2]。院落的循序渐进，使清真寺显得深邃尊严，建筑物的井然有序，突出了清真寺的严肃整齐和丰富性，整个艺术形体的重重叠落，又加强了主要建筑高大雄伟的姿态和巍峨气势。这种布局充分显示出中国传统建筑注重总体艺术形象的特点。

第二，中国化的建筑类型。内地清真寺的结构体系和建筑形制，一般都具中国传统建筑的特点。

中国式的庙门制度。自明代以后，阿拉伯式拱券大门在内地已不多见，它已为中国式的寺庙大门所代替。

中国传统楼阁式的邦克楼。在我国内地清真寺中，阿拉伯尖塔式砖砌邦克楼已不多见，代替它的基本上是中国传统的木结构楼阁式建筑。其特点是宏伟高大，木柱、梁柱用料壮实，斗栱形体多很朴拙，与周围建筑对比鲜明，在全寺建筑群体构图中起着丰富轮廓的作用。

第三，中西合璧的建筑装饰。丰富多彩的建筑装饰，是中国清真寺建筑艺术的重要组成部分，也是中国清真寺建筑的鲜明特点之一。不少清真寺都成功地将伊斯兰装饰风格与中国传统建筑装饰手法融会贯通，把握住建筑群的色彩基调，突出伊斯兰教的宗教内容，充分利用中国传统装饰手段取得富有伊斯兰教特点的装饰效果。一般而言，华北地区多用青绿彩画，西南地区多为五彩遍装，西北地区喜用蓝绿点金。无论何种颜色的彩画，都源于中国传统当无疑问。这些彩画的共同之处又在于，不用动物图文，全用花卉、几何图案或阿拉伯文字为饰，这是中国伊斯兰教装饰艺术的一个显著特色。

2. 阿拉伯建筑风格为主的清真寺

在中国，以阿拉伯建筑风格为标志的清真寺也不少。这类清真寺，多分布在新疆维吾尔自治区等民族地区，内地则或是早期的某些古寺或是近年来的新建寺。唐代是伊斯兰教开始传入中国时期，也是伊斯兰教建筑在中国出现时期，亦称之为伊斯兰教建筑的移植时期。这一时期遗存的清真寺为数不多，且都在东南沿海地区。归纳起来，这一时期清真寺建筑的特点大致有如下几个方面：

第一，从工程用料上看，多为砖石结构。

第二，从平面布置看，早期清真寺多非左右对称式，不甚注意中轴线。邦克楼或望月台一般都建在寺前右隅。清真寺大门开在寺南墙东侧，进门有甬道，甬道后转弯即为礼拜大殿。这种大门与大殿密集的平面布置，与我国传统的寺殿制度明显不同，是西方清真寺的制度。

第三，从外观造型上看，基本是阿拉伯情调。[3]

中国早期清真寺采用砖石结构，平面布置、外观造型和细部处理上，基本都取阿拉伯式样，是以阿拉伯建筑风格为主的建筑物。尽管当时受中国传统木结构建筑影响很少，但这种影响也并非绝无。这些清真寺的建造，一方面为中国古代建筑增添了新法式、新内容，另一方面也为伊斯兰教建筑的中国化奠定了基础，进行了某些尝试。到元代，这种尝试更加趋于大胆，除一般外观仍基本保留阿拉伯形式、后窑殿用砖砌圆拱顶做法之外，已开始吸取中国传统建筑的平面布局和木结构体系，出现了从阿拉伯式建筑向中国建筑的过渡形式或中西混合形式的清真寺。

第二节　山西清真寺的历史沿革与发展

由于清真寺的兴建与伊斯兰教的传播及穆斯林信徒的徙居关系极为密切，因此分析伊斯兰教徒在山西的徙居，可以更好理解清真寺在山西发展。据《宋史》记载，宋真宗于大中祥符四年（1011年）"祀汾阴（今山西万荣县），又遣归德将军陀罗离，进瓯香、象牙、琥珀、无名异绣丝、红丝……诏令陪位。礼成，并赐冠带服物"，说明北宋年间西域穆斯林进入过山西。山西信奉伊斯兰教的人数众多，有回族、维吾尔族等，其中回族是山西省人口最多的少数民族。根据现有资料查证，穆斯林徙居山西的原因很多，时间不一。当时随着蒙古军西征，不少西域穆斯林在蒙古军中，随蒙古军势力扩至中原北部，山西亦在其中，导致穆斯林定居山西，这是山西穆斯林的重要来源。[4]《明史·西域传》"撒马尔罕"条言："元时回回遍天下。"有清一代，山西的穆斯林与清真寺的资料是较为丰富的。这些穆斯林主要从北路进入山西，大同一带清真寺的建立就得到了元朝廷的资助。

元末明初，由于军事征战、调遣、移民和经商等原因，各地回民大量迁入山西。规模较大的太原清真古寺的殿堂建于元明交替之际，这证明太原的穆斯林在元末明初时已为数不少。洪武年间，朱元璋分封诸王，屏藩王室。《明史》载："沈藩二十六王，皆居潞。"潞即今长治市。明永乐六年（1408年）沈简王朱模封至长治，在其移驾潞州的侍卫人员中就有百余名回族人，多数为南京水西门的马、程两姓，其中有军士、手工业者和商人，定居在今长治皇城周围的铜锅、南头、营口，即三道营一带。雁北地区右玉县的甄姓回民原系明京都的回民，在右玉已历19代人，约500年。在甄姓回民开设的王盛园饭馆招牌上，曾标有"京都回回"字一行,到清代后期,甄姓回族是右玉首富之家。[5]

明永乐年间实行移民政策,在山西洪洞县设有移民站,成为移民集散地。太原回族中的十大姓,即朵、罗、田、梁、李、金、萨、海、岛、邸,大部分是这次移民来的。其中金姓、梁姓来自南京。这期间,也有一些入晋经商留居的回民,如太原的杨、丁、马姓,是从陕甘宁入晋经商而定居下来的,田姓则是由山东经商转内蒙古呼和浩特市后到太原落户的。

明末清初以后,因战乱、逃荒、经商等原因,由陕西、河南、宁夏、河北、山东等地迁居山西的回民为数较多。李自成农民起义失败后,散兵中有一些回民留居于山西晋城、运城一带。如绛县回民是明崇祯五年(1632年)定居的。

大同城内九楼巷清真寺最古的碑文为明万历十七年(1589年)所立"重修礼拜寺新建浮桥记",其记载比较可信,内言:"大同礼拜寺在城之西隅。创建所自,历年久远,莫可睹记,成化之间(1465~1487年)重修之,嘉靖间(1522~1566年)又重修之"。天启二年(1622年)所立"重修礼拜寺记"云:"我云(中,指大同)因于永乐(1403~1424年)中,遂建寺于府西南隅,合仕、农、商贾、婚嫁葬祭,悉遵奉之不违。然初创草率,基宇尤狭,至成化初,指挥使王公信、杨公义,教人马俊、马水等……"这说明在明代,该寺成了当时大同穆斯林宗教活动的一个中心。

有清一代,山西的穆斯林与清真寺的资料是较为丰富的。清乾隆二十九年(1764年)的"敕建回人礼拜寺碑记"言:"考前史,回纥自隋开皇(581~600年)时始入中国,至唐元和初(806年),偕摩尼进贡,请置寺太原,额曰大云光明。"

顺治六年,回民被内徙迁调。现可考的有右玉县马姓回民,系从山东迁入,据其家谱记载,到右玉已历13代,约300余年。大同县马家会村回民也是同期由河北宣化府迁入的。清道光二十年,河南怀府一部分回民迁入晋城城关。同治初年西北回族群众抗清起义失败后,有两批到晋城定居,约100余户500多口人。运城地区的垣曲、新绛、河津等县回民都是清代从河南迁入的。

第三节　山西清真寺实例

太原清真寺

位于太原市迎泽区解放路48号。据碑文记载,始建于唐贞元年间(785~805年),元、明、清三代均有修缮,现存建筑为明清遗构。寺内建有山门、省心楼碑亭、沐浴室、阿訇室、讲经房、礼拜殿、牌楼等建筑,布局严整,结构协调。2004年6月10日,被山西省人民政府公布为第四批省级重点文物保护单位,现为山西省最大的同时也是太原市唯一一座清真寺。

整个寺院坐西朝东,二进院落布局,东西52.52米,南北40.4米,占地面积2121平方米。中轴线建有山门、省心楼、讲经堂和礼拜殿,轴线两侧为沐浴室、阿訇室及南北碑亭。

西门牌楼横匾"清真古寺"四个贴金大字，系清顺治二年（1615年）太原知府王觉民手书。

礼拜殿为砖木结构，是穆斯林做礼拜的地方，面积500平方米，高10米。面宽五间，进深七椽，殿顶由硬山顶和卷棚顶相连而成，为珍珠倒卷帘式屋顶八檩前廊式构架，廊柱间设木勾栏，上饰垂莲吊楣，前檐各间辟门，明间置夹门窗，门上悬"开天古教"匾额1方。殿内圆柱挖槽叠楞，檐柱砌在墙内，四周筑有风火墙。后墙正中凹壁刻有阿拉伯文《古兰经》第二十九卷、第三十卷中的数段经文，并彩绘贴金，称为"米哈拉布"。礼拜殿内建筑装饰融合了阿拉伯建筑风格和中国传统工艺手法，中西合璧，格调得宜。殿内突出的特征是无画像，无塑像，不烧香，不摆供。由于《古兰经》禁用动物的形象做装饰材料，因而殿内细部装饰纹样都是由阿拉伯文字和几何线纹组成，富有浓厚的阿拉伯风格。凡拱门、圆柱均沥粉贴金彩绘。西墙右边有13阶木梯，称宣讲楼，工艺精美。西墙正中为"米哈拉布"，上有波斯学者刻的《古兰经》（阿文）第二十九卷、第三十卷中的数段经文，为古代波斯地区的穆斯林学者用阿拉伯文中"库法"（一种阿拉伯字书写体）所书，并彩绘贴金，十分珍贵。

省心楼高两层，平面呈方形，下承台基，宽6.65米，深6.6米，高0.3米，周围有廊柱，重檐歇山顶，上檐斗栱五踩双昂，平身科每面四攒；下檐斗栱为三踩单昂，平身科每面五攒。楼内有明代方孝孺所写"声吟不及清"题匾。省心楼西为讲经房。此房为过厅式结构，堂面阔三间，卷棚歇山顶，后部开五间廊，是阿訇讲解《古兰经》的地方。

碑亭位于省心楼南北两侧。南亭立有清同治七年碑一通，正面镌刻有明代洪武皇帝对回教的百字御赞文，背面刻有北宋黄庭坚，元赵子昂，清傅山、刘石庵等书法家的题词。

北侧碑亭现存康熙三十三年（1695年）"保护回回圣旨"碑1通，刻清玄烨诏书；南侧碑亭内现存清同治七年（1868年）碑1通，镌刻明太祖敕赐"至圣百字赞"。

图9-1 太原清真寺牌楼
资料来源：作者自摄

图9-2 太原清真寺省心楼立面图
资料来源：作者自摄

图 9-3 大同清真大寺远景　资料来源：作者自摄

图 9-4 大同清真大寺省心楼立面　资料来源：作者自摄

大同清真大寺

又名清真寺，位于大同市清远街九楼巷 19 号。坐西朝东，二进院落布局，为中国古代传统建筑形式，古朴雄浑。南北长 95.5 米，东西宽 111 米，占地面积 1.06 万平方米。据寺内现存清乾隆七年（1742 年）重立《敕建清真寺碑》记载，创建于唐贞观二年（628 年），明清两代均有重修。现存建筑均为清代遗构，中轴线建有山门、省心楼、礼拜殿，附建石桥、泮池、南北讲堂、浴室等。

礼拜殿是寺内的主体建筑，面宽五间，进深四椽，覆盆式柱础。其由四组殿堂毗连而成，前为卷棚式抱厦，后为歇山顶和硬山顶两组大殿，最后一组则为卷棚顶和圆攒尖顶的混合结构，整座建筑外形檐牙起伏，极富变化。殿内为伊斯兰教独特陈设，中设壁龛，西北墙设演讲台，正中有三个穹形门，是典型的阿拉伯建筑风格。寺内建筑物广泛吸收了阿拉伯和中国古典文化特点和建筑风格，把二者巧妙地糅合在一起，是一座中国传统建筑风格和阿拉伯文化相结合的典型建筑。

省心楼平面方形，下部为十字砖券门，上部檐下施栱，五踩重昂，重檐歇山顶。

注释

1. 刘致平. 中国伊斯兰教建筑.
2. 冯今源. 中国清真寺建筑风格赏析. 回族研究，1991.82.
3. 同上.
4. 刘戊忠. 回族在山西. 宁夏社会科学，1989（6）：71.
5. 房建昌，陈跟禄，王维墉. 山西穆斯林与清真寺考. 宁夏社会科学，1992（5）：71.

第十章 塔幢建筑

塔，又称窣堵坡，意译为高显处、功德聚、塔庙、灵庙、方坟等。《大唐西域记》云："窣堵坡，所谓浮图也"，说窣堵坡就是佛塔。在印度佛教中，佛塔最早是埋葬佛骨的坟冢。

后来扩展成凡是有名分而又"德行"较高的僧人，死后火化的遗骸，也建墓塔放置。印度塔最早的构成，由下而上为基座（平面可以是圆形的，也有方形的）、覆钵（半球形主体）、刹（在覆钵顶上有一个小平台，正中立一根柱子，柱子上串着很多圆盘，在刹顶还有一个盖子是华盖）。基座意指大地，覆钵意指宇宙。覆钵给人的第一感觉就像一个坟冢。窣堵坡的雏形就是古印度诸王死后所立的半圆形坟墓。坟墓象征着死亡，所以窣堵坡代表了佛祖的死亡，也就是涅槃。不过佛教上的涅槃不同于一般意义上的死亡。佛教的涅槃象征着一种至高无上的境界——到彼岸，涅槃不是死亡、消灭，而是重生。随着宗教的发展，塔后来成为一种宗教纪念性建筑，结合当地的具体情况，在不同的国家、不同的地区，其结构与形式又有了新的发展，中国的塔，就是其中成功的实例。

第一节 古塔造型分类

楼阁式塔

楼阁式塔是仿我国传统的多层木构架建筑的，它出现较早，历代沿用之数量最多，是我国佛塔中的主流。[1]据记载，这样的塔首见于东汉末年，是窣堵坡和中国东汉已有的木构楼阁相结合的产物。南北朝时虽盛行一时，数量最多，但目前无一保留。楼阁式佛塔作为中国本土第一种佛塔类型的出现，也标志着印度窣堵坡与中国传统建筑结合的开始。隋唐时期，修建佛塔的材料虽仍以木材和砖石为主，但由于木构架的塔易损坏，不能长久保留，所以用砖石代替木材建塔，并模仿木塔的形式，也就成了一种必然的趋势。由此，材料的使用也由全部用木材，逐渐过渡到砖木混合和全部用砖石，完全用木的楼阁式塔在宋代以后已经绝迹。

特征：每层之间的距离较大，明显地表现出塔的一层相当于楼阁一层的高度，一眼看上去好似高层楼阁；每层塔身均以砖石制作出与木构楼阁相同的门、窗、柱子、额枋、斗栱等部分；塔檐大都仿照木结构塔檐，有挑檐檩枋、椽子、飞头、瓦垄等部分，砖木混合的楼阁式塔出檐更深；[2] 塔内均有楼层，可供登临伫立或向外眺望。

密檐式塔

密檐式塔是楼阁式塔的变化，早期塔身装饰简洁，采用叠涩结构出檐。到了晚期，其塔形制变得非常繁芜，大量吸取楼阁式塔的成分，十分华丽精巧。这种密檐式塔是楼阁式木塔发展的一个分支，木造楼阁式塔由于不经自然风雨的侵袭和火灾等原因，转向砖石发展之后，曾经有两个方向，一是以砖石为楼阁式塔，一是向密檐式塔发展。

因为砖石材料性能的特点，早期密檐式塔出檐不能很远，均为短檐，这时塔还没有采用仿木结构。在由木塔转向砖石塔的过程中，密檐式塔还不断受到外来形式的影响。从南北朝到唐代，这种密檐式塔发展缓慢。到唐代，现存的实物都是方形塔，这可能是受到与密檐塔同时并行的方形楼阁式塔的影响，这一时期的密檐式塔，依然保持着简单叠涩出檐，第一层塔身简洁明了，无繁杂的装饰。

从辽代开始，密檐式塔得到了进一步的发展，有三个大的变化。一是塔内原来可以登上的空筒体全部填平，成了完全不能登上的实心塔，有些塔内虽有楼梯，但楼层已不能做眺望之用；二是塔的下部普遍增加了高大而又雕饰丰富的须弥座；三是第一层塔身增加了斗栱等仿木建筑部分，整个塔的外形达到了繁杂华丽的高峰。[3] 一直到明代，这种塔还在北方继续建造。这种塔，在当时南部宋朝统治的地区很少，那里大多数仍是仿楼阁式的砖石塔。

特征：塔檐紧密相连，层层重叠，几乎看不出楼层，塔身的第一层颇高，二层以上层距颇小；层檐之间无窗柱，二层以上不设门窗，或有也为虚设或小孔；不能登临眺览，多为实心，间或设有楼梯且常为实心。

亭阁式塔

亭阁式塔在中国起源也很早，几乎与楼阁式塔同时出现，直接源于中国古代的亭阁建筑。早期亭阁式塔多为全木结构，后方为砖石结构取代。北魏时期的亭阁式塔多取方形，纯系中国古亭加塔刹而成。隋唐时期，亭阁式塔的形制增多，出现圆形、六角形、方形等，塔刹加上相轮。宋代而下，由于花塔与覆钵式塔的兴起，亭阁式塔也就逐渐日薄西山。鉴于亭阁式塔结构简单，易于修建，故而多被平民百姓与僧人用作信佛信物与墓塔。

亭阁式塔在中国寺塔中也是较为普遍的一种，其特点有：塔身为方形、六角形、八角形、圆形的亭子状；均为单层，有的在顶上加建一阁；在塔身内设龛，安置佛像或墓主人塑像。

我国现存最早的亭阁式塔是太原市龙山童子寺造于北齐天保七年（556年）的四角单层亭阁式燃灯石塔。

花塔

花塔最初的发展是从亭阁式的墓塔开始的，即在单层亭阁式塔的塔顶之上加上几层大型仰莲花瓣以为装饰[4]。

花塔的主要特征是在塔身的上半部装饰各种繁复的花式，远观犹如一个巨大的花束。花塔的装饰内容由简到繁，丰富多彩，既有巨大的莲瓣、密布的佛龛，也有各种佛像、菩萨、天王力士、神人以及狮、象、龙、鱼等动物形象和其他装饰。有些花塔还涂上各种色彩，富丽堂皇。花塔的出现，是受到印度、东南亚国家佛教寺塔越来越多的雕刻装饰的影响，但更重要的也是我国古塔建筑发展的一个必然趋势，即从高大朴质向着华丽发展的结果。

山西五台山佛光寺唐代解脱禅师墓塔，顶上装饰重叠的大型莲花，是为先声，至宋、金时期（花塔也仅在此一时期），此一塔形方才真正形成。现存花塔实物不多，10余处。

其特点是塔身上半部装饰着莲瓣或密布着佛龛、佛菩萨、天王力士和动植物等图像，看上去犹似一束巨大的鲜花。我国现存最古的花塔是河北正定县建于唐贞元年间（785～805年）的广惠寺花塔。

金刚宝座塔

这种塔在佛教内容上，属于密宗的塔。它以五方佛为供奉对象，并象征须弥山五形。据北京西郊明永乐时创建、成化九年（1473年）建成的真觉寺金刚宝座塔碑记上说："其丈尺规矩与中印土之宝座无以异也。"《帝京景物略》也记载："成祖文皇帝时，西番板的达来贡金佛五躯，金刚宝座规式。"这两个记载说明，这一金刚宝座塔的形式，确系仿照印度佛陀伽耶金刚宝座塔的形式。但是把它与印度的金刚宝座塔相比，却有很多的差别。佛陀伽耶金刚宝座塔的座子较低矮，而真觉寺金刚宝座塔的座子很高大。佛陀伽耶金刚宝座上的五个小塔，中间一塔特高，四隅小塔甚小，而真觉寺金刚宝座上的五个小塔，中间一塔仅略高一些，四隅小塔仅略小一点。在雕刻技法和艺术风格上，真觉寺金刚宝座塔所表现的纯系我国传统的艺术特点，塔上还增加了中国建筑中的琉璃瓦罩亭。塔身各部所雕的斗栱、柱子、椽飞、瓦垄等，都是传统的中国建筑结构形式。整个宝座的高台，也反映出我国古代高台建筑的传统特点。

金刚宝座式塔，在佛教的内容上，是供奉金刚界五部主佛舍利的塔。佛经上说，金刚界有五部，每部有一个部主，即主要的佛。中为大日如来佛，东为阿閦佛，南为宝生佛，西为阿弥陀佛，北为不空成就佛。这五个部主都有各自的坐骑。大日如来的坐骑为狮子，阿閦佛的坐骑为象，宝生佛的坐骑为孔雀，阿弥陀佛的坐骑为迦类罗，即金翅鸟王。因此，在金刚宝座塔的座子和五小塔的须弥座上，都布满了这种坐骑的浮雕。这就是金刚宝座塔名称的由来。

按现存的大型实物看，金刚宝座塔在我国大多数是明朝以后修建的。但是它的实物形象，远在一千多年前就已经出现了。例如敦煌四二八窟北朝时期的壁画，非常清楚地表现了五塔的形式。原存山西朔县崇福寺内的一座北魏兴安元年（452年）所刻的小石塔，以及五台南禅寺唐代小石塔，也都是在一个大塔的四隅分刻四个小塔，虽然下面的座子较低，四小塔也甚小，但五塔的形式已经完全表现出来了，至少可以说是这种类型塔的雏形。

五台南禅寺大殿内的石刻小型楼阁式塔，高仅51厘米。从塔的形制看，大约与大殿同为中唐时期的作品。塔为四方形楼阁式，下面刻一个四方形台子，台子的四角各刻圆形亭屋一个，与主塔构成五塔的形式。这种小圆亭屋，是表示僧侣们禅修的建筑，有坐化其内之意，可作为塔来解释。因此，也具有金刚宝座五塔的形式[5]。

喇嘛塔

覆钵式塔亦名喇嘛塔、藏式塔，实为印度佛塔造型，元时由于喇嘛教的广泛传播，从印度、尼泊尔传入，成为中国寺塔中数量较多的一种类型，故又称喇嘛塔、藏式塔。覆钵式塔的特征非常明显，塔身部分是一个半圆形的覆钵，其上安置塔刹。覆钵之下建一高大的须弥座承托塔体，半圆形覆钵基本上保存了坟冢的形式。明、清以后，覆钵式塔成为高僧、和尚、喇嘛死后墓塔的主要形式，俗称和尚坟。中国著名的覆钵式塔有五台山塔院寺白塔。

塔林

塔林就是宝塔耸立，密集如林。这些寺塔多为寺院历代高僧和尚的墓塔，多至几十乃至几百不等。寺院历史越久，规模越大，塔林也就越大，塔的数量也就越多。在塔林中，各类型塔荟萃一堂，类型极为丰富，展示各个时代不同的风格和工程技术做法。

山西塔林数量很多，有山西五台佛光寺塔林、永济栖岩寺塔林等。

文峰塔

中国的古塔，绝大部分是佛教塔，但也有一定数量的古塔属于另外一个体系，那就是文峰塔，它是因民间堪舆术为补风水而建造的。明清之际，由于儒家的倡导，注重文人取士，出现了名目繁多的文塔，且具有相当数量，可以说这种塔是儒家从佛陀那里借来，作为兴文运、倡科举、培风脉、纪地灵的一种象征性建筑，如文风塔、文峰塔、文笔塔、文宣塔、文昌塔、魁星塔、状元塔等。这类塔塔身一般都修造得细长，恰似如椽大笔，有倚天铺地写尽乾坤沧桑之势。与遍布城乡的文庙、学宫、书院等文化建筑意义相同，都是寄托理想追求，取得心理上的平衡，同时由于此类塔的选址与当地地形地貌关系密切，所以客观上有利于山川形胜的美化。这种塔的建造，是受到佛塔的影响而产生的，但它毕竟不属佛塔类。

经幢

约在唐初，随着密宗的迢迢东来，寺庙建筑中出现了一种新的建筑类型——经幢。"幢"为梵文 Dhvaja 和 Kctu 的意译，原指佛像前所立用宝珠丝帛装饰的竿柱，后改为石制。其形式与塔仿佛，一般为八角形石柱，顶上覆以石质八角屋顶，上刻《陀罗尼经》。经幢是在唐宋时期由经塔演变而来的，这种小型塔均为石材雕刻而成，最早是表面都有经文雕刻，到了后期演变成了佛像或者花纹。密宗相信，这种经幢具有无限的法力，可以镇魔驱邪，护佑太平，如《佛顶尊胜陀罗尼经》中所说："佛告天帝，若人能书写此陀罗尼，安高幢上……于幢等上或见，或与幢相近，其影映身，或风吹陀罗尼上幢等尘落在身上、彼诸众生所有罪业"。经幢置于殿前庭院内，平面多样，方形、六角形、八角形，八角形居多。塔身有二、三、四、六层之分，由幢顶、幢身和基座三部分组成。幢身立于三层基坛之上，隔以莲华座、天盖等，下层柱身刻经文，上层柱身镌题额或愿文。

第二节　山西古塔的历史沿革

山西古塔林立，历史悠久。佛教传说，印度阿育王所造的八万四千座佛舍利塔，中国有19座，山西就有5座：姚秦河东蒲坂塔、晋州霍山南塔、齐代州城东古塔、并州净明寺塔、并州榆社塔。作为文物大省，全国现存古塔3000余座，山西就有580余座，约占全国的五分之一，因此，山西有着"中国古塔的展览馆"的美誉。

一、两晋十六国时期山西地区佛塔的发展

山西地区在这一时期所处的位置是北方少数民族和中原汉族统治阶级你争我夺的要地。在后赵石勒兴佛之后，佛教在山西地区有了很大的发展。由于佛图澄的推动，当时山西成了佛教传播的中心，其弟子释道安最后也隐居在山西讲经说法。据文献记载，当时山西全境都有佛寺佛塔兴建。虽然没有实物参考，不过可以推断当时佛塔还应该是以木制楼阁式塔为主，以延续后汉三国时期的楼阁式建造方法。这些都为后面南北朝时期佛塔的兴盛打下了坚实的基础。

二、南北朝时期山西地区佛塔的发展

山西地区在南北朝时期主要是处于北朝统治范围内，北朝佛教更胜于南朝。北朝的建塔尤以北魏为主。北魏建都云中盛乐（今内蒙古和林格尔），398年迁都平城，439年统一北方，493年起迁都洛阳。北魏政权统一北方以后，为了化解与汉族的民族矛盾，巩固少数民族政权，进行了一系列的汉化改革。据《洛阳伽蓝记》记载，北魏后期百姓殷富，年登俗乐，衣食粗得保障。北魏一直大力扶持佛教，甚至将佛教视为国教。虽然期间有过两次灭佛活动，但是总体来说在北魏时期佛教被发扬光大。佛塔佛寺石窟的建设空前发展，北魏一百多年应该是一个塔寺林立的时代，正所谓"招提栉比，宝塔骈罗"[6]。山西地区在北魏时期成为政治文化中心，所以这一时期在山西地区建有很多佛塔和石窟，一些还留存至今。天兴元年（398年），道武帝在首都平城"作五级浮图，耆阇崛山及须弥山殿，加以绘饰"。[7]皇兴元年（467年），

献文帝又于平城"起永宁寺，构七级浮图，高三百余尺，基架博敞"[8]，于天宫寺内"构三级石佛图高十丈，榱栋楣楹，上下重结，大小皆石，镇固巧密，为京华壮观"。以上三座佛塔都建在今山西大同地区，虽然已无实物可考，但从描述我们可以看出其建造水平和规模已经相当高了。

山西地区现存的北魏遗留的佛塔实物最早的要算今天山西省朔州市崇福寺内保存的北魏千佛石塔。在山西境内还有一处北魏时期的遗迹对我们研究当时的佛塔有很大的帮助，这就是云冈石窟。在北魏时期山西地区现存还有一个塔同样有着重要的地位——五台山佛光寺祖师塔。

山西地区南北朝时期关于佛塔的遗迹还有始凿于东魏天平元年（534年）的太原天龙山石窟，太原市童子寺内的燃灯石塔，建于北齐天保七年（556年），也是南北朝时期留存下来的佛塔实物之一。

在南北朝时期，山西地区的佛塔数量应该是很多的。由于统治者的大力支持，以国家财力为坚强后盾，这一时期的佛塔无论从体积还是华丽精美程度都是之前所没有的，这是山西地区佛塔发展的一个加速期。从建筑本身来说，山西地区主要是以方形楼阁式塔为主，木结构或者砖石仿木结构塔居多。一些墓塔也采用了施工简单、造价较低亭阁式塔或者级数较少的楼阁式塔的形式。在装饰方面，除了运用一些建筑构造上面的构件以外，还采用了佛教的元素，如火焰券、叠涩莲瓣等，使得佛塔的佛教意义与建筑有机地融为一体。这对后来隋唐以及宋代之后的造塔有着深远的影响。

三、隋代山西地区佛塔的发展

隋代历时短短的37年（581～618年）。山西地区在隋代有并、代、隰、朔四州，并设有总管府。到了隋炀帝即位以后，废总管府建置，改州为郡。此时晋地有13郡。佛教经历了北周灭佛之后，在隋朝得到了复苏，并大力发展。隋炀帝为晋王时就崇拜佛教，秦王杨俊出镇太原，同样尊佛敬道，且自请出家为僧。后来，继任者汉王杨谅守晋阳，崇佛程度更甚，请了大批僧人来晋阳，并州在当时成了河东佛教繁兴的地方，据说当时的潞州（今长治市）就有佛塔。

在隋朝短短37年的时间里建造了大量的佛寺佛塔，隋文帝分三次在全国建了约100多座，据刘敦桢先生研究均为木塔。由于诸多原因，全国现存隋代的佛塔实物，仅有山东历城四门塔。在山西地区，我们没有找到隋代的佛塔实物，只能通过一些碑刻文字和石刻来了解隋代的建塔情况。山西永济市中条山栖严寺上寺，现存有隋代建舍利塔碑，碑书"大隋河东郡首山栖严道场舍利塔碑"。《栖严寺新修舍利塔殿经藏记》有云："蒲城东南十五里，抵中条山，登山复五里，届栖严寺，隋武元皇帝藏舍利之塔庙也"，"嗟乎，佛之像貌，去世逾远，其所遗者，有舍利在，今塔庙圮毁，讫为平地，我将表饰之"。由此可见隋文帝曾在栖严寺建仁寿舍利塔。此碑见于周显德六年（959年），可见显德年间舍利塔就已经毁掉了。前期隋文帝时三次较大规模地造塔，并且颁布了统一的造塔图样。

《隋国立舍利塔诏》有云:"分道送舍利,往前建诸州起塔。其未注寺者,就有山水寺所,起塔依前山,旧无寺者,于当州内清静寺处建立其塔,所司造样送往当州。"可以推断,这次所造之塔形式应该是统一的。以当时的生产力水平,只有造木塔可能实现在短期内建造大量的佛塔,也就是说当时在山西地区造的佛塔是以方形木结构楼阁式塔为主的。文帝之后两任皇帝一共才统治了十四年,而且隋炀帝统治后期爆发了农民起义,所以在隋代后期建造太多佛塔的可能性不大。这样也就解释了为什么隋代佛塔都没有遗留下来,可能是战火毁掉了这些木塔。

四、唐代及五代时期佛塔的发展

唐代祈福建塔仍为社会的主要佛教活动之一。塔的结构承袭南北朝时期的木构与砖石两种主要形式,但是由于木结构容易拆毁和朽坏,所以现存唐代的佛塔均为砖石塔。墓塔的建造在唐代十分普遍,并已经属于寺院制度之一,凡寺内住持、大德及道高德长者入灭后皆要为之立塔,以表示敬仰并供后人礼拜。墓塔有两种,一种为取舍利或骨灰起塔,称为烧身塔;另一种是将僧人尸身完整保存在塔内供人礼拜,称为真身塔或龛塔。运城报国寺泛舟禅师塔和平顺明惠大师塔为唐代墓塔的重要实物例证。

在这一时期,唐朝的国力被世界公认为头号强国。无论从经济、政治、军事和文化哪个方面都对世界,特别是周边一些国家有着相当的影响。佛教在此时开始了它的鼎盛期。唐朝的统治者对佛教的态度是管理、整顿、扶持、利用。统治阶级更多的是出于政治目的,把佛教当成一种正统儒学之外的重要辅助手段加以利用。这一时期儒、释、道三者都在大力发展,统治阶级始终让这三者保持一种平衡的状态。在这一时期本土宗教与外来文化的交流也极为广泛,对于亚洲乃是欧洲的文化传播有着深远的意义。

佛教本身在这一时期已经到了一个相当的程度,寺院经济也已经成为一种独立的经济模式,这也为唐代佛教本土宗派的形成提供了稳定的物质基础,同时也是佛寺佛塔大兴的一个基础。这一时期建造的佛寺佛塔数量众多,分布的范围也很广。唐代开始出现了许多砖石仿木结构的佛塔,这是鉴于前朝所建的木结构塔耐久性差、易损毁,因此改进而来的。唐朝历代统治者都在山西五台山地区大兴佛教,建造了很多佛寺佛塔,期间虽然有唐武宗灭佛的发生,佛教受到打击,但是到了宣宗再次兴佛,并在五台山兴建了多座寺院,现存的佛光寺东大殿就是在这一时期重建的。就现存的唐代佛塔实物状况来看,覆盖面也很广,山西地区的唐代佛塔占有相当的数量。山西地区现存唐代各类型佛塔有三十余座。从唐代开始我国佛塔的发展就进入了一个砖石仿木结构的时代,木结构塔数量的减少,也是造成现今唐代木构佛塔空白的主要原因。

五代时期持续了短暂的半个多世纪的时间(907~960年)。这一时期战事频繁,政权更替频繁。政局的动荡决定了当时人力、财力的匮乏,也就导致了五代时期佛塔佛寺建设方面无所建树,而且数量很少。五代时期是佛塔发展史的一个过渡时期,大型佛塔从单一的方形平面过渡到了六角形、八角形平面，立面装饰由简到繁，仿木结构进一步深入。内部结构由空筒向回廊式、折上式过渡。楼阁式塔也显著增多。山西地区现存五代实物，以小型佛塔留存的实物居多，大型塔只有临猗间原塔基本保持唐代风格，墓塔是五代时期实物塔的主要类型。繁峙县秘密寺玄觉大师塔建于北汉天会七年（963年），平面六角形，单层亭阁式砖塔，是山西五代时期墓塔的代表作。

五、宋代山西地区佛塔的发展

宋代是塔蓬勃发展的时期，山西地区现存的宋代佛塔三十余座。塔的类型繁多，楼阁式塔、密檐式塔都有了较大发展，全省各地留存下了许多这一时期的塔，但是却没有形式完全相同的，即使在同类型的塔中，也很少有形式完全相同的，每座塔都凝聚着造塔匠师的创作激情。尤其是有了平座以后，塔为人们提供了观光的平台，使塔除了埋葬舍利、礼佛之外，还兼有了观光游览的功能。

宋朝（960～1279年）是中国历史上一个文化、经济、科技高速发展的时代。这主要是因为宋朝开国时期为了避免唐朝末年那种藩镇割据和宦官乱政的现象再次发生，采取了重文轻武的施政方针，也正因如此，一直以来在军事方面就弱于北方邻国。1004年，北宋真宗与辽国在澶州定下了停战和议，约定宋辽为兄弟之邦，这使山西地区北部今大同市等地区被划分给辽国。1127年，金国大举入侵，迫使北宋南迁，从此北宋亡，南宋建立。这时晋地也全数被金国所占领。山西地区在北宋统治时期，统治阶级与佛教关系稳定，佛教在统治阶级的控制之下得到了很大发展，各个派别也都有各自的发展。五台山佛教从太宗到仁宗"三代圣主，眷想灵峰，流光五顶……清凉之兴，于时为盛"（镇澄《清凉山志》卷四）。北宋末年太原城重建时，也是大兴土木建造佛寺佛塔。河东路14州多有寺庙，总计359处[9]。这个时期遗留下来的佛塔实物也是数量可观的，可见这一时期佛塔的发展达到了一个高潮。

在宋代除了佛教用以供养的佛塔外，衍生出了一些其他用途的塔，如瞭望、引航等。在佛塔当中，大型塔较唐代楼阁式增多了，而且楼阁式塔内部都是中空的，除了延续唐代的空筒式，还发展出了壁内折上式。宋代的楼阁式塔特点是层层有窗，可供人登临之用。太谷县无边寺白塔就是典型的宋代壁内折上式楼阁塔。宋代佛塔平面以八角形居多，其次是六角形平面，方形平面使用很少，而且方形平面的佛塔多沿用唐代风格，如万荣县八龙寺塔。密檐式塔平面形式八角形、六角形、方形多种形式并存，立面形式较唐代塔更加丰富活泼，山西地区有代表性的要数安泽县郎寨塔。宋代大型佛塔在塔身装饰上比唐代有了很大发展。多是以佛像嵌于塔身，既体现了佛塔的意义，在艺术上也起到了装饰作用。从材料说，在宋代木塔被使用越来越少，山西地区已经没有宋代遗存的木制佛塔实物了，佛塔主要是以砖塔或者是砖石混合结构塔为主，石塔主要还是局限于墓塔、造像塔、经幢等小型塔。总的来说，山西地区宋代佛塔的发展是佛塔史上一个高峰期的开始，无论数量还是质量，山西现存的宋代佛塔实物在全国都占有很重要的地位。

六、辽代山西地区佛塔的发展

辽代是我国北方少数民族统治的政权，由契丹人统治，正式建国是在公元 916 年，直到公元 1125 年被女真族所灭。其实大部分时间辽国与北宋是并存的，而且多年征战不断，直到公元 1004 年和宋真宗结盟，才停止战争。当时山西地区的北部地区属于辽国统治，为西京道，包括今天大同地区部分县市。最早契丹的宗教是当时的巫教，后来为了统治汉族，大力推行佛教，辽圣宗、兴宗和道宗都大力崇佛，沙门守约《缙阳寺庄账记》记载，兴宗曾赏赐僧人殿宇及僧房 380 间之多，并有园林等。辽代统治者在西京道留下了大量的佛教建筑，如今天的应县木塔，大同善化寺、华严寺等。

辽代山西地区遗留下来的佛塔实物，主要集中在今天大同地区一带。从这些实物中可以看出辽代佛塔的一些特点。辽塔形式里面以密檐式砖塔为主，平面一般为八角形。辽代密檐式塔标准式样是有基座，基座分三种：体型较小的塔基座为平座无装饰，较为简单的施以一层基座，比较复杂的二层基座，有的还带有雕刻及仿木构件支撑。一层塔身比宋塔高，一般为 4~6 米，占整体高度差不多五分之一。二层往上密檐式，每层的距离变小，带收分，一般没有门窗。檐部有一层或下面两层斗栱，其余为叠涩出檐，也有全部叠涩出檐的。内部为实心，一层可能有小内室。辽代塔一般不做登临远眺之用，所以塔身上也比较少开门。灵丘县觉山寺塔是典型的辽代佛塔。

辽代密檐式塔盛行于北方，辽代塔的密檐多做十三层，其原因主要是由于《大般若涅槃经》中有"佛告阿难，起七宝塔……凡十三层"的缘故。佛言人生有十三大难，凡修造过十三层塔的人，表示已经受过十三大难之考验，达到了成佛境地。

辽代佛塔更加注重在建筑细节上的发展变化，在其塔基、塔身各部分尽可能地雕刻各种佛教相关的形象，从中体现佛教的特征。这也成了辽代佛塔发展的一个重要方面，因而造就了一批具有相当艺术水平的精品。

山西地区最著名的辽代楼阁式塔是朔州市应县木塔。

七、金代山西地区佛塔的发展

山西地区在这一时期属于金代的三个行政区划范围：西京路、河东北路和河东南路，分别设大同府、太原府和平阳府。女真族没有自己的文化，主要是沿用辽代的文化和吸收汉族的文化。对于佛教也比较推崇，不过由于在金代经济、科技发展不是很快，所以金代的佛塔没有形成自己的风格和技术特点。金代佛塔主要是以模仿唐、宋塔和沿袭辽代佛塔为主，还有一些经幢遗存下来。金刚宝座式塔也是金代的一种比较特别的塔，但是山西地区没有实物留存。大同浑源县圆觉寺塔就是金代沿用辽代风格的。圆觉寺塔建于金正隆三年（1158 年），平面八角形，9 层，高约 30 米，密檐式砖塔。各个部分都和辽代佛塔非常相似。陵川县的三圣瑞现塔是金代佛塔当中仿唐风格明显的代表作，而模仿宋代风格的有平遥慈相寺麓台塔，原平灵泉寺塔则是一种变形之后的密檐式塔，娄烦县的米峪镇石塔是经幢式塔的遗留实物，此外金代在山西地区还有一些墓塔。

总的来说，金代佛塔的发展处于一种过渡时期，对辽代佛塔的发展基本是一个延续的过程。

八、元代山西地区佛塔的发展

蒙古统治者忽必烈于公元1271年建立元朝，1279年灭南宋。直到1368年朱元璋建立明朝，元朝统治宣告结束。当时山西地区属于元朝的统治核心腹地。在行政区划上元朝基本保持了金代的制度，山西地区依然是三部分。元朝主要推行的是藏传佛教，即喇嘛教。佛教在这一时期比较受推崇，元成宗和武宗三次营建五台山，建造大万圣佑国寺、殊像寺等，藏传佛教在五台山传播，都是佛教在山西大力发展的证明，在这一时期建造了大量的喇嘛塔，即覆钵式塔。代县圆果寺阿育王塔也是山西比较有名的元代喇嘛塔之一。

然而佛教的发展并没有给佛塔的发展带来契机。元朝统治者对于中原汉族制度虽然照搬，但是无法改变自身的游牧民族习性，再加上连年征战、扩大疆土，佛塔作为建筑形式没有得到系统的发展，楼阁式与密檐式塔比较辽金佛塔不仅没有什么大的发展，反而在形式上简化了辽金佛塔上面的一些艺术装饰，例如阳曲县帖木儿三塔、交城天宁寺塔等。在山西，现存的一些元塔当中还有相当一部分是经幢式塔、墓塔等小型塔。

宋元时期的佛寺无造塔之风，这与宋元时期的禅宗盛行有较大关系。禅宗教义不重塔的供养，所以宋以后的禅刹中不重立塔已经成为一种趋势，元代则继承了这一做法。元代的造塔介于宋代、明代两个建塔高潮之间，处于一种低落、停滞状态。山西现存元代塔以墓塔为多，其样式与传统塔相异，随意性很大，这与元代木构建筑的特征基本相同。

总的来说，元代佛塔的发展进入了低谷，直到明清两代，佛塔虽然形式变得五花八门，但基本上是将一些原有的元素重新进行笨拙的组合，而得到的结果是出现了更多奇形怪状的塔，佛塔已经没有了创新的发展，这也是佛塔发展走下坡路的一个开始。

九、明清时期山西地区佛塔的发展

在中国佛塔发展的历史上，明清两代可谓是塔的杂变时期。

这个时期的创新，是成形于明代的金刚宝座塔。其特点是筑五塔于一座高台之上。同样，这种形式也早有其先河，即8世纪初的北京房山区云居寺五塔，但其后七百余年间，它却处于休眠状态，直到15世纪晚期才得复苏。尽管这种塔形在全国并不普遍，但现存实例已足可构成一种单独的类型。[1]

明清之际，山西还出现了名目繁多的文塔，且具有相当数量，如文风塔、文峰塔、文笔塔、文宣塔、文昌塔、魁星塔、状元塔等。此时建塔已不纯系事佛，而常常是为了风水。这种迷信认为自然界的因素，特别是地形和方向，会影响人们的命运，因而建塔以弥补风水上的缺陷。这类塔建筑是儒家从佛陀那里借来，作为兴文运、倡科举、培风脉、纪地灵的一种象征性建筑，与遍布城乡的文庙、学宫、书院等文化建筑意义相同。在分工很不发达的封建社会，科举取士可以说是人才纵向流动的一条渠道，因为离开了这条渠道，下层人士很难实现阶层跃进。学子们为追求金榜题名而"青春作赋，皓首穷经"，所谓"十年寒窗，九载熬油"，为的是"朝为田舍郎，暮登天子堂"。清代从顺治三年丙戌开科（1646年），到光绪三十二年丙午科停考（1906年），其间共考过112科，出了112名状元。山西、云南、甘肃三省没有人中过状元，可见造文塔未必能使"科甲鼎盛，功名显达"，但它可以寄托理想追求，取得心理上的平衡，客观上有利于山川形胜的美化。

自1234年金亡之后，密檐式塔突然不再流行，而被多层塔所取代。在明代，这类塔的特点是塔身更趋修长，而各层更显低矮。在外形上，塔身中段不再凸出，较少卷杀，通体常呈直线形，收分僵直；屋檐的比例比原来木构小得多，出檐很浅，而斗栱纤细甚至取消，使屋檐沦为箍状。这类塔实例很多，建于明嘉靖二十八年（1549年）的山西汾阳市灵严寺塔，是一座典型的明代塔。山西太原永祚寺双塔建于明万历二十三年（1595年），其出檐深远，塔的外观由于檐下较深的阴影而比一般的明代塔显得明暗对比更强烈。

第三节　山西塔幢实例

一、经幢

唐初出现了一种新的佛教建筑形式——经幢，它不仅是重要的佛教法物，同时也是寺院空间的重要组成部分。经幢上镌刻佛教经咒，最常见的是镌刻《佛顶尊胜陀罗尼经》。该经是密教名经之一，是释迦牟尼为解救善住太子面临的短命寿终，受畜牲、地狱等苦难而说的。唐大历十一年（776年），唐代宗下令"天下僧尼每日须诵尊胜陀罗尼二十一遍"，使中唐以后的陀罗尼经幢建造之风大兴。陀罗尼经流行后，经幢的形制逐渐复杂，装饰趋于华美，雕刻的内容也越来越讲究，最终融宣传佛教内容、雕刻艺术、建筑于一体。经幢一般放置在寺院、交通要道、信徒家中、墓侧等处，其中置于寺院和交通要道的经幢，除能消除建幢者的恶业外，还能达到感化过往行人之目的。在佛教宗派中，密宗和净土宗多立之。山西保存有不同时代的《佛顶尊胜陀罗尼经》经幢，佛光寺现存唐代经幢2座，其中唐大中十一年（857年）建造的经幢较为精致。幢身平面为八角形，高2.84米。基座束腰处刻壶门，上雕石狮及覆莲瓣。幢身上设八角形宝盖，每面悬璎珞一束，宝盖之上设八角矮柱，四正面各雕佛龛一尊，中置佛像，最上为莲瓣及宝珠。交城天宁寺现存经幢6座，皆为唐贞元、元和年间（785～820年）所建，有方形、六角形两种。潞城原起寺经幢，建于唐天宝六年（747年）。这些经幢都是唐代经幢中的精品。

下马城经幢

位于静乐县赤泥洼乡下马城村中。青石质，顶部及底基均失。主体呈八棱状，通高 2.48 米，边长 0.30 米。下部为覆莲八边形柱体，每面均刻有力士、花卉等；中部八棱经幢刻经文，首题"佛顶尊胜陀罗尼经幢"。经幢上置圆形仰莲托盘柱体。最上层为八棱状，每面刻一位菩萨像。唐元和十五年（820 年）刻石。

勋香北街经幢

位于汾西县勋香镇勋香村中。据形制分析为唐代建造。占地面积 0.6 平方米。青石质，幢首为宝瓶式，座佚。幢身为八棱柱形，共五层，高约 9 米，底径 0.65 米，每面阔 0.25 米。一、二、五层刻经文，四层分上下两小层，每层每面均设佛龛，龛内坐佛和立佛各一、四、五层幢檐均八角攒尖式。

佛顶尊胜陀罗尼经幢

位于交口县康城镇康城村内。经幢通高约 4.51 米，砂石质雕造，分基座、幢身、幢盖、仰莲、连珠、阙楼、宝顶等七层。基座砂石垒砌，一层为幢身，平面呈六边形，每边长 0.44 米，高 0.8 米，首题"佛顶尊胜陀罗尼经序"，记有唐"永昌"、"贞观"年号以及"日照三藏法师梵本翻译译讫"等内容，字迹漫漶不清。幢身上有六角攒尖形幢盖，幢盖上有连珠，连珠上有

图 10-1 静乐下马城经幢　　资料来源：作者自摄

图 10-2 汾西勋香北街经幢
资料来源：山西省第三次全国文物普查资料

图 10-3 交口康城佛顶尊胜陀罗尼经幢
资料来源：山西省第三次全国文物普查资料

六边形台座，装饰海水、帏幔。台座上雕龛窟，龛内雕三身造像，面部表情和衣纹特征漫漶不清，龛窟上雕阙楼，檐角雕有蹲狮，宝顶为葫芦形，下雕仰莲。

二、塔林

栖岩寺塔群

位于永济市韩阳镇下寺村东南中条山上。据清乾隆年《蒲州府志》载，寺初名灵居，创建于北周建德年间（572~578年），隋仁寿元年（601年）改今名。隋唐时在河东诸寺中最负盛名，隋文帝曾以外国所赠玛瑙盏施寺为供，唐玄宗曾来寺避暑，唐代名士多有题咏。原寺分上、中、下三寺，现皆毁，分布面积110万平方米。上寺为主寺，原建有大雄宝殿、毗卢殿、禅房、道场、望川亭、昙延洞、舍利砖塔等建筑。现存原石门洞、栈道、望川亭、原佛殿等遗址及塔群。塔群中有唐大禅师塔1座，五代后唐石塔1座，宋代舍利塔1座，元代六角二层砖塔2座及明、清禅师塔21座。除宋塔高居西峰外，其余各塔身居东草坪。原存隋唐至明清时期碑刻10余通，现遗址中仅存明碑2通，下寺村内存明碑1通，博物馆内存隋《栖岩道场舍利塔碑》1通及宋范纯仁题名碑1通。

图 10-4 永济栖岩寺塔群　　资料来源：山西省第三次全国文物普查资料

三、石塔

童子寺燃灯塔

位于太原市西南 20 多公里的龙山东麓。清道光《太原县志》载："童子寺在县西十里龙山上，北齐天保七年宏礼禅师建。时有二童子见于山，有大石似世尊，遂镌佛像，高一百七十尺，因名童子寺，前建燃灯石塔，高一丈六尺……"北齐文宣帝高洋常来此游览，唐高宗李治和皇后武则天也曾来此瞻仰大佛，赐披袈裟。寺院金末毁于兵火，明嘉靖元年（1522年）重建，现寺内建筑及石雕佛像仅存遗址，独燃灯塔仍屹立于群山之中。

塔为石质，高 4.12 米，基石平面呈六角形，上刻圆形基座，座下部周围刻有六力士，上部内收作束腰，腰上刻有雕饰，已风化不清，束腰基座约及全高之半，其上为六角形平盘，上建塔身，内设六角形灯室，灯室三面辟门，外壁和门额上均刻有装饰物，现依然可清晰看出其中两尊佛像，头部虽已风化，但佛的坐相、衣纹仍清晰可见，当为北齐的手法。灯室上为六角形塔顶，檐头微微上翘，顶中央收做一个六角形小顶，顶部透空，燃灯烟火从上排出。塔身比例适度，造型秀美，是中国已知最古的燃灯石塔。

羊头山石塔

位于高平市团池乡李家庄村北约 500 米处羊头山上。山巅刻石，状似羊颈，故得名。羊

图 10-5 太原童子寺燃灯塔
资料来源：历史资料照片

图 10-6 高平羊头山石塔 1
资料来源：作者自摄

图 10-7 高平羊头山石塔 2
资料来源：作者自摄

头山在山阳，有石窟佛龛九区，其中石雕造像从北魏至唐代，均有遗存，甚为珍贵。

石塔共计有6座，其中2座残损坍塌较甚，皆为唐代建造。石塔体积不大，高度多在4～6米之间。平面有方形和圆形两种，有密檐式和楼阁式，有单层、五层、七层不等，分布在山巅、山腰。

石窟东侧面的圆形石塔，为密檐式，现残存四级，总高2.4米，下层塔身较高，高0.9米，上层塔身高0.4米，以上逐层高度递减，作成叠涩塔檐，塔内中空，南向辟壶门。

羊头山石塔除方、圆两种和单层、多层之分外，其余形制大体相同，造型古朴，手法简洁，是中国早期古塔中珍贵实物资料。

法兴寺燃灯塔

位于长子县法兴寺内，又名石灯塔、灯掩、灯台，俗称长明灯。在中国古代，燃灯塔曾是寺庙中重要的小品建筑，是举行法会或迎接尊贵宾客时的照明用具，其流风所及，远及日本、朝鲜等国。中国保存至今的燃灯塔共3座，其中两座在山西境内，一座为北齐天保元年(551年)建造的太原童子寺燃灯塔，另一座即为这座镌造于唐大历八年(773年)的燃灯塔。

塔通高2.58米，平面八角形。基座下设有底盘，每面均雕有瑞兽。底盘上设有二层基座，下层基座叠涩束腰式，束腰内每面均刻有壶门，壶门内雕伎乐天，手执乐器，歌舞翩翩。壶门隔柱上刻有"唐大历八年清信士董希叡……于此寺敬造长明灯一所"题记。上层基座为仰覆莲瓣圆形束腰，束腰内雕刻凸起的圆球形花蕾含苞待放。基座上建仿木结构四门空心八角灯亭，高0.48米，每角立有束莲倚柱，上置栌斗，斗上承一斗三升栱，两柱间上设阑额，下置地栿。灯亭门为方形，窗为破子棂窗，八角形仿木塔檐，八面八角雕屋脊和瓦垄，檐角略有起翘。塔檐上承山花蕉叶，宝珠式塔刹；空心灯室是当时放置灯烛的地方，夜间灯火由四门射出，光披寺周。

　　法兴寺燃灯塔是现存燃灯塔中雕造最为华丽的一座，自下而上运用六边形、海棠六边形、圆形、八角形、方形等几种形状的组合，寓多种变化于一体，极富装饰意味。外形雕造华丽，比例和谐，线条流畅精细，从一个侧面反映了唐代石雕建筑的技术水平。

东阳朝塔

　　位于永济市虞乡镇东阳朝村中。据塔铭记载，该塔为唐天宝十三年（754年）四川王府将军为云巧妹建立的功德塔。石塔平面方形，为四层楼阁式，通高2.74米。塔座方形，四面辟壸门，四角浮雕力士。塔身各层叠涩出檐，收分不均，一层南向辟圆形拱门，门两侧浮雕力士，塔壁四面刻有铭文。三层正面辟一佛龛，内雕坐佛1尊。塔刹为一动物俯卧浮雕。

玉溪村石塔

　　位于沁水县胡底乡玉溪村中。石塔基座颇高，由三个四角束腰须弥座垒成，最上一个是束腰莲座，莲座的下层雕刻着单层束莲瓣，上层雕刻着双重仰莲瓣。中间一个是双重束腰须弥座，其中层、上层为叠涩式，二层束腰上还刻着建塔缘起和施主姓名、年月，知为唐代石塔。下面一个是由片石砌成的束腰须弥座，上面没有任何雕饰。其下为单层方形基台，由前后两块片石砌成。基台曾予重修，更换过前后二石。塔座之上为四角五层密檐式的塔身，一层较高，正面辟一方形佛龛，龛门两侧雕刻着金刚力士和盘龙柱。

图10-8 长子法兴寺燃灯塔
资料来源：作者自摄

图10-9 永济东阳朝塔　资料来源：山西省第三次全国文物普查资料

图10-10 沁水玉溪石塔
资料来源：山西省第三次全国文物普查资料

拱券门上雕着仙鹤、仙马、飞天、力士、立佛、祥云等图案。佛龛内雕刻着佛和阿难、迦叶及二胁侍菩萨。佛龛背面为刻石文字。塔身的其余各面均雕有佛龛和坐佛，雕刻相当精细。塔檐分四层叠涩挑出，最上层为庑殿顶。塔刹呈方盘状。上置双层仰莲组成的刹身和桃形宝珠刹顶。该塔通体石质雕刻而成，总高6.5米，精致秀丽，具有颇高艺术价值和学术价值。

东庄则空王佛山塔

位于榆社县河峪乡青阳坪村东庄则自然村西北空王佛山山顶。据碑记载，始建于唐代，明正德年间（1506～1521年）修葺，现存为唐代遗构。方形单层楼阁式石塔，通高2.6米。塔由塔基、塔身、塔刹三部分组成。塔基平面方形，为仰覆莲束腰须弥座，高1.15米，边宽1.5米，四角设倚柱，柱间共嵌石碣3方。塔身单层空心，正面辟圭角形壸门，上部设覆斗式塔檐，檐下施仿木石雕斗栱，均一斗三升。塔室内有一立佛，无头，佛身断为两截。塔刹已佚。

慧峰禅师塔

位于泽州县金村镇寺南庄村北300米处。据塔身题记记载，修建于唐代，现存建筑为唐代风格。塔为八角单层石塔，通高4.8米。塔基平面八边形，仰覆莲须弥座，束腰刻有莲苞、人形鸟，塔身八角形，每角饰束莲柱，塔室中空，正面辟方形门上施火焰、垂幛纹，八角形宝盖，上置山花蕉叶覆钵、仰覆莲刻刹座，宝珠式塔刹。

图10-11 榆社东庄则空王佛山塔
资料来源：山西省第三次全国文物普查资料

图10-12 泽州青莲寺慧峰禅师塔
资料来源：作者自摄

图10-13 平顺大云院七宝塔
资料来源：作者自摄

大云院七宝塔

位于长治市平顺县北耽车乡实会村西北约500米的双峰山山脚下。八角二层青石质塔，通高6米。基座两级皆束腰须弥式，雕仰覆莲瓣、狮子、麒麟、力士、壸门等，壸门内雕有乐伎和舞伎。塔身二层，每层雕有间柱，正面雕板门，门两侧置二天王像，背面雕比丘半掩门。塔檐雕有飞天；二层塔身雕板门、门簪帷幔等。上为仰莲、矮柱、宝珠等组成的塔刹。

南村石塔

位于高平市唐庄乡南陈村北600米处。塔为石质，平面方形，五级密檐式，因塔刹丢失，现高约3米。塔基为整块石板铺砌，高0.2米。一层塔身0.67米见方，高0.95米。由四块石板围合成空心塔室，南面券一拱形门洞，两边各雕力士一尊，门楣饰以缠枝花卉、人字梁、盘龙火焰宝珠、兽面等。塔室内雕一佛二弟子二菩萨。第二层塔身0.63米见方，高0.25米，四面刻有建塔铭文，可惜剥蚀严重。二层以上塔身高仅0.2米，均由整块方柱形石料垒造，并逐级收分，叠涩出檐。塔各面均辟一龛，内为结跏趺坐式佛像。塔顶仿木构建筑雕作四角攒尖式。塔建之年虽因铭文风化难于辨认，但从建筑风格判断，造型俊逸，手法古朴，富于变化，当为唐建，是唐代晋东南民间石作技术发展的实物例证。

法兴寺舍利塔

又称石殿，通体用砂石板构造。平面呈回字正方形，每边长8.8米，安拱形石板门，重檐楼阁式，塔檐叠出三层，内部构成四方藻井，上面四坡施檩椽，斗栱支檐，脊吻皆备四角攒尖宝珠顶。下层内槽可绕行一周，四壁壁画，人物形象端庄，服装色彩深沉。整个外形似塔非塔，似殿非殿。是我国现存唐代古塔中的孤例。

法兴寺石塔

山西最早的密檐式塔是长子县慈林山法兴寺前院的两座唐造的八角三层密檐式石塔。位于法兴寺内舍利塔东西两侧，共两座，形制基本相同。造于唐咸亨四年(673年)，塔平面八角形。方形基座高0.58米。塔身3层，东塔高4.79米，西塔高4.94米，东塔一层高0.86米，二、三层高度尚不及其半。一层塔身南面下部1/2处辟小券洞门，塔顶仰莲座上置覆钵及相轮六重。石塔外形轮廓小巧优美，塔面青石垒砌，素平无饰。

寺外不远处另一座唐塔外形修长，形似经幢。束腰方形基座，束腰部分雕刻花卉纹饰，座上沿刻出宝装莲瓣，形状丰满圆和，唐风浓郁。塔身五层，一层较高，其余几层形制如同密檐式塔，高度之和几与一层相等。塔檐正反二层叠涩，塔刹由二层仰莲承托，上置山花蕉叶、覆钵，顶端由仰覆莲上置宝珠收刹。一层塔身嵌元至元二十一年(1265年)墓碑1块，为蒙古建元之前数年统治这一地区时修建庙宇者所置之物。

法兴寺石塔体量较小，比例适度，风格古朴，造型优美，说明唐代晋东南石作技术发展已达到较高水平。

图 10-14 长子法兴寺舍利塔　　资料来源：作者自摄

图 10-15 长子法兴寺石塔

邢村石塔

位于高平市三甲镇邢村西北。据石塔题记及碑文记载，创建于唐开元十年（722年）。方形五级密檐式砂岩石塔，坐北朝南，通高3.84米。塔基方形，每边长0.73米，第一层塔内空心，由四块高1米的石板竖立拼装而成，内壁雕一佛二胁侍，南向设门，门外各雕力士一尊，门楣上刻发愿文和建造题记。二层以上实心，塔檐叠涩，层高0.22米。正面及左右均雕佛龛，龛内有坐佛1尊。塔顶庑殿式，戗脊上各雕戗兽1只，四角有悬挂风铎的穿孔。

平顺明惠大师塔

在平顺县城东北35公里虹梯关乡红霓村紫峰山下海慧院遗址上。塔位于村后山坡下，唐僖宗乾符四年（877年）建，是唐塔中的精品，保存完整更是难得。单层亭阁式方形石塔，通高6.5米，边长2.21米，单檐单层五叠四柱式，覆钵尖锥顶。通体由塔基、塔座、塔身、塔檐、塔刹五部分组成，整体比例匀称，轮廓秀美。

塔基高1.53米，用青石垒砌，仿木构建筑框架凿造，平面方形，四面枋柱交错，贯以铁质铆钉，周饰倚柱、立旌和横钤，西角柱顶端雕刻凸起的兽头，伸出颈项，支撑全塔。基上塔座为束腰须弥座，上下三层叠涩，束腰部分每面设四个壸门，门内剔地起突雕石狮十六尊，或行走，或奔跑，或仰视，或伏卧，姿态不一，形象生动。

塔身高1.8米，南面开方形门，门两侧雕金刚各一，金刚披甲戴盔，手持利剑和金刚杵，

图 10-16 高平邢村石塔
资料来源：作者自摄

图 10-17 平顺明慧大师塔
资料来源：作者自摄

图 10-18 平顺妙轮寺舍利塔
资料来源：山西省第三次全国文物普查资料

肌肉丰满，刚劲有力，脚下踏祥云，勇猛威严，雕工细腻，形象栩栩如生。四边线刻缠枝花边，美观大方。门窗之上装饰有垂幔，四角柱上线刻卷草纹、宝相花、龙串富贵、化生童子等图案，精致流畅。塔内中空，设方形小室，四壁无雕饰，顶雕方格平棊，中央刻置一仰莲状覆盆式基座，可能是放置死者遗像或遗骨之基托。室顶刻有平棊天花，图案清晰，规范考究。门上为半圆形券面，雕伎乐天三躯，两者奏乐，一者舞蹈，活泼俊逸，婀娜多姿，飘飘欲飞。塔檐下部隆起，线刻方格中交叉雕龟背锦纹，再上雕刻额枋、椽飞，四翼微向上翘，檐上雕刻瓦垄、戗脊。塔刹高耸，雕成山花蕉叶和仰覆莲、半开莲形状。由下而上由四层雕刻组成，逐层收缩，每层均由束腰、山花蕉叶和覆钵构成。顶端以锥形宝珠收刹，雕工精细，完好无损。塔身背面嵌镶刻的《海会院明惠大师铭记碑》，记载了石塔雕造的年代和源起。

明惠大师塔与长子法兴寺燃灯塔一样，是研究我国唐代建筑技术和雕刻艺术极为珍贵的实物遗存。

妙轮寺舍利塔

位于平顺县东寺头乡东寺头村东约 1.5 公里处，占地面积 4.1 平方米。寺院已毁，现仅存五代石塔 1 座。石塔为八角三层楼阁式，残高 4.8 米，塔为汉白玉雕造，底层直径 2 米，束腰须弥座，塔门两侧立金刚力士，每面皆浮雕如意珠、共命鸟等；第二层浮雕释迦牟尼游四门，第三层施卷云檐头。塔内现存石佛像 2 尊（头已失）。塔西南侧现存元代石碑 1 通。

四、砖塔

1. 魏晋南北朝时期

五台山佛光寺祖师塔

位于五台县佛光寺内东大殿南侧,是当年创建寺庙的一代高僧墓塔,因塔内埋葬建寺首任禅师骨灰而得名。

佛光寺创建于北魏孝文帝时期(471~499年)。若当时主持建寺高僧40岁,至80~90岁圆寂,即已历东西魏而进入北齐。祖师塔之建年当在魏齐间。后经唐武宗会昌五年(845年)"灭法",寺宇遭毁。金、元、明、清各代屡有修葺,现存寺内建筑为唐、金重筑,塔幢多为唐人镌造,惟祖师塔为佛光寺创建时期的遗物。

祖师塔规模虽然不大,但造型奇异,历史悠久,是中国现存最早的古塔之一。塔身砖砌,

图 10-19 五台山佛光寺祖师塔　　资料来源:作者自摄

外抹灰壁，呈白色，平面六角形，总高5.60米。塔下叠涩台基6层，上砌束腰基座，方形间柱，砖雕壸门，门内素平无饰。塔身二层，下层中空，随寺之方位于西向辟门，门为券洞式，门洞上依外壁突起火焰形拱面，内作六角形小室，室顶叠涩砌筑，收杀如藻井。下层塔身无柱，墙体上端雕砖斗形突出壁面之外，斗子以上有仰莲瓣和叠涩构成第一层塔檐，檐上反涩收回，承托束腰须弥式平座。平座上每面皆雕简单的壸门，转角处雕成瓶形束莲矮柱，束腰上下刻仰莲瓣承上层塔身。二层各转角处皆砌有倚柱，柱身束莲三道，皆为仰式。塔身西向作假券门，门上仍饰以火焰形券面，券门外两侧面雕假破子棂窗，其上叠涩一道，仰莲三层，形成二层塔檐。塔刹设仰莲基座两层，上置覆钵、宝珠等，形制独特，手法苍劲，倚柱、门拱等部件形状，尚属古印度犍陀罗式艺术风格，为国内现存古塔中所仅见，外形轮廓与敦煌北魏壁画上古塔略同。

2. 隋唐五代

宝雨寺塔

又称六府塔，位于长治市城区英雄南街解放西路北侧西寺巷。据清乾隆三十五年（1770年）《潞安府志》记载，该塔建于隋开皇年间（581～600年），高约19米，现上部残毁。为密檐式砖塔，塔基分两层，平面八角形，底层束腰须弥式，每面宽9.45米，施有竹节间柱；上层平面圆形，立面呈壸形，顶部砌青石8块。塔基上残存塔身二层，每层高5.5米，叠涩出塔檐，檐下砖雕阑额、普拍枋，每面设斗栱五朵，五铺作双杪承挑檐榑，栱眼壁中镶石雕龙凤图案。

运城泛舟禅师塔

位于运城市盐湖区西北5公里大渠乡寺北曲村报国寺遗址上。寺已毁，现仅存唐代报国寺泛舟禅师的墓塔。塔始建于唐贞元九年（793年），长庆二年（822年）镌造墓铭。

塔为单层圆形砖塔，总高10米，底面直径5.75米，由塔基、塔身、塔刹三部分组成，

图10-20 长治宝雨寺塔
资料来源：山西省第三次全国文物普查资料

图10-21 盐湖区泛舟禅师塔
资料来源：作者自摄

每部分高度约占三分之一。塔基砖砌圆筒形，由下而上略有收分，上置六层砖叠涩的须弥座，座上有砖雕壸门并隔以间柱。须弥座上为砖砌圆形塔身，塔身中空，南面正向开门，门槛、门颊和门额均用石料制成。塔身内为六角形小室，顶部为叠涩式藻井，正中有0.4米的小孔，直通上室，上室仍用反叠涩砖收缩至塔顶。室外以八根倚柱分隔为八面八间，门侧按木构形制刻破子棂窗。塔身之上部施叠涩式塔檐，檐部雕有椽、飞椽、勾头、滴水。檐上又有十五层砖反叠涩收缩至塔刹基座下的露盘，塔刹下部为两层山花蕉叶，其上承托覆钵、清花、垂莲、仰莲、宝盖，最上端冠以宝珠。

塔身北面嵌有高1米、宽0.73米的"安邑县报国寺故大德泛舟禅师塔铭"，详细记载了泛舟禅师的生平及建塔的经过。

解脱禅师塔

位于五台县佛光寺外西北面的塔坪上。该塔高约10米，建造于唐长庆四年（824年），是佛光寺僧尼墓塔中规模最大的一座。塔砖质结构两层。平面方形，最下面为砖砌须弥座。塔内中空。顶部有砖砌叠涩藻井，塔身南向辟门，拱券门式，塔檐四层，为密檐式形制。塔刹仅存刹座，其上覆钵、绶花、宝珠等部分已毁之不存。

解脱禅师塔从用材、结构、形制等都代表了隋唐时期墓塔的特征，是这一时期典型的实例之一。

佛光寺大德方便和尚塔

位于五台山佛光寺东大殿后面山腰上，为寺院僧尼墓塔。塔门外北向嵌有塔铭。记载颇详，建造年代为唐贞元十一年（795年）。单层单檐式，砖砌结构，塔通高4米，平面六角形，塔内中空，内作小型塔室，西面辟门。塔身之上，砖砌叠涩为檐。檐上用山花蕉叶形结构承托塔顶。塔刹已残毁不存。

佛光寺无垢净光塔

位于五台山佛光寺东大殿后面山腰上。建于唐天宝十一年（752年），是佛光寺唐建僧尼墓塔中时代最早的一座。塔为单层单檐式，砖质结构，基座与塔檐平面八角形，束腰须弥塔座。塔身砖砌成圆形，残损较甚，塔檐与塔顶、塔刹皆毁之不存。塔基座抹有石灰，白色，并依稀可辨出用深红色和黄色彩绘的莲瓣、花纹等图案。该塔的建造形式，在敦煌壁画中可以见到，在实例中较为少见。

佛光寺志远和尚塔

位于五台山佛光寺东大殿后面山腰上，属佛光寺僧人墓塔。唐会昌四年（844年）建造，砖质结构，单层单檐式，塔基座与塔檐均平面八角形，塔身砌为圆形覆钵式，外观秀美，轮廓线柔和。塔内中空。塔西向辟门，塔刹已毁之不存。

图 10-22 五台佛光寺解脱禅师塔
资料来源：作者自摄

图 10-23 五台佛光寺大德方便和尚塔
资料来源：作者自摄

图 10-24 五台佛光寺无垢净光塔　资料来源：作者自摄

丈八寺塔

位于长治县城南 15 公里的荫城镇桑梓村中，因塔建在丈八寺内，故名。创建于唐代，清康熙四十四年（1705年）重修。塔平面呈正方形，密檐式佛塔。坐东朝西，高约 18 米，底座高 4 米，边长 3.9 米，原为十一级，现仅存八级。塔身由青砖砌筑，南向辟拱券门洞，内置清康熙四十四年（1705年）四月信士王居辇、住持僧人玄续自筹资财修缮寺院的石碑一

图 10-25 五台佛光寺志远和尚塔
资料来源：作者自摄

图 10-26 长治县丈八寺塔
资料来源：山西省第三次全国文物普查资料

通。塔体由上而下，逐层收分明显，除底层塔身较高外，各层层距较短，每层塔檐用十九层青砖作迭涩出檐，檐出较深，方角方棱，造型精美，结构简练，比例和谐，古朴壮观。从外观造型及内部结构分析，与西安市小雁塔形制近似，属于唐代砖石结构的遗物。

3. 宋辽金时期

八龙寺塔

位于万荣县荣河镇中里庄村东约 2 公里的台地上，建于宋熙宁七年（1074 年），楼阁式实心砖构，通高约 23 米。塔基砖砌，塔面青砖顺砌，各层均有收分。一至五层正南面辟拱门，三、四层东、西两侧砌拱门。一至五层塔檐设仿木结构，设仿木斗栱、普拍枋、阑额。塔一至三层每面五铺作双杪计心造斗栱 5 朵，角部设转角铺作。四层每面设五铺作双下昂计心造五朵，角部设转角铺作。五层每面设斗口跳斗栱四朵，角部设转角铺作。六层每面设四铺作单杪计心造斗栱五朵，角部设转角铺作。七层塔檐用五层叠涩砖檐承托屋面。葫芦形塔刹。八龙寺塔仿木砖雕普拍枋、阑额、斗栱、檩、椽、飞工艺精湛，造型精美，具有较高的建筑艺术价值。

临猗永兴寺塔

位于临猗县城近郊的闾原头村，建在西周时期的古郇国遗址上。据清康熙版的《猗氏县志》记载，塔原为永兴寺建筑，现寺毁仅存塔。寺院创建年代不详，现存塔为宋代建筑。

塔坐北朝南，平面方形，高九级13.5米，为密檐实心式砖塔。塔第一层中空，内设佛龛，余皆为实心。各层皆为叠涩出檐，装饰倚柱、门窗。塔身逐层向上收分，塔顶残损。第一、二层檐下设砖雕仿木构斗栱，三层以上叠涩出檐。第一层塔檐以下部分损坏严重，后人采用水泥抹面加固。第二层至五层以方砖砌间柱将塔身分成面宽三间的形制，仅二层柱头施斗口出蚂蚱形耍头、把头交项作斗栱，其他仅以柱分间，无斗栱装饰。第四层当心间砌板门，两次间设破子棂窗，以上各层无门窗装饰。第六层及以上各层无间柱分隔，平面无饰，简洁古朴。塔体基本完整，塔刹损毁。永兴寺塔是研究唐末五代塔向宋塔演变的重要实物例证。

太平兴国寺塔

位于运城市盐湖区安邑街道东北，八角楼阁式砖塔，原为十三级，高86米，后经三次大地震，塔顶震落二级，现为十一级，通高59米。塔基平面呈八边形，边长11.4米，占地130平方米，台基高1.5米。塔身通体砖砌，一层四面辟门，南侧正门通塔室。塔身四个正面，每层皆设拱券作为装饰。塔内为八边空筒形结构，直通至顶，原每层有楼板可通上下。塔外壁一至四层檐下施仿木构砖雕铺作。柱头铺作与补间铺作形制相同，皆为五铺作双杪。每边补间铺作7朵。第一至第三层檐上部设砖雕平座。平座铺作与檐下铺作形制相同，形成上下两层铺作规制。第一、二层檐部砖瓦脱落严重，第三层较完整。第四层以上为叠涩出檐。塔身由于地震，正面与侧面皆有裂缝，上下基本贯通。该塔注重装饰手法，对研究晋南地区北宋砖塔演变具有重要价值。

图 10-27 万荣八龙寺塔
资料来源：作者自摄

图 10-28 临猗永兴寺塔
资料来源：山西省第三次全国文物普查资料

图 10-29 盐湖区太平兴国寺塔
资料来源：山西省第三次全国文物普查资料

万荣稷王山塔

位于万荣县汉薛镇柳林庄村东2公里的稷王山顶峰。据塔铭载,塔创建于宋元祐二年(1087年),原属后稷庙的一部分,现庙毁,仅存此塔。该塔基现与地平,塔身为砖砌八角形,七级密檐式,残高23米。塔身向上逐层收分,每层均叠涩出檐。第一层塔身高大,檐下饰以砖雕仿木构斗栱和普拍枋,每面置补间铺作2朵,交互出头斗栱为一斗三升,卷云式耍头。塔身其余各层皆为素面。塔内中空,第一层顶部做叠涩藻井。因地震和风雨侵害,塔刹已残毁。1991年塔基被盗开,现已封堵。该塔始建年代可考,造型简洁,时代特点明显,具有较高的历史、艺术和科学价值。

北阳城砖塔

位于稷山县城东南方向清河镇北阳城村中心,平面呈正方形,边长1.68米,八层密檐式砖塔,通高10米。北阳城砖塔体量较小,外观不做仿木构装饰,塔身向上逐层收分,每层檐部均叠涩出檐,檐口微曲。底层券洞内嵌石刻佛造像1尊,结跏趺坐于莲台,佛头被盗,但佛头后部的壁面仍可见高肉髻留下的印痕,佛像基座上有"宝元二年(1039年)岁,次乙卯八月辰甲朔二日立……"题记,记载了杨城村村民解武为其母奉佛而造的事件,为考证建塔年代提供了重要依据。民国末期,村民曾自发对该塔进行局部维修,塔身现状保存一般,石刻佛像头部残损。北阳城砖塔造型简洁,时代特征明显,为研究宋代砖塔和当地民间佛教活动提供了实物例证。

槛泉寺塔

位于万荣县高村乡卓里村东2.5公里孤峰山西麓,又名槛泉寺塔。原为孤山槛泉寺建筑之一,据民国版《万泉县志》记载,寺与塔始建于北宋宣和二年(1120年),现寺毁塔存。

塔坐北朝南,平面方形,十一级密檐式砖塔,残高30米。塔基呈正方形,一层为须弥座式,边长4.35米,高1.4米。塔身一层南向辟砖券拱龛,一至四层施仿木构砖雕斗栱檐,第二、三层每面施3朵,第四层补间铺作为1朵,把头绞项作,各层蚂蚱头形制一致,斜杀内凹。第五层以上叠涩出檐,塔顶部已坍毁。塔身向上逐层收分,每层均叠涩出檐。塔身底层最高,南向辟砖券拱龛,第一至四层用砖雕出柱、梁、斗栱和普拍枋等。

南阳寿圣寺塔

位于万荣县里望乡南阳村,俗称南阳塔。原系寿圣寺建筑,现寺已毁,仅存塔和钟。塔创建年代不详,据塔的形制及地宫出土文物判断为宋代建筑。

塔坐北朝南,八角十一级楼阁式砖塔,总高约30米,一层边长2.8米,直径6.6米,高5米。一层塔檐砖雕仿木斗栱,五铺作双杪斗栱,二层以上无斗栱,叠涩出檐。每层每面辟方形洞窗2个。除第九和第十一层外,其他各层南面皆辟有拱门1个。塔身收分较大,外形轮廓挺拔秀美。塔刹已毁。塔内中空,辟有方形塔室。塔下有地宫。

图 10-30 万荣稷王山塔
资料来源：山西省第三次全国文物普查资料

图 10-31 稷山北阳城砖塔
资料来源：山西省第三次全国文物普查资料

图 10-32 万荣槛泉寺塔
资料来源：山西省第三次全国文物普查资料

图 10-33 万荣南阳寿圣寺塔
资料来源：山西省第三次全国文物普查资料

图 10-34 芮城寿圣寺塔
资料来源：山西省第三次全国文物普查资料

图 10-35 临猗圣庵寺塔
资料来源：作者自摄

塔旁遗有铁钟1口，金大定十二年（1172年）铸，蒲牢形纽、圆肩，高2.35米，直径1.65米，厚0.05米，四周铸有铭文，为寿圣寺遗物，保存状况较好。

芮城寿圣寺塔

位于芮城县古魏镇庙底村巷口自然村西侧。坐北朝南，平面呈八角形，边长3.1

米，占地面积约 55.36 平方米。宋熙宁八年（1075 年）建，宋元符二年（1099 年）、明洪武五年（1372 年）、明弘治五年（1492 年）均有重修。寺内南北中轴线上，原有建筑从南至北依次为大鹏鸟雕像、三清殿、佛塔、全身殿，两侧建有东西配殿及法堂，现仅存砖塔一座。砖塔为仿木构形制楼阁式砖塔，内部中空，平面呈八角形，十三级，高约 47 米。最下层塔身比较高大，塔内直径 4.05 米，南面开门，二～十三层四面设假门，向上逐层收分，成一锥状轮廓。下三层塔檐用砖作斗栱，一层檐下施五铺作双杪斗栱五朵，二至三层均三朵，四层以上各层叠涩出檐，完全仿木结构形制，保持唐塔遗风；最上为铁钵履顶，铁钵铭为："大宋熙宁八年（1075 年）三月二十八日铸造……"。塔内原设有木楼梯，抗日战争中被毁。塔内壁保存有宋代壁画，内容为佛、菩萨、供养人等，面形秀润，敷色典雅，虽经香火熏染，色泽陈旧，但其宋代画风清晰可辨，可惜部分壁画被盗揭。此外内壁上还有元、明历代名人题记。此塔形制实处楼阁式与密檐式之间，又为空筒式唐塔过渡到藏梯于壁体式塔心的宋塔之间的形式，十分可贵。

圣庵寺塔

位于临猗县北景乡张村，据清康熙三十八年（1700 年）《猗氏县志》记载，始建于北宋时期。

塔坐北朝南，平面六边形，高七层，塔底层每边长约 1.5 米，残高约 11.62 米。塔身向上逐层收分，每层均叠涩出檐，第一层塔檐下饰仿木结构斗栱、普拍枋，斗栱不出跳，斗口出蚂蚱头。第三、四层塔身用砖雕刻出仿木构板门、直棂窗。塔身底层设有塔室，高约 2.5 米，结顶处设六边形叠涩藻井，南面辟券门。20 世纪 70 年代，塔身第七层和塔刹遭雷击损毁，现仅存部分刹木。塔身底层设有塔室，高约 2.5 米，结顶处设六边形叠涩藻井，南面辟券门。塔造型简洁匀称，其结构与雕饰时代特征明显，具有较高的历史价值。

妙道寺双塔

位于临猗县猗氏镇兴教坊村内。原为妙道寺内建筑，寺已毁，惟存东、西两塔，占地面积 98 平方米。据西塔地宫出土《大宋河中府猗氏县妙道寺双塔创建安葬舍利塔地宫记》碑记载，西塔创建于北宋熙宁二年（1069 年）。东塔与西塔形制相近，创建年代应相距不远。两塔均为方形密檐式砖塔，相距约 90 米，东塔高 40 米，西塔高 38 米。

东塔坐东朝西，方形砖砌。一、二层塔檐施仿木砖雕斗栱，三层以上叠涩出檐，圆形攒尖顶，一层西边辟拱门，三、四层西边辟假门，五至七层塔壁砌有倚柱，西面中部辟门，两侧为破子棂窗。寺内保存有明嘉靖十四年（1535 年）重修碑一通，万历二十三年（1595 年）修塔石碣一方。

西塔坐西向东，砖木结构，方形七级楼阁式，高约 40 米。1995 年清理塔基。塔基为方形砖砌，边长约 7 米，深 5 米。一层塔檐仿木砖雕，五辅双杪斗栱，每面补间九朵，东向辟有拱门，二层以上叠涩出檐，每层中部辟拱门，两次间施破子棂窗。五层以上已残毁，

第十章 塔幢建筑　509

图 10-36 临猗妙道寺双塔　资料来源：作者自摄

形制不详。地宫位于塔基下约 1 米处，宫室长、宽均 1.68 米，宫底至地面 1.73 米，中央砖砌长方形须弥座棺床，长 1.73 米，宽 0.78 米，高 0.5 米。平面呈方形，四角攒尖顶，地面铺方砖。

河津康家庄镇风塔

位于河津市城区西北 10 公里清涧街道康家庄村北，中国五大回音塔之一，创建年代不详，重建于宋，明万历十一年（1583 年）由村民吕自公等人重修。

塔体为方形实心砖结构，十三级密檐式，高 27 米，四周檐挂有风铃，塔刹为铜质塔形，顶端有一铜质凤凰。塔上窄下宽，收分明显，一至三层为仿木结构腰檐，施有椽飞、斗栱，四层以上叠涩出檐。下层高 6 米，边长 4.6 米，周长 18.4 米，北向辟拱形洞门，高 2.3 米，以上各层南北向辟有小窗。宝瓶铁质塔刹，上铸有头西尾东凤鸟。在塔前猛击石块，可发出"鸟鸣"的回音，夜阑人静时，在塔前连续敲击，可发出一连串回音，好似百鸟争鸣，蛙声一片，声达数里，与永济普救寺莺莺塔蛙声声效相似。

太谷无边寺白塔

位于太谷县明星镇南寺街 10 号，白塔建于无边寺内二进院。八角七层楼阁砖塔。始建于西晋泰始八年（272 年），现存为宋治平年间（1064～1067 年）重修后遗构。塔基平面八边形，塔身七层中空。一层南面辟砖券拱门，内设塔室，门外出二柱歇山顶抱厦，室内东、西、北三面均设佛龛，内原有佛像已不存，东侧有蹬道，可至上层，角层根据位置不同设有真假门窗，二层正北设有板门，上饰门钉42枚。二层以上均设塔檐及平座，并有砖雕仿木斗栱承托，斗栱四铺作。每层翼角均设琉璃套兽施铃铎。塔刹为八角攒尖式，上置束腰刹座，仰莲承托窣堵波式刹身。

开化寺连理塔

位于太原市晋源区寺底村西400米。寺始建年代不详，因寺后有岩石，故称大岩寺。北齐天保二年（551年）凿寺后岩石为佛像，在寺南约800米处建寺，赐额开化，后大岩寺改为开化寺后寺，新建寺为开化寺前寺。

开化寺遗址存大佛身躯与连理塔。连理塔又称开化寺双塔，坐西朝东，占地面积1322平方米。建于北宋淳化元年（990年）。南塔为"化身佛舍利塔"，北塔为"定光舍利塔"。二塔形制相同，间隔17米。塔身砖砌，方形、单层，两塔基座相连，俗称"连理塔"。二塔形制、体量相同。基座、塔身保存较完整，残高约11米。塔身正面设小室，其他三面辟假门、假直棱窗。属典型的唐宋过渡时期风格，全国现存仅此一例。

原起寺大圣宝塔

位于潞城市下黄乡辛安村的原起寺内大雄宝殿西侧，俗称青龙宝塔。

原起寺创建于唐天宝六年(747年)，至北宋时期，寺规模扩大。宋元祐年间(1086~1094年)寺院有过重要修缮，大圣宝塔就是在此期间增建。据寺内遗存的残碑记载，元祐二年(1087年)建。从造型、形制、结构看，此塔尚属建塔时原物。

塔坐北朝南，平面八角形，密檐式，砖筑7层，高17米。塔基座陷于地下，与地面平。底层较高，边长1.45米，直径为3.82米。二层以上层高缩小，骤然低矮，塔身宽度亦由底向上递减，逐渐向内收分。塔底层至三层正南向辟半圆形拱券门，东西两向施假直棱窗，北向板门，雕有立颊抱框门枕，方形门簪四枚。一至三层内中空，塔檐叠涩而成，每层砖砌出阑额、普拍枋、斗栱、椽飞。风铎、套兽覆腰檐。一、二层斗栱为五铺作双杪，三层以上为四铺作单杪，均是仿木形式。翼角为砖木混合结构，角梁为木制。塔刹由刹座、绶花、覆钵、宝盖等组成，顶各角安置铁人一尊，在宝盖下施铁索与铁人相连，八个铁人形象逼真生动。

慈相寺砖塔

位于平遥县冀郭村。现存寺院坐北朝南，除山门为清代改建外，三佛殿与塔均为宋金遗构。

据寺内金明昌五年《慈相寺修造记》碑记载，宋庆历年间(1041~1048年)为藏无名祖师舍利，寺僧道靖特建麓台宝塔一座。宋末寺毁于兵火，仅存正殿和山门。金天会年间重建(1123~1134年)，僧宝址、仲英于旧址构筑佛塔，依宋代寺院布局制度，塔位于慈相寺大

第十章 塔幢建筑 511

图 10-37 河津康家庄镇风塔　　资料来源：作者自摄

图 10-38 太谷无边寺白塔　　资料来源：作者自摄

图 10-39 太原开化寺连理塔　　资料来源：山西古建筑通览.

图 10-40 潞城原起寺大圣宝塔　　资料来源：作者自摄

殿之后。九层砖造，高约 45 米，平面呈八角形。下部砖砌台基高 1 米，周设围廊。正南面入口处凸出抱厦三间，硬山顶，结构与砖塔整体风格极不协调，当为后世增建。塔逐层收刹，外轮廓线下部僵直，过渡缓慢，上部内收急促。各层用砖挑出叠涩状塔檐和平座，檐下斗栱砖雕仿木结构。第一层已毁，二、三层每面斗栱三朵，每朵出华栱一跳。柱头枋上隐刻泥道慢栱，各栱相连形似如意斗栱，斗栱上置素枋三层，各层斗栱结构相同，只在数量分布上有

图 10-41 平遥慈相寺砖塔
资料来源：作者自摄

图 10-42 陵川三圣瑞现塔
资料来源：作者自摄

图 10-43 安泽麻衣寺砖塔
资料来源：作者自摄

所变化。第四、五与第六、七层每面递减斗栱一朵，素枋一层，最上两层不用斗栱，形成自下而上逐层简练的外形。塔身每层正面辟砖砌券门一道供通风采光，真假隔层使用，至顶部两层檐距过近，故不辟门。塔刹基座上雕山花蕉叶，承托覆钵，塔顶雕饰均已损毁，塔刹简洁清秀，宋风依然。塔的内部结构仍沿用金代以前的古制，为空心砖筒状，内有蹬道上下贯通。原有的木构楼梯、楼板已毁。

三圣瑞现塔

位于陵川县西河底镇积善村西的昭庆院内，俗称积善塔，距县城西南35公里。据塔内第三层所嵌碑文记载："大定六年，舜都骷髅和尚行化至此，曾从昭庆院西掘出一只石龟，中藏肉髻珠一粒，背刊'古禅寺三圣瑞现塔'，复刊'隋仁寿元年僧丰彦藏字'。于是骷髅和尚便将旧得舍利和石龟同藏于下，并建塔在其上面。大定九年工程告竣。"由此可知，此塔原为藏舍利而建，实则创建于隋而再建于金。

塔平面形制为正方形，共13层，高约30米，为密檐式砖塔。每边长为6米，第一层塔身是平素的砖墙砌筑，每层叠涩出檐，各层逐渐缩小，从第五层收分过大，从第三层仰视塔内，像是一个倒悬之井，空洞直达顶端，塔正面各层均有通风窗口，头伸窗外均可仰视和俯视，第三层、第五层可在四周叠檐行走，塔内可循层攀登其上。塔的形制为隋唐建筑风格。

麻衣寺砖塔

位于临汾市安泽县和川镇岭南村西约2公里。建于金大定年间（1162～1173年）。塔高20.185米，八角九级，密檐式砖塔。塔座总宽6.0米。第一级八面各宽2.45米，全围长19.60米，四面镶有石碣32块，均为各种经文，其落款处有"大定十七年六月维那史德妻李氏……"字样。四面筑有佛龛，每面嵌砖雕佛像两排，上八下九计17尊，佛像高约8寸，每龛内左壁各嵌佛像3尊，正面5尊，计11尊。第一级塔面与龛内共有佛像180尊；第二级四个面各嵌佛像11尊（上五下六），四个龛内看不到，表面计嵌佛44尊；三级四个面，镶石碣，四个面嵌佛像36尊；四层有碣没佛；五六七级各有四个面嵌佛3尊，另四个面石碣上角各嵌2尊；八级每面嵌佛2尊，九级没有。全塔可看到的砖雕佛像336尊，毁坏21尊，尚存315尊。

安泽郎寨塔

位于安泽县城南35公里马壁乡郎寨村东。始建年代不详，现存塔为宋代建筑。八角九级密檐式砖塔，现存八级。高12米，围11.5米，水磨薄砖砌成，层间出檐，花砖装饰。塔基石砌须弥座式，高0.85米，宽1.95米。一层中空，每个面宽1.44米，八个面上分别有假门、假窗，各镶有一块红碣石，正面辟拱门，东、北面隐起板门，西面嵌清嘉庆八年（1803年）诗碣一块，其余四面皆隐起破子棂窗、八角倚柱，上施额枋、斗栱、檐椽，檐椽下方叠置仰莲两层。二层镶石碣两方，一记建塔筹资经过，一刻赞美诗一首。二层以上四面均辟壸门，每层塔檐叠涩出檐。塔身五层以下收分甚小，五层以上逐渐收缩。六层以上残塌，八层以上塌毁；塔顶残，塔刹不存。

禅房寺砖塔

位于大同市城西南40公里的南郊区境内塔儿山海1650米丈人峰之峰顶，塔高约20米，地势险要，地貌植被稀疏。

砖塔平面八角七级，结构为实心砖石砌体。塔底为须弥座，用规整的长方石料砌就，石间不用灰泥而用木榫。再上面为束腰，上有雕饰的佛像、花卉和莲瓣，表面雕饰华丽，八个角各雕勇猛威武的力士，似在承托整座塔身的重量。上枋每面各镌刻有一佛二菩萨的浮雕一幅，再上还有莲珠束腰两层，并雕有莲瓣等。整个雕刻粗犷简练而富有变化，无疑是辽代手法。塔座如此高大繁复，实为其他地方所少见。

塔座以上是仿木结构的砖砌塔身，塔身斗栱、角拱均为磨砖镶砌。第二层塔壁每面各设门式小窗和四棂小窗。初看起来逼真无疑，其实是虚设的雕饰。以上各层结构相同，只是每层逐渐向里叠收而已。塔的整体轮廓线较直，具有辽代砖塔的典型特征，也是汉辽文化融合的建筑艺术结晶。

圆觉寺砖塔

位于浑源县城内石桥北巷，亦称释迦塔。原寺已毁，唯塔尚存。据清顺治《浑源州志》载，塔始建于金正隆三年（1158年），由高僧玄真创建。明成化年间(1465～1487年)曾修葺。现存塔的形制仍是金代创建的原构。

图 10-44 安泽郎寨塔
资料来源：作者自摄

图 10-45 大同禅房寺砖塔
资料来源：山西省第三次全国文物普查资料

图 10-46 浑源圆觉寺砖塔
资料来源：作者自摄

属金代密檐式塔的典型作品，平面八角形，9层，高30余米。塔基座高约4米，为一束腰须弥座。砖雕精致，除叠涩部分外，几乎全部仿木构建筑制成。束腰两重，下部每面雕壸门两个，内嵌麟、狮等卧兽各一。二重束腰间为叠涩部分，除平砖外上下雕有仰覆莲瓣。上部束腰壸门内外嵌浮雕乐伎和舞伎人物砖雕48块，壸门间柱为宝瓶式，转角处刻力士各一。束腰上部施平座，平座斗栱为五铺作双杪，转角处出45°斜栱。基座、平座接连建在一起，上施繁复的雕刻，与辽塔的形制及雕刻手法如出一辙。第一层塔身甚高，高出基座与平面的总和。各转角处施扁方形倚柱，柱上有阑额、普拍枋和斗栱，用以承其出檐。塔檐转角及补间斗栱各一朵，转角斗栱每朵出双杪，角栱左右各出45°斜栱交批竹耍头，补间亦同。塔身四面设门，南间为真门，其余北、东、西三面为假门。北门左扇雕妇人半掩门，这是宋、金常见的形式。东南、东北、西南、西北四面雕假破子棂窗，上额下槛齐备。第二层塔身做简单的平座，檐顶叠涩砖六层，塔身较矮，外形轮廓急剧收杀。第九层较八层以下增高并于八层上设平座承其塔身，塔身各间及转角处施砖制佛龛，上覆四坡水斜坡顶。龛的正脊承普拍枋一道，上承九层檐覆瓦顶。顶端砌圆形束腰刹座，上为仰莲式绶花，再上为覆钵、相轮、宝盖、圆光、宝珠。最上立翔凤一只，当地称作风候鸟，可随风旋转，起风标作用。这种形式在佛塔中极为少见。

圆觉寺塔造型与灵丘觉山寺塔极为相近，轮廓秀美，雕刻精细，是中国现存金塔中的代表作。

灵丘觉山寺塔

又称普照寺砖塔，位于大同灵丘县城东南14公里笔架山西侧，坐落在觉山寺（亦称普照寺）西轴线前院中部，为觉山寺主体建筑，建于辽大安六年（1090年），为国内保存较好、时代较早的一座密檐式砖塔。塔八角13层，总高44.23米。塔基底边长6.2米，由须弥座、平座、仰莲三部分组成。须弥座平面呈八边形，总高3.58米；平座位于须弥座之上，平面亦为八边形，高1.27米；仰莲位于平座之上，总高1.43米。塔基上各种雕刻十分精致，除斗栱、枋材仿木结构建筑形制外，其余兽面、花卉、菩萨、力士、行龙、人物等，皆采用剔地起突或圆雕手法雕刻而成，造型丰满，刀法流畅洗练，虽为辽制，尚袭唐风。

砖塔宏伟壮观、玲珑精美，各种砖雕流畅洗练。一层塔心室内八面墙壁均有辽代壁画，现残存面积62平方米，内容为菩萨、明王、飞天等像。除少部分经后人重装外，大部分仍为辽代作品，面型、衣饰、手法尚沿袭唐画风格。辽代壁画见于寺观中极少，觉山寺塔内壁画为研究辽代壁画提供了极其可贵的资料。

塔室中置八角形塔心柱，构成回廊，柱南雕有卧佛一尊，柱北塑千手观音。室内檐八边均施斗栱，各出双杪，雕作精巧华丽。塔一至十三层檐用铺作支撑椽、飞，挑出密檐，一层大檐均为木质椽飞，檐上覆瓦。二层以上密檐椽为木质，飞为砖雕仿木，二层以上铺作为单栱计心造，也出45°斜栱。塔层密檐逐步递减，有收分。塔顶上置铁刹。铁刹由天球、相轮、伞盖、仰月、刹杆等组成。伞盖上用八条风浪索与塔脊固定。塔身通体用辽代沟纹砖砌筑，质地坚实，工艺精湛，是辽境南部地区辽塔的杰出代表，充分体现了传统辽地和中原建筑、文化、艺术相交融的特色。

金禅寺莲花舍利塔

位于屯留县城西北25公里老爷山北峰顶金禅寺内。创建年代不详，塔内"墨书"题铭载：此塔隋残，大宋乾德四年（966年）修毕。可知塔与金禅寺皆唐已有之，宋初重修舍利塔。《屯留县志》载，金禅寺始建于唐。此塔风格具备唐代早期密檐式砖塔的特点，与宋塔的风格完全不同，塔的修建应在唐代。

舍利塔为密檐中空式小型砖塔，方形九级，残高11.1米，通体由青砖垒砌。塔座以红砂岩石垒砌，高0.98米。底层南面辟方门一道，门两侧各开方形直棂假窗。其余各面雕饰菱形格和直棂假窗，二层以上无门无窗逐级减低，通体逐级收分。塔檐上下叠涩砌筑，无菱角牙子之隔，檐下亦无斗栱之雕，檐上也无椽飞瓦垄之饰，素雅至极，是唐代早期小型密檐式砖塔风格。

舍利塔的简约质朴手法，表现出早期砖塔的艺术风格。塔身采用了传统建筑惯用的收分、侧脚的做法，每一层塔的立面都采用下大上小的收分方式，每角的角线以45°向中心倾斜的侧角手法，使每层塔身的每个面都构成梯形的立面逐层缩小，塔檐也采用不同的叠出层数，尺度逐级缩小。这些工艺技法的应用，使得僵直的线条却构成了弯曲线型的塔身轮廓和弧线形状的立面效果，以最简洁的手法塑造出典雅、质朴、柔美的塔身，表现出近乎完美的整体造型，是舍利塔的艺术价值所在。

图 10-47 灵丘觉山寺塔
资料来源：作者自摄

图 10-48 屯留金禅寺莲花舍利塔
资料来源：作者自摄

上贤梵安寺塔

又称上贤塔，位于文水县城西南 8 公里的上贤村，原为梵安寺附属建筑，现寺已毁，仅存砖塔。

据《山西通志》、《文水县志》记载："梵安寺在县南上贤村，内有塔砖一座，高十余丈，崇宁二年（1103年）建。"塔内第六层天宫木梁上有"崇宁五年（1106年）建造"墨书题记。

梵安寺塔高约 45 米，底边周长 25 米，为七层八面八角重檐砖塔。中间为空心，每层均有塔门，第一层塔门南开，底有地宫，有地道通往塔外。塔底数层大青石条，上筑青砖古塔，无基无顶，十分奇特，二层以上有木制阶梯，串联各层通至塔顶，塔为平塔，塔内原有楼梯可直上塔顶。

灵光寺琉璃塔

位于襄汾县邓庄镇上北梁村西约 1 公里处。据清光绪《太平县志》载，寺始建于唐永徽三年（652年），金皇统年间重建，历代均有修葺，现寺庙布局已不存，仅存琉璃塔。

据《襄陵县志》载："灵光寺在县东南北梁村，金皇统中重建，平阳府尹杨伯雄撰记，后知县薛所蕴重修，有碑。内有宝塔，高十三级，后有藏经阁。"

此塔坐北朝南，八角七层楼阁式砖塔，通高20米，塔基砖砌，平面八边形，高0.9米，每边长4.5米。塔身七级，塔墙内设旋转楼梯，各层铺设木制楼板，由此登临可达顶层，一、三、四、五、六层南面均设券拱形门，每层各面设券拱假门，一、二、四、五、六各层檐均施仿木构琉璃斗栱、椽飞，斗栱为五铺作双下昂计心造，三层设平座，一层正东、正南、正西、正北共嵌有石碣6方，大部分字迹模糊不清，一层北侧、拱门西侧石碣记载有"皇明永固"等字。塔刹已毁。

应县佛宫寺释迦塔

位于应县城西北佛宫寺内，俗称应县木塔，是我国现存最古最高的木构楼阁式建筑。

佛宫寺释迦塔建于辽清宁二年（1056年），金昌明二年至六年（1191～1195年）以及元、明、清各代屡有修葺。塔的位置在寺内中轴线前隅，这种以塔为中心的平面布局是南北朝时期佛寺建制的延续。塔坐北朝南，平面呈八角形，外观五层，夹有暗层四级，实为九层，通高67.31米。底层重檐，四周环廊。二层以上皆设平座围栏，挑檐层层举折平缓，各层檐下数十种斗栱如云朵簇拥，与制作精细的塔刹组合在一起，造型挺拔秀丽，雄伟壮观。

木塔建在4米高的石砌台基上，上下两层分别为八角形和方形，转角处安角石并突雕辽代石狮。平面柱网布列依宋《营造法式》副阶周匝之制，除底层增设廊柱一周外，各层及平座皆设檐柱和内柱两周。柱之侧角、生起显著，柱头作卷杀。塔身立柱为辽金时期盛行的叉柱造手法，逐层檐柱收入半柱径，形成塔体收分的优美轮廓。梁枋层层叠架构成庞大的筒形框架，利于空间布置与构架的整体性，提高了塔身的强度。

木塔梁架结构合理而富有创造性。围廊柱头斗栱上用乳栿加缴背，设蜀柱、叉手、承椽枋。

图10-49 文水上贤梵安寺塔
资料来源：作者自摄

图10-50 襄汾灵光寺琉璃塔
资料来源：作者自摄

图10-51 应县佛宫寺释迦塔
资料来源：作者自摄

一至四层外槽用乳栿和草乳栿贯固内外，内槽用两道六椽栿，纵横联以枋材。平座外槽设承重枋，当心立柱，两向设斜撑，各间梁栿与内槽柱间均施立柱、内柱与斜撑。塔顶层梁架第一缝施乳栿和草乳栿承下平槫，内槽六椽草栿叠架，上承四椽栿。二、三两缝分别于六椽草栿和四椽栿上架承椽枋。外槽和塔顶梁架使用明栿、草栿两种做法，明层梁枋规整，暗层多使用斜撑稳固塔身、加强承载能力，同时也节省了用料。木塔结构完善，科学运用力学原理，有效地提高了塔身抗弯、抗减和抗震能力。

斗栱是塔体结构的重要部分，分布于各层柱头、补间和转角处，依位置、作用不同而造型、结构各异。现存形式达54种之多，集中国古建筑斗栱之大成，在大型建筑实物中尚属仅见。檐头斗栱或五铺作双杪，或七铺作双杪双下昂，或六铺作三杪，均偷心造。补间斗栱栌斗或普拍枋上直接出跳，或华栱下加施驼峰，为五铺作双杪。各层设异形栱，转角处加施斜栱。耍头有昂形、蚂蚱形、麻叶、云形等形式。

塔顶八角攒尖式，筒板布瓦覆盖。砖砌座高1.86米，其上铁质塔刹高9.91米，由仰莲、覆钵、相轮、仰月和宝珠组成。

各层塔身每边面宽三间，当心辟门。底层南北两面装板门，余以厚墙封砌。塔内明层均有塑像，一层塑释迦佛高11米，庄严肃穆，壁面绘有6尊如来画像，12尊飞天，姿态逼真，优美生动。三层塑四方佛，面向四方。五层塑释迦坐像于中央，八大菩萨分坐八方。利用塔心无暗层的高大空间布置塑像，增强佛像的庄严，是建筑结构与使用功能设计合理的典范。塔内曾发现辽代佛经、画卷"神农采药图"等珍贵文物，为研究辽代佛教活动和我国雕刻印刷技术提供了重要资料。

怀仁华严寺砖塔

俗称清凉山塔，位于怀仁县何家堡乡悟道村西的清凉山上。创建年代不详。从其他佐证和现存结构分析，应为辽代中期遗构。塔耸立在山巅，坐北朝南，平面呈八角形，八隅边长1.50米。七级空心，通体施各种尺寸的沟纹砖砌筑，高13米左右。最下层砖砌单层须弥座，高约1米。座下施石材，也不设方形基座，依塔身用砖直砌数层，逐渐内收为束腰。每面束腰上枋、下枋以倚柱划分为三间壸门，壸门中凸肩收成曲线，高0.26米，宽0.50米。倚柱做成金刚、力士支撑上部平座和塔身。

塔身由外壁、塔心室组成。外壁各转角处都砌成抹角方形壁柱，高约2.5米，上承普拍枋。塔身正南面开高1.55米、宽0.60米的砖券门，上置门额，供人出入塔心室。室内空间较小，平面呈方形，四隅各宽1米，稍有收分，总高3.4米。顶部用大小不同的砖挑叠砌成方形和八角形，逐层递减内收，使攒尖顶略收即平，形式与制作都比较精致。

塔身上檐设仿木结构的四铺作斗栱一周，以上各层不用。斗栱放于普拍枋上，其用材较大。角柱上各施转角铺作一朵，其做法栌斗上用足材泥道栱上承柱头枋，中间隔以散斗。外挑出华栱一道，上托撩檐枋挑撑着塔檐。塔檐雕拼成椽、飞、连檐、瓦口等。翼角为砖木混合结构，下出老角梁、仔角梁。上部六层檐、椽做法亦同。顶部刹杆、宝瓶等其他构件现已不存。

图 10-52 怀仁华严寺砖塔
资料来源：作者自摄

图 10-53 曲沃感应寺砖塔
资料来源：山西省第三次全国文物普查资料

图 10-54 侯马传教寺塔
资料来源：山西省第三次全国文物普查资料

塔的立面形象呈圆锥形。二层以上的塔身骤变低矮，塔身宽度由底向上递减，塔檐距离较近，形成微微膨出的曲线轮廓，故造型优美。

感应寺砖塔

位于曲沃县乐昌镇西南街村，俗称西寺塔，八角 12 层楼阁式砖塔，通高 33.6 米，占地面积 85 平方米。据清乾隆版《曲沃县志》载：创建于金大定五至十三年（1165～1173 年），元大德七年（1303 年）地震，塔身一劈为二，塔顶塌毁，坠其四层，现残存八层。塔坐北朝南，塔基深埋于地下，平面布局呈八边形，塔身砌砖素面，檐部施五铺作砖雕斗栱；塔心一至八层空心，底层边长 4.2 米，内边长 1.5 米，塔身一层与七层四正面各辟砖券门。二层至七层为叠涩短檐，逐层收合。

传教寺塔

位于侯马市驿桥村西门外。坐南朝北，占地面积 15.1 平方米。据乾隆版《新修曲沃县志》卷二十五"古迹考·寺观"记载："传教寺，县西四十里驿桥村。宋嘉祐八年（1063 年）建。明洪武初，并入昌福寺。"后历代重修。为七级实心砖塔，平面呈方形，高约 17 米，无塔铭。塔身砌砖，长 0.36 米，宽 0.18 米，厚 0.06 米，垒砌方法为层层顺砖错缝，塔外加白灰，塔内用桃花浆，砖塔灰缝较宽。塔身第一级正面辟佛龛，第四级背面开佛龛。塔身各级叠涩出檐，逐级向上收缩，塔刹仅存方形基座和大重相轮。

4. 元代

弘教祖师塔

位于五台县台怀镇杨柏峪村南岸沟自然村东南约 900 米。据塔碣记载，建于元代。通高约 21 米。六角五层楼阁式砖塔，塔基石砌束腰座，平面六边形，每边长 3.5 米，占地面积 31.8 平方米。束腰处雕山水、花卉，其上置勾栏平座承塔身。塔身五层实心，每层塔檐设四铺作单杪斗栱，其上筒瓦覆盖。一层东侧辟假板门，相邻两侧设假圆形球纹窗。塔刹为攒尖式，刹尖已毁。二层塔身嵌石碣 1 方。

寺沟塔

位于五台县豆村镇寺沟村北 100 米。据第三层塔碣记载，建于元至正十二年（1352 年）。六角五层楼阁式砖塔，通高约 15 米，占地面积 7.8 平方米。塔基平面六边形，高 1.34 米，径 3.08 米，为砖砌束腰须弥座，上下枭、上下枋呈枭混式，壸门处雕各种花卉。塔身五层实心，一层檐下设五铺作双杪斗栱，南侧及相邻两侧刻方形假球纹窗；二层以上各层檐下均设仿木构四铺作单翘斗栱，塔身下均施砖雕勾栏，并在二层南侧设圆形壸门，在相邻两侧设方形直棂窗。六角攒尖顶，上施塔刹，刹尖已毁。三层塔身嵌元代建塔碣 1 方。

八思巴塔

位于五台县台怀镇光明寺村南约 500 米处。八思巴（1235～1280 年），本名洛追坚赞，吐番人，元朝皇帝忽必烈敕封"五明班智达八思巴帝师"。塔建于元代，坐东向西，通高约 13 米，塔基呈圆形，塔基最底层周长约 17.5 米，高约 4 米，占地面积 24.41 平方米。塔身为砖砌实心宝瓶式，通体残损，塔刹完好。

代县阿育王塔

位于代县上馆镇东北街村东大街北。阿育王为印度孔雀王朝的第三代国王，公元前 273 至前 236 年在位，其一生业绩可以分为前半生和后半生：前半生经过拼搏坐稳了王位并通过武力基本统一了印度，后半生皈依佛门之后，在全国努力推广佛教，使佛教成为世界性宗教。佛经中记载，阿育王皈依佛门后，于领地内建八万四千大寺和八万四千宝塔，中国有 19 座，山西有 5 座，代县阿育王塔为其一。据《代县志》载，原为圆果寺内建筑，1937 年日军拆毁寺院，仅存砖塔。创建于隋仁寿元年（601 年），初为木结构，唐会昌五年（845 年）"灭法"时被毁，唐大中元年（847 年），宋元丰三年（1080 年）、崇宁元年（1102 年）重建，元至元十二年（1275 年）改建为砖塔。为喇嘛式砖塔，通高 40 米，占地面积 1876 平方米。塔平面呈圆形，砖石砌台基，底径 20 米，高 1.5 米。台基上设束腰基座，刻有仰覆莲瓣及缠枝花纹。塔身为圆形覆钵，塔刹分为刹座、相轮、伞盖和宝珠，刹座须弥式，座中心矗立铁质刹杆，砌相轮十三层，上置圆形露盘，状为伞盖，极顶置宝珠，上下叠置。

图 10-55 五台弘教祖师塔
资料来源：山西省第三次全国文物普查资料

图 10-56 五台寺沟塔
资料来源：作者自摄

图 10-57 五台八思巴塔
资料来源：山西省第三次全国文物普查资料

图 10-58 代县阿育王塔　　资料来源：山西省第三次全国文物普查资料

图 10-59 阳曲帖木儿三塔　资料来源：山西省第三次全国文物普查资料

帖木儿三塔

位于阳曲县城东北 35 公里杨兴乡史家庄村东南。建于元代，共三座，中为石塔，东西为砖塔。东塔为八角三级密檐式砖塔，高约 7 米，为也先帖木儿墓塔。每层檐以叠涩砖砌，塔身素面磨砖收分砌法，檐下仿木结构砖雕斗栱、普拍枋、阑额，每边斗栱两朵，均为四铺作出单杪。第一层檐下砖雕斗栱为五铺作出双杪。第二层四周设勾栏，浅雕菱花、葵花万字花纹等，正南镶嵌有一石碣墓铭，上刻有"至正拾年五月初一日建宣授武德将军云南腾冲路达鲁花赤也先帖木儿"等字样。第三层与第二层相同，塔刹为叠涩砖砌，上置含苞欲放的莲花。至正十年为 1350 年，武德将军云南腾冲路达鲁花赤也先帖木儿，汉名史彦昌。

中塔为八棱墓志铭石塔，高 2.9 米。该塔由五层组成。第一层为八棱素座；第二层为莲花圆座；第三层为塔身，上半部线刻一菩萨像，结跏趺坐在莲花台上，下半部书刻有"史公仲显之墓铭"及五层塔刹，下为圆形卧莲，下施宝瓶。塔前草坪地上放置一石（1305 年）。此为史彦昌为纪念其父史仲显所建。

西塔为八角三级密檐式砖塔，高约 7 米，为也先帖木儿之弟拜延帖木儿墓塔。每层均为叠涩砖砌，檐下斗栱每边两朵。塔身素面磨砖收分砌法。第一层檐下砖雕斗栱五铺作出双杪及普拍枋、阑额、檐柱；第二层四周设勾栏，浅雕葵花、菱花、万字花纹、莲花，正南镶嵌有一石碣墓铭，书刻"至正十三年五月十二日拜延帖木儿墓铭创建砖塔壹座"字样；第三层四周设勾栏，皆为素面，檐下斗栱四铺作出单杪，砖砌塔刹。

5. 明清时期砖塔实例

北辛舍利塔

位于万荣县荣河镇北辛村，塔原是崇圣禅院内附属建筑，创建于明洪武十六年（1383年），寺毁塔存。塔为三级覆钵式砖塔，通称喇嘛塔，高21米。基座平面正方形，边长7.8米。一、二层为正方形，三层为圆形覆钵，塔顶相轮已毁。

莺莺塔

位于永济市蒲州古城东3公里的峨嵋岭塬头上的普救寺内，本为舍利塔，由于《西厢记》的故事发生于此，后人怀念崔莺莺，故俗称莺莺塔，是普救寺大规模复原前寺内仅存的古建筑之一。据碑刻史料记载，唐武则天时期寺创建伊始，舍利塔即建成；明嘉靖三十四年（1555年）地震，寺毁塔倒，现存砖塔是嘉靖四十三年（1564年）蒲州知州张佳胤倡导而建。

塔位于寺内西侧后部，平面方形，13层，高约50米，是一座仿唐风格的楼阁式砖塔。塔体由唐代绳纹砖、方格纹砖与明代素面砖等混合砌构，黄泥粘合，白灰勾缝。塔身逐层叠涩出檐，手法平直，未形成明显的内凹反曲线。一至六层层距较大，收杀和缓，唐风犹存。七层以上层距骤然缩小，收分急促，与下部形成完全异趣的两种风格。

塔内中空，击石回声响亮如蛙鸣。第一层塔室不设楼梯，作叠涩八角穹隆顶，中间留一孔道供登临。从二层起壁间砖梯盘旋而上，至高可临九层，蒲州风光尽览眼底。塔底层平面边长均为8.3米，南侧辟砖券壹门，宽1.1米，高2.1米，北壁凿佛龛一，佛像无存；

图 10-60 万荣北辛舍利塔
资料来源：山西省第三次全国文物普查资料

图 10-61 永济普救寺莺莺塔
资料来源：作者自摄

二层以上四面辟门，逐层真假相同，十层以上则全部制成假门，恰与九层可供攀登相应。一、二、三层塔檐叠涩下有仿木结构砖雕护斗、异形栱等装饰，现存塔刹为近年修复时磨制，并于塔檐四角加挂风铎。此外，二层南向门洞上砖雕"佛图"二字，侧为盘龙，其余几面有砖雕牡丹、卉草等饰物，三层南向门洞两侧镶嵌有琉璃烧制的护法金刚。塔身一、二层嵌历代石碣16块，是研究寺史沿革与建塔情况的重要史料。

普救寺塔既是中国古代的"四大回音建筑"之一（与北京天坛回音壁、四川石琴、河南蛤蟆塔同属四大回音建筑，以莺莺塔声学效应最为显著），又与法国巴黎钟塔、意大利比萨斜塔、摩洛哥香塔、匈牙利音乐塔及缅甸摇头塔等同称"世界八大奇塔"。

塔院寺白塔

位于五台山台怀镇塔院寺内。又称佛舍利塔，本名慈寿塔。据明万历十七年（1589年）《敕建五台山大塔院寺碑记》载，白塔为明万历九年（1581年）所修，次年（1582年）竣工。塔为覆钵式喇嘛塔，总高56.3米。塔基正方形，高1.7米，周设勾栏，基上设束腰须弥座，须弥座上为覆钵式塔身，状如藻瓶，藻瓶上下有宝装式莲瓣披覆，刻工细致流畅，腹部隆起较甚。顶部形制复杂，束腰刹座上砌相轮十三重，顶设华盖式露盘，上冠仰月、宝珠，露盘，直径约8米，沿边饰垂檐板36块，全为铜铸鎏金，华盖四周及塔腰悬有风铎252枚。整体外形线条圆和，给人以巍峨壮丽之感。

洪福寺砖塔

位于代县峪口乡峪口村，建于明嘉靖四十五年（1566年），为八角五层五檐楼阁式砖塔，通高18米。塔基为方形石砌须弥座，由三部分组成：底层为石条砌边的正方体；中层为小于底层的正方体，正南面开券洞门，踏旋转楼梯可通塔顶；上层砌以雕花砖栏杆，栏杆内三层莲瓣承托塔身。塔身工艺精湛，平面呈八角形，每层檐均砖雕仿木构椽飞、斗栱等构件。塔顶为攒尖顶。

洪济寺砖塔

位于代县磨坊乡东若院村，又名浮屠塔。始建于隋仁寿初年（600年），宋乾德五年（967年）大修，金正隆、元延祐、明天顺年间均有修葺。

塔由塔基、塔身、塔顶三部分组成，通高4米。塔基平面呈六边形，砖雕圆柱支撑。塔身由水磨砖构筑，呈六棱体，每面均形态各异的窗户，塔顶中段为正四面体，饰有锐喙、圆眼、口鸣图案化十分强烈的鸟纹和太阳纹，十分罕见。这种造型的塔，以前从没见过，不似中原做法。

狮子窝琉璃塔

位于繁峙县岩头乡庄子村，原属大护国文殊寺内建筑，明万历二十七年（1599年）动工，三十二年（1604年）完工。为八角十三层琉璃塔，高32米，底径12米，顶径4米。基座石

图 10-62 五台塔院寺白塔
资料来源：作者自摄

图 10-63 代县洪福寺砖塔
资料来源：作者自摄

图 10-64 代县洪济寺砖塔
资料来源：山西省第三次全国文物普查资料

砌束腰须弥式，雕仰覆莲瓣。塔中有阁，顺塔洞可上至六层。塔身外表全用黄、绿、蓝三彩琉璃装饰，以绿色琉璃为主。塔外表有琉璃佛像一万尊，故称万佛塔，又名"佛像典翠琉璃塔"。各像侧面雕刻有施舍者姓名，既有太监、内官监，也有商贾、平民。极顶塔刹在仰莲座上设风磨铜宝珠一枚，光泽晶亮。五层内镶有琉璃塔铭一块，万历二十七年烧制。

寺始建于明万历十四年（1586年），前有石狮一对，内有琉璃高塔，后为佛殿、配殿和禅堂。现寺宇残坏，琉璃塔独存。

永祚寺塔

位于太原市迎泽区。因双塔并峙，故又称双塔寺。双塔位于寺内东南塔院，呈西北—东南走向，是太原现存古建筑中最高的建筑，两塔相距46.6米，均为楼阁式砖塔，塔心中空，内有阶梯盘旋而上。登塔可远眺晋阳美景，是古太原城的八景之一，是太原的标志。

靠近寺内大雄宝殿的舍利塔，原名宣文塔，始建于明万历三十六年（1608年），竣工于万历四十年（1612年），由福登和尚主持兴建。建此塔曾得到明神宗之母慈圣太后的资助，其尊号为"宣文"，故塔以此名之。塔平面呈八角形，共13层，每边长4.6米，高54.78米。塔基为砂石条砌筑，各层檐下均为砖砌斗栱，形制与大雄宝殿基本相同，檐出为孔雀蓝琉璃勾滴剪边，塔身由青砖研磨对缝砌成，有明显的收分，下大上小，轮廓曲线优美。塔底层在东南、西北向辟二门，入东门可盘旋而上至顶层，入西门可至空心塔室。塔顶为铁铸覆盆、宝珠等。

位居舍利塔东南隅的塔，原名"文峰塔"，后与舍利塔并称为宣文塔。最初创建此塔之用意在于补太原地形上"西北高、东南低"之不足，为宏昌文运而建造。塔平面呈八角形，共13层，每边长4.36米，高54.26米，无基座，塔底部辟一门，内有阶梯可盘旋而上。各

图 10-65 繁峙狮子窝琉璃塔
资料来源：山西省第三次全国文物普查资料

图 10-66 太原永祚寺塔
资料来源：作者自摄

图 10-67 太原晋源区阿育王塔
资料来源：作者自摄

图 10-68 祁县子洪舍利塔
资料来源：山西省第三次全国文物普查资料

层檐下斗栱形制与舍利塔基本相同，檐出无琉璃剪边。塔顶由覆钵、宝珠、宝瓶组成。塔身全用素砖砌筑，无明显收分，轮廓几乎为直线形，身微向西倾斜，据说这是匠师在建造时考虑到这里地势较高，为遏制西北向的风力，有意为之。

晋源区阿育王塔

位于太原市晋源区古城营学校内。创建于隋仁寿二年（602年），是惠明寺的遗物。重建于明洪武十八年（1385年），总高25米。宝瓶形状，下有塔基二层；塔基为砖砌须弥座，座上为圆形塔肚；上为十三层相轮组成塔脖，上端为木质华盖，周边悬吊着铁铃，华盖上是琉璃瓦塔顶。

子洪舍利塔

位于祁县古县镇子洪村东南山腰。创建年代不详，现存为明代建筑。塔为单层喇嘛塔，通高约15米。塔基砖砌束腰须弥式，平面六边形，高1.83米，边长2米。塔身圆形覆钵式。塔肚正面设拱形门，别无他饰。塔颈为十三重相轮，塔刹已毁。

镇河塔

位于祁县西六支乡河湾村南。创建年代不详，现存为明代建筑。塔为砖砌实心塔，由塔基、塔身、塔刹三部分组成。塔基砖砌六边形。塔身高约6.5米，平面呈六边形，底边长1.2米，共分五层，由底向高逐渐收缩。第二层东南至西北向开一直通的拱形门。塔刹不存。塔东南存新铸铁牛1尊。

无影塔

位于寿阳县温家庄乡寺沟村北方山国家森林公园内一沟谷高地上。八角十层密檐式石塔，通高11米。创建年代不详，现存为明代建筑。坐北朝南，占地面积5.2平方米。塔由塔基、塔身、塔刹三部分组成。塔基平面方形，束腰须弥式，高1.8米，边长2.07米，束腰部四角雕力士像，上下枭分别雕刻有仰覆莲瓣，上、下枋雕有蕃草纹、菱形图案等。塔身十层，下层为喇嘛式覆钵状，南向辟拱门，其上每层皆平面八边形，逐层挑檐，仿木构雕出瓦垄、椽飞、勾滴。各面均辟拱形龛各一，龛内雕佛像1尊，佛像均面相方圆，身着袒右袈裟，结跏趺坐于仰莲座上。六层塔壁雕刻板门及圆形龛，七层以上隐刻花纹图案。塔顶设石质圆形刹座，其上设宝珠塔刹。

南村塔

位于榆社县云竹镇南村东约100米。六角三层楼阁式砖塔。创建年代不详，据形制判断为明代建筑。坐北朝南，通高6.3米。由塔基、塔身、塔刹三部分构成。塔基由上、下两层束腰须弥座组成，基座平面六边形，束腰部分雕出倚柱及花卉、动物图案，上、下枭施仰覆

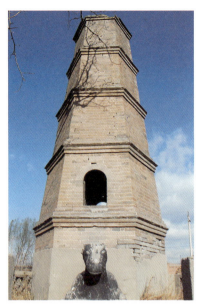

图 10-69 祁县镇河塔
资料来源：山西省第三次全国文物普查资料

图 10-70 寿阳无影塔
资料来源：山西省第三次全国文物普查资料

图 10-71 榆社南村塔
资料来源：山西省第三次全国文物普查资料

莲瓣。塔身一、二层平面圆形，一层腰檐下施倚柱，两侧施异形栱，檐下施砖雕仿木结构斗栱，为三踩单翘，正面中置垂花门。二层素面无饰。三层平面六边形，檐下施一斗二升交麻叶斗栱，南面、西面辟方形假门。塔顶为六角攒尖式，塔刹已毁。

经阁寺塔

位于左权县拐儿镇赵垴村豆垴自然村东北约1.5公里。寺已毁，现存方形石塔3座。据塔铭记载，创建于明弘治十四年（1501年）。1号塔为二层实心石塔，通高4.5米，须弥基座高1.2米，方形塔身，二层火焰龛中雕坐佛1尊，其余素面无饰。2号塔为仿木构楼阁式，通高4.8米，方形基座。塔身每层挑出塔檐，翼角起翘，正面辟火焰楣拱形龛，一层内奉达摩祖师像，龛楣周围刻题记。以露盘、两重宝珠收刹。3号塔为单层仿木构殿阁式石塔，高2.3米，东面辟门，塔檐雕花，仰莲收刹。塔周围散落石碑1通，石刻1块。

开岁塔

位于长子县石哲镇房头村西北。砂石台基，长3.85米，宽3.08米，高6.5米。塔平面呈长方形，坐北朝南，四层叠檐式砖砌，一层有砖雕束腰，一、四层南向辟门；二层前檐有砖雕斗栱，栱下砖雕"开岁塔"，文体为大篆；四层东西贯圆形通风口。塔为攒尖顶；塔后有残碣1方，隐约可见"□□华寺大德法讳开□□□"题记。

宏济寺塔

位于介休市义棠镇师屯南村银锭山坡上。据庙碑记载，寺创建于唐贞观年间（627～649

图 10-72 左权经阁寺塔
资料来源：山西省第三次全国文物普查资料

图 10-73 长子开岁塔
资料来源：山西省第三次全国文物普查资料

年），明万历十八年（1590年）建塔，清康熙年间（1662～1722年）重修。1994年原址重建寺庙，维修古塔。塔由塔基、塔身、塔刹三部分组成。塔基石砌，高3.65米。塔身平面八边形，逐层叠涩出檐，仿木构雕额枋、椽飞、瓦垄，一、二层斗栱五踩双下昂，平身科及角科斜昂密致，并于转角处饰垂莲柱。一层南面辟拱门，上部砖雕垂花门，二层周匝挑出勾栏平座。每层各面辟拱形门或窗，内设折上式楼梯可登临。八角攒尖顶，宝瓶形塔刹。塔南隅存清乾隆四十八年（1783年）《重新金妆宏济寺碑》1通。

凤凰山双塔

位于太谷县侯城乡东山底村南凤凰山山顶。塔建于明代，均为八角五层楼阁式实心砖塔。东塔高24米，西塔高26米，双塔分立于东西，形制相同。塔基平面呈八边形，高1.5米，周长12米，塔身五层实心，各层出檐，檐下仿木构砖雕斗栱、椽飞、勾滴、瓦垄，斗栱五踩双翘，仰莲刹座，上承宝瓶式塔刹。2007年复建了中塔，恢复了"塔三雁行而立"的旧貌。

景家庄崇教寺塔

位于长治市城区常青街道景家庄村中。俗称"婴儿塔"，亦称"喇嘛塔"，原为崇教寺附属建筑。创建、重修年代不详，现存为明代遗构。单层喇嘛式砖塔，通高12米。塔基平面呈八边形，青石质须弥座，高1.72米，束腰部分雕有龙、荷花、麒麟送子、牡丹等吉祥图案，上楷书"南无阿弥陀佛"；塔身平面呈圆形，南面辟拱门，内设长方形塔室，覆斗顶。立面呈瓶状，塔脖五层，用青砖叠涩挑出、收分砌成。塔刹圆形攒尖式，刹座下设仿木三踩斗栱，共9攒，栱眼壁间设壸门。

图 10-74 介休宏济寺塔
资料来源：山西省第三次全国文物普查资料

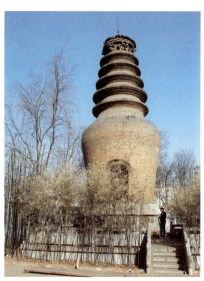
图 10-75 长治景家庄崇教寺塔
资料来源：山西省第三次全国文物普查资料

图 10-76 阳城海会寺双塔
资料来源：作者自摄

海会寺双塔

位于阳城县北留镇大桥村西，亦名龙泉寺。据后周显德三年（955年）《大周泽州阳城县龙泉禅院记》碑考，寺始建于唐，初名郭峪院，唐昭宗于乾宁元年（894年）十月二十五日赐额为"龙泉禅院"。

寺内建筑经历代重修、增修，绚丽宜人，所以古今游人络绎不绝。但因天灾人祸，早期建筑多被摧毁。现存的正院、僧院、塔院的殿宇，多为明清遗物。

海会寺双塔是现存的主要建筑。其一是宋式砖塔六角十级，高约二十余米，檐作叠涩式，每层交叉辟有洞门，塔身外壁嵌满小坐佛（现仅留洞龛）。《大周碑》记："愍公著名律学，为众推重……唐天祐十九年（922年）七月五日，顺寂于本院，建塔于院之右。"可知此塔原是敏公僧塔，宋代又经修改。

其二为明代建舍利塔，八角十三级，功德主李思孝于明嘉靖四十年（1561年）建。下三层围建八角城墙，第十层支出平座，上置八根擎檐柱，成为高塔中的一层悬空楼阁，并在这一层重点施用琉璃。塔身各面仿宋塔设有佛龛，又在重要部位施琉璃。全塔造型雄伟壮观，色泽鲜艳夺目。

寺内重要碑记、名人诗刻甚多，现存三十余块，除记载寺院的演变、重修、补修事迹外，多为抒发情感与描绘寺院景色的。

寿圣寺琉璃塔

位于阳城县城西北20公里的阳陵村。据清同治年旧志记载，寿圣寺建于后唐，原名福庆院，宋改为泗州院，毁于真宗时。天禧年间（1017～1021年）僧人法澄等重建，宋治平四年（1067年）英宗赐额为"寿圣禅院"。

寺为二进院，现存殿宇为清代建筑，大雄殿顺脊上有"大清康熙三十六年……"墨迹。

琉璃塔位于大雄殿前月台上，八角十级，高约20米，建于明万历三十六年。基座为砂石岩，上有浮雕花饰，角楞上雕侏儒力士。塔身中空可登，各层皆施琉璃斗栱，外壁上嵌满佛教故事传说中的人物琉璃浮雕像。全塔富丽堂皇，光彩夺目。

广胜寺飞虹塔

位于洪洞县广胜寺镇东1.5公里。建于明正德十年至嘉靖六年（1515～1527年）。楼阁式砖塔，塔八角，外观13层，高47.31米，内设楼梯盘旋而上至十层，这是该塔设计的独特之处。底层砖檐下加建木构围廊，廊南面正中出抱厦，上交十字脊屋顶，外观犹如一座小型楼阁，制作精致。塔身第二层四个正面开拱券门，各门正中四天王雄峙，披甲戴胄，怒目凝视；二层檐下设精致斗栱，二层以上的出檐，用斗栱和莲瓣隔层相间；第三层设平座一周，并安装琉璃质地的勾栏和望柱，平座之上有佛、菩萨、天王、弟子和金刚等，三至十三层各面都砌券龛、门洞和方心，内放置佛像、菩萨和童子。塔内中空，塔身全部用青砖砌成，外表通体贴以黄、绿、蓝三种彩色的琉璃，上附各种琉璃艺术构件，如屋宇、神龛、斗栱、莲瓣、角柱、勾栏、花罩、盘龙、人物、鸟兽以及各种花卉图案；塔身逐层收分，各层转角处砌隅柱，柱间连阑额、普拍枋和垂莲柱。塔上琉璃的质地、色彩和塑造技艺体现了山西传统琉璃工艺的最高水平。

图 10-77 阳城寿圣寺琉璃塔
资料来源：山西省第三次全国文物普查资料

图 10-78 洪洞广胜寺飞虹塔
资料来源：作者自摄

  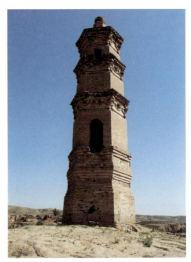

图 10-79 霍州南坛雁塔　　　　图 10-80 大同雁塔　　　　图 10-81 天镇惠庆塔
资料来源：作者自摄

霍州市南坛雁塔

俗称赐谷塔，位于霍州市环路街道办事处南坛村东南约50米高台地上。创建于明嘉靖四十二年（1563年）。八角五层楼阁式砖塔，通高约23米，占地面积35.88平方米。塔基平面呈八边形，基高0.92米，边长2.5米，每层有拱券形门窗。塔身各层腰檐叠涩伸出，逐层内收，檐下仿木斗栱三踩单翘。塔身内原设有木梯，攀登可至四层，后毁。

大同市雁塔

又名文峰塔，位于大同市城区雁塔街南端城墙之上。塔始建于明代天启四年（1624年），清代重修。八角七层空心砖塔，高14米，占地面积约22平方米。平面呈八角形，由塔座、塔身、塔刹三部分组成。塔身一层东南和西北面辟拱门，余皆镶石碣。二层以上每层八面均砖券成四实四虚的拱形窗口，每层檐部均砖雕仿木构檐枋、斗栱及勾头滴水，攒尖顶，上置宝珠。塔身上镶嵌明清时期碑碣9通。

惠庆塔

位于天镇县赵家沟乡柳子堡村西南小石山顶之上。明万历年间（1573~1620年）建，坐北朝南，占地面积约10平方米。塔平面呈六边形，为三层楼阁式实心砖石结构，通高12米。基座为双层束腰须弥座，高4米，边长1.95米。除底层用石砌筑外，其上全部以砖垒砌。束腰部分砖雕各种花卉、行龙、走兽装饰图案。塔身由下向上逐层收缩，塔檐为仿木结构椽飞、斗栱、额枋。一、二层塔檐下斗栱有角科与平身科。塔身正面（南面）的一、三层辟壸门，背面（北面）一层镶嵌"修惠庆塔竣工记"塔铭，字迹难辨。塔刹莲花基座，上置宝珠。

图 10-82 兴县胡家沟砖塔
资料来源：作者自摄

图 10-83 汾阳药师七佛多宝塔
资料来源：山西省第三次全国文物普查资料

图 10-84 汾阳玲珑塔
资料来源：山西省第三次全国文物普查资料

胡家沟砖塔

位于兴县蔡家崖乡胡家沟村南 500 米。占地面积约 8.3 平方米。五层八角楼阁式砖塔，塔座大部分被耕土掩埋，露出地面高约 14 米，自下而上有塔座、塔身、塔檐和塔刹。塔座形制不详，塔身砖雕仿木构建筑，窗棂隔扇样式繁杂，栏杆、门窗及生肖、花卉、动物等图案；每层塔檐结构与形制基本相同，檐角缺损鸱吻，檐下角科、平身科装饰三踩斗栱；塔刹已损毁。因塔身斜倾，2003 年曾进行维修。

药师七佛多宝塔

位于汾阳市杏花村镇小相村北。据《汾阳县金石类编》所载《故宣秘大师潮公塔记》记载，始建于元至元年间（1268～1269 年），为潮公大师的舍利塔，共 7 层。又据《灵岩寺增修记》及塔上碣石记载，明嘉靖二十八年（1549 年）该塔增建为 13 层。现存为明代遗构。该塔为砖石结构，平面八角形，占地面积 36 平方米。高约 30 米。石砌八角力士须弥座，砖砌塔身，八角攒尖顶，塔刹缺失。塔身收分明显，每层之间以砖雕斗栱、椽、飞组成的塔檐相隔。一至三层斗栱为三踩单昂，四层以上斗栱为一斗三升。塔门设于一层南壁，塔内设逆时针旋转式塔道可上一至四层，四层至七层中空为塔室，塔室顶部叠涩成藻井，并设悬塑。

玲珑塔

位于汾阳市峪道河镇后沟村中。创建于明万历二年（1574 年），现存为明代遗构。八角七层楼阁式砖塔，通高约 30 米。砖砌塔座，平面八边形，每面宽 4 米，高 3.3 米。塔身逐层收分，通体设仿木砖雕塔檐七层。一层檐下设砖雕单昂三踩斗栱，以上各层均为单翘三踩斗栱。一、二层檐角设垂柱，二、四层塔壁上装饰有砖雕勾栏。一层西面设门，门顶设砖雕垂花檐楼；二、四、六七层均在东、南、西、北四面各设一窗；三层、五层则八面各设一窗。塔身中空，一层内部为砖券结构，并于南壁上设塔道，通往上层；二至七层原设木楼梯，现已缺失。塔顶残破，塔刹无存。塔座上现存明天启年间石碣三方，其中一方内容已剥落难辨，另两方记载了明代庆成王、永和王等修建华严庵捐物、施地等事宜。

海洪塔

位于汾阳市文峰街道办事处海洪社区。始建年代不详，2001 年修缮。现存为明清建筑。砖石结构，平面八角形，立面 7 层，通高 26.8 米。外观呈楼阁式，从下至上由青石须弥座式塔座、塔身、塔檐及宝顶组成。一层和七层塔身素平无饰；二层、四层、六层分别在东、南、西、北四个面设龛，龛外皆嵌有砖雕楹联；三层和五层则在另外四个面设龛，龛两侧素平无饰。塔檐为砖雕仿木结构，每层檐部均设砖雕斗栱，形制皆为正心重栱出单翘，外拽厢栱交麻叶耍头。塔体内部设天井，未设塔门。

汾阳文峰塔

位于汾阳城东 2 公里的建昌村，建于明末清初。塔高 84.93 米。塔为砖结构，外廓平面八角形，占地面积 217.8 平方米，外廓塔层之间以砖雕椽、飞、斗栱组成的塔檐相隔，共 13 层。塔内室平面方形，塔室之间以转折回廊式阶梯塔道相通。外廓塔壁和内室塔壁组成套筒式结构建筑。塔座为条石砌筑的须弥座，石条上雕有竹节、仰莲、卷草图案。塔身由青砖砌筑。全塔共有斗栱 512 攒。塔檐翼角升起，出檐甚短。

塔通体线条斜直向上，收分显著，外轮廓十分刚硬，给人以秀出云表、清秀峻拔的感觉。结构由下至上分为塔基、台明、塔座、塔身、塔刹。外部层数与内部层数一一对应，塔道及塔窗宽阔顺畅，采光充足，塔心室一至十三层面积相等，充分考虑了游人膜拜、休息和瞭望的需要，让人在心旷神怡中完成登塔之旅。塔心室第一层塑观音，从第二层起依次为鼠、牛、虎等十二生肖，因之成为全国的生肖塔。

平定县天宁寺双塔

位于阳泉市平定县冠山镇城里村南营街中段。东西并列，为八角形楼阁式砖塔。原为天宁寺附属文物，寺已不存。据 2005 年西塔地宫出土碑志记载，塔始建于北宋至道元年（995 年），以后历代均有修葺，2005 年整体维修。双塔形制相同，平面为八角形，边长 3.3 米，高约 20 余米。四面辟门，相邻四面辟窗，门内雕石佛 1 尊。塔基埋于地下，塔身四层，每层设重檐塔檐，檐下斗栱为五铺作双杪，四面设板门与窗。塔顶为攒尖顶、宝瓶塔刹。

龙兴寺塔

位于新绛县城北街顶端，俗称"绛塔"、"唐塔"、"龙兴塔"，坐落于大雄宝殿背后。

图 10-85 汾阳海洪塔
资料来源：山西省第三次全国文物普查资料

图 10-86 汾阳文峰塔
资料来源：作者自摄

图 10-87 平定天宁寺双塔　资料来源：山西省第三次全国文物普查资料

创建年代不详，原为8级，因年久塌圮，清乾隆四十二年（1777年）集资重修，增高为13级。民国30年（1941年）重修后，保存至今。塔呈八角形，全部用水磨青砖砌成，高43.7米。一层檐下施仿木结构斗栱，其上各层均叠涩出檐，每层均刻匾额，分别为"一柱擎天"、"两茎仙掌"、"三汲龙门"、"四大跻空"、"五云献瑞"、"六鳌首载"、"七星召应"、"八

图 10-88 新绛龙兴寺塔
资料来源：作者自摄

图 10-89 榆次志村塔
资料来源：山西省第三次全国文物普查资料

图 10-90 灵石西许村文笔塔
资料来源：山西省第三次全国文物普查资料

风协律"、"九陌看花"、"十园蓉镜"、"十方一览"、"十二碧城"、"十州三岛"。塔内有木梯，可拾级而上。底层大门两侧嵌清乾隆四十年（1777年）重修时，知州武进题写的"雷雨平临咫尺看龙门之变，慈云遥接飞腾争雁塔之高"砖雕楹联。该塔雄踞城北高埠上，由此可鸟瞰全城，为新绛历史文化名城中的标志性建筑。

志村塔

俗称"琉璃塔"，位于榆次区乌金山镇志村西，八角七层楼阁式琉璃塔，通高5.86米。创建年代不详，现存为清代建筑。塔原由塔基、塔身、塔刹三部分组成，顶层塔檐及塔刹已毁，仅存塔基、塔身。基座平面八边形，双层砖构，各面素面无饰，高2.42米，边长1.02米。塔身7层，孔雀蓝琉璃砖贴面，逐层叠涩出檐，并以黄琉璃点缀，各层仿木构雕出额枋、椽飞、勾滴、瓦垄、拱券，龛内雕像，多已毁。

西许村文笔塔

位于灵石县南关镇西许村东南翠屏山上。为清代圆锥形实心砖塔，通高16米。塔由塔基、塔身、塔顶三部分组成。塔基砖砌，平面呈六边形。塔身素面无饰，通体造型纤瘦。塔顶形如毛笔尖，象征文风昌兴，人才辈出。

文光塔

位于介休市绵山镇焦家堡村北。据碑记载，建于清嘉庆五年（1800年）。六角七层楼

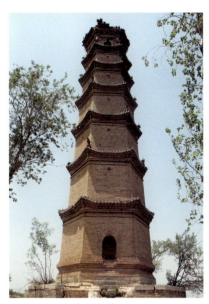
图 10-91 介休文光塔
资料来源：山西省第三次全国文物普查资料

图 10-92 灵石田家山村文笔塔
资料来源：山西省第三次全国文物普查资料

图 10-93 介休史公塔
资料来源：山西省第三次全国文物普查资料

阁式砖塔，通高约 23 米，由塔基、塔身、塔刹三部分组成。塔基砖砌平面六边形，高 1.02 米，边长 2.32 米。塔身各层素平无饰，逐层叠涩出檐，砖雕仿木构椽飞、瓦垄，翼角起翘，造型轻巧。一层东面辟拱门，第七层檐下砖雕额枋、斗栱、垂莲柱，东面辟拱形龛，题刻"文光射斗"。顶部为六角攒尖琉璃瓦顶，塔刹为双重宝珠，中设刹杆。

田家山村文笔塔

位于灵石县梁家墕乡田家山村南。八边形砖塔，实心。通高 7 米，由塔基、塔身、塔刹三部分组成。塔基砖砌，平面八边形；塔身八角形，素面无饰，底部石砌，中下部正南嵌清道光五年（1825 年）石碣 1 方；塔刹又分两部分，刹基半圆形，刹顶形似笔尖，故名"文笔塔"。

史公塔

位于介休市北坛街道办事处花园社区北坛中街北。据县志记载，清乾隆十三年（1748 年）为纪念明万历年间介休知县史记事而修建。塔为八角七层楼阁式砖塔，通高约 40 米。建于高 1.3 米的砖砌方形台座上，四周设石质围栏；塔基平面八边形，束腰须弥式，高 2.09 米，边长 4.02 米，各面雕刻宝装莲瓣、缠枝花卉，束腰部分以竹节柱分隔。塔身平面八边形，逐层收杀，叠涩出檐，檐下设仿木构砖雕额枋椽飞，斗栱或三踩或五踩，卷云形耍头。每层各面均辟拱形门洞或窗，一层内设折上式楼梯，可登临。一层南面砖雕垂花门，横匾为乾隆戊辰年（1748 年）张新政书"史公塔"；二层门额题"气象万千"，两侧砖雕对联一副。八角攒尖琉璃瓦顶，覆仰莲及宝珠塔刹。

图 10-94 介休龙凤凌空塔
资料来源：山西省第三次全国文物普查资料

图 10-95 平遥梁赵文星塔
资料来源：山西省第三次全国文物普查资料

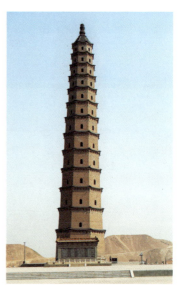
图 10-96 榆社连家庄文峰塔
资料来源：山西省第三次全国文物普查资料

龙凤凌空塔

位于介休市龙凤镇龙凤村东北约 1 公里的龙凤河西岸。据县志记载，始建于清雍正十三年（1735 年），乾隆四十三年（1778 年）建成。塔为八角九层阁楼式砖塔，塔高 38 米。由塔基、塔身、塔刹三部分组成。塔基方形束腰须弥式，高 1 米，边长 3.76 米。塔身平面八边形，各层叠涩出檐，雕出仿木构额枋、椽飞、瓦垄，各角额枋相交处悬垂莲柱。二层雕出勾栏平座，砖雕斗栱五踩或三踩单下昂。一层南面辟小拱门，塔身各面均辟拱形门或窗。塔刹为八角攒尖顶，孔雀蓝琉璃覆钵、火焰形宝珠收刹。

梁赵文星塔

位于平遥县中都乡梁赵村东南约 300 米的枣林田地内。据《平遥县志》记载，由清嘉庆辛酉科举人赵清荣修建。塔为六角形三层实心砖塔，占地面积约 10 平方米。通高约 16 米，由塔基、塔身、塔刹三部分组成。塔基平面六边形，砖砌束腰须弥座。塔身三层，平面六边形，每层均叠涩出檐，自下而上逐层收杀，塔刹为铁铸宝珠。塔身最上面一层东面镶嵌石碣一方，字迹模糊不清。

连家庄文峰塔

位于榆社县箕城镇连家庄村东的巽山顶上。据碑记载，建于清雍正三年（1725 年）。八边形十三层楼阁式砖塔，坐南朝北。通高 38 米，由塔身、塔刹两部分组成。塔身平面呈八边形，中空，内置木梯、楼板可达顶层。每层均设塔檐平座，其下为仿木结构砖雕斗栱、额枋，檐

图 10-97 榆社和平文峰塔　　　　图 10-98 寿阳蔚文塔　　　　图 10-99 武乡千佛塔
资料来源：山西省第三次全国文物普查资料　资料来源：山西省第三次全国文物普查资料　资料来源：山西省第三次全国文物普查资料

部椽飞挑承。斗栱五踩双翘。每层隔面设砖券门洞各一。一层平座额枋雕有二龙戏珠、鲤鱼跳龙门、凤凰戏牡丹等图案。塔正面一至十三层均悬题匾，上书"文曜高悬"、"攀瞻天柱"等。八角攒尖顶，上置琉璃宝瓶、露盘塔刹。塔前立清创建碑2通，塔内嵌清石碣4方。

和平文峰塔

位于榆社县云竹镇和平村东约500米。创建年代不详，现为清代八角五层楼阁式砖塔。通高12米。塔基平面八边形，条石砌筑，高1.5米，边宽1.3米。塔身五层，逐层收分，各层高度递减，三层以下南面辟拱券门洞，二、三层东西向辟圆形窗。塔檐三重叠涩。八角攒尖顶。塔刹由绶花刹座及宝瓶、铁刹组成。

东蔚家庄蔚文塔

位于寿阳县宗艾镇东蔚家庄村南500米农田中。塔为六角形六层楼阁式实心砖塔，通高12米。据碑文记载，创建于清嘉庆甲戌年（1814年）。坐东北朝西南，底层面积4平方米。塔基不明，塔身六层，平面六边形。每层砖砌叠涩出檐，二、四、五层正面均设有拱券门，二、四层券门两侧有砖雕楹联，字迹漫漶不清。一层正面嵌石匾1块，上书"蔚文塔"三字。

千佛塔

位于武乡县丰州镇城关村宝塔街中。坐北朝南，塔基平面八角形，底径为15米，通高约40米。原为净业庵附属建筑，庵已毁，仅存塔。创建于清康熙四十九年（1710年），现存为

图 10-100 尧都区铁佛寺塔
资料来源：作者自摄

图 10-101 翼城翔山文峰塔
资料来源：山西省第三次全国文物普查资料

图 10-102 襄汾东关文峰塔
资料来源：山西省第三次全国文物普查资料

清代建筑。八角十三层楼阁式砖塔，塔基由三层砂石条砌成，高 0.5 米。塔内中空，设有楼梯通往顶层。一层塔室内有清代佛教壁画 6 平方米。各层塔身均由条砖砌筑，壁面上雕刻有龙、凤、鱼及牡丹、梅花、卷草等吉祥图案。每层均砌有砖券门洞，各层檐下砖雕斗栱、额枋、垂莲柱。五层以下斗栱五踩重翘，六层以上三踩单翘，均为异形栱。塔刹由数层宝珠垒叠而成，塔顶各角有铁链与塔刹攀固。

铁佛寺塔

原名大云禅寺，位于临汾市尧都区西街街道办事处西关社区海子边 40 号。

塔为方形六层楼阁式砖塔，通高约 30 米。塔下无台基，塔身底部每面长 6 米，一层内设塔室，内壁四周用青砖砌成平板枋和斗栱，塔室顶部砖券八角形藻井，室内存高 6 米、宽 5 米、厚 5.3 米的铁佛头 1 尊，佛像螺发左旋，面形丰满，造型风格属唐代作品。室外下部辟有砖雕壸门，内雕翔龙、玉兔、花卉、仙果等；二层以上实心，每面砌出塔檐，六层为八角形，塔身四壁嵌有绿琉璃方心，内雕突起壁面的佛、菩萨、罗汉、天王及佛传故事图案。三、四、五层塔壁正中砌有砖券假门，门洞之上凸出垂花门，六层壁面当心嵌有八卦图案。

翔山文峰塔

位于翼城县南梁镇北梁村高家洼自然村西南约 700 米的翔山山巅。坐东朝西，据民国 18 年（1929 年）版《翼城县志》记载，创建于清顺治十四年（1657 年），清光绪年间（1875 年）重修。塔通高约 20 米，石砌塔座平面八边形，边长 2.2 米，高 2.5 米。塔身圆形五层，砖砌实心，各层砖砌叠涩出檐，圆形攒尖顶，塔刹已不存。1945 年，侵华日军将一层塔心挖空，当做炮楼用，并用重型炮弹击伤塔身三处，留下了日军侵华的罪证。清代御史上官鋐为翔山文峰塔作了《翔山文峰记》。翔山亦名翔峰、翔翱山，因山形如鸟翼，翼城由此而得名。翔山巍巍，宝塔矗立，已成为翼城的地方标志。

东关文峰塔

位于襄汾县襄陵镇东街村小城区内。据塔基石碣记载，创建于清咸丰九年（1859年），八角九层楼阁式实心砖塔，通高约19米。塔基平面八边形，高约4.5米，边长3米，一层每面嵌石碣1方，二至七层每面用红色颜料涂画拱门，上砌砖匾，其上书有"腾蛟"、"毓秀"、"凝紫"等，五层匾每面按方位饰八卦符号，六层为花鸟走兽，八九层每面均辟拱券假门。原每层角部均有风铎，现仅余顶层各角风铎各一。每层塔檐为砖砌叠涩收分。二层腰檐设平座，外设砖雕勾栏，宝瓶式塔刹。

成庄文笔塔

位于霍州市陶唐峪乡成庄村西北。据碣载，建于清同治十二年（1873年）。实心圆形砖塔，通高13米。塔基平面呈圆形，条石垒砌，基高0.3米，塔身通体由条砖叠砌，塔身底径2.9米，占地面积6.6平方米。塔身镶嵌碣1方，石碣长0.62米，宽0.41米，首题"建塔碑记"，清同治十二年（1873年）刊。该塔结构精巧，形似毛笔，故名文笔塔。

北庙村塔

位于翼城县中卫乡北庙村西100米处。创建年代不详，据塔身形制判断为清代建筑。塔

图10-103 霍州成庄文笔塔
资料来源：山西省第三次全国文物普查资料

图10-104 翼城北庙村塔
资料来源：山西省第三次全国文物普查资料

图 10-105 广灵水神堂砖塔　资料来源：作者自摄

高 12 米，直径 2 米，塔基埋于地下，塔身四层实心，砂料坯砌筑，外涂泥皮，每层间砖砌叠涩出檐，第四层塔身设一圆拱形神龛，塔顶覆钵式，刹已不存。

水神堂砖塔

位于大同广灵县。砖塔为水神堂附属建筑之一，建在东轴线南侧，占地面积约 46 平方米，六角七层密檐实心塔。创建年代不详，三层壶门阴刻"光绪二十五年重修"题记。塔基六角形，由青石条砌筑，边长 3.4 米，高 1.2 米。塔身通体砖雕仿木构且逐层收分，一、二层额枋上连珠斗栱八朵，每面雕六抹隔扇花门、椽、飞、连檐、滴水瓦垄及翼角套兽、垂兽、铃铎等，三层以上因面宽减小，每面仅辟砖券壶门。塔刹由刹座、覆钵、相轮、宝珠、刹杆等组成，塔高 18.7 米。

临黄塔

义称释迦牟尼佛舍利塔。位于孝义市大孝堡乡大孝堡村，创建于隋开皇四年（584 年），原为阿育王塔，后历代皆有修葺。清雍正十四年（1732 年）重建，始成今日之造型。

塔为八角八层楼阁式，通高 16.2 米。塔基呈方形，长 10.02 米，宽 10.2 米，毛石与青砖混合砌筑。塔座石砌须弥座，平面八角形，塔身青砖砌筑，塔檐仿木结构，设砖雕斗栱。塔檐由叠涩砖及砖雕椽飞、勾头、滴水组成。各檐翼角微翘，设有套兽和风铎。塔刹为龙云卷草黄色琉璃包砌。塔壁和栱眼有"释迦牟尼佛舍利塔"、"宝塔凌云"、"法轮常转"等砖雕。塔坐落在地宫之上，塔身呈白色，显得宁静素雅，具有浓厚的异国情调。

塔底有舍利子。据原寺院石碑记称，塔下有地宫，宫中童莲花石，石下三底座伺有石匣一函，为景祐二年（1035年）宋仁宗御赐，匣分棺椁两层，里层金棺，长二寸，宽一寸，贮存镇石五杖、舍利子一粒，外以银椁裹之，舍利大小如豆，呈白色。

柳溪寺舍利塔

位于柳林县庄上镇辉大峁村李家庄自然村南50米。八角八层楼阁式砖塔，通高约23米。据清代《永宁州柳溪寺新建舍利塔记并铭》碑载，建于清代乾隆三十一年（1766年），现寺已毁弃，仅塔独存。坐东朝西。塔基由条形砂石垒砌，塔身逐层收分，各层仿木构砖额枋、椽飞沟滴，斗栱三踩单昂，一层以上塔身八面皆雕壸门。塔内中空，各层叠涩穹窿顶，壁内设楼梯可登临塔顶。八角攒尖顶，其上叠置仰莲、宝瓶、宝珠、塔刹。塔东侧存清代修建碑1通，字迹漫漶。塔内存残石碣4方。

魁星塔

位于临县碛口镇冯家会村东。据调查，由该村两举人一秀才三兄弟出资修建于清末。坐东向西，东西宽5米，南北长6米，占地面积30平方米。塔基石砌，塔体共3层，平面呈八边形，底径3米，边长1.31米，通高15米。一层辟拱券门洞，门洞顶部彩绘魁星图。二、三层圆形、实心。每层叠涩出檐，逐层收杀，攒尖顶，宝珠塔刹。

东岳山文塔

位于临县安业乡暖泉会村东岳山自然村北约100米处。坐北朝南，占地面积45平方米。

图10-106 孝义临黄塔
资料来源：作者自摄

图10-107 柳林柳溪寺舍利塔
资料来源：作者自摄

图10-108 临县魁星塔
资料来源：山西省第三次全国文物普查资料

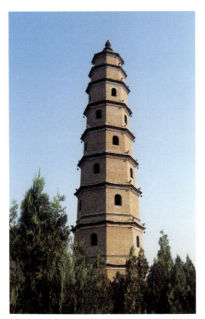
图 10-109 临县东岳山文塔
资料来源：山西省第三次全国文物普查资料

图 10-110 交口北村文昌塔
资料来源：山西省第三次全国文物普查资料

图 10-111 盂县霞峰塔
资料来源：山西省第三次全国文物普查资料

据碑文记载，始建于清乾隆二年（1737年），由本邑庠生白文生主持修建。八角九层楼阁式砖塔，通高36米，塔基石砌，底层各边长2.5米，直径6米。各层叠涩出檐，逐级收杀八角攒尖顶，宝珠塔刹。一层为砖拱券顶，二层平面方形，以上木质楼梯至顶（已毁）。塔内现存清代修建碑1通。

北村文昌塔

位于交口县桃红坡镇大麦郊村北村自然村东南约550米。坐南向北，南北长4.3米，东西宽3.3米，占地面积14平方米。现存建筑为清代遗构。文昌塔高约5米，六角形二层砖塔。基座呈四边形，面向西北开一拱形龛，龛内塑财神，龛内西壁镶嵌青石碣一方，内容为立文昌、魁星、财神楼记，楷书，23行，满行11字。塔身平面呈六边形，一层向西北开一拱形神龛，内塑文昌帝君。二层向西北开一拱形神龛，内塑魁星，塔顶为六角攒尖顶。

霞峰塔

位于盂县路家村镇金晨村北约1公里的霞峰山山顶。据清代《郑氏族谱》记载，该塔始建于明万历年间（1572～1620年），原名万元塔。塔通高16米，八角七层砖塔。塔基平面八角形，砂石质砌筑，高2.4米，边长2.5米，塔身7层，逐层收杀，并正反叠涩出檐，素面无饰，一至三层实心，四至六层空心，交错相隔辟小拱门。顶层塔檐雕出椽飞、瓦垄，挑出角梁，并施翼角套兽。塔顶为八角攒尖顶，塔刹已毁。

参考文献

[1] 段玉明.中国寺庙文化.上海人民出版社,2011.

[2] 王大斌,张国栋.山西古塔文化.北岳文艺出版社,1999.

[3] 张华鹏 朱向东.山西早期佛塔营造理念与形态分析.

[4] 罗哲文.中国古塔.中国青年出版社,1985.

[5] 潘谷西.中国建筑史.中国建筑工业出版社,2011.

[6] 梁思成.图像中国建筑史.生活·读书·新知三联书店,2011.

第十一章 长城关隘

第一节 古代长城概况

长城是我国古代社会两千多年间，各民族统治阶级为巩固和维护其政治统治而设置的一种军事防御工程体系，是国家权力防卫功能的形象体现，其工程之浩大、作用之显赫，是世界上其他任何人类文化遗迹都无法相比的。其中横贯我国北方的长城规模宏大，东西相距长达一万余里，因此被称为万里长城。它好像一条长龙，翻越巍巍的群山，穿过茫茫的草原，跨越浩瀚的沙漠，奔入苍茫的大海。万里长城气势的雄伟，工程的艰巨，历史的悠久，不仅在我国古代建筑工程中少有，在世界上也属罕见，因此，它早已被列为世界奇迹之一。

一、长城修筑的历史

据史书记载和考察所得，在中国历史上，前后有二十多个诸侯国和封建王朝修筑过长城，总长不下十万里。它东起辽宁的鸭绿江畔，跨越中国整个北方，西抵天山脚下，遍布新疆、甘肃、宁夏、陕西、内蒙古、山西、河北、北京、天津、辽宁以及吉林、黑龙江、河南、山东、湖北等十多个省市自治区。

公元前9世纪周宣王时，为防御猃狁的袭扰，在北方边境修筑过许多列城和烽火台。《诗经》中即有在朔方修筑小城的记载。当时这些小城之间并无墙垣连接，大多是用以传递军情和屏卫入侵的防御性城堡。从司马迁《史记》里记载的周幽王"烽火戏诸侯"史实，也可看出这些列城和烽火台的军事防御作用是多么重要。

春秋战国时期，各诸侯国因为相互防御，在各自的边境线上由修筑列城、烽火台，进而发展为用墙垣把列城联系起来，构筑成军事防御工程体系，此即修筑长城之始。最早修筑长城的是楚国，《左传》、《国语》、《战国策》都有记载，修筑的时间约在公元前7世纪前后，大约是由汉水之北的河南邓县起而北上，再沿伏牛山而东，至叶县而南行至泌阳，形成一个长数百公里的方形城垣，构成楚国北方的边关，即"方城"。齐国也是修筑长城较早的诸侯国之一，约在公元前五六世纪，据史书记载可知齐长城构筑前后达数代，大部分依山势而筑，多用石块垒筑，大体上西起平阳而东，蜿蜒抵于海滨，长达千里。魏国自惠王起前后构筑了两条长城：一是南起华山，沿黄河西岸北上曲折延伸，至绥德北，此为防秦和防戎的河西长城；另一是长约六百里的河南长城，即起自荥阳经阳武抵黄河的卷之长城。赵国筑长城始自赵肃侯。这条长城约在今河北省临漳、磁县一带的漳滏流域，西起太行山下，东止漳水滨，长约四百里许，为赵南界长城。赵武灵王修筑有一条赵北界长城，东起于代，经云中、雁门，西北折入阴山，至高阙，长约一千三百里。燕国也筑有南北两道长城。燕南界长城首起易县之太行山下，东行经易县入河北徐水、新安，抵文安，长五百余里；燕北界长城是燕将秦开修筑的拒胡长城，西起造阳，东北行经围场之北，东行过辽西，达辽东的襄平，长达二千四百余里。郑国、韩国所筑的长城与魏的部分长城相合，是用来防秦的。而秦国在统一全国以前，秦昭王时也修筑过"陇西、北地、上郡长城以拒胡"。这条长城西起甘肃岷县，北行经临洮达皋兰，再东行越陇山，入固原境，复东行而东北入延安、绥德境，抵于黄河西岸。另外还有一些小国也修筑了长城，如中山国。中山国长城是为了防御西南强邻国家的袭击而修筑，其位置在今河北、山西交界的地区，纵贯恒山，从太行山南下，经龙泉、倒马、井陉、娘子关、固关至于邢台黄泽关以南的明水岭大岭口，全长约五百多里。

  长城虽然在春秋战国时期即已修筑，但是由于诸侯林立，属境较小，一般小国长城都只有几百里，一些大的诸侯国家的长城也不过三四千里。万里长城之名，应自秦始皇时才开始。据司马迁《史记·蒙恬传》记载："秦已并天下，乃使蒙恬将三十万众，北逐戎狄，收河南，筑长城。因地形，用险制塞，起临洮，至辽东，延袤万余里。"秦始皇修筑的长城是把战国时秦、燕、赵三国北方的长城连接起来，并加以增筑、扩建构成一个西起临洮、东达辽东的长城，以防扼匈奴的南下。这条防御线的西北段，西起临洮，东至九原；北段，西起云中，东至代郡；东北段，起自代郡，因燕北界之长城东达辽阳之东。秦始皇在修筑长城的同时还下令拆除六国互防长城、关隘和防御性城垣等设施。秦长城横亘在中国北边，工程巨大，对于巩固新建的统一政权，防止匈奴的骚扰，保障北部十二郡的开发，保护中原地区经济文化的发展，是有积极意义的。但其修筑使用的民力过多，刑法苛暴，强迫大量农民脱离生产服役，也造成了一定的消极影响。

  汉代为了抵御匈奴的侵扰，在主动出兵抗击的同时，也通过修筑长城的办法来加强防御。汉文帝、景帝时修缮了秦时所筑长城，从长安至长城沿线，设置了许多烽火台传递军情，加强防务，有力地抗击了匈奴的袭扰。汉武帝时不仅修缮秦城，而且新筑长城，长城工程规模的宏大，更远出秦长城之上。第一次是元朔年间（公元前128～前124年）把匈奴逐出河南地以后，复缮秦蒙恬所筑的边塞，因河为固；第二次是元狩年间（公元前122～前117年）新修河西走廊长城，这是在霍去病将匈奴逐出陇西以后，开始筑令居（今永登）以西长城西至酒泉，以保护河西走廊的安全；第三次是元狩、元鼎年间（公元前122～前111年）修筑酒泉以西至玉门之间长城亭障；第四次是太初年间（公元前104～前101年）修筑居延塞，即修筑自酒泉延弱水北上，至居延海的长城亭障；第五次是天汉年间（公元前100～前97年）修筑敦煌至盐泽（今罗布泊）间长城亭障。西汉再一次大规模修筑长城是汉昭帝与汉宣帝年间（公元前86～前49年）修筑盐泽以西的亭障，用于保护交通、传递军情。西汉进一步发展和改进了长城的布局，长城、亭障、列城、烽燧西起大宛贰师城、赤谷城，经龟兹、焉耆、车师、居延，沿着燕然山、胪朐河达于黑龙江北岸，构成了一道城堡相连、烽火相望的防线。汉代的亭障、烽燧不仅沿着北方修筑，而且从首都长安到全国各重要地区都修筑了许多亭障、烽堠与之相连。如东汉初年即专门派杜茂、马成大量调用士卒，从西河（今山西离石）至渭桥（今陕西咸阳东）、河上（今陕西高陵）至安邑（今山西安邑）、太原至井陉、中山至邺（今河北临漳），各处都修筑起堡垒、烽火台，十里一堠，构成了一个坚固的防御工程体系。屯田，是发展生产、积极备战政策的一个重要组成部分，自秦始皇筑长城、设郡、徙民实边时，就已经开创了这一制度。汉承秦制，西汉诸帝也都大力推行筑城、屯田、徙民实边的政策。秦汉屯田为抗击匈奴、巩固防务提供了物质条件，对全国各荒僻地区的开发、生产的发展都起到了积极的作用，追溯其源与万里长城的修筑是分不开的。汉代长城、亭障、列城、烽燧所组成的防御工程体系，有力地阻止了匈奴的进犯，对保障中原地区的生产生活安全起到了重大作用，也对发展"丝绸之路"沿线西域诸属国的农牧业生产，促进社会的进步，特别是对打通与西方国家的交通，发展同欧亚各国的经济贸易、文化交流等起到了重大的作用。如今，散布在中国新疆、甘肃、宁夏、内蒙古、河北、山西、陕西数省、自治区的汉代长城、亭障、列城、烽燧遗址仍随处可见。

从南北朝开始，统治中国北部地区的先后有北魏、东魏、西魏、北齐、北周，此外还有十六国的前凉、前燕、前秦等少数民族也统治着部分地区。这些少数民族的统治者在统治了经济文化上比较发达且以农业生产为主的地区以后，为了防止其他少数民族的骚扰，也不断修筑长城。从南北朝到元这一时期的长城，大多是少数民族统治的王朝所修筑的。公元5世纪，鲜卑族拓跋部建立的北魏王朝统一了中国北方黄河流域，为了抵御另外两个游牧民族契丹和柔然的侵扰，也采用秦、汉防匈奴的办法修筑长城。公元534年，北魏分裂为东魏和西魏。东魏迁都于邺后，曾修筑长城，北起肆州北山，西自马陵戍，东至土墬，但由于国力不济，只修了四十天，其长度仅有一百五十里。北齐代东魏，继续修长城以防突厥、柔然、契丹等民族的侵略，由首都平城西北起东至于海（今山海关），长数千余里。北周代西魏，又灭北齐，为了防御北方游牧民族的入侵，也曾修筑自雁门至碣石的长城，但长城修筑规模并不大。

公元581年，隋文帝杨坚统一中国，结束了自东汉末年以来四百年间封建割据的局面，为了防御游牧民族的入侵，也修筑过长城，其中见于文献记载的就有七次。隋代对长城的修筑次数虽然很多，有时征发劳力的规模也很大，但大多是在原有长城基础上加以修缮，增筑新修的很少，较之秦、汉长城的工程，相差甚远。

唐、宋、辽时期，长城的修筑工程几乎处在停息阶段。其原因是唐代大破突厥之后，版图远辖大漠，设北庭、西域都护府管理西北广大地区，长城已经失去边墙的作用。宋朝虽然统一了中原，但是北部又有辽、金的对峙，所辖范围已在原来秦、汉、北朝长城的南面，原来的长城已在辽、金境内，只是在宋初太平兴国四年（979年）命潘美、梁回在雁门、句注之间修筑了一些城堡用以警备辽的南进。不久之后宋王朝势力又退到长江以南，更谈不到长城的修筑了。辽代虽经营过今黑龙江省内鸭子河与混同江间的一段长城，但规模较小。

金灭辽与北宋，统辖了中国北方广大地域，为防御西邻崛起的蒙古族，曾大筑长城，规模之大超过了秦汉以后至金的各代长城。据历史文献记载，金代长城有两道，一是明昌旧城，二是明昌新城。明昌旧城（金北界壕）过去曾被称之为兀术长城或是金源边堡，在新城之北。据《黑龙江省志》记载，呼伦县北二十里，根河之南，有城东端起乌兰哈达之北，西行百三十里，沿海拉图山脉，经博克多博克伦，北折而西，沿额尔古纳河岸，二百二十里，至煖水河而尽。这段长城的位置，约在今黑龙江省兴安岭西北黑龙江沿岸，长达千里。明昌新城（金南界壕）也是为防御蒙古而筑，又称之为金内长城、金壕堑、边堡等，西起静州（今黄河河套），东达混同江畔（今黑龙江省松花江），经陕西、山西、河北、内蒙古、辽宁、黑龙江等省市自治区，长达三千多里。这条界壕的主体不是墙垣，而是一条西南—东北走向的深壕沟，掘挖壕沟的土就叠置在壕沟的内侧，形同土墙，并以此壕堑和土墙来阻挡蒙古族的骑兵。

元代版图地跨欧亚，远出长城以北很远的地方，而且统治者本身即是长城以北的游牧民族，长城对他们来说，意义不大。但是元朝时为了防止汉族和其他各族人民的起义反抗、检查过往客商，也对许多关隘险处加以修缮，设兵把守。

明代是中国历史上继秦、汉之后大规模修筑长城的另一个朝代。明朝在灭掉元朝以后，元的残余势力逃回旧地，但仍然不断南下骚扰掠夺，同时在东北又有女真的兴起，为了防御蒙古、女真等游牧民族的扰掠，明代十分重视北方的防务。朱元璋曾接受朱升"高筑墙"的建议，在洪武元年（1368年）就派大将军徐达修筑居庸关等处长城关隘。洪武十四年（1381年），又修筑山海关等处长城。明成祖朱棣夺取政权后，把都城由南京迁到北京。在京城东、北、西三面的山海关、居庸关、雁门关沿线修筑了好几重城墙，最多的地方达到二十多重；并在长城南北设立了许多堡城、烟墩（烽火台），用来瞭望敌况，传递军情。正德年间（1506～1521年）在宣府、大同一带修筑了烽堠三千多所。而戚继光任蓟镇总兵时又在山海关至居庸关长城线上修筑墩台一千多座。这些烽堠、墩台与长城南北的许多城防、关隘、都司、卫所等防御工程和军事机构共同构成一道城堡相连、烽火相望的万里防线。这一东起鸭绿江，西达嘉峪关，全长一万二千七百多里的长城，到公元1600年前后经过了二百多年的时间才基本完成，而个别城堡关城一直到明末还在修筑。其中从山海关到鸭绿江这一段长城，由于工程比较简单，毁坏较为严重；而从山海关到嘉峪关这一段工程较为坚固，保存较为完整。明朝除了在北部修筑万里长城之外，还在长江以南修筑过长城，防御来自西南方面的进攻。据《湖南通志》引《清奏案》上说："康熙三十九年湖广总督郭秀上疏言：辰州西南一带，惟藉镇筸一协兵威弹压，其地上接贵州铜仁，地广五百余里，险隘四十余处，明时沿边筑墙三百八十里，分防军屯七千八百人，边民犹受其患。"这个奏疏是要求在这一带增加防守兵力的，却反映出明朝曾在这一带修筑了三百八十里长城的情况，而这在明代史料中却鲜有记载。

为了加强长城的防务和指挥调遣长城沿线的兵力，并经常修缮长城关隘工程，更好地发挥长城这条防御工程体系的"拒胡"作用，明朝朝廷将长城防御线划分为九个防区，称"九

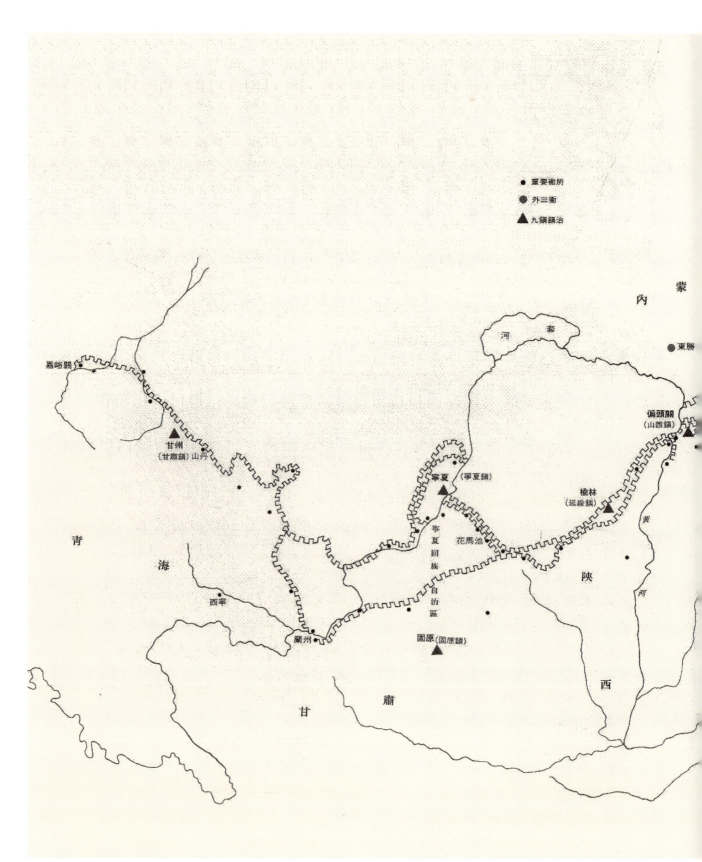

图 11-1 全国明代长城分布图

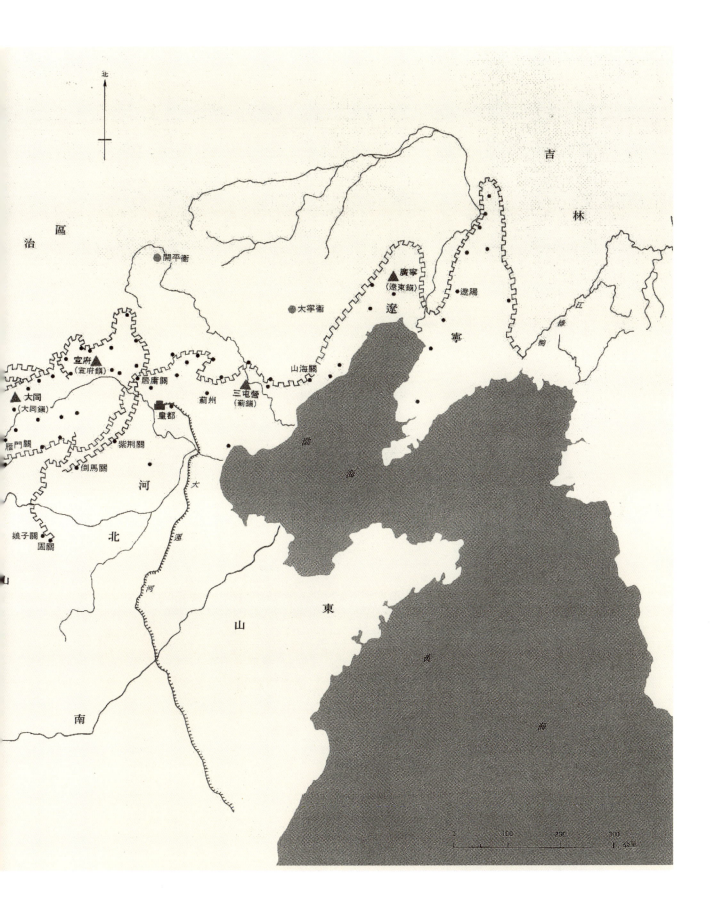

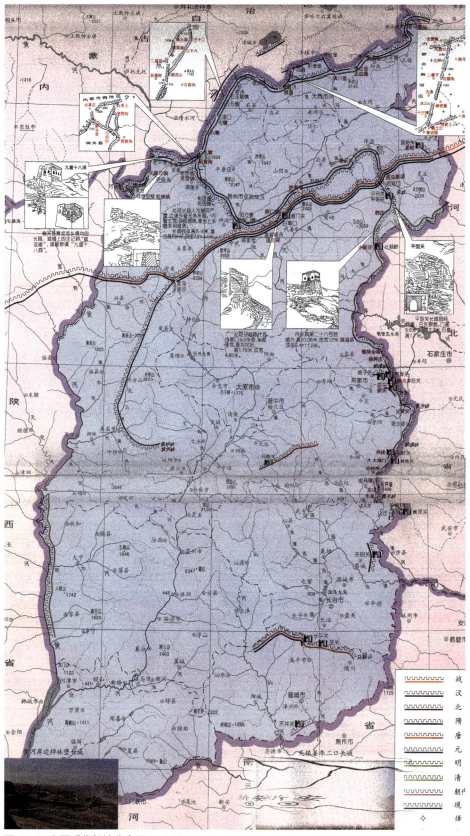

图 11-2 山西明代长城分布图　资料来源：山西历史地图集. 中国地图出版社, 2000.

边"。每边设有镇守总兵官、协守，负责指挥军事、修筑城垣、管理屯田等事务。边下又分路、卫、所、堡、台各级守备机构。镇守总兵官驻镇城，辖一边，由朝廷委派大员充任。各镇总兵力都在十万人上下，这些兵力分别驻守在镇城、路城、卫城、所城及堡城，除了守备防务外，还有修筑长城、传递军情和屯田储粮等项任务。到了明嘉靖年间，为了加强京城（北京）和帝陵（今明十三陵）的防务，又设置了昌镇和真堡镇，故称为九边十一镇，这个军事管理指挥体系与长城这条防御体系工程两相统一。九边重镇分别是：辽东镇，总兵驻地在今辽宁辽阳（后又驻北镇），管辖的长城南起凤凰城，西至山海关，全长一千九百五十多里；蓟镇，总兵驻地在今河北蓟县东的三屯营，管辖的长城东起山海关，西至居庸关的灰岭口，全长一千二百多里，蓟镇所辖的长城非常坚固，靠近居庸关一带的城墙有三层之多；宣府镇，总兵驻地在今河北宣化，管辖的长城东起居庸关的四海冶，西至西洋河（在山西大同东北），全长一千零二十三里，这一镇的位置正当明朝京城北京的西北，形势十分重要，所以又分了四路把守，城墙也非常坚固，有的地方有内外几重城墙；大同镇，总兵驻地在今山西大同，管辖的长城东起镇口台（在山西天镇东北），西至鸦角山（也叫丫角山，在今山西偏关东北），全长六百四十七里；山西镇（也称太原镇），总兵驻地在偏关，管辖的长城西起山西保德黄河岸，经偏关、老营堡、宁武、雁门关、平型关、龙泉关（今河北阜平西）、固关而达黄榆岭（山西和顺东），全长一千六百多里，这一带的长城也有好几重，并有石墙，有些地方的石墙多达二十多重；延绥镇（也称榆林镇），总兵驻地在榆林堡（今陕西榆林），管辖的长城东起清水营（今内蒙古自治区清水县附近），西至花马池（今宁夏回族自治区盐池县），全长一千七百六十里；宁夏镇，总兵驻地在今宁夏回族自治区银川市，管辖的长城东起大盐池（今宁夏回族自治区盐池县境），西至兰靖（今甘肃高兰、靖远），全长两千里；固原镇，总兵驻地在今宁夏回族自治区原州区，管辖的长城东起陕西省靖边与榆林镇相接，西达皋兰与甘肃镇相接，全长一千里，长城也有好几重；甘肃镇，总兵驻地在今甘肃张掖，管辖的长城东起甘肃金城县（今兰州市），西至嘉峪关，全长一千六百余里。

明长城的关口很多，每镇所辖关口多至数百，九镇长城的关口总计在一千以上，其中著名的也有数十座。自居庸关以西，明长城分南北两线，到山西偏关附近的老营相合，被称之为内、外长城或里、外长城。内长城从居庸关西南向，经河北易县、涞源、阜平而进入山西的灵丘、浑源、应县、繁峙、神池而至老营。外长城即自居庸关西北经赤城、崇礼、张家口、万全、怀安而进入山西的天镇、阳高、大同，沿内蒙古、山西交界处达于偏关、河曲。此段位于河北、北京、山西、内蒙古境内的明代内、外长城是明代首都北京的西北屏障，对于防御来自西北的威胁、保卫王朝的安全与蓟镇长城同样重要。因此，其长城工程亦甚雄伟坚固，关隘险口也很多，著名的内、外三关即是六个重要关口。靠近当时首都北京的居庸关、倒马关、紫荆关是为内三关，自此往西的雁门关、宁武关、偏头关是为外三关。这内外三关成了明王朝保卫京师和东南地区的重要险阻，经常派重兵把守。万里长城这件从春秋战国时期开始修筑，经秦始皇连成一气的伟大工程，是到明朝才完成的。

清朝灭明以后，随着清王朝政治军事形势的发展，特别是统治策略的改变，到了清康熙的时候，决定不再修长城了，但这"不修边墙"的命令却只是形式大于意义。康乾之时，清政府并没有做到所谓的"弃长城而不用"，对山海关等重要关口和长城段，都有相当规模的修缮和使用，之后还曾修筑大境门等著名长城关口。清朝统治者为了禁止汉人进入内蒙古和东北，实行种族隔绝，在辽宁和内蒙古修建一道壕沟，沿壕植柳，称柳条边，又名盛京边墙、柳城、条子边。辽河流域的柳条边南起今辽宁凤城南，至山海关北接长城，周长850公里，名为老边，也称盛京边墙。又自威远堡东北走向至今吉林市北法特，长345公里，名为新边。清朝同治年间，为了镇压农民起义军（捻军）的抵抗，还修筑过栈道、长墙并用的军事设施。清长城与以往朝代的长城不同，是用以对内血腥镇压农民起义和民族起义的工具，对内而不对外，而其相对粗糙且保存不多，作用单一，故很少提及。虽然清长城像一条锈渍斑斑的残断锁链，横置中原大地、黄河沿岸，给人以罪恶、憎恶之感，但从其形制的进步、布局的合理、设计的完整诸方面所显示出来的特别之处，其科学性、先进性都是历代长城所不曾见的。如清长城墙体矮小，可减少用功和用料；墙身减去了墙顶背面女墙部分垛口改为射孔（枪眼），变马面敌楼为炮台等。清长城的布局、形制之所以同历代长城有别，是与社会生产水平，特别是兵器生产水平有关的，是火器大量代替冷兵器和"水师"参加战争防御的相应结果。

二、长城的用途和构造

通过对相关文献和历代长城遗存的研究可知，长城的用途主要有三点：

一是防御扰掠，保护国家安全和人民生产生活的安定，这是长城的主要作用。我国古代中原地区以农业生产为主，农业生产需要安定方能耕种收获，而游牧民族则逐水草而居，飘忽无定。对于这些飘忽无定的游骑，如果派许多大部队追击，他就远走，当大兵退后，他又依然返回骚扰。如果没有城墙他们就可任意出入扰掠。为此历代中原地区的统治者曾想过许多办法，但经过实践证明，修筑长城还是较好的办法。城与城（关与关）之间联以城墙，这在防御功能上是一个很大的发展。在古代还只是用刀枪、剑戟、弓弩等兵器作战的时候，高大的城墙的确是一种非常有力的障碍。再加上有军队把守，那就更难逾越了。纵或兵力强大可以强攻越过，也需要付出较大的代价和较长的时间。这时防守的一方就可以在敌人进攻的时候，争取时间，调集兵力，予以抗御。春秋战国时期的长城，主要是诸侯国家的互相防御。秦始皇统一天下之后，主要是防御匈奴奴隶主的扰掠。以后的许多朝代也大都是中原地区的统治者为防御游牧民族统治者的扰掠而修筑的。在这一功能上，长城的确是起过不小的作用。许多王朝的前一阶段，政权得以巩固，生产得以发展，与长城的保卫作用是分不开的。

二是开发、保护屯田和保护边远地区生产的发展。秦始皇时期在修筑长城的同时，即在长城沿线设十二郡，并且移民前往开发，进行农牧业生产。郡治所辖范围，不仅在长城内而且也有远出长城以外的地区。秦始皇三十三年（前214年）在打退匈奴之后，"自榆中并河以东，属之阴山，以为三十四县，城河上为塞"。这些郡和县都是专门设置以开发经济并保证长城沿线的供应的。汉武帝时又大量发展了屯戍和屯田，有组织地进行农牧业生产。这种屯田和移民开发荒僻偏远地区的措施，以后一直延续了下来。屯田和发展生产，都需要比较安定的生活。长城、烽燧便是保护屯田和开发这些地区最好的屏障，使飘忽无定的匈奴等游骑不得进行扰掠。

三是保护通信和商旅往还。秦始皇时在北部地区都有宽大的直道和驰道，与首都咸阳联系，沿着长城十二郡也有大道相通，传递文书，商旅往还络绎不绝。长城和烽燧正是保证这些交通大道通畅的重要条件。在汉代又打通了西域的交通大道，使节来往、商旅往还都是走此道。长城烽燧正是沿着这条大道修筑，用以保护被称作"丝绸之路"的中西交通大道的。

由于长城的用途主要是为了防御和守望，因此它的布局和构造都是为了这一目的而安排的。长城的总布局，绵延万里好像是一条线，然而它并不是一条孤立的线，而是一个防御的网络体系。它首先起着阻挡敌人的作用，而且要与周围的防御工事、政权机构（郡、县等）密切联系，以至与统治中心、王朝的首都联系起来。长城线上的每一个小据点都通过层层军事与行政机构和中央政权机构相联系。各个朝代长城防御系统的名称有所不同，但其职能基本一样。长城的建筑与长城的军事防御体系布局是相适应的。以明长城为例，明朝的长城军事防御体系为：第一，是中央政权的军事机关兵部（或其他由皇帝设置的军机部门）奉皇帝之命掌管长城沿线以及全国的军事；第二，是在长城沿线所设的军事管理区"镇"；第三，有些镇在总兵之下又按实际情况分设几"路"防守（明朝初年所设"驿"与路相差不远），"路"的军事头目一般以守备任之，所驻地点大多在重要的关城地点；第四，为关城和隘口，这是长城上的重要据点，管辖附近一段长城的巡防，并支援相邻关隘的防务，重要的关口设守备把守，次要关口设千总把守；第五，是堡或小城，这是长城防线上的基本单位，有沿长城的堡，还有长城内外纵深排列的堡，堡内有烽火设备，并驻有守兵，设百总或把总把守，守兵数目由数十人至百人左右不等，看地形而定；第六，是烟墩或墩台，也叫烽火台，是专门用来传递军情的，台上也有较少的守兵，敌人逼近时进行抗击；第七，是敌台或敌楼，跨建在长城城墙上的台子，上面可住人巡逻、眺望和打击来犯的敌人，视台大小可住守兵数人至二三十人不等。以上七等长城防御系统的军事力量配置和长城建筑是配合一致的，彼此互相配合制约，联系成为一个有机的整体。

长城的建筑构造基本有以下几类：

长城城墙。城墙是长城的主要建筑工程，它翻山越岭，穿沙漠、过草原、经绝壁，宛如一条巨龙，飞腾在我国辽阔的大地上。万里城墙把成百座雄关、隘口，成千上万座敌台、烟墩连成一气，成为一项古代建筑工程史上的奇观。历代长城的城墙建筑形式、建筑方法、建筑结构都不完全相同。就是同一朝代的城墙也因地制宜，在建筑结构和形式上各具特点。

墙台、敌台。在长城城墙上，隔不多远有一个突出墙外的台子，叫做墙台和敌台。墙台的台面与城墙顶部高低差不多，只是凸出一部分于墙外，外侧砌有垛口，这种突出城墙外的墙台（也叫马面），在作战功能上有很大的作用。假如没有突出的墙台，在敌人逼近城下登城的时候，城上守兵就不便瞄准，也不便射击。有了突出的墙台，若遇敌人登城就可从侧面射击，使登城者受到城上和左右两方的射击。这种墙台是平时守城士卒巡逻放哨的地方。八达岭现在有些墙台还保存有房屋的基础，当时这里建有房屋叫做铺房，为巡逻时遮风避雨之用。敌台即是骑墙的墩台，高出城墙之上，有两层、三层的。守城士卒可居住在里面，并储存武器、弹药以抗击来犯的敌人。这种骑墙敌台是明朝抗倭名将戚继光所创建，在他的一篇《练兵纪实》中对创建敌台的经过和修筑方法以及用途等都说得很清楚。他说先前的长城比较低薄，很容易倾圮。"间有砖石小台与墙各峙，互不相救。军士暴立暑雨霜雪之下，无所借庇。军火器具如临时起发，则运送不前；如收处墙上，则无可藏处；敌势众大，乘高四射，守卒难立。一堵攻溃，相望奔走。大势突入，莫之能御。今建空心敌台，尽将通人马处堵塞。其制，高三四丈不等，周围阔十二丈，有十七八丈不等者。凡冲处（即险要处）数十步或一百步一台；缓处或百四五十步，或二百余步不等者为一台。两台相救，左右而立。"造台的方法："下筑基与城墙平，外出一丈四五尺有余，内出五尺有余，中层空豁，四面箭窗，上层建楼橹，环以垛口，内卫战卒。下发火炮，外击敌人，敌矢不能及，敌骑不敢近。每台百总一名，专管调度攻打。台头、副二名，专管台内军器辎重，两旁主容军士三五十名不等。五台一把总，十台一千总，节节而制之。"《明史·戚继光传》上也说，自从嘉靖以来，长城虽然已经修了，但是未建墩台。继光巡行塞上，议建敌台，略言"蓟镇边垣，延袤二千里，一瑕则百坚皆瑕，比来岁修岁圮，徒费无益。请跨墙为台，睥睨四达。台高五丈，虚中为三层，台宿百人，铠仗糗粮具备。令戍卒画地受工，先建千二百座"。现在从山海关到居庸关这一带长城城墙上的跨墙敌台，即是从戚继光开始陆续修建的。还有一种敌台称作战台，规模较大，储存武器也较多。上面文献所记能住百人的就是这种战台。

烽火台。也称作烽燧、烽堠、烽台、烟墩、墩台、狼烟台、亭、燧等。汉代称作亭、燧，有时亭燧并称，唐宋称作烽台，明朝称作烟墩、墩台等，是利用烽火、烟气以传送军情的建筑。如遇有敌情，白天燃烟，夜间放火。烽火台的形式是一个独立的高台子，台子上有守望房屋和燃烟放火的设备，台子下面有士卒居住守卫的房屋和羊马圈、仓房等建筑。台子的建筑材料和结构与长城一样，有用土夯的，有用石块砌的，也有用砖石合砌的。烽火台的位置大约有四种：一是在长城的两侧，紧靠长城；二是在长城以外向远处伸展的烽火台；三是在长城以内向王朝首都联系的烽火台；四是与相邻的郡县、关隘、军事辖区"镇"相联系的烽火台。大约每十里左右，选择易于互相瞭望的高岗、丘阜之上建立。烽燧自秦汉以后即与长城密切结为一体，构成了长城防御系统的基层组织，延续一千多年，在我国古代军事史上占有重要地位。

城、障、堡、堠。我们在古代文献中，经常看见与长城相联系的建筑，城、堡、障、堠等，有时也"城障"或"城堠"并称。这些防御建筑物大都建筑在长城内外，有的沿着长城，有的在离开长城很远的地方。它们与烽燧等的不同之处是其主要用以兵卒防守，而不是专为传递军情的。这里所说的城，是指与长城关联的防御性城，非为州、郡、县城。在河北省围场县境内秦汉长城遗址旁边，发现了与长城紧密相连的小城，城的面积不大，城与城之间相距数十里不等。也有在长城内外纵深方向发展的小城。障，也是一种小城。一些古代文献上说是山中小城，《汉书·武帝纪》注上引颜师古解释说"汉制，每塞要处，别筑为城，置人镇守，谓之候城，此即障也"。障字的本意是障碍、遮隔的意思，城障即是设置小城用以阻挡敌人来犯的建筑物。障与城的区别主要是"城"的大小不一，城内有居民，居民数目也不一致；而"障"只住官兵，不住居民，障的尺度差别不大，形式也比较划一，也有城和障结合在一起的，既住官兵，又住居民。城障与烽火台有所区别，城障主要是驻兵防守，烽燧（亭燧）则专司烽烟，传递军情。但是亭和障（也即是烽燧和城障）有着不可分离的密切关系，一为驻防，一为通信，互相配合。历史文献上也曾经有"列亭、障至玉门"、"行坏光禄诸亭障"等的记载。明朝的"堡"城与汉代的城障差不多，也是用来驻防的，堡往往有城墙围绕，也称作城堡。堡也有住居民的。有些堡内也有烽火台，把驻防与通信结合起来。在长城沿线常有五里一墩（烟墩）、十里一堡的说法。明长城沿线的城多与关、口相结合。"堠"也即是候，又称作"斥候"，《淮南子》上说："斥，度也，候，视也、望也"，是一种用来守望的建筑。它们与亭（烽火台）有密切的关系，所以往往"亭候"并称。根据历史文献记载，候是用来瞭望报信的岗哨，建筑较简易，与烽燧配合使用。

关、塞、隘、口。我们在古代文献记载和诗词描述中经常可以看到有"关山"、"关河"，"关津"等。关总是与山、河、海等自然形势相结合的。有时把塞、隘、口并称为"关塞"、"关隘"、"关口"，可知关、塞、隘、口之间的密切联系。"关"，这一字原来指的是门上的栓，用来关闭门户之物，也作关闭讲。"塞"，是堵塞之物。"隘"，是狭窄之处；"口"，是出入的通路。有时称作"隘口"，意思是狭窄的通道。古时我国各地都有许多关塞隘口，各个诸侯国家以及各个地方政权或是割据势力把它们作为防御的要地。长城的关、塞、隘、口非常之多，是长城防守的重点，也是平时出入长城的要道。《淮南子》上说，"天下九塞，居庸居其一"，可见塞是不少的。凡是险要地带，敌人经常入侵的地方，都要筑城、设险以堵塞其进入，所以称作塞。塞比城的范围还要大些。如秦始皇"西北斥匈奴，自榆中并河以东，属之阴山，以为三十四县，城河上为塞"，就是在黄河岸边筑城以为防御，这里的城不是单独的一个城而是指一系列的城及长城。又如现内蒙古自治区潮格旗的石兰计山口，据文献记载和实际调查，即是高阙的所在，是赵长城和秦长城的重要关塞。《水经注》上描述说："长城之际，连山刺天，其山中断。两岸双阙，善能云举，望若阙焉。即状表目，即有高阙之名。"山谷长六七公里，山口较狭，在其北口有长城和烽燧遗址，南口也有烽燧遗址。这与居庸关关沟的设险情况相同。即以隘谷通道立关置塞，在隘谷外侧（北口）筑长城，里侧南口设烽燧关城。这正是长城关塞布局的一般原则。

第二节　山西长城的历史与现状

山西在历史上素有"表里山河"、"最为完固"之誉，自古就是兵家必争之地。由于特殊的地理位置和环境，在很长的历史阶段中，山西一直是农业文明和草原游牧文明交错对峙的地区，定居的农业文明和逐水草而动的草原游牧文明一直处于一种此消彼长的状态之中，这两种文明的碰撞和妥协直接导致了长城的产生。历代修筑长城的主要作用就是为了抵御外敌和防止游牧民族的入侵，而山西作为两种文明的交界之地，自然就成为长城修筑的重要地区。从战国至清代二千余年的历史中，历代在山西境内修筑的长城达3500公里，分布在全省的9个地市40余个县（区），修筑的年代自战国始，历汉、北朝、隋唐、明清均有修筑。

一、战国长城

中国修筑长城的历史始于春秋战国时期，当时修筑长城的主要目的是为了各诸侯国之间的相互防御和抵御外族入侵。春秋时期，山西境内的晋国颇为强大，《左传》记载楚国曾利用其所筑"方城"将晋国军队抵御在外的事。由此可见，晋国作为强邻，是最早构筑长城的楚、齐等国的防御对象。但当时晋国是否构筑过类似的防御工程，由于文献未见记载而目前也未发现相关遗迹，所以也就不得而知。

三家分晋之后，中国历史进入战国时期，山西境内主要分布有韩、赵、魏三大诸侯国，三国均修筑有长城，但其多经过河北、河南、陕西一带，在山西境内修筑过长城的文献记载中只见赵国，即赵肃侯、赵武灵王时所筑的云中、雁门、代郡长城（赵北城）。赵武灵王是一个敢于革新和极力推进民族文化交流的君主，他不顾贵族官僚的反对，发布了"胡服骑射"的命令，引进了有利于生活和武备的胡人方式。他对胡人的侵扰并不退让而是进行抗击和备战设防，修筑长城就是备战的重要措施。据《史记·匈奴传》和《赵世家》上记载，在赵武灵王二十年（公元前306年）打败了林胡、楼烦，二十六年开发了燕、代、云中、九原这些地方，并修筑长城，东起于代（今河北宣化境内），经云中、雁门（今山西北部），西北折入阴山，至高阙（今内蒙古乌拉山与狼山之间的缺口），长约一千三百里。现在这一段赵长城的遗址还断续绵亘于大青山、乌拉山、狼山之间。后来秦始皇修筑万里长城的时候，曾以这一段赵长城的部分为基础。但是现今此段长城的遗迹在山西境内并未发现，而其是否经过

图 11-3 高平丹朱岭赵长城遗迹　　资料来源：山西省第三次全国文物普查成果汇总．中国地图出版社，2012.

山西也颇具争议。

丹朱岭赵长城遗迹是目前在山西境内发现的仅有的一处战国时期长城遗迹，位于晋城高平市寺庄镇后山村北的丹朱岭上，向东经永禄乡、神农镇、陈区镇、建宁乡，终于建宁乡荀家村东，大致呈东西走向，沿高平市与长子、长治两县的县界分布，总长约75公里，分布面积1570平方米。墙体用片石垒筑，因年代久远，损毁严重，仅存遗迹2段。第一段位于山腰，残长约200米，基宽3.8米，顶宽2.1米。第二段位于山顶，残长300米，基宽2.7米，顶宽1.5米。在长城遗迹南侧尚存烽燧1座，圆锥形台体，土石混筑，底径约15米，残高5.5米。据《潞安府志》载，长平之战时，"秦人遮绝赵救兵及刍饷而筑"；《太平寰宇记》载：长平关，"秦、赵二壁对垒，相距数里"。2000年对该遗址进行试掘，发现了战国陶片，证明长城确为战国时期所筑。但该遗存是长城还是战争的工事，学术界还存在争议。除此之外，在山西还未发现其他战国时期的长城。

二、汉代长城

战国之后，秦始皇统一中国，其所修筑的著名的万里长城在山西境内并未留下遗迹。而接下来的汉朝也大规模地修筑长城，作为抗击匈奴的前沿要冲之地，山西境内至今还留存有汉代的长城遗迹。

汉武帝元光五年（公元前130年）在当时的平舒县（今广灵县）一带修筑过长城。至今有遗迹的还有八十余里。以广灵县直峪口附近的长城为主，蜿蜒起伏，石筑而成。残高不足1米，底宽尚存2米。《后汉书》中记载东汉时期"（建武十三年）是时，卢芳与匈奴、乌桓连兵，缘边愁苦。诏霸将弛刑徒六千余人，与杜茂治飞狐道，堆石布土，筑起亭障，自代至平城三百余里"，又载"（建武十四年，马成）又代骠骑大将军杜茂缮治障塞，至西河至渭桥，河上至安邑，太原至井陉，中山至邺，皆筑保壁，起烽燧，十里一堠"，说明东汉光武帝时曾在今大同、太原、运城等地修筑长城，但尚未发现相关遗迹。

目前在调查中发现的山西汉代长城主要有两处。一是汉长城遗址左云段，位于左云县张家场乡小厂子村北，东西向分布，西起黑烟墩段，东迄长城岭段西端。小厂子段长586米，宽11米，高1.5米，分布面积6446平方米，夯筑，夯层厚0.08～0.18米，夯窝为不规则形墙体，南侧存长方形夯筑台基，性质待定。台基周边采集有大量绳纹陶片，器型有侈口罐、小口罐等。汉长城遗址小厂子段是左云境内保存较好的一段汉长城遗迹，对研究汉代长城的分布具有重要的学术价值。另一处是大坡长城，位于右玉县李达窑乡大坡村东南的山地上。分布面积约1.6万平方米，呈东西走向，残长约2公里，长城现存基宽约8米，残高1～3米。由于水土流失和农业生产，现已截成数段，在夯土层中发现泥质红陶残片、夹砂灰陶残片。周围发现陶罐、陶壶等残片。由此推断这段长城为汉代长城。

三、南北朝时期的长城

南北朝时期，中国处于分裂割据的状态，山西在当时多为少数民族政权所统治，他们为了巩固统治和抵御外族入侵，也修建过长城，其中多数即在山西境内。

北魏是由鲜卑族拓跋氏建立的封建王朝，并于公元439年统一北方，统治了黄河流域北部的广大地区。北魏王朝的统治者原为鲜卑拓跋部，本来是以游牧骑射为生，但在统治了以农业生产为主的中原地区之后，进入了封建社会经济，国力一时强大。这时在王朝的北部有另一支强大的游牧民族柔然，东北部有契丹族，他们仍处于奴隶社会阶段，不时南下扰掠。因此，北魏仍然采用了秦汉时期防御外族入侵的办法，修筑长城。在孝文帝迁都洛阳之前，北魏一直以平城（今山西大同）为首都，山西既是其统治的中心地带，也是其修筑长城用以守卫的重要区域。据《魏书·明元帝纪》记载，明元帝泰常八年（423年）筑长城于长川之南，起自赤城（今河北赤城县），西至五原（今内蒙古自治区五原县），延袤二千余里。又在太平真君七年（446年）发四州十万人，筑畿上塞围，起上谷，西至于河，广袤皆千里。即从现在北京居庸关，向南至灵丘，再向西经平型、北楼、雁门、宁武、偏头诸关而达山西河曲县。当时把这道长城称为"畿上塞围"，是因为它环绕于首都大同的南面，用它可以保卫首都。这段长城多在山西境内，当时征集民工十万人，筑了将近两年，工程规模是比较大的，但至今并未发现其遗迹。

公元534年，高欢立元善见为魏孝静帝，孝武帝投奔宇文泰，从此北魏王朝分作东西魏。东魏虽然建都邺城，但高欢在晋阳（今山西太原）建大丞相府，遥控东魏，使太原成为当时东魏的政治军事中心。位于东魏北部的柔然、山胡等部族不断南下入侵，为阻止他们的进攻，东魏及后来的北齐在其北境大举构筑长城。《魏书·孝静帝纪》中记载，东魏孝静帝元善见武定元年（543年），"是月（八月），齐献武王（高欢）召夫五万于肆州北山筑城，西自马陵戍，东至土隥。四十日罢"。肆州即今忻州，马陵戍在今山西静乐县北，土隥在原平市西北。这段长城的长度只有一百五十里，修筑时间也较短。调查发现在今山西忻州市宁武县和原平市境内保存有长城遗迹，当是东魏肆州长城遗存。东魏肆州长城与后来北齐所筑长城连为一体，应是被利用或经过重修。但这一段长城在建筑质量上明显优于北齐长城。东魏长城起自宁武榆庄乡榆树坪村，经榆庄乡苗庄古城、跨恢河，再经东坝沟、三张庄、寺儿上村北，东入原平轩岗镇北梁村，至长畛向东北，经新窑村北，向南折至四十亩村，继续东行，经大立石、陡沟、段家堡乡南妥，上南妥东山，折东北，至黑峪村。共长约60公里，大部分为片石垒砌，个别地段黄土夯筑，残高0.6~3米，基宽1~7米，顶宽1.4~3米。这段长城到北齐时成为北齐长城的一段，在山西早期长城中是保存相对较好的。

公元550年高洋代东魏而建北齐，以邺城为都，据有现今河北、河南、山西、山东等地的大片领土，晋阳在当时仍是统治重心之一。北齐的北方有突厥、柔然、契丹等游牧民族的威胁，西边又有北周政权的对峙。为了防御外敌和巩固政权，北齐便大筑长城。根据史书记载和调查发现，山西境内有数处北齐长城遗存。

《齐书·文宣帝纪》、《资治通鉴》卷164载："（天保三年）九月辛卯，帝自并州幸离石。冬十月乙未，至黄栌岭。仍起长城，北至社干戍，四百余里，立三十六戍。"以此来防范山胡和柔然的进犯。离石即今地，黄栌岭在其东。社干戍在五寨北。此段长城应起自离石区吴城镇西南的黄栌关，经方山、岚县、岢岚，抵五寨县，全长约200公里，大体呈南北走向。但经过实地调查，现存遗迹很少，仅在五寨县城南的大洼山保存有少量断断续续的墙体，砂石垒砌，总残长约1500米，基宽2～5米，残存高1～4米。

《齐书·文宣帝纪》、《资治通鉴》卷166载：北齐天保七年（556年）之前，"自西河总秦戍筑长城，东至于海，凡三千余里，率十里一戍，并在要害处置州镇二十五所"。"西河总秦戍"的准确位置不好确定，大约在山西兴县至偏关的黄河岸边。多年来的调查发现，山西境内现存有此段长城遗迹，西起吕梁市兴县魏家滩镇西坡村西南，经忻州市岢岚、五寨、宁武、原平、代县，朔州市山阴县、应县，大同市浑源、广灵县，东出至河北蔚县，全长约500公里。大部分地段墙体已坍塌，少数地段保存尚好，但有后代重修的。中间数十公里空缺尚有若干处。墙体构筑因地制宜，土山上即夯筑，石山上即垒砌，或有以山险为墙的地段，但大部分墙体为片石错缝垒砌。墙体底宽1.5～12米，顶宽0.5～3米，残高0.5～4米。在长城附近发现有同时代的障城遗址3处，平面均为长方形，长20～160米，宽15～60米，夯筑或石垒城墙，残高1～4米。这道长城在宁武、原平段当是利用东魏肆州长城，其余部分为北齐所筑。但对其定性现仍有争议。

《齐书·斛律光传》、乾隆《凤台县志》载："河清二年（563年）四月，光率步骑二万筑勋掌城于轵关西，仍筑长城二百里，置十三戍。"轵关在今河南济源西北与山西阳城县交界处。此段长城起自山西阳城县东南的轵关，向东进入河南省济源市境内，再向东又进入山西泽州县晋庙铺镇斑鸠岭村，继续向东至大口村东约4公里的满安岭断崖上，全长约100公里，大部分位于河南省。山西现存此段长城遗址起自泽州县晋庙铺镇斑鸠岭村南约1公里处，东北行约3公里止，越山谷又于背泉村西约100米处石崖上起，向东经背泉村、大口村，行约5公里止于满安岭断崖上，大体呈东西走向，全长约8公里。墙体两侧均以石灰岩块石砌成，中间用碎石填充。斑鸠岭段在抗日战争时改筑工事，上部已毁。背泉、大口段保存尚好，基宽约4米，顶宽约2米，残高约3米。

公元557年北周灭掉西魏，据有河北、山西、山东等地。为了防御北方突厥、契丹等的入侵，把西魏原来的北部长城加以修缮并筑长城。《北周书》上记载，后周静帝大象元年（579年），征发山东诸州人民修长城，自雁门关至碣石。不久北周亡，长城修筑工程不大。此段长城在山西境内并未发现相关遗迹。

四、隋、唐长城

隋朝时，为了防御突厥、契丹、吐谷浑等游牧民族的入侵，也曾多次征发大批劳力修筑长城。如《隋书》记载，开皇三年（583年）命崔仲方发丁三万于朔方、灵武筑长城，东至黄河，西距绥州（今绥德县），南至勃出岭（绥德县北），绵亘七百里。明年夏令仲方发丁十五万，于朔方以东，缘边险要筑数十城以遏胡。大业三年（607年）发丁男百余万筑长城，西踰榆林，东至紫河（在大同西北），二旬而毕。四年（608年）发丁二十余万筑长城，自榆林谷而东。隋代长城在山西境内也有分布，且不少地段沿用了北齐长城的基础，但现今所见遗迹较少。晋城泽州县有一段隋代长城遗址，位于晋庙铺镇小口村南的关爷岭山顶东侧，东西走向，弯曲连绵，长约2公里；城墙有青石块垒砌而成，宽1.2米；长城西部仍存有观察孔等遗迹，长城东部有小城一座，城门为青石门洞，现已被掩埋至顶。

唐朝时在北方大破突厥，又加强了对西域的管理，长城的修筑工程几乎处在停息阶段。但唐朝初年仍有少量长城在修筑，如《唐书·地理志》中记载唐高祖武德二年（619年）修筑的长城即有一段在太谷县东南八十里的马岭关上，但其遗迹已模糊不清。

五、五代长城

在山西境内还存有一段五代时期的长城遗址，位于沁水县十里乡东峪村北与安泽、长子两县交界的雨峻山上，起止点不详，大致呈东西走向，长约10公里。墙体为片石垒砌，基础宽3.7米，残高1.6米。遗址西侧约2米处有障城1座，平面呈长方形，长14.5米，宽10.5米，墙体石砌，基宽约1米，残高约1米。2000年曾试掘，出土有残瓷片，确认为五代遗迹。据《资治通鉴》卷266载，李克用与后梁争夺潞州（今长治市），后梁筑"夹寨"、"甬道"，长城遗址应为此历史时期所筑。

六、宋代长城

宋代时修筑长城的记载较少，在山西境内仅有少量遗存。《武经总要·前集》卷17载，景德年间（1004～1007年）曾在岢岚军草城川一带修筑长城。经调查，在岢岚县境内发现的长城遗址，或许就是此段长城。其虽与宁武、原平等地发现的长城遗址连成一线，但保存状况明显好得多。这段长城长20余公里，西起岚漪镇窑子坡村东，东与王家岔方向北齐长城相连，大部分为片石垒砌，个别地段为土石混筑，高1～4米，底宽1.5～12米，顶宽1～4.7米。部分地段残存女墙，在墙体南侧建有类似马面的方形或长方形台体，共33个，均为片石垒砌，密集处间距10～20米，台体长2～5米，宽1.5～3.5米，高0.6～2.5米，其功用有待于进一步研究。该段长城与北齐长城连成一线，但与后者的形制明显不同，当是在北齐长城的旧基上重新修筑。

七、明代长城

明王朝是推翻元王朝而建立起来的封建王朝，特别重视对北方长城的修筑和加强长城的防务。明王朝统治的二百七十余年间，从未停止过修筑长城和经营长城防御体系。明长城建置规模之大，是继秦皇汉武之后任何一个朝代都不能与之比拟的，其防御工程技术也远远超过了以前历代所筑长城，建筑结构也更加完善坚固。

明王朝为了有效地对长城全线进行防务管理和修筑，将东起鸭绿江、西至嘉峪关的长城全线划分为九个防守区，委派总兵官统辖，亦称镇守，故九个防区亦称"九边"或"九镇"《明史·兵制》载："元人北归，屡谋兴复。永乐迁都北平，三面近塞。正统以后，敌患日多。故终明之世，边防甚重。东起鸭绿，西抵嘉峪，绵亘万里，分地守御。初设辽东、宣府、大同、延绥四镇，继设宁夏、甘肃、蓟州三镇，而大原总兵治偏头，三边制府驻固原，亦称三镇，是为九边。"其中大同镇、山西镇即在山西境内。大同镇是明代最早设置的四镇之一，与宣府镇共同构成明王朝屏卫京师的北方防御线。大同镇长城东起毗邻宣府镇长城的镇口台（山西天镇县东北），经阳高、大同、左云、右玉、平鲁直抵偏头关的丫角山，全长330公里，筑有城堡72座，墩台827座，总兵官驻大同。大同镇长城地处黄土高原，故境内的城垣与烽火台多是黄土夯筑，称为"紫塞"，只在重要关口、险要地段用砖包砌，也有的地段用条石垒砌。大同外围地势平旷，为了防守，于墙外挖壕堑，壕外种树木，以防骑兵突袭。山西镇，亦称太原镇，与蓟镇、宣府、大同三镇同为拱卫京师的畿辅重镇。山西镇长城东接由居庸关沿太行山、恒山走向的长城，经平型关、固关、雁门关、龙泉关、宁武关、老营堡、偏头关，而南达黄河边岸，全长八百多公里，总兵官驻偏头关。统辖偏头、宁武、雁门外三关及39堡、19隘口。

山西境内的明长城因防御性质的不同而分为内、外长城。外长城为边境防御，内长城为京畿拱卫。山西的外长城大部分隶属于大同镇，少部分外长城（偏关县丫角山至老牛湾段）、黄河边长城和部分内长城隶属于山西镇，另有山西与河北交界处的部分内长城隶属于蓟镇。山西境内明长城遗迹，多为嘉靖至万历年间（1522～1619年）修筑。

外长城全长约450公里，大体上沿内蒙古自治区与山西省交界处分布，其走向是由河北省怀安县延入晋北的天镇县，向西再向西南，经阳高、大同新荣区、左云、右玉、平鲁、偏关，直达黄河东岸。黄河边长城从偏关老牛湾起始，沿黄河东岸屈曲而南，至河曲县石梯子而止。全线墙体均为黄土夯筑，有些地段已经坍塌或被道路挖断，凡山谷谷口处长城均被河水冲毁。现存高度2～7米，大部分地段在4米以下。在长城墙体上，有骑墙夯筑的方形敌台800余座，间距200～600米，基部边长10～15米，存高6.15米。仅有数十座砖砌空心敌台。有少量的夯筑敌台，四周存有方形围墙。黄河边长城全长90余公里，大部分已毁，所存不足30公里，墙体黄土夯筑，个别地段有石砌根基，存高1.5～7米。

内长城全长约400公里，由河北涞源县境进入灵丘县上寨镇将峪门，大致走向为从东向西，至青羊口，再折向西南进入河北阜平县吴王口，由吴王口转向西北再入灵丘县独峪乡牛帮口，内长城在牛邦口分成两路，一路越过太行山，沿恒山山脉（古称句注山）分布，经繁峙、浑源、应县、山阴、代县、原平、宁武、朔城区、平鲁、神池，跨过管涔山在偏关柏杨岭丫角山与外长城会合。另一路沿太行山东麓南下，经五台、盂县、平定、昔阳、和顺、左权至黎城东阳关。内长城大部分位于崇山峻岭之中，形势险峻，多劈山墙和山险。雁门关以西墙体尚能连成一线，大部分为黄土夯筑，也有地段为石块砌筑。然而墙体在雁门关以东，已所存无多。灵丘县境内基本上是倚山为障，未筑墙体，其他处则多遭毁坏。保存较好的地段，其形制、敌台设置与外长城略同。现存敌台300余座，代县和灵丘县的砖砌空心敌台最有特色。沿太行山脊分布的长城，仅是把关守险，只在关口处筑墙，没有绵延不绝的墙体，亦不见敌台等设施。

内外长城沿线，现有屯兵城堡110余座，平面呈方形或长方形，一般边长在100～500米。城垣、城门原均有包砖，今已大部无存，所存马面、角台、瓮城等，仍可见当时规制。外长城所属城堡60余座，均分布在长城的内侧，重要地段还有二线城堡，屯兵以为后援；另有纵深设置的后勤补给性质的城堡。内长城所属城堡50余座，在长城内外两侧均有分布，而较明显的特点则是都修筑在长城附近，没有供增援与保障的城堡。太行山一线，很少设置城堡。内外长城附近均筑有烽火台，今存遗迹已无规律可循，现存烽火台在外长城一线分布密集，有几千座。内外长城的各种军事设施，表明大同镇和山西镇对明代边防及京畿防卫是非常重要的。

山西现存明代外长城遗址主要有以下段：

左云段，由大同市新荣区破鲁堡乡延伸入左云县，起点为管家堡乡保安堡村北，止点为三屯乡二十边村西北，向西进入右玉县。海拔1300～1800米，墙体黄土夯筑。全县共存墙体21段，全长37公里，沿线现保存关1座，堡9座，敌台86座，烽火台140座，马面5座。

阳高段，由天镇县水磨口村西行进入阳高县，起点为罗文皂镇十九墩村东北，经龙泉镇、长城乡，止点为长城乡镇边堡村西北，西入大同市境内。海拔1300～1400米，墙体黄土夯筑。共存墙体30段，全长49公里，沿线保存关2座，堡6座，敌台105座，烽火台147座，马面28座。

大同新荣区段，由阳高县镇边堡村进入新荣区，起点为花园屯乡元墩子村东北，经花园屯乡、堡子湾乡、郭家窑乡、破鲁堡乡，止点为破鲁堡乡吴施窑村西南，西南入左云县。海拔1300～1400米。黄土夯筑，共存墙体65段，总长109.7公里。沿线保存关2座，堡11座，敌台206座，烽火台183座，马面33座。

天镇段，自天镇县起始，进入山西省境内。起点为新平堡镇平远头村西北，经新平堡镇、逯家湾镇、谷前堡镇，止点为谷前堡镇水磨口村西北，西入阳高县境。海拔1100～1400米，黄土夯筑，共存墙体64段，全长62公里，占地面积6万平方米。沿线存关1座，堡9座，敌台128座，烽火台158座。

平鲁段，由右玉县楼子沟村西南延入本区，大体呈东北—西南走向，经高石庄乡税家窑、新墩、少家堡、九墩沟、大河堡大嘴沟、大新窑、八墩、二墩、小六墩、阴虎乡二道梁、掌柜窑、寺怀、红山、正沟、头墩、小七墩、六墩和九墩等村，向西入内蒙古自治区清水河县。境内全长约755米，海拔1500～1700米。县境内长城墙体均为黄土夯筑，基宽7～9米，顶宽3～5米，存高5～7米。墙体上有敌台158座，间距150～800米，个别为砖砌空心敌台，

图 11-4 新荣区元墩长城　　资料来源：山西省第三次全国文物普查资料

大部分是夯筑实心敌台，均为平面方形，基部边长 9～16 米，存高 6～14 米。少量敌台有方形夯土围墙。长城附近及县境内有烽火台多座，形制有方锥形与圆锥形二种。

河曲段，从偏关县南下，起点在偏关县天峰坪镇寺沟村西南，向南进入河曲县，沿黄河屈曲而行，途经刘家塔镇、楼子营镇、文笔镇，止点为文笔镇唐家会村西南。海拔 800～900 米。墙体黄土夯筑。共存墙体 25 段，全长 54831.8 米，沿线存关 6 座，堡 11 座，烽火台 55 座。

山西现存明代内长城遗址主要有以下段：

灵丘段，由河北涞源县境进入灵丘县，起点为独峪乡花塔村西，止点为独峪乡牛帮口村西南，由牛帮口西入繁峙县境。海拔在 1000～1100 米之间，墙体分黄土夯筑及石砌两种。灵丘县境内共存墙体 3 段，全长约 4298 米。沿线存堡 6 座，敌台 4 座，烽火台 10 座。

繁峙段，由灵丘县境北上进入繁峙县，起点为神堂堡乡神堂堡村东南，经过横涧乡平型关，止点为大营镇团城口村西北，向北进入浑源县境。海拔 1100～1700 米。墙体分黄土夯筑和石砌两种。共存墙体 17 段，全长约 38007 米，沿线存关 2 座，堡 11 座，敌台 79 座，烽火台 33 座，碑碣 6 通。

浑源段，由繁峙县境翻越目泪坨山进入浑源县，起点为王庄堡镇小牛还村西南，经王庄堡镇、千佛岭乡、青磁窑乡、大磁窑镇、西坊城镇，止点西坊城镇黄沙口村南，向西进入应县境。海拔 1300～1700 米，墙体分黄土夯筑及石砌两种。浑源县境共存长城墙体 25 段，总长 80 公里。

沿线存关 5 座，堡 21 座，敌台 98 座，烽火台 35 座。

应县段，由大同市浑源县西坊城镇黄沙口村进入应县，起点位于黄沙口村南，经大临河乡、下社镇、南河种镇、南泉乡，止点为下马峪乡东安峪村西南。海拔 1200～1400 米。墙体黄土夯筑，共存墙体 19 段，总长 49400 米，沿线存关 1 座，堡 26 座，敌台 62 座，烽火台 131 座。

山阴段，从应县下马峪乡东安峪村西南，进入山阴县，经马营庄乡、后所乡、张家庄乡，止点为张家庄乡新广武村西南，翻越猴岭山，进入代县。海拔 1200～1700 米。墙体分黄土夯筑及条石砌筑两种，共存墙体 9 段，总长 29467 米，沿线存关 2 座，堡 6 座，敌台 56 座，烽火台 118 座。

雁门关段，由山阴县新广武向西南，进入代县境，起点为雁门关乡白草口村东，止点为白草口村西北。海拔 1600～1750 米，墙体有夯土、砖砌、石砌三种，共存墙体 3 段，全长约 4218 米，沿线存关 1 座，堡 3 座，敌台 13 座，烽火台 23 座。据清光绪六年（1880 年）《代州志》载，此长城始建于北齐，北周大象年间（579～580 年）增筑，隋、宋各代都有修筑，现存为明万历三十四至四十二年（1606～1614 年）在旧址上加高砌砖重筑。

原平段，起点位于段家堡乡立梁泉村西北，止点在段家堡乡张其沟村西北。海拔高度 2000～2300 米，石砌墙体。现存墙体 3 段，全长 2794.8 米，沿线存堡 2 座，烽火台 19 座。

宁武段，由原平市西行，起点为原平市段家堡乡张其沟村西北，入宁武县薛家洼乡，止点为阳方口镇大水口村西北，向西进入神池县界，海拔 1500～2100 米，墙体石砌。共存墙体 28 段，全长 39068.4 米，沿线存关 6 座，堡 13 座，敌台 2 座，烽火台 61 座，马面 138 座，采石场 15 个。

神池段，由宁武县北上，出大水口村，进入神池县，起点为龙泉镇龙元村东南，向北进入朔州市朔城区境。在朔州境内向西北方向延伸，再次进入神池县，经烈堡乡，止点为大沟村西北，向西北进入偏关县。海拔 1500～1800 米。墙体分为黄土夯筑和石砌两种。共存墙体 14 段，全长约 20746 米，沿线存关 4 座，堡 5 座，敌台 5 座，烽火台 70 座，马面 96 座。

偏关段，由神池县烈堡乡北入偏关县，起点为烈堡乡大沟村东北，经南堡子乡、老营镇、水泉乡、万家寨镇、天峰坪镇，止点为天峰坪镇关河口村东南。海拔在 1000～1800 米，墙体为黄土夯筑和石砌两种，共存墙体 32 段，全长 69195.5 米，沿线存关 7 座，堡 20 座，敌台 2 座，烽火台 179 座，马面 52 座，碑碣 6 通。

朔城区段，由神池县龙泉镇丁庄窝村北进入朔城区境，起点为丁庄窝村西北，止点为朔城区利民镇勒马沟村西南，向西进入神池县境内。海拔 1800～2000 米。墙体存石砌及土石相间两种砌法，共存墙体 18 段，总长约 31075 米。沿线存关 4 座，堡 7 座，敌台 6 座，烽火台 93 座，马面 194 座，采石场 5 个。

昔阳段，由河北省邢台市邢台县宋家庄乡明水掌村越白羊山进入昔阳县境，起点为明水掌村西，经皋落镇、冶头镇，止点为冶头镇口上村北。海拔在 800～1200 米，墙体石砌。共存墙体 6 段，全长 1328.2 米，沿线保存堡 1 座，敌台 2 座，烽火台 8 座，采石场 2 个。

盂县段，位于上社镇枣沟村东，海拔 800～900 米，墙体石砌，存墙体 1 段，全长

136.52 米。境内长城沿线存烽火台 5 座。

平定段,起点为东回镇七亘村东南,经娘子关镇、岔口乡,止点为岔口乡白石头村东北。海拔 600～1000 米,墙体石砌,共存墙体 17 段,全长 11506.51 米,沿线存关 1 座,堡 1 座,敌台 14 座,烽火台 21 座,采石场 1 个,居住址 4 处。

左权段,位于左权县羊角乡盘垴村,海拔 1177 米。墙体石砌,仅存 1 段,长 33.1 米。长城在左权县境存堡 1 座。

广灵段,位于广灵县作疃乡唐山口村南,海拔 1182～1192 米。墙体为夯土土墙,存墙体 1 段,长 98 米。广灵县境内存堡 28 座,烽火台 15 座。

黎城段,起点为东阳关镇杨家地村南,止点为长宁村东北。海拔 800～1150 米,墙体两侧石砌,中间填土,共存墙体 13 段,全长 8590.59 米,沿线存关 2 座,敌台 4 座,采石场 2 个,碑碣 2 通。

另外,在调查中还发现一段明代长城遗迹,位于阳城县蟒河镇曹山村秋树腰自然村东北的黄墙岭山梁上。大体呈东西走向,长约 100 米,宽约 1 米,残高约 2 米,片石垒砌。

八、清代长城

清代后期曾在山西乡宁、吉县、大宁三县的黄河岸边修筑过长城。清同治七年(1868 年),为了防止捻军和回民义军进入中原,按察使陈湜在黄河东岸上起大宁县马渡关、下至乡宁县的麻子滩,修筑了一段 100 多公里长的栈道、城垣兼有的军事防御设施。据 1978 年在吉县小船窝发现的《修长墙碑记》,可知这一军事防御设施名为"长墙"。

山西境内的这段清代长城遗址起自乡宁县枣岭乡毛教村,沿黄河东岸向北经师家滩村、小滩村、枣岭乡南庄岭、完宝山进入吉县,沿黄河东岸向北经吉县柏山寺乡官地岭、刘古庄岭等,壶口镇小船窝村、七郎窝村、壶口风景区、马粪滩村,文城乡原头坡、南窑科等村进入大宁县。再沿黄河东岸向北经大宁县太古乡社仁坡村、六儿岭村、平渡关、徐家垛乡于家坡村、古镇村和徐家垛乡曹家坡村、马渡关,到窑子畔村北止。墙体呈南北走向,全长约 125 公里。墙体时断时续,现存残段长则几百米,短则几米,大部分墙体已不存。墙体两侧片石垒砌,中心填以杂石和土,部分残存遗迹两侧砌石已经剥落,只存内心土墙。现存残段最高 2.5 米,宽 1.5 米。其构造为外挖深约 4 米、宽约 3 米的壕沟,挖出的土垫在墙体中,墙体顶端外侧建高 1.8 米的子墙,子墙设垛口或射击孔,墙体内侧下方挖成深约 2 米、宽约 2 米的壕沟用于交通联络,整个构造已与明代长城有了很大变化,更接近现代军事工事。20 世纪 80 年代初调查时,在马粪滩、七郎窝、小船窝发现有碑记,1999 年复查时,只找到小船窝长城碑记。长城附近发现屯兵城堡 2 座。清代长城对清政府镇压捻军和回民义军起到了决定性的作用。

综上所述,山西境内的早期长城遗迹主要有战国长城、汉代长城、北朝长城,大多为块石垒筑,少数地段为黄土夯成。隋唐至宋时长城的修筑不多,遗存也较少。山西境内现存的长城遗迹多为明长城遗迹。明长城主要分内外二道隶属于大同、山西二镇。明成化年间（1465～1487年）起，明朝开始大规模修筑长城，现存明长城遗迹多为嘉靖至万历年间（1592～1619年）修筑，全长约450公里。清朝仅修筑少量对内长城，从一定意义上看，可以说是中国长城史的尾声。

第三节　山西长城关隘遗存

长城经过历代的不断修筑和改进，到明朝时已经发展成为一个由城墙、关、城堡，敌台，马面、烟墩（烽火台）等军事设施和以集军事、行政于一身的卫所军事组织及以军垦屯田为后勤保障的诸方面组成的完整军事防御体系。城墙是长城军事防御工程的主体，墙体依材料区分为砖墙、石墙、夯土墙、砖石土混筑墙、劈山墙、山险墙、壕堑等类型，随地形平险、取材难易而异。长城墙体断面下大上小呈梯形，高厚尺寸亦随形势需要而异。城墙顶面，外设垛口，内砌女墙，垛口开有瞭望口射孔。墙体顶面用方砖铺砌，两侧设有排水沟和出水石咀。关城是出入长城的通道，也是长城防守的重点，建砖砌拱门，上筑城楼和箭楼。一般关城都建两重或数重城墙，其间用砖石墙连接成封闭的城池，有的关城还筑有瓮城、角楼、水关或翼城，城内建登城马道，以备驻屯军及登城守御。关城与长城是一体的。城堡按等级分为卫城、守御或千户所城和堡城，按防御体系和兵制要求配置在长城内侧，堡墙外侧设马面、角楼，有的城门建瓮城。城内有衙署、营房、民居和寺庙。敌台，亦称敌楼，跨城墙而建，分两层或三层，高出城墙数丈，开拱门、箭窗，内为空心拱券，守城士卒可以居住，并可储存火炮、弹药、弓矢之类武器。顶面建楼橹，环以垛口。烽火台也称烟墩、烽燧、烽堠、墩台、亭等，是一种白天燃烟，夜间明火以传递军情的建筑物，多建于长城内、外的高山顶，易于瞭望的丘阜或道路折转处。烽火台的通常形式是一座孤立的夯土或砖石砌高台，台上有守望房屋和燃放烟火的柴草、报警的号炮、硫黄、硝石。台下有用围墙圈成的守军住房、羊马圈、仓房等。

在山西境内留有许多长城的关隘、城堡、烽火台等建筑遗迹，使我们可以更为直观和深入地了解长城的构造与建筑文化。

一、重要关隘

雁门关（明）

又名西陉关，位于忻州市代县县城以北约20公里处的雁门山中，以"险"著称，有"天下九塞，雁门为首"之说。"雁门"名称的由来，据明《永乐大典·太原志》称："代山（即雁门山）高峻，鸟飞不越，中有一缺，其形如门，鸿雁往来……因以名焉。"大约在汉武帝初年已置关，以防匈奴。至北魏建都平城时重新建关，就称雁门关。其时是为了防南，不是防北。隋唐时称西陉关，后复名雁门关（另说雁门关由其西侧同名关迁此）。历经各代迄乎明初，此关已倾颓殆尽。明洪武七年（1374年）在旧址上重建关城，并筑"内长城"与其西面的宁武、偏头两关相连，以防蒙古势力侵扰。经嘉靖年间增修，于万历年间复筑门楼。以后大概再未有修建。

雁门关是长城上的重要关隘，与宁武关、偏关合称为"内三关"。这里峰峦叠嶂、山崖陡峭，关墙雉堞密集，烽堠遥相呼应。《雁门关志》载："勾注山，古称陉岭，岭西为西陉关，岭东为东陉关，两关石头边墙联为一体，历代珠联璧合，互为倚防。雁门关明代前址西陉关，东陉关倚防；明代后址东陉关，西陉关倚防。"古雁门关北口为白草口，南口为太和岭口；明雁门关北口为广武口，南口径称南口。雁门关东西两翼分别延伸至繁峙、原平，设隘口十八。因此雁门关整体布防可概括为"两关四口十八隘"。雁门关北通晋北重镇大同，远至蒙古高原，南通晋中重镇太原，可转达古代政治中心区中原和关中，战略地位十分重要。雁门关也是历史上著名的古战场，从早期的匈奴、鲜卑、突厥，到后来的契丹、女真和蒙古等北方游牧民族都先后与中原王朝在此进行过许多次战争。抗日战争时期，八路军还曾在雁门关与日寇作战。

雁门关由关城、瓮城和围城三部分组成。关城平面呈不规则形，南北宽约200米，东西长约500米。关城城墙高10米，周长约1公里。墙体以石座为底，内填夯土，外包砖身，墙垣上筑有垛口。关城的东西北三面开辟了城门。门洞用砖石叠砌，青石板铺路，门额位置上均镶嵌了石匾。东门门匾镌刻着"天险"二字，门上建"雁门楼"，为重檐歇山顶建筑，面阔五间，进深四间，四周设回廊。西门门匾上刻"地利"二字，其门楼为杨六郎祠。北门其实是瓮城的城门，门额书刻"雁门关"三字，两侧镶嵌对联"三边冲要无双地，九塞尊崇

图11-5 雁门堡　　资料来源：作者自摄

第一关"。东西门楼都已被毁，北门也坍塌成了一处豁口。围城随山势而建，周长5公里多。城墙的南端分别与关城的东西两翼相连，向北则沿着山脊延伸到谷底合围，合围处建有城门。围城以外还筑有3道大石墙和25道小石墙，起到屏障的作用。关城正北的山冈上有明清驻军的营房旧址，东南有练兵的校场。西门外有关帝庙。东门外有靖边祠，祭祀战国名将李牧，现仅存石台、石狮子、石旗杆和数通明清碑刻。关城以西的旧关城俗称为铁裹门。两关之间用石砌长城相连，并建造了敌楼、烽火台等，形成一组完整的防御体系。在关城周围和山下还有关署、东城兵盘、西城兵盘、点将台、六郎城、新广武城、旧广武城等六十多处明代遗址和遗迹，也都是雁门关防御体系的重要组成部分。

宁武关（明）

位于宁武县境内，为晋北古楼烦地。战国时赵武灵王曾在此置楼烦关，以防匈奴。秦汉为楼烦县地置有楼烦关，今县南的宁化村，即为楼烦关南口，县北的阳方口，即为楼烦关北口。北魏时广宁、神武二郡先后治此，隋时先后属崞县、静乐县。唐置宁武郡，始用宁武之称，取广宁、神武二郡尾字而得。或说其地有旧宁文堡，取文武对应之义，因有此称。明朝时置关并建关城。

作为外三关中路的宁武关，雄踞于管涔山麓的恢河之滨，是指广义的宁武北境长城一带。其介于偏头、雁门二关之间，控扼内边之首，形势尤为重要。故《边防考》上说："以重兵驻此，东可以卫雁门，西可以援偏关，北可以应云朔，盖地利得势。"宁武关是三关镇守总兵驻所

图11-6 宁武鼓楼　资料来源：作者自摄

所在地，也是三关中历代战争最为频繁的关口。因鲜卑、突厥、契丹、蒙古等游牧民族南下掠掳，经常选择宁武关为突破口，所以在历史时期，这里的战争几乎连年不断。

宁武关关城始建于明景泰元年（1450年），在明成化、正德、隆庆年间，均有修缮。关城雄踞于恒山余脉的华盖山之上，临恢河，俯瞰东、西、南三面，周长2公里，开东、西、南三门。成化二年（1466年）增修之后，关城周围约2公里，基宽15米，顶宽7.5米，墙高约10米，城东、西、南三面开门。成化十一年（1479年），由巡抚魏绅主持，拓广关城，周长3500多米，加辟北门，建飞楼于其上，起名为镇朔城，南北较狭，东西为长，关城周长七里，呈长方形，城墙高大坚固，四周炮台、敌楼星罗棋布。到弘治十一年（1498年），关城又被扩展为周围3.5公里。城墙增高了1.5米，并加开了北门，不过这时的城墙仍为黄土夯筑，砖城墙是万历三十四年（1606年）包砌的。万历年间，在全部用青砖包砌城墙的同时，还修建了东西2座城门楼，在城北华盖山顶修筑了一座巍峨耸峙的护城墩，墩上筑有一座三层重楼，名为华盖楼。关城不仅与内长城相连，而且在城北还修筑了一条长达20公里的边墙。宁武关城遗址分布面积约325平方米。现存东门侧仅保留裸露的夯筑土墙，墙体没有包砖。东门原有一匾"宁武关"嵌于城头，后丢失。立于清乾隆三十二年（1767年）的宁武关城墙维修碑记，碑文记载了五寨县知县王巡泰维修宁武关东关门及瓮城、北门及瓮城、东城水门等城墙具体工程情况。

偏头关（明）

偏头关，位于偏关县黄河边，东连丫角山，西濒黄河，因东仰西伏，故名偏头。偏头关秦汉属雁门，隋属马邑，唐置唐隆镇，到了五代十国时期，北汉末代皇帝刘钧于天会元年（957年）置偏头砦；北宋时这里成为与西夏交兵的国防前线，因驻扎重兵，地位一度非常高；辽置宁边州；金时仍用该称呼；元代时候州、县俱废，改偏头砦为偏头关，明洪武年间始筑今天的关城，明成化年间设偏头关守御千户所，嘉靖年间上升为路城，万历年间又大规模建设此城，称为"九塞屏藩"；清雍正年间改偏关为县，属宁武府，又名通边关。偏头关历史悠久，地处黄河入晋南流之转弯处，为历代兵家争夺重地，与雁门、宁武二关一同鼎峙晋北，互为犄角，是北疆之门户、京师之屏障。

偏头关城，在今偏关县城中部偏西关河北岸，据民国4年（1915年）《偏关志》记载，明洪武二十三年（1390年）镇西冲指挥张贤始建。宣德、天顺、成化、弘治、嘉靖、隆庆、万历间均有修建。万历二十六年（1598年）又于西关南关筑女城、水门各二，沿河筑堤，规模初备，使偏头关成为一座要隘。现在所存的城垣形状不规则，东西长1100米，东、西、南三道城门均建瓮城。城高10米处包砖石。南门至西门一带，砖石大部犹存，气势雄伟。关外有四道边墙。第一道称大边，在关外60公里处，东起平鲁县崖头墩，西抵黄河，长150公里，无墙而有藩篱。第二道称二边，在关外30公里，东起老营鸦角墩，西至黄河岸老牛湾，南至河曲县石梯隘口。这道边墙实际上是外长城的一部分。第三道在关东北15公里，东接老营堡，西抵白道坡，长45公里。第四道在关南1公里处，东起长林鹰窝山，西达教场。

图 11-7 偏头关　资料来源：作者自摄

今在黄河岸边桦林堡地段，尚存边墙约 30 公里，全部砖砌，高耸于河岸之上，甚为壮观。其余大部分夯土犹存。明时此关的防备严密性，比宁武、雁门二关有过之而无不及。

平型关（明）

在今山西省繁峙县东北与灵丘县交界的平型岭下，古称瓶形寨，以周围地形如瓶而得名。金时为瓶形镇，明、清称平型岭关，后改今名。平型关北有恒山如屏高峙，南有五台山巍然耸立，海拔都在 1500 米以上。这两山之间仅一条不甚宽的地堑式低地，平型关所在的平型岭是这条带状低地中隆起的部分，所以形势很险要。由于恒山和五台山都是断块山，十分陡峻，成为晋北巨大交通障壁，因此这条带状低地便成为河北平原北部与山西相通的最便捷孔道。一条东西向古道穿平型关城而过，东连北京西面的紫荆关，西接雁门关，彼此相连，结成一条严固的防线，是北京西面的重要藩屏，明清时代，京畿恃以为安。平型关处于险要的地理位置，因而在明代是内长城的重要关口之一。抗日战争时期著名的平型关战役即发生在此地。

平型关城位于繁峙县横涧乡平型关村。明朝正德六年（1511 年）修筑内长城时经过平型岭，并在关岭上修建关楼。嘉靖二十四年、万历九年都曾增修，即成为后来的关城。关城平面呈矩形，周长 1050 米，占地面积 65000 平方米。设有三门，即东门、南门、北门，东门已全部损毁，南门现存底部，宽 2.5 米，高 3.4 米，进深 5.6 米。城内匾额上书"平型岭"三字，两侧岭上明长城遗迹尚存。现存城楼残高 5.1 米，建筑情况不明。此关南北门外均有瓮城，南门瓮城已毁，北门瓮城保存较好，门板尚在，瓮城开东门，为一进二券式。

娘子关（明）

娘子关是长城的著名关隘之一，位于太行山脉西侧河北井陉县西口、山西平定县东北的绵山山麓。娘子关之名，最早见于金人元好问《游承天悬泉》诗，该诗有"娘子关头更奇崛"之句。乾隆二十九年（1764 年）编修的《大清一统志》是首次收入娘子关这一名称的官修文献。相传唐太宗的姐姐平阳公主曾率娘子军在此设防、驻守，故名娘子关。娘子关为战国时期中山国所建长城的关口之一，隋开皇时曾在此设置苇泽县，唐朝设立承天军戍守处，唐大历年间（767～779 年）修建承天军城。宋代建承天寨，明代为承天镇。由于明朝时期边患频仍，嘉靖年间重修城堡，专设守备把守，今为当时原貌。清代增建固关营，分设把总驻守。娘子关在河北、山西两省交界处，是晋冀的咽喉要地，其关城处于万里长城内边的内三关长城南端，有"万里长城第九关"之称，为历代兵家必争之地。

娘子关城位于平定县娘子关镇娘子关村中，为明嘉靖二十年（1542 年）所筑。关城依山傍水，居高临下，平面为不规则形，大致为南北方向。有南、东 2 座城门。东门为一般

图 11-8 平型关　资料来源：作者自摄

图 11-9 娘子关　资料来源：作者自摄

砖券城门，额题"直隶娘子关"，上有平台城垛，似为检阅兵士和瞭望敌情之用。南门危楼高耸，气宇轩昂，坚厚固实，青石筑砌。额题"京畿藩屏"，上建"宿将楼"。石柱镌刻有两副著名楹联："雄关百二谁为最，要路三千此并名"；"楼头古戍楼边寨，城外青山城下河"。关城内有街道2条，连接南门、东门，并向南门南侧和东门东北侧延伸。关城城墙仅存东墙南段和东墙北段、北墙及西墙残段。在南门东侧有新建砖墙。东墙南段残长46.6米，南端与南门东侧新建砖墙相连，北端西北距东门墙体72米。东墙南段系条石基础的砖墙，条石和青砖缝隙间填以白色灰泥，墙体内侧为堆填的碎石泥土。东墙南段保存较好；东墙北段长84.7米，南接东门墙体，北与北墙相接，墙体顶部有垛口墙，垛口墙与墙体之间以石板相隔，石板突出墙体。垛墙下方有射孔。北墙长35.8米，东接东墙北段，西与西墙相接。北墙残存最高3.6米，保存一般，在墙体南侧，民房紧临墙体或利用墙体为房屋一壁，墙体北侧有农田；西墙仅存与北墙相接的一小段，残长2米，残存最高3米。墙体形制与北墙相同。关城东南侧长城依绵山蜿蜒，巍峨挺拔。城西有桃河水环绕，终年不息。险山、河谷、长城为晋冀间筑起一道天然屏障。

固关（明）

固关位于平定县境内，是明朝京西四大名关之一。固关长城北起娘子关嘉峪沟，南至白灰村村口，全长20公里，是国内保留较完整的石砌内长城。现存遗迹多为明代建筑，全部依山而建，城墙宽2米，高3～4米，墙体上分设堞楼、箭楼、炮台、墩台、烽火台、哨台等军事防御设施。固关长城地势险要，历史悠久，清康熙帝西巡路经此地时，曾赞叹此关的雄伟，赋《过固关》诗一首。著名长城专家罗哲文称之"有小八达岭之风韵"。

固关关城初修于明正统二年（1437年），当时叫"故关"，在今平定县娘子关镇旧关村。嘉靖二十二年（1543年），"虏寇太原密迹故关，其关虽地当冲要，而旧城险不足"，于是西迁十里筑新城，取"固若金汤"之意，改"故"为"固"，并于其后修复了关城两侧的长城。新关关城砖券拱门尚好，门额上嵌有一块石刻，上书"固关"两个大字。固关城墙上，有一块清顺治元年（1644年）重修固关城记事碑。固关北门及水门为1981年固关村集体所拆。据说，固关水门建得十分独特，砖券拱形水门洞两面墙上，均砌有做工精细的护水兽石雕。以固关为中心，向西和向南各延伸出一段城墙。向西段由固关关门至西端敌楼，长约3公里，为石砌，今多被毁。向南段，约5公里，亦为石砌。虽局部有人为拆毁和自然损坏，但城墙总体尚存，较好的地方墙外侧高3米左右，顶宽2米，其内侧较平矮。关城周边原建有多处炮台，现仅存少量遗迹。

图11-10 固关　资料来源：作者自摄

二、明清堡址

助马堡堡址（明）

堡址位于大同市新荣区郭家窑乡助马堡村中，明代修筑，是大同道辖北西路长城沿线军堡，构筑于助马堡大边长城一段。东侧堡城墙体总长1024米，其中，222米为堡城和关城（即罗城）共用墙体。堡城西、北两墙保存较好，大部保持原貌，长度约为500米，关城墙体总长为698米，较好部分为400米，此堡由西侧的堡城和东侧的关城组成，关城以堡城东墙为其西墙，两城隔墙而建，墙中部留有门洞。堡城和关城筑有角台4座，墙上设马面3座。北墙外侧有护城壕，壕长58米，宽15米，深1.5米。

镇羌堡堡址（明）

堡址位于大同市新荣区堡子湾乡镇羌堡村，明代修筑，是大同道辖北东路长城沿线军堡，构筑于镇羌堡大边（长城）三段南侧。北墙130米、东墙200米、南墙140米、西墙240米保存较好，其余无存。堡墙底宽6米，顶宽0.3～0.5米，残高3.8～11米。墙体用褐色黏土夯筑，夯层厚0.22～0.27米。东北、西北、西南角台保存较好，东南角台残损为圆形。角台长13米，突出墙体8米。东、北、西墙上正中各设马面一座，马面突出墙体10米、宽10米。

图 11-11 助马堡堡址　　资料来源：山西省第三次全国文物普查资料

图 11-12 镇羌堡　资料来源：山西省第三次全国文物普查资料

镇虏堡堡址（明）

堡址位于大同市新荣区西村乡镇鲁堡村中，明代修筑，为分巡冀北道所辖北东路沿线军堡，构筑于黄土丘陵地带。此堡平面呈方形，各边长均为350米，四角设角台。堡门外筑瓮城，瓮城呈方形，开南门。城南墙消失，城门被毁。

镇河堡堡址（明）

堡址位于大同市新荣区西村乡镇河堡村中，为分巡冀北道所辖北东路沿线军堡，明代修筑，构筑于淤泥河流域。此堡原名沙河堡，东侧有淤泥河。平面呈菱形，四角设角台，东北墙正中设堡门，门外筑瓮城。其他三面墙上各筑马面一座。各边长均为350米。

镇川堡堡址（明）

堡址位于大同市新荣区花园屯乡镇川堡村中，为分巡冀北道所辖北东路沿线军堡，构筑于长城南侧，位于方山东侧丘陵地带，明代修筑，由东侧的堡城与西侧的关城组成。堡城坐东朝西，平面呈方形，四角均设角台。南北墙均设马面，东西长320米，南北宽300米，夯筑质量极好。堡内现存"官井"一座。

图 11-13 镇川堡堡址（明）　　资料来源：山西省第三次全国文物普查资料

图 11-14 拒墙堡堡址（明）　　资料来源：山西省第三次全国文物普查资料

破虏堡堡址（明）

堡址位于大同市新荣区破鲁堡乡破鲁堡村中，明代修筑，是大同左卫道北西路沿线军堡，构筑在二边南侧平缓的黄土丘陵地带。堡平面呈方形，边长 385 米，包砖包石无存，现存墙体用黄土夯筑，坐西北朝东南，四角设角台，仅存西北角台，各墙均设马面，现存 9 座马面。

拒墙堡堡址（明）

堡址位于大同市新荣区堡子湾乡拒墙堡村中，明代修筑，是大同道辖北东路长城沿线军堡。堡墙断断续续，西墙残长约 156 米，东墙残长约 138 米，堡墙底宽 5～12 米，顶宽 0.5～5 米，残高 1.8～7.2 米。东、西墙各设马面 6 座。西南距拒门堡 11 公里，东北距得胜堡 11 公里。

拒门堡堡址（明）

堡址位于大同市新荣区堡子湾乡拒门堡村西南，明代修筑。是大同道辖北西路长城沿线军堡，构筑于长城南侧。堡墙南北长 193 米，东西长 254 米，为夯筑土墙，墙体内侧多为斜坡。堡门设在东墙正中，堡门宽 6 米，堡门外为瓮城，瓮城东墙保存较好，长 38 米，高 8 米。瓮城设南门，门宽 5 米，堡内共有 4 座角楼、5 座马面。角楼底宽 16 米，伸出墙体 12 米，高 8 米，5 座马面分布为南墙 2 座、北墙 2 座、西墙 1 座。

得胜堡堡址（明）

堡址位于大同市新荣区堡子湾乡得胜堡村，明代修筑，是大同道辖北东路长城沿线军堡，现堡墙除西墙消失 80 米外，其余基本连贯而较完整。墙体上的 13 座马面、3 个角台比较完整。瓮城墙体基本连贯，尚存南堡门（包砖）、阁洞（阁楼、玉皇阁）一座，以及堡外点将台一座。墙体东西 420 米，南北 528 米，墙体底宽约 5 米，顶残宽 0.5～3 米，残高 3～7 米。南堡门，砖券顶，三伏三立，拱内侧高 5.7 米，外侧高 4.5 米。

图 11-15 拒门堡堡址（明）
资料来源：山西省第三次全国文物普查资料

图 11-16 得胜堡堡门（明）
资料来源：作者自摄

宏赐堡堡址（明）

堡址位于大同市新荣区堡子湾乡宏赐堡村中，明代修筑，是大同道辖北东路长城沿线军堡，堡内存明代乐楼一座。东堡墙存430米，南堡墙存324米，西堡墙存427米，北堡墙存100米，保存状况一般。堡墙底宽5米，顶宽0.5～3米，残高2～10米，堡墙外侧被浮土所埋5～7米。位于大边长城与二边长城之间，坐西北朝东南，平面呈矩形，堡设二门，已不存。四角筑角台，四面墙有马面，马面突出墙体10米，宽10米，残高6米。

晏子堡址（明）

堡址位于广灵县南村镇晏子村北六层崖的山腰上，南距村中心1.4公里。坐北朝南，东西长约80米，南北宽约80米，占地面积约6400平方米。平面呈正方形，明代遗迹，堡开南门已毁，现存四周墙体，黄土夯筑。墙体顶部残宽0.8～2米，底部残宽4～6米，残高1～6米，夯层厚0.06～0.1米。

灭虏堡堡址（明）

堡址位于左云县管家堡乡管家堡村东部，平面长方形，东西长230米，南北宽295米，

图 11-17 宏赐堡堡址（明）　　资料来源：山西省第三次全国文物普查资料

占地面积约6.8万平方米，明嘉靖二十二年（1543年）筑成。现存墙体总长约460米，基宽7.8米，墙宽1～3米，残高1～6米，夯层厚0.2米。四角出角台，东南角角台平面圆形，其余为长方形，东墙出马面2个。北墙中部辟门，宽3.8米，进深10.5米，砖券拱形。灭虏堡址北距长城3.5公里，为明代大同边堡之一，是明代大同军事防御体系的重要组成部分。

三屯堡址（明）

堡址位于左云县三屯乡三屯村西部，平面长方形，东西宽90米，南北长100米，占地面积9000平方米，始建于明代，废弃年代不详。堡址现存墙体总长442米，基宽8米，墙残宽1～3米，残高8米，夯层厚0.15～0.21米，四角出角台，东、西、北三墙正中出马面，南墙中部辟门，门外建瓮城。瓮城平面长方形，东西长24米，南北宽19米，现存墙体较完整，总长62米，基宽4米，墙宽2米，高8米，东墙中部辟门。三屯堡址北距长城10公里，是明代军事防御体系的重要组成部分。

保安堡堡址（明）

堡址位于大同市左云县管家堡乡保安堡村中，明代遗存，堡西墙、北墙、东墙尚存，南墙大部分消失。西墙、北墙各有马面一座，保存一般。此堡依西高东低的地形而建，坐东朝西布局。北墙至206米处向南折拐18米继续124米后与东墙相接，整体呈不规则形。堡门设在东墙突出部分的正中。堡内原有罗城，现无存。原东堡门为砖券顶，外侧门额上有"云羊"二字，堡内亦有一门，门额上书"永泰"二字。堡内原有玄天庙一座，庙内置地动仪一台，还有龙王庙、马寺庙等庙宇，现均无存。堡内现存南禅寺一座，部分建筑为清代重修，部分建筑为现代修筑。堡外东侧现存龙王庙乐楼一座，为明代砖木结构建筑。

西安堡堡址（明）

堡址位于怀仁县海北头乡西安堡村中。明天顺八年（1464年）始建，嘉靖三十八年（1559年）毁于战争，隆庆三年（1569年）设兵驻防，万历三十一年（1603年）增修。古堡东西长226米，南北宽276米，分布面积约6.2万平方米。墙基宽约12米，高约12米。堡墙夯土筑成，版筑法，外青砖包护，夯层厚0.15～0.20米。北侧及南侧中部分别设瓮城，北侧瓮城保存完好，门洞长10米，宽4.1米，高约7米。古堡南北二门的门额为玄武岩石质，方形，边长0.70米。门额上阴刻"金汤、锁钥"四字，并有巡抚大同都御史、镇守大同总兵的题记，均为明万历三十二年（1605年）所刻。清康熙年间（1647～1653年）因姜瓖兵变，该堡曾为大同县治。

秀女村堡（明）

堡址位于怀仁县毛家皂镇秀女村中。该堡平面呈矩形，现存东北、西北、西南3座角台。北墙西段保存最好，外侧有所坍塌，内侧有依墙而建的房屋，墙体较高、较直，东段低矮。

图 11-18 西安堡堡址　　资料来源：山西省第三次全国文物普查资料

图 11-19 秀女村堡　　资料来源：山西省第三次全国文物普查资料

西墙仅残存部分。南墙较薄，参差不齐。西墙有一豁口。墙体由黄色土夯筑而成，土质坚硬，夯层厚 0.12～0.19 米。西墙高 9.9 米，顶宽 1 米，基宽 5.7 米。北墙内高 10 米，外高 14.2 米，长 127 米，南北长 52.6 米。西北角台距北墙马面 64 米。

霸王店堡（明）

堡址位于怀仁县毛家皂镇霸王店村中。该堡平面呈矩形，现已残，存西北、东南角台。北墙残段较矮，南墙西侧已坍塌，东墙已无存，南墙残长 52 米，西墙残长 40 米，北墙残长 30 米。南墙最高 11.5 米，最低 4.1 米。西墙高 8.9～11.9 米，墙体夯筑，厚 0.14～0.17 米。

大寨村堡（明）

堡址位于怀仁县毛家皂镇大寨村北侧。该堡平面呈矩形，有 4 座马面和 3 座角台。西墙北段保存较好。西墙南段有两处大缺口，剩余墙体分别在马面两侧及西南角台北侧。西墙两马面间缺口宽 7.98 米，基宽 4.4 米。北墙西段近马面处有两个豁口，北墙外侧已坍塌成缓坡状。马面北侧有一较大缺口，缺口以北墙体保存较差。东墙近东北角处残存一段，西墙北段外高 11.9 米，内高 9.8 米，顶部最宽 2.5 米。北墙最高 6.7 米。东墙残长 68 米，南墙总长 201 米，西墙总长 206 米，北墙总长 196 米。堡墙由黄色土夯筑而成，土中夹杂有细砂，夯土坚硬，夯层厚 0.17～0.23 米。

南彦庄村堡（明）

堡址位于怀仁县毛家皂镇南彦庄村。该堡平面呈矩形，现存 3 座角台。东墙及北墙西段无存，其余部分保存一般。北墙东段残高 9.4 米，顶宽 1.6 米，北墙残长 38 米。东墙残长约 4 米，残高 2～3 米高，西墙长 64 米，南墙残长 60 米。西墙基宽 4.8 米，顶部最宽 2.7 米，内高 8.4 米，外高 9 米。墙体夯筑，夯层厚 0.13～0.20 米。

南阜村堡（明）

堡址位于怀仁县亲和乡南阜村西。该堡平面呈矩形，开南门。墙体基本完整，黄土夯筑，夯层高 0.2～0.27 米。北墙保存较好，北墙长 92 米，残高 10.5 米，顶宽约 1.8 米。南墙最高 6.1 米，基宽 3.6 米。西墙长 76 米，高 10.4 米，顶宽 1 米。南门宽 15.9 米。

瓦窑口堡址（明）

堡址位于天镇县逯家湾镇瓦窑口村中，明代修筑。分布面积 3.7 万平方米。其平面呈矩形，南北边长约 166 米，东西边长约 224 米，坐东北朝西南，开西门。门外原有瓮城，瓮城开南门。堡四角设角楼，四墙均设马面，数量不详。堡内原有东西向隔墙，将堡分为南北两部分，北营设衙署及军营，南营为家眷居住。现存东墙两段，残长分别为 19 米、28 米；南墙一段，残长 98 米；西墙一段，残长 13 米。墙底宽 6 米，顶宽 0.5～2 米，残高 2～8 米。

墙体用黄色黏土夯筑，含砂砾，夯层厚0.16～0.20米。南墙马面宽6米，突出墙体4米，呈方形，与残墙同高。

王庄堡堡址（明）

堡址旧称王庄堡驿站，位于浑源县王庄堡镇王庄堡村中。据《三云筹俎考》记载："王家庄堡，嘉靖十九年（1540年）土筑，万历三十三年（1605年）砖包。"现存堡址平面呈长方形，东西长269米，南北宽609米，分布面积约16.4万平方米。东、南墙保存基本完整，西墙存约400米，北墙存约50米。墙基宽4～7米，顶宽0.5～4米，高约1～8米。墙体夯筑，夯层厚0.2米。东墙存有包砖，砖长0.42米、宽0.1米、厚0.08米。设有南、北堡门各1座，现仅存南门。南门位于南墙东侧，砖券拱顶，门洞宽4米，进深15米，高4米，石址包砖，门洞内嵌明万历三十三年（1605年）碑记1通。原南北门外各设瓮城1座，现只存南门外瓮城东墙8米。东墙正中现存马面1座，宽约17米，突出墙体11米，高约8米。王庄堡堡址是明外长城的纵深配置，为研究明代长城提供了实物资料。

镇边堡堡址（明）

堡址位于大同市阳高县长城乡镇边堡村中，原为民堡，初名"镇胡"，后改名为"镇边堡"，嘉靖十八年（1539年）更筑，万历十一年（1583年）砖包。此堡依采凉山北麓而建，坐南朝北，

图11-20 王庄堡堡址　资料来源：山西省第三次全国文物普查资料

图 11-21 镇边堡堡址　　资料来源：山西省第三次全国文物普查资料

平面呈矩形，有东西两座城门，东门为关堡正门；正门外设瓮城，瓮城开北门。四角筑角台，各墙上共设马面12座，现存6座。堡内修筑东西两座城门，乐楼一座。堡外西南角有古树一棵，堡内残存石碑两通，一为阁庙碑，砂岩质，螭首，龟趺，首趺分离；一为老爷庙碑，砂石质，趺佚，碑身呈矩形。西门砖券为三伏三券，门上匾额阴刻"怀远"。东门砖刻垂花门罩，门上石刻"镇边堡"三字。北侧有8座敌台及6座马面、十多座烽火台组成的防御系统，呈扇形护卫。

镇宏堡堡址（明）

堡址位于大同市阳高县长城乡镇宏堡村中，又名靖虏堡，嘉靖二十五年（1546年）土筑。堡墙两侧均包砖，内以土夯筑，现包砖无存，堡东墙保存最好。堡墙用黄土夯筑，土质略纯，内含少量沙砾，夯层厚0.16～0.20米。堡北依镇宏堡长城，西及东南筑在深沟之畔，平面呈矩形，坐北朝南，四角设角台，东南、西南角台保存较好。西墙、东墙各筑马面3座，北墙仅存2座马面，南墙仅存马面1座，突出墙体4米，宽8米，马面曾修缮过。堡设南门，在堡正中，为砖券顶，门洞上设门楼，门外设瓮城，瓮城开东门。东北角、西北角墙

图 11-22 镇宏堡堡址　资料来源：山西省第三次全国文物普查资料

体下设暗门，今无存。堡中央建有玉皇阁，玉皇阁上有"靖虏"二字匾额。据1993年《阳高县志》载，靖虏堡，取平定敌寇、边关安定之意。后明与瓦剌互通贡市，矛盾缓和，为表示对少数民族的真诚及大汉族的气势宏大，将"靖虏"改为"镇宏"。

将军会堡址（明）

堡址位于朔州平鲁区阻虎乡将军会村中。创建于明万历九年（1581年），万历二十四年（1596年）包砖，清顺治末年废军堡改民堡。堡址平面呈方形，边长约200米，分布面积为4万平方米。堡址东墙现残长184米，其他三面墙保存完整。墙体基宽12米，顶宽3米，高12米。包砖已不存。西墙中部设一门，砖石券顶，高3.5米，宽约2.1米，深20米。门外有瓮城遗迹，城门开在南部。瓮城城门砖券拱顶，高3.5米，宽约3米，深12米。门额书"安攘门"三字。存角台4座。西北角台基部突出墙体约15米，宽15米，存马面3座，北墙马面基部突出墙体约15米，宽约15米。墙体形制与堡墙相同，保存基本完整。墙体夯筑，夯筑厚0.15～0.20米，底部石砌，上部包砖。

阻虎堡（明）

堡址位于朔州平鲁区阻虎乡阻虎村内。平面形状不详。西墙北段残存13.5米，西北角台、北墙中部马面与东北角台尚存。东墙北段残存部分墙体，墙体夯筑，夯层厚 0.16～0.18 米，夯层间夹有石块。

少家堡（明）

堡址位于朔州平鲁区高石庄乡少家堡村西侧。堡址平面呈长方形，东墙外有瓮城，瓮城平面为矩形，瓮城外有罗城，平面为矩形，瓮城和罗城依东墙而建。北、西、南堡墙中部各有马面 1 座，堡墙保存较完整，东墙及瓮城部分还有残存的包砖。瓮城外的罗城北墙保存较好，堡墙最高约 10 米。北墙长约 160 米，东墙长约 166 米，南墙长约 170 米，西墙长约 152 米。

大水口堡堡址（明）

堡址位于朔州平鲁区高石庄乡大何堡村东南，创建于明崇祯十三年（1640 年）。大水堡平面呈长方形，东西长 415 米，南北宽 275 米，堡墙基宽 5～9 米，残高 8～10 米，东北西三面有马面 3 座，南墙中部设门，南门外设瓮城，瓮城呈正方形，边长 30 米，瓮城外设关，南关平面呈方形，边长约 80 米，关墙基宽 4～8 米，残高 9 米，墙体夯筑，夯层厚 0.15～0.20 米，南关门设在东侧，现已毁坏成豁口。墙体夯筑，夯层厚 0.15～0.2 米。

下乃河堡（明）

堡址位于朔州平鲁区下水头乡下乃河村中。该堡平面呈矩形，保存 1 座门洞，2 座马面，3 座角台。堡墙系由黄砂土夯筑而成，夯层厚 0.17～0.12 米。

黄土堡堡址（明）

堡址位于右玉县牛心乡黄土坡村中。《三云筹俎考》记载："黄土堡嘉靖三十七年（1558 年）筑，万历十二年（1584 年）砖包。"平面呈方形，边长约 150 米，分布面积 2.25 万平方米。现存东墙残长 50 米，其他三面墙体保存基本完整。墙基厚约 5 米，顶部厚 0.2～2 米，残高 5～7 米。墙体夯筑，包砖已不存。东墙中部设门，现为豁口。宽约 6 米，进深约 3 米。东门外侧有瓮城遗址，南北长约 22 米，东西宽约 20 米。设南门，现为豁口。古堡四角各设角台 1 座，角台基部突出墙体约 7 米，宽 4 米，高约 8 米。北、西、南各存马面 1 座，马面基部突出墙体 4 米，宽约 5 米，高约 6 米。

云阳堡堡址（明）

堡址位于右玉县牛心堡乡云阳堡村西南，分布面积约 2.7 万平方米。平面呈长方形，东西长 180 米，南北宽 150 米。墙体整体完整，墙基宽约 5 米，顶宽 0.5～2 米，残高 1～5 米。墙体夯筑，夯土层厚 0.1～0.2 米，包砖不存。东门外侧有瓮城 1 座，瓮城南墙现为豁口，存角台 4 座，东北角台基部突出墙体 6 米。存马面 3 座。《三云筹俎考》载："云阳堡，嘉靖三十七年（1558 年）土筑，万历二十四年（1596 年）砖包。"

图 11-23 黄土堡堡址　资料来源：山西省第三次全国文物普查资料

图 11-24 云阳堡堡址
资料来源：山西省第三次全国文物普查资料

云石堡旧堡堡址（明）

堡址位于右玉县丁家窑乡沙家沟村东北。堡址平面呈长方形。分布面积3.34万平方米。墙体夯筑，砖包不存，夯土层厚度0.15～0.20米。墙基宽8米，顶宽1～4米，残高4～6米，辟西门，现为豁口。古堡正中为一圆形烽火台，建于圆形台基上，台基直径30米。烽火台为夯筑，圆锥形台体，底面直径25米，顶部直径22米，残高约8米。古堡现存角台和马面各4座，角台和马面突出墙体8米，宽约11米，残高7米。西门外筑有正方形瓮城，边长约30米。瓮城设南门，现为一豁口。瓮城外有一周护墙，呈正方形，边长50米。瓮城北墙与护墙北墙相连。护墙南段有一豁口。《三云筹俎考》记载："云石堡，明嘉靖三十八年（1559年）土筑，万历十年（1582年）改建。"

云石堡新堡堡址（明）

堡址位于右玉县丁家窑乡新云石堡村西。平面呈正方形，边长200米，分布面积4万平方米。墙基厚8米，顶部厚1～3米，残高3～9米，砖包仅存南墙和东墙少部分，现存土墙体夯筑，夯土层厚0.10～0.20米。开东门，现为豁口。东门外有瓮城1座，南北长48米，东西宽33米，瓮城设北门。现四角各存角台1座，北、西、南墙中部各存马面1座，角台和马面残高7～9米。《三云筹俎考》记载："云石堡明嘉靖三十八年（1559年）土筑，万历十年（1582年）改建砖包。"

第十一章 长城关隘 589

图 11-25 云石堡旧堡堡址　资料来源：山西省第三次全国文物普查资料

图 11-26 云石堡新堡堡址　资料来源：山西省第三次全国文物普查资料

新云石堡（明）

堡址位于右玉县丁家窑乡云石堡村西北侧。该堡平面呈矩形，由黄砂土夯筑而成，夯层厚0.13～0.18米。东墙长184米，顶部宽4.3米。南墙长189米，西墙长190米，西墙最宽4.2米，外高9.7米，内高8.1米。北墙长183米，顶部最宽4.1米，外高8.5米。

威远堡址（明）

堡址位于右玉县威远镇威远村中。堡址平面呈长方形，东西长750米，南北宽700米，分布面积52.5万平方米。现存墙基宽6～12米，顶部宽1～8米，残高1～8米，墙体夯筑，夯层厚0.10～0.20米，包砖不存。四面堡墙中部各设瓮城1座，形制相同，均为方形。四角现各存角台1座，马面8座。《三云筹俎考》记载："威远堡正统三年（1438年）砖建，万历三年（1575年）增修。"

铁山堡堡址（明）

堡址位于右玉县杨千河乡铁山堡村西，分布面积2.9万平方米。《三云筹俎考》记载："铁山堡明嘉靖三十八年（1559年）土筑，万历二年（1574年）砖包。"现砖包不存。堡址整体为东西连环堡。西堡平面呈正方形，边长140米，墙基厚8米，顶部宽2～5米，残高5～8米。开东门，现为3.5米豁口，四角各存角台一座，北、西、南三墙正中各存马面1座，距西堡55米筑东堡。东堡平面呈长方形，南北长90米，东西宽80米，墙基厚8米，顶部宽2～5米，残高5～8米。设东门，现为10米宽豁口，原有瓮城，现不存，四角各存角台1座。后于两堡之间筑南、北墙各一，将两堡连为一体。两堡均为夯筑，夯层厚0.12～0.15米。

图11-27 铁山堡堡址　　资料来源：作者自摄

图 11-28 破虎堡堡址
资料来源：山西省第三次全国文物普查资料

图 11-29 马营河堡堡址
资料来源：山西省第三次全国文物普查资料

破虎堡堡址（明）

堡址位于右玉县李达窑乡破虎堡村中，长城南侧约 500 米。平面呈长方形，南北长 300 米，东西宽 190 米，分布面积 3 万平方米。墙基底宽 8 米，顶宽 1.5～2 米，残高 1～6 米。墙体夯筑，夯层厚 0.1～0.2 米，包砖不存。南墙外侧有接关城，东西长约 190 米，南北宽约 100 米。开南门，砖券拱形门。外部高 3.8 米，门洞高约 5 米，门道内侧宽约 4 米，外侧宽 3.5 米，进深约 6 米，门额上方置长方形石匾 1 块，字迹漫漶不清。堡墙四角各存角台 1 座，角台基部突出墙体约 3 米，宽约 3 米，高约 6 米。堡墙四周存马面 7 座，马面基部突出墙体约 6 米，宽约 3 米，高约 8 米。《三云筹俎考》记载："破虎堡嘉靖二十三年（1544 年）筑，万历二年（1574 年）砖包。"

牛心堡堡址（明）

堡址位于右玉县牛心堡乡牛心堡村中。堡址平面呈方形，边长约 270 米，分布面积 7.29 万平方米。东墙残长约 250 米，北墙残长约 260 米。墙基厚 4～5 米，顶厚 1～3 米，残高 1～5 米。墙体夯筑，包砖不存。南墙中部设门，现为豁口，宽约 6 米，进深约 8 米。四角各存角台 1 座，各角台基部突出约 8 米，宽约 9 米，高约 5 米。存马面 9 座，马面基部突出墙体约 5 米，宽 6 米，高约 5 米。据《三云筹俎考》载："牛心堡，嘉靖二十七年（1548 年）土筑，隆庆元年（1572 年）砖包。"

马营河堡址（明）

堡址位于右玉县右卫镇马营河村中。分布面积 1.43 万平方米。平面呈长方形。夯土建筑，夯层厚 0.15～0.20 米。现存墙基底宽 8 米，顶宽 0.3～3 米，残高 8～11 米。南墙中部设门，现为豁口，宽约 4 米，进深约 6 米。残存角台 2 座，东北角台与东南角台皆呈圆形，底径约

12米，高约11米。北墙中部存马面1座，基部突出墙体约8米，宽约10米，高约11米。据《三云筹俎考》载："马营河堡万历元年（1573年）土筑。"

红土堡堡址（明）

堡址位于右玉县右卫镇红土堡村中。堡址平面呈正方形，边长150米，分布面积约2.3万平方米。墙基宽8米，顶部宽度1~5米，残高4~8米，设南门，四角各存角台1座，角台突出墙体4米，宽约4米，高约8米。东、西墙中部各存马面1座，北墙存马面3座，马面突出墙体5米，宽约4米，高约8米。据《三云筹俎考》记载："红土堡，嘉靖三十七年（1558年）土筑，万历二年（1574年）砖包。"

残虎堡堡址（明）

堡址位于右玉县李达窑乡残虎堡村中。平面呈长方形，东西长约200米，南北宽170米，分布面积3.4万平方米。现东墙残长145米，南墙残长80米，堡墙基宽8米，顶宽1~2.5米，墙体夯筑，夯层厚0.1~0.15米，包砖不存，原有南门，现不存。南门处有瓮城遗迹，东西长度不详，南北长约50米，瓮城西墙残长42米。现存角台4座，北、西、南三墙中段各存马面一座。据《三云筹俎考》载："残虎堡嘉靖二十三年（1544年）筑，隆庆六年（1572年）砖包。"

北楼口东山堡（明）

堡址位于应县大临河乡北楼口村东南的山梁上。整体呈方形，东西宽60米，南北长70米，分布面积约为4200平方米，其周长为260米。在堡的南墙正中有一门，南门宽6米，进深10米，突出内墙长5.5米，东侧宽2米，西侧宽3.6米，在堡的北墙正中有一敌台，骑墙而建，敌台下为石砌，上部为砖砌。敌台底部呈方形，东西、南北均为13.5米，通高10米。堡墙基宽4.5米，顶宽1~2.1米，高2.5~3.8米。黄土夯筑，夯层0.18~0.22米。

马兰口堡（明）

堡址位于应县下马峪乡马岚口村中。堡墙保存基本完整，北墙即为长城墙体，基宽4~6米，顶宽0.8~1.5米，残高2~5米。墙体夯筑，包砖不存，南墙顶部有厚0.5米的土石层。西墙中部设1门，现为豁口，宽5米，深7米。存角台3座。东南角台基部突出墙体约4米，宽约4.5米，高约5米。东北角台即为长城墙体上的敌台，骑墙而建，底部东西长约4.5米，南北宽约4米，顶部东西长约4米，南北宽约3米，残高约8米。

盆窑堡址（宋至明）

堡址位于代县胡峪乡盆窑村东北。属宋至明代遗存。相传为北宋名将杨六郎驻军营地，俗名六郎城。堡址依山而建，平面呈长方形，东西约200米，南北约240米，分布面积4.8

图 11-30 北楼口东山堡　资料来源：山西省第三次全国文物普查资料

图 11-31 马兰口堡　资料来源：山西省第三次全国文物普查资料

万平方米。四面墙体断续残存，墙体基宽2.5～5.6米，顶宽0.3～1.5米，残高0.5～5.2米。土质夯筑，夯层厚0.06～0.14米。现存1座角楼，1座马面。

马站堡址（宋、明）

堡址位于代县阳明堡镇马站村中。相传始建于宋治平年间（1064～1067年），明代增修，并设驿站。平面呈长方形，东西约400米，南北约300米，分布面积约12万平方米。东、西墙体已毁，南、北两面墙体断续残存，南墙残长6米，北墙残长340米，基宽1.9～4.6米，顶宽0.6～2.3米，残高1.5～5米。墙体土质夯筑，夯层厚0.07～0.11米。属宋代、明代遗存。为县境内三十九堡十二联城之一。

阳明堡址（宋、明）

堡址位于代县阳明堡镇堡内村四周。相传始建于宋治平年间（1064～1067年），明代增修。平面呈长方形，东西约500米，南北约300米，分布面积约15万平方米。现存东墙残长50米，南墙残长60米，北墙残长10米，底宽1.9～4.6米，顶宽1～2.1米，残高0.6～4.2米。墙体土质夯筑，夯层厚0.08～0.17米。属宋代、明代遗存。为县境内三十九堡十二联城之一。

永和堡址（明）

堡址位于代县枣林镇西马村中，属明代遗存。现存平面呈方形，东西约150米，南北约150米，分布面积2.25万平方米。东、西、北三面墙体断续残存，基宽0.6～3.8米，顶宽0.4～2.6米，残高2.1～6.2米。墙体夯筑，夯层厚0.08～0.17米，夯层中夹有碎石。现存东门1座，角楼1座。东门石匾题有"明嘉靖二十二年（1543年）"款。为县境内三十九堡十二联城之一。

下社堡址（明）

堡址位于代县峨口镇正下社村东，属明代遗存。平面呈长方形，东西47.4米，南北66.1米，分布面积3133平方米。四面墙体残存，基宽5.2～5.7米，顶宽1.2～2.8米，残高2.4～6.2米。墙体土质夯筑，夯层厚0.07～0.13米。南墙正中辟有堡门。为县境内三十九堡十二联城之一。

西村堡址（明）

又称枣林堡址，位于代县枣林镇枣林西村村中，属明代遗存。平面呈"L"形，周长1320米，分布面积6.63万平方米。四面墙体残存，东墙残长150米，南墙残长500米，西墙残长120米，北墙残长440米，基宽1.2～5.8米，顶宽0.6～2.8米，残高0.9～5.5米。墙体土质夯筑，夯层厚0.07～0.18米。现存角楼2座。为县境内三十九堡十二联城之一。

清淳堡址（明）

堡址位于代县上磨房乡磨房村内，属明代遗存。东墙基本保存完整，在其中部设有东门，东门券顶上方阴刻"清淳堡址"匾，该匾宽1.5米，高0.7米。东门宽3米，高3.3米，进深2.4米，门洞内宽3.8米，进深6.0米，总进深8.0米。东门为石券，券顶高3.3米，上部为砖砌，总高6.6米。东门基本突出城墙外侧，底部有2米在堡墙内，东墙基宽5.6米，顶宽3.3米，高6.6米。北墙保存较完整，基宽5.6米，顶宽3.3米。西墙仅存一段22米长的残垣，位于西墙北端。南墙已全部毁弃。为县境内三十九堡十二联城之一。

平城堡址（明）

又称清平堡址，位于代县上馆镇上平城村中，属明代遗存。平面呈方形，边长220米，分布面积4.84万平方米。四面墙体断续残存，东墙残长62米，南墙残长100米，西墙残长100米，北墙残长10米，基宽1.2～8米，顶宽0.6～4.5米，残高0.7～5.8米。墙体土质夯筑，夯层厚0.06～0.18米。据《代县志》载，建于东汉建安十八年（213年），明万历十九年（1591年）重修。为县境内三十九堡十二联城之一。

鹿蹄涧堡址（明）

堡址位于代县枣林镇鹿蹄涧村中，属明代遗存。平面呈长方形，东西260米，南北272米，分布面积7.07万平方米。南、北、西三面墙体断续残存，基宽2.1～6.2米，顶宽0.4～3米，残高1.5～6.7米。墙体土质夯筑，夯层厚0.08～0.19米。为县境内三十九堡十二联城之一。

二十里铺堡址（明）

堡址位于代县枣林镇二十里铺村内，属明代遗存。东墙上东门保存基本完整，门南侧有一段16米长的堡墙。堡南墙早已不存。堡西墙及西门早已毁弃不存。堡北墙基本保存完整，长150米，基宽5.5米，顶宽2.4米，高5.2米，其外包砌的石、砖外墙壁已被拆毁。为县境内三十九堡十二联城之一。

段村堡址（明）

堡址位于代县枣林镇段村村中，属明代遗存。平面呈长方形，东西约320米，南北约180米，分布面积约5.76万平方米。四面墙体残存，基宽2.4～4.5米，顶宽0.9～3.2米，残高2.9～7.2米。墙体土质夯筑，夯层厚0.07～0.20米。现存马面1座，角楼3座。为县境内三十九堡十二联城之一。

东章堡址（明）

堡址位于代县峪口乡东章村中，属明代遗存。平面呈长方形，东西50米，南北65米，

图 11-32 二十里铺堡址　资料来源：山西省第三次全国文物普查资料

图 11-33 万家寨堡　资料来源：山西省第三次全国文物普查资料

分布面积3250平方米。四面墙体断续残存，现存东墙残长4米，南墙残长10米，西墙残长47米，北墙残长15米，基宽0.7～2.5米，顶宽0.3～1.2米，残高0.5～3.9米。墙体土质夯筑，夯层厚0.08～0.15米。现存角楼1座。为县境内三十九堡十二联城之一。

赤土沟堡址（明）

堡址位于代县上磨坊乡赤土沟村中。属明代遗存。平面呈长方形，东西55米，南北65米，分布面积3575平方米。四面墙体断续残存，东墙残长65米，南墙残长25米，西墙残长10米，北墙残长46米，基宽1.2～2.1米，顶宽0.3～1.2米，残高1.6～3.6米。墙体土质夯筑，夯层厚0.1～0.16米。为县境内三十九堡十二联城之一。

宇文堡址（明至清）

堡址位于代县阳明堡镇宇文村东北。平面分布不详。东墙、北墙断续残存，东墙残长48米，北墙残长20米，占地面积173平方米。基宽1.6～3.5米，顶宽0.4～1.8米，残高0.5～6.1米。墙体土质夯筑，夯层厚0.14～0.22米，夯层中夹卵石较多。时代不详。为县境内三十九堡十二联城之一。

万家寨堡（明）

堡址位于偏关县万家寨镇万家寨村西南，属明代遗存。依山岩而建，分内外两重，坐西朝东。内外堡门均开于南墙正中。外堡平面呈不规则形，东西122.6米，南北40米。外堡门开于南墙中部，左右壁利用山体基岩，上部为石券拱顶，通道拾阶而上，或凿或砌。踏步宽窄不一。堡门内侧通道，长1.9米，宽1.05米，拱高0.7米，内侧左右壁留有长方形拴孔。堡南墙、东墙保存较好，基本利用岩体，上部条石垒砌。南墙长72.2米，宽1.5～1.7米，高0.3～1.9米。东墙长75.7米，宽1.5～1.7米，外高4.5～5.6米，内高2.2～3.8米。东墙顶部残存石砌女墙，长10米，基宽0.8米，高0.2～1米。距堡门东侧25米处东墙外砌一马面，南北3米，外宽2.4米，内宽4.2米，与墙体同高。北墙大部借用山崖岩体，局部外沿砌筑墙体，高0.56米，宽0.5米。西侧全部利用山崖。

寺沟堡（明）

堡址位于偏关县天峰坪镇寺沟村东北。属明代遗存。平面呈东西长方形，现四面堡墙均有残存，坐向不明。堡内西侧残存一夯土台基，应为一点将台。堡东西135米，南北120米，东墙仅存南段，长约11米，底宽1.2～2米，顶宽1.2～1.5米，高3.3～3.5米，夯层厚0.10～0.2米。南墙仅存墙基下部，长约90米，大部外高内平，外高2～2.8米，高出内侧地表约4米。夯层厚0.2米。西墙被一烽火台分为南北两段。南段长50米，底宽0.8～1.2米，高3.7米；北段残长19米，底宽2.2米，高2.5米。北墙东段残长47米，底宽2.2米，顶宽0.5～0.7米，夯层厚0.08～0.16米，高3～3.5米。西段残长70米，高1.5～3.7米，其他类同东段。

老营堡（明）

堡址位于偏关县老营镇老营村，现由老营堡、北帮城、南帮城三部分组成，属明代遗存。

图 11-34 老营堡　　资料来源：山西省第三次全国文物普查资料

图 11-35 老牛湾　　资料来源：作者自摄

老营堡平面呈东西向长方形，墙体内为夯筑，外下砌条石，上包青砖，设东、南、西三座城门和瓮城，墙外俱设马面，四角设有角楼。现东、南、西三侧有护城壕，北侧被平万公路路基占用。东墙长427米，基宽8.9米，顶宽3.8～8.5米，高10.2米。南墙长887米，基宽8～16米，顶宽3.1～5.4米，高8.8～12米；西墙长510米，残长484米，基宽9.7米，顶宽5米。北墙原长934米，现长926米，基宽11.4米，顶宽8～9.2米，高7～9米。

堡周长2758米，面积40万平方米。马面原有12座，现存11座，其中东墙2座，南墙3座，西墙2座，北墙4座。

老牛湾堡（明）

堡址位于偏关县万家寨镇老牛湾村、黄河入晋第一湾、河东一台地之上，西北与内蒙古隔河相望，东接晋蒙分界外长城，属明代遗存。平面呈长方形，坐北向南，由堡和瓮城两部分组成。堡门开于南墙正中，瓮城门开于东墙正中。堡内原有建筑大部已毁，现存照壁、关夫子庙旧址（现建筑为近年新建）及旗杆基座等。堡墙内为夯筑，外包行錾条石。原四角均有角楼，现仅剩东北、东南两角残基。东墙残存南段，长24米，底宽2.5米，顶宽1.3米，内高3.7米，外高9.6米。南墙残长49.9米，底宽4.3米，顶宽3.1米，内高3.3米，外高9.7米。西墙残长47.3米，仅存北段，底宽3.9米，顶宽2.6米，内高5米，外高11.3米。北墙残长69.2米，保存较好，外包行錾条石，损毁较少，基本保持了原有形态，底宽3.4米，顶宽2.2米，外高9.9米。堡门通道内侧长5.2米，宽3.5米，左右壁高1.97米，拱高2.23米；外侧长2.5米，宽2.96米，拱顶已毁，左右壁已残，内外券脸均为二伏二券，券脸高0.62米。现门道内有门限石两块，宽0.24米，高0.2米，南侧长0.9米，北侧长0.6米。

桦林堡（明）

堡址位于偏关县天峰坪镇桦林堡村内，西距黄河东岸约1800米。属明代遗存。该堡平面呈东西向长方形。坐北朝南，堡门开于南墙正中偏东，堡门外有瓮城，瓮城门开于东墙正中。

图 11-36 桦林堡　资料来源：山西省第三次全国文物普查资料

原四角有角楼，现存西北角、西南角、东南角三个，东北角残毁。东墙、西墙、北墙外各置马面2座，墙体原外侧下砌行錾条石，上包青砖，白灰为粘合料。堡内原有老爷庙、城隍庙（现存为旧址新修寺庙）。堡外东南角有马王庙，现仅存戏台；堡西北为龙王庙。瓮城门东150米处有一明代影壁。南墙西侧有一明代排水沟，片石垒砌，宽1.1米，长10余米。桦林堡于西墙、北墙各开两个豁口，东墙开一豁口。堡东西186米，南北198米。

南元堡址（明）

堡址位于河曲县文笔镇南元村，黄河南岸的弯曲处。属明代遗存。除东南面外，其余几面外侧均为长城所围。平面呈方形，东西500米，南北400米，现存西门一座、东北角和西北角角楼两座、北墙有马面、东西街一条。堡内无其他设施。西门保存较差，砖券大多保留，券洞为三伏三券，顶部夯土残留一半，门洞宽4.55米，深13.4米，高6.03米，条石铺基，高1.94米。东北角楼保存一般，平面突出东墙，呈方形，上面呈梯形，北侧与墙体平行，顶宽6米，底宽9米，突出墙体6.5米，夯层厚0.08～0.12米，东侧为夯土，南侧为部分包砖，北侧为后期补修新包砖。西北角楼保存较好，外包砖石完整，底部有后期水泥补修痕迹，平面为五边形，西北角正对的一边为10米，其余四边均为7米，通高11米，条石铺基，高3米。

南关堡址（明）

堡址位于繁峙县杏园乡南关村南。为一处明代堡址。平面呈长方形，南北长70米，东西宽60米，分布面积4200平方米。墙体底宽4米，顶宽1米，残高6.5米，土质夯筑，夯层0.15～0.25米。堡址南墙不存，北墙有三个马面，堡门无存。

三岔堡址（明至清）

堡址位于五寨县三岔镇三岔村。据《五寨县志》载，建于明嘉靖十八年（1540年），属偏头关，清雍正三年（1725年）划归为五寨县，废弃于晚清时期。平面基本呈方形，周长约1200米。现存北门洞、北墙及东墙残垣，北门宽约6米，进深约10米。东墙高约1米，上部包砖，下砌条石。基宽约8米，残高3～5米，夯层厚度0.16～0.20米。

靖安堡址（明至清）

俗称靖安营，位于交城县会立乡寨则村西北山顶，分布面积4.8万平方米，属明清两朝的军营。始建于明崇祯三年（1630年），明崇祯十一年（1638年）重建；清顺治五年（1648年）毁，清康熙十年（1671年）重建，清光绪十一年（1885年）废弃。平面呈长方形，四周夯筑堡墙，南北辟堡门。堡墙分里外两层平台，外层平台为宽10～12米的环形马道，里层平台高出外层平台5米，原为衙署之地。现存南门前石铺坡道，南、北堡门残垣，石碑3通，旗杆石2套，雷钵1件，残堡墙1处。民国21年（1932年）年曾出土牛腿铁炮1门和瓮装火药。

三、敌台、烽火台

余吾坪烽火台（汉）

位于屯留县余吾镇魏村村北余吾坪之上，为一处汉代烽火台遗存。圆形，底径约 25 米，高约 9 米，分布面积约 500 平方米。周边散落有绳纹板瓦、瓦当等残片。

西岭烽火台（汉）

位于屯留县余吾镇魏村村西的西岭上，为一处汉代烽火台遗存。东西宽约 23 米，南北长约 30 米，高约 8 米，分布面积约 690 平方米。夯层厚 0.10～0.20 米，地表堆积有绳纹板瓦、筒瓦、瓦当等残片。

土落烽火台（汉）

位于襄垣县虒亭镇土落村西南南坡山上。属汉代文化遗存。夯筑锥形台体，底面为不规则圆形，周长约 43 米，残高约 5 米，夯层厚度不详，周边的地表残留有汉代泥质绳纹、素面陶片。

大坡烽火台（汉）

位于右玉县李达窑乡大坡村东南的山梁上。烽火台筑于圆形台基上，台基直径 36 米，烽火台呈圆柱形，底径 13 米，残高约 14 米，夯土构筑，烽火台低部夯土层 0.12～0.15 米，夯土层从底部向上逐步由厚到薄，最上端夯土层 0.03～0.05 米，台基上周边有围墙，现残高 1～2 米。烽火台周围发现大量汉代的残陶片，采集有卷沿陶罐、陶壶、泥质红陶、夹沙红陶等残片，根据烽火台造型与夯窝等特征，判定为汉代烽火台。

南元烽火台（汉、明）

位于右玉县右卫镇南元村西南，分布面积 1964 平方米，由围墙和烽火台两部分组成。烽火台呈圆形台体，底径 11 米，残高 8 米，围墙呈圆形，直径 50 米，墙基厚度 2 米，残高 3～7 米，设西南门，现为豁口，宽 2 米。墙体夯筑。台体夯筑，夯层厚 0.15～0.25 米。围墙内有大量汉砖残块。据现状判断，明代在原汉代烽火台上重修。

西马烽火台（东晋）

位于浮山市米家垣乡西马村北的后圪塔沟崖旁。分布面积约 109 平方米，是一处东晋军事设施遗址。烽火台形似圆锥形台体，高约 5 米，底部直径 11.8 米，上部直径约 3 米，夯土构筑而成。夯土层厚 0.08～0.12 米。据《浮山县志》记载，赵城位于浮山县东南史演河乡西部的垣梁上。东晋十六国时，居于平阳的汉国内乱，大将赵王石勒率兵自河北前来勤王，途经赵城，筑城驻兵防守，故称赵城。城东有西马、东马（沟），皆为其军马宿营之地。

宋家沟烽火台（宋）

位于石楼县灵泉镇宋家沟村西南的秋家坡山顶上，地势平坦，分布面积约 300 平方米。据清雍正八年（1730 年）《石楼县志》记载，现仅存圆形基址，黄土夯筑，夯层厚 0.4～0.5 米。地表散见宋代砖、瓦及瓦当等。

大庙山烽火台（明）

位于右玉县李达窑乡大庙山村南。烽火台呈方形台体。底部边长 8 米，残高约 12 米，夯层厚 0.08～0.12 米。围墙为正方形，边长 60 米，残高 3～4 米，夯层厚 0.08～0.12 米。采集有板瓦等建筑构件和陶甑残片。

新广武敌台遗址（明）

位于山阴县张庄乡新广武村东北的一小山坡顶，为长城附属建筑。该敌台为夯土所建外包砖，夯土层厚 0.2 米，形制为覆斗形，东西两侧各修建小敌台 1 座，为主敌台的附属建筑。主敌台底部南北长为 12 米，东西宽 8 米，残高 12 米，东西两侧小敌台东西长 4 米，南北宽 3 米。

老牛湾烽火台（明）

位于偏关县万家寨镇老牛湾村东北平地上。属明代遗存。台体平面呈方形，剖面呈梯形，褐黄土夯筑而成，夯土质地较细，含砂小。台体底东西 13 米，南北 14 米；顶东西 7 米，南北 7 米，高 6～7 米，夯层厚 0.09～0.25 米。

平型关堡西南处烽火台（明）

位于繁峙县横涧乡平型关村西南，属明代遗存。方锥形台体，平面呈方形，底边长 13 米，顶边长 8 米，高 11 米。土质夯筑，夯层厚 0.22 米。外有砖砌痕迹，从现存四壁土墙观察，多处有宽 0.7 米、高 1.4～1.7 米，深 0.4～0.5 米的长方坑，具体作用不清，疑为包砖墙时起加固砖与土墙面的结合作用。

平型关堡东南处烽火台（明）

位于繁峙县横涧乡平型关村东南，属明代遗存。烽火台建于一土台之上，四周有外垣墙，呈方形，每边长 28 米，墙高 2.7 米，基宽 1.3 米，顶宽 1 米。四周垒砌石条均被剥落，石条长度不等，长 0.8～1.2 米，宽 0.4～0.6 米，厚 0.3～0.5 米。烽火台建于外垣墙组成的正方形围院中心，底部边长 9.5 米，高 5.6 米，顶部边长 7 米。整个台体夯打而成，夯层厚 0.2 米。

西崖底烽火台（明）

位于静乐县鹅城镇西崖底村西，为一处明代烽火台。南北向长 30 米，底宽 4 米，顶宽 0.5 米，残高 5 米，夯层厚 0.08～0.15 米，北侧向东拐出 2 米，分布面积 122 平方米。

第十一章　长城关隘　603

图 11-37 新广武敌台遗址　　资料来源：山西省第三次全国文物普查资料

图 11-38 平型关堡西南烽火台　　资料来源：山西省第三次全国文物普查资料

风沟烽火台（明）

位于静乐县鹅城镇风沟村南，为一处明代烽火台。平面呈方形，边长 7 米，残高 7 米，夯层厚 0.20～0.25 米。烽火台西北 45 米处为一夯土墙体，南北走向，南北长 14 米，东西宽 8 米，残高 5 米，夯层厚 0.20～0.25 米。两处分布面积共 161 平方米。

峪头烽火台（明）

位于榆次区什贴镇峪头村东南。现存为明代烽火台。烽火台建于高台之上，平面呈长方形，占地面积 25 平方米。地表现存方棱土台 1 座，边长约 5 米，残高约 4 米，夯土打筑。前后与其他烽火台相隔约十里，相连成线，为榆次城起到护卫报警作用。

段家窑烽火台（明）

位于祁县峪口乡段家窑村东。据传为明代遗存。夯土砌筑，方形，中空。残高 6 米，底边长 7 米。夯层厚 0.15 米。

娘子关一号烽火台（明）

位于平定县娘子关镇娘子关村北侧。台体建于娘子关村北侧山体顶部。南侧为山沟，台体大致呈南北向。平面呈矩形，剖面呈梯形。台体外侧用石块垒砌，内部填以碎石块和泥土。台体底部南北长 5.1 米，东西宽 5 米，顶部南北长 4 米，东西宽 4.2 米，残高 3.60～3.70 米。

娘子关二号烽火台（明）

台体建于娘子关村北侧、桃河北岸的耕地中。平面呈矩形，剖面呈梯形。台体外侧用石块垒砌，内部填以碎石块和泥土。台体底部南北长 7.7 米，东西宽 7.7 米，顶部南北长 5.8 米，东西宽 5.4 米，残高 2.70～5.00 米，石墙顶宽 0.75 米。台体顶部原有石砌建筑，近年被毁，现南壁、西壁仅存痕迹。

娘子关三号烽火台（明）

位于平定县娘子关镇娘子关村南侧。平面呈矩形，剖面呈梯形。烽火台为空心石砌，内部为回廊结构，仅存基础，台体外侧用石块垒砌，砌石内部填以碎石块和泥土。台体平面形状为方形，现存台体南北长 5.7 米，东西宽 4.5 米，残高 3.30～5.23 米。

东下烽火台（明）

位于永济市栲栳镇东下村东南。是明代蒲州北至临晋主干道上的军事设施。原为夯筑圆锥形台体，外包砖，内填黄土。现为方锥形台体，外包砖无存，底径约 8 米，残高约 5 米，夯层厚 0.12 米。

上源头烽火台（明）

位于永济市韩阳镇上源头村东北。明代遗存。是当时以蒲州为中心，东至解州，南沿黄河至风陵渡的主干道上的通信设施。现存夯筑锥体，底边长 8.3 米，高约 12 米，夯层厚 0.10～0.20 米。

南干樊烽火台（明）

位于永济市城东街道办事处干樊村南干樊自然村东南。明代遗存，是当时以蒲州为中心，东至解州，南沿黄河至风陵渡的主干道上的通信设施。现存夯筑方锥形台体，底边长约 6 米，残高 2.3 米，夯层厚 0.15 米。

长旺烽火台（明）

位于永济市韩阳镇长旺村西南。明代遗存，是当时以蒲州为中心，东至解州，南沿黄河至风陵渡的主干道上的军事通信设施。现存夯筑方锥形台体，底边长 3.5 米，残高约 7 米，夯层厚 0.10～0.15 米。

南原烽火台（明）

位于吉县柏山寺乡白米村南原自然村南。烽火台呈圆形，高约 13 米，南北长约 20 米，东西宽约 17 米，占地面积约 320 平方米，夯层厚 0.1～0.15 米，在其周围未发现踏道迹象。该烽火台所处地形为山间塬面上，俯瞰清水河道，地形险要。

河头烽火台（明）

位于吉县柏山寺乡黑秀村河头自然村南的长梁圪塔上，据《吉县县志》记载为明代遗存。烽火台呈圆锥形台体，底径约 4 米，残高 2.2 米，台体夯筑，夯层厚 0.05 米。在其周围未发现踏道迹象。

高窑科烽火台（明）

位于吉县柏山寺乡南耀村高窑科自然村东北，占地面积约 30 平方米。烽火台夯筑圆锥形台体，残高 4.3 米，底径 2.3 米，南北长 5 米，东西宽 6 米，夯层厚 0.1～0.15 米，顶部坍塌。

泊头烽火台（不详）

位于夏县胡张乡泊头村西北角。创建年代不详。平面呈正方形，边长 7.5 米，高约 6 米，占地面积 56.3 平方米。烽火台黄土夯筑，夯层厚 0.09～0.14 米。

里仁坡西烽火台（明）

位于大宁县仪里村里仁坡自然村西南的山崖上，东高西低，依地势而建，南北走向，占地面积约 20 平方米，基座为石片与石条砌筑而成，上部黄土夯筑，间杂石片，夯层厚 0.3 米，底部直径约 3 米。

里仁坡东烽火台（明）

位于大宁县太古乡仪里村里仁坡自然村东部。烽火台坐落于山顶，平面呈方形，分两级，残高约 5 米，占地面积约 80 平方米，夯土层不明显。依据所处地理位置该烽火台为明代。

黑城烽火台（明）

位于大宁县曲峨镇黑城村中部。占地面积约 50 平方米。烽火台平面近方形，边长约 7 米，高约 7 米。外皮包砖，内部黄土夯筑，南侧有较宽的水冲裂痕，夯层厚 0.15 米。依据其所处位置和夯筑方式分析是明代为防御而建的军事设施。

川庄烽火台（明）

位于大宁县三多乡川庄村北部的山顶上，烽火台平面近似长方形，东西宽约 7 米，南北长 26 米，高约 8 米，夯土层不太明显。从所处位置及建造方式断定为明代遗存。

桑壁烽火台（明、清）

位于永和县桑壁镇桑壁村西南。筑造年代不详，现存为明清时期遗迹。方锥形台体，边长 3.6 米，占地面积约 13 平方米。残高 3.9 米。

李家山烽火台（明、清）

位于永和县阁底乡罗岔村李家山村西。筑造年代不详，现存为明清遗迹。位于山岭高地之上，黄土夯筑圆锥形台体，底径约 8 米，残高 2.6 米，夯层厚 0.15～0.2 米，东侧中部设坡道可登上烽火台顶部。

小王营烽火台（明至清）

位于孝义市梧桐镇小王营村北。创建年代不详，为明清时期军事设施遗迹，占地面积 21 平方米。烽火台修筑于坡地顶部边缘，夯筑锥形台体，平面呈长方形，底边东西长约 7 米，南北宽约 3 米，残高约 3 米，夯层厚 0.15 米。

西铺头烽火台（明至清）

位于孝义市下栅乡西铺头村东耕地上。创建年代不详，现存为明清军事设施遗址。烽火台平面呈长方形，夯筑锥形台体，底边东西长约 6 米，南北宽约 4 米，占地面积约 24 平方米，残高 7.5 米，夯层厚 0.15 米。

西程庄二号烽火台（明至清）

位于孝义市下堡镇西程庄村西山巅，为明清军事设施遗址。方形台座，锥形台体，边长约8米，占地面积约64平方米，黄土夯筑而成，夯土层厚0.15米，高7.5米。

那庄烽火台（明至清）

位于孝义市梧桐镇那庄村北。创建年代不详，现存台体为明清军事设施遗址，占地面积约56平方米。遗址为夯筑锥形台体，平面呈长方形，东西长约8米，南北宽约7米，残高6.5米，夯土层厚0.15米。

道相烽火台（明至清）

位于孝义市梧桐镇道相村西。创建年代不详，为明清军事设施遗构，占地面积9.42平方米。烽火台修筑于村口台地之上，夯筑，锥形台体，平面呈圆形，底径约6米，高约5米，夯筑层厚0.15米。

东沟烽火台（清）

位于洪洞县赵城镇东沟村西，为清代太原府至平阳府主干驿道上的通信设施。夯筑方锥体空心土台，平面近似方形，底边东西长8.5米，南北宽7.6米，高约9米，夯层厚0.1～0.5米。东、南两边设拱门，内壁设穿木孔10个。

秋卜坪烽火台（清）

位于大宁县曲峨镇白村秋卜坪自然村北部，占地面积48平方米。烽火台依地势而建，东、西、南三侧为沟壑。东西长8米，南北宽6米，为长方形，现残高约3米，由砂石砌筑而成。

山西境内的长城修筑历史悠久，涉及地域广泛，现存遗迹也颇多。它并非简单孤立的一线城墙，而是由点到线、由线到面，把长城沿线的隘口、军堡、关城和军事重镇连接成一张严密的网，形成一个完整的防御体系。长城的修建有效地保障了古代中原地区社会生产的发展，也在一定程度上促进了各民族的经济、文化交流。长城是凝聚着中华民族历代劳动人民勤劳与智慧的结晶，是祖先遗留给我们的一笔丰厚的文化遗产。面对山西境内众多的长城关隘遗存，我们还需继续加大保护力度，更有效地发挥其价值。

第十二章 道路桥梁

自从有了人类,便有了原始的自然道路。当人们离开山林洞穴走向河谷平原时,就用自己的双手开拓出无数条崎岖曲折而又四通八达的道路。最初的道路只是人类因生活的需要,在他们经常出入的地方反复践踏而逐渐形成的。而"逢山开路,遇水架桥"成为从古代一直延续到现代的一项除房屋建造外的重要建筑活动。作为人类生活必需的"衣、食、住、行"四大要素之一的道路交通,随着人类在自然灾害、部族斗争等原因引起的民族迁徙,人们从踏步成径形成自然道路和利用牲畜作为原始交通工具,发展到人工开拓、延伸道路,架设桥梁,建造舟车等运输工具,逐步将道路建成沟通政治、经济、文化和服务于战争需要的交通,显示了道路交通对人类活动的重要作用。

第一节 道路

山西是中华民族在黄河中游重要的发祥地之一。远在旧石器时代,山西南部和西南部沿黄河、汾河一带,就由于土地肥沃,气候温和,草木丛生,而成为先人们居住和从事渔猎、采集活动的地方。1961年至1962年在芮城县匼河村附近的西侯度发现的旧石器时代早期遗址,经初步测定,距今至少180万年,说明在山西的南部,已经有了古人类的活动。晋南襄汾县发掘的丁村人文化遗址,表明早在10万年前,丁村人已在汾河下游生息繁衍,形成了原始氏族。这一带便成为山西道路交通兴起最早、发展较快、密度较大的地区。并且由于集居于晋南的先进的华夏族向落后的少数民族杂居的晋中以北发展,中、北部文化落后的少数民族也逐步向物产丰富、水草茂盛的晋南转移,从而形成了贯穿山西南北大道的开通。

一、古代道路和形成与发展

原始社会,在人们生产、生活中经常出入往返的地方,久经践踏,形成了自然道路。而人们不再来往经过,草木便又重生,自然形成的道路也就自然消失了。《孟子·尽心篇》:"山径之蹊间，介然用之而成路。如间不用，则茅塞之矣。"揭示了原始道路在人类活动中自生自灭的规律，从技术的角度看，这些走出来的路多是小路小径，尚不能体现出古人的技术能力。

山西是石器时代的一个文化中心，传说中远古时期的中华民族始祖黄帝，就是世居黄河流域的一个原始部族首领，在这一带孕育起光辉灿烂的华夏文化。《史记·五帝本纪》里说："天下有不顺者，黄帝从而征之，平者去之，披山通道，未尝宁居。"传说中黄帝的几次征战活动和部族扩张，都曾经过山西。

自古相传，尧都平阳、舜都蒲坂、禹都龙门。帝尧、帝舜时期，曾遣使通四域，并置有司空、共工负责经济建设及水利工程，使山西南部地区的平阳（今临汾西南金殿一带）、蒲坂（今永济西南蒲州镇一带）成为当时的政治、经济、文化中心，因而形成了以晋南为中心通向四域的道路。《易经·系辞》中有"舟楫之利，以济不通"，"服牛乘马，引重致远，以利天下"的记载，这些记载虽非信史，却揭示了在古代山西地区的交通开发是较早的。虞舜时代，人们已经知道利用季节风的特点，靠阳光晒盐，获取天然结晶。除了自用外，还运到外地换取自己需要的产品，有了对外的交通往来。诗经《南风歌》"南风之熏兮，可以解吾民之愠兮。南风之时兮，可以阜吾民之财兮"，传说就是虞舜为运城盐池而作的。尧舜时代，用兽力代替人力，使车由牛曳马拉，传递的速度和能力都有很大的改善。夏代是我国历史上第一个奴隶制王朝。夏王朝建都安邑（今运城市境内），汾涑流域成为华夏族活动的重要地区之一，有大夏之称。夏将天下分为九州，各州需向王都纳贡，出现了从安邑一带通向全国各地的贡道。夏王朝通过这些贡道与各州保持政治、经济、文化等方面的联系。夏人的交通运作由车正统一主持。据《史记·夏本纪》载："当帝尧之时，洪水滔天"，鲧无法治理，其子禹续之。禹治水三十年，史书上记载他"三过家门而不入"，"陆行乘车，水行乘舟，泥行乘橇，山行乘檋"，终于功成。在治水期间，"随山刊木"，披荆斩棘，导水亦修路。这种"行山表木，定高山大川"的做法，是为现今施工方法的先河。夏禹在治水的同时，开辟出九条陆道和九条水道。这在《史记·夏本纪》和《尚书·禹贡》都有详细记载。而在夏县东下冯遗址的发掘中也发掘出一条路面宽1.2至2米，厚5厘米，以陶片、碎石铺筑的道路，似为夏代所筑道路。

二、主要道路的形成和发展

商周时期，中国由青铜器时代发展为铁器时代，完成了由奴隶制社会向封建制社会的转变，在生产力得到很大发展，生产关系获得根本变革的同时，道路交通也有所发展。从《尚书·洪范》中"王道荡荡"、"王道平平"、"王道正直"等记载中，可见商代的道路已相当发达。

西周时期，山西境内的诸侯国有晋（翼城一带）、虞（平陆一带）、原（沁水一带）、霍（霍县一带）、韩（河津一带）、郇（临猗一带）、魏（芮城一带）、荀（新绛一带）、贾（临汾西贾一带）、杨（洪洞一带）、冀（河津东北冀亭一带）、耿（河津东南王村一带）、董（临猗附近）、沈（交城、文水一带）、兹（榆次一带）、黄（太谷一带）、蓐（平遥一带）

等17个诸侯国。随着武王的分封诸侯国，这些地区的道路交通也有所发展。这些封国依山傍河而建，有明显的带状分布，说明在当时已形成了一条循河谷上下交通的南北通道。春秋时期，山西的对外交通也已开通。晋国南下中原取道太行直下南阳。晋冀两地联系的道路主要在太行山北段，即由晋中通过寿阳、盂县、平定逾太行进入河北平原。秦晋之间的通道有三条，一为肴函道，由肴函道东行至平陆渡河，进入渭河流域。由河曲（今永济西南）渡河，沿涑水河进入晋国腹地。春秋中晚期，位于今山西的晋国，是黄河流域第一流的强国，曾多次率领华夏诸中小国家与长江流域的霸主楚国相抗衡。为了适应政治和军事的需要，各个国家都不遗余力地在各自境内开辟道路，修建桥梁。战国七雄（秦、齐、魏、赵、韩、楚、燕），晋地有三（魏、赵、韩），立国之初，韩建都平阳（今山西临汾），赵建都晋阳（今太原一带），魏建都安邑（今山西运城市境内）。战国初期，由于魏国占据的山西晋南地区是晋国的立国基地，生产发达，有较好的经济基础，李悝变法更促进了封建经济的发展，进一步建立了中央集权的政治制度和强大的武装力量，独霸中原，长达110多年（其中90余年建都于安邑）。

战国中后期，三晋之中以赵最强，"尝抑强齐四十年，而秦不能得所欲"。当时赵国虽已迁都邯郸，但秦赵之间几次大战，多发生在山西境内。所以春秋战国时期，山西的历史地位又变得十分重要。道路交通得到了初步的发展。这主要表现在各诸侯国之间的交通往来比较密切，道路网络也略具规模。

战国时期，由于铁器的广泛使用和封建社会生产关系的确立，农业和手工业得到了蓬勃的发展。商品经济也趋活跃，原始时期以物易物的交换形式已转变为货币贸易形式。随着商品经济的发展，山西的陆路交通也有了新的发展，道路网已初具规模。

山西使用铁器较早，公元前513年就有了铁鼎铸字的记载。《山海经·五藏山经》记载的产铁之山，在山西境内有白马山和湊山。战国时期，韩国的冶铁工业十分发达，作坊众多，是著名的剑戟的产地。农产品和手工产品的大量生产，再加上河东的池盐以及松、柏等土特产品的运销各地，山西的商品经济得到了发展，出现了许多大小不等的城镇和集市。如魏都安邑（今夏县西）、蔺（今离石区西）、离石（今离石区）、屯留（今屯留县北）、长子（今长子县西北）等，当时都是较大的城市。一般的县城也都有市场的设立。《周礼》记载，当时的交通要道上，每隔50里设"市"，足见商业活动与道路交通的密切关。

赵国并代后开辟的道路有：1.由晋阳（太原）经勾注塞（今太和岭）至代国（都城在今河北省的蔚县东北）；2.由代至雁门的道路，这是赵将李牧驻守雁门的军用道路，由今代县经平阴（今阳高县东南）、高柳（今阳高县）一直通向长城外；3.连接代和九原（今内蒙古包头市西）的道路，这条东西大道由今河北蔚县经今山西阳原南、大同、左云、右玉至内蒙古和林格尔、托克托（云中治所）、包头，止于五原（九原治所）。

战国时期，随着兵员的增加，战争规模不断扩大，战争持续时间相对延长，道路的作用越来越显得重要。控制道路交通，以利进攻或防御，运输兵员、物资、装备，保障自身供应并切断敌方补给，成为克敌制胜的重要手段之一。公元前260年，秦国和赵国的长平之战，秦将白起截断了赵军的粮道和退路，使40万赵军陷入重围，46天不得食，被白起坑杀。

秦始皇统一中国之后，山西的道路布局和交通工具都先后得到不断的改善和发展。公元前221年，秦始皇统一中国，实行中央集权制，分天下为36郡，山西境内有：1.太原郡，郡治在晋阳（今太原西南）；2.上党郡，郡治在长子（今长子县西）；3.雁门郡，郡治在善无（今右玉县南）；4.河东郡，郡治在安邑（今夏县西北）；5.代郡，郡治在代县（今河北蔚县东北）。为了防御匈奴的需要，修筑了两条由内地通向北疆的交通干线，其中河东干线就通过山西省境，从陕西经今永济市西渡河，经临汾、太原北通今内蒙古大黑河带。干线的南段基本上利用春秋战国时期的固有道路整修而成，北段主要是秦代开辟而成。秦时的河东、上党两郡接近全国的政治经济中心，交通得以进一步发展。

秦始皇统一中国前的战国时期，山西境内和边界地带有很多长城。如中山国（河北正定）、魏国、赵国等，都沿着各自的国境线，修筑了一些长城。这些长城是为了巩固当时各国的边防而建的，但却给各地之间的交通往来，造成了人为的障碍。秦始皇统一中国后，"堕坏城郭，决通川防，夷去险阻"，拆除了这些长城，只留了原赵国北部长城的一部分，以为防御匈奴之用。经过这次大拆除，打开了山西通向各地的大门，促进了陆路交通的发展。秦始皇定都咸阳后，几次巡游都经过山西。当时秦建的驰道横穿山西南部，与北行的河东干线交错，即沿漳水谷地到浊漳河流域和黎城、长治盆地，向西由汾水谷地至今万荣、河津西渡黄河，进入陕西。秦始皇的第三次出巡，经过的就是这条路。公元前218年，秦始皇东游，"登之罘，至琅邪，道上党入"，这条线路是从琅邪（今山东青岛西南）经鲁县（今山东曲阜）至东郡治所濮阳，在濮阳西渡白马津，向西北沿漳水河谷到达上党。再经由河东郡治所安邑至黄河东岸蒲坂（今永济市西），渡黄河经临晋（今陕西大荔县东）而至咸阳。

西汉政权建立后，山西境内仍保持了秦代所设的太原、上党、河东、雁门四郡，归属并州刺史管辖；原代郡西部的山西辖地，归属幽州刺史管辖。为防匈奴南下入侵，山西北部的交通这时得以改善和开发。自太原经石岭关、忻口北逾雁门关，大体上沿桑干河谷地可抵大同。由太原至广武向东通达飞狐口，即沿滹沱河穿行于恒山、五台山之间的谷地。汉武帝元光四年（前130年）年，曾"发卒万人治雁门险阻"，武帝时北伐匈奴多取道太原、雁门而出，远达云中、定襄（今内蒙古和林格尔附近）诸郡，其兵员动辄十数万。公元37年，光武帝又"诏王霸将弛刑徒（解除刑罚的人）6000余人，与杜茂治飞狐道（今河北山西交界处蔚县至涞源县的山道），堆石布土，筑起亭障，自代郡至平城（今大同东北）三百余里"。为太原为中心，除太原—雁门一线外，太原—广武—灵丘一线亦属"师旅亟往"。河东郡设有盐官，池盐分销四方，亦属交通枢纽。平阳"西贾秦翟，北贾种代"，有平阳市之设，亦为商业繁华之地。

西汉时与周边地区的联系也更为密切。秦晋之间的交往仍以南部的黄河水道为多。河东的汾阴（今万荣县）及南面的蒲坂是河东通往关中的重要渡口。晋豫间的往来仍以温轵道为主，由温轵道经野王北可达上党，西可到河东。晋冀两地逾太行山，北端为飞狐口，经灵丘可深入到广武、句注。井陉道和漳河谷道也是晋冀间来往的主要通道。

东汉时，由太原循汾河谷地而下，仍为当时的交通干线。匈奴多次南下河东、河内威逼洛阳，就是通过这个通道。当时沿汾河谷地分布着二十多座县邑，聚集了大部分人口，师旅往来，盐铁转运，多是走的这条路。太原至上党，亦有大道相通，即经过太原—榆次—太谷—榆社—武乡—襄垣—上党。太原北行可经广武（今代县）到平城。山西与周边的联系，以东部地区为多，东汉定都洛阳，使上党、河东战略地位日益重要，往来亦较为密切。

东汉时期，雁门郡善无（今山西右玉县南）和代郡代县是防匈奴入侵的军事重镇和交通要隘。上党郡东可通商业城市邯郸，南可通洛阳，是商业往来要道。山西主要的陆路通道有雁门善无（今山西右玉县南），北至塞外，东到代郡，南达太原；代郡代县，西至雁门，东到上谷郡（今北京昌平西）及蓟县（今北京）。太原郡东出井陉可至真定（今石家庄东北），南可至河东而达关中，北连雁门。河东郡安邑东出箕关（今垣曲与济源交界处王屋山南），可至河内郡治怀县（今河南沁阳），南渡黄河可至弘农（今河南灵宝），西至蒲坂（今山西永济市西），可达关中（陕西长安）；上党郡长子东出壶关可至邯郸，南出天井关可至河内郡治怀县（今河南沁阳），北至铜鞮（今山西沁县南）可达晋阳，形成了以太原、安邑和长治为中心的道路交通网，对当时的政治、经济和军事起了重大作用。

魏、晋南北朝时期是中国封建社会政治上最纷乱复杂的大动荡时期。在北方，既有民族之间的融合，又有民族之间的混战。在纷繁复杂的政治演变中，山西的陆路交通并无很大发展，但它在战争和民族大迁徙中发挥了重要的作用。三国时期，曹魏政权以平阳、河东、河南、河内、弘农诸郡建置司州，而实际上以邺为根据地，经营北方。当时上党与邺交通便利，能大规模运输粮食。曹魏迁邺（今河北磁县南）后，襄垣成为当时晋阳通往邺城的中转站，此后三百多年这条道路成为山西高原通往河北平原的重要通道。公元206年，曹操征伐把守山西的并州牧高干，从羊肠坂（在今山西壶关县东南106公里处）越太行山攻打壶关。曹操在此写下了著名的《苦寒行》："北上太行山，艰哉何巍巍！羊肠坂诘屈，车轮为之摧。"反映了沿途人烟稀少和道路的艰险状况。

西晋时期，塞外的少数民族多次向山西迁徙。晋泰始元年（265年），"塞外匈奴大水，塞泥、黑难等二万余落归化，帝复纳之，使居河西故宜阳城下，后复与晋人杂居。由是平阳、西河、太原、新兴、上党、乐平诸郡，靡不有焉。"[1] 这次匈奴族大迁徙，促进了山西道路交通的开拓。

由于匈奴族不断向山西迁徙和原山西境内匈奴贵族势力的发展，再加上西晋初期的"八王之乱"和天灾频繁，兵连祸结，并州的贫苦农民不得不流徙到冀、豫等州就食。"并州流移四散，十不存二，携老扶弱，不绝于路。""河东（今山西运城北）、平阳（今临汾西）、弘农（今河南灵宝北）、上党（今黎城县南）、诸流人之在颍川（今河南许昌）、襄城（今河南襄城县）、南阳（今河南南阳市）、河南（今洛阳市）就食者数万家。"由于民族大迁徙和兵灾人祸以及大批农民外流也促使西晋初期山西陆路交通得到开拓。

东晋十六国时期，山西是一些少数民族建立政权的地区。前赵、后赵、前秦、西燕等国相继出现，连年征战，直到北魏拓跋跬统一北方，山西才有一个相对安定的局面。这个时期的特点是战争和割据。战争中需要疏通道路，运送粮秣，行军作战；而割据统治又人为地使交通堵塞，甚至遭到破坏。这个时期的交通，主要在中南部的河谷盆地，平阳为其中心。

图 12-1 徐显秀墓壁画中的牛车（北齐）　　资料来源：中国文物地图集·山西分册. 中国地图出版社, 2006.

北魏建都平城后，雁北地区的交通得到了大开发。高柳、平城、桑干一线是贯穿大同盆地的交通干线。北魏登国十年（395年）前后，在山西发生了后燕同北魏的战争。后燕是鲜卑族慕容垂所建，定都在中山（今河北定县）。公元394年，后燕军攻入山西长子，次年进攻北魏，被北魏打败。公元396年，慕容垂亲率大军，凿恒山通道，直达北麓，并派将出天门（今北京市房山区西北的长城口）直攻魏都平城。后燕胜利回师后，魏太祖"发卒万人治直道，自望都铁关凿恒岭至代五百余里"。北魏拓跋珪统军40万，"南出马邑（今山西朔县），踰于勾注（勾注山，宁武县东）……九月，并州平"。十一月，拓跋珪又自并州东伐，开韩信故道，"由井陉关趣中山"，彻底战败后燕，尽取黄河以北的土地。这次战争，打通了从中山郡治定州（今河北定县）踰恒山到平城的道路，并疏通与恢复了太原东经井陉到河北的道路。恒山直道的开通，大大有利于雁北南下中原。北魏正始二年（505年），都水校尉元清，引中条山前之水西入黄河以运盐，号永丰渠（今运城市盐湖区姚暹渠），一直沿用到明清时期，是河东通往关中的一条重要交通线。

魏晋以来，塞北少数民族游牧部落南下中原，必经雁门（今代县）、马邑（今朔州），中原北征亦须通过雁门这个要冲。太原是当时的重镇，军事、经济的要枢，从太原北出必经楼烦关（今宁武）、雁门两个重要关隘。

隋朝建立后，大业三年（607年）炀帝发河北丁男凿通太行山至并州的驰道，六月"发榆林北境，至于其牙，又东达于蓟，长三千里，广百步，举国就役，而开御道"，自此河北河东诸郡得以交通。唐代时的河东道的范围基本上相当于现今的山西省。唐代太原称北都，蒲州为中都，都是唐政治地位显要的重镇。隋唐时期，蒲津水运亦已繁荣，龙门、汾阴、壶口、蒲津是当时黄河上的四大要津。《隋书·食货志》记载，当时诸州调运物资，"每岁河南自潼关，河北自蒲坂，达于京师，相属于路，昼夜不绝者数月"。唐代山西通往四域的交通网业已形成。河东道的驿道在全国交通网中占有重要地位。西通陕西有蒲津、风陵、龙门诸关，东通河北有直谷、孔岭、故关、壶口诸关，南通河南则通过天井、长平等二十余个关隘。唐代的驿馆遍及全省，交通十分便利。五代时期的唐、晋、汉皆由晋阳起家，凭借南下便利的交通，称雄一时。

北宋政权的建立，结束了五代以来的长期割据状态。但在山西终宋一朝，北部的雁门关以北，先为辽控制，后被金统辖，始终没有归宋统辖。当时山西成为辽金两朝与北南两宋长期争战和对峙的前沿阵地。北宋初的宋辽战争使山西北部的道路得以开拓和修整。辽领有山西北部的云州、应州、朔州、蔚州四州，宋以代州为前哨，在宋辽边界上设立了许多堡寨，使得穿越夏屋山脉的道路得到了大规模的开发。北宋不仅要抵御北面的强敌辽，还要对付西面的西夏，在山西与陕西黄河的西岸许多重要的府县设有重兵，但驻军的粮草主要由河东的州县供应。在河东和河西之间形成了许多粮道，主要有隰州—永和关、石楼—清涧城、石楼—定胡—绥德、太原—岚州—合河—麟州、太原—宪州—岢岚州—保德—府州。粮道的开通，使山西西南部与陕西关中地区往来日益密切。

代辽之后的金朝，在宋宣和年间南下攻宋，经朔州、武州、代州、忻州直逼太原，然后经祁县南下，经沁州、上党、高平、泽州、天井关直逼河内。北宋靖康初，金兵从太原出发，沿这条道攻占威胜军、隆德府、泽州直趋中原，灭了北宋。

元明清时期山西的道路交通得以完善，主要的交通路线已基本上形成了一个完整的网络，四通八达。由于山西的特殊历史条件，古代道路交通的发展，曾经走在全国的前列。从唐代形成的以太原为中心的道路网，至今仍是山西公路布局的框架。

三、驿传

驿传是通过驿道传递公文和军情等重要信息的一种制度。在古代，没有独立的通信设施和体系，除长城沿途的烽火外，信息的交换必须通过道路（或水路）。所以在古代，通信和交通是合为一体的。

由于山西在历史上重要的政治军事地位，自古以来就与首都有着密切的联系，而这种联系则是通过道路交通和邮驿而进行的。邮驿的设立，使得上情下达，下情上达，物资得以运输，军队得以调动，官员得以巡游。自汉代时即有"驿"字出现，"亭"则发展为馆舍，后演变为递铺。隋唐以来，"驿"已成为古代交通的通称，一直沿用到清代。

驿传制度的形成，与古代道路的发展、旅舍的设立、车船的运用、沿途城镇村落的形成都有一定的关系。

早在周代，驿传制度就已经相当完备。据《周礼·秋官·行夫》注："传遽，若今时乘传，骑驿而使者也。"《周礼·正义疏》也说："凡急事速行，乘车曰传曰架，乘马曰遽曰驿。"

具体办法是：在道路沿线，每隔30里（一说50里）设置一处驿站、传舍，负责安排持有特定符节（通行证件）人员的食宿和官方文件的传送事宜。每个驿站都备有良马固车和骑士御手，饱食力足，随时整装待发。若上一站有紧急军事情报或重要政令传来，立即接收并用乘车或骑马的最快速度传送给下一个驿站。

驿传在山西最早的文字记载见于《国语·晋语》。公元前636年，晋文公即位不久，得知吕省、郤芮图谋叛乱，就悄悄地从绛乘车（驿）到秦国边境的王城（今陕西大荔县东）与秦穆公商量平息叛乱的对策。这距今已有2500多年。此后，见于文字记载的，还有《左传·成公五年》（前586年），伯宗自齐国乘传（传车）至绛；《左传·襄公二十一年》（前552年），祁奚自祁（县）乘驿（驿车）至于绛；《左传·襄公二十七年》（前546年），楚人曾计议使驿自汉（湖北）奔晋；《左传·定公十三年》（前497年），郑意兹关于"锐师伐河内，传必数日而后及绛"，等等。所以，春秋时期，山西设有传递的道路，至少东至齐鲁，南至楚汉，西至秦渭，北至祁县，已经四通八达了。战国以后，随着三晋疆域的扩大，道路的增密，战事的频繁，郡县的建立，经济的发展，驿传设置更加普遍，其制度也更趋完善了。

秦汉以来，邮驿交通的管理制度进一步得到完善。除有专门的邮车，开辟了以长安为中心通向全国各地的邮驿通信网外，还打开了通往中亚细亚及欧洲的国际通道，以促进东西方经济和文化的交流。同时，为了军事防御的需要，汉武帝还曾征发数万民夫，在山西雁门一带修筑险道，东汉建武三年（27年）命王霸、杜茂自代（今代县）经五台山飞狐关，至平城，修建飞狐道，长300余里，沿长城外"筑城列亭"，设置驿站，把军事防御和邮驿交通结合为一体，并规定凡交通要道，每30里设一驿站，分段负责传送军事情报和官方文书。

唐代山西的驿传制度和路线，唐《元和郡县志》记载了各州府至都城的贡道，贡道即驿路。河东到都城长安的驿道有天成军—清塞城—云州—朔州—代州—忻州—太原府—汾州—晋州—绛州—河中府—同州—长安，这是一条唐帝国重要的驿道之一。从晋阳到东都洛阳的驿道有太原—太谷—石会关—潞州—长平关—泽州—太行陉—洛阳。其他重要的驿道还有：1.岚州—石州—隰州—慈州—绛州；2.岚州—雁门关—太原；3.太原—榆次—寿阳—井陉关—恒州；4.代州—五台山—恒州；5.蔚州（灵丘）—倒马关—定州；6.蔚州（灵丘）—孔岭关—妫州（河北省怀来）；7.潞州—穴陉岭—相州；8.绛州—垣县（垣曲）—王屋—洛阳；9.蒲州—陕州—洛阳。唐朝全国分为十五道，各州有兵曹、司马参军，分掌邮驿（《唐六典·都督·刺史》），各县由县令兼理驿政事务（《唐六典·京畿及天下诸县》），更下由每驿的驿长管理。五代宋时的驿制多承袭唐制。

元朝在全国建立了完善的驿传制度，幅员辽阔，驿道分布亦广，为前代所不及。河东山西道有各路驿站54处，大同路19处，平阳路14处，太原路14处。明清时期是中国封建社会后期相对稳定和统一的时期。明代十分重视全国道路和建设，明太祖在立国之时就说"驿传所以传命而达四方之政，故虽殊方绝域不可无也"（明《洪武实录》卷166），明代陆路承袭元代而有所发展,水路则以贯通京杭大运河为动脉。清朝沿袭明朝以北京为中心建立的水陆交通网。明清两朝的驿站制度也更为完善,在道路、桥梁建设发展的同时,山西古代的道路运输也发展起来。明清以后,随着商品经济的发展,山西商人利用相对便利的交通,循驿道经商,组织起马帮、骆驼帮从事商品长途贩运,足迹遍布长江南北、长城内外,甚至远达俄罗斯,成就了晋商的一代辉煌。

四、交通工具

商周时代,晋北一带以畜牧为主,饲养的牛马是很多的。以农业为主的晋南平川,也拥有大批牛羊。战国富商猗顿,原是鲁的穷人,到晋国后,在今临猗之南大养牛羊,十年大富,驰名天下。当时山西自南而北,都有大批牛群。为了使牛服从人的驱使,参加耕作和运输,古代劳动人民很早就创造了系牛的办法。最初,用"桔"系牛,即用绳把一根横木系在牛身上。车从发明、改进到普遍使用,经历了一个漫长的历程。有关车的发明者的传说很多,除了黄帝(又称轩辕氏)外,还有五帝之一的少昊作牛车,舜时主管"百工"的巧倕作车,夏代"车正"奚仲作车等。大禹治水时,更有"陆行乘车、水行乘舟、泥行乘橇,山行乘檋"的传说(即所谓"四载"),说明当时已能根据不同的道路条件,制作车、橇、檋等形制不同的陆路运输工具。到了夏代,车的制造技术,已经具有一定的水平。考古发现"夏代陶器上,已画有车轮花纹",也是夏代造车已比较普遍的一个佐证。与夏代同时的商代先公先王,也有"相土作乘马"、"胲作服牛"的说法。

车的发明,标志着人类由利用自然交通工具(牲畜)进入人工制造陆上交通工具的时代,这是人类交通发展史上的重要里程碑,经历了由人推(拉)到畜驾的漫长过程,它的用途由为生产(农业、狩猎)、交通服务,扩大到为战争服务等各个方面。根据甲骨文、金文以及出土实物和古籍记载,商代时不仅有了"车马"、"步辇"和"舟船"等交通工具,而且能够进行有组织的通信活动。

1965年在山西长治市出土了17辆战国时期的车辆,并伴有270件青铜车马器,说明当时山西制车技术已经达到较高水平,大量讲究的车饰(铜铃、车篷驾管、布饰管、伞弓帽、盖弓帽等)可以看到统治阶级奢华的生活图景。

图12-2 离石马茂庄汉墓壁画车马图　　资料来源:中国文物地图集·山西分册.中国地图出版社,2006.

五、驿道

春秋战国时期，各国陆路交通纵横连通，在沿途设立了"馹置"即驿站。孟子说"速于置邮而传命"，指的就是设置邮驿的事。秦统一后，实行"车同轨"的法令，将过去繁杂的交通路线，加之整治连接，建成遍及全国的驰道，车辆可以畅行各地。同时设置驿道，颁布有关邮驿的法令，建立起传通官府文书和军事情报的邮驿系统。由于在驿道马是最常用的交通工具，故"驿"字从马。驿站附有旅舍，或作为通传人员休息站和办公处，或作为官员住宿的宾馆，设有供更换的马匹和马车。

图 12-3 太原赵卿墓车马坑（春秋）
资料来源：中国文物地图集·山西分册. 中国地图出版社，2006.

山西古代驿道交通源于战国时期，现存较为完好的驿道遗迹有数十处。

将军岭驿道

位于晋城市高平市永录乡永录村西北将军岭上。东西走向，残长约90米，宽约1.5米，可能为战国时期修建，驿道东连永录，西接长平村，路面或砂石铺垫，或利用天然岩体开凿而成，路面残留有明显的车辙痕迹，间距宽约0.7米，深约0.2米。

四十里铺驿道

位于大同市大同县周士庄镇四十里铺村，是明代到民国时期大同通往北京的主要道路，

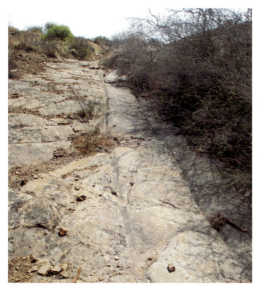

图 12-4 将军岭驿道
资料来源：山西省第三次全国文物普查资料

图 12-5 四十里铺驿道遗址
资料来源：山西省第三次全国文物普查资料

路现宽6米，四十里铺段现存长度500米，路中有石券小桥一座，桥宽7米，路南存店铺一处，名"富德店"，路两侧建有多处民居。古驿道沿途存慈禧驻跸处两处，堡子多座。

庙前山驿道

位于太原市晋源区晋源街道办事处要子庄西北庙前山。现存为宋代遗址。据文献记载，古时是晋阳通往清徐、古交的驿道。驿道现存长约1500米，宽约2米，东西走向，有人工开凿和砌筑台阶痕迹。驿道北面山崖上有宋代摩崖石刻，其中有北宋政和三年（1114年）、政和四年（1115年）题记，内容为"政和四年六月初八日祈雨足十八日贺雨□年张京高远□□杜开杜广□耳□"、"政和三年六月二十七日伍人张京高元邢诚杜广□□禁三记耳二十七日求雨二十八日雨□□足七月初一日来□雨伍人"，记载了当地村民祈雨、贺雨等内容。

交川驿道

位于长治市屯留县余吾镇交川村西。明代遗存，东西长约200米，南北宽约5米。据《屯留县志》载：原为上党馆驿，自古有"韩国要地、三晋通衢"之称。屯留北部驿道由余吾通襄垣直达并州。现仅存村西小长坡一段，驿道东西长约200米，南北宽约5米，青石路面，人工开凿痕迹明显。

北尹寨驿道遗址

位于晋城市泽州县北义城镇北尹寨村西。始于西山，蜿蜒曲折，延续到丹河岸畔，由庙坡、上井坡、下井坡、岸坡四条坡道组成，总长约1.5公里。古道宽约2.4米，路面中间纵放砂石条，长0.9米、宽0.31米，左右两侧横放青石条，长1米、宽0.4米，总计由数万块

图12-6 北尹寨驿道遗址
资料来源：山西省第三次全国文物普查资料

图12-7 交川驿道
资料来源：山西省第三次全国文物普查资料

图 12-8 上店驿站　　资料来源：山西省第三次全国文物普查资料

石条铺成。据晋商史料记载为清嘉庆年间该村叶姓女子出资开凿，供路人及商队通行，现古道残留约 0.1 米宽的车辙压过的痕迹。

上店驿站遗址

位于晋中市平遥县朱坑乡上店村南。据县志记载，上店古为交通要塞，村人开宿店于古道旁。现今建筑为清代建筑，占地面积 351 平方米。旧址坐北朝南，一进院落布局，轴线上建有院门（不存）、正房，两侧为东、西厢房（不存）。正房为石筑窑洞 5 孔不出廊，明间两侧金刚墙上各雕有门神、土地龛 1 座。

六、古道

西口古道

位于朔州市右玉县右卫镇杀虎堡西门外。据《三云筹俎考》记载，杀虎堡筑于明嘉靖二十三年（1574 年），西口古道随之铺筑，自此至民国时期，古道一直是走西口和晋商到内蒙古、乌兰巴托以及俄罗斯等地经商的必经之路。古道呈西北至东南向，西北自通顺桥南端，东南至杀虎口堡南梁上。古道现存全长约 1500 米，宽 6～7 米，路面全部为块石铺砌，部分石块上有深约 0.1 米的车辙。

图 12-9 西口古道　　资料来源：作者自摄

图 12-10 西口古道　　资料来源：作者自摄

图 12-11 白陉古道遗址 1
资料来源：山西省第三次全国文物普查资料

图 12-12 白陉古道遗址 2
资料来源：山西省第三次全国文物普查资料

图 12-13 向阳古道遗址
资料来源：山西省第三次全国文物普查资料

图 12-14 赵珠崖古道遗址
资料来源：山西省第三次全国文物普查资料

白陉古道遗址

北起山西省陵川县城，南至黄河北岸河南省辉县市薄壁镇鸭口村，全长 50 多公里，沿途经两省四乡镇十六个行政村及自然村，是山西南部即太行山南端通往中原地区、穿越太行山脉的"八陉"（八条通道）之第三陉。相传距今 2000 多年，即是在人类发明现代化的交通工具之前，晋豫两地民间往来交流的重要通道。

秦晋古道遗址

现存于晋中市灵石县翠峰镇高壁村。据《灵石县志》记载，秦晋古道通过灵石县高壁村至郝家铺村，南北走向，现存约 25 公里，残存 5 公里古道（从高壁村到玉成村），宽 3～10 米，两侧有夯土墙。

向阳古道遗址

现存于吕梁市汾阳市峪道河镇向阳村西。现存古道东起向阳村西之石峡东口，西至黄芦岭之巅的汾离交界处，全长约 15 公里，呈东西走向，道路崎岖艰险。据《汾阳县志》载：古道在战国、秦王争夺兹氏时，已成兵家必争之地。明弘治十七年（1504 年）《黄栌岭碑记》载："黄栌岭高峻莫及，岩石险阻，其路通宁夏三边，紧接四川之经。凡羁邮使命，商贾往来，舍此路概无他通焉。"此后直到民国前，一直是汾阳、平遥、介休、孝义等地通往陕西、甘肃及西北诸省的主要通道。

赵珠崖古道遗址

位于晋城市阳城县河北镇赵沟村南，俗称赵州坡十八弯。始建年代不详，据碑文记载，曾于清乾隆十六年（1751 年）、乾隆四十二年（1777 年）重修，现存为清代遗存。古道起始于孤石庄，终止于萝卜庄，呈"之"字形蜿蜒于山间，共计十八个拐弯，总长约 5 公里，路面宽 2～2.5 米，全用青石块、青石条铺墁，现路面基本保存完好，仍可通行。遗址北侧存清乾隆十六年（1751 年）、乾隆四十二年（1777 年）修路碑两通。

七、栈道

栈道也称阁道，是在深山峡谷中沿陡峭的山崖边缘人工开凿的通道。这种筑路技术的使用，标志着人类在交通技术上的重大进步。

山西发现的黄河栈道是古代为漕运而设的。在当时是连接东西方的重要通道，历代政府出于政治、经济、军事诸方面的考虑，无论定都长安还是定都洛阳、开封，都需要利用漕运保证东西部地区粮食、物资的运转，尤其在西汉和唐代，漕运对稳定京师、救灾备荒、巩固统治等，都起到了很积极的作用。

1997 年，山西省的考古工作者为配合小浪底水库建设工程，对三门峡以东的黄河北岸的黄河栈道作了详细的勘查。在山西南部的平陆、夏县、垣曲三县沿河 100 余里地段内，发现古代黄河栈道遗迹 40 处，累计长 5000 余米。栈道依山傍河，时断时续。栈道的开凿大多先依山腰向内开凿成"日"形通道，然后在通道岩石上开凿方形壁孔、牛鼻孔、底孔等，再插以木梁，梁上铺板，形成完整的栈道。栈道上残存有大量的壁孔、底孔、桥槽、历代题记与立式转筒等遗迹。

1. 栈道的形制

栈道遗迹顶部略呈弧形，距路面高约 3 米。道外（南）侧临水，少数临河滩，内（外）侧为岩壁。在部分地段岩壁上，还可见到排列整齐、自上而下的斜向凿痕。栈道路面宽窄不一，保存较好的，宽度可达 2.5 米多。大多数路面已经坎坷不平。还有少部分地段的栈道，凿修在河边礁石上，这些礁石上还残留着底孔和桥槽。

2. 壁孔和底孔

在残存栈道上，共发现大、小方形壁孔 1000 余个，牛鼻形壁孔 600 余个。方形壁孔的作用在于固定横列在栈道路面上的木梁，故开凿在贴近路面处的岩壁上，其因尺寸不同而有大小之别。在一些地段，只有一种壁孔，而在一些地段，则两种壁孔都有，反映出开凿时代的不同。无论大方形壁孔还是小方形壁孔，其间距都大致相等。

在距栈道路面约 1 米的岩壁上，凿刻有间距基本相同的牛鼻形壁孔，一般由左右排列的两小孔组成，两小孔内里相通，外部中间以一竖梁相隔，因形似牛鼻，故称牛鼻形壁孔，简称牛鼻孔，主要是供纤夫挽船时手拉助力用的。

在栈道路面上，开凿有大小不同的方形或圆形底孔，其大多数的排列皆有规律可循，如与方形壁孔在一条直线上的底孔，是用来支撑和固定路面横向木梁的；与方形壁孔不在一条直线上，且凿在外侧路边，间距相差不多的底孔，可能是用来固定路面纵向木梁的，也有可能是某种栏杆孔。

图 12-15 老鸦石古栈道牛鼻孔
资料来源：山西省第三次全国文物普查资料

图 12-16 老庄古栈道底孔
资料来源：山西省第三次全国文物普查资料

图 12-17 老庄古栈道牛鼻孔绳槽
资料来源：山西省第三次全国文物普查资料

3. 桥槽

栈道上遇有岩石久已断裂、人无法跨越处，在两端路面上存有一种近似长条形、尺寸也大的槽孔，共发现60余个，有的两槽并列，有的地段一端只见一槽，这便是桥槽。其作用是安放纵向木梁，然后再在梁上铺板，搭成连接两端的栈桥（唐代也称"栈梁"）。桥槽底部中间，往往又套凿一个小底孔，其用途是为安装木楔以固定桥梁。

4. 立式转筒

在山崖凸出的栈道拐弯处，内侧岩壁上都有数道深浅不一的绳磨槽痕，有的深达30多厘米，系由纤夫挽船时绳磨所致。在绳槽最多的位置，往往保存着一种特殊的遗迹，由上、中、下三部分组成。上部是在离路面1.5米左右的岩壁上，有一个或大或小的方形壁孔。下部是在与此壁孔垂直相应的地面岩石上，有一个圆形底盘，底盘中间又凿有一个或两个浅圆窝，呈锅底形，且被磨得非常光滑，表明是有重物长久旋转而造成的。此外，在方形壁孔和圆形盘之间紧贴路面的岩壁上，有一半圆柱形的壁槽，半圆柱形壁槽打破岩壁上的绳槽。将这上、中、下三部分现象综合起来观察，可见在壁孔、底盘和半圆柱壁槽之中，原当有一种立式转筒状的机械装置，以避免纤绳直接磨在岩壁上。这种工程技术遗迹共发现21处。在大多地段，转筒遗迹只有一个，在栈道转弯度较缓的地方，也有两个甚至三个转筒遗迹并存的情况。它的发现，对研究黄河漕运设施与古代科技皆有重要意义。

5. 历代题记

历代题记和石刻画共发现40处，题记多者200余字，少者只有一字，字体有篆、隶、楷三种。依内容可分为四类：第一类内容与修治栈道有直接关系；第二类与修栈道无关，却与黄河漕运相关；第三类与黄河一线的军事布防有关；第四类为随意刻写的题记。以上四类题记中，以第一、二类数量最多，也最有价值，能与史载相互印证，并能补史载之缺。题记中有不少年号，如建武、贞观、总章、太和、绍圣、元熙、崇祯、道光、宣统等，朝代为东汉、唐、宋、明、清，这是历代重视黄河交通和栈道的证明，也是给栈道断代的重要依据。

6. 黄河栈道遗址

五福涧栈道遗址

位于垣曲县解峪乡陡坡村南黄河北岸岩壁上，从东汉使用至明代。遗址自西至东共有3段。第一段栈道长约70余米，栈道路面宽0.3～1.5米，有牛鼻形壁孔3个。第二段全长约30米，栈道路面宽0.1～2米，有牛鼻形壁孔3个，方形壁孔2个，底孔3个。第三段全长约40米，栈道路面宽0.4～1.5米，有牛鼻形壁孔7个，方形壁孔9个，底孔2个，桥槽孔2个。第三段有题记3条。东汉建武十一年（35年）1条，文为"建武十一年□月□日官造

□遣匠师专治□□水□时遣石匠□赤□知石师千人"；唐贞观十六年（642年）1条，文为"大唐贞观十六年二月十日前岐州郿县令侯懿陕州河北县尉古成师三门府折冲都尉北武将军林阳县开国男侯宗等奉敕适此导河之碛从河阳□"；明崇祯七年（1634年）1条，是河防将领的题刻。遗址现处于黄河小浪底水库库区，被水淹没。

寨后栈道遗址

位于平陆县三门镇寨后村黄河北岸崖壁上，东汉至唐代黄河漕运遗迹。全长140米，共分3段：第一段全长约10米，有牛鼻形壁孔1个，方形壁孔3个，底孔5个，桥槽孔2个；

图12-18 五福涧栈道遗址
资料来源：山西省第三次全国文物普查资料

图12-19 黄河栈道遗址唐总章三年题记
资料来源：山西省第三次全国文物普查资料

图12-20 老鸦石古栈道方孔
资料来源：山西省第三次全国文物普查资料

图12-21 寨后古栈道方孔
资料来源：山西省第三次全国文物普查资料

第二段长约 10 米，有底孔 11 个；第 3 段全长 120 米，栈道路面或存或毁，最宽处约 2 米，有牛鼻形壁孔 22 个，大方形壁孔 23 个，中方形壁孔 19 个，小方形壁孔 39 个，底孔 11 个，桥槽孔 9 个，立式转筒遗址 3 处。第三段有唐总章三年（670 年）"大唐总章三年正月十五日，太子供奉人刘君琮奉敕开凿河道，用工不可记，典会史丁道树"题记一条。

老鸦石栈道遗址

位于平陆县曹川镇垣坪村老鸦石自然村东南。北魏至宋代栈道。分布于黄河北岸岩壁上，全长约 420 米，共有 3 段。第一段栈道全长 250 米，栈道路面宽 0.3～2 米，有牛鼻形壁孔 28 个，方形壁孔 94 个，底孔 19 个。第二段全长约 100 米，宽 0.5～1.5 米，有牛鼻形壁孔 3 个，方形壁孔 11 个，各种底孔 15 个，桥槽孔 7 个。第三段为河中石岛，长 70 米，其上无栈道路面遗迹，有牛鼻形壁孔 2 个，各种底孔 11 个。第一栈段栈道处有 17 条石刻题记，绝大多数为石工题名，纪年者有 3 条，为唐元和九年（814 年）、唐大和二年（828 年）和北宋绍圣元年（1094 年）题记。

老庄栈道遗址

位于平陆县曹川镇任岭村老庄自然村南黄河北岸岩壁上。全长 320 米，唐代黄河漕运遗迹。栈道遗址分 2 段。第一段为环形栈道，环绕河岸边突出的部分（当地称为钓鱼石），全长约 180 米，栈道路面最宽处为 2 米左右，最窄无路面，有牛鼻形壁孔 22 个，各种方形壁孔 20 个，各种底孔 43 个，桥槽孔 11 个，立式转筒遗迹 3 处。第二段约长 140 米，栈道路面最宽处为 2 米左右，最窄处无路面，有牛鼻形壁孔 24 个，各种方形壁孔 52 个，各种底孔 40 个，桥槽孔 1 个，立式转筒遗迹 1 处。

关窑栈道遗址

位于平陆县三门镇岳家庄村附近黄河北岸崖壁上，全长 140 米，唐代黄河漕运遗迹。栈道共有 2 段：第一段全长约 90 米，栈道路面最宽处为 2 米左右，最窄处无路面，有牛鼻形壁孔 8 个，各种方形壁孔 22 个，底孔 45 个，桥槽孔 6 个；第二段全长约 50 米，栈道路面最宽处约 2 米左右，最窄处无路面，有牛鼻形壁孔 7 个，各种方形壁孔 12 个，底孔 28 个，桥槽孔 2 个，立式筒遗迹 3 处。

杜家庄栈道遗址

位于平陆县三门镇徐潭沱村杜家庄自然村南。全长 680 米，唐代黄河漕运遗迹。分布于黄河北岸岩壁上，从东往西排列为 4 段：第一段全长约 400 米；第二段全长 50 米；第三段全长 120 米，遗存有大壁孔 7 个，方形小壁孔 27 个，圆形底孔 6 个，牛鼻形壁孔 20 个，立式转筒 3 个；第四段全长 110 米，遗存有大壁孔 14 个，小壁孔 19 个，牛鼻孔 19 个，底孔 57 个，桥槽 2 个。

图 12-22 关窑古栈道远景

大祁栈道遗址

位于平陆县坡底乡七湾村西寨自然村西南黄河北岸岩壁上。全长170米,唐代黄河漕运遗迹。遗迹共2段:第一段全长90米,栈道路面最宽处为2米左右,最窄处无路面,有牛鼻形壁孔27个,各种方形壁孔18个,底孔14个,桥槽孔3个;第二段全长80米,栈道路面最宽处为2米左右,最窄处无路面,有牛壁孔16个,各种方形壁孔15个,底孔11个。

西寨栈道遗址

位于平陆县坡底乡七湾村西寨村南。全长约610米,唐代黄河漕运遗迹。栈道分布于黄河北岸岩壁上,共分3段:第一段全长约110米,栈道路面最宽出为2米左右,最窄处无路面,有牛鼻型壁孔8个,各种方形壁孔24个,底孔9个,桥槽孔1个;第二段全长380米,最宽处为2米左右,最窄处无路面,有牛鼻型壁孔6056个,各种方形壁孔72各,底孔14个,桥槽孔2个;第三段全长约120米,栈道路面最宽处为2米左右,最窄处无路面,有牛鼻型壁孔13个,各种方形壁孔10个,石刻题记1条。

东寨栈道遗址

位于平陆县坡底乡七湾村东寨村南。全长310米,唐代黄河漕运遗迹。栈道遗址分布于黄河北岸岩壁上,共分4段:第一段全长约70米,栈道路面最宽处为2米左右,最窄处无路面，有牛鼻形壁孔11个，各种方形壁孔10个，底孔2个；第二段全长约30米，栈道路面最宽处为2米左右，最窄处无路面，有牛鼻形壁孔7个，各种方形壁孔10个，底孔2个，桥槽孔1个；第三段全长约90米，最宽处为2米左右，最窄处无路面，有牛鼻形壁孔13个，各种方形壁孔20个，底孔9个，桥槽孔6个；第四段全长约120米，栈道路面最宽处为2米左右，最窄处无路面，有牛鼻形壁孔20个，各种方形壁孔24个，底孔11个，桥槽孔2个。

7. 其他栈道

金龙峡栈道遗址

位于浑源县永安镇唐庄子村南。据《浑源县志》记载，开凿于北魏时期，明清时期均有修葺。分布面积约1万平方米。位于金龙峡最窄处，南北交通要道。古人沿峡东崖绝壁间凿崖插木，飞架栈道，建有一座连接东西的高空飞桥，合称云阁虹桥，后成为恒山十八景之一。现存古栈道位于金龙峡东西两侧山崖峭壁上，为南北走向，木构已毁，现仅存栈道插孔。东崖壁现存古栈道约200米，崖壁上现存明清时期摩崖题刻"清气"。西崖壁现存古栈道约80米，崖壁上现存明清时期摩崖题刻"奇观"。

觉山村栈道遗址

位于灵丘县红石塄乡觉山村东南。长约30米，距地面高约7米。崖面上保留有悬臂梁孔遗迹上下两排，两排之间距离约2.5米，上排有12个，下排有9个，形状为方形，宽0.3米，高0.2米，深0.4米。下排梁孔距现在河滩地面4.4米。梁孔北侧巨石上有一阴刻图案符号。

张家崖栈道遗址

位于宁武县涔山乡张家崖村西。南北走向，栈道开凿在悬崖软弱层内，可通行6公里，台面最窄处不足1米。

图 12-23 金龙峡栈道遗址
资料来源：山西省第三次全国文物普查资料

图 12-24 灵丘觉山村栈道遗址
资料来源：山西省第三次全国文物普查资料

图 12-25 宁武县涔山乡张家崖村西　　资料来源：山西省第三次全国文物普查资料

紫峰崖栈道遗址

位于忻州市宁武县涔山乡紫峰崖村北。占地面积约 500 平方米，明清建筑。现存栈道长 500 米，宽约 1 米。栈道建在海拔 2000 多米的崖壁间，利用窟穴作为空间，窟前架设木构窟檐，据载，这里的栈道绵延 42 公里。

南社栈道遗址

位于静乐县娘子神乡南社村北季节河槽东岸。建于明万历二年（1574 年），栈道南北长 15 米，宽 1.7 米，分布面积 25.5 平方米。有石台阶 30 步，台阶宽 0.35 米，厚 0.1 米，西侧发现柱洞 3 个，柱洞直径 0.1 米，深 0.1 米，台阶东侧岩石上刻有明万历二年（1574 年）题字。这是一处明代连接南北两地的重要通道。

第二节　桥梁

随着道路的发展，桥梁也发展起来。没有桥梁，道路就不能畅通，实际上桥梁就是悬空的道路。山西先人们架桥修路，早在夏代就已开始。《国语·周语》引《夏令》说："九月除道，十月成梁"，"雨毕而除道，水涸而成梁"，是一种因季节气候而施工的方法。春秋战国时期，就有山西人在汾河、黄河上架设浮桥、木梁桥的记载。山西最早的桥是位于曲沃县西南横跨汾水的虒祁宫桥。据《水经注·汾水》记载："汾水西圣虒祁宫北，横水有故梁，截汾水中，凡有三十柱，柱径五尺，裁于水平，盖晋平公（前557-531）之故物也。物在水，故能持久而不败。"《史记》中也记载太原晋祠附近有一座木构梁桥："襄子当出，豫让伏于所当过之桥。"《元和郡县志》记载："汾桥梁，汾水在县东1里，即豫让欲刺赵襄子，伏于桥下，襄子解衣之处。长七十五步（约135米），广六丈四尺（约19.2米）。"汾河上架设的豫让桥、永济市蒲州镇附近黄河上的蒲津桥（浮桥），距今已有2500多年的历史了。位于晋祠圣母殿前的"鱼沼飞梁"，距今也已1500余年，是我国现今仅存的一座石柱、斗栱、木梁等构成的十字形桥，造型奇特优美，世所罕见。石拱桥的出现，是人类造桥史上的重大突破。山西现存的最早的石拱桥是金代修建的晋城景德桥，是一座敞肩石桥。这一时期建造的石拱桥，在造型结构、施工工艺和艺术装饰上都已达到相当成熟的阶段。位于山西右玉县兔毛河的万全桥，是明代万历年间，为万里长城跨越河流而建造的一座特殊桥梁，城墙和桥合为一体，亦为世界罕见。在古老的三晋大地上，历代劳动人民修筑了无数座桥梁，现存的各类桥梁有210座。

山西古代的桥梁虽然千姿百态，但总的来说主要有三种：浮桥、梁桥、拱桥。

一、浮桥

是用木板、船只等串联在一起，桥身基本上漂浮于水面的一种桥，多铺设于水势较平缓的河流上。在战争期间，军队常行进在所经河流的浮桥上。架设浮桥不需要构筑桥墩，直接用竹索或铁索将船只紧密连接，桥面上铺设木板以利行人和物资通过。

中国的浮桥最早的文字记载是在公元前1134年左右。《诗经·大雅》中"亲迎于渭，造舟为梁"的记载，指的是周文王为了娶亲，而在渭河上架设浮桥的故事。山西的浮桥始于春秋时期，鲁昭公元年（前541年）秦公子在秦无法安身，随从资财，其车千乘，出奔于晋，在夏阳津（蒲津关）将舟连接，比其船而渡。秦昭襄王时期（前257年）在蒲州黄河边调集船只，在河上连舟为浮桥，对晋国作战，这是在黄河蒲津关第二次造浮桥。其后汉高祖刘邦定关中，也在此筑桥。魏武帝西征马超夜渡津关。东魏时，献武帝高欢进攻西魏在此造桥。光绪版《永济县志·山川》记载："东魏时，齐献武王高欢造三浮桥（蒲津、太阳、孟津）以攻西魏。西魏大统四年（538年）丞相宇文泰一名黑獭，既定秦州造浮桥，河上通往来。又隋文帝至河东，亦造浮桥，皆在蒲。"这些记载说明，桥址都在蒲津。唐开元年间，仍在改建蒲津桥，《唐会要》记载"开元九年十二月九日，增修蒲津桥，絙以竹筏，引以铁牛"，从这次改建看，浮桥仍用竹索，仅在岸上设有铁牛镇之。开元十二年进行了一次大规模的修建。唐人张说《蒲津桥赞》中说："冶铁伐竹，取坚易脆，图其始而不固，纾其终而就逸……大匠藏事，百工献艺，赋晋国之一鼓，法周官之六齐……是炼是烹，亦错亦锻，结而为连锁，熔而为伏牛。偶立于两岸，襟束于中。锁以持航，牛以执缆，亦将厌水物、奠浮梁，又疏其舟间，画其首，必使奔湍不突，

图 12-26 永济蒲津渡遗址出土铁人
资料来源：中国文物地图集·山西分册．中国地图出版社，2006．

图 12-27 永济蒲津渡遗址发掘现场
资料来源：中国文物地图集·山西分册．中国地图出版社，2006．

积凌不隘，新法既成，永代作则。"张说的这个记载，说明了蒲津渡的这次改建的经过。唐蒲津桥是唐代东北陆路进入关中的要塞，是为当时交通命脉。此后蒲津浮桥屡毁屡建，大约在元代湮没无存。

1989 年在山西蒲州古城黄河古道东岸，发现了唐蒲津桥桥头遗址和气势磅礴的铁牛、铁人、铁山、铁柱等遗物。铁牛、铁人、铁山、铁柱是用来结缆系舟、固定浮桥的重要部件。铁牛共四尊，编号为 1～4，1 号牛在西北方位，2 号牛在东北方位，3 号牛在西南方位，4 号牛在东南方位，皆坐东向西，伏卧状，各铸于宽 2.3 米、长 3.5 米、厚 0.7 米的长方形铁板之上。四尊铁牛的形态各异，膘肥体实，肌肉隆起，圆目似怒，竖耳倾听，尾贴后股各向外。每牛下有四根大铁柱，入地丈余。牛的重量约 15 吨。每牛尾后有一根横铁轴，各长 2.33 米，直径 0.5 米，是用来拴桥铁索用的。一号牛身长 3.3 米，身高 1.5 米。其他三牛基本相同。四牛外侧各有一尊铁人随牛编列。四尊铁牛中间有两座铁山，作用是帮助铁牛、铁人加重地锚的重量。整个牛、山、人布局的正中，入地一根大铁柱作中央轴，露出地面 0.75 米，周长 1.03 米，是一完整的浮桥桥头遗址。[2]

二、梁桥

一般由上部结构、下部结构和附属构造物组成。上部结构指主要承重结构和桥面系，下部结构包括桥台、桥墩和基础，附属构造物则指桥头搭板、锥形护坡、护岸、导流工程等。

山西现存最早的石梁桥为太原晋祠的鱼沼飞梁。这座桥在北魏郦道元的《水经注》中就

图 12-28 太原晋祠鱼沼飞梁　资料来源：作者自摄

有记载："晋叔虞祠，水侧有凉堂，结飞梁于水上。"鱼沼前有铁狮子，铸于宋政和八年（1118年）。飞梁的结构为池沼中立小八角石柱34根，宝装莲花柱础，石柱上置斗栱梁枋承托桥，桥面上覆以方砖，设勾栏围护。桥面由条石梁交叉组成，形为巨鸟展翅，造型十分特别。晋祠十字形飞梁在古画中偶有所见，现存实物仅此一例，在桥梁史上占有重要地位。

现存最完整的木构梁桥为创建于明嘉靖十一年（1532年）的翼城县马册村西的永定桥。据《重定翔皋水记》碑记载，金大定年间（1161～1189年）就已存在。另据"三修永定桥碑记"载，明嘉靖十一年（1532年）及天启七年（1627年）均有重修。南北走向，全长15米，净跨13米，桥面宽8米，总高6米。两端为石砌桥墩，桥墩之上各用21根木柱斜向支撑桥面荷载。42根木柱东西横向排成6排，每边各三排，每排柱子上各施一横木，其上南北纵向平放大梁11根，大梁之上东西向横铺排栈，排栈东

图 12-29 翼城马册永济桥结构　资料来源：作者自摄

西两边青石条叠压二层出檐，桥面中间和排栈相接的是一层河卵石，再上为黄土桥面，正中龙头龙尾。桥两侧增设栏杆，正中各立石匾1方。另桥北建有碑亭1座，内竖碑文2通。

三、拱桥

由汉代拱券技术发展而成的一种桥梁形式，是我国最富有生命力的一种桥形结构。隋初由李春修建的赵州桥，是世界上第一座敞肩式单孔圆弧形石拱桥，在桥梁史上具有重要的意义。山西境内尚保存有数座建于金代的敞肩圆弧拱石拱桥。晋城景德桥建于金大定五年至明昌二年（1165～1191年），原平市崞阳镇南关的普济桥建于金泰和五年（1205年）。与此同时，还有一些不设负券的单孔石拱桥，建于金天会九年（1131年）的襄垣县永惠桥，明清仿照晋城景德桥修建的景忠桥，均是单孔石拱桥中较典型的作品。随着造桥技术的进一步发展，出现了多孔联拱石桥。襄汾县京安镇的五眼桥（又名通惠桥）和建于明弘治五年（1432年）的临汾市北高河桥，都是山西明清石拱桥中的典型之作。

除拱桥外，山西还保存有一些特殊类型的桥。如位于沁源县灵空山中的峦桥，飞架于悬崖绝壁，沟通南北两山交通。桥全长14.5米，木构梁桥。桥面上建有单檐歇山式桥廊，雕梁画栋，造型别致。此外建筑群体中文庙里的状元桥，园林中的曲桥和寺庙外的寺桥，其主要性质为象征和游乐，没有太多的实用功能，所以往往形态各异、雕饰精美，成为中国古代寺庙园林文化的一个组成部分。

景德桥

位于晋城市城区西街沙河上，原名沁阳桥。据碑文记载，创建于金大定二十九年（1189年），明昌二年（1191年）建成，清乾隆四十八年（1783年）改今名。单孔敞肩石拱桥，东西走向，全长22米，宽5米。主券由25道单体石条并列砌筑，净跨16米，拱高4米，两端负券各一，负券宽3米，现高2米。高拱券面石上压地隐起雕刻鲤鱼、童子、蛟龙、水波、花卉等图案，锁口石上雕镇水兽面，桥面两端施石栏板、望柱。

普济桥

位于原平市崞阳镇南桥河上。据清乾隆《崞县志》记载，建于金泰和三年（1203年）。后历代修缮，现存桥体为金代风格。南北走向，全长82米，宽8米。敞肩联拱石拱桥，由单孔长券和四个小券组成，大券净跨19米，矢高7米，东西两侧券楣上分别雕有云中盘龙、扁舟渔翁、威武壮士及奇形异兽等像，券楣上为龙首汲水兽。桥面两侧设有石栏板、望柱，望柱上雕有佛手、石鼓、桃、狮和麒麟等。

洪济桥

位于襄汾县汾城镇南关村中。创建于金大定二十三年（1181年），明、清屡有修葺，清

图 12-30 晋城景德桥　　资料来源：作者自摄

图 12-31 原平崞阳普济桥
资料来源：山西省第三次全国文物普查资料

图 12-32 原平崞阳普济桥栏板雕刻图案
资料来源：山西省第三次全国文物普查资料

乾隆十六年（1751年）桥上木结构建筑倒塌，修建时将木柱改为石柱。东西走向，全长18米，总宽7米，占地面积126平方米。桥上置木结构建筑，面阔五间，进深一间，单檐歇山顶，是北方少有的廊桥建筑。

铁梁桥

位于忻州市忻府区庄磨镇连寺沟村。创建年代不详，现存为金、元建筑。单孔石拱桥，南北走向，跨度13米，桥身宽5米，矢高6米，桥头石狮2对。拱券面上的连接处均采用双腰铁加以固定。桥面两侧各施勾栏，两侧保存栏板8块、望柱10根，望柱高1米、长1米。望柱图案各异，雕工精湛。

永惠桥

位于长治市襄垣县古韩镇。据清乾隆（1736～1795年）《襄垣县志》记载，创建于金天会年间（1123～1137年），明成化七年（1471年）重修。单孔石拱桥，南北走向，桥全长30米、宽8米,桥孔净跨12米,矢高7米。桥面两侧栏杆设有望柱、栏板,栏板压地隐起雕刻有人物、花卉和飞禽走兽图案,望柱、蜀柱上雕刻有石狮、石榴等。桥头有清代嘉庆二十四年"护桥地记"碑1通。

仙济桥

位于屯留县积石河上村镇。当地人俗称西桥,创建年代不详,现存建筑具有金代风格。清光绪《屯留县志》载:"积水出县东北十五里南浒庄,经石聚山下东流五里入潞城界,注浊漳。"积石河现已干涸。

砂岩石单孔实肩拱桥,桥面长38米,宽6.45米,采用分节并列法砌筑券拱。拱券技术和吸水兽及望柱栏杆的雕饰都表现出宋金时期风格。仙济桥采用了传统石拱桥拱券技术,反映出早期拱桥造型艺术和装饰艺术的表现手法,体现出不同历史时期建造拱桥的科学技术水平。

广济桥

位于吕梁市柳林县柳林镇龙门会村中。据《重修广济桥碑》记载,创建于明正德二年(1507年),清道光十五年(1835年)重修。单孔敞肩石拱桥。南北走向,条石砌筑,桥面长14米,宽5米,净跨9米,桥拱矢高6米。桥面两侧栏杆不存,现为毛石与条砖混合砌筑栏板,高1米,厚0.3米,西桥拱额上题"广济桥"三字,东北有砖券碑楼1座,碑楼上题"传后世"三字,清代碑1通,石狮1尊。

通惠桥

位于临汾市襄汾县古城镇京安村西南豁都峪涧河上。据民国版《襄陵县志》记载:"创建于明弘治五年(1492年),弘治十四年(1501年)被洪水冲圮,当年重修。"五孔联拱石桥,南北走向,全长62米,宽6米。桥面、桥身均为条石砌筑,桥孔为纵联尖拱,五孔不等跨,中孔净跨为7米,边孔分别为7米、6米,矢高最大者为2米。

图12-33 襄垣永慧桥 侧立面
资料来源:山西省第三次全国文物普查资料

图12-34 屯留仙济桥全景
资料来源:山西省第三次全国文物普查资料

图 12-35 襄汾京安通惠桥　　资料来源：山西省第三次全国文物普查资料

图 12-36 晋城景忠桥
资料来源：山西省第三次全国文物普查资料

图 12-37 潞城永便桥
资料来源：山西省第三次全国文物普查资料

景忠桥

位于晋城市城区北街东沙河上。据清乾隆四十八年（1783 年）《凤台县志》记载，创建于元至元年间（1264～1294 年），当时为木构桥梁。明弘治年间（1488～1505 年）仿西关景德桥而改建为石桥，清乾隆四十八年（1783 年）重修。单孔敞肩石拱桥，桥全长 17 米，宽 6 米。主券净跨 11 米，矢高 3 米，由 22 道石圈采用并列错砌法砌成，两端各设一长条石，外端刻作龙头。

永便桥

位于潞城市合室乡余庄村村南。据碑文记载，创建于明万历三十七年（1609 年），现存为清代建筑。单孔石拱桥，桥拱正中题"永便桥"。南北走向，框式纵联砌置。桥面全长 28 米，宽 9 米，净跨 8 米，矢高 3 米。桥面两侧置石栏杆。桥南河岸上保存明代创建残碑 1 通。

胥村桥

位于临猗县庙上乡胥村西南涑水河上。据碑文记载，创建于明万历三十五年（1607 年），清道光十二年（1832年）重修。三孔石拱桥，南北走向，桥面长20米，宽5米，面积100平方米，三孔净跨均4米，孔高3米。桥面两侧石栏板浮雕动物花草、山水人物图案。南端桥头东西各立石狮一尊。

广济桥

位于广灵县蕉山乡罗疃村北。建于明代，清乾隆五年（1740年）七月重修。单孔砖拱桥。南北走向，全长9米，桥面宽4米，净跨3米，通高6米。桥面用石板错缝平铺，两侧栏杆共12根，上承望柱，须弥座柱头蹲狮和猴子。栏板共10块，内侧雕人物、动物和花草等图案。栏板外侧中部阳刻"广济桥"三字。

大安桥

位于壶关县店上镇北大安村北，又名通济桥。据碑文记载，创建于明天启二年（1622年），清乾隆四十一年（1776年）重修，现存为明代建筑。南北走向，桥长50米，宽9米，高20米，占地面积450平方米。单孔石拱桥，券洞高5米，宽4米。桥头修建碑廊1座，面阔三间，廊内现存创修和重修碑5通。

石屯环翠桥

位于晋中市介休市洪山镇石屯村中。据望柱题记载，桥创建于明嘉靖十九年（1540年）。半圆拱联拱石桥，东西走向，全长20米，宽6米，桥拱净跨5米，矢高5米。桥面石头铺砌。中间桥拱券楣正中石雕龙形汲水兽。桥侧设栏板，八角抹棱望柱，柱头饰兽头。桥上建木结构桥楼，清咸丰四年（1854年）修建。楼为二层，上层面宽五间，进深三间；下层面宽九间，进深五间，周设出廊，三重檐十字歇山顶，琉璃瓦剪边。

永济桥

位于右玉县右卫镇杀虎口堡，又名广义桥，始建年代不详，现存为明代建筑。桥呈南北走向，单孔尖拱石拱桥，长27米，宽7米，桥高6米。桥孔跨度4米，高3米，全部以黑灰色玄武石垒砌而成。桥洞两侧拱顶分别饰有石雕龙首龙尾。桥青石铺面，桥两侧设石栏板护栏，设望柱22根，每根望柱头上雕狮子、猴、仙桃、石榴等。

遵王桥

位于运城市新绛县三泉镇水西村。据民国版《新绛县志》载，明天顺五年（1461年）明藩灵立王朱荣顺捐资建造，万历三十三年（1605年）、清同治三年（1864年）均有修葺。单孔尖拱石桥，东西走向，全长29米，桥面宽7米，净跨7米，高4米，桥涵由青石纵连而成。

第十二章　道路桥梁　637

图 12-38　介休环翠桥全景　　资料来源：山西省第三次全国文物普查资料

图 12-39　右玉右卫镇永济桥　　资料来源：山西省第三次全国文物普查资料

图 12-40 永济卿头涑水桥
资料来源：山西省第三次全国文物普查资料

图 12-41 曲沃通晋桥
资料来源：山西省第三次全国文物普查资料

卿头涑水桥

位于永济市卿头镇卿头村东的涑水古河道上。据《卿头村志》记载，该桥创建于五代。石桥石额阴刻"明洪武十六年（1383年）□□临晋县重修涑川桥"题记。桥东西走向，三孔石板桥，全长7米，宽4米，孔净跨3米，拱高1米。条石铺砌桥面，桥基由条石、石碌砖垒砌。

通晋桥

位于曲沃县北董乡南属寺村，又名卧龙桥。据桥体石碣记载为明万历年间创建。单孔砖拱桥。桥长23米，宽8米，矢高4米，净跨5米，桥面青条石铺筑。桥北侧拱券上镶嵌石碣1方，书"卧龙沟"三字。南部为龙尾及上部石碣"通晋桥"三字。

国士桥

位于洪洞县大槐树镇下纪落村北。据《赵城县志》记载，创建于明正统年间（1436～1450年），嘉靖四十四年（1565年）重建。相传春秋时晋国智伯的仆人豫让曾在此处谋杀赵简子，故称国士桥。半圆双孔石拱桥，南北走向，全长70米，宽6米，桥拱等跨，矢高3米，净跨7米，券拱两侧设吸水兽。

充阔桥

位于晋中市榆次区庄子乡下黄彩村，俗称"碑楼桥"。据清咸丰十一年（1861年）所立《重修充阔桥碑记》记载，桥始建于明正德五年（1510年），万历年间、咸丰年间多次重修。桥南北向，桥架木为骨，夯土筑成，为黄土丘陵之特有的土桥。桥南端立砖砌碑楼，保存有"重修充阔桥碑记"和"布施碑"二通。

交里桥

位于曲沃县北董乡交里村。据乾隆版《曲沃县志》记载：清康熙九年（1670年）建。

七孔石拱桥,桥面长143米,宽9米,桥高8米,桥涵矢高6米,次孔矢高6米,中孔净跨9米,次孔净跨9米。桥两侧正中有石雕龙头、龙尾。

扶风桥

位于吉县吉昌镇桥南村北。据民国版《吉县全志》记载,创建于清康熙三十七年(1698年),雍正二年(1724年)修葺。七孔联拱券洞式跨河石桥,东西走向,桥全长约69米,宽约9米。券洞大小不一,石质砌筑立于河底基槽上,每个桥墩均设分水墩,桥面两侧有人行道,桥面为2003年重新铺装。

鲁山村水利桥

位于陵川县秦家庄乡鲁山村东。创修于清康熙五年(1666年),光绪八年(1882年)重修,现存为清代风格。桥长26米,宽8米,桥面面积201平方米。桥身全部用方形青石砌成,单孔拱券桥洞,桥额石碣上书"水利桥"。

济旅桥

位于洪洞县苏堡镇茹去村东。据桥西端修建济旅桥碑记载,建于清乾隆四十六年(1781年)。单孔石拱桥,东西走向,全长34米,宽5米,两边砖砌挡墙,顶部覆盖条石。桥拱净跨5米、高5米,矢高5米,挡墙高1米。桥西端有一砖砌碑亭,亭内竖立清代修桥记事碑1通。

双秀桥

位于平顺县龙溪镇新城村。分东、西二桥,均为南北走向,单孔石拱桥,东桥东西长25米、宽12米、高6米,桥拱宽5米。西桥长15米、宽7米、高6米,桥拱宽3米。西桥拱券上题"云岩含翠"四字。创建碑青石圆首,额题"万世流芳",首题"建修双秀桥碑记",碑高2米、宽1米、厚0.2米,座高0.5米,记述清乾隆五十四年(1789年)创修双秀桥的原因、经过及村民捐款情况。

东锁簧拱桥

位于平定县锁簧镇东锁簧村中。创建于清咸丰七年(1857年)。单孔石拱桥,长17米,宽5米。跨度10米的涵洞两侧有吸水兽。桥两侧有石栏板、石望柱,栏板上雕刻草叶纹。涵洞西侧额上楷书题"喷珠锁鑰";东侧额上楷书阴刻"飞桥联月",落款为"清咸丰丁巳孟夏吉日立"。

交龙桥

位于沁水县土沃乡交口村北,原名永固桥。据记载,明万历三十九年(1611年)复修,

图 12-42 沁水交龙桥
资料来源：山西省第三次全国文物普查资料

图 12-43 新绛狮子桥
资料来源：山西省第三次全国文物普查资料

清嘉庆十五年（1810年）重修，是晋豫古道现保存较为完好的石拱桥。单孔圆弧石拱桥，桥长13米，高9米，桥面宽5米。主拱圈由纵肋并列砌筑而成，外侧拱石间设有腰铁，拱圈之上有伏石挑出，石砌护栏完好，拱圈砌置在两岸的天然岩石上，无桥台。

张壁藏风桥

位于介休市龙凤镇张壁村南。据桥拱北额题记载，清道光二十九年（1849年）修建。单孔半圆拱青石桥。桥面全长10米，宽3米，桥拱净跨3米，矢高2米，桥面石条砌筑，两侧砖砌扶栏，方形望柱，柱头饰金瓜，桥拱北额题"藏风桥"，南额题"起胜"。

狮子桥

位于新绛县泽掌镇泽掌村东南。创建年代不详，清咸丰三年（1853年）重修。单孔石拱桥，桥面长10米，宽6米，两侧引桥长10米。桥洞宽4米，高2米。现引桥已被路土填埋。桥身石条纵向垒砌，桥面两侧各施石望柱八根，栏板七块。栏板内侧高浮雕狮形图案，形态各异。望柱上原雕有狮、猴、葫芦等，现仅存南侧东端小石狮。桥两头原置大型卧狮4尊，现仅存南侧东端1尊。

秋晴桥

位于灵石县两渡镇两渡村西。据碑文记载，创建于清乾隆年间（1736～1795年）。半圆拱七孔石桥，跨于汾河之上，东西走向。桥全长97米，桥面宽6米，沥青铺面，桥拱净跨5米，矢高4米，南侧拱券楣上设有汲水兽。桥两侧筑青石栏板。

蒲淤桥

位于太原市尖草坪区西墕乡西高庄村南。据石碣记载，清乾隆五十三年（1788年）

重修。桥南北走向，半圆拱联拱石桥，长 16 米，宽 6 米，高 2 米，拱楣券两侧原设龟首汲水兽各一，现仅存东侧汲水兽，上镶嵌石碣，刻"蒲淤桥"三字，并题"乾隆五十三年三月"。

仙人桥

位于壶关县桥上乡盘底村。创建年代不详，据石碣记载，明清及民国 12 年（1922 年）屡有重修，现存为清代建筑。单孔石拱桥，东西走向，通长 23 米，宽 7 米。桥净长约 18 米，净宽约 5 米，高约 22 米，桥孔高约 21 米，跨度约 14 米，镶面纵联式尖拱，南北两侧拱券顶部正中凸雕螭首；栏杆、栏板和望柱为近年新修。桥上存民国 12 年重修碑 1 通。

王头龙华桥

位于沁源县王陶乡王头村。创建年代不详，据碑文记载，清乾隆、道光年间重修。单孔石拱桥，南北走向，桥全长 11 米，宽 5 米。河床面至拱券顶端高约 7 米，拱券西侧正上方有龙首汲水兽。桥北头立有清乾隆四十六年（1781 年）的"修桥碑记"碑 1 通、清道光五年（1825 年）的"重修碑记"碑 1 通。

鄯阳桥

位于朔州市朔城区张蔡庄乡前村南。创建年代不详，现存为清代建筑。桥纵跨南北，单孔砖石拱桥，桥身长 12 米，宽 5 米，高 7 米。桥面铺以青石，两侧石砌桥栏及八字墙，桥栏两侧设有排水孔。桥洞为条石砌基，青砖券顶，底宽 5 米，进深 5 米，高 4 米。东侧桥洞之上砖砌匾额一方，内题"鄯阳桥"，西侧桥洞之上砖砌匾额一方，内题"普渡"。

定远桥

位于朔州市朔城区窑子头乡窑子头村。创建年代不详，清嘉庆九年（1804 年）重修。单孔砖券拱桥。桥身长 15 米，宽 6 米，高 6 米。桥基石砌，高约 2 米。桥身砖砌。青砖砌拱形桥洞，宽 3 米，深 5 米，高 3 米。桥面铺以青石，南向留有排水通道两孔，北向一孔。桥拱上端镶嵌一石额，额题"定远桥"，"大清嘉庆九年岁次甲子孟秋立"题款。

青莲桥

位于朔州市朔城区沙塄河乡王万庄村。创建年代不详，清同治三年（1864 年）重修。单孔砖券拱桥，横跨于南北深沟之上。桥基以砂石砌筑。桥身砖砌，高 11 米，长 29 米，宽 8 米。桥洞砖券，高 4 米，宽 3 米，深 7 米。

通顺桥

位于右玉县右卫镇杀虎口堡西北。始建年代不详，清光绪二十二年（1896 年）被洪水冲毁，

图 12-44 灵石两渡秋晴桥
资料来源：山西省第三次全国文物普查资料

图 12-45 太原蒲淤桥
资料来源：山西省第三次全国文物普查资料

图 12-46 壶关仙人桥
资料来源：山西省第三次全国文物普查资料

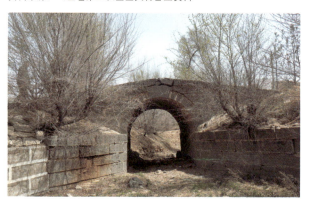
图 12-47 右玉通顺桥
资料来源：山西省第三次全国文物普查资料

图 12-48 寿阳安定桥　资料来源：山西省第三次全国文物普查资料

光绪二十四年（1898年）重修，现存为清代建筑。桥呈南北走向，单孔石拱桥。桥长14米，宽4米，拱券跨度2米，高2米。桥面中部拱起，块石铺面拱顶上置扇形石匾一方，上刻"通顺桥光绪戊戌年重修"。

安定桥

位于寿阳县南燕竹镇太安驿村中。据桥栏板石刻题记载，建于清道光十年（1830年）。敞肩联拱石桥，南北走向，跨于一河沟上。桥全长23米，桥面宽6米，条石铺砌，两侧为砖砌桥栏花墙。桥拱条石砌筑，最大券拱矢高5米，净跨13米，券楣石雕花纹图案，拱券两侧雕龙形汲水兽。桥栏板一侧条石上原刻有"道光庚寅岁"题字。

惠济桥

位于平遥县县城下东门外东北300米处，横跨惠济河下游的南北两岸。古名中都河惠济桥，俗称"九眼桥"。据碑文记载，原为木板桥，清康熙十年（1671年）始建五孔石拱桥。清康熙三十六年（1697年）增为九孔拱桥。乾隆、同治、光绪年间曾予补筑修葺。横跨于惠济河下游，为联拱石桥。南北走向，桥全长80米，宽7米，占地面积560平方米。各拱券净跨4～5米不等，桥面略呈弧形，条石铺墁。中间5孔桥洞的拱券两旁分别雕龙头、龙尾，桥身两侧设石雕栏板、望柱，栏板上雕刻珍禽异兽、吉祥花卉以及福、禄、寿字纹样，望柱头雕狮子、花蕾、"八宝"形象。

平丰桥

位于右玉县右卫镇杀虎口村。据《朔平府志》记载，桥创建于明代，清乾隆十八年（1754年）重修，现存主体为清代建筑。桥长76米，宽11米，高20米，桥孔高2米。桥下设石券单孔拱形洞，桥体砖石混合砌筑。墙体上部东西两侧饰有石雕出水龙首和龙尾，龙首下方石雕匾额一方内书"平丰桥"。原桥面石条铺砌。

永宁桥

位于灵石县翠峰镇蒜峪村西南。据碑文记载，建于清嘉庆十一年（1806年）。跨于河道之上，半圆拱3孔石桥。桥全长83米，宽4米，桥拱净跨4米，矢高7米，东西两侧拱券楣上设有汲水兽。桥南端建碑楼1座，立清嘉庆十一年（1806年）"重修永宁桥碑记"碑1通。

金桥

位于新绛县泽掌镇乔沟头村西。创建年代不详，清同治十二年（1873年）重修。单孔石拱桥，桥面宽8米，净跨18米。拱券上逐层填土夯打而成。桥洞宽5米，深8米，高5米，券洞两侧剔地雕楷书"金桥"石匾一块，有"同治十二年重修"题记。

![图 12-49 平遥惠济桥西立面　资料来源：山西省第三次全国文物普查资料]

图 12-49 平遥惠济桥西立面　资料来源：山西省第三次全国文物普查资料

图 12-50 平遥惠济桥南端望柱头
资料来源：山西省第三次全国文物普查资料

图 12-51 右玉平丰桥
资料来源：山西省第三次全国文物普查资料

孚惠桥

位于运城市新绛县三泉镇三泉村东鼓水河上。据碑文记载，唐初为纪念孚惠圣母而敕建，清乾隆三十五年（1770年）、同治三年（1864年）均有重修。现主体为清代建筑。东至西向，桥长44米，宽11米，高5米，占地面积484平方米。三孔石拱桥，桥面石板铺砌上覆沥青，两侧施地栿，石雕栏板、望柱，望柱上有狮、猴、瓜、桃、仙楼等动植物与建筑雕饰，桥两头各置大型卧狮一对。整体保存一般。

玉溪桥

位于芮城县永乐镇彩霞村。创建于清光绪十四年（1888年）。单孔敞肩砖砌桥，横跨于玉溪涧之上。桥全长12米，宽4米，拱券净跨5米，现存矢高1米，券顶部两侧刻汲水兽，桥面条石铺，桥侧栏板砌砖。西北侧建一砖砌碑楼，内镶嵌"创建石桥碑记"一通。

永济桥

位于宁武县凤凰镇西关村中。单孔石拱桥，东西走向，全长25米，宽7米，桥券洞高3米，

图 12-52 新绛金桥
资料来源：山西省第三次全国文物普查资料

图 12-53 新绛孚惠桥
资料来源：山西省第三次全国文物普查资料

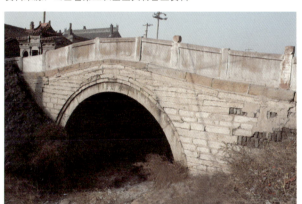

图 12-54 宁武永济桥
资料来源：山西省第三次全国文物普查资料

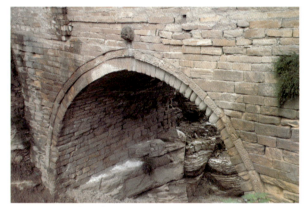

图 12-55 保德天桥
资料来源：山西省第三次全国文物普查资料

宽5米。拱上设有汲水兽，拱额镶嵌石匾楷书"永济桥"。桥用条石砌筑。桥面为拱形，青石铺设路面，桥两侧有石栏杆、望柱、抱鼓石。桥西保存一尊高约2米的石狮子。桥西建有碑亭，内存清重修永济桥碑1通和功德碑2通。

天桥

位于保德县义门镇天桥村。据《保德州志》记载：始建于金贞元三年（1155年），明正德十四年（1519年）、清又予以重建。单孔石券拱桥，跨于回谷口河沟上，南北走向，全长23米，宽8米，高10米，桥孔净跨11米，矢高7米。券拱两侧雕吸水兽。

金锁桥

位于保德县桥头镇白家庄村西南朱家川河上。创建年代不详，现存为清代建筑。三孔石券拱桥，呈南北走向，桥全长57米，宽4米，主券矢高5米，净跨12米。桥依河沟河床两端作券拱桥墩，两侧负券矢高2米，净跨3米。桥面两侧设石栏板，不设汲水兽，西侧券拱上镶嵌"金锁桥"石匾。

图 12-56 保德金锁桥
资料来源：山西省第三次全国文物普查资料

图 12-57 曲沃卧龙桥
资料来源：山西省第三次全国文物普查资料

图 12-58 蒲县龙镇桥
资料来源：山西省第三次全国文物普查资料

卧龙桥

位于曲沃县曲村镇北辛村东南 100 米的滏河上。俗称北辛桥。始建年代不详，现存为清代建筑。三孔石拱桥，桥面长 44 米，宽 8 米，拱券矢高 4 米，宽 5 米，桥面青条石铺筑。

晋桥

位于襄汾县襄陵镇北街村中。据民国《襄陵县志》记载，创建于宋嘉祐六年（1061 年），明万历四十二年（1614 年）重修，清顺治九年（1652 年）、民国 9 年（1920 年）曾予扩建。半圆拱三孔石桥，南北走向，全长 32 米，宽 7 米，占地面积 224 平方米。三孔不等跨，中孔净跨 5 米，边孔长 5 米，由条石砌筑，三孔上方俱有石雕吸水兽，现存桥面为 2006 年修的柏油路，且同时修建砖砌栏板，高 1 米，厚 0.5 米。

龙镇桥

位于蒲县黑龙关镇化乐村西。创建年代不详，据《蒲县志》和现存碑文记载，清康熙六年（1667 年）、雍正四年（1726 年）雍正十一年（1733 年）均有重修，现存为清代建筑。单孔石拱桥，南北走向。桥面长 37 米，宽 6 米，净跨 55 米。桥面中铺条石，两边铺鹅卵石；护栏、望柱（原为砂石质）2008 年改换为汉白玉。桥南有碑楼存修桥碑 2 通。

洪水桥

位于交口县石口乡桥上村中，又名横水桥。创建年代不详，元初称"横水桥"。《隰州志》卷之五载："横水桥，在州东北五十里，万山之水会聚于此，故曰横水。"清同治六年（1867 年）被水冲毁，同治七年（1868 年）重修，现存建筑为清代建筑。单孔石拱桥，南北走向，桥面长 11 米，宽 6 米。用红砂石垒砌，桥洞净跨 4 米，深 6 米，桥洞额石刻，东为龙头，西为凤尾。

注释

1. 晋书·列传六十七（卷九十七）.中华书局，1974.
2. 樊旺林、李茂林.唐铁牛与蒲津桥.考古与文物，1991（1）.

参考文献

[1] 文渊阁四库全书电子版.上海人民出版社，1999.
[2] 山西省历史地图集.中国地图出版社，2002.
[3] 山西通史·先秦卷.山西人民出版社，2001.
[4] 山西公路交通史.人民交通出版社，1988.
[5] 山西文物地图集（普查成果总汇）.中国地图出版社，2012.

第十三章 墓葬建筑

坟墓本是埋藏死者的地方。在原始社会初期，人死了只是就地掩埋而已，甚至有将其弃置不加掩埋的。随着人类社会的发展和宗教迷信的产生，对死者的埋藏问题，逐渐发展成为一件大事。今天世界上保存下来的许多重要文物古迹，不少就是坟墓的遗迹、遗物。由于我国的历史连绵不断，封建社会的时间很长，各个时期墓葬遍布青山绿野，难以胜计。

墓葬，起源于灵魂观念的产生。灵魂是一种非物质的东西，是人们幻想的寓于人身而又主宰人体的观念。灵魂观念的产生，大约在原始社会中期就已经开始了。当时的人们认为，人虽然离开了人世，但是灵魂仍然活着，是到另一个世界去了。这些不死的灵魂，还能回到人间来降临祸福。因此，人们对死去的祖宗除了存在感情上的怀念之外，还盼望他们能够在另一世界过美好生活，并对本族本家的后人加以保佑和庇护，这就形成了一套隆重复杂的礼仪制度和埋藏制度。从现有资料中可以看到，在距今大约一万八千年前，北京房山周口店母系氏族公社早期的山顶洞人就已经有了埋葬死者的意识。他们将死者埋于所居住的下洞，形成了公共墓地，并且在死者身上撒布赤铁矿的粉粒，随葬燧石、石器、石珠和穿孔的兽牙等物。其中有生产工具、生活用具，也有装饰品。这样安排，正是上洞活人生活的写照。他们幻想死去的灵魂到另一个世界后仍然能过生前的生活。这种公墓制度延续了很久，早期的文献如《周礼·春官》上还记载着专门设置的管理公墓机构和人员。大约在距今五千年前开始，我国黄河和长江流域的一些氏族部落，已先后进入父系氏族公社，男子在农业、畜牧业和手工业生产部门中占有了主导的地位。原始公社逐渐瓦解，私有制开始萌芽。这一变化反映在墓葬中非常明显，多发现一男一女的夫妻合葬墓。尤其值得注意的是，在合葬墓中多一人仰身直肢居右，一人侧身屈肢居左，侧身屈肢者为女性，面向男子，反映了妇女社会地位日趋低下，已降为男子的附属物了。随葬品的情况也有变化，男性多随葬生产工具，女性多随葬装饰品，说明我国几千年来相传的"男耕女织"的分工，这时已经相当普遍了。灵魂观念产生之后，必然提出对死者埋藏的问题，如何埋藏，是随着社会的发展而发生的，墓葬成了灵魂的安抚之所，把生产工具、生活用具、装饰品带去继续在另一个世界里使用；氏族成员、夫妻伴侣、子女们共同埋葬在一起，到另一个世界去欢聚。灵魂宗教迷信观念的增强，使得墓葬的形式和内容更加扩大和复杂了。这一时期，由于生产力水平的低下，墓葬建造非常简单，还没有产生把它作为永远祭祀的意图，所以在地面上没有留下什么特殊的标志。

夏商的大规模墓葬中，也尚未发现过巨大的封土和标志。在河南安阳的殷墟，自盘庚迁殷之后，作为殷都近三百年之久，而奴隶主殷朝帝王又是如此穷奢极侈，他们的王陵在地面上也很难看出来，纵或后代有所破坏的话，也不至于一点封土痕迹也看不出来，可知这时还处于不封不树的阶段。然而在殷墟一座王妃墓"妇好"墓上却发现有稍大于墓口的房基，另一座大司空墓上也有类似的房基，但仍然没有坟头的痕迹，可能是以后所修建的祭祀建筑遗址。

夏商周时期的墓葬，形成了一定的墓葬制度，也有专门的墓地，大型墓的墓坑平面面积由五六十平方米到四五百平方米不等，深达 5～8 米，工具的进步使人类在地面以下挖掘深坑成为可能，这体现了当时的时代特点和建筑特征。人类进入阶级社会以后，社会生产有了很大进步，夏商周时期，奴隶制的确立，青铜器的使用，使人类有能力进行大规模的工程建设。这一时代的工程建设，主要体现在对大量人工的集中利用，也就是对奴隶的集中利用。从地穴、半地穴到高台建筑，这是中国古代建筑的第一次巨变，从狭小竖穴墓室到深坑大墓，成为中国古代墓葬的第一次演进。墓葬之内除了二层台和腰坑之外，在构造上并无复杂之处。这一时期，地上、地下建筑的特点就是大量人工的集中简单利用，无论是墓葬还是宫殿都比较壮观，但无华丽、精巧可言。

春秋战国时期，大中型墓出现了高大的封土堆。与夏商时代地上无封土相比，这时更加盛行的高台建筑在地下墓葬中的延伸和扩展，封土堆基本上呈覆斗状，墓中普遍出现用河卵石、木炭来加强防潮、防盗的构造，可以看出人们已放弃商周以来大而空的地下结构，转而开始精攻墓室内部建筑质量，这与同一时期地上建筑创设筒瓦、瓦当防水、导水有异曲同工之妙。

大约从周代起，在墓上开始出现封土坟头。《周礼·春官》上记载："以爵封丘之度。"即是按照官爵的等级来定坟头封土的大小。春秋战国以后，坟头封土逐渐高大，形状好似山丘，因此有把墓地称之为丘的。墓顶之上垒土成坟、植树做标，可能是与奴隶制度的完善和经常需要向祖先灵魂祈祷、祭祀有关。殷人尚鬼，凡事先要祈告，除了向天神祷告之外，向祖宗先王祷告也是重要的一项。向庙堂祈告总不如直接向墓前祈告好，有了封土坟头当然更方便一些。为了怀念祖先而经常上墓前拜奠，也需要封、树作为标志。帝王陵墓的封土有三种。第一种是方上，是早期墓上封土坟头的一种形式。它的做法是在墓坑之上，也就是帝王陵的地宫之上，用黄土层层夯筑，使之成为一个上小下大的方锥体。因为它的上部是方形平顶，好像被截去顶部，故名之为"方上"。如陕西临潼的秦始皇陵的封土形式就是方上。汉代帝王陵墓的封土大都是方上的形式。第二种是以山为陵，是利用山的丘峰作为陵墓的坟头。从汉代就有了这种以山为陵的形式。唐代帝王陵从一开始就采用了这种形式，凿山建造。"以山为陵"不过是利用人工所难以造成的山岳雄伟气势，以体现帝王气魄之宏大，而且还可达到防止盗挖的目的。第三种是宝城宝顶，帝王陵墓在秦、汉时期盛行的"方上"坟头，一直延续到宋代，但是经过唐代的依山为陵之后，对这种形式曾有触动。因此山形很难如方形，加之方形土丘的尖棱也易为雨刷风蚀，容易圆钝，因此在唐末五代的不少帝王陵墓中出现了圆形封土坟头。

山西省内秦时期墓葬发现较少，秦墓为土坑洞室墓。两汉时期的墓葬出现了较大的变化，盛行了2000余年的竖穴墓逐渐转变为砖室墓和画像砖墓。特别是砖室墓，传播最快，西汉中期以后，大型多室砖墓更加流行。其建筑程序是，先在地表挖出近方形的竖穴土坑，在竖穴土坑的一壁又挖出斜坡墓道，坑底用砖石构筑墓室，墓室与土坑之间的空隙回填原坑土，再夯实。至于墓室内部的结构，由梁式的空心砖逐渐发展为顶部用拱券和穹隆，解决了商朝以来木椁墓所不能解决的防腐和耐压问题，当时拱券除用普通条砖外，还用特制的楔形砖和企口砖。砖石墓由墓道、墓门、甬道、前后墓室等部分组成，并出现空间较小的耳室。砖室墓的大量出现，实际上表明了地上建筑技术的极大进步。西汉中后期以后，建筑物开始用砖，这是建筑史上的一大进步，虽然这时候砖在建筑中所占的份量还比较低，在房屋建筑中砖多用于台基和墁地，间有用于贴墙加固的，在大型宫殿建筑中它也只是在夯土台的外侧，用砖或砖石混合的方法包面。但是由于砖的可塑性、稳固性以及长久性的特点，使它在出现之初就开始大量用于墓葬的建造，这种墓葬，实际上仿照了两汉时代厅堂建筑的式样，可以说是汉代人们居住情况的直接反映，这同时也体现了汉代人追求"事死如生"的丧葬理念，砖室墓的出现在墓葬制度上有着重大意义，它直接取代了竖穴墓，使墓葬形制进入一个新的阶段。

汉以前我国传统墓葬形制是密闭式椁墓，西汉时这一传统形式被新兴的开通式墓室逐渐取代，东汉以后，各种类型的砖室墓、石室墓等在全国流行。这个转变为汉代墓葬艺术提供了生存和发展空间，以壁画墓、画像石墓、画像砖墓为代表的汉代丧葬艺术得到迅速发展。但是这种墓葬形制的转变不是从汉代开始的，在此之前，受到先秦以来各种思想的影响，特别是先秦"制器尚象"及汉代"天人感应"观念的影响。

三国、两晋、南北朝时期的墓葬，在两汉砖室墓的基础上，开始朝着墓室内的装饰方向发展，画像砖得到很大发展，在墓室壁面上，开始特别盛行用砖砌成大幅浮雕花纹，这是与受北方游牧民族和西方佛教影响重视对屏风等家居装饰的社会风气密切相关的。墓室的陈设越来越接近地上建筑的式样。

曹魏至西晋初：曹魏建国，礼仪制度多承汉制，但统治者都力主薄葬，即从墓葬形制和随葬品方面对汉墓的奢华进行简化。这种葬制简化的趋势除了盗墓盛行的原因外，主要是由当时的经济背景决定的。

西晋中后期：经过曹魏的大规模屯田等发展经济措施，中原经济逐渐复苏，同时国家的统一也促进了中原经济的恢复发展。由于经济得到恢复，社会暂时安定，这一时期的中原墓葬急剧增多。汉代墓葬制度经过曹魏和晋初的革创，到西晋中后期得到进一步完善和发展，形成了一种与汉制区别较大的"晋制"。这种"晋制"在墓葬形制方面有其特点：汉代流行的多室墓葬，到曹魏和晋初简化为前后双室，少量带耳室；而到西晋中期时，墓葬的主流更简化为单室墓，其中砖室墓和土洞墓约各占一半，而且大多不带耳室，或仅有象征性的假耳室。单室砖墓是此时最具时代特色的墓葬，一般由长斜坡墓道、甬道和四壁微弧的墓室组成，甬道为券顶，墓室多穹隆顶；墓室四角以砖砌出角柱；以墓道的长短、墓道台阶的多少、有无石墓门等作为区别身份的标准。

西晋晚期至十六国时期：中原地区完全沦为十六国诸胡的战场。这一阶段的墓葬急剧减少，且大多数墓葬带有少数民族文化特征。

北魏时期，墓葬形制和随葬品风格都与平城地区同类墓接近。弧方形砖室墓为墓葬的主流，这是西晋中后期中原墓葬的基本形制，但新出现在墓道设天井的做法、流行砖棺床或石棺床、多设盝顶盖墓志、甬道口设石门、流行画像石棺等。

东魏北齐时期，继承了洛阳北魏的弧方形单室墓传统，但出现了新的因素，如流行在甬道口上方砖砌高大门墙，个别墓葬在墓道设壁龛，流行大面积壁画且多分层布局等。

隋唐时期的墓葬，在继承前代墓葬的基础上继续向前发展，这一时期墓葬还是土洞墓为主，有单室和双室，墓顶为穹隆顶或藻井顶，带有长斜坡墓道，有的有天井和壁龛。除此之外，还有砖室墓和土坑竖穴墓。

唐代时期山西地区的墓葬较有特色，主要集中发现在长治、太原、大同和侯马几个地方。太原地区大部分墓未发现木棺，只建造棺床，墓主人直接安葬在棺床之上；长治地区普遍使用木棺做为葬具，同时建有棺床，木棺安置在棺床上；大同和侯马地区，大部分是使用木棺做葬具，但是没有棺床，有的墓既无棺也无棺床，墓主人直接葬在墓室地面上。

由唐入宋，有中国特色的古建筑发展成熟，主要方法——抬梁式和穿斗式已经完善。中国建筑所特有的斗栱已达到相当精巧的地步，这一地上建筑的巨变迅速反映到了地下墓室的建造，砖室墓中大量出现了仿木结构，槛柱、额枋、斗栱开始大量出现在宋及其以后的墓葬中。在墓葬中这一类构件仅仅只是起装饰和美观的作用，但是却明显地反映了地上建筑的特点和盛况。

早期辽墓，有前后两室及数量不等的小室，平面都呈方形，后室四壁围柏木板，置带木栏杆的棺床。稍晚的契丹贵族墓也多筑有前后两室，或在双室墓的前室或单室墓的甬道两侧建左右耳室，平面或方形或圆形，主室内多装柏木护墙板，葬具多用刻有四神的石棺。墓葬中一般都绘有壁画，通常壁画都是写实风格，反映墓主人生前的生活状况。随葬品极为丰富，特有的鸡冠壶数量多，保存着模仿皮囊的平底单孔的原始形态，同时还常伴有成套武器及完备的马具。中期辽墓契丹贵族墓中，墓葬形制和随葬物都与早期的大致相同，唯墓内宋式仿木建筑和壁画增多。不少辽墓中已出现廊柱、斗栱壁画，反映了汉族木结构建筑的影响和契丹民族生活方式的变化。晚期辽墓契丹贵族墓中大型双室墓发现较少，单室墓占绝大多数。墓室平面开始出现八角或六角形的，墓门上都有比较复杂的仿木建筑结构。

金代墓葬受辽的影响，而更多的则是继承北宋的墓制。早期金代贵族墓，多有石雕的文臣武将、石虎石羊等石像，大定之后的金代墓葬发现较多，其中圆形和方形单室砖墓，多仿木建筑，彩绘有建筑细部及日用家具，随葬品多为明器，还有用羊距骨、羊肢骨等金代风俗的随葬品。中原和北方地区的金代墓葬，最有特色的是仿木结构建筑的砖室墓。大定之前多见有土葬，大定之后多见火葬，将骨灰放置于棺床之上。

元是中国历史上第一个由少数民族建立的统一的全国封建政权，是中国历史上社会形态较为复杂的时期：种族众多，宗教信仰各异，同时也是各种文化相互交流融合的特色时期。长城以北地区的墓葬有方形土坑竖穴墓、砖室墓、洞室墓和石室墓等。圆形土坑竖穴墓和多角形均为砖室墓，数量较少。墓室多见有仿木结构的壁画墓，葬俗有尸骨葬和火葬等。尸骨葬中，葬具主要以木棺为主，少量无棺，葬式多单人仰身直肢，火葬墓中，葬具主要以木匣为主，少量用陶罐或瓷罐，还有用石函的，有的不用葬具直接将骨灰置于墓穴内。其中随葬品数量多寡不一，多者上百件，少者仅一件。

明清墓葬集中国古代墓葬制度之大成，讲求风水，在墓场的营造中糅进了古风民情，崇尚古人"生事之以礼，死葬之以礼，祭之以礼，是人生孺慕之诚"的风气，采用了民间建墓工匠的组合标准。同时以墓前的栏杆望柱的柱数而定墓葬规模，望柱越多，墓规模就越大。同时此时的墓葬多数有碑，易于识别。明清时期，盛行薄葬，陪葬品很少，一般以装饰物如玉器、金银器为主。此时墓葬多为墓葬群，且墓内结构是墓主人生前的体现。

一、旧石器时代

虽然在我国旧石器时代晚期已经出现了埋葬死者的现象，如北京周口店遗址，但是在山西省内的旧石器时代遗址中，暂时还未发现有一定葬制的墓葬，主要是由于当时还没有产生灵魂观念，人们对死去的同伴只是草草埋藏或者是随意弃之，导致目前为止在山西省内还没有发现有旧石器时代的埋葬现象。

二、新石器时代

最晚在新石器时代早期，中国就出现了有一定葬制的墓葬，新石器时代的墓葬，墓坑一般为长方形竖穴墓，小而浅，仅仅够容纳下尸体。即使是氏族首领的墓葬，墓坑也比较小，与氏族成员的墓葬比起来，也仅是随葬品比较多而已，这是因为新石器时代人类使用的生产工具主要为磨制的石器、骨器，磨制工具在建筑上是很难有大作为的，当时的人类在建筑方面只是处于起步的阶段，这不仅表现在墓葬的建造方面，也表现在居址的建筑上。用简单的石凿、石锛、石铲等磨制工具在平地向下挖出房身，这是艰巨的工程，在社会产品极不丰富的新石器时代已经是生产生活中的大事。因而新石器时代人们的墓葬形制受社会条件的制约，整体表现为墓坑狭小、浅显，距地表的深度大体在 2 米以内。而磨制工具的盛行，使得氏族首领和宗教首领的墓中玉器随葬比较多，这是由于其所处的时代对玉器等坚硬石材的磨制比较娴熟。

（一）襄汾陶寺遗址的墓葬

陶寺遗址的墓地在陶寺遗址的东端，地势比遗址略高，墓葬集中，面积约有3万平方米。发掘面积五千余平方米，清理墓葬一千余座，获得一批陶、木、石、玉、骨器。

陶寺墓葬全部是土坑竖穴墓，并有大、中、小之分。大型墓发掘六座，呈东南—西北排列，稍有错落。一般长2.9～3.1米，宽2～2.75米，深0.7～2.1米不等。大型墓有棺无椁，随葬品十分丰富，一般有成套的彩绘木器、彩绘陶器、玉、石、骨器等。最多的出土近二百件，一般的有近百件，随葬品类有陶灶、陶斝、陶豆、长颈壶、折沿罐、大口罐、小口罐等；大型墓中有五座出鼍鼓、特磬、土鼓，六座墓中出四个彩绘龙盘。

中型墓共清理有六七十座，一般长2.2～2.5米，宽0.8～1米。多数有随葬品十余件至二十余件不等，有大口罐、陶斝等，中型墓有两座有二层台，其中一部分紧挨大墓的两侧，多是女性，可能是大墓主人的妻妾。

小型墓数量最多，并多成组，成排，长2米左右，宽0.4～0.6米，深0.5～1米。一般都无葬具，葬式多为仰身直肢，头朝东南，一般无随葬品，仅有少数墓中有少量的石刀、玉琮等。

（二）襄汾陈郭村新石器时代遗址的墓葬

陈郭村新石器时代遗址[1]位于襄汾县城以西汾河西岸的台地上，南据陈郭村约1公里。该遗址的墓葬区共开10米×10米探方8个，5米×10米探方2个，还有探方外的3座墓葬也进行了发掘清理，先后发掘墓葬62座之多。这些墓葬全部分布在造纸厂料场—麦垛下，由于建垛时对地貌进行了改变，故原始地貌不存，墓葬上叠压一层厚0.2～0.3米的现代文化层。

62座墓葬均为长方形土坑竖穴墓，墓圹长1.85～2.05米，宽0.55～0.65米，深0.3～1.4米。口、底基本同大；填土均为红褐色土，除了M55之外，其余均无任何葬具。死者全部都是仰身直肢，双手放于身体两侧，有少量死者脸向左或右，大多数死者的脸都向上。墓葬方向多为东北—西南，大多数的死者头向西南，极少数向东北和南，还有个别头向西北和西南。这些墓葬都未发现随葬品。

M55，方向为北偏东。墓圹长2米，墓口宽0.66米，墓底宽0.56米、深0.60米。死者仰身直肢，从头到脚身下铺满陶片，身上亦盖满陶片，这些陶片均为夹砂红褐色陶，分属四个深腹罐。

M58，方向正西。墓圹长2米，宽0.64米，深0.55米；还有M31，方向200°，墓圹长2米，宽

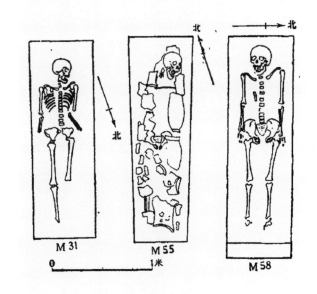

图13-1 襄汾陈郭村墓葬平面图
资料来源：考古，1993（2）．

0.64 米，深 0.55 米。

M31，方向南偏西。墓圹长 1.94，墓口宽 0.64 米，墓底宽 0.6 米，深 1.38 米。

（三）芮城清凉寺新石器时代墓地

芮城清凉寺墓地[2]位于山西省西南端的芮城县东北部，遗址在 1955 年被发现，1965 年被公布为山西省重点文物保护单位。墓地位于一条南北向的台塬上，东西狭窄，中部是元大德七年（1303 年）始建的清凉寺，东北侧即是墓地分布地带。墓地东部因雨水冲刷而坍塌，南部破坏严重，西南部因修建清凉寺被破坏。故现存的墓地面积约 5000 平方米。到 2004 年清理了庙底沟二期文化的墓葬 262 座之多。

这些墓葬可以分为三个阶段。第一阶段是小型墓，遍布于整个发掘区，西北部较为稠密，东南部较为稀疏。第二阶段为大型墓，从墓地西部向东延伸到中部，打破了第一阶段的小型墓葬。第三阶段的墓葬分布在墓地中东部，清理的少数几座打破了第二阶段的大型墓，形制与第一阶段小型墓相似。

第一阶段的小型墓虽然在墓葬规模和随葬器物方面有所区别，排列顺序也非整齐划一，但分布有一定的规律，应该属于同一部族。第二阶段的大型墓事先就作过周密的安排，墓葬排列有序，南北成行，东西成列。其中规模最大的一排位于坡地的中心部位，是这类墓葬的核心区域。以这排墓葬为界，东西两侧的墓葬规模逐级减小。年代最晚的第三阶段小墓只有零星发现，尚不能辨认其分布规律。

第一阶段的小型墓，均为长方形土坑竖穴，除了部分墓葬被大型墓打破外，相互之间也存在着复杂的打破关系，墓葬规模较小，仅仅可够一人容身。这些墓葬长达 2 米，宽仅 0.5～0.8 米，深 0.5～0.8 米。小型墓的死者，除一例头朝东外，其余全部头朝向西。葬式以仰身直肢为主，仅有个别例外，未发现二层台和殉人，部分死者的骨骼上有朱砂痕迹，墓葬均未经过盗扰，部分墓里发现玉器和其他随葬品。M61 属于第一阶段的小型墓，位于墓地西部，墓圹长 1.9 米，宽约 0.53 米，现存深度 0.85～0.9 米。墓主仰身直肢，头部微偏向北，两臂贴于体侧，脚踝部压在 M51 之下。墓内随葬玉石器 4 件，其中玉璧 2 件，套在右臂近腕部，石钺横放在腹部。五孔石刀紧贴墓壁竖立于右侧，与墓主上臂平行。还有 M51，也是属于第一阶段的小型墓，走向与 M61 走向基本相同，西端较宽，东端稍窄，墓穴略浅，长 1.44 米、宽 0.4～0.57 米，现存深约 0.8 米，墓主人被反绑双手，跪在 M61 墓主的脚踝上，墓内为见随葬品，该死者可能是 M61 的陪葬者，也有可能是生前有罪于 M61 墓主，被活埋或者处死，跪在 M61 墓主的脚下。

第二阶段的墓葬以大型墓为主，也为长方形土坑竖穴墓，头向向西。面积 3～5 平方米，墓圹长 2.3～2.6 米、宽 1.3～1.8 米，大多数墓的现存深度 1～1.2 米，部分墓葬深达 2.5 米以上。绝大部分大型墓都有熟土二层台，下葬时应该有葬具，但没有留下明显的痕迹。多数墓有小孩殉葬，殉葬人数不等，常见 1 人，最多达 4 人。墓葬被扰乱者达 90%，骨骼不全或者位置错乱的迹象比比皆是。在有些墓内，头骨或肢骨与墓主人并非一个个体。这些迹象表明，大型墓在下葬之后不久便被盗扰，其中，分布于中部偏东区域的大型墓几乎全被扰乱。这些墓葬皆为一次葬，葬式均为仰身直肢。墓内的其他死者葬式不一，情况复杂。死者骨骼上一般留有朱砂痕迹，有的墓在整个墓底均铺撒一层朱砂。M52，规模较大，属于第二阶段，位于墓地的中心偏西部，墓圹保存完好，长 2.3，宽 1.6 米，现存深约 1.25 米。墓主人的下半身尚在原位，为仰身直肢，上半身的头、颈和部分脊椎骨则被翻转过来，俯置于西北侧；肋骨部分被弃于墓室的北侧，左臂也已经移位，在墓葬近底部的四周，有熟土二层台。二层台的东南角还有一个殉人，头部低垂，脊椎弯曲，其葬式特殊，呈向内蜷缩的俯首屈肢状。从墓内骨骼的弃置情况看，该墓被盗扰时，尸体可能还没有完全腐烂，否则无法整块地翻转过来。因遭盗扰，墓内的随葬品仅残余一件套在左手上的玉琮和散置于西南侧的 11 枚兽牙。此外在墓葬的填土中，还发现一件残断的石铲。还有 M79，位于发掘区的中北部，东距 M52 约 6 米，墓葬规模介于大小两类墓之间，墓葬两端稍窄，中部略宽，长 2.08 米，宽 0.9～1 米，现存深约 0.5 米。墓内葬有 4 人，其中墓主人头向朝西。其他死者有的头朝东，有的头朝西，或屈肢，或直肢，而且相互叠压，显然不是正常的葬式。墓内所有人骨都不同程度地扭曲或者变形了。这是目前发现的随葬品最多的墓葬，共有 17 件，以玉器为主。玉璧 7 件、联缀复合玉璧 3 件，大部分放置在墓主人的下腹与左臂之间。在其膝部放置一件双孔石钺和一件长方形石器。另外，墓主人的头、颈之下还压着一件三孔石刀。在墓内还发现陶罐和陶盆各一件，分别置于南北两侧死者的两腿之间，其中陶盆内还放着 10 片鳄鱼骨板。此二人还分别随葬一件单孔石钺和一块石料。

（四）芮城东庄村墓葬

东庄村墓葬[3]发掘于 1958 年，共发现 5 座，其中位于第一发掘地点的 3 座，第二发掘地点 2 座。五座墓中，一座是瓮棺葬，位于第二发掘地点的中部，没有规整的墓圹，其葬具是一个夹砂红陶瓮，口部盖一扁平石块，内为一小孩骨架，头稍靠西外，骨架已经腐朽不清，未发现任何随葬品；还有两座单人土坑墓，墓圹平面为圆角长方形，墓主人为一中年男子，仰身直肢葬，头向西，面向上，未发现有葬具和随葬品。另一墓葬的平面为梯形，长 1.9 米，宽 0.3～0.5 米，深 0.4 米。人骨架已经腐朽，葬式为仰身直肢葬，无葬具及随葬品。还有两座为双人或多人土坑墓，都是二次葬，其一双人合葬墓，墓圹是一个椭圆形圜底土坑，坑深 0.4 米，口径东西长 0.93 米，南北长 0.77 米，人骨架有两具，头骨皆向北，身体骨叠放在所属的头骨南边。二具骨架的放置基本平行。靠东者为一中年男性，靠西者也为一中年男性，未发现有随葬品及葬具。另一为多人合葬墓，墓圹略呈梯形，墓圹北端较宽而边线直，南端较窄而边线呈弧形，长 1.86 米，宽 0.8～1.06 米，深 0.5 米。人骨架共有 9 具，头骨都向西北，体骨则分别散放在所属头骨的东南。这些人骨中中年女性三具，成年男性两具，中年男性两具，还有两具年龄性别不明。这些骨架分为两排，西排四具，次序自北至南，东排四具，介于东西两排之间的南侧还有一具。未发现葬具和随葬品。

三、夏商周时期

（一）东下冯遗址墓葬

东下冯的墓葬主要分布在发掘区的东区第一、第四地点和中区的第三、第五地点，有长方形土坑竖穴墓、窑洞式横穴等类型。葬式多为仰身直肢葬，俯身直肢葬和屈肢葬等数量不多。竖穴墓合葬情况只有一例，其余全部是单人葬，头向以东向居多，随葬品多为陶器，常放置于墓主人头部、腿部等处。

M401，是唯一一座双人合葬墓，长方形土坑竖穴墓，墓穴长2.2米，宽1米，现深0.16米，骨架保存不好，头皆向东北，东侧的骨架仰身直肢，面向西北，为一成年男性，西侧的骨架俯身直肢，面向东南，成年，性别不明，没有葬具，有随葬品11件，均在男性一侧。其余墓葬全是单人墓；M512，位于中区的第三地点，土坑竖穴墓，墓穴长1.7米，宽0.44米，现深0.28米，骨架已朽，仰身直肢，头向东南，成年，性别不明，无葬具，在头骨南侧随葬小口尊一件。

窑洞式横穴墓有7座，是利用废弃的窑洞式房址作为埋藏墓穴，均位于中区五地点。这类墓的墓主人头向、葬式等均杂乱无章，骨骼凌乱，没有统一的定式，有的人骨上下叠压，有的人骨和动物骨骼混杂在一起，更有的墓中有四个头骨，像是丛葬。这些墓的主人都是死后直接置于原房内堆积的褐色灰土之上，不另加盖土，只是就地用土将门封闭。这7座墓中，有四座有随葬品，其中两座是有陶器随葬。M525，在中区的F581内，仅仅有人头骨4个，3具为成年人头骨，另一为儿童头骨，性别均不明显。M528，在中区F589内，人骨架两具，上下叠压，上为成年男性，头向西南，仰身直肢；下为儿童，头向北，侧身屈肢，性别不明，人骨架之下及其东南和西南两边，有散乱的狗骨架两堆，牛头一个和牛腿一条，狗和牛均属于一个个体。

（二）灵石旌介商墓

灵石旌介村位于晋中盆地的南部边缘，汾河之东，太原到风陵渡公路的东侧；西南距灵石县城15公里，北与介休相邻。墓地位于绵山山麓的向阳坡地，地形东高西低，地势平缓。发现商墓三座[4]。

一号墓，墓室为长方形土坑，墓口略小于底，南北长3.84米，东西宽2.22米，墓底长4.05米，宽2.5米。墓室上部已经被取土破坏了2米多，残存部分深4米，墓室四壁整齐光滑，底部正中有一腰坑，内殉葬狗一只，该腰坑长1.1米，宽0.45米，深0.2米，墓室填土为黄面砂土与小黑粒土掺合的碎花土，每0.2～0.3米左右夯一层，层次明显，十分坚硬。墓室底部置木质葬具，一椁三棺，都已腐朽成灰。根据灰痕测量，椁长有2.88米，宽1.86米，残高0.45米。三具棺木顺椁放置，排列整齐，尺寸略同，长2.14米，宽0.52米，高不清楚。正中间为一男性，仰身直肢葬；两侧各一女性，侧身葬，都面向男性。在北侧棺椁间有一殉人，没有葬具，头西脚东，侧身面向主人。四具尸骨都已朽成红褐色粉末，仅人体轮廓尚能分辨。墓室两侧的填土中，紧贴东西坑壁，分别在距墓底 1 米和 0.7 米处各埋一狗，头向南，俯卧，脖颈伸长，作挣扎状，似为活埋。狗颈上均系有铜铃一个，骨架保存较好。在清理时，在椁盖上发现有席子和丝织物的痕迹，丝织物上有用红、黑、黄等色绘制的彩色图案，较明显的图案有弧线条、圆点等。这些都叠压在铜礼器的下面。据此可以认为，棺椁上可能铺有画幔，其上放置器物，上面再盖席子。墓室内南端正中，距墓底 1.4 米处的填土中埋有牛头一个，保存完好，面向南，两角后撇。下葬时似曾进行过墓祭。随葬有铜、石、骨、陶等质料的器物共 51 件，其中青铜器最多，保存比较完好。

二号墓室为长方形竖穴土坑，口与底大小略同，东西长 3.4，南北宽 2.2 米。墓室深 6 米，四壁齐整。上部 2 米也已被破坏。墓底有也一东西长 0.8、南北宽 0.3、深 0.26 米的腰坑，坑内殉一狗，并随葬贝一枚。填土为黄面砂土和小黑土粒掺合的花土，每隔 20～30 厘米有一层坚硬夯土。木质葬具，一椁两棺，已腐朽成红褐色粉状。据灰痕，推测椁长 2.56 米、宽 1.44 米、残高 0.3 米，厚度和结构难以分辨。棺因腐朽过甚，痕迹已不十分明显。提取器物时，发现器物下面有用黑、红、黄等色绘成的图案，与 1 号墓的情况基本相同，并且也有席子和织物的痕迹。墓室内两具人骨架，中间是一男性，仰身直肢，右边是一女性，侧身直肢，面向男性，骨架腐朽严重，呈红褐色粉末状，墓室西北角距墓地 0.9 米处的填土中有一奴隶骨架，仰身直肢，胸部随葬一枚贝，保存尚好，后脑壳和前脑壳分成两半，是处死后殉葬的，在墓

图 13-2 灵石旌介 M1
资料来源：考古，1986（11）.

图 13-3 灵石旌介 M2
资料来源：文物，1986（11）.

室东部正中埋有牛腿一条，陶鬲一件。随葬品主要是青铜礼器和青铜兵器两类，还有玉器、骨器和陶器，总计87件。

三号墓，位于二号墓以北稍偏东50米处的断崖边，竖穴土坑墓，墓长3.9米，宽2.1米，深5.5米，墓口距地表1.2米，内填土与一、二号墓相同，墓壁处贴一层砂砾，下部有些凌乱的石头。在墓东端距墓底1米处发现一堆蚌饰片，约40余片，大多残碎。饰扁薄，有圆、长条、刀、链、曲尺等各种形状，有的很不规则。有些蚌饰边缘涂红色线条，有的刻有沟槽。铜器出土后有部分散失。

（三）绛县横水西周墓地

绛县横水墓地[5]位于运城市绛县西部横水镇横水村北，南北宽约1000米，南部是战国和汉代墓葬，北部是西周墓葬区，正东是新时期时代至西周时期的周家庄遗址。2004年，因为盗墓，在此处进行抢救性钻探，发掘工作时发现西周时期两座带墓道的大墓，编号为M1和M2，其中M1在北，M2在南，南北相距4米。此两墓位于墓地中部偏北，南面有一座被盗的大型墓，编号为M3。

M1为带斜坡墓道的竖穴土圹木椁墓，墓室在东，口小底大，墓道在西。从平面上看，墓室与墓道呈"一"字形，墓道略宽于墓室，两者之间没有明显的转折过渡。墓口和墓道总长26.65米，东端宽3.2，西端宽4.4米，总面积近100平方米；墓底距墓口深15.28米，墓道入墓室端有两级较宽的台阶。椁室外的二层上放置木车，已塌落，仅存极少的痕迹。葬具为一椁二棺。椁室整体用长方条木材垒叠成，已朽烂，所幸痕迹犹存。椁室平面为Ⅱ形，东西长约4.3米，南北宽约3.15米，深2.7米，其中不包括盖板和底板的厚度。从痕迹可知木结构情况，椁盖板17根，底板11根，墙壁10或11根不等，共用材71根。每根长3～4米，估算用木材15立方米左右，椁的侧壁与挡头的结合处，采用半榫卯结构。椁底板下有两道垫木，长4米，顶面有凹槽，用以承纳椁底板，在椁盖板上、椁室内壁、椁底板上铺贴多层苇席。棺分外棺和内棺，棺木已朽烂并且塌落，外棺上有小木结构痕迹，还有状似帐架构件的铜具，有可能是棺饰。外棺之外是荒帏，也就是棺罩，残存面积约10平方米，其中西、北面保存相对较好，现存高约1.6米；西北角有塌陷错位的现象；南面的荒帏上部已塌落，现存高约1.2～1.3米；东面保存最差，仅余下部底裙的局部，高约10多厘米。荒帏附近散落有大量的玉、石、蚌质小戈、小圭，可能是原来挂在荒帏上或者附属棺饰。在外棺东端的棺椁之间，有3具殉人骨架，用苇席包裹。外棺长2.5米，宽1.8米，推测高度为1.8～2米，内棺长2.18米，宽0.94米，高度不详。墓主人头向西，正对墓道，仰身直肢，双手交叠放在小腹上，身上佩戴有大量玉饰。随葬品主要有车马器、陶器、漆木器、青铜礼器和玉器。

M2为带斜坡墓道的竖穴墓圹木椁墓，由墓道和墓室两部分组成。方向与M1一致，墓室在东，口小底大，墓道在西，墓道入墓室端为缓平坡。从平面上看，墓室与墓道呈"一"字形，墓道略宽于墓室，两者之间没有明显的转折过渡。现存的墓口和墓道东西长22.3米，西宽 3.74 米，东宽 2.84 米。斜坡形墓道长 16.8 米，越往东越外扩，墓道东端靠墓室处，北侧外扩 014 米，南侧外扩 0.52 米，墓底距现存墓口深 6.7 米。墓室口长 5.5 米，宽 2.84～3.04 米，墓底长 6.16 米，宽 3.8 米，墓底距墓口深 7.7 米。墓室四壁靠近椁室处，涂抹一层厚 1.8 米的青灰泥。底部距离东、西壁各 0.12 米的中部，分别插入向内倾斜的木棍，直径约 12 厘米，东侧木棍长 1.4 米，西侧木棍长 0.65 米。填土均经过夯打，夯层厚薄不一，夯窝不清。填土内陶片很少。在墓道底部，发现骨簪、残石器和残蚌圭各一件。葬具为一椁两棺，椁室平面Ⅱ形，长 4.1，宽 3.14 米，挡头宽 3.4、厚 0.17、高 2.27 米。椁盖宽 3.55 米，盖长 4.25 米左右。椁室用枋木砌筑，为两长壁插入两短壁内的榫卯结构，东椁壁 11 块，南壁 9 块，北壁约 8 块，椁盖厚约 10 厘米，椁底横垫枕木 3 根，椁内横垫枕木 4 根，之上竖垫枕木 2 根，其上再垫枕木 3 根，上置外棺。外棺位于椁室内偏东南，平面呈也呈Ⅱ形，棺长 2.57 米，挡头长 2.7 米、宽 1.86 米、厚 0.07 米，高近 0.6 米。外棺内中央靠西，有长方形内棺，长 2.36 米，宽 0.85 米，高 0.46 米。墓主人头朝西，俯身直肢，由于椁室遭到水浸，头较身子略低。其次棺椁之间有殉人 4 个。

（四）大河口西周墓

大河口墓地[6]位于翼城县城以东约 6 公里处，2007 年被盗过，同年进行了抢救性发掘，墓地四周除了西北部与西侧台地相接外皆为沟壑，浍河干流和支流分别萦绕其西、南两侧，地势为北高南低的向阳缓坡，墓地面积为 4 万余平方米，包含有西周墓葬 1500 余座。2007～2008 年，试掘了 8 座墓葬，2009 年以来对大河口墓地进行了大面积发掘，已揭露面积 15000 余平方米，发现 579 座墓、24 座车马坑。墓葬形制均为长方形竖穴土坑墓，多是口小底大，绝大多数墓葬为东西向，以西向为主，少量头向东，南北向墓葬近有 4 座，墓葬间很少有打破关系，可见该墓葬区是经过合理规划布局的。墓葬中的大中型墓葬无规律地分布于发掘区，车马坑均位于大中型墓葬的东侧，只有一座为南北向，其余均为东西向。部分墓葬有脚窝和生土二层台，个别墓葬有壁龛，葬具为一棺、一棺一椁、一棺二椁，椁盖板一般横铺，棺盖板、底板和椁底板一般竖铺，四壁立板间多为榫卯结构，墓主多为仰身直肢，个别为仰身屈肢，未发现俯身葬式。带腰坑的墓葬较多，腰坑内未殉狗或人。

M1 发掘于 2008 年，口小底大，墓口长 4.25 米，宽 3.22 米，墓底长 4.6、宽 3.78 米，墓深 9.75 米，在墓口平面四角外发现 4 个通向墓壁的斜洞，在墓室二层台上四壁发现 11 个壁龛。葬具为一椁一棺，椁底有一腰坑，墓主头向西，仰身直肢。壁龛内放置漆木器、原始瓷器和陶器等。漆木器有俎、豆、杯等，原始瓷器有尊、瓿等，陶器有鬲、鼎和杯，还有漆木俑、漆木器、青铜兵器和漆木盾牌等。在墓室内棺椁之间或棺盖上发现大量的青铜器、原始瓷器和陶器。除此之外还有精美的二联璜串饰 3 件，由玛瑙管、玉管、玉珠、玉蚕穿系成串，下系双鱼形玉璜。

M2002，口小底大，墓口长 2.75 米、宽 1.68 米，墓底长 3.83 米、宽 2.83 米，墓深 9.91 米，腰坑内殉一狗，葬具为一棺一椁，墓主人为男性，仰身直肢，头向西，随葬有铜鼎等青铜器，有礼器、兵器和车马器还有工具。除此之外还有陶器及铅、玉、石、骨、蚌、贝类器物。

M1，墓口 3.51 米、宽 2.49 米，墓底长 4.2 米、宽 3.47 米，深 8.2 米，葬具为一棺二椁，墓主人为一女性，仰身直肢，头向西。随葬铜器有 3 件鼎及盆、钟等。陶器有鬲、罐等各 1 件，玉石串饰 7 件，项饰 2 件，玉玦 8 件，握玉 2 件，还有蚌器和海贝等。

（五）北赵晋侯墓地

山西曲沃县北赵晋侯墓地是 1992～1994 年间连续五次进行抢救性发掘的一处于近年严重被盗的墓地，共发掘墓葬 8 组 17 座，其中被盗 7 座，其余 10 座保存完好[7]。北赵晋侯墓属于天马—曲村遗址的重要组成部分。

该墓地的 17 座墓葬方向大体一致，凡有单墓道者皆位于墓室的南部，双墓道者位于墓室的南北方，无墓道者亦呈南北向，墓向南略偏西，呈东北—西南向。17 座墓葬中仅有四座发现有殉葬车马坑的现象，但在个别墓道和墓室中有散置的殉车。墓葬中有墓道的 16 座，无墓道的 1 座。有墓道的墓中，单墓道有 14 座，双墓道 2 座；单墓道中箕形墓 1 座，长条形 3 座，甲字形 10 座。单墓道长 10～20 米，宽 2～5 米，以斜坡式多见，亦有个别为台阶式的，墓室一般作长方形，多口小底大，个别口底相若，墓口长一般 5～6.5 米，宽 4～5.5 米，长宽之差 1～1.5 米，墓室大多为南北长、东西宽，唯有一座墓东西长、南北宽，作横长方形。墓深多 7～8.4 米，墓中多发现有积石积炭。大多数墓葬葬具为二棺一椁，只有四座是一棺一椁，一座是椁，棺数不详。在 17 座墓中，葬式可辨者皆仰身直肢，头向西的多见，还有向北、向南、向东者。

M8 是北赵晋侯墓地非常重要的一座墓葬[8]，被盗。墓主的归属涉及晋献侯、晋穆侯和晋文侯等。此墓平面为较规整的甲字形大墓，墓口现长 25.1 米，坐北向南，墓道接于墓室南端，呈斜坡状，长 18.45 米，前端宽 3.75 米，后端宽 3.6 米。前部坡度较大，后部坡度变缓。大概是为了下棺方便等原因，在墓道挖好后，又用土将墓道后部垫起少许，使墓道后部坡度更小。墓室平面呈长方形，中线长 6.65 米，后端宽 5.6 米。墓口与墓底大小基本相等，二者间距 6.65 米。在墓室底部相当于撑室垫木的位置，用不甚规则的石块垒砌两道较撑室略宽、高约 0.7 米的短墙，以支撑其上的椁室。椁室外填塞厚厚的木炭，这些木炭吸水饱和后在填土的重压下收缩，体量减小了许多。但从墓室四壁的木炭痕迹，可知原木炭从墓底绕椁一直堆积到距墓口 2.7 米处。由于椁室朽烂坍塌，椁上木炭也随之陷落，形成了墓室四周，尤其是四角木炭堆积高、中央木炭低的现状。墓室上部及墓道填土皆经夯打，夯土层清晰，厚度 0.1～0.2 米；每层夯土面可见密如蜂房的夯窝，夯窝直径 5～6 厘米。葬具为一椁一棺。椁放在起垫木作用的两道石块之上，椁下木炭吸水后收缩，形成椁下空隙，使椁室底部中段自空隙处向下陷落，形成椁底中间低两端高的情形。椁平面呈Ⅱ形，两端墙板较长伸出，两侧墙板似插于端板凹槽中，拼放于南北纵向的底板上，其上盖东西横向的盖板。椁板在周围填塞木炭的挤压下向中央凹入，保存甚差，除北端墙板尚可见板痕的厚度外，其余仅遗留紧贴木炭的一层不厚的板灰。顶板和底板也保存极差，木板数不详。椁外痕长 4.76 米，宽 3.14 米，残高 1.3 米。棺平面呈头端略宽的长方形，直接放置于椁板上。棺内四周有一条银灰色细砂痕。棺痕保存差，棺板厚度不明。棺内痕长 2.05 米，头宽 1.12 米，足宽 1.07 米。椁室两侧原缀有椁饰，均由大石戈、小石戈和小铜鱼若干组成。棺内死者骨架保存极差，仅有数枚牙齿尚存，其余已成压扁的棕黄色粉末。从骨痕看，人架为仰身直肢，曲臂放于胸上。随葬器物分三处放置，即椁盖板上、棺椁之间和棺内，有青铜车饰、礼器、日用器、陶器、玉器、金器等。该墓为西周晚期晋国的某个国君。

M31 是一座未被盗扰的女性墓[9]，是与 M8 平行的一对夫妻合葬墓。呈甲字形，墓室为长方形土坑竖穴式墓葬，墓道在墓室南端，为长方形斜坡式；墓口被后期扰土打破，墓道残长 9.38 米，南端宽 2.86 米，北端与墓室连接处宽 3.2 米，墓室口北边宽 4.5 米，南边宽 4.4 米，长 6.66 米，深 4.77 米，墓总长 16.04 米。墓室内有积石积炭，椁盖板上木炭厚度约 0.4 米，椁室北壁外由卵石与木炭填充成二层台，宽 1 米；南壁外二层台主要由土和木炭填充，宽 0.85 米；东椁壁外二层台由土和木炭填充，宽 0.85 米；西椁壁外二层台由卵石与木炭填充，宽 0.9 米。椁底板下垫一层木炭，厚 0.16 米，木炭以下到墓底由卵石和人工砸成的棱角分明的块石铺垫。葬具为一椁三棺，椁盖由 14 根东西向的长条方木排列组成，方木均宽 0.35 米。椁四壁腐朽严重，木板数量不清，从木板灰痕迹看，壁东西两侧残厚 0.15 米，南北两端残厚 0.1 米。椁室南部结构为南壁端板两头顶在东西侧板上，榫卯结构不明。东西两壁椁板均长出南端板 0.2 米。椁底板仅存黄色木灰痕，南北纵向，厚度不足 0.01 米。撑室长 4.45 米，宽 3.1 米，高 1.4 米。棺为三重，均为东西两侧板夹住南北两端板。

（六）晋阳赵卿墓

赵卿墓位于晋阳古城西北 3 公里龙山山麓缓坡地带的太原金胜村，是迄今为止所见东周时期等级最高、规模最大、随葬品最丰富、资料最完整的晋国高级贵族墓葬。在赵卿墓附近，还发现 4 座春秋晚期的七鼎墓和许多战国早期的中小型墓葬。该墓发现于 1988 年，根据对墓葬形制和青铜器规格、纹饰、铭文以及车马坑规模的分析，再结合历史文献的记载，推定这座大墓和车马坑的主人就是春秋晚期晋国正卿赵简子赵鞅。

该墓是一座大型的积石积炭木椁土圹墓，墓圹为长方形竖穴土圹，头向东，没有墓道。墓圹口大底小，剖面呈倒梯形。墓口东西长 11 米、南北宽 9.2 米，墓底长 9 米、宽 6.8 米，墓内设有高 3 米多的大型木椁，木椁周围有厚达 80 厘米的积石积炭，共计 280 多立方米，在墓室中部略靠东，放置着墓主的 3 层套棺，其南、西部有 4 个殉葬人，这些殉葬的人都有单独的棺和随葬品，身份可能是墓主的侍妾和乐工。在墓主套棺的周围，堆放着 3000 多件随葬品。在位于赵卿墓的东北 7 米处还有面积 200 多平方米的车马坑。

赵卿墓的随葬品高达 3421 件，其中青铜器最多，有 1402 件，玉石器 669 件，金器 11 件，陶器、木器、骨器、角器、蚌器、贝器总共 1339 件。青铜器的种类有礼器、乐器、兵器、车马器、工具和生活用具，而且颇多精品，如鸟尊和虎形铜灶都是国宝级的珍品，这些青铜器既是判断墓主身份的重要依据，又是研究先秦政治、经济、军事、科技和文化的宝贵资料。赵卿墓的青铜礼器有鼎、豆、壶、盘等，青铜鼎就有 27 件，其中的镬鼎，高 93 厘米，口径达 102 厘米，重 220 公斤，是迄今所见春秋时期最大的铜鼎。这些鼎形制花纹相同，大小相次成列；方壶古朴沉稳，扁壶简洁大方，小方壶雍容华贵，匏壶精美绝伦。还有乐器，有编镈和磬。编镈是青铜乐器，编磬是石灰岩制，形制相近，大小相次成列。兵器共有 779 件，有戈、戟、矛、钺、箭等。

四、秦汉时期

（一）朔县秦墓

在朔州的平朔露天煤矿，发现有秦汉墓葬 1285 座，其中第一期为秦至西汉初期墓葬，共有 7 座，全部是规模较小、结构简单的竖穴土坑墓，按照有无椁室之别，分为Ⅰ型和Ⅱ型[10]。

Ⅰ型，无椁竖穴土坑墓，均无墓道，墓室为长方形竖穴墓，四壁较直，墓底平坦，有的有棺，少数有壁龛，单人葬。M7，方向为东偏南，墓室长 2.5 米，宽 0.55 米，深 1.7 米，东南角有一宽 0.28～0.3 米、进深 0.12 米、形状不规整的壁龛，内置陶釜。人骨架仰身直肢，木棺仅存少量灰痕。

Ⅱ型，有椁竖穴土坑墓。墓室一般较Ⅰ型墓大，均有棺椁，椁室均塌陷，结构不清。方向北偏东。M102，墓室长 2.5 米，宽 1.24 米，深 2.16 米。棺椁灰痕明显，人骨架较完整。陶釜置于椁室北端。有的墓椁室有头箱。M19，方向也为北偏东，墓口长 2.8 米、宽 1.4 米，墓底长 2.56 米、宽 1.6 米，深 3.3 米。椁室分棺室、头箱两部分。棺内人骨架较完整。头箱长 0.32～0.36 米，内置陶壶。另有一件陶釜发现于墓室西南角的填土中，距墓底高约 1.6 米，可能这件陶釜原置于椁盖板之上。

各墓随葬品很少，一般只有陶器 1～3 件不等，小件铜器只见于个别墓葬。

（二）朔县赵十八庄一号汉墓

位于赵十八庄村东南，东距县城约 5 公里，墓群东区分布较密，现存 7 个外表呈圆丘状的封土堆。一号墓位于墓群东缘，四周为现代农耕土，地表未见其他古代文化遗存。整个墓葬分为封土、墓室和墓道三部分，未被盗扰[11]。

封土为截尖方锥形，底面方形，边长约 11 米，直接建筑在墓口平面上。顶部距墓口高约 5.6 米，由河卵石、砂砾和黄褐色土分层堆筑并加以夯打，各层薄厚不一，分布亦无规律。中心偏北处土层紊乱，有明显的下陷痕迹，应是椁盖板朽毁后封土塌陷所致。墓室设在封土下中心偏北，为长方形土圹竖穴木椁墓，方向为北偏东。墓口距地表深 0.7～0.8 米，南北长 7.6 米，东西宽 3.9 米，北端正中与墓道相连。墓底稍小于墓口，南北长 7.4 米、东西宽

3.9 米、深 5.5 米，土圹规整，底面平坦。由于墓室建在砂土质地层中，工具痕迹不显。木椁平面亦为长方形，保存比较完整。椁室自下而上由垫木、底板、椁帮和封门、椁盖板组成。椁内有长方形木棺一具，置于椁室西南角，被渗水和淤土扰乱，腐朽成灰。依板灰痕看，长约 1.80 米、宽约 0.80 米，位置稍有移动，结构已不可辨。人骨架一副，腐朽较甚，性别不明。墓道位于墓室之北，因受施工影响未完全清理，上口为长方形，长约 11 米，宽 1.9 米，下底斜坡状。回填砂砾和黄色土。该墓中出土器物共计 94 件，包括陶、铜、铁、铅、漆等几种质料的制品。

（三）浑源毕村西汉木椁墓

位于浑源县毕村东南，编号为 M1 和 M2[12]。

M1 为带斜坡墓道的长方形土圹竖穴木椁墓，南北向，方向为北偏东，封土高近 6 米，底径长约 40 米。封土下就是墓坑和墓室。墓室南部正中有斜坡墓道，墓道未全部发掘，经探查，知墓道长 23 米，宽 2.85 米，南端距地表 1.5 米，北端与墓室同深。墓口平面呈"中"字形，长 9.24 米，中间宽 4.74 米，前后窄长部分宽 3.28～3.68 米。由墓口向下至 3.65 米处，发现中间两侧墓壁上有弧形生土二层台，台宽 0.62～0.64 米。二层台内边以下，东西墓壁微有斜度，略呈仰斗状，至深 7.25 米处，发现东、西、北三面墓壁凹进 0.2～0.25 米，形成南北长 8.85 米、东西宽 3.53 米的墓室。现地表至墓底深 9.35 米，墓坑内原坑土回填并经夯筑，夯层厚 20～30 厘米。木椁室位于墓室正中，四周填有沙子和卵石，沙子层厚 20～25 厘米。椁盖以上有混合夯土三层，系用黄土、沙子和卵石掺合夯筑，共厚 90 厘米，土质坚硬。椁室已坍塌，椁盖、木棺和铺地板都叠压在一起。椁盖用 32 块 24 厘米的方木，南北排列，方木之间未发现榫卯等痕迹。椁盖长 8.65 米，宽 3.08 米，已被压弯，横木两头仍搭在椁壁上。椁的东西两壁均用 40 厘米的方木垒砌，中间无吻接迹象。其一头开榫，与椁室北壁横木卯吻合。榫卯已朽，残痕 6～8 厘米。北壁也是用 40 厘米的方木垒砌的。南端东西椁壁间置宽 2.27 米、高 1.7 米、厚 10 厘米的木门框，门用六块长方木板拼合而成，门外用两块方木交互斜插，并用一根圆木支顶。椁室上覆盖苇席，椁底板用厚 10 厘米的方木南北排列。椁室内靠东侧有木棺两具，南北分放。因长期渗水，椁内有 60 厘米厚的淤土，两棺是否原来的位置不详。北棺距北壁 80 厘米，棺盖、侧板、底板已散乱，依残迹棺长 2.1、宽 1.18 米，高度不明。棺盖黑地朱绘，施云气纹、锯齿纹和飞禽怪兽组成的几何形图案。棺内朱漆，有人骨架一具，头北足南，头骨尚存残片数片，其余已成碎末。南棺近椁室门，棺木已朽，依残迹看，棺长 2.1 米，宽 1.13 米。人骨架已朽，头北足南。

M2，位于 M1 东北约 150 米处，封土堆残高约 3 米，为土圹竖穴木椁墓，东西向。墓口长 6 米，宽 2.8 米，墓底长 5.9 米，宽 2.7 米，地表至墓底深 8.5 米，土圹四壁垂直。椁室四壁紧贴土圹，椁盖坍塌，南北两壁椁板已朽。板缝之间未发现榫卯痕迹，全长 2.61 米，板厚 10 厘米，依土圹上的板灰痕迹，椁室原高约 1.55 米。室西南侧有木棺一具，距西壁

20 厘米，已朽坍。棺盖系用两块木板拼合，板缝之间有三个细腰骑缝榫嵌入。棺长 2.1 米，宽 72 厘米，通高 74 厘米。棺上覆盖的丝物，已成残片。人骨架一具已朽，男性，长 1.84 米，为仰身直肢葬，头东足西。头骨内牙齿尚完整，磨损程度不大。口中含红色玛瑙珠两枚。其额骨上横列五条银丝，下有布纹，可能是甲胄上的饰物。在朽骨中发现许多碎铁片，尸骨下亦有很多铜钱一般大小的铁片，出土时已碎成粒状。推知，埋葬时死者身着铁甲，其长度不明。

（四）太原尖草坪汉墓

于 1982 年在太钢尖草坪医院建造制剂大楼的工程中发现，一共有两座。两墓的编号为 M1 和 M2，全部是长方形土圹木椁墓，方向为正东。墓室东部正中有斜坡墓道，墓道几乎全部压在附近居民房屋下。墓室内填五花土，未经夯实。

M1 墓口长 7.3 米，宽 5 米，深 8 米。由墓口向下至 6.6 米处有生土二层台。北壁、南壁、东壁、西壁台宽各 1 米、0.9 米、0.7 米、1.98 米。台面略有坡度，东二层台坡度为 4.5°，西二层台坡度为 11°。二层台下约 0.15 米处有椁板朽木。墓底长 4.62，宽 3.1 米。经铲探，墓道长 6.2，宽 3 米。M2 位于 M1 之南，墓口长 7.2 米、宽 3.4 米，墓深 7.3 米。墓圹四壁垂直，没有二层台。因长期渗水，木椁内西部有厚 0.65 米的淤土。墓道长 5.2 米，宽 1.6 米。从残存的棺椁朽木及板灰，可知两墓的葬具均为一椁一棺墓。M1，椁长 4.5 米，宽 3 米，板厚约 0.2 米。棺位于椁内西南侧，长 2.5 米，宽 0.75 米，板厚约 0.18 米。棺内人骨一具，长 2.1 米，头东，仰身直肢，骨骼粗壮，牙齿尚完整，为一中年男性。M2，椁长 4.85 米，宽 3.2 米，棺位于椁内西北角，棺长 2.23、宽 0.7 米，高约 0.85 米，人骨已腐朽，葬式不明。两墓的随葬品有铜器、货币、玉器、漆器、陶器等。

（五）平陆枣园村壁画汉墓

位于运城市平陆县枣园村，为一汉代壁画墓[13]。墓为券顶砖室，墓门向东，方向北偏东，主室平面呈长方形，东西长 4.65 米，南北宽 2.25 米，高 2.1 米，南侧有一耳室，深 1.7 米，宽 1.13 米，高 1 米。主室墓壁高 1.08 米，以素面条砖单层平铺相错砌成，砖长 33 厘米，宽 15 厘米，厚 5 厘米。拱顶高 1.02 米，为并列式结构，自墓壁上端起用十四道楔形的子母砖并列砌成。墓门两旁以素面条砖单砌立墙，门宽 1 米。封门亦用单砖相错横砌。铺地砖为条砖相错斜铺。耳室结构同于主室，仅有大小之别。此墓墓室满绘彩色壁画，为墨勾彩绘，颜色有黑、白、红、黄、蓝与青数种，因其浓淡不同，故又形成浅蓝、灰、浅红、橙黄等色。

四壁壁画脱落严重，无法辨认，仅藻井和四壁的上部保存完整。藻井主要绘有三大幅苍龙、白虎和玄武的形象。苍龙绘于拱券北壁，龙身长 1.6 米，占全壁长的三分之一；通体绘有稀疏的鳞纹，鳞片内填黑色，外留半月形白边一道，鳞片之间缀小圆圈或黑点。白虎绘在拱券南壁，与龙相对，其长度较龙略短。玄武位于后壁上端，有龟而无蛇，全长 0.9 米，背部绘成白色螺旋纹。此墓壁画内容以四灵居主要位置。壁画也表现了汉代绘画的特点，衬地繁缛，不留一点空白，在龙虎前后隙地及其上的拱顶部分，满布云气，有黑、白、橙黄诸色相参。在彩色流云之间，除剥落及漫漶不清外，还可看出有红色绘成的星宿一百余颗，藻井上又有日月的形象。四灵以下绘山水、树木、人物、房屋等。

墓室内积有 0.3 厘米厚的淤泥，主室的西南角有棺木痕迹，骨架已残，头向及葬式均不能辨认，墓中共有殉葬品 38 件。

五、三国两晋南北朝时期

（一）运城十里铺西晋墓葬

十里铺位于运城西，1986 年在村西发现一座西晋砖室墓[14]。方向为北偏东 5°，共分四室，平面呈曲尺形排列。各室间以过道或券门交通，自墓门起，甬道、前室、中室、后室沿纵横排列，全长 10.28 米。主室位于后室东侧，坐东向西，长 3 米，宽 2.7 米。从整个营造方法看，做工比较简单，甬道、过道均为券顶，四室均为平砖叠涩成四角攒尖顶。除起券外，中室四壁顶端各有一铺，模拟斗栱，使用立砖，外用卧砖错缝平砌。砖为素面，火候较高。尺寸长 38 厘米，宽 16～17 厘米，厚 7 厘米。整个墓壁为单砖交错顺砌。北为墓门，因过水塌方未发掘。墓门与甬道之间砌封门砖墙一堵，宽 0.36 米，高 1.4 米。每层三四砖，系顺砖错缝，砌成弧形，墙面上部向甬道内倾斜。甬道进深 1.2 米，东西宽 1 米。前室南北进深 1.3 米，东西宽 1.36 米，高 2.50 米。南壁为通向中室的过道，过道长 0.74 米，宽 1 米，高 1.44 米。中室南北长 2.14 米，东西宽 2 米。东西两侧均砌成拱券门，形制大小相同，在拱券门的上部四壁各有一处模拟斗栱。中室顶部早年被盗已塌，高度不明。后室过道长 1.1 米，宽 1 米，高 1.44 米。后室南北长 3.8 米，宽 3.5 米，高 3.94 米。西壁及南壁砌成拱券门状，在拱券上部使用斜砖砌法，依次内收叠涩成攒尖顶，顶部是一方砖封口。四壁对称拱形门角处置有圆形不规整门轴四个。主室位于后室东侧，主室门长 0.36 米，宽 1.1 米，高 1.8 米，东西进深 3 米，宽 2.7 米，高 3.94 米，与后室结构相同。出土遗物有五铢钱、铁钉、铜环，葬具不明。后室、主室均用方形砖铺地，砖长 40 厘米，厚 8 厘米，素面。其余处用墓壁砖铺地。该墓被盗，随葬品已被盗扰，清理发现有陶俑、镇墓兽、动物俑等。东侧出有死者骨架。

（二）大同方山北魏永固陵和万年堂

大同城北 25 公里镇川公社附近的西寺儿梁山（古称方山）的南部，有两个长满青草的大土丘，一南一北排列，相距不到一里。南部的大土丘，就是埋葬北魏文成帝拓跋濬之妻文明皇后冯氏的永固陵；北边的土丘略小，是孝文帝元宏的寿陵即"万年堂"。永固陵于太和五年（481 年）开始营建，三年后即太和八年告成。冯氏墓是见于文献记载的北魏早期墓，规模宏大，结构坚实，曾多次被盗。这两座墓都建造在方山南部山顶玄武岩层之上，上有高大的封土堆[15]。

冯氏墓封土堆现高 22.87 米，呈圆形，墓底为方形，南北长 117 米，东西宽 124 米。该墓为砖砌多室墓，建造于封土堆的中心，由墓道、前室、甬道、后室四部分组成。墓室南北总长 17.60 米。墓道向南偏东 4°。墓门外接墓道，为了防止土层塌陷，在东西两侧用石块垒砌长 5.9 米的两堵石墙。墙有收分，坡度较大，高约 5 米，北端宽 5.1 米，墓道向南直道到封土堆外沿，墓门高 4.15 米，宽 3.95 米。墓门用条砖封闭，其中二砖在券门内，三砖在券门外，封门墙厚 2.1 米。前室平面呈梯形，连接前后室的甬道平面是长方形，前室及甬道顶为拱形，四壁砌法与后室基本相同，只是起券较低。甬道前后各有一道大型石券门，相当壮观。石券门制作工整细致，由尖拱门楣、门柱、门槛、虎头门墩、石门五部分组成。门无轴，不能开合，是嵌入尖拱门楣内的。甬道南端石券门制作比北端石券门精细，南端石门高 1.82 米，宽 1.59 米，厚 0.20 米。后室平面近方形，高大宽敞。四壁呈外凸的弧线形，从下到上慢慢向内收缩。墓顶为四角攒尖式，顶中间嵌一块白砂石，上雕莲纹图案。甬道在南，不在南壁正中而略偏东，甬道门券是先砌券后垒壁。墓室规模很大，是我国已发掘的南北朝时期最大的墓葬之一。整个墓室用砖约达二十余万块。该墓因多次被盗，墓内遗存的陶瓷器、残石俑、残雕石兽全部被破坏。清理后出土有铜簪、骨簪、铁箭链、铁矛头、残石俑、料环、丝织品残片等。

小墓，即万年堂，为孝文帝的寿陵，曾前后三次被盗或破坏。墓的结构与永固陵相同，只是规模小些。封土堆高约 13 米，呈圆形，基底为方形，每边约 60 米。墓室由墓道、前室、甬道、后室四部分组成，坐北向南，偏东 5°。原建有三道门，用砖封闭。前室和甬道大部分已被拆除，甬道只残存北端及东侧基础的一部分。甬道高 2.51，宽 2.46 米，残长 10 余米，顶作拱形。甬道前后各有一道石券门，现残存二节石门框。后室平面方形，南北长 5.68 米，东西宽 5.69 米，四壁呈外凸弧线形。墓顶为四角攒尖式，高 6.97 米。甬道在南，略偏东。

万年堂和永固陵是同时期建造的两座陵墓，先修永固陵，后建万年堂，后者是陪葬性质的。

（三）北齐娄叡墓

北齐娄叡墓[16]位于太原市南郊王郭村西南 1 公里处，汾河以西，悬瓮山东侧。该墓的发掘清理工作开始于 1979 年 4 月，历时 21 个月，至 1981 年底结束。

墓由封土、墓道、甬道和墓室四部分组成。封土在地面上堆积夯筑，残存高 6 米余，顶部面积 30 平方米，底部东西长约 17.5 米，南北长 21.5 米。墓道长 21.3 米，南北向，南口距地表深 1 米左右，斜坡状，墓道上宽下窄，上口宽 3.55 米，两壁向下内收两次，形成两层阶梯状，墓道底宽 2.8 米。墓道北接甬道，甬道较墓道狭窄，因此墓道北端两壁呈直角内折成东西二短墙，各宽 50 厘米，现东侧残高约 2 米，西侧残高仅 50 厘米。甬道全长 8.25 米，由天井分为前后两段，前段南接墓道，底部呈斜坡状。两壁与墓道相同，都是土壁或用土坯砌成，现甬道中有积石，共约10余立方米，破坏了前段和天井部分。从残存现状，可以看出甬道前段的前半部是露天的坡道，后半部贴两壁立木柱，上承瓦顶，现尚存木柱三对，间距0.6～1米，顶部已毁，但积石中夹有残瓦、条形绳纹砖、朽木、白灰及白灰画面残块等物。天井方形，宽度比甬道的前、后段都宽40厘米，呈方筒状，南宽1.5米，北宽1.65米，中部宽1.72米，南高2.85米，北高2.8米，中部高2.95米。两壁用砖砌，上承券顶，为两重券，地面亦铺砖，为东西向交叉铺排。在甬道后段前后两端各设一堵封门墙，中部安石墓门。封门墙的砌法相同，都是用两层砖垒筑而成。墓室为砖构单室，平面呈方形，四壁中部稍向外弧凸。墓室东西宽5.7米，南北长5.65米，四壁在高2.8米时开始向内叠涩成四角攒尖顶，高6.58米，顶券三重，厚1.55米，砖顶距地表土深1.65米，墓底铺砖，东西向错缝平铺。

在墓室的西半部有砖砌棺床，平面呈不等边矩形，南长2.9米，北长2.3米，西长4.1米，东长4.25米，高出墓底20厘米。砌筑墓室所用砖为青灰色长方形条砖，长32厘米，宽16厘米，厚6厘米。砖表面有绳纹，砖背粗糙无纹，火候中等，硬度差，棱角不整齐。

墓内葬具已毁，散乱叠压在一起，应为一椁二棺。木椁可以复原，棺已腐朽严重，不可复原。木椁平面呈矩形，头大，脚小，前高，后低，椁盖为卷棚式，两端呈圆弧状，中部突出，超出前额，两侧内收，略长于东西两壁板，尾部平直，略长于后额。全椁未用铁钉，全部用榫卯结构建筑。

尸体已朽，骨骼破碎，仅残留有部分大腿骨、肱骨和肋骨。经测定，在墓室的填土和棺木上含有大量的水银，估计当时是为了防止尸体腐烂。

（四）北齐徐显秀墓

徐显秀墓[1]位于太原市郝庄乡王家峰村东，2000年发现，当年开始发掘清理，直至2002年结束。

此墓由墓道、过洞、天井、甬道、墓室五部分组成。通长30米。墓室距现地表深8.5米，上有夯筑封土堆，现存封土高5.2米，顶部长9.1米，宽4.5米；底部长13.6米，宽7米。墓道为斜坡式，长15.2米。墓道南宽北窄，上阔下窄，南部宽3.35米，北端顶部宽2.75米，最深处6.1米。在墓道西壁，南距墓道口8.87米、上距墓道顶部1.6米处，被一现代土洞墓打破。墓道北接过洞。过洞两壁内收，长3.5米，南宽2.3米，北宽2.2米。过洞顶部塌陷，残高2.5米。过洞北接天井，天井长2.3米，宽2.5米。天井顶部向下4.2米处，两壁内收形成一个1～2厘米的平直二层小台。天井北再接一过洞，此过洞两壁外扩，长1.07米，宽2.8米，顶部部分坍塌，残存拱高4.1米，此过洞通甬道口部分仍为斜坡式。甬道为青砖砌成，长2.75米，宽1.66米，高2.55米，底部用一层砖错缝平铺，两壁为三顺一丁砌筑，再由1.8米处起券。甬道南北口各有一道封门墙。甬道北口为墓门，墓门顶部为二券二伏。甬道南口两壁距地面1米，距甬道口24厘米处，有一方形孔洞，高17厘米，宽13厘米。门额为半圆形，高58.5厘米。正中刻一怪兽，两边各有一神鸟，口衔莲花。

门楣上雕刻有5个门簪，为凸起莲花造型，莲瓣上施彩绘。外侧两个门簪中间有一方形孔洞，内有铁锈痕迹，应是用来放置铁构件，以连接门扇上部的门枢。石门扇下部无门枢，直接置于门槛、门枕石上。门框上刻有宝相莲花、摩尼宝珠、忍冬纹等图案。门墩部分雕刻为狮头形象，上施彩绘。两扇石门质地均为细砂石，正面雕刻精细，背面粗糙。门扇为浮雕彩绘，上部刻有一鸟身兽头蹄足兽，口衔花草。下部刻有一白虎，但在后期彩绘时，在原雕刻的白虎形象上又用颜料改绘出一鸟的形象。门扇四周刻有莲花和云气纹。墓室西部有砖砌棺床。棺床西部紧贴墓壁。棺床周边用四顺一丁砖垒砌，棺床上一层砖错缝平铺。棺床北侧边缘砌砖大部分已残缺，底部还留有砖砌痕迹。

墓室内葬具扰乱严重，只有一些木块和棺钉散乱堆放于墓室东北部。墓内发现少量头骨、下颌骨、牙齿、颈椎、跖骨、肋骨等。乳齿所代表的年龄在10岁以下，下颌骨可能代表了一老年个体。随葬各类器物已经被盗，其余大多残碎，共计550余件，有陶器、瓷器、金银饰物等。

同时，该墓清理出彩绘壁画326平方米，分三部分：墓道、过洞、天井内为仪仗队列；甬道口与两壁是执鞭、配剑的仪卫；墓室内为主人宴饮、出行等内容。壁画中所绘人物与真人相仿，最高的1.77米，最矮的1.42米。

六、隋唐五代时期

（一）隋代虞弘墓

隋代虞弘墓[17]位于太原市晋源区王郭村村南一条东西向的土路上，路宽4米，路北边紧邻村民宅院，路南为农耕地，向东十几米，与一条南北向的路交接，向西一直通向悬瓮山。距该墓西南600米，原为北齐东安王娄敏墓。墓葬所在的王郭村是一个有5000人的大村，海拔高度800多米，坐落在太原盆地西北部分。现今村庄的位置，北距晋祠镇约3公里，距唐代晋阳城的南墙遗址约5公里，距太原市约25公里；向东近3公里，就是由北向南蜿蜒流去的汾河；村西3里，即为悬瓮山脚下的青阳河和牛家口；村南基本上是平原。地势是西高东低。由于历史上多年山水的流漫以及汾河的涨落，这里的地层除上面一层厚约50厘米的地表耕土外，下面均为含沙量多、色呈灰黑色的泥沙土。虞弘墓就建在这种泥沙土中。

该墓为单室砖墓，墓顶已毁，从墓室底部和石撑顶部均有唐"开元通宝"和唐后期白瓷圈足碗儿方面看，该墓可能早在唐末已被盗扰。墓葬坐东北向西南，方向205°，现存墓葬由墓道、甬道、墓门、墓室几部分组成。总长13.65米。墓道残存长度为8.5米，

图13-4 太原虞弘墓石椁　资料来源：文物.2001（1）.

最深处距现地表 2.6 米，浅处在耕土层和淤沙土层下，距现地表约 0.5 米。墓道呈缓坡状，北低南高，坡度 15°。墓道底部宽 2 米，上部宽 2.15 米。甬道为砖砌，宽 0.8 米，长 1.25 米，顶部已毁，两侧残砖墙最高 1.4 米，最低处仅 0.28 米。砖墙厚 0.34 米，砌法为三顺一丁，顺砖为四组，丁砖三组。墓门和甬道同宽，几年前在墓门上方挖沟铺设引水管道时，将墓室南壁和甬道严重破坏，仅在底部残存遗迹。

墓室平面呈弧边方形。砖壁东西弧边中部内长为 3.9 米，弧边两头东西内长 3.66 米，南北中部内长 3.8 米，两端南北内长 3.55 米。墓砖壁厚 0.34 米，残高最高 1.73 米，比墓室中部摆放的石椁顶部还低 27 厘米。砖壁略带弧形，砌法也是三顺一丁，共四组。顺砖皆错缝，分横顺和长顺两种，现存墓壁底层一组为长顺，以上均为横顺，最上一层横顺砖外高内低，表明已开始起券顶。丁砖全为横放。墓砖壁表面无灰泥，1.65 米以上已完全被毁。墓室地面无铺地砖，仅在四周墓壁下用砖平铺一层，呈方形框，以作为砖壁基础，弧形砖壁就砌在方形砖基上，随着墓壁弧度向外展开，砖基逐渐露出。在砖基中部，基边与墓壁距离为 10～13 厘米。除此墙基砖外，墓室其他部分地面仍为取平的黄褐色原生土。

葬具仅存一汉白玉石椁，安放在墓室中部偏北处。从石椁顶部外缘测量，东边距墓室东壁 36 厘米，南边距墓室南壁 75 厘米，西边距墓室西壁 36.5 厘米，北边距墓室北壁 42 厘米。石椁外观呈仿木构三开间、歇山顶式殿堂建筑，由长扁方体底座、中部墙板和歇山顶三大部分组成，每一部分又由数块或十几块汉白玉石组成。

出土随葬品除上述石椁及八棱汉白玉石柱外，还出土墓主人虞弘及夫人墓志、石质人物俑、残陶俑、白瓷碗、人骨、石灯台、铜币等随葬品，共 80 余件。根据墓志和出土物可知，该墓主人为隋代虞弘夫妇合葬墓[18]。

（二）隋韩贵和墓

韩贵和墓[19] 位于沁源县郭道镇东村一村民院中。

该墓距地面约 2 米，墓葬为青砖砌砖室墓，墓室平面方形，四壁略呈弧形。墓壁高 1 米，三顺一丁砌筑，壁上为叠涩内收的穹隆顶，墓顶已经塌落，由墓壁上至墓室顶估计高约 1.5 米，墓门位于墓室南壁处，墓门与墓室之间有长 0.9 米、宽 0.5 米、高 0.8 米的砖砌拱形甬道。墓门用砖人字形摆放封堵，墓门外的墓道因压在村庄建筑下，未进行清理，结构不详。

墓室已被扰乱，北、东、西三面各有一棺床，西棺床高三砖，长 2 米，宽 1 米，上放置 2 具骨架，头向南。北、东棺床较矮，长宽小于西棺床。北棺床上置一具完整骨架，头向南，人骨已被全部毁弃，墓室内未发现棺椁葬具。在墓室正中靠近北棺床处，放置石质墓志一合，陶俑 32 件，动物及器物模型明器 9 件，陶器 13 件，五铢钱 2 枚。

（三）唐薛儆墓

唐薛儆墓[20] 位于万荣县皇甫乡皇甫村南，1994 年被盗，1995 年进行了正式发掘。

整个墓葬由墓室、甬道、天井、过洞、壁龛、墓道等组成，在墓葬南部的地面上原来有石羊残块，现今已不知去向，其陵园和墓上封土均不清楚。墓室的开口距地表深 0.4 米，耕土层之下即见墓室填土，墓室呈正方形，边长 9.6 米，其壁较直，墓底距地表深 14 米，墓内填土为棕褐花土和浅灰花土，层层相间。前者坚硬而薄，后者松软而厚，皆未夯过，故整体看，填土是较松软的。砖室位于墓室的正中间，呈弧边方形，室内南北长 4.7 米，东西长 4.7 米，高 5.5 米。2.8 米以下墓壁直，以上四壁内收成穹隆顶，墓室底部错缝平铺绳纹砖二层，壁部一横一竖砖砌，其厚度为二层砖。在墓室南壁偏东处开一甬道，距东南角 0.36 米，甬道高 2.2 米，宽 1.5 米，其顶部呈圆弧形，底与墓室底平，其砖铺方法也同墓室。甬道壁用一横一竖砖砌而成。甬道通长 7.6 米，在其中部有一石门，青石质，由门扉、门柱、门槛、门墩、门楣、门额等组成。甬道再向南即为天井、过洞。有 6 个天井和 6 个过洞相间排列，天井和过洞大小相差不多，大多南北长于东西。天井和过洞的底部多呈坡状，北与甬道相接，南与墓道相连。过洞两侧的小龛均约 1 米见方，高也在 1 米左右。墓之最南部为坡状墓道，宽 1.9 米，长 11.4 米。除最南端 2.8 米坡度较平缓之外，其余坡度和天井、过洞、甬道一样均为 20°。墓道内的填土为褐色花土，土质较硬，填土内从上至下皆夹杂有许多壁画残块，残块过小。

由于 M1 多次被盗，墓内未发现完整的人骨架，仅有极零星的碎骨出土，有小部分碎骨经火烧过，出土情况不清。葬具仅存一石椁，青石质，整体如一庑殿顶房屋形状，放置在墓室内的西侧，它由屋顶、底座和中间三部分组成，通高 1.98 米。顶部用 5 块长 2.18～2.19 米、宽 65.5～78 厘米的青石做出屋顶形状，上雕有脊瓦、勾头、滴水等。屋顶高 0.37 米，长 3.63 米，宽 2.19 米。

石椁底座通长 344.5 米，宽 208 米，高 33 厘米。在底座的东、南、北三个立面上，分别雕有 6、3、3 共 12 个门装饰图案，其内雕有花草、怪鸟、异兽、虎、凤、象、奔马、鹤、鸳鸯等。

石椁中间由 10 块石板间 10 根石倚柱相接而成。石板内外皆雕刻有供侍人物、门、直棂窗等图案，倚柱内外则雕出各种花草、鸟兽等纹饰，神态生动，内容丰富，旨趣各异，且均雕刻精细，工艺精美，线条流畅，是唐代石刻艺术的佳作。

墓内的出土器物有铁器、铜器、陶瓷器、石雕、壁画等类。

（四）唐冯廓墓

唐冯廓墓位于长治市西郊瓦窑沟的建华菜场。该墓为穹隆顶砖室墓，墓门设在墓室南壁正中，券顶，宽 0.92 米，高 1.68 米，进深 1 米，墓室为圆角方形，四壁微外凸，南北长 3.58 米，东西宽 3.42 米，高 3.5 米。墓壁用条砖三平一竖砌成五组，高 1.7 米，其上错缝平砌，逐层内收成穹隆顶。墓室地面用条砖错缝平铺，墓室西侧为砖砌棺床，长 3.58 米，东西宽 1.46 米，棺床上置一具骨架，已被扰动。墓室内的随葬品已被群众取出，原来放置情况不明，保存基本完好，有陶器、瓷器、铜器等。

七、宋辽金时期

（一）司马光墓

山西省夏县是宋代著名政治家和历史学家司马光（1019～1086年）故里。司马家族自晋以来世居夏县，家族墓地在县西北25里鸣条岗，即今夏县水头镇晁村。北宋元祐元年（1086年）九月初一司马光病逝后，其子司马康于元祐二年（1087年）正月奉灵柩归葬于陕州夏县故里祖茔。宋哲宗赐写温公神道碑额曰"忠清粹德之碑"，苏轼为撰碑文，官建碑楼。宋代以后，作为封建社会人臣楷模的司马光的墓地成为仕宦凭吊的圣地，从金代始历朝政府多所建置，所以文物遗存丰富。1988年，司马光墓被公布为第三批全国重点文物保护单位。1995年成立了专门的文物保护机构———夏县司马光墓文物管理所。[21]

司马光墓这组重要的古迹由四部分组成。一是司马光祖茔，包括司马光墓冢；二是位于墓园东南的司马光神道碑（忠精粹德之碑）楼；三是司马温公祠，位于墓园的东侧；四是作为司马光祖茔香火院的一组佛寺———余庆禅院。其中，司马光神道碑楼建于明嘉靖三年（1524年），司马光祠堂建于清代，其余为宋代建筑。墓区四周有砖围墙。中部为祠堂，西为墓地，东为余庆禅院。墓地现存墓碑4通，封土13座，底径5～20米，残高1～5米，司马光与其父司马池、兄司马旦墓呈东西向排列，司马池墓居中，司马光墓居右，司马旦及叔父司马沂、司马浩墓居左。司马光墓底径约20米，残高约5米，墓前两侧现存石像生8尊，其子司马康墓前两侧现存石像生20尊。现存宋、金、元、明、清及民国各代碑刻30通，碑文记载历代修墓概况、游记及墓主人生平事迹等。另存北魏石兽8尊。

司马光祖茔，大约形成于宋仁宗之时（1023～1063年）。据清光绪《夏县志》记载，北魏时，始葬于夏县的司马阳墓位于今司马光墓东半里许，因墓地狭小，后亡者未能从葬于此，于是宋时又辟新茔地。司马浩是司马光的伯父，宋仁宗天圣八年（1030年）司马浩过世，据此，辟新茔地的时间当为在其去世之前。推测，此次"悉举而葬之"中有其父炫、弟沂、侄浩等。另外，茔地还有司马池、司马旦、司马光、司马康祖孙三代四人及其近支司马里、司马宣等。如今，经过历史的沧桑，司马光墓茔区的地上建筑已荡然无存，仅在司马光、司马旦和司马池的墓冢左右及后侧遗存有宋代围墙遗址，但已坍塌或被掩埋。因无史料及考古依据，地上建筑的形制及分布状况已不可考。

（二）大同东风里辽代壁画墓葬

大同东风里辽代壁画墓[22]，发现于2011年，墓葬周围为居民区，地势较平坦，墓室处于距地表1.5米以下的细沙与河卵石混杂的砂砾层中，墓葬出土器物不多，但壁画保存较为完整。

该墓为素面沟纹砖砌筑的单室砖墓，坐北朝南，由墓道、甬道和墓室三部分组成。从砖床被毁和随葬品位置凌乱等情况看，该墓早年曾被盗扰，墓室内有积土。墓室顶部和墓道遭到施工破坏。出土器物有石雕真容偶像、铜押印、瓷器残片等。甬道平面呈长方形，拱形顶，长 0.6 米,宽 0.65 米,高 1 米。两壁由青色沟纹砖一丁三平砌筑,至 0.8 米处起券,券顶外部白灰勾缝,甬道无铺地砖。门顶外上部错缝横砌条砖两列,高 1.05 米。墓门底部先用单砖竖砌一列,之上横砌封闭。墓室平面近圆形,底径 2.45 米,墓底距现地表 5.6 米。周壁先用半砖一丁三平砌筑,垒砌至 1.3 米后再用整砖起券,层层错缝内收叠砌成穹隆顶,残高 2.6 米。墓室地面用青色沟纹砖南北向错缝平铺一层。墓室后部砌棺床,占据墓室的三分之一,大部分被破坏,长 2.25 米,中部宽 0.4 米,高 0.07 米。

壁画布满墓室内壁,除顶部有少许破坏外,其余保存较好,总面积约 15 平方米,制作方法是在已砌好的砖壁上抹约 1.5 厘米厚的草拌泥,其上施 0.2～0.5 厘米厚的白灰膏,打平抹光后,在白灰膏上作画。壁画布局依其内容从上至下可分为三层。上层为墓室的穹隆顶,彩绘星宿图;中层为影作的仿木构建筑;下层画面以人物为主,用立柱将其分成四幅,每幅图案又加绘土黄色小边框,单独成图。顶部壁画内容为彩绘星宿图,中层为仿木构建筑,南壁壁画内容为男、女门侍图,西壁壁画为农耕图和出行图,北壁壁画为起居图,东壁壁画为侍酒散乐图和吉祥图。

(三)稷山金墓

稷山金墓分别发现于稷山县马村、化峪镇及县苗圃三地。马村位于县西南 5 公里的汾河北台地上,著名的元代建筑青龙寺就坐落在该村的西南隅。1973 年,当地群众在青龙寺西南方向约 300 米的"百墓"一带挖出仿木构砖金墓三座。因现场扰乱,墓室结构部分破坏。当年清理了这三座被扰乱的墓葬,1978 年、1979 年冬又在该地发现砖墓 11 座,发掘 6 座。前后共发现砖墓 14 座,清理 9 座。编号为马村 M1～M9。化峪镇位于县城西北

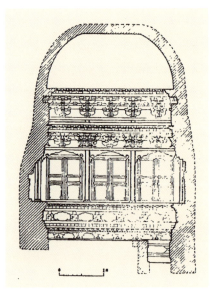

图 13-5 稷山马村 M1 剖面图
资料来源:文物,1983(1).

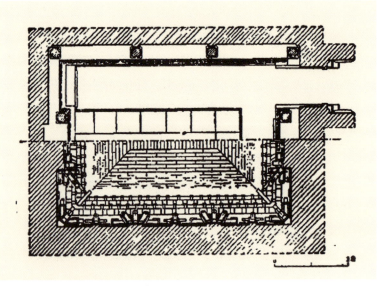

图 13-6 稷山金墓 M1 平面、俯视图
资料来源:文物,1983(1).

15 公里的吕梁山麓，该镇西南约 1 公里的果园 1979 年发现砖墓 5 座，当年清理马村金墓时一并进行了清理，编号为化峪 M1～M5。墓道未曾发掘。苗圃为县农业局所属，位于县城西南约 1.5 公里汾河大桥北面的小高地上，也发现金墓一座。编号为苗圃 M1。

这三地发掘清理的 15 座金墓，形制基本相同，但因规模大小不等，结构与雕刻装饰繁简有别，又分为甲、乙二类。马村 M1、M2、M3、M4、M5、M8，化峪 M4，苗圃 M1 等墓全部仿木结构，比较复杂，雕刻精致，装饰华丽，属于甲类；马村 M6、M7、M9，化峪 M1、M2、M3、M5 等墓为部分仿木结构，较为简单，装饰平常，属于乙类。

甲类墓一般都由墓道、墓门及墓室等三部分组成。马村 M3 与 M8 的墓门辟于墓室正南面，平面呈丁字形，其他各墓墓门辟于墓室南面东边，平面呈刀状。各墓皆坐北向南，方向较正。墓道全部是土筑，除化峪五座墓因未曾发掘，情况不详外，其余各墓墓道有竖穴和阶梯两式。马村 M1 与 M2 为竖穴式；M4、M5、M6、M7、M8 及苗圃 M1 等六座墓墓道均为阶梯式，全部是狭长状，宽仅 40 厘米左右。墓道前端仅墓门处约 1 米长的一段较平缓，其后端向上作阶梯，一般每级高 30 厘米，宽 25 厘米。

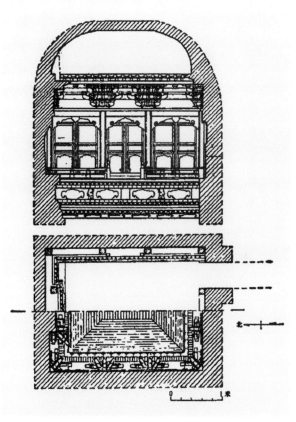

图 13-7 稷山马村 M3 平面、仰视、剖面图
资料来源：文物，1983（1）.

这些墓全部是土洞墓，都是砖砌形成，墓顶正中有天窗，一般长 1～2 米，宽 1～1.5 米，墓砖以条形为主，长 32 厘米，宽 16 厘米，厚 6 厘米。次为方砖，体积为条砖的两倍。仿木构部分的柱、额、斗栱、勾头滴水、脊兽及装修部分的门窗隔扇等，多为模制构件。也有少量是用特制的砖精雕而成。墓门，一般为砖券门洞，其中马村 M1、M2、M5 及 M8 等墓的门洞外口雕作壸门式，并饰以缠枝花边。马村 M1、M2、M4、M5、M8 的门洞上面均砌仿木构门楼，或单檐或重檐。马村 M1 与 M5 作重台勾栏，形似楼阁。马村 M4 为单檐歇山顶，斗栱飞檐，翼角挑起，中间栱眼壁上雕一风字形牌匾，两侧有二女童，手扶牌匾，足踩祥云。诸墓门洞之内，各砌一门框，门框后侧各贴砌板门一扇。M8 门口两侧放雕狮一对，一雌一雄。M2 门口，两侧壁各雕一人，身穿皂衣，手执棍棒。墓室平面均呈长方形，大小基本相等，一般长 2.5 米、宽 2.1 米、高 3.5～4 米。墓室四壁全部为枋木结构。四面由四座房屋的外檐建筑构成前厅后堂、左右厢房式的四合院。这些墓葬基本形式相同，主要由基座、柱额、斗栱、屋檐、墓顶等五部分构成。基座，皆为须弥式，一般结构复杂，形制高大；柱额，各墓四面均面阔三间，四周共砌檐柱十二根，皆为四方抹角形，柱下置宝装莲础，柱头置普拍枋；斗栱，分柱头铺作与补间铺作两种；墓顶，皆为

覆斗式，即于屋顶之上四面砌券，斗合而成。

乙类墓，平面形制结构和甲类墓相同，亦由墓道、墓门、墓室三部分组成。方向正南。墓门偏东，形呈刀状。墓道土筑，作阶梯式，极狭窄。墓门皆为圆券洞，无门楼，不加装饰。墓室砌在上有天窗的土洞内，砖的尺寸及砌法与甲类墓相同。墓室一般较小，约长2.1米，宽1.7米，高2.3～2.5米。墓室西边亦砌有砖床，床面不铺砖。墓室四壁除马村M9外，其余各墓均砌束腰基座。结构较甲类墓须弥式基座层次简单，但束腰部分亦有花卉及马、鹿、狮、羊等跑兽。基座之上雕有门窗隔扇，四面为屋，亦属四合院形式。

马村M1、M2、M3、M4、M5、M8，化峪M2、M3，苗圃M1这9座墓的杂剧砖雕，是这批金墓雕刻中比较重要的一部分。其中马村M1砖雕系立体圆雕，出土时被群众打碎；其余各墓皆为浮雕，保存完好。这批杂剧绝大部分与舞台共存，马村M1、M4、M5三墓还有乐队伴奏，是研究中国戏曲史极为珍贵的资料[23]。

八、元代

（一）忻州元好问墓

元好问墓，位于忻州市忻府区城南5公里的西张乡韩岩村村北。元好问墓环境幽雅，绿树成荫，集游园怀古、赏诗、凭吊于一体，分元墓、野史亭两大部分。现存有金、元、明、清乃至民国以来大量的诗文石刻，涉及名家三十人之多。他们分别从不同角度、不同侧面，多方面详细介绍与记叙了元好问的家世变迁、生平事迹、建筑物的滥觞经过、骚人墨客的观点评论、讴歌颂辞之作等。这些诗文石刻均系珍贵的文献资料，亦是研究者难得的考证依据。

"野史亭"是民国13年（1924年）忻州名人邢玉菘、陈芷庄从全省集资银元五千七百六十七元九角修建的。砖砌拱门上雕刻着清代名人徐继畬亲笔书写的"野史亭"

图13-8 忻府区元好问墓
资料来源：作者自摄

图13-9 忻府区元好问墓野史亭
资料来源：山西省第三次全国文物普查资料

匾。"元墓"在野史亭西边二百米远的另一个院落，这是元好问的祖坟所在。十二属相图案甬道蜿蜒延伸，两旁翠柏茂密繁盛，庄严肃穆，令人起敬。公元1257年，元好问在征集金史资料时去世于河北获鹿寓舍，由他的长子元拊及其门生从河北将灵柩运回忻州安葬于此。元好问墓前，有明清时期的石桌石香炉、"诗人元遗山之墓"三尺立石。左侧有元大德四年"元遗山先生墓铭碑"一通。元好问墓的上边有其父元德明、叔父元格、祖父元滋善和曾祖父元春的墓。墓前有享堂三间，内有清代、民国时期碑刻四通，东西两墙嵌满碣文，其中有清乾隆六十年忻州知州汪本直撰写的元遗山先生世系略和元墓墓图。墓道两旁有石翁仲、石羊、石虎各一对，系元代石刻。门楣上石牌匾刻"元墓"二字，系汪本直手迹。[24]

（二）红峪村元至大二年壁画墓

该墓葬位于兴县康宁镇红峪村北山梁上，距红峪村3公里。墓葬以西60公里为黄河，以北25公里为兴县县城。[25]

墓葬位于山梁东坡，地势西高东低。墓葬坐西向东，方向110°，为石砌八角形单室壁画墓，主要由墓道、封门石、甬道、墓门及墓室五部分组成，墓室为八角叠涩顶。其构造方法是先从坡面向下挖出一个近似直筒状的土坑和斜坡墓道，然后在坑内以较规整的石板砌筑墓室和墓顶。墓门外以条石砌拱券甬道，再以石板封门，最后填土掩埋。墓道保存基本完好，为半斜坡式，上窄下宽，平面呈不规则长方形，通长2.5米，墓道口宽0.9米，靠近甬道处宽0.82米。东端近墓道口处壁面上有四个脚窝。封门石分两层，内层由两块石板拼接成近方形，外层为一块长方形石板，长0.8米，宽0.7米，厚0.07米。甬道为拱顶，以纵向条石砌筑，白灰勾缝，长1米，宽0.8米，高0.82米。甬道石壁厚0.12米。墓门已经遭到破坏，残存有厚度为0.06米的石板。墓室平面接近正八边形，室内底部铺有石板，因人为扰乱铺设，范围已不清。从残存部分可知石板厚度为0.05米。8块长方形条石环绕

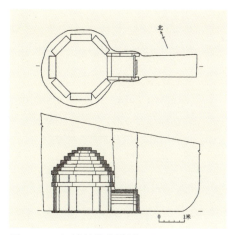

图 13-10 红峪村墓葬平剖面图
资料来源：文物，2011（2）.

图 13-11 红峪村墓葬墓顶壁画
资料来源：文物，2011（2）.

墓室铺砌，作为墓壁的基础。每块条石长0.94米，高0.95米，厚0.06米。自基础之上为墓壁，上绘壁画主体部分。再上为墓顶，绘仿木作壁画。墓顶层层叠涩，但部分损坏，根据遗迹判定应有12层。墓室南北长2.04米，东西宽2.04米，墓底距墓顶残高2.3米，由于多次被盗，墓主人遗骸完全被扰乱，从残存的遗骸看应该为夫妇二人。

该墓的壁画分为两部分——墓顶壁画和墓壁壁画，墓顶自上而下共10层，描述墓主人生活场景还有部分风景画，壁画面上还含有元至大二年（1309年）的纪年题记。

（三）运城西里庄元代壁画墓

1986年初，在运城市东北约15公里的西里庄村南，当地农民取土时发现一座元代壁画墓。此墓为长方形单室砖券墓。墓向正北。墓道、墓门及墓顶大部已毁。墓室长2.3米，宽1.32米，残高约1.3米。墓门开在墓室南壁，宽0.8米，残高1米，用条砖封堵。墓室地面经夯打，未铺砖。墓壁均用条砖单层砌筑，砖长32米，宽16米，厚5厘米；在距墓底78厘米处向外扩约5厘米然后发券。墓壁表面抹白灰，上绘壁画。墓内已被扰乱。沿西壁顺置一具人骨，头向北，已残缺。墓内原置一张木床，现只残存零星构件。此外，墓内散见唐、宋、元代铜钱共22枚，其中元代铜钱有至大通宝。

墓室四壁白灰面上均彩绘壁画，色彩主要有红、黄、蓝、黑色，画法为单线平涂。西壁主要是戏剧图，北壁为宴飨图，东壁人物图，南壁的墓门两侧各绘一童子。此外，券顶部分可看出有祥云、野草、盆花、竹子、乌龟、兔子等。

根据壁画的画法以及所出铜钱的时代等，综合将此墓时代定在元代晚期。[26]

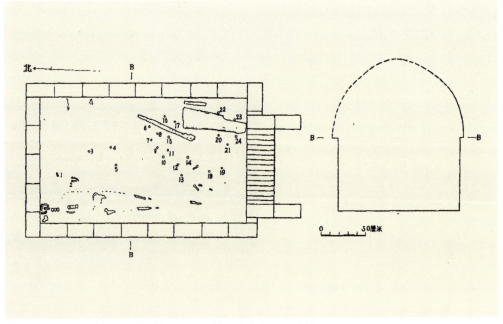

图13-12 西里庄元代壁画墓平剖面图　资料来源：文物，1988(4).

九、明代

（一）尧陵

位于临汾市城东郭行乡北郊村西的涝河北岸。陵丘高 50 米，周长 300 余米，四周古柏葱茏，世称神林。《吕氏春秋·孟东纪》载："尧葬于谷林，通树之。"与尧陵的地形、地貌相合。由此可见，尧陵当建于秦朝之时，距今已有两千多年。据传，帝尧驾崩，万民悲痛，送葬之日，人们不约而往，掬土成山，留下此丘。故此丘全是纯净黄土，绝无砂石夹杂，由此可见当时民众对帝尧的敬仰和爱戴。丘陵之南建有陵园，陵园依丘陵而建，山门面向临岸，上建戏台，下为通道，成阁楼式。戏台院东西有看楼，北面为仪门，系木构牌坊，斗栱层层叠架，飞檐左右挑出，虽年深日久风貌依然，其巧夺天工的精妙结构，游人观之无不赞叹。仪门之北，中院正面为献殿，东西为配殿，献殿面阔 3 间，高大敞明，其东西山墙多镶嵌记事碣碑，出此

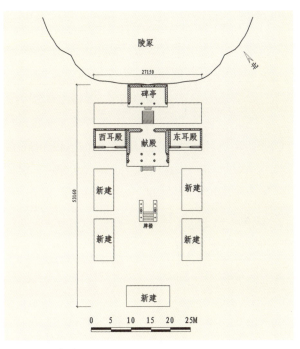

图 13-13 尧陵平面图
资料来源：山西省第三次全国文物普查资料

图 13-14 尧陵全景　　资料来源：作者自摄

殿门后，上13级石阶原有正殿5间，现为1984年修建的碑亭，其内竖石碑5块，中间一块上刻"古帝尧陵"四个大字，笔力雄健，庄重古朴，为万历十八年（1590年）镌刻。在中轴线的两侧，厢房、耳房犹存。据碑文记载，过去的献殿东西各有一门，东为斋室，12间，西为守冢人户村落各一区，20间。其西为神庖神厨屋各4间，再西为守冢人户村落各一区，30余间房屋。现碑亭下石阶东西各留有转窑洞一排，依然完好，整个陵园建筑布局紧凑，结构得体。

陵园祠宇，相传为唐初改建，据金代泰和二年（1202年）碑载，唐太宗李世民破刘武周屯军于此，曾晋谒古帝尧陵并祭祀之。因此显庆三年（658年），与重建尧庙同时，尧陵祠宇也得以重修，此后元中统年间（1260～1264年）真人姜信曾奉元世祖之命重修尧陵。明成化十七年（1481年）、嘉靖十八年（1539年），清雍正、乾隆年间都曾对尧陵进行过修葺补建。[27]

（二）永济祁家坡韩楫墓

韩楫墓位于永济市韩阳镇盘底村祁家坡自然村。村西南约2里有自然小村韩坟，为明代望族韩氏祖墓所在地。旧时墓地连有围墙、建筑设施，并设专人守卫。年岁日久，守墓者在此繁衍生息，形成当今韩坟和祁家坡两个村庄。韩楫墓位于祁家坡村口，其后为楫父之墓，右下方是楫长子韩焕墓，左后方为其次子墓。[28]

韩楫墓上原有高封土，年久已夷为平地。方向132°。墓室上部现存覆土厚约8米，墓室系水磨青石砌成，分墓门、前室、椁室（主室及左右侧室）与耳室四大部分。墓门整体为仿木结构石雕，通高4.94米，宽3.45米。门洞宽1.72米，高2.16米，发券半径0.86米。券顶为一块扇面形弧石，高0.51米。券旁分别设高1.03米、下部宽0.17米的两块青石，接砌在高1.3米、厚0.17米的洞腿上，扇面石左右上角又分别砌两块高0.34米的半弧形石。墓门两侧分别砌有方形倚门柱，通高3.51米，宽0.58米，厚0.17米。每根由10块青石砌成。方柱上部为平板仿石雕。墓门前以石条横向叠砌挡土。墓门通进深3.02米。为防盗墓者出入，在门洞中部设双扇石门。石门已无存，门廊犹存。廊长2.25米，宽1.14米，高3.32米，廊顶发券半径0.52米。墓门里端与前室相接。前室长13.29米，宽3.42米，

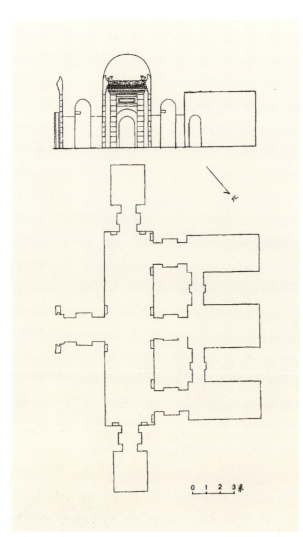

图13-15 永济祁家坡韩楫墓平剖面图
资料来源：文物季刊，1992（1）.

高 6.39 米。与墓门对应的前室中部也有与墓门雕饰相同的仿木结构门面，规模基本一致。前室两侧各有一个耳室。左右对称，大小、形制相同。皆辟门，门之做法规制最小。前室正面辟三门，分别通往后室与侧室。后室为韩楫椁室。左侧室为原配傅氏椁室，右侧室为继配祁氏椁室。后室石雕大门上框额正中阴刻篆书贴金"明中议大夫通政韩公之藏"。上款"万历三十五年岁次丁未冬十二月吉旦"，下款为"赐进士出身知平阳府事南乐李从心题"。三门形制大小皆同。间距以倚门柱外侧所测为 2.18 米。以中门为例，通高 4.94 米，宽 2.99 米，倚门柱高 3.51 米，宽 0.56 米，门洞券石与耳室做法相同，亦为一整石雕成。后室长 5.13 米，宽 3.16 米，高 3.70 米，全系水磨青石错缝相砌。后室前部两侧，距前壁 0.31 米处各向左右开一小石门，分别通入两侧室。

墓内葬具已被淤泥埋没或作他用，后室为一棺一椁，皆系柏木作成。长方形棺，尺寸不详。椁长约 2 米，宽 1 米，高 1.5 米，厚 0.2 米，表面施红漆黑花图案。棺椁至今未朽，除部分盖板埋入淤泥中外，其余大部分为祁家坡建学校时所用。棺停置于长方形石床上，石床尺度约与椁相同，高约 0.4 米。左右侧室葬具不明。

关于墓葬的建造年代，据墓内题记观察，最早为万历二十九年（1601 年），晚者为万历三十五年（1607 年）。如此浩大工程，短期也是难以完成的。且最晚年代距韩楫卒年仅二年，可见是其生前营建的。此墓规模宏大，雕刻精细秀丽，富丽堂皇，在我国亦属罕见。它为研究明代官吏的墓葬形制、葬俗及石雕艺术等提供了宝贵的实物资料。

（三）襄汾丁村明代墓葬

丁村的明代墓葬[29]位于襄汾县城关镇南 5 公里处的丁村南，共有明墓 6 座，均遭到不同程度的破坏，以 M1 和 M2 保存完整。

墓葬形制基本相同或相近，均为土洞墓。由墓室、墓门和墓道三部分组成，墓室平面为弧边长方形，面积大小不等。窑洞式墓顶，有的墓顶中部有天井，长方形墓道，较深，两壁挖有对称的脚窝，墓门为券门，用砖或土坯封门。

M2 保存最为完整且最具特征。墓向南，长方形竖穴墓道，长 2.6 米，宽 0.95 米，深 4.5 米。墓道东西两壁中间有八对对称的脚窝供上下。墓门为券门，宽 0.95 米，高 1.3 米，用竖砖封闭。墓室平面为弧边长方形，南北长 3.7 米，东西宽 3.56 米。墓室顶为窑洞式，墓壁非常光滑。墓顶正中开有天井，天井呈梯形，下底长 1.04 米、宽 0.6 米，上部长 0.4 米、宽 0.3 米、高 1 米，以砖封顶。墓室高 1.54 米，连同天井高 2.54 米，墓室北壁正中为一方形小龛，内置买地券，方形小龛上有一圆龛，墓室南壁墓门上有一圆形灯龛。

6 座墓的葬具均为木棺。葬式基本相同，骨架置于墓室正中，仰身直肢，夫妻合葬，男尸在东，女尸靠西，头下均枕有大炭块，棺周围也有置炭块者，头北脚南。其中 M3 为二次迁葬，男者仰身直肢置于墓室正中，女者二次迁葬，骨架置于墓室的东北角。这批墓出土遗物较多，有泥俑、瓷器、铜器、铁器、锡器、陶器等。

图 13-16 栗毓美墓　资料来源：作者自摄

图 13-17 栗毓美夫妇合葬墓塚

十、清代建筑

（一）栗毓美墓

栗毓美墓又名栗氏佳城，位于浑源县永安镇恒麓社区天峰北路西侧。栗毓美（1778～1840年），字友梅，又字朴园。生于清乾隆四十三年（1778年），嘉庆年间考中拔贡，历任知县、知州、知府和布政使等职。在任山东、河南河道总督时，创行抛砖筑坝法，对当时的治河防洪作出了重要的贡献。由于积劳成疾，道光二十年（1840年）卒于任上。道光皇帝追赠太子太保衔，谥恭勤，敕建坟墓。

墓地坐北朝南，东西长99.3米，南北宽173.53米，分布面积1.7万平方米。二进院布局，中轴线上建有南启门、延泽桥、石牌坊、仪门、神道、永怀堂、栗毓美墓冢等，全部采用汉白玉雕刻。南启门，又称山门，通体砖砌仿木结构，拱券门洞，额刻"栗氏佳城"，歇山顶。山门两侧分立2通汉白玉石碑，西为神道碑，东为谕祭碑。延泽桥已毁，现复建。延泽桥两侧稍北置华表一对，通体雕云纹间五福捧寿图案，造型华丽别致。石牌坊，通体汉白玉雕琢，面宽三间，抱鼓石图案精美绝伦。仪门，面宽三间，进深二间，硬山顶，门前置石狮一对。仪门东西两侧各建配房五间、碑亭一座，西为御赐祭亭，东为御赐碑亭。过仪门进后院，一条神道直达永怀堂，神道两侧各安置一组石像冢，依次为羊、虎、马、武将、文臣等，均用汉白玉雕成。永怀堂已毁，现复建。栗毓美墓冢，为圜丘形，封土高约6.8米，直径10.6米，汉白玉雕须弥座、围栏。墓前立碑刻1通，汉白玉质，龙首，碑文楷书"皇清光禄大夫太子太保东河总督栗恭勤公诰封夫人晋封一品夫人吴夫人合葬墓"。墓地内现存碑刻15通。

图13-18 猗顿墓

(二）猗顿墓

在临猗县牛杜公社王寮村西门外路旁，有一所引人注目的大坟冢，这就是猗顿墓。猗顿系战国时鲁人，传说在西河（今山西南部一带）从事畜牧，兼营盐业，是当时的大富翁。猗顿致富后广行仁义，赈济一方，浚涑水，兴灌溉，惠及黎庶商贾，百姓感恩戴德，为其封墓建庙，被奉为"商业之祖"。

其墓始建年代不详。清康熙四十四年（1705年）本乡武士陈定命出资修葺墓冢，道光十七年（1837年）商人郭玉成再次修葺，又在墓冢东南方建门房三间，坐西朝东，现已毁，仅存墓冢1座，碑刻3通。墓冢直径5米，残高1.2米，占地面积20平方米。1986～1996年，临猗县政府屡次修葺，并将墓地规模扩大为10亩。[1]

(三）徐继畬墓地

徐继畬（1795～1873年），山西五台人。字健男，号松龛，又号牧田。自幼受过良好的家庭教育和儒学的熏陶，道光六年（1826年）中进士，选翰林院庶吉士。道光十年（1830年）授翰林院编修，后任陕西监察御使、广西浔州知府等职。道光十七年（1837年）起，先后任福建延建邵道、汀漳龙道、两广盐运使、广东按察使、福建布政使等职，在福建的时间较长。道光二十六年（1846年）十月擢升广西巡抚，十二月改授福建巡抚，后兼署闽浙总督。鸦片战争期间，他统率部属在漳州边城积极筹备抵抗外国入侵，鸦片战争之后，他在公务之余，著述不辍，深入研究，认真反思，利用在沿海地区与外国人频繁接触的有利条件，以及个人早年积累的史地学考证功夫，前后用了五六年时间，完成了影响中国近代化进程、启迪中国人开放意识的启蒙著作《瀛环志略》，对中国近代化进程产生了较大影响。徐继畬是中国近代社会转型过程中最早一位倡导思想开放、倡导客观认识世界的先驱人物。同治八年（1869年）三月徐继畬以老病告归乡里，四年后这位以开放思想见长、对中国历史有破冰之功的人物终老于五台山东冶镇。

徐继畬墓地位于五台县东冶镇东街村，墓地面积180平方米。现存圆形封土堆1座，1995年新立墓碑1通，碑文写"徐继畬之墓"，封土堆底径3.5米，高3米，保存完好。

注释

1. 山西省考古研究所，襄汾县博物馆.山西襄汾陈郭村新石器时代遗址与墓葬发掘简报.考古，1993（2）.
2. 山西省考古研究所等.山西芮城清凉寺新石器时代墓地.文物，2006（3）.
3. 中国科学院考古研究所山西工作队.山西芮城东庄村和西王村遗址的发掘，考古学报，1973（1）.
4. 山西省考古研究所，灵石县文化局.山西灵石旌介村商墓.文物，1986（11）.
5. 山西省考古研究所，运城市文物工作站.山西绛县横水西周墓发掘简报.文物，2006（8）.
6. 山西省考古研究所大河口墓地联合考古队.山西翼城大河口西周墓地.考古，2011（7）.
7. 谢尧亭.北赵晋侯墓地初识.文物季刊，1998（3）.
8. 北京大学考古学系，山西省考古研究所.天马—曲村遗址北赵晋侯墓地第二次发掘.文物，1994（1）.

9. 山西省考古研究所，北京大学考古学系.天马—曲村遗址北赵晋侯墓地第三次发掘.文物，1994（8）.
10. 平朔考古队.山西朔县秦汉墓发掘简报.文物，1987（6）.
11. 山西省平朔考古队.山西朔县赵十八庄一号汉墓.考古，1988（5）.
12. 山西省文物工作委员会等.山西浑源毕村西汉木椁墓.文物，1980（6）.
13. 山西省文物管理委员会.山西平陆枣园村壁画汉墓.考古，1959（9）.
14. 山西省考古研究所，运城市博物馆.山西运城十里铺砖墓清理简报.考古，1989（5）.
15. 大同市博物馆等.大同方山北魏永固陵.文物，1978（7）.
16. 山西省考古研究所，太原市文物管理委员会.太原市北齐娄叡墓发掘简报.文物，1983（10）.
17. 山西省考古研究所.太原隋虞弘墓.文物出版社，2005（8）.
18. 山西省考古研究所.太原隋代虞弘墓清理简报.文物，2001（1）.
19. 郎保利，杨林中.山西沁源隋代韩贵和墓.文物，2003（3）.
20. 山西省考古研究所.唐薛徽墓发掘简报.文物季刊，1997（3）.
21. 段恩泽.司马光墓的历史发展脉络探析.文物世界，2013（5）.
22. 大同市考古研究所.山西大同东风里辽代壁画墓发掘简报.文物，2013（10）.
23. 山西省考古研究所.山西稷山金墓发掘简报.文物，1983（1）.
24. 孙转贤.元好问墓.五台山，2005（2）.
25. 山西省考古研究所等.山西兴县红峪村元至大二年壁画墓.文物，2011（2）.
26. 山西省考古研究所.山西运城西里庄元代壁画墓.文物，1988（4）.
27. 刘长青.尧都·尧庙·尧陵.山西人民出版社，2005（4）.
28. 张国维，李百勤.山西永济祁家坡明代韩楫墓.文物季刊，1992（1）.
29. 马升，王万辉.襄汾丁村明代墓葬发掘简报.文物季刊，1996（1）.

参考文献

[1] 山西省考古研究所编.山西考古四十年.山西人民出版社，1994.

第十四章 山西古典园林

第一节 山西古典园林概况

一、山西特有自然环境和人文环境

山西地处黄河沿岸，黄土高原之上，山河壮丽，历史悠久，是我国文明发祥较早的地区。[1] 早在180多万年前，中华民族的祖先就在此劳动、生息、繁衍。山西黄河两岸人文荟萃，历久不衰。从公元前21世纪夏朝开始，迄今4000多年的历史时期中，历代王朝在黄河流域建都的时间绵延3000多年。从远古神话到春秋时期晋国霸业，从战国韩赵魏三家分晋到山西魏晋南北朝的民族融合，从唐朝李世民晋阳举兵到明清晋商的辉煌，在相当长的历史时期，中国的政治、经济、文化中心一直在黄河流域。清朝学者顾祖禹在《读史方舆纪要》中提到，大同、太原作为山西地区的两大政治重镇，曾分别为北魏、北齐、石晋等政权的首都或陪都。在割据政权并立的时期，黄土高原地区的割据政权有刘氏汉、赵国、前秦、后秦、西燕、夏、代等，超过当时政权总数的1/3。境内有七条山系纵横交错，丘陵、盆地镶嵌其间。土地肥沃，物产丰富，地势险要，易守难攻。山西简称晋，别称三晋、山右、河东，这些人们非常熟悉。早在春秋时代的儒家经典《左传》里，山西这片地域就被形容为"表里山河"。[2]

山西的地面历史遗存众多，现存古代建筑数量之多和历史、艺术价值之高都居全国之首。已列为国家级重点保护的文物单位有35处，省级重点保护的文物单位有284处。据统计，宋金以前的木构建筑为106处，占全国同期建筑物的70%以上。在众多的遗存中，种类多、地域特色鲜明。古建筑研究专家、三晋文化研究会副秘书长王宝库在其专著《佛国圣境——山西佛教寺庙与文化》中提出，山西拥有除宫廷类之外的其他九类遗存，其数量之多、规模之大、构造之精、造型之美，国内省份无出其右。在山西古建筑中，宗教类建筑居绝对多数；在宗教类建筑中，佛教建筑居绝大多数。这也意味着山西寺庙官观的众多，相应的寺观园林案例相对较多。其他众多遗存包括古塔、石窟、古城关隘、衙署、聚落、私家宅邸、民居大院也较多。

第十四章 山西古典园林　685

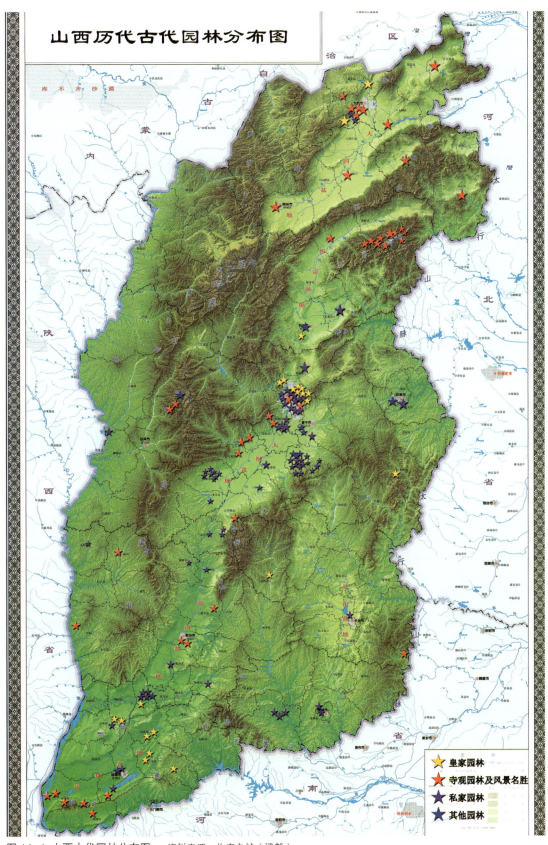

图 14-1 山西古代园林分布图　资料来源：作者自绘（梁毅）

寺庙宫观：山西保留完好的寺庙之多不胜枚举，如五台山寺庙群、大同华严寺、大同禅净寺、大同普音寺、大同三观寺、大同市清凉寺、朔州崇福寺、应县木塔（佛宫寺）、应县净土寺、应县大安寺、朔州崇福寺、忻州兴国寺、阳泉天宁寺、太原崇善寺、恒山悬空寺、吕梁安国寺、灵丘天堂寺、灵丘黄台寺、广灵县双泉寺、左云县天慈寺、左云县地藏寺、左云县福星寺、临汾广胜寺、运城普救寺、晋城白马禅寺、长治原起寺等。

石窟造像：据考察，山西境内规模较大的石窟有北朝时期 19 处，隋唐时期 21 处，宋代 2 处，元代 2 处，明代 5 处，加上云冈石窟，天龙山石窟共 51 处。以全国三大石窟之一的大同云冈石窟为最，太原天龙山石窟、龙山石窟、长治羊头山石窟、平定开河寺石窟也具有较高的艺术价值。

城垣关隘：山西是历代兵家必争之地，内外长城延伸到山西的大同、朔州、忻州、晋中、吕梁、阳泉等八个地市境内，约计 3500 公里。有雁门关、平型关、宁武关、娘子关、偏关等重要关隘。山西古城垣较为完整的有平遥城和娘子关城。平遥城除城墙外，城内鼓楼、城隍庙、街坊、店铺、民居都保持着明、清形制与风貌。

衙署：衙署在山西的遗存非常有限，有州级衙署、县级衙署之分，如绛州州署、霍州州署、榆次县衙、平遥县衙等。而造园最负盛名的莫过于绛守居园池。

民居大院：在中国民居中，山西民居和皖南民居齐名，一向有"北山西，南皖南"的说法。山西民居中，最富庶、最华丽的民居要数汾河一带的民居了，而汾河流域的民居，最具代表性的又数祁县和平遥。山西民居种类较多，但具备置地筑园条件的当属规模较大的几处大院、私宅、府邸，故在民居附属花园的案例并不丰富。

二、山西造园特色及文化内涵

1. 造园特色

由于天然的地理条件、气候原因，山西造园的地理条件远不及江南山清水秀的灵动，但强烈的地域特色仍然使其独树一帜。山西园林的造园艺术有一定的成就，在建筑、叠山、理水、植物配植等各方面都形成了强烈的地域特色，明显区别于其他地区的造园艺术。最具地域特色的造园特色主要体现在空间布局、建筑形态以及色彩、叠山与理水。

随着时间的流逝，众多的园子消失殆尽，仅有少量有迹可循，故明清以前的山西园林大多难以了解其具体情况，少量信息仅可在文献记载、诗词歌赋中略见一斑。这里所总结的部分特色仅从现存实例中获得，故不尽翔实，但基本代表山西的造园特色。

布局

山西寺观园林居多，多以山形地势因地制宜形成多进院落，院落基本形制中规中矩，强调中轴对称；而且山西城市大多形态规整，使得城内宅园的轮廓也较为方正，布局相对严谨。

而城外的别墅花园则相对灵活，可大可小，受到周围山水地形等自然因素影响，往往轮廓比较自由，布局较为分散。从现存实例判断，山西园林的格局大致特点如下：强调中轴线，明确设置正堂和东西厢；建筑大多采用正朝向，空间规整，但假山、水系和花木布置则较自由，在一定程度上打破了拘谨的格局；与南方园林中复杂的空间层次相比略显单调，但也因此避免了过分繁琐的弊端。

建筑

山西园林建筑秉承北方古代建筑的地域特色，厚重、朴实、沉稳。与南方园林建筑的灵巧形态差异明显，但功能与南方私家园林中的建筑大体一致，都承载了居者日常生活的各种娱乐、休闲文化活动。园中建筑主要分为厅堂、楼阁、轩、馆、亭等各种不同类型，分别用作宴乐、休憩、读书、居住空间。皇家园林与衙署园林建筑一般都采用官式做法，私家园林则有部分地域特色，局部采用窑洞等建筑形式。现存山西园林中建筑造型大多偏于稳重，不像南方园林那样灵巧，显出一种端庄的气韵。

叠山

山西大面积地区属发育良好的黄土高原地貌，黄土层覆盖较厚，极少见奇石、怪石，故在造园中鲜见如江南园中的奇秀、漏透的景石堆山，山西园林中的假山很少有记载，也很难见到实例。已知山西园林中的假山主要以青石山和土山为主，土山多以挖池堆山而成，显得雄健硬朗或平缓质朴，如阳曲县静安园和太谷孔祥熙宅院的假山。

理水

山西气候干燥，地表土层深厚，相比南方而言，水资源并不富裕。不过隋唐以前时期的晋南地区并不缺乏良好的水源，很多风景园林也以水景为主，如晋祠、绛守居园池等均有大量的水景。但唐宋以后的山西气候变化，私家园林中的水景大多非常简单，中小园林中以小池和溪流为主。与江南园林自明末以后的曲池、大水面为主不同，山西私园经常出现小巧规整的方池，明显风格迥异。

植物

相对南方地区而言，山西地区的气候条件要逊色很多，年降雨量平均在500毫米左右，气候干燥，四季分明，冬季漫长，温度较低。除了四季分明导致阔叶植物冬季落叶外，植物的适生树种与南方差别也很大，在整体的植物配置方面显得单薄。植物的生长、开花周期也比较短，导致山西园林在植物造景方面受到很多限制。但历代山西园林也常常因地制宜，创造出很成功的植物景致。山西园林中的乔木以松、柏、槐、柳、榆、杨、枣、枫、银杏、梧桐等树种为主，花灌木则以海棠、丁香、碧桃、紫荆等最为常见。此外，竹子、荷花、藤蔓以及农作物都是山西园林中的重要内容。由于山西大部分地区都无法在露天种植名贵花卉，只能通过盆栽的方式来种植，冬天则须移入暖窖保存，一些私家园林往往设置暖窖，作为冬天贮存珍贵花木的重要场所。[3] 由此可以理解为何盆栽形式的植物造景方法会在山西园林中经常应用。

2. 文化内涵

地方风俗与审美取向

山西园林中建筑色彩浓烈、空间形态方正直白的特点与本土风俗及审美取向有很大的关系。山西属于典型的北方地区，相对南方而言，民风端庄朴实，民间工艺和戏曲大多有雄健、大方、沉稳的特点，这是山西园林潜在的民俗文化基础。山西园林多采用鲜艳的油漆彩画和比较灰暗的清水砖墙，很少采用木原色的梁柱和白色的墙面。这种情形一方面缘于北方风沙较多、干旱少雨的气候条件，另一方面和山西人喜欢浓烈色彩对比的欣赏习惯有关。山西园林中的树种姿态大多比较挺直，如同山石堆叠和水体处理一般没有过多的细节变化，院落轮廓大多四方整齐，缺少曲折转换的小空间，同样也和北方的直爽民俗与欣赏习惯有一定关联。

儒道思想

山西园林受到儒家思想的深刻影响，园中的匾额题名中常强调儒家的忠君思想。儒家思想强调等级观念，成为封建礼制秩序的理论基础。私家园林是住宅的组成部分，也必须遵守这套严格的等级规范。道家思想是中国古典园林中另一层重要的文化底蕴。自魏晋时期开始，寄情山水、品赏风景成为上层知识分子所热衷的生活态度，园林也逐渐成为躲避俗世、感悟自然、抒发心性的重要场所。在历代山西私家园林中可以看到不少实例以道家思想或隐逸思想作为造园主题。就如晋祠附近的私家园林那样，其园中除了树、亭之外的空地都种蔬菜瓜果，完全是一派农家田园风光。

三、山西古典园林分类

山西古代园林是中国古代园林的重要组成部分，它是由山西的农耕经济、古代政治、封建文化培育而成，是一个博大精深而又源远流长的景观体系。中国自古就有崇尚自然、热爱自然的传统，儒释道三家都强调人和万物的统一，这种"天人合一"的思想促使人们探求、亲近自然。对自然景观的开发和自然山水园林的建立就在这种观念下孕育发展，取得了极大的成就[4]。山西古代园林在选址、营造过程中自然也遵循中国传统崇尚自然的、天人合一的理念。

古典园林分类主要按照隶属关系而言，可以分为皇家园林、私家园林、寺观园林、衙署园林、书院园林、公共园林等若干类。若按照古代园林选址和开发的不同，中国古代园林可以分为人工山水园和自然山水园两大类⁵。山西古典园林同样依循此分类。

人工山水园，即在平地开凿水池、堆叠假山，人为地改变地貌，再配以植物花木和建筑、构筑物，在小范围内模拟自然山水风景。这类园林多修建在平坦地段上，尤其是在城镇内。它们的规模由小到大，包含内容也由简到繁。人工山水园的造景要素受客观条件制约较少，其规模、造园水平多由使用者的财力、物力所决定。天然山水园，一般是建造在城镇郊区或风景名胜景区内。规模较小的利用天然山水的局部作为园林基址，规模较大的则把整个山水格局都围绕起来作为园林基址。天然山水园在原始地貌的基础上进行适当的调整、改造、加工，形成符合周围环境的山水园林。这一类的山水园林在山西境内多存在古代各县城的城郊附近，特别是以"山林地"为造园最佳的地区⁶。在山西中部和南部地区存在较多。

在此论述分类主要依据隶属关系，山西古代园林可以分为皇家园林、私家园林、寺观园林、衙署园林、书院园林、公共园林等若干类。其中皇家园林、私家园林、寺观园林是中国古代园林的主要类型，也是山西古代园林的主要类型。

皇家园林，指属于皇家所有的园林，古籍中多称为苑囿、宫苑、御园等。中国古代自战国以后均是封建集权制，一个地区的所有资源集中在一个人的手中，皇帝或者封建割据的王，才是这一地区的唯一统治者。因此，凡是与其有关的宫殿、坛庙、园林、城市等，都利用建筑形象和总体布局来显示皇权（王权）的至尊。皇帝能够利用其政治、经济上的特权，占据大面积的地段供其造园使用，不论是天然山水园林还是人工山水园林，其规模和艺术水平都是其他类型园林难以相比的。山西境内自春秋、战国起就有地方割据国家，这些国家在自己都城周围或环境优美的地区修建宫殿、苑囿，而当山西成为全国封建统治政权的一部分时，当时的皇室也多在山西境内选择风景优美的地带修建离宫别馆，更有甚者，如唐朝时将晋阳城定为中都营建宫殿，北魏甚至定都平城（今大同），形成山西地区特有的皇家园林北魏鹿苑。

私家园林，指属贵族、地主、富商、士大夫等私人所有的园林，古籍里称之为园亭、园墅、池馆、山池、山庄、别墅、别业等。规模较小，一般只有几亩至十几亩，小者仅一亩半亩而已，但在有限的范围内运用扬抑、曲折、暗示等手法，造成一种似乎深邃不尽的景境，扩大人们对于实际空间的感受，以修身养性、闲适自娱为园林主要功能。园主多是文人学士出身，能诗会画，清高风雅，有极高的美学素养，所以在布局上十分讲究园林的细部处理。民间的私家园林是相对于皇家园林而言的。封建的礼法制度为了区分尊卑贵贱而对人民的生活方式进行规范，违者要受到严厉的惩罚。园林作为一种生活物质的体现，因此必然受到封建礼法的制约。所以私家园林与皇家园林在内容或布局上有许多的不同。山西的私家园林主要分为两大类，一类是"宅园"，多建造在城镇内，依附于私人宅院，作为园主人休憩、娱乐的场所，形成前宅后园或旁宅侧园的格局，一般规模都较小；另一类是建造在郊外风景优美的山林地带的"别墅园"或"山庄"，供园主避暑、游玩之用，规模由于不受私宅用地的限制而相对较大。

寺观园林，指佛寺、道观、历史名人纪念性祠庙的园林。[7]佛教和道教是盛行于中国的两大宗教，在山西地区尤为兴盛。基于中国传统文化的影响，中国佛寺、道观的建筑其实就是世俗住宅的扩大和宫殿建筑的缩小，同时通过建筑群体的组合和园林化的布局，形成一种追求恬适宁静、赏心悦目的建筑环境。山西是一个地上文物大省，现存的各个时期的寺庙、道观建筑众多，从这些现存实例及历史文献来看，寺、观大多选择建在风景优美的地区，同时注重寺观内部的庭院绿化，再配以少数亭榭的点缀，形成寺观内外园林化的环境。此外寺观建筑常选址于山林之间，这种山岳地带的建筑，配合山势组织景观，其园林化环境更为精彩。正是由于寺观园林化的布局，使其形成不等同于皇家、私家园林的特征类型，才形成了独特的寺观园林。

皇家园林、私家园林、寺观园林这三大类型园林是山西古代园林的主体，造园艺术的精华也多集中在这三类园林内。但除此之外，还有一些其他类型的园林，如衙署园林、书院园林、公共园林等。

衙署园林，凡是由地方官署或中央机关职能部门牵头兴建的园林都属于衙署园林。它的位置除了常位于衙署内、官府邸宅之后，并与之毗邻外（即官衙廨署所附属的内部花园），还常位于府、州或县治所在地或在城郊，多因水而建。[8]衙署的庭院绿化点缀，早在唐朝就已有记载，但多数衙署园林在历史上随着衙署建筑的毁灭而毁灭，或因朝代的更替随着衙署的荒废而湮没无闻，最终衰败直至消失。山西省现存有中国唯一的隋代花园绛守居园池[9]，就是这类园林的典型代表。

书院园林，是指书院建筑内或附属的园林。书院是封建时代的教育机构，开始于宋代，分为官办和私办两大类[10]。书院的校址大多选择在风景优美的地区，同时加之建筑的群体组合，形成一个幽雅清静的学习环境。山西境内，尤其是明清时期所建的书院几乎遍布全省，所以书院园林的数量也较多，但保存至今者无几。

公共园林，多存在经济发达、文化昌盛的地区，为居民提供公共交往和游戏的场所。它们大多是利用城内外湖、河等水系稍加整治，或者是在名胜古迹周围加以修整。公共园林大多呈开放的、外向的布局形式以吸引居民。公共园林的营建一般是由当地官府提出策划，或者由当地乡绅名仕出资兴建，或者是两者结合。

诸如此类的园林属于山西境内的非主流园林，但它们的数量却并不少，几乎各地均有。

此外，分布在山西境内的众多风景名胜区，既有自然景观之美，又有人文景观之美。在过去漫长的历史时期，古代园林与风景名胜区一直同步发展着，两者相互影响。但风景名胜区仅局部经过人工点缀，山、水、植物均为天然生成，所以风景名胜区就区域整体而言并不能等同于园林。

基于上述观点，这里论述的山西古代园林，以皇家园林、私家园林、寺观园林三大类为主，同时兼论衙署园林、书院园林、公共园林等三类。

第二节　山西各类古典园林实例

一、寺观园林和山川胜地

在现存的古典园林中，寺观园林不仅在数量上远超其他类型园林之和，而且由于广布于自然环境优越的名山胜地中，兼具天然景观与人工景观的优势，匠心独具。

寺观园林主要指佛寺和道观的附属园林，其范围包括寺观的外围环境和内部庭园。佛教、道教是中国最主要的两个宗教流派，佛教追求的是众生平等，道家追求的是清净无欲、"天人合一"的境界。这些宗旨高度契合我国造园的审美需求，因此在古典寺观园林中，宗教文化和园林艺术早已合二为一，难分彼此。目前，我国传统寺观园林按照选址可以分为两种类型：1. 山林式寺观园林，是指位于自然山水景区的寺院与其周围的风景区有机结合所形成的宗教建筑与园林环境一体化的风景式园林；2. 城市寺观园林，是指在城市内或郊外单独构造的园子，包括寺院中的庭院绿化和寺院附设的单独的园子两部分。

山西寺观园林与我国传统寺庙园林在选址方面基本吻合，"相地合宜，构园得体"，明末造园家计成在其名著《园冶》中如此表述选址的重要性。纵观天下寺观寺址，选址相地的最佳基本条件为：1. 近城，方便信徒香客往返朝拜；2. 山林环绕，风水宝地，僧尼修行需要山水相依的清幽环境，"背山面水，左右围护"的传统风水理论也深深影响了佛寺基址的选择。寺观园林由于性质特殊，比其他园林有着更广泛的选址，更深层次的思想积淀，因此其文化内涵更多样。

晋祠

晋祠原名唐叔虞祠，为纪念晋国开国侯唐叔虞而建。唐叔虞姓姬，名虞，字子于，是周武王的儿子，周成王之胞弟。汉代历史学家司马迁在《史记·晋世家》"剪桐封弟"一节，详细记述了公元前11世纪的这段历史：成王继位初年，唐国发生叛乱，周公亲自带领"部队"平息了这场祸事。后来的一天，成王与弟弟叔虞玩游戏，随手剪下一片桐叶，剪成了玉圭的形状称："把这个玉圭给你，封你去做唐国的诸侯！"成王本是戏言，但大臣史佚说"天子无戏言"，成王只好兑现承诺，让弟弟到唐国为侯。叔虞来到唐国后，依靠晋水，兴修水利，大力发展农业，一方百姓安居乐业，国泰民安。唐叔虞去世后，后人为纪念他，便在其封地选择在际山枕水的悬瓮山下，修建了祠堂供奉他。而叔虞的儿子继位后，因考虑到境内晋水流淌，将唐国改为"晋"，祠堂也改名为"晋王祠"，简称晋祠。

晋祠位于太原西南25公里的悬瓮山山麓，这里殿宇、亭台楼阁、桥树相互衬托,山环水绕，古木参天，是一处国内少有的大型祠堂式古典园林，也是我国现存最古老的唐宋园林，因而驰名中外。圣母殿、宋塑侍女像、鱼沼飞梁、难老泉等景点，是晋祠园林的精华。祠内的周柏、难老泉、宋塑侍女像被誉为"晋祠三绝"。

据北魏地理学家郦道元《水经注》记载："沼西际山枕水，有唐叔虞祠，水侧有凉堂，

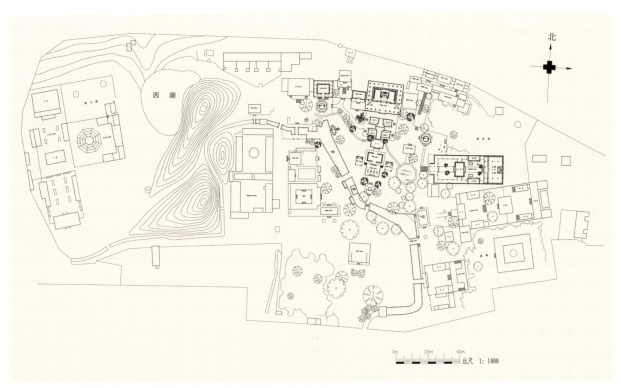

图 14-2 晋祠总平面图　　资料来源：山西省古建筑保护研究所测绘资料

结飞梁于水上，左右杂树交荫，希见曦景……于晋川之中最为胜处。"[11]北齐初年，魏收在《魏书·地形志》中也说"晋阳西南有悬瓮山，一名龙山，晋水所出，东入汾，有晋王祠。"结合郦道元的《水经注》可见，早在1500多年前，晋祠便有了祠堂、飞梁等建筑。晋祠自创建以来，在北齐、隋、唐等各代，均有修缮和扩建。

晋祠现有宋、元、明、清建筑近百座，其中以纪念性为主。纪念建筑既有祭祀性的，也有园林式的。尽管祭祀性建筑颇多，但园林艺术性很强。第一，建筑与环境结合紧密，居平地者周边环境开敞，显得开阔，如圣母楼；居山地者，利用高差形成平台空院和小间体量，如公输班祠、吕祖阁。第二，立面构图横向展开，显得稳重，如胜瀛楼、水母楼。第三，围合而细部多样，屋顶变化多。功能性的舞台，如水镜台和钧天乐台，虽处平地，但做成舫式、前殿后台式，前后左右三个不同的立面有不同的效果。而园林式建筑有门洞、牌坊、亭榭、平台、庭院、曲廊、台阶、矮墙、曲桥等。园中堆山在西湖与子乔祠和晋溪书院之间。以挖湖、凿渠之土堆山，山上楼亭，形成园中密林之区，山一侧为开阔湖景，另一侧是深沟小溪，景域迥异[12]。

晋祠雕塑在类型上是全国之最，艺术水平上也是全国之最。圣母殿的43尊宋代彩色泥塑引起雕塑界的普遍赞誉。主像邑姜，侍从像有男装女官、宦官、侍女，侍女按秦制六尚制的尚冠、尚衣、尚食、尚沐、尚度、尚书排列，身份性格无一雷同，举手投足，顾盼生姿，世态人情，活灵活现。室外雕塑以金人台上四个铁人最为著名，面目虽然有些狰狞，但细细看来，头上扎发髻，身上束军衣，虽断臂却不失孔武之力，怒目显武士风采。当然还有石狮、铁狮、佛像、神像、人像，或为院落建筑之前景，或为点缀山川之主景。

晋祠选址际山，枕水而筑，背靠悬瓮山，山脉层峦起伏，颠分三络，北卧虎，南天龙，踞中络而悬空，山麓有恒温凉泉，水质优良，水源充沛，花草树木茂盛，空间开阔，天成形胜，海拔 800~1700 米，自然资源优越。[13]

晋祠可分中、北、南三部分。中轴线，从山门进入，沿水镜台，经会仙桥、金人台、对越坊、献殿、钟鼓楼、鱼沼飞梁到圣母殿。此为晋祠的主体，供奉的是周武王的王后、周成王和唐叔虞的母亲邑姜。北部从文昌宫开始，有东岳祠、关帝庙、三清祠、唐叔祠等，直至吕祖阁。南部则由胜瀛楼起，有白鹤亭、三圣祠、真趣亭、难老泉亭等。

一般认为中国古典园林布局有两种，一种叫主景突出式，一种是集锦式。而晋祠是以主景突出式为主，以集锦式为调剂，穿插融为一体的。这种形式在我国也是很少见的。晋祠园林的总体格局，以圣母殿一线的水镜台、会仙桥、金人台、对越坊、钟鼓楼、献殿、飞梁等为主，圣母殿是晋祠园林建筑的主体，为主景突出式，同时在其周围又逐渐形成了其他建筑组，即悬瓮山麓的善利泉亭、苗裔堂、朝阳洞、老君洞、三台阁、待凤轩，北部的唐叔虞祠、东岳庙、关帝庙、文昌宫，南部的胜瀛楼、同乐亭、三圣祠、难老泉、水母楼、公输子祠以及祠南的奉圣寺塔院。在晋水导水出祠之前造景，与贯穿全祠的智伯渠的带状水和难老泉涌区的散状水融合在一起，构思突出，因地制宜，相应成景，这种布局方式为集锦式。晋祠园林建筑布局特点，是以轴线贯穿的，又有变化的，是地地道道的中华传统处理轴线的一个范例。这是由于，一是依山取轴，它根据悬瓮山的主峰取得这条轴线，二是这个轴线并不是呆板的一条直线，而是因地制宜划为不同的折线，这就符合中国古典园林取轴原则，轴线利用会仙桥作为转折点，使轴线转折得非常自然，为人工服从于自然手法的范例。

晋祠以圣母殿为主景的布局日趋完善，形成了一条左右结合贯穿祠区的中轴线，唐叔虞祠则居于偏北次要位置了，以圣母殿、鱼沼飞梁、为主体至水镜台为主轴线的格局，加强了祠宇的形成。[14] 建筑形式转向开放型，风格趋于秀丽、典雅，文风的兴起繁盛，促进了造园艺术的蓬勃发展，晋祠是这一时期的硕果。可以说，晋祠初始于西周，建于北魏，繁衍于北齐，发展于初唐，成熟于北宋。

晋祠上千年的古树，共有 26 株。鱼沼飞梁边的擎天巨杨，智伯渠旁的婀娜翠柳，王琼祠畔的古银杏树，以及遍布祠内的苍松翠柏，让古老的晋祠更显古朴、优雅，充满诗情画意。而其中的周柏、隋槐，更是游人争相留影的大美景色。

晋祠所处，为晋水源头。晋水为晋溪三泉的总称，包括难老泉、鱼沼泉和善利泉。李白当年曾在此划船而游，写下"时时出向城西曲，晋祠流水如碧玉"的

图 14-3 晋祠难老泉景点　　资料来源：作者自摄

694　山西建筑史　古代卷

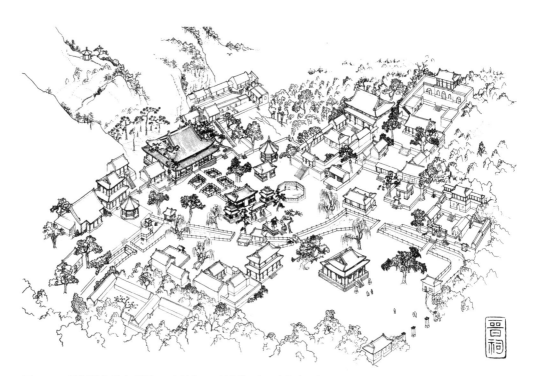

图 14-4 晋祠博物馆鸟瞰图　资料来源：刘敦桢. 中国古代建筑史.

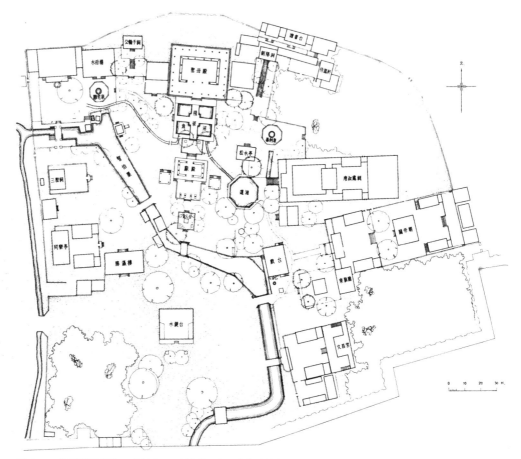

图 14-5 晋祠平面图　资料来源：刘敦桢. 中国古代建筑史.

图 14-6 晋祠鸟瞰图　　资料来源：刘大鹏. 晋祠志.

美丽诗句。但如今，鱼沼泉和善利泉因水位下降，早已干枯。难老泉是晋水的主要源头，出于悬瓮山断层岩，早在《山海经》便有"悬瓮之山，晋水出焉"的说法，目前还在汩汩流淌。

结义园

结义园是山西运城关帝庙的一部分。据《新创莲池记》载，明万历年间，解州州守张起龙，在关帝庙南辟地数十亩，凿池植莲，修建君子庙、官厅、莲亭，并修道院以守园，次年春即告竣工。之后，屡经增修重建。新中国成立后，结义园大部分被各单位蚕食。1984年，逐步收回土地，并于1999年修复全园，竣工开放。[15]

结义园广约 30 亩，有一坊一壁、一池一桥、一山四瀑、二亭一场、三碑一图。园林呈中轴线布局，为关帝庙轴线的南端。全园水系将结义亭、君子亭等主体建筑环绕其中，东、西各凿一池，莲花不多，水面开阔，然岸与水面相距甚大，高达 2 米，与绛守居园池做法相同。湖上小舟，平时系于码头，偶有游客悠游其中。园名题于结义坊上。该坊在万历四十八年（1620）由州守张起龙初建，乾隆二十七年（1762）州守言如泗题为"结义园"。四柱三门三顶，每柱支斜撑，前置石狮，梁枋彩绘山水、人物、花鸟及三国故事。最怪之处为檐下出垂莲柱，支于中间横梁挑出的纵梁上，垂莲柱间用穿枋连接。这种做法在全国牌坊中当属首例，其作用相当于常见的霸王撑，主要为保持屋顶平衡。不同之处是，霸王撑是斜支于主梁上，而垂莲柱则立于支梁上。过结义坊是君子亭。亭面阔五间，梢间为周围廊，歇山筒瓦顶。张起龙初建时原称莲亭，后人为了纪念他才改成今名。1999年9月，将桃园三结义的蜡像置于其中。周围廊上的两座石碑记载了万历四十八年和民国4年（1915年）的修园概况。走在高出地面的走廊上，可见莲池三面如玉带环绕，桃柳迎风飘拂。君子亭后是砖雕影壁，正中题"三分砥柱"，右开侧门，额题"对日、论天"，源自东汉七岁黄琬巧对太后的典故。壁后嵌言如泗的《重修结义园记》。壁前立陨石一座，人称天石。

绕过影壁，可见古树环绕的结义亭，也称三义阁。亭前两株古松，干曲枝虬，映衬出阁的古意。阁面阔和开间皆五间。阁内曾祀刘关张图绘，言如泗认为不合礼仪而改建为三义阁。1999年重修后，在阁内置关羽平生足迹沙盘，请天津泥人张六代传人泥塑关公桃园结义、温酒斩华雄等二十次重大事件雕塑。亭内另置高1米、宽2米的石碑，上刻结义图。

结义亭正对结义桥。此桥用毛石起拱，汉白玉砌栏杆。跨过结义桥，来到扶汉山，顾名思义，表示关公一生匡扶汉室的决心。山用土堆成，以石点缀，高25米。一主二从三峰之制，代表刘关张三人；五道山脊喻五虎上将。上山蹬道五十九级，代表关公一生59个春秋。路况暗喻关公的人生三段不同政治经历：先是崎岖陡峭，中是平稳缓和，最后陡然上升。登上山顶，可俯瞰全园，深渠广池，林木繁茂。在山上围石引水，状如山泉。石叠假山溪瀑，东瀑名珠帘、甘溪，瀑布内构石洞；西瀑名结义，连叠三次，取意桃园三结义。三瀑之水汇于玉琴峡中，流入青龙潭，最后顺着故乡水流入东池。青龙潭边，横置一石，名磨刀石，据说关公每年五月十三会在此磨刀。最后一瀑名碧玉，在山最西，依山侧落，宛若羞涩少女。

扶汉山之后，后墙之内是仿古校场。青砖墙上垂直悬挂着爬山虎。墙高六七米，中间挑出木栈道，一端又以独木桥直通扶汉山。山谷中架秋千一具。平地不广，却极狭长，恰可骑射。

纵观全园山水格局，基本呈轴线对称之意。

小西天

千佛庵现称小西天，位于隰县城西凤凰山上。据清乾隆《山西通志》记载："干（千）佛庵，州北门外，土人名小西天，崇祯已巳释道亮建。"现有千佛庵园林古建筑群坐西向东，基址南北长约40米（最宽处），东西长约80米，建筑面积1100余平方米，计有大雄宝殿、文殊殿、普贤殿、无梁殿、藏经舍、韦驮殿、地藏殿、钟楼、鼓楼、摩云阁、僧舍、窟库、庖房等多处殿舍。千佛庵园林古建筑庭院在如此有限的空间内，由于天作人巧，经营有方，使得整个庭院显得极具章法、浑然一体。

小西天以布局新颖、精巧玲珑、格调别致而著称。寺院三面环山，两侧土崖峭立，庵前临河，古树清流环绕。整个寺院占地面积仅有1100多平方米，在极其有限的空间，建有大小不等、高低错落、南北对称的建筑20处，并以洞为门，分隔和连通上院、下院、前院三个建筑群。寺院三分之二的殿堂为双层建筑结构，层叠曲折，小中见大，曲径通幽，浑然一体。它的特点可以用小、巧、精、奇四个字来概括。小西天的景象一切都在小中体现，足见它"小"得不俗；"因此布景，种种清秀"，足见它巧得灵活；寺院布置巧妙，殿堂构造缜密，雕刻精细，出神入化，足见它精得细致；"左仰古寨，千仞绝壁，右带两坡，

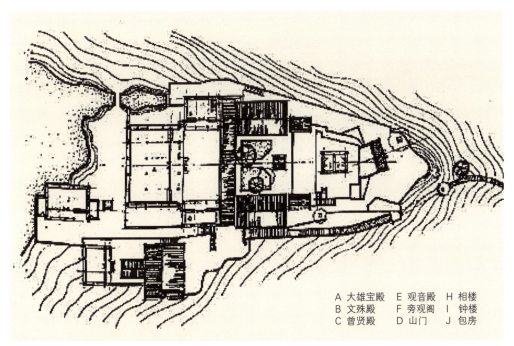

A 大雄宝殿　E 观音殿　H 相楼
B 文殊殿　　F 旁观阁　I 钟楼
C 普贤殿　　D 山门　　J 包房

图14-7　小西天俯视图　　资料来源：赵鸣.山西园林古建筑.

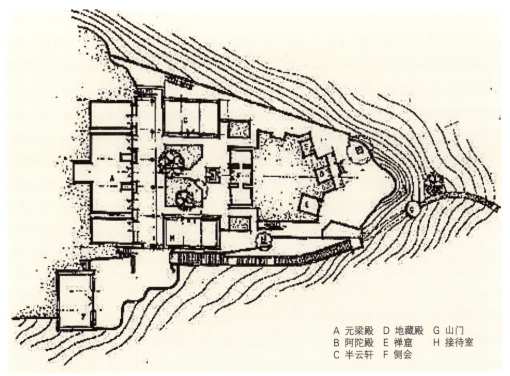

A 元梁殿　D 地藏殿　G 山门
B 阿陀殿　E 禅窟　　H 接待室
C 半云轩　F 侧会

图14-8　小西天剖面图　　资料来源：赵鸣.山西园林古建筑.

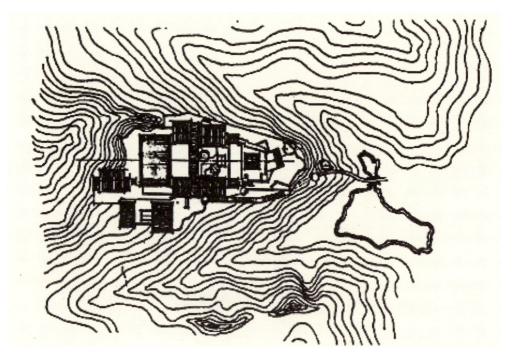

图 14-9 小西天总平面　资料来源：赵鸣.山西园林古建筑.

峰峦叠翠"，足见它奇得拔萃。小西天因地形限制，又为取其西方极乐世界之寓意，把主要建筑摆在东西中轴线上，将寺院依山势自然分成三个院落。下院沿西天湖而行，越过通天桥，踏146级台阶至第一道山门，洞门原有篆额"千佛"二字，民国年间，改用隶书"小西天"，意为步入西天极乐世界。穿越10多米长的土洞，攀踏82级台阶，第二道山门迎面而立，额题当代书法家李殿清"道入西天"四字，暗示游入西天已迫在眉睫。穿门数步，折向朝南便进入第三道山门，平步从容而进，就到了下院。下院是一个四方院落，也是寺庙的主体。主要建筑有无量殿，坐西面东而筑，因供奉无量寿佛，取佛法无量之意，又因殿内无梁柱支撑，亦称"无梁殿"，建成于明崇祯初年。殿的后部供奉着顺治七年（1650年）工部侍郎李呈祥敬奉的五尊铜铸三世佛及文殊、普贤二菩萨佛像。还存有光绪二十六年（1900年）木碑一通。无量殿是小西天寺院的法堂，也是僧人诵经、讲法、皈戒的禅堂。与无量殿相对的是韦驮殿，殿内供奉着清顺治五年（1648年）用整根楠木精雕细刻的韦驮佛像，像体威武逼真、工艺精湛、形象生动。在韦驮殿背后两侧各有一门，一曰"疑无路"，一曰"别有天"，都可到前院。无量殿东北方，有半云轩，旧时为客堂，现成为藏经舍，舍内珍藏着一部保存完整的明永乐版大藏经（史称明永乐北藏），共7000余卷。

从下院通往上院的道路，巧妙地建在无量殿右侧墙角一洞内，门小仅容身，梯路窄小，盘旋而上，出通道便是上院文殊殿，自文殊殿内可登临上院。上院是全寺建筑的精华，有大雄宝殿及文殊、普贤两殿。大雄宝殿是上院的主建筑，也是小西天的主体建筑，总面积169.6平方米。坐西向东，居于下院无量殿殿尾土崖之上，位置前后相错，上下呼应。大殿平面用木柱36根，皆为直柱造，殿内正面排列着五个相互连通的佛龛，"药师""弥陀""释迦""毗卢"和"弥勒"等诸佛端坐莲台，各饰锦衣，神态自若，面容慈祥，十大弟子分站两旁，造型优美，生动传神，表情含蓄，惟妙惟肖。殿前檐柱上有一副木刻对联，为赵朴初所题，联曰："东土西方微尘不隔，人间天上万旬庄严"，殿前檐明间廊下高悬着清顺治十三年（1656年）隰州知州祖泽阔题写的"大雄宝殿"木匾一块。匾上部绘有儒、释、道三教主。殿南山墙上塑着"四方三圣"、"四大天王"等佛教人物故事，殿北山墙上塑着须弥山上三十三层"利天"、佛传故事和释迦牟尼的本生传说。大梁上八大金刚威武雄壮，梁间墙壁悬塑着富丽堂皇的"极乐世界"。众多的人面飞天、神鸟、孔雀、鹦鹉、仙鹤游弋在缥缈的云头上，十二乐伎菩萨身姿轻盈，温柔高洁，往来自如地表演着"天界"歌舞。整个殿内，天宫楼阁，层层叠叠，云雾缭绕，粉彩妆鎏，呈现出一派仙宫佛国的迷人景象。在大雄宝殿左右配有文殊殿和普贤殿。文殊殿坐北向南，建于无量殿左梢间之上，殿前插廊，单檐悬山顶，存有文殊佛像一尊。此殿也是连接上下两院的必经之路。普贤殿从南向北，建于无量殿右梢间之上，殿前插廊，单檐悬山顶，存有普贤佛像一尊，与文殊殿遥相呼应。步出"别有天"或"疑无路"，便进入前院，放眼望去，远山近水，柳暗花明，半城之景尽收眼底。前院建筑由地藏殿，钟、鼓二楼，孤桐峰顶上的摩云阁、观音阁、奎星阁上下左右紧密组为一体，形成了一个结构紧凑的小建筑群，即摩云阁建筑群。建筑群总占地328平方米，每个组成部分好似微缩景观，是一组充分利用有限空间设计独特的建筑群。

永乐宫

原名大纯阳万寿宫，是为了纪念八仙之一的吕纯阳而建造的。吕纯阳，名岩，字洞宾，出生在永济市永乐镇，相传吕洞宾弃儒归隐，修道成仙，自号"纯阳之子"或"回道人"。他是全真教创始人王重阳的道门导师，被全真教派奉为五祖之一。吕洞宾死后，人们把他的故居改建为吕公祠，金末又改建为道观。[16]元太宗三年（1244年）道观被野火烧毁。此时，正是道教文化传播得势之时，外加师祖吕洞宾倍受尊崇，所以元太宗四年（1245年），敕令"升观为宫，进真人号曰天尊"，并派全真教邱处机的门人潘德衡主持在其旧址上重建。从元宗二年（1247年）动工，到元正十八年（1358年）完成三清殿、纯阳殿的壁画为止，用时长达110年之久。永乐宫与天长观、终南山重阳宫构成了全真教的三大"祖庭"，同享盛名。据永乐宫中碑刻和殿壁题记所示，历代都对其有所修葺，明代的洪武、嘉靖、

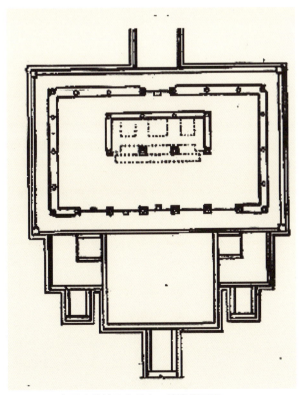

图14-10 山西省芮城县永乐宫三清殿平面图
资料来源：潘谷西．中国古代建筑史．

崇祯，清代的康熙、乾隆、嘉庆和光绪等皇帝都有不同的建筑活动。

永乐宫从所处地形地势看，建立在一条长500米的纵轴上，依序布列宫门、龙虎殿（无极门）、三清殿、纯阳殿、重阳殿五座建筑。从龙虎殿至重阳殿的三进院落、三座殿堂，由宽阔的甬路相连。三座大殿前，均设有宽广的月台，加上各殿的立面造型、屋顶装修、色彩纹饰，显得特别庄严肃穆，创造出道教敬神、建醮的清虚境界。[17] "……当其时名挂天府，奉敕建宫，鲁班匠手，道子画工，殿阁巍巍，按天上之九星而罗列；道院森森，照地下之八卦而排成……"可见永乐宫依道教义理、象征而布列。原永乐宫位于山西省永济市永乐镇，规模为南北434米，东西宽200米，连同周围绿林地带，共占地约200亩，分东、中、西三个院落，其中中院为主体建筑。后来因三门峡水利工程，永乐宫处于淹没区内，所以从1959年起，历经六年，将永乐宫全部迁移到芮城县城北。

永乐宫是典型的元代建筑风格，整座宫殿为木构架结构，规模宏伟，布局疏朗，殿阁巍峨，气势壮观。粗大的斗栱，层层叠叠地交叉着，四周的装饰不多，比起明清两代的建筑，显得较为简洁、明朗。

永乐宫的整体布局方式与一般寺庙完全不同，它打破了传统习惯，与皇宫的建制很相近，殿与殿之间用宽阔的甬道相连，两侧不设廊庑或配殿，四周砌筑围墙两道，显示出道教的神圣与威严。可见当时的全真教的宫观建筑已有一套特殊的营造制度，是按照道教的象征意义而设计的，其目的可能是为了表示对所供奉神灵的尊重，同时宫殿建筑的特殊性也能显示出道教地位的高贵。

五台山

五台山位于五台县东北部，是我国著名的佛教圣地，是大智文殊菩萨的演教道场，它与浙江普陀山、四川峨眉山、安徽九华山合称中国四大佛教名山。[18] 而五台山又因其历史悠久、规模宏大、文化遗产丰富而位居四大佛教名山之首。自佛教传入五台山后，从南北朝起，历代帝王大都崇信佛教，在五台山陆续兴建了许多寺庙，使五台山成为古代寺庙建筑的集群区。[19]

据唐代沙门慧祥所撰《古清凉传》记载："大孚图寺，寺本元魏文帝所立。帝曾游止，爱发圣心，创兹寺宇。"明末清初著名学者顾炎武游历考察五台山后，写下《五台山记》，指出："五台山佛教之建，当在后魏之时"。说明五台山佛教寺庙建筑，起于北魏。据《古清凉传》、《广清凉传》、《续清凉传》与《清凉山志》记载，北魏年间建筑的寺庙有大孚图寺、大文殊院、清凉寺、佛光寺、嵌岩寺、公主寺、岩昌寺、北山寺、铜钟寺、木瓜寺、旧精舍、观海寺等。

五台山寺庙保留至今，最早的是唐代木构建筑南禅寺和佛光寺东大殿。因此，研究和探讨五台山历代寺庙建筑的风格和特点，只能从唐代说起。唐代是五台山佛教发展的极盛时期。唐贞观九年（653年），唐太宗以五台山为其"祖宗植德之所"，敕令建寺十处，度僧数百。以后各帝大都敕建寺庙，全山佛教寺庙达360余所。属于唐代兴建的寺庙有罗睺寺、个界寺、法云寺、般若寺、灵峰寺、金阁寺、竹林寺、玉花寺、华林寺、中峰寺、天诚寺、菩萨寺、灵境寺、七佛寺、秘密寺、铁勤寺、普济寺、净名寺、兰若寺、法华寺、昭果寺、杂花庵、仙人庵、华严寺、佛光寺、南禅寺、金刚窟、五台寺等。

明代是五台山佛教再度振兴的时期，境内佛刹达104所，其中明代兴建的寺庙有大塔院寺、圆照寺、广宗寺、三塔寺、日光寺、宝林寺、凤林寺、黛螺顶、法云寺、五台寺、栖贤寺、万佛阁等。唐、宋、元代建筑凡有破坏的，也大多重修。

民国年间五台山寺庙建筑主要有南山寺、普化寺、龙泉寺、尊胜寺等，体现了规整华

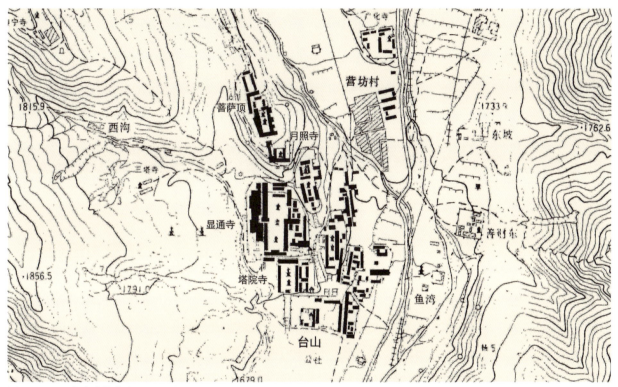

图14-11 五台山寺院分布图　　资料来源：山西省古建筑保护研究所测绘资料（赵珣宇改绘）

图14-12 五台山古建筑群塔院寺白塔　资料来源：王金平摄

图14-13 五台山菩萨顶全景　资料来源：王金平摄

图 14-14 五台山五爷庙景区　　资料来源：王金平摄

丽的建筑风格。以普化寺为例，现存殿堂 23 间，建筑特点为楼廊式布局，对称严谨。

云冈石窟

史称武州山石窟寺，明代起称云冈。北魏的郦道元曾经用文字向后人描绘了石窟的宏伟壮丽。"武州川水又东南流，水侧有石祇洹舍并诸窟室，比丘尼所居也。其水东转经灵岩南，凿石开山，因崖结构，真容巨壮，世法所稀，山堂水殿，烟寺相望，林渊锦镜，缀目新眺，川水又东南流出山。"（郦道元《水经注》）是世界佛教艺术发展的第二个繁荣期中最重要的石窟寺之一，是佛教艺术进入中原以后建造的最大规模的佛教石窟寺，和敦煌莫高窟、洛阳的龙门石窟被称为中国的三大佛教艺术宝库。[20] 经历两千多年的风霜洗礼，今天的云冈石窟仍然焕发着独特的艺术魅力，吸引着络绎不绝的中外游客和学者。云冈石窟是北魏王朝建都平城（即今大同）期间留下的一座历史丰碑。北魏皇帝大都信奉佛法，只是太武帝统治期间例外，太武帝信道抑佛，并且实行灭法政策，在中国历史上演出了一场史无前例的废佛灭法事件。[21] 文成帝即位后，为了巩固民心和政权，命大禅师昙曜主持复法大业。武州山是北魏王朝第二位皇帝拓跋嗣（明元帝）即位前后常去祈福、做祭祀活动的地方，被北魏王朝统治者视若"神山"。昙曜真切感受过灭法的惨烈，于是选择了钟灵毓秀的武州山开窟造像，以达成"山川可以终天"、佛法绵延不绝、世代相传的愿望。昙曜之后，北魏皇室继续在武州山凿石开龛造像。远观，武州山山体雄伟，云冈石窟东西绵延 1 公里，

第十四章 山西古典园林 703

图 14-15 云冈石窟 1　资料来源：孟聪龄摄

图 14-16 云冈石窟 2　资料来源：孟聪龄摄

图 14-17 云冈石窟 3　资料来源：孟聪龄摄

规模宏大、气势不凡。[22]

中国南北朝时期战事频繁，特殊的社会文化背景导致了佛教的迅速发展。南北朝时，僧尼人数大增，寺院经济急剧膨胀，佛教学派南北林立，石窟大量开凿，僧官制度建立。北魏作为少数民族入主中原后，统治阶级对佛教的信仰和利用，更是佛教发展的直接动力。文成帝复法导致云冈石窟开凿。云冈石窟按风格和时间可分为三期：第一期是文成帝期间的昙曜五窟，第二期是孝文帝时期开凿的，第三期是北魏迁都洛阳前开凿。

太祖帝灭北凉后迁凉州僧徒三千人及宗族吏民三万户于平城，其中包括高僧师贤、昙曜以及著名雕塑家蒋少游。昙曜以禅学见称，太子晃、太傅张潭和尚书韩万德分别以师礼待之。文成帝复法后，昙曜为沙门统。《魏书·释老志》云："初昙曜以复佛法之明年（453年）……于京城西州塞凿山石壁，开凿五所，镌建佛像各一，高者七十尺，次者六十尺，雕饰奇伟，冠于一世。"这就是"昙曜五窟"。这五窟的造像艺人大部分来自凉州，而凉州的禅学对北魏佛教也有着直接影响。

云冈石窟的许多重要窟开凿于孝文帝期间，这就是第二期石窟（465～494年）。同第一期石窟相比，此时无论是石窟形制还是形象题材，都有了较大的不同，出现了一种清秀雍容、意匠丰富、雕饰奇丽的新风格。[23]云冈石窟乃至北方石窟的中国化，也就在这一时期出现。孝文帝即位，北魏皇室、贵族崇福祈福也愈演愈烈。佛教在北魏统治集团的提倡下，发展迅速。第二期窟室，龛像的数目急剧增多，据现存铭记，开凿功德主除皇帝外，尚有官吏、上层僧民、在俗的义邑信义等，表明这时云冈石窟已不限于皇帝开凿，而成为北魏都城附近佛教徒的重要宗教场所。第二期开凿的石窟，主要有五组：七、八窟，九、十窟，五、六窟，一、二窟，此四组为双窟；另一组包括十一、十二、十三窟。其中双窟居多，与当时尊奉孝文帝、太皇太后为"二圣"有关。窟制有佛殿窟和塔庙窟两种。这一期造像题材丰富多样。五、六窟大佛都采用了当时南朝士大夫地主阶级的常服式样。孝文帝时期提倡佛教义理之学，重视《法华经》、《维摩诘经》，一、二窟就是明确根据这两部经书开凿的。这一期造像气势不如前期逼人，而是加强了和颜悦色之感，菩萨、供养人、飞天雕塑得特别成功。第六窟中心舍利塔上的八躯供养菩萨，含情浅笑，矜持娇憨。第七窟拱门内壁由于有六个高浮雕供养像，虽为跪式但帔帛飘扬，通体跃跃欲动，显示出青春活泼与欢愉，被人称"六美人"像。

第三期石窟是孝文帝迁都洛阳后，正始、延昌年间（494～524年）开凿的。这时的云冈石窟已不是皇帝礼佛、大修功德的地方，只有一些官吏、士民、僧人进行小规模的开凿。主要为分布在二十窟以西的四、十四、十五、二十一窟以及二十一个主要大窟之外的中小窟龛。[24]这一时期石窟以单独的形式出现，多不成组。洞窟为中小型，有塔洞、千佛洞、四壁三龛式和四壁重龛式。这一期造像的现实性更加强了，佛和菩萨都演化成了中国人像的雕刻，而且许多龛都是个人为亡者祈福，为生者求平安。延昌、正光年间的铭记中，出现了愿"托生净土"，"愿托生西方妙乐国土，莲花化生"和"腾神净土"之类的祈求。这表明原来流传于南方的净土信仰，已开始在平城得到较大的传播。这一期造像艺术更臻成熟，具有鲜明的中国民族艺术风格。

佛教在北魏时，佛经流通有415部，合1919卷，僧尼有两百万，寺庙有三万余所，可知佛教在当时发展之兴盛。而其丰富多彩的宗教幻想给雕刻艺术注入了活力，使我国雕塑艺术转而以表现佛与诸神为主，风格也变得庄严富丽，精巧圆熟，形成所谓的云冈模式，成为北魏兴凿石窟所参考的典型。所以，东自辽宁义县万佛堂石窟，西到陕、甘、宁各地的北魏石窟，无不有云冈模式影响的痕迹。

山川胜地

1. 蒲津渡

蒲津渡遗址，在今永济市城西15公里的古蒲州城西门外，西北方向110米处，面积2000余平方米。[25]

这个渡口有座桥，名曰蒲津浮桥。它是黄河上最早的浮桥，肇自我国春秋时期鲁昭公元年，即公元前1369年，共沿用了1900余年，在我国桥史年代上居第一位。

自桥毁后，再少有人过问，虽有人寻觅过桥的遗物，但从未找着。直到1989年秋，当地县博物馆才将蒲津桥东岸的遗物发掘出土。1991年省、地、县联合组织了有关单位的蒲津渡遗址考古队。经过三四个月的考察，又有许多新的遗物、遗迹的发现。

从文化层堆积看，有唐开元年间至宋、金时期的遗迹。在宋、金时期大面积石铺的路面下，清理出部分质地坚硬、杂拌石灰渣的黑土活动面，此面与铁牛座下活动面土质土色层次相同，应为唐开元前后的活动面。有南北走向、宽3.3米的石铺路面，石面上出土有金代"正隆元宝"，宋代"圣宗元宝"、"元丰通宝"，唐代"开元通宝"等十余枚货币。铁牛北侧有面阔三间的建筑遗址，为砖体墙基础石柱，夯土地面等均尚在。还有明万历年间加筑的石堤，砖砌的地面，水道，南北走向的砖墙基。铁牛北侧有礓磋式踏迹。遗址北部有"凸"字形砖、石混砌的建筑墙基，有南北走向的路土硬面。

还有明正德年间创修的石堤，下钉柏木桩，中间贯铁10锭。《永济县志》（光绪十二年版本）明代兵部尚书王崇古在《重修黄河石堤记》一文中记："……河东沿城创修石堤，下钉柏桩，上垒条石，中贯铁锭。石堤内加顽石三尺，杂筑灰土，以固内基。仍用米汁和灰砌石，铁锭贯注以固外……新堤自北到南，长一千三百一十九丈……"这次考证，和县志记载吻合。另外，在七星柱附近，清理出明正德十六年(1521)石碑一通，其文："……用工三十人，北逾龙门山，东陆虞乡麓，琢石成版，长五六尺。藉民之有车船者运载之，得石八千余片，市松柏木桩七千余株，钩心铁锭一万余斤，用夫三百余名，长二千五百尺，毕工期年又五月……唐元宗铸铁牛为浮桥，功绩浩大。此功不次于铁牛浮桥……"[26]由此可知这次清理出的唐石堤，也应属蒲津桥的重要组成部分。

2. 北岳恒山

亦名常山，源自浑源州，横亘150余公里而结脉于大茂山。相传4000年前，舜帝巡狩

图 14-18 蒲渡津七星铁柱图
资料来源：王金平摄

图 14-19 铁山和铁夯墩
资料来源：王金平摄

图 14-20 三号铁人
资料来源：王金平摄

图 14-21 四号铁人
资料来源：王金平摄

四方来到此地，见山势雄伟，遂封为"北岳"。[27]

道教崇奉五岳，谓每岳皆有岳神。《道藏辑要·岳渎名山记》称：东岳泰山岳神天齐王、南岳衡山岳神司天王、西岳华山岳神金天王、北岳恒山岳神安天王、中岳嵩山岳神中天王，各领仙官玉女几万人，治理其地。古代帝王尊崇道教，祀奉岳神蔚成风气。《汉书·郊祀志》载，五岳四渎皆有常礼，祀东岳泰山于博、中岳嵩山于嵩高、南岳衡山于灉、西岳华山于华阴、北岳常山于上曲阳。自有虞氏巡狩至于北岳，肇修望祭之典，这是传说中的祭祀岳神之始。汉宣帝神爵元年（公元前61年），又遣使持节祀北岳常山于上曲阳。唐贞观年间（627～649年），忽有飞石坠于曲阳县西，因建祠望而祭之，初称北岳府君。唐开元十五年（727年）封安天王，宋祥符四年（1011）年加封安天元圣帝，元至顺五年（1334年）加封安天大贞元圣帝，至明洪武三年（1370年）始定为北岳恒山之神。

北岳庙始建于北魏宣武帝时期（500～515年），其后历代不断修建。唐贞观年间修之，宋太祖开宝九年（976年）七月令修五岳祠庙，仁宗庆历八年（1048年）安抚使韩琦领定州事重修，神宗熙宁年间（1068～1077年）守臣薛向重修，明嘉靖十四年（1535年）重修，万历十六年（1588年）敕命大修。如此几经重修扩建，北岳庙颇具规模。

北岳庙原名北岳安天王圣帝庙，简称北岳真君庙，占地17.3万多平方米，建筑面积达5400多平方米。据文献记载，有门三重，最南为神门，这也是曲阳县城的西南门。神门内有牌坊正对大门，也叫朝岳门。其北是敬一亭、凌霄门、三山门、飞石殿、德宁殿和望岳亭，以及轴线两侧的东西昭福门和碑楼等附属建筑。明代改定山西浑源为北岳。《明史·地理志》载：浑源州，南有恒山，即北岳也。至清顺治十七年（1660年）祭祀活动皆移至浑源，曲阳旧庙逐渐颓废。传说飞石殿是为纪念陨石降落于曲阳而建。据《定州志》记载："飞来石在北岳庙内，相传虞帝朔巡行望秩礼，有石飞坠帝侧，遂建祠焉。"清宣统元年殿被烧毁，只剩台基。《定州志》载：望岳亭在县西北岳庙中，沈括《梦溪笔谈》所说"一亭杰立可远眺"者，即指此而言。鬼尉像在北岳庙昭福门壁上，唐人刘伯荣手笔，毛骨森奇，神采飞动，堪称妙技。由于五代、两宋的频繁战乱，庙中许多建筑被毁，如今有些遗迹只能从文献中去查找了。

德宁殿是北岳庙的主体建筑。[28]相传隋末窦建德曾率农民起义军进驻曲阳，义军纪律严明，深得人心，因此民间亦称德宁殿为"窦王殿"。殿内壁画尚保存完好，享誉海内的"曲阳鬼"者，即指壁画中的飞天神像。《定州志·曲阳古迹》载，该殿两壁飞天神图，相传为唐吴道子真笔。西壁最高处画有飞天神。明万历年间，邑令赵岱刻之于石，神像自此传遍海内。但石刻摹拓既久，漫漶已甚，道光二十七年（1848），署邑令邓廷梅又请善绘者依壁勾摹，重刻诸石。德宁殿建于元至正七年（1347年），是元代木结构建筑中最大的一座建筑。殿高30米，面阔9间，进深6间，占地2000多平方米。重檐庑殿顶，上覆绿色琉璃瓦，气势雄浑。大殿建于高台基上，四周有汉白玉栏杆环绕，每根望柱顶端都雕有一只小狮子，一共99只。小石狮神态各异，雕琢生动精巧。殿内雕梁画栋，保留着元代彩绘风格。殿壁所绘巨幅壁画，高8米，宽18米，画中人物高达3米。人物、车旗各个形象生动，髯须、衣纹线条流畅飘逸。

图 14-22 北岳恒山　资料来源：王金平摄

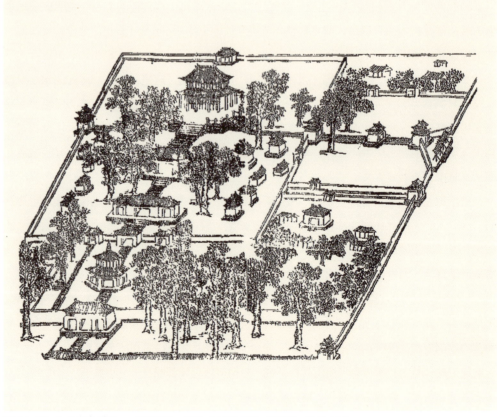

图 14-23 北岳庙鸟瞰图　资料来源：田军.恒山北岳庙.紫禁城，2001（1）．

东壁画中有一苍莽巨龙，体态蜿蜒，腾云驾雾，翻飞上下。西壁画中有一"一（飞）天之神"，面目狰狞，虬髯连鬓，矫健有力，荷戟而视。此壁画曾讹传为吴道子真迹。经考证，应为元人仿唐人技法之作。隋唐时期行会制度发达，画工行会也不例外。画行一向是以吴道子为开山祖师，很多画工均父子相承，代代相传。元朝曾把在战争中从各地俘到的巧艺工匠集中到河北正定、曲阳一带，他们的作品至今可见，如稷山兴化寺、永济永乐宫等尚存遗迹。元代民间画工保持着优秀的艺术修养，作画气魄和才能是很惊人的。从壁画上看，其技法熟练，章法谨严，刻画情节鲜明，这不仅使我们看到了14世纪时我国民间绘画的瑰丽，亦可由此推想到元代以前那些被传为佳话的伟大壁画的大体面貌。北岳庙的碑刻极为丰富，共有北魏以来的历代碑刻约200通，内容多为历代修庙碑记和祀北岳神的祭文，包括诗、词、散文等多种形式。就书法艺术而言，行、草、隶、篆、楷无不具备，而且不少出自名家之手，如赵孟頫的《大元朝列大夫骑都尉宏农伯杨公神道碑铭》、以"狂草"著名的《怀素碑》、被康有为称之为"神品"的《大魏王府君碑》、被誉为三大宋碑之一的《韩琦碑》等。从某种意义上讲，这里的碑刻可与曲阜孔庙碑林相媲美。

二、皇家园林

中国最早出现的园林是北方的皇家园林，它是宫殿和苑囿相结合的帝王宫苑。皇家园林是中国古典园林的重要组成部分。它不仅是封建社会统治者生活和游乐的地方，也是他们实施朝政、行使权力的重要场所。它们的建造花费了大量的人力和物力，因此皇家园林总是反映了一个时代建筑和园林艺术的最高成就。

皇家园林功能齐全，集处理政务、贺寿、看戏、居住、园游、祈祷以及观赏、狩猎于一体，甚至有的还设"市肆"，以便买卖。皇家园林依山傍水，根据自然山水改造而成，规模浩大、面积广阔、建设恢宏、气势雄伟，平面布局较为严整；建筑风格多姿多彩，壮丽豪华，色彩鲜艳强烈，尽显帝王气派。风格上显得雍容华贵，博采众之长，荟萃天下美景于一地。

历代帝王大多都在自己都城内外设置若干苑囿供其进行各种活动，如起居、骑射、观天、宴游、祭祀以及召见大臣、举行朝会等。这些苑囿的规模都很大，园内设有许多离宫以及其他各种设施，因此它的性质不单单是一个游息的场所，而是具有多种用途的综合体。历代帝苑一般都分为两部分：一部分是居住和朝见的宫室；另一部分是供游乐的园林。宫室部分占据前面的位置，以便交通与使用，园林部分居于后侧，犹如后花园。

山西作为多朝古都，其皇家园林特点是空间变化丰富，更主要的是建筑与花木山水相结合，将自然景物融于建筑之中。风格多样，多重类型常常交错体现在某一园林中，如同一大型园林包含有宫室型、住宅型和园林型三种类型。

由于山西建都历史久远，难以循迹，朝代次第改建扩建较多，实体又早已无存，诸多古代皇家园林的具体布局难以明确，只能从古籍中找寻山西皇家园林的概略情况。

山西地处中原地区，自古以来就是兵家必争之地。春秋战国时期，占据山西的诸侯国往往都会在自己的领地内修建苑囿，晋阳城还曾是赵国的起源地。在一些文献中有关于山西地区的皇家宫殿园林的介绍。

据《蒲州府志》云："《三辅黄图》载：'汾阴有万岁宫，武帝祀后土时作。'"唐开元十一年修庙，"规模壮丽，同于王室"。建有奉雕宫。宋开宝九年，徙庙稍南。宋大中祥符四年，在后土庙侧建有朝雕台、太宁宫，宫中建有穆清殿。宋真宗在此接见群臣朝贺。又建元宁亭，以登高远眺黄河、吕梁。

山西先秦时期古园林相关统计

	时间	园林名称	地点	相关人物	相关记载
夏		骊姬故房	太原		《山西通志》载："旧宫有殿，金户丹庭紫宫，俗人名为骊姬故房"
夏		夏后避暑离宫	中条山		《山西通志》载："皇川在县东南五十五里中条山内，旧相传夏后避暑离宫之所"
夏	相帝元年	后苑	夏县	相帝、武罗伯	《古琴疏》："夏商相元年，条谷贡桐、芍药，帝命羿植桐于云和，命武罗伯植芍药于后苑"
夏	相帝元年	瑶台（璇台）	夏县	相帝	《古琴疏》："瑶台亦名璇台，与三衢并在夏县"
夏	桀帝	长夜宫	山西	桀帝	《山西通志》"桀为名室，又为长夜宫于深谷之中。""夏桀帝在深谷中建长夜宫"
晋	前676~前651	斗鸡台	太平	晋献公	《山西通志》载：晋献公在太平建有斗鸡台，台达九层，以供斗鸡之娱
晋	前620~前607	虒祁宫	绛县	晋灵公	《水经注》注：汾水过虒祁宫。跨水建石桥，桥达30柱，柱径5尺，桥面与水面齐平
晋	前636~前628	晋武宫	闻喜	晋文公	《山西通志》载：晋文公在闻喜建有晋武宫，因宫城在太原，故晋武宫为离宫
晋	前636~前628	曲沃宫	闻喜	晋文公	《山西通志》载，晋文公在闻喜建有曲沃宫，因宫城在太原，故曲沃宫为离宫
晋	前636~前628	神林介庙	太原	晋文公	晋文公在太原有皇家园林。傅山《神林介庙》："青松白栝十里周，比青柢白祠堂幽。晋霸园林迷草木，绵田香火动春秋"
晋	前552	铜鞮宫	沁州	晋平公	《左传·襄公二十一年传》说，晋平公的离宫铜鞮宫在沁州南
赵	前475~前425	赵襄子台	和顺	赵襄子	《山西通志》载，赵襄子在和顺县西二里之处建有台
赵	前475~前425	赵襄子台	和顺	赵襄子	赵襄子在山上建有避暑离宫

资料统计依据《上古园林年表》重制刘庭凤，李长华，万婷婷，上古园林年表[J]. 中国园林，2005，5：017.

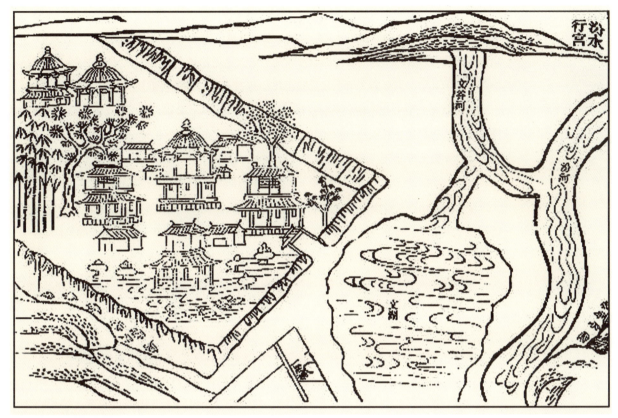

图 14-24 汾水行宫图　资料来源：（清代乾隆版）宁武府志．

又据清版《宁武府志》云，汾阳有天池，在燕京山即管涔山上，周过八里，俗名天池，曰祁连池。隋开皇（581～600年）建祠池上，祈祷多应。隋文帝和隋炀帝经常来这里巡猎、避暑、游玩，并在行宫接见大臣和使者，商讨和处理国家大事。

此外，作为地区封建统治中心城市，太原和大同都有过大量的宫廷类建筑和园林，下面简述之。

平城宫殿及鹿苑

平城作为北魏的都城，至孝文帝迁都洛阳为止，一直是当时中国北部的政治、经济、文化和军事的中心，同时也是全国最繁华的城市之一。鹿苑是由一个长期生活于森林和草原的、以狩猎采集为生的游牧民族，在平城周围建设而成。而草原式园囿，便是这座皇家园林建设的重要特点。在苑中建设行宫和游乐骑射场也反映出这个定居城市的草原民族政治集团"犹逐水草"和"土著居处"的习性。平城鹿苑是代京最重要的皇家林苑，贯穿北魏历史的始终，前后延续近百年。[29]

于北魏建都平城的第二年——天兴二年(399年)二月，道武帝"破高车杂种三十余部，获七万余口"，又"破其遗迸七部，获二万余口，马五万余匹，牛羊二十万余头，高车二十余万乘。"(《魏书》)把众多人马、车辆集中在平城，修建鹿苑。[30] 正是史书所谓的"以所获高车众起鹿苑，南因台阴，北距长城，东包白登，属之西山，广轮数十里"(《魏书》)。鹿苑是拓跋代"城郭而居"后在都北营建的一处大型游猎场，最早的功用是将高车所获的马、羊、牛置于其中，筑苑的九万余口高车部民，也有相当一部分居于其中。

此后这处大型生态园林又不断修整扩建。《魏书》载，太祖天赐三年（406年）六月"引沟穿池，广筑围"是鹿苑的第一次扩建、完善。其后，明元帝的修整扩建更加频繁。永兴五年（413年）复"穿鱼池于北苑"；神瑞元年（414年）"起丰宫于平城东北"；泰常元年（416年）"筑蓬台于北苑"；泰常三年（418年）"筑宫于西苑"；泰常四年（419年）"筑宫于台北"，"筑宫于白登山"；紧接着泰常六年（421年）"发京师六千人筑苑，起自旧苑，东包白登，周回三十余里"，等等。这次筑苑工程浩大，旧苑趋于完善。到明元帝鹿苑大的整修已完成，太武之后主要是在苑中完善水系，增建宫殿台榭等居处和游观设施。

鹿苑作为皇家主要游猎场所，包括东苑、西苑、北苑，是一座建筑规模宏大的豪华园林。山脉和鹿苑墙将这个皇家宫苑围得天衣无缝，它西起雷公山（"雷公山，据城15里，郡城之主山也"），东包采凉山、白登山（今名马铺山），方圆数百里，共同形成了平城西、北、东三面层次深远而高大雄伟的天然屏壁，阻挡着西北部寒风，迎纳着南部的阳光和暖湿气流，形成了良好的小气候。其南是"南因台阴，北距长城，东包白登，属之西山"（《魏书》）的鹿苑墙，据考证，其遗址与东起白马城、西抵安家小村的大沙沟平行的夯土墙相吻合。墙壁底宽3至4米，高约5米左右。版筑夯打的痕迹历历在目，夯土层为10厘米左右，正是北魏夯筑的特征。[31] 鹿苑的择址选择了这样优越的自然环境和有利的山形地貌，植被适于生长，动物适于圈养。苑内散养和圈养着许多鹿、羊、牛、马、虎、熊等动物，供皇室们观赏、游猎，鹿苑是名副其实的御用游猎场。而在景观上，鹿苑三面环山，秀峰层集，气势磅礴，草木葱郁，景象深远，阳光返照，光色变幻，气象万千，使鹿苑的三面远景皆有悦目的收束和多层次的背景轮廓线，美不胜收。

魏晋时期，宫殿大抵喜好起山穿池，为了宫殿用水，必凿渠引水，注入苑中，疏为水沟，分流宫城内外。鹿苑也不例外。道武帝于天兴二年（399年）筑起鹿苑后，即"凿渠引武周川水注之苑中，疏为三沟，分流宫城内外，又穿鸿雁池"（《魏书·太祖纪》）。又引武周川水"自山口枝渠东出入苑，溉诸园池"（《水经注》）。武周川水引进后，径直东北去注入苑中，"疏为三沟"：一由大沙沟东去如浑水（御河），一北去

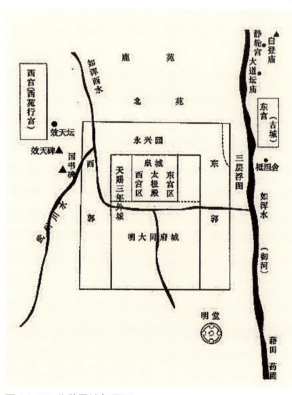

图 14-25 北魏平城复原图
资料来源：北朝研究（第七辑）．科学出版社，2010．

图 14-26 山图　资料来源：大同县志·卷一．

鹿苑诸池沼与如浑西水汇合，一南经陈庄直通北关外埒。于是乎，如浑水、万泉河、开山口河等穿苑而过，自然形成或人工修建了许多大小湖池。其中以位于方山脚下的灵泉池以及人工修建的鱼池最著名。这是一处风景优雅的所在，"南面旧京，北背方岭，左右山原，亭观绣峙，方湖反景，若三山之倒水下"（《水经注》）。灵泉池旁建有灵泉宫，是一处规模很大的皇家行宫，朝廷许多重要的庆祝活动都在这里举行。

苑中的采掠山为游猎区，上建鹿苑台，毗邻诸池沼。鹿苑台之下，建有"虎圈"并散养许多异兽珍禽，大约是贵族们嫌鹿苑台观虎斗还不够刺激，又在虎圈旁边兴建了永乐游观殿。"季秋之月，圣上亲御圈，上敕虎士效力于其下，事同奔戎，生制野兽"（《水经注》）。永乐游观殿与如浑水东西侧的宁光宫相呼应，山水池阁，把北苑装点得别是一番天地。白登山为祭祀区，上有太祖道武庙，昭成、献明庙；方山为佛事活动和游览区，上有方山石窟、方山宫、永固陵、万年堂、思远佛寺和永固石室等，同时方山上有文明太后陵和高祖陵，二陵之南有永固堂，"堂之四周隅，稚列樨梯、栏、槛及扉、户、梁、壁、椽、瓦，悉文石也……左右列柏，四周迷禽暗日，院外西侧有思远灵图，图之西有斋堂。南门表二石阙，阙下斩山，累结御路。下望灵泉宫池，皎若圆镜矣"（《水经注》）。另外在鹿苑的西山还开凿了鹿野苑石窟，与其附近的崇光宫组成一组建筑，是献文帝禅位后的居住和坐禅之地[32]。

北魏鹿苑内建筑（与山水）

名称	修筑时间	史料出处
鹿苑台	宣武帝天兴四年（401 年）	《魏书·太祖纪》
虎圈	宣武帝天兴四年（401 年）	《魏书·太祖纪》
鸿雁池	明元帝永兴五年（413 年）	《魏书·太宗纪》
鱼池	明元帝永兴五年（413 年）	《魏书·太宗纪》
灵泉池	明元帝永兴五年（413 年）	《魏书·太宗纪》
灵泉宫	明元帝永兴五年（413 年）	《魏书·太宗纪》
丰宫	明元帝神瑞元年（414 年）	《魏书·太宗纪》
白登宫	明元帝泰常元年（416 年）	《魏书·太宗纪》
蓬台	明元帝泰常元年（416 年）	《魏书·太宗纪》
云冈石窟	文成帝兴安二年（453 年）	《魏书·高宗纪》
鹿野苑石窟	献文帝天安元年（466 年）	《魏书·显祖纪》
崇光宫（后名宁光宫）	献文帝天安元年（466 年）	《魏书·显祖纪》
永乐游观殿	献文帝天安元年（466 年）	《魏书·显祖纪》
方山永固陵	太和五年（481 年）	《魏书·高祖纪》
万年堂	太和五年（481 年）	《魏书·高祖纪》
思远佛寺	太和五年（481 年）	《魏书·高祖纪》
方山石窟	太和五年（481 年）	《魏书·高祖纪》

经过历代皇帝的营建，鹿苑获得了巨大的发展，休闲娱乐性逐渐增强，狩猎军事功能依然存在，同时承担了相当一部分的政治功能。随着佛教的勃兴，在北魏奉佛教为国教后，佛寺、石窟等建筑迅速崛起，鹿苑对佛教传承也起了一定的作用。

晋阳宫廷

晋阳远在春秋时期就存在（《左传》），那时晋国大夫赵简子的家臣董安于和尹铎，已经先后把晋阳修建得有坚实的城堡、较大的宫殿（殿柱还是用铜做的），但毕竟还是一个小城。到了西晋末，并州刺史刘琨为了防御匈奴的侵袭，展筑了晋阳城，扩大成为高四丈、周长二十七里的城池（《元和郡县志》），但后经多次战乱的破坏。到了北魏末期，高欢入据晋阳，设大丞相府，控制了东魏（都城在邺）政权，大力经营，以晋阳为根据地，终成霸业，因而晋阳被称为陪都（《隋书·地理志》）。

先是高欢于北魏普泰元年（531 年）在晋阳城兴建大丞相府，东魏武定三年（545 年）

又营造晋阳宫。后来其子高洋篡位称帝，建立了北齐王朝，年号天保（550年）。兹后，在北齐政权27年中，对别都大兴土木，大治宫室，起建大明宫，兴筑十二院，其辉煌壮丽的程度，远远超过了当时的都城邺（今河北临漳）。据史籍记载，天保七年（556年），为在晋阳修筑宫苑的各种工匠劳力多达三十万人（《晋乘略》卷十三），可见工程的浩繁巨大。

大明宫建筑组群，主要有宣德殿、崇德殿、景福殿、德阳堂、万寿堂等。万寿堂坐落在花园里。园中堆有假山，建有凉亭，植有花木，是宫中之苑。到北齐后主高纬天统三年（567年），大明宫的主体建筑大明殿才建成（《北齐书》卷八）。大明宫内殿堂楼阁宏伟，绿树浓荫掩映，宫周诸门即景福门、景明门、昭德门、昭福门，门楼高耸（门外均建有亭），已自形成一座大明宫城了。

北齐还在晋阳西郊的晋祠大兴土木，在难老泉、善利泉上建起了泉亭，在悬瓮山腰筑起望川亭，在晋水侧兴建了清华堂、流杯亭、宝墨堂和环翠亭等，成为帝后王公游幸之所，所以到唐朝仍为北都之胜。唐人李吉甫的《元和郡县志》引姚最《序行记》云："高洋天保中，大起楼观，穿凿池塘……至今（指唐朝）为北都之胜。"北齐还在晋阳西山凿佛龛、雕佛像、建佛寺；著名的依山凿刻的木佛高二百尺，虽然比乐山大佛低，但要早建162年。

隋炀帝杨广初封晋王，即帝位后，加紧修建晋阳。在北齐的晋阳宫外围筑了周七里的城

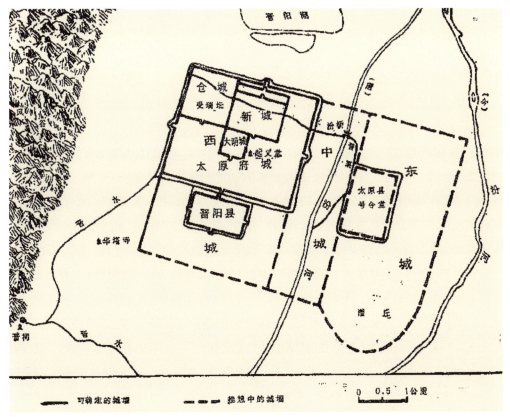

图14-27 隋唐晋阳城平面图　　资料来源：山西省历史地图集.中国地图出版社，2000.9.

图 14-28 明朝皇庙　资料来源：作者自摄

垣，命名新城，在新城西又新建了一座周八里的仓城；又于大业三年（607年），在城西北隅（大明宫城北）新建了一座晋阳宫城，其面积远远超过了大明宫城（《古城晋阳示意图》）；在晋阳潜丘修建了大兴国观（即兴国玄坛），还征集民工凿开东通太行、北达管涔山汾阳宫的驰道，使晋阳成为交通便利、建筑宏伟的繁华城市。

隋末，李渊父子起兵晋阳而有天下，认为晋阳是"王业所兴"之地，锐意修建，列为北都和北京。唐朝的晋阳已经成了横跨汾河两岸，由三座城池连接组成的大都市了。在汾河西岸，晋水之东是一座高四丈、周四十二里的大城，大城内又包括隋晋阳宫城、大明宫城、新城和仓城四座小城。这个大城称为府城或州城，也叫西城。城内也仿京城长安分隔成许多个坊，如崇信坊、永宁坊、龙泉坊等。在汾河东岸与西城相对的另一座城叫东城，是贞观十一年（637年）并州大都督府长史李勋主持修建的。因为东城内的井水苦涩难饮，又修筑了从西城外把晋水引穿西城的晋渠之水延伸、架汾河引到东城的水利工程，以解决民众饮用水问题。东西两城之间，又有一座跨汾河的"跨水联堞"的中城，把东西两城连为一体，所以也叫连城，它是武则天时并州长史崔神庆主持兴建的。其后，河东节度使马燧又复修晋渠工程，又从汾水分出许多小流环城流绕，两旁都栽上杨柳。唐朝还在晋阳修建了柏堂、节堂、起义堂、受瑞坛、宾宴厅、北厅、使院、山亭等建筑，还有达官显宦的高门宅第和宅第改变的寺庙，如正觉寺、开元寺、解脱寺等。这些建筑围绕着晋阳宫和大明宫，散落在清流绿柳间，使晋阳城里更为富丽堂皇而又清雅秀丽。综观晋阳三城的形势，悬瓮山西峙，晋水依西城西墙而过，汾河穿中城南流，晋渠横穿西城，过中城，跨汾河，达东城，许多小流环城流绕，夹岸杨柳飘扬，楼榭相望，实乃风景如画，美不胜收。

隋建的晋阳宫苑，发展到唐朝，又增加了宣光殿、建始殿、嘉福殿、仁寿殿等。另外还有一座寝殿，叫万福殿，是开元十一年(723年)唐玄宗幸晋阳时下榻之地。殿周宫门数重，可通各个游赏之处。殿北有玄福门、宣德门通至玄武楼；殿东有东闱门、昌明门，可通葡萄园；殿西有西闱门、威凤门，可以到太液池。晋阳宫中的太液池面积也不小，池中建有四边形回廊大亭，每一面就宽达八间，可徘徊游赏。另外还有九曲池，流水弯曲，有如蛇行。

唐以后的五代，后唐、后晋、后汉和北汉几个王朝，也都把晋阳定为西京、北都和北京。然而到北宋太平兴国四年(979年)，宋太宗赵光义在攻占晋阳，北汉主刘继元出城投降，部将杨业停止战斗归顺的情况下，赵光义仍下令焚毁晋阳城，次年又引汾河晋水倒灌废墟，毁城灭迹。金代元好问《过晋阳故城书事》诗中有"不论居民与官府，争教一炬成焦土，至今父老哭向天，死恨河南往来苦"，说的就是这次浩劫。当时大部分居民移至河东平晋城，还有部分居民移至唐明镇，即今太原城的西南角。宋初太平兴国七年(982年)，将唐明镇扩建，改称阳曲，到宋仁宗天圣初年又称太原府，即今城址的部分地区，其范围北至后小河，东至桥头街。据说在修建时，因风水迷信之故，将道路均修成丁字相交，以便钉成龙脉。当时商业、手工业在南关一带，至今尚保留有剪子巷、铁器巷等地名。

金时代、元时代长达三百多年来，太原遭受了不少兵燹战乱，尤其是元末统治集团间的战争，城市建筑大部破坏，给太原人民带来了巨大的灾难。洪武元年(1368年)，朱元璋的北伐军徐达、常遇春部进入太原时，已是十室九空，没有人烟的空城了。洪武三年(1370年)，朱元璋封其三子朱棡为晋王驻守太原，开始修建晋王府，洪武九年(1376年)对太原城进行扩建，列为九边重镇之一，将太原旧城向北、东、南三面作了大幅度扩展，并建南关，筑起了三丈五尺高的城墙，外面砖砌，开了八道城门，形成了周围二十四里的大城，还挖了三丈深的护城壕，可称得上"深沟高垒"了。各道城门上修建了重檐翘角、巍峨壮观的城楼，在四个城角上建有高大的角楼，在四面城墙上还建了92座小城楼，在城楼之间又筑起了32座敌台。仰望大原城郭，楼台环绕，雄伟壮观，气势非凡。明王世贞在其《适晋纪行》中也说："太原城壮丽甚，二十五埤堄作一楼，神京不如也。"

太原城内的楼阁比比皆是。鼓楼坐落全城中央，下为通道，上为三重高楼。其楼东西长百余步，南北宽八十余步，重檐歇山顶，三层各七间，下层26根长露明柱，飞檐翘角，前面悬匾"声闻四达"，后面悬匾"威镇三关"，气势雄伟。登楼四顾，全城尽收眼底，东山屏障，如带汾流，双塔文峰，皆入画面。该楼始建年代无考，据碑记，顺治十七年(1660年)，嘉庆二年(1797年)重修过(民国22年即1933年重修彩画后，设为晋绥物产陈列馆，1950年拆除)。其次是钟楼，最早在寿宁寺(即打钟寺)，后移泰山庙前。楼高约二十丈，建于金正隆四年(1159年)，楼檐有匾"尧氏钟声"。楼内有正隆四年闰六月所铸大铁钟一口，高一丈，周一丈九尺四寸，民国8年尚存，后不知去向。钟楼倒坍。此外，太原还有作霖楼、明远楼、奎光楼、聚奎楼以及雄风楼、高明楼、唱经楼等。

太原的阁也不少，以通明阁(旧址在今太原第三中学内)最出名，规模壮丽，高耸凌云。除此，还有文明阁(今府西街)、坤德阁(今桥头街)、映衣阁(今大中市)、升华阁(今府东街)等。楼阁之外,太原的牌坊尤其多,明晋王府前有四牌楼,东西羊市、活牛市十字口也有四牌楼,都察院、太原府、阳曲县前都有牌楼或过街牌楼,各王府、司道衙门,各宫观寺庙,各书院及科第门前都有牌坊,还有些节孝牌坊,大大小小不下百十座。城内寺庙很多,仅关帝庙就有二十处之多。太原自明朝展城后,城里非常空旷,居民不多,民房稀疏,而这些楼、阁、牌坊就显得突出了,加上王府花园中的隆阁、城墙上的城楼敌台,互相衬托,使太原城显得格外壮丽辉煌。昔日有"花花正定府,锦绣太原城"的民谚,说明太原城真正的锦绣时期是在明代。

三、私家宅园别墅

晋商在中国近代史上,是著名的三大商系之一。自先秦起,晋商的足迹已遍及天下,到汉代,晋商已经打开了国际的大门,与古罗马有了商贸往来,自唐至明清,晋商已垄断长城内外的经济往来,至清代山西票号已成为中国金融界的中流砥柱。晋商聚集了大量的资财,广起深院巨宅,加上山西固有的文化底蕴,形成了晋风的建筑群和古园林。最早的私家园林可以追溯到唐宋时期,到明清时私家园林建设日益盛行,营造活动达到高峰。

山西的私家园林在《山西通志》及各州、县地方志中有部分记载,但经历代兴废,破坏淹没。据《代州志》记载,代州映碧园在西郊,尚书孙传庭(明代州人)的私家别墅。园内有西溪、荷亭、涵虚阁、玄涤楼等胜景,曾有诗记。明保定王在长治县建有保定园,清乾隆时改为慈人窟。此外,这一时期长治的其他园子还有西园、内邱园、唐山园、

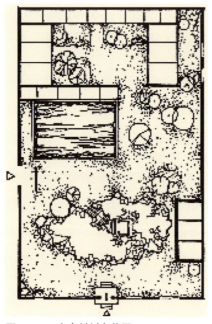

图 14-29 南高村刘宅花园
资料来源:梁毅抄绘自刘致平.内蒙古、山西等处古建筑调查纪略.

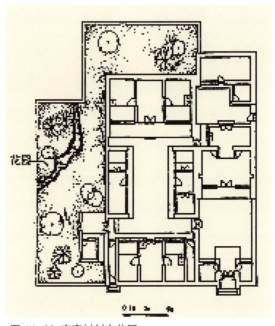

图 14-30 南高村刘宅花园
资料来源:梁毅抄绘自刘致平.内蒙古、山西等处古建筑调查纪略.

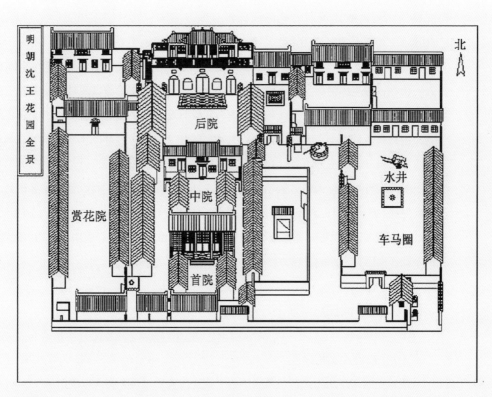

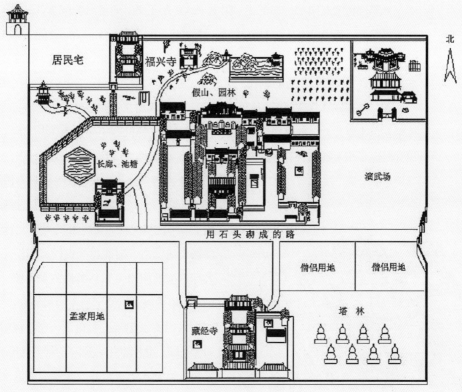

图 14-31 长治孟家花园　资料来源：潞洲孟家花园．

稷山园、安呋园、葵园、平遥园等。襄汾丁村等诸多村落，仍保留山西乃至全国最为完整的明清民居建筑群，此地还保留有原有宅园；此外阳城田懋的别业伊园——后沟白凌池，则是清初一座名园。[33] 清代顺治时布政翟风翥在闻喜县城南涑水上建有桐园，内有小滕王阁、梅岩绛雪居、曲水诸景，为邑之腾地，多名人题咏，有桐园谱。

山西"表里山河"，加上特有的晋文化，表现在古建筑与古园林中，就有一种生成于浑厚之上的质朴。以山西的古代私园来说，它没有北京私家园林的富丽，也没有江南园林的清秀，但自有一种古拙、雅静的风貌，大体上还如文献及古园林图中所示的明代风貌。[34] 山西的古代建筑一向以三合四合排列，以墙、廊联系或围绕建筑形成一个合院，人称"四合宅院"。四合院均对外封闭，大门尽量朝南，北面少开门，如需扩大，则以重重院落相套，向纵深或横向发展。如灵石的王家大院的布局，突出了自己的个性特点，呈现出建筑平面布局的立体化，故此，山西古代私家园林平面形态多为方正，园内虽偶有小池、堆山，但均因地理条件所限，终不及江南园林水面的灵动，形成北方的质朴厚重之态。

1. 晋南私家园林

（1）长治孟家花园

孟家花园初建于唐代，但是经历各个朝代改造后建筑类型又以明清为主。

《潞洲孟家花园》一书记载，隋末十八路反王之一的孟海公被李世民收降，其长子孟延铭英勇善战，为唐朝立下了赫赫战功，被封为"长安京提督"。约公元707年，皇子李隆基别驾潞洲府后，孟延铭随其告老还乡回山东经潞州时，见此处气候好，决定定居于潞州府，在城东南处修一规模很大的祠堂，也就是孟家花园。[35]

孟家花园在唐代初建时规模很大，西起现长兴路东，东至延安南路西，北起东狮子街，南至友谊小学北，占地面积约200亩。孟家花园主体院在中间，主体院南为寺院佛地；院北原为假山、果木林和长廊；院西为池塘、凉亭；院东为游戏、跑马场。整个主体院的建筑分为前、中、后三院和东、西二院共五院，每个院都有正房、东西配房，是典型的四合院结构。

整个大院的大门建在东南角，大门坐西向东开，并且门上有一门楼阁叫"文昌阁"，进大门后右侧为马厩，向西走进二门，向北拐为前院，前院正房为大厅房。大厅房坐北向南，东、西耳房是木楼，厅房很高，内墙上画有壁画，描绘了当年孟家盛世。

宋代孟家花园在上党是一座富丽堂皇、宏伟壮观的大花园。北宋末年，金国三太子金兀术率领金兵攻打潞州，孟家儿男在当时的宋朝名将潞洲太守陆登的率领下英勇参加了抗金战斗，上党城被攻破后，金兵大肆掠夺，火烧了孟家花园。此后孟家只修复了主体院落。

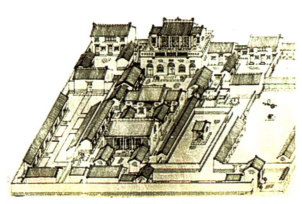

图14-32 长治孟家花园鸟瞰图　　资料来源：潞洲孟家花园.

孟家花园最具有特色的是园中用砖砌成高大的地道，为了使花四季不凋谢，地道用砖砌成窑洞形，高一丈，宽一丈，里面有很多配窑用来放置花卉。墙上有石手，用来放置灯烛。地道通向院内和马厩两井中，井中有水井门，打开水井门便伸手取水浇花；水井门也可使空气流通，供花卉通风换气。

明朝时，孟家花园被沈庄王所占，成为王府的一部分。沈庄王时按唐朝原布局修整了孟家花园，在孟家花园东、西两侧的路上150米处，修了两个用四根汉白玉石柱筑成的石牌楼，西边叫做"跪门楼"，东边叫做"舒门楼"。明末清初，农民起义军洗劫了上党城，火烧了孟家花园，清初孟家花园仅简单修复了主体院落。

（2）皇城相府止园、西花园

皇城相府（又称午亭山村）总面积3.6万平方米，位于晋城市阳城县北留镇，是清文渊阁大学士兼吏部尚书加三级、《康熙字典》总阅官、康熙皇帝三十五年经筵讲师陈廷敬的故居。其建筑依山就势，随形生变，官宅民居，鳞次栉比，是一组别具特色的明清城堡式官宅建筑群。"绿树村边合，青山郭外斜"，皇城相府不仅是一幅古代"自然山水画"，更是一座具有强烈人文精神的东方古城堡。其内部有几个相对大的园林。

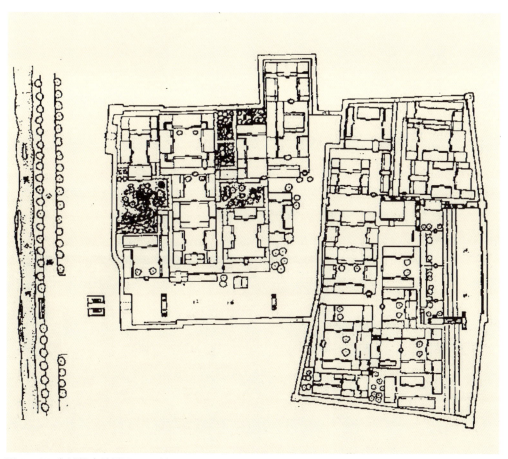

图 14-33 皇城相府总平面　资料来源：周涛 . 午亭山村聚落形态探究 .

止园，建成于公元1661年，是陈氏家族最大的一处园林，占地近1.1万平方米。止园内绿满阴稠，流水潺潺，怪石嶙峋，波光粼粼，一派鸟语花香，恍如人间仙境。这里是相府主人经常召集文人墨客饮酒作诗、陶冶情操的理想场所。

西花园，也称"慕园"，是陈廷敬为纪念去世不久的父亲而建，取"人少则慕父母"

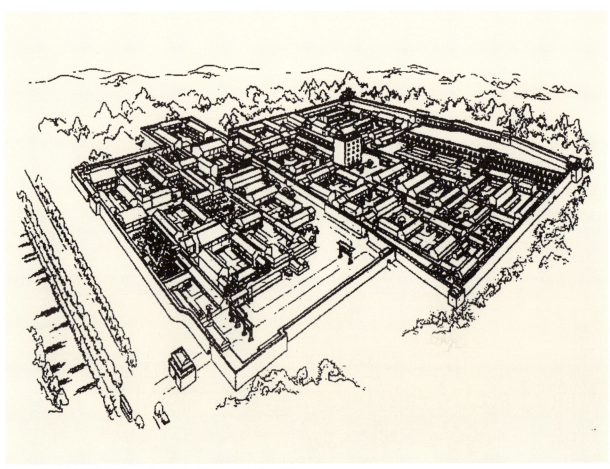

图14-34 皇城相府鸟瞰图　　资料来源：周涛.午亭山村聚落形态探究

图14-35 皇城相府　　资料来源：周涛.午亭山村聚落形态探究

之意而命名。主要景观有假山、鱼池、回廊和花圃，面积虽小，但构思巧妙，建造精美，一派江南园林气息，山间流水潺潺，池中鱼戏翩翩，风景雅致，颇为宜人。[36]

皇城相府从环境选址到聚落形态的创造，表达了陈氏家族对环境艺术的追求和对美好生活的向往。秀丽多彩的自然山水风光，险峻奇特的古堡风情，雅致拙朴的合院建筑形象，深厚的文化气息和乡土文化，蕴藏着高品位的美学和艺术价值。

（3）新绛花园

新绛是国家历史文化名城，县城内还遗存有清朝时期营建的几处宅园。其中包括薛家花园、乔家花园以及王百万花园等。

1）薛家花园

在今新绛城内桥北路83号，为薛氏家宅的一部分。从第宅大门往北拐四个弯，进入"映碧门"，即是称作花园的庭园部分。清末时园主薛玉麟，字书田，号植德，光绪至民国年间人。宅园原主不详，但据庭园中坐北的四明厅正梁上二行墨字所记："例授儒林郎布政使司布政司理问宅主王谊时乾隆四十九年三月二十七日子时上梁大吉"，则此厅为清朝中期所建。又庭南的南楼二层正梁上虽无墨字，但观察其建筑形制为明朝格式，而且南楼护墙用铁"扒钉"为圆环，亦可证明。估计第宅建于明末清初，系薛氏先人购自王氏。

薛家花园实际是合院式建筑庭园，南北长33米，东西宽22米，基址为长方形，地势北高南低，建筑因势随形而筑。南半中部为近方形水池，南北架石拱桥。池北为平台，上建四明厅，三间歇山顶，为薛氏家庙。池南横列一楼，称南楼，三间半，重檐卷棚顶，外檐装修二层为直棂隔扇，建筑形制为明代建筑。池西有台，台上北建攒尖顶望月亭，南建榭曰西榭。池东沿墙建有廊屋，北高南低，依势而下，中有阶七级。总的说来，庭园面积虽小，但由于建筑随势而有高低错落，随形而有起伏曲折，中部一池，倒影参差，益增景深。宅园西北隅为一幽静小院，有书斋二间。斋前庭院的西墙，实为木槅屏风六扇，有门与内宅通。

薛家宅园传至今日，早已作为一般民居民宅，水池也早已填没，东西亭榭游廊虽然残存也都改为住房用，但整个庭园的原来面目，尚可依稀辨出。[37]

2）乔家花园

乔家花园位于新绛县城内孝义坊。园主乔佐洲，生于嘉庆年间，道光十三年（1833年）因捐赈而授恩赏举人。花园在宅院南部，南北长61米，东西宽49米，占地4.5亩，呈长方形，边高中低似盆地一般。园由宅院东北角天井下台阶四五十级，出曲廊南入园中。入口处为一长方形小院落，西建土窑三间，窑上建楼，土窑作花窖用。窑南折东西复廊（二层），长廊东端为一方亭。花园布局较简洁，中部为一鱼池，中架石拱桥，呈眼镜式。池水由鼓堆泉水

图 14-36 乔家花园　资料来源：网络

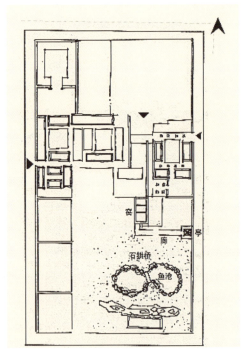

图 14-37 乔家花园平面图　资料来源：赵珣宇

渠引入，由龙头注入池中，池深 1~2 米。池周及拱桥均有栏杆围护，鱼池南有小径环绕一座假山。假山跨度约 2 米，高约 3 米，东西各有洞穴，洞通山南窑楼建筑，下面为三孔土窑，窑上建楼。可由假山东面上至二楼。[38]

宅院及花园现为新绛县人民医院、交电公司仓库和民居。

3）王百万花园

王百万花园位于新绛县城内贡院巷 15~17 号，花园在宅院南。园主韩城王某，名不详，清同治年间人，家富万贯，故号称"王百万"。花园部分，东西宽 21.4 米，南北长 24.6 米，略呈长方形，占地约 0.8 亩，地势北高南低，高差约 1 米许。花园因厅堂亭廊及假山的布置，无形中分隔成三个庭院。

从宅院到花园，入口洞门在庭园东北角，洞门券上有砖雕阳文"荐馨"二字额。入内，迎面为一砖雕照壁。旁贴东墙有梯级可上至二层游廊（下为一窑洞），建筑已毁。壁后转入面东的"敬享"门，穿门进入园东半部的主庭院。主庭北有厅，厅堂三间，硬山顶大出檐；南有重檐的西楼廊，廊窄，宽仅一米余，是装饰性构筑。下为土窑，窑有砖券洞门，门上砖雕阳文"恪斋"二字。主亭西凸出五边的八角亭，即横在西半部中间，在 1 米高台基上营建东为亭、西为轩连接的舫式建筑。

前述庭园西半部因中横亭轩而分为两小院。西南小院，地势较低，北为筑在高台上的亭轩，西为西花厅，门开东北，形成小院。西北小院北为北花厅，西为游廊，南为亭轩，东为假山，组成一封闭式小院，颇为幽静。假山体量不大，但叠得错落参差有致。

总的说来，此园充分运用了建筑的平面布局及形制的变化，高低错落，横竖相交，互为呼应，匠心别具，独树一格。[39]

永和乐安庄

乐安庄南北二园，位于永和县东关古城的东北隅，是宋朝枢密直学士薛氏致仕归家后营建的庄园，因其封郡之名而称乐安。园中北有堂称逸老，东有堂称三圣，西有堂称无无。此外建有一台，称明月台。[40]

翼城东园

东园位于翼城县内县治之北，是北宋宣和年间（1119～1125年）县令向淙所建，邑人丁产师作记，园内有静乐轩，其南有亭，称锦江亭，其北有台，称邀月台。稍北，建有叠翠亭，更北还有一亭，称五柳亭。

2. 晋中私家园林

（1）明朝晋藩花园

明朝太原城中最庞大的王府是晋王府，它的面积占太原城六分之一。各晋藩王的府第花园，大多建于晋王府的周围，形成了一片连一片的王府宫室建筑群。晋王的子孙后代，累累封王，都要建王府、造花园，所以到明朝中后期，许多晋藩王府花园相继出现，竞相媲美，盛极一时。

金粟园

金粟园在现在的小五台，是河东王府的别墅。前身是王道行的桂子园。王道行，阳曲人，明嘉靖年间进士，曾做过苏州知府、河南按察使和四川右布政使，为官清正廉洁。在四川任上遭受当道者的排挤而还乡，就在小五台一片高阔的空地修建了此园。桂子园中有一座坐北向南的斐堂，堂稍东是雨足轩，轩前修竹百余棵，显得淡雅清新。在斐堂左边有个莲花池，池前又有个小鱼池，池上有桥，桥上可以观鱼。跨过小桥，太湖石假山挡其南。假山紧贴南城墙，山上有座逍遥亭，亭后有数间矮屋，向西可接承恩。新南门城楼，是个登高远眺处。西头顺城墙而下有土岗，岗东有个"清虚"亭，周围栽有龙爪槐等。树下设置石床石凳，引水成溪，从脚下环绕流过，这里是品茶对弈的好地方。园子的东头，有个祠堂和茅亭，北头是园门。园内除了池莲、龙槐、竹子和其他花草外，最出名的是几株大桂树，每当金秋，满园飘香，所以名为桂子园。桂子园不仅园内造景，还可借景园外，在私园中是较为出名的宅园。

王道行去世后，子孙辈无能，桂子园遂被河东王所夺，进行了大规模的拓展改建，成为

图 14-38 小五台金栗园园址　　资料来源：网络

河东王的别墅，改名为金栗园，明末清初保定人魏一鳌有一篇《游金栗园记》，对此名园作了详细记述。

一进金栗园门，迎面便是壮丽的牌坊，名为金栗坊，过坊少许，向西经过一段迂回的石砌小径，有两座相连的屋宇，叫桂蘗轩和岁寒居，绿窗朱户，高敞开朗，回廊环抱，上悬匾额"西园翰墨林"，是读书写字之处。过坊向东，有一带篱笆，以树枝架一坊门，上书"苍云坞"。里边树竹森森，群花众开，是以植物见胜的园中园。向南，高处有一个院落，叫"丹药院"，种植牡丹、芍药之类，院内明堂开阔，帘卷窗净，是夏日纳凉之所。面丹药院，有一座玲珑山石围绕的高楼，名为"望汾楼"。登楼游赏，视野开阔。楼下有金鱼池，水深尺许，游鱼可数。池上架一小桥，池周密布垂柳，浓荫四合。林深处隐隐有流水声，是为"流觞曲水"。这里有枯松怪树，老状离奇，树下一大石，上有楷书"古木仓烟"四字。由这里东望有几亩花畦菜地，中间一条小路，下通锦云乡和富春亭。从这里回首来路，高低差足有两丈余，望见高处楼台殿阁，掩映于郁郁葱葱树林之中，令人作天际清凉界之想，因而人们称它为小五台。从富春亭向西，槐荫深处，还有一座宏丽的槐荫亭。若南向拾级而上，便可登上倚城假山，山后城墙上五步一台、十步一楼，颇为壮观。这座倚城假山可能是当年桂子园的山石假山，或经过扩建。人行山上（城墙上），如履树梢，俯瞰园景，树海绿波，那些高低起伏、聚散有致的亭台楼阁，随绿波时隐时现，令人神往。

金栗园在清初顺治年间虽已冷落衰败，尚还残存。后来，小五台只有个大土庵，中有魁星阁，来省乡试的学子就住在这里。到了民国年间，这里建有学校，辟有大操场。民国 8 年的第七届华北运动会在这里举行。新中国成立前这里已成荒丘。20 世纪 50 年代，拆除了残留的城墙。随着城市建设的迅速发展，目前这一带面貌已彻底改观。

晋王府

晋王府在南北主轴线上建有几进宏伟的宫殿，类似皇宫格局，称为宫城，宫城前左有天地坛，是晋王祭天地之处；右有王府花园，建有山石池亭楼阁。晋王府有三道门，即东华门、西华门和南华门。围绕宫城还有一道夯土外城墙，叫萧（肖）墙，这就是东肖墙、西肖墙、南肖墙和北肖墙。清顺治三年（1646年）晋王府失火，燃烧月余，全部化为灰烬。晋王府宫廷园林建筑，在规划设计、建筑布局、园林造景、植物布置等方面想必有较高水平和相当豪华。

靖安园

靖安园约在晋王府西边，也叫西园，是靖安王朱新埨的花园。这个花园重门深邃，青松如壁，草木茂密，兰竹青青。园中有"青寥阁"高入云霄；阁前有三座园亭，左亭题"瑶天鸿水"，右亭题"云林清籁"，中亭为"会心处"。另外园中还筑有画船亭，布置有奇花异卉，曲径高台，林鸟池鱼。

其他

除以上几处外，晋藩花园比较出名的还有三处。其一为远溪园，在晋王府北边，从位置看，也当是晋藩王的花园。园内叠石成假山，引水为池沼，建有最乐楼、澄然阁、窈窕亭，布置有不少佳木美卉。由于花园靠近北面城墙，比较僻静。其二为河东园，在晋王府后边，是河东王府的花园。园内筑有峻阁、高台、园亭，堆有假山，凿有鱼池，池中有水榭，布置有奇葩异卉，景色宜人。其三为熙景园，在晋王府西北角，也叫西景园，是晋藩东平王府的花园。

（2）太原明清士绅宅园

明朝太原出现了多处士绅宅园别墅，作为他们怡情养性优游之所。有些宅园的名声很大，超过当时的王府花园。

阳曲静安园

大部分明清朝名园都在晋祠和太原城内，在太原城北郊的静安园也是此时名园。它在城北五十里的青龙镇，主人姓王，人称王百万，是清朝阳曲县的富户。他的花园也叫王家花园，王家的宅院在青龙镇街路南，由大楼院、账房院、花园、卜洞院、书房院等大大小小十几个院子组成。这片住宅院从乾隆年间就开始修建了。至同治光绪年间，王家传到王绳中、王荣怀父子，财力渐大，王荣怀便以捐纳的办法捐得京官，携眷住在北京。光绪三年（1877年），山西大旱，赤地千里，饥民求活，廉售劳力，王荣怀于是年在家乡大兴土木，堆筑假山，大规模扩建花园。

王家宅院以大楼院为主院，以西为上，所以有坐西朝东的楼窑七间（下为七眼窑，窑

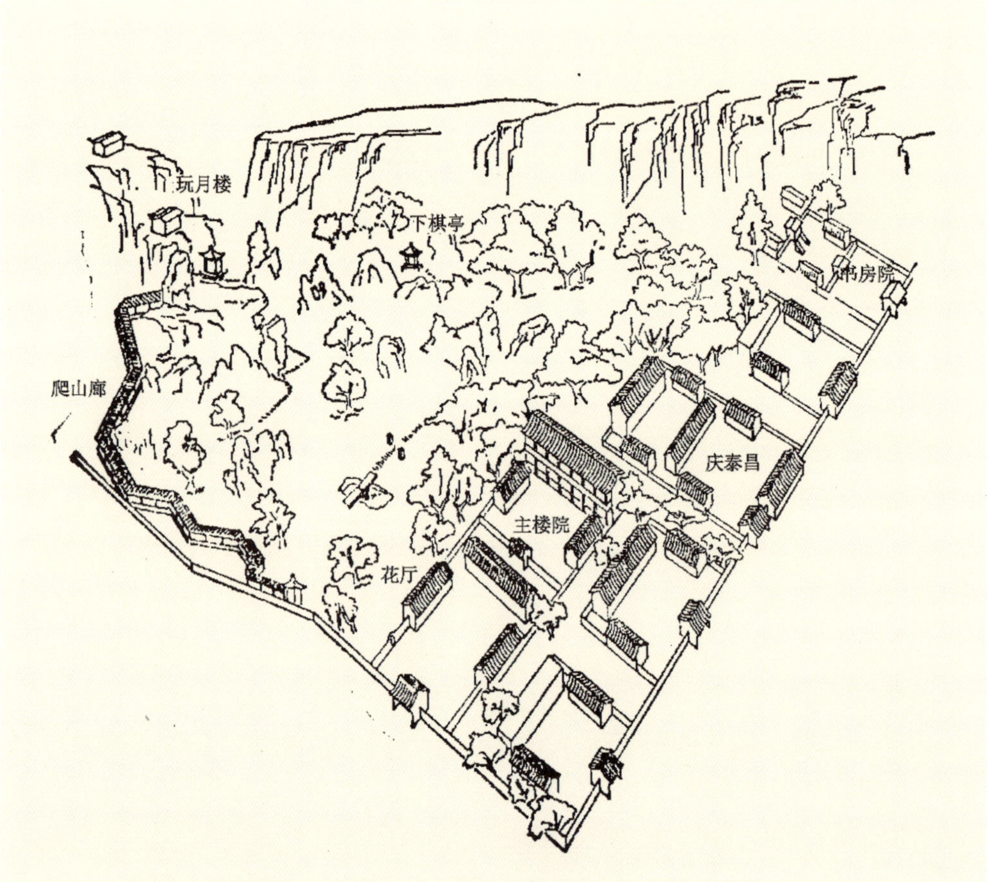

图 14-39 青龙镇静安园示意图　　资料来源：郑嘉骧. 太原园林史话.

上七间楼），大出檐，露明柱，从楼檐一直通到楼下窑前台阶上的柱基石上，南北两侧有厢房，院为方砖铺地，前有两柱牌坊式垂花门。出门，穿过厅，便是账房院，院南厢便是通花园的花厅。花厅宽敞，两面明窗，坐在厅内就可看到花园及山上的全景。由花厅进花园，厅前有一大鱼缸，能盛一百担水，周设栅栏，旁立石猴等小品，摆有棕榈、五针松等大木桶盆栽。花园的院中心凿有长方形大鱼沼，蓄有五色鱼，沼上横架石板桥，两侧有矮的"花栏墙"，花栏墙上全摆盆花，鱼沼西边下有一人造假山石洞，洞额上刻有"洞源"两个尺大篆字。

花园的西面、南面，都被高耸陡峭的山石包围；西面半山腰有下棋亭；南面半山腰有较大型亭，亭后再上有一座玩月楼，若从山下看，楼似在山顶上，其实还在山腰里。山坡上有几条蜿蜒小径，上通玩月楼。从玩月楼继续上主山顶，顶上又有三间高阁，匾书"巽阁"二字。八月中秋，桂花飘香，月圆如镜，打开巽阁前后隔扇，一轮明月穿过巽阁，正好落在玩月楼上，所以是赏月绝佳之处。

回到花厅，厅旁另建有月洞门，是花园的园门，扇形门额上刻有"静安园"三字。进园门，紧贴东围墙有一带随山起伏、曲折上爬的半壁沿山长廊（爬山廊），当地人叫"面山房"，可以通到玩月楼楼上。

王家宅院建筑不事彩画，一律着楠木色，给人以清淡雅致之感。静安园的最大特点是因地制宜，利用原有的土崖表面叠造假山，楼阁廊亭，筑造山上，构成琼阁仙山之景。昔日园里的山上山下，遍是松槐花木多种名花。由于花木密遮，浓荫覆盖，连山石、屋瓦上都长满了绿茸茸的苔藓，给人以郁郁森森、满眼幽绿的景象。

光绪二十六年（1900年），八国联军侵陷北京，慈禧太后和光绪帝逃西安途中路经青龙镇，在王家宅院住了一夜，并向王绳中提出借款，据说王家拿出百万银钱，只空口封了个"百万绳中"，不过王家从此声势显赫，人称"王百万"，他的花园也更出名了。

孙家别墅

孙家别墅位于晋祠庙前原纸房村。据清末刘大鹏所写杂记记载，园门在西北乾位；园内北有南向花厅一所，南有北向高台一座，雕栏画栋，格外辉煌；中部凿有鱼池，小溪弯曲成"卍"字形，流水淙淙不绝于耳。由于园小，栽树不多，但在厅台池畔、曲径溪边摆设盆花，四时不绝。园内西南角有小屋数间，东南角辟有花圃，东北角为厨下，西北为园门。门外西来一股流水，至门左分为两股，一股南流不多远便折而向东穿过园墙进入园内，流经花圃从东南角流出。另一股由园外向东，至园外东北角折向南流，又与头一股汇合流去。同治年间，园丁成了园主。光绪三年（1877年），山西遭灾，园丁便开始拆卖园内木石，园子荡然无存。

晋溪园

晋祠庙外陆堡河南面，奉圣寺的北头，是明朝王琼的别墅。王琼，太原人，成化二十年（1484年）进士，初为治理和管理漕河的官，后升户部尚书和吏部尚书，其间曾获罪被革职下狱，又谪戍边防绥德，嘉靖六年（1527年）又迫令回原籍为民。晋溪园就是他儿子为他修建养老的园子。没有其他文字记载，县志引刘龙《紫岩集》里，有一段涉及晋溪园的记述：在池沼华馆间，栽有花卉竹子，在稻畦塘岸，蒲草茵茵，流水击石，激起弥漫的珠雾，颇为清闲秀润，富有雅趣。王琼有一首题为《晋溪别墅》的七言诗前半云："家山谁用买山钱，竹坞当溪亦胜缘。菌苔池通苹叶水，垂杨门俯稻花田。"可见该园不过有荷塘竹坞、垂杨稻畦之类，很少营建，可算是一个田园。之后，晋溪园改为晋溪书院，到清朝后期便半倒塌了。

日涉园和澹明园

园址在五福庵的东南侧，最先由本地人李成名兴建，初名日涉园。李成名，字心白，万历三十二年（1604年）进士，曾官太仆寺卿、金都御史，在巡抚赣南时严黜贪官污吏，为宦官魏忠贤所忌，遭革职。明崇祯初复起用，先后任户部右侍郎和兵部左侍郎。此园是他革职回籍和告退后的住所，园中有山石、小桥、流觞曲水等。李成名死后，园归裴姓，改名澹明园。

晋祠东园

清朝晋祠地区有个东园，园主杨菊痴，本名杨向阳，晋祠南堡人，太原县学生员。杨菊痴酷爱菊花，就在南堡东围起一片园地，作为培植菊花的所在，称东园，自号菊痴。东园起初只有北屋数间，但园内榆柳垂荫，桃李争艳，种菜几畦，有一池游鱼，渠水穿绕，几丛青竹，颇有一番田园风情，主人志趣在菊，专心培育，名种数十，高于别家。后来他又修建了一处楼屋园亭，名为"玉烟书屋"，并在园内设立诗社邀集同好，吟菊为乐。

晋祠潜园

潜园在晋祠东北面的田野上，靠近赤桥村，园地十数亩，石筑围墙，以荆棘为篱。主人梦醒子在《潜园记》中说："其地负山面野，宽阔十数亩，中有茅屋数椽，蔬菜几垅，桃李两三行，枣梨百余树，葡萄、架豆、花棚、芝蕙、圃葱、蒜畦、兰溪、苔径、梅坞、瓜田，水声涂涂，日夜枯耳。"这是蔬果足以自给的隐居田园。记中又说："园何以名潜，取《小雅·正月》篇，'潜虽伏矣'。"潜者藏也，是园主逃避现实、潜藏隐居之意，但不是隐于山林，而是伏于田园。

晋祠桃园

桃园在晋祠奉圣寺东南，靠于堡墙，也有十多亩大。园内只茅屋数间，绿水萦绕，杨柳依拂，花棚豆架，瓜田草畦，葡萄梨杏，葱蒜韭陇。但桃树特多，盛开时节，红粉满园，春花烂漫。

傅少参园

有两处，一在东城墙下草场街，一在圆通观右侧。少参是职称，究系何人，无考。傅家园里树密，花草繁多，山石壁立。后山上建有华馆，山下有深洞，山前有楼，楼前有池，池中有鲤。池中临岸筑亭。亭前松柏交错，织成凉棚，在它的两侧还有牡丹亭和菊花亭，为当时府城中园林之最。此园明末毁于兵火，到清初仅存残树几棵。

（3）其他

除上述几处园林外，据史料可查的还有五处明清士绅宅园较为著名。其一为艮园，在城内东北隅，是本地人万自约的花园。万自约曾做过顺天府尹，所以人们也称他的花园为万京兆园。园子偏僻幽静，建筑不多，林木茂密，颇具山林野趣。其二为傅侍御园，在五府墼子街，是傅霈的花园。傅霈字应霈，阳曲人，曾做咸阳令和华亭令，后以御史居此园。其三为可蔬园，在新南门街，是王辰的宅园。王辰原名陈震，曾任诸城县令，后改名王辰。该园时人也称王少参园。其四为郝家园，在大东门里北头，是郝本的宅园。郝本，本地人，成化进士，曾官陕西佥事。这个园内有楼名叫绿烟阁，又有亭台环绕，上有青松翠柏，下有紫荆千树，浓荫幽静，花香馥郁。其五为桂子园，在城内东南隅小五台，为王道行的花园，后归河东郡王，拓展扩建为金粟园。

常家庄园——静园

静园是山西大院中最大的园林，是山西榆次常家庄园中北常的一部分。被誉为晋中大院之首的常家庄园，始建于清乾嘉年间，经道光、咸丰、同治、光绪，方鼎定全局，当时占地60公顷，有房屋4000余间、楼房50余座、园林13处，建筑占原车辋村的一半。其中南常占总面积的2/5，内部形成南北街；北常约为总面积的3/5，内部形成后街（长约1公里）。1947年，晋中战役阎军轰炸时被毁多处，1966年古建筑受到毁灭性破坏。2000年开始修复宅院和园林。与其他大院相比，常家庄园南常七处宅园惜毁，北常五处花园犹存。[41]

修复后的北常面积15公顷，其中宅院4公顷，园林8公顷，形成一山、一阁、两轩、四园、五院、六水、九堂、八贴、十三亭、二十五廊、二十七宅院的格局。其中山、水、阁、轩、堂、亭、廊等大部分在静园之内。静园由一个主园和四个园中园组成。原来的杏园、枣园、桑园、花园、菜园，总称静园。经修复之后，部分小园更名，形成今天的杏园、狮园、遐园、可园四个园中园，其他则与主园融为一体。主园是人工山水园。水系由东而西，源头为琴泉。琴泉出于叠石假山之上，落水为瀑，瀑前置石汀步，渡汀步，上登台阶，则为琴心亭。亭三开间重檐攒尖顶，四周绕以回廊。泉流形式依柳宗元的《小石潭记》所载之景，石潭被石景分成上下二潭。泉水清洌，水中植莲。上潭之水向北分流而成小溪，北折西流，形如浙江绍兴的兰亭曲水，在出水口筑流杯台，石台中凿流杯渠，渠水流汇入下潭之中，再经过石拱桥到达主园中心沼余湖。[42]

湖原本为村中洼地，水面宽广，湖南构听雨轩。轩三开间，前出抱厦，左右游廊，屋顶

图14-40 常家庄园平面示意图　　资料来源：朱向东，王崇恩，王金平．晋商民居．

歇山，制如水榭。听雨轩的南面为书院后楼，楼前后可观。北向临园设立柱围栏，坐廊柱之间，可俯瞰主园中心景区，二楼有咸丰年进士潘祖荫题对联："竹阴在地清于水，兰气当春静若人。"听雨轩临湖则由道光二十年状元张之万题对联："曲水崇山雅集逾狮林虎阜，蓣花种竹风流继文书吴诗。"

　　湖西北以开湖之土堆土山，名望稼岭。山上广植花木。站在山头北望，远村近田，一片生机勃勃景象。山东构五层观稼阁，四面开敞。登楼可四面借景：东可远眺太行，西可概括吕梁；近览则北俯四季田畴农家村舍，南瞰湖潭花木和琼楼玉宇。园中园亦是静园特色。主园东面最大者为百狮园，南面杏林和可园则镶嵌于后院与主园之间，以园路分隔，西南为遐园。百狮园，顾名思义是以石狮为主景，不过，此园之狮为恢复时添加的。园林格局为人工山水园，水系与主园不通，上游仿日式枯山水，以沙拟水；下游以真水示人，汇于水榭曲廊一角。园门为四柱三间木牌坊，四角有四个石狮护卫。穿过牌坊，经一小门方到园中。园中主体建筑为五开间正堂，堂出曲廊西接小室，东接水榭。双狮砖雕影壁隔水与水榭相望，绕过影壁，可达东边的且坐亭。杏园为旱地果园，东接常家祠堂，西接节和堂，南为静园大门，北为组合式影壁门。园内遍植杏树，中间开辟甬道，东北筑杏坛，上雕孔子课徒石雕。杏坛北接流芳亭，东西两面各有28间长廊，廊壁嵌有56方清代名家名联，均为书法与楹联佳作。长廊两端各有两个看楼，踞守杏林四角。所谓看楼，实为下屋上亭的台式建筑。南面东西二亭分别题景星、庆云，北面东西二亭名披风、枕霞，据亭可北望主园。最有特色的是影壁门。其实它是由三段影壁构成的似花墙、似园门的分界构筑物。中间影壁图案为太极八卦图，两侧影壁为夔龙插屏和草龙插屏。画心分别为春之水仙、夏之清莲、秋之菊花和冬之梅花。[43]

　　可园为旱地花圃，位于得趣院的后部。园内植牡丹、芍药、月季，花圃中植松、槐各一。园东北构知味轩，轩三开间歇山顶，轩内立《修复常家庄园碑记》。可园西为沿墙廊，壁上嵌以唐诗笔意山水人物画碑。西北部构建长廊，既作为可园的入口，又作为遐园的入口。廊东端为卧云亭，藏于花台土坡之上。

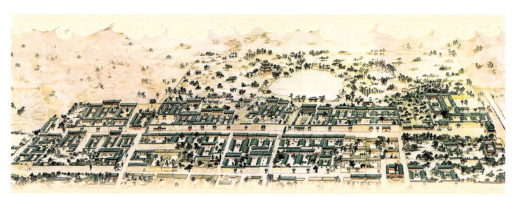

图14-41 常家庄园全景图
资料来源：张利香，邵丹锦，朱向东.晋商宅院园林环境的保护和利用研究——以山西榆次常氏庄园重修为例.中国园林，2010（8）.

图 14-42 常家庄园　　资料来源：刘庭风.山西园林 show（二）静园

遐园是水景园，水系自成。园门在东，隔水相望的西岸为锄月亭。池北为三间厅堂，池南为二座小室，东者二开间，偶数开间显得十分怪异；西者侧带角亭，如船舫。池岸之石源自太行山，与主园琴泉的黄石不同，显出圆润秀气，为园中用石最佳。

太谷私园

太谷一带，由于地少人多，人民多出外经商，在光绪时达到全盛。太谷一般住宅都用三三制，即正房、厢房、下房等都是三间，围成四合院。较大的住宅，也有正房五间的，厢房在里院七间、外院五间，或里院五间、外院二间，显得庭院狭长，长宽比常是 3∶2 或 3∶1 以上。加以房舍较高，更显得院心窄小。因太谷民风民俗所致，殷富之家营宅如建城堡，房高，屋顶常为内向的一面坡式，仅向内设窗，外观砖墙壁立森严。高墙小院，封闭性强，日晒较少，所以夏不太热，但缺乏光照，也不利于种植树木花草，只宜放置一些耐阴、半耐阴的盆花和鱼缸等。

一般的庭院布置是，在厅前筑有高一米左右的花栏墙。墙是一字形或凹字形，有的还中间高两端低。花栏墙上放置盆栽树木花草。还常喜在花栏墙前放置鱼缸一二，有的专为养鱼，

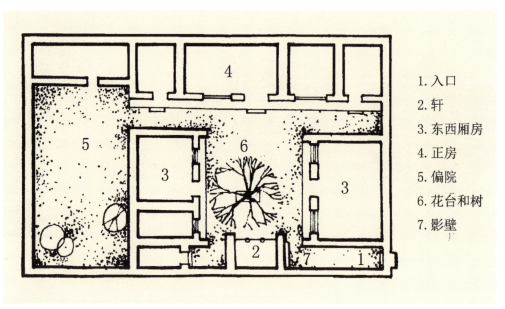

图 14-43 典型太谷私园　资料来源：翻绘自《太谷园林志》

1. 入口
2. 轩
3. 东西厢房
4. 正房
5. 偏院
6. 花台和树
7. 影壁

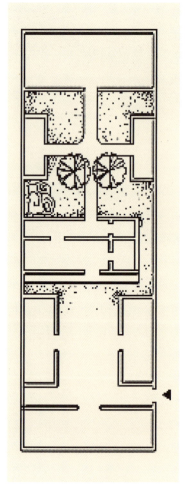

图 14-44 孟氏小园平面图
资料来源：赵珣宇据史料抄绘

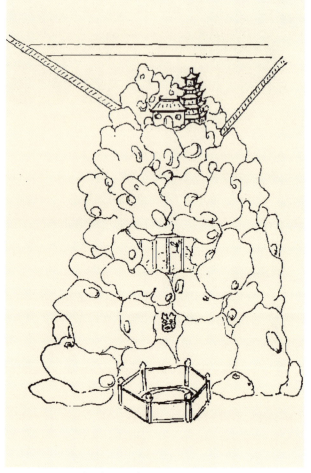

图 14-45 孟氏小园假山示意图
资料来源：陈尔鹤等编著．太谷园林志．

有的储水浇花用。但也有不满足于这种封闭、呆板的庭院，为打破四合院左右对称的格局，或在局部空间采取压低建筑高度以使庭院显得宽敞、透光，或在院中点缀叠石和花木成为庭园；或运用高低、虚实、藏露的建筑，造成空间形体的多种变化，重在建筑，成为建筑庭园。太谷的宅园一般和住宅毗连，占地不大，地面无起伏，掇有小山和廊榭亭楼等园林建筑见胜。郊野的别墅，常是庄园形式。

下面就太谷较著称的，有资料或现状可据的私园略述如下。

① 孟氏小园

太谷县名为"大巷"的一条小巷里有着孟姓的大宅，老宅大厅后有一处两进院落，在建房时就留下了一个小门，使这二进小院可单独成一个独立小院，在大巷 24 号（今改为 32 号）。孟氏小院入口前有一条长十余米的小弄，弄端有面东八角形洞门。进门便是又一进小院，内有东西小厢房和北面的小过厅。小过厅的北面为一敞轩，出轩或由过厅东侧小巷转进第二进小院，完全是庭园的格局，故称之为孟氏小园。小园东西为小轩，北面是二层的家庙。小园的西南墙角堆叠有峭壁山，园的东南角墙上开着长方形大漏窗。庭园中种植有丁香和玫瑰，小径上还架着藤萝。庭园虽不大，却掇山植树，颇觉清雅。

此院在咸丰年间曾修缮过，小过厅灰筒瓦卷棚顶，外形古朴，窗棂雅致。北楼式样也较古拙，但东西小轩的木雕装修比较华丽。庭园中最突出的是西南墙角的峭壁山，完全用山西产的砂积石小料垒成。

在山峰的一侧靠近小厅屋檐，每逢下雨时，过厅的屋檐水可全部泻在山顶上，再沿石间小沟蜿蜒流下，若天然瀑布，直落入山麓下的小池中，池是一口大缸，外围以八角石栏。山顶上还各布置小庙、小塔一个。

② 赵铁山园圃

赵昌燮，字铁山，一字惕山，晚年亦字省斋，是清末民初山西有名书法家，久居太谷，其宅第在太谷城内田家后，现家宅尚存大半。赵氏第宅由多个四合院的基本单位组成，平面布局可划分为最东院（已废）、东大院（包括东偏院、东院和园圃）与新院（包括拔贡院、西院与"心隐庵"）。全宅第分三个时期建成，最东院建筑最早，名"种福园"，为祖祠，久废，南有种福园入口。东偏院与东院建造于同时期，为赵氏兄弟渔山、桂山、云山居住；拔贡院与西院建造最晚，于宣统元年（1909 年）落成。

东大院由家宅巷路北门楼入内。门楼面宽九间，中央开门，为寿字石础砖券大门，其二层在 1984 年末拆毁。入门为一长方形院子，迎面有卷棚顶五开间南楼，建于高台基上，有三间"福禄"府第门，中央悬匾："御史第"，此门平时关闭，从东侧月洞门进东偏院，北有门通内宅。前庭西有三间敞棚，作车马厩用。东院二进，东西厢房，北为大过厅"怀安堂"，面宽五间，进深三间，南面明廊檐柱，金柱粗可两人合抱，全厅十分宏敞。三进北座正楼，面宽五间，硬山顶带抱厦，楼高约 12 米，为整个第宅区最高建筑，东西厢为一坡顶。里院

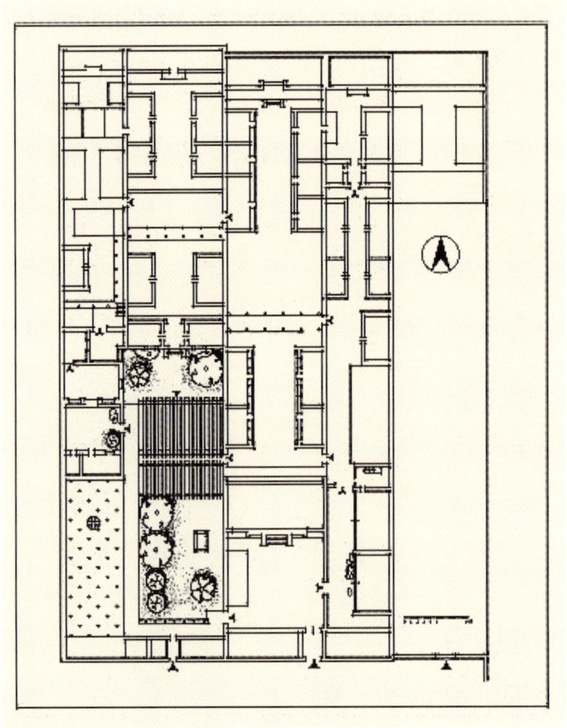

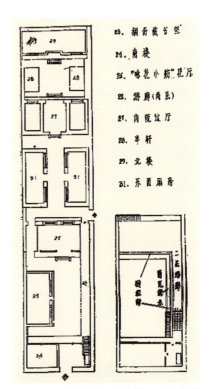

图 14-46 赵铁山住宅及花园总平面
资料来源：李乐宁据史料抄绘

图 14-47 赵铁山宅书院平面（左）及第一进院南楼东游廊及花厅二层平面图（右）
资料来源：陈尔鹤等编著．太谷园林志．

西厢最南一间有门可通拔贡院过厅；东厢最北一间有门可通东偏院西轩。

从东院第一进庭东月洞门可进入东偏院，这是狭长条的四进院落。出洞门迎面是依东墙建的东楼六间，南三间为大客厅，北三间为新客厅，是宅主会客处。与新客厅相连的北一间为会客后休息室，屋内北侧有楼梯可上二层。第一进还有峭壁山一座贴墙而起，基长约3米，宽约1.5米，主峰最高处约2米，中叠有石洞。第二进院在新客厅北，依墙筑有东厢五间，原为宴请厅，上为贮藏室，已毁，再北接东厢三间，西对可通东院的旁门。第三进院，有里软外硬东西厢相对，各五间，北为卷棚顶带门厅的一堂二屋式的过厅。第四进即最里院，北为正楼三间，东为里软外硬厢房三间，西为木构小轩三间，布局不对称。轩内有月洞门通东院后进东厢房。

宅第的西半部、南半部及西南隅为园圃，圃北为拔贡院，拔贡院以西为西院（即书房院），其南为心隐庵。宅内园圃，其南有墙（与东大院南墙相连），中有门楼入口，因此可以自成一大院。门楼悬"兄弟登科"匾，入门两边为敞棚，敞棚北为花墙，花墙内东侧为果园，西侧为菜圃，圃中有井一眼。果园占地520平方米，有莲花池一（3米×2米），池南有枣树一，西侧植龙爪槐二，沙果一，槟子一，北端为葡萄大架及金银花、忍冬、瓜蒌架。架下散置石块，大架北端为墙中开月洞门，门上有"心田艺圃"四字。再北为方砖铺地的庭院，庭西植香果一，庭东置有桌一墩四。

庭院北墙为拔贡院大门，是一座垂柱贴墙门楼（太谷俗称"倒挂门楼"），门楼下悬"拔贡"二字匾，门前石阶三级，门侧有拴马桩二。拔贡院门楼及南厅都有砖雕砖框花窗，颇为华丽。拔贡院分前后二进，前进过厅五间、后进正厅三间都建有斗栱，过厅檐柱、金柱有傅金粉残迹。正厅前有卷棚顶抱厦一间，今厅内隔扇尚存，极为精致。正脊陡板砖雕文房四宝、琴棋书画，中央"三节楼"已毁，但香炉、花瓶等砖雕饰尚完好。前后进东西厢均为一坡顶，正脊陡板有葡萄、牡丹、兰花等雕饰，木结构部分均加彩绘，雕梁画栋、堆金沥粉上五彩，都十分讲究，可以想见当年宅第之华丽。

从拔贡院门前有铺石路通至西院（俗称书房院）的路口，设一秋叶形小门，门上题砖刻"碣眉"二字，进小门下石阶三级折北由一八角洞门进入西院。西院有三进院落，因东西较狭（约10米），在布局上打破里五外三隔过厅的传统格局。第一进以廊轩楼厅组成不规则庭院，是一个小巧玲珑、比例合度的建筑庭院。第二进中院狭长，虽列东西厢，但其北过内院过厅、中开门，有台阶。后进为独立小院，东西列小轩。北为高台上的正楼。具体地说，进八角洞门，西侧是二层三楹卷棚顶的南楼，即小藏书楼，下层为入口，北连曲尺形复道游廊。进洞门东侧有石梯十二级，可登游廊二层和花厅顶部平台。小院东廊为起伏式二层游廊五楹。东廊南头上悬一匾，清刘石庵书"煮茗别开留客处"，南北两梢间柱上挂有刘石庵书楹联两副。小院西屋为里软外硬小厦三间，称"絧斋藏书室"。小院为平顶花厅（顶为平台）二间半，花厅内悬何绍基写"咏花小舫"匾，厅两侧都为通道，东与游廊相接，有木屏门可直通南北。廊及花厅上层铺有方砖，边上围以砖刻栏杆。第二进中院狭长，两厢各为里软外硬一坡顶五间，北为卷棚顶一堂二层的内院过厅，隔断中院与后院，中间开门，上台阶、过厅堂、入后院，院东西各有小小的半轩，有极精致的透雕挂落，北面为建在高台基上的正楼三间，明间有精致的木构贴墙垂柱门楼，楼上梁架瓜柱作人字叉手。西院基本上保存良好。

西院之南为"心隐庵"独立小院，北房三间，中间开门处稍向内凹，门楣悬三晋书法家杨秋涓篆书匾额："啜饮香听棋读画之轩"，两旁悬傅山书木刻楹联。北房有南窗二、东窗一，后接偏厦二间，偏厦东窗正对"碣眉"小门。北房前有小院，院东开小门，通园圃；院南有南房三间。

③ 武家花园

武家花园是太谷有名的花园，其住宅和园林部分隔巷相望，各成一局。园林部分东西宽35米，南北长70米，有门三，主要是西园门，与隔巷的宅门相对。东有小门通向东部第宅，南墙西端有街门。西园门有八字照壁，照壁砖刻浮雕，一为"三羊开泰"，一为"六鹤同春"。入门登一平台，平台宏敞，周匝石栏，台中植松四株。台北为北花厅三间，装饰华丽。北花厅外南北两面设通透的花栏墙和腰门。以北花厅北面的大抱厦为中心，东厢设东亭，北建书斋九间，东小门内置藤萝架，组成北部庭院。平台以南的部分以南花厅为中心，厅北为戏台，戏台北南侧有带石柱栏杆的游廊，北为看廊，组成南部庭院。南花厅

图 14-48 武家花园　资料来源：刘致平.内蒙古、山西等处古建筑调查纪略.

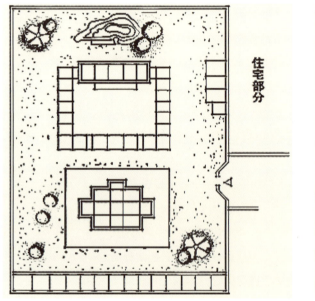

图 14-49 武宅西花园　资料来源：赵珣宇据史料抄绘

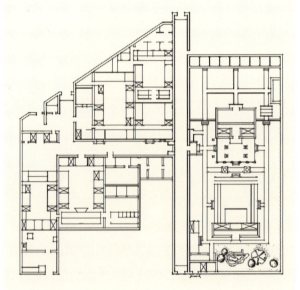

图 14-50 武家花园及平面示意图　资料来源：李乐宁据史料抄绘

南叠有石假山，东西长3米，南北宽2米，石多窍，有洞通南北。南花厅西设西花厅，其南即街门。庭植各类树木，除松外有侧柏、海棠及各种果树。此外，园内均摆盆花。院中雨道均以方砖墁地。

此园日军入侵时开始损坏，但大部尚好，新中国成立后归为银行公产，今已无遗迹。

④ 孙家花园

在太谷中学内，原有花园两个，在清末已破落。花园中有二层的长廊，周匝以汉白玉栏杆，隔扇用黄杨木制成。院内有池，池上架有汉白玉小桥，掇有太湖石的小假山；庭植迎春、丁香等花灌木。最有名的是四个大鱼缸，缸口大到可三四人合抱。现园址已为太谷中学改建为教学楼。

⑤ 养怡别墅

在太谷城内，东后街东岳庙巷路东顶头，约建于清道光年间。园内有假山、凉亭、各式花草和楼房，还饲养有猴。现已全毁。

⑥ 孟家花园

孟家花园是清朝中叶太谷县望族孟氏在县城东二里许的杨家庄村西修建的一座别墅。孟氏建造这座别墅，除供其家族避暑游乐外，也邀集当地骚人墨客，诗酒唱和。此外，将大部分土地划为花畦菜圃和瓜棚豆架，长期雇有园丁，专门培植花木，供城内宅院中陈设应景盆花，以及新鲜瓜果蔬菜。同时在住院的东北角设有当铺。

孟家园址地势平坦，南北长约200米，东西宽约110米，总面积约22000多平方米，为一长方形地段。全园的总体设计是，中心部分为可息可居的建筑院落和可游可观的水池假山，其东、南、西三面为花畦、菜圃和瓜棚豆架所包围，这样的一种布局堪称别开生面。

中心部分居住建筑由东西并列的几组院落组成。北面临街，从北之东的入口进庄园，

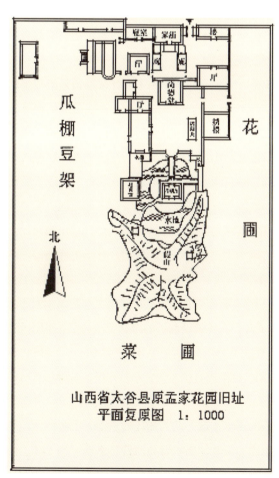

图 14-51 孟家花园平面复原图
资料来源：李乐宁据史料抄绘

图 14-52 孟家花园　　资料来源：网络

先是作当铺区的东院，往西为祀天后圣母的中院，再西为寝室、书斋、西厢的西院。从中院往南穿过尚德堂就是以亭轩廊堂组成的"洛阳天"。再南就是池水如环，中有一厅，外有榭廊的"四明厅"区；再南就是土山戴石的假山区。

东院：入口东为临街的五大间卷棚顶的二层楼房，乃当铺的店面部和质品贮藏室；南为一堂两屋的五间过厅，厅宏敞，出厦也很精致，系当铺掌柜兼管理人员的住所。院内原有合抱的老槐和长势旺盛的枸杞。厅南东西两面花墙均有月洞门，东通花圃，西通洛阳天，十字角路将庭院划成四畦，种植有丁香、榆叶梅、连翘等花灌木。庭园南面为坐标低于院落一米、两平面为正方形的观赏楼，楼下中部有四个大圆暄门直通楼板顶，原是存放花木盆景处，楼上高度仅2米，四面开窗，为女眷登楼赏景之处。

中院（天后楼）：进北门往西为中院，北面是一座卷棚顶二层楼房，正面外墙雕琢精致的龟纹图案，木构外檐装修精美，斗栱飞檐，雕梁画栋，并安装着铁铸盘龙滴水。楼上供奉天后圣母像，系园主人为保佑其江淮商业水上运输安全的祈禳之所。天后楼一层南中建有较大的抱厦，厦顶为二层楼门外的平台，东南西三面有砖雕勾栏，平台与二层的垂柱木构，带木栏杆的长阳台通连。抱厦正面两侧的梁柱之间均饰有木质的玲珑剔透的蟠龙雀替或通间华替，配以龙昂角科斗栱和翘起高度很大的翼角飞椽，更显得飞檐翼出，如禽鸟之争啄。楼前东西两厢各建小轩二间、大轩三间，与木构牌坊式小门东西衔接。院南为宽敞的过厅五间，原有匾额为"尚德堂"，由此可通往前院"洛阳天"区。

西院：中院之西的西院，是一所三进院落。北房五间，系园主人及家属避暑游赏来此的寝居处。寝室南正中为三间过厅，为园主人书斋。书斋寝室之西为前后各五间的西厢，由此可通瓜棚豆架区。寝室和西厢相交的北风岔，建有一四方形攒尖顶的二层小楼，原为护院人的岗亭。岗亭西连接一砖雕照壁，再西有一小门可通厨房院。寝室书斋间小庭内原有合抱老槐一株已死，现仅存参天古柏两株。书斋西面有小门可通另一院落，西通瓜棚豆架区。小门西又一砖雕照壁直抵西厢前墙，墙外又突出一个六角半亭与西厢相通。另一院落为品字形排列，北为屋三间，是僮仆居处。其西突出外形如舫的小花厅，其东为花厅，东北角有折角游廊，通尚德堂西墙角门。再南为小花厅与水榭间庭园，有小游廊连接，东有月洞门通"洛阳天"院，西洞门通瓜棚豆架区。

洛阳天院以有一幢小巧的三开间亭轩而得名。轩东紧挨观赏楼的西墙，相距仅1米许。往北通过有圆券大门的停放轿车的棚后直达北正门，往南经曲折的游廊至四明厅。洛阳天庭院（轩西）中心的北面，登石阶上高台为尚德堂过厅，庭院南侧正中有木构牌坊一座，题额"色映华池"，牌坊东西有砖砌一人高花墙。洛阳天庭院内古柏参天，翠竹摇曳。过牌坊有石拱桥南通四明厅。

水池假山区：这是庄园中专供游乐赏心的山水小区。北为如环的水池，中心建厅，东北有曲廊，西北有水榭抱角；池南为戴石土山，向北伸出东臂和西臂将水池半抱于怀。池中心的四明厅，坐标离塘底在1米以上，北有石拱桥与洛阳天庭院的色映华池牌坊相对。水池西北角为曲尺形水榭，东北角为曲折的长廊，廊南端有东西向长廊通四明厅北回廊。

四明厅西南有"之"字形带栏杆的石板桥，过桥往北为依山傍水的"迎宾馆"。东西向长廊下筑有三孔砖砌涵洞，为厅北池塘进水处。池南戴石土山占地面积约1600平方米，高约10米多，山坡散置杂石，间有带孔窍的砂积石点缀其间。山上有亭两座，面对迎宾馆和四明厅的半山置有六角小亭，山顶建一小小方亭，登顶可俯望园景和园外田野。周围林木成荫，芳草叠翠，山腰有蓄水池可植藕养鱼，山坳筑有石洞可通往山南平地。

孟家花园建于清朝中叶，光绪庚子年（1900年）于义和团运动后，把它赔偿给美国在太谷的基督教公理会，其时在园内设立贝露女学。宣统元年（1909年）铭贤学校（美国欧柏林大学的纪念学校）与贝露女学互换校址，铭贤将天后楼改名为崇圣楼（祀奉孔子），尚德堂作为教室与礼堂，假山上的小方亭作钟亭定作息，原寝居与书斋院作为一校长院。抗战期间，铭贤学校南迁，校址被日军侵占，池塘干涸，树木被伐，花圃荒芜，建筑失修。1950年冬，铭贤学校由四川归来，1951年改组为山西农学院。1952年扩建，将大假山全部拆毁，在假山原址建大礼堂。"洛阳天"亭、木牌坊、长廊、石拱桥、石板桥及花墙在"十年动乱"中全拆毁，残余建筑作为学校仓库，虽继续利用，但年久失修，已破损不堪。20世纪80年代由于将扩建校舍，部分建筑物被拆毁或迁移。

⑦ 杜家花园

杜家花园位于阳邑镇，是杜氏的别墅园，始建时间无考，可能在乾隆或是嘉庆年间。此园倚地势建造，呈台地园状，同时由园外引水，使园中富有水趣，故而颇具特色。这座台地园，已无遗址可寻。[44]

花园在阳邑城边西门外，地势北高南低，分作几阶台地以筑园。由入阳邑镇的大道边就可见用大条石垒起如城墙一样的园墙。园门向东，冲着进镇的大街，门前有松柏各两株。进园门可见南边有围护以大树的高围墙（园的南界），近门处就是一座坐北朝南的大院（即称作莲花室的院子），是全园最东边的一处院子，其西（即中部）为莲花池假山区；最西为水阁凉亭。

进园门折北入莲花室院落，正中为一面坡的门楼，东西两厢各三间敞轩。门楼前院中东西置大荷花缸两个。门楼东侧有砖梯可登上层平台，高约5米，平台上为一小院，北为三间的"东客室"，东西两厢为轩，轩东西墙上都设圆窗，院南置花栏墙。

进园门最西处的"水阁凉亭"，在太谷园林中常见，但此处比较精致。水池长方形围以石栏，池中心建小轩三间，即所谓的凉亭。轩周也围以石栏，轩中设桌凳，南北通以石桥，池周植垂柳数株。由此东返至中心部是一直径约8米的莲花池。池匝以石栏，中植荷花。池北为"客室"三间，客室北墙依高合，客房两旁建花台各一，其西植竹一丛。池东又一圆形水池，池上架拱形石桥，桥的拱券下有"龙头"，引台地泻下的水由龙头入池中。这个池的西北叠有高约2米、宽2米余的湖石假山一座。池东即莲花室院的西墙，在墙西南角独置有湖石。

过池上石拱桥，入角门为一小平台，北有石合阶，登石阶即上至第一层台地的平台。这层平台离地面高约3米，东西长约4米，南北宽约9米，周砌花栏墙，下铺方砖。这

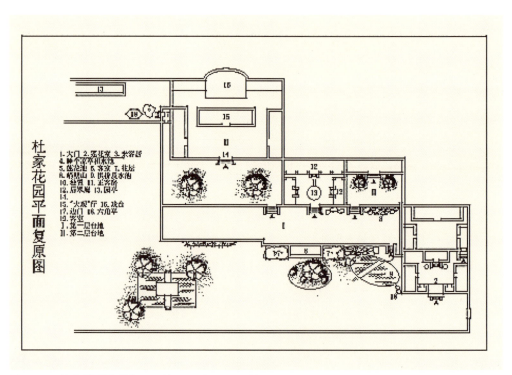

图 14-53 杜家花园平面图　资料来源：李乐宁据史料抄绘

层台地空敞，可凭栏俯瞰下园的池、亭、树、花，仰视台上屋宇连片，花木扶疏，是承上启下的过渡地带。这层台地的东、中、西各有一石阶上登第二层台地的东小院、中院和西大院。

第二层台地比第一层台地又高 2 米，最东为东小院，中建"正客房"三间，院中东西各置花台一，此院南基及东侧水渠边，贴石筑峭壁山，从而小院似有建于山巅之感。中院的中线南部置有圆攒尖顶四柱小亭可息，亭北、东、西俱为敞轩，轩壁镶有石刻碑，是一个碑帖展览院。第二层台地的西大院向北伸去。西院前为一东西长约 15 米、南北宽约 9 米的大平台。平台北为西大院院墙，墙中央设一瓶式洞门，上镶"沁心"小匾，墙东西各开一洞窗。入门为一庭院，正中为三间前出廊的大厅，东西设厢房五间，大厅悬匾"大观"二字。厅北为二层戏台，上层置杜大统书并自镌"兰亭序"。院西侧设门通向西侧小院，建客室二套，每套各三间，又置有六角亭一。

杜家花园作为别墅有居住的院落和客房、客室，这些建筑与太谷一般居住建筑相似。各院自成格局，互不相通，也因所建院落随阶级台地而筑的缘故，另一方面，由此而有"庭院深深深几许"之感。园中平地部分，西部有水阁凉亭，自成一景，但与中部莲池假山不相连接。莲池一圆一椭圆，池形重复而且东西并列，不相连贯。第二层台地虽然空敞，但缺乏布置。园中除松柏竹柳外，有牡丹、芍药、桂花、石榴、夹竹桃、无花果等地栽和盆栽的花木，建有花窖，可知盆栽花木不少。

⑧ 青龙寨迁善庄

清朝太谷的大财主，每逢酷暑必进山避暑，故在太谷的南山里建有不少避暑的山庄。现可考的计有大涧沟里孙家建的"大涧寨"，咸阳口里内子村负家建的"四棱寨"，黄背凹孙、孟两家建的"赤伍庄"，青龙寨北洗曹家建的"迁庄"。这些山庄都建在山峁上，内造重院，外围高墙，有的随着财主败落因无人管理而遭破坏，有的已易主而重修，但经抗日战争中战火的毁坏和后人的拆毁，至今大多已成废墟，或仅剩残垣断壁。其中唯有青龙寨的迁善庄，尚大体保存完好。

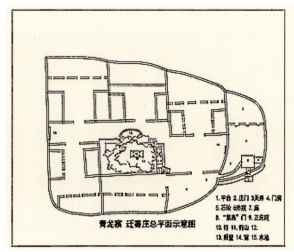

图 14-54 青龙寨迁善庄平面图　资料来源：赵珣宇据史料抄绘

迁善庄在峁上，依势建墙，墙将整个山峁全部包住，外墙高三丈五丈不等，墙底厚五尺，呈梯形垒起，顶宽三尺。石墙上以大砖加砌垛口，远观如石城堡。墙下石壁韧仞立。

庄南低处围以外墙，形似瓮城。庄门石券高一丈五尺，厚一丈五尺，上嵌石匾"迁善庄"。门外有一丈五尺宽的深沟，统以外墙，故使内外墙下全成峭壁。深沟上架吊桥，桥以五根木椽为基，上铺石板，此桥架在门外的石平台上，平台东南围以石栏，栏板还雕以长寿如意图案。由石平台向西可通下山山路。庄门如此装修，既富丽又不失雄壮，可见当年设计之用心。

入寨即一方形的小天井，天井东侧小窑为门房，西侧小门外为一向上的石梯，石梯高丈五，内西渐上就成为石板路，路尽头就是块石券成的内寨门。内寨门高丈余，上嵌"紫燕"小石匾。门内是正庄院，门外是外院。

外院比正庄院低丈五，院北有石窑三间，中间为龙王庙。院东为磨房，西为碾坊。西墙有石贴面土窑五间，原为饲牲口用房，窑顶即正庄院的地面。院东即为外墙，可借垛口远眺群山。紫燕门内即为正庄院。入门为一前庭，庭四周石墙。庭西又一院。建坐南向北石窑五眼，原为仆役所居。庭北有院门通内院，内院中心为一座假山，山高三丈，山的东麓高台基上建有一面坡的小轩三间，轩旁有尺余宽的石径通向山上。内院中心的假山是原山峁上的一块巨石，建内院时以巨石为中心，随势小平地基，在假山北面建小院三座。留此巨石，稍加修整就成假山，正是"真作假来假亦真"。山南面全为巨石原状，富天然之趣。北面山脚有石砌半耳形小水池，池边围以石栏；假山腰部用块石砌以狭窄小径，蜿蜒通向山顶；山顶设一卷棚顶的小轩，俗称下棋亭，轩中置瓦桌、瓦凳；山东麓石台基上筑以小轩。这种依天然巨石以筑假山、筑轩亭小池，加以点缀成景的做法还是少见的。

假山北建院三座，西建一座，每院正面建石窑五眼，东西建石窑三眼。其中以山北面三院的正房最为讲究，窑面贴石工整、平滑，室内粉壁，绿油炕围，各室后面都有暗室。

庄内无泉水，也无水井，饮水需至半山井中担来，所以庄中不种大量树木花草，只有老树几株。

寨中《重修龙王庙碑记》："范家庄青龙寨之巅有龙王小庙一所，不知所创。如按嘉庆十六年（1811年）碑记，知为村民祈年祷雨之所也。咸丰癸丑岁（1853年）先大父出重金购得斯寨，以为避暑消闲地，而庙亦属焉……光绪丙申秋（1896年）……见其风雨凋零，墙垣颓坏，恐其日久就倾……遂议重修。而庙居山右之凹处，曩尔一楹……今因寨功大兴，并新斯庙，于是因其旧制，凿山为壁，叠石为墙，卑者使崇，隘者使宏，鸿工既建，而庙貌遂尊……"现庄已毁。

❾ 范氏东、西花园

离太谷县城东北五十余里的范村，村中有两个花园即东花园、西花园，园主是明初范朝引。东花园位于范村东北部，今已辟为农田。原园南北见长，占地约八亩，大门朝西设，偏南侧。入门南面有墙，将全园分成南北两部分，南墙东侧有一门沟通南北院。北院中部有一座土山戴石的假山，其上有凉亭，且建有一小庙，假山下部有洞，可通达山顶，洞前是鱼池。院东北隅建有魁星庙，至今土台基尚存，庙南又有一假山，土台基亦在。南院部分的西北有正房五间，西墙中部有关帝庙，已不存，只见土台基；南院的东南部有一魁星阁，而空处植柳、楸、枣、桃等树。

1. 魁星楼 2. 关公庙 3. 房（5间） 4. 鱼池 5. 假山 6. 假山上的亭子 7. 大假山 8. 游廊 9. 魁星庙 10. 树木植物

图 14-55 范氏东花园复原示意图
资料来源：贺君燕据史料抄绘

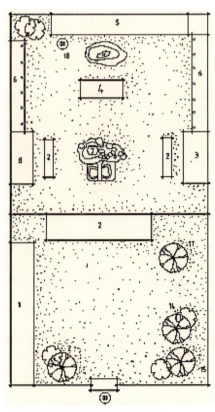

1. 西方10间
2. 过街楼
3. 西方（3间）
4. 戏台
5. 正房（5间）
6. 游廊
7. 小亭
8. 假山盘道
9. 假山
10. 水池
11. 小桥
12. 牡丹
13. 黑枣
14. 枣
15. 臭椿
16. 柏
17. 槐
18. 井

图 14-56 范氏东花园复原示意图
资料来源：赵珣宇据史料抄绘

西花园，亦南北为长，占地十二亩，大门朝南，分内外两院。外院西墙处有西房十间，院心作打粮场，周边植有枣树、槐树、臭椿等。两院隔以二层过街楼，共五间，中间是过道，可达内院。过街楼两侧有墙与周围墙相连，并在连接处形成一块空地，可供车辆停放。进入内院，两侧东西房各三间，房前各植一排牡丹，东房前有井一眼。东西房往北均有倚墙游廊，彩画华美。坐北正房十间，东侧倚墙，西侧植有黑枣树。正房前有井一眼，又有盘道恨山一座，山上栽植柏树，山前是一戏台，台下设大花窖。戏台前又有一座戴石土山，山上有凉亭，山下有洞，可通山顶，山旁有鱼池，池上架桥。这里有山与池之筑，惜今已不存。

⑩ 张润芝花园

园主张润芝是太谷有名财主，居城内，于侯城镇外的"神头"东侧建此别墅园，作避暑用。园占地四十余亩，有正房十间，东西房各五间，园中设六角亭、荷花池、金鱼池。由于有神头泉水可引，得以种荷、栽竹，除多种花木外，还植有各种果树。园虽无特色，但有水为贵，树木繁茂，惜今已不存。

四、其他园林

1. 衙署园林

由地方官署或中央机关职能部门牵头兴建的，在公署内建有亭池山石、花池树木，这个部分就称为衙署花园，也可称公署附园。山西的衙署园林遵循北方衙署园林特色，从布局上看，衙署园林多位于衙署之侧或之后，与之比邻，类似私家园林与住宅建筑的关系，构成宅园结合的形态，此外还常位于府、州或县治所在地或在其城郊，多依水而建。自古以来由于受到封建宗法礼制思想的制约，官署大多位于城市中心或城内较高的地方，衙署花园随之在城市中建构，在选择园址时，只能闹中寻幽。幽静的花园是读书的理想场所，还可以为游赏、作画、品茗、对弈、望月等提供良好的场所。

山西衙署建筑中的花厅主要供知县及其眷属生活起居和会客之用，也可作为高级官员的密室，供密谈之用。花厅的位置多在三堂左右。厅前庭院往往植花木、叠石峰，构成幽静、恬淡的园林环境，与内宅门以前的空间形成鲜明的对比。

衙署花园作为中国古代造园艺术形式之一，与皇家园林、私家园林、寺庙园林一样均离不开中国古代园林"本于自然，高于自然"的自然山水风格特点，在曲折多变中追求意境美的民族特色。皇家园林富含帝王尊严的政治内容，规模宏大，景物包罗万象、风格富丽。衙署园林和私家园林由于财力不足，往往规模不及皇家园林。皇家园林追求意境和尺度，多采用自然的真山真水；寺观园林是带有宗教特征的园林形态，大多数佛寺均建在环境优美的山林地带，与自然风景区融为一体。因而皇家苑囿和寺庙园林往往有很好的自然地形可供利用，而衙署花园分布于市井，"虽由人作，宛自天开"成为其造园的主要手法。私家园林布局、构思含蓄内敛，园中建筑外观轻灵秀美；皇家园林中的建筑沉稳庄重，多采用中轴对称或主

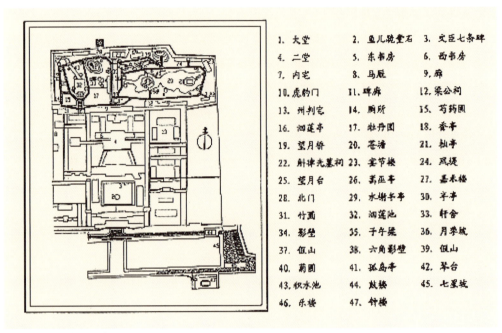

图14-57 绛守居园池平面图　资料来源：汪菊渊.中国古代园林史.

次分明的多重轴线进行布局，以显示"皇权至上，天子威严"；衙署花园中的建筑多集前两者的特征于一身，庄重而不失华美。

根据现有历史资料记载，对以下有迹可考的典型衙署园林实例进行分析。

（1）绛守居园池

绛守居园池位于绛州城（即今山西省新绛县）内西北隅，是中国北方地区最古老的园林之一，现存唯一的隋代花园。

新绛县古称绛州，原是晋南的交通枢纽及政治、文化和商业中心，城建于隋开皇三年（583年），为绛郡。城西北是姑射山，南为峨嵋岭，汾、浍两河环绕东南，州署在城内西部的一片黄土高崖上，绛守居园池就在州署的后面。据文献记载，隋开皇十六年（596年）临汾县令梁轨引导绛州城西北二十五里鼓泉水，开渠溉田，另引渠水入城内官衙后，挖土成池，蓄水为沼，筑堤建亭，植花栽木，园池即成，遂渐成胜概。唐长庆三年（823年），绛州刺史樊宗师，把当时所见园池内景物记录下来，作有《绛守居园池记》，并刻石记之。宋景德元年（1004年），绛州通判孙冲又把园池所见记录下来，写有《绛州重刊绛守居园池记序》，并重刻于石碑上。另据《平阳府公署考下》称：（绛州州署在）城西北崖上，明洪武九年知州顾登重修。成化六年知州言芳、弘治九年知州时中增修。万历五年知州屈大绅、十八年知州白壁，皇清顺治间知州张云龙、康熙三十九年知州胡一俊重修。"园池名树"早已成为绛州十景之一。直到新中国成立初期，园池内还留有较深的两个池沼，中有桥梁可通，虎豹门尚在，但已是后人重修。

隋唐时期的绛守居园池

据《山西通志》（雍正十二年刊本）卷六十"古迹"载："绛守居园池在州治北，隋开皇十六年内军将军临汾县令梁轨导鼓堆泉开渠灌田，又引余波贯牙城，蓄为池沼，中建回涟亭，旁植竹木花柳。"这是园池之始。到了唐穆宗时，绛州刺史樊宗师作《绛守居园池记》，描述了园池的情景。园池此时已大加修饰，成为一时名园。据赵师尹注本说，园池自徐王元礼、郑王元懿起到崔宏礼止，先后有韩王元嘉、许王素节等十余人对园池有所增修。

此时的绛守居园池纵二十丈，横四十八丈（据明代绛州人赵师尹注本）。园西有大池，池石砌，围以木栏，木渡槽引鼓堆泉水注入池中。池南北架虹桥为子午梁，回涟亭架于子午梁上，梁与池边的岛坻相接，岸边有倒垂的莎草、萝薝，绿色的蔓藤和红色的蔷薇互相牵拂，点缀池岸。子午梁的南面为一井阵形的轩舍，周以直棂窗的木制回廊，构成四合院式院落，中间高高的建筑叫"香"。

园的西南有虎豹门，门上绘有彩画，左边画有猛虎和野猪相搏，右边画有一黄发胡人身穿丹碧袄和豹搏斗。

池、塘以渠通，渠形似弯月，渠上高高架起一座渠亭，叫"望月"。园正北有土筑风堤，堤抱东西以作围墙。园的正东有"苍塘"，塘水深广，水波粼粼呈碧玉色。园南木塘楹，可影入塘内，塘周植有桃李兰蕙。苍塘西北是一片平原，由原上视苍塘，苍塘似鳖、似豕掘地，故此处叫"鳖豕原"。原上可奏乐以供宾客游宴，并可俯视水中之鹇鹭。

园正西为"白滨"，水滨植梨树百余株，每当开花时节，似白雪仙女翩翩于碧水苍翠间。黎明黄昏时看白滨和风堤下，樵涂坞径隐折，此间幽绝，而虫鸟之声不绝于耳。

池、堤、渠、亭间以高矮的土垣相接，使景有所隔，制成原、隰、堤、豁、壑等美景。园中植物有柏、槐、梨、桃、李、兰、蕙、蔷薇、藤萝、莎草等[51]，水禽有鹇、鹭[52]。园池以水为主题，大量配以花木，并辅以山石、动物等素材，以亭子点缀其中，水边蔓草垂岸，水中波光潋滟，整体环境既合乎自然之势，又有妙极山水之态，代表着山西隋唐时期廨署园林的一种风格。[53]

唐时园池中水面约5亩，为全园总面积的四分之一，是以水为主的北方衙署花园。水自鼓堆泉引入，大部分水在途中已作田园灌溉及居民引水之用，流入园中的水量有限。又因旱塬上的黄土渗水极快，水自园西北入口泻入西部水池后，即由水池泄入园东的苍塘中，这样，塘既增加了水面，又作了退水处，并可使全园以水为主，这种经济用水的手法是黄土干旱地区理水的特色。

园池的水景有动静之分，以静为主。静水为水池、苍塘，而动水则有由渡槽引来的"悬瀑"和由池入塘的渠水，此种理水的特色是建园的基础，也是唐代园池最主要特色。

宋辽金时期的绛守居园池

绛守居园池经五代时期到宋代时已经面目全非，东部的苍塘已淹没。宋咸平六年（1003年），孙冲奉诏为绛州通判，作《重刻绛守居园池记序》一文，记载了园池的变迁及当时的情况。

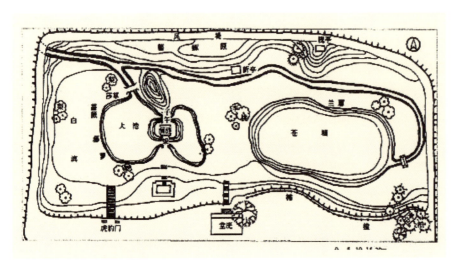

图 14-58 唐绛守居园池复原示意图　资料来源：陈尔鹤.绛守居园池考.

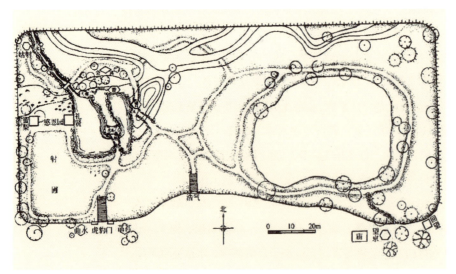

图 14-59 宋代绛守居园池复原示意图　资料来源：陈尔鹤 赵慎.新绛县绛守居园池续考.

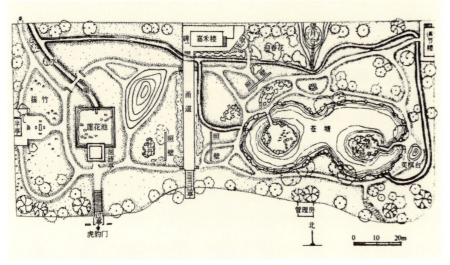

图 14-60 清代绛守居园池复原示意图　资料来源：陈尔鹤 赵慎.新绛县绛守居园池续考.

图 14-61 清末绛守居园池　　资料来源：赵鸣 张洁.试论我国古代的衙署园林.

《园池记序》："……考其亭台、池塘、渠窦、花木、堤原、川河、井间、墙螭、门户，凡为宗师笔记处所者，虽与旧多徙移，然历历可见，犹视其文未能过半。樊之记：有亭曰回涟、曰香、曰新、曰望月、曰柏，有塘曰苍塘，有堤曰风堤，有原曰鳌冢原，惟正西曰白滨，今无遗址，又疑其指水涯为亭名也……记之易解者曰：'西南有门曰虎豹'，其门犹在。"

到宋景祐二年，园池内又增建了嵩巫亭。据《平阳府古迹考》载："嵩巫亭在州治北居园池内。"

由孙冲《记序》可以知道，从唐长庆三年至宋咸平六年共180余年，绛守居园池的面貌及艺术特色发生了很大的变化。园内不仅增加了亭子的数量，还增加了丰仁轩及其他依山而建的台地建筑。原园中的虎豹门、香亭、望月亭仅存，其余建筑已不复存在。香亭、望月亭虽然名称依旧，却已非原址原物，望月亭从园池东南方向位移至西南方向。增加的亭子有"四望"、"望京"、"会宾"、"水帘"、"水心"、"曲水"、"礼贤"、"姑射"、"浩然"、"菡萏"。园内多了"感恩"及"射圃"二园中园。增加的植物品种有柳、枣、桑、杨、荷花等。园池的风格已由纯粹写景的自然山水园，向"以景寓情，感物吟志"的写意山水园过渡。

元明清时期的绛守居园池

金末元初，晋南一带沦为金元交战的主战场，绛州城池、公署受到极大的破坏，绛守居园池亦未能幸免。在元至治中（1321～1323年），刘名安重构回涟亭，但不在池中而在方池南。到明朝以后，园池又有所整修。园中新建了嘉禾楼。现尚存嘉禾楼旁的石碑，碑文为《绛州嘉禾楼记事》，记有"正德末，绛州李文洁建嘉禾楼"等字。到了清代，乾隆十八年（1753年）知州张成德重修嘉禾楼。《新绛县志》记载，光绪二十五年知州李寿芝就池园遗址，缭以周垣，重加盖建筑，一如旧制。

明清时期的绛守居园池在唐宋园池的基础上，在园中高地加建了望月台、嘉禾楼、宴节楼等看，可俯借园外景物，扩大园池的视野，增添了不少风光美景。由明清园池的特色来看，园池经明清的改建已经完全成一小型的写意山水园了。

明清时期的绛守居园池与隋唐时期相比，已大相径庭。可能是由于鼓堆泉水量的减少，不得不将西部大水池改为方形小池。大池变为方形小池植莲，已经没有了隋唐时期的水景。苍塘又增建东西两岛，夯筑贯通南北的甬道，使得全园硬分为二。

（2）霍州衙署花园

霍州署位于霍州市东大街北侧，始建于唐代，占地面积3.85万平方米，现存古建筑为元、明、清古文化遗产。无论其位置选择、建筑规模，还是整体布局、形制设计，均为全国现存同类衙署之冠，是我国目前尚存唯一一座较完整的古代州级署衙。

据《直隶霍州志》（清道光五年）卷六记载："大堂后即宅门，中设同门。入门，为二堂……二堂之西，书室三所，其后有古马神庙，前州陈公祠。二堂后即内宅，东西翼为内书房。东为静怡轩；又东为绿云山馆，中有曲水池；东南隅有景岳亭，缭以短垣；南为东厨、杂屋……"水作为造园四要素之一，在造园中的地位和作用，如同园林的灵魂和血脉。山西地处黄土高原，气候干燥，常苦无水，故只能凿池引水。经询，霍州州署花园之水由"官渠"引进。花园为州官提供了一个可游可赏、忘倦忘归的境地，可惜该花园现已损毁。[56]

（3）太谷分防厅东书房花园

太谷县范村镇在清代设有分防厅，乾隆六十年《太谷县志》及咸丰五年《太谷县志》

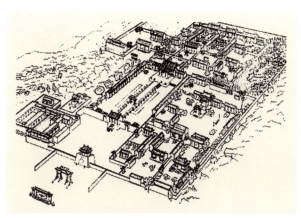

图 14-62 霍州衙署花园鸟瞰图　资料来源：张海英.明清时期山西地方衙署建筑的形制与布局规律初探.

图 14-63 太谷分防厅东书房花园鸟瞰
资料来源：作者抄绘（李乐宁）

图 14-64 太谷分防厅东书房花园局部鸟瞰图
资料来源：山西旅游风景名胜丛书编委会，李少华.平遥县衙.山西经济出版社，2001年.

附有分防厅图。从图中可见有一小园。乾隆六十年版分防厅图中的小园东南角叠有小土山，周围植有柳及杂树，南墙根有小松数株，中建四角小亭，据县志中侯六德作《新建范村镇分防官署记》有："……南隅留隙地周以土垣，中建一亭，额曰独乐，凿池叠石，植花种柳，小作游憩。现是役也，肇始乾隆四十四年腊月，越二年告竣。"防署占地四亩余。

经六十余年后，咸丰五年重修分防厅，其小园已改旧观。院中小亭已不存在，南墙边小松树已蔚然成荫，东南墙角改做石假山。现已无遗迹可寻。

此外，在平遥、榆次等地衙署内均有依附的花园[58]，但大损毁。

2. 书院园林

历代山西书院，无论地处城镇郊外，还是乡野山村，大都选择山清水秀、风景绮丽的地方营建，即使处于闹市中也尽力以人造自然弥补环境不足，体现出"择胜地、立精舍，以为群居读书之所"的书院择址观。[59]

《学记》云："故君子之于学也，藏焉、修焉、息焉、游焉。"寓教化和人格培养于游息之中，是书院教育的一大特色。山西书院的布局同样与中国传统书院园林的布局吻合，游息功能在书院建筑中主要表现为园林形态，供士子们读书之余怡情赏心。同时，许多私人或家族式书院，往往由园林改建而成或将书院建于园林之中。园林式的书院，往往通过对环境的创造和经营来增加其文化氛围，创造充满诗意的环境布局。如在书院建筑四周配置亭、台、楼、榭，点缀花、草、山、石。利用自然景物与艺术加工的园林，创造出如小桥流水、荷塘月色等诗意空间。这些绿化、山石、水体不仅在生理上起着洁净空气、遮挡烈日、调节温度的作用，而且给士子在心理上、审美上起到增添自然情趣、蕴含诗情画意、提供令人赏心悦目的环境的游赏功能。运城解梁书院中，游园几乎占了书院的三分之一，

图 14-65 凤鸣书院
资料来源：张莹莹. 山西书院建筑的调查与实例研究.

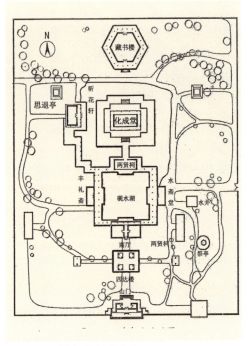

图 14-66 凤鸣书院平面图
资料来源：张莹莹. 山西书院建筑的调查与实例研究.

图 14-67 卦山书院景致止园书院
资料来源：张莹莹.山西书院建筑的调查与实例研究.

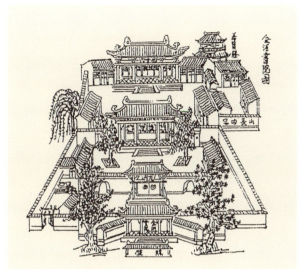

图 14-68 金河书院鸟瞰图
资料来源：刘文炳撰.（民国版）徐沟县志.

有半船坊、鱼池、亭台阁谢等，闻喜香山书院则记有"构亭凿池，为游息之所"。[60]

书院园林中还经常举行多种聚会和活动，如有些书院提倡"雅集"，雅集上有上巳花朝、中秋坐月、九月赏菊、冬至观梅等，由师生共同参加，"讲礼于斯，会友于斯"。也有的书院，如长治上党书院除了设置园林外，还设射圃，供士子射箭强身。

（1）秀容书院

始建于清乾隆四十年（1775年），当时忻县称秀容县，故以此得名。[61] 原书院东边是文昌寺，后书院逐渐扩建，文昌寺并于书院中。秀容书院总占地面积约16亩，含相对独立、风格各异的院落15个，共计建筑30座（排）房屋208间，有戏台1座、亭阁3座、牌楼1座、二层木楼1幢。在书院西坡上先后修建三个风景亭：正中四角亭，南八角亭，北六角亭。六角亭为三亭之最，每边长约3米，亭高约9米，旧称寥天阁，为全城最高点。立于亭上，可俯瞰全城。原六角亭处还有一砖拱门，称天之衢，意取书院读书人，通过天之衢，登上寥天阁，飞黄腾达。书院总体布局由下中上三院组成，下院有白鹤观旧址，拾级而上即为中院。中院

图 14-69 秀容书院　资料来源：张莹莹.山西书院建筑调整与实例研究.

是书院的主体部分，又由北面的柏树院、中间的枣树院和南面的槐树院三院组成。

秀容书院在整体景观设计上算是非常成功的。在环境布局上十分注重人与自然的沟通，每一个院落都绿树成荫，建筑物就像是从天然的丛林中长出来的，绿化的层次分明，建筑物若隐若现，宛如天成。景中生情，情中含景，故曰，景者情之景，情者景之情。[62]

（2）止园书院

位于阳城县皇城相府止园内，是陈氏一族共用的家族书院，初建于明崇祯十五年（1642年）。[63] 明清两代，由于重视教育，陈氏家族科甲鼎盛，人才辈出，逐步成为山西的文化巨族。陈廷敬于康熙四十一年（1702年）对止园书院进行了大规模的修葺，形成了现在的格局。止园书院位于皇城相府城外南侧，因而又称为南书院。从总平面上看，书院坐北朝南，自成体系，且毗邻止园，环境清幽；从院落形态上看，止园书院围合而封闭，形成了安静无干扰的学习空间。

从皇城进入书院，需先通过外城的"景熏门"，进入止园，书院就位于止园南侧。在紧邻高大城墙的月洞门旁，立有"南书院"的石碑，这就是进入书院的第一道大门。半通透的月洞门将书院与止园分隔成内外两个空间，青翠的绿茵小径由门外蜿蜒延伸向深处，吸引着参观者一探书院幽境。跨过月洞门，沿着小径向前走，正前方为一雕刻着"莲花濯清涟"图案的影壁。从月洞门到影壁之间，是书院空间序列的引导部分。影壁在这里起到了视觉聚焦、结束引导部分、过渡空间的作用。

从影壁一侧的大门进入，就到了书院所在的院落。止园书院规模中等，沿中轴线纵向扩展为两进院落。两院落均在东南角设了两道门，第一道门为随墙门，两坡硬山顶，立于两建筑的檐墙之间，比例高而窄。第二道门为如意门，装饰较为华丽，门楣上雕有如意图纹。两道门之间形成一道通向院内狭长的过渡空间，也显示了止园书院较强的封闭性和私密性。

止园书院沿南北轴线依次为倒座"悟因楼"、厅堂"清立堂"、正房"崇典阁"。

图14-70 止园书院
资料来源：张莹莹.山西书院建筑的调查与实例研究.

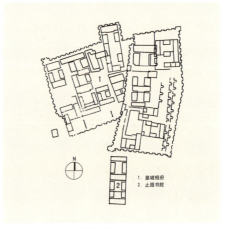

图14-71 止园书院平面图
资料来源：周涛.山村聚落形态探究.

悟因楼为三开间，二层，楼梯间设在两门之间的过道一侧。在楼上二层设有前檐廊，以悬臂梁从底层出挑，二层当心间檐柱不落地，而悬于中柱穿枋上，柱头刻有花瓣莲叶等华丽的木雕，做成垂花式。书院在轴线两侧对称地布置厢房，前院为三开间，后院为五开间，分为一门两窗和一间一窗两种模式。厢房二层都设挑檐廊，楼梯为木制，设在室外挑廊下。

（3）河东书院

位于运城，自建成至停办，历经明、清、民国三代，计923年，为当时晋南最高学府。据《河东书院志》记载，河东书院占地三十余亩，有学田四十余亩，坐北朝南，规模庞大，建筑布局规整。整体来看：一条中轴线贯穿南北，坐落在中轴线上的建筑自南向北依次为先门、仪门、讲经堂、退思堂、四教亭、书林楼、环池、乱石滩、仰止峰、游息亭和百果园。轴线东侧配崇义斋，西侧配远利斋，加之左曲房、右曲房、号房等建筑沿轴线呈对称状层层推进。书院纵、横向均跨越五进院落，布局严谨有序，气势宏大，前人曾有咏河东书院一诗，生动描绘其胜景："胜地幽深草树新，开先卜筑待居邻。山连华岳环三晋，水带黄河见七津。剩有琴书期自得，不妨鱼鸟月相亲。渚莲径竹多风日，坛杏宫芹与暮春"。

进入书院首先要穿过先门。先门为三楹，向北穿过先门，接着跨过一座颇具象征意义的石桥，来到书院的第二道大门——仪门前。进入仪门，则来到了河东书院的中心位置——讲经堂所在地。讲经堂前排列着整齐的梧桐、苍松和翠柏，郁郁苍苍，气氛肃穆而庄严。

讲经堂两侧各立一斋舍，东为"崇义斋"五楹，西向，西为"远利斋"五楹，东向，都是学生自习之处。从仪门两边的东、西号门进入，可到学生的生活区一号舍，号舍均为南向。"自门折道以登，其荣者皆夹树，下楸中槐上桐，皆背二梨。"[64]

退思堂亦为讲学、集会之处，五开间大小，坐北朝南。"堂东偏南下，为左曲房西面，其后胥人房。西偏南下，为右曲房东面，其后隶人房。西窗之西，蜂房四区东面。东窗之东蜂房，亦四区西面。"退思堂东偏南方位为左曲房，西偏南为右曲房，皆为教师休息之处。左曲房、右曲房后属于生活服务区即杂物院所在地，包括胥人房、隶人房、蜂房四区等。[65]

过退思堂沿着中轴线继续向北，为四教亭。四教亭以北是名为"书林楼"的藏书楼。书林楼周围是一圆形水池，名为"环池"。池内种满荷花，可以荡舟其中。环池东面是石榴园，西面是葡萄园。沿着环池向北，穿过乱石滩之后，便是书院中的仰山。"滩北

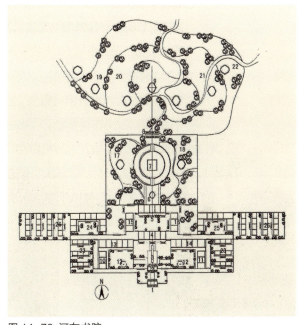

图 14-72 河东书院

资料来源：张莹莹.山西书院建筑的调查与实例研究.

为山，九峰，中峰曰仰止。"山下有四洞，通过山洞可由山前曲折通向后山，洞名"游仙"。山北有亭为"游息亭"，游息亭再北为"百果园"。百果园是书院中轴线的末端。书院的纵向轴线从先门开始，到百果园结束，跨越了五进院落，可见规模之大。

河东书院的园林部分很有特色，体现了"以山相隔、以水相联"的特点。若从整体上将书院分成景区和教学区两大部分的话，那么仰止峰又可以作为景区的中心点。它坐落在书院的后半部，位于乱石滩之北，山有九峰，仰止峰是其中峰。书院景观延伸到了仰止峰前，并没有因仰止峰而打断，而是以山相隔，通过山下的四洞延伸到了山后。仰止山的后麓，怪石林立，烟雾缭绕，犹如仙境一般。书院的各个景观包括教学区的建筑，通过水路连成一体，也是河东书院园林设计的一大特色。水的源头在仰止山东西两麓的砖井，井水从山两边流过，南流通过"源头"井，往南汇流入"乱石滩"，再往南汇流到"环池"，环池的东南和西南都设有水闸，由此分为东西两条水路，各流经蜂房、厨房、号门流到方塘，两流又汇于石桥。两边方塘又可向北流，灌溉山后各个园林和"百果园"。河东书院园林清秀优雅，园内小桥流水，景色宜人。

3. 公共园林

山西还有着为数众多的公共园林，以满足城内外居民的游玩、踏青需求，其中较有名的如宋朝太原城的柳溪。[66] 由于宋朝太原新城紧傍汾河，而古时汾河每当夏秋之际常水势暴涨，威胁着城周围居民的生命安全，宋仁宗天圣三年(1025年)并州知州陈尧佐在汾堤以东、太原城以西，筑了一道五里防水堤，又引汾水形成湖泊，在湖畔堤旁植柳几万株，形成一片柳林春水，名为柳溪。[67] 此外又在堤上建造了一座阁楼，起名"彤霞阁"，成为当时城内居民踏青游玩之地。此后，宋神宗熙宁年间(1068～1077年)陕西兼河东宣抚史韩绛、宋哲宗元祐年间(1086～1091年)武安军节度使知太原府韩缜驻守太原时，又对柳溪作了增建，在溪

图 14-73 太原城一景（清光绪三十三年，1907年） 资料来源：网络

图 14-74 九仙桥（清光绪三十三年，1907年） 资料来源：网络

中造起一座宏丽的"枞华堂"。从堂后直通芙蓉洲，洲里鲜荷娉婷，自是一番景色。后来又在"彤霞阁"东边建起一座"四照亭"，在湖水中建起"水心亭"，这样柳溪上亭堂楼阁与红荷绿柳相映成趣，成为郊游胜地。[68]

在明清时，太原南关的西边，靠近老军营，有片浩荡的水面，虽不深，范围却很宽阔。水中有座关圣庙，在它的东北还有一座观音堂，岸边有个把茅亭，几家养鱼种藕人家。每当夏季这里水平如镜，波光粼粼，楼亭相望，一派水乡风光，由于柳溪到明代初年已只剩残垣断壁，清代就完全无迹可寻，这里便成了明清时期人们游玩之地，人们称它为西湖景。

此外在各种县志中也有城内公共游园的记载，在清咸丰乙卯年的（1855年）《太谷县志》卷一图考中，在太谷城西北角画有一个南北向的水池，名为"西园"，民国9年（1920年）在太谷县知事安恭己的倡导下此地改建为公园。

虽然公共园林并不少见，但随着时间流逝，城内外的公共园林往往由于环境的变化、战争的侵袭而消失不见，现在几乎不存实迹。

注释

1. （清）顾祖禹. 读史方舆纪要[M]. 中华书局，1957.
2. 安介生. 历史地理与山西地方史[M]. 太原：山西人民出版社，2008.
3. 贾珺. 中国古代北方私家园林研究概述[J]. 第五届中国建筑史学国际研讨会.
4. 潘谷西主编. 中国建筑史[M]. 中国建筑工业出版社，2004.
5. 周维权. 中国古典园林史[M]. 清华大学出版社有限公司，2008.
6. （清）李渔. 一家言·居室器玩部. 上海：上海科学技术出版社，1984.
   文中言："幽斋磊石，原非得已，不能致身岩下与木石居，故以一拳代山、一勺代水，所谓无聊之极思也。"
7. 中国大百科全书出版社编辑部. 中国大百科全书[M]. 中国大百科全书出版社，1988.
8. 赵鸣，张洁. 试论我国古代的衙署园林[J]. 中国园林，2003，19（4）：72～75.
9. 详见：皇甫步高. 绛守居园池今昔谈. 建筑历史与理论（第三、四辑）[M].1982.
10. 张捷夫. 清代山西书院考略[J]. 沧桑，1995（2）：42～49.
11. 刘大鹏. 晋祠志[M]. 太原：山西人民出版社，1986.
12. 郑家骥. 太原园林史话[M]. 太原：山西人民出版社，1987.
13. 刘永德. 晋祠风光[M]. 太原：山西人民出版社，1961.
14. 彭海. 晋祠文物透视[M]. 太原：山西文物出版社，1997.
15. 刘庭风. 山西园林结义园[J]. 园林，2010（10）.
16. 陈恩惠. 永乐宫的建筑艺术[J]. 艺术百家，2006（7）.
17. 徐岩红. 永乐宫壁画艺术中的科学理论探微[J]. 山西大学学报，2008（1）.
18. 赵培成. 五台山历代寺庙建筑的风格和特点[J]. 五台山研究，1991（1）.
19. 冯大北. 五台山历代山志编撰略考[J]. 忻州师范学院学报，2008（3）.
20. 阎文儒. 云冈石窟研究[M]. 桂林：广西师范大学出版社，2003.
21. 胡文和. 云冈石窟某些题材内容和造型风格的源流探索[C]. 云冈石窟研究院编.2005年云冈国际学术研讨会论文集·研究卷. 北京：文物出版社，2006.

22. 张牌."褒衣博带"与云冈石窟[C].云冈石窟研究院编.2005年云冈国际学术研讨会论文集·研究卷.北京：文物出版社，2006.
23. 梁思成.中国雕塑史[M].天津：百花文艺出版社，2006.
24. 阎文儒.中国雕塑艺术纲要[M].桂林：广西师范大学出版社，2003.
25. 童孟候.千年铁牛蒲津渡[J].档案春秋，2008（10）.
26. 林茂林.蒲津渡遗址[J].山西文史资料，1999（Z1）.
27. 葛致巍.北岳恒山及胜迹考略[J].河北大学学报（哲学社会科学版），1987（3）.
28. 李有成.恒山上的古建筑[J].古建园林技术，1989（3）.
29. 殷宪.平城史话[M].北京：科学出版社，2012（2）：42-74.
30. 张焯.云冈石窟编年史[M].北京：文物出版社，2006.
31. 刘策.中国古代苑囿[M].银川：宁夏人民出版社，1979.
32. 陈礼君.北魏时期的平城[J].雁北古今，1990（3）.
33. 陈尔鹤，赵景逵，赵慎.山西古代私家园林概述[J].文物世界，2005（3）：9-15.
34. 详见：高德三，陈尔鹤.明清山西宅园初探[J].山西农业大学学报，1983（1）：15.
35. 潞洲孟家花园[M].上海商务书馆，1919.
36. 周涛.午亭山村聚落形态探究[D].太原理工大学，2002.
37. 陈尔鹤.绛州宅园考[J].山西农业大学学报，园艺专刊，1991.
38. 梁思成，林徽因.晋汾古建筑预查纪略[J].见：清华大学建筑系.梁思成文集（一），1982.
39. 陈尔鹤.新绛县明清宅院实录（未发表稿）.参见：汪菊渊编著.中国古代园林史初稿.
40. 光绪.山西通志[M].北京：中华书局，1990.
41. 刘庭风.山西园林show（二）静园[J].园林，2010（6）：36～38.
42. 静园的修复见：张利香，邵丹锦，朱向东.晋商宅院园林环境的保护和利用研究——以山西榆次常氏庄园重修为例[J].中国园林，2012，28（7）：48～51.
43. 谢燕，刘欣宇.儒商门第：常家庄园[M].山西古籍出版社，2004.
44. 郭齐文主编.太谷县志[M].山西人民出版社，1993.
45. 赵鸣，张洁.试论我国古代的衙署园林[J].中国园林，2003，19（4）：72～75.
46. 张海英，王金平.浅析山西古代的衙署花园[J].山西建筑，2006，32（8）：336～337.
47. （明）李文洁修、王珂纂《绛州志》七卷.传抄明正德十六年刻嘉靖间增刻本.
48. 陈尔鹤.绛守居园池考[J].文物季刊，1989（1）：10.
49. 民国17年版新绛县志.
50. 参看：赵鸣，张洁.《绛守居园池记》释义[J].中国园林，2000，16（4）：79～81.
51. 园池中对于运用植物造景最直接具体描述的地方有：①莎靡缦，萝菖翠蔓红刺相拂缀。②南连轩井，阵中踊出曰"香"。③前含曰"槐"。④有柏苍官青士，拥列与槐朋友，峻荫恰色。⑤梨摯摞摞收穷。⑥桃李兰蕙。⑦正西曰"白滨"，荟深。⑧日卯西，樵途坞径幽委，虫鸟声无人。⑨巨树木，资水悍。水洉，宗族盛茂，旁荫远映。⑩锦绣交果、枝香、蜿丽，绝他郡。
52. 园池中对于运用动物造景最直接具体描述的地方有：①南楯楹，景怪□，蛟龙钩牵，宝龟灵□。文文章章。②可大客旅钟鼓乐，提鹏挚鹭，倡池豪渠，憎乖怜围。
53. 陈尔鹤，赵慎.新绛县绛守居园池续考[J].文物世界，2006（6）：19～22.
54. 赵鸣.山西园林古建筑[M].中国林业出版社，2002.
55. 赵鸣.山西霍州置大堂结构浅析[J].古建园林技术，2001（4）：18～20.
56. 张海英.明清时期山西地方衙署建筑的形制与布局规律初探[D].太原理工大学，2006.
57. 太谷县县志编纂委员会主编.太谷县县志[M].山西人民出版社，1998.
58. 山西省榆次市志编纂委员会.榆次市志[M].中华书局，1996
59. 杨慎初.书院建筑与传统文化思想[J].华中建筑，1990（2）：31～36.

60. 张莹莹.山西书院建筑的调查与实例分析[D].太原理工大学,2007.
61. 忻州市忻府区地方志办公室再版.光绪六年忻州直隶州志.2006.
62. 孟聪龄,田智峰.对忻州秀容书院作为传统文化建筑的初步研究[J].太原理工大学学报,2008(2).
63. 王连成,秦海轩主编.上党风景名胜志.[M].山西人民出版社,2006.
64. 周庆云.盐法通志.卷99·杂记三学校[M].1928年鸿宝斋铅印本.
65. 孙玉平.明清时期河东书院园林模式思想探议[J].运城学院学报,2006,24(3):20~24.
66. 太原市地方志编纂委员会主编.太原市志[M].山西古籍出版社,1999.
67. 汪菊渊:中国古代园林史[M].中国建筑工业出版社,2006.
68. 详见:郑嘉骥.太原园林史话[M].山西人民出版社,1987.
69. 陈尔鹤等编著《太谷园林志》[M].山西省太谷县县志办公室出版,1988.

参考文献

[1] 山西省史志研究院编.山西通志.第二十五卷.城乡建设环境保护志城乡建设篇
建筑业篇.中华书局.
[2] 谷峰.文瀛公园百年纪事[J].黄河,2011(4):28.
[3] 张德一,贾莉莉.太原史话.太原:山西人民出版社,2000.12
[4] 宋金.漫步文瀛湖[J].文史月刊,2006(10).
[5] 牛利群.晋祠周家花园[J].文物世界,2005(8).
[6] 郑嘉骥.太原园林史话[M].山西人民出版社,1987.
[7] 晋祠博物馆.中国晋祠.太原:山西人民出版社,2005.
[8] 太原房地产志·第七篇专记/第二章古建名建/第三节名人故居.
[9] 郝树侯.太原史话[M].山西教育出版社,1992.
[10] 详见:陈尔鹤等编著.太谷园林志[M].山西省太谷县县志办公室出版,1988.
[11] 陈应谦.阎府揭秘丛书·阎锡山与家乡.太原:山西古籍出版社.1995.10.
[12] 王春芳.阎锡山故居中的典型建筑分析[J].山西建筑,2007,33(15):20~21.
[13] 方亮.山西铭贤学校的校址变迁及校园环境的多重价值初探[J].山西农业大学学报:社会科学版,
2010,9(4):489~492.
[14] 详见:朱钧珍主编.中国近现代园林史(上篇)[M].中国建筑工业出版社,2012.第四章中国近代
的学校园林,其内容由陈尔鹤等编写.
[15] 详见:当代山西城市建设.山西科学教育出版社,1990.
[16] 详见:山西省地方志编纂委员会主编.山西年鉴.山西人民出版社,2012.
[17] 参照《太原城市中心区总体规划》。
[18] 王盼盼.太原市城市开放空间人性化解析[D].太原理工大学研究生论文,2013.
[19] 园林城市资料来自于中华人民共和国住房和城乡建设部.
[20] 逯丹.城郊型森林公园在运营发展中的问题[J].山西建筑,2012(29):232~234.
[21] 城市湿地公园规划设计导则(试行)[J].风景园林,2006(1):32~33.
[22] 国家城市湿地公园管理办法(试行)[J].北京规划建设,2005(2):196~197.
[23] 太原市园林局网站资料.
[24] 详见:阳泉市地方志办公室编纂.阳泉风景名胜志.山西人民出版社,2008.
[25] 详见:太原风景名胜志.山西人民出版社,2003.
[26] 详见:殷理田主编.晋城百科全书.北京:奥林匹克出版社,1995.

后 记

众所周知，山西为中华文明的发祥地之一。全省现存古建筑遗存为全国之最，共计四万余处。上迄唐代，下至民国，种类齐备，品质卓然，蔚为壮观。全国现存最早的木结构建筑为唐代建筑，举国4座，均在山西；现存宋辽金以前的木结构建筑，山西占总量的70%以上。因而，山西素有"中国古代建筑博物馆"之誉。

如此丰厚的古代建筑遗产，学者宗之。前辈先贤亦有研究著述，惜多是专题和局部的，未有全面而系统的著作见世，殊为遗憾。然而以山西古建筑在全国地位之隆，种类之多，数量之巨，品质之高，不啻为一部中国建筑史，系统整理，诚非易事。

有感于斯，2011年，山西省建筑业协会萌生了为山西建筑著史的想法，决定挑起大梁，填补这一历史性空白。此举得到了有关省领导的认同和支持，认为实是一件功在当代、利在千秋的好事。同时，省发改委和省财政厅亦大力襄助，申请、立项等程序顺利完成，热情之忱，效率之高，出乎预料。

基础奠定，省建筑业协会发挥在行业中的优势，迅速组建了《山西建筑史》的编委会。2012年伊始，省城第一次编委会会议召开。太原理工大学建筑学院、山西省古建筑保护研究所、山西省建筑设计研究院的主要负责人依次在座。太原理工大学，我省土木建筑学科鼻祖，学者云集；省古建筑保护研究所，专事古建领域，业界翘楚；省建筑设计研究院，省内最大的建筑设计单位，专家辈出。此三家单位联手编撰，可谓集我省之优势力量。

既是著史，先明起讫。编委会议定，《山西建筑史》宜上下两编。上编溯至史前，唐以降为主；下编自民国始，直至当代。

山西古建筑，时间跨度大、种类多、分布广，资料参差不齐；近代建筑，虽数量不多，但此前鲜有研究者，资料更是奇缺；现代建筑，规模之大，超越古人，百味杂陈，头绪何在？如此浩繁的工作，困难超出了当初的预期，成稿的日期一再推迟。难得三家编撰单位，本着历史的使命感和责任担当意识，寒暑往来，群策群力，同心戮力，不负初心，终于付梓在即。

《山西建筑史》的编著，历经五载，增删无数，凝聚了众多学人的智慧，更有幸得到了省内外学界知名前辈和学者的鼎力支持。华南理工大学陆元鼎教授，我国著名古建专家，对山西古建情有独钟，接到顾问聘书，欣然应允；我省古建研究泰斗柴泽俊先生，一生致力于我省古建的研究和保护，于病榻之上帮助审阅书稿；太原理工大学胡武德教授，以讲授中国建筑史而知名，桃李满天下，乐于为本书贡献一份力量；省发改委副主任赵友亭先生，曾任省建筑设计研究院院长一职，为我省著名建筑师，拨冗为本书提出了许多具体修改意见。特向他们致感谢之忱。

感谢中国建筑工业出版社为本书的出版所作出的种种努力。

编者才疏学浅，担纲此事，诚惶诚恐。书中挂一漏万，自是难免，敬请大家不吝赐教；而不揣简陋，勉力为之，则以期抛砖引玉之功。

王国正
2016 年 5 月